Holzfrei

Nr. 47 1953
S. 7993—8268 25. November

Chemisches Zentralblatt

Vollständiges Repertorium für alle Zweige der reinen und angewandten Chemie

1830 gegründet. 1897—1945 von der Deutschen Chemischen Gesellschaft fortgeführt.
Im Auftrage der Deutschen Akademie der Wissenschaften zu Berlin, der Chemischen Gesellschaft in der Deutschen Demokratischen Republik, der Akademie der Wissenschaften zu Göttingen und der Gesellschaft Deutscher Chemiker

herausgegeben von Prof. Dr. **Maximilian Pflücke**

124. Jahrgang

1953

Chefredakteure: Dr. Eugen Klever und Prof. Dr. Maximilian Pflücke

Akademie-Verlag GmbH., Berlin — Verlag Chemie, GmbH., Weinheim/Bergstr.

Inhalt

Namenregister

Chemisches Zentralblatt

1953 Nr. 47 25. November

Geschichte. Unterricht.

Arne Jensen, *Archer J. P. Martin und Richard L. M. Synge. Nobelpreis für Chemie 1952.* Ausführliche Würdigung der Arbeiten der beiden Forscher auf dem Gebiet der Verteilungschromatographie (mit 2 Porträts). (Tidsskr. Kjemi, Bergves. Metallurgi **13.** 1—3. Jan. 1953.) GEHLEN-KELLER. 1

—, *Nobelpreis für Chemie: E. M. McMillan und G. T. Seaborg.* Kennzeichnung ihrer Arbeiten über die künstliche Darst. der Transurane aus Anlaß der Erteilung des NOBEL-Preises für Chemie 1951. (Nature [London] **168.** 897. 24/11. 1951.) ZAUNICK. 1

—, *Nobelpreis für Physik: Sir John Cockcroft und E. T. S. Walton.* Kennzeichnung ihrer Arbeiten über Elementzerlegung durch künstlich beschleunigte Protonen (1932) aus Anlaß der Erteilung des NOBEL-Preises für Physik 1951. (Nature [London] **168.** 897. 24/11. 1951.) ZAUNICK. 1

W. Klemm, G. Rienäcker und **A. Meiner,** *Julius Meyer zum fünfundsiebzigsten Geburtstage.* Begrüßungsadresse für J. MEYER (geb. 12/1. 1876), von 1921—45 Anorganiker der Univ. Breslau. (Z. anorg. allg. Chem. **264.** 1. Jan. 1951.) ZAUNICK. 1

Michel Macheboeuf und **Francis Tayeau,** *Georges Denigès (1859—1951).* GEORGES NOËL FORT DENIGÈS (geb. 25/12. 1859 Bordeaux, gest. Febr. 1951 Bordeaux), 1898 bis 1930 Prof. der biol. u. med. Chemie an der Med. Fakultät Bordeaux. Zahlreiche Rkk. u. Reagentien tragen seinen Namen. (Bull. Soc. Chim. biol. **33.** 1636—37. 1951.) ZAUNICK. 1

F. Schmidt, *In memoriam Fritz Ferchl, Mittenwald.* Kurze biograph. Skizze des bekannten Pharmaziehistorikers (geb. 7/7. 1892 in Neubeuren/Bayern, gest. 19/2. 1953 in Mittenwald). (Pharmazie **8.** 545—46. Juni 1953. Zarrentin am Schaalsee/Meckl.) BARZ. 1

—, *Konrad Gemeinhardt, Berlin* †. Kurze biograph. Skizze von K. GEMEINHARDT (geb. 8/6. 1883 Strehlen, gest. 24/12. 1952), zuletzt Honorarprofessor für Pharmazie in der Medizin. Fakultät der Freien Univ. Berlin. (Dtsch. Apotheker-Ztg. **93.** 29. 9/1. 1953.) WALLIS. 1

Alex. Findlay, *Francis William Gray (1874—1948).* F. W. GRAY (geb. 30/3. 1874 Old Macher, Aberdeenshire, gest. 2/7. 1948 Aberdeen), 1916—36 Senior Lecturer für Chemie, Univ. Aberdeen, Spezialist für Diamagnetismus. (J. chem. Soc. [London] **1950.** 3696—97. Dez.) ZAUNICK. 1

H. Kunert, *Friedrich Karl Kleine.* F. K. KLEINE (geb. 14/5. 1869 Stralsund, gest. 22/3. 1951 Johannesburg/Südafrika), seit 1900 Mitarbeiter von KOCH u. von 1933 an Präsident des ROBERT-KOCH-Instituts. Seine Entdeckung der cycl. Entw. der Trypanosomen in den Tsetse (1909) wurde zum Ausgangspunkt der neueren Trypanosomenforschung. (Z. Immunitätsforsch. exp. Therap. **108.** 566—70. 17/9. 1951. Berlin, Robert-Koch-Inst.) ZAUNICK. 1

E. Bauer, *H. A. Kramers (1895—1952).* Nachruf auf den im Mai 1952 in Leyden verstorbenen Physiker. (J. Physique Radium **14.** 62. Jan. 1953.) GOTTFRIED. 1

F. L. Okell, *Joseph Henry Lane (1883—1951).* J. H. LANE (geb. 1883 London, gest. 9/3. 1951 Taplow), Mitinhaber eines chem. Labor. für Zucker- u. Gärungsfragen. Er fand die Methylenblauindicatormeth. zur Best. der reduzierenden Zucker mittels FEHLINGscher Lösung. (J. chem. Soc. [London] **1951.** 3260. Nov.) ZAUNICK. 1

Alex. McKenzie, *John Scott Lumsden (1867—1950).* J. S. LUMSDEN (geb. 1867 Dundee, gest. 12/7. 1950), OSTWALD-Schüler 1898, 1912—29 Principal des Technical College in Dundee. (J. chem. Soc. [London] **1950.** 3697. Dez.) ZAUNICK. 1

Dorothy Needham, *Prof. Otto Meyerhof.* O. MEYERHOF (geb. 12. [nicht 10.]/4. 1884 Hannover, gest. 6/10. 1951 Philadelphia), 1922 Nobelpreisträger für Medizin, 1928—38 Direktor des Kaiser-Wilhelm-Inst. für Physiol. Heidelberg, dann bis 1940 in Paris, schließlich Prof. für physiol. Chemie an der Univ. Pennsylvania, wo er ebenfalls Enzymforschungen trieb. (Nature [London] **168.** 895—96. 24/11. 1951.) ZAUNICK. 1

Agnes Jackman, *C. K. Tinkler.* Nachruf auf CHARLES KENNETH TINKLER (geb. 6/9. 1881 Shrewsbury, gest. 25/10. 1951) (vgl. hierzu C. **1953.** 3185). (Nature [London] **168.** 937. 1/12. 1951.) ZAUNICK. 1

G. Stetter und **H. Thirring,** *Hertha Wambacher.* Nachruf auf die am 25./4. 1950 verstorbene Physikerin, die sich bes. um die Entw. von photograph. Emulsionen für Kernprozesse verdient gemacht hat. (Acta physica austriaca **4.** 318—20. 1950.) GOTTFRIED. 1

Karl Sandved, *Jacobus Henricus van't Hoff (1852—1952).* (Tidsskr. Kjemi, Bergves. Metallurgi **13.** 3—4. Jan. 1953.) GEHLEN-KELLER. 1

F. Schmidt, *Justus von Liebig. Zu seinem 150. Geburtstage am 12. Mai 1953.* Kurze Skizze der beruflichen Entw. LIEBIGs unter Angabe seiner bedeutendsten Leistungen auf dem Gebiete der reinen Chemie u. Agrikulturchemie. (Pharmazie **8.** 445—46. Mai 1953. Zarrentin am Schaalsee, Meckl.) BARZ. 1

Ju. Ss. Mussabekow, *Ju. W. Lermontowa und ihre Korrespondenz mit D. I. Mendelejew (nach Archivmaterial).* Lebensbild von JU. W. LERMONTOWA (1846—1919) (Bild). Ihre Unterss. betrafen u. a. Isobutylen u. Trimethylenbromid. Auszugsweise Wiedergabe ihres Briefwechsels mit D. I. MENDELEJEW u. einer Arbeit über die Aufarbeitung von Pt-Rückständen. (Журнал Прикладной Химии [J. angew. Chem.] **25.** 233—43. März 1952.) WÖRFFEL. 1

Ferdinand Schmidt, *Das Lebenswerk Karl Wilhelm Scheeles.* Biographie SCHEELEs (1742—86) nach der bisherigen Literatur. — SCHEELE-Bildnis nach einer modernen Federzeichnung WODKEs. (Apotheker-Ztg. **4.** 25—28. Febr. 1952. Zarrentin.) ZAUNICK. 1

Ju. Ss. Mussabekow, *Alexei Nikolajewitsch Wyschnegradski, ein hervorragender Vertreter der Butlerowschen Schule. (Zum 100. Geburtstag.)* Übersicht über die Arbeiten von A. N. WYSCHNEGRADSKI (1851—80), eines Mitarbeiters von A. M. BUTLEROW. Seine Unterss. umfaßten vor allem die Synth. von Dimethyläthylessigsäure, die Polymerisation von Olefinen, den Abbau von Chinaalkaloiden u. die Reduktionsmeth. mit Na u. Alkohol. (Журнал Прикладной Химии [J. angew. Chem.] **25.** 681—86. Juli 1952.) WÖRFFEL. 1

S. Sieber, *Aus der Geschichte des Alauns.* Bis in das Altertum zurückreichender geschichtlicher Überblick, vor allem die Gewinnung u. Verwendung des Alauns betreffend. (Pharmazie **8.** 443—45. Mai 1953. Aue/Sachsen.) BARZ. 2

Lore Sporhan-Krempel, *Die Frühzeit der Papiermacherei in Ravensburg.* (Wbl. Papierfabrikat. **81.** 196—99. Ende März 1953.) P. ECKERT. 2

Julius Sumner Miller, *Ein Elementarversuch über die Inkompressibilität von Wasser und die Elastizität von Glas.* Beschreibung eines sehr einfachen, äußerst demonstrativen Versuchs. (Amer. J. Physics **18.** 164. März 1950. New Orleans, La., Dillard Univ.) CRAMER. 6

Martin J. Arvin, *Latente Wärme beim Verdampfungsexperiment.* Da die übliche Calorimetermeth. zur Best. der Verdampfungswärme bis zu mehr als 10% fehlerhaft ist, gibt Vf. eine auch für Vorlesungsverss. geeignete Meth. an, bei der ein LIEBIG-Kühler u. ein gewöhnliches Destillationsgefäß benutzt werden. (Amer. J. Physics **20.** 309—10. Mai 1952. Carbondale, Ill., Southern Illinois Univ.) WASSEROTH. 6

A. R. Ingles, *Messung der spezifischen Wärme von Kupferdrähten durch elektrische Erwärmung.* Vf. beschreibt ein für fortgeschrittene Studenten geeignetes Experiment, um sie in die Forschungsmethoden einzuführen. Mittels eines Thermoelements wird die Erhitzung u. Abkühlung eines Cu-Drahtes in verd. Luft gemessen u. daraus die spezif. Wärme des Cu bestimmt. Korrekturen für Wärmeverluste durch Strahlung u. Konvektion werden angegeben. (Amer. J. Physics **20.** 289—92. Mai 1952. Leicester, England, Coll. of Technol.) WASSEROTH. 6

Karl H. Gayer und **Michael J. Elkind,** *Ein anorganisch-präparativer Kurs.* Plan eines bewährten 16wöchigen Lehrganges der präparativen u. theoret. anorgan. Chemie für fortgeschrittene Studenten mit eingehenden Angaben über Vorträge, Übungen, benutzte Literatur, Aufgaben, Geräte usw. (J. chem. Educat. **30.** 90—93. Febr. 1953. Detroit, Mich., Wayne Univ.) BLUMRICH. 6

A. I. Beljajew, Nikolai Nikolajewitsch Beketow, ein hervorragender russischer Physikochemiker und Metallurg. 1827—1911. Moskau: Metallurgisdat. 1953. (132 S. m. Abb.) 4 Rbl. 45 Kop. [russ.]

Thomas Wightman Chalmers, Historic researches; chapters in the history of physical and chemical discovery. New York: Scribner. 1953. (288 S., Diagr.) $ 5,—.

D. I. Mendelejew, Wissenschaftliches Archiv. Teil 1. Akad. der Wiss. der UdSSR. Kommission für die Bearbeitung des wissenschaftlichen Nachlasses und die Ausgabe der Arbeiten von D. I. Mendelejew. Museumsarchiv D. I. Mendelejew bei der Leningrader Staatlichen Shdanow-Univ. Moskau: Verlag der Akad. der Wiss. der UdSSR. 1953. (868 S. m. Abb.) 42 Rbl. 40 Kop. [russ.]

F. Meyer y L. J. Olmer, Las etapas de la Química. Barcelona etc.: Salvat. 1953. (175 S.) ptas. 18,—.

A. Allgemeine und physikalische Chemie.

John Clarence Hogg and others, Chemistry; a course for high schools. 3rd. ed. rev. New York: Van Nostrand. 1953. (783 S. m. Abb., Diagr. u. Mappen) $ 3,96.
Charles Dagnan, Problèmes de chimie expliqués et commentés. (S. P. C. N. M. P. C., chimie générale, concours d'admission aux grandes écoles.) Éd. revue. Paris: C. Hermant. 1953. (I + 433 + IX S. m. Abb. u. Autogr.) 8°. Fr. 1900,—.
M. Goldberg, Spanish—English chemical and medical dictionary. London: McGraw-Hill. 1953. (605 S.) 149 s.
K. B. Krauskopf, Fundamentals of physical science. 3rd. edn. London: McGraw-Hill. 1953. (694 S. m. Abb.) 48 s.
B. W. Nekrassow, Kursus der allgemeinen Chemie. 10. Aufl. Moskau-Leningrad: Gosschimisdat. 1953. (972 S. m. Abb.) 25 Rbl. 10 Kop. [russ.]
—, Comité international de thermodynamique et de cinétique électrochimiques. Comptes rendus de la IIIe réunion, Berne 1951. Milano: C. Manfredi. 1952. (XVI + 499 S. m. Abb., Diagr. u. Portr.) 8°.

A_1. Kernphysik und Kernchemie.

A. W. Sáenz, *Über zeitunabhängige Bewegungsintegrale des Einkörperproblems in der Diracschen Theorie.* Es wird auf zwei Theoreme über zeitunabhängige Bewegungsintegrale der DIRACschen Elektronentheorie hingewiesen. (Physic. Rev. [2] **79.** 1004—05. 15/9. 1950. Washington, D. C., Naval Res. Labor., Mech. Div., Appl. Math. Branch.) STAHL. 80

Dario Maravall Casesnoves, *Die dynamische Lösung des Problems des Einheitskörpers in der Relativitätstheorie. — Hypothese über den Ursprung der Höhenstrahlen.* (Vgl. C. **1953.** 4970.) Für den Einheitskörper von mit der Zeit variabler M. wird eine dynam. Lösung mitgeteilt, die in erster Annäherung dieselben beobachtbaren Ergebnisse voraussehen läßt wie das stat. Element von SCHWARZSCHILD, sowie eine neue Tatsache, eine Rot- oder Blauverschiebung des Lichtes aus bestimmten Sternen je nach den Werten der Annihilationskonstante der Sternmaterie. Diese Unterss. werden zu den früheren in Beziehung gesetzt, um eine neue Hypothese über den Ursprung der Höhenstrahlen zu gewinnen. (Euclides [Madrid] **13.** 62—72. Febr. 1953.) R. K. MÜLLER. 80

C. N. Chou, *Die Natur der Höhenstrahlstöße unter der Erde.* Unter 30 m Lehm wurden mittels einer Ionisationskammer von 1,2 cm Wanddicke Stöße von 10^6 bis 10^7 Ionenpaaren registriert. Die Kurve für die Abhängigkeit der integralen Stoßgröße von der Energie der Stöße für eine nicht abgeschirmte Kammer u. für einen Pb-Absorber von 20×20×13 cm ist wiedergegeben. Aus einem Vgl. mit der Abhängigkeit der Intensität unter der Erde von der Tiefe läßt sich schließen, daß unter 60 m Wasseräquivalent entweder weniger μ-Mesonen mit $>10^{11}$ eV oder mehr mit 10^{10}—10^{11} eV existieren als auf Seehöhe. Die erste Hypothese könnte durch die relativist. Zunahme der Lebensdauer energiereicher π-Mesonen, die zweite durch die zahlreichen $\varkappa$-Mesonen u. ihren Zerfall zu μ-Mesonen erklärt werden. (Physic. Rev. [2] **86.** 1048—49. 15/6. 1952. Chicago, Ill., Univ. of Chicago, Dep. of Phys.) WIEDEMANN. 85

Fielding Brown, R. Ronald Rau und **George T. Reynolds,** *Im Gas einer Nebelionenkammer erzeugte Höhenstrahlsterne.* (Sitzungsbericht.) In einer Nebelkammer wurden in den Gasen *Ne, Ar* u. *Kr* mehrere Hundert Sterne beobachtet. Die Winkel- u. Anzahlverteilung der Zacken wurde untersucht. (Physic. Rev. [2] **86.** 591. 15/5.; Bull. Amer. physic. Soc. **27.** Nr. 1. 16. 31/1. 1952. Princeton Univ.) WIEDEMANN. 85

Ian Barbour, *Z-Abhängigkeit von Wirkungsquerschnitt und Energie in Höhenstrahlsternen.* (Sitzungsbericht.) Metallfolien (*Au, Pt, Sn, Cu, Ni* u. *Al*) wurden zwischen 2 gegeneinander gerichteten ILFORD G 5-Emulsionen (Sandwich-Meth.) auf Ballonhöhen der Höhenstrahlung ausgesetzt. Die Abhängigkeit des integralen Wirkungsquerschnitts für Sterne verschied. Größe von der Kernladungszahl wurde bestimmt. Ferner wurden aus Messungen der Korndichte die Energieverteilungen u. die Anregungstempp. ermittelt. (Physic. Rev. [2] **86.** 591. 15/5.; Bull. Amer. physic. Soc. **27.** Nr. 1. 16. 31/1. 1952. Kalamazoo Coll.) WIEDEMANN. 85

Maurice M. Shapiro und **Bertram Stiller,** *Ionisationsverlust bei relativistischen Geschwindigkeiten in Kernemulsionen.* (Sitzungsbericht.) In der Stratosphäre wurden 400 μ-ILFORD G 5-Emulsionen exponiert u. die Korndichte g als Maß der spezif. Ionisation J gemessen. Die Häufigkeitsverteilung in g bei den Schauerbahnen zeigt ein Maximum bei g_{min}, bei den Primärteilchen dagegen bei $g = 1,1\ g_{min}$. Danach ist bei Energien über 10 Ruhmassen ein Anstieg von J um ~10% über J_{min} anzunehmen. (Physic. Rev. [2] **88.** 169. 1/10. 1952. Naval Res. Labor.) WIEDEMANN. 85

J. J. Lord, D. M. Haskin und **Marcel Schein,** *Paare mit engem Winkel aus Kernzertrümmerungen.* (Sitzungsbericht.) Unter 160 in ILFORD-Emulsionen durch Mesonen ausgelösten Sternen befand sich einer, der von einem 135 MeV-π^--Meson herrührt, mit einer 17 MeV-Protonenbahn u. einem Paar mit 0,005 ± 0,001 Winkeldivergenz. Jede Bahn zeigt Minimalionisation. Eine M. ist $< \frac{1}{2}\,\mu$, die andere ca. 1 μ. Der Winkel gegenüber der Richtung des prim. Pions beträgt 110°. (Physic. Rev. [2] **88.** 172. 1/10. 1952. Univ. of Chicago.) WIEDEMANN. 85

C. J. Karzmark, R. W. Thompson und **Hans O. Cohn,** *Die Zertrümmerung der V-Teilchen.* (Sitzungsbericht.) Mittels einer magnet. Nebelkammer von 30 cm Durchmesser, die sich unter einem Pb-Absorber befand u. zählrohrgesteuert wurde, wurden 1053 stereoskop. Aufnahmen von durchdringenden Schauern mit einer Multiplizität von 3 oder mehr erhalten. Darunter wurden 35 Zertrümmerungen neutraler V-Teilchen gefunden, in einem sehr energiereichen Schauer sogar 2, ferner einige seltene Zertrümmerungen geladener V-Teilchen. (Physic. Rev. [2] **86.** 591. 15/5.; Bull. Amer. physic. Soc. **27.** Nr. 1. 16. 31/1. 1952. Indiana Univ.) WIEDEMANN. 85

Paul Chanson, Pierre Treille, Terrence Price und **David West,** *Experimentelle Bestätigung der Theorien der in Gasen durch Mesonen hoher Energie erzeugten Ionisation.* Die Vergleichsmessungen mit 4 rechtwinkligen Proportionalzählern ermöglichen die Best der spezif. Ionisation der Höhenstrahlmesonen für 2 Mesonengruppen mit Impulsgrößen bei $0{,}4 \cdot 10^9$ eV/c u. $> 1 \cdot 10^9$ eV/c. Die Ergebnisse sprechen für eine Ionisationszunahme bei Mesonen sehr großer Geschwindigkeit. (C. R. hebd. Séances Acad. Sci. **235.** 1500—02. 10/12. 1952.) GERHARD SCHMIDT. 85

M. El Nadi, *Sind Mesonen komplexe Teilchen?* Unter der Voraussetzung, daß das π-Meson aus einem μ-Meson u. einem Anti-μ-Meson zusammengesetzt ist, wird die Potentialschwelle zu 839,4 MeV bzw. 433,3 MeV aus den entsprechenden Massendifferenzen bestimmt. Für die Teilchenbilanzen bei den Wechselwirkungsprozessen werden Vorschläge gemacht: 1. $\pi^- +$ Kern $\rightarrow$ Explosion; 2. $\pi \rightarrow \mu +$ Anti-μ^0; 3. $\mu^0 + \pi \rightarrow \mu +$ 2 Photonen; 4. $\mu^- + \mu^+ \rightarrow$ 2 Photonen; $\mu^- + \mu^0 \rightarrow$ Elektron + Neutrino (Zerfallsprozeß des μ-Mesons). (Physic. Rev. [2] **80.** 754. 15/11. 1950. Cairo, Egypt, Univ.) W. SCHÄFER. 90

André Lagarrigue und **Charles Peyrou,** *Einfang negativer μ-Mesonen in Kupfer und Zinn.* Die experimentelle Anordnung zur Unters. des Spektr. des Zerfallselektrons aus dem μ-Meson umfaßt eine WILSON-Kammer in einem Magnetfeld, die durch eine Dreifachkoinzidenz mit Antikoinzidenz unterhalb der Kammer ausgelöst wird. Cu u. Sn ermöglichen die Bremsung der μ-Mesonen beiderlei Vorzeichens. Aus den Verss. geht hervor, daß die Rkk. $\mu^- + p \rightarrow p + e^-$ u. $\mu^- + n \rightarrow n + e^-$ viel seltener sind als die Rk. $\mu^- + p \rightarrow n + \nu$. Es wird vermutet, daß bei dem Zerfall des μ-Mesons eine eventuelle Wechselwrkg. zwischen den Paaren $\mu\,e$ u. $\nu\,\nu$ vor der Wechselwrkg. zwischen den Paaren $\mu\,\nu$ u. $e\,\nu$ schwach oder Null ist. (C. R. hebd. Séances Acad. Sci. **234.** 1873—75. 5/5. 1952.) GERHARD SCHMIDT. 90

G. R. Burbidge und **A. H. de Borde,** *Der Auger-Effekt bei Mesonen.* Vff. untersuchen den Einfang von μ^--Mesonen unter der Annahme von AUGER-Übergängen des Mesons aus seinem angeregten in den Grundzustand. Die Übergangswahrscheinlichkeiten für P- u. S-Übergänge werden nicht-relativist. berechnet u. mit den entsprechenden Übergängen unter Strahlung verglichen. Die Übergangsdauer durch AUGER-Prozeß zum Grundzustand wird mit ca. 10^{-13} Sek. angegeben. (Physic. Rev. [2] **89.** 189—93. 1/1. 1953. London, Univ. of London, Observ., u. Univ. Coll.) GANS. 90

J. David Jackson und **Harry Schiff,** *Elektroneneinfang durch Protonen beim Durchgang durch Wasserstoff.* Vff. behandeln den Elektroneneinfang durch ein Teilchen mit der Ladung $Z'e$ beim Durchqueren eines wasserstoffähnlichen Atoms der Ladung Ze unter Berücksichtigung der Wechselwrkg. zwischen Proton u. H-Kern. Durch Beibehaltung der vollständigen HAMILTON-Störfunktion in ihrer Näherungslösung ergibt sich Übereinstimmung mit den experimentellen Werten für den Wirkungsquerschnitt oberhalb 25 keV. Bei niedrigeren Protonenenergien versagt die benutzte BORNsche Näherung. (Physic. Rev. [2] **89.** 359—65. 15/1. 1953. Montreal, Quebec, Can., McGill Univ.) GANS. 90

H. Ekstein, *Mehrfachstreuung und Strahlungsdämpfung.* 2. Mitt. (1. vgl. C. **1952.** 1771.) Vf. entwickelt eine Formulierung für die in l. c. eingeführte Wechselwirkungsmatrix, bei der die Kompensierung der Dämpfung durch die umgebenden Streuzentren auf den Einzelstreuprozeß berücksichtigt wird. Für unendliche Kristalle wird ein Analogon zur LORENTZ-LORENZ-Formel gegeben u. der Brechungsindex für lange Wellen für den Fall von Absorptionsstreuzentren berechnet. Streuung in Fll. u. der Fall von Mehrkörperstreuzentren werden diskutiert. (Physic. Rev. [2] **89.** 490—501. 15/1. 1953. Chicago, Ill., Illinois Inst. of Technol., Armour Res. Found.) GANS. 90

L. R. B. Elton und **K. Parker,** *Die Streuung von schnellen Positronen durch Kerne.* Es wird gezeigt, daß der Einfl. einer endlichen Kerngröße u. der Strahlungskorrektur eine erhebliche Modifikation der Formel von MOTT für den Querschnitt bedingen. Eine exakte Berechnung der Phasenverschiebung wird für ein einfaches Kernmodell u. Positronen von 20 MeV, die an Au-Kernen gestreut werden, durchgeführt. Ferner werden noch zwei Näherungsrechnungen für die Phasenverschiebung durchgeführt u. die auftretenden Singularitäten in der Radialwellengleichung untersucht. Die Strahlungskorrektur für Streuung durch leichte Kerne ergibt sich als die gleiche wie für Streuung von Elektronen. (Proc. physic. Soc., Sect. A **66.** 428—36. 1/5. 1953. London, King's Coll., Wheatstone Dep. of Phys.) V. HARLEM. 90

J. H. Coon, E. R. Graves und **H. H. Barschall,** *Totale Streuquerschnitte für 14 MeV-Neutronen.* Der totale Streuquerschnitt von über 50 Elementen wurde für 14 MeV-Neutronen bestimmt. Abweichungen von dem aus der statist. Theorie abgeleiteten Gesetz der Linearität zwischen der Quadratwurzel aus dem Streuquerschnitt u. der dritten Wurzel aus dem At.-Gew. (FESHBACH u. WEISSKOPF, C. **1950.** II. 966) wurden nur bei den leichten Elementen u. den Elementen oberhalb der Seltenen Erden gefunden. Ein Einfl. der geschlossenen Kernschalen konnte nicht festgestellt werden. (Physic. Rev. [2] **88.** 562—64. 1/11. 1952. Los Alamos, N. Mex., Univ. of California, Los Alamos Sci. Labor.) GANS. 90

G. Guernsey, G. Mott und **B. K. Nelson,** *Differentieller (n—p)-Streuquerschnitt für 220 MeV-Neutronen.* Vff. bestimmen unter Benutzung eines Koinzidenzteleskops von 4 Scintillationszählern den Streuquerschnitt für 180 u. 220 MeV-Neutronen in Polyäthylen. Die Messungen des Streuquerschnittes liegen im Winkelbereich zwischen 75 u. 180°. Aus der Auswertung der Kurven ergibt sich befriedigende Übereinstimmung mit den 260 MeV-Werten von KELLY u. Mitarbeitern (C. **1951.** II. 926). Die Berücksichtigung von Tensorwechselwrkg. im theoret. Potentialmodell erscheint begründet. (Physic. Rev. [2] **88.** 15—19. 1/10. 1952. Rochester, N. Y., Univ. of Rochester, Dep. of Phys.) GANS. 90

Herbert Fishman und **Alfred Morris Perry jr.,** *Durch energiereiche Protonen und Neutronen ausgelöste Sterne.* ILFORD G 5-Platten (200, 300 u. 60 μ) werden mit $\sim$240 MeV-Protonen u. $\sim$180 MeV-Neutronen aus dem 130 in.-Cyclotron exponiert. Die Platten befinden sich parallel zur Mittelebene des Cyclotrons in der Nähe des Cyclotronradius, wo $-$ d(*ln*H)/d(*ln* R) = 0,2 ist. Durch mkr. Absuchen der Platten werden 596 durch Neutronen ausgelöste Sterne mit insgesamt 1847 Zacken (im Durchschnitt 3,1 Zacken pro Stern mit zwei oder mehreren Zacken) beobachtet. 194 durch Protonen ausgelöste Sterne werden durch Verfolgen der Protonenbahnen u. 321 durch gebietsweises Absuchen der Platten gefunden. Die nach der letzten Meth. gefundenen Sterne sind nur in die Winkelverteilung der Zacken eingeschlossen, die von der Sterngröße für schwarze u. grauschwarze Zacken wesentlich u. für graue Zacken nahezu unabhängig sind. Bei Betrachtung von Sternen mit drei oder mehreren Zacken finden Vff. einen Durchschnitt von 3,6 Zacken pro Stern für Neutroneneinw. u. von 3,7 Zacken pro Stern für Protoneneinwirkung. Wird die Anzahl der Sterne in Abhängigkeit von der Gesamtzahl der Zacken wiedergegeben, so ist die Anzahl der Protonen- u. Neutronensterne für 1 Zacke 32 bzw. 0, 2 Zacken 82 bzw. 199, 3 Zacken 43 bzw. 225, 4 Zacken 23 bzw. 117, 5 Zacken 11 bzw. 55 u. für 6 Zacken 3 Protonensterne u. 10 Neutronensterne. (Physic. Rev. [2] **86.** 167—70. 15/4. 1952. Rochester, N. Y., Univ., Dep. of Phys.) GERHARD SCHMIDT. 90

G. S. Pawlicki und **E. C. Smith,** *Vorläufige Untersuchungen von Neutronen-Gesamtquerschnitten mit dem Schnellunterbrecher (chopper) des Oak Ridge National Laboratory.* (Sitzungsbericht.) Es wird über den Betrieb eines Neutronenflugzeitspektrometers mit einer Auflösung von 1,2 μsec/m berichtet. Als Nachweisgerät dient ein BF_3-Zähler mit 1 at Fülldruck von 12 in. Länge u. 24 in.² Stirnfläche, der an einen 84-Kanal-Schaltkreis mit Zeitsteuerung angeschlossen ist. Die Durchlässigkeit von *In* wird bis zu 1 eV hinunter gemessen, 5 Resonanzen oberhalb 10 eV werden beobachtet. (Physic. Rev. [2] **87.** 221. 1/7. 1952. Oak Ridge, Tenn., Nat. Labor.) WEIGEL. 90

H. Palevsky und **D. J. Hughes,** *Wirkungsquerschnitte von Fe für kalte Neutronen.* (Sitzungsbericht.) (Vgl. vorst. Ref.) Der Neutronenquerschnitt von Fe wird mit dem Unterbrecher bei Präparatentempp. von 150, 295 u. 450° K gemessen. Der beobachtete Querschnitt läßt sich als Funktion von Wellenlänge λ u. Temp. T durch die Formel $\sigma = a + [b + c(T)] \cdot \lambda$ wiedergeben. Für die Konstante a wird aus den Kurven für verschied. Werte von T ein Wert von $0,42 \pm 0,02$ barn gefunden u. a mit dem inkohärenten Isotopenstreuanteil identifiziert. Der temperaturabhängige Teil stimmt mit den Rechnungen von KLEINMAN für die unelast. Streuung von Neutronen an Kristallen überein, die 100-Interferenz wird auch bei tiefen Tempp. in Übereinstimmung mit der von ZENER vorgeschlagenen antiferromagnet. Struktur gefunden. (Physic. Rev. [2] **87.** 221. 1/7. 1952. Brookhaven Nat. Labor.; Columbia Univ.) WEIGEL. 90

N. Austern, *Gültigkeit der Bornschen Approximation beim Abstreifprozeß.* (Vgl. Daitch u. French, C. **1953.** 3511.) Durch die Bornsche Approximation beim Deuteronenabstreif-(stripping)-Prozeß wird angenommen, daß die einfallende Wellenfunktion eine befriedigende erste Approximation der Wellenfunktion des Syst. darstellt. Für Rkk. niedriger Energie, bei denen die Störungen im Vgl. viel stärker sind, ist diese Darst. allg. nicht zulässig. Für den Abstreifprozeß jedoch wird gezeigt, daß das Ergebnis der Bornschen Approximation auf einem anderen Weg erhalten werden kann, der nur die physikal. erklärbaren Annahmen von Butler (Proc. Roy. Soc. [London] **208.** [1951.] 559) verwendet. (Physic. Rev. [2] **89.** 318—19. 1/1. 1953. Ithaca, N. Y., Cornell Univ., Labor. of Nucl. Stud.) Gerhard Schmidt. 90

Francis Bitter, *Blick in den Atomkern.* Überblick über die Möglichkeiten u. Methoden, wie aus der Unters. der Hyperfeinstruktur Aussagen über den Kernaufbau gemacht werden können. (J. opt. Soc. America **43.** 233—36. April 1953. Cambridge, Mass., MIT, Res. Labor. of Electron.) Lindberg. 95

León Garzón Ruipérez, *Die Kernfeldtheorie und die Mesonen.* (Vgl. C. **1953.** 4806.) Vf. gibt eine Darst. der Kernfeldtheorie von Yukawa u. legt dar, daß die Konstante von Yukawa gleich n/r ist, daß ihr also nicht der bisher angenommene universelle Charakter zukommt. Es wird mathemat. begründet, daß eine große „Mesonenfamilie" möglich ist. (Metalurgia y Electr. **17.** Nr. 186. 56—62. Febr. 1953.) R. K. Müller. 95

Steven A. Moszkowski, *Lebensdauern von Kernisomeren.* Bei der Behandlung von Strahlungsübergängen in Kernisomeren unter Zugrundelegung verschied. Kernmodelle beschränkt sich Vf. auf den Fall, daß die Multipolordnung der Strahlung gleich der Spindifferenz ist. Die Lebensdauer wird als Funktion eines Matrixelements dargestellt, das Vf. für verschied. Kernpotentiale numer. berechnet. Theoret. Werte des Matrixquadrats werden mit experimentellen Daten verglichen. (Physic. Rev. [2] **89.** 474—82. 15/1. 1953. Chicago, Ill., Univ. of Chicago.) Gans. 95

A. M. Feingold, *Der Grundzustand von ^{14}N.* Als eine Alternativerklärung für den Verbotenheitsgrad des β-Zerfalls nimmt Vf. an, daß der Grundzustand von ^{14}N in der Hauptsache ein P-Zustand, entweder $^3P_1$ oder $^1P_1$, ist. Wird ferner angenommen, daß die Haupt-Spin-Bahnkraft eine Tensorkraft ist, so folgt, daß in einer Störungsrechnung zweiter Ordnung die Tensorkraft sich mit einigen D- u. F-Zuständen, aber mit keinem $^3S_1$-Zustand vermischt. Ein geringer Beitrag des $^3S_1$-Zustandes wird nur in der nächsthöheren Ordnung der Störungsrechnung erscheinen, die von der angeführten kleinen Beimischung des D-Zustandes herrührt. Bei diesem Modell wird erwartet, daß nur eine 10^{-1}—10^{-2}%ig. Beimischung des $^3S_1$-Zustandes im Grundzustand erfolgt. Die mit diesem Modell erhaltenen Ergebnisse werden mit dem Experiment verglichen. (Physic. Rev. [2] **89.** 318. 1/1. 1953. Philadelphia, Pa., Univ. of Pennsylvania.) Gerhard Schmidt. 95

Carl T. Hibdon und **C. O. Muehlhause,** *Innere Konversion von Neutroneneinfang-γ-Strahlen.* (Sitzungsbericht.) (Vgl. C. **1952.** 2958.) In Fortsetzung früherer Verss. untersuchen Vff. mit einem 180°-Elektronenspektrographen mit konstantem Magnetfeld die innere Konversion der γ-Quanten aus (n, γ)-Rkk. an ^{114}Cd, ^{150}*Sm*, ^{165}*Dy* u. ^{200}*Hg*. Für ^{114}Cd werden γ-Quanten von 99,6 (99,9) u. 577,8 keV u. deren K- u. L_{III}-Konversionslinien beobachtet, für ^{150}Sm γ-Quanten bei $\sim$347 u. $\sim$453 keV nebst K- u. L_{III}-Linien, für ^{165}Dy γ-Quanten bei 85, $\sim$84, 107,9 u. 193,7 keV sowie K-, L_{II} (L_I?)-, L_{III}- u. M-Linien. ^{200}Hg liefert ein γ-Quant von $\sim$293 MeV sowie je eine L_{II}- u. M-Konversionslinie. (Physic. Rev. [2] **87.** 222. 1/7. 1952. Argonne Nat. Labor.) Weigel. 95

Louis Kaplan, G. R. Ringo und **K. E. Wilzbach,** *Der Wirkungsquerschnitt von Deuterium für die Absorption thermischer Neutronen.* Es wird eine Revision des Wirkungsquerschnittes für die Rk. D (n, γ) T für 2200 m/sec-Neutronen ausgeführt. Durch vergleichsweise Bestrahlung von Cd-abgeschirmtem D_2O, unabgeschirmtem D_2O u. in D_2O gelöstem analysenreinen, bei 210° getrocknetem Li_2SO_4 gelingt es, den Querschnitt der obigen Rk. an denjenigen für die Neutronenabsorption von *Li* anzuschließen, der seinerseits mit einem B-Standard verglichen wird. Bei einem Meßwert von 755 barn für *B* ergibt sich für die angeführte Rk. ein Wert von 0,57 $\pm$ 0,01 mbarn. (Physic. Rev. [2] **87.** 785—86. 1/9. 1952. Chicago, Ill., Argonne Nat. Labor.) Weigel. 103

B. E. Freeman und **J. L. McHale,** *Potentialwalldurchdringungseffekte für leichte Kerne.* Vff. untersuchen die Energieabhängigkeit verschied. Durchdringungsparameter für Protonen- u. α-Beschuß leichter Kerne u. finden bes. für den Fall $L > O$ ähnliches Verh. aller Parameter. Die Anwendbarkeit von Durchdringungsparametern wird an Hand numer. Berechnungen bes. für die Rk. ^{7}*Li* (p, α) α diskutiert. Näherungsformeln für den Reaktionsquerschnitt werden auf der Grundlage des Einkörpermodells angegeben; der Einfl. der Absorption auf den Wirkungsquerschnitt durch Resonanzverbreiterung wird berechnet. (Physic. Rev. [2] **89.** 223—36. 1/1. 1953. New Haven, Conn., Yale Univ.) GANS. 103

F. D. S. Butement, *Das Spektrum der beim μ-Mesoneneinfang durch Kohlenstoff emittierten Strahlung.* Die Anordnung zur Messung des Spektr. der beim Einfang von μ-Mesonen durch C emittierten Strahlung besteht aus einem mit einer Lsg. von p-Terphenyl in Toluol gefüllten Tank, in welchen zwei Scintillationszähler, davon einer mit NaJ(Tl)-Kristall, eingesetzt sind. Durch Koinzidenzschaltungen wird erreicht, daß nur die elektromagnet. Strahlung registriert wird. Die Eichung des Spektrometers erfolgt durch ^{170}Tm u. ^{137}Cs. Das Histogramm für die Strahlung des Mesoneneinfangs zeigt ein Maximum bei 80 keV. Aus den Messungen wird geschlossen, daß für jedes eingefangene Meson ein Strahlungsübergang erfolgt, der im 1 s-Niveau endet. (Philos. Mag. [7] **44.** 208—11. Febr. 1953. Harwell, Berks., A. E. R. E.) EICHHOFF. 103

Stanley B. Jones und **R. Stephen White,** *Relative Ausbeutefunktionen für π^--Mesonen aus Kohlenstoff.* C-Targets wurden mit α-Teilchen mit Energien von 265—390 MeV oder Protonen mit Energien von 165—345 MeV beschossen u. jeweils die Anzahl der erzeugten π^--Mesonen mit Energien zwischen 2 u. 10 MeV mittels Kernemulsionsplatten gemessen. Das α-Teilchenbündel war 1,5 mm stark, die Belichtungszeit der 50 μ dicken ILFORD C 2-Platten betrug 20 Minuten. Der Protonenstrahl war 0,8 mm stark, die Belichtungszeit der 100 μ dicken KODAK NTB-Platten war 30 Sekunden. Bei jeder Strahlenergie wurde eine einzelne Platte aus der Mitte des Stapels ausgewertet, das Zählergebnis wurde dann entsprechend dem integralen Strahlenbündel, der Plattendicke u. dem berücksichtigten Gebiet korrigiert. Setzt man die π^--Ausbeute bei der höchsten Primärenergie jeweils gleich 100%, so ist sie bei α-Teilchen bei 60 MeV geringerer Energie u. bei Protonen bei 70 MeV geringerer Energie auf 25% abgefallen. (Physic. Rev. [2] **78.** 12—13. 1/4. 1950. Berkeley, Calif., Univ., Dep. of Phys., Radiat. Labor.) E. REUBER. 103

R. C. Garth, D. J. Hughes und **J. S. Levin,** *Niveaudichten aus dem Einfang schneller Neutronen.* (Sitzungsbericht.) Es wird die Niveaudichte einer Reihe von Compoundkernen berechnet aus den von HEIDMANN u. BETHE (vgl. C. **1952.** 5524) abgeschätzten Strahlungsbreiten, den experimentell bestimmten Einfangsquerschnitten für schnelle Neutronen u. den Neutronenbindungsenergien. Die bei Anregungsenergien von ca. 8 MeV erhaltenen Niveaudichten sind vergleichbar mit dem statist. Kernmodell für nichtmagische Kerne, neutronenmagische Kerne zeigen dagegen auch nach Korrektur für den Unterschied in der Anregungsenergie einen wesentlich größeren Niveauabstand. Die Querschnitte für die protonenmagische *Sn*-Isotope werden bestimmt; der therm. Querschnitt für die Bldg. des 10 Min.-^{125}Sn wird zu ca. $^1/_3$ der früher mitgeteilten Werte gefunden. Vorläufige Ergebnisse für die Querschnitte mehrerer Sn-Aktivitäten liegen zwischen 10—15 mbarn. (Physic. Rev. [2] **87.** 222. 1/7. 1952. Brookhaven Nat. Labor.) WEIGEL. 103

E. der Mateosian und **M. Goldhaber,** *Messung der Energien isomerer Übergänge mit einem Scintillationsspektrometer.* Mittels eines γ-Scintillationsspektrometers kann die Energie isomerer Übergänge bestimmt werden, wenn der Übergang nicht zu stark konvertiert, die spezif. Aktivität niedrig u. die Lebensdauer kurz sind. Es wurden mit TlJ aktivierte NaJ-Kristalle von 2 cm²· 1 cm benutzt. Zur Eichung dienten 5 Linien zwischen 59 u. 661 keV. Bestimmt wurden die folgenden γ-Energien der Isomere: ^{46}*Sc* (19,5 Sek.) 135 keV; ^{77}*Se* (17,5 Sek.) 150 keV; ^{104}*Rh* (4,7 Min.) 52 keV; ^{122}*Sb* (3,5 Min.) 68 keV; ^{179}*Hf* (19 Sek.) 215 keV u. ^{192}*Ir* (1,5 Min.) Kontinuum. Die Genauigkeit beträgt ca. 10%. (Physic. Rev. [2] **82.** 115—16. 1/4. 1951. Upton, Long Island, N. Y., Brookhaven Nat. Labor.) WIEDEMANN. 103

R. Montalbetti, *Lebensdauer-Energie-Spin-Nomogramm für γ-Strahlübergänge.* Wiedergabe eines Nomogramms, das die Lebensdauer von γ-Übergängen nach der Formel von WEISSKOPF (C. **1952.** 1945) zum Energie- u. Spinwechsel in Beziehung setzt. (Canad. J. Physics **30.** 660—62. Nov. 1952. Saskatoon, Univ. of Saskatchewan, Dep. of Phys.) CONRAD. 103

Howard A. Slack, *Die Anwendung neuer Zähltechniken in der geophysikalischen Forschung.* 1. Mitt. *Feldmessungen der Radioaktivität von Gesteinen.* Ein γ-Zähler zur Messung der Radioaktivität von Gesteinen im Gelände, der empfindlicher u. leichter tragbar ist als andere, wird zur Messung der Radioaktivität im Kirkland Lake-Gebiet in Nord-Ontario benutzt. Die Messungen am Round Lake-Batholith werden mit früheren verglichen. (Trans. Amer. geophysic. Union **33.** 897—901. Dez. 1952. Toronto, Can., Univ., Geophys. Labor., u. Evanston, Ill., Univ., Dep .of Geol.) HILLER. 112

Kenneth Whitham, *Die Anwendung neuer Zähltechniken in der geophysikalischen Forschung. 2. Mitt. Laboratoriumsscintillationszähler für einige geophysikalische Probleme.* (1. vgl. vorst. Ref.) Die Entw. u. Anwendung eines Laboratoriumsscintillationszählers wird beschrieben. Mit ihm kann der *U*- u. *Th*-Geh. eines Minerals nebeneinander bestimmt werden, soweit $U_3O_8/ThO_2 > 0{,}01$. Die absol. Empfindlichkeit entspricht dem Äquivalent von 0,005% U_3O_8. Die Anwendung der Best. auf geophysikal. Probleme u. zur Altersbest. werden diskutiert. (Trans. Amer. geophysic. Union **33.** 902—11. Dez. 1952. Toronto, Can., Univ., Geophys. Labor.) HILLER. 112

Émile Morilleau, Henri Dormont und **Robert Champeix,** *Photomultiplier, die speziell der Zählung von Scintillationen angepaßt sind.* Aufzählung der Forderungen, die an einen guten Photoelektronenvervielfacher gestellt werden müssen, welcher die durch radioakt. Strahlung in einem Kristall hervorgerufenen Scintillationen messen soll. Zur Erfüllung dieser Forderungen benutzen Vff. eine $SbCs_3$-Photokathode u. eine 10stufige Vervielfachung an Schichten aus Cäsium auf oxydiertem Kupfer (Dynoden). Kleine Oberflächen der Photokathode u. der ersten Dynode, Getterung, Abrundung der Dynodenkanten u. gute Isolation bewirken eine Kleinhaltung des Dunkelstroms. Eine rotationssymm. elektrostat. Linse sorgt für Fokussierung auf eine kleine Oberfläche der ersten Dynode. (C. R. hebd. Séances Acad. Sci. **236.** 474—76. 2/2. 1953.) LENZ. 112

J. B. Birks, *Kernemulsion und Scintillationskristallprozesse.* Der Ausdruck für die spezif. Fluorescenz eines Scintillationskristalls $dS/dr = (AdE/dr)/(1 + k\,BdE/dr)$ wobei dE/dr der spezif. Energieverlust u. A, k, B Konstanten bedeuten, gilt bei passender Wahl der Konstanten auch, wenn d S/d r durch d G/d r, die spezif. Korndichte in einer Teilchenbahnspur, ersetzt wird, u. zeigt die Analogie, die zwischen der Beobachtung ionisierender Teilchen mit Kernemulsionen u. Scintillationskristallen besteht. (Physic. Rev. [2] **86.** 791. 1/6. 1952. Grahamstown, Rhodes Univ., Phys. Dep.) EICHHOFF. 112

J. Catalá und **J. Casanova,** *Diffusion von Uran in Kernemulsionen bei Beschickung mit Seidenfäden, die mit Uranylacetat getränkt sind.* Um die Diffusion des U bei der Beladung von Emulsionen durch U-getränkte Seidenfäden nach MEULEMANS, OCCHIALINI u. VINCENT (C. **1952.** 4257) zu untersuchen, messen Vff. die Zahl der Bahnspuren in verschied. Entfernungen vom Faden, die bei ca. 30—40 μ Abstand rasch abnehmen u. bei ca. 250 μ Abstand prakt. verschwinden. Die D. (Kornzahl/μ) nimmt bis zu 50—60 μ Abstand zu u. bleibt dann prakt. konstant. Die Empfindlichkeit der Schicht ist zwischen Faden u. 60 μ Abstand davon stark verringert. (Euclides [Madrid] **13.** 18—19. Jan. 1953. Valencia, Inst. de Opt. Daza de Valdés.) R. K. MÜLLER. 112

Reinhards Siksna, *Radioaktivität aus der atmosphärischen Luft, untersucht mit der photographischen Emulsionsmethode.* Beschreibung der Anwendungen einer Meth., bei welcher entweder eine frei aufgehängte, negativ aufgeladene Metallscheibe aktiviert u. anschließend mit einer Kernplatte in Kontakt gebracht wird oder die innere Elektrode eines Ionenaspirators nach EBERT mit einer dünnen Papierhülle bedeckt u. diese auf eine Kernplatte gebracht wird. Die Auswertung der Bahnspuren gestattet die Identifizierung der einzelnen Radioelemente u. die Best. ihrer Häufigkeitsverhältnisse. (Ark. Geofysik **1.** 123—47. 1951. Uppsala, Univ., Inst. für Hochspannungsforsch.) EICHHOFF. 112

A₂. Optisches Verhalten der Materie.

E. M. Lewis und **William Liller,** *Die Schwächung des Kontinuums in einem KO-Zwerg.* Vff. berechnen die Höhe des wahren Kontinuums von ε Eridani aus Unterss. der Profile der $\lambda = 4227$ Å-Linie des *Ca I* u. der K-Linie des Ca II. Da die sich ergebende Änderung im gesamten Gebiet dieser Linien groß ist, muß die Meth. der äquivalenten Linienbreiten mit Vorsicht angewandt werden. (Astrophysic. J. **116.** 428—32. Sept. 1952. Univ. of Michigan, Observ.) D. HAHN. 113

Roscoe F. Sanford, *Das Spektrum und die Radialgeschwindigkeiten von W Virginis.* An Hand von 23 Spektrogrammen untersucht Vf. die Wechsel des Spektr. u. der Radialgeschwindigkeit mit dem Lichtwechsel. Es treten große Änderungen der relativen Intensitäten auf, mit Phasen zwischen Linien der ionisierten Elemente u. der Grundzustandslinien der neutralen Elemente, wie *Fe I*. Es zeigen sich *H*-Emissionslinien vom Lichtminimum bis 0,1 P nach dem Lichtmaximum (ein Intervall von 0,45 P). (Astrophysic. J. **116.** 331—36. Sept. 1952. Washington, California Inst. of Technol., Mount Wilson and Palomar Obss., Carnegie Institut.) D. HAHN. 113

M. G. Adam, *Interferometrische Messungen von Wellenlängen. 1. Mitt. Entwicklung der Methode der zirkularen Kanäle und ihre Anwendung bei 5080 und 6020* Å. Nach der von TREANOR (Monthly Notices Roy. astronom. Soc. **109.** [1949.] 389) angegebenen

Meth. werden *Fe-*, *Ni-* u. *Mn*-Linien aus dem Sonnenspektr. durch direkten Anschluß an den prim. Cd-Standard neu gemessen u. mit in gleicher Weise gemessenen Fe- u. Mn-Linien eines Vakuumbogens verglichen. Eingehende Darst. des Meßverf. u. der Auswertung. Die Rotverschiebung der solaren Linien beträgt 0,0093 Å bei 5080 Å u. nur 0,0065 Å bei 6020 Å. Diese Ergebnisse lassen sich nicht durch eine Kombination der Relativitätsverschiebung (0,0107 Å bei 5080 Å u. 0,0126 Å bei 6020 Å) mit einer Stoßverschiebung erklären. (Monthly Notices Roy. astronom. Soc. **112.** 546—69. 1952. Oxford, Univ., Obs.) EICHHOFF. 113

Romuald Anthony, *Beobachtung von Nicht-Rayleigh-Streuung im sehr nahen Infrarotspektrum des Taghimmels.* (Sitzungsbericht.) Die Taghimmelspektren wurden bei mehreren verschied. Azimutwinkeln von der Sonne für annähernd konstante Sonnenhöhe im Bereich von 0,55—2,2 μ mit einer PbS-Zelle als Empfänger aufgenommen. Durch Vgl. des Taghimmelspektr. mit dem einige Min. zuvor registrierten direkten Sonnenspektr. konnte die Veränderung in der spektralen Verteilung für verschied. Himmelsregionen beobachtet werden. Die Versuchsresultate wurden ebenso wie diejenigen von ADEL (C. **1950.** II. 500) graph. dargestellt als log $(I_s/I_d)_\lambda$ gegen log λ (I_s = Intensität des Himmelspektr., I_d = Intensität des direkten Sonnenspektr.) u. zeigen übereinstimmend eine ausgesprochene Diskontinuität bei $\lambda = 0,85\ \mu$ mit einem plötzlichen Anstieg der Neigung gegen 1,2 μ. Die aus den von HOLL (Optik **4.** [1948/49.] 173) veröffentlichten „red. Streufaktoren" errechneten Werte ergeben eine Kurve völlig gleicher Form. (Physic. Rev. [2] **88.** 157. 1/10. 1952. Inyokern.) EICHHOFF. 113

Henry Aroeste, *Nichtadiabatische Übergänge.* Mathemat. Behandlung des nichtadiabat. Überganges zwischen undegenerierten Elektronen auf der Grundlage der BORN-OPPENHEIMER- u. der DIRAC-Theorie über zeitunabhängige Schwingungen. (J. chem. Physics **21.** 181. Jan. 1953. Ithaca, N. Y., Cornell Univ.) ZIMMER. 114

M. M. Perlman und **M. Bloom,** *Eine Korrektur für die Kernresonanzmodulation.* Es wird theoret. eine Modulationskorrektur berechnet, die experimentell bei der Unters. der Protonenresonanz in NH_4NO_3 bestätigt wird. Es wurde gefunden, daß der experimentell gefundene Wert für das „zweite Moment" um den Betrag $^1/_3$ HM^2 größer ist als der wahre Wert (HM: Modulationsamplitude). Die Korrektur gilt auch noch, wenn die Amplitude nahe der Linienbreite ist. Sie gibt sehr gute Ergebnisse, wenn sie auf die Analyse der Linienform angewendet wird. (Physic. Rev. [2] **88.** 1290—91. 15/12. 1952. Montreal, Can., McGill Univ., Radiat. Labor.) v. HARLEM. 114

A. M. Bass und **H. P. Broida,** *Einflüsse des Schwingungszustandes auf Rotationsintensitätsverteilungen in OH.* Es wurden die Rotationstempp. aus dem OH ($^2\Sigma^+ - {}^2\pi$)-Emissionsspektr. bestimmt, u. zwar wurde das Spektr. in den heißen Gasen oberhalb der Reaktionszone einer Flamme eines stöchiometr. Gemisches von H_2 u. O_2 beobachtet. Die Messungen wurden für die 6 Hauptzweige der (3,3)-, (2,2)-, (1,1)-, (0,0)-, (1,0)- u. (2,1)-Banden von OH ausgeführt. Tabellar. sind die erhaltenen mittleren sowie maximalen u. minimalen Tempp. angegeben. Der große Unterschied zwischen den beiden Extremtempp. ergibt sich aus der Streuung der gemessenen Intensitäten. Es konnte weiter nachgewiesen werden, daß Selbstabsorption nicht die Hauptursache für die beobachteten Differenzen ist. Es war bis jetzt noch nicht möglich, die gemessenen Unterschiede voll zu erklären. (J. chem. Physics **21.** 173. Jan. 1953. Washington, D. C., Nat. Bur. of Stand.) GOTTFRIED. 118

Yoshio Tanaka, *Über die neuen Absorptionsbanden des Sauerstoffmoleküls im fernen ultravioletten Gebiet.* Um die hoch erregten Zustände des O_2-Mol. zu untersuchen, nimmt Vf. die Absorptionsbanden des O_2-Mol. im äußersten UV-Gebiet auf. Zwischen 1200 u. 1290 Å findet er zwei neue Bandenverläufe, von denen einer den RYDBERG-Serien anzugehören scheint. Außerdem werden einige kurze Kontinua nahe dem kurzwelligen Ende des SCHUMANN-RUNGE-Absorptionskontinuums beobachtet u. das Verh. von drei starken u. diffusen Banden bei 1200∼1290 Å untersucht. Das Vorhandensein von O-Atomen in metastabilen ^1S-Zuständen in der oberen Atmosphäre wird kurz diskutiert. (J. chem. Physics **20.** 1728—33. Nov. 1952. Tokyo, Tokyo Univ. of Educat., Opt. Inst.) D. HAHN. 118

Jacques Romand und **Ebrahim Safary,** *Vervollständigung der Untersuchung des Absorptionsspektrums des gasförmigen Fluorwasserstoffs im Ultraviolett.* In einer aus rostfreiem Stahl hergestellten App. werden die Absorptionsspektren bei 16,5, 53, 100 u. 165° gemessen; bei den beiden höchsten Tempp. zeigt sich ein Maximum bei 1620 Å. Die Absorption steigt erst stark, dann schwächer mit der Temperatur. Bei provisor. Annahme, daß das Spektr. bei 165° gut das des $(FH)_1$ wiedergibt, ist bemerkenswert das Fehlen eines diskontinuierlichen Spektr., die Übereinstimmung der kurzwelligen Grenze mit dem bekannten Wert für die Dissoziationsenergie u. die Tatsache, daß der

Einfl. der Temp. zwischen 100 u. 165° durch einen für alle Absorptionskoeffizienten konstanten Faktor wiedergegeben werden kann, was bedeutet, daß allein die Zahl der Moll. $(FH)_1$ sich ändert. — Die mit einer Ag-App. früher (vgl. C. **1950**. II. 6) aufgefundene Bande mit dem Maximum bei 2050 Å konnte nicht wieder festgestellt werden u. muß wohl einer durch den Angriff auf das Metall entstandenen Verunreinigung zugeschrieben werden. (C. R. hebd. Séances Acad. Sci. **231**. 1050—52. 31/11. 1950.) RUMPF. 118

Kl. Schäfer und **K. Staab**, *Mechanismus der Beeinflussung der Linienintensität bei der Flammenphotometrie.* Die Beeinflussung der Intensität des *K*-Dubletts 7664,9 u. 7699,0 Å durch Zusatz von *Na* wird auf eine Störung des Gleichgewichts $K^{\cdot} + \Theta = K$ durch die vom Na in die Flamme eingebrachten Elektronen zurückgeführt. Vff. zeigen, daß mit Hilfe des Massenwirkungsgesetzes die Beziehung zwischen Linienintensität u. Na-Konz. gedeutet werden kann. Aus der Gleichgewichtskonstanten obiger Rk. läßt sich die Temp. einer *Acetylen*-Preßluft-Flamme ermitteln, die mit 2250° angegeben wird. (Naturwissenschaften **39**. 375—76. Aug. 1952. Heidelberg, Univ., Physikal.-chem. Inst.) SCHÖTTLER. 118

Russell D. Shelton und **Alvin H. Nielsen**, *Eine Infrarotuntersuchung der polymeren Banden des Fluorwasserstoffdampfes.* Vff. untersuchen in Fortführung der Arbeiten von BUSHWELL, MAYCOCK u. RODEBUSH (J. chem. Physics **8**. [1940.] 362) zur Erzielung größerer Genauigkeit die polymeren Banden des HF im Gebiet von 3000 bis 4250 cm^{-1} bei Tempp. von 32—88°. Die polymeren Banden liegen bei 3228, 3380 u. 3497 cm^{-1}. Es werden in Abbildungen der Temperatureinfl. u. der Druckeinfl. (1 at bis zum Vakuum) auf die polymere Absorption gezeigt. Das Spektr. wird unter der Annahme von Kettenmoll. ausführlich diskutiert. (J. chem. Physics **19**. 1312—13. Okt. 1951. Knoxville, Tenn., Univ., Dep. of Phys.) STRAUSS. 120

Richard H. Tourin, *Infrarotemission und -absorption von thermisch erregtem Kohlenstoffdioxyd.* Um genaue Informationen über die Spektralemission von Verbrennungsgasen bei hohen Tempp. zu erhalten, hat Vf. Messungen der Infrarotemission u. -absorption von CO_2 bei genau kontrollierten Bedingungen von Temp. (bis 1100°), Druck u. Zus. durchgeführt. Vf. gibt die benutzte App. an u. diskutiert im folgenden an Hand von zwei Abbildungen die Infrarotemission von erhitztem CO_2 im 2,8 μ- u. 4,3 μ-Gebiet. Er beobachtet die 3716 cm^{-1}- u. 3609 cm^{-1}-Kombinationsbanden, die in Flammenspektren nur schwer zu beobachten sind, u. die 2349 cm^{-1}-Fundamentalbande. Auf das Infrarotabsorptionsspektr., das unter denselben Bedingungen aufgenommen wurde, wird nicht näher eingegangen. (J. chem. Physics **20**. 1651. Okt. 1952. New York, N. Y., Ind. Sci. Comp.) D. HAHN. 120

D. Weber, **R. J. Holm** und **S. S. Penner**, *Integrale Absorption für Schwingungsrotationsbanden von CO_2.* Es wurden quantitative Infrarotintensitätsmessungen für einige der intensiveren Schwingungsrotationsbanden von CO_2 ausgeführt. Die erhaltenen Ergebnisse, die tabellar. zusammengestellt sind, stehen in guter Übereinstimmung mit den Beobachtungen von anderer Seite. (J. chem. Physics **20**. 1820. Nov. 1952. Pasadena, Calif., Inst. of Technol., Jet Propulsion Labor.) GOTTFRIED. 120

D. Edelson und **K. B. McAfee**, *Bemerkung zum Infrarotspektrum des Schwefelhexafluorids.* Vff. untersuchen das Absorptionsspektr. des SF_6 u. finden im Gegensatz zu LAGEMANN u. JONES (C. **1952**. 641) in einigen Punkten Abweichungen. Eine Bande bei 540 cm^{-1} finden Vff. bei ihren Unterss. am SF_6 nicht, dagegen treten Linien bei 693, 825 u. 1502 cm^{-1} auf, die nach Ansicht der Vff. durch Verunreinigungen des SF_6 (S_2F_{10}, SF_4) bedingt sind. Vff. messen die Absorption des S_2F_{10} u. vergleichen sie mit der des SF_6. Für den Grundwert erhalten Vff. 947 cm^{-1} in guter Übereinstimmung mit LAGEMANN u. JONES (940 cm^{-1}). (J. chem. Physics **19**. 1311—12. Okt. 1951. Murray Hill, N. J., Bell Telephone Labor.) STRAUSS. 120

D. H. Rank, *Methoden zur Bestimmung von Molekülkonstanten.* Vff. gibt ein rechner. Verf. zur Auswertung von Mikrowellenspektren an. Besprochen werden die Best. der Rotationskonstanten B u. D a) aus den Daten von Fragmentbanden u. b) für angeregte Zustände, falls der B''-Wert des Grundzustandes bekannt ist. (J. chem. Physics **20**. 1975—76. Dez. 1952. State College, Pa., Pennsylvania State Coll.) KRESZE. 121

George T. Rado, *Theorie des Mikrowellenpermeabilitätstensors und des Faraday-Effektes in nichtgesättigten ferromagnetischen Stoffen.* Theoret. Betrachtungen. (Physic. Rev. [2] **89**. 529. 15/1. 1953. Washington, D. C., Naval Res. Labor.) GOTTFRIED. 121

A. F. Kip, **C. Kittel**, **A. M. Portis**, **R. Barton** und **F. H. Spedding**, *Mikrowellenresonanzabsorption in metallischem Gadolinium.* Es wurde die Mikrowellenresonanzabsorption in *Gd* bei 9000 u. 24300 MHz in den ferromagnet. u. paramagnet. Gebieten gemessen. Gd hat eine Sättigungsmagnetisierung, die sehr nahe dem für einen ^8S-Zustand zu erwartenden Wert liegt, während das magnet. Moment jedes Atoms den sieben Elektronen in der 4 f-Schale zugeschrieben werden kann. Zweck der Unterss. war, festzustellen, wie nahe der g-Wert dem Wert für freien Elektronenspin liegt. Aus den Unterss. ergab sich, daß Spin–Bahn-Kopplungseffekte auftreten, vielleicht zwischen dem Spin der $4f^7$-Schale u. der Bahn des 5 d-Elektrons, welches zum Teil die Reinheit des angenommenen ^{8}S-Ionenzustandes verdirbt. Die Messungen wurden bei 24300 MHz in dem Temperaturbereich zwischen -196 u. $+105,5^0$ durchgeführt; die CURIE-Temp. liegt bei 16°. Die Absorptionskurven im paramagnet. Gebiet haben die typ. Form der Resonanzkurven in Metallen; die Breite der Kurven ist angenähert 1000 Oe. Unterhalb 20° nimmt die Breite sehr rasch zu u. kann unterhalb 0° nicht mehr abgeschätzt werden. Der g-Faktor im paramagnet. Gebiet ist $1,95 \pm 0,03$, im ferromagnet. Gebiet wurde er zu 1,94 geschätzt, doch kann hier eine Fehlergrenze nicht angegeben werden. (Physic. Rev. [2] **89.** 518. 15/1. 1953. Berkeley, Calif., Univ., Dep. of Phys., u. Ames, Io., State Coll., Inst. for Atomic Res.) GOTTFRIED. 121

Ajit Ram Verma, *Durchlässigkeitsähnliche Reflexionsstreifen in doppelbrechenden Kristallen.* Ein dünner doppelbrechender Kristall wird auf einer versilberten, opt. planen Unterlage gezüchtet u. seine Oberfläche versilbert. In Reflexion gibt dieses Syst. dunkle FIZEAU-Streifen auf hellem Untergrund. Sie sind doppelt mit senkrecht zueinander polarisierten Komponenten. Bei Beleuchtung mit linear polarisiertem Licht u. Betrachtung des reflektierten Syst. entsteht ein helles Syst. auf dunklem Grund. Beide Komponenten sind in der gleichen Ebene polarisiert. Aufnahmen zeigen das Streifensyst. von kristalliner *Stearinsäure.* (Nature [London] **171.** 396. 28/2. 1953. Englefield Green, Surrey, Univ. of London, Royal Holloway Coll.) LINDBERG. 122

Peter D. Johnson und **Fred E. Williams,** *Haftstellen in mit Thallium aktiviertem Kaliumchloridphosphor.* Vff. untersuchten glow-Kurven an KCl·Tl u. fanden zwei Hauptmaxima bei 205 u. 300° K, die bei Erregung mit der Hg-Lampe alle anderen weit überwiegen. Der Zusatz von zweiwertigen Erdalkaliionen hat keinen Einfl., wohl aber von Cd^{2+}, das die 205- u. 300° K-Maxima verkleinert u. ein Maximum bei 270° K hervorhebt. Da Cd^{2+} unmittelbar neben Tl^+ die Metastabilität der Übergänge $^3P_2{}^0 \rightarrow {}^1S$ u. $^3P_0{}^0 \rightarrow {}^1S$ des Tl^+ aufhebt (C. **1953.** 649), werden $^3P_0{}^0$ des isolierten Tl^+ die glow-Kurvenmaxima 205 u. 300° K zugeordnet. Die Energie der Tl^+-Terme $^1S_0$, $^3P_2{}^0$, $^3P_0{}^0$ wird gittertheoret. berechnet u. das Termschema gezeichnet. Da 4,5 eV zur Ionisation eines metastabilen Tl^+-Terms erforderlich sind, können durch Bestrahlen mit 1850 Å F-Zentren erzeugt werden. Auch V-Zentren durch langwelliges UV müssen erzeugt werden können, was auch bei der Temp. des fl. He beobachtet wurde. Weiter wird ein quantitatives Potentialkurvenmodell angegeben. Nur ein kleiner Teil der metastabilen Terme wird bei Erregung besetzt, hauptsächlich da das Elektron erst über einen nicht metastabilen Term ($^3P_1{}^0$ oder $^1P_1{}^0$) in den metastabilen gelangt, aus dem es das erregende Licht wieder abspaltet. Die zum Übergang aus den nichtmetastabilen in die metastabilen angeregten Terme nötige Aktivierungsenergie liefert die Polarisationsenergie, die bei der Erregung frei wird. (J. chem. Physics **21.** 125—30. Jan. 1953. Schenectady, N. Y., General Electric Res. Labor.) BRAUER. 125

M. A. Konstantinowa-Schlesinger, N. A. Gorbatschewa und **Je. I. Panassjuk,** *Zur Charakteristik einer Photoluminophorenklasse auf Sulfatgrundlage.* Vff. bestimmen die Temperaturausleuchtkurven von $BaSO_4$- u. $SrSO_4$-Phosphoren u. bes. $PbSO_4$ (**I**)- u. $CdSO_4$ (**II**)-Phosphoren mit Na_2SO_4·(K_2SO_4, *NaCl*, *LiF*) als Schmelzmittel mit u. ohne Zusatz von SiO_2 u. $NaWO_4$, wobei **I** mit *Sm*; *Sm, Ce* u. *Mn*, **II** mit *Mn* u. *Pb* u. *Mn, Pb* aktiviert sind. Die Fluorescenzintensität des $PbSO_4$·Sm-Phosphors mit SiO_2-Zugabe ist größer als die aller übrigen u. beträgt fast das 3fache des $PbSO_4$·Sm-Phosphors mit $NaSO_4$ als Schmelzmittel. Die maximale Ausleuchtung liegt für $PbSO_4$·Mn bei 90—100°, die von $PbSO_4$·Sm bei 160—180°. Doppelaktivierung von $PbSO_4$ mit Sm, Ce führt zu keinem weiteren Maximum der Temperaturausleuchtkurve, erhöht dagegen die speicherbare Lichtsumme stark. Die Ausleuchtkurven von $CdSO_4$·Mn u. $CdSO_4$·Pb besitzen beide ihr Maximum bei ca. 70°, die sich jedoch bzgl. der Intensität stark unterscheiden: Im 1. Fall beträgt sie in relativen Einheiten I = 110, im 2. ca. 8. $CdSO_4$·Mn, Pb besitzt dagegen 2 davon verschied. Maxima der Ausleuchtkurve: t = 35°, I = 145; t = 180°, I = 180. Dieser doppeltaktivierte Phosphor leuchtet sehr lange, wenn auch mit geringerer Intensität, nach. (Журнал Экспериментальной и Теоретической Физики [J. exp. theoret. Physik] **23.** 588—92. Nov. 1952. Physikal. Lebedew-Inst. der Akad. der Wiss. der UdSSR.) AMBERGER. 125

Loran Bittman, Milton Furst und **Hartmut Kallmann,** *Abklingzeiten, Fluorescenzausbeuten und Energiespeicherung für verschiedene Stoffe bei Erregung durch γ-Strahlen und α-Teilchen.* Zusammenstellung zahlreicher Meßergebnisse über Abklingen der durch α-Teilchen u. γ-Quanten erregten Lichtblitze, gemessen an Hand der Spannungsspitzen eines Elektronenvervielfachers mit verschied. Ausgangswiderständen. Untersucht wurden Einkristalle von *Anthracen, Naphthalin,* $CaWO_4$, *KJ, Stilben, Pulver* von *ZnS·Ag, (Zn, Cd)S* u. *ZnO,* sowie Lsgg. von *m-* u. *p-Terphenyl* u. *Diphenylhexatrien* in *Phenylcyclohexan* u. *Xylol.* Das Abklingen der organ. Stoffe läßt sich im wesentlichen durch ein einfaches Exponentialglied (mitunter mit einem zusätzlichen, langsameren Abklingen), das der anorgan. Verbb. durch eine Summe von mehreren Exponentialgliedern mit verschied. Zeitkonstanten beschreiben. Die mittleren Zeitkonstanten τ der organ. Stoffe liegen zwischen 10^{-8} u. 10^{-9} Sek.; sie sind für α-Teilchenerregung nur wenig kürzer als für γ-Strahlanregung. Dieses Ergebnis zusammen mit den Messungen der Lichtsumme von mit beiden Strahlarten erregten organ. Lsgg. geben eine Möglichkeit zur Erklärung der niedrigeren Lichtausbeute bei α-Teilchenerregung gegenüber γ-Strahlerregung. Ein Vgl. der Fluorescenzhelligkeit in bezug auf die Lichtsumme mit Anthracen zeigt für anorgan. Leuchtstoffe eine bemerkenswert größere Lichtausbeute für *CsBr·Tl, CsJ·Tl* u. *KBr·Tl.* Eine ausgesprochene Luminescenzausleuchtung nach γ-Strahlerregung durch langwelliges UV zeigt nur *NaCl·Ag.* Die Beziehungen zwischen Helligkeitsmaximum der Lichtblitze u. Lichtsumme sind für die untersuchten Stoffe nicht eindeutig. (Physic. Rev. [2] **87.** 83—86. 1/7. 1952. New York, N. Y., Univ., Phys. Dep.) Rudolph. 125

S. I. Weissman, *Polarisation der Singulett–Singulett- und Triplett–Singulett-Luminescenz von Chelatverbindungen.* Die *Dibenzoylmethankomplexverbb.* von *Li, K, Al, La* u. *Gd* werden in festen alkoh. Lsgg. (10^{-4} mol.) bei tiefen Tempp. mit dem polarisierten Licht einer Hg-Hochdrucklampe in der UV-Bande 300—400 mμ erregt u. die Polarisation der Luminescenz durch photograph. Messung der (senkrecht bzw. parallel zur erregenden Polarisation) polarisierten Luminescenzintensitäten $J_\perp$ u. $J_\parallel$ ermittelt. Für alle Chelate ist die Singulett–Singulett-Emission stark polarisiert mit $J_\parallel/J_\perp \sim 2{,}5$, während für die Singulett–Triplett-Emission diese Werte von Verb. zu Verb. zwischen 1 bis 2,5 variieren. Die Ergebnisse werden unter der Annahme diskutiert, daß eine Depolarisation durch Mol.-Rotation oder zwischenmol. Resonanzübertragung in fester Lsg. unbedeutend ist. Der erste Singulettzustand der einwertigen Chelate hat die Symmetrie B_1. Die Triplettzustände, deren Klassifizierung nicht einheitlich ist, sind bei den Chelaten des magnet. Gd gegenüber denen der nichtmagnet. Ionen qualitativ anders gestört. (J. chem. Physics **18.** 1258—62. Sept. 1950. St. Louis, Mo., Washington-Univ., Dep. of Chem.) Rudolph. 125

C. F. Ravilious, *Die Absorptions- und Fluorescenzspektren von p-Terphenyl in Toluol.* Das von einer 40 mC *Ra*-Quelle erzeugte Fluorescenzspektr. einer ½%ig. p-Terphenyllsg. in Toluol wurde mit dem Hilger-Quarzspektrographen untersucht. Die von 320—425 mμ reichende Fluorescenz hat bei 345 mμ ihr absol. Maximum. Die Absorptionskoeffizienten wurden aus der Absorption von Licht einer H_2-Lampe gemessen. Ihr Verlauf im Fluorescenzbereich wird dargestellt. (Rev. sci. Instruments **23.** 760. Dez. 1952. Washington, D. C., Naval Res. Labor., Electr. Div.) Lindberg. 125

C. N. Chou, *Innere Absorption des Fluorescenzlichtes in großen Kunststoff-Scintillatoren.* Es werden 20 cm lange Stäbe aus *Polystyrol* a) mit *Anthracen* (ca. 3%) u. b) mit *p-Terphenyl* (ca. 2%) hergestellt u. mittels Elektronenvervielfacher am Stabende die Scintillationen bei Bestrahlung senkrecht zur Stabachse mit γ-Strahlen (aus ^{60}Co) mit kosm. sowie mit weichen Röntgenstrahlen gemessen. Während a u. zum Vgl. gemessene Phenylcyclohexanlsg. mit 0,3% p-Terphenyl in gleichen Dimensionen prakt. keine innere Absorption des Fluorescenzlichtes zeigten, war dies bei b) der Fall. (Physic. Rev. [2] **87.** 376—77. 15/7.; [2] **88.** 167. 1/10. 1952. Chicago, Ill., Univ., Dep. of Phys.) Rudolph. 125

C. N. Chou, *Sättigungseffekt bei Kunststoff-Scintillatoren.* Mit 1,3 MeV-γ-Strahlung von ^{60}Co u. 5,3 MeV-α-Teilchen von Po wird die Lichtausbeute (gemessen durch Impulshöhe) als Funktion des Energieverlustes im Scintillator dE/dx gemessen für die Kunststoffscintillatoren: *Polystyrol* mit 2,3 u. 5% *Anthracen,* mit 2% *p-Terphenyl,* 2% p-Terphenyl + 0,03% *Diphenylhexatrien* sowie mit 4% p-Terphenyl + 0,03% Diphenylhexatrien. Die Linearität zwischen Lichtemission u. Energieverlust der erregenden Teilchen ist gegenüber den fl. Phenylcyclohexanlsgg. in einem weiteren Bereich gegeben. Die Konz. des Fluorescenzstoffes sowie die Zusätze von Diphenylhexatrien haben keinen Einfl. auf den Beginn der mit der Abweichung von der Linearität einsetzenden Sättigungserscheinungen. (Physic. Rev. [2] **87.** 903—04. 1/9. 1952. Chicago, Ill., Univ. of Chicago, Dep. of Phys.) Rudolph. 125

C. N. Chou, *Die Natur des Sättigungseffektes von Fluorescenzscintillatoren.* Die Abweichungen von der Proportionalität zwischen Fluorescenzlicht u. Energieverlust dE/dx des anregenden energiereichen Teilchens in Scintillationsstoffen, die für höhere dE/dx-Werte bei fl. u. festen Lsgg. organ. Stoffe, in geringerem Maße auch bei anorgan. Kristallen (z. B. NaJ·Tl) beobachtet wurden, werden theoret. u. a. mit Hilfe der Annahme gedeutet, daß die Anregungsenergie z. B. beim Kunststoffscintillator zunächst von den Kunststoffmoll. absorbiert u. dann auf die Fluorescenzstoffmoll. übertragen wird, wobei der Übertragungsmechanismus teils strahlend, teils strahlungslos verläuft. Die Wahrscheinlichkeit der strahlungslosen Übertragung infolge Energieaustausches durch eine Art Resonanz wird berechnet u. für drei spezielle Fälle die Änderung der spezif. Fluorescenz als Funktion von dE/dx bestimmt. (Physic. Rev. [2] **87.** 904—05. 1/9. 1952.) RUDOLPH. 125

A_3. Elektrizität. Magnetismus. Elektrochemie.

Pierre Barret, *Der Zerstäubungseffekt an Elektrolytlösungen durch anodische Funkenentladung.* Es wird über Erfahrungen mit der anod. Funkenentladung in Elektrolytlsgg. berichtet, aus denen sich ergibt, daß der Effekt streng spezif. für anod. Funkenentladungen ist, seine Intensität durch Verteilung der Fl. in dünner Schicht oder ihre Adsorption in einem isolierenden porösen Material begünstigt wird; die zerstäubten Teilchen tatsächlich aus der Lsg. stammen u. nicht aus kondensiertem Dampf u. der Effekt nicht auf wss. Lsgg. beschränkt ist, sondern z. B. auch in alkoh. Lsgg. des K stattfindet. (J. Physique Radium **13.** 69S. Dez. 1952.) NIEMITZ. 131

Pierre Barret, *Die Zerstäubung elektrolytischer Lösungen durch anodische Glimmentladung.* (Vgl. vorst. Ref.) Vf. behandelt das Problem der Zerstäubung (Z) elektrolyt. Lsgg. durch anod. Glimmentladung allg. u. speziell im Hinblick auf die Zusammenhänge zwischen der elektrolyt. Leitfähigkeit u. anderen elektrochem. Kennzeichen der Lsgg. u. dem Ausmaß der Z. Zunächst wird gezeigt, daß es sich tatsächlich um eine echte Z u. nicht um ein einfaches therm. Verdampfen handelt. Der Einfl. der Stromrichtung sowie der Dicke der Flüssigkeitsschicht wird besprochen. Die Z, die abhängig ist von der Natur des Lösungsm., der Natur u. der Konz. des Elektrolyten, sowie von der Temp., wird definiert als die Menge der Fl., die pro Einheit der negativen Elektrizitätsmenge, die durch die Flüssigkeitsoberfläche der Lsg. in Richtung von der Lsg. zur äußeren Elektrode hindurchgeht, zerstäubt wird. Sodann wird über eine Reihe von Verss. über die Beziehungen zwischen der Z u. der Konz. für folgende Elektrolyte in wss. Lsgg. berichtet: HCl, H_2SO_4, HNO_3, $NaOH$, KOH, $NaCl$, KCl, NH_4Cl, $SrCl_2$, $(NH_4)_2SO_4$, $NaNO_3$ u. $Pb(NO_3)_2$. Die Ergebnisse werden diskutiert, wobei gezeigt wird, daß die Konz. nicht der einzige, die Z beeinflussende Faktor ist, sondern offensichtlich auch die Beweglichkeiten beider Ionenarten u. andere Faktoren berücksichtigt werden müssen. Die Komplexizität stärker konz. Elektrolytlsgg. erlaubt es zur Zeit noch nicht, eine exakte Theorie der gesamten Zusammenhänge zu geben. (J. Chim. physique Physico-Chim. biol. **49.** C57—64. Juli/Aug. 1952. Dijon, Fac. des Sci., Labor. de Chim. générale.) NIEMITZ. 131

W. M. Dukelski und **E. Ja. Sandberg,** *Umladung der negativen Ionen Na^-, K^-, O^-, OH^- und O_2^- mit Sauerstoffmolekülen.* Die Umladung der negativen Ionen wurde bei ihrem Durchgang durch eine Kammer beobachtet, die mit O_2 bei niedrigem Druck gefüllt war. Zur Trennung der Teilchen dienten gekreuzte elektr. u. magnet. Felder. Es zeigte sich, daß die Umladung mit großem Querschnitt bei geringer Energie erfolgt. Es wurde auch der Fall der Resonanzumladung der Ionen O_2^- betrachtet u. ein Vgl. der Werte mit der Umladung positiver Ionen O_2^+ in O_2 angestellt. Die effektiven Querschnitte sind bei der Umladung negativer Ionen geringer. (Доклады Академии Наук СССР [Ber. Akad. Wiss. UdSSR] [N. S.] **82.** 33—36. 1/1. 1952. Leningrad, Physikal.-Techn. Inst. der Akad. der Wiss. der UdSSR.) A. KUNZE. 131

S. N. Ghosh, Ralph Trambarulo und **Walter Gordy,** *Elektrische Dipolmomente einiger Moleküle aus dem Stark-Effekt.* Ausführliche Mitt. zu der C. **1953.** 3353 referierten Mitt. mit ergänzenden Werten. Aus der Messung des STARK-Effektes des reinen Rotationsspektr. im Mikrowellengebiet wurden folgende mol. elektr. Dipolmomente (in DEBYE-Einheiten) bestimmt: NF_3: 0,234 ± 0,004; PF_3: 1,03 ± 0,01; POF_3: 1,77 ± 0,02 HCN: 3,00 ± 0,02; CH_3CN: 3,92 ± 0,06; CH_3NC: 3,83 ± 0,06; CH_3F: 1,79 ± 0,02; CH_3CCH: 0,75 ± 0,01; SiF_3H: 1,26 ± 0,01. Alle Werte gehören zum Vibrationsgrundzustand. (J. chem. Physics **21.** 308—10. Febr. 1953. Durham, N. C., Duke Univ., Dep. of Phys.) v. HARLEM. 132

Serge Le Montagner, Jean Le Bot und **Yves Allain,** *Die komplexe Dielektrizitätskonstante einiger Phosphate bei 9500 MHz als Funktion der Temperatur.* Es werden die komplexen Dielektrizitätskonstanten von drei Phosphaten [KH_2PO_4, $(NH_4)H_2PO_4$ u. $(NH_4)_3PO_4$ (I)] bei 9500 MHz zwischen 83 u. 293° absol. gemessen u. zusammen mit Messungen an sechs Phosphaten [K_3PO_4, K_2HPO_4, Na_3PO_4, Na_2HPO_4, NaH_2PO_4

u. $(NH_4)_2HPO_4$], die frühere Befunde bestätigten, diskutiert. Bei I wird eine starke, bisher noch unbekannte Diskontinuität beobachtet. (C. R. hebd.Séances Acad. Sci. **235**. 1199–1201. 17/11. 1952.) K. L. WOLF. 132

Y. Haven, *Dielektrische Verluste von NaCl-Kristallen.* Nach BRECKENRIDGE (C. **1951**. II. 935) können Gitterfehler in Alkalihalogeniden Anlaß zu dielektr. Verlusten bei tiefen Frequenzen geben. So kann etwa Ca^{2+} in NaCl dazu führen, daß ein Paar zusammenwirkender Gitterfehler (SCHOTTKY-Fehler) oder ein Ca^{2+}-Ion mit einer Na^+-Fehlstelle angesehen werden als Dipole, die sich selbständig im Feld ausrichten. An NaCl mit verschied., geringem Geh. an Ca^{2+} oder Mn^{2+} wurden bei verschied. Tempp. die Verluste gemessen. Sie steigen mit der Konz., die Frequenz maximalen Verlustes steigt mit der Temperatur. (J. chem. Physics **21**. 171–72. Jan. 1953. Eindhoven, Philips Res. Labor.) K. L. WOLF. 132

J. H. Calderwood, R. Cooper und **H. K. Heppel,** *Die dielektrischen Eigenschaften von Kupferoxydgleichrichtern.* Messungen der Sperrschichtkapazität u. ihres differentiellen Widerstandes an Cu_2O-Gleichrichtern zwischen 100 u. 10000 Hz. Die Kapazität nimmt mit steigender Frequenz ab, der differentielle Widerstand ist ebenfalls frequenzabhängig u. kleiner als der Gleichstromwiderstand. Der Verlustwinkel wird bestimmt; er hat ein Maximum bei 1000 Hz. Die Messungen bei 0, 18 u. 40° ergaben keine großen Unterschiede. Der Mechanismus der Gleichrichtung ist noch nicht weiter geklärt. (Research **3**. 530–31. Nov. 1950. Liverpool, Univ., Electr. Engng. Dep.)
K. L. WOLF. 132

Takahiko Kamigaichi, *Elektrische Leitfähigkeit von $Cu_{1,8}S$ (Cu_9S_5).* Elektrolyt-Cu-Plättchen u. reiner S wurden in einem Pyrex-Rohr auf 10^{-3} Torr evakuiert u. 30 Min. bei 650° u. nach Beendigung der Rk. mehrere Std. bei 500° erhitzt. Das Cu:S-Verhältnis betrug 1,75–1,9. Diese Proben wurden röntgenograph. bei 20, 100 u. 500° untersucht u. die Leitfähigkeiten zwischen 20 u. 600° gemessen. Die Kurven log der Leitfähigkeit gegen reziproke absol. Temp. sind reversibel bis auf die Proben der Zus. in der Nähe von 1,75. Die Leitfähigkeit von $Cu_{1,8}S$ (I) liegt bei ca. $1{,}4–2{,}0 \cdot 10^4$ $Ohm^{-1} \cdot cm^{-1}$ bei Zimmertemp. in der Größenordnung der metall. Leitfähigkeiten. Der Temperaturkoeff. ist negativ, ausgenommen für den Bereich von 40–100°. Daher ist I eher als Metallegierung als als Halbleiter anzusehen. Mit steigendem S-Geh. der Proben nimmt die Leitfähigkeit zu. $Cu_{1,9}S$ verhält sich von 20–95° wie Cu_2S als Halbleiter, der Verunreinigungen enthält. Von 95–150° nimmt die Leitfähigkeit ab, zurückzuführen auf die Umwandlung von γ-Cu_2S zu β-Cu_2S. Ab 150–300° steigt die Leitfähigkeit. Die Proben verhalten sich wie verunreinigtes I oder α-Cu_2S. Ab 300° sinkt die Leitfähigkeit wieder wie bei I. Analogien zu Cu_2Se werden aufgezeigt. Aus den Röntgenaufnahmen geht hervor, daß α-Cu_2S über 470°, zwischen 100 u. 470° die β-Phase u. unterhalb 100° γ-Cu_2S existiert. Die Aufnahmen von I ändern sich nicht zwischen 20 u. 500°. u. die von $Cu_{1,8}$°S u. $Cu_{1,75}S$ nicht zwischen 100 u. 500°. Alle stimmen weitestgehend mit den Aufnahmen von α-Cu_2S überein. Der Übergang von Cu_2S oder CuS zu I erfolgt zwischen 40 u. 100°. (J. Sci. Hiroshima Univ., Ser. A **16**. 325–30. Nov. 1952. Hiroshima, Univ., Phys. Labor. [Org.: engl.]) MOSLÉ. 135

Norbert Schaetti, *Sekundärelektronenvervielfacher. Zusammenfassender Bericht.* Zusammenfassende Übersicht über den Entwicklungsstand der Sekundärelektronenvervielfacher unter Beschränkung auf Verstärkung von Photoströmen (Photomultiplier). — 80 Literaturangaben. (Z. angew. Math. Physik [Basel] **2**. 123–58. 15/5. 1951. Zürich, ETH, Inst. für techn. Phys.) LENZ. 135

F. H. Hibberd, *Das zeitlich veränderliche Verhalten thermionisch emittierender Glühdrähte mit temperaturbegrenzter Emission.* Die Temperaturschwankungen u. die daraus folgenden Elektronenemissionsschwankungen von mit Wechselstrom geheizten Glühdrähten einer Diode bei Sättigungsbetrieb werden für verschied. Drahtdurchmesser d u. Tempp. berechnet u. die den Temperaturänderungsgeschwindigkeiten entsprechenden Zeitkonstanten τ der Heizdrähte für kleine Schwankungen der Heizspannung oder des Heizstromes ermittelt. Es wird gezeigt, daß τ unabhängig von der Drahtlänge, dagegen proportional d u. der Heizstromfrequenz ist u. auch von der Glühtemp. abhängt. Für W- u. W–Th-Kathodendrähte werden die Emissionsschwankungen ΔJ bei Wechselstromheizung gemessen u. mit den Ergebnissen der Rechnung im Einklang gefunden. (J. sci. Instruments **29**. 280–83. Sept. 1952. Sydney, Univ., Dep. of Phys.)
RUDOLPH. 135

John K. Logan und **Jules A. Marcus,** *Hall-Effekt von Zinkkristallen bei tiefen Temperaturen.* (Vgl. C. **1953**. 3355.) Zur Überprüfung der Frage, ob die Anomalien der magnet. Susceptibilität u. der magnet. Widerstandsänderung von Zn bei tiefen Tempp. durch eine Änderung der Elektronenstruktur unter dem Einfl. eines magnet. Feldes

zustande kommen, wird der HALL-Effekt, der ebenso reagieren würde, an Zn-Einkristallen untersucht. Dabei wurde für jeden Kristall eine Komponente des HALL-Feldes für eine feste kristallograph. Orientierung der Stromdichte, aber für verschied. Orientierungen des Magnetfeldes in einer Ebene senkrecht zur Stromdichte bestimmt. Bei 77° K ist das HALL-Feld linear vom Magnetfeld abhängig. Die lineare Beziehung ist durch zwei Konstanten gek., von der die erste mit einem Wert von $2 \cdot 10^{-12}$ Ωcm/Gauß die Wechselwrkg. zwischen dem Magnetfeld in der hexagonalen Achse u. der Stromdichte in der hexagonalen Basisebene wiedergibt. Der zweite Koeff. im Wert von $0{,}2 \cdot 10^{-12}$ Ωcm/Gauß bestimmt die Wechselwrkg. zwischen dem Magnetfeld in der hexagonalen Ebene u. der Stromdichte in der hexagonalen Achse. Bei 20,4° K ist die Beziehung zwischen HALL-Feld u. Magnetfeld nicht mehr linear. Zwischen 5. u. 10 Kilooersted besitzt der HALL-Effekt jedoch bei 20,4° K die gleiche Größenordnung wie bei 77° K. Keinerlei Beziehung zwischen HALL-Effekt u. Susceptibilität oder magnet. Widerstandsänderung konnte bisher gefunden werden, doch sind systematischere Verss. geplant, um die Frage der Änderung der Elektronenstruktur bei tiefen Tempp. unter dem Einfl. magnet. Felder entscheiden zu können. (Physic. Rev. [2] **88.** 1234—38. 15/12. 1952. Evanston, Ill., Northwestern Univ., Dep. of Phys.)
FAHLENBRACH. 136

D. K. C. MacDonald und **K. Sarginson,** *Galvanomagnetische Effekte in Leitern* Zusammenfassende Übersicht über die galvanomagnet. Effekte, d. h. HALL-Feld u. Magnetowiderstand in Leitern. Das Hauptgewicht liegt auf den Metallen einschließlich eines kurzen Abschnitts über Ferromagnetika, daneben werden auch einige Bemerkungen über Halbleiter gemacht. Die Arbeit ist in einen physikal. u. einen mathemat. Teil gegliedert. — Zahlreiche Literaturzitate. (Rep. Progr. Physics **15.** 249—74. 1952. Oxford, Clarendon Labor.)
H. W. LEVI. 137

Martin J. Klein, *Isolierte und adiabatische Susceptibilitäten.* Als adiabat. Susceptibilität wird $(\partial\langle M\rangle/\partial H)_s$ definiert, wobei $\langle M\rangle$ das mittlere magnet. Moment des Syst., H die magnet. Feldstärke u. s die Entropie ist. Als isolierte Susceptibilität definiert Vf.: $\Sigma_i (\partial M_i/\partial H) p_i$, wobei p_i eine Größe ist, die von der Temp. u. den Energiezuständen abhängt. Vf. diskutiert ferner die Bedingungen für den Fall, daß die isolierten u. adiabat. Susceptibilitäten einander gleich sind. (Physic. Rev. [2] **86.** 807. 1/6. 1952. Cleveland, O., Case Inst. of Technol., Dep. of Phys.)
FAHLENBRACH. 137

R. H. Tredgold, *Die Anwendung der Kirkwoodschen Näherung auf die Berechnung der inneren Magnetisierung.* Die Grenzen der Meth. von OPECHOWSKI (Physica **4.** [1937.] 181) bei der Berechnung der Änderung der inneren Magnetisierung mit der Temp. werden dargelegt. Als Ersatz dafür wird eine Meth., die auf der Behandlung der kristallograph. Ordnung nach KIRKWOOD (J. chem. Physics **6.** [1938.] 70) beruht, vorgeschlagen. Es wird gezeigt, daß diese Meth. in erster u. zweiter Näherung der HEISENBERGschen Behandlung äquivalent ist. Die dritte Näherung führt zu zwei CURIE-Tempp., welche etwas näher beisammenliegen als im Fall der zweiten Näherung von HEISENBERG. Dieses Ergebnis wird diskutiert u. dargelegt, daß ein Modell, nach welchem die Austauschwechselwrkg. auf die nächsten Nachbarn beschränkt ist, nicht das Verh. der bekannten ferromagnet. Stoffe erklären kann. (Proc. physic. Soc., Sect. A **66.** 421—27. 1/5. 1953.)
v. HARLEM. 137

C. N. Yang, *Die spontane Magnetisierung eines zweidimensionalen Ising-Modelles.* Die spontane Magnetisierung wird für ein ISING-Modell mit Hilfe der Matrizenmeth. von ONSAGER-KAUFMANN exakt berechnet, wobei das Problem durch Grenzwertbldg. auf ein Eigenwertproblem zurückgeführt u. ein einfacher Ausdruck erhalten wird, der im Gegensatz zu der Reihenentw. von VAN DER WAERDEN-ASHKIN-LAMB auch in der Nähe des CURIE-Punktes gilt. (Physic. Rev. [2] **85.** 808—16. 1/3. 1952. Princeton, N. J., Inst. for Advanced Study.)
WERNER SCHULZ. 137

M. Kac und **J. C. Ward,** *Eine kombinatorische Lösung des zweidimensionalen Ising-Modells.* Es wird eine elementare, rein kombinator. Meth. beschrieben, welche die Verteilungsfunktion eines zweidimensionalen ISING-Modells liefert. (Physic. Rev. [2] **88.** 1332—37. 15/12. 1952. Princeton, N. J., Inst. for Advanced Sci.) GOTTFRIED. 137

S. J. Barnett und **Louis A. Giamboni,** *Ein neuer gyromagnetischer Effekt in Permalloy und Eisen.* Es wird ein neuer kreiselmagnet. Effekt folgender Art gefunden: Wenn ein langer Kreiszylinder mit gepreßtem ferromagnet. Pulver in Zylinderachse z bis nahe zur Sättigung magnetisiert wird u. in x-Richtung n. zu z ein kleines Wechselfeld H_x der Frequenz f angelegt wird, wobei 1/f groß gegen die Relaxationszeit ist, dann oscilliert die Richtung der Magnetisierung in der x–z-Ebene um einen kleinen Winkel. Außerdem entsteht in der y-Ebene eine Magnetisierung J_y proportional zur H_x.

Aus J_y, J_z, μ_y u. f berechnen Vff. für den neuen gyromagnet. Effekt ein gyromagnet. Verhältnis ϱ nahe 1, wie beim BARNETT- u. EINSTEIN-DE HAAS-Effekt. Dabei sind die Werte auch im Rahmen der Meßgenauigkeit bei Eisen u. Permalloy u. bei Frequenzen der Wechselfelder von 22 u. 30 kHz einander gleich. (Physic. Rev. [2] **88.** 28—37. 1/10. 1952. Los Angeles, Calif., Univ. of California, u. Pasadena, Calif., California Inst. of Technol.) FAHLENBRACH. 137

C. M. van der Burgt, *Dynamisch-physikalische Parameter der magnetostriktiven Erregung von Dehnungs- und Torsionsschwingungen bei Ferriten.* In nicht leitenden ferromagnet. Werkstoffen wie den Ferriten können durch Magnetostriktion leicht Dehnungs- u. Torsionsschwingungen hervorgerufen werden. Ein einfaches experimentelles Verf. gestattet eine schnelle Best. der verschied. dynam.-elast. u. magnetoelast. Konstanten, deren komplexe Natur in einer ausführlichen Übersicht der vier Gruppen von simultanen Magnetostriktionsgleichungen, wie sie unter adiabat. Bedingungen u. bei beliebiger Depolarisation auftreten, diskutiert wird. Die Spannungsempfindlichkeitskonstante u. der magnetomechan. Kopplungskoeff. mehrerer *Ni-Zn-Ferrite* liegen in guter Übereinstimmung mit der Theorie in derselben Größenordnung wie diejenigen gebräuchlicher metall. magnetostriktiver Werkstoffe. Außerdem zeigen diese Ferrite (*Ferroxcube IV*) viel niedrigere elast. Verluste bei Ultraschallfrequenzen. Mechan. Q-Faktoren bis zu 15000 wurden bei 50 kHz erhalten. Es wird die Abhängigkeit der elast. u. magnet. Nachwrkg. von der Frequenz u. der Vorpolarisierung besprochen. Ein beträchtlicher Teil der gesamten elast. Verluste bei günstigster Vorpolarisierung besteht in magnetoelast. Makroverlusten, welche die durch Magnetostriktion eingeleitete Makropolarisierung begleiten. Die experimentelle Beziehung zwischen der Leitfähigkeit u. den elast. u. magnet. Verlusten wird mittels elast. u. magnet. erregter Mikrodeformationen erklärt, welche einen elektron. Diffusionsvorgang zur Folge haben. Die Größenordnung des WEISSschen inneren Feldes ergibt sich aus dem Einfl. des magnetocalor. Effektes auf die magnetoelast. Konstanten in der Nähe der Sättigung. (Philips Res. Rep. **8.** 91—132. April 1953.) v. HARLEM. 137

Hubert Forestier und **Georges Guiot-Guillain,** *Eine neue Reihe ferromagnetischer Stoffe: Die Ferrite der Seltenen Erden.* Neben den Ferriten der Formel $MO-Fe_2O_3$, wobei M wie Ni, Mn, Mg usw. ein zweiwertiges Metall ist, werden Oxydstoffe der allg. chem. Zus. $M_2O_3 \cdot Fe_2O_3$ gefunden, wobei M eines der Elemente der Seltenen Erden *La, Pr, Nd, Sm, Er* oder *Y* ist. Ähnlich wie die Ferrite werden auch die neuen Oxyde durch Zusammenmischen der beiden Oxydkomponenten u. Glühen bei hohen Tempp. erhalten. Dabei treten bei den einzelnen Vertretern Unterschiede in der Bildungstemp. auf. Für $Nd_2O_3 \cdot Fe_2O_3$ ist die optimale Bildungstemp. mit 80% Doppeloxydgeh. 775°. Bei 1000° tritt hier schon wieder ein Zerfall in die Einzeloxyde auf. Bei allen anderen untersuchten Stoffen liegt die optimale Bildungstemp. oberhalb 900°, da bei 900° sich weniger als 50% Doppeloxyde in allen anderen Fällen gebildet haben. (C. R. hebd. Séances Acad. Sci. **230.** 1844—45. 22/5. 1950.) FAHLENBRACH. 137

René Pauthenet, *Die thermische Änderung der spontanen Magnetisierung von Ferriten des Nickels, Kobalts, Eisens und Mangans.* Vf. mißt die Abhängigkeit der Sättigungsmagnetisierung von $NiO \cdot Fe_2O_3$, $CoO \cdot Fe_2O_3$ u. $MnO \cdot Fe_2O_3$ von der Temp. des absol. Nullpunktes bis zum CURIE-Punkt Θ. Das Schaubild σ_s/σ_0 gegen T/Θ (σ_s = Sättigungsmagnetisierung bei einer variablen Temp. T, σ_0 beim absol. Nullpunkt) zeigt bei den Ferriten einen wesentlich flacheren Verlauf als bei den ferromagnet. Metallen oder nach der theoret. Erwartung: $\sigma_s/\sigma_0 = \text{th}(\sigma_s/\sigma_0)/(T/\Theta)$. (C. R. hebd. Séances Acad. Sci. **230.** 1842—43. 22/5. 1950.) FAHLENBRACH. 137

A. L. Stuyts, G. W. Rathenau und **E. W. Gorter,** *Bevorzugte Kristallorientierung in ferromagnetischen keramischen Massen.* Mit $BaFe_{12}O_{19}$ als Hauptkomponente wurde ein neues gesintertes permanent-magnet. Material hergestellt. Für ein Material mit regellos orientierten feinen Kristallen wurden $(BH)_{max}$-Werte von $0,8-1,1 \cdot 10^6$ Gauß-Oersted erhalten. Durch Orientierung der Oxydkristalle in einem magnet. Feld vor der Sinterung wurden $(BH)_{max}$-Werte bis zu $3,0 \cdot 10^6$ erhalten. Die Anisotropie des Remanenzwertes $Br_{\parallel}/Br_{\perp}$ nimmt mit zunehmender Sintertemp. zu. (J. appl. Physics **23.** 1282. Nov. 1952. Eindhoven, N. V. Philips Gloeilampenfabrieken, Res. Labor.) GOTTFRIED. 137

Jack R. Tessman, *Die Parallelsusceptibilität eines Antiferromagnetikums bei tiefen Temperaturen.* Die Spinwellenmeth. von HELLER u. KRAMERS wurde angewendet auf einen kub. antiferromagnet. Kristall, der so ausgerichtet ist, daß die Richtung der gleichgestellten Spins des Untergitters parallel zum äußeren Magnetfeld verläuft. Unter Berücksichtigung der Austauschwechselwrkg. u. eines Gliedes für die Anisotropie ergibt sich, daß die Parallelsusceptibilität $X_{\parallel}$ Null ist bei $T = 0^0$ K, in Übereinstimmung mit dem Ergebnis nach der Molekularfeldmeth. nach VAN VLECK. Wenn die Wechselwrkg. der magnet. Dipole der allernächsten Nachbarn mit eingeschlossen wird, ist $\chi_{\parallel}$ nicht mehr null, aber vernachlässigbar klein: $\chi_{\parallel}$ ca. 10^{-11} bei $T = 0^0$ K. Für $T > 0$, aber noch sehr klein gegenüber dem antiferromagnet. CURIE-Punkt, ist, wenn die Dipolwechselwrkg. vernachlässigt wird u. die Anisotropiekonstante K klein, derart, daß $\zeta = S\,(24\,JK)^{1/2}/kT \ll 1$, $\chi_{\parallel}$ proportional T^2. Wenn $\zeta \gg 1$, ist $\chi_{\parallel}$ proportional $T^{1/2}$ $(\exp - S\,(24\,JK)^{1/2}/kT)$ (S = Spinquantenzahl, J = Austauschintegral). (Physic. Rev.[2] **88.** 1132 bis 1137. 1/12. 1952. Berkeley, Calif., Univ. of California, Dep. of Phys.) v. HARLEM. 137

Allen B. Scott, Henry J. Hrostowski und **Lamar P. Bupp.** *Der Paramagnetismus von Farbzentren in KCl.* Vff. beschreiben zwei Methoden zur Unters. der Susceptibilitätsänderung infolge therm. u. opt. Beeinflussung der Farbzentren in KCl-Kristallen. Die magnet. Änderung, die die Bldg. von R′-Zentren aus F-Zentren begleitet, u. die völlige Zerstörung sowohl der F- wie der R′-Zentren zeigt an, daß das Moment eines F-Zentrums dasjenige ist, das sich für ein s-Elektron berechnet, u. daß die R′-Zentren ein variables Moment besitzen, das von der Verteilung der Zentren abhängt, jedoch im allg. sehr nahe gleich dem der F-Zentren ist. Bestrahlung während der Bldg. der R′-Zentren ergibt eine Vernichtung des Paramagnetismus. (Physic. Rev. [2] **79.** 346—49. 15/7. 1950. Corvallis, Ore. State Coll., Dep. of Chem.) v. HARLEM. 137

H. S. Gutowsky, D. W. McCall und **C. P. Slichter,** *Magnetische Kernresonanzmultipletts in Flüssigkeiten.* (Vgl. C. **1953.** 653.) Multiple magnet. Resonanzlinien von ^1H-, ^{19}F- u. ^{31}P-Kernen wurden im fl. Zustand in Verbb. wie PH_3, PF_3, $F_2PO(OH)$ u. BrF_5 beobachtet. Die Multipletts bestehen aus 2—7 engen Komponenten mit gleichem Abstand, symm. um eine Zentralfrequenz gelagert, u. mit Aufspaltungen von 0,02 bis 0,8 Gauß. Diese Multipletts entstehen durch eine neueWechselwirkungsart zwischen den Kernmomenten in einem Molekül. Resonanzlinien sind multipel, wenn entweder ein Kern in Wechselwrkg. tritt mit einer anderen Kernart oder wenn eine Wechselwrkg. besteht zwischen Kernen der gleichen Art mit den durch chem. Verschiebung getrennten Resonanzfrequenzen. Keine Verb. zeigt Multipletts, die auf Wechselwrkg. zwischen strukturell gleichwertigen Kernen zurückzuführen ist. Ebenso treten keine Multipletts auf, die durch Kerne bedingt sind, deren elektr. Quadrupolmomente in einer in dem Mol. festgelegten Richtung gekoppelt sind. Die Zahl u. die relativen Intensitäten der Komponenten eines Multipletts werden bestimmt durch die Anzahl u. statist. Gewichte der verschied. Kernspinausrichtungen des Kerns, der die Aufspaltung bedingt. In einem gegebenen Mol. ist das Verhältnis der Multiplettaufspaltung der zwei verschied. Resonanzlinien umgekehrt proportional dem Verhältnis der gyromagnet. Verhältniszahlen der in Wechselwrkg. befindlichen Kerne. Die Aufspaltungen sind unabhängig vom angelegten Feld (gemessen bei 4180 u. 6365 Gauß) u. von der Temp. (gemessen von 53 bis —130°). Bei PF_5 (dem einzigen untersuchten Gas) ist die Aufspaltung des Dubletts der F-Resonanz die gleiche in der fl. u. in der festen Phase. Das Dublett entsteht daher eher durch eine Kopplung mit dem P-Kern als von einer chem. Verschiebung, wie früher vorgeschlagen. Es wird eine theoret. Deutung der Beobachtungen unter der Annahme gegeben, daß die magnet. Kerne über das magnet. Feld im Innern der Moll. in Wechselwrkg. stehen. Die Übereinstimmung zwischen Experiment u. den Folgerungen der Theorie ist gut. (J. chem. Physics **21.** 279—92. Febr. 1953. Urbana, Ill., Univ. of Illinois, Noyes Chem. Inst., u. Dep. of Phys.) v. HARLEM. 137

R. D. Spence, H. A. Moses und **P. L. Jain,** *Die Linie der magnetischen Protonenresonanz in flüssigen Kristallen.* Vf. untersuchten die Protonenresonanz in *p-Azoxyanisol* in n. fl. Phase u. in der Phase fl. Kristalle. Im n. fl. Zustand beträgt die Linienbreite $\leq 0{,}1$ Gauß. Bei Abkühlung unterhalb des Umwandlungspunktes (135,8°) spaltet im Gebiet fl. Kristalle die Linie in 3 Komponenten auf, der Abstand zwischen den Satelliten beträgt ca. 3,3 Gauß. Die Amplitude des Signals nimmt außerdem stark ab. Bei noch weiterer Abkühlung bis zum Umwandlungspunkt der kristallinen Phase (118°) wird das Signal weiterhin sehr viel schwächer, so daß Messungen der Linienform nicht mehr durchgeführt werden können. Die Aufspaltung in dem Gebiet der fl. Kristalle kann von der starken Hinderung der Rotationen der Methylgruppe herrühren oder nach KIKUCHI daher kommen, daß die Protonen der Benzolringe magnet. ungleichwertig werden. (J. chem. Physics **21.** 380. Febr. 1953. East Lansing, Mich., Michigan State Coll.) v. HARLEM. 137

T. M. Shaw und **R. H. Elsken,** *Untersuchungen der Linienbreite der magnetischen Protonenresonanz von sorbiertem Wasser.* Vff. berichten über die mit einem verbesserten App. durchgeführte Messung der magnet. Protonenresonanz von absorbiertem H_2O u. den Einfl. der Protonen des Absorbers auf die Linienbreite der Resonanz. Die Unterss. wurden an Stärke u. Hühnereiweiß durchgeführt in Abhängigkeit vom H_2O-Gehalt. Die

Übereinstimmung zwischen den Beobachtungen u. den theoret. Erwartungen ist gut. (J. chem. Physics **21.** 565—66. März 1953. Albany, Calif., Western Regional Res. Labor.) v. HARLEM. 137

Ross E. Van Dyke, *Die Leitfähigkeit von Galliumtrichlorid und Galliumtribromid in Nitrobenzol bei Zugabe von komplexbildenden Stoffen bei 25°.* In Anlehnung an die Unters. von JACOBER u. KRAUS (C. **1950.** I. 2200) über die Leitfähigkeit des $AlBr_3$ mißt Vf. die Leitfähigkeit von $GaCl_3$ (**I**) u. $GaBr_3$ (**II**) in *Nitrobenzol* (**III**) in Abhängigkeit komplexbildender Stoffe, wie *Dimethyläther* (**IV**), NH_3 (**V**) u. *Trimethylamin* (**VI**). Bis zu einem mol. Verhältnis **IV**/**I** bzw. **II** von 0,9 steigt die Leitfähigkeit nur wenig an, um dann stark zuzunehmen. **I** u. **II**, sowie ihre **IV**-Komplexe sind in **III** sehr schwache Elektrolyte. Letztere sind noch weniger beständig als die entsprechenden $AlBr_3$-Komplexe. Mit **V** u. **VI** steigt die Leitfähigkeit bis zum Mol.-Verhältnis $\approx$ 1,0 stark an. Die Komplexbldg. ist hier ausgeprägter. Vf. deutet die erhaltenen Leitfähigkeitskurven qualitativ durch die Annahme der Bldg. verschied. Koordinationsverbindungen. Auf Grund einer Mol.-Gew.-Best. liegt **II** in **III** in monomol. Form vor. Die Löslichkeit von **VI** in **III** wurde bestimmt. (J. Amer. chem. Soc. **72.** 2823—29. Juli 1950. Baltimore, Md., Johns Hopkins Univ., Chem. Labor.) PLUST. 138

I. G. Melnikowa, K. Ss. Jewstropjew und **A. Ja. Kusnetzow,** *Elektrische Leitfähigkeit von Gläsern des Systems $PbO-B_2O_3$.* Die elektr. Leitfähigkeit von $PbO-B_2O_3$-Gläsern mit PbO-Gehh. zwischen 21,4 u. 69 Mol-% entspricht bei 170—400° befriedigend der Formel $\lg \varkappa = a - b/T$; $\lg \varkappa$ steigt linear mit Zunahme des PbO-Gehaltes. Die Isothermen von $\lg \varkappa$ zeigen Knickstellen an den Punkten der Zus. $PbO \cdot 2\,B_2O_3$; $5\,PbO \cdot 4\,B_2O_3$; $2\,PbO \cdot B_2O_3$ u. bes. ausgesprochen bei 50 Mol-% PbO. Die Aktivierungswärme der Gläser wächst mit Zunahme des B_2O_3-Geh. von 31 auf 78,6% von 48000 auf 83000 cal/Mol. (Журнал Физической Химии [J. physik. Chem.] **25.** 1318—27. Nov. 1951. Leningrad.) FÖRSTER. 138

P. E. Goddard und **F. Urbach,** *Ionenbeweglichkeit an Korngrenzen.* Es wird der folgende Vers. beschrieben: eine gegossene Platte von *AgBr,* die aus einzelnen, einige mm großen Kristallen bestand, wurde zwischen $AgNO_3$- u. KBr-Lsgg. gelegt, wobei jede Lsg. eine Pb-Elektrode enthielt. Es wurde nun eine Potentialdifferenz an die Elektroden gelegt, u. zwar mit dem positiven Pol in der $AgNO_3$-Lösung. Bei einer Plattendicke von einigen mm u. Potentialen von ca. 100 V hatten sich nach einigen Std. einige mg AgBr auf der KBr-Seite der Platte niedergeschlagen. Dies entspricht der bekannten Tatsache, daß die Ionenleitfähigkeit des AgBr vorwiegend auf der Beweglichkeit des Ag-Ions beruht. Eine Unters. der niedergeschlagenen AgBr-Schicht zeigte, daß Grate von AgBr an den Korngrenzen der verschieden orientierten Kristalle der Platte gebildet worden waren, woraus hervorgeht, daß der Transport der Ag-Ionen bevorzugt an den Korngrenzen stattfindet. (J. chem. Physics **20.** 1975. Dez. 1952. Rochester, N. Y., Kodak Res. Labor.) GOTTFRIED. 138

Adolf G. Parts, *Über den praktischen Gebrauch des logarithmischen Diagramms von Bjerrum.* Es wird vorgeschlagen, das logarithm. Diagramm von BJERRUM in mehrere Teile zu trennen. Dann brauchen z. B. die nötigen Kurven nur einmal gezeichnet zu werden, u. der Gesamtbereich des Säure–Base-Paares kann in einer Lsg. einfach in der Weise untersucht werden, daß die Diagrammteile in der richtigen Weise zusammengesetzt werden. (Commun. Fac. Sci. Univ. Ankara **3.** 1—16. 1950. Ankara, Univ., Inst. Phys. Chem.) BRAUER. 139

U. Schindewolf und **K.-F. Bonhoeffer,** *Über Ionenaktivitätsbestimmungen mit Hilfe von Ionenaustauschermembranen mit einer Anwendung auf den Dissoziationsgrad von Polyphosphaten.* Vff. beschreiben die Anwendung einer nur für Kationen durchlässigen Membran aus einem Ionenaustauscher, der aus *Phenolsulfonsäure* u. *Formaldehyd* synthetisiert wurde, zur potentiometr. Messung von Ionenaktivitäten in Elektrolytlösungen. Für die Aktivitätsbest. ist es notwendig, daß die Membran eine genügend hohe Festionenkonz. gegenüber der zu untersuchenden Lsg. hat. Außerdem muß die Membran einen kleinen elektr. Widerstand haben u. gute mechan. Eigg. besitzen. Weiterhin darf bei dieser Meth. nur eine Kationenart in der Lsg. vorhanden sein, u. die Kationen müssen kleiner als die Membranporen sein. Mit der im einzelnen beschriebenen Membranelektrode wurde der Dissoziationsgrad von *K-, Na-* u. *Li-Phosphaten,* KURROL-Salzen, von GRAHAM-Salz u. von Polyphosphaten, die durch Neutralisation von H_3PO_4 mit KOH, NaOH u. LiOH hergestellt wurden, gemessen. Vff. stellten fest, daß die Li-Phosphate etwas weniger u. die K-Phosphate etwas stärker als die Na-Salze dissoziiert sind. Der Dissoziationsgrad hängt weitgehend von der Kettenlänge ab. Aus diesen Unterss. geht einwandfrei hervor, daß die Polyphosphate zu der Gruppe der Polyelektrolyte gehören. Die Unters. des ebenfalls zu den Polyelektrolyten gehörenden *Na-Thymonucleinats* ergab in $5 \cdot 10^{-3}$ n Lsg. eine Dissoziation von ca. 30%. (Z. Elektrochem., Ber. Bunsenges. physik. Chem. **57.** 216—21. April 1953. Göttingen, Max-Planck-Inst. für Phys. Chem.) G. HEINRICH. 139

Yves Doucet, *Aktivität und Stabilität der Komplexverbindung Kaliumantimontartrat.* Vf. berechnet aus kryoskop. Messungen nach der Gleichgewichtsmeth. u. aus der Best. der EMK. einer Meßkette $Sb/KSbC_4H_4O_7$-Lsg./Hg_2Cl_2/Hg die Aktivitätskoeffizienten der Ionen K^+, $SbC_4H_4O_7^-$ bzw. Sb^{3+}. Die durch die nicht vollkommene Reversibilität der Sb-Elektrode entstehenden Fehler werden durch Messung einer Kombination mit der Sb/SbF_3-Lsg.-Elektrode eliminiert. Daraus läßt sich schließlich die Dissoziationskonstante der Komplexverb. zu $K = 7 \cdot 10^{-4}$ für 0,01 mol. Lsgg. u. zu $K = 3 \cdot 10^{-10}$ für 0,1 mol. Lsgg. bestimmen. (C. R. hebd. Séances Acad. Sci. **235.** 475—77. 18/8. 1952.) WEITBRECHT. 139

Theodore Shedlovsky, *Die Aktivitätskoeffizienten von $LaCl_3$, $CaCl_2$, KCl, NaCl und HCl in verdünnter wässeriger Lösung.* Die in früheren Arbeiten des Vf. aus EMK.-Messungen bestimmten Aktivitätskoeffizienten von $LaCl_3$, $CaCl_2$, KCl, NaCl u. HCl in H_2O werden neu berechnet u. tabellar. dargestellt. Die früher (Vf. u. MCINNES, J. Amer. chem. Soc. **61.** [1939.] 200) mitgeteilte Abweichung des $LaCl_3$·aqu. vom DEBYE-HÜCKELschen Gesetz erklärt sich aus einem Auswertungsfehler; die korrekten Werte werden in einer Tabelle dargestellt. (J. Amer. chem. Soc. **72.** 3680—82. Aug. 1950. New York, N. Y., Rockefeller Inst. for Med. Res.) WITTIG. 139

Dan E. Nicholson und **W. A. Felsing,** *Die Bestimmung der Aktivitätskoeffizienten der Erdalkali- und Magnesiumperchlorate aus Gefrierpunktsdaten.* Vff. bestimmen nach der früher beschriebenen Meth. (vgl. J. Amer. chem. Soc. **54.** [1932.] 2676 u. **64.** [1942.] 965) der Gefrierpunktserniedrigung die Aktivitätskoeffizienten von $Ba(ClO_4)_2$, $Sr(ClO_4)_2$, $Ca(ClO_4)_2$ u. $Mg(ClO_4)_2$ in wss. Lsgg. im Konzentrationsbereich von 0,003—1 molal. Die Genauigkeit betrug 0,05—0,10% der gefundenen Depression; die Konzentrationsbestimmungen waren um 0,03—0,05% genau. Die Meßwerte sind in j-Werten angegeben. $j = 1 - (\Theta/5{,}574\ M)$. Θ ist die Gefrierpunktserniedrigung u. M die Konz., ausgedrückt als Gewichtsmolalität. Tabellen für abgerundete Konzentrationswerte sind angegeben. (J. Amer. chem. Soc. **72.** 4469—71. Okt. 1950. Austin, Tex., Univ. of Texas, Dep. of Chem. and Defense Res. Labor.) U. WINKLER. 139

S. Nath, S. Aditya und **B. Prasad,** *Untersuchungen über das Verhalten zwei-einwertiger Salze in wässeriger Lösung.* 1. Mitt. *Bleinitrat.* Vff. berichten über EMK.-Messungen im Bereich verschied. $Pb(NO_3)_2$-Konzz. (0,01—0,002 mol.) an den Zellen $Pb_xHg_y \mid \underset{C_1}{Pb(NO_3)_2} \mid \underset{C_2}{Pb(NO_3)_2} \mid Hg_yPb_x$ u. $Pb_xHg_y \mid \underset{C_1}{Pb(NO_3)_2} \mid \underset{C_2}{Pb(NO_3)_2} \mid Hg_yPb_x$, wobei Pb_xHg_y ein Zweiphasenamalgam bedeutet. Aus den Messungen ergibt sich, daß $Pb(NO_3)_2$ in verd. Lsgg. bis zu 0,05 mol. vollständig dissoziiert ist. Die Berechnung der Überführungszahl des Pb^{2+} in $Pb(NO_3)_2$ unter Verwendung der Ergebnisse der 2. Zellenanordnung nach der Meth. von MACINNES liefert bei 0,02 mol. einen Wert von 0,465, bei 0,03 mol. 0,4738, bei 0,04 mol. 0,4511 u. bei 0,05 mol. 0,4501. (J. Indian chem. Soc. **28.** 683—87. Dez. 1951. Cuttack, Revenshaw Coll., Mayurbhanj Chem. Labor.) NIEMITZ. 140

R. W. Pittman, *Die Photochemie von Selen.* 3. Mitt. *Photogalvanische Effekte an rotem Selen.* (2. vgl. C. **1950.** II. 2.) Die Unterss. wurden am Syst. Au/Se (rot), HCl (aq.)/Pt, H_2 durchgeführt. Sie zeigen, daß mit rotem Selen bedeckte Goldelektroden sich bei Bestrahlung reversibel verhalten können. Diese Tendenz wird durch kathod. Vorpolarisation gesteigert. Eine Erklärung für dieses Verh. sieht Vf. in lokalisierter Adsorption von H-Atomen an bestrahltem rotem Selen. (J. chem. Soc. [London] **1953.** 855—60. März. London, Birkbeck Coll.) E.-L. JAHN. 140

A. von Hippel und **M. C. Bloom,** *Die galvanische Abscheidung von metallischem Selen.* Es wird die galvan. Abscheidung von Se aus sauren Bädern (18n H_2SeO_4 bzw. 18n H_2SO_4 mit verschied. Gehh. an SeO_2) beschrieben. Das Optimum an kathod. Ausbeute (100%) war bei einem SeO_2-Geh. von 840 g/Liter, einer Stromdichte von 8 A/ft² u. einer Badtemp. von 55° vorhanden. Bei höheren Tempp. sind stärkere Ströme möglich: 75 A/ft² bei 100° oder bis zu 200 A/ft² bei 125—150°. Durch Verwendung von Anoden aus 80% Se u. 20% Graphit kann die Zus. des Bades konstant gehalten werden. Auch die Struktur des Nd., die von der Ggw. oder Abwesenheit von Verunreinigungen sowie von einigen anderen Faktoren abhängt, läßt sich weitgehend kontrollieren. Die Bäder sind im übrigen empfindlich gegen Fremdstoffe, u. wegen der durch die Polymorphie des Se komplizierten Verhältnisse können verschied. ungewöhnliche Erscheinungen auftreten. Die Geschwindigkeit der Kristallisation des metall. Se u. der Bldg. von Kristallkeimen wird genauer untersucht. (J. chem. Physics **18.** 1243—51. Sept. 1950. Cambridge, Mass., Massachusetts Inst. of Technol., Labor. for Insulation Res.) SKALIKS. 141

William Schriever und **Charles A. Reed**, *Makroskopische Raumladungen in Elektrolyten während der Elektrolyse.* (Vgl. C. **1951.** I. 3303.) Nach Ansicht der Vff. ist ein Elektrolyt mit einem ionisierten Gase zu vergleichen, u. es ist infolge der Entladungsströme das Auftreten von Raumladungen zu erwarten. Die Unterss. wurden mit *Chloriden* u. *Sulfaten* von *Cu, Zn* u. *Ni,* sowie mit $(CH_3COO)_2Zn$ u. $Al_2(SO_4)_3$ angestellt, wobei Elektroden aus den Metallen der jeweiligen Kationen benutzt wurden. Hierbei wurde die Potentialverteilung entlang einer gleichmäßigen Elektrolytsäule gemessen. Das Potential ergab sich als nichtlineare Funktion des Kathodenabstandes. Mit Hilfe der Potentialverteilung wurde die Raumladungsverteilung berechnet. Hierbei zeigte sich, daß jede Elektrolytsäule vier Raumladungsbezirke enthielt. Die Feldstärkenverteilung wurde ebenso aus der Potentialverteilung berechnet, u. deren Differenz von den experimentell ermittelten Werten durch den Einfl. der Raumladungen erklärt. (Nature [London] **165.** 108—09. 21/1. 1950. Norman, Okla., Univ. of Oklahoma, Dep. of Phys.) Klaffke. 141

D. Singh und **T. R. Sivaramakrishnan**, *Elektrolytische Darstellung von Kupferarsenat.* In einer Diaphragmazelle, bestehend aus einem Glasgefäß u. einem darin stehenden kleineren porösen Tonbehälter wird durch Elektrolyse einer neutralen Lsg. von *Na-Arsenit* (**I**) **Cu-Arsenat** gewonnen. Als Kathode dient Fe, als Anode Cu. Der Katholyt ist eine 1 %ig. Lsg. von $NaNO_3$, der Anolyt enthält 6 g $NaNO_3$ u. 25 g **I** im Liter Endlsg., die mit Essigsäure neutralisiert ist. Die Polspannung beträgt ca. 25 V. Verss. zur Ermittlung der günstigsten Bedingungen ergaben, daß eine Konz. von 25 g/Liter **I**, eine Stromdichte von 2,5 A/dm^2, eine Elektrolysendauer von 2 Std., die Zugabe von 0,5 g Ce(III)-Salzen als O_2-Überträger u. eine Arbeitstemp. von 40° die besten Stromausbeuten lieferten. Durch geeignete Kombination der Bedingungen konnten bis zu 60% erzielt werden. (J. Indian chem. Soc. **27.** 9—12. Jan. 1950. Banares, Hindu Univ., Chem. Labor., Electrochem. Sect.) Endrass. 141

W. Kemula und **J. Chodkowski**, *Wasserstoffgrenzströme in Acetatpufferlösungen.* Vff. untersuchen das polarograph. Verh. der H-Welle in 0,001—0,1 mol. Acetatpufferlsgg. (Essigsäure [**I**] : Na-Acetat = 1 : 19 bis 16 : 4) mit u. ohne Zusatz von Elektrolyten wie *KCl* u. *LiCl.* Wie die tabellar. u. graph. mitgeteilten Ergebnisse zeigen, ist die Höhe der H-Welle in diesen Lsgg. stets proportional der Konz. an **I**. Bei kleinen Konzz. kann jedoch ein O_2-Geh. durch Bldg. von OH^- an der Tropfelektrode die H-Welle unterdrücken (latenter Grenzstrom). Trägerelektrolyte beeinflussen weder die Ergebnisse noch vermögen sie Maxima zu unterdrücken. Schließlich läßt sich nach Ilkovič der Diffusionskoeff. für 0,01 mol. Acetatpuffer (10 : 10 = 0,005 mol. **I** + 0,005 mol. Na-Acetat + 0,8 mol. LiCl) bei 20° zu D = $3{,}9 \cdot 10^{-6}$ cm^2 sec^{-1} berechnen. Die Ergebnisse werden diskutiert. (Collect. Trav. chim. Tchécoslov. **15.** 1091—1100. 1950. Warschau, Univ., Inst. of Inorgan. Chem.) Weitbrecht. 142

I. Kössler, *Polarographische Untersuchung von Grenzströmen, die bei der Auflösung von Amalgamen entstehen.* Vf. untersuchte theoret. u. prakt. die Größe der bei der anod. Auflösung von *Pb-* bzw. *Cd-Amalgam* entstehenden Grenzströme als Funktion der Tropfzeit u. Amalgamkonzentration. Es ergibt sich eine Abhängigkeit $\bar{i}$ = const.$\cdot c \cdot h^{1/2}$, wobei $\bar{i}$ der Grenzstrom, c = Amalgamkonz. u. h = Höhe des Hg-Behälters ist. Ein Konzentrationseinfl. des indifferenten Trägerelektrolyten auf den Grenzstrom wird zwischen 10^{-3} u. 10^{-1}n KNO_3 nicht festgestellt, obwohl das Halbwellenpotential verschoben, die Kurvenform verändert wird u. bei Konzz. $> 10^{-2}$n eine Trennung von Anoden- u. Kathodenwelle eintritt. Analoge Trennungserscheinungen ergeben sich bei Verwendung von *KCl, $LaCl_3$, K_2SO_4, Na-Acetat* u. NH_4OH/NH_4Cl als Trägerelektrolyten. Schließlich wird die Komplexbldg. bei der Auflösung von Cd—Hg in Acetatpuffer (p_H 5,0), *K-Na-Tartrat,* NH_4OH/NH_4Cl, *KCN, Nitrilotriessigsäure* (p_H 7,0 gepuffert) u. *Äthylendiamintetraessigsäure* + NaOH geprüft. Die Ergebnisse werden eingehend diskutiert. (Collect. Trav. chim. Tchécoslov. **15.** 723—33. 1950. Prag, Karlsuniv. Phys. chem. Inst.) Weitbrecht. 142

N. D. Tomaschow, *Bedingungen der Entstehung des passiven Zustandes eines Metalles.* Die Passivität eines Metalls ist in den meisten Fällen auf die Entstehung von Oxyd- bzw. Hydroxydfilmen auf der Anode zurückzuführen. In einigen Fällen bilden sich aber auch auf der Anode Adsorptions- oder Phasenverbb. des Metalls mit dem Anion eines Oxydationsmittels (z. B. CrO_4^{2-}), die die anod. Auflsg. des Metalls fast völlig unterbinden können. Die Potentiale der Bldg. von Oxydfilmen auf der Anode sind erheblich negativer als die der anod. O_2-Abscheidung; daher ist die Bldg. eines passiven Films auf der Anode thermodynam. wahrscheinlicher u. muß somit (bei weniger positiven Potentialen) vor der O_2-Abscheidung erfolgen. (Доклады Академии Наук СССР [Ber. Akad. Wiss. UdSSR] [N. S.] **88.** 1023—26. 21/2. 1953.) R. K. Müller. 143

A_4. Thermodynamik. Thermochemie.

Herbert B. Callen, Murray L. Barasch und **Julius L. Jackson,** *Statistische Mechanik für irreversible Prozesse.* Das Theorem über das Auftreten spontaner Gleichgewichtsschwankungen wird unter Verwendung der Quantenstatistik auf mehrere Veränderliche in einem Syst. ausgedehnt u. eine Matrix mathemat. abgeleitet, die die Verhältnisse beschreibt. (Physic. Rev. [2] **88.** 1382—86. 15/12. 1952. Philadelphia, Pa., Univ. of Pennsylvania, Dep. of Phys., u. Silver Spring, Md., Johns Hopkins Univ., Appl. Phys. Labor.) ROEDER. 146

Richard F. Greene und **Herbert B. Callen,** *Über ein Theorem der irreversiblen Thermodynamik.* 2. Mitt. (1. vgl. C. **1953.** 1928.) Die vorher statist. behandelten Probleme werden unter Benutzung des Theorems über Schwankungen in der Verteilung auf die Thermodynamik angewandt. — Rein mathemat. Darstellung. (Physic. Rev. [2] **88.** 1387 bis 1391. 15/12. 1952. Urbana, Ill., Univ. of Illinois, Dep. of Phys., u. Philadelphia, Pa., Univ. of Pennsylvania, Dep. of Phys.) ROEDER. 146

Jésus Marie Tharrats Vidal, *Umwandlung anisotroper Körper durch die Wärme.* Theoret. Betrachtungen. (C. R. hebd. Séances Acad. Sci. **233.** 24—26. 2/7. 1951.) GOTTFRIED. 146

R. J. Riddell jr. und **G. E. Uhlenbeck,** *Über den Begriff des Druckes in einem kanonischen Ensemble.* Der thermodynam. Druck, der von einem Syst. im Gleichgewicht ausgeübt wird u. der kinet. Druck, der in hydrodynam. Gleichungen eingesetzt wird, sind in der klass. Thermodynamik gleich. Nach GREEN (Proc. Roy. Soc., Ser. A **194.** [1948.] 244) ist bei tiefen Tempp., wenn Quanteneffekte wirksam werden, ein merklicher Unterschied zwischen beiden Drucken vorhanden, während DE BOER (Physica **15.** [1949.] 843) behauptet, daß beide Drucke immer gleich sind. Vorliegende Veröffentlichung stützt die DE BOERsche Ansicht durch theoret. Betrachtungen u. Rechnungen. (J. chem. Physics **18.** 1066—68. Aug. 1950. Ann Arbor, Mich., Univ. of Michigan.) MIETHING. 146

H. S. Green, *Bemerkungen zu einem Aufsatz von Riddell und Uhlenbeck.* Vf. kann sich mit der in vorst. Ref. geäußerten Ansicht von RIDDELL u. UHLENBECK, daß der thermodynam. u. der kinet. Druck ident. sind, nicht einverstanden erklären u. weist in ihren Ausführungen Ungenauigkeiten nach, durch die seine Auffassung bestätigt u. ihre widerlegt wird. (J. chem. Physics **18.** 1123—24. Aug. 1950. Princeton, N. J., Inst. for advanced Study.) MIETHING. 146

David White, Abraham Solomon Friedman und **Herrick L. Johnston,** *Die direkte Bestimmung der kritischen Temperatur und des kritischen Drucks des normalen Wasserstoffs.* (Vgl. C. **1953.** 2394.) In einer eingehend beschriebenen App. werden Temp. u. Druck bei Verschwinden des Meniskus bestimmt. Es ergibt sich $T_k = 33{,}244^0$ K u. $P_k = 12{,}797$ at. Die verwendete Temperaturskala soll in diesem Bereich auf $\pm 0{,}02^0$ richtig sein. Der H_2 befand sich höchstens 6 Std. in der App., so daß sich in dieser Zeit höchstens 3% in Para-H_2 umgewandelt haben können. Opalescenz konnte nicht beobachtet werden. Die Ergebnisse stimmen gut überein mit Rechnungen, die ONNES an Hand von P–V-Isothermen ausführte. (J. Amer. chem. Soc. **72.** 3565—68. Aug. 1950. Columbus, O., Ohio State Univ., Cryogenic Labor. and Dep. of Chem.) WITTIG. 149

E. B. Giller, R. B. Duffield und **H. G. Drickamer,** *Thermische Diffusion im kritischen Bereich.* 2. Mitt. (1. vgl. J. chem. Physics **18.** [1950.] 950.) Die Diffusion von *Äthan* u. *Xe* wird in einem Kolben in einem elektr. geheizten u. auf $\pm 0{,}01^0$ geregelten Bad untersucht. Druckschwankungen liegen im Bereich von 0—1000 lbs./sq.in. innerhalb von $\pm 0{,}1$ lbs./sq.in. Der Xe-Geh. wird direkt in dem Kolben mit Anthracenkristall gemessen. Der Diffusionsfaktor α ergibt n. erwartete Werte. Nur bei niedrigen Drucken unter 4 ata zeigen sich Abweichungen, die so erklärt werden, daß sich die Äthanmoll. zusammenballen u. daher in ihrer Bewegung behindert sind, während die Xe-Atome sich frei durch den Raum bewegen können. Es wird die vermutliche Größe solcher Zusammenballungen berechnet. (J. chem. Physics **18.** 1027—30. Aug. 1950. Urbana, Ill., Univ. of Illinois, Dep. of Chem.) MIETHING. 149

L. H. Tung und **H. G. Drickamer,** *Thermische Diffusion im System Methan–Xenon.* Mit der gleichen App., wie in vorst. Arbeit beschrieben, wird der Diffusionsfaktor des Syst. Methan–Xe gemessen u. berechnet. Die Resultate sind in Tabellen u. Kurven wiedergegeben. (J. chem. Physics **18.** 1031. Aug. 1950.) MIETHING. 149

W. Fickett und **Wm. W. Wood,** *Tabellen der Zustandsgleichung von Lennard-Jones und Devonshire bei hohen Temperaturen und Dichten.* Vff. berechneten die Zustandsgleichung von LENNARD-JONES u. DEVONSHIRE für die red. Tempp. von 20—150° in Abständen von 10 u. für die red. Voll. von 0,3—0,7 in Abständen von 0,05 u. von 0,7—1,3 in

Schritten von 0,1. Für die intermol. Kräfte wurde ein 6–12-Potential zugrunde gelegt u. die numer. Integrationen mit Hilfe der SIMPSONschen Regel durchgeführt. (J. chem. Physics **20.** 1624–26. Okt. 1952. Los Alamos, N. Mex., Los Alamos Scient. Labor.) WASSEROTH. 149

Charles F. Montross, *Blitzschnelle Gleichgewichtsberechnungen. Eine abgeänderte strenge Methode.* Es werden Methoden u. Gleichungen angegeben, um schnell das Gleichgewicht von Dampf–Fl.-Gemischen zu berechnen. Beispiele solcher Berechnungen sind adiabat. Vorgänge, bei denen Anfangs- u. Endwärme gleich sein müssen mit plötzlichem Drucknachlassen, u. nichtadiabat. Vorgänge, bei denen Wärme zugeführt oder entnommen wird, wie Verdampfen u. Kondensation. Durchgerechnete Beispiele nach der schnellen u. n. Meth. werden gegenübergestellt. Die Genauigkeit ist bei einem solchen Beispiel nur 17 %, was aber für viele Fälle genügt. Zum Schluß werden einige Faustregeln gegeben: z. B., daß man vor Ausführung einer Rechnung beachtet, wie der Tau- u. Siedepunkt der Substanz liegt. (Chem. Engng. Progr. **46.** 105–08. Febr. 1950. Grasselli, N. J., General Aniline Works.) MIETHING. 150

J. L. Shereshefsky und **Clarence P. Carter,** *Das Dampf-Flüssigkeits-Gleichgewicht in mikroskopischen Capillaren.* 1. Mitt. *Wässerige Systeme.* Einseitig verschlossene, kon., mit W. gefüllte Capillaren befinden sich in einer H_2O-Atmosphäre über einer KCl-Lsg. mit bekanntem H_2O-Partialdruck. Die App. befindet sich in einem Thermostaten von $20 \pm 0,002^0$. Es wird beobachtet, in welcher Höhe sich der Meniskus bei verschied. Konz. der KCl-Lsg. einstellt. Da die Abhängigkeit des Durchmessers der Capillare von der Höhe durch vorherige mkr. Ausmessung bekannt ist, kann die durch die Krümmung des Meniskus hervorgerufene Depression des Dampfdruckes in Abhängigkeit vom Durchmesser bestimmt u. mit Rechnungen nach der KELVINschen Formel verglichen werden. Die Neigung des Konus der Capillaren, die räumliche Anordnung im Thermostaten u. die verschied. Herst. der Capillaren aus Glas oder Quarz beeinflussen das Ergebnis nicht wesentlich. Die beobachteten Radien sind für $r = 9 \cdot 10^{-6}$ cm ca. 7mal u. für $r = 3 \cdot 10^{-6}$ cm ca. 80mal größer, als nach der Theorie zu erwarten wäre; es resultiert also eine viel größere Depression des Dampfdruckes. Außerdem tritt für $r = 8 \cdot 10^{-6}$ cm eine deutliche Richtungsänderung der Kurve auf: für kleine Radien nimmt die Depression viel stärker zu. Änderungen der D. u. der Oberflächenspannung, Verzerrung des Meniskus u. die Beeinflussung des Meniskus durch die Wand der Capillare sollen als Ursachen nicht in Frage kommen. Vff. vermuten, daß der Effekt durch eine Beeinflussung der Dampfphase durch die Wände entsteht, da die Durchmesser der Capillaren bereits in der Größenordnung der freien Weglänge liegen. (J. Amer. chem. Soc. **72.** 3682–86. Aug. 1950. Washington, D. C., Howard Univ., Chem. Dep.) WITTIG. 150

R. H. Busey und **W. F. Giauque,** *Die Molwärme von Quecksilber von 15—330⁰ K. Thermodynamische Eigenschaften von Festkörper, Flüssigkeit und Gas. Schmelzwärme und Verdampfungswärme.* Vff. bestimmten die Molwärmen von Hg zwischen 15 u. 330⁰ K. Die Schmelzwärme ergab sich zu 548,6 cal/Mol. Mit Hilfe der gemessenen Werte, bereits bekannten calorimetr. Größen u. Dampfdruckwerten bei höheren Tempp. u. der SACKUR-TETRODE-Gleichung wurden die thermodynam. Funktionen von fl., festem u. gasförmigem Hg berechnet. Für die Entropie des fl. Hg bei 298,16⁰ K ergab sich 18,19 cal/Grad · Mol. Die Verdampfungswärme beim Kp. beträgt 14127 cal/Mol. (J. Amer. chem. Soc. **75.** 806–09. 20/2. 1953. Berkeley, Calif., Univ., Chem. Labor.) WASSEROTH. 151

A. Benton und **T. H. Inatomi,** *Die thermodynamischen Eigenschaften von Natriumdampf.* Vff. berechneten nach den üblichen Methoden der statist. Mechanik aus spektroskop. Daten freie Energie, Enthalpie, Entropie u. spezif. Wärme für 1- u. 2atomigen Na-Dampf. Für die Gas-Rk. $Na + Na = Na_2$ wurden die Gleichgewichtskonstante K_p u. die Entropien u. Enthalpien des Gleichgewichtsgemisches bestimmt. Die Rechnungen wurden für Tempp. zwischen 100 u. 2600⁰ K durchgeführt u. die Dämpfe als ideale Gase bei 1 at behandelt. Die Ergebnisse sind in Tabellen zusammengefaßt. (J. chem. Physics **20.** 1946–48. Dez. 1952. Downey, Calif., North American Aviation, Inc., Atomic Energy Res. Dep.) WASSEROTH. 151

S. S. Todd, *Die Molwärmen bei niedrigen Temperaturen und die Entropien bei 298,16⁰ K von Natriumsuperoxyd, Kaliumsuperoxyd und Natriumperoxyd.* Vf. bestimmte die Molwärmen von NaO_2, KO_2 u. Na_2O_2 zwischen 50 u. 298⁰ K. Bei den Superoxyden zeigten sich je zwei Maxima, die wenig unterhalb von 200⁰ K u. in der Nähe von 230⁰ K lagen. Bei Na_2O_2 traten keine Anomalien auf. Die Entropien betragen bei 298,16⁰ K für NaO_2 27,7 ± 0,3, für KO_2 27,9 ± 0,6 u. für Na_2O_2 22,6 ± 0,3 cal/Grad · Mol. (J. Amer. chem. Soc. **75.** 1229–31. 5/3. 1953. Berkeley, Calif., Bur. of Mines, Minerals Thermodyn. Branch.) WASSEROTH. 151

Raymond L. Orr, *Wärmeinhalt bei hohen Temperaturen von Hafniumdioxyd und Hafniumtetrachlorid.* Vf. bestimmte den Wärmeinhalt von HfO_2 zwischen 298,16 u. 1804° K u. von $HfCl_4$ von 298,16—486° K. In den untersuchten Temperaturgebieten traten keinerlei Anomalien auf. Die Entropieinkremente wurden nach der Meth. von KELLEY berechnet. Vf. gibt abschließend die nach der Meth. von SHOMATE berechneten Gleichungen für die Temperaturabhängigkeit des Wärmeinhalts für beide Verbb. an. (J. Amer. chem. Soc. **75.** 1231—32. 5/3. 1953. Berkeley, Calif., Bur. of Mines, Minerals Thermodyn. Branch.) WASSEROTH. 151

Edward L. King, *Die Entropieänderungen bei Assoziationsreaktionen in Lösung.* Richtung u. Größe von Δ S können in manchen Fällen mit Änderungen der Ladung, Gestalt u. Größe der Moll. usw. in Beziehung gebracht werden, wobei die Wechselwrkg. zwischen Gelöstem u. den Wassermoll. (Lösungsm.) eine wichtige Rolle spielt u. die Stabilität vieler Komplexe von der Größe des Δ S der Dissoziations-Rk. stark beeinflußt wird. (J. chem. Educat. **30.** 71—77. Febr. 1953. Madison, Wis., Univ. of Wisconsin.) BLUMRICH. 154

M. L. McGlashan, *Mischungsentropien athermaler Mischungen von Molekülen einfacher und doppelter Größe.* Vf. gibt eine theoret. Behandlung athermaler Mischungen von Dimeren u. Monomeren für 1 Plätzepaar, 3 Plätze an den Ecken eines Dreiecks u. 4 Plätze des Tetraeders u. verbessert die Theorie durch Ausschluß einiger unwahrscheinlicher Konfigurationen. Für den einfachsten Fall, die Mischung von Dimeren u. Monomeren auf einem dichtgepackten Gitter, werden die ΔmS/R-Werte gegenüber früher angegebenen nur wenig geändert. Für die anderen Fälle erhält Vf. dagegen eine bessere Annäherung an die durch die Formel von FLORY (J. chem. Physics **10.** [1942.] 51) erhaltenen Werte. (Trans. Faraday Soc. **47.** 1042—49. Okt. 1951. Reading, Univ., Dep. of Chem.) WOELK. 154

Joe Smisko und **L. S. Mason**, *Die Lösungs- und Verdünnungswärmen der Orthoborsäure bei 25°.* (Vgl. C. **1950.** I. 1571.) Es wurde die Lösungswärme der H_3BO_3 in H_2O bei 25° in Abhängigkeit von der Molarität m u. die Verdünnungswärme konz. Lsgg. bestimmt. Die H_3BO_3 war dreimal rekrist. worden; eine Spektralanalyse zeigte lediglich einige 0,001% Verunreinigungen. Für die in einer Tabelle aufgeführten Ergebnisse wird als Interpolationsformel für die Lösungswärme $\Delta H = 234 \cdot \exp(-1230 \cdot m) + 5273 - 53 \cdot m$ cal/Mol H_3BO_3 angegeben. Es wurden außerdem die Bildungsenthalpien der $H_3BO_3 \cdot nH_2O$ berechnet u. tabellar. dargestellt. Für N = 0 ist die Bildungsenthalpie —260,98 u. fällt zwischen N = 59,3 (Sättigung) u. N = 150000 von —255,76 auf —255,56 kcal/Mol H_3BO_3 ab. Die Dichten für m = 0,936 (Sättigung) u. m = 0,517 wurden in einem Pyknometer zu 1,016 u. 1,008 bei 25° bestimmt. (J. Amer. chem. Soc. **72.** 3679—80. Aug. 1950. Pittsburgh, Pa., Univ. of Pittsburgh, Dep. of Chem.) WITTIG. 155

Harvey Einbinder, *Die hydrodynamische Stabilität von Flammenfronten.* Auf Grund mathemat. Überlegungen berechnet Vf. die hydrodynam. Stabilität ebener Flammen endlicher Dicke unter Berücksichtigung von Wirbelbildungen u. unterschiedlicher Verbrennungsgeschwindigkeit in den einzelnen Flammenzonen. Nur langsame Flammen (Fortpflanzungsgeschwindigkeit $v \lesssim 10$ cm/Sek.), bei denen die Diffusion freier Radikale für v maßgeblich ist, können stabile Fronten entwickeln. (J. chem. Physics **21.** 480—89. März 1953. New York, N. Y., Columbia Univ., Pupin Phys. Labor.) ROEDER. 157

Henry Cassan, *Über die praktische Berechnung der Entflammungsgrenzen von Gasgemischen.* Ausgehend von der Formel von LE CHATELIER, entwickelt Vf. eine Meth., die es ermöglicht, die obere u. untere Grenze der Entflammung von inerte Gase enthaltenden Gasgemischen auf Grund der Beziehung $L_i = 100/\Sigma(c/L_i)$ u. $L_s = 100/\Sigma(c/L_s)$ (L_i untere, L_s obere Entflammungsgrenze, c Konz. in %) zu berechnen. (Chaleur et Ind. **34.** 77—84. März 1953.) OPPERMANN. 157

John B. Fenn, *Untere Entflammbarkeitsgrenze und minimale Funkenzündungsenergie.* Es wird versucht, die Flammentemp. an der unteren Entflammbarkeitsgrenze zur Aktivierungsenergie der geschwindigkeitsbestimmenden Rk. in Beziehung zu bringen. Die Verbrennungs-Rk. ist 2. Ordnung in bezug auf Brennstoff u. O_2 bzw. Luft. Aus der mathemat. Formulierung ergibt sich bei verschied. vereinfachenden Annahmen, daß die Aktivierungsenergie der geschwindigkeitsbestimmenden Rk. der Mindestflammentemp. proportional ist. Hieraus würde folgen, daß die Mindestflammentemp. unabhängig von der Anfangstemp. ist, was auch von WHITE (J. chem. Soc. [London] **1925.** 672) experimentell bestätigt wurde. Unter der Voraussetzung, daß die Energie einer Funkenentladung rein therm. ist, wird gefolgert, daß die minimale Entzündungsenergie proportional der Wärmemenge ist, die eine gegebene Brennstoff–Luft-Mischung auf die Entzündungstemp. bringt. Für eine Reihe von Brennstoffen wurden Entzündungsenergie

u. Entflammbarkeit bestimmt, wobei nach den Methoden von CALCOTE, GREGORY u. GILMER (Spark Ignition I u. II, 119. Meeting of the Amer. Chem. Soc. Cleveland, Ohio) gearbeitet wurde. Der Vgl. der erhaltenen Werte für die Abhängigkeit der Funkenzündungsenergie von Anfangstemp., Druck u. Mindestflammentemp. zeigte mitunter stärkere Abweichungen von den nach der Theorie erwarteten Ergebnissen. Nach Meinung des Vf. können sowohl experimentelle Fehler als auch die Unzulänglichkeiten der Theorie hierfür verantwortlich sein. Über neuere Ergebnisse soll in Kürze berichtet werden. (Ind. Engng. Chem. **43.** 2865–69. 10/12. 1951. Richmond, Va., Exp. Inc.) KLAFFKE. 157

Walter P. Reid, *Die Verbrennung im stationären Zustand bei einseitig unendlich ausgedehnten Festkörperm und Flüssigkeiten.* Für den Fall des Abbrennens eines festen oder fl. Körpers, der einseitig unbegrenzt ist, werden Ausdrücke für die Verteilung u. Ausbreitung der Temp. nach Einstellung eines stationären Zustandes abgeleitet. Diese Geschwindigkeit ist die gleiche wie die Verbrennungsgeschwindigkeit im stationären Zustand, u. die dafür erhaltene Gleichung steht mit der empir. gefundenen $v = K(u_b - u_l)$ im Zusammenhang. (J. physic. Chem. **57.** 242–44. Febr. 1953. Inyokern, Calif., US Naval Ordnance Test Station.) HENTSCHEL. 157

Gustave Ribaud, Constantes thermodynamiques des gaz aux températures élevées. Rédigé avec la collaboration de **MM. Monson** et **Vichnievsky.** Paris: Service de documentation et d'information technique de l'aéronautique. 1952. (VIII + 171 S. m. Abb.) 8°. Fr. 1500,—.

A_5. Grenzschichtforschung. Kolloidchemie.

A. Bondi und **C. J. Penther,** *Einige elektrische Eigenschaften kolloider Suspensionen in Ölen.* Nach dem Verf. von VOET wird das elektr. Verh. von in Mineralöl suspendierten elektr. nichtleitenden (*Li-Seifen* u. hochdisperses *SiO_2*-Gel) u. leitenden Teilchen (*Fe, Ruß*) untersucht, wobei man die Suspension in einen Kondensator bringt, dessen innere zylindr. Elektrode verschieden rasch rotieren kann u. so DK. u. dielektr. Verlust in Abhängigkeit von der angewandten Schubspannung bestimmt. Es wird bei verschied. (Vol.)-Konzz. an disperser Phase, verschied. Tempp. (30–90°) sowie z. T. in Anwesenheit eines Emulgators gemessen; der bei den Seifenfasern beobachtete Abfall der DK. mit steigender Schubspannung läßt sich durch die Orientierung beim Fließen dieser anisometr. Teilchen erklären. Der verhältnismäßig geringe dielektr. Verlust bei den Seifensuspensionen scheint sich aus einer Komponente mit niedriger Frequenz (Ionenleitung) u. einer mit hoher Frequenz mit sehr verschied. Temperaturkoeff. zusammenzusetzen. Der dielektr. Verlust der SiO_2-Suspensionen dagegen zeigt in dem untersuchten Frequenzbereich (0,02–20 kHz) ein kontinuierliches Spektrum. Aus der deutlichen Abnahme des dielektr. Verlustfaktors bei der Scherung lassen sich Schlüsse über die Änderungen in den Abmessungen der Aggregate aus den SiO_2-Teilchen ziehen. Es wurden zwei neue Effekte für alle aus nichtleitenden Teilchen bestehenden Suspensionen gefunden: Eine Zunahme der an sich sehr geringen Gleichstromleitfähigkeit u. das Auftreten eines deutlichen elektrokinet. Potentials bei Scherbeanspruchung. In ähnlicher Weise nimmt, während die Gleichstromleitfähigkeit einer Rußsuspension infolge Scherbeanspruchung abnimmt (wegen einer Zerstörung der aus den leitenden Teilchen gebildeten Brücken zwischen den Elektroden), die Gleichstromleitfähigkeit ebenso wie bei Systemen mit nichtleitenden Teilchen zu, wenn man peptisierte SiO_2-Suspensionen bei erhöhter Scherbeanspruchung untersucht. Diese Änderung im Vorzeichen des Quotienten Schubspannung/Leitfähigkeit kann als empfindliches Kriterium für die Peptisierung dienen. Die DK. der Suspensionen von Fe-Teilchen u. der Koeff. ihrer Schergeschwindigkeit sind sehr klein u. verhältnismäßig unempfindlich gegenüber einer Teilchenaggregation u. somit zur Messung des Flockungsgrades wenig geeignet. Bes. auffallend bei den Verss. mit nichtleitenden Teilchen u. Fe ist die schnelle Änderung der dielektr. Eigg. nicht nur bei ansteigender, sondern auch bei fallender Schergeschwindigkeit. Daher dürfte die Deformation der geprüften Teilchenaggregate im wesentlichen elast. Natur sein, was neue Einblicke in ihr Fließverh. u. die Art der Beweglichkeit der Gele verspricht. (J. physic. Chem. **57.** 72–79. Jan. 1953. Emeryville, Calif., Shell Developm. Co.) HENTSCHEL. 163

C. J. Penther und **A. Bondi,** *Apparat für die Messung der elektrischen Eigenschaften von kolloidalen Suspensionen in Ölen.* Für die Entw. von Schmierölen u. Fetten ist es erforderlich, den Flockungswert von koll. Suspensionen mit einer einfachen, reproduzierbaren Meth. zu messen. Meth. u. Ergebnisse sind bereits beschrieben (vgl. vorst. Ref.). Die App., die Vff. benutzten, besteht im wesentlichen aus einem Rotationsviscosimeter mit 0,5 mm Spaltweite, dessen innerer Rotor als Elektrode für die Leitfähigkeitsmessungen ausgebildet ist. Der Temperaturbereich des elektr. geregelten Heizbades beträgt 30—180° u. gestattet eine größte Viscosität von 2000 Poise bei 5 Umdrehungen pro Min. zu messen. Die Messung der Viscosität erfolgt über das dem Rotor zugeführte Drehmoment, das wiederum aus der elektr. Leistung des Motors bestimmt wird. Die Drehzahl des Motors wird stufenlos mit einer Thyratronsteuerung geregelt. (J. physic. Chem. **57.** 540—41. Mai 1953.) G. HEINRICH. 163

F. J. Nellensteyn, *Anwendung des Antonoffschen Gesetzes.* Die weitgehend gültige Regel von ANTONOFF ist auch für das Brechen von *Bitumenemulsionen* anwendbar. Für den Fall der Grenzfläche an drei miteinander nicht mischbaren Fll. oder das Syst. fester Körper–Fl.–Gas muß sie entsprechend modifiziert werden; auch zur Best. der freien Oberflächenenergie fester Stoffe ist die Gleichung unter Umständen anwendbar. (Colloid Chem. **7.** 513—15. 1950. Den Haag, Reichwegebaulabor.) HENTSCHEL. 166

J. W. McBain, *Ausbildung der Oberflächenschicht einer Flüssigkeit.* Schilderung der Entw. von der Vorstellung sehr geringer Reichweiten der Anziehungskräfte zwischen den Moll. u. der auf HARDY zurückgehenden Auffassung einer Orientierung polarisierter Moll. an der Grenzfläche. (Scientia [Asso] [6] **88** (**47**). 53—57. 1953. Stanford, Calif., Univ.) HENTSCHEL. 166

S. Chu Liang, *Untersuchung der physikalischen Adsorption bei kleinen Belegungsdichten.* Vf. gibt einen halbquantitativen experimentellen Beweis für die Existenz von akt. Zentren durch Messung der Adsorption von *Kr* u. *Ar* an Glaskugeln von 3 mm Durchmesser bei kleinen Belegungsdichten. Er führte 2 Versuchsserien durch: In Serie A (nur mit Kr) wurde das gefüllte Adsorptionsgefäß zwischen 2 Versuchsreihen 24 Std. bei 300° evakuiert. In Serie B (mit Kr u. Ar) erfolgte das Evakuieren nach jeder Versuchsreihe bei Zimmertemp. (25°). In Serie A nimmt nach jedem Evakuieren das adsorbierte Vol. für einen bestimmten Druck zu, die Gesamtoberfläche wächst, während der zur Ausbldg. der monomol. Schicht notwendige Druck konstant bleibt. In Serie B ändert sich die Gesamtoberfläche nicht, dagegen wächst der Druck, bei dem die monomol. Schicht vollständig ist. Unterhalb der monomol. Schicht gehorchen die erhaltenen Adsorptionsisothermen der FREUNDLICHschen Gleichung. Von einer Versuchsreihe zur anderen nimmt die Neigung der Isothermen bei A ab, bei B zu. — Vf. sieht die Ergebnisse als Beweis für die Heterogenität der Oberfläche an u. nimmt an, daß in Serie A von den ursprünglich durch Chemisorption bedeckten akt. Zentren mit jedem Abpumpen bei 300° neue u. jeweils aktivere Zentren frei gemacht werden u. dann für die physikal. Adsorption zur Verfügung stehen, daß dagegen in Serie B die akt. Zentren bedeckt bleiben, aber hier bei Zimmertemp. eine Änderung der Aktivitätsverteilung stattfindet, indem die Zahl der akt. Zentren zugunsten der weniger akt. abnimmt. Bei Belegungsdichten oberhalb der monomol. Schicht treten diese Unterschiede nicht auf, da die Oberfläche durch die Adsorption homogen geworden ist. (J. physic. Chem. **57.** 84—87. Jan. 1953. Ottawa, Can., Nat. Res. Council, Div. of Appl. Chem.) SARRY. 176

F. C. Tompkins und **D. M. Young,** *Die Adsorption von Gasen an Cäsiumjodid.* Nach dem üblichen Verf. werden die Adsorptionsisothermen für CO, N_2, Ar u. O_2 im Temperaturbereich zwischen 65,5 u. 91,6° an CsJ (aus wss. Lsg. erhaltenes Präp.) aufgenommen u. mit ihrer Hilfe die Adsorptionswärmen berechnet. Dabei wird der Einfl. der Heterogenität der Kristalloberfläche, der Wechselwrkg. benachbarter adsorbierter Moll. u. der Bldg. einer zweiten Adsorptionsschicht in Hinblick auf die Änderung der Adsorptionswärme mit zunehmender Besetzungsdichte sowie auf die Ermittlung der spezif. Oberfläche bei monomol. Bedeckung gemäß dem Verf. von BRUNAUER, EMMETT u. TELLER erörtert. Die Gleichgewichtsform für CsJ ist das Rhombendodekaeder, u. daher erfolgt die Adsorption an den (1 1 0)- u. nicht an den (1 0 0)-Flächen, wie es von ORR bei seinen theoret. Berechnungen der Adsorptionswärme angenommen wurde. Auf diese Weise erklärt sich auch die Abweichung zwischen berechneten u. experimentell gefundenen Adsorptionswärmen. (Trans. Faraday Soc. **47.** 77—87. Jan. 1951. London, Imp. Coll.) HENTSCHEL. 176

F. C. Tompkins und **D. M. Young,** *Die Adsorption von Gasgemischen.* (Vgl. vorst. Ref.) Unter Benutzung der Meth. des konstant gehaltenen Vol. wird die Adsorption der bin. Gasgemische $N_2 + CO$ bei 83,6° K u. $Ar + O_2$ bei 77,5° K an *CsJ* untersucht. Für die Wiedergabe der Adsorptionsisothermen hat sich die Brauchbarkeit u. Gültigkeit einer kombinierten Gleichung nach LANGMUIR ergeben; die Adsorption von O_2 + Ar folgt der Gleichung von FREUNDLICH, hierfür wird auch eine mögliche Erweiterung für den Fall einer nicht gleichmäßigen Oberfläche erörtert. (Trans. Faraday Soc. **47.** 88—96. Jan. 1951.) HENTSCHEL. 176

Ewald Daubach, *Auswertung der von Kautsky, Gaubatz und Greiff gemessenen Adsorptionsisothermen von Gasen an Siloxen und Bromsiloxenen.* 1. Mitt. Die Messungen von KAUTSKY u. Mitarbeitern (Z. anorg. allg. Chem. **191.** [1930.] 382 u. **236.** [1938.] 124) der Adsorption von CH_4, C_2H_6, C_3H_8 u. CO_2 an den permutoiden Siloxen u. Bromsiloxenen (*Mono-*, *Tri-* u. *Pentabromsiloxen*) werden mit Hilfe der LANGMUIRschen Meth. ausgewertet u. mit den Ergebnissen der Theorie nach BRUNAUER-EMMET-TELLER verglichen. Nur die Isothermen für CH_4 u. CO_2 lassen sich im ganzen untersuchten Druckbereich durch eine einzige LANGMUIR-Gleichung darstellen, während zur Darst. von 3 der 4 Isothermen des C_2H_4 u. aller Isothermen des C_3H_8 2 verschied. LANGMUIR-Gleichungen erforderlich sind, von denen eine bei niedrigen u. die andere bei höheren Drucken (276—548 Torr) gilt. Diese Erscheinung wird mit den in den adsorbierten Moll. induzierten Dipolen u. den Kraftwirkungen zwischen diesen in Verbindung gebracht. (Z. Naturforsch. **8a.** 186—90. Febr./März 1953. Marburg, Univ.) HENTSCHEL. 176

G. Dickel und **G. Böhm,** *Anwendung von Ionenaustauschern in Gegenstromaustauschsäulen.* Vff. berichten über ein kontinuierlich arbeitendes Gegenstromverf. für Ionenaustauscher. An Hand der Trennungen K^+/NH_4^+ u. Pr/Nd werden die experimentellen Einzelheiten der Meth. u. die Lösung der beiden Hauptprobleme, nämlich 1. der Gegenstrombewegung von fl. u. fester Phase u. 2. der Phasenumkehr an den beiden Enden der Trennanordnung, erläutert. Im Anschluß daran werden die für die Trennschärfe maßgeblichen Faktoren herausgestellt u. die bereits früher entwickelte Theorie (vgl. C. **1951. I.** 2549) erweitert. Mit Hilfe dieser vervollständigten Theorie war es dann möglich, die erforderlichen Strömungsbedingungen für die einzelnen Säulenabschnitte zu ermitteln. (Z. Elektrochem., Ber. Bunsenges. physik. Chem. **57.** 201—07. April 1953. München, Univ., Phys.-Chem. Inst.) G. HEINRICH. 176

G. Manecke, *Elektronenaustauscher.* Vf. stellte durch Polykondensation von *Hydrochinon, Pyrogallol* u. *Brenzcatechin* mit *Formaldehyd* unter Zugabe von *Phenol* Elektronenaustauscher dar. Das Phenol diente als zusätzliche Vernetzungskomponente, als Gerüstsubstanz u. als Verdünnungsmittel. Bei den Kondensationen wurde das Mengenverhältnis der mehrwertigen Phenole, des Phenols u. des Formaldehyds variiert. Die gewonnenen hochpolymeren Redoxsysteme wurden auf ihre Reaktionsgeschwindigkeit durch Messung des Potentialabfalls nach wiederholten geringen Oxydationsmittelzugaben, auf ihre Redoxkapazität — definiert als die Anzahl Milliäquivalente Fe^{III}, die von 1 g trockenem Elektronenaustauscher red. werden — u. gleichzeitig auf ihre chem. Beständigkeit überprüft. Im Gegensatz zu den Kondensationsprodd. des Pyrogallols u. des Brenzcatechins gelang es, aus Hydrochinon unter Zusatz von Phenol (Molverhältnis 1:1) Präpp. herzustellen, die nach einer Oxydation mit $Fe_2(SO_4)_3$-Lsg. 100%ig regenerierbar waren. Einige erste Unterss. der Redoxpotentiale durch potentiometr. Titration zeigten, daß die Titrationskurven mit zunehmender Vernetzung steiler werden. (Z. Elektrochem., Ber. Bunsenges. physik. Chem. **57.** 189—94. April 1953. Berlin-Dahlem, KWI für Physikal. Chem. u. Elektrochem.) G. HEINRICH. 176

A. Avy und **R. Raillère,** *Über die Agglomeration des feinverteilten Staubes in der Atmosphäre. Angewandt auf die Bestimmung der Wirksamkeit eines Filters.* Mit Sandstaub ausgeführte Verss. ergaben, daß es sehr schwierig ist, bes. quantitativ, den Grad der Koagulation eines in der Atmosphäre verteilten Aerosols genau zu kontrollieren u. zu bestimmen. Die für ein Filter bei Verwendung eines feinen Staubes erhaltenen Daten geben daher keinen absol. Aufschluß über die Leistung des Filters in einem speziellen Fall. Sie ermöglichen es aber, die Wirksamkeit verschied. Filter untereinander zu vergleichen. (Chaleur et Ind. **34.** 63—69. März 1953.) OPPERMANN. 180

A₆. Strukturforschung.

Jean-Jacques Trillat und **Noboru Takahashi,** *Registrierender Elektronendiffraktograph zur Untersuchung chemischer und physikalischer Umwandlungen. Anwendungen.* Aus einem Elektronenbeugungsdiagramm wird durch einen Spalt, welcher die Beugungsringe diametral schneidet, ein Teil ausgeblendet u. auf einen unter dem Spalt langsam fortbewegten photograph. Film aufgenommen. Man kann dadurch zeitliche Veränderungen des Beugungsdiagramms registrieren. Das Verf. ist bes. zur Aufzeichnung temperaturabhängiger Strukturveränderungen geeignet. Als Beispiel wird die Bldg. von $CuAl_2$ aus Cu u. Al beim Durchlaufen des Temperaturbereichs von 350—400° gezeigt. (C. R. hebd. Séances Acad. Sci. **236.** 790—92. 23/2. 1953.) LENZ. 181

Albert Septier, *Experimentelle Untersuchung des elektrostatischen Immersionsobjektivs mit ebenen Elektroden: Die Feldstärke E_0 vor der Kathode unter Fokussierungsbedingungen. Geometrische Bildfehler der achsenfernen Strahlen.* Vf. untersucht die im Hinblick auf das Auflösungsvermögen bei der Kathodenabb. optimale geometr. Anordnung eines aus Kathode, WEHNELT-Elektrode u. Anode bestehenden elektrostat. elektronenopt. Syst., welches als Immersionsobjektiv für emissionsmkr. Unterss. der Kathodenoberfläche dienen soll. Die WEHNELT-Elektrode soll dünn sein u. ebenso wie die Anode eine enge Bohrung besitzen. Sie soll ferner auf Kathodenpotential liegen. (C. R. hebd. Séances Acad. Sci. **236.** 58—60. 5/1. 1953.) LENZ. 181

Pierre Grivet und **Michel Bernard,** *Die Gaußschen Elemente der durch zwei koaxiale Zylinder gleichen Durchmessers gebildeten elektrostatischen Linse.* Vff. lösen näherungsweise die Differentialgleichung der achsennahen Elektronenbahnen in einer aus zwei koaxialen Zylindern gleichen Durchmessers gebildeten elektrostat. Immersionslinse u. geben als Ergebnis die Abhängigkeit der Brennweite einer solchen Linse von der Linsenstärke. (C. R. hebd. Séances Acad. Sci. **233.** 788—90. 8/10. 1951.) LENZ. 181

Édouard Regenstreif, *Über die Theorie der elektrostatischen Einzellinse mit elliptischer Mittelelektrode.* (Vgl. C. **1953.** 5141.) Erweiterung der für eine rotationssymm. elektrostat. Dreielektrodeneinzellinse nach der Parabelmeth. durchgeführten Bahnberechnungen (C. **1951. II.** 497) auf den Fall einer nichtrotationssymm. (ellipt.) Mittelelektrode. Die durch die Elliptizität des mittleren Feldbereichs hervorgerufenen Abweichungen der Elektronenbahnen von denen im rotationssymm. Feld werden berechnet. (C. R. hebd. Séances Acad. Sci. **232.** 1918—20. 21/5. 1951.) LENZ. 181

Herbert D. Deas, *Die Beugung von Röntgenstrahlen durch eine zufällige Anhäufung von Molekülen mit teilweiser Ausrichtung.* Das betrachtete Medium besteht aus Moll. oder ähnlichen Partikeln, die in einer Richtung, der Molekülachse, eine Wahrscheinlichkeitsverteilung $D(\alpha)$ wie in einer Faser aufweisen, die z. B. nur von dem Winkel α zwischen der Molekülachse u. einer im Raum festgelegten Richtung, der Faserachse, abhängt. Im übrigen wird eine zufällige Orientierung der Moll. um ihre Molekülachse sowie eine zufällige Verteilung ihrer Mittelpunkte angenommen. Die Intensitätsverteilung der Röntgenreflexe, die durch dieses Medium erzeugt werden, wird im FOURIER-Raum mit den Gliedern der Intensitätsverteilung eines einzelnen Mol. ausgedrückt. Es werden zwei Beispiele durchgerechnet, von denen eins als Spezialfall den Effekt eines begrenzten linearen Gitters in zufälliger Orientierung enthält. (Acta crystallogr. [Copenhagen] **5.** 542—46. Juli 1952. Belfast, Queen's Univ.) H. W. LEVI. 181

Marie Freymann und **René Freymann,** *Die neue Methode zur Untersuchung von Gitterfehlern in festen Körpern durch Debye-Absorption: Fall der Halbleiter.* Vff. beschreiben eine neue Meth. zur Unters. von Gitterfehlern, die in einer Unters. der DEBYE-Absorption von km- bis cm-Wellen u. der Anwendung der Darst. $\log \nu_c - 1/T$ besteht. Der Meth. liegt die Vorstellung zugrunde, daß man zwei verschied. Typen von Dipolen unterscheiden müßte, u. zwar Dipole, die mit der Orientierung von Moll. oder Atomgruppen in Zusammenhang stehen, u. ferner Dipole, die mit Kristallgitterfehlern in Zusammenhang stehen. An Hand der vorliegenden Literaturangaben u. auf Grund eigener Messungen werden graph. die Beziehungen zwischen der Frequenz des Maximums der DEBYE-Absorption ν_c u. der entsprechenden Temp. für eine Reihe von Verbb. wiedergegeben. Aus $\nu_c = A \exp - U/kT$ u. der obigen graph. Darst. kann man die Aktivierungsenergie U für die Diffusion von Fehlern durch den Kristall, ferner den Koeff. A u. die Anzahl n der Gitterfehler bestimmen. Charakterist. DEBYE-Absorptionen, die durch Gitterfehler gedeutet werden können, wurden außer an *Uranoxyden* auch an *TiO_2* u. *ZnO* beobachtet. (J. chem. Physics **20.** 1970—71. Dez. 1952. Rennes, Fac. des Sci.) GOTTFRIED. 181

Robert S. Mulliken, *Magische Formel, Aufbau der Bindungsenergien und isovalente Hybridisierung.* (Vgl. C. **1953.** 182.) Ausgehend von den aus der VB- u. MO-LCAO-Meth. folgenden Ausdrücken für die Dissoziationsenergien D der Moll. H_2, H_2^+, He_2 u. He_2^+, leitet Vf. eine halbempir., allg. Formel für die D her; $D_0 = \Sigma X_{ij} + \frac{1}{2}\Sigma Y_{kl} + \frac{1}{2}\Sigma K_{mn} - P + RE$ (1), in der vorkommen: Anteile für die Promotionsenergie P (zur Berücksichtigung, daß die Dissoziation im allg. nicht in hypothet. Valenzzustände, sondern in andere, energieärmere Zustände erfolgt) u. für die Resonanzenergie RE, falls vorhanden, sowie vor allem die Beiträge der gebundenen (X) u. der nichtgebundenen (homogen Y, heterogen K) Elektronenpaare zu D_0. Die Formel wird ergänzt durch halbempir. Ausdrücke für X_{ij} [$= A_j S_{ij} \bar{I}_{ij}/(1 + S_{ij})$] u. Y_{kl} [$= \nu A_k S_{kl}^2 \bar{I}_k$], in denen diese Größen in Beziehung gestzt werden zu den Atomionisationspotentialen $\bar{I}$ u. den Überlappungsintegralen S. Bei zweckmäßiger Wahl der Parameter A u. ν gibt (1) die D_0-Werte von Moll., die aus Atomen der 1. Periode bestehen (CH, N_2, O_2, F_2, CH_4, C_2H_6, C_2H_4, C_2H_2), befriedigend wieder, dabei wird zugleich das Ausmaß der Hybridisierung ohne Änderung der Valenz (der „kovalenten Hybridisierung") erhalten. Die relative Bedeutung der einzelnen Terme in (1) ist dabei gegenüber der, die sich nach der VB-Theorie ergibt, verändert: Bindungs- u. Abstoßungsaustauschterme haben stärkeren Einfl. als bisher angenommen, vor allem die Abstoßung durch Wechselwrkg. von Elektronen der inneren u. der äußeren Schale; ebenso sind bei Doppelbindungen die Anteile der π-Bindungen an D_0 sehr viel größer. Für die Stabilität eines Mol. ist weiterhin oft die isovalente Hybridisierung von entscheidender Bedeutung. — P-, I_K- u. I_L-Werte für *Li, C, N, O* u. *F* sind tabellar. angegeben. (J. physic. Chem. **56.** 295—311. März 1952. Chicago, Ill., Univ., Dep. of Phys.) KRESZE. 182

I. Aucken, *Die koordinative Abnahme der Elektronegativität in Abhängigkeit von der effektiven Atomnummer.* Vf. erörtert die Herabsetzung der Elektronegativität von Metallen durch Koordinierung neutraler Moll., was z. B. in der Stabilisierung höherer Wertigkeiten durch Komplexbldg. seinen Ausdruck findet. Eingehender erörtert wird das Beispiel des $HgCl_2$ u. seiner Anlagerungsverbb. mit 1, 2, 3 u. 4 Moll. $CS(NH_2)_2$. Während das $HgCl_2$ nicht in Ionen dissoziiert, also eine kovalente Bindung vorliegt, findet bei den Anlagerungsverbb. eine solche Dissoziation statt, die Elektronegativität des Hg hat also entsprechend abgenommen. Die stabilste Verb. ist das $[Hg(SCN_2H_4)]^{2+}$, was in Beziehung zur effektiven Atomnummer gesetzt wird. Vf. erläutert seine Anschauungen ferner an den *Berliner-Blau*-Verbb., an *Bortrichloridtriphenylhydrazin* sowie an *Phosphonium-* u. *Jodoniumverbindungen.* (Chem. and Ind. **1952.** 247—48. 15/3. London, East Ham Techn. Coll.) H. W. LEVI. 182

M. H. Feldman, W. V. Goeddel, G. J. Dienes und **W. Gossen,** *Untersuchungen der Selbstdiffusion in Graphit unter Benutzung von* ^{14}C. Ein Millicurie ^{14}C in Form von amorphem C wurde mehrere Std. mit einer kleinen Menge einer koll. Graphitsuspension (Aquadag) unter allmählicher Zugabe von etwas W. im Mörser gemahlen. Ein Tropfen dieser Paste wurde auf das eine Ende eines Stabes von polykristallinem künstlichem Graphit aufgetragen u. zur Befestigung des Tropfens auf 300, 800 u. 1400° erhitzt. Hierauf wurde der Stab auf Tempp. von 1835—2370° erhitzt u. das Eindringen von ^{14}C in den Stab gemessen. Nach den experimentellen Ergebnissen besteht der Diffusionsmechanismus sowohl aus Volumen- als auch Korngrenzendiffusion. Die Aktivierungsenergien für beide Prozesse (E_V u. E_B) konnten nicht eindeutig bestimmt werden. Auf Grund theoret. Unterss. von anderer Seite kann man für E_V 90 kcal/Mol annehmen. Aus den experimentellen Daten u. diesem Wert für E_V erhält man für E_B eine Aktivierungsenergie von 75,4 kcal/Mol. (J. appl. Physics **23.** 1200—06. Nov. 1952. Downey, Calif., North American Aviation, Inc., Atomic Energy Res. Dep.) GOTTFRIED. 190

M. W. Mallett, E. M. Baroody, H. R. Nelson und **C. A. Papp,** *Die Diffusion und Löslichkeit von Stickstoff in β-Zirkonium.* Vff. fanden bei der Best. des Diffusionskoeff. von N_2 in β-Zr zwischen 900 u. 1600° bei Atmosphärendruck einen Wert von $D_\beta = 3 \cdot 10^{-2}\, e^{-33{,}600/RT}$ cm²/Sekunde. Die Aktivierungsenergie der Diffusion mit 33600 cal/Mol ist mit einer Genauigkeit von ±1,6 cal/Mol bestimmt worden. Aus den Diffusionsmessungen wurde die Löslichkeit von N_2 in β-Zr bestimmt. (J. electrochem. Soc. **100** 103—06. März 1953. Columbus, O., Battelle Memorial Inst.) SIEWERT. 190

F. Hubbard Horn, *Spiralwachstum auf Graphit.* Es wurden bis zu 10^4 Spiralen je cm² gefunden. Die Stufenhöhe ist ca. 500 Å. Spiralmuster wurden auf natürlichen Oberflächen eingebetteten Graphits sowie auf Spaltflächen gefunden. Das einbettende Gestein zeigte keine Spiralen. Einige Graphitsorten zeigten keine Spiralen, wobei aber unbekannt ist, ob nur die Auflösung nicht ausreichend groß war. Die Polytypie des Graphits könnte auf das Wachstum in Schraubversetzungen zurückzuführen sein. Die verschied. Wachstumseigenarten könnten von Nutzen sein bei der Unters. des geolog. Ursprungs der Probe. — 6 Mikrobilder. (Nature [London] **170.** 581. 4/10. 1952. Schenectady, N. Y., Gen. Electr. Res. Labor.) SCHUBERT. 190

Robert B. Holden und **Bernard Kopelman,** *Das „Heiß-Draht"-Verfahren für Zirkonium.* Zur Klärung der Frage, welcher im Aufwachsverf. der langsamste u. damit ausbeutebestimmende Schritt ist, nehmen Vff. Druckmessungen in einem ZrJ_4-Reaktionsgefäß vor. Dabei zeigt sich, daß die Zersetzungswahrscheinlichkeit eines ZrJ_4-Mol. beim Auftreffen auf eine heiße Oberfläche sehr groß ist. Der ausbeutebestimmende Schritt der Rk. ist der Transport der gasförmigen Reaktionspartner, der Prozeß kann wahrscheinlich durch eine Förderung der Gaszirkulation beschleunigt werden. — Ferner stellte sich bei den Unterss. der Vff. heraus, daß die Bldg. von ZrJ_4 im Reaktionsgefäß durch das Leuchten des Glühfadens aus vermutlich photochem. Gründen beschleunigt wird. (J. electrochem. Soc. **100.** 120—25. März 1953.) SIEWERT. 190

Louis Royer, *Über einige neue Epitaxiegruppierungen mit Kristallen von Anthrachinon.* Es wird über neu beobachtete orientierte Aufwachsungen von *Anthrachinon* (I) auf Spaltflächen von *Dolomit, Calcit* u. $NaNO_3$ berichtet. Auf Calcit wächst I in 2 verschied. Orientierungen auf, u. zwar liegt die Längsrichtung einmal parallel der kurzen Diagonale u. ein anderes Mal parallel der langen Diagonale der Fläche (0 0 1) des Calcitrhomboeders. Statist. treten die beiden Aufwachsungen mit der gleichen Häufigkeit auf. Auf den Spaltflächen von Dolomit u. $NaNO_3$ konnte nur eine orientierte Aufwachsung beobachtet werden. Auf dem Dolomit liegt die Längsrichtung der I-Kristalle parallel der langen Diagonale von (0 0 1), auf dem $NaNO_3$ dagegen parallel der kurzen Diagonale von (0 0 1). (C. R. hebd. Séances Acad. Sci. **232.** 1564—66. 23/4. 1951.) GOTTFRIED. 190

C. Domb und **L. Salter,** *Die Nullpunktsenergie und die Θ-Werte von Kristallen.* Die Nullpunktsenergie eines einfachen oder raumzentriert-kub. Gitters läßt sich genau abschätzen, wenn man die Berechnungen von MONTROLL u. PEASLER (vgl. C. **1946.** I. 587 u. früher) der Momente des Frequenzspektr. für diese Gitter zugrunde legt. Für gewöhnlich wird der auf der DEBYE-Approximation basierende Wert von $^9/_8 K\Theta$ benutzt, um die Nullpunktsenergie abzuschätzen. Es wird gezeigt, daß diese Approximation nur genau ist, wenn man Θ_∞, den Grenzwert von Θ für hohe Tempp. benutzt. Θ_∞ läßt sich einfach durch die Kraftkonstanten zwischen Atomen des Kristalls ausdrücken. (Philos. Mag. [7] **43.** 1083—89. Okt. 1952. Oxford, Clarendon Labor.) GOTTFRIED. 190

Félix Bertaut und **Pierre Blum,** *Kristallorientierungen in den Zementationen.* Es wird über Kristallorientierungen durch Zementations-Rkk. berichtet, bei denen es sich nicht um eine Epitaxie, sondern um eine Anisotropie der Wachstumsgeschwindigkeit handelt. Die Rkk. wurden durchgeführt durch Elektrolyse auf den ebenen Oberflächen oder den metall. zylindr. Drähten durch Eintauchen in die geeigneten Zementationsbäder. Tabellar. sind die senkrecht zur Oberfläche oder parallel der Drahtachse beobachteten Orientierungen von Fe_2B, Co_2B, Ni_2B, MoB, Fe_2As, Fe_2P, Ni_2P, FeB, CoB, Co_2Si, Co_2P u. NiB zusammengestellt. (C. R. hebd. Séances Acad. Sci. **232.** 1566—68. 23/4. 1951.) GOTTFRIED. 190

Ss. T. Konobejewski und **K. P. Mamedow,** *Anisotropie des Atomformfaktors der Röntgenstrahlstreuung in Aluminium- und Diamantkristallen.* Die Vermutung, daß ein Atom aus seiner kugelförmigen Gestalt des freien Zustands im Kristallgitter deformiert wird, kann aus Röntgendaten bestätigt werden. Beim Al bewegen sich die Elektronen aus Richtungen hoher D. in Richtung niedrigerer Dichte. Beim Diamant wird der entgegengesetzte Mechanismus angenommen, so daß auf den Stützabständen der Atome Ladungen konz. werden. Die Größe der Ladung wird auf 0,06 je Valenzelektron geschätzt. Der Radius der Ladungsknoten wird auf 0,24 kX geschätzt. Die Untersuchungsmeth. der Autoren ist empfindlicher als die FOURIER-Synthese. (Журнал Экспериментальной и Теоретической Физики [J. exp. theoret. Physik] **21.** 953—63. Sept. 1951. Moskau.) SCHUBERT. 195

R. Gevers, *Eindimensionale Unordnung im SiC und ihr Einfluß auf die Intensitäten der Röntgenreflexe.* Das Problem der Röntgenintensitäten bei der Beugung an SiC-Kristallen der üblichen 4-, 6- u. 15-Schichtentypen, die in zwei Translationsrichtungen Ordnung, in der dritten Unordnung zeigen, wird theoret. behandelt. Das Maß der Unordnung wird durch einen Parameter α bzw. zwei Parameter α u. β beschrieben, die die Wahrscheinlichkeit dafür darstellen, daß auf eine kub. Anordnung von 4 bzw. 6 Schichten eine fünfte bzw. eine siebente folgt. Für die Beugungsintensität wird ein Ausdruck gefunden, der über die Größen x_n u. C_n von diesen Parametern abhängt. Die Berechnung von x_n u. C_n wird beschrieben. (Acta crystallogr. [Copenhagen] **5.** 518—24. Juli 1952. Gent, Univ., Geolog. Inst., Afdeling Kristallkunde.) H. W. LEVI. 195

Clara Brink und **A. E. van Arkel,** *Die Kristallstrukturen von $(NH_4)_2CuCl_3$ und $(NH_4)_2CuBr_3$.* Die Darst. von $(NH_4)_2CuCl_3$- u. $(NH_4)_2CuBr_3$-Einkristallen wird kurz beschrieben. $(NH_4)_2CuCl_3$ krist. orthorhomb. mit a = 14,71; b = 22,07; c = 4,08 Å u. Z = 8. $D_{\text{pykn.}}$ 2,1; $D_{\text{rönt.}}$ 2,07 g·cm^{-3}, Raumgruppe C m m m. Atomlagen: Cu(I) in 4h (x = 0,283), Cu(II) in 4j (y = 0,175), Cl(I) in 4g (x = 0,181), Cl(II) in 4i (y = 0,114), Cl(III) in 8q (x = 0,375; y = 0,092), Cl(IV) in 8q (x = 0,142; y = 0,236), NH_4(I) in 2b, NH_4(II) in 2d, NH_4(III) in 4i (y = 0,319), NH_4(IV) in 8p (x = 0,222; y = 0,144). Atomlagen wurden durch PATTERSON- u. FOURIER-Projektionen entlang der c-Achse bestimmt, benutzt wurden beide opt. Synthesen mit HUGGINS-Masken u. die Berechnung mit BEEVERS-LIPSON-Streifen. Wie im K_2CuCl_3 u. K_2AgJ_3 liegen alle Atome in zwei symm. Ebenen senkrecht zur c-Achse. Außerdem kommen im $(NH_4)_2CuCl_3$ die gleichen Ketten der Zus. $CuCl_3$, die aus $CuCl_4$-Tetraedern mit gemeinsamen Ecken aufgebaut sind, vor. Zwischen den Ketten parallel zur c-Achse liegen drei NH_4-Ionen, die von acht Cl-Ionen an den Ecken eines deformierten Würfels umgeben sind, u. ein NH_4-Ion, das von sechs an den Ecken eines deformierten trigonalen Prismas u. zwei in etwas größerem Abstand auf einer Seitenfläche gelegenen Cl-Ionen umgeben ist. — $(NH_4)_2CuBr_3$ ist isomorph mit K_2CuCl_3: a = 13,1; b = 14,0; c = 4,4 Å. Jedes NH_4-Ion ist von sieben Br-Ionen umgeben, sechs davon an den Ecken eines deformierten trigonalen Prismas u. eins auf einer Seitenfläche. Abschließend wird ein Überblick über die Strukturen der

Verbb. vom Typ $A_2B(Hal)_3$, wo A ein Alkalimetall u. B Cu oder Ag sind, gegeben. (Acta crystallogr. [Copenhagen] **5.** 506—10. Juli 1952. Leiden, Univ., Labor. of Inorgan. Chem.) H. W. Levi. 195

Eugene Staritzky und **Joseph Singer,** *Optische und röntgenographische Daten über eine Gruppe von isostrukturellen Uran- und Plutoniumverbindungen.* Folgende Verbb. wurden untersucht: $[(CH_3)_4N]_2UCl_6$, $[(CH_3)_4N]_2PuCl_6$, $[(C_2H_5)_4N]_2UCl_6$, $[(C_2H_5)_4N]_2PuCl_6$, $[(CH_3)_4N]_2UO_2Cl_4$, $[(CH_3)_4N]_2PuO_2Cl_4$, $[(C_2H_5)_4N]_2UO_2Cl_4$ u. $[(C_2H_5)_4N]_2PuO_2Cl_4$. Die Darst. sowie die angewandten kristallograph. u. opt. Methoden werden kurz beschrieben. In einer Tabelle werden folgende Daten, die teils aus eigenen, teils aus fremden Messungen stammen, zusammengestellt: Kristallsyst., Raumgruppe, Gitterkonstante, D., Zahl der Formeleinheiten in der Elementarzelle, Kristallhabitus, eventuelle Verzwilligung, opt. Charakter, gegebenenfalls Winkel der opt. Achsen u. Dispersion, opt. Orientierung, Brechungsindices, Farbe u. Absorption. Obgleich die untersuchten Verbb. in 4 verschied. Kristallsystemen krist., lassen sich alle Strukturen auf die höchstsymm. kub. flächenzentrierte Elementarzelle des $[(CH_3)_4N]_2MeCl_6$, die 4 Formeleinheiten enthält, zurückführen. Die Zusammenhänge zwischen der chem. Zus. u. den Symmetrieänderungen bei den anderen Verbb. werden erörtert. Einige Irrtümer in der älteren Literatur werden korrigiert. (Acta crystallogr. [Copenhagen] **5.** 536—40. Juli 1952. Los Alamos, N. Mex., Univ. of California, Los Alamos Sci. Labor.) H. W. Levi. 195

Jean-Jacques Trillat, *Elektronenmikroskopische und Elektronenbeugungsuntersuchung des Verhaltens von Silberbromid unter der Einwirkung schneller Elektronen.* Unter der Einw. von Elektronenstrahlen (hier 40—60 kV) wird aus dünnen poly- oder monokristallinen Schichten von AgBr Silber abgeschieden. Man kann im Elektronenbeugungsbild den allmählichen Übergang vom AgBr- zum Ag-Diagramm deutlich beobachten, bes. wenn die AgBr-Schicht durch Aufdampfen auf eine frisch gespaltene Steinsalzoberfläche gewonnen worden ist, um einheitliche Orientierung der AgBr-Kristalle zu erhalten. Bei der gleichzeitigen elektronenmkr. Beobachtung sieht man den Übergang von den zahlreichen unregelmäßig geformten u. verteilten AgBr-Kriställchen zu Ag-Kügelchen. (C. R. hebd. Séances Acad. Sci. **236.** 60—62. 5/1. 1953.) Lenz. 196

J. A. Becker und **C. D. Hartman,** *Feldemissionsmikroskop- und Kathodenblitztechnik für die Untersuchung der Struktur und Adsorption auf Metalloberflächen.* Beschreibung u. Deutung der auf der Wolframspitze eines Feldemissionsmikroskops beobachtbaren Verteilung der Emissionsintensität für reines W u. bei Adsorption von Ba-Atomen. Beschreibung der von Vff. angewandten Kathodenblitztechnik („Flash Filament Technique") zur Best. der Haftwahrscheinlichkeit für Fremdatome (hier N) an Metall (hier W). Oberflächen: In ein vorher gut ausgeheiztes Vakuumgefäß, in welchem sich ein W-Band befindet, wird bei niedrigem Druck N_2 eingelassen. Um festzustellen, wie groß die Anzahl N(t) der vom W-Band nach einer gewissen Zeit t adsorbierten N-Atome ist, wird plötzlich das W-Band auf 2300° K geheizt (Kathodenblitz). Die Zahl N der dadurch ausgetriebenen N-Atome (es sind sämtliche vorher adsorbierte) wird durch den plötzlichen Druckanstieg im Vakuumgefäß, welcher mit einem Ionisationsvakuummeter gemessen wird, bestimmt. Durch Vgl. der Anzahl $\Delta t \cdot dN/dt$ der im Zeitelement Δt am W-Band adsorbierten mit der während dieser Zeit auf das Band aufgetroffenen Atome wird eine „Haftwahrscheinlichkeit" berechnet. Die derart bestimmte Haftwahrscheinlichkeit wird in Abhängigkeit von der Temp. des W-Bandes u. der Flächendichte der bereits adsorbierten N-Atome in Kurvenform wiedergegeben. (J. physic. Chem. **57.** 153—59. Febr. 1953. Murray Hill, N. J., Bell Telephone Labors.) Lenz. 196

E. C. Ellwood, *Gitter-Fehlstellen und Porosität in Kupfer—Nickel-Legierungen.* Gitterfehlstellen treten bes. dann auf, wenn die Legierung weniger als 80% Ni enthält. Das Maximum liegt in der Nähe von 45% Ni. Die Temperzeiten erstreckten sich zwischen 700 u. 970° bis auf 4175 Stunden. Die Legierungen wachsen zunehmend, wobei die Geschwindigkeit von der Temp. abhängt. Die mkr. Unters. zeigt, daß sich an den Korngrenzen Mikroporen entwickeln, nicht jedoch an den Zwillingsgrenzen. Legierungen mit weniger als 20% Cu, in welchen sich verhältnismäßig wenig Lücken finden, zeigen weniger als 0,1% Wachstum unter ähnlichen Bedingungen. (Nature [London] **170.** 580—81. 4/10. 1952. Newcastle-upon-Tyne, King's Coll., Dep. of Metall.) Schubert. 197

J. Holden, *Merkmale plastischer Deformation auf Spaltoberflächen von Metallkristallen.* Auf Spaltflächen von Einkristallen von *Zn, Mg, Bi* u. *Sb* wurden interferometr. die Erscheinungen beobachtet, die nach plast. Deformation auftraten. Genauer untersucht wurden die auftretenden Zwillingsbanden sowie die Form des Zwillingsgebietes. Polygonalstrukturen, die durch inhomogene Deformation u. anschließendes Anlassen erzeugt worden waren, konnten mit Wachstumserscheinungen in Metallkristallen in Zusammenhang gebracht werden. Bei hexagonal dichtest gepackten Kristallen, die durch Gleitung deformiert worden waren, wurde ein Typ von Deformationsbandstruktur der akt. Gleitebene beobachtet. Zahlreiche photograph. Reproduktionen sind beigefügt. (Philos. Mag. [7] **43.** 976–84. Sept. 1952. London, Univ., Royal Holloway Coll.) GOTTFRIED. 197

J. W. Suiter und **W. A. Wood,** *Verformung von Magnesium bei verschiedenen Geschwindigkeiten und Temperaturen.* Durch Röntgen- u. mkr. Unterss. wird festgestellt, daß vielkristallines Mg bei der Verformung sich ähnlich wie Al u. Zn sowohl bei erhöhten Tempp. als auch bei geringen Belastungsgeschwindigkeiten verhält u. innerhalb der Körner ein Zellengefüge gebildet wird. Es wird die Bldg. von Kristallittrümmern an den Korngrenzen angenommen. — Gefügebilder. (J. Inst. Metals **81.** 181–84. Dez. 1952. Melbourne, Univ.) HOCHSTEIN. 200

Paul A. Beck und **Philip R. Sperry,** *Spannungsinduzierte Korngrenzenwanderung in Aluminium hohen Reinheitsgrades.* Die Korngrenzenwanderung bei Anlassen (auf 600°) mit allmählichem Kornwachstum im Sinn einer Verringerung freier Grenzflächenenergie durch Reduzierung der Korngrenzenflächensumme/Volumeinheit erfolgt in der Richtung auf die Krümmungszentren der wandernden Grenze hin. Im Gegensatz dazu beruht die Korngrenzenwanderung bei der Rekristallisation nach Kaltverformung entweder auf dem Wachsen neuer Kristallite in verformten alten oder auf dem Ausbilden erholter Zonen an Grenzen verformter alter Kristallite auf Kosten benachbarter ohne Orientierungsänderung. Sie findet statt ohne Rücksicht auf etwaige Zunahme der Grenzflächensumme/Volumeinheit. Die Abnahme freier Energie, welche aus den verformten Voll. frei wird, überwiegt die etwaige Zunahme freier Energie an neuen oder vergrößerten Grenzflächen. So wachsen die frischen Grenzflächen um Keime in Richtung von ihrem Krümmungszentrum fort u. bilden die alten, wandernden Grenzen Ausbuchtungen im Schliffbild, wo früher kürzere u. unverbeulte Linien zu sehen waren. Wie man durch Ätzverss. zeigen kann, welche die kaltverformten Flächen stärker aufrauhen, gehen die durch bloße Korngrenzenwanderung rekrist. Bereiche ohne Grenze in den verformt gebliebenen Rest des gewachsenen Kristallites über. Diese Rekristallisation ohne Ausbildung neuer Wachstumskeime überwiegt im Al hoher Reinheit über diejenige durch neu entstehende Kristallite sowohl in der Menge als hinsichtlich des zeitlichen Einsetzens (ohne Inkubationsperiode) im Verlauf eines Anlaßprozesses. (J. appl. Physics **21.** 150–52. Febr. 1950. Notre Dame, Ind., Univ. of Notre Dame, Dep. of Metall.) v. EICHBORN. 200

Helmut Bückle und **Jacques Descamps,** *Mikroskleromerische Untersuchung der Diffusion von Beryllium in sehr reines Aluminium in mehreren Phasen.* Durch Mikrohärtemessungen wurde die Diffusion von Be aus einer Al–Be-Legierung mit 1,06% Be, die aus einem Aggregat von in einer festen Al-Be-Lsg. dispers verteiltem Be bestand, in reinstes Al (99,9985%) gemessen. Die beiden Metallproben wurden nach mechan. u. elektrolyt. Polieren durch gemeinsames Auswalzen fest verbunden. Hierauf wurden Probestückchen 1–25 Tage auf 635; 600; 560 u. 500° erhitzt, in W. abgeschreckt u. 1 Std. bei 100° angelassen. Aus den Mikrohärtemessungen wurden die folgenden Löslichkeitsgrenzen des Be in Al gefunden: 635° 0,047%; 600° 0,029%; 560° 0,019% u. 500° 0,012%. Die Diffusionskoeffizienten, gerechnet in cm² pro Tag, sind in der gleichen Temperaturfolge $2,5 + 0,4 \cdot 10^{-3}$; $1 + 0,2 \cdot 10^{-3}$; $3,3 + 0,5 \cdot 10^{-4}$; $5 + 1,10 \cdot 10^{-5}$. Aus diesen Werten erhält man eine mittlere Aktivierungswärme von 42000 + 2000 cal/Grammatom. (C. R. hebd. Séances Acad. Sci. **230.** 752–54. 20/2. 1950.) GOTTFRIED. 200

Robert Cabarat, Léon Guillet, René Le Roux und **Albert Portevin,** *Thermoelastische Analyse der Umwandlungen von Aluminiumbronzen.* Es wurden die Umwandlungen im festen Zustand einer *Al–Cu*-Legierung mit 11,95 Gew.-% Al durch Best. des Elastizitätsmoduls E u. des logarithm. Dekrements δ sowie ihrer Änderungen in Abhängigkeit von der Temp. untersucht. Die Legierung besitzt 3 feste Lsgg.: β (kub. zentriert, regellos, stabil oberhalb 565°), β_1 (kub. zentriert u. geordnet) u. β' (hexagonal, stabil unterhalb 280°). Unterhalb 565° besteht der Gleichgewichtszustand aus einem Gemisch von α (kub. flächenzentriert mit 9,4% Al) u. γ (kub. mit 52 Atomen u. 15,6% Al), deren Elastizitätsmoduln bei 20° 10400 u. 20400 kg/mm² sind. Zwischen diesen verschied. Phasen bestehen reversible Rkk., vor allem $\beta \rightleftharpoons \alpha + \gamma$ bei 565° von perlit. Typ u. $\beta_1 \rightleftharpoons \beta'$ zwischen 280 u. 380° vom martensit. Typ. Beim Erhitzen tritt die Umwandlung $\alpha + \gamma \rightarrow \beta$ unter Verminderung des Elastizitätsmoduls auf; das Dekrement nimmt vor u. während der Umwandlung beträchtliche Werte an. Der Modul der Phase folgt dem Gesetz der Gemische, wenn das Korn genügend fein ist, um die Pseudoisotropie zu verwirklichen. Eine an der Luft von 700° abgekühlte Legierung ist im martensit. Zustand. Aus den Änderungen ihres Moduls in Abhängigkeit von der Temp. ergab sich die reversible Umwandlung $\beta_1 \rightleftharpoons \beta'$, wenn die Erhitzungs- u. Abkühlungsgeschwindigkeiten ausreichend waren, um die Zers. von β' u. β_1 zu vermeiden. Die

Bldg. des Martensits beim Abkühlen ist von einer Verminderung des Moduls begleitet. (C. R. hebd. Séances Acad. Sci. **231**. 1373—75. 18/12. 1950.) GOTTFRIED. 200

Walter Glaser, Grundlagen der Elektronenoptik. Wien: Springer-Verl. 1952. (X + 699 S. m. 445 Textabb.) 8°. DM 120,—.

A_7. Gleichgewichte. Kinetik.

Paul Hagenmuller, *Anwendung der Theorie der ionischen Wechselwirkung auf die Aufstellung des quaternären Diagramms $NaCl$-KCl-$KClO_4$-$NaClO_4$-H_2O bei 25°.* Vf. untersucht bei 25° das Gleichgewicht $NaCl + KClO_4 \rightleftharpoons KCl + NaClO_4$ in wss. Lsg. u. bestimmt analyt. die Zus. der gesätt. Lsgg. u. festen Phasen. Andererseits werden die Gleichgewichtslinien aus der Beziehung zwischen den Aktivitätskoeffizienten u. den abgeleiteten Molalitäten berechnet u. mit den experimentellen Werten verglichen. Die Ergebnisse zeigen gute Übereinstimmung. (C. R. hebd. Séances Acad. Sci. **232**. 1835—37. 16/5. 1951.) WEITBRECHT. 221

Birger Adell, *Zur Kenntnis der Isomerisationsgeschwindigkeit einiger komplexer Mononitritokobalt(III)-verbindungen in festem Zustande und in verdünnter, wässeriger Lösung.* Zwei Typen von komplexen Mononitritokobalt(III)-salzen $\left[\begin{matrix}(1)\ ONO\\(6)\ NCS\end{matrix}\ Coen_2\right]X$ (I) u. $[ONO\cdot Co\cdot(NH_3)_5]X_2$ (II) sind bekannt. Diese wandeln sich in fester Form, wie in verd. Lsg. in die NO_2-Isomeren (**Ia**) bzw. (**IIa**) um. Im Dunkeln vollzieht sich die Umwandlung im allg. nach dem Schema einer Rk. 1. Ordnung. Wegen der die Umwandlung begleitenden Farbänderung kann diese extinktiometr. verfolgt werden. Vf. nahm die Extinktionskurven der wss. Lsgg. der 4 Verbb. im Bereich von 380—680 mμ (**I** u. **Ia**) bzw. 380—500 mμ (**II** u. **IIa**) auf. Als für die Verfolgung der Isomerisation geeignete Wellenlängen fand Vf. λ = 460 mμ (**I**), 520 mμ (**Ia**), 455 mμ (**II**) u. 510 mμ (**IIa**). Die Untersuchungstempp. waren 20°, 30° u. 40°, die Schichtdecke d = 3,00 cm. Es zeigte sich, daß die Isomerisation des gelösten wie des festen Salzes zur vollständigen Umwandlung in die Nitro-Form führt. Auch in wss. Lsg. befolgt die Umwandlung das Schema der Rk. 1. Ordnung. Die Geschwindigkeitskonstante der Isomerisierung der festen Salze **I** u. **II** ist stark von der Art der Anionen abhängig, während diese prakt. keinen Einfl. auf die Isomerisationsgeschwindigkeit der gelösten Salze ausübt, wenn die Konz. der Lsg. einige Millimol/Liter beträgt. Die Umwandlung **II** → **IIa** verläuft ca. 20mal schneller als die von **I** → **Ia**, was mit dem größeren Wert der Aktionskonstante α u. dem kleineren Wert der Aktivierungsenergie q von **II** zusammenhängt (α = 14,86 sec^{-1}, q = 23,34 kcal für **I**; α = 15,57 sec^{-1}, q = 22,50 kcal für **II**). Vf. diskutiert den Einfl. des Baues des Komplexkations auf die Werte der Geschwindigkeitskonstanten. Die Isomerisation des festen **II**-Perchlorates entsprach nicht einer Rk. 1. Ordnung. (Z. anorg. allg. Chem. **271**. 49—64. Dez. 1952. Lund, Univ., Chem. Inst., Anorgan. Abt.) PLUST. 223

T. G. Owe Berg, *Die Lösungsgeschwindigkeit von Molybdän in Salpetersäure bei 25°.* (Vgl. C. **1952**. 4411.) Die Lösungsgeschwindigkeit von Mo in HNO_3 bei 25° wird durch die Gleichung $v = 186c\,(1 - \alpha)mg/cm^2h$ wiedergegeben. Die geschwindigkeitsbestimmende Rk. ist die gleiche wie für Cu in HNO_3. Bei hohen Konzz. (ca. c = 10 n) wurde auf der Probe eine voluminöse Belegung von MoO_3 gebildet. Diese setzt die Lösungsgeschwindigkeit bei $c > 10$ n fast auf Null herab. (Z. anorg. allg. Chem. **269**. 117—19. Aug. 1952. Avesta, Avesta Jernverks A.-G.) R. MATTNER. 224

Charles A. Kraus, *Fragmente der Chemie.* 10. Mitt. *Physikalische Eigenschaften von Metallösungen.* (9. vgl. C. **1953**. **7745**.) Zusammenfassung vorhandener Daten (mit Hinweis auf Lücken u. Probleme) über Lsgg. von Alkali- u. Erdalkalimetallen (auch quarternärem Alkylammonium) in fl. NH_3 u. Aminen: Leitfähigkeit (vorwiegend metall.) u. deren Abhängigkeit von Konz. u. Temp., Änderung des Vol. beim Lösen, magnet. Eigg., Überführungszahlen, Absorptionsspektren, photoelektr. Effekt usw. — Zustand der gelösten Metalle. (J. chem. Educat. **30**. 83—87. Febr. 1953. Providence, R. I., Brown Univ.) BLUMRICH. 224

Homer Jacobson, *Die Austauschreaktion zwischen HBr und Br_2 in der Gasphase.* Vf. untersucht die Austausch-Rk. zwischen HBr u. Br_2 in der Gasphase bei Anwendung annähernd äquivalenter Mengen unter Benutzung einer besonderen Apparatur. In einer auf —120° gekühlten Vorlage zum Ausfrieren des Br_2 konnte noch kein Austausch beobachtet werden. Bei einer Kontaktzeit von 12 sec findet bei 23 mm 98%ig. Austausch statt. Bei 18—24° u. 0,5—2,0 mm Druck u. 0,4—0,9 sec Kontaktzeit wurden Austauschhalbwertzeiten von 0,14—0,75 sec beobachtet. Bei genau 21 u. 18° bei 1,1 mm Druck u. 0,5 sec Kontaktzeit wurden Austauschhalbwertzeiten von 0,06 bzw. 0,08 sec gemessen. Der Austausch wird nicht prim. durch Strahlungsaktivierung verursacht. Photochem. Wirkungen konnten nicht festgestellt werden. Vf.

nimmt an, daß es sich bei der Austausch-Rk. um eine Wand-Rk. handelt. (J. chem. Physics **18.** 994. Juli 1950. New York, N. Y., Upton, Brookhaven National Labor., Chem. Dep.) J. MATTNER. 225

Harold S. Johnston und **Robert L. Mills,** *Neue Untersuchung der Reaktion zwischen Stickstoffpentoxyd und Stickoxyd.* Vff. untersuchen die Rk. zwischen NO u. N_2O_5, um den Mechanismus der Zers. von N_2O_5 aufzuklären. Bei Gesamtdrucken von 7000 mm (unter N_2-Zusatz) betrug die beobachtete Geschwindigkeitskonstante 1. Ordnung 0,25 sec^{-1}. Der auf sehr hohen Druck extrapolierte Wert betrug 0,29 sec^{-1}. Die Aktivierungsenergie bei 7000 mm betrug 21 ± 1 kcal/Mol. Bei Gesamtdrucken von 0,07 mm betrug die Geschwindigkeitskonstante 1. Ordnung, dividiert durch die Gesamt-Gas-Konz., $1,93 \cdot 10^5$ cm^3/Mol·sec. Auf den Druck 0 extrapoliert beträgt dieser Wert $2,34 \cdot 10^5$ cm^3/Mol·sec. Die Aktivierungsenergie bei sehr niedrigem Druck beträgt 14,5 ± 0,5 kcal/Mol. Der von SMITH u. DANIELS (C. **1948.** II. 154) angenommene Mechanismus für die Rk. von NO mit N_2O_5 u. der Mechanismus von OGG jr. (C. **1948.** I. **1070**) für die Zers. von N_2O_5 werden bestätigt u. erweitert. Die Geschwindigkeit der Anfangs-Rk. von N_2O_5 u. NO wird durch die Rk. $N_2O_5 = NO_2 + NO_3$ gegeben. (J. chem. Physics **18.** 997. Juli 1950. Stanford, Calif., Univ., Dep. of Chem.) J. MATTNER. 225

F. M. Lang und **G. Aunis,** *Entwicklungsgeschwindigkeit von salpetriger Säure in wässeriger Lösung.* 3. Mitt. *Entwicklung in hermetisch verschlossenem Gefäß und in Abwesenheit jeglicher Gasatmosphäre.* 4. Mitt. *Entwicklung unter Vaselinöl.* (2. vgl. C. **1952.** 2803.) Hält man eine prakt. O_2-freie wss. Lsg. von ≤n/1000 HNO_2, aus H_2SO_4 u. $NaNO_2$ hergestellt, unter Ausschluß jeder Gasatmosphäre in einem dicht verschlossenen Gefäß bei 24°, so bleibt die Konz., wie Vff. zeigen, nach anfänglicher Oxydation durch letzte O_2-Spuren, konstant. Bei höheren Konzz., wie 5n/1000 HNO_2, strebt die Entw. sehr rasch einem Gleichgewichtszustand zu, während bei n/100 Lsgg. bereits nach einigen Std. kleine Bläschen entstehen u. die Lsg. heterogen wird. Man beobachtet dann ein rasches Abfallen der Konz. bis zu einem Grenzwert, der das Ende der chem. Rk. anzeigt. Dagegen kann Vaselinöl in offenen Gefäßen keineswegs eine wss. HNO_2-Lsg. von der Luft abschließen noch den Gasaustausch verhindern. Nur infolge der erschwerten Wanderung der Gase durch die Phasengrenzen tritt eine Verlangsamung der Entw. von HNO_2 ein, wobei die Oberfläche der Phasengrenze Lsg./Öl einen bedeutenden Einfl. hat. Die Ergebnisse werden graph. mitgeteilt u. der Einfl. des gelösten O_2, der Bewegung, der Oberfläche u. Konz. diskutiert. (Bull. Soc. chim. France, Mém. [5] **19.** 481—85. Mai/Juni 1952.) WEITBRECHT. 225

Guy Pannetier, *Spektrographische Untersuchung der Explosionen von Chlordioxyd (ClO_2) und der Reaktionsmechanismus dieser explosiven Zersetzung.* Das bei der Explosion des ClO_2 ausgesandte Licht ist so schwach, daß zur spektrograph. Plattenauswertung mindestens 20000 Explosionen notwendig wären. Vf. benutzte ein zur opt. Achse des Spektrographen koaxiales, 15 cm langes u. 1 cm weites Rohr mit Quarzfenstern als Explosionskammer. Eine automat. Vorr. gestattete es, das Rohr 3—4mal/Sek. mit ClO_2 (Druck: 50—200 mmHg) zu füllen, elektr. durch Funken zu zünden, wieder zu leeren usw., so daß eine Spektralaufnahme in 4—5 Std. gelang. Es ergab sich eine kontinuierliche Emission mit Maximum bei 4740 Å. Hieran schließt sich ein zum Roten hin schwächer werdendes Bandensyst., für das Vf. die zugehörigen Wellenlängen angibt. Als Reaktionsmechanismus nimmt Vf. an: 1. $ClO_2 \rightarrow Cl + O + O$ unter Wrkg. des elektr. Funkens, 2. die Rekombination der Atome $Cl + Cl \rightarrow Cl_2 + h\nu$ u. $O + O \rightarrow O_2 + h\nu$ bewirkt das Kontinuum im Untergrund des Spektrums. Da die Zers. sich nicht sofort fortpflanzt, befinden sich im Rohr noch einige unzersetzte Moll. ClO_2, so daß sich das Absorptionsspektr. des ClO_2 dem Kontinuum überlagert u. daher das beobachtete Spektrogramm entsteht. (C. R. hebd. Séances Acad. Sci. **231.** 1495—96. 18/12. 1950.) ROEDER. 225

A.-E. Simchen und **A. Glasner,** *Über die thermische Zersetzung von Kaliumperchlorat im Vakuum.* 2. Mitt. (1. vgl. C. **1952.** 2139.) Vff. erweitern die Unters. der therm. Zers. von $KClO_4$ auf das Gebiet von 550—630° bei 1—10 μ Hg unter Berücksichtigung des Reinheitsgrades. $KClO_4$ erleidet beim Erhitzen im Vakuum eine teilweise Zers., wobei der KCl-Geh. des Rückstandes von der Temp. u. von den Verunreinigungen abhängt. Bei Normaldruck u. im Vakuum bei Ggw. von Schwermetallionen (Einfl. schon bei 0,01‰ merklich) ist die Zers. vollständig. $KClO_4$ schmilzt im untersuchten Gebiet nur unter gleichzeitiger Zers., ein scharfer F. existiert nicht. Aus den angegebenen Druck—Zeit-Kurven wurden die Geschwindigkeitskonstanten der Rk. bestimmt, u. daraus die Aktivierungsenergie der verzweigten Ketten-Rk. zu 37000 kcal/Mol berechnet. Sie ist unabhängig von Verunreinigungen, während die Aktivierungsenergie der überlagerten monomol. Rk. (60—75 kcal/Mol) vom Reinheitsgrad abhängt. Der berechnete Verlauf der Rk. stimmt gut mit dem gemessenen überein. (Bull. Soc. chim. France, Mém. [5] **20.** 127—33. Jan. 1953.) SCHILLER. 225

Richard M. Noyes, *Wandeffekte bei photochemisch induzierten Kettenreaktionen.* Unter Verwendung dimensionsloser Parameter wird eine mathemat. Lsg. entwickelt für den Fall, daß photochem. erzeugte Atome oder Radikale sowohl homogen nach einer Rk. 2. Ordnung als auch heterogen an der Wand nach einer Rk. 1. Ordnung kombinieren können. Es wird angenommen, daß die Wand diejenigen Atome oder Radikale entfernen kann, die sich in einer Schicht der Dicke $0{,}9[D^2/Qk]^{1/4}$ befinden (D = Diffusionskoeff., Q = Geschwindigkeit der Kettenerzeugung, k = Geschwindigkeitskonstante des homogenen Kettenabbruchs). Wenn das Vol. dieser Schicht einen wesentlichen Bruchteil des Gesamtvol. des Syst. darstellt, kann die Wand für den Abbruch eines wesentlichen Bruchteils der gebildeten Ketten verantwortlich gemacht werden. Danach kann selbst in Gefäßen mit einem Durchmesser von mehreren cm ein sehr großer Bruchteil der photochem. erzeugten Ketten an der Wand abgebrochen werden, sofern nicht die Strahlungsabsorption viel größer als 10^{12} pro cm^3 u. sec oder bzw. u. gleichzeitig der Druck wesentlich über Atmosphärendruck liegt. Die mathemat. Behandlung zeigt auch die Anwendbarkeit kinet. Daten zur Best. der Rekombinationswahrscheinlichkeit eines auf die Wand treffenden Atoms oder Radikals. Die Abhängigkeit der Konz. in der Nähe der Wand vom Rekombinationskoeff. wird graph. wiedergegeben. (J. Amer. chem. Soc. **73.** 3039—43. Juli 1951. New York, N. Y., Columbia Univ., Dep. of Chem.) REITZ. 226

Richard M. Noyes und **Lewis Fowler,** *Mechanismus des Kettenabbruchs bei Chloratomreaktionen.* (Vgl. vorst. Ref.) Photochem. Gas-Rkk., bei denen Cl-Atome eine Rolle spielen, wie $COCl_2$- u. HCl-Synth., zeigen gleichzeitig Kettenabbruchs-Rkk. 1. u. 2. Ordnung in Bezug auf die Konz. der Cl-Atome. Der Abbruch nach 1. Ordnung wurde dabei meist dem Einfl. einer in der Gasphase in geringer Gleichgewichtskonz. anwesenden Verunreinigung zugeschrieben. Unter Verwendung der in der vorst. Arbeit abgeleiteten Gleichungen wird gezeigt, daß diese Daten auch durch die Annahme einer Wand-Rk. mit einem Rekombinationskoeff. von ca. $5 \cdot 10^{-5}$ erklärt werden können. Zu einer eindeutigen Entscheidung zwischen beiden Deutungen wären Verss. bei erheblich höheren Gesamtdrucken (mehrere at Inertgasdruck) erforderlich, als sie bisher angewandt wurden. (J. Amer. chem. Soc. **73.** 3043—45. Juli 1951.) REITZ. 226

Sol Weller und **G. A. Mills,** *Homogene katalytische Hydrierung.* 1. Mitt. *Aktivierung von molekularem Wasserstoff durch Lösungen von Kupfer(I)-acetat.* Vff. untersuchten die katalyt. Aktivierung von H_2 im homogenen Syst., um so besseren Einblick in den Mechanismus von Hydrierungs-Rkk. zu erhalten, als dies bei Katalysatoren mit fester Oberfläche möglich ist. Sie führen bei 100° kinet. Messungen über die Red. von *Chinon* u. *Cu(II)-Ion* [Cu(II)-Acetat] in *Chinolin* mit H_2 durch, wobei Cu(I)-Acetat als Katalysator verwendet wurde. Die Geschwindigkeit der Hydrierung wird durch die Gleichung $-dH_2/dt = k \cdot p_{H_2} \cdot (Cu^I)_2$ ausgedrückt, wobei $(Cu^I)_2$ ein dimerer Komplex ist, dessen Gleichgewichtskonstante zu 11 Mol^{-1}·Liter berechnet wurde. Die Geschwindigkeit der Red. ist demnach von der Konz. des zu reduzierenden Stoffes unabhängig. Die Red. verläuft auch in anderen Lösungsmitteln als Chinolin befriedigend, vorausgesetzt, daß das Lösungsm. eine stickstoffhaltige Base ist. Diese braucht nicht heterocycl. zu sein. Als Lösungsm. wurden untersucht: *2-Methyl-, 4-Methyl-, 6-Methyl-, 8-Methylchinolin* u. *8-Oxychinolin, Isochinolin, Pyridin, 4-Methyl-, 2.4.6-Trimethyl-, 5-Äthyl-2-methyl-* u. *2-Hexylpyridin, α.α'-Dipyridyl, Indol, Formamid, Dibutylphthalat, Dimethylanilin, Diamylamin, Diäthanolamin* u. *Dodecylamin.* Das Lösungsm. darf nicht mit dem zu red. Stoff reagieren u. muß in ster. Beziehung geeignet sein. Bei Verwendung von Mischungen von H_2 mit D_2 wurde kein wahrnehmbarer Austausch während der homogenen Reduktionsperiode beobachtet. Mit Lsgg. von red. Cu(II)-Acetat wird jedoch DH gebildet. Die Austauschgeschwindigkeit zwischen H_2 u. D_2 ist dann mit der Reduktionsgeschwindigkeit von Chinon u. Cu(II)-Ion vergleichbar. Die Annahme eines Hydrierungsmechanismus, der in abwechselnder Oxydation u. Red. des Cu(I)-Katalysators besteht, ist nicht in Einklang mit dem experimentellen Befund. Es scheint vielmehr eine Rk. eines dimeren Cu(I)-Ions mit H_2 unter Bldg. eines Komplexes stattzufinden, in dem der H in dissoziierter Form vorliegt. Dieser Schritt ist geschwindigkeitsbestimmend. Dieser Komplex reagiert dann relativ schnell mit den zu red. Stoffen. Die Struktur des angenommenen Dimeren u. des vermuteten Komplexes wird diskutiert. (J. Amer. chem. Soc. **75.** 769—77. 20/2. 1953. Marcus Hook, Pa., Houdry Process Corp., Houdry Labor.) J. MATTNER. 227

B. Anorganische Chemie.

Walter C. Schumb und **Arthur J. Stevens,** *Die partielle Hydrolyse von Siliciumtetrachlorid.* In Fortsetzung ihrer Unterss. (C. **1948.** I. 984) über die Hydrolyse des $SiCl_4$ (I) beschreiben Vff. die Darst. der Siliciumoxychloride bis zum $Si_7O_6Cl_{16}$. Während Änderungen des Molverhältnisses Ae./(I) ohne Einfl. auf die Ausbeute an Si_2OCl_6 sind, ist dies bei Änderungen des Molverhältnisses Ae./H_2O der Fall. Die Hydrolyse soll nach $(C_2H_5)_2O \cdot HCl + H_2O \rightarrow (C_2H_5)_2O{-}\underset{|}{\overset{}{H}}{-}\underset{\displaystyle H}{\underset{|}{O}}\cdots HCl$ u. $(C_2H_5)_2O{-}H{-}\underset{\displaystyle H}{\underset{|}{O}}\cdots HCl + Cl{-}SiCl_3 \rightarrow Cl_3Si{-}OH + (C_2H_5)_2O \cdot HCl + HCl$ verlaufen. Entstehendes Cl_3SiOH reagiert dann mit $Cl{-}SiCl_3$ oder mit bereits vorhandenen Oxychloriden weiter. Ein cycl. Tetrameres $Si_4O_4Cl_8$ konnte nicht gefunden werden.

Versuche: Die Hydrolyse von (I) erfolgte durch Eintropfen von W. in eine auf -78^0 gekühlte Lsg. von (I) unter Rühren. $Kp._{15}$: Si_2OCl_6 Kp. 34,5°; $Si_3O_2Cl_8$ Kp. 80,5°; $Si_4O_3Cl_{10}$ Kp. 114,7°; $Si_5O_4Cl_{12}$ Kp. 140°; $Si_6O_5Cl_{14}$ Kp. 166—167°; $Si_7O_6Cl_{16}$ Kp. 187—188°. (J. Amer. chem. Soc. **72.** 3178—82. Juli 1950. Massachusetts Inst. of Techn., Dep. of Chem.) PLUST. 261

Egon Wiberg und **Richard Bauer,** *Der Magnesiumwasserstoff MgH_2. MgH_2* (I) läßt sich durch therm. Zers. von *Mg-Diäthyl* unter Äthylenabspaltung bei 200° im Hochvakuum rein darstellen; außerdem gebildetes Äthan beruht auf einer Neben-Rk. nach $Mg(C_2H_5)_2 \rightarrow MgC_2H_4 + C_2H_6$. Die Pyrolyse des *Mg-Dibutyls* verläuft nicht so durchsichtig, denn neben durch Mg verunreinigtem I entsteht hauptsächlich Buten-(1), daneben etwa zu gleichen Teilen Butan u. Octan. Die Zers. von *Mg-Diphenyl* liefert kein I, dagegen hauptsächlich Diphenyl u. metall. Mg; im Rückstand befindet sich eine Verb. der Zus. MgC_6H_4. Die Pyrolyse der entsprechenden GRIGNARD-Verbb. verläuft analog. *Äthyl-Mg-Bromid* zers. sich nach $2\,Mg(C_2H_5)X \rightarrow MgH_2 + MgX_2 + 2C_2H_4$; ebenso zerfällt *Butyl-Mg-Bromid.* Die Zers. von *Phenyl-Mg-Bromid* verläuft dagegen nach $2\,Mg(C_6H_5)Br \rightarrow 2\,MgBr + (C_6H_5)_2$, so, daß neben Diphenyl wahrscheinlich *Mg-subbromid* entsteht, dieses reagiert mit W. explosionsartig. I ist eine feste, nichtflüchtige, in Ae. unlösl. M., die oberhalb 280° in ihre Bestandteile zerfällt; an der Luft ist I selbstentzündlich, mit W. reagiert es zu $Mg(OH)_2$ u. H_2, mit Methanol entsprechend zu Mg-Methylat u. H_2. Mit BH_3 wird *Mg-Boranat,* $Mg(BH_4)_2$ u. mit AlH_3 *Mg-Alanat,* $Mg(AlH_4)_2$ gebildet. Für den Gitteraufbau von I diskutieren Vff. ein Ionengitter mit Resonanzbrücken, wobei Mg die positiven u. H_2 die negativen Gitterbausteine darstellen. Ausführlicher Verlauf der Pyrolyse u. Ausbeuten vgl. Original. (Chem. Ber. **85.** 593—605. 1952. München, Univ., Inst. für anorgan. Chemie.) ZIMMER. 282

Jean Byé und **Jean Holder,** *Untersuchung der binären Systeme NaCl–$SrSO_4$ und NaCl–$BaSO_4$.* Vff. bestimmen die Schmelzdiagramme beider Systeme bis 1100°. Sie sind analog dem Syst. NaCl–$CaSO_4$ (C. **1949.** I. 361). Die Mischbarkeit der Salze ist im festen Zustand Null, im fl. vollständig. Es existieren keine Doppelsalze. Die Eutektika liegen bei 33,3 Gew.-% $BaSO_4$ u. 741°, bzw. 33,2 Gew.-% $SrSO_4$ u. 738°. Die Umwandlungspunkte der reinen Erdalkalisulfate (vgl. GRAHMANN, Z. anorg. Chem. **81.** [1913.] 258) wurden genauer bestimmt: $CaSO_4$ 1195°, $SrSO_4$ 1150°, $BaSO_4$ 1149°. (Bull. Soc. chim. France, Mém. [5] **20.** 399—400. April 1953.) SCHILLER. 285

Egon Wiberg und **Max Schmidt,** *Zur Kenntnis von Bromderivaten des Aluminiumwasserstoffs AlH_3 (Monobromalan AlH_2Br und Dibromalan $AlHBr_2$).* Beim Versetzen einer äther. Lsg. von AlH_3 bei Zimmertemp. mit einer äther. Lsg. von $AlBr_3$ im Molverhältnis 1:2 entsteht *Dibromalan* (I), $AlHBr_2$ (farblose Fl., F. -15^0, oberhalb 95° im Hochvakuum destillierbar); im Molverhältnis 2:1 entsteht *Monobromalan* (II), AlH_2Br, das oberhalb 35° in I u. AlH_3 disproportioniert; im Molverhältnis 1:1 entsteht ein äquimol. Gemisch von I u. II. Die äther. Lsgg. von I u. II sind bei Zimmertemp. u. Ausschluß von Luftfeuchtigkeit haltbar u. für Hydrierungszwecke geeignet. W. zers. I u. II unter stürm. H_2-Entwicklung. (Z. Naturforsch. **6b.** 459—60. Nov./Dez. 1951. München, Univ., Chem. Inst., Anorg. Abt.) GEHLEN-KELLER. 294

Egon Wiberg und **Max Schmidt,** *Zur Kenntnis von Chlorderivaten des Aluminiumwasserstoffs AlH_3 (Trichlordialan $AlH_2Cl \cdot AlHCl_2$ und Dichloralan $AlHCl_2$).* Beim Umsetzen von AlH_3 u. $AlCl_3$ in äther. Lsg. im Molverhältnis 1:1 entsteht eine Additionsverb. $AlH_3 \cdot AlCl_3 = AlH_2Cl \cdot AlHCl_2$, *Trichlordialan* (I), die im Hochvakuum bei 95° aus der äther. Lsg. als farblose Fl. überdest.; beim Molverhältnis 2:1 wird kein Monochloralan gebildet, sondern I u. polymeres AlH_3; beim Molverhältnis 1:2 entsteht Dichloralan, $AlHCl_2$ (nicht isoliert). I bildet beim Erhitzen mit freier Flamme einen haltbaren Al-Spiegel, H_2 u. $AlCl_3$. (Z. Naturforsch. **6b.** 460—61. Nov./Dez. 1951.) GEHLEN-KELLER. 294

N. K. Drushinina, *Über die Gewinnung von künstlichem Diaspor.* Im Autoklaven wurden in alkal. u. wss. Lsg. von chem. reiner Ätzlauge verschied. Konz. u. künstlichem *Böhmit* (I) mit u. ohne Zusatz von natürlichem *Diaspor* (II) als Impfstoff Verss. zur Synth. von II durchgeführt. Die Verss. bei 315 u. 350° ohne Impfstoff waren negativ. In Ggw. von 5% Impfstoff war die II-Bldg. bei 315° in 158 Std., bei 350° in 100 Std. beendet. In alkal. Lsg. erfolgte die II-Bldg. etwas rascher als in wss. Lösung. Die Geschwindigkeit der II-Bldg. nahm mit steigender Größe des Impfstoffes ab. Durch veränderte Menge u. Dispersität des Impfstoffes konnte die I-Umwandlung in II nach Geschwindigkeit u. Kristallgröße von II gelenkt werden. Der synthet. II bildet durchsichtige Prismen, die opt. u. röntgenograph. mit natürlichem II übereinstimmen. D. in Toluol 3,37. Der Glühverlust betrug 15%. Es konnte mehr als 1 kg synthet. II dargestellt werden. (Доклады Академии Наук СССР [Ber. Akad. Wiss. UdSSR] [N. S.] **88.** 133—34. 1/1. 1953.) Lebtag. 294

Jacques de Villelume, *Die Einwirkung von Wasserdampf auf Cercarbid.* (Vgl. C. **1952.** 4739 u. **1953.** 984.) Durch Erhitzen von pulverisierter Kohle u. CeO_2 auf 2000° in H_2 stellte Vf. CeC_2 her, das ca. 3% freien C u. 27% Ce_2O_3 enthielt. Diese Anteile C u. Ce_2O_3 ließen sich weder mit Xylol abtrennen noch durch verlängertes Erhitzen auf 2000° entfernen. Von 500° an kann *H_2O-Dampf* (I) CeC_2 angreifen. Quantitativ hat Vf. als Reaktionsprodd. aus CeC_2 *Methan, Äthan, Propan, Äthylen, Acetylen* u. höhere Äthylene u. Acethylene nachgewiesen. Daneben entstehen feste Substanzen, die sich auf dem während der Einw. von I entstehenden CeO_2 niederschlagen. (C. R. hebd. Séances Acad. Sci. **231.** 1497—98. 18/12. 1950.) Roeder. 304

Therald Moeller und **J. Calvin Brantley**, *Beobachtungen über Seltene Erden.* 58. Mitt. *Reaktion zwischen Neodym und Äthylendiamintetraacetat-Ionen in wässeriger Lösung.* (57. vgl. **1952.** 2393.) Absorptionsspektren von $NdCl_3$ (I)-Äthylendiamintetraacetat (II)-Lsgg. verschied. Zus. zwischen 2500 u. 10000 Å werden gemessen. Vff. diskutieren Lage u. Charakteristika der einzelnen Absorptionsbanden in diesem Bereich. Spektrophotometr. Messungen bei 2500—2600 Å deuten das Vorliegen eines Komplexes von I mit II im Verhältnis 1:1 an, was auf Grund elektrometr. Titrationen bewiesen wird. Elektrophoret. Unterss. zeigen, daß der Nd-Komplex mit II anion. Charakter besitzt. Er ist in alkal. Lsg. beständig. (J. Amer. chem. Soc. **72.** 5447—51. Dez. 1950. Urbana, Ill., Univ. of Illinois, Noyes Chem. Labor.) Sparmann. 306

K. Saddington und **R. W. Cahn**, *Die Formel des Natrium-Parawolframates.* Die chem. Analyse von *Na-Parawolframat* (I) ergibt für das Verhältnis von $Na:W:H_2O$ = 5:6:14. Auf Grund von goniometr. Messungen u. röntgenograph. Unterss. setzen Vff. die Zus. des krist. Salzes als $Na_{10}W_{12}O_{41}\cdot 28\,H_2O$ (II) fest. Es wird versucht, diese Formel mit der von Jander u. Jahr (Kolloid-Beih. **41.** [1935.] 18) für das Parawolframatanion vorgeschlagenen Formulierung $[HW_6O_{21}]^{5-}$ in Beziehung zu bringen. Die Analyse des aus einer Lsg. von Na_2WO_4 bei einem p_H von 5,2 unter bestimmten Konzentrationsbedingungen erhaltenen I ergab folgende Zus.: W. = 14,025%, WO_3 = 89,87% u. Na_2O = 10,02% (die beiden letzten Werte beziehen sich auf das wasserfreie I). Der Wassergeh. wurde durch Erhitzen von I auf 300° ermittelt, weitere Temperaturerhöhung hatte keine neue Gewichtsabnahme zur Folge. Aus dem wasserfreien I wurde W durch Behandeln mit gasförmiger HCl bei 500—550° als WO_2Cl_2 entfernt. Na wurde als NaCl im Destillationsrückstand bestimmt. Vff. finden für das Verhältnis $WO_3:Na_2O$ = 2,397, diese Zahl stimmt mit der für die Formel II berechneten (2,40) gut überein. Auf Grund von goniometr. Messungen (mit einem Unicam-Zweikreis-Goniometer) u. röntgenograph. Unterss. werden die Kristallkonstanten [$\alpha = 86^0\,0' \pm 15'$, $\beta = 113^0\,20' \pm 15'$, $\gamma = 94^0\,0' \pm 15'$, a = 11,77 ± 0,03 Å, b = 22,19 ± 0,05 Å, c = 12,44 ± 0,02 Å, a:b:c = 0,531:1,000:0,560 (±0,002)] u. das Vol. der Elementarzelle [$V = (2980 \pm 30)\cdot 10^{-24}\,cm^3$] ermittelt. Für $D.^{25}$ 4,01 beträgt das Mol.-Gew. der Elementarzelle (d. h. ihr Gewicht bezogen auf H als Einheit) = 7197 ± 70. Durch Division dieser Zahl durch das Mol.-Gew. von II (3598) ergibt sich als Quotient 2,00 ± 0,02. Für die Formulierung $Na_6W_7O_{24}\cdot 16\,H_2O$ (Mol.-Gew. 2098) beträgt der Quotient der gleichen Rechnung 3,43 ± 0,03. Da der Quotient eine ganze Zahl sein muß, sehen Vff. dies als weiteren Beweis für die Richtigkeit der Formel II an. (J. chem. Soc. [London] **1950.** 3526—29. Dez. Harwell, Didcot, Berks, Atomic Energy Res. Establishment.) Sparmann. 337

Isaac Feldman und **W. F. Neuman**, *Das Uranyl-Citrat-System.* 1. Mitt. *Spektrophotometrische Untersuchungen in saurer Lösung.* Die Absorptionsspektren von Uranylnitratlsgg. allein u. mit Citratzusatz in verschied. mol. Verhältnissen werden im sauren Gebiet mittels eines Beckman DU-Spektrophotometers untersucht. Das Spektr. des Uranylsalzes zwischen 390 u. 460 mμ mit Maximum bei 414 mμ wird durch den Citratzusatz deutlich verändert: es erscheinen bei einem Gemisch 1:1 Maxima bei 424 u. 435 mμ, letzteres bes. ausgeprägt, die beim Gemisch 2:1 verschwinden, während ein neues, auch für die Gemische 3:1 u. 5:1 beherrschend bleibendes Maximum bei 426 mμ erscheint; dagegen ändert sich das Spektr. nicht, wenn das Uranyl-Citrat-Verhältnis von 1:1 auf 1:8 sinkt. Diese Erscheinungen werden gedeutet mit der Bldg. von Komplexen, in denen Uranyl- u. Citrat-Ion im Verhältnis 1:1 bzw. 2:1 gebunden sind, ersterer — als UR bezeichnet — nur schwach, der zweite, U_2R, stark dissoziiert. Diese Erklärung wird bestätigt durch die Berechnung der Absorption für das 2:1-Gemisch $A^*_{2:1}$, die eine mit der experimentellen zusammenfallende Kurve liefert, u. ferner durch die Anwendung „der Meth. der stetigen Veränderungen“ bei der für eine Reihe von Uranylsalz-Citratlsgg. mit konstanter Summe der mol. Konzz., aber von 0—1 verändertem Mol.-Verhältnis $UO_2^{2+}/(UO_2^{2+}$ + Citronensäure) die Absorption bestimmt wird. — Die Spektren unterliegen einem Einfl. des p_H, u. zwar wird (in Übereinstimmung damit, daß UO_2^{2+} sich nur mit der ionisierten Form einer organ. Säure verbindet) bei Herabsetzen des p_H auf 2 infolge Verminderung der Konz. an ionisiertem Citrat der Zerfall von UR u. U_2R begünstigt; nur die 1:8-Kurve zeigt das charakterist. UR-Spektrum. Ferner erscheint die Verb. UR im Gebiet p_H 2—4,6, die Verb. U_2R zwischen p_H 3 u. 4,6 stabil. Bei $p_H > 4,6$ wird die Absorptionsspitze nach höheren Wellenlängen verschoben u. weniger ausgeprägt. Während bei p_H 6 das nichtkomplexe Uran hydrolysiert u. Hydroxyd gefällt wird, zeigen die Gemische mit Citrat keine spektralen Veränderungen. Citrat vermag die Uranfällung selbst in bas. Lsg. zu verhüten. (J. Amer. chem. Soc. **73.** 2312—15. Mai 1951. Rochester, N. Y., Univ., School of Med. and Dent., Dep. of Radiation Biol.) v. Dechend. 339

W. F. Neuman, J. R. Havill und **Isaac Feldman,** *Das Uranyl-Citrat-System.* 2. Mitt *Polarographische Untersuchungen des 1:1-Komplexes.* (1. vgl. vorst. Ref.) Das Uranyl-Citrat-Syst. wird in saurer Lsg. (in der allein reproduzierbare Polarogramme erhalten werden) u. mit Citrat-Überschuß polarograph. untersucht, d. h. unter Bedingungen, bei denen nur der 1:1-Komplex in größerer Konz. vorliegt. Die Kurven Spannung/Strom zeigen einen deutlichen p_H-Einfl.: bei p_H 2 wird eine gut definierte Welle mit Halbwellenpotential bei —0,21 V u. eine kleine weniger deutliche mit $E_{1/2} = -0,90$ V erhalten, bei höherem p_H verschwindet letztere, während die Hauptwelle in 2 Wellen aufgespalten wird, u. oberhalb p_H 5 werden die $E_{1/2}$-Werte stärker negativ, können aber wegen auftretender Maxima nicht analysiert werden. Die Diagramme der Daten bei p_H 3,9 u. 4,6 sind für log i/i_d — i gegen $E_{d.e}$ linear für Welle II mit einer reziproken Neigung von —0,061 V, entsprechend einer Red. mit 1 Elektron, während Welle I lineare Diagramme für log i^2/i_d — i gegen $E_{d.e}$ gibt, entsprechend der Red. eines Dimeren mit 2 Elektronen. Die 1. Reduktionswelle ist der Red. U(VI):U(V), die 2. der Red. U(V):U(IV) zuzuerteilen; eine Red. über U(IV) hinaus kann experimentell ausgeschlossen werden. Die $E_{1/2}$-Werte beider Wellen sind für ein mol. Verhältnis U/Citrat zwischen 1:1 u. 1:1000 unabhängig von der Citrat-Ion-Konz.; bei Konzz. unter 0,05 mol. Citrat zerfällt der Komplex. Die Kurven $E_{1/2}$ gegen p_H werden linear bei einem Grenzwert der Neigung von —0,034 bzw. —0,068, was mit der Theorie (—0,030 u. —0,060) für folgende Rkk. gut übereinstimmt: 1. $[U(VI):Citrat]_2 + H^+ + 2e = 2\ U(V):Citrat$; 2. $U(V):Citrat + H^+ + e = U(IV):Citrat$; die Zahl der H-Ionen bei jeder Rk. ist bei p_H 4,6 = 1 u. nimmt zu mit sinkendem p_H. — Das Syst. als Ganzes ist irreversibel. — Die Messungen werden mit einem Sargent-Registrier-Polarograph mit gesätt. Kalomelelektrode als Anode KCl als Trägerelektrolyt u. Gelatine als Maximumunterdrücker bei 30° gemacht. (J. Amer. chem. Soc. **73.** 3593—95. Aug. 1951.) v. Dechend. 339

Jacques Robin und **Jacques Bénard,** *Untersuchung über die Oxyde, die bei der Zersetzung der gemischten Oxalate von Eisen und Kobalt entstehen.* Vff. fällen aus sd., Fe^{2+} u. Co^{2+}-haltigen Lsgg. die Oxalatmischkristalle, nehmen mit einer Thermowaage die Pyrolysekurven zwischen 100 u. 300° auf u. prüfen röntgenograph. die entstandenen Oxyde. Danach zeigen die Mischkristalle eine Zersetzungstemp., die zwischen der des Co-Oxalats von 260° u. der des Fe-Oxalats von 220° liegt, während die Oxydphase Spinellstruktur u. eine vollständige Löslichkeit im festen Zustand zwischen γ-Fe_2O_3 mit a = 8,32 Å u. Co_3O_4 mit a = 8,09 Å aufweist. Der Ionenaustausch innerhalb des Gitters nach der Gleichung $8\ Fe^{3+} \rightleftharpoons 6\ Co^{2+} + 3\ Co^{4+}$ wird diskutiert. (C. R. hebd. Séances Acad. Sci. **232.** 1830—31. 16/5. 1951.) Weitbrecht. 355

J. Arvid Hedvall, Roland Lindner und **Nils Hartler,** *Die thermische Analyse bei der Untersuchung der kristallographischen Umwandlung des Silbersulfates.* Die polymorphe Umwandlung des Silbersulfates wird mittels therm. Differentialanalyse untersucht u. der Umwandlungspunkt zu 430 ± 3° bestimmt. Die Tieftemperaturmodifikation läßt sich nicht wesentlich überhitzen, die Hochtemperaturmodifikation läßt sich bis zu 20°

unterkühlen. Die Umwandlungsgeschwindigkeit hängt von der Überschreitung der Gleichgewichtslage ab. Berechnungen u. Vgl. mit dem Experiment zeigen, daß keine konstante Umwandlungsgeschwindigkeit bei fortlaufender Erhitzung vorliegt. Die Methodik zur eingehenden Unters. der Umwandlungskinetik wird diskutiert. (Acta chem. scand. **4.** 1099–1108. 1950. Göteborg, Chalmers TH., Inst. für Silicatforsch., Abt. Kristallkinetik.) W. FABER. 359

C. Mineralogische und geologische Chemie.

Günter Viete, *Geologie und radioaktive Isotope.* Zusammenfassender Bericht über die Bedeutung radioakt. Isotope in der geolog. Altersbest. u. im Wärmehaushalt der Erde. Besprochen werden die Pb-Meth., die He-Meth., die Kernspaltung von U, die Sr-Meth., die Radioaktivität des K, Cs, Sm, Cp u. die Radiokohlenstoffmethode. (Bergakademie [Freiberg] **5.** 49–57. Febr. 1953. Freiberg.) HILLER. 378

Pierre Lapadu-Hargues, *Betrachtungen über den Ursprung der Amphibolite.* Die metamorphen Amphibolite werden je nach ihrer Herkunft aus Sedimentgesteinen oder aus magmat. Gesteinen Para- bzw. Orthoamphibolite genannt. Auf Grund der Zusammenstellung einer großen Anzahl von Amphibolitanalysen (ausgewertet wurden nur die Hauptkomponenten SiO_2, Al_2O_3, Fe_2O_3, FeO, MgO, CaO, Na_2O u. K_2O) konnte festgestellt werden, daß in allen Analysen die Werte von SiO_2, Al_2O_3, Fe_2O_3, K_2O u. Na_2O um einen gemeinsamen Mittelwert liegen. Dagegen lassen sich die Analysen auf Grund der Werte von FeO, CaO u. MgO in zwei Typen – O-Typ u. P-Typ – unterteilen, u. zwar liegt in dem O-Typ der Wert von FeO höher als im P-Typ, die Werte von MgO u. CaO dagegen tiefer. Tatsächlich sind nun die Orthoamphibolite gegenüber den Paraamphiboliten reicher an FeO, aber ärmer an MgO u. CaO. (C. R. hebd. Séances Acad. Sci. **234.** 352–53. 14/1. 1952.) GOTTFRIED. 378

Solange Vernhet, *Über die scheinbaren Anomalien der Granulometrie gewisser feiner Tone und ihre mögliche Erklärung durch Hydratationserscheinungen.* Bei Korngrößenbestimmungen von sehr feinen Tonen mit der ANDREASSENschen Pipette beobachtete Vf., daß bei den ersten Entnahmen das Trockengewicht bis zu einer gewissen Grenze zunahm, die bei den eingeschlagenen Versuchsbedingungen bei einer Sedimentationszeit von ca. 1 Std. u. einer Fallhöhe von ca. 4,1 cm lag, u. zwar lag diese Zunahme außerhalb der möglichen experimentellen Fehlergrenzen. Diese progressive Zunahme deutet auf eine Erhöhung der Konz. der Suspension hin, welche notwendigerweise eine Abnahme der Fallgeschwindigkeit, wenigstens eines Teiles der Teilchen einschließt. Die Verlangsamung läßt sich nun durch eine Volumenvergrößerung der Teilchen erklären. Durch weitere Verss. wurde außerdem festgestellt, daß dieses Phänomen noch ausgesprochener wird, wenn man die Anfangskonz. der Tonsuspension erniedrigt u. gleichzeitig die Menge zugesetzten Na-Pyrophosphates konstant hält. Die Versuchsergebnisse lassen sich nur unter der Annahme deuten, daß sich die Teilchen mit Schichten stark hydratisierter Kationen umgeben. (C. R. hebd. Séances Acad. Sci. **233.** 78–80 2/7. 1951.) GOTTFRIED. 378

David E. Jensen, *Bekämpfung der Markasitkrankheit.* In Ggw. von Feuchtigkeit oxydiert sich Markasit beim Liegen an der Luft unter Bldg. von freier Säure u. Eisensulfaten u. zerfällt zu einem grauen Pulver. Er muß stets trocken aufbewahrt werden. Kristalle, welche Zersetzungserscheinungen zeigen, können dadurch gerettet werden. daß die Zersetzungsprodd. mit W. abgewaschen werden u. anschließend mit A. u. Ae. getrocknet wird. (Rocks and Minerals **27.** 482–84. Sept./Okt. 1952.) ENSSLIN. 380

A. K. Gladkowski und **A. K. Scharowa,** *Die asiatische Kreide–Bauxit-Provinz.* Die *Bauxite* (I) aus der Kreideformation im asiat. Teil der Sowjetunion bestehen aus einem Bohnerz u. dem Zement. Das Bohnerz besteht aus Magnetit u. den Hydraten $Al_2O_3 \cdot 0{,}1-0{,}6\ H_2O$, $Al_2O_3 \cdot 0{,}7-1{,}3\ H_2O$, $Al_2O_3 \cdot 1{,}4-2{,}3\ H_2O$ u. $Al_2O_3 \cdot 3\ H_2O$. Der Zement besteht aus Hämatit u. $Al_2O_3 \cdot 3\ H_2O$. Die chem. Analyse der magnet. u. unmagnet. Fraktion von I ergibt in der magnet. Fraktion die Ggw. von wasserärmeren Al_2O_3-Hydraten, während die Thermogramme für beide Fraktionen einander ähnlich sind (endothermer Effekt bei 290–310° u. 510–535°). Die frühere Annahme, daß in I nur $Al_2O_3 \cdot 3\ H_2O$ vorliegt, erklärt sich aus der Ähnlichkeit der I-Thermogramme mit denen von Hydrargillit. Das Bohnerz ist älter als der Zement. Aus der verschied. chem. u. mineralog. Zus. von Bohnerz u. Zement ist zu schließen, daß ihre Bldg. nicht an der gleichen Stelle unter ähnlichen Bedingungen erfolgte. Die gegenwärtigen I-Lager sind durch Zers. u. Umlagerung der prim. I entstanden. Die asiat. I-Lager in der Kreideformation der Sowjetunion sind unter ähnlichen Bedingungen u. zu gleicher Zeit wie die Laterite Indiens entstanden. (Доклады Академии Наук СССР [Ber. Akad. Wiss. UdSSR] [N. S.] **88.** 137–40. 1/1. 1953.) LEBTAG. 380

Juhani Seitsaari, *Über die Assoziation von Cummingtonit und Hornblende.* Cummingtonit u. Hornblende kommen als homoaxiale Verwachsungen im Gabbrodiorit nördlich des Paarlahtisees, Teisko, Finnland, vor. Beide Minerale wurden analysiert u. opt. untersucht. Analyse (Cummingtonit, Hornblende): SiO_2 50,78, 42,05; TiO_2 0,40, 0,75; Al_2O_3 1,77, 12,99; Fe_2O_3 1,88, 5,43; FeO 29,64, 19,36; MnO 0,14, 0,18; MgO 11,83, 6,77; CaO 1,33, 9,67; Na_2O 0,00, 1,07; K_2O 0,00, 0,21; H_2O^+ 2,01, 1,37; H_2O^- 0,00, 0,00%. Optik: Cummingtonit uneinheitlich. 2 V = 68—86°, n_α = 1,658, n_γ = 1,687, γ/c = 16—17°. D. 3,359 (Cummingtonit), D. 3,348 (Hornblende). Die Kristallisation verschied. Assoziationen der beiden Amphibole wird diskutiert. (Suomalaisen Tiedeakatemian Toimituksia [Ann. Acad. Sci. fennicae], Sarja A. III. **30.** 1—19. 1952. Helsinki, Geolog. Inst. d. Univ.) Hiller. 380

L. B. Sand und **T. F. Bates,** *Mineralogie der Restkaoline der südlichen Appalachen.* (Sitzungsbericht.) *Halloysit* ist nur aus den *Kali-* u. *Kalknatronfeldspäten* durch Verwitterung u. intensive Auslaugung entstanden. Der prim. *Muskovit* verwittert zu *Kaolin.* Ist die Auslaugung weniger intensiv, so bilden sich auch aus den Feldspäten Kaoline. Findet die Auslaugung durch saure Lsgg. statt, so entstehen aus den Feldspäten Kaolinite unter Bldg. von sek. *Glimmern.* (Bull. geol. Soc. America **63.** 1294. Dez. 1952. State College, Pa., Pennsylvania State Coll., Dep. of Earth Sci.) Ensslin. 380

Antonin Lanquine und **Louise Halm,** *Über die Gegenwart und die Lage der hochtonerdehaltigen Tonvorkommen in dem Siderolith des Bassins von Aquitaine.* Vff. berichten über zwei sporad. Vork. von Ton in dem obigen Gebiet; der Ton ist nicht nur außerordentlich hart, sondern besitzt einen sehr hohen Al_2O_3-Gehalt. Bei 6 Analysen ergaben sich Al_2O_3-Gehh. zwischen 40 u. 48,5%. Dieser Geh. ist sehr viel höher als der von kaolinit. Tonen, die bisher als die reichsten angesehen wurden. Ebenso liegt der Glühverlust über dem des Kaolinits. Weiter ist der geringe Geh. an den üblichen Verunreinigungen (Fe_2O_3, CaO, MgO, Na_2O u. K_2O) bemerkenswert. Durch therm. Differentialanalyse konnten Kaolinit u. Gibbsit nachgewiesen werden, was sich röntgenograph. bestätigen ließ. Im Mikroskop wurde festgestellt, daß der Gibbsit in kleinen Nestern in der außerordentlich feinen kaolinit. M. eingelagert ist. (C. R. hebd. Séances Acad. Sci. **232.** 1570—72. 23/4. 1951.) Gottfried. 380

Jan Lundqvist, *Ein postkarelischer Peridotit im Urgestein nördlich Torneträsk.* Als Intrusivgestein in *Granit* u. *Migmatit* wird ein Peridotit gefunden, der aus schwach serpentinisiertem *Olivin* besteht. Er ist offenbar jünger als das umgebende Gestein, vermutlich aus dem Caledonium. (Geol. Fören. Stockholm Förh. **75.** 77—88. Jan./Febr. 1953.) R. K. Müller. 380

Vladi Marmo, *Schungit, eine Kohle aus dem Praecambrium.* Ein auf der Halbinsel Schunga (Karelien) in dicken Schichten auftretendes Gestein aus schwarzer amorpher M., das in Glanz u. Härte dem Anthrazit ähnelt, aber höheren Entflammungspunkt u. höheren Geh. an Silicatverunreinigungen zeigt, wird in zwei Varietäten untersucht, die eine mit grauem Glanz u. schuppigem Bruch, die andere ohne Glanz u. spröder. Der V_2O_5-Geh. (bis 0,87%) scheint aus zufälligen Verunreinigungen zu stammen. Die Röntgenanalyse ergibt Unterschiede gegenüber Graphit u. nichtkrist. Habitus. Auch in feinverteilter Form läßt sich Schungit mkr. von Graphit unterscheiden. (Geol. Fören. Stockholm Förh. **75.** 89—96. Jan./Febr. 1953.) R. K. Müller. 380

J. J. Frankel, *Flache Turmalinkristalle in Muskovit von Miami, Süd-Rhodesien.* Die Turmalineinschlüsse in dem Muskovit sind nach einer Prismenfläche oder parallel zur Basis abgeplattet. Sie liegen entweder mit der abgeplatteten Fläche oder mit der Kristallecke parallel zur basalen Spaltfläche des Glimmers. Daneben treten seltener Einschlüsse von *Apatit, Hämatit* u. *Zirkon* auf. (South African J. Sci. **47.** 109—11. Nov. 1950. Durban, Univ. of Natal, Dep. of Geol.) Ensslin. 380

S. Koch und **Gy. Grasselly,** *Vorgänge bei der Zersetzung von Sulfiderzen.* 1. Mitt. Bericht über die Verwitterungsverss. natürlicher Mineralien durch Berieseln mit angesäuertem W. in Ggw. von Luft. Es wurden jeweils monatlich die Lsg. untersucht u. am Schluß die Mineralien opt. geprüft. *Bleiglanz* war mit *Cerussit*schichten überzogen. Beim Ablösen des $PbSO_4$ konnte auf den Flächen das Negativ der Cerussitkristalle festgestellt werden. An *Zinkblende*-Lamellen hatte sich elementarer S abgeschieden. *Pyrit* war an einigen Stellen mit Eisenoxydhydrat bedeckt, an anderen blank geblieben. *Kupferkies* hatte sich mit einem indigofarbenen Film bedeckt, welcher wahrscheinlich aus *Covellin* besteht. An dunklen, lichtfreien Stellen war er dunkel, fast schwarz. *Fahlerz* hatte eine hellere Farbe als *Kupferkies. Siderit*einschlüsse wurden herausgelöst u. setzten sich zu Eisenoxydhydrat um. In Erzgemischen verhielten sich die Mineralien ähnlich, der Kupferkies veränderte sich jedoch nicht. (Acta Univ. Szegediensis, Sect. Sci. natur., Acta mineralog., petrogr. **5.** 15—37. 1951. Szeged, Univ.) Ensslin. 384

Eberhard Kautzsch, *Tektonik und Paragenese der Rücken im Mansfelder und Sangerhäuser Kupferschiefer.* Im mittleren Zechstein entstanden die Rücken durch Zerrung der Gesteine von Nord nach Süd. In die Sprünge traten saure hydrothermale Lsgg. u. lösten den Kalk an den Kluftwänden, wobei Ausfällungen stattfanden. Es lassen sich 3 hydrothermale Phasen, welche zur Bldg. der Erzlagerstätten führten, unterscheiden. (Geologie **2.** 4—24. 1953. Eisleben.) Ensslin. 384

Hans Jürgen Rösler, *Die Blei- und Zinkerzlagerstätten Französisch-Marokkos unter besonderer Berücksichtigung des Bergbaues im Gebiet des Dj. bou Dahar (Südostmarokko).* Zusammenstellung der Kenntnisse über die Pb–Zn-Erzlagerstätten in Französ.-Marokko. (Bergakademie [Freiberg] **5.** 137—48. April 1953. Freiberg/Sa.) Ensslin. 384

A. Wurm, *Über Manganerzvorkommen in den Anden Südamerikas.* Die Manganerze sind in der oberen Kreide genet. verbunden mit dem Porphyritvulkanismus durch submarine Exhalationen entstanden. (Neues Jb. Geol. Paläontol., Abh. **96.** 173—80. Febr. 1953. Würzburg.) Ensslin. 384

Pontus Ljunggren, *Einige Angaben über die Bildung von Mangan- und Eisen-haltigen Moorerzen.* Die *Raseneisenerze* werden rezent aus W. mit p_H 5,9—6,5 u. 0,6 mg Fe u. 0,07 mg Mn/Liter ausgefällt. Der nicht gefällte Fe- u. Mn-Geh. wird über den Klarelf u. Göta Elf der Nordsee zugeführt. (Geol. Fören. Stockholm Förh. **75.** 277—97. März/April 1953.) Ensslin. 384

C. F. Davidson, *Die Gold-Uranerze vom Witwatersrand.* Au u. U stammen aus derselben Mineralisation u. nehmen gleichmäßig ab oder zu. U kommt als *Uraninit* vor. Aus Altersbest. geht hervor, daß der Uraninit mit *Bleiglanz,* Au u. anderen Sulfiden in den Konglomeraten durch hydrothermale Lsgg. abgeschieden wurde. (Mining Mag. **88.** 73—85. Febr. 1953.) Ensslin. 384

E. M. Patterson, *Petrochemische Angaben für einige saure Intrusivgesteine von den Mourne-Mountains und Slieve-Gullion.* Es werden die Haupt- u. Spurenelemente in 8 sauren Intrusivgesteinen der magmat. Gesteinskomplexe von den Mourne-Mountains u. Slieve-Gullion südlich des Nordöstlichen Irischen Basaltplateaus bestimmt. Zwischen den einzelnen Gesteinen sind Unterschiede, trotzdem heben sich analoge Gesteine der beiden Massive deutlich voneinander ab. So haben die von Slieve-Gullion weniger *Be* u. viel mehr *Zr* u. *Ba,* sowie in zwei Fällen mehr *Ga* als die der Mourne-Mountains. Es zeigen sich auch definierte chem. Unterschiede zwischen den Ergüssen u. dem Granit von Mourne, so daß die Ansicht, daß beide komagmat. seien, nicht haltbar ist. (Proc. Roy. Irish Acad., Sect. B **55.** 171—88. Febr. 1953. Univ. of St. Andrews.) Hiller. 385

W. W. Lobanowa, *Über die Genesis des Langbeinits in den transkarpatischen Kalilagern.* Aus der petrograph. Unters. von *Langbeinit* (I) aus dem I-Kainitgestein der Karpaten ergibt sich für I eine zonale Struktur, wobei die Zonen aus reinem I von Zonen abgelöst werden, die Beimengungen von Quarz, Glimmer u. feinkrist. Carbonaten ähnlich dem Gestein selbst enthalten. Die zonale Struktur von I beweist dessen langsames Wachstum aus der Salzsole des Beckens während der Salzkristallisation. Entgegen der häufigen Ansicht, wonach I sek. Ursprungs sei, ist zu schließen, daß I ein prim. Gebilde darstellt. Die physikal.-chem. Verhältnisse bei seiner Bldg. sind noch ungeklärt. (Доклады Академии Наук СССР [Ber. Akad. Wiss. UdSSR] [N. S.] **88.** 145—48. 1/1. 1953. Allunions Wiss. Forschungsinst. für Halurgie.) Lebtag. 385

W. A. Frank-Kamenetzki und **T. P. Malejewa,** *Curtisit aus dem Transkarpatengebiet.* In der Kontaktzone von Diorit-Porphyrit mit Argillit des Transkarpatengebietes wurde das kanariengelbe bis gelbgrüne KW-stoff-Mineral *Curtisit,* $C_{24}H_{181}$ (I), aufgefunden. Vollkommene Spaltbarkeit nach {001}, deutliche Spaltbarkeit nach {100}. $N_p = 1{,}554 + 0{,}002$; $N_m = 1{,}734 + 0{,}002$; $N_g = 2{,}10 + 0{,}02$; opt. Orientierung nach $[001] = N_g$; $[100] = N_p$; $[010] = N_m$; lösl. in α-Monobromnaphthalin. Beim Erhitzen mit H_2SO_4 tritt völlige Zers. von I ein. Die röntgenograph. Unters. ergab die Identität von feinkrist. gelbem u. grobkrist. grüngelbem I. (Доклады Академии Наук СССР [Ber. Akad. Wiss. UdSSR] [N. S.] **88.** 135—36. 1/1. 1953. Leningrad, Shdanow-Univ.) Lebtag. 386

A. W. Trofimow, *Verhältnis der Kohlenstoffisotope in Meteoriten.* Die Unters. von 26 Steinmeteoriten zeigte ein mittleres Verhältnis von n. Kohlenstoff ^{12}C zu isotopem ^{13}C von 90,61, in Eisenmeteoriten von 90,68. Das Isotopenverhältnis in ird. Stoffen, wie Erdöl, Kalkgesteinen, Muscheln usw., schwankt zwar, doch schätzt Vf. es auf ca. 90,3 im Mittel, d. h. daß der ^{13}C-Anteil in Meteoriten um ein Geringes höher ist. (Доклады Академии Наук СССР [Ber. Akad. Wiss. UdSSR] [N. S.] **72.** 663—66. 1/6. 1950. Vernadsky-Inst. für Geochem. u. analyt. Chem. der Akad. der Wiss. der UdSSR.) v. Mickwitz. 397

D. Organische Chemie.

D_1. Allgemeine und theoretische organische Chemie.

Vernon H. Dibeler und **Fred L. Mohler,** *Massenspektren der Deuteromethane.* Die 4 Deuteromethane CD_4 (I), CHD_3 (II), CH_2D_2 (III) u. CH_3D (IV) wurden dargestellt u. ihre Massenspektren in einem Consolidated-Massenspektrometer aufgenommen. Die Sensitivitäten für CH_4 (V) u. I sind innerhalb der Meßfehler gleich. Die totale Ionisation ist die gleiche für V, IV u. III, jedoch merklich geringer für I, was bei der gleichen Anzahl der Dissoziationsprozesse als Folge der geringeren Dissoziationswahrscheinlichkeit der C—D-Bindung erscheint. Aus den tabellar. wiedergegebenen Massenspektren wurden die relativen Häufigkeiten aller Ionen ermittelt, wobei in einigen Fällen vereinfachte Annahmen gemacht wurden. Bei der Gegenüberstellung mit der „a priori"-Wahrscheinlichkeit für die betreffenden Ionen ergibt sich, daß statist. Betrachtungen zur Vorausberechnung von Massenspektren der Deuteromethane nicht genügen. Für die Dissoziation eines H- oder D-Atoms aus den gemischten Deuteromethanen ergeben sich Wahrscheinlichkeitsfaktoren im Vgl. zur Dissoziation eines H-Atoms aus V, die innerhalb eines Mol. für aufeinanderfolgende Dissoziationen annähernd konstant sind, jedoch von Mol. zu Mol. stark variieren. (J. Res. nat. Bur. Standards **45.** 441—44. Dez. 1950. Washington.) CONRAD. D 100

William L. Mosby, *Die Ultraviolettabsorptionsspektren einiger Polymethylnaphthaline.* Die UV-Absorptionsspektren von *2.3.6.7-*, *1.4.6.7-*, *1.4.5.7-*, *1.4.5.8-* (I) u. *1.2.3.4-Tetramethylnaphthalin*, *1.2.3.4.5-Pentamethylnaphthalin* (II) u. von *1.2.3.4.5.8-Hexamethylnaphthalin* (III) in Methanol zeigen mit steigender Alkylierung eine bathochrome Verschiebung u. innerhalb der Tetramethylderivv. eine um so größere bathochrome Verschiebung, je mehr α-Stellungen besetzt sind. Vff. erklären dies mit der höheren Konjugationsfähigkeit der α-Substituenten. Bei II u. III tritt wegen intramol. Spannungen eine zusätzliche hypsochrome Verschiebung ein (gleichzeitig verschwindet die Feinstruktur zwischen 300 u. 340 mμ), wodurch die Absorptionsspektren auch gegenüber dem von I leicht hypsochrom verschoben sind. (J. Amer. chem. Soc. **75.** 3348—49. 20/7. 1953. Easton, Pa., General Aniline and Film Corp., Central Res. Labor.) LIEBIG. D 118

R. H. Peters und **H. H. Sumner,** *Spektren von Anthrachinonderivaten.* Vff. untersuchen hauptsächlich die im Sichtbaren liegenden Absorptionsbanden substituierter Anthrachinone, die nicht Mol.-Teilen, sondern dem Mol. als Ganzem zukommen, u. bringen die Ergebnisse in Zusammenhang mit den Elektromeriemöglichkeiten der Substituenten. Sie messen die UV-Spektren von *1-R-* u. *2-R'-Anthrachinonen* in Methanol mit R oder R' = NO_2, *CN*, *Cl*, *H*, *OH*, OCH_3, NH_2 (I bzw. II), O^-, $NHCH_3$ (III bzw. IV), $N(CH_3)_2$ (V bzw. VI) u. R = CH_3, sowie die sichtbaren Absorptionsbanden (in Methanol oder o-Chlorphenol), mit R = R' = *CN*, *H*, OCH_3, *OH*, O^-, $NHCOCH_3$, $NHCOC_6H_5$, I—VI, R = *Cl*, CH_3, NCH_3COCH_3, $NCH_3COC_6H_5$ u. R' = NO_2. — Bei den UV-Spektren verursachen Elektronenacceptoren in 1-Stellung, außer einer kleinen Maximumverschiebung, lediglich eine Abnahme der Intensität, die bei 2-Substituenten nicht beobachtet wird. Für Donatoren stehen die Beobachtungen in Übereinstimmung mit denen von MORTON u. EARLAM (J. chem. Soc. [London] **1941.** 159), nach denen bei 1-Substitution die Bedeutung der chinoiden Formen für die Spektren abnimmt, bei 2-Substitution dagegen erhöht ist. Große Unterschiede finden sich in der sichtbaren Absorption, wo die Einführung einer Acceptorgruppe kaum einen Einfl. hat, während Donatoren eine neue, dem ganzen Mol. zuzuordnende Absorptionsbande hervorrufen. Bei 1-Substitution sind die λ_{max}-Werte bei OH < NH_2 < O^- < $NHCH_3$ (in Richtung des Anstieges der Mesomeriemöglichkeiten), bei 2-Substitution ist λ_{max} bei OH < NH_2 < $NHCH_3$ < O^- < $N(CH_3)_2$. Acetylierung, Benzoylierung oder Salzbldg. bewirkt allg. eine starke hypsochrome Verschiebung der Banden. Anomalien, die bei den Gruppen —NHAcyl, —OH, —NH_2, —$NHCH_3$ auftreten, erklären Vff. durch eine zusätzliche Resonanz durch intramol. Wasserstoffbrückenbildung. Diese Ansicht wird gestützt durch Messungen der bas. Dissoziationskonstanten in Methanol von I ($8,1 \cdot 10^{-17}$), III ($2,9 \cdot 10^{-17}$), V (ca. $5 \cdot 10^{-13}$), II ($7,4 \cdot 10^{-16}$), IV ($1,1 \cdot 10^{-16}$) VI ($6,1 \cdot 10^{-17}$), *1.5-Diamino-* (ca. $2 \cdot 10^{-16}$; 1. Dissoziationsstufe) u. *1.4-Diaminoanthrachinon* (**VII**) ($4,9 \cdot 10^{-15}$; 1. Dissoziationsstufe). Bei großen Substituenten, wie —$N(CH_3)_2$, tritt ster. Hinderung der Resonanz auf. Die Farbe monosubstituierter Anthrachinonderivv. kann also der mesomeren Verschiebung der Elektronen vom Substituenten zum Kern zugeschrieben werden. Der Effekt wird unterstützt durch die Bldg. intramol. Wasserstoffbrücken u. gehemmt, wenn durch ster. Faktoren der ebene Aufbau des Mol. gestört wird. Bei **VII** u. seinen Acetylverbb. bewirkt eine gegenseitige Beeinflussung der Substituenten eine bathochrome Verschiebung der Maxima im Vgl. mit denen der 1-substituierten Verbindungen. Dieser Effekt ist bei den entsprechenden 1.5-Derivv. weniger ausgeprägt. — Ferner werden die Absorptionsspektren von *1-Acetylamino-*, *1-[N-Acetylamino]-4-[N'-benzoylamino]-*, *1-[N-Acetylamino]-5-[N'-benzoylamino]-*, *1-[N-Benzoylamino]-*, *1.4-[N.N'-Dibenzoyldiamino]-*, *1.5-[N.N'-Dibenzoyldiamino]-anthrachinon* u. die von *N.N'-Di-[anthrachinon-(9.10)-yl-(1)]-bernsteinsäurediamid*, *-adipinsäurediamid*, *N.N'-Di-[4-benzoylaminoanthrachinon-(9.10)-yl-(1)]-adipinsäurediamid*, *N.N'-Di-[5-benzoylaminoanthrachinon-(9.10)-yl-(1)]-bernsteinsäurediamid*, *N.N'-Di-[anthrachinon-(9.10)-yl-(1)]-isophthalsäurediamid*, *-terephthalsäurediamid*, *N.N'-Di-[4-benzoylaminoanthrachinon-(9.10)-yl-(1)]-isophthalsäurediamid*, *-terephthalsäurediamid*, *N.N'-Di-[5-benzoylaminoanthrachinon-(9.10)-yl-(1)]-isophthalsäurediamid*, *-terephthalsäurediamid* sowie *N-[4-Benzoylaminoanthrachinon-(9.10)-yl-(1)]-N'-[5'-benzoylaminoanthrachinon-(9'.10')-yl-(1')]-isophthalsäurediamid* aufgenommen u. verglichen. Wenn die beiden Anthrachinonkerne durch aliphat., mindestens zweigliedrige Ketten oder durch m- oder p-C_6H_4-Gruppen verbunden sind, besitzen ihre Spektren prakt. die gleichen λ_{max}-Werte wie die Monoaminoanthrachinone, nur sind die Intensitäten ungefähr doppelt so groß. Diese Gruppen wirken also als ausgezeichnete Chromophorisolatoren. Ferner messen Vff. die Absorptionsspektren von *1-[p-Nitrobenzoylamino]-anthrachinon* u. die der entsprechenden *m-Nitro-*, *p-Chlor-*, *m-Chlor-*, *p-Methyl-*, *m-Methyl-*, *p-Methoxy-* u. *m-Methoxyverbb.*, sowie die von *1.4-Di-[p-chlorbenzoylamino]-anthrachinon* u. der entsprechenden *m-Chlor-*, *p-Methyl-*, *m-Methyl-* u. *p-Methoxyverbb.* u. schließlich die von *1.5-Di-[p-chlorbenzoylamino-]-anthrachinon* u. der entsprechenden *m-Chlor-*, *p-Methyl-*, *m-Methyl-*, *p-Methoxy-* u. *m-Methoxyderivv.* in Pyridin oder o-Chlorphenol. Die Einführung von Acceptorgruppen bewirkt durch Störung der Mesomeriefähigkeit der Carbonylgruppe bzgl. des Anthrachinonkerns eine hypsochrome Verschiebung der λ_{max}-Werte, die Einführung von Donatorgruppen dagegen eine bathochrome Verschiebung. (J. chem. Soc. [London] **1953**. 2101—10. Juli. Manchester, Blackley, Hexagon House, Imp. Chem. Ind. Ltd., Dyehouse Labor.) LIEBIG. D 118

M. R. Padhye und **S. R. Desai**, *Langwellige Absorptionsbande von Thiophen.* Die weitgehende Ähnlichkeit der Spektren von Bzl. u. Thiophen (**I**) im kurzwelligen Gebiet veranlaßte Vff. anzunehmen, daß **I** eine Absorptionsbande zeigen muß, die der Benzolbande bei 3400 Å entspricht. Er fand für **I** zwei Maxima: 3180 Å u. 3130 Å, ε maximal 0,048, u. ordnete sie einem Singulett–Triplett-Übergang vom Typ II–II zu. (Proc. physic. Soc., Sect. A **65**. 298—99. 1/4. 1952. Bombay, Univ., Dep. of Chem. Technol.) D. BRÜCK. D 118

Germain Gauthier, *Versuch der Deutung der Absorptionsspektren im nahen Infrarot.* 1. Mitt. *Gesättigte aliphatische Kohlenwasserstoffe.* Zwischen ca. 0,8 u. 1,9 μ wurden die Absorptionsspektren der folgenden fl. KW-stoffe untersucht: *n-Hexan*, *n-Heptan*, *2-* u. *3-Methylpentan*, *2.3-* u. *2.4-Dimethylpentan*, *2.2.4-Trimethylpentan* u. *2.2.5-Trimethylhexan*. Die C—H-Bindung bedingt das Auftreten von gestörten oder nichtgestörten Serien von Absorptionsbanden, die in erster Annäherung den Gruppen CH, CH_2 oder CH_3 zugeordnet werden können. Zwischen ihnen treten sehr viel weniger intensive Maxima auf, die sich durch Kombinationen von Frequenzen erklären lassen. Diese erlauben es, durch alleinige Unters. des wahren Infrarots die Wellenzahlen der Fundamentalschwingungen zu erhalten. (J. Physique Radium **14**. 19—24. Jan. 1953. Sorbonne, Labor. des Rech. Phys.) GOTTFRIED. D 120

G. Herzberg, *Rotationsschwingungsspektren und Struktur einfacher mehratomiger Moleküle.* Zusammenfassender Bericht über Aufbau u. Feinstruktur der Rotationsschwingungen mehratomiger organ. Moll. im nahen u. fernen Infrarot, sowie über die sich aus der Spektrenanalyse ergebenden Möglichkeiten der Best. des geometr. Baues, der zwischenatomarer Abstände u. Winkel, der Trägheitsmomente usw. für einfache Moll. aus den Rotationskonstanten. — Beispiele werden gegeben für die Σ—Σ-Banden von C_2H_2, C_2HD, C_2D_2, N_2O, CO_2, C_4H_2 sowie für die Π—Σ-Banden von HCN, CHF_3, CD_3CCH, CH_3Br u. H_2O. (Nature [London] **169**. 997—1001. 14/6. 1952. Ottawa, Nat. Res. Council of Canada, Div. of Phys.) RUDOLPH. D 120

C. G. Cannon und **G. B. B. M. Sutherland**, *Die Infrarot-Absorptionsspektren einiger aromatischer Verbindungen.* Die Infrarotabsorptionsspektren von 104 aromat. Körpern werden gemessen, u. es wird versucht, gewisse Beziehungen zwischen der Konst. der untersuchten Moll. u. den Hauptkennzeichen ihrer Spektren festzustellen. Diese können außerdem für den Nachw. u. die analyt. Best. dieser Verbb. von Wert sein. Die Spektren sind in Diagrammen wiedergegeben, untersucht wurden: *Durol*, *Penta-* u. *Hexa-*

methylbenzol, Mellitsäure, Anilin, Pyridin, β- u. γ-Picolin, 2.6-Lutidin, Morpholin, Diphenyl, 2-, 3- u. 4-Methyldiphenyl, 2.4-, 3.5- u. 3.4'-Dimethyldiphenyl, 3.5.4'-Trimethyldiphenyl, Stilben, Diphenylbutadien, -hexatrien, -octatetraen, -decapentaen, o-, m- u. p-Diphenylbenzol, p-Diphenylylbiphenyl, symm.-Triphenylbenzol, Tetraphenylmethan, Pentaphenyläthan, Fluoren, Diphenylfluoren, Carbazol, Acridin, Diphenylen, Naphthalin, 1- u. 2-Methyl-, 1- u. 2-Isopropylnaphthalin, α-Benzylnaphthalin, 1.6-, 2.3-, 2.6- u. 2.7-Dimethylnaphthalin, Acenaphthen, Acenaphthylen, Fluoranthen, 3.4-Benz- u. 1.2;5.6-Dibenzfluoren, Anthracen, 2.6- u. 2.7-Dimethylanthracen, 9.10-Dimethyl-, 1.3.5.7-1.3.6.7- u. 2.3.6.7-Tetramethylanthracen, 9-Benzylanthracen, Phenanthren, 1-, 3- u. 9-Methyl-, 1.9-Dimethyl-, 9.10-Dihydro-, 1-Methyl-7-isopropyl-1.2-cyclopentanophenanthren, Naphthacen, Dihydronaphthacen, Pyren, 3.4.5.8.9.10- u. 1.2.2a.3.4.5-Hexahydropyren, Chrysen, 3.4- u. 9.10-Benzphenanthren, 1.2-Benzanthracen, Benzanthren, 4-, 5-, 9-, 10-Methyl-1.2-benzanthracen, 9.10-Dimethyl-, 6.9.10-Trimethyl-, 5.6.9.10-Tetramethyl-1.2-benzanthracen, 5-Äthyl-7.8-dihydro-, 5- u. 6-Phenyl-1.2-benzanthracen, Naphtho-[2'.1':1.2]-anthracen, 1.2;3.4-, 1.2;5.6- u. 1.2;7.8-Dibenzanthracen, 3'-Methyl-, 9.10-Dimethyl-, 9.10-Dihydro-1.2;5.6-dibenzanthracen, 1.2-, 3.4-Benzpyren, 1'.2'.3'.4'-Tetrahydro-3.4-benzpyren, Perylen, Anthanthren, 1.12-Benzperylen, 3.4;8.9-Dibenzpyren, Naphtho-[2'.3':3.4]-pyren, Dibenzcoronen, Dibenzanthron u. ***Phthalocyanin*** (metallfrei). (Spectrochim. Acta [London] **4.** 373—95. 1951. Cambridge, Coll. Sci., Labors. Physic. Chem.) SCHLEGEL. D 120

J. B. Westerdijk, H. I. Waterman, H. F. O. Span, H. Booy und **K. van Nes,** *Die magneto-optische Rotation reiner Kohlenwasserstoffe und ihre Anwendung auf die Analyse von Gemischen.* Die verschied. Strukturelemente eines Mol. ergeben eine additive Konstante, *D*, die eine Funktion der VERDET-Konstante (V) u. anderer physikal. Kennzahlen der Substanz ist. Die Additivität gilt nicht, wenn das Mol. Verzweigungen aufweist, so daß also der Wert *D* für die strukturelle Unters. bzgl. im Mol. vorhandener Seitenketten nicht herangezogen werden kann. In einem solchen Fall kann jedoch die V für sich allein Aufschluß über die Anzahl der Verzweigungen geben. Dies wird an verzweigten *aliphat. gesätt.* u. *olefin.* sowie *aromat. KW-stoffen* veranschaulicht. Für *Naphthene* liegen noch zuwenig Messungen der V vor, um auch hier zu einer sicheren Schlußfolgerung zu kommen, doch erscheinen die gleichen Beziehungen wahrscheinlich. Die Konstante *D* ist eine lineare Funktion des Quadrates der Frequenz des Lichts, sofern diese Frequenz von der des Absorptionsgebietes der Substanz genügenden Abstand hat, für die Dispersion von *D* leiten Vff. eine Formel ab. Vff. folgern, daß Messungen der magneto-opt. Rotation wertvolle Aufschlüsse über die durchschnittliche Zus. von KW-stoffgemischen, bes. im niedrigmol. Gebiet, geben können. (J. Inst. Petroleum **36.** 281—91. Mai 1950. Delft, Univ., Physikal. Labor., Labor. of Chem. Technol., u. Amsterdam, Koninklijke-Shell Labors.) FREE. D 122

René Bousset, *Bemerkungen zur asymmetrischen Synthese.* (Vgl. VAVON u. ANGELO, C. **1949.** I. 680.) Vf. weist darauf hin, daß er bereits im Jahre 1938 erörterte, durch Red. eines Ketons RCOR' mittels Bornylmagnesiumchlorides eine asymm. Synth. zu erreichen (Bull. Soc. chim. France, Mém. [5] **5.** [1938.] 479. 490). (Bull. Soc. chim. France, Mém. [5] **17.** 411—12. März/April 1950.) DU MONT. D 122

G. Vavon, Ch. Rivière und **B. Angelo,** *Antwort zur vorstehenden Bemerkung.* Vff. erkennen die Priorität des BOUSSETschen Gedankens an, den sie als erste realisieren konnten. (Bull. Soc. chim. France, Mém. [5] **17.** 412. März/April 1950.) DU MONT. D 122

Shukichi Yamana, *Die Beziehung zwischen der Struktur von γ-Lactonen und dem Wert ihrer Molekularrotationen. — Vorhersage von acht unbekannten* $[M]_D^{20}$. Vf. nimmt Bezug auf Unterss. von HUDSON (J. Amer. chem. Soc. **61.** [1939.] 1525), in denen über eine quantitative Beziehung zwischen der Struktur von γ-Lactonen u. dem Wert ihrer Molekularrotationen berichtet worden war. Da die Beziehung jedoch keine theoret.-physikal. Grundlage hatte, konnte die Tatsache nicht erklärt werden, daß das opt. Drehungsvermögen des $C_{(5)}$-Atoms in Lactonen vom Xylose–Lyxonsäuretyp im Vorzeichen entgegengesetzt dem in Lactonen vom Ribose–Arabonsäuretyp war. Vf. versuchte physikal. Theorien der opt. Rotation anzuwenden u. fand auf diesem Wege einige empir. Regeln betreffend diese quantitative Beziehung vom Standpunkt der Atomanordnungen aus. Vf. klassifiziert dazu die Änderung von $[M]_D^{20}$, die durch eine Änderung der Seitenkette hervorgerufen wird, in zwei Teile, von denen der eine der Änderung der Endgruppe oder der Länge der Seitenkette entspricht, u. zwar für den Fall, daß die Anzahl Asymmetriezentren konstant ist (G-Änderung); der andere Teil entspricht der Änderung der Anzahl der Asymmetriezentren in der Seitenkette für den Fall, daß die Endgruppe u. die Länge der Seitenkette konstant ist (O-Änderung).

Unter weiterer Verwendung der Theorie des opt. Drehungsvermögens von KIRKWOOD stellt Vf. die obenerwähnten empir. Regeln auf, mit deren Hilfe die Molekularrotationen $[M]_D^{20}$ der *γ-Lactone* von *α.α-Alloheptonsäure* (—20,1°); *l-Taloheptonsäure* (1,2°); *d-Gala-l-talooctonsäure* (84,7°); *d-Ribomethylonsäure* (—1,9°); *d-Allo-d-altroheptonsäure* (59,9°); *d-Gulo-l-galaheptonsäure* (130,0°); *l-Talo-d-altroheptonsäure* (81,2°) u. *d-Altromethylonsäure* (28,4°) vorausgesagt werden. (Bull. chem. Soc. Japan **23**. 259 bis 260. Dez. 1950. Kyoto, Fushimi, Kyoto Liberal Arts Coll.) GOTTFRIED. D 122

Milton Furst, Hartmut Kallmann und **Bernard Kramer,** *Absolute Lichtausbeuten von Anthracenkristallen bei γ-Strahlanregung.* Die Lichtausbeute von krist. Anthracen bei γ-Strahlerregung wird a) durch Vgl. mit der bekannten Ausbeute von ZnS bei α-Strahlanregung (25%) u. Umrechnung auf γ-Strahlanregung, u. b) direkt durch Messung mit Thermosäule u. Photomultiplier bestimmt. Verf. a) gibt 7, Verf. b) 10% Ausbeute. Die Diskrepanzen der bekannten Ausbeutemessungen mit ca. 0,5—4% bei Bandenhöhenbestimmungen u. ca. 10% bei Bandenintegrationsmessungen werden diskutiert. (Physic. Rev. [2] **89**. 416—17. 15/1. 1953. New York, N. Y., Univ., Phys. Dep.) RUDOLPH. D 125

B. Harris, R. J. W. Le Fèvre und **E. P. A. Sullivan,** *Dipolmomentmessungen von Furan und Thiophen in Lösung und im Gaszustand.* Vff. ermittelten die Dipolmomente μ_F u. μ_T von *Furan* (I; Kp. 32°) u. *Thiophen* (II; Kp.$_{761,4}$ 84°) in Bzl. u. im Gaszustand. Für μ_F in Lsg. wurde $0{,}71_5 \pm 0{,}02$, für μ_F als Gas $0{,}72 \pm 0{,}02$, für μ_T in Lsg. $0{,}5 \pm 0{,}05$, für μ_T als Gas $0{,}55 \pm 0{,}04$ gefunden. Das Verhältnis $\mu_{Lösung}/\mu_{Gas}$ wurde einmal nach den experimentell gefundenen Werten ermittelt, zum anderen aus den Gleichungen von BUCKINGHAM u. LE FÈVRE (C. **1953**. 3353) berechnet (für **I** zu 0,93, für **II** zu 0,94); das Verhältnis μ_{fl}/μ_{Gas} (μ_{fl} = Dipolmoment in der reinen Fl.) wurde für **I** zu 0,93 gefunden (μ_{fl} = 0,67), berechnet wurde 0,87. Für **II** wurde 0,89 gefunden (μ_{fl} = 0,49), berechnet wurde 0,89. In beiden Fällen stimmen also die berechneten mit den gefundenen Werten für **II** vollkommen überein, während bei **I** Abweichungen auftreten. — Die Gültigkeit verschied. Näherungsformeln zur μ-Berechnung wurde geprüft. (J. chem. Soc. [London] **1953**. 1622—26. Mai 1953. Sydney, Univ.) PAULIG. D 132

A. D. Buckingham, B. Harris und **R. J. W. Le Fèvre,** *Dipolmomentmessungen von Pyrrol in Lösung und im Gaszustand.* (Vgl. vorst. Ref.) Vff. ermittelten das Dipolmoment von *Pyrrol* in Bzl. u. im Gaszustand. Für μ in Lsg. bei 25° ergab sich $1{,}80 \pm 0{,}07$, für μ im Gaszustand $1{,}84 \pm 0{,}08$ D. Das Verhältnis $\mu_{Lösung}/\mu_{Gas}$ wurde aus den Gleichungen von BUCKINGHAM u. LE FÈVRE (l. c.) berechnet u. mit den gefundenen Werten verglichen. Berechnet wurde 0,93, unter der Voraussetzung, daß die N—H-Bindung in der Ringebene liegt, gefunden wurde $0{,}98 \pm 0{,}08$. — Eine App. zur DK.-Messung wird beschrieben. (J. chem. Soc. [London] **1953**. 1626—27. Mai 1953. Sydney, Univ.) PAULIG. D 132

Robert A. Benkeser und **Henry R. Krysiak,** *Die Konjugationsfähigkeit der Trimethylsilylgruppe.* (Vgl. BENKESER u. BRUMFIELD, C. **1953**. 1321.) Vff. bestimmten durch potentiometr. Titration die pKa-Werte von *Dimethylanilin* (**I**; 4,35); *p-Brom-* (3,52); *m-Brom-* (3,08); *p-Methoxy-* (5,14); *p-Methyl-* (4,94); *m-Methyl-* (4,66); *p-Jod-* (3,43); *m-Chlor-* (3,09); *p-Trimethylsilyl-* (**II**; 3,98) u. *m-Trimethylsilyldimethylanilin* (4,41) bei 20° in 50%ig. A. unter N_2; die pKa-Werte von *Phenol* (**III**; 10,85); *p-Nitro-* (7,69); *m-Nitro-* (9,02); *m-Methoxy-* (10,67); *p-Methyl-* (11,14); *m-Methyl-* (10,98); *p-Brom-* (10,15); *p-Chlor-* (10,20); *m-Chlor-* (9,98); *p-Trimethylsilyl-* (**IV**; 10,64) u. *m-Trimethylsilylphenol* (11,01) in 30%ig. A. bei 25° u. von *Anilin* (**V**; 4,62), *m-* (4,64) u. *p-Trimethylsilylanilin* (**VI**; 4,36) in W. bei 25° sowie von ca. 10^{-5} mol *Benzoesäure* ($4{,}20 \pm 0{,}04$); *m-* (**VII**; $4{,}24 \pm 0{,}03$) u. *p-Trimethylsilylbenzoesäure* (**VIII**; $4{,}27 \pm 0{,}02$) in W. bei $25 \pm 2°$ in Ggw. von 0,1n Na_2SO_4 u. Na-Acetat–Essigsäure-Puffer. Schließlich wurden die UV-Absorptionsspektren der Organosiliciumverbb. aufgenommen: **VI** λ_{max} 241 mμ u. **VIII** λ_{max} 236 mμ. Aus den Daten wurden die HAMMETTschen Substituentenkonstanten σ_m u. σ_p für $(CH_3)_3Si$ berechnet: für die Benzoesäuren in W. —0,04 bzw. —0,07; für die Dimethylaniline —0,02 bzw. +0,11; für die Aniline —0,03 bzw. +0,08; für die Phenole —0,08 bzw. +0,07. Daß **II** u. **VI** schwächere Basen als **I** u. **V** sind, **IV** aber stärker sauer ist als **III**, steht im Einklang mit der Annahme der Resonanzformen **A** bzw. **B**.

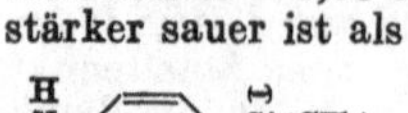
A

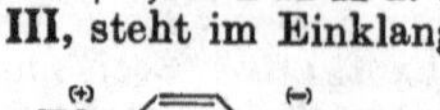
B

Auch aus den σ_m- u. σ_p-Daten geht hervor, daß in den p-Aminen u. p-Phenolen zwar geringe, aber doch deutliche Wechselwrkg. mit der $(CH_3)_3$Si-Gruppe durch gewisse Konjugation besteht. Vff. schließen, daß die m-$(CH_3)_3$Si-Gruppe u. die p-Gruppe in Benzoesäure einen elektronenabstoßenden induktiven (+I-) Effekt haben, p-$(CH_3)_3$·Si in Anilinen, Dimethylanilinen u. Phenolen aber durch begrenzte Teilnahme an Konjugation einen elektromeren (—E-) Effekt zeigt. Der hohe σ_m-Wert —0,0208 von ROBERTS, MCELHILL u. ARMSTRONG (C. **1950**. I. 2213) für die Dissoziation von **VII** in 50% ig. A. bei 25° wird von Vff. dem „bulk-effect" (vgl. PRICE u. LINCOLN, C. **1953**. 2257) zugeschrieben. BENKESER u. HOLTON zeigten, daß bei der Nitrierung von Phenyltrimethylsilan mit Kupfernitrat in Acetanhydrid die Nitrogruppen auf p-, m- u. o-Stellung statist. verteilt sind, während beim analogen tert.-Butylbenzol bei gleicher Behandlung das o–m–p-Verhältnis 10:8:82 festgestellt wurde.

Versuche: *Trimethyl-p-dimethylaminophenylsilan* (**II**), Kp.$_{20}$ 136°, n_D^{20} 1,5344. — *Trimethyl-m-dimethylaminophenylsilan*, Kp.$_8$ 109—110°, aus Li in Ae. u. Zugabe von m-Bromdimethylanilin unter Rühren während 2 Std., ½ Std. am Rückfluß, dann Zugabe von Trimethylchlorsilan (**IX**) in Ae. während ½ Std., dann 2 Std. am Rückfluß unter Rühren; 84% (Ausbeute); n_D^{20} 1,5265. — *p-Trimethylsilylphenol* (**IV**), F. 76°. — *m-Chlorphenol*, Kp.$_3$ 55°, aus m-Chloranilin; 88%. — *m-Chlorphenyltrimethylsiloxan*, $C_9H_{13}OClSi$, Kp.$_2$ 45°, durch Zugabe von überschüssigem **IX** zu vorst. Verb., 9 Std. am Rückfluß unter Feuchtigkeitsausschluß, n_D^{20} 1,49050; $D.^{20}_4$ 1,049. — *m-Trimethylsilylphenol*, $C_9H_{14}OSi$, Kp.$_1$ 70°; durch Zugabe von **IX** zu geschmolzenem Na in sd. Toluol unter N_2, dann Zugabe von weiterem **IX** mit vorst. Verb. bei Rückflußtemp. unter dauerndem Rühren, 1 Std. (→ *m-Trimethylsilylphenyltrimethylsiloxan*, Kp.$_2$ 60°, n_D^{20} 1,4770; 70%), dazu in 95% ig. A., wenig konz. HCl u. W. unter Eiskühlung; n_D^{20} 1,5190; $D.^{20}_4$ 0,977. — *p-Aminophenyltrimethylsilan* (**VI**), durch Hydrierung von p-Nitrophenyltrimethylsilan. — *m-Trimethylsilylbenzoesäure* (**VII**), F. 113 bis 114° (PAe.), aus m-Trimethylsilylphenyl-Li u. CO_2; 48%; *m-Trimethylsilylbenzamid*, $C_{10}H_{15}ONSi$, F. 129,5—130° (PAe.); 92%. — *m-Aminophenyltrimethylsilan*, Kp.$_5$ 94°, Kp.$_1$ 62°, aus vorst. Verb. u. 0,5n NaOCl bei 0—5° unter Rühren, nach 20 Min. auf 65—70° ¾ Std. bringen, dabei rotbraune Färbung, dann Wasserdampfdest., 62—68%, n_D^{20} 1,5362; *Acetylderiv.*, F. 114—115° (PAe.). (J. Amer. chem. Soc. **75**. 2421—25. 20/5. 1953. West Lafayette, Ind., Purdue Univ., Chem. Labor.) GNAUCK. D 139

O. L. Kapzan und **M. B. Neiman**, *Fortschritte der Polarographie organischer Verbindungen*. Theoret. Grundlagen u. prakt. Ergebnisse unter besonderer Berücksichtigung sowjet. Arbeiten. — 65 Literaturzitate. (Журнал Аналитической Химии [J. analyt. Chem.] **5**. 178—92. Mai/Juni 1950. Inst. für chem. Physik der Akad. der Wiss. der UdSSR.) LEBTAG. D 142

J. Doskočil, *Polarographische Untersuchung einiger Reaktionen des o-Benzochinons in wässeriger Lösung*. Vf. untersuchte die Zers. des *o-Benzochinons* (**I**) in wss. Lsg. polarographisch. Bei diesem Prozeß werden aus 2 Moll. **I** je ein Mol. Brenzcatechin u. ein Mol. einer polarograph. inakt. Verb. gebildet. Diese ist von höherer Oxydationsstufe u. nicht ident. mit o-Oxybenzochinon. Die Kinetik der Zers. wird polarograph. verfolgt. Sie verläuft autokatalyt., wobei Brenzcatechin als Katalysator fungiert. Die kinet. Gleichungen werden aufgestellt u. stehen in Übereinstimmung mit den experimentellen Befunden. Die Geschwindigkeitskonstante der Zers. des Brenzcatechins ist proportional der Quadratwurzel der [OH^-]. Die Zers. von **I** verläuft photokatalytisch. Ferner wird die Rk. des **I** u. des *o-Toluchinons* mit Glycerin polarograph. verfolgt u. die Redoxpotentiale der Prodd. gemessen. **I** reagiert mit H_2O_2 in schwach alkal. Medium. Dabei wird eine rotgefärbte Substanz gebildet, die an der Hg-Tropfelektrode reversibel reduzierbar ist u. ebenfalls durch H_2 an koll. Pd-Kontakt. Die Redoxpotentiale dieses Redoxsyst. werden bei verschied. p_H gemessen. (Collect. Trav. chim. Tchécoslov. **15**. 780—96. 1950. Prag, Charles Univ., Phys. Chem. Inst.) NIEMITZ. D 142

G. Speroni, L. Jovine und **M. Perini**, *Über die binären Systeme des Hexachlorcyclohexans und über die Möglichkeit der kryoskopischen Bestimmung des γ-Isomeren*. Die Schmelzdiagramme der 6 bin. Mischungen des α-, β-, γ- u. *δ-Hexachlorcyclohexans* (**I**) werden untersucht. Das Syst. α-I/γ-I hat ein Eutektikum (Eu.) mit 70% γ, F. 92° ohne Andeutung einer Löslichkeit im festen Zustand; das Syst. α-I/δ-I ein Eu. mit 55% δ, F. 109° ohne Löslichkeit im festen Zustand; das Syst. γ-I/δ-I ein Eu mit 60% γ, F. 85°, ca. 0,5% δ lösl. in festem γ bei 85°. Die letzten 2 Isomeren, die beide der Raumgruppe $P2_1/c$ angehören, zeigen eine sehr begrenzte Isomorphie infolge sehr ähnlicher Größe des Elementarkörpers u. ähnlicher Konfiguration. Dagegen weicht β-I am stärksten in allen Eigg. von den anderen Isomeren ab. Die Eu. der bin. Mischungen desselben sind nahe an das andere Isomere verschoben: Eu. mit 10—15% β im Syst. α-I/β-I, F. ca. 153°, also nur 5° unter dem F. des α-I; Eu. mit ca. 2—3% β im Syst. β-I/δ-I; Eu. mit nicht erkennbarem β-Geh. im Syst. β-I/γ-I, so daß keine F.-Depression des Eu. gegenüber δ-I oder γ-I zu erkennen ist. Das von BOWEN u. POGORELSKIN (C. **1948**.

II. 435) angegebene Verf. der kryoskop. Best. des γ-I ist also allg. brauchbar im Falle der Beimischung von α-I u. δ-I, nicht aber von β-I; daher nicht beim techn. Gemisch mit ca. 14% β-I (ε-I spielt infolge seiner geringen Menge, ca. 3%, dagegen keine Rolle). Bei der Anreicherung des γ-I wird aber gerade β-I infolge seiner sehr geringen Löslichkeit fast ganz entfernt. Daher ist die kryoskop. Best. äußerst empfindlich u. zuverlässig im Falle bereits gereinigter Präpp., wie an den Schmelzkurven von γ-I mit 0,5 u. 1% der anderen Isomeren gezeigt wird. (Chim. e Ind. [Milano] **34.** 4—6. Jan. 1952. Signa, Firenze, Soc. Montecatini, Centro Studi antiparassitari.) METZENER. D 147

G. Chapas, *Dichte von Mischungen. Wasser–Methanol.* Im Anschluß an eine Arbeit von CLIFFORD u. CAMPBELL (C. **1952. 3957**) erörtert Vf., warum sich die Dichten von Mischungen nicht durch eine einfache Gleichung darstellen lassen. Er gibt eine Gleichung zur Berechnung des mol. Vol., $V = 18{,}088_6 + 18{,}676_5\ N + 3{,}988\ N^2$, sowie der partiellen mol. Voll., $V_W = 14{,}081 + 7{,}976\ N_W - 3{,}988\ N_W^2$ bzw. $V_M = 36{,}745 + 7{,}976\ N_M - 3{,}988\ N_M^2$ (N_i = Molfraktionen), für das Syst. *W.* — *Methanol* an. (J. Amer. chem. Soc. **74.** 6275. 20/12. 1952. Lyon Fac. Cathol. des Sci., Inst. de Chim.) v. SCHIESZL. D 148

George Jura, Don Fraga, Gilda Maki und **Joel H. Hildebrand,** *Phänomene im kritischen Flüssigkeit-Flüssigkeits-Bereich.* (Vgl. C. **1953.** 4002.) Vff. berichten näher über ihre Verss. zur Best. der Wärmekapazität von Mischungen zweier Fll., deren Zus. der krit. Zweiphasenmischung entspricht. Die Verss. wurden durchgeführt an einer Mischung von *Perfluor-n-heptan* u. *2.2.4-Trimethylpentan,* deren gegenseitige Löslichkeit von HILDEBRAND u. Mitarbeitern früher (C. **1952.** 2147) bestimmt wurde. Als Testmischung wurde außerdem das Syst. *W.–Triäthylamin* untersucht. Die Ergebnisse werden graph. dargestellt u. kurz qualitativ interpretiert. (Proc. nat. Acad. Sci. USA **39.** 19—23. Jan. 1953. Berkeley, Calif., Univ., Dep. of Chem.) NIEMITZ. D 151

D. W. van Krevelen und **H. A. G. Chermin,** *Erratum: Bestimmung der freien Enthalpie (Gibbssche freie Energie) der Bildung organischer Verbindungen aus den Gruppenanteilen.* Die in diesem Bericht (vgl. C. **1953.** 1782) angeführten Tabellen enthalten eine Anzahl numer. Fehler. Es wurden irrtümlicherweise die Werte für die freie Bildungsenthalpie bzw. -energie der S, Br u. J enthaltenden Stoffe nicht auf den gasförmigen Zustand bezogen. Deshalb müssen alle diese Werte um die freie Phasenumwandlungsenthalpie vom LEWIS-RANDALL-Zustand auf den gasförmigen Zustand korr. werden. Vff. geben die richtigen Tabellen wieder. (Chem. Engng. Sci. **1.** 238. Sept. 1952. Geleen, Niederlande, Centr. Labor. Staatsmijnen in Limburg.) CRAMER. D 155

Ferdinando Danusso und **Elisa Fadigati,** *Ultraschallgeschwindigkeit und adiabatische thermodynamische Eigenschaften flüssiger organischer Verbindungen.* Auf Grund eigener u. fremder Unterss. über die Abhängigkeit der Ultraschallgeschwindigkeit u (m/Sek.) in verschied. Medien von der Molekülmasse M u. der D. ϱ entwickeln Vff. die empir. Funktion $D_2 = u^{1/3}\ M/\varrho$. Diese additive mol. Funktion zeigt charakterist. Werte für die verschied. Atomgruppen organ. Verbb., die in Tabellen zusammengestellt werden; bei *Polyalkoholen* macht sich die stark assoziierte Struktur in niedrigem Temperaturkoeff. von D_2 geltend; bei *Phenol* in unterkühltem fl. Zustand zeigt sich, daß der metastabile Aggregationszustand einer unterkühlten Fl. immer noch ein typ. fl. Zustand ist. Die Auswertung der Ergebnisse lehrt, daß die Additivität nicht streng ist, jedoch eine angenäherte Berechnung von u aus D. u. Mol.-Konst. erlaubt. (Atti Accad. naz. Lincei, Rend., Cl. Sci. fisiche, mat. natur. [8] **14.** 81—88. Jan. 1953. Milano, Politecn., Ist. di Chim. industr.) R. K. MÜLLER. D 159

A. I. Jurshenko und **R. W. Kutscher,** *Untersuchung des Micellargewichts von Alkylbenzolsulfoderivaten in wässerigen Lösungen.* Durch Best. der Lichtstreuung wurde festgestellt, daß die größte Neigung zur Micellenbldg. beim *Sulfanol* (**I**) besteht, die geringste beim *dibutylnaphthalinsulfonsauren Na* (*Nekal,* **II**). Trotz der gleichen polaren Gruppe in **II** u. *dibutylbenzolsulfonsaurem Na* (**III**) ist die Micellenbldg. bei **II** schwächer als bei **III**, bedingt durch die ster. Hinderung durch den größeren aromat. Kern. Das Micellargewicht beträgt 20000 bei **II**, 66600 bei **III**, 139000 bei **I**. Durch Zusatz von neutralem Elektrolyten oder Lauge wird das Micellargewicht erhöht, durch Zusatz von Säure vermindert. Durch Zusatz von A. zu den wss. Lsgg. von **I, II** oder **III** werden die Micellen zunächst größer, später dispergiert. Das Maximum tritt bei 40% A. ein. Micellenbldg. u. Adsorptionsschichtenbldg. verlaufen nicht symbat zueinander. Die ster. Hinderungen bei der Micellenbldg. sind demnach ohne Einfl. auf die Bldg. der Adsorptionsschichten. (Коллоидный Журнал [Kolloid-J.] **14.** 219—26. Mai/Juni 1952. Lwow, Franko-Univ., Lehrstuhl für physikal. u. Kolloidchem.) LEBTAG. D 162

G. J. Kahan und **C. L. Gravel,** *Elektrocapillarität in Dielektrika und in schlechtleitenden Systemen.* Vff. untersuchen theoret. u. experimentell die Beziehung zwischen elektr. Ladung u. Grenzflächenspannung zwischen der Oberfläche eines fl. Metalls u. Fll. u. Gasen an *n-Hexadecan* (I) mit u. ohne Zusatz von *Cetylamin* u. an *n-Decanol* mit u. ohne Zusatz von *Pikrinsäure, Trichloressigsäure, Na-Decanat* u. *Anilin*. Als Maß für die Oberflächenspannung wird die Frequenz der Tropfenbldg. an einer Ausflußcapillare genommen. Vff. wenden dabei die LIPPMANNsche Gleichung für eine Hg-Tropfelektrode an u. berücksichtigen den wachsenden Radius bei der Tropfenbildung. Die theoret. Beziehungen werden mit den Messungen verglichen. Bei reinem I ist qualitative Übereinstimmung festzustellen. Zusätze bewirken Abweichungen von der Größenordnung der berechneten Werte. Ionenpolarisation u. Adsorption werden als Erklärung dafür herangezogen. (J. physic. Chem. **57.** 239—42. Febr. 1953. North Adams, Mass., Sprague Electr. Co., Res. Labors.) G. HEINRICH. D 165

Jean-François Joliet, *Oberflächenspannungen und Covalenzradien.* Trägt man für die 4 *Monohalogenbenzole* für gleiche Temp. ihre Oberflächenspannung in Abhängigkeit vom Atomradius des betreffenden Halogenatoms nach PAULING (Radien für VAN DER WAALSsche Bindung) graph. auf, so liegen diese Werte auf einer Geraden. Ebenso erhält man eine Schar paralleler Geraden für die 4 *p-Tolylhalogenide* im Temperaturbereich von 50—150° sowie für die Verbb. vom Typ PX_3 (PCl_3, PBr_3 u. PJ_3). (C. R. hebd. Séances Acad. Sci. **236.** 1259—61. 23/3. 1953.) HENTSCHEL. D 166

Balwant Rai Puri, M. L. Lakhanpal und **Balvir Varma,** *Adsorption von Dämpfen durch Holzkohle.* Vff. untersuchen die Adsorption von *W., Methylalkohol, A., Aceton* u. *Bzl.* aus der Dampfphase bei verschied. relativen Dampfdrucken an verschied. Holzkohlesorten, dargestellt aus Akazienholz, Fichtenholz, Baumwollhalm, Cocosnußschale u. Zucker. Die Messungen werden bei 20° mit 0,5 g Adsorbens (aktiviert u. nichtaktiviert) durchgeführt u. auf die gleiche Porengröße bezogen. Der Gleichgewichtszustand der Dampfadsorption wird durch Wägung bestimmt, die verschied. Dampfdrucke der Fll. durch Mischen mit nichtflüchtigen Komponenten hergestellt. Für die verschied. Kohlesorten wird die relative Benetzungskraft definiert, eine Größe, die durch den Ausdruck: $\cos\Theta_1/\cos\Theta_2 = (h_1\gamma_1\varrho_1)/(h_2\gamma_2\varrho_2)$ (Θ Kontaktwinkel, h Steighöhe, γ Oberflächenspannung, ϱ D.) gegeben ist. — Die Ergebnisse der nichtaktivierten Proben zeigen für Methylalkohol, A. u. Aceton dieselbe Dampfaufnahme bei entsprechend gleichen relativen Dampfdrucken u. gleicher Benetzungskraft für die Adsorbentien. Selbst bei dem kleinen Capillardurchmesser von $9{,}3\cdot10^{-8}$ cm, bei dem die relative Dampfdruckerniedrigung der 3 Stoffe 20,8, 10,4 u. 5% beträgt, werden noch gleiche Flüssigkeitsmengen in Übereinstimmung mit KELVINs Gleichung festgestellt. Bzl. u. W., die eine verhältnismäßig niedrige Benetzungskraft haben, werden nur in geringem Maße adsorbiert. Bei den aktivierten Proben nähert sich diese Größe der von Methylalkohol, A. u. Aceton; damit verschwinden die Differenzen mit Ausnahme für W. bei sehr geringer Porengröße des Adsorbens. Die Ergebnisse zeigen eine gute Übereinstimmung mit KELVINscher Gleichung, die den Ausdruck der Capillarkondensationstheorie darstellt. (J. Indian chem. Soc. **29.** 841—45. Nov. 1952. Hoshiarpur, Panjab Univ. Coll., Dep. of Chem.) ZANKER. D 176

H. J. den Hertog, *Die Entwicklung der organischen Chemie in den letzten 75 Jahren.* Übersicht über die Strukturchemie von KÉKULÉ-VAN'T HOFF, die chem. Bindung, die Strukturtheorie, einige mit neuzeitlichen Formeln ausgedrückte Rkk. u. die heutige Phase der organ. Chemie. (Landbouwkund. Tijdschr. **64.** 356—64. Juni 1952. Wageningen, Landbouwhogeschool.) WESLY. D 182

C. A. Coulson und **V. A. Crawford,** *Hyperkonjugation.* 1. Mitt. *Konjugations- und Hyperkonjugationsenergie.* Nach der Molekülbahnmeth. berechnen Vff. die Energiezustände von Methylbenzolen u. methylsubstituierten Äthylenen u. werten ihre Ergebnisse bzgl. des Ausmaßes der Teilnahme von Methylgruppen an der Konjugation aus. Gegenüber den Berechnungen von MULLIKEN, RIEKE u. BROWN (J. Amer. chem. Soc. **63.** [1941.] 41) wird das Verf. verfeinert durch die Auffassung des H_3 als Pseudoheteroatom mit einer vom C verschied. Elektronegativität (COULOMB-Integral $I = \alpha - 0{,}5\,\beta_0$, am benachbarten C $I = \alpha - 0{,}1\,\beta_0$), u. durch die Berücksichtigung der Veränderung des Austauschterms β mit der Bindungslänge r — β wird dabei proportional dem Wert des Überlappungsintegrals S gesetzt. Ferner werden Korrekturen für die Energieänderung der σ-Bindungen mit r (Kompressionsenergien K) u. für Konjugation 3. Ordnung S (r) berücksichtigt. K-, S- u. δ-Werte in Abhängigkeit von r sind tabellar. gegeben. Die Hyperkonjugationsenergien für *Toluol, o-, m-* u. *p-Xylol, Mesitylen* u. *Durol* sowie für *Propylen, cis-Buten, Isobuten* u. *Tetramethyläthylen* sind, für je 1 CH_3-Gruppe berechnet, in jeder der beiden Verbindungsklassen konstant (0,0211 β_0 bzw. 0,0239—0,0242 β_0), die Hyperkonjugation kann nach der Störungstheorie 1. Ordnung behandelt werden. Die δ (r)-Werte sind bedeutend kleiner als die früher von MULLIKEN

(l. c.) erhaltenen, trotz dem hier benutzten größeren β_0-Wert des unsubstituierten Bzl. (—73,8 kcal/Mol). (J. chem. Soc. [London] **1953.** 2052—61. Juli. London, Univ., King's Coll., Wheatstone Phys. Labor.) KRESZE. D 182

V. A. Crawford, *Hyperkonjugation.* 2. Mitt. *Ladungsverteilung in Propylen und einigen Methylbenzolen.* (1. vgl. vorst. Ref.) Für die in der 1. Mitt. behandelten Methylbenzole u. für Propylen gibt Vf. die π-Elektronendichten an den einzelnen C-Atomen an u. vergleicht deren Reaktionsfähigkeit bei Substitutions- u. Additions-Rkk. mit den theoret. Vorhersagen. Der Hyperkonjugationseffekt bei Rkk. kann danach durch Einfl. ster. Hinderung u. durch reduktive Effekte verdeckt werden, von Wichtigkeit bei der Auswertung kinet. Daten ist die Kenntnis des Bildungsverhältnisses der möglichen Isomeren. (J. chem. Soc. [London] **1953.** 2058—61. Juli.) KRESZE. D 182

V. A. Crawford, *Hyperkonjugation.* 3. Mitt. *Bathochrome Verschiebungen, die durch Methylsubstitution in konjugierten Systemen hervorgerufen werden.* (2. vgl. vorst. Ref.) Wie Vf. durch Berechnung der Energien von Grund- u. niedrigstem Anregungszustand der in der 1. Mitt. genannten Methylbenzole u. Äthylene zeigt, sind die bathochromen Verschiebungen im UV-Spektr. der Verbb. gegenüber dem von Bzl. bzw. Äthylen nur durch die Teilnahme der Methylgruppen an der Konjugation, nicht aber durch den induktiven Effekt des CH_3 deutbar. Allg. ist die Doppelbindungsabsorption viel weniger empfindlich gegen I-Effekte als bisher angenommen. (J. chem. Soc. [London] **1953.** 2061—65. Juli.) KRESZE. D 182

D. P. Craig, *Über die Zuordnung der Triplet-Singulett-Emission von Benzol.* Durch Rechnung wird gezeigt, daß akt. b_{2g}-Schwingungen in einem $^3B_{1u}$–$^1A_{1g}$-Übergang vorkommen können u. der unterste Triplettzustand von *Bzl.* als $^3B_{1u}$ zu kennzeichnen ist u. nicht als $^3B_{2u}$, wie SHULL (J. chem. Physics **17.** [1949.] 295) u. MCCLURE (J. chem. Physics **17.** [1949.] 665) vorschlugen. (J. chem. Physics **18.** 236—37. Febr. 1950. London, Univ. Coll., Sir William Ramsay and Ralph Forster Labors.) A. REUTER. D 182

M. F. Schosstakowski, M. I. Batujew, P. W. Tjupajew und **A. D. Matwejewa,** *Die Oxoniumtheorie und ihre optische Begründung bei Vinyläthern.* Im RAMAN-Spektr. des Glykolmonovinyläthers tritt die Frequenz einer OH-Gruppe auf, die nach niedrigeren Frequenzen verschoben u. zu einer breiten Bande verwaschen ist (3200—3600 cm^{-1}), analog der OH-Bande in fl. W. oder Essigsäure. Vff. nehmen an, daß eine intermol. H-Bindung (I), an den Kettenenden auch eine intramol. H-Bindung (II) vorliegt. Das

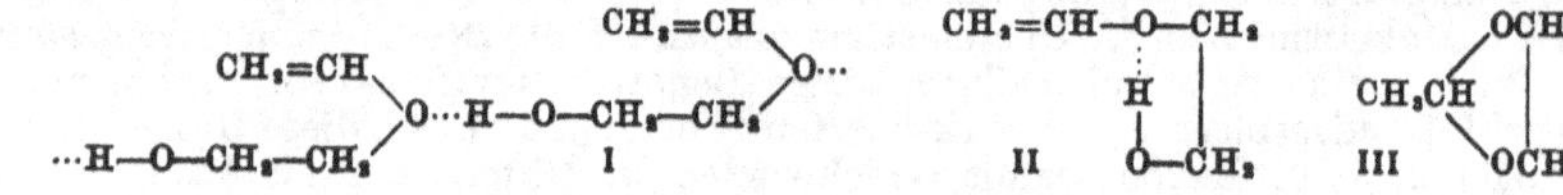

I II III

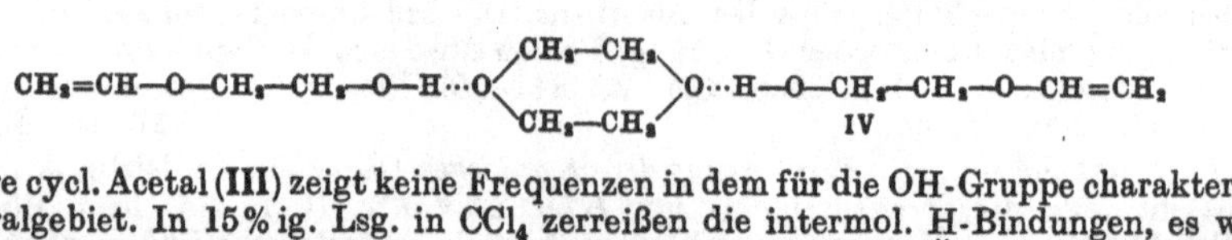

IV

isomere cycl. Acetal (**III**) zeigt keine Frequenzen in dem für die OH-Gruppe charakterist. Spektralgebiet. In 15%ig. Lsg. in CCl_4 zerreißen die intermol. H-Bindungen, es wird **III** gebildet; in Cyclohexan liegen die Moll. des (wenig lösl.) Äthers monomer vor; in Dioxan entstehen H-Bindungen mit dem Lösungsm. nach **IV.** Vff. deuten diese Befunde als Bestätigung der Oxoniumtheorie der Vinyläther. (Доклады Академии Наук СССР [Ber. Akad. Wiss. UdSSR] [N. S.] **89.** 93—95. 1/3. 1953. Inst. für organ. Chem. der Akad. der Wiss. der UdSSR.) R. K. MÜLLER. D 182

Kurt Mislow, *Stereochemie der 1.4-Addition.* 2. Mitt. *Bromierung von Butadien.* (1. vgl. C. **1952.** 6352.) Der durch Addition von Br_2 an Butadien erhaltenen Verb. *1.4-Dibrombuten-(2)* (I) (F. 53°) muß auf Grund seiner Eigg., wie Infrarotspektr., Dipolmoment u. chem. Reaktionsfähigkeit, die trans-Form zugeschrieben werden im Gegensatz zu SLOBODIN u. SABOJEW (C. **1953.** 1309). Das Dipolmoment von I beträgt 1,63 D. I wird durch $LiAlH_4$ zu *trans-Buten-(2)* hydriert, das weiter in *meso-2.3-Dibrombutan* ($Kp._{14}$ 46°, n_D^{25} 1,5088) umgewandelt werden kann. Aus I u. der entsprechenden cis-Verb., die aus cis-Buten-(2)-diol-(1.4) dargestellt worden war, entstehen mit Br_2 verschied. *1.2.3.4-Tetrabrombutanverbb.* (F. 116 bzw. 39°), denen die meso- bzw. rac. Konfiguration zugeordnet wird. (J. Amer. chem. Soc. **75.** 2512. 20/5. 1953. New York, N. Y., Univ., Dep. of Chem.) L. FISCHER. D 184

Robert G. Parr, *Eine Methode zum Abschätzen von Elektronenabstoßungsintegralen über LCAO-MO'S in zusammengesetzten ungesättigten Molekülen.* PARR, CRAIG u. ROSS (C. **1951.** II. 2574) berechneten für Bzl. 30 verschied. Elektronenabstoßungsintegrale, deren Werte sich in 4 Gruppen einordnen ließen. Es wird nun in Ergänzung hierzu eine Näherungsmeth. gegeben, um aus Mol.-Bahnen in ungesätt. Verbb., wie *Bzl.* u. solchen, die ein Heteroatom enthalten, diese Gruppenwerte angenähert zu errechnen. (J. chem. Physics **20.** 1499. Sept. 1952. Pittsburgh, Pa., Carnegie Inst. of Technol., Dep. of Chem.) ZIMMER. D 184

N. F. H. Bright, T. Carson und **T. A. Dyson,** *Azobenzol.* 1. Mitt. *Dampfdruck von cis- und trans-Azobenzol.* Im Temperaturbereich von 30—62° kann der Dampfdruck der beiden Isomeren durch die Formeln $\log_{10} p = -(3{,}911/T) + 9{,}721$ für die *trans*-Verb. u. $\log_{10} p = -(3{,}914/T) + 9{,}652$ für die *cis*-Verb. wiedergegeben werden. Beide Stereoisomeren haben danach die gleiche Verdampfungswärme (98,2—98,3 cal/g-Mol). Die zur Aufstellung der Gleichungen führenden Werte wurden durch Effusion bei 10^{-6} mm Druck gewonnen. Bemerkenswert ist, daß hierbei keine Umwandlung *cis–trans* bzw. *trans–cis* festzustellen war. Die Darst. der Isomeren erfolgte durch Kombination der Methoden von HARTLEY u. COOK (J. chem. Soc. [London] **1938.** 637. 879). *trans*: Fraktionierte Fällung der Acetonlsg. des Handelsazobenzols mit W., F. 68°. *cis*: Anreicherung in gesätt. Eisessiglsg. durch Sonnenlicht. *trans* wird durch Zugabe von W. ausgefällt, *cis* anschließend aus der nochmals verd. Lsg. mit Chlf. extrahiert. Nach Verdampfung des Chlf. wird das Rohprod. in Leichtbenzinlsg. der chromatograph. Trennung an Aluminiumoxydkolonne unterworfen, wobei *cis* in der Spitze adsorbiert, *trans* ausgewaschen wird. Elution von *cis* mit Leichtbenzin + 1% Methanol, aus Leichtbenzin, F. 70—71°. (Research **3.** 185—86. April 1950. Stevenston, Imp. Chem. Ind. Ltd., Nobel Div., Res. Dep.) BAUMBACH. D 184

K. S. Tetlow, *Azobenzol.* 2. Mitt. *Infrarotspektren von Suspensionen von cis- und trans-Azobenzol.* (1. vgl. vorst. Ref.) Da sich die *Azobenzole* in Lsg. leicht isomerisieren, wurden die Infrarotspektren von *cis-* u. *trans-Azobenzol* in Paraffinsuspension bestimmt. Charakterist. Banden des *cis-Azobenzols* stehen in Widerspruch zur Theorie HODGSONs, wonach *cis*-Azobenzol eine Molekülverb. Azoxybenzol–Hydrazobenzol sei. Die Zuordnung verschied. Banden zu Mol.-Schwingungen wird besprochen, dabei wird dem bei einigen Banden beobachteten CHRISTIANSEN-Effekt (vgl. PRICE u. TETLOW, C. **1949.** II. 1385) Rechnung getragen. (Research **3.** 187—88. April 1950.) BAUMBACH. D 184

Robert W. Crowe und **Charles P. Smyth,** *Wärmekapazitäten, Dielektrizitätskonstanten und freie Molekülrotation in festen Trichloräthanen und disubstituierten Propanen.* Vff. messen gleichzeitig Wärmekapazität u. DK. von *1.1.1-Trichloräthan* (**I**), *1.1.2-Trichloräthan, 1.2-Dichlorpropan, 1.3-Dibrompropan* u. *2-Chlor-2-nitropropan* (**II**), ferner die DK. allein bei *2-Brom-2-nitropropan* (**III**), *2.2-Dinitropropan* (**IV**) u. *Dinitroneopentan* (**V**), u. zwar von der Temp. des fl. Stickstoffs bis über den F. der jeweiligen Verb. (Meth. vgl. KUSHNER, CROWE u. SMYTH, C. **1950.** II. 2781). Bei den Verbb. **I, II, III, IV, V** u. dem früher gemessenen *2-Methyl-2-nitropropan* werden Rotationsübergänge weit unterhalb der FF. gefunden, die mit der nahezu kugelförmigen Gestalt der Moll. begründet werden. Die übrigen 3 Verbb. sind mehr asymm. u. können deshalb im Gitter nicht mehr rotieren. (J. Amer. chem. Soc. **72.** 4009—15. Sept. 1950. Princeton, N. J., Univ., Frick Chem. Labor.) A. REUTER. D 190

Ajit Ram Verma und **P. M. Reynolds,** *Interferometrische Untersuchungen über das Wachsen von Stearinsäurekristallen und ihre optischen Eigenschaften.* Es wird gezeigt, daß Stearinsäurekristalle auf der ab-Ebene aus der Lsg. in Spiralen wachsen können. Die durch Aufdampfen versilberten Kristalle wurden mit Hellfeldbeleuchtung u. Phasenkontrast opt. untersucht. Das Auftreten dieser Kristallisationsspiralen stimmt mit der Theorie von BURTON, CABRERA u. FRANK überein, die sie als von einer „screw dislocation" herrührend betrachten (C. **1952.** 4896). Die Ganghöhen wurden mit Vielfachinterferenzen untersucht, die minimale Ganghöhe ist 46,3 ± 0,8 Å in Übereinstimmung mit der mit Röntgenstrahlen gemessenen Periode. Die Ganghöhen sind n/2fache ($n > 2$) dieser Periode. Es wurden viereckige Spiralen mit der Symmetrie der Kristallfläche u. gerundete Spiralen beobachtet. Mit den angewandten interferometr. Methoden werden Brechungsindex u. Doppelbrechung von Kristallen von nur einigen λ Dicke ermittelt. (Proc. physic. Soc., Sect. B **66.** 414—20. 1/5. 1953. London, Roy. Holloway Coll.) LINDBERG. D 190

Francis W. Karasek und **J. C. Decius,** *Beobachtungen über die polymorphen kristallinen Modifikationen der Phthalocyanine. Phthalocyanin* u. einige seiner Metallsalze treten in zwei polymorphen Formen auf, von denen man die α-Form in Mikrokristallen durch Auflösen in konz. H_2SO_4 u. Verdünnen mit Eiswasser erhält. Die β-Form dagegen bildet gut ausgebildete monokline Kristalle beim Sublimieren unter red. Druck. Um diese Form in möglichst kleinen Kriställchen zu erhalten, sublimierten Vff. einen Film von Phthalocyanin auf eine hochpolierte u. relativ kühle Steinsalzplatte bei einem Druck von 10^{-5} mm. Die Teilchengröße betrug nur einige μ. Röntgenaufnahmen ergaben, daß sich hierbei die α-Form gebildet hatte. Eine vorläufige Unters. der Druckabhängigkeit der Phasenänderung ergab, daß sich die α-Form von metallfreiem Phthalocyanin bei Sublimationsdrucken bis 50 mm bildet. Die α-Form des Cu-Salzes erhält man bei Drucken bis zu 0,1 mm; oberhalb dieses Drucks erhält man durch Sublimation die β-Form. (J. Amer. chem. Soc. **74**. 4716—17. 20/9. 1952. Corvallis, Ore.)

GOTTFRIED. D 190

David P. Shoemaker, Robert E. Barieau, Jerry Donohue und **Chia-Si Lu,** *Die Kristallstruktur von DL-Serin.* Gute Kristalle von *DL-Serin* wurden durch Kristallisation aus W. erhalten. Die goniometr. Vermessung ergab monokline Symmetrie mit dem Achsenverhältnis a : b : c = 1,176 : 1 : 0,528; β = 106° 31′. Die Elementarkörperdimensionen sind a = 10,72 ± 0,02 Å; b = 9,14 ± 0,02 Å; c = 4,825 ± 0,006 Å; β = 106° 27′ ± 4′. Raumgruppe ist C^5_{2h} — P 2_1/a; Z = 4. Eine erste befriedigende Struktur wurde aus einer dreidimensionalen PATTERSON-Funktion erhalten, u. zwar durch Anwendung einer neuen Meth. zur Deutung dieser Funktionen, der sogenannten PATTERSON-Superpositionsmethode. Die hierbei erhaltenen Parameter wurden mittels einer dreidimensionalen FOURIER-Analyse u. mit Hilfe der Meth. der kleinsten Quadrate verbessert. Es wurden die folgenden Parameter bestimmt: C_1: (x =) 0,2514; (y =) 0,4047; (z =) 0,1704. C_2: 0,2547; 0,2789; 0,3808. C_3: 0,3885; 0,2100; 0,4715. N: 0,1532; 0,1686; 0,2460. O_1: 0,1631; 0,4021; —0,0684. O_2: 0,3340; 0,5054; 0,2533. O_3: 0,4316; 0,1683; 0,2294. H_1 (C_2): 0,2336; 0,3222; 0,5728. H_2 (C_3): 0,3858; 0,1147; 0,6056. H_3 (C_3): 0,4572; 0,2889; 0,5994. H_4 (N): 0,1562; 0,1182; 0,0699. H_5 (N): 0,1560; 0,0988; 0,4076. H_6 (N): 0,0692; 0,2232; 0,2122. H_7 (O_3): 0,3990; 0,0708; 0,1704. — Die intramol. Abstände stehen im wesentlichen in guter Übereinstimmung mit den bei anderen Aminosäuren gefundenen. Die Carboxylgruppe ist nahezu coplanar mit der C_2—N-Bindung. (Acta crystallogr. [Copenhagen] **6**. 241—56. 10/3. 1953. Pasadena, Calif., Inst. of Technol., Gates and Crellin Labor. of Chem.) GOTTFRIED. D 195

D. R. Holmes und **H. M. Powell,** *Die Kristallstruktur von 4-Isopropylidenaminophenol.* Beim Umkristallisieren von p-Aminophenol in Aceton tritt Rk. zwischen den beiden Verbb. unter Bldg. von 4-Isopropylidenaminophenol ein, dessen Struktur röntgenograph. aufgeklärt wird. Die nadelförmigen Kristalle mit der a-Achse als Nadelachse sind rhomb., opt.-positiv mit der Schwingungsrichtung des höchsten Brechungsindex parallel der b-Achse. Gute Spaltbarkeit nach (1 0 0). Die Zelldimensionen sind a = 5,74 ± 0,02 Å; b = 12,01 ± 0,04 Å; c = 12,16 ± 0,04 Å. Raumgruppe ist P 2 2_1 2_1; Z = 4. Die Struktur wurde durch FOURIER-Synthesen der Elektronendichte mit Projektion senkrecht zu den 3 Hauptachsen durchgeführt. Hierbei ergaben sich die folgenden Parameter: C_1: (x =) 0,785; (y =) 0,923; (z =) 0,214. C_2: 0,993; 0,929; 0,272. C_3: 0,024; 0,019; 0,343. C_4: 0,856; 0,104; 0,343. C_5: 0,646; 0,098; 0,284. C_6: 0,617; 0,006; 0,214. C_7: 0,760; 0,231; 0,487. C_8: 0,819; 0,340; 0,543. C_9: 0,557; 0,171; 0,530. N: 0,902; 0,202; 0,405. O: 0,738; 0,830; 0,151. Man kann die Struktur des Kondensationsprod. als Molekularstruktur mit einfachen H-Bindungen ansehen. Die H-Bindungen mit einer Länge von 2,66 Å verbinden das N-Atom eines Mol. mit dem O-Atom eines anderen Mol., das aus dem ersten Mol. durch eine zweizählige Schraubenachse parallel der b-Achse hervorgeht. Zwei dieser Ketten verbundener Moll. verlaufen in der Zelle in entgegengesetzten Richtungen. Die physikal. Eigg. der Verb. stehen in guter Übereinstimmung mit der gefundenen Struktur. (Acta crystallogr. [Copenhagen] **6**. 256—59. 10/3. 1953. Oxford, Univ., Museum, Dep. of Chem. Crystallography.)

GOTTFRIED. D 195

Dorothy Crowfoot Hodgkin und **D. Sayre,** *Eine kristallographische Untersuchung der Struktur des Lumisterins.* Das röntgenograph. untersuchte *Lumisteryl-4-jod-3-nitrobenzoat* krist. in 3 verschied. Formen, von denen 2 solvatisiert zu sein scheinen. Die dritte, die der Unters. zugrunde lag, krist. in hellgelben lösungsmittelfreien monoklinen Prismen. Die Zelle hat die Dimensionen a = 10,55 Å; b = 7,63 Å; c = 20,57 Å; β = 93,5°. Raumgruppe ist P 2_1; Z = 2 $C_{35}H_{46}O_4NJ$. Die Struktur wurde mittels PATTERSON- u. FOURIER-Projektionen aufgeklärt. Es wurden die folgenden Parameter erhalten: C_1: (x =) 0,460; (y =) —0,120; (z =) 0,226. C_2: 0,515; —0,090; 0,156. C_3: 0,516; —0,263; 0,116. C_4: 0,595; —0,409; 0,155. C_5: 0,536; —0,448; 0,222. C_6: 0,485; —0,603; 0,242. C_7: 0,436; —0,625; 0,311. C_8: 0,438; —0,487; 0,344. C_9: 0,486; —0,298; 0,337. C_{10}: 0,536; —0,269; 0,266. C_{11}: 0,368; —0,187; 0,361. C_{12}: 0,353; —0,202; 0,437. C_{13}: 0,320; —0,389; 0,451. C_{14}: 0,429; —0,514; 0,425. C_{15}:

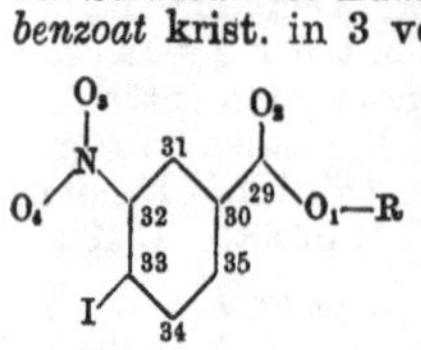

R = Lumisteryl

0,385; −0,686; 0,462. C_{16}: 0,377; −0,625; 0,535. C_{17}: 0,336; −0,439; 0,535. C_{18}: 0,177; −0,446; 0,410. C_{19}: 0,663; −0,194; 0,290. C_{20}: 0,188; −0,440; 0,556. C_{21}: 0,110; −0,286; 0,522. C_{22}: 0,167; −0,433; 0,629. C_{23}: 0,059; −0,451; 0,654. C_{24}: 0,037; −0,445; 0,727. C_{25}: 0,048; −0,250; 0,755. C_{26}: 0,128; −0,117; 0,711. C_{27}: −0,100; −0,183; 0,760. C_{28}: −0,079; −0,551; 0,742. C_{29}: 0,331; −0,257; 0,038. C_{30}: 0,188; −0,256; 0,019. C_{31}: 0,103; −0,261; 0,068. C_{32}: −0,027; −0,260; 0,052. C_{33}: −0,069; −0,252; −0,011. C_{34}: 0,017; −0,247; −0,062. C_{35}: 0,145; −0,250; −0,046. O_1: 0,374; −0,263; 0,100. O_2: 0,393; −0,252; −0,013. O_3: −0,085; −0,155; 0,147. O_4: −0,212; −0,360; 0,098. N: −0,107; −0,263; 0,098. J: −0,267; −0,250; −0,0354. Aus den Projektionen geht die L-förmige Form des Mol. als Ganzes mit den beiden zueinander trans-ständigen 18- u. 19-CH_3-Gruppen deutlich hervor, bestätigt werden die Konfigurationen an den Asymmetriezentren $C_{(3)}$, $C_{(10)}$ u. $C_{(13)}$ sowie die Sesselform des Ringes A. Ebenso wird die Konfiguration an $C_{(9)}$ u. die Sesselform des Ringes C sichergestellt; aus der Konfiguration bei $C_{(14)}$ folgt die gegenseitige trans-Stellung der Ringe C u. D. Wie zu erwarten war, besteht der stereochem. Unterschied zwischen Lumisterin (I) u. Ergosterin (II) in der entgegengesetzten Stellung der 19-CH_3-Gruppe, bei **I** in α-, bei **II** in β-Stellung. Dieser Unterschied ist mit einer Umordnung in der Packung der benachbarten Atome im Ring A verbunden. Aus diesem Grund rotiert die $C_{(3)}$—OH-Bindung, die in **II** nahe der allg. Ebene des Mol. liegt, in eine Stellung angenähert senkrecht zur Molekülebene. Besprochen wird ferner der Mechanismus der Umwandlung von **II** in **I** im Zusammenhang mit der Bldg. von Calciferol. (J. chem. Soc. [London] **1952.** 4561—66. Dez. Oxford, Univ. Museum, Chem. Crystallography Labor.)

GOTTFRIED. D 195

Vicente Gomez Aranda und **Octavio Sanz Pastor,** *Beitrag zur Chemie der Kohlenwasserstoffe.* 1. Mitt. *Chemische Eigenschaften der Kohlenstoff–Kohlenstoff-Doppelbindung. a) Reaktion des Äthylens mit Mercurisalzen.* Vff. kommen auf Grund der Literaturangaben u. eigener Verss. zu der Auffassung, daß bei der Rk. von Äthylen-KW-stoffen mit wss. Hg(II)-Salzlsgg. zu Mercuriäthanol- bzw. -äthersalzen das p_H den Reaktionsverlauf bestimmt. Sie nehmen an, daß bei dieser Rk. zunächst das Ion $^+CH_2CH_2Hg^+$ (I) entsteht u. dieses sich durch Aufnahme von OH^- aus dem wss. Medium zum Ion $HOCH_2—CH_2Hg^+$ (**II**, Kation der Äthanol-Hg-Salze) stabilisiert (Gleichgewicht **I** ⇌ **II**). Sek. bildet sich aus **I** u. **II** in bimol. Rk. das Ion $O(CH_2—CH_2Hg)_2^{2+}$ (III), womit die Bldg. von Mercuriäthersalz erklärt wird. Alle diese Rkk. sind rückläufig. Das Gleichgewicht **I** ⇌ **II** dürfte stark nach rechts verschoben sein; die Geschwindigkeit der Bldg. von **III**, v = k [I] [II] hängt vom Verhältnis [II]/[I] ab, für das die Gleichung [II]/[I] = K (I ⇌ II)/[H^+] gilt, u. ist am größten, wenn [II]/[I] = 1. Ob überwiegend **II** oder **III** entsteht, hängt von der H^+-Konz. ab. Ist sie klein, so ist [II]/[I] größer u. die Bildungsgeschwindigkeit von **III** klein, also Bldg. von Äthanolsalz begünstigt; bei wachsender [H^+] nimmt die Bldg. von Äthersalz zu. Wird also das bei der Bldg. von **II** entstehende H^+ durch Alkali neutralisiert, so entsteht prakt. nur Äthanolsalz (Meth. von HOFFMANN u. SAND, mit $Hg(NO_3)_2$, als „abwechselnde Meth." bezeichnet); dagegen entsteht in saurer Lsg. Äthersalz (in stark saurer Hg-Sulfatlsg., „Meth. mit freier Säure"). Arbeitet man mit einer schwachen organ. Säure, z. B. Essigsäure u. HgO (äquimol. Mengen in wss. Suspension), so stellt sich das Gleichgewicht 2 CH_3COOH + HgO ⇌ $(CH_3COO)_2Hg$ + H_2O (b) ein; leitet man C_2H_4 in die Suspension ein, so reagiert es mit Hg-Acetat zu $CH_3COOHgCH_2CH_2OH$ + CH_3COOH, die wieder neues Hg-Acetat bildet usw., „Acidoxymethode". Je größer K_a der Säure, um so kleiner ist das p_H im Syst. u. um so größer der Anteil an Äthersalz im Produkt. Die schwachen organ. Säuren liefern überwiegend Äthanolsalz, daneben wenig Äthersalz; mit HNO_3 liefert die Acidoxymeth. ausschließlich Äthersalz. Nicht rein gewonnen werden konnten β-Dichloracetoxymercuriäthanol u. der entsprechende Äther, die zwar in wss. Lsg. beständig sind u. mit KBr zur Brommercuriverb. reagieren, sich aber beim Vers. zur Isolierung zersetzen. Mit Trichloressigsäure entstehen die erwarteten Derivv. nicht, sondern die Säure zerfällt, u. unter Red. von Hg(II) zu Hg(I), u. höherem als theoret. HgO-Verbrauch entsteht *β.β'-Bis-[chlormercuri]-diäthyläther.* Dabei wird reichliche Harzbldg. beobachtet, die in geringerem Maße auch bei Dichloressigsäure auftritt u. mit C_2H_4-Polymerisation erklärt wird. — Die geringere Löslichkeit der Äthersalze in allen Lösungsmitteln ermöglicht ihre Abtrennung von den Äthanolsalzen; bei den homologen Verbb. $RCOOHgCH_2CH_2OH$ nimmt mit wachsendem R die Löslichkeit in polaren Lösungsmitteln ab u. in Bzl. zu.

Versuche: *β-Chlormercuriäthanol* [*Äthanolquecksilberchlorid*], C_2H_5OClHg, F. 154 bis 155° (Zers.), durch Einleiten von C_2H_4 in mit KOH alkal. gehaltene $Hg(NO_3)_2$-Lsg., dann nach HCl-Zugabe Fällen mit CO_2, weiße Schuppen, D. 3,6636. — Analog: *β-Brommercuriäthanol* (**IV**), F. 155—157° (Zers.); *β-Jodmercuriäthanol*, F. 145—146° (Zers.), perlmutterartige Blättchen, am Licht gelblich werdend, D. 4,3221. — *β.β'-Bis-[chlormercuri]-diäthyläther*, $C_4H_8OCl_2Hg_2$, F. 178—180° (Zers.), durch Einleiten von C_2H_4 in 1 mol. wss. $HgSO_4$-Lsg. ($p_H < 1$), Lösen des entstandenen weißen Nd. in KOH (es hinterbleibt ein harziger Rückstand) u. Fällen mit KCl, analog *β.β'-Bis-[brommercuri]-diäthyläther* (**V**), F. 175—176° (Zers.), u. *β.β'-Bis-[jodmercuri]-diäthyläther*, F. 150—152° (Zers.). — „Acidoxy"-Meth.: *β-Acetoxymercuriäthanol* (**VI**), $C_4H_8O_3Hg$, F. 54—55°, durch Einleiten von C_2H_4 in eine Suspension von gelbem HgO in 1 mol. Essigsäure bei p_H 3—4, bis kein HgO mehr in Lsg. geht, Abdampfen des W. unter 30—40 mm u. Behandeln des viscosen Rückstands mit Aceton, hygroskop., weiße Schuppen, D. 2,8510. Daneben in geringer Menge *β.β'-Bis-[acetoxymercuri]-diäthyläther* (nicht isoliert). Mit 1 mol. KBr gibt die **VI**-Lsg. **IV** u. **V**. Analog: *Propionoxymercuriäthanol*, $C_5H_{10}O_3Hg$, u. *β-Butyroxymercuriäthanol*, $C_6H_{12}O_3Hg$, Fll., nicht unzers. destillierbar. — *β.β'-Bis-[chloracetoxymercuri]-diäthyläther*, $C_8H_{12}O_5Cl_2Hg_2$, F. 118°, D. 3,1373, u. *β-Chloracetoxymercuriäthanol*, $C_4H_7O_3ClHg$, viscose Fl., im Exsiccator harte M., analog aus Monochloressigsäure. (Combustibles [Zaragoza] **10.** 183—94. Juli/Sept. 1950. Zaragoza, Inst. del Combustible.) v. DECHEND. D 221

Ralph L. Herbst jr., Robert H. Close, Frank J. Mazzacua und **Robert F. Dwyer**, *Spektrophotometrie von Ferrichloridkomplexen mit m-Kresol, Salicylaldehyd und Acetessigester.* Nach der Meth. der stetigen Veränderungen von VOSBURGH u. Mitarbeitern (C. **1941**. II. 2901) wird die Bldg. von Fe(III)-Ion–Phenol- u. -Enol-Komplexen spektrophotometr. untersucht. Eine vorläufige Unters. von 1 : 1-, 1 : 3- u. 1 : 6-Gemischen von $FeCl_3$ mit *m-Kresol* (**I**), *Salicylaldehyd* (**II**) bzw. *Acetessigester* (**III**) ergibt, daß in allen Fällen nur e i n gefärbter Komplex entsteht; es werden Kurven gleicher Form erhalten. Die wiedergegebenen Kurven [y = Differenz zwischen beobachteter opt. D. u. der für das Ausbleiben einer Rk. berechneten opt. D., x = Vol. der Phenol-usw.-Lsg., die dem Vol. (1 — x) der $FeCl_3$-Lsg. zugesetzt wird] zeigen, daß die Farbmaxima für 1 $FeCl_3$: 3 **III** u. 1 $FeCl_3$: 1 **II** auftreten; für $FeCl_3$: Kresol liegt **das Maximum** beim Gemisch 1 : 3 (510, 500 bzw. 525 mμ bei opt. D. von 0,704, 0,242 bzw. 0,341). — Es werden die Ionisationskonstanten der verwendeten organ. Verbb. verglichen. Die klass. Dissoziationskonstanten in W. bei 25° sind für **II** $1{,}53 \cdot 10^{-5}$, für **I** $0{,}98 \cdot 10^{-10}$ u. für **III** $9 \cdot 10^{-10}$. Die stärker saure Verb., **III**, bildet also den 1 : 1-Komplex; dieser könnte bei der Elektrolyse zur Kathode wandern. Die Komplexe mit **I** u. **III** sind neutral. (J. Amer. chem. Soc. **74.** 269—70. 20/1. 1952. Utica, N. Y., Utica Coll. of Syracuse Univ., Dep. of Chem.) v. DECHEND. D 223

J. A. Barker, *Gegenseitige Orientierungseffekte in Lösungen.* Eine allg. thermodynam. Theorie zur Berechnung von Orientierungseffekten in Lsgg. wird entwickelt. Die Theorie wird auf die 3 Systeme *Methanol* (**I**)–*Bzl.*, **I**–*Tetrachlorkohlenstoff* u. *Chlf.–A.* angewandt. Bei den Systemen mit **I** sind die berechneten u. gemessenen thermodynam. Funktionen (Mischungsenergie, -wärme u. -entropie) in Abhängigkeit von der Zus. in guter Übereinstimmung, bei dem 3. Syst. bestehen nur qualitative Beziehungen. Die Berechnungsmeth. dürfte das Verh. von Lsgg. assoziierter Fll. allg. jedoch gut wiedergeben. (J. chem. Physics **20.** 1526—32. Okt. 1952. Melbourne, C. S. I. R. O., Div. of Ind. Chem.) v. SCHIESZL. D 224

John S. Peake und **Kenneth E. Thompson jr.**, *Vier ternäre Flüssigkeitssysteme mit Monochlorbenzol. Phasengleichgewichte und Verbindungslinienwerte.* Die Unters. der vier tern. Systeme *Monochlorbenzol* (**I**)–*W.*–CH_3COOH (**II**), **I**–*W.*–*Dichloressigsäure* (**III**), **I**–*W.*–*n-Butylamin* (**IV**) u. **I**–*W.*–*Pyridin* (**V**) bei 25° ergab, daß W. bei den Systemen mit **II** u. **III** mit steigendem Säuregeh. ein steigendes selektives Lösungsvermögen für die Säuren besitzt. Bei dem Syst. mit **IV** zeigt **I** ein ausgesprochenes selektives Lösungsvermögen, doch tritt schon bei Konzz. von über 28 Gew.-% **IV** vollständige Löslichkeit von **I** in W. ein. Verss. im Syst. *n-Propylamin* (**VI**)–**I** u. W. ergaben das gleiche Verh. von **I** u. W. bei noch niedrigeren Konzz. von **VI**. **I** ist daher bei 25° als selektives Lösungsm. für die niedrigen Glieder der prim. aliphat. Amine nicht sehr geeignet. Das Syst. mit **V** besitzt eine Solutrope, wodurch aber die Trennung von **V** u. W. mittels **I** nicht beeinträchtigt wird. (Ind. Engng. Chem. **44.** 2439—41. Okt. 1952. Bloomington, Ind., Indiana Univ., Dep. of Chem.) OPPERMANN. D 224

R. J. L. Andon und **J. D. Cox**, *Phasenbeziehungen in der Pyridinreihe.* 1. Mitt. *Die Mischbarkeit einiger Pyridinhomologe mit Wasser.* Untersucht wird die Mischbarkeit von *Pyridin* (**I**), *α-* (**II**), *β-* (**III**), *γ-Picolin* (**IV**), *2.4-* (**V**), *2.5-* (**VI**) u. *2.6-Lutidin* (**VII**) mit Wasser. **I**, **II**, **III** u. **IV** sind bei allen Tempp. unbegrenzt mit W. mischbar. Bei **II** u. **III** treten über einen schmalen Temperatur- u. Konzentrationsbereich (30% Lsg., 80 u. 110°) Opalescenzerscheinungen auf. **V**, **VI** u. **VII** zeigten ausgeprägte Mischungslücken; krit. Lösungsdaten: 23,4° (74,5% W.) u. 188,7° (63%) für **V**; 13,1° (73%) u.

206,9° (62%) für **VI** u. 34,0° (70%) u. 230,7° (59%) für **VII**. Das tern. Syst. **III–VII**–W. wird näher nach neuer Meth. untersucht u. das Phasendiagramm angegeben, die Ergebnisse auf das quaternäre Syst. **III–IV–VII**–W. ausgedehnt. (J. chem. Soc. [London] **1952.** 4601–06. Dez. Teddington, Middlesex, D. S. I. R., Chem. Res. Labor.)
v. SCHIESZL. D 224

J. D. Cox, *Phasenbeziehungen in der Pyridinreihe.* 2. Mitt. *Die Mischbarkeit einiger Pyridinhomologe mit Deuteriumoxyd.* (1. vgl. vorst. Ref.) Die Mischbarkeit von α- (**I**), β- (**II**), *γ-Picolin* (**III**) sowie von *2.4-* (**IV**), *2.5-* (**V**) u. *2.6-Lutidin* (**VI**) mit D_2O wird untersucht. **I** u. **II** zeigen Mischungslücken, **III** ist unbegrenzt mischbar, **IV**, **V** u. **VI** sind nur begrenzt mischbar. Die begrenzte Löslichkeit des **II** wird von Vff. verwendet, um die Konz. von D_2O–H_2O-Mischungen zu bestimmen. In einem Bereich von 20–100% D_2O besitzt die Meth. eine Genauigkeit von 0,4%, wenn die Temp. auf ±0,1° konstant ist. (J. chem. Soc. [London] **1952.** 4606–08. Dez.)
v. SCHIESZL. D 224

J. P. Cordner und **K. H. Pausacker,** *Die Oxydation von Glykolen mit Bleitetraacetat. Eine kinetische Untersuchung.* Vff. verfolgten jodometr. die Oxydation von *Äthylenglykol* (**I**, Kp. 177°, n_D^{19} 1,4289), *Propylenglykol* (**II**, Kp. 186°, n_D^{20} 1,4310), *Glycerin-α-monochlorhydrin* (**III**, Kp. 129°, n_D^{21} 1,4778), (±)-*Isobutyltartrat* (**IV**, F. 70°), *Pinakonhydrat* (**V**, F. 46°), *Pinakon* (**VI**, F. 40°), *Benzpinakon* (**VII**, F. 185°), *4.4'.4''.4'''-Tetramethoxy-* (**VIII**, F. 181°), *4.4'.4''.4'''-Tetrachlor-* (**IX**, F. 173°) u. *4.4'.4''.4'''-Tetramethylbenzpinakon* (**X**, F. 183°) bei 18, 25 u. 35° durch ca. 2,5–3,0·10^{-2} Mol Pb(IV)-Acetat (**XI**) in Essigsäure. Von **I–VI** wurden ca. 10^{-3} Mol, von **VII–X** ca. 2·10^{-2} Mol angewandt. Bei **VII–X** wurde ein Dreischenkelrohr benutzt. Ferner wurde der Einfl. des Wassergeh. (1–40 Mol-%) der Essigsäure auf die Rk. von **I** mit **XI** ebenfalls bei 18, 25 u. 35° untersucht. Die Rkk. sind 2. Ordnung, die Aktivierungsenergien E (in kcal) u. Stoßzahlen A wurden gefunden [in ( ) E, A·10^{-14}]: **I** (22,1; 17,1), **II** (22,1; 1,82), **III** (23,4; 6,55), **IV** (20,2; 38,2), **V** (23,2; 1,59), **VI** (22,7; 7,34), **VII** (13,6; 16,6), **VIII** (13,4; 43,2), **IX** (15,7; 3,30) u. **X** (15,3; 9,09); für die Rk. von **I** in wss. Essigsäure bei den Wassergehh. [in ( ) E in kcal, A]: 1 Mol-% (22,1; 1,73·10^{13}), 5 Mol-% (21,5; 1,42·10^{13}), 10 Mol-% (22,6; 7,75·10^{13}), 20 Mol-% (23,4; 4,71·10^{13}), 30 Mol-% (23,0; 3,24·10^{14}) u. 40 Mol-% (17,8; 9,20·10^{10}). Vff. diskutieren den von CRIEGEE, KRAFT u. RANK (Liebigs Ann. Chem. **507.** [1933.] 159) vorgeschlagenen Mechanismus, dessen 1. Stufe RR'COH·COHR''R''' + $Pb(OAc)_4$ ⇌ RR'C(OPb[$OAc]_3$)·COHR''R''' + AcOH (Ac = CH_3CO) dadurch gestützt wird, daß bei **VIII** u. **X** mit den elektronenabstoßenden Gruppen CH_3 u. OCH_3 die Rk. schneller, bei **IX** mit den elektronenanziehenden Cl-Substituenten aber langsamer ist als bei **VII**. — Diese 1. Stufe wird ebenso wie die 2., die zu RR'C(O·)·COHR''R''' + $Pb(OAc)_3$· führt, als schnell verlaufend angesehen. Als langsamer 3. Schritt folgt die Umsetzung zum Biradikal RR'C(O·)C(O·)R''R''' + $Pb(OAc)_2$ + AcOH, das schnell in 2 Moll. Keton bzw. Aldehyd übergeht. Stufe 3 u. der folgende Zerfall sind mit den von WATERS postulierten identisch. Im Gegensatz zu CRIEGEE nehmen Vff. eine homolyt. Spaltung an u. begründen diese Annahme ausführlich. Die von CRIEGEE, BÜCHNER u. WALTHER (Ber. dtsch. chem. Ges. **73.** [1940.] 563) gefundene Zunahme der Oxydationsgeschwindigkeit mit der Ringgröße cycl. Pinakone ist nach Vff. leicht durch die Annahme zu erklären, daß die erste homolyt. Spaltung leichter eintritt, wenn die Ringe groß genug sind, um die beteiligten Bindungen zu spannen. Die gleiche Erklärung gilt auch für die hier beobachtete Abnahme von E u. A bei aromat. Glykolen verglichen mit aliphatischen. Die Tatsache, daß cis- schneller als trans-Glykole reagieren, wird damit begründet, daß bei cis-Verbb. intramol. (ein beteiligtes H), bei trans-Verbb. jedoch intermol. H-Bindungen (zwei beteiligte H) auftreten (vgl. nachst. Ref.). Das Anwachsen von E u. A bis zu Gehh. von 25 Mol-% W. in Essigsäure, wird durch die Änderung der DK. gedeutet. Bei höheren Gehh. verdrängt W. die Essigsäure aus dem Solvatisierungsraum, was mit einer Abnahme von E u. A verbunden sein soll. Das steht im Gegensatz zur Annahme von CRIEGEE u. BÜCHNER, daß nascierendes PbO_2 das oxydierende Agens ist. (J. chem. Soc. [London] **1953.** 102–06. Jan. Melbourne, Victoria, Univ.) GNAUCK. D 225

K. H. Pausacker, *Die Oxydation von Glykolen durch Aryljodosoacetate. Eine kinetische Untersuchung.* 1. Mitt. *über Oxydationen mit Phenyljodosoacetat.* (Vgl. vorst. Ref.) Vf. verfolgte jodometr. die Oxydation von *Isohydrobenzoin* (F. 134°, Darst. durch katalyt. Red. von Benzoin) durch 0,02mol. Lsgg. von *Phenyljodosoacetat* (**I**, F. 158°), *p-* (**II**, F. 104°) u. *m-Tolyl-* (**III**, F. 154°), *p-* (**IV**, F. 104°) u. *m-Chlorphenyl-* (**V**, F. 154°), sowie *m-Nitrophenyljodosoacetat* (**VI**, F. 155°) in Essigsäure zwischen ca. 25–53°. Die Rk. ist 2. Ordnung u. ergab folgende Aktivierungsenergien E (kcal) u. Stoßzahlen A [in ( ) E, A·10^{-13}]: **I** (21,3; 33,9), **II** (21,6; 36,3), **III** (21,3; 26,3), **IV** (21,6; 1,48),

V (22,0; 4,17) u. VI (20,5; 93,3), wobei, verglichen mit dem unsubstituierten I, elektronenanziehende Gruppen die Reaktionsgeschwindigkeit erhöhen, elektronenabstoßende aber erniedrigen u. die HAMMETTsche Gleichung erfüllt ist. Als 1. Stufe der Rk. wird in Übereinstimmung mit dem Mechanismus der Oxydation mit Pb(IV)-Acetat (l. c.) $(AcO)_2JAr + ROH \rightleftharpoons AcOJ(OR)Ar + AcOH$ (Ac = Acetyl, Ar = Aryl) angenommen. Wie NEU (Ber. dtsch. chem. Ges. **72.** [1939.] 1507) fand auch Vf., daß I viele prim. aromat. Amine in die entsprechenden Azobenzole umwandelt, wofür ein der Glykoloxydation völlig analoger Mechanismus vorgeschlagen wird. Vorverss. über die Einw. von I auf Phenole bei n. Temp. zeigten, daß in Bzl. *m-* u. *p-Nitrophenol* schnell, nicht aber die *o-Verb.* oxydiert werden, bei der allein wahrscheinlich im unpolaren Bzl. die OH-Gruppe durch intramol. H-Brückenbindungen blockiert ist. Vf. fand ferner, daß Phenyljodosoacetate *Isopropanol, A.* u. *Methanol,* nicht aber tert.-Butanol angreifen. — **I,** aus 30%ig. H_2O_2 u. Acetanhydrid, 4 Std. bei 40° Rühren, Zugabe von Jodbenzol 1 Nacht Stehen. — **II—VI,** aus den entsprechenden Aryljodiden, über die Joddichloride, Hydrolyse zur Jodosoverb. u. Einw. von Essigsäure. (J. chem. Soc. [London] **1953.** 107—09. Jan.) GNAUCK. D 225

W. J. Svirbely und **James F. Roth,** *Carbonylreaktionen.* 1. Mitt. *Die Kinetik der Cyanhydrinbildung in wässeriger Lösung.* Die Kinetik der Bldg. der Cyanhydrine von *Acetaldehyd* (I), *Propionaldehyd* (II) u. *Aceton* (III) wurde in wss. Lsg. bei 25° titrimetr. untersucht. Die Messungen wurden in Acetatpufferlsgg. durchgeführt, um den Einfl. der Ionenstärke, des p_H u. der Pufferzus. zu klären. Es ergab sich, daß die Rkk. mit HCN nach der 2. Ordnung verlaufen. In ungepufferten wss. Lsgg. ist die Reaktionsgeschwindigkeit nicht reproduzierbar, was auf Ggw. geringer Mengen von Propionsäure, die durch Oxydation des Aldehyds gebildet wurde, zurückgeführt wird. Die Rkk. waren auch hier 2. Ordnung. Der Einfl. der Ionenstärke ist klein. Die Geschwindigkeitskonstanten der Rkk. von I u. III waren konstant, die von II jedoch nicht, sie fielen mit der Zus. des Puffers, hier liegt offenbar allg. Säurekatalyse vor. I u. II reagieren im Gegensatz zu III mit HCN schnell u. quantitativ. Für die Bldg. von Acetoncyanhydrin in verd. wss. Lsg. wurde die Gleichgewichtskonstante 13,97 gefunden (vgl. dagegen JONES [1914] u. STEWART, J. Amer. chem. Soc. **62.** [1940.] 3281). Für Additionen an Carbonylgruppen nehmen Vff. folgenden Mechanismus an (HA Säure; B nucleophiles Reagens): $>C{=}O + HA \rightleftharpoons >C{=}O \cdots HA, >C{=}O \cdots HA + B \rightarrow >COH(B) + A^-$, wobei die erste Stufe schnell, die zweite langsam verläuft. Der Mechanismus von LAPWORTH [1904] wird verworfen. (J. Amer. chem. Soc. **75.** 3106—11. 5/7. 1953. College Park, Md., Univ. of Maryland, Chem. Dep.) CLEVE. D 225

Massimo Simonetta und **Giorgio Favini,** *Über die Kinetik der Reaktion zwischen 1-Chlor-2-nitroäthan und Wasser.* 1. Mitt. Aus Nitroäthanol u. $SOCl_2$ dargestelltes *1-Chlor-2-nitroäthan* (I, $Kp._{20}$ 78—79°) wird in *Dioxan* (II) u. in *Ameisensäure* (III) mit W. umgesetzt. Die in II + W. 1 : 1 bei 60—75°, in II + W. 2 : 1 bei 50—70°, in II + W. 5 : 1 bei 60—80° durchgeführten Unterss. werden in Tabellen u. graph. mitgeteilt. Die Aktivierungsenergie der Rk. $CH_2Cl-CH_2NO_2 + H_2O = CH_2OH-CH_2NO_2 + H^+ + Cl^-$ ergibt sich für diese 3 Mischungsverhältnisse zu 18520, 14860 u. 15100 cal/Mol. Bldg. von *Nitroäthylen* (IV) als Nebenprod. erfolgt nicht. Auch eine Umkehrung der Rk. findet nur in prakt. unbedeutendem Umfang statt. Die Unterss. in III mit III : W. = 2 : 1 bei 50—70° u. mit III : W. = 5 : 1 bei 60—70° ergeben die Aktivierungsenergien 17230 bzw. 13260 cal/Mol. Die Hydrolyse des I ist eine Rk. erster Ordnung. Bei Verss. in II unter Zusatz von KOH fällt nach Ansäuern ein weißer Nd. aus, der auch in CCl_4 wenig lösl. ist, vermutlich IV-Polymeres, auch die Lsg. enthält ungesätt. Substanzen, wahrscheinlich IV. (Atti Accad. naz. Lincei, Rend., Cl. Sci. fisiche, mat. natur. [8] **14.** 119—27. Jan. 1953. Milano, Univ., Ist. di Chim. ind., u. Politecn., Ist. di Chim. gen.) R. K. MÜLLER. D 225

G. D. Leahy und **J. Miller,** *Das Reagens bei aromatischer nucleophiler Substitution.* (Vorl. Mitt.) Als Ergebnis einer eingehenden Unters. über die Rolle des Reagens bei der aromat. nucleophilen Substitution berichten Vff. über Messungen der Geschwindigkeitskonstanten k des Angriffes von CH_3O^-, $(CH_3)_2C{=}NO^-$, $C_6H_5O^-$ sowie von m- u. p-$NO_2C_6H_4O^-$-Ionen in CH_3OH auf *1-Chlor-2.4-dinitrobenzol* (I) u. zeigen, daß zwischen der Basizität u. k eine Parallelität besteht, die sich auch auf den log des Häufigkeitsfaktors A erstreckt sowie invers auf die Aktivierungsenergie E. Bei Verss. mit elektr. neutralen Basen zeigt sich, daß z. B. beim *Pyridin* der Angriff auf I langsamer erfolgt als bei der schwächeren Base *Anilin.* E- u. A-Werte in der obigen Reihenfolge der Reagentien: 17,4 [kcal/Mol], 11,2; 16,9, 10,8; 18,6, 11,0; 19,6, 10,4; 20,7, 9,8. (Chem. and Ind. **1953.** 40. 10/1. Nedlands, W. Australia, Univ., Chem. Dep.) NIEMITZ. D 225

J. Miller, *Das Lösungsmittel bei aromatischer nucleophiler Substitution.* Als vorbereitenden Test für eine eingehende Unters. über Lösungsmitteleinflüsse bestimmt

Vf. die Geschwindigkeitskonstante k_2 des Angriffes der Ionen CH_3O^- des CH_3OH u. OH^- des W. auf *4-Chlor-3.5-dinitrobenzoesäure* bei 30° (9,70·10^{-2}; 1,28·10^{-2}) u. bestätigt das theoret. in Richtung u. ungefährer Größe vorausgesagte Ergebnis, daß k in dem stärker ionisierenden W. kleiner ist als in dem schwächer ionisierenden CH_3OH. (Chem. and Ind. **1953.** 40. 10/1. Nedlands, W. Australia, Univ., Chem. Dep.) NIEMITZ. D 225

J. Dallemagne und **J. Martinet,** *Bemerkungen über die Herstellung von Chromonen und Cumarinen aus Phenolen und Ketoestern.* Wird ein β-Ketoester (I) mit einem Phenol (II) in Ggw. eines Kondensationsmittels (III) zur Rk. gebracht, dann entsteht, abhängig von der Art von **I**, **II** u. **III**, ein Cumarin (**IV**) oder ein Chromon (**V**). Nach Ansicht der Vff. läßt sich die Reaktionsrichtung, die bisher nicht klar war, mit Hilfe moderner Anschauungen voraussehen. — Die **I** sind wegen des Ketosauerstoffs, an den sich noch **III** anlagert, elektrophil, im Gegensatz zu **II**. **I** u. **II** werden sich zuerst an den günstigsten Punkten vereinigen, um einen intermediären Körper **A** zu bilden, der sich erst zu stabileren Prodd. umlagern wird. Dieser Körper **A** kann entweder durch Dehydratation in **B** oder durch Umlagerung in **C** übergehen. Überwiegt die Geschwindigkeit der Dehydratation, dann gelangt man zu **V**, überwiegt die Umlagerung, dann zu **IV**. Wird also die Wasserabspaltung begünstigt (Abspaltung des H aus dem Hydroxyl des **II** u. des OH aus der COH-Gruppe des **I**), dann entstehen **V**, wie auch bei Ggw. elektronenanziehender Gruppen (NO_2, Halogen) in **II** u. elektronenabstoßender in α-Stellung von **I**. — Hingegen werden CH_3-, CH_3O-, OH-Gruppen im **II** u. α-halogenierte oder arylierte **I** die Bldg. von **IV** begünstigen. — In dieser Richtung werden zahlreiche Beispiele angeführt. Die Wrkg. von **III** ist nur hinsichtlich der wasserentziehenden Wrkg. (P_2O_5) klar, welche **V** begünstigt, während verdünntere H_2SO_4 (75%ig) zur Gewinnung von **IV** geeignet ist. (Bull. Soc. chim. France, Mém. [5] **17.** 1132—33. Nov./Dez. 1950.) ROTTER. D 225

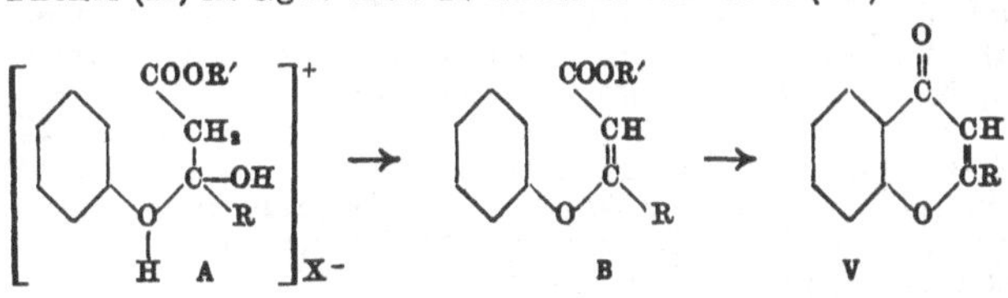

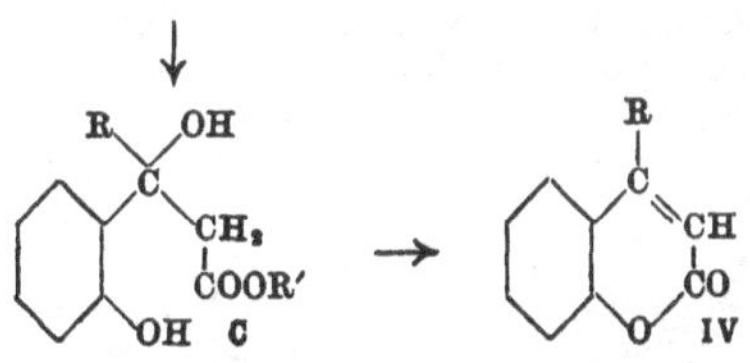

A. D. Stepuchowitsch, *Kinetik des Kettenzerfalls von Paraffin-Kohlenwasserstoffen in Gegenwart von Verzögerern.* Ausgehend von seinen früheren Gleichungen (C. **1951.** I. 2138) für den therm. Zerfall gasförmiger Paraffine in Ggw. von Inhibitoren mit einer Doppelbindung, leitet Vf. Gleichungen für die Zerfallsgeschwindigkeit W der KW-stoffe ab, wenn der Zerfall unter Teilnahme von Radikalen unter realen Voraussetzungen stattfindet. Es ergibt sich eine umgekehrte Proportionalität zwischen W u. der Konz. des Inhibitors. Da die Koeffizienten sehr empfindlich gegenüber der Druckänderung der Ausgangs-KW-stoffe sind, ist ein Vgl. der Versuchswerte über den hemmenden Einfl. von Zusätzen nur bei genau festgelegtem Anfangsdruck des KW-stoffs möglich. Die Verss. müssen bei konstantem Druck des sich spaltenden KW-stoffs erfolgen. (Доклады Академии Наук СССР [Ber. Akad. Wiss. UdSSR] [N. S.] **89.** 889—92. 11/4. 1953. Saratow, Tschernyschewski-Univ.) LEBTAG. D 225

V. V. Koršak (W. W. Korschak), *Die Bedeutung destruktiver Prozesse bei Polykondensationsreaktionen.* Es wird der Abbau von Polyamiden, Phenol- u. Harnstoffkondensationsprodd. durch Acidolyse, Aminolyse, Alkoholyse, Formolyse, Phenolyse sowie durch Prodd. der Polykondensation selbst, die zu analogen Rkk. führt, behandelt. (Chem. Průmysl **2** (27). 138—40. 1952.) FREYTAG. D 225

Alexander Schönberg, *Die Bildung von Peroxyden im Licht.* Übersichtsvortrag über die verschied. Arten von Photoperoxyden, ihre Darstellungsmethoden u. Reaktionen. — 132 Literaturhinweise. (Inst. int. Chim. Solvay, Cons. Chim. **8.** 217—59. 1951. Kairo, Fuad I Univ., Dep. of Chem.) G. WINKLER. D 226

G. W. Recktenwald, J. N. Pitts jr. und **R. L. Letsinger,** *Die Struktur eines Photodimeren von Dibenzalaceton.* Bei Bestrahlung von Dibenzalaceton (I) mit UV-Licht in Isopropanol–Bzl.-Lsg. wurde in 30%ig. Ausbeute *1.2-Diphenyl-3.4-dicinnamoylcyclobutan* (**II**) erhalten, dessen Struktur durch Oxydation mit $KMnO_4$ zu δ-Truxinsäure bewiesen wurde. Vff. nehmen an, daß die durch Einw. von Sonnenlicht auf **I** von CIAMICIAN u. SILBER [1909] erhaltene Substanz ident. mit **II** ist. — **II**, $C_{34}H_{28}O_2$,

F. 139,5—140° (A.), durch 98std. UV-Bestrahlung der I–Bzl.-Lsg. in N_2-Atmosphäre bei 25°. — *δ-Truxinsäure*, $C_{18}H_{16}O_4$, F. 174—175°, aus II u. Zugabe heißer, neutraler $KMnO_4$-Lsg., 3 Std. am Rückfluß. (J. Amer. chem. Soc. **75**. 3028—29. 20/6. 1953. Evanston, Ill., Northwestern Univ., Dep. of Chem.) GNAUCK. D 226

R. D. Obolenzew und **N. N. Grjasew**, *Umwandlungen von Äthylenglykol, Diäthylenglykol, Dioxan und Äthylenacetal in Gegenwart von Aluminiumsilicatkatalysatoren.* Es wurden die Rkk. von Äthylenglykol (**I**), Diäthylenglykol (**II**), 1.4-Dioxan (**III**) u. Äthylenacetal (**IV**) am Aluminiumsilicatkontakt untersucht. Die Verss. wurden bei 250, 300, 350 u. 400° u. gewöhnlichem Druck im Strömungssyst. durchgeführt. Der Katalysator war ein synthet. Präparat. Die Umwandlungen erfolgten in der Reihenfolge **I** → **II** → **III** → **IV**. Alle auftretenden Prodd. wurden isoliert. Die Isomerisations-Rk. **III** → **IV** ist reversibel. Neben dem Isomerisationsprod. traten in beträchtlicher Menge Zerfallsprodd. auf. Aus **IV** entstanden *Essigsäure* (**V**) u. C_2H_4; aus **III** oder **IV** wurde *Acetaldehyd* (*Paraldehyd*) (**VI**) gebildet. Äthylenoxyd entstand nicht. Weitere Rkk. sind der Zerfall von **VI** in CH_4 u. *CO*, der Zerfall von **V**, Disproportionierungen u. andere. Starke Koksbldg. trat bei **IV** auf. Die von JURJEW, NOWITZKI u. KUCHARSKAJA (Доклады Академии Наук СССР [Ber. Akad. Wiss. UdSSR] [N. S.] **68**. [1949.] 541) festgestellte Bldg. von **III** aus **II** an Aluminiumsilicat schon bei 200° mit 88,5%ig. Ausbeute konnte bei dem benutzten Katalysator nicht bestätigt werden; es entstanden nur geringe Mengen **VI**. (Доклады Академии Наук СССР [Ber. Akad. Wiss. UdSSR] [N. S.] **73**. 319—22. 11/7. 1950. Saratow, Tschernyschewski-Univ., Wiss. Forschungsinst. für Chemie.) G. FROELICH. D 227

David M. Clarke, Fr. Timothy J. O'Leary und **J. V. Karabinos**, *Verhalten von 2-Amino-2-methylpropanol-(1)-Dampf über Aluminiumoxyd als Katalysator.* Vff. untersuchen die Zus. der Reaktionsprodd., die beim Überleiten von *2-Amino-2-methylpropanol-(1)* bei 300° über aktiviertes Al_2O_3 gebildet werden. Unter den angewandten Bedingungen verlaufen Desaminierung, Aminierung, Dehydrierung, Hydrierung u. Dehydratation nebeneinander. Ein Mechanismus für die Entstehung der verschied. Prodd. wird diskutiert.

Versuche: *2-Amino-2-methylpropanol-(1)*, Kp. 164—166°. — Durch Überleiten bei 300° über aktiviertes Al_2O_3 werden aus 500 g folgende Prodd. erhalten: NH_3. — *Isobutylenimin*, Kp. 78—80°, n_D^{20} 1,4020, 135 g; liefert durch Hydrolyse *Isobutyraldehyd, 2.4-Dinitrophenylhydrazon*, F. 179° ($CHCl_3$); liefert bei der Hydrierung mit Ni bei 130° u. 800 lbs./sq.in. *Isobutylamin*, Kp. 70°, $D.^{24}_4$ 0,7343, n_D^{20} 1,3970; 85% (Ausbeute), *N-Isobutylbenzolsulfonamid*, F. 54°. — *Isobutylidenisobutylamin*, $C_8H_{17}N$, Kp. 129°, n_D^{20} 1,4134; 50 g. — *Diisobutylamin*, Kp. 142°; 43 g; *Benzolsulfonylderiv.*, F. 55°, *Phenylthioharnstoffderiv.*, F. 114°, *Oxalat*, F. 244°. — *2.2.5.5-Tetramethyl-3.6-dioxypiperazin* [*dimeres 2-Amino-2-methylpropanal-(1)*], $C_8H_{18}O_2N_2$, F. 86°; 11 g; entwickelt mit verd. Säuren ein Gas, vermutlich CO. (J. Amer. chem. Soc. **74**. 5587—88. 20/11. 1952. Spokane, Wash., Univ.; Lisle, Ill., St. Procopius Coll., Dep. of Chem.) G. WINKLER. D 227

Monte Blau und **John E. Willard**, *Friedel-Crafts-Reaktionen zwischen gasförmigem Benzol und Chloräthan an festem Aluminiumchlorid.* Gasförmiges Bzl. u. Chloräthan (**I**) reagieren in Ggw. von $AlCl_3$ (**II**) bei 0 bzw. 25° u. wenigen mm Druck; sie ergeben neben *Äthylbenzol* (**III**) auch höher alkylierte Aromaten in wechselnden Ausbeuten zwischen 3 u. 30%. Vff. bestimmen den Einfl. von Druck, Temp. u. Beschaffenheit von **II** auf die Rk. u. kommen zu halbquantitativen Aussagen über Reaktionsverhältnisse u. Reaktionsgeschwindigkeiten v: Es besteht eine Abhängigkeit der v sowohl vom Partialdruck des Bzl. als auch vom **I**-Partialdruck; es treten stets polyalkylierte Prodd. auf (durch erhöhte v des gebildeten **III** oder erhöhte Konz. des **III** an der **II**-Oberfläche); die Aktivierungsenergie der Rk. liegt bei den angewandten Bedingungen bei ca. 4 kcal/Mol. **II** bildet fl. Komplexe mit höher alkylierten Benzolen, seine Oberfläche zeigt unter noch nicht näher bestimmten Bedingungen eine anomale Aktivität, die zu einer starken Erhöhung der Ausbeuten führt. — Benzoldampf u. Äthylen reagieren unter gleichen Bedingungen nicht miteinander, in Ggw. von HCl in der Gasphase finden Vff. fast die gleichen Endprodd. wie bei obigen Versuchen. — Die Rk. wurde meist diskontinuierlich bei durchschnittlich 3 mm Partialdruck der Reaktionsteilnehmer, Reaktionsdauer 2 Min., durchgeführt. Die Reaktionsprodd. wurden analysiert: a) durch jodometr. Best. der gebildeten HCl, b) unter Benutzung von ^{14}C-markiertem Bzl. durch Messung der Aktivität der verschied. Anteile des fraktionierten Reaktionsgemisches, c) durch Infrarotanalyse (nur Schätzung der verschied. Anteile, da neben Bzl., Äthylbenzol u. höher alkylierten Prodd. auch Absorptionsbanden auftreten, die unbekannten Reaktionsprodd. zuzuordnen sind). (J. Amer. chem. Soc. **75**. 3330—33. 20/7. 1953. Madison, Wis., Univ., Dep. of Chem.) SCHÖNEWALD. D 227

D_2. Präparative organische Chemie. Naturstoffe.

E. Gryszkiewicz-Trochimowski und **O. Gryszkiewicz-Trochimowski**, *Über einige aliphatische Fluorverbindungen.* 6. Mitt. (5. vgl. C. **1950.** II. 1107.) Durch Umsetzung von Tetra-[brommethyl]-methan (I) in Diglykollsg. mit KF erhält man das in mehreren Modifikationen existierende *Tetra-[fluormethyl]-methan* (II), $C(CH_2F)_4$. Dagegen gibt das Tribromhydrin des Pentaerythrits (III) nicht die entsprechende Trifluorverb., sondern die aus dieser durch Abspaltung von HF u. H_2CO entstandenen Verbb. *3-Fluor-2-[fluormethyl]-propen-(1)* (IV) u. *3.3-Di-[fluormethyl]-trimethylenoxyd* (V). — II ist eine farblose, sehr flüchtige, CBr_4 ähnlich riechende Substanz, leicht lösl. in den meisten gebräuchlichen Lösungsmitteln, wenig lösl. in Petroläther. Es läßt sich nicht pulverisieren. Die Dämpfe brennen an der Luft mit grüner Flamme. Bei der Sublimation gibt es feine Nadeln, die sich schnell in rhomb. Prismen umwandeln u. schließlich zu einer halbdurchsichtigen M. von campherähnlicher Konsistenz zerfließen; im Einschlußrohr wird diese M. vollständig durchsichtig. IV u. V sind in W. unlösl., mit organ. Lösungsmitteln mischbar. IV hat einen dem Methylenchlorid ähnlichen Geruch.

V e r s u c h e: *Tetra-[fluormethyl]-methan* (II), $C_5H_8F_4$, Kp.$_{760}$ 110—110,2° (korr.), F. 92°, $n_D^{28,9}$ (einer 43,13%ig. Lsg. in Toluol) 1,4414, Mol.-Refr. $[MR]_D$ 24,91; durch 3std. Erhitzen von 250 g I, 232 g getrocknetem u. pulverisiertem KF (50% Überschuß) u. 400 cm³ Diglykol im Ölbad unter kräftigem Rühren auf 175—180° u. zuletzt auf 200—210° unter Abdest. des Prod.; 57—60% (Ausbeute). — Gibt man in ein auf 160—170° erwärmtes Gemisch von 105 g KF u. 100 cm³ Diglykol unter kräftigem Rühren tropfenweise eine Lsg. von 97,5 g III in 100 cm³ Diglykol u. dest. 12—15 g des Prod. ab, so gibt dieses nach Waschen mit W., Trocknen mit Na_2SO_4 u. Dest. zwei Fraktionen: 3—4 g *3-Fluor-2-[fluormethyl]-propen-(1)* (IV), $C_4H_6F_2$, Kp.$_{760}$ 61,4 bis 61,6°, $D.^{21,2}_4$ 1,0217, $n_D^{21,2}$ 1,3621, $[MR]_D$ 19,98, u. 5—8 g V, $C_5H_8OF_2$, Kp.$_{760}$ 141 bis 142°, F. zwischen 13 u. 15°, $D.^{25}_4$ 1,2000, n_D^{25} 1,3980, $[MR]_D$ 24,53. (Bull. Soc. chim. France, Mém. [5] **20.** 123—24. Jan. 1953. Bouchet, S. et O., Centre d'Étude.) FORCHE. 510

Joan Bañus, *Perfluoralkylnitrosoverbindungen.* Durch Bestrahlung von gasförmigen Gemischen aus *Perfluor-n-propyljodid* u. NO (geringer Überschuß) in Ggw. von Hg in einem Quarzgefäß mit UV-Licht wurde *Perfluor-1-nitrosopropan*, C_3ONF_7 mit 80%ig. Ausbeute dargestellt. Die Verb. ist im gasförmigen u. fl. Zustand tiefblau, im festen Zustand nahezu purpurfarben. Die blaue Farbe des Gases rührt von einer sehr schwachen Absorptionsbande bei 6840 Å mit ε_{max} 19,0 her. Intensivere Absorption beginnt bei 2400 Å. Die fl. Verb. ist diamagnetisch. Der Dampfdruck wird durch die Gleichung $\log P\,(mm) = 9{,}053 - 1{,}593/T$ wiedergegeben. Hieraus berechnete sich der Kp. zu —14,5°. F. —151°; Verdampfungswärme beim Kp. 7270 cal; TROUTONsche Konstante 28. — Die Perfluoralkylnitrosoverbb. sind im Gegensatz zu den Alkylnitrosoverbb. stabil. Die Dimerisierung u. Isomerisierung zum Aldoxim wird durch die elektronegative Perfluoralkylgruppe verhindert. (Nature [London] **171.** 173—74. 24/1. 1953. London, Univ. Coll., Dep. of Chem.) FORCHE. 510

A. T. Blomquist und **Jerome C. Westfahl**, *2-Neopentylbutadien-(1.3). Darstellung und Strukturbeweis.* Bei der Kondensation käuflicher Diisobutylene [Gemisch aus 2.4.4-Trimethylpenten-(1) u. -(2)] mit Paraformaldehyd u. Eisessig entstanden *isomere Nonenylacetate* (I), die bei der therm. Zers. neben *Diisobutylen*, Essigsäure u. Formaldehyd *2-Neopentylbutadien-(1.3)* (II) ergaben, dessen Struktur aufgeklärt wurde. Das Vorhandensein einer Alkylgruppe in 2-Stellung der 1.3-Butadienkette konnte bewiesen werden durch die Umsetzung von II mit Maleinsäureanhydrid zu *4-Neopentyl-Δ^4-cyclohexendicarbonsäure-(1.2)-anhydrid* (III), das nach Aromatisierung u. Hydrolyse zu *Trimellitsäure* abgebaut wurde. Durch Oxydation des Diens zu *tert.-Butylessigsäure* wurde das Vorhandensein einer Neopentylgruppe bestätigt.

V e r s u c h e (FF. korr.): *Isomere Nonenylacetate* (I), Kp.$_{10}$ 78—85,5°, n_D^{20} 1,442 bis 1,444, durch 30std. Erhitzen einer käuflichen Mischung Diisobutylen mit Paraformaldehyd u. Eisessig unter Schütteln in einer Bombe; 60% (Ausbeute). *2-Neopentylbutadien-(1.3)* (II), C_9H_{16}, Kp.$_{87}$ 61—63°, n_D^{20} 1,4431, $D.^{20}_4$ 0,755, Durchleiten von 500 g I u. CO_2 durch ein vertikales Pyrexrohr bei 475°, Abfiltrieren von Paraformaldehyd aus der aufgefangenen gelben Fl. durch Eiskühlung, Zufügen von Hydrochinon zum Filtrat u. Dest. bei 52°/50 mm: 198 g eines Gemisches von Essigsäure u. KW-stoffen neben 207 g I. Nach Reinigung u. fraktionierter Dest. der Essigsäurefraktion 66,4 g II. Nochmaliges Erhitzen der 207 g I ergab neben 118 g Ausgangsmaterial 25,1 g Ausbeute. — *Diisobutylen*, C_8H_{16}, Kp. 99—99,6°, n_D^{20} 1,4100, $D.^{20}_4$ 0,717, entstand bei der Darst. vorst. Verb. bei der 1. therm. Zersetzung. — *4-Neopentyl-Δ^4-cyclohexendicarbonsäure-(1.2)-anhydrid* (III), $C_{13}H_{18}O_3$, F. 114,4—114,9° (Bzl./Hexan), aus II u. Maleinsäureanhydrid in Bzl., nach 20 Min. Kühlen 2 Std. Kochen; 99,7%. — *4-Neopentyl-Δ^4-cyclohexendicarbonsäure-(1.2)*, $C_{13}H_{20}O_4$, F. 150,4—151,5° (Essigsäure/H_2O), durch Verseifung von **III** mit wss. NaOH. *N-Phenylimid*, F. 129,1—130,1° (A./H_2O). — *4-Neopentylbenzoldicarbonsäure-(1.2)* (**IV**), $C_{13}H_{16}O_4$, F. 153,2—154,7°, a) durch Rückflußkochen von **III** in p-Cymol mit 30%ig. Pd-Kohle, bis 86,6% der berechneten H_2-Menge entwichen war (nach 7,5 Std.), Filtrieren, mit NaOH Kochen, p-Cymol mit H_2O-Dampf Abdest. u. nach Ansäuern mit Ae. Extrahieren, Nadeln aus Bzl./Hexan; 98,6%; b) durch 1,5std. Erhitzen von **III** mit S-Blüte u. Dest. der Mischung bei 165 bis 170°/0,1—1,0 mm, Lösen des erhaltenen Anhydrids von **IV** in KOH, Behandeln mit wss. $KMnO_4$, anschließend mit Bisulfit u. Extrahieren nach Ansäuern mit Ae.; 68%. *Anhydrid*, $C_{13}H_{14}O_3$, F. 62,7—63,7° (PAe.), durch Rückflußkochen von **IV** mit Acetylchlorid u. Dest.; 90%. *N-Phenylimid*, $C_{19}H_{19}O_2N$, F. 174,2—175°. — *4-Neopentylcyclohexandicarbonsäure-(1.2)*, $C_{13}H_{22}O_4$, F. 206,1—206,6°, als Nebenprod. bei der Darst. vorst. Säure. *N-Phenylimid*, $C_{19}H_{25}O_2N$, F. 124,4—124,9°. *Anhydrid*, $C_{13}H_{20}O_3$, F. 75,8 bis 76,3° (PAe.). — *Pivalophenondicarbonsäure-(3.4)* (**V**), $C_{13}H_{14}O_5$, F. 113,8—115,4° (Bzl./Hexan), F. 101,9—102,9° (H_2O), durch 3std. Kochen von **IV** mit $KMnO_4$ in wss. Lsg., die 1 cm³ überschüssiges NaOH enthält. Nadeln aus Bzl. durch Ausfällen mit Hexan; 86%. *N-Phenylimid*, $C_{19}H_{17}O_3N$, F. 152,2—152,7°. *Oxim des N-Phenylimids* (**VI**), $C_{19}H_{18}O_3N_2$, F. 198,3° (A./H_2O). — *N-Phenyl-4-cyan-1.2-benzoldicarboximid* (**VII**), $C_{15}H_8O_2N_2$, F. 215,5—216° (unkorr.), durch 2std. Kochen von **VI** mit PCl_5 in Bzl., benzol. Lsg. mit wss. K_2CO_3 behandeln u. nach Einengen mit PAe. ausfällen, gelbe Kristalle; 60%. — *Trimellitsäure* (**VIII**), F. 211—214°, bei der Hydrolyse von **VII** mit alkoh. KOH neben NH_3 u. Anilin. *Anhydrid*, F. 166,8—167,9° (Toluol), durch Sublimation von **VIII** bei 12 mm u. 200—220°. — *tert.-Butylessigsäure*, Kp. 170—185°, durch Oxydation von **II** in wss. Lsg. mit $KMnO_4$; 15%. *Amid*, F. 129,6—130,6°. *Anilid*, F. 130,7—131,7°. *p-Bromphenacylester*, F. 81,6—82,1°. (J. Amer. chem. Soc. **74**. 4073—76. 20/8. 1952. Ithaca, N. Y., Cornell Univ., Baker Labor. of Chem.) Franck. 520

Alexandre Halasz, *Dehydrierung von Laurylalkohol in flüssiger Phase.* Bei der katalyt. Dehydrierung von Alkoholen in fl. Phase zu den entsprechenden Aldehyden tritt als störende Neben-Rk. die Zers. des gebildeten Aldehyds ein. Nach Vf. kann diese unterdrückt werden, wenn die Rk. nach gewisser Zeit abgebrochen wird. Bei der Dehydrierung von Dodecanol (**I**) mit einem 5%ig. Cu-Chromitkatalysator bei 250° liegt das Optimum bei einer Reaktionsdauer von 30 Min. bei 34% Ausbeute an *Laurinaldehyd* neben 65% zurückerhaltenem **I**. (Canad. J. Chem. **31**. 297. März 1953. Montreal, Que., Univ.) G. Winkler. 560

A. Carayon-Gentil, *Zur Darstellung von 1.2;5.6-Diaceton-d-mannit.* Die Meth. zur Darst. von *1.2;5.6-Diaceton-d-mannit* (**I**) nach Fischer u. Baer (J. biol. Chemistry **128**. [1939.] 463) wird dahingehend verbessert, daß die Ae.–Aceton-Lsg. von **I** vor dessen Extraktion zur Entfernung des bei der Rk. gebildeten W. 2mal mit K_2CO_3 behandelt wird. Die benzol. Lsg. des Rohprod. wird nach Abfiltrieren von ca. 3% *Monoaceton-d-mannit* mit PAe. versetzt, wobei **I** auskrist.; Ausbeute 70%. (Bull. Soc. Chim. biol. **34**. 617—18. 1952. Paris, Fac. de Méd., Labor. de Pharmacol.) Krusen. 580

Walter Ciusa und **Giuseppe Adamo**, *Herstellung des Diacetyls im Laboratorium.* Da *Brenztraubensäure* (**I**) das Oximradikal besser aus *Diacetylmonoxim* (**II**) verdrängt als der bisher benutzte Formaldehyd, wurde folgendes Verf. ausgearbeitet: 2 g-Mol **II** + 3 g-Mol **I** werden mit 300 cm³ W. verd., der Nd. abfiltriert, das Filtrat so lange dest., bis das Destillat (ca. 250 cm³) sich zu verfärben anfängt. Nach 1 Std. im Scheidetrichter wird die untere wss. Schicht abgetrennt u. über Na_2SO_4 destilliert. Die vereinigten Fraktionen ergeben nach Dest. über $CaCl_2$ 148 g Diacetyl (86% Ausbeute, bezogen auf **II**). In anderen Fällen wurden 92% Ausbeute erreicht. (Ann. Chimica **41**. 290—92. April/Mai 1951. Bari, Univ., Ist. Merceol.) Metzener. 720

E. Gryszkiewicz-Trochimowski, **O. Gryszkiewicz-Trochimowski** und **Robert Lévy**, *Untersuchungen über organische Verbindungen der aliphatischen Reihe.* 7. Mitt. *Die Darstellung von Monofluoressigsäure und einigen ihrer Abkömmlinge.* (6. vgl. C. **1953**. **8049**.) In Chloressigsäurephenylester läßt sich das Cl-Atom nicht mit KF bei 180° gegen F austauschen; man erhält K-Phenolat u. teerige Prodd., hauptsächlich Phenoxyessigsäurephenylester. Dagegen ist der aus Chloracetylchlorid u. Cyclohexanol ohne Lösungsm. bei 100—120° mit 95%ig. Ausbeute erhältliche *Chloressigsäurecyclohexylester* ($Kp._{11}$ 101—102°) so temperaturbeständig, daß er sich mit KF durch 20std. Kochen am Rückflußkühler zu *Fluoressigsäurecyclohexylester* (**II**) umsetzen läßt. Die Reinigung des Prod. erfordert mehrere fraktionierte Destillationen, so daß die Ausbeute an Reinprod. nur 30—35% beträgt. Wenn man aber von *Bromessigsäurecyclohexyl-*

ester (I) ausgeht, erhält man mit einer Dest. reines II mit 75% ig. Ausbeute. Die Verseifung von II liefert leicht die *Monofluoressigsäure* (III) ,von der das *Säurechlorid* (IV), das *Phenylhydrazid* u. zahlreicher *Ester* dargestellt wurden. Die Ester wurden durch Umsetzung von IV mit dem betreffenden Alkohol ohne Lösungsm. oder in Ae.- oder Benzollsg. in Ggw. von Pyridin oder Chinolin erhalten. Die Rk. zwischen IV u. β-Bromäthylalkohol liefert bei Abwesenheit von Pyridin den β-Bromäthylester (V) von III mit ausgezeichneter Ausbeute; dagegen entsteht in Ggw. von Pyridin der β-Chloräthylester. Dieses überraschende Ergebnis kann durch den folgenden Reaktionsverlauf erklärt werden: $BrCH_2—CH_2OH + C_5H_5N \rightarrow C_5H_5N\cdot HBr + \overbrace{CH_2\text{——}CH_2}^{O}$; $\overbrace{CH_2\text{——}CH_2}^{O} + CH_2F—COCl \rightarrow CH_2F—COOCH_2CH_2Cl$.

V e r s u c h e: *Bromessigsäurecyclohexylester* (I), $Kp._{15}$ 120—122°; durch tropfenweises Einrühren von 940 g Bromacetylbromid in 550 g Cyclohexanol, 3—4std. Erwärmen auf dem Wasserbad bis zur Beendigung der HBr-Entw., Eingießen in Eiswasser, Ausschütteln mit Ae., Abdampfen des Ae. u. Vakuumdest.; 71% (Ausbeute). — *Fluoressigsäurecyclohexylester* (II), $CH_2F—COOC_6H_{11}$, $Kp._{20}$ 93—93,5°; durch 48std. Erhitzen eines Gemisches aus 860 g I u. 450 g feingepulvertem KF (bei 200° getrocknet) unter starkem Rühren im Ölbad auf 180—190° u. zuletzt auf 195—205°, Abtrennen u. Ausäthern des KCl + KF, Vereinigung der Ätherlsg. mit dem Reaktionsprod., Abdampfen des Ae. u. Vakuumdest.; 74%. — *Monofluoressigsäure* (III), $Kp._{760}$ 165°, $Kp._{56}$ 91—92°, F. 32—33°; durch langsames Einrühren einer Lsg. von 115 g NaOH in 500 cm³ W. in ein Gemisch aus 458 g II, 250 cm³ A., 250 cm³ W. u. einigen Tropfen Phenolphthalein, Ausäthern des Cyclohexanols, Eindampfen der wss. Lsg. im Vakuum bei 50—60° zur Trockne, Trocknen des Na-Salzes (280 g) über H_2SO_4, portionsweise Zugabe von 150 cm³ 100% ig. H_2SO_4 zu 100 g des Na-Salzes u. Dest. unter vermindertem Druck; 90%. *Säurechlorid* (IV), Kp. 71,5—72,0°; aus III mit Phenylchloroform oder aus dem Na-Salz mit PCl_5; 80—90%. *Phenylhydrazid*, $CH_2F—CONHNHC_6H_5$, F. 96 bis 97° (aus W.); 50%. *tert.-Butylester*, $CH_2F—COOC(CH_3)_3$, $Kp._{21}$ 41,5—42,0°; 74%. *2.2-Dimethylpropylester*, $CH_2F—COOCH_2C(CH_3)_3$, $Kp._{113}$ 48,5—49,0°; 83%. *Pinakolylester*, $CH_2F—COOCH(CH_3)C(CH_3)_3$, $Kp._{24}$ 69—71°; 92%. *1.3-Dimethylbutylester*, $CH_2F—COOCH(CH_3)CH_2CH(CH_3)_2$, $Kp._{10}$ 56,5—57,0°; 65%. *Di-[tert.-butyl]-methylester*, $CH_2F—COOCH[C(CH_3)_3]_2$, $Kp._{11}$ 85—86°; 33%. *Di-[isobutyl]-methylester*, $CH_2F—COOCH[CH_2CH(CH_3)_2]_2$, $Kp._{10}$ 83—84°; 70%. *Allylester*, $CH_2F—COOCH_2CH{=}CH_2$, Kp. 137—137,5°; 67%. *Propargylester*, $CH_2F—COOCH_2C{\equiv}CH$, $Kp._{10}$ 55,0—55,5°; 65%. *Furfurylester*, $CH_2F—COOCH_2C_4H_3O$, $Kp._{12}$ 95—97° (unbeständig); 60%. *β-Fluoräthylester*, $CH_2F—COOCH_2CH_2F$, $Kp._{760}$ 158—159°, $Kp._{12}$ 59,0—59,5°; 60%. *β-Chloräthylester*, $CH_2F—COOCH_2CH_2Cl$, $Kp._{12}$ 74—75°; 80%. *β-Bromäthylester* (V), $CH_2F—COOCH_2CH_2Br$, $Kp._8$ 79,0—79,5°; 75%. *Pentaerythrittetrafluoracetat*, $(CH_2F—COO\cdot CH_2)_4C$, F. 149—150°; 80%. — *Fluoracetylcholinbromid*, $CH_2F—COOCH_2CH_2N(CH_3)_3Br$, schm. unter Zers.; aus einer Lsg. von 31,4 g V in 100 cm³ Toluol mit einer Lsg. von 11 g $N(CH_3)_3$ in 100 cm³ Toluol in 10 Tagen bei 30—40°; 65%. (Bull. Soc. chim. France, Mém. [5] **20**. 462—65. April 1953. Bouchet, S. et O., Centre d'Étude.) FORCHE. 810

Stina Ställberg-Stenhagen, *Optisch aktive höhere aliphatische Verbindungen.* 7. Mitt. *Die Synthese von* (—)-*3*(L).*6*(D)*-Dimethyltetrakosansäure und* L-(+)*-6-Methylpentakosansäure.* (6. vgl. Ark. Kemi **2**. [1950.] 95.) Zur Klärung der Frage, ob das Prinzip der opt. Superposition auf Säuren vom Typ I angewandt werden kann, stellt Vf. die (—)-*3*(L).*6*(D)*-Dimethyltetrakosansäure* (II) (I, R = $C_{18}H_{37}$, m = 2, n = 1) sowie die L-(+)*-6-Methylpentakosansäure* (III) dar u. vergleicht die bei 5 Wellenlängen (3650—5893 Å) ermittelten Werte der Mol.-Rotation ([M]) mit denen der früher erhaltenen L(—)-3-Methyltetrakosansäure (IV) (vgl. C. **1949**. I. 877). Es ergibt sich eine annähernde Übereinstimmung der gefundenen u. der aus III u. IV berechneten [M]-Werte von II. — Die Synth. von II vollzieht sich in einem Arbeitsgang durch gemischte Elektrolyse der Na-Salze von (—)-3(L).6(D)-Dimethylkorksäuremonomethylester (V) u. Stearinsäure (VI) in Methanol, wobei auch *n-Tetratriakontan* (VII) sowie nach Hydrolyse (—)*-3*(L)*.6*(D)*.9*(L)*.12*(D)*-Tetramethyltetradecan-1.14-disäure* (VIII) anfallen.— Die III-Darst. erfolgt nach der β-Ketoestermeth. in fünf Stufen aus L(—)-3-Methyldokosansäure (IX).

$$R—\underset{CH_3}{\underset{|}{CH}}—(CH_2)_m—\underset{CH_3}{\underset{|}{CH}}—(CH_2)_n—COOH \quad I$$

V e r s u c h e: (—)*-3*(L)*.6*(D)*-Dimethylkorksäuremonomethylester* (V), $C_{11}H_{20}O_4$, $Kp._{0,5}$ 116—120°, durch partielle Veresterung von (—)-3(L).6(D)-Dimethylkorksäure (vgl. l. c.) mit Methanol u. konz. HCl, nach 5std. Kochen Fraktionierung im Vakuum; $[\alpha]_D^{21}$ —12,30° (homogen, *l* = 1); 46% (Ausbeute). — Für die nachst. Verss. wurde VI „pro analysi" von ungesätt. Material durch zweimalige Behandlung mit konz.

H_2SO_4 u. mehrfaches Umkristallisieren aus Eisessig gereinigt; F. 69,2—69,4°. — (—)-*3(L).6(D)-Dimethyltetrakosansäure* (**II**), $C_{28}H_{52}O_2$, F. 41° (zwei weitere Kristallformen vom F. 45,0—45,2° u. F. 34,0—34,5°). Zwischen Pt-Elektroden werden bei 3,5—4 A eine Auflsg. von 0,4 g Na in 230 cm³ Methanol sowie je 0,033 Mol **V** u. gereinigtes **VI** elektrolysiert (Badtemp. 38°); nach Erreichen von p_H 7 Abfiltrieren von **VII** (aus Ae. Platten, F. 72,7—72,8°) u. Fortsetzung der Elektrolyse nach Zugabe von weiteren 0,033 Mol **V** u. **VI** bis zur erneuten Einstellung von p_H 7; nach Abfiltrieren Zugabe von W. u. Ae.-Extraktion, Entfernung von unverändertem **VI** durch Waschen des Ae. mit Sodalsg., dann Abdest. des Ae. u. 5std. Hydrolyse durch Kochen mit wss.-alkoh. KOH, Ansäuern mit HCl u. Ae.-Extraktion; aus Methanol Kristalle; $[\alpha]_D^{21}$ —3,92° (Chlf.; c = 5,98; l = 4); 14%. *Amid*, $C_{28}H_{53}ON$, F. 83,9—84,2° bzw. F. 88,4—88,7°, aus Methanol dimorphe Kristalle; $[\alpha]_D^{21}$ —2,9° (Chlf.; c = 3,61; l = 2). — (—)-*3(L).6(D).9(L).12(D)-Tetramethyltetradecan-1.14-disäure* (**VIII**), $C_{18}H_{34}O_4$, F. 34—35°, a) als Nebenprod. von **II** nicht rein zu isolieren; Trennung von **II** auf Grund der großen Löslichkeit in organ. Solventien; b) Elektrolyse von **V** in CH_3ONa + CH_3OH bei 2,2 A ergibt den *Dimethylester* [$C_{20}H_{38}O_4$, Kp.$_{0,5}$ 146—148°, $D.^{20}_4$ 0,940, $[\alpha]_D^{20}$ —7,02° (homogen, l = 1)], der verseift wird; Reinigung durch Hochvakuumdest.; $[\alpha]_D^{21}$ —7,6° (Chlf.; c = 4,99; l = 2). *Diamid*, $C_{18}H_{36}O_2N_2$, F. 123,2—123,8° (Sintern ab 121°), aus Aceton sowie Bzl. mikrokristallines Pulver. — *L(+)-3-Methyl-5-ketodokosansäure*, $C_{23}H_{44}O_3$, F. 66,8—67,1° (2. Form F. 67,8—68,2°), Darst. nach der C. **1949**. I. 877 beschriebenen Meth. aus akt. 3-Keto-5-methylpimelinsäuremethylester u. 1-Jodhexadecan (Kp.$_{0,7}$ 149—150°; aus n-Hexadecanol-(1), das über sein Acetat vom Kp.$_{1,2}$ 155° gereinigt wurde); aus A. sowie PAe. Prismen; $[\alpha]_D^{22}$ +1,35° (Chlf.; c = 9,22; l = 4). — *L(—)-3-Methyldokosansäure* (**IX**), $C_{23}H_{46}O_2$, F. 58,1—58,3°, durch Red. der vorst. Verb. nach CLEMMENSEN; aus Bzl. Kristalle; $[\alpha]_D^{21}$ —3,95° (Chlf.; c = 10,11; l = 4). *Amid*, $C_{23}H_{47}ON$, F. 98,6—99,2° (nach vorherigem Schmelzen F. 99,2—99,6° sowie F. 96,2—96,6°), aus Bzl. Kristalle. — *L-3-Keto-5-methyltetrakosansäuremethylester*, $C_{26}H_{50}O_3$, F. 49,8—50,5° (nach vorherigem Schmelzen F. 39,6—40,0°), durch Umsetzung des Chlorids von **IX** mit Na-Acetessigester in Bzl. nach der früher beschriebenen Meth. (vgl. 5. Mitt., C. **1949**. E. 394); aus A. sowie Aceton Platten; $[\alpha]_D^{22}$ —1,43° (Chlf.; c = 10,23; l = 4); 61%. — *L(—)-4-Keto-6-methylpentakosansäure*, $C_{26}H_{50}O_3$, F. 78,8—79,1° (2. Kristallform F. 73,5°), durch 18std. Kochen vorst. Esters mit Chloressigsäureäthylester in Ggw. von K_2CO_3 u. Methyl-n-propylketon, dann Hydrolyse u. Ketonspaltung des Alkylierungsprod. mit KOH in Methanol + wenig W. bei 50°, Ansäuern u. Ae.-Extraktion; aus PAe. sowie Aceton Platten; $[\alpha]_D^{23}$ —4,44° (Chlf.; c = 4,49; l = 4). — *L(+)-6-Methylpentakosansäure* (**III**), $C_{26}H_{52}O_2$, F. 53,7 bis 54,1° (2. Form aus Eisessig, F. 55,6—56,0°), durch Red. vorst. Säure nach CLEMMENSEN in A. u. Hydrolyse des gebildeten Esters; aus PAe. Platten; $[\alpha]_D^{22}$ +0,25° (Chlf.; c = 4; l = 2). *Amid*, $C_{26}H_{53}ON$, F. 90,0—90,2°, aus Bzl. sowie Ae. Kristalle. — Gegenüberstellung der [M]-Werte von **II**, **III** u. **IV** sowie Einzelheiten über die Polymorphieerscheinungen vgl. Original. (Ark. Kemi **2**. 431—42. 1950. Uppsala, Univ., Inst. of Med. chem.) HENKEL. 810

Stina Ställberg-Stenhagen, *Optisch-aktive höhere aliphatische Verbindungen. 8. Mitt. Die Synthese von D(+)-4-Methyltetrakosansäure und D(+)-5-Methylpentakosansäure.* (7. vgl. vorst. Ref.) Zur Prüfung, ob 4- u. 5-methylsubstituierte höhere Säuren mit der gleichen Konfiguration die gleiche Drehung zeigen würden wie die entsprechenden niederen Säuren, wurden vom Vf. zwei langkettige Säuren, die opt.-akt. *4-Methyltetrakosansäure* (**V**) u. *5-Methylpentakosansäure* (**VI**), die ster. von D-Glycerinaldehyd abgeleitet sind, synthetisiert. Die opt. Aktivität von **V** u. **VI** ist gering, aber beide drehen im Na-Licht nach rechts; es bestehen also Unterschiede in der Drehungsrichtung gleichkonfigurierter verzweigter höherer u. niederer Säuren.

Versuche: *D(—)-3-Methyl-5-ketotrikosansäure* (**I**), $C_{24}H_{46}O_3$, F. 70,1—70,3° (Aceton), durch Alkylierung von 3-Methyl-5-ketopimelinsäuremethylester [aus saurem L(+)-β-Methylglutarsäuremethylester] mit 1-Jodheptadecan (zugänglich über das Bromid, durch Abbau von Ag-Stearat mit Br_2 in CCl_4 erhalten, durch Behandlung mit AgJ in Acetonlsg.), darauffolgende Hydrolyse u. Ketonspaltung; 58% (Ausbeute); $[\alpha]_D^{23}$ —1,35° (Chlf.; l = 4; c = 10), Gitterkonstante 46,4 Å. — *D(+)-3-Methyltrikosansäure* (**II**), $C_{24}H_{48}O_2$, F. 62,1—62,3° (Eisessig), durch CLEMMENSEN-Red. von **I**; 69%; $[\alpha]_D^{24}$ +4,20° (Chlf.; l = 4; c = 9,95), Gitterkonstante 32,3 Å. — *D-3-Methyltrikosanamid*, $C_{24}H_{49}ON$, F. 101,6—101,8° (Aceton, A.), über das Säurechlorid aus **II**, Gitterkonstante 33,1 Å. — *D(+)-3-Methyltrikosanol-(1)* (**III**), $C_{24}H_{50}O$, F. 57,1—57,3° (A.), nach vorherigem Schmelzen F. 50,4—50,5°, aus **II** in Ae. mit $LiAlH_4$ in Ae. u. 1std. Kochen am Rückfluß; $[\alpha]_D^{23}$ +2,58° (Chlf.; l = 4; c = 8,82), Gitterkonstante

33,5 Å. — (—)-*1-Jod-3-methyltrikosan* (IV), $C_{24}H_{49}J$, F. 38,8—38,9° (Bzl.-A. 1 : 5), aus III mit J_2 u. rotem P, 4 Std. bei 145°; 88%; $[\alpha]_D^{23}$ —5,96° (Chlf.; l = 4; c = 10), IV erstarrt bei 30,2° u. schm. erneut bei 30,3—30,4°, Gitterkonstante 30,8 Å, eine geschmolzene Probe zeigt 2 Konstanten von 30,8 u. 35,0 Å. — *D(+)-4-Methyltetrakosansäure* (V), $C_{25}H_{50}O_2$, FF. 58,5—58,8° u. 63,7—63,9° (Eisessig), aus IV u. KCN in A., 6 Std. am Rückfluß, Hydrolyse mit 10%ig. KOH in 90%ig. A. während 30 Std.; 91%; $[\alpha]_D^{23}$ +0,28° (Chlf.; l = 4; c = 9,9), Gitterkonstante 47,7 Å. — *D-4-Methyltetrakosanamid*, $C_{25}H_{51}ON$, F. 95,6—95,9° (Methanol), durch Behandlung des Säurechlorids von V (aus V mit Oxalylchlorid in Bzl.) mit einem Überschuß von wss. NH_3, Gitterkonstante 49,4 Å. — *D(+)-5-Methylpentakosansäure* (VI), $C_{26}H_{52}O_2$, F. 52,8—53,0° (PAe., Kp. 40—60°), durch Zugabe von IV zu einer Lsg. von Na-Malonester u. A., 6 Std. am Rückfluß kochen, durch 5std. Kochen mit wss.-alkoh. KOH Hydrolysieren u. die substituierte Malonsäure durch Erhitzen auf 200° Decarboxylieren; 79%; $[\alpha]_D^{25}$ +0,1° (Chlf.; l = 2; c = 14,6), Gitterkonstante 47,9 Å, zeigt keine Polymorphie. — *D-5-Methylpentakosanamid*, $C_{26}H_{53}ON$, F. 93,3—93,5° (Methanol), Gitterkonstante 50,3 Å. — Die Rotationsdispersionen für III, IV, V u. VI in Chlf. bei 25° sind tabellar. für λ = 3131—5893 Å angegeben. (Ark. Kemi 3. Nr. 15. 117—22. 1951.)

O. W. SCHULZ. 810

M. F. Schosstakowski, N. A. Gerstein, Ja. L. Rasskin und **L. Je. Osstroumowa**, *Synthese und Eigenschaften ungesättigter α-Alkoxyäthylester von Carbonsäuren (Acylale).* Durch Umsetzung von Vinylcyclohexyl-(I), -benzyl-(II) u. -phenyläther (III) mit Methacrylsäure (IV) entstehen die α-*Cyclohexyl* (V)-, α-*Benzyl* (VI)- u. α-*Phenyloxyäthylester* (VII) von IV (ungesätt. *Acylale*), Fll. mit äther. Geruch, die sich beim Aufbewahren, Erwärmen oder unter der Einw. von Peroxydkatalysatoren polymerisieren. Hydrolyse mit 5%ig. H_2SO_4 liefert IV, *Acetaldehyd* u. den entsprechenden Alkohol, wobei die Geschwindigkeit der Hydrolyse in der Reihenfolge V, VI, VII abnimmt.

Versuche: *Vinylcyclohexyläther* (I), $C_8H_{14}O$, Kp.$_{23}$ 52—54°, Kp.$_{15}$ 47,2—47,5°; aus 100 g Cyclohexanol, 10 g festem KOH u. C_2H_2 im Drehautoklaven bei 148 bis 150°/14—18 at; bewegliche Fl.; $D.^{20}_4$ 0,888; n_D^{20} 1,4547; 87,5 g (Ausbeute). — *Vinylbenzyläther* (II), $C_9H_{10}O$, Kp.$_{22}$ 81,5°; aus Benzylalkohol analog Vorst.; $D.^{20}_4$ 0,9711; n_D^{20} 1,5185; 68%. — α-*Benzyloxyäthylmethacrylat* (VI), $C_{13}H_{16}O_3$, Kp.$_{14}$ 82—82,2°; a) aus 10,8 g IV u. 20 g II, 4½—5 Std. im Rohr bei 100°; man fraktioniert im N_2-Strom; 13,9 g; b) aus 5 g IV u. 12,7 g II in Ggw. von 2%ig. alkoh. H_2SO_4 (0,05 Gew.-% von IV) unter Rühren, 3 Std. bei 50°; nach Einw. über Nacht Vakuumdest. im N_2-Strom in Ggw. von Antioxydantien; 9,9 g Fl. von campherähnlichem Geruch; $D.^{20}_4$ 1,0367; n_D^{20} 1,5008; Mol.-Refr. ($[MR]_D$) 62,58. — α-*Cyclohexyloxyäthylmethacrylat* (V), $C_{12}H_{20}O_3$, Kp.$_{19}$ 112—112,5°; analog Vorst.; nach a) 77,8%, b) 79,1% (auf IV bezogen); $D.^{20}_4$ 0,9776; n_D^{20} 1,4560; $[MR]_D$ 59,02. — *Phenoxyäthylmethacrylat* (VII), $C_{12}H_{14}O_3$, Kp.$_{15}$ 98 bis 99°, Kp.$_{20}$ 129—130°; aus III nach b) bei 60—70°; man fraktioniert unter N_2 in Ggw. von 0,5% Toluylendiamin; $D.^{20}_4$ 1,0561; n_D^{20} 1,5030; $[MR]_D$ 57,75; 91—93%. (Известия Академии Наук СССР, Отделение Химических Наук [Nachr. Akad. Wiss. UdSSR, Abt. chem. Wiss.] **1952**. 471—77. Mai/Juni. Inst. für organ. Chem. der Akad. der Wiss. der UdSSR.)

H. FRÖHLICH. 810

Harry M. Walborsky und **Meyer Schwarz**, *Anlagerungsreaktionen an γ.γ.γ-Trifluorcrotonsäureäthylester.* Die Anlagerung von asymm. Substanzen an die Doppelbindung des γ.γ.γ-Trifluorcrotonsäureäthylesters (II) wird durch die Carbäthoxygruppe dirigiert; der entgegengerichtete Einfl. der Trifluormethylgruppe kommt nicht zur Geltung. HBr wird von II in Ggw. oder Abwesenheit von Benzoylperoxyd oder $AlBr_3$ unter Bldg. von *β-Brom-γ.γ.γ-trifluorbuttersäureäthylester* (IV) angelagert. Mit wss. oder gasförmigem NH_3 entsteht *β-Amino-γ.γ.γ-trifluorbutyramid* (V), ident. mit dem durch Hydrierung von β-Amino-γ.γ.γ-trifluorcrotonsäureäthylester (VI) in Ggw. von NH_3 gewonnenen Produkt. Die Anlagerung von Ameisensäure an II u. anschließende Hydrolyse liefert *β-Oxy-γ.γ.γ-trifluorbuttersäure.* — V entsteht auch bei der Behandlung von IV oder β-[p-Brombenzolsulfoxy]-γ.γ.γ-trifluorbuttersäureäthylester (VII) mit NH_4OH. Diese Umsetzungen müssen in zwei Stufen (Abspaltung u. NH_3-Anlagerung) verlaufen, denn die Abspaltung von HBr aus IV u. von p-Brombenzolsulfonsäure aus VII gelingt leicht mit Na-Acetat in A.-Wasser. — II wurde dargestellt durch Dehydratisierung von *β-Oxy-γ.γ.γ-trifluorbuttersäureäthylester* (I) mittels Borsäureanhydrids nach BRANDENBERG u. GALAT (C. **1951**. I. 1435); daneben bildet sich *γ.γ.γ-Trifluorcrotonsäure* (III), deren Dissoziationskonstante zu 7,1 ± 0,1 · 10^{-4} bestimmt wurde.

Versuche: *β-Oxy-γ.γ.γ-trifluorbuttersäureäthylester* (I), Kp.$_{50}$ 90—91°; durch 8std. Hydrierung von 110 g Trifluoracetessigester in Ggw. von 100 cm³ wasserfreiem Ae. u. 4 g 5%ig. Pd-Holzkohle bei 125°/105 at; 90% (Ausbeute). *p-Brombenzolsulfonyl-*

deriv. (VII), $C_{11}H_{12}O_5BrF_3S$, F. 69,5—70,5° (Ligroin). — *γ.γ.γ-Trifluorcrotonsäureäthylester* (II), $C_6H_7O_2F_3$, Kp. 114—115°, n_D^{23} 1,3610, $n_D^{25,5}$ 1,3582; durch Erhitzen von 322 g I mit 70 g Borsäureanhydrid auf 180° bis zur Auflsg., u. weiter auf 350°, Rückführung der oberen Schicht des Destillats in den Reaktionskolben u. viermalige Wiederholung des Prozesses, Lösen des Destillats in PAe., Trocknen über P_2O_5, Abdampfen des PAe. u. Dest.; 55%, oder durch 6std. Kochen von 2 g **IV** mit einer Lsg. von 1 g Na-Acetat in 10 cm³ W. u. 20 cm³ A.; 60%, oder durch gleiche Behandlung von **VII**; 40%. — *γ.γ.γ-Trifluorcrotonsäure* (III), $C_4H_3O_2F_3$, F. 54—55°; durch Dest. des bei **II** erhaltenen Rückstands u. Umkristallisation aus Pentan; 27%. *Amid*, C_4H_4·ONF_3, F. 146,5—147,5° (PAe.). — *β-Brom-γ.γ.γ-trifluorbuttersäureäthylester* (IV), $C_6H_8O_2BrF_3$, $Kp._{100}$ 98—99°, $n_D^{24,5}$ 1,3940; durch Sättigen von 6 g **II** in 15 cm³ C_2H_5Br mit HBr bei 0°, Einschmelzen u. 10std. Erhitzen auf 100°; 80%. — *β-Brom-γ.γ.γ-trifluorbuttersäure*, $C_4H_4O_2BrF_3$, F. 39—41°; analog aus **III**; 93%. — *β-Amino-γ.γ.γ-trifluorbutyramid* (V), $C_4H_7ON_2F_3$, F. 120—121°; durch 36std. Erhitzen von 6,5 g **II** mit 6 cm³ fl. NH_3 im Einschmelzrohr auf 100° u. Umkristallisation aus Acetonitril; 95%, oder durch 40std. Schütteln von 2 g **II** mit 10 cm³ konz. NH_4OH; 27%, oder durch 10std. Hydrierung von mit NH_3 gesätt. **VI** in Ggw. von Pd-Holzkohle bei 125°/98 at; 8%, oder durch 48std. Schütteln von 5 g **IV** mit 25 cm³ konz. NH_4OH; 30%, oder durch 10std. Erwärmen von 2 g **VII** mit 3 cm³ fl. NH_3 im Einschmelzrohr auf 40°; 60%. — *β-Oxy-γ.γ.γ-trifluorbuttersäure*, F. 74—76°; durch 12std. Kochen von 10 g **II** mit 20 g 100%ig. HCOOH u. 0,5 g Toluolsulfonsäure am Rückflußkühler, Entfernen der HCOOH im Vakuum, 4std. Kochen des Rückstands mit einer Lsg. von 9 g NaOH in 30 cm³ W. u. 10 cm³ A., Ansäuern u. Ausäthern; 12%. (J. Amer. chem. Soc. **75**. 3241—43. 5/7. 1953. Tallahassee, Fla., Delhi Univ., Dep. of Chem.)
FORCHE. 810

Leonard M. Rice, Charles H. Grogan und **E. Emmet Reid**, *N.N'-Dialkyloxamide.* Eine Reihe von *symm. N.N'-Dialkyloxamiden* wurde in durchschnittlich 80%ig. Ausbeute u. in großer Reinheit durch Erhitzen von 1 Mol Oxalsäurediäthylester u. 2 Mol des entsprechenden aliphat. prim. Amins in alkoh. oder wss. Lsg. dargestellt, wobei vor der Verdünnung mit A. zur Vervollständigung der Rk. bei den höheren Aminen das Gemisch mehrfach erhitzt werden mußte. Diese Rk. kann zur Abtrennung prim. Amine aus Gemischen mit sek. u. tert. Aminen verwendet werden, da letztere diese Rk. nicht eingehen. — Folgende N.N'-Dialkyloxamide der Zus. R—NHCO·CO·NH—R wurden dargestellt: R = *Butyl*, $C_{10}H_{20}O_2N_2$, F. 153—154° (A.); R = *Amyl*, $C_{12}H_{24}O_2N_2$, F. 141—142° (A.); R = *Hexyl*, $C_{14}H_{28}O_2N_2$, F. 134—135° (A.); R = *Heptyl*, $C_{16}H_{32}$·O_2N_2, F. 132—132,5° (A.); R = *Octyl*, $C_{18}H_{36}O_2N_2$, F. 124—125° (A.); R = *Nonyl*, $C_{20}H_{40}O_2N_2$, F. 128—129° (A.); R = *Decyl*, $C_{22}H_{44}O_2N_2$, F. 122—123° (A,); R = *Undecyl*, $C_{24}H_{48}O_2N_2$, F. 124—125° (A.); R = *Dodecyl*, $C_{26}H_{52}O_2N_2$, F. 123—124° (A.); R = *Tridecyl*, $C_{28}H_{56}O_2N_2$, F. 120—121° (A.); R = *Tetradecyl*, $C_{30}H_{60}O_2N_2$, F. 117,5 bis 119° (A.); R = *Pentadecyl*, $C_{32}H_{64}O_2N_2$, F. 120° (A.); R = *Hexadecyl*, $C_{34}H_{68}O_2N_2$, F. 117—118° (A.); R = *Octadecyl*, $C_{38}H_{76}O_2N_2$, F. 118—120° (A.). (J. Amer. chem. Soc. **75**. 242—43. 5/1. 1953. Washington, Georgetown Univ., Med. Center.)
L. FISCHER. 820

A. G. Richardson, J. Stanton Pierce und **E. Emmet Reid**, *N-Aryl-N'-alkyloxamide zur Identifizierung von primären Alkylaminen.* Zur Identifizierung prim. Amine werden die schnell u. selektiv wirkenden Äthyl-N-Aryloxamate empfohlen. Von Vff. wurden 6 Reagentien ausprobiert, das *Phenyl-* (I), *p-Tolyl-* (II), *p-Xenyl-* (III), *p-Chlorphenyl-* (IV), *p-Bromphenyl-* (V) u. *p-Jodphenyloxamat* (VI). Sie wurden mit 20 Aminen umgesetzt, wobei 107 verschied. Oxamide entstanden u. charakterisiert wurden. Die Reagentien sind gegenüber W. u. A. indifferent. Sie können zur Trennung von prim. u. sek. u. zur Unterscheidung von n- u. α-substituierten Aminen herangezogen werden. Die Reaktionsdauer ist bei den einzelnen Derivv. unterschiedlich. Da die Aryloxamide in A. weniger lösl. sind als die Oxamate, fallen sie nach beendeter Rk. aus der Lsg. aus. Die Löslichkeit der Reagentien in A. nimmt von **I**—**VI** ab, so daß die beiden ersten zur Identifizierung größerer Mengen u. die letzteren für kleinere Mengen Amine benutzt werden können.

Versuche: *Äthyl-N-p-xenyloxamat* (III), $C_{16}H_{15}O_3N$, F. 132°, durch 3—4std. Kochen von p-Xenylamin in überschüssigem Äthyloxalat u. Abtrennung des als Nebenprod. entstehenden Di-p-xenyloxamids durch Extraktion mit 70%ig. A., in dem es unlösl. ist. Bei der Darst. von Reagens **I** wird 25%ig., bei **II** 40%ig., bei **IV, V** u. **VI** 95%ig. A. benutzt. — *Darst. der nachst. aufgeführten Oxamide*: a) durch minutenlanges Schütteln u. Stehenlassen einer Lsg. von 0,01 Mol Reagens in A. mit einem mäßigen Überschuß Amin. Aus A. umkristallisieren. Bei Reagens **IV** u. **V** kann Bzl. als Lösungsm. verwendet werden; b) bei kleinen Mengen werden 50 mg Amin mit der gleichen Menge Reagens in 10—15 cm³ A. umgesetzt (Methylamin in Form einer standardisierten alkoh. Lsg.); c) die Abtrennung von sek. Aminen wurde in 3 Gefäßen durchgeführt an einem Gemisch von Äthyl-, u. Diäthyl-, Propyl- u. Dipropyl-, Butyl- u. Dibutylamin, die jeweils mit 0,01 Mol I in 20 cm^3 A. versetzt wurden. In allen 3 Fällen wurden die reinen prim. Amine erhalten, während sich die sek. im Filtrat befanden. —Nachst. werden die F. u. Ausbeuten der Reaktionsprodd. von 20 verschied. prim. Aminen mit Reagens I—VI immer in der gleichen Reihenfolge aufgeführt: *Methyl-* u. **I**: 185°, 56%; u. **II**: 230°, 57%; u. **III**: 256°, 74%; u. **IV**: 293°, 47%; u. **V**: 295°, 50%; u. **VI**: 271°, 49%. — *Äthyl-*: 170°, 47%; 267°, 67%; 245°, 67%; 223°, 44%; 227°, 44%; 224°, 47%. — *Propyl-*: 162°, 48%; 171°, 68%; 230°, 63%; 197°, 62%; 198°, 52%; 198°, 51%. — *Isopropyl-*: 172°, 58%; 195°, 62%; 233°, 35%; u. **IV**: —; 234°, 14%; 255°, 36%. — *n-Butyl*: 152°, 64%; 154°, 68%; 222°, 67%; 189°, 67%; 191°, 63%; 196°, 52%. — *Isobutyl-*: 176°, 54%; 182°, 51%; 222°, 44%; 200°, 55%; 208°, 50%; 214°, 43%. — *sek.-Butyl-*: 157°, 45%; 169°, 51%; 211°, 17%; u. **IV**, **V**, **VI**: —;. — *n-Amyl-*: 132°, 49%; 151°, 72%; 213°, 61%; 182°, 56%; 184°, 44%; 185°, 50%. — *Isoamyl-*: 146°, 60%; 170°, 44%; 215°, 42%; 190°, 59%; 191°, 51%; 187°, 47%. — *sek.-Amyl-*: 158°, 43%; 156°, 48%; 206°, 16%; u. **IV**, **V**, **VI**: —. — *n-Hexyl-*: 130°, 76%; 148°, 72%; 208°, 68%; 174°, 60%; 178°, 61%; 181°, 53%. — *1.3-Dimethylbutyl-*: 155°, 48%; 149°, 49%; 202°, 15%; u. **IV**, **V**, **VI**: —. — *n-Heptyl-*: 128°, 80%; 142°, 72%; 205°, 65%; 158°, 64%; 162°, 64%; 168, 49%. — *sek.-Heptyl-*: 156°, 57%; 153°, 54%; 192°, 18%; u. **IV**, **V**, **VI**: —. — *n-Octyl-*: 126°, 83%; 133°, 69%; 202°, 68%; 154°, 77%; 155°, 67%; 163°, 47%. — *n-Decyl-*: 122°, 72%; 121°, 63%; 194°, 66%; 147°, 65%; 149°, 60%; 157°, 46%. — *n-Dodecyl-*: 117°, 69%; 116° 66%; 187°, 63%; 141°, 65%; 143°, 60%; 153°, 39%. — *n-Hexadecyl-*: 118°, 68%; 117°, 64%; 180°, 58%; 135°, 59%; 140°, 53%; 146°, 45%. — *n-Octadecyl-*: 124°, 58%; 123°, 67%; 177°, 53%; 131°, 58%; 137°, 56%; 142°, 52%. — *Benzyl-*: 172°, 76%; 167°, 71%; 228°, 63%; 185°, 69%; 201°, 59%; 212°, 55%. (J. Amer. chem. Soc. **74**. 4011—12. 20/8. 1952. Richmond, Va., Univ., Dep. of Chem.) Franck. 820

Nariman B. Mehta und **William E. McEwen**, *Kondensation von Trinatrium-tricarballylat mit Propionsäureanhydrid.* Trinatriumtricarballylat (I) reagiert mit Propionsäureanhydrid (II) zu 80% zu *β-Propionylglutar-bis-lacton* (**III**), dem nebenst. Struktur zugeschrieben wird. **III** wird mit $NaBH_4$ zu *γ-Caprolacton-β-essigsäure* (**IV**) hydriert. Die Hydrolyse von **III** liefert *β-Propionylglutarsäure*, die nach Veresterung ebenfalls mit $NaBH_4$ hydriert wird u. dabei ein Gemisch von **IV** u. **IV**-*Äthylester* (**V**) liefert. **V** ist auch durch direkte Veresterung von **IV** oder über dessen Säurechlorid zugänglich. Das Infrarotspektr. von **III** bestätigt dessen Struktur. Für den Mechanismus der Kondensation von I mit II wird angenommen, daß zunächst ein gemischtes Anhydrid von II mit den beiden endständigen Carboxylgruppen von I gebildet wird, dann 1 Mol CO_2 aus der mittelständigen Carboxylgruppe abgespalten wird unter gleichzeitiger Ausbildung einer neuen C—C-Bindung u. damit eines 5-Ringes, u. daß danach der 2. Ring durch Austritt von 1 Mol Na-Propionat geschlossen wird.

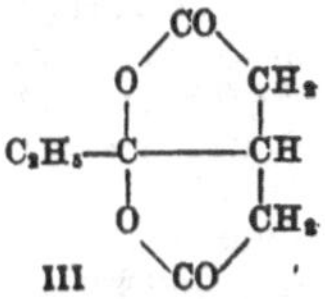

III

Versuche: *Trinatriumtricarballylat* (I), aus 58 g Tricarballylsäure u. 40 g NaOH in W.; 80 g. — *β-Propionylglutar-bis-lacton* (**III**), $C_8H_{10}O_4$, Kp.$_{0,2}$ 137°, F. 62 bis 62,5° (Aceton–Ae.), zu **I** wurden unter Feuchtigkeitsausschluß allmählich 1,47 Mol Propionsäureanhydrid (**II**) bei 120° gegeben u. nach 50 Std. aufgearbeitet; Nadeln; 80% (Ausbeute). — *β-Propionylglutarsäure*, $C_8H_{12}O_5$, F. 87—88° (Toluol), aus 19,3 g **III** mit W. 18 Std. am Rückfluß kochen; 19 g. *Diäthylester*, $C_{12}H_{20}O_5$, Kp.$_{0,2}$ 121—122°; 79%. — *γ-Caprolacton-β-essigsäure* (**IV**), $C_8H_{12}O_4$, Kp.$_{0,03-0,05}$ 175—180°, F. 98,0 bis 98,4° (Toluol), a) zur Lsg. vorst. Verb. in A. wurde eine wss. alkoh. Lsg. von $NaBH_4$ unter Rühren zugetropft, nach 15 Min. W. zugegeben u. 3 Std. weiter gerührt unter gelegentlichem Erwärmen; 38%; b) analoge Red. von **III** in alkal. Lsg. insgesamt 9 Std. rühren, 12 Std. stehenlassen u. angesäuerte Lsg. im Extraktionsapp. mit Ae. behandeln; 93%. — *γ-Caprolacton-β-essigsäureäthylester* (**V**), $C_{10}H_{16}O_4$, Kp.$_{0,08}$ 133 bis 136°, a) bei Darst. von **IV** nach a) als 1. Fraktion; 31%; b) aus **IV** durch azeotrope Veresterung; 83%; c) aus **IV** über das Säurechlorid; 94%; n_D^{20} 1,4525. (J. Amer. chem. Soc. **75**. 240—42. 5/1. 1953. Lawrence, Kans., Univ., Dep. of Chem.) L. Fischer. 870

Ghilardi, *Untersuchungen in der Reihe der Diaminodiester — der 2.5-Bis-[α-aminoäthyl]-adipinsäurediäthylester.* Vf. stellt *2.5-Bis-[α-aminoäthyl]-adipinsäurediäthylester* (I) dar, der sich ebenso wie die Säure nicht polykondensieren läßt.

Versuche: *2.5-Diacetyladipinsäurediäthylester* (**II**) aus Na-Acetessigsäureäthylester u. Äthylenbromid nach Perkin (1885); höchstens 17% (Ausbeute). Wird der nebenbei entstehende *1-Acetylcyclopropancarbonsäureäthylester* mit konz. HBr in *4-Brom-2-acetylbuttersäureäthylester* übergeführt u. dieser mit Natracetessigester kondensiert, werden 25% II erhalten. — *2.5-Bis-[α-iminoäthyl]-adipinsäurediäthylester*, aus II u. NH_3 (vgl. l. c.); 50%. — *2.5-Bis-[α-aminoäthyl]-adipinsäurediäthylester* (*2.7-Diaminooctan-3.6-dicarbonsäurediäthylester*) (I), $C_{14}H_{28}O_4N_2$. Kp.$_{0,02}$ 100—104°, aus vorst. Verb. durch katalyt. Hydrierung in alkoh. NH_3 (RANEY-Ni, 70—80°, 25 at, 2 Std.); gelbes Öl, bas., spaltet bei höheren Tempp. leicht NH_3 ab; K = $5,62 \cdot 10^{-6}$ (potentiometr. Titration in A.). *Dihydrochlorid*, $C_{14}H_{30}O_4N_2Cl_2$, F. 198° (A.). *Acetylderiv.*, $C_{18}H_{32}O_6N_2$, F. 168° (absol. A.). *Benzoylderiv.*, $C_{28}H_{36}O_6N_2$, F. 170° (absol. A.). *Benzolsulfonylderiv.*, $C_{26}H_{36}O_8N_2S_2$, F. 181° (absol. A.). — *2,5-Bis-[α-aminoäthyl]-adipinsäure*, $C_{10}H_{20}O_4N_2 \cdot 2\,H_2O$, F. ca. 250° (Zers.), aus I mit W. bei 90—95°; Kristalle aus W.–A.-Gemisch; 60%. *Dihydrochlorid*, $C_{10}H_{22}O_4N_2Cl_2$, F. 225° (W.–A.–Ae.). *Cu-Salz*, $C_{10}H_{22}O_6N_2Cu$. *Benzoylderiv.*, $C_{24}H_{28}O_6N_2$, F. 198° (80%ig. A.). (J. Rech. Centre nat. Rech. sci. **1952**. 201—09. Sept. Bellevue (S & O), Centre d'études et de rech. de chim. organ. appliquée.) J. ROTHE. 950

A. D. Petrow und **W. F. Mironow**, *Mechanismus der Reaktion von Alkylmagnesiumhalogeniden mit β-Silicohalogeniden.* (Vgl. C. **1951**. II. 805; **1952**. 3312.) Aus β-Halogenalkylsilanen (I) u. GRIGNARD-Verbb. wurden weitere Si–KW-stoffe hergestellt. Nebenprodd. waren auch hier die aus dem „β-Zerfall" von I resultierenden Verbindungen. Bzgl. des Mechanismus des „β-Zerfalls" wird die Ansicht vertreten, daß I in Olefin u. Halogensilan zerfällt, z. B. $R_3SiCH_2CH_2X = R_3SiX + CH_2 = CH_2$ (X = Halogen), worauf auch R_3SiX mit der GRIGNARD-Verb. reagiert. Als Stütze für ihre Ansicht geben Vff. an, daß bei der Rk. von β-Brompropyltriäthylsilan (II) mit C_2H_5MgBr (III), wenn die Reaktionsteilnehmer nur kurze Zeit aufeinander einwirken, u. dann mit W. zerlegt wird, außer dem n. Reaktionsprod. der GRIGNARD–WURTZ-Synth. (*[β-Äthylpropyl]-triäthylsilan*) *Triäthylsilanol* (IV), zweifellos aus Triäthylbromsilan (V) durch Hydrolyse entstanden, erhalten wird, während Tetraäthylsilan (VI) fast völlig fehlt. VI wird erst bei längerem Kochen von II mit III gebildet, dann aber fehlt beim Zersetzen mit W. IV unter den Reaktionsprodd., offenbar weil V für die Bldg. von VI verbraucht wird. Die Ansicht von SOMMER u. Mitarbeitern (J. Amer. chem. Soc. **68**. [1946.] 1083; **70**. [**1948**.] 2869) über den „β-Zerfall" wird von Vff. nicht geteilt, da nach deren Reaktionsschema VI direkt, aber nicht über V als Zwischenprod., gebildet wird. Der „β-Zerfall" erfolgt je nach der vorliegenden Verb. spontan bei 50 bis —50° oder unter der Einw. der GRIGNARD-Verbindungen. Die Ausbeuten an den n. Verbb. der GRIGNARD-WURTZ-Synth. oder den Verbb. aus dem „β-Zerfall" liegen innerhalb weiter Grenzen, je nach dem Alkyl in I u. der GRIGNARD-Verbindung. Der „β-Zerfall" tritt beim Übergang vom prim. zum sek. u. tert. Halogenid, ebenso vom Bromid zum Chlorid u. von C_6H_5 zu CH_3, C_2H_5, C_3H_7 u. C_4H_9, d. h. mit Verringerung der Elektronegativität der Radikale, zurück.

Versuche: *Dimethylphenylallylsilan* (VII), $C_{11}H_{16}Si$, Kp.$_{751}$ 213,6°. Man fügt zu 54 g Mg in 1 Liter Ae. einige ml Allylbromid u. läßt nach Beginn der Rk. in 7 Std. unter Rühren ein Gemisch aus 133 g des letzteren u. 171 g $(CH_3)_2C_6H_5SiCl$ zufließen; nach Einw. über Nacht wird der Ae. abdest., der Rückstand 7 Std. auf dem Wasserbad erhitzt, nach Zusatz des abdest. Ae. mit nicht überschüssiger verd. HCl zers. u. fraktioniert; $D.^{20}_4$ 0,8911; n_D^{20} 1,5090; Mol.-Refr. ($[MR]_D$) 59,07; 144 g (Ausbeute). — Analog wurden nachst. Verbb. hergestellt: *Diphenylmethylallylsilan* (VIII), $C_{16}H_{18}Si$, Kp.$_{740}$ 310 bis 311°; $D.^{20}_4$ 0,9876; n_D^{20} 1,5660; 50%. — *Trimethylallylsilan* (IX), Kp.$_{750}$ 85,4°; $D.^{20}_4$ 0,7195; n_D^{20} 1,4075; 59%. — *Tripropylallylsilan* (X), $C_{12}H_{26}Si$, Kp.$_{748}$ 217°; $D.^{20}_4$ 0,7950; n_D^{20} 1,4490; 51%. — *Tributylallylsilan* (XI), Kp.$_{750}$ 252,3°; n_D^{20} 1,4515. — *Propyltriallylsilan* (XII), $C_{12}H_{22}Si$, Kp.$_{750}$ 218,3°; $D.^{20}_4$ 0,8178; n_D^{20} 1,4705; 36%. — *Phenyltriallylsilan* (XIII), $C_{15}H_{20}Si$, Kp.$_{751}$ 274,8°; $D.^{20}_4$ 0,9174°; n_D^{20} 1,5300. — Aus vorst. Verbb. wurden mit HBr-Gas bei —70° die *β-Brompropyltrialkyl(aryl)silane* gewonnen, die als Rohprodd. mit den GRIGNARD-Verbb. umgesetzt wurden. Isoliert wurde dagegen *β-Chlorpropyltrimethylsilan*, $C_6H_{15}ClSi$, Kp.$_{25}$ 43—46°; $D.^{20}_4$ 0,8738; n_D^{20} 1,4280; $[MR]_D$ 44,37. — *[β-Alkylpropyl]-trialkyl(aryl)silane* $R_3SiCH_2CH(CH_3)R'$; aus den entsprechenden, auf —70° abgekühlten β-Bromsilanen (0,15—0,3 Mol), die zum 2—3fachen der GRIGNARD-Verb. R'MgX in Ae. zugefügt wurden; bei der Rk. mit R' = Allyl wurde die GRIGNARD-Verb. aus Alkylbromid u. Mg erst in der Rk. erzeugt; nach Zusatz des β-Bromsilans wurde 5—8 Std. gekocht (mitunter der Ae. abdest., um das Prod. des „β-Zerfalls" R_3SiBr in R_3SiR' überzuführen), mit W. zerlegt u. fraktioniert; im Falle der gesätt. Si–KW-stoffe wurde vor der Dest. mit konz. H_2SO_4 gewaschen. Die Ausbeuten sind auf die Allylsilane VII—XIII bezogen. *[β-Äthylpropyl]-dimethylphenylsilan*, $C_{13}H_{22}Si$, Kp.$_{735}$ 242°; $D.^{20}_4$ 0,8806; n_D^{20} 1,4895; $[MR]_D$ 67,70; 5%. — *[β-Allylpropyl]-dimethylphenylsilan*, $C_{14}H_{22}Si$, Kp.$_{743}$ 256—258°; $D.^{20}_4$ 0,8859; n_D^{20} 1,4990; $[MR]_D$ 72,38; 24%. — *[β-Äthylpropyl]-trimethylsilan*, $C_8H_{20}Si$, Kp.$_{747}$ 133,2°; $D.^{20}_4$ 0,7369; n_D^{20} 1,4120; 5%. — *[β-Propylpropyl]-trimethylsilan*, $C_9H_{22}Si$,

$Kp._{750}$ 154—155°; $D.^{20}_4$ 0,7492; n_D^{20} 1,4190; 6%. — *[β-Phenylpropyl]-trimethylsilan*, $C_{12}H_{20}Si$, $Kp._{745}$ 221—223°; $D.^{20}_4$ 0,8792; n_D^{20} 1,4940; 9%. — *[β-Allylpropyl]-trimethylsilan* (**XIV**), $C_9H_{20}Si$, $Kp._{750}$ 151,3°; $D.^{20}_4$ 0,7575; n_D^{20} 1,4264; 35%. — *[β-Äthylpropyl]-tripropylsilan*, $C_{14}H_{32}Si$, $Kp._{745}$ 240—243°; $D.^{20}_4$ 0,7965; n_D^{20} 1,4450; 12%. — *[β-Propylpropyl]-tripropylsilan*, $C_{15}H_{34}Si$, $Kp._{750}$ 257—259°; $D.^{20}_4$ 0,8011; n_D^{20} 1,4470; 20%. — *[β-Allylpropyl]-tripropylsilan*, $C_{15}H_{32}Si$, $Kp._{760}$ 255—256°; $D.^{20}_4$ 0,8098°; n_D^{20} 1,4545; 38%. — *[β-Äthylpropyl]-tributylsilan*, $C_{17}H_{38}Si$, $Kp._{740}$ 272—274°; $D.^{20}_4$ 0,8010; n_D^{20} 1,4480; 20%. — *[β-Allylpropyl]-tributylsilan*, $C_{18}H_{38}Si$, $Kp._{745}$ 288—289°; $D.^{20}_4$ 0,8122; n_D^{20} 1,4568; 50%. — Bei *[β-Äthylpropyl]-*, *[β-Propylpropyl]-*, *[β-Phenylpropyl]-* u. *[β-Allylpropyl]-triäthylsilan* betrugen die Ausbeuten 12, 25, 23 u. 50%. — Prodd. des „β-Zerfalls": *Tripropyläthylsilan*, $C_{11}H_{26}Si$, $Kp._{748}$ 207—210°; $D.^{20}_4$ 0,7824; n_D^{20} 1,4375; $[MR]_D$ 62,47. — *Tributyläthylsilan*, $C_{14}H_{32}Si$, $Kp._{740}$ 252—254°; $D.^{20}_4$ 0,7942; n_D^{20} 1,4445. — *1.4-Bis-[trimethylsilyl]-2.3-dimethylbutan*, $C_{12}H_{30}Si_2$, $Kp._{730}$ 220—220,3°; aus 71,5 g β-Brompropyltrimethylsilan (aus **IX** u. HBr), die bei 10—15° unter Rühren in 1½ Std. zu 20 g Mg in 250 ml Ae. hinzugefügt wurden; man zerlegt am nächsten Tage mit W., nimmt mit Ae. auf, behandelt den Verdampfungsrückstand des Ae. mit konz. H_2SO_4 (die *Hexamethyldisiloxan* löst) u. fraktioniert; $D.^{20}_4$ 0,7922; n_D^{20} 1,4400; $[MR]_D$ 76,68; 5,2 g neben *Trimethylpropylsilan*, $Kp._{730}$ 88°; $D.^{20}_4$ 0,7027; n_D^{20} 1,3929; 3,2 g. — *[4-Brom-2-methylpentyl-(1)]-trimethylsilan* (**XV**), $Kp._{18}$ 92—93°; man leitet HBr bei —70° in 18,7 g **XIV** ein, erwärmt auf Zimmertemp. u. wiederholt dies, bis bei 20° die theoret. Menge aufgenommen ist; $D.^{20}_4$ 1,0628; b_D^{20} 1,4590; 25,5 g. — *[4-Brom-2-methylpentyl-(1)]-triäthylsilan* (**XVI**), $Kp._8$ 124°; Herst. analog Vorst. aus β-Allylpropyltriäthylsilan; $D.^{20}_4$ 1,0517; n_D^{20} 1,4745; 84%. — *6-Trimethylsilyl-3.5-dimethylhexanol-(1)*, $C_{11}H_{26}OSi$, $Kp._5$ 120—125°; aus der aus 22 g **XV** u. 2,5 g Mg in 100 ml Ae., zum Schluß unter 2std. Kochen, hergestellten GRIGNARD-Verb. u. 11 g Äthylenoxyd in 150 ml Ae.; man läßt 8 Tage einwirken u. zerlegt mit W.; $D.^{20}_4$ 0,8315; n_D^{20} 1,4480; $[MR]_D$ 65,16; 7 g neben einem hochsd. *Si–KW-stoff* (Kp. ca. 300°); vgl. nachst. Verbindung. — *1.8-Bis-[triäthylsilyl]-2.4.5.7-tetramethyloctan*, $C_{24}H_{54}Si_2$, Kp. ca. 380°; aus der aus 18 g **XVI** u. Mg (mit J aktiviert) in Ae. hergestellten GRIGNARD-Verb. bei 5std. Kochen; man zerlegt mit verd. HCl; $D.^{20}_4$ 0,8443; n_D^{20} 1,4687; $[MR]_D$ 131,5; 7 g neben 3 g *[β-Propylpropyl]-triäthylsilan*, Kp. 222—226°; n_D^{20} 1,4436, 1 g *Hexaäthyldisiloxan* u. anderen hochsd. Verbindungen. (Известия Академии Наук СССР, Отделение Химических Наук [Nachr. Akad. Wiss. UdSSR, Abt. chem. Wiss.] **1952**. 635—45. Juli/Aug. Inst. für organ. Chem. der Akad. der Wiss. der UdSSR, u. Moskau, Chem.-Technol. Mendelejew-Inst.) R. KNOBLOCH. 980

René Locquin, *Entstehung und Entwicklung der gemischten organischen Magnesiumverbindungen.* Vf. gibt eine ausführliche Darst. der Entstehung u. Anwendung der GRIGNARDschen Rk., wobei hauptsächlich persönliche Dinge erörtert werden. (Bull. Soc. chim. France, Mém. [5] **17**. 897—906. 1950.) WESLY. 980

Pierre Jolibois und **Robert Kullmann**, *Die Konstitution der organischen Magnesiumverbindungen nach Victor Grignard.* Vf. gibt einen Überblick über die Entw. der Theorien der Konst. der GRIGNARD-Reagentien, die Darst. der organ. gemischten u. symm. Mg-Verbb., die Rolle der polaren Lösungsmittel, das Mol.-Gew. u. die Rkk. der organ. Mg-Verbb. u. die Wirkungen des elektr. Stromes auf die GRIGNARD-Reagentien. (Bull. Soc. chim. France, Mém. [5] **17**. 919—32. 1950. Paris, École Nationale Supérieure des Mines, École Supérieure de Physique et Chimie.) WESLY. 980

Herbert E. Ungnade und **Ishmael Ortega**, *Nitrierung und Bromierung von m-Phenoxyanisol.* Bei der Nitrierung u. Bromierung von *m-Phenoxyanisol* (**I**) wird die Stellung des eintretenden Substituenten durch die Phenoxygruppe bestimmt; es entstehen 6-substituierte Äther. Das Nitrierungsprod. ist ein Gemisch, dessen Absorptionsspektr. dem des 3-Phenoxy-4.6-dinitroanisols (**II**) ähnelt, aus dem aber nur *3-Phenoxy-6-nitroanisol* (**III**) isoliert werden konnte. Bei der Bromierung wird *3-Phenoxy-6-bromanisol* (**IV**) gebildet. **IV** wird in das entsprechende *Cyanid* (ROSENMUND-VON BRAUN) übergeführt, aus dem durch alkal. bzw. saure Verseifung die entsprechende *Oxy-* bzw. *Methoxysäure* erhalten wird.

Versuche: *3-Phenoxy-6-nitroanisol* (**III**), niedrigschm. Form, $C_{13}H_{11}O_4N$, F. 70—71°, aus 16 g **I** in Eisessig u. konz. HNO_3 bei 25—30°; Gießen auf Eis u. Ausziehen mit Bzl. gibt ein Öl ($Kp._{0,1}$ 158—173°; 3,21 g [Ausbeute]), aus dem mit Ligroin Nadeln von **III** abgeschieden werden; 0,26 g. In der Mutterlauge von **III** wird ein Gemisch von Mono- u. Dinitroverbb. nachgewiesen (Chromatogramm u. UV-Spektr.). — *3-Phenoxy-6-nitrophenol* (**V**), niedrigschm. Form, F. 96—98°, durch Demethylierung von 5,79 g rohem **III**, das durch Chromatographie des **I**-Nitrierungsprod. u. Eluierung mit Bzl. gewonnen wurde, mit NaOH unter N_2 (3½ std. Kochen), Ansäuern u. Ausziehen mit Bzl.; 0,23 g. — *m-Chlorphenol*, aus m-Chloranilin (vgl. UNGNADE u. OSWOLL, C. **1946**. I. 1553); 63,5%. — *3-Chlor-6-nitrophenol* (**IX**; F. 39,5—40°, aus 30 g vorst.), Verb. durch Nitrierung mit HNO_3 in Eisessig bei —15°; 5,89 g; daneben *3-Chlor-4-nitrophenol* (**X**), F. 120—120,5° (W.); als nicht wasserdampfflüchtiger Rückstand. **IX**-*Na-Salz*, ziegelrote Plättchen. — *3-Chlor-6-nitroanisol* (**XI**), F. 70,5—71,5°, aus 5,45 g **IX**-Na-Salz durch 4std. Kochen mit Dimethylsulfat, Dampfdest. u. Ausziehen des Destillats mit Bzl.; Plättchen; 3,27 g. — **III**, hochschm. Form, $C_{13}H_{11}O_4N$, F. 100 bis 100,5°, aus 7 g **XI** durch 2std. Erhitzen mit C_6H_5OK u. Cu-Pulver auf 200—205°, Dampfdest. u. Ausziehen des Destillats mit Bzl.; $Kp._7$ 150—160°; aus Ligroin blaßgelbe Plättchen; 1,91 g; daneben etwas niedrigschm. Form; Nadeln. — **V**, *hochschm. Form*, $C_{12}H_9O_4N$, F. 107—109° (aus der Schmelze bei Animpfen mit der niedrigschm. Form auch F. 96—97°), aus 1,64 g **III** durch 72std. Kochen mit NaOH unter N_2, Ansäuern, Ausziehen mit Bzl., der benzol. Lsg. mit NaOH, Ansäuern mit konz. HCl (dabei fällt als Nebenprod. *Nitroresorcinmonomethyläther*, $C_7H_7O_4N$, gelbe Prismen aus Bzl.–PAe., F. 118—119°; 0,38 g) u. 24std. Extraktion mit Bzl.; aus Ligroin gelbe Prismen; 0,16 g. — *3-Chlor-4-nitroanisol*, $C_7H_6O_3NCl$, F. 53—55°, aus 4,65 g **X**-Na-Verb. durch 5std. Erhitzen mit Dimethylsulfat auf 120—130° u. Dampfdest.; Nadeln; 4,14 g. — *3-Phenoxy-4-nitroanisol* (**VI**), $C_{13}H_{11}O_4N$, F. 87—88°, braune Prismen aus Ligroin, aus 2 g vorst. Verb. u. C_6H_5OK; Reinigung durch Filtration in Bzl. durch Al_2O_3; 0,95 g. — Durch Ätherspaltung von 0,5 g **VI** mit verd. KOH (8 Std. in N_2-Atmosphäre), Ansäuern, Ausziehen mit Bzl., Dest., Adsorption an Al_2O_3 in Bzl. u. Eluierung mit Bzl. entsteht *4-Nitroresorcin*, $C_6H_5O_4N$, F. 121—122°, gelbe Tafeln aus CCl_4; 0,112 g. — *3-Phenoxy-4.6-dinitroanisol* (**II**), $C_{13}H_{10}O_6N_2$, F. 153,5—154°, Nadeln aus Bzl., aus **XI** über *3-Chlor-4.6-dinitroanisol* F. 102,8—103°, Nadeln aus A.; 2,85 g aus 3 g **XI** durch 2½std. Nitrierung mit HNO_3 + Eisessig bei 110—120°); 2 g wurden mit C_6H_5OH u. CH_3OK-Lsg. 1 Std. gekocht, dann wurde mit Bzl. ausgezogen; 1,04 g. — Durch Entmethylierung von 0,27 g **II** mit verd. KOH in N_2-Atmosphäre entsteht *3-Phenoxy-4.6-dinitrophenol*, $C_{12}H_8O_6N_2$, F. 99—100° bzw. 168—172° (2 Modifikationen), hellgelbe Nadeln aus Ligroin 0,22 g. — Von allen Nitrophenoxyanisolen bzw. -phenolen werden die UV-Spektren tabellar. u. graph. angegeben, zum Vgl. auch von *Nitrobenzol*, *p-* u. *o-Methoxy-*, *p-* u. *o-Phenoxynitrobenzol*, *2.4-Dinitroanisol* u. den entsprechenden *Oxyverbindungen*. — *3-Phenoxy-6-cyananisol* (**VII**), braunes Öl, aus *3-Phenoxy-6-bromanisol* (**IV**, $Kp._2$ 180 bis 182°; dieses aus 6,56 g Br_2 u. 8 g **I** in Eisessig mit geschmolzenem Na-Acetat; 7,8 g) u. $Cu(CN)_2$ bei 250—255°, Extrahieren mit Aceton u. Chromatographieren des Rohprod. in Bzl.; 3,64 g. — *4-Phenoxysalicylsäure* (**VIII**), F. 180—183° (Bzl.–PAe.), durch Verseifung von 1,99 g **VII** mit 47%ig. HJ u. Eisessig; 0,02 g. **VIII** entsteht außerdem durch Hydrolyse von 3,64 g rohem **VII** mit KOH; 1,23 g. — *2-Methoxy4-phenoxybenzoesäure*, $C_{14}H_{12}O_4$, F. 78—80°, durch Ansäuern des bei der alkal. Hydrolyse von **VII** anfallenden Sodaextraktes; 0,038 g. (J. org. Chemistry **17**. 1475—83. Nov. 1952. Los Vegos, N. Mex., New Mexico Highlands Univ., Chem. Dep.) ERIKA HAAS. 1060

R. A. McIvor und **J. M. Pepper**, *Die Reaktion von 5-Bromvanillin und Natriummethylat.* Vff. untersuchen die Bromierung von Vanillin (**I**) zu *5-Bromvanillin* (**II**) u. die folgende Umsetzung von **II** mit $NaOCH_3$ zu *Syringaaldehyd* (**III**). Die letztere Umsetzung wird bei Reaktionszeiten von 4—11,5 Std. in Ggw. eines Cu-Katalysators im Autoklaven bei 162—186° vorgenommen. Bei niedrigen Reaktionszeiten (1—3 Std.) wird entweder **II** vollständig zurückerhalten oder es werden wechselnde Mengen von *5-Bromvanillylalkohol* (**IV**) u. *5-Bromvanillylmethyläther* (**V**) erhalten. Das Auftreten verschied. Reaktionsprodd. bei mehreren Verss. unter nahezu gleichen Reaktionsbedingungen wird der Irreproduzierbarkeit des Cu-Katalysators zugeschrieben. Die bisher nicht beschriebenen Verbb. **IV** u. **V** werden ferner auf synthet. Wege dargestellt u. ihre UV-Absorptionsspektren mit denen von **II** u. **III** verglichen, außerdem werden ihre Infrarotspektren aufgenommen. Verss. mit *5-Jodvanillin* u. $NaOCH_3$ geben ausgezeichnete Ausbeuten an **III**.

Versuche: *5-Bromvanillin* (**II**), F. 164° (A.), aus **I**, Na-Acetat in Eisessig u Br_2; 97,5% (Ausbeute). *2.4-Dinitrophenylhydrazon*, $C_{14}H_{11}O_6N_4Br$, F. 295,5—296° (Zers.). *Triacetat*, $C_{14}H_{15}O_7Br$, F. 109°, aus **II** u. Acetanhydrid. — *Syringaaldehyd* (**III**), F. 113° (W.), aus 15 g **II** u. 10 g $NaOCH_3$ in 250 ml Methanol im Autoklaven bei 162 bis 186° in Ggw. eines Cu-Katalysators bei Reaktionszeiten von 4—11,5 Std.; Nadeln; 1—5 g. *2.4-Dinitrophenylhydrazon*, F. 234—235°. — *5-Bromvanillylalkohol* (**IV**), C_8H_9·O_3Br, F. 132°, aus 15 g **II** wie bei **III** bei niedrigen Reaktionszeiten; 0,7 g, ferner aus dem Na-Salz von **II** durch Red. mit Na-Borhydrid bei Zimmertemp.; kleine Nadeln; 88%. — *5-Bromvanillylmethyläther* (**V**), $C_9H_{11}O_3Br$, F. 64—67°, aus 15 g **II** wie **IV**; 2,9—3,3 g, ferner aus **IV** durch Verätherung mit Methanol u. konz. H_2SO_4; Kristalle nach Vakuumsublimation; 88%. (Canad. J. Chem. **31.** 298—302. März 1953. Saskatoon, Sask., Univ., Dep. of Chem.) G. WINKLER. 1140

Roger Adams und **C. N. Winnick,** *Chinonimide.* 8. Mitt. *Synthese und Reaktionen von o-Chinondiimiden.* (7. vgl. C. **1953. 8067.**) o-Phenylendibenzolsulfonamid (**I**) gab mit Pb-Tetraacetat (**II**) statt des erwarteten o-Chinondibenzolsulfonimids (**III**) ein *amorphes Prod.*, vermutlich ein Dimeres oder Polymeres von **III. I**-Derivv. mit Substituenten im Phenylendiaminring wurden mit guten Ausbeuten zu **III**-*Derivv.* oxydiert, die orangegelb bis rot sind u. o-Chinon-Rkk. zeigen. So addieren sie HCl unter Bldg. von *chlorierten* **I**-Derivaten. Sofern bei diesen die Bldg. isomerer Verbb. möglich ist, wurde die Stellung des Cl-Atoms eindeutig festgelegt.

Versuche (FF. korr.): 1 g **I**, mit 1,5 g **II** in CH_3COOH 45 Min. oder in CH_3COOH u. Acetanhydrid 30 Min. bei Zimmertemp. gerührt, gibt rote Lsgg.; mit W. rötlichbraune Ndd.; mit H_2 über PtO_2 in Dioxan grüne Lsg., an der Luft Rötung; die grüne, mit wss. $Na_2S_2O_4$ verd. Lsg. gibt grünlichen Nd., mit Base rot, mit Säure grün werdend. Durch Oxydation in Bzl. u. mit PAe. verd. oder in trocknem Ae. entstehen undefinierte Produkte. — *4-Methyl-o-chinondibenzolsulfonimid* (**IV**), $C_{19}H_{16}O_4N_2S_2$, F. 155—160° (Zers.), aus 9 g 4-Methyl-o-phenylendibenzolsulfonamid F. 178—179°) u. 10 g **II** in 75 cm³ CH_3COOH (30 Min., Zimmertemp.); dann orangefarbenen Brei 5 Min. mit einigen Tropfen Glycerin verrühren; 6 g, rein zur Verarbeitung; orangefarbene Tafeln aus $CH_3 \cdot COOH$ u. frischem $C_6H_5NO_2$; in konz. H_2SO_4 rotviolett; mit Zn in CH_3COOH oder mit gesätt. wss. SO_2-Lsg. (einige Tage) Red. zum Diamid; addiert in Dioxan HCl bzw. ungelöst konz. HCl unter Bldg. eines Isomerengemisches vom F. 172—173° bzw. vom F. 190—191°. — *4-Methyl-5-chlor-o-phenylendibenzolsulfonamid* (**V**), $C_{19}H_{17}O_4N_2ClS_2$, F. 208—209°, a) aus 2 g **IV**, 30 cm³ Eisessig u. 2 cm³ konz. HCl; nach einigen Min. mit W. verd.; 2 g Nd.; Reinigung des aus CH_3COOH bis zum F. 200—201° umkrist. Rohprod. durch Verseifung zu *4-Methyl-5-chlor-o-phenylendiamindihydrochlorid* (*freie Base* [**VI**] aus Bzl., F. 140—141°), dann nach b) wieder benzolsulfoniert; oder die Lsg. des Prod. vom F. 200—201° in heißer 10%ig. alkoh. KOH filtriert, das isolierte K-Salz 3mal aus A. umkrist. u. in verd. HCl eingerührt; b) Überführung von 2-Nitro-5-chlor-p-toluidin durch Red. mit $SnCl_2$ in **VI** (0,4 g), Lösen in Pyridin, Umsetzung mit 1 g $C_6H_5SO_2Cl$ (Zimmertemp.) u. Eingießen (nach kurzer Zeit) in verd. HCl; aus Eisessig Kristalle; 1 g roh. — *4-Chlor-o-phenylendibenzolsulfonamid* (**VII**), $C_{18}H_{15}O_4N_2ClS_2$, F. 154° (A.), aus 4-Chlor-o-phenylendiamin in Pyridin u. $C_6H_5SO_2Cl$; C_5H_5N zumeist abdest., Rückstand mit heißem A. verd. u. mit konz. HCl + Darco versetzt; 81%. — *4-Chlor-o-chinondibenzolsulfonimid* (**VIII**), $C_{18}H_{13}O_4N_2ClS_2$, F. 176—178° (Zers.), aus **VII** wie **IV**; aus $C_6H_5NO_2 + CH_3COOH$ (8 : 1), orangegelbe Nadeln; 80% roh; in konz. H_2SO_4 rotviolett; bei Red. Verh. wie **IV**. Gibt in Dioxan mit konz. HCl ein Isomerengemisch vom F. 161—162°. — *4.5-Dichlor-o-phenylendibenzolsulfonamid* (**IX**), $C_{18}H_{14}O_4 \cdot N_2Cl_2S_2$, F. 186—187° (Eisessig), a) aus 1 g **VIII** in CH_3COOH mit konz. HCl; nach 5 Min. mit W. gefällt; 1 g roh; Reinigung über das *4.5-Dichlor-o-phenylendiamin* (**X**) oder über das K-Salz wie **V**; b) aus 2-Nitro-4.5-dichloranilin (F. 176°), $SnCl_2$ u. konz. HCl durch 1std. Dampfbaderhitzen u. Neutralisieren mit NaOH, Isolierung von **X** [$C_6H_6N_2Cl_2$, F. 162—163°, aus Bzl. + PAe. (1 : 1); 94% roh], Zugabe von $C_6H_5SO_2Cl$ zur Pyridinlsg. von **X** in 15 Min. bei Raumtemp. u. Gießen in verd. HCl; Nd. durch sd. A. von unlösl. Prod. getrennt; 90% roh. — *4.5-Dimethyl-o-phenylendibenzolsulfonamid*, $C_{20}H_{20}O_4N_2S_2$, F. 238° [$HCON(CH_3)_2$]; die durch Red. von 20 g 4.5-Dimethyl-o-nitranilin wie bei **XII**, aber mit der doppelten Mengen A. u. 2std. Kochen hergestellten 14 g Diamin wurden wie bei **IX**, Meth. b), behandelt (30 Min., Zimmertemp.) u. in sd. 50%ig. CH_3OH gegossen; 35 g. — *4.5-Dimethyl-o-chinondibenzolsulfonimid* (**XI**), $C_{20}H_{18}O_4N_2S_2$, aus Essigester, F. 181—186° (Zers.), aus 4 g vorst. Verb. u. 4,4 g **II** in Acetanhydrid (15 Min., 60—70°); orange; 65%; in konz. H_2SO_4 gelb. — *3-Chlor-4.5-dimethyl-o-phenylendibenzolsulfonamid*, $C_{20}H_{19}O_4N_2ClS_2$, F. 206—207° (Pyridin-W., 3 : 2), aus **XI**, mit CH_3COOH u. konz. HCl einige Min. gerührt, zum Sieden erhitzt u. verd.; 92%. — *3.5-Dimethyl-o-phenylendibenzolsulfonamid* (**XII**), $C_{20}H_{20}O_4N_2S_2$, F. 175° A., durch 3std. Kochen von 16,6 g 4.6-Dimethyl-o-nitranilin mit 20 g Zn, 40 cm³ A. u. 8 cm³ 20%ig. NaOH, Behandeln des Diamins (13 g) mit $C_6H_5SO_2Cl$ wie üblich (1 Std., Zimmertemp.) u. Gießen des Gemisches in 400 cm³ heißes 50%ig. CH_3OH; 22 g, aus dem Filtrat + W. 9 g. — *3.5-Dimethyl-o-chinondibenzolsulfonimid*, $C_{20}H_{18}O_4N_2S_2$, aus CH_3COOH, F. 177 bis 183° (Zers.), aus **XII** analog **XI** (40 Min., 60—65°); karminrot; 80%. — *3.5-Dimethyl-4-chlor-o-phenylendibenzolsulfonamid* (**XIII**), $C_{20}H_{19}O_4N_2ClS_2$, aus CH_3COOH, F. 199°, aus vorst. Verb.; nach 10 Min. durch Erwärmen entfärbt u. verd.; 92%. — *2-Chlor-4-nitro-m-xylol*, F. 48—49° (A.), durch Gießen der Diazoniumchloridlsg. aus 2-Amino-4-nitro-m-xylol, konz. HCl u. $NaNO_2$-Lsg. bei —10 bis 0° in die kalte Lsg. von CuCl in konz. HCl; nach Erreichen der Zimmertemp. Erwärmen auf 50° u. Verdünnen mit W.; 69%. — *2-Chlor-4-amino-m-xylol*, F. 48—49° (PAe.), durch Verrühren vorst. Verb. mit $SnCl_2$ in A.-konz. HCl (1 : 1 Vol.) bis zum Nachlassen der Rk. u. 10 Min. Dampfbaderhitzen; in der Kälte Verdünnen u. Neutralisieren mit NaOH; Benzolauszug des Nd. verdampft; 83%. — *2-Chlor-4-acetamido-m-xylol*, $C_{10}H_{12}ONCl$, F. 156—157° A.), durch Versetzen der sd., mit Darco entfärbten Lsg. von 3 g vorst. Verb. in 50 cm³ W. + 1,7 cm³ konz. HCl bei 50° mit 2,4 cm³ Acetanhydrid u. dann 3 g krist. CH_3COONa in W.; 92%. — *2-Chlor-4-acetamido-5-nitro-m-xylol*, $C_{10}H_{11}O_3N_2Cl$, F. 188—189° (A.), durch ¹/₄std. Zugabe von 3 g vorst. Verb. in 6 g HNO_3 (D. 1,5) u. 2 g CH_3COOH bei Zimmertemp., ½std. Stehen u. Gießen in Eis + W.; 94%. — *2-Chlor-4-amino-5-nitro-m-xylol*, $C_8H_9O_2N_2Cl$, F. 137°, durch 1std. Kochen von vorst. Verb. in 20%ig. HCl u. Heißfiltration; Rückstand in weiterer sd. HCl gelöst; Filtrate verd.; aus 50%ig. A. orangefarbene Kristalle; 72% roh. — *2-Chlor-4.5-diamino-m-xylol*, $C_8H_{11}N_2Cl$, F. 82—83°, aus vorst. Verb. u. $SnCl_2$ in konz. HCl (15 Min. Zimmertemp., 30 Min. Dampfbad); mit ebensoviel W., verd., mit NaOH neutralisiert u. aus PAe. umkrist.; gibt mit Benzil in CH_3COOH ein *Chinoxalinderiv.* (tiefe Rotfärbung mit konz. H_2SO_4), mit $C_6H_5SO_2Cl$ in C_5H_5N **XIII** (F. 198—199°, aus CH_3COOH; 56%). — *4.5-Dichlor-o-chinondibenzolsulfonimid*, $C_{18}H_{12}O_4N_2Cl_2S_2$, F. 185—186° (Zers.), aus **IX** u. **II** in CH_3COOH (20 Min.), nach Zugabe einiger Tropfen $(CH_2OH)_2$ 5 Min. bei Zimmertemp. gerührt; wollige, orangefarbene Nadeln aus Essigester; 90% roh; in konz. H_2SO_4 rotviolett. — *3.4.5-Trichlor-o-phenylendibenzolsulfonamid*, $C_{18}H_{13}O_4N_2Cl_3S_2$, F. 207—208° (A.), aus vorst. Verb. wie **V**, Meth. a); 93% roh. — *3.4.5-Trichlor-o-chinondibenzolsulfonimid*, $C_{18}H_{11}O_4N_2Cl_3S_2$, F. 155—157° (Zers.), aus 4,2 g vorst. Verb. u. 5 g **II** in 500 cm³ Ae. (½ Std. Zimmertemp.); 4,8 g roh; aus A.–PAe. (1 : 1) (Trockeneis–Aceton Bad); rot; mit konz. H_2SO_4 rotviolett. — *Tetrachlor-o-phenylendibenzolsulfonamid*, $C_{18}H_{12}O_4N_2Cl_4S_2$, F. 230—231° (Eisessig), aus vorst. Verb. (roh aus Ätherfiltrat) wie **V**, Meth. a) (15 Min.); 70% roh. — *3-Methyl-o-phenylendiamin*, aus 10 g 2-Amino-3-nitrotoluol u. 5,8 g krist. $SnCl_2$; nach Rk. 15 Min. dampfbaderhitzt, kalt mit NaOH neutralisiert u. in Eisschrank gestellt; 7,5 g; durch übliche Rk. mit $C_6H_5SO_2Cl$ *3-Methyl-o-phenylendibenzolsulfonamid*, $C_{19}H_{18}O_4N_2S_2$, aus Eisessig, F. 188 bis 189°; 72% roh. — *3-Methyl-o-chinondibenzolsulfonimid*, $C_{19}H_{16}O_4N_2S_2$, F. 133—135° (Zers.), aus vorst. Verb. wie **V**, Meth. a) (30 Min., 85—90°), aus Ae.–PAe. (1 : 1) (Trockeneis–Aceton); rot; 30% roh; in konz. H_2SO_4 hellrot. — *4-Nitro-o-phenylendibenzolsulfonamid*, $C_{18}H_{15}O_6N_3S_2$, F. 199° (Eisessig), aus 10 g Diamin wie **IX**, Meth. b) (24 Std. Zimmertemp.); Nd. mit 200, dann 100 cm³ sd. A. ausgezogen; 8,2 g; aus Filtraten, 14,5 g braunes Prod., wahrscheinlich Monobenzolsulfonylderivat. Bleibt mit **II** in Eisessig unverändert. (J. Amer. chem. Soc. **73**. 5687—91. Dez. 1951. Urbana, Ill., Univ. of Illinois, Noyes Chem. Inst.) LEHMSTEDT. 1190

Ernst D. Bergmann und **Chaim Resnik**, *Die Synthese von o-Diäthylbenzol und die katalytische Oxydation der Diäthylbenzole.* Vff. synthetisieren *p-Diäthylbenzol* (**I**) u. *o-Diäthylbenzol* (**II**) u. untersuchen die katalyt. Oxydation von **I**, **II** u. *m-Diäthylbenzol* (**III**) in fl. Phase. **I** wird erhalten durch CLEMMENSEN-Red. von p-Diacetylbenzol, **II** durch DIELS-ALDER-Kondensation von *Propylidenaceton* (**VI**) [aus aus Propionaldehyd u. Aceton hergestelltem *Hexanol-4)-on-(2)* u. nachfolgender Dehydratisierung] u. Butadien zu *4-Äthyl-5-acetylcyclohexen* (**VII**) anschließender katalyt. Dehydrierung zu *o-Äthylacetophenon* (**VIII**) u. nachfolgender CLEMMENSEN-Reduktion. DIELS-ALDER-Kondensation von *β-Äthylacrylsäure* u. Butadien führt zu *5-Äthylcyclohexencarbonsäure-(4)*, die sich leicht zu *o-Äthylbenzoesäure* (**IX**) dehydrieren läßt. Die katalyt. Oxydation von **I**, **II** u. **III** in fl. Phase geschieht an bei 450° aktiviertem Cr_2O_3 + Co_2O_3 (4 : 1) (**A**) bzw. an bei 250° aktiviertem Cr_2O_3 + CaO (1 : 4) (**B**). Dabei werden als Reaktionsprodd. die entsprechenden *Äthylacetophenone* u. daneben geringe Mengen der *Äthylbenzoesäuren* erhalten, während die entsprechenden *Diacetylbenzole* nicht nachgewiesen werden können. Durch das Entstehen der Acetylgruppe scheint der Katalysator so weit deaktiviert zu werden, daß die zweite Äthylgruppe nicht mehr oxydiert wird. Die Oxydationsgeschwindigkeit nimmt in der Reihenfolge **III**—**I**—**II** ab.

Versuche: *p-Diäthylbenzol* (**I**), $Kp._{20}$ 73—74°, $Kp._{760}$ 183—184°, aus p-Diacetylbenzol (F. 112—113° [A.]) durch CLEMMENSEN-Red.; n_D^{20} 1,4958; $D._4^{20}$ 0,8632; 26% (Ausbeute). *Tetrabromderiv.*, F. 110—111° (A.). *p-Äthylacetophenon* (**IV**), als Nebenprod. der CLEMMENSEN-Red. — *m-Diäthylbenzol* (**III**), $Kp._{20}$ 72—73°; $Kp._{760}$ 182—183°; n_D^{20} 1,4961; $D._4^{20}$ 0,8621. *Tetrabromderiv.*, F. 76—77° (A.). — *Hexanol-(4)-on-(2)* (**V**), $C_6H_{12}O_2$, aus 1200 g Aceton u. 150 g Propionaldehyd bei 8—10° u. Ggw. von NaOH. Nach 7std. Rühren Zugabe von Weinsäure, Abdest. des überschüssigen Acetons (986 g) u. Fraktionierung unter vermindertem Druck: 4,5 g *Diacetonalkohol*, $Kp._{23}$ 71 bis 73° u. 182 g **V**, $Kp._{23}$ 88—89°; n_D^{20} 1,4309; $D._4^{18}$ 0,95073; Mol.-Refr. 31,61; 60,6% u. nicht näher untersuchter Rückstand. — *Propylidenaceton* (**VI**), $C_6H_{10}O$, aus **V** durch

Dehydratisierung mit J_2 u. Redest.; Kp.$_{18}$ 36—38°; Kp.$_{760}$ 138—140°; n_D^{20} 1,4418; D.$^{20}_4$ 0,86654; Mol-Refr. 30,00; 88,3%. *4-Nitrophenylhydrazon*, F. 127—128° (A.). — *4-Äthyl-5-acetylcyclohexen* (**VII**), $C_{10}H_{16}O$, aus **VI** u. Butadien + Hydrochinon 12 Std. bei 160—165° im Autoklaven u. Fraktionierung, campherartig riechende Fl., Kp.$_{23}$ 103 bis 104°; n_D^{25} 1,4671; D.$^{30}_4$ 0,92822; Mol.-Refr. 45,35; 30%. *2.4-Dinitrophenylhydrazon*, $C_{16}H_{20}O_4N_4$, gelbe Kristalle, F. 121—122° (A.). — *o-Äthylacetophenon* (**VIII**), aus 50 g **VII**, durch Dehydrierung an Pd-Kohle, Kp.$_{25}$ 114—115°; n_D^{20} 1,5235; D.$^{20}_4$ 0,9901; Mol.-Refr. 45,75; 46 g. *Semicarbazon*, F. 181—182° (Isopropylalkohol). — *o-Diäthylbenzol* (**II**) durch von BRADY u. DAY (J. chem. Soc. [London] **1934**. 114) modifizierte CLEMMENSEN-Red. von **VIII**, Kp.$_{20}$ 73—74°; Kp.$_{760}$ 183°; n_D^{20} 1,5046; D.$^{20}_4$ 0,8837; 48%. *3.4.5.6-Tetrabromderiv.*, F. 65—66° (A.). — *5-Äthylcyclohexencarbonsäure-(4)*, $C_9H_{14}O_2$, aus 2-Pentensäure u. Butadien + Hydrochinon, 12 Std. bei 150° im Autoklaven, Prismen, F. 82 bis 83° (PAe.); 50%. — *o-Äthylbenzoesäure* (**IX**) durch Dehydrierung von vorst. Verb. in sd. p-Cymol an Pd-Kohle, 6 Std., F. 71° (W.); 61,3%. — Katalyt. Oxydation (1150 cm³ Luft je Min.) von 25 g **II** bei 120—130° in Ggw. von 1,25 g **A** gibt nach 24 Std. 15—16 g Ausgangsprod., 4,9—5,1 g **VIII** u. 4,5—4,8 g Rückstand, nach 36 Std. 14,5 g Ausgangsprod., 5,2 g **VIII**, 0,5 g **IX** u. 6,0 g Rückstand u. in Ggw. von 1,25 g **B** nach 24 Std. 16 g Ausgangsprod., 3,9 g **VIII** u. 5,0 g Rückstand, nach 36 Std. 15 g Ausgangsprod., 4,0 g **VIII**, 0,5 g **IX** u. 5,5 g Rückstand. — Analog aus 50 g **III** bei 120—130° in Ggw. von 2,5 g **A** nach 24 Std. 14—15 g Ausgangsprod., 20,6—21,5 g *m-Äthylacetophenon* (**X**, Kp.$_{20}$ 120—121°; n_D^{25} 1,5233; D.$^{20}_4$ 0,9912; Mol.-Refr. 45,75; *Semicarbazon*, F. 175 bis 176° [Isopropylalkohol]), 0,5—1,2 g *m-Äthylbenzoesäure* (**XI**), dünne Nadeln (F. 46 bis 47° [A.]) u. 8—9 g Rückstand, nach 36 Std. 10 g Ausgangsprod., 22,5 g **X**, 1,8 g **XI** u. 12,0 g Rückstand, nach 48 Std. 8 g Ausgangsprod., 23,5 g **X**, 2,8 g **XI** u. 13,5 g Rückstand, in Ggw. von 2,5 g **B** 17 g Ausgangsprod., 17,5 g **X**, 0,5 g **XI** u. 7,0 g Rückstand u. nach 36 Std. 16 g Ausgangsprod., 17,5 g **X**, 1,2 g **XI** u. 9,0 g Rückstand. — Katalyt. Oxydation (1100 cm³ Luft je Min.) von 25 g **I** bei 120—130° in Ggw. von 1,25 g **A** gibt nach 24 Std. 10—11 g Ausgangsprod., 7,8—8,0 g **IV** (Kp.$_{20}$ 122—123°; n_D^{20} 1,5287; D.$^{20}_4$ 0,99272; Mol.-Refr. 45,75; *2.4-Dinitrophenylhydrazon*, $C_{16}H_{16}O_4N_4$, rote Kristalle, F. 202—203° [A.]), 0,5—0,9 g *p-Äthylbenzoesäure* (**XII**, Nadeln, F. 114—115° [A.]) u. 6,0—6,5 g Rückstand, nach 36 Std. 8 g Ausgangsprod., 8,4 g **IV**, 1,1 g **XII** u. 7,5 g Rückstand, in Ggw. von 1,25 g **B** nach 24 Std. 10 g Ausgangsprod., 6,8 g **IV**, 0,3 g **XII** u. 6,5 g Rückstand, nach 36 Std. 9 g Ausgangsprod., 7,1 g **IV**, 0,6 g **XII** u. 8,0 g Rückstand. (J. org. Chemistry **17**. 1291—97. Okt. 1952. Tel-Aviv, Israel, Israeli Ministry of Defence, Labor. of Scient. Dep., u. Weizmann Inst. of Sci.) KLASSKE. 1210

M. A. Phillips, *Überführung von Methylsalicylat in gewisse Amide.* Bei der Rk. von Methylsalicylat (**II**) zu *Salicylamid* (**I**) mittels NH_4OH in Ggw. von Alkali (Holl. P. 65599) kann unvollständige Umwandlung eintreten; das teils feste, teils fl. Reaktionsprod. besteht dann aus dem NH_4-Salz von **II**, aus dem **II** durch Essigsäure gewonnen werden kann. Analog verläuft die Rk. von **II** mit Allylamin (**III**): **II** reagiert mit 1 Mol **III** zu einem Gemisch von 50% **II** u. 50% Salicylallylamid, mit 2 Mol **III** entsteht das Allylaminsalz von Salicylallylamid, aus dem ebenfalls mit Essigsäure Salicylallylamid in Freiheit gesetzt werden kann. (Chem. and Ind. **1952**. 782—83. 9/8. Romford, Essex, Phillips & Associates, Res. Labors.) LEHWALD. 1250

George D. Zuidema, Paul L. Cook und **Gerrit van Zyl**, *Eine weitere Untersuchung über den Verlauf der Ringöffnung asymmetrischer Epoxyde mit nucleophilen Reagentien.* Vff. untersuchen die Einw. von Cyanessigester (**I**) auf Styroloxyd (**II**) bzw. Butadienmonoxyd (**III**) in Ggw. von $NaOC_2H_5$. In beiden Fällen entstehen Gemische von Diastereomeren von *α-Cyan-γ-phenyl-γ-butyrolacton* (**IV**) bzw. *α-Cyan-γ-vinyl-γ-butyrolacton* (**V**). Im Gegensatz zur Addition von Acetessigester an **II** u. **III** (ADAMS u. VAN DER WERF, C. **1952**. 36) erfolgt diese hier in beiden Fällen am prim. C-Atom. Nach Ansicht der Vff. sind ster. Faktoren u. Resonanzeffekte nicht die einzigen Faktoren, welche die Richtung der Sn_2-Ringöffnung bestimmen. Maßgebend dürfte ebenfalls die relative Acidität des verwendeten nucleophilen Reagens sein.

Versuche: *α-Cyan-γ-phenyl-γ-butyrolacton* (**IV**), $C_{11}H_9O_2N$, **IVa**, F. 133—134°, **IVb**, F. 92—93°, aus 1 Mol **I** in A. in Ggw. von 1 Mol $NaOC_2H_5$ durch langsames Zutropfen von 1 Mol **II** u. 16std. Stehen bei 60°; Trennung von **IVa** u. **VIb** durch fraktionierte Kristallisation aus Bzl.; 91,5% (Gesamtausbeute), davon 10,4% **IVa** u. 89,6% **IVb**. — *α-Carboxy-γ-phenyl-γ-butyrolacton*, F. 149—150° (A.), durch 10std. alkal. Verseifung von 10 g **IV**; 4,7 g. — *α-Cyan-γ-vinyl-γ-butyrolacton* (**V**), $C_7H_7O_2N$, **Va**, Kp.$_2$ 146 bis 148°, **Vb**, Kp.$_2$ 150—152°, aus **I** u. **III** wie **IV**, Trennung von **Va** u. **Vb** durch fraktionierte Dest. (TODD-Kolonne mit 36 theoret. Böden, Rücklaufverhältnis 12:1); 65 bis 74%; 15,5 bzw. 120 g. — *γ-Vinyl-γ-butyrolacton* (**VI**), $C_6H_8O_2$, Kp.$_1$ 68—70°, durch alkal. Verseifung u. Decarboxylierung von **V**. — Mittels Infrarotanalyse wird die Identität von **VI** u. die Nichtidentität von **Va** u. **Vb**, sowie die durch Dest. erreichbare gute Trennung nachgewiesen. (J. Amer. chem. Soc. **75**. 294—96. 20/1. 1953. Holland, Mich. Hope Coll., Dep. of Chem.) G. WINKLER. 1250

H. Smith Broadbent und **Chao-Yuan Chu**, *Die Carbäthoxylierungsprodukte von p-Aminoacetophenon und p-Dimethylaminoacetophenon.* Die Einführung der Carbäthoxygruppe mit $NaNH_2$ u. Diäthylcarbonat gelingt beim p-Aminoacetophenon (I) am N-Atom u. beim p-Dimethylaminoacetophenon (II) am α-C-Atom des Ketons. I gibt auch bei großem Überschuß an Kondensationsmittel u. Diäthylcarbonat stets *Äthyl-p-acetylphenylurethan* u. II *Dimethylaminobenzoylessigsäureäthylester* (III), dessen Struktur u. a. durch Umwandlung in *1-[2.4-Dinitrophenyl]-3-[p-dimethylaminophenyl]-pyrazolon-(5)* u. *3-[p-Dimethylaminophenyl]-isoazolon-(5)* bewiesen werden konnte.

Versuche: Zur Darst. des $NaNH_2$ werden unter Rühren Na u. wenig $FeCl_3$ zu fl. NH_3 gegeben, nach beendeter Rk. das NH_3 verdampft unter gleichzeitiger Zugabe von Äther. *Äthyl-p-acetylphenylurethan*, $C_{11}H_{13}O_3N$, F. 157—158° (A.), zur Lsg. von $NaNH_2$ in Ae. p-Aminoacetophenon in Ae. geben, 2 Std. rühren, mit Diäthylcarbonat versetzen, 2 Std. am Rückfluß kochen u. auf Essigsäure–Eis-Gemisch gießen, schwachgelbe Kristalle; 68% (Ausbeute). *2.4-Dinitrophenylhydrazon*, $C_{17}H_{17}O_6N_5$, F. 232—234°, orangerote Kristalle. — *p-Dimethylaminobenzoylessigsäureäthylester* (III), $C_{13}H_{17}O_3N$, F. 64° (A.–W.), analog vorst. Verb. aus p-Dimethylaminoacetophenon in Ae. u. $NaNH_2$ in Ae. 2 Std. kochen, Diäthylcarbonat zufügen, 4 Std. kochen, schwachgelbe Nadeln; 11%. — *1-[2.4-Dinitrophenyl]-3-[p-dimethylaminophenyl]-pyrazolon-(5)*, $C_{17}H_{15}\cdot O_5N_5$, F. 243—244° (Methanol), aus **III** u. 2.4-Dinitrophenylhydrazin in konz. HCl u. A.; 52%. — *3-[p-Dimethylaminophenyl]-isoxazolon-(5)*, $C_{11}H_{12}O_2N_2$, F. 164°, aus **III** u. Hydroxylaminhydrochlorid durch Kochen in A. 1 Std.; 50%. (J. Amer. chem. Soc. **75**. 226—27. 5/1. 1953. Pravo, Utah, Brigham Young Univ.) L. FISCHER. 1340

A. S. Bailey, D. H. Bates, H. R. Ing und **M. A. Warne**, *2-[3'.5'-Dioxyphenyl]-äthylamin und 3.5-Dioxyphenylalanin.* 3.5-Dioxybenzoesäure wurde methyliert, über das Chlorid verestert u. mit $LiAlH_4$ zu *3.5-Dimethoxybenzylalkohol* red.; dieser wurde mit Thionylchlorid u. Pyridin zu *3.5-Dimethoxybenzylchlorid* (I) umgesetzt; F. 43—45°; 85% (Ausbeute). Das Benzylchlorid wurde in das *Cyanid* übergeführt; 85%, welches in Ae. mit $LiAlH_4$ red. wurde; das erhaltene *Amin* wurde durch Dest. mit Essigsäure, HJ u. P entmethyliert u. der Rückstand mehrmals aus W. im Vakuum über P_2O_5 umkrist.: *2-[3'.5'-Dioxyphenyl]-äthylaminhydrojodid-Monohydrat*, $C_8H_{11}O_2N\cdot HJ\cdot H_2O$, Zers. ab 185°. — Aus I wurde mit Acetamidomalonsäurediäthylester u. Na in A. *Acetamido-3.5-dimethoxybenzylmalonsäurediäthylester*, $C_{18}H_{25}O_7N$, F. 114° (Leichtbenzin/Bzl.), hergestellt; 87%. Durch Hydrolyse der vorst. Verb. mit konz. HCl–Essigsäure u. Umkristallisieren aus A. wurde *3.5-Dimethoxyphenylalaninhydrochlorid*, $C_{11}H_{16}O_4NCl$, erhalten. Entmethylierung durch Erhitzen mit HBr, Eindampfen u. Behandlung mit Pyridin führte zu *3.5-Dioxyphenylalanin*, $C_9H_{11}O_4N$, Prismen aus Wasser. (J. chem. Soc. [London] **1952**. 4534—35. Nov. Oxford, Univ., Dep. of Pharmacol.)
HILDEGARD SCHULZ. 1350

Geoffrey Wilkinson, *Darstellung und einige Eigenschaften von Ruthenocen und Rutheniciniumsalzen.* In Analogie zum Bis-[cyclopentadienyl]-eisen (Ferrocen; vgl. C. **1952**. 7951 u. WOODWARD u. Mitarbeiter, C. **1953**. 522) werden *Bis-[cyclopentadienyl]-ruthenium* (I) u. Salze seines Oxydationsprod. $[(C_5H_5)_2Ru]^+$ (II) dargestellt. I wird auf Grund seines chem. Verh. als aromat. Syst. *Ruthenocen* u. II entsprechend *Rhuteniciniumion* genannt. Die chem. u. physikal. Eigg. von I u. II-*Perchlorat* wurden untersucht u. bes. das Infrarot- u. UV-Absorptionsspektr. aufgenommen. I besitzt auf Grund des Infrarotspektr. nur eine Art von C–H-Bindungen.

Versuche: *Ruthenium(III)-acetylacetonat*, aus $RuCl_3$ u. Acetylaceton in $KHCO_3$-Lösung. — *Rhutenocen* (I), $(C_5H_5)_2Ru$, F. 195,5° (CCl_4) aus vorst. Verb. mit 5fachem Überschuß an Cyclopentadienyl-MgBr; das Reaktionsprod. wird mit W. zers. u. der Ae.-Rückstand im Hochvakuum sublimiert; gelbliche Kristalle; 20% (Ausbeute). — *Ruthenicinium(III)-perchlorat*, $[(C_5H_5)_2Ru]ClO_4$, durch anod. Oxydation von I in 90%ig. A., $HClO_4$ enthaltend; gelbe Kristalle; in verd. $HClO_4$ tritt nach 1—2 Std. Zers. ein. — II-*Trijodid*, $[(C_5H_5)_2Ru]J_3$, aus I u. J_2 in CCl_4; rötliche Masse. (J. Amer. chem. Soc. **74**. 6146—47. 5/12. 1952. Cambridge, Mass., Harvard Univ., Mallinckrodt Labor.) L. FISCHER. 1380

Geoffrey Wilkinson, *Darstellung und einige Eigenschaften der Kobalticiniumsalze.* In Analogie zum Ferrocen u. Ruthenocen (vgl. vorst. Ref.) wurden verschied. Salze des *Biscyclopentadienylkobalt(III)* $[(C_5H_5)_2Co]^+$ (I), *Kobalticiniumion* genannt, dargestellt u. ihre chem. u. physikal. Eigg. untersucht. Der quantitative Verlauf der Rk.

von Kobalt(III)-acetylacetonat mit Cyclopentadienyl-MgBr zu I-*Bromid* wurde durch Verwendung von ^{60}Co bewiesen. I zeigte in wss. Lsgg. ein den schwereren Alkalimetallionen sehr ähnliches Verhalten. Die Red. von I gelang jedoch nicht. Die Dissoziationskonstante der Base von I ist $8{,}2 \cdot 10^{-3}$. I-*Pikrat* ist diamagnet., χ_{mol}^{25} $-194 \pm 2 \cdot 10^{-6}$ cgsu. Das UV-Absorptionsspektr. von I-*Perchlorat* in W. wurde gemessen.

Versuche: *Kobaltacetylacetonat*, aus Kobaltoxyhydrat (aus $CoCl_2$ u. alkal. Br_2) u. Acetylaceton, nach 2 Tagen aus Bzl. umkristallisieren. — *Biscyclopentadienylkobalt(III)-bromid* (*Kobalticiniumbromid*), aus vorst. Verb. u. überschüssigem Cyclopentadienyl-MgBr in Bzl., mit Eiswasser versetzen, Lsg. durch Ausäthern u. Zentrifugieren sowie Versetzen mit $Ba(OH)_2$ u. verd. H_2SO_4 reinigen; weitere Reinigung durch Ausfällen mit Pikrinsäure — 65% (Ausbeute) — u. mit Na-2.4-Dinitrophenolat — 95%. Die Umwandlung in Salze anorgan. Säuren wurde durch Zugeben der Säure u. Extraktion der organ. Säure mit Ae. sowie durch Anionenaustauscher vorgenommen. Dargestellt wurden: I-*Pikrat*, $[(C_5H_5)_2Co](C_6H_2O_7N_3)$, beim Erhitzen Explosion, orangefarbene Nadeln. — I-*2.4-Dinitrophenolat*, $[(C_5H_5)_2Co](C_6H_3O_5N_2) \cdot 2\ C_6H_4O_5N_2$, gelbe Kristalle. — I-*2.4-Dinitro-1-naphthol-7-sulfonat*, gelbe Kristalle. — I-*Chloroplatinat*, $[(C_5H_5)_2Co]_2PtCl_6$, aus I-Chlorid u. wss. H_2PtCl_6 durch Eindampfen u. Ausfällen mit A.; aus W. umkristallisieren. — I-*Trijodid*. (J. Amer. chem. Soc. **74**. 6148—49. 5/12. 1952.)

L. FISCHER. 1380

John A. Page und **Geoffrey Wilkinson**, *Die polarographische Chemie des Ferrocens, Ruthenocens und der Metallkohlenwasserstoffionen.* Das polarograph. Verh. der Systeme *Ferrocen/Ferriciniumion* (I), *Ruthenocen/Rutheniciniumion* (II) u. des *Kobalticiniumions* (III) wurde in perchloratsaurer alkoh. u. wss. Lsg., sowie in neutraler wss. Lsg. mit $NaClO_4$ als Elektrolyten untersucht. Für I ergab sich in alkoh. Lsg. das Halbwellenpotential zu $+0{,}31$ V (bezogen auf eine gesätt. Kalomelelektrode), in wss. Lsg. unter N_2 zu $+0{,}16$ V, für II analog $+0{,}26$ V u. $+0{,}11$ V u. für III in wss. Lsg. bei p_H 6,2 unter N_2 zu $-1{,}16$ V. I ist in 90%ig. A. ein thermodynam. reversibles Syst. mit einem Einelektronenübergang, dessen Normalpotential E_0 $-0{,}56$ V beträgt. Der Vers., Kobaltocen aus III durch Elektrolyse darzustellen, mißlang. (J. Amer. chem. Soc. **74**. 6149—50. 5/12. 1952.)

L. FISCHER. 1380

Cyrus O. Guss und **Henry G. Mautner**, *Die Reaktion von p-Nitrostyroloxyd mit Phenol.* Mit der Absicht, die Wrkg. des Phenylkerns bei den Ringöffnungs-Rkk. von *Styroloxyd* zu klären, untersuchen Vff. die basenkatalysierte Rk. von p-Nitrostyroloxyd (I) mit Phenol (II), die zur Bldg. eines Gemisches von 0,66 Teilen *2-Phenoxy-1-[p-nitrophenyl]-äthylalkohol* (III) u. 0,33 Teilen *2-Phenoxy-2-[p-nitrophenyl]-äthylalkohol* (IV) führt. Es wird angenommen, daß III im Verlauf einer bimol. Rk. gebildet wird, bei der der ster. Einfl. der p-Nitrophenylgruppe oder allg. des Phenylkernes entgegen dem E-Effekt richtungweisend ist. Die Bldg. von IV resultiert zumindestens teilweise aus einem monomol. Reaktionsmechanismus. — Bei der säurekatalysierten Rk. ist die Hauptmenge der Reaktionsprodd. in Alkalien unlöslich.

Versuche: *p-Nitrostyrolbromhydrin* (V), $C_8H_8O_3NBr$; F. 86—87°; aus p-Nitroacetophenon über das *p-Nitrophenacylbromid*, das mittels einer 1 mol Lsg. von Al-Isopropylat in Isopropylalkohol red. wird; nach 2 std. Dest. ist im Rückstand kein Keton mehr nachweisbar, u. das Gemisch wird in Eis + HCl eingetragen; das sich dabei ausscheidende Öl wird bald fest; aus Bzl.–Heptan Nadeln; 90% (Ausbeute). — Die Red. läßt sich nach WINSTEIN u. Mitarbeitern (C. **1946**. I. 933) mit derselben Ausbeute ausführen. — *p-Nitrostyroloxyd* (I), $C_8H_7O_3N$, F. 85—86°; aus V (0,25 Mol) u. NaOH (0,3 Mol) in W. bei 50° unter Rühren; nach 15 Min. wird 1 Std. nicht mehr erwärmt, anschließend die Aufschlämmung filtriert u. mit W. gewaschen, aus A. schwach gelbe Nadeln; 99,5%. — Basenkatalysierte Rk. von I mit II: 0,025 Mol I werden zu 0,075 Mol II u. 0,025 Mol NaOH in W. bei 100° unter Rühren zugegeben. Nach 2 Std. wird das fast schwarze Reaktionsgemisch in eine wss. Lsg. von NaOH gegeben u. das Öl nach Erstarren abgetrennt, dann in A. gelöst u. nach Zugabe von Norit u. W. krist.; Umkristallisation gibt schwach gelbe Nadeln von unreinem *2-Phenoxy-1-[p-nitrophenyl]-äthylalkohol* (III), $C_{14}H_{13}O_4N$; F. 90—93°. *p-Nitrobenzoat*, $C_{21}H_{16}O_7N_2$, F. 122—123°, aus Alkohol. — Aus der Mutterlauge wird durch einen Überschuß von W. u. Extraktion mit Ae. ein rohes Öl gewonnen u. dest.: *2-Phenoxy-2-[p-nitrophenyl]-äthylalkohol* (IV), Kp.$_1$ 210—215°; 26,2%. *p-Nitrobenzoat*, $C_{21}H_{16}O_7N_2$, aus A. Kristalle, F. 144—145°. — Strukturauflösung: III wird mit H_2/RANEY-Ni in A. bei 2,8 at u. Raumtemp. hydriert; nach 30 Min. wird filtriert u. der A. verdampft, aus A.–W. krist. das *Amin* in Nadeln, $C_{14}H_{15}O_2N$, F. 80—84°. Das unreine Prod. wird zwecks Diazotierung u. Desaminierung in H_3PO_2 u. W. gelöst, gekühlt u. $NaNO_2$ in W. zugefügt. Nach 30 Min. auf Raumtemp. erwärmt, nach 1 Std. filtriert: *2-Phenoxy-1-phenyläthylalkohol* (VI), F. 61—64°, aus

Heptan Nadeln. — In gleicher Weise red., gibt **IV** nach Diazotierung u. Desaminierung Nadeln von *2-Phenoxy-2-phenyläthylalkohol* (**VII**), F. 76—80°. In gleicher Weise wurde das Rohprod. der Rk. von **I** mit **II** behandelt, das Reaktionsprod. daraus zeigte dann die Eigg. eines Gemisches von **VI** u. **VII**. — Säurekatalysierte Rk. von **II** u. **I**: Dazu wird **I** (0,03 Mol) zu einer Lsg. von **II** (0,125 Mol) u. p-Toluolsulfonsäuremonohydrat bei 40° in 20 Min. hinzugegeben, nach 10 Min. in eine wss. NaOH-Lsg. eingegossen u. mit Ae. extrahiert. Daraus resultiert eine Verb., deren p-Nitrobenzoat, F. 130—145°, aus A. Kristalle, ident. mit dem p-Nitrobenzoat von **IV** u. deren Reduktionsprod. ident. mit **VII** ist. Nach Veresterung des alkaliunlösl. Anteiles mit Phthalsäureanhydrid u. innermol. Umlagerung (Guss u. Jules, C. **1951**. II. 969; Guss, C. **1952**. 1990) resultiert das *Benzofuran*, F. 77—79°, das durch Cyclisation von 2-[2'-Oxyphenyl]-2-[4''-nitrophenyl]-äthylalkohol entstanden sein könnte. (J. org. Chemistry **16**. 887—91. Juni 1951. Los Angeles, Calif., Univ. of Southern California.) Brückner. 1410

Thomas F. Wood und **Richard J. Cadorin**, *1-Nitromethylcyclohexanol und seine Homologen*. In Abänderung der Meth. von Fraser u. Kon (J. chem. Soc. [London] **1934**. 604) stellen Vff. in ca. 50%ig. Ausbeute *1-Nitromethylcyclohexanol* aus CH_3NO_2, Cyclohexanon (**I**) u. NaOH dar, wobei sie nach der Rk. die alkal. Lsg. vor der Dest. zunächst mit Essigsäure neutralisieren. Findet die Neutralisierung nicht statt, so bewirkt das Alkali bei der Dest. die Zers. der Verbindung. Desgleichen verlaufen Kondensationen von CH_3NO_2 mit m- u. p-Methylcyclohexanon u. von Nitroäthan mit **I** unter diesen Bedingungen erfolgreich.

Versuche: *1-Nitromethylcyclohexanol*, $C_7H_{13}O_3N$, Kp.$_2$ 93—95°, durch Zutropfen von NaOH in W. + Methanol unter 20° zu einer Lsg. von Nitromethan u. **I** in Methanol, nach 6 std. Rühren bei 15—20° Neutralisieren mit Eisessig, Aussalzen u. Vakuumdest. des Öles; n_D^{20} 1,4875; D.$^{20}_4$ 1,1579; 51% (Ausbeute). — *1-Nitromethyl-m-methylcyclohexanol*, $C_8H_{15}O_3N$, Kp.$_{1,5}$ 95°, aus m-Methylcyclohexanon wie vorst.; n_D^{20} 1,4810; D.$^{20}_4$ 1,1120; 49%. — *1-Nitromethyl-p-methylcyclohexanol*, $C_8H_{15}O_3N$, Kp.$_{1,5}$ 98—99°, analog; n_D^{20} 1,4818; D.$^{20}_4$ 1,1115; wird beim Stehen fest (F. 31—32°). — *1-Nitroäthylcyclohexanol*, $C_8H_{15}O_3N$, Kp.$_{1,5}$ 84—87°, aus Nitroäthan u. 2 Mol **I**; n_D^{20} 1,4840; D.$^{20}_4$ 1,1260; 22,6%. (J. Amer. chem. Soc. **73**. 5504—06. Nov. 1951. Delawanna, N. Y., Givaudan Corp., Res. Labors.) Lehwald. 1860

W. Cooper, *1-Oxycyclohexyl-1-hydroperoxyd: Seine thermische Zersetzung und seine Reaktion mit Acylchloriden. 1-Oxycyclohexyl-1-hydroperoxyd* (**I**) zers. sich in der Hitze unter Bldg. freier Radikale analog dem von George u. Walsh (Trans. Faraday Soc. **42**. [1946.] 94) für tert.-Alkylperoxyde angenommenen nebenst. Schema.

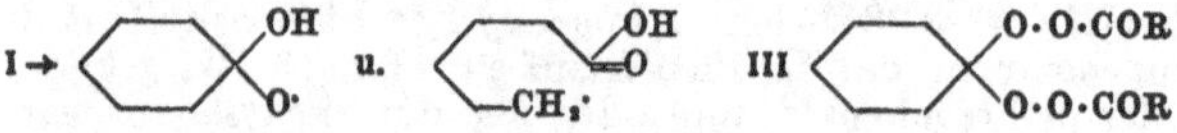

Durch Wasseraustritt zwischen 2 Moll. **I** entsteht das recht beständige *Dicyclohexylidendiperoxyd* (**II**). Durch Einw. von RCOCl auf **I** in Pyridin bilden sich in nicht ganz geklärter Weise die *Perester* (**III**), die wirksame Polymerisationskatalysatoren sind.

Versuche: *1-Oxycyclohexyl-1-hydroperoxyd* (**I**), $C_6H_{12}O_3$, F. 79° (Bzn.), aus Cyclohexanon (**IV**) u. 30%ig. H_2O_2 (1 : 1 Vol.) durch Stehen über Nacht; Mol.-Gew. hoch, wohl durch H-Bindung. — 50 g **I** wurden langsam in ein Gefäß von 130—140° eingetragen: erst heftige, dann mäßige Zers. unter Bldg. von wenig CO_2; 47,5 g Rückstand nach Zusatz von wss. NaOH ausgeäthert; aus Extrakt (14 g) hauptsächlich **IV**, Kp. 155°, u. in einigen Fällen *Dicyclohexylidendiperoxyd* (**II**), $C_{12}H_{20}O_4$, F. 129°, Kristalle. Aus der wss. NaOH mit HCl 19 g Fl., daraus a) 45%, Kp.$_{20}$ 95—105°, hauptsächlich *Hexansäure* (**V**), $C_6H_{12}O_2$ (*Anilid*, F. 95°; *Amid*, F. 99°); b) 20%, Kp.$_{20}$ 180—220°; daraus *Adipinsäure*, $C_6H_{10}O_4$, F. 149—150°; c) 15%, Kp.$_{20}$ 220—280°, gelbes Öl; daraus mit heißem W. *Dodecan-1.12-disäure*, $C_{12}H_{22}O_4$, F. 127° (Bzn., Ae. + Bzn.) (*Diamid*, F. 185°; *Dianilid*, F. 169°); außerdem wenig wasserlösl. Säure, wahrscheinlich *Glutarsäure*. — Bei der Zers. von **II** (190—200°) wurden **IV** u. ein braunes, in kalter NaOH oder organ. Fll. unlösl. Prod. (Zers. unterhalb F.) erhalten; ferner vermutlich **V**. — *Diacylperoxyde* (**III**), durch Zufügen von 3 Mol RCOCl bei $<10°$ zur Lsg. von 1 Mol **I** in 5 Mol Pyridin u. nach 1 Std. Gießen in W.; bei **III**, R = m-$O_2NC_6H_4$ u. p-BrC_6H_4 (**VI**) Ausziehen des Nd. mit Bzl., Umlösen aus Bzl. + A.; es wurden dargestellt R = C_6H_5, $C_{20}H_{20}O_6$, F. 97°. — R = *p-*BrC_6H_4 (**VI**), $C_{20}H_{18}O_6Br_2$, F. 104°. — R = *o-*ClC_6H_4, $C_{20}H_{18}O_6Cl_2$, F. 70°. — R = *m-*$O_2NC_6H_4$, F. 116°, nicht rein erhalten. — R = CH_3, $C_{10}H_{16}O_6$, F. 73°. — 1,5 g **I** in Pyridin u. 6 g p-BrC_6H_4COCl wurden in Bzn. gegossen, der Nd. mit Bzl. gewaschen u. $C_5H_5N \cdot HCl$ entfernt: 1,9 g *p-Brombenzoesäure* + 0,3 g aus Bzn.-Bzl.-Schicht mit verd. NH_3; dazu 3,3 g rohes **VI**. — Bei Zugabe von alkoh. KOH zur Benzollsg. von **III** Entw. von O_2; nach Abdest. von Bzl. u. A. durch Ansäuern

RCOOH; aus Destillat IV (*2.4-Dinitrophenylhydrazon*, F. 159—160°). — Polymerisation von Styrol bei 70° mit 0,028 Mol/Liter III (1. Zahl: Polymerisationsgeschwindigkeit in Mol/Liter/Sek.·10^4; 2. Zahl: Intrinsicviscosität in Bzl.): R = CH_3, 1,91, 0,52. — C_6H_5, 1,99, 0,56. — o-ClC_6H_4, 2,35, 0,49. — Dibenzoylperoxyd, 1,80, 0,47; mit 0,014 Mol/Liter 1,27, 0,69. — I (0,014 Mol): 1,50, 0,50. (J. chem. Soc. [London] **1951**. 1340—43. Mai. Birmingham, Fort Dunlop, Chem. Res. Div.) LEHMSTEDT. 1860

J. W. Cook und **J. D. Loudon,** *Die Tropolone.* Übersicht: Vork.; die *Thujaplicine*; *Colchicin*; *Purpurogallin*; Biogenese der Tropolone; Synth. u. Eigenschaften. — 80 Literaturstellen. (Quart. Rev. [chem. Soc., London] **5**. 99—130. 1951. Glasgow, Univ.) NITZSCHKE. 1980

Harry H. Wasserman, Norman E. Aubrey und **Howard E. Zimmerman,** *Die Struktur der Diphenacylhalogenide.* Vff. zeigen, daß die Diphenacylbromide im Gegensatz zu der von WIDMAN (Liebigs Ann. Chem. **400**. [1913.] 86) angenommenen Epoxytetrahydrofuranstruktur isomere Formen des *1.3-Diphenyl-2.3-epoxy-4-brombutanons-(1)* sind, wobei dem stabileren β-Isomeren (I) die trans-Form zugeschrieben wird. Als Beweis werden die Überführung von ω-Bromdypnon (II) mit alkal. H_2O_2 in *α-Diphenacylbromid*, der Vgl. der Infrarotspektren von *α-Diphenacylbromid* u. I mit denen der analogen *Dypnonoxyde*, die rasche Umlagerung der α- in die β-Form u. die Debromierung beider Isomeren mit Zn u. Methanol zu *1.2-Dibenzoyläthan* angesehen. Für letztere Rk. wird ein Reaktionsmechanismus diskutiert.

Versuche: *β-Diphenacylbromid* (I), $C_{16}H_{13}O_2Br$, F. 163—164,5°, aus Phenacylbromid mit $NaOC_2H_5$ in absol. A. unter Rühren u. 12std. Stehen bei Zimmertemp.; Nadeln (A., Bzl.); 83% (Ausbeute). — *α-Diphenacylbromid* [*1.3-Diphenyl-2.3-epoxy-4-brombutanon-(1)*], $C_{16}H_{13}O_2Br$, F. 128—130°, wie vorst., jedoch innerhalb 10 Min.; 25%, ferner aus 3 g II (s. unten) in Methanol durch Oxydation mit alkal. H_2O_2 unter 20 Min. langem Rühren; 2,6 g. — *Isomere Dypnonoxyde*, $C_{16}H_{14}O_2$: niedrigschm. Form, F. 93—94,5°, Platten; 6,7 g; hochschm. Form, F. 159,5—162°, Nadeln; 1,5 g; aus 10 g Dypnon in Methanol durch Oxydation mit alkal. H_2O_2 unter 45 Min. langem Schütteln u. Trennung der beiden Formen durch fraktionierte Kristallisation aus A.; 77% Gesamtausbeute. — *1.3-Diphenyl-4-brombuten-(2)-on-(1)* (II), $C_{16}H_{13}OBr$, F. 68,5—71°, aus vorst. Verb. mit N-Bromsuccinimid durch 2std. Kochen in CCl_4; gelbe Nadeln (A.); 59%. — *1.2-Dibenzoyläthan*, F. 143—145°, aus 5 g I, 8 g NaJ u. 5 g Zn durch 8std. Kochen in absol. Methanol; Nadeln; 2,6 g. (J. Amer. chem. Soc. **75**. 96—98. 5/1. 1953. New Haven, Conn., Yale Univ., Sterling Chem. Labor.) G. WINKLER. 2380

Harold E. Zaugg, Bruce W. Horrom und **Maynette R. Vernsten,** *Die Mannich-Reaktion von Diphenylacetonitril. Produkte und Derivate.* Diphenylacetonitril (V) reagiert in guter Ausbeute bei niederer Temp. mit Formaldehyd (VI) u. Dimethylamin zu *α.α-Diphenyl-β-dimethylaminopropionitril* (I), mit VI u. Diäthylamin zu *α.α-Diphenyl-β-diäthylaminopropionitril* (II), mit VI u. Pyrrolidin zu *α.α-Diphenyl-β-pyrrolidinopropionitril* u. bei höherer Temp. in schlechter Ausbeute mit VI u. Piperidin zu *α.α-Diphenyl-β-piperidinopropionitril* (III), sowie mit VI u. Morpholin bzw. N-Methylpiperazin zu den entsprechenden Propionitrilen. I bildet ein stabiles Hydrochlorid, das durch längeres Kochen in W. in die Ausgangsprodd. zerfällt. Hingegen läßt sich I in 75%ig. H_2SO_4 bei 140° zu 64% zu *α.α-Diphenyl-β-dimethylaminopropionsäure* (IV) verseifen, ebenso II u. III zu den entsprechenden Säuren. Das unterschiedliche Verh. von I in schwach saurem bzw. neutralem u. in stark saurem Medium wird so erklärt, daß sich im letzteren ein salzähnliches Additionsprod. bilden kann, in dem die Polarisierbarkeit der C≡N-Gruppe, die die rückläufige MANNICH-Rk. begünstigt, red. ist. So entsteht aus I mit ÄthylMgBr auch kein Keton. IV ergibt mit Acetanhydrid oder $SOCl_2$ beim Erhitzen Diphenylessigsäure, während das gewünschte Säurechlorid nur mit PCl_5 in Ae. bei 0° erhalten werden kann. Dieses läßt sich ohne vorherige Reinigung sofort in verschied. Ester u. Säureamide überführen. Der Äthylester von IV entsteht auch aus den Komponenten, einige andere Ester von IV werden ebenso aus dem K-Salz u. den entsprechenden Alkylchloriden gebildet. Der IV-Methylester läßt sich durch Methylierung von α.α-Diphenyl-β-aminopropionsäuremethylester gewinnen u. dient zum Strukturbeweis. Die Pyrolyse von IV ergibt bei 210° zu 77% 1.1-Diphenyläthylen neben CO_2 u. $(CH_3)_2NH$.

Versuche: *α.α-Diphenyl-β-dimethylaminopropionitril* (I), $C_{17}H_{18}N_2$, $Kp._{0,3}$ 142 bis 147°, F. 44—45° (Pentan), durch Mischen von Diphenylacetonitril (V) in Dioxan mit 50% wss. Dimethylamin u. 40% wss. Formaldehyd (VI) u. zur vollständigen Lsg. A., 33 Tage bei 40°, n_D^{25} 1,5662; 61% (Ausbeute). *Hydrochlorid*, $C_{17}H_{19}N_2Cl$, F. 186—187° (Zers.) (Methanol–Ae.). — *α.α-Diphenyl-β-diäthylaminopropionitril* (II), $C_{19}H_{22}N_2$, $Kp._{0,3}$ 143—148°, F. 55—56° (Pentan), analog mit fl. Diäthylamin nach 5 Tagen bei

40°, n_D^{25} 1,5550; 51%. — *α.α-Diphenyl-β-pyrrolidinopropionitril*, $C_{19}H_{20}N_2$, F. 98 bis 100°, analog aus Pyrrolidin nach 58 Tagen bei 40°; 86,5%. — *α.α-Diphenyl-β-piperidinopropionitril* (**III**), $C_{20}H_{22}N_2$, Kp.$_{0,3}$ 148—152°. Zur Lsg. von Piperidin in A. bei 0° **VI** u. danach **V** zugeben, 18 Std. am Rückfluß kochen, n_D^{26} 1,5652; 42%. — *α.α-Diphenyl-β-[4-methylpiperazino]-propionitril*, $C_{20}H_{23}N_3$, Kp.$_{0,8}$ 163°, analog aus N-Methylpiperazin, n_D^{26} 1,5606; 18%. — *α.α-Diphenyl-β-morpholinopropionitril*, $C_{19}H_{20}ON_2$, F. 132 bis 134°, analog aus Morpholin in n-Butanol nach 114 Std.; 6,8%. — *α.α-Diphenyl-β-dimethylaminopropionsäure* (**IV**), $C_{17}H_{19}O_2N$, F. 166° (Zers.) (Isopropanol), aus **I** in 75%ig. H_2SO_4 4 Std. bei 135—145° u. Aufarbeiten; 64%. — *α.α-Diphenyl-β-diäthylaminopropionsäure*, $C_{19}H_{23}O_2N$, F. 121—122° (Zers.) (Aceton), analog aus **II**. — *α.α-Diphenyl-β-piperidinopropionsäure*, $C_{20}H_{23}O_2N$, F. 137—138° (Zers.) (Aceton), analog aus **III**. — *1.1-Diphenyläthylen*, $C_{14}H_{12}$, Kp.$_{10}$ 138°, durch Pyrolyse von **IV** bei 210—215°/10 mm, n_D^{26} 1,6057; 77%. *Dibromid*, F. 56—58°. *Maleinsäureanhydrid-Additionsprod.*, F. 276—278°. — *1.1-Diphenyl-2-bromäthylen*, durch Erhitzen der Dibromidverbindung. — *Diphenylessigsäure*, F. 146—147° (verd. A.), durch Erhitzen von **IV** mit Acetanhydrid auf dem Dampfbad in 4 Std.; 84%. — *α.α-Diphenyl-β-dimethylaminopropionsäureamid*, $C_{17}H_{20}ON_2$, F. 156—157° (A.-W.), a) durch partielle Hydrolyse von **I** mit 75%ig. H_2SO_4 in 3 Std. auf dem Dampfbad neben **I**; b) nach folgender Meth., die auch für die Darst. der folgenden Amide verwendet wurde: Suspension von **IV** u. PCl_5 in trockenem Ae. wurde 3 Std. bei <0° gerührt, mit Ae. gewaschen, in die Mischung HCl eingeleitet, Lsg. von NH_3 in Ae. zugegeben u. NH_3 bis zur Sättigung <15° eingeleitet, über Nacht bei Zimmertemp. stehengelassen u. aufgearbeitet; 69%. Folgende weitere *α.α-Diphenyl-β-dimethylaminopropionsäureamide* der Zus. $(C_6H_5)_2C\cdot[CH_2N(CH_3)_2]\cdot COR$ wurden dargestellt: R = *$NHCH_3$*, $C_{18}H_{22}ON_2$, F. 98—99,5°; 88%; R = *$N(CH_3)_2$*, $C_{19}H_{24}ON_2$, F. 110—112°; 89%; R = *NHC_2H_5*, $C_{19}H_{24}ON_2$, F. 71—73°; 96%; R = *$N(C_2H_5)_2\cdot HCl$*, $C_{21}H_{29}ON_2Cl$, F. 161—162°; 75%; R = *Piperidino*, $C_{22}H_{28}ON_2$, F. 95—97°; 90%; R = *NHC_6H_5*, $C_{23}H_{24}ON_2$, F. 147—148°; 58%; R = *$NH\cdot CH_2\cdot CH_2N(CH_3)_2$*, $C_{21}H_{29}ON_3$, Kp.$_{0,1}$ 158—160°; 38%; R = *$NH\cdot CH_2\cdot CH_2\cdot N(C_2H_5)_2$*, $C_{23}H_{33}ON_3$, Kp.$_{0,2}$ 187—190°; 60%. — *α.α-Diphenyl-β-dimethylaminopropionsäuremethylesterhydrochlorid*, $C_{18}H_{22}O_2NCl$, F. 178—179° (Zers.) (Methanol–Ae.). a) Das Säurechlorid von **IV** mit überschüssigem Methanol bei Zimmertemp. über Nacht stehenlassen, Prismen; 66%; b) durch Kochen am Rückfluß von α.α-Diphenyl-β-aminopropionsäuremethylester mit 90%ig. Ameisensäure u. Paraformaldehyd. — **IV**-*Äthylesterhydrochlorid*, $C_{19}H_{24}O_2NCl$, F. 175—176°, analog vorst. Verb. nach a); 78%; auch durch Dest. des Amides von **IV** mit absol. A. u. wenig konz. H_2SO_4; 43%. — **IV**-*Isopropylesterhydrochlorid*, $C_{20}H_{26}O_2NCl$, F. 175—176°, analog nach a); 21%. — **IV**-*Diäthylaminoäthylesterdihydrochlorid*, $C_{23}H_{34}O_2N_2Cl_2$, F. 200—201° (Zers.) (absol. A.). Das K-Salz von **IV** u. Diäthylaminoäthylchlorid in trockenem Bzl. 20 Std. am Rückfluß kochen u. aufarbeiten, Prismen; 78%. — **IV**-*Dimethylaminoäthylesterdihydrochlorid*, $C_{21}H_{30}O_2N_2Cl_2$, F. 209—210°, analog vorst. Verb.; 75%. — **IV**-*Benzylester*, $C_{24}H_{25}O_2N$, Kp.$_{0,06}$ 165—170°, analog, n_D^{25} 1,5241; 33%. (J. Amer. chem. Soc. **75**. 288—91. 20/1. 1953. North Chicago, Ill., Abbott Labor.) L. Fischer. 2410

Harold E. Zaugg und **Bruce W. Horrom**, *2.2-Diphenyl-1.3-propandiamine und N-substituierte Derivate.* (Vgl. vorst. Ref.) Es wurde die Red. der α.α-Diphenyl-β-tert. aminopropionitrile (I), $(C_6H_5)_2C(CN)\cdot CH_2NR_2$, untersucht. I (R = CH_3) lieferte mit Raney-Ni in Ggw. methanol. NH_3 *β.β-Diphenyläthylamin* in 75%ig. Ausbeute, während I (R = CH_3) u. I (R = C_2H_5) mit Na in A. zu *N.N-Dimethyl-* bzw. *N.N-Diäthyl-β.β-diphenyläthylamin* mit 65 bzw. 57% Ausbeute gespalten wurden. Die Umwandlung von I (R = CH_3), (NR_2 = Pyrrolidino) u. (NR_2 = Piperidino) in die entsprechenden *N-substituierten 2.2-Diphenyl-1.3-propandiamine* (**III**), $(C_6H_5)_2C(CH_2NH_2)\cdot CH_2NR_2$ für [NR_2 = $N(CH_3)_2$, Pyrrolidino u. Piperidino] gelang mit überschüssigem $LiAlH_4$ glatt. Die Methylierung von **III** (R = CH_3) lieferte *N.N.N'.N'-Tetramethyl-2.2-diphenyl-1.3-propandiamin*, dessen Mono- u. Dimethojodid zugänglich waren. Durch verschied. Rkk. der prim. Amingruppe von **III** wurden zahlreiche weitere Derivv. dargestellt.

V e r s u c h e : *β.β-Diphenyläthylamin*, F. 42—47°. I (R = CH_3) wurde in Methanol mit fl. NH_3 behandelt u. in Ggw. von Raney-Ni bei 120° unter Druck hydriert; 75% (Ausbeute). *Hydrochlorid*, $C_{14}H_{16}NCl$, Nadeln aus Isopropanol, F. 256—257°. — *N.N-Dimethyl-β.β-diphenyläthylamin*, $C_{16}H_{19}N$, Kp.$_{0,5}$ 114—118°. I (R = CH_3) wurde in absol. A. mit Na versetzt, 30 Min. am Rückfluß gekocht u. aufgearbeitet, n_D^{25} 1,6000; 65%. *Hydrochlorid*, $C_{16}H_{20}NCl$, Blättchen aus Aceton, F. 198—199,5°. — *N.N-Diäthyl-β.β-diphenyläthylamin*, Kp.$_{0,4}$ 121—122°, analog aus I (R = C_2H_5), n_D^{25} 1,5499; 57%. *Hydrochlorid*, $C_{18}H_{24}NCl$, Plättchen aus Aceton, F. 155—156°. — *2.2-Diphenyl-3-dimethyl-*

aminopropylamin (III, R = CH_3), $C_{17}H_{22}N_2$, $Kp._{0,2}$ 126—128°, F. 37—39° (Pentan). Zu $LiAlH_4$ in Ae. wurde in einer N_2-Atmosphäre eine Lsg. von I (R = CH_3) in Ae. $<5°$ innerhalb von 1,5 Std. zugegeben, 1,5 Std. weitergerührt, unter N_2 in Eiswasser gegossen u. aufgearbeitet, n_D^{24} 1,5737; 86,5%. *Dihydrochlorid*, $C_{17}H_{24}N_2Cl_2$, F. 242—244° (Zers.) (Methanol–Ae.). — *2.2-Diphenyl-3-pyrrolidinopropylamin* (III, NR_2 = Pyrrolidino), $C_{19}H_{24}N_2$, F. 54—55° (PAe.), analog aus I (NR_2 = Pyrrolidino), große Prismen; 82,5%. — *2.2-Diphenyl-3-piperidinopropylamin* (III, NR_2 = Piperidino), analog aus I (NR_2=Piperidino), n_D^{23} 1,577. *Monoformiat*, $C_{21}H_{28}O_2N_2$, F. 148—149° (Methanol–Ae.). — *N.N.N'.N'-Tetramethyl-2.2-diphenyl-1.3-propandiamin*, $C_{19}H_{26}N_2$, $Kp._{0,1}$ 110—114°. 10,16 g III (R = CH_3), 80 cm³ 90% ig. Ameisensäure u. 3 g Paraformaldehyd wurden 5 Std. am Rückfluß gekocht u. dann aufgearbeitet, n_D^{25} 1,5579; 9,1 g. *Monomethojodid*, $C_{20}H_{29}N_2J$, F. 148—149° (Zers.) (Methanol–Ae.). *Dimethojodid*, $C_{21}H_{32}N_2J_2$, F. 203 bis 204° (Zers.) (Methanol). — Folgende Derivv. von III [NR_2 = $N(CH_3)_2$, Pyrrolidino u. Piperidino] der allg. Zus. $(C_6H_5)_2C(CH_2NR_2)\cdot CH_2\cdot NHCOR'$ wurden dargestellt: NR_2 = *$N(CH_3)_2$*; R' = *H*, $C_{18}H_{22}ON_2$, F. 113—114° (PAe.); R' = *CH_3*, $C_{19}H_{24}ON_2$, F. 97—98° (PAe.); R' = *C_2H_5*, $C_{20}H_{26}ON_2$, F. 80—81° (PAe.); R' = *n-C_3H_7*, $C_{21}H_{28}ON_2$, F. 69 bis 71° (PAe.); R' = *$C_6H_5CH_2$*, $C_{25}H_{28}ON_2$, F. 86—88° (PAe.); R' = *C_6H_5*, $C_{24}H_{26}ON_2$, F. 95—96° (PAe.); *Hydrochlorid*, $C_{24}H_{27}ON_2Cl$, F. 228—229° (Zers.); R' = *o-Cl—C_6H_4* (*Hydrochlorid*), $C_{24}H_{26}ON_2Cl_2$, F. 249—250° (Zers.) (A.–Ae.); R' = *m-Cl—C_6H_4* (*Hydrochlorid*), $C_{24}H_{26}ON_2Cl_2$, F. 211—212° (Zers.) (A.–Ae.); R' = *p-Cl—C_6H_4* (*Hydrochlorid*), $C_{24}H_{26}ON_2Cl_2$, F. 160—163° (A.–Ae.); R' = *OC_2H_5* (*Hydrochlorid*), $C_{20}H_{27}O_2N_2Cl$, F. 216—217° (Zers.) (A.–Ae.); R' = *NH_2*, $C_{18}H_{23}ON_3$, F. 175—177° (A.). — —NR_2 = *Pyrrolidino*: R' = *H*, $C_{20}H_{24}ON_2$, F. 112—113° (PAe.); R' = *CH_3*, $C_{21}H_{26}ON_2$, F. 86,5 bis 87,5° (PAe.); R' = *C_2H_5*, $C_{22}H_{28}ON_2$, F. 94—96° (PAe.); R' = *n-C_3H_7*, $C_{23}H_{30}ON_2$, F. 79—80° (PAe.); R' = *$C_6H_5CH_2$*, $C_{27}H_{30}ON_2$, F. 88—90° (PAe.); R' = *C_6H_5*, $C_{26}H_{28}\cdot ON_2$, F. 152—153° (PAe.); R' = *OCH_3* (*Hydrochlorid*), $C_{21}H_{27}O_2N_2Cl$, F. 215—216° (Zers.) (A.–Ae.); R' = *OC_2H_5* (*Hydrochlorid*), $C_{22}H_{29}O_2N_2Cl$, F. 209—210° (Zers.) (A.–Ae.); R' = *NH_2*, $C_{20}H_{25}ON_3$, F. 151—152° (A.). — —NR_2 = *Piperidino*: R' = *H*, $C_{21}H_{26}ON_2$, F. 96—97° (PAe.); R' = *CH_3*, $C_{22}H_{28}ON_2$, F. 119—120° (PAe.); R' = *C_2H_5*, $C_{23}H_{30}ON_2$, F. 89—90,5° (PAe.); R' = *n-C_3H_7*, $C_{24}H_{32}ON_2$, F. 72—74° (PAe.); R' = *$C_6H_5CH_2$*, $C_{28}H_{32}ON_2$, F. 80—81° (PAe.); R' = *C_6H_5*, $C_{27}H_{30}ON_2$, F. 133—134° (PAe.); R' = *OCH_3* (*Hydrochlorid*), $C_{22}H_{29}O_2N_2Cl$, F. 227—228° (Zers.) (A.–Ae.); R' = *OC_2H_5* (*Hydrochlorid*), $C_{23}H_{31}O_2N_2Cl$, F. 197—198° (Zers.) (A.–Ae.); R' = *NH_2*, $C_{21}H_{27}ON_3$, F. 161—163° (A.). (J. Amer. chem. Soc. **75**. 292—94. 20/1. 1953.) L. FISCHER. 2410

Roger Adams und **R. A. Wankel**, *Chinonimide.* 7. Mitt. *1.2- und 2.6-Naphthochinondisulfonimide.* (6. vgl. J. Amer. chem. Soc. **73.** [1951.] 1152.) Naphthylen-(1.2)-u. -(2.6)-dibenzolsulfonamid (**I** u. **II**) wurden zu *Naphthochinon-(1.2)-* bzw. *-(2.6)-dibenzolsulfonimid* (**III** bzw. **IV**) oxydiert, u. zwar **I** mit $(CH_3COO)_4Pb$ u. **II** mit frischem PbO_2. **III** u. **IV** wurden katalyt. zu **I** u. **II** red. u. lagern HCl u. Morpholin (**V**) an. Das aus **III** u. HCl erhaltene *4-Chlorderiv.* von **I** wurde auch durch Synth. gewonnen. C_6H_5SH red. **III** zu **I**, lagert sich aber an **IV** nur an, ohne ein krist. Prod. zu bilden. Die Spektren von **III**, **IV** u. *Naphthochinon-(1.4)-dibenzolsulfonimid* (**VI**) zeigen starke Maxima bei 219 u. ca. 240 mμ; **III**: λ_{max} 219 mμ ($\varepsilon\cdot 10^{-3}$ 33,3); 240 (27,0); 350 (10,6). **VI**: 219 (33,9); 233 (36,4); 273 (6,3); 304 (11,8). **IV**: 219 (27,8); 243 (26,3).

V e r s u c h e (FF. korr.): *2-Benzolsulfonamido-1-naphthylaminhydrochlorid*, $C_{16}H_{15}\cdot O_2N_2ClS$, F. 185—186°, durch 3 std. Red. (H_2, 2,8 at, PtO_2) von 2-Benzolsulfonamido-1-nitronaphthalin in absol. A., Zugabe von trocknem Ae. u. Sättigen mit HCl-Gas; Kristalle aus CH_3OH; 71% (Ausbeute). — *Naphthylen-(1.2)-dibenzolsulfonamid* (**I**), $C_{22}H_{18}O_4N_2S_2$, F. 160—161°, aus vorst. Verb. u. $C_6H_5SO_2Cl$ in Pyridin durch 1 std. Kochen u. Gießen in verd. HCl; Kristalle aus 88% ig. HCOOH; 70%. — *Naphthochinon-(1.2)-dibenzolsulfonimid* (**III**), $C_{22}H_{16}O_4N_2S_2$, F. 171—172°, durch 2 std. Kochen der Suspension von **I** in Bzl. mit $(CH_3COO)_4Pb$, Kühlen u. Fällen des Filtrats mit PAe.; orangefarbene Nadeln aus Bzl. + Cyclohexan oder CH_3COOH; 70%; wird in CH_3OH über PtO_2 (2,8 at) zu **I** hydriert. — *4-Chlornaphthylen-(1.2)-dibenzolsulfonamid*, $C_{22}H_{17}\cdot O_4N_2ClS_2$, F. 225°, a) aus **III** in CH_3COOH mit HCl-Gas; nach 1 Std. mit W. gefällt; Kristalle aus 88% ig. HCOOH; 85%; b) durch Red. (H_2, 2,8 at, PtO_2) von 4-Chlor-2-nitro-1-naphthylamin in CH_3COOH, Zugabe von Ae. zum Filtrat, Sättigen mit HCl-Gas u. Eingießen des in Pyridin gelösten u. mit $C_6H_5SO_2Cl$ gemischten *Diaminhydrochlorids* nach 12 std. Stehen in verd. HCl. — *4-Chlornaphthochinon-(1.2)-dibenzolsulfonimid*, $C_{22}H_{15}O_4N_2ClS_2$, F. 193—194°, aus voriger Verb. u. $(CH_3COO)_4Pb$ wie **III** (50°, 45 Min.); orangefarbene Nadeln aus CH_3COOH; 55%; lagert kein HCl an. — *4-Morpholinonaphthylen-(1.2)-dibenzolsulfonamid*, $C_{26}H_{25}O_5N_3S_2$, F. 74—75°, aus **III** u. **V** in CH_3COOH durch Stehen über Nacht u. Fällen mit W., Lösen des Nd. in 10% ig. NaOH

u. Fällen mit CH_3COOH; Kristalle aus 60%ig. A.; 82%. — *1-Benzolsulfonamidonaphthol-(2)*, $C_{16}H_{13}O_3NS$, F. 168—169°, aus 1-Aminonaphthol-(2)-hydrochlorid wie I (Selbsterwärmung, 12std. Stehen bei Zimmertemp.); Nadeln aus Bzl.; 72%; bleibt beim Kochen mit $(CH_3COO)_4Pb$ in CH_3COOH unverändert. — *Naphthylen-(2.6)-dibenzolsulfonamid* (**II**), $C_{22}H_{18}O_4N_2S_2$, F. 245—246°, aus Naphthylen-(2.6)-diamin analog vorst. Verb.; bei ca. 0° filtriert; Kristalle aus A.; 90%. — *Naphthochinon-(2.6)-dibenzolsulfonimid* (**IV**), $C_{22}H_{16}O_4N_2S_2$, F. 166—167°, durch 20 Min. langes Kochen von 0,5 g **II** mit 2 g frischem PbO_2 in Bzl., schnelles Kühlen u. Zugabe von PAe. zum Filtrat; dunkelorangefarbene Nadeln aus Bzl. + Cyclohexan; 73%; katalyt. Red. (PtO_2) in CH_3OH gibt **II** (70%), C_6H_5SH in Bzl. eine halbfeste M., aber kein krist. Produkt. — *4(?)-Chlornaphthylen-(2.6)-dibenzolsulfonamid*, $C_{22}H_{17}O_4N_2ClS_2$, F. 193—194°, aus **IV** in Bzl. u. HCl-Gas; nach 1 Std. PAe. eingerührt; Kristalle aus A.; 67%. — *4(?)-Morpholinonaphthylen-(2.6)-dibenzolsulfonamid*, $C_{26}H_{25}O_5N_3S_2$, F. 182—183°, durch 24std. Stehen von **IV** u. **V** in Bzl., Lösen des Vakuumrückstandes in CH_3COOH u. Fällen mit W.; Kristalle aus 70%ig. A.; 69%. (J. Amer. chem. Soc. **73**. 2219—20. Mai 1951. Urbana, Ill., Univ. of Illinois, Noyes Chem. Labor.) LEHMSTEDT. 2600

Roger Adams und **William Moje**, *Chinonimide.* 9. Mitt. *Anlagerung von Dienen an 1.4-Naphthochinondibenzolsulfonimid.* (8. vgl. C. **1953**. 8059; 7. vgl. vorst. Ref.) Naphthochinon-(1.4)-dibenzolsulfonimid (**I**) addiert 1 Mol Butadien (**II**), Isopren (**III**), 2.3-Dimethylbutadien (**IV**), Chloropren (**V**), Cyclopentadien (**VI**), Anthracen (**VII**) u. α-Acetoxybutadien (**VIII**) unter Bldg. von *1.4.4a.9a-Tetrahydroanthrachinon-(9.10)-dibenzolsulfonimiden* (**IX**). Die **IX** aus **II**, **III**, **IV** u. **V** werden durch Mineralsäuren (**X**) in *1.4-Dihydroanthracen-9.10-dibenzolsulfonamide* (**XI**) umgelagert. Die aus **VI** u. **VII** gebildeten *Addukte* **VIa** bzw. **VIIa** dissoziieren dagegen mit **X**. Das **IX** aus **VIII** geht mit **X** in *Anthracen-9.10-dibenzolsulfonamid* (**XII**) über. **XII** u. unsubstituiertes **XI** (**XIa**) werden durch $(CH_3COO)_4Pb$ zu *Anthrachinon-(9.10)-dibenzolsulfonimid* (**XIII**) oxydiert, welches mit **X** *Anthrachinon* gibt. **VIII** u. p-Chinondibenzolsulfonimid addieren sich zu *5-Acetoxy-4a.5.8.8a-tetrahydronaphthochinon-(1.4)-dibenzolsulfonimid*, das mit **X** *Naphthalin-1.4-dibenzolsulfonamid* liefert, welches auf diese Weise leicht zugänglich ist. Im Infrarot zeigen die **IX** 2 mittlere bis starke λ_{max} bei 1600—1620 cm^{-1} u. 1560—1590 cm^{-1}, die **XI** ein mittleres λ_{max} bei 3275—3310 cm^{-1}; die C=O-Bindung macht sich durch λ_{max} ~1730 cm^{-1} bemerkbar.

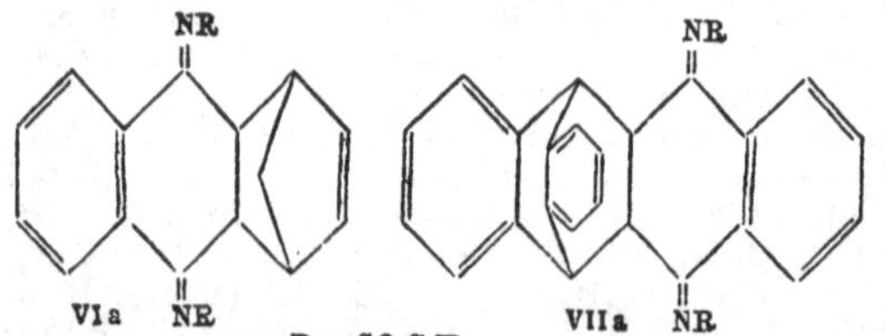

VIa VIIa $R = SO_2C_6H_5$

V e r s u c h e (FF. korr.): *1.4.4a.9a-Tetrahydroanthrachinon-(9.10)-dibenzolsulfonimid* (**IXa**), $C_{26}H_{22}O_4N_2S_2$, F. 258—258,5° (Zers.), aus 10 g **I**, 15 g **II** u. 100 cm^3 Chlf. bei Zimmertemp. im Druckgefäß; nach 5 Tagen Nd. abfiltriert, Filtrat eingeengt u. mit Cyclohexan versetzt; aus Chlf.-Cyclohexan Nadeln; λ_{max} 1605, 1573, 1560 cm^{-1}; 98% (Ausbeute). — *1.4-Dihydroanthracen-9.10-dibenzolsulfonamid* (**XIa**), $C_{26}H_{22}O_4N_2S_2$, F. 258—259° (Zers.), a) durch 15std. Erhitzen von 2 g **I** u. 3 g **II** in 15 cm^3 Bzl. auf 100° im Druckrohr, Nadeln aus Eisessig, λ_{max} 3295 cm^{-1}; 89% roh; b) aus **IXa** in sd. Eisessig mit 3 Tropfen 48%ig. HBr; 93%. — *1.4.4a.9a-Tetrahydro-2-methylanthrachinon-(9.10)-dibenzolsulfonimid*, $C_{27}H_{24}O_4N_2S_2$, F. 189—192° (Eisessig), nach Erstarren (gelb) Zers. bei 248°, aus **I** u. frischem **III** analog **IXa** (4 Tage); eingeengt u. mit PAe. verd.; Nadeln; λ_{max} 1605—1612, 1581 cm^{-1}; 98%. — *1.4-Dihydro-2-methylanthracen-9.10-dibenzolsulfonamid*, $C_{27}H_{24}O_4N_2S_2$, F. 247—248° (Zers.), aus vorst. Verb. wie **XIa** nach b); λ_{max} 3291 cm^{-1}; 90%. — *1.4.4a.9a-Tetrahydro-2.3-dimethylanthrachinon-(9.10)-dibenzolsulfonimid*, $C_{28}H_{26}O_4N_2S_2$, F. 233—234° (Zers.), aus **I** u. **IV** (18 Std.); Nädelchen aus Eisessig; λ_{max} 1607, 1582 cm^{-1}; 97% roh. — *1.4-Dihydro-2.3-dimethylanthracen-9.10-dibenzolsulfonamid*, $C_{28}H_{26}O_4N_2S_2$, F. 233—234° (Zers.); federartige Nadeln aus Eisessig; λ_{max} 3285 cm^{-1}; 85%. — *1.4-Dihydro-2-chloranthracen-9.10-dibenzolsulfonamid*, $C_{26}H_{21}O_4N_2ClS_2$, F. 250,5—251° (Zers.); Bldg. des **IX**-Deriv. aus 2 g **I** u. 10 cm^3 frischem **V** (15 Tage); Zusatz von PAe.; 91%; da nicht krist., wie **IXa** nach b) verarbeitet u. mit Cyclohexan verd., Nd. in n-NaOH gelöst u. angesäuert; Nadeln aus Eisessig; λ_{max} 3291 cm^{-1}; 1,1 g roh. — *Addukt* **VIa** von *Cyclopentadien* (**VI**) u. *Naphthochinon-(1.4)-dibenzolsulfonimid* (**I**), $C_{27}H_{22}O_4N_2S_2$, F. 191—192° (Zers.), aus 3 g **I** in heißem Eisessig u. 5 cm^3 frischem **VI**; nach Abkühlen auf Zimmertemp. noch 3 cm^3 **VI** zugefügt u. über Nacht hingestellt; Nadeln, mit PAe. gewaschen; λ_{max} 1603, 1562 cm^{-1}; 2,26 g; beim Erhitzen oder Umkristallisieren Spaltung. — *Addukt* **VIIa** von *Anthracen* (**VII**) u.

Naphthochinon-(1.4)-dibenzolsulfonimid (I), $C_{36}H_{26}O_4N_2S_2$, F. 163°, F. 165°, F. 172 bis 173° (Zers.), aus 2,18 g I u. 0,89 g VII durch Lösen in 50 cm³ sd. Bzl. u. 5wöchiges Stehen bei Zimmertemp.; Eindunsten in 1 Woche; blaßgelbe Nadeln aus CH_3CN; λ_{max} 1604, 1567 cm^{-1}; 42% roh. — *5-Acetoxy-4a.5.8.8a-tetrahydronaphthochinon-(1.4)-dibenzolsulfonimid*, $C_{24}H_{22}O_6N_2S_2$, F. 214,5—215° (Gasentw.), nach Erstarren F. 257 bis 260° (Zers.); 64 g p-Chinondibenzolsulfonimid in Chlf. u. 20 g VIII zum Sieden erhitzt u. 4 Tage bei Zimmertemp. hingestellt; durch Filtrieren u. Einengen 47,5 g; Stäbchen aus Eisessig; λ_{max} 1618, 1588, 1730 cm^{-1}. — *Naphthalin-1.4-dibenzolsulfonamid*, F. 258—259° (Zers.), aus 40 g der rohen vorst. Verb. in 700 cm³ sd. Eisessig u. 10 cm³ konz. HCl; 97%. — *1-Acetoxy-1.4.4a.9a-tetrahydroanthrachinon-(9.10)-dibenzolsulfonimid*, $C_{28}H_{24}O_6N_2S_2$, F. 242—243° (Zers.), aus I u. VIII; nach 4 Tagen mit sd. Cyclohexan verd.; Stäbchen aus Bzl.–Cyclohexan; λ_{max} 1609, 1573, 1376 cm^{-1}; 89% roh. — *Anthracen-9.10-dibenzolsulfonamid* (XII), $C_{26}H_{20}O_4N_2S_2$, F. 243—244° (Zers.), aus vorst. Verb. in sd. Eisessig u. einigen Tropfen konz. HCl; Selbsterwärmung; ½std. Dampfbaderhitzen; in 5%ig. NaOH gelöst u. in verd. HCl gegossen; gelbe Nädelchen aus Pyridin–A.; λ_{max} 3297 cm^{-1}; 95% roh. 1 g ging durch 1std. Dampfbaderhitzen mit 25 cm³ CH_3COOH u. 1,65 g $FeCl_3 \cdot 6H_2O$ u. ½std. Kochen mit nochmals 1,65 g in *Anthrachinon* (F. 285—286°, aus absol. A.) über; 95%. — *Anthrachinon-(9.10)-dibenzolsulfonimid* (XIII), $C_{26}H_{18}O_4N_2S_2$, F. 240—241° (Zers.), durch Umlösen der 1 Mol CH_3CN enthaltenden Kristalle aus CH_3COOH; citronengelbe Prismen; λ_{max} 1608, 1567 cm^{-1}. $C_{26}H_{18}O_4N_2S_2 \cdot CH_3CN$, F. 240—241° (Zers. nach Gelbfärbung bei 140—150°), aus CH_3CN, a) aus 1 g XII in Eisessig u. 2 g $(CH_3COO)_4Pb$ durch Aufkochen u. 14std. Dampfbaderhitzen; in der Hitze 1 cm³ $(CH_2OH)_2$ zugefügt u. filtriert; Filtrat in W. gegossen; blaßgelbe Nadeln; 66% roh; b) durch ½std. Kochen von 1 g XII in Eisessig mit 1,42 g $NaBiO_3$; aus Heißfiltrat 0,28 g; c) aus XIa analog a) (¼std. Kochen); 94%; gibt durch 1 Min. langes Kochen der Lsg. in Tetrahydrofuran mit wss. $Na_2S_2O_4$ 66% XII; wird durch 5 Min. langes Kochen in Eisessig u. etwas HCl zu Anthrachinon (F. 285 bis 286°) verseift; 93%. — Durch ½std. Zugabe von 10 g $NaBiO_3$ zu 2 g XIa in sd. CH_3COOH u. Heißfiltration 0,37 g Anthrachinon. (J. Amer. chem. Soc. **74**. 2593—96. 20/5. 1952.) LEHMSTEDT. 2600

I. N. Nasarow und **Ss. I. Sawjalow**, *Acetylenderivate*. 127. Mitt. *Synthese polycyclischer, den Steroiden verwandter Verbindungen*. 15. Mitt. *Struktur der Kondensationsprodukte von 2-Methoxydivinyl mit 1-Methylcyclohexen-(1)-on-(6) und Methacrylsäuremethylester* (126. bzw. 14. vgl. C. **1953**. 5492). Die Synth. von polycycl. Steroidketonen (vgl. C. **1949**. E. 541; **1951**. II. 2593, 2594, 2595) war mittels des durch Kondensation von 2-Methoxydivinyl (II) mit 1-Methylcyclohexen-(1)-on-(6) (III) erhältlichen 9-Methyl-6-methoxy-Δ^6-oktalons-(1) (I) durchgeführt worden. Die Konst. von I war auf Grund von Modell-Rkk. von II mit aliphat. α.β-ungesätt. Aldehyden, Ketonen u. Säuren angenommen worden. Vorliegende Unters. bringt die Bestätigung. I lieferte mit CH_3MgJ unter anschließender Hydrolyse *1.9-Dimethyl-1-oxy-6-ketodekalin* (IV); aus diesem entstand durch Dehydratation *1.9-Dimethyl-6-keto-Δ^1-oktalin* (V), hieraus durch Grignardieren mit CH_3MgJ *1.6.9-Trimethyl-6-oxy-Δ^1-oktalin* (VI), hieraus durch Dehydratation *1.6.9-Trimethyl-$\Delta^{1.6}$-hexalin* u. hieraus beim Erhitzen mit Pd-Kohle unter Dehydrierung u. Verlust der angulären CH_3-Gruppe *1.6-Dimethylnaphthalin* (VII), dessen Identität durch Vgl. mit einem aus β-Jonon nach CLEMO (J. chem. Soc. [London] **1935**. 737) hergestellten Präp. festgestellt wurde. Ein 2. Beweis für die Konst. von I ließ sich wie folgt führen. Aus dem schon früher durch Hydrolyse von I erhaltenen 9-Methyl-1.6-diketodekalin (VIII) entstand durch Grignardieren mit CH_3MgJ *1.6.9-Trimethyl-1.6-dioxydekalin*, hieraus durch Dehydratation ein Gemisch von *1.6.9-Trimethyl-$\Delta^{1.6}$-hexalin* u. *1.6.9-Trimethyl-1.6-oxidodekalin*, das über Pd-Kohle in VII überging. Hiermit ist erwiesen, daß sich in dem Kondensationsprod. aus II u. III die CH_3O- u. CO-Gruppe in p-Stellung zueinander befinden (das isomere 10-Methyl-6-methoxy-Δ^6-oktalon-(4) scheidet aus). Analog verlief die Kondensation von II mit Methacrylsäuremethylester (IX), die zu *1-Methyl-4-methoxycyclohexen-(3)-carbonsäure-(1)-methylester* (X) führte, aus dem beim Verseifen *1-Methyl-4-ketocyclohexancarbonsäure-(1)* (XI) entstand. XI war mit einem aus γ-Methyl-γ-carbomethoxypimelinsäuredimethylester (XII) nach RUBIN u. WISHINSKY (vgl. C. **1947**. 1464) hergestellten Präp. identisch. X hat als Ausgangsmaterial für die Synth. von Ketonen des Hydrindans u. Dekalins mit angulärer CH_3-Gruppe Interesse. Durch Bromierung, nachfolgende Hydrolyse u. HBr-Abspaltung wurde aus ihm nach RUBIN u. WISCHINSKY (l. c.) *1-Methyl-4-ketocyclohexen-(2)-carbonsäure-(1)-methylester* (XIII) hergestellt, der Malonsäurediäthylester unter Bldg. von *1-Methyl-1-carbomethoxy-4-ketocyclohexyl-(2)-malonsäurediäthylester* anlagerte.

Versuche: *1.9-Dimethyl-1-oxy-6-ketodekalin* (IV), $C_{12}H_{20}O_2$, $Kp._{0,05}$ 118—120°;

aus 10 g **I** u. CH_3MgJ (aus 1,8 g Mg) in Ae., 3 Std. unter Rühren bei Zimmertemp.; nach Zerlegen mit verd. HCl wird die äther. Lsg. verdampft u. der Rückstand 3 Std. mit 1%ig. HCl geschüttelt; n_D^{20} 1,5140; 4,8 g (Ausbeute). — *1.9-Dimethyl-6-keto-Δ¹-oktalin* (**V**), $C_{12}H_{18}O$, Kp.$_4$ 104—108°; aus 3,5 g **IV** bei 1std. Erhitzen mit 1,8 g $KHSO_4$ auf 160—165°/100 mm; n_D^{20} 1,5099; 2,1 g. *Semicarbazon*, $C_{13}H_{21}ON_3$, F. 172 bis 174°; aus CH_3OH. — *1.6.9-Trimethyl-6-oxy-Δ¹-oktalin* (**VI**), $C_{13}H_{22}O$, Kp.$_3$ 100 bis 105°; man tropft eine äther. Lsg. von 3 g **V** zur CH_3MgJ-Lsg. aus 0,6 g Mg unter Rühren u. Kühlen mit Eis; n_D^{20} 1,5104; 2,6 g. — *1.6.9-Trimethyl-Δ¹·⁶-hexalin*, $C_{12}H_{20}$, Kp. 229 bis 231°; aus 2,9 g **VI** mit 1,5 g $KHSO_4$, 1 Std. bei 165—175°; n_D^{20} 1,5035; 1,4 g. Hieraus beim langsamen Überleiten des Dampfes (1 g in 2 Std.) über Pd-Kohle bei 330—340° *1.6-Dimethylnaphthalin* (**VII**), Kp.$_{13}$ 130—133°; n_D^{20} 1,6078. *Pikrat*, F. 108—110°. — *1.6.9-Trimethyl-1.6-dioxydekalin*, $C_{13}H_{24}O_2$, Kp.$_{0,05}$ 113—116°; aus 3 g **VIII** in Ae. bei tropfenweisem Zusatz zur CH_3MgJ-Lsg. aus 1,2 g Mg unter Rühren u. Kühlen mit Eis u. anschließendem 3std. Kochen; n_D^{20} 1,5115; 3,2 g. 4 g hiervon wurden mit 2 g $KHSO_4$ bei 150—155°/100 mm in ein Gemisch von *1.6.9-Trimethyl-Δ¹·⁶-hexalin*, $C_{13}H_{20}$, u. *1.6.9-Trimethyl-1.6-oxidodekalin*, $C_{13}H_{22}O$, Kp.$_{19}$ 110—112°, n_D^{20} 1,4977; 2,8 g, übergeführt, aus dem über Pd-Kohle analog Vorst. **VII** entstand; 0,7 g aus 3 g Gemisch. — *1-Methyl-4-methoxycyclohexen-(3)-carbonsäure-(1)-methylester* (**X**), $C_{10}H_{16}O_3$, Kp.$_{12}$ 107 bis 108°; aus 4 g **II** u. 4,8 g **IX** in 9 g Bzl. + 0,1 g Pyrogallol, 3 Std. im geschlossenen Metallgefäß bei 219—220°; n_D^{20} 1,4722; 5,2 g. — *1-Methyl-4-ketocyclohexancarbonsäure-(1)* (**XI**), $C_8H_{12}O_3$, F. 77—78°; Kp.$_2$ 145—148°; durch 6std. Kochen des Methylesters mit Essigsäure + HCl; aus Benzol. *Methylester*, $C_9H_{14}O_3$, Kp.$_7$ 99—101°; durch 4std. Schütteln von 5 g **X** mit 25 ml 1%ig. HCl; n_D^{20} 1,4610; 3 g. *Semicarbazon* u. *2.4-Dinitrophenylhydrazon* des *Methylesters*, F. 166—168° bzw. 125—127°. — *1-Methyl-4-ketocyclohexandicarbonsäure-(1.3)-dimethylester*, Kp.$_3$ 130—132°; aus **XII** durch Cyclisierung mit Na; n_D^{20} 1,4859. Hieraus durch Schütteln mit 5%ig. NaOH die freie *Dicarbonsäure*, $C_9H_{12}O_5$, F. 104—106° (Zers.), u. aus dieser (3,7 g) bei 120° 2,3 g **XI**. — *1-Methyl-4-ketocyclohexen-(2)-carbonsäure-(1)-methylester* (**XIII**), Kp.$_7$ 107—110°; durch Bromieren von 10 g **X** mit 8,4 g Br_2 in CCl_4, Hydrolyse des *Dibromprod.* durch ¼std. Schütteln der Lsg. mit W., Verdampfen der CCl_4-Lsg. im Vakuum u. 1std. Erhitzen des resultierenden *3-Brom-1-methyl-4-ketocyclohexancarbonsäure-(1)-methylesters* mit 9,5 g Diäthylanilin auf 150—155°; n_D^{20} 1,4775; 4 g. *Semicarbazon*, $C_{10}H_{15}O_3N_3$, F. 157—158°. — *1-Methyl-1-carbomethoxy-4-ketocyclohexyl-(2)-malonsäurediäthylester*, $C_{16}H_{24}O_7$, Kp.$_{1,5}$ 155—157°; aus 4 g **XIII** u. Na-Malonesterlsg. (15 g Malonester, 0,54 g Na), 7 Std. bei 70—76°; n_D^{20} 1,4888; 2,2 g. (Известия Академии Наук СССР, Отделение Химических Наук [Nachr. Akad. Wiss. UdSSR, Abt. chem. Wiss.] **1952**. 703—09. Juli/Aug. Inst. für organ. Chem. der Akad. der Wiss. der UdSSR.) R. KNOBLOCH. 2700

B. A. Arbusow und **B. P. Lugowkin**, *Synthese von Estern der Naphthylmethylphosphonsäuren.* Durch Einw. von Triäthylphosphit (**I**) auf 2-Brommethylnaphthalin (**II**) wurde der *Diäthylester* von *2-Phosphonmethylnaphthalin* (*Naphthyl-(2)-methylphosphonsäure*) erhalten; analog aus 1.4-Bis-chlormethyl-naphthalin (**III**) oder 5.8-Bis-chlormethyl-1.2.3.4-tetrahydronaphthalin (**IV**) der *Tetraäthylester* von *1.4-Bis-phosphonmethylnaphthalin* bzw. *5.8-Bis-phosphonmethyl-1.2.3.4-tetrahydronaphthalin.* Durch Hydrolyse wurden die freien Säuren gewonnen.

Versuche: *2-Phosphonmethylnaphthalin*, $C_{11}H_{11}O_3P$, F. 229—230° (Block); durch 5std. Erhitzen von 0,9 g des Diäthylesters mit 8 cm^3 verd. HCl (1 : 1) im Rohr auf 125—135°; aus W. Plättchen; 0,7 g (Ausbeute). *Diäthylester*, $C_{15}H_{19}O_3P$, Kp.$_1$ 170 bis 172°. Man läßt zu 3 g **II** bei 140—150° in 15 Min. 2,9 g **I** zutropfen, erhitzt bis zur Beendigung der Entw. von C_2H_5Br auf 170—180° u. dest. im Vakuum; Öl; D^{20}_{20} 1,1483; n_D^{20} 1,5583; 3,3 g. — *1.4-Bis-phosphonmethyl-naphthalin*, $C_{12}H_{14}O_6P_2$, F. 276—279° (Block); durch Verseifen des Tetraäthylesters analog Vorst.; Schuppen. *Tetraäthylester*, aus 1,7 g **III** u. 3,5 g **I** bei 150—205° analog Vorst.; dickes, bei 3 mm nicht destillierbares Öl; 3,2 g. — *5.8-Bis-phosphonmethyl-1.2.3.4-tetrahydronaphthalin*, $C_{12}H_{18}O_6P_2$, F. 296—300° (Block); aus W. Nadeln. *Tetraäthylester*, $C_{20}H_{34}O_6P_2$, Kp.$_6$ 254—255°; aus **IV** u. **I** bei 145—210°; Öl; n_D^{20} 1,5146; 66,3%. (Журнал Общей Химии [J. allg. Chem.] **20** (**82**). 1249—51. Juli 1950. Kasan, Lenin-Univ., Wiss. Chem. Butlerow-Forsch.-Inst.) v. WILPERT. 2700

J. B. Duthie und **S. G. P. Plant**, *Acenaphthylenverbindungen.* 2. Mitt. (1. vgl. C. **1949**. I. 51.) Bei Verss. zur Darst. des Chinolons **II** aus Acenaphthenon (**I**) u. Anthranilsäure wurde nicht ersteres erhalten, sondern es entstand durch Selbstkondensation *8-Acenaphthylidenacenaphthenon-(7)* (**III**). **II** wäre auch aus Anilin u. 8-Ketoacenaphthen-7-carbonsäureäthylester darstellbar, doch konnte letzterer nicht durch Pyrolyse

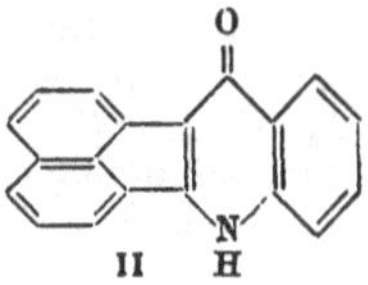
II

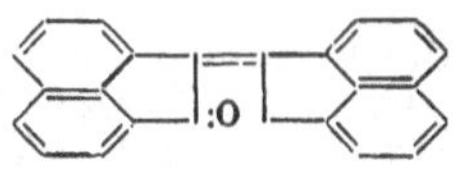
III

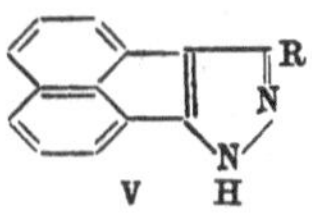
V

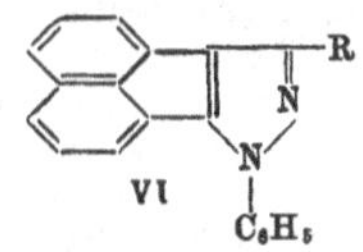
VI

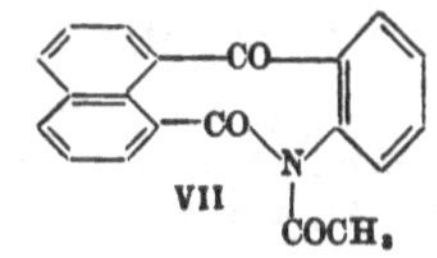
VII

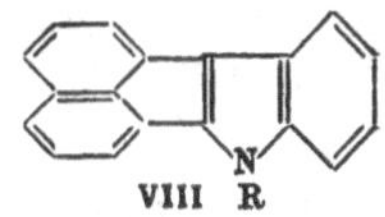
VIII

von *8-Ketoacenaphthen-7-glyoxylsäureäthylester* (**IV**), dargestellt aus **I** u. Oxalsäurediäthylester, erhalten werden. Verss. zur Kondensation von **I** mit Kohlensäurediäthylester bzw. Ameisensäureester ergaben wiederum **III**. Mit Hydrazin lieferte **IV** *Acenaphthyleno-[7'.8':4.5]-pyrazol-3-carbonsäureäthylester* (**V**, R = $CO_2C_2H_5$), der über die freie *Säure* (**V**, R = COOH) *Acenaphthyleno-[7'.8':4.5]-pyrazol* (**V**, R = H) ergab. Mit Phenylhydrazin wurde ein analoges Prod. erhalten, dem die Konst. **VI** (R = $CO_2C_2H_5$) zugeschrieben wird. Die Pyrolyse von **VI** (R = COOH) ergab bei einigen Verss. eine rote Verb. $C_{19}H_{12}N_2$, vermutlich **VI** (R = H), einmal wurde eine Verb. der Zus. $C_{39}H_{24}O_2N_4$ erhalten, die vermutlich aus gleichen Teilen **VI** (R = H) u. **VI** (R = CO_2H) bestand. Durch Erhitzen auf ca. 300° (10 Min.) wurden **V** (R = $CO_2C_2H_5$), **V** (R = H), **VI** (R = $CO_2C_2H_5$), **VIII** (R = H), **VIII** (R = CH_3) u. **VIII** (R = $COCH_3$) nicht polymerisiert; *Acenaphthyleno-[7'.8':2.3]-indol-1-carbonsäuremethylester* (**VIII**, R = CO_2CH_3) ergab ebenfalls kein Polymeres, sondern zur Hauptsache *1-Methylacenaphthyleno-[7'.8':2.3]-indol* (**VIII**, R = CH_3) neben wenig *Acenaphthyleno-[7'.8':2.3]-indol* (**VIII**, R = H); letzteres entstand fast quantitativ, wenn die Pyrolyse in Ggw. von β-Naphthylamin durchgeführt wurde. Oxydation von **VIII** (R = $COCH_3$) mit Chromsäure lieferte *o-[8-Carboxy-1-naphthoyl]-acetanilidlactam* (**VII**).

V e r s u c h e: Einw. von Anthranilsäure auf Acenaphthenon (**I**) bei 100° (2 Std.) ergab *8-Acenaphthylidenacenaphthenon-(7)* (**III**), $C_{24}H_{14}O$, F. 262°, aus Chlf. gelbe Nadeln. — *8-Ketoacenaphthen-7-glyoxylsäureäthylester* (**IV**), $C_{16}H_{12}O_4$, F. 104°, aus **I** u. Oxalester (+ C_2H_5ONa); aus A. gelbe Platten. — *Acenaphthyleno-[7'.8':4.5]-pyrazol-3-carbonsäureäthylester* (**V**; R = $COOC_2H_5$), $C_{16}H_{12}O_2N_2$, F. 163°, aus vorigem mit Hydrazinhydrat in Eisessig am Rückfluß im Dunkeln; aus A. gelbe Nadeln; durch Verseifung mit konz. wss. NaOH nach Ansäuern die *freie Säure* (**V**, R = COOH), $C_{14}H_8O_2N_2$, F. 289°, aus verd. A. Platten. — *Acenaphthyleno-[7'.8':4.5]-pyrazol* (**V**; R = H), $C_{13}H_8N_2$, F. 239°, aus voriger Säure durch Erhitzen auf 310° (5 Min.); aus A. Nadeln. *1-Acetylderiv.*, $C_{15}H_{10}ON_2$, F. 170—171° (A.). — *1-Phenylacenaphthyleno-[7'.8':4.5]-pyrazol-3-carbonsäureäthylester* (**VI**, R = $COOC_2H_5$), $C_{22}H_{16}O_2N_2$, F. 161°, aus **IV** mit Phenylhydrazin wie oben; **aus A. gelbe Platten**; nach Verseifung u. Ansäuern die *freie Säure* (**VI**, R = COOH), $C_{20}H_{12}O_2N_2$, Nadeln aus verd. A., F. 262° (Zers.). — *1-Phenylacenaphthyleno-[7'.8':4.5]-pyrazol* (**VI**, R = H), $C_{19}H_{12}N_2$, scharlachrotes mikrokrist. Pulver aus Eisessig, F. 197°, durch Erhitzen der vorigen Säure auf 265°. Die Natur der Zersetzungsprodd. variierte bei den einzelnen Verss.; in einem Falle wurde eine *Verb.* $C_{39}H_{24}O_2N_4$, goldbraune Nadeln aus Eisessig, F. 316°, erhalten. — Pyrolyse von Acenaphthyleno-[7'.8':2.3]-indol-1-carbonsäuremethylester (**VIII**, R = $COOCH_3$) bei 300° (10 Min.) ergab *1-Methylacenaphthyleno-[7'.8':2.3]-indol* (**VIII**, R = CH_3), $C_{19}H_{13}N$, scharlachrote Platten, F. 204°, neben *Acenaphthyleno-[7'.8':2.3]-indol* (**VIII**; R = H), braune Platten, F. 234°; letzteres fast quantitativ aus dem Ester beim Erhitzen mit β-Naphthylamin am Rückfluß auf 300° (10 Min.). — *o-[8-Carboxy-1-naphthoyl]-acetanilidlactam* (**VII**), $C_{20}H_{13}O_3N$, F. 184°, durch Oxydation von 1-Acetylacenaphthyleno-[7'.8':2.3]-indol mit CrO_3–Eisessig, aus Methanol, dann Bzl. Prismen. (J. chem. Soc. [London] **1952**. 1899—1902. Mai. Oxford, Univ.) SCHICKE. 2750

S. M. Mukherji und **N. K. Bhattacharyya**, *Friedel-Crafts-Reaktion mit ungesättigten Ketonen und Estern.* 1. Mitt. *Neue Synthesen von 1-Methyl-, 1.4-Dimethyl- und 9-Methylphenanthren.* Die durch FRIEDEL-CRAFTS-Rk. von Allylaceton (**I**) bzw. Allylessigsäureäthylester (**II**) mit Naphthalin u. von *2-Allylcyclohexanon* (**III**) mit Bzl. dargestellten Verbb. *2-[β-Naphthyl]-hexanon-(5)* (**IV**), *4-[β-Naphthyl]-valeriansäure* (**V**) u. *2-[β-Methyl-β-phenyläthyl]-cyclohexanon* (**VI**) dienten zur Synth. von *1.4-Dimethyl-* (**VII**), *1-Methyl-* (**VIII**) u. *9-Methylphenanthren* (**IX**).

V e r s u c h e: *2-[β-Naphthyl]-hexanon-(5)* (**IV**), $C_{16}H_{18}O$, Kp.$_5$ 168—169°, durch Einrühren von 20 cm³ **I** in CS_2 in eine CS_2-Lsg. von 26 g Naphthalin u. 10—12 g $AlCl_3$ bei 5—15°, Zugabe des restlichen $AlCl_3$ (insgesamt 36 g) u. 1½std. Rühren bis Erreichen der Raumtemp.; Zers. mit Eis + HCl u. Ausäthern; fast farblose Fl., n_D^{27} 1,5763; 40% (Ausbeute). *Semicarbazon*, $C_{17}H_{21}ON_3$, F. 166—167° (90% ig. A.). — *4-[β-Naphthyl]-valeriansäure* (V), F. 72° (Bzl.-PAe.), durch Einrühren von KCl-J_2-W. (2:1:4) in Lsg. von 2 g IV in 40 cm³ Dioxan u. 30 cm³ 10% ig. NaOH bis zu 2—3 Min. anhaltender Dunkelrotfärbung bei 60°; mit NaOH entfärbt u. von CHJ_3 dekantiert; mit H_2SO_4 + $NaHSO_3$ gefällt u. ausgeäthert; bei 200—220°/4 mm sublimiert; 1 g; oder aus 10 g des nachst. Esters mit sd. alkoh. KOH (12—13 Std.), hellgelbe, höchst zähe M., $Kp._4$ 210°, erstarrte nach 8 Wochen. *Amid*, F. 98° (W.). *Äthylester*, $C_{17}H_{20}O_2$, $Kp._4$ 180°, aus II u. Naphthalin in CS_2 wie IV, hellgelbe Fl., n_D^{24} 1,5587; 40%. — *2-[β-Naphthyl]-hexanol-(5)* (X), $C_{16}H_{20}O$, $Kp._3$ 170°, aus IV in Isopropanol mit Al-Isopropylat, sehr viscos, n_D^{25} 1,5809; 93%. — *1.4-Dimethyl-1.2.3.4-tetrahydrophenanthren* (XI), $C_{16}H_{18}$, $Kp._4$ 150°, aus 4 g X u. 4 cm³ H_2SO_4 (D. 1,80) bei 5—12° (2½ Std.), bewegliche Fl., n_D^{25} 1,5926; 2,5 g. *Pikrat*, $C_{16}H_{18}\cdot C_6H_3O_7N_3$, F. 116°, aus A. orangefarbene Nadeln. — *1.4-Dimethylphenanthren* (VII), $C_{14}H_{14}$, F. 50,5°, aus XI u. 30% ig. Pd-Kohle (1½ Std. 280—290°, 1 Std. 310°); Sublimation bei 185°/3 mm, aus A. Nädelchen; 71,3%. *Pikrat*, $C_{14}H_{14}\cdot C_6H_3O_7N_3$, F. 143°, aus A. braunrote Nadeln. — *1-Methyl-4-keto-1.2.3.4-tetrahydrophenanthren* (XII), $C_{15}H_{14}O$, $Kp._1$ 160°, aus V in Ae., etwas Pyridin u. $SOCl_2$; nach ½ Std. evakuiert, Rückstand in Bzl. gelöst, mit $SnCl_4$ versetzt, nach ¼ Std. Eis + HCl zugefügt u. ausgeäthert; fast farblose dicke Fl.; 73%. *Semicarbazon*, F. 208° (verd. A.). *Pikrat*, $C_{15}H_{14}O\cdot C_6H_3O_7N_3$, F. 92°, aus A. gelbe Nadeln. — *1-Methyl-1.2.3.4-tetrahydrophenanthren*, $C_{15}H_{16}$, $Kp._1$ 130—132°, durch 25std. Kochen von 2,5 g XII, 25 g Zn-Amalgam, 50 cm³ CH_3COOH, 30 cm³ konz. HCl u. 10 cm³ Toluol, bewegliche Fl.; 2 g. *Pikrat*, $C_{15}H_{16}\cdot C_6H_3O_7N_3$, F. 102°, aus A. orangefarbene Nadeln. — *1-Methylphenanthren* (VIII), $C_{15}H_{12}$, F. 121°, aus je 1 g vorst. Verb. u. 30% ig. Pd-Kohle (300—320°, 45 Min.), Tafeln aus CH_3OH; 0,73 g. *Pikrat*, $C_{15}H_{12}\cdot C_6H_3O_7N_3$, F. 138°, aus A. tieforangefarbene Nadeln. — *2-Formylcyclohexanon*, $Kp._5$ 63°, aus Gemisch von C_2H_5ONa, $HCOOC_2H_5$ u. Ae. mit Cyclohexanon unter Eiskühlung; am nächsten Tage Zers. mit Eis + W.; wss. Schicht angesäuert u. ausgeäthert; 70%. — *2-Allylcyclohexanon* (III), $Kp._8$ 72°, aus vorst. Verb. u. C_2H_5ONa in Bzl. (Eiskühlung) durch Stehen über Nacht, Zugabe von Allylbromid unter Kühlung u. nach 1½ Std. 4std. Kochen; nach Zugabe von W. Benzolextrakte dest.: $Kp._5$ 74—85°; 50%; 15 g dieses Zwischenprod. 2 Std. in sd. 15% ig. NaOH zers. u. mit Ae. verarbeitet; 8 g. *Semicarbazon*, $C_{10}H_{17}ON_3$, F. 171° (A.). *Oxim*, F. 81° (A.). — *2-[β-Methyl-β-phenyläthyl]-cyclohexanon* (VI), $C_{15}H_{20}O$, $Kp._4$ 150°, aus III u. Bzl. wie IV, schwachgelb, $n_D^{26,5}$ 1,5261; 48%. *Semicarbazon*, $C_{16}H_{23}ON_3$, F. 168—169° (A.). — *2-[β-Methyl-β-phenyläthyl]-cyclohexanol*, $C_{15}H_{22}O$, $Kp._3$ 138°, aus VI analog X, viscoses Öl, $n_D^{26,5}$ 1,5277; 92%. — *9-Methyl-1.2.3.4.9.10.11.12-oktahydrophenanthren*, $C_{15}H_{20}$, $Kp._5$ 112°, aus vorst. Verb. wie XI, bewegliche Fl., n_D^{25} 1,5399; 76,5%. — *9-Methylphenanthren* (IX), $C_{15}H_{12}$, F. 94°, aus 1 g vorst. Verb. wie VIII (2 Std., 240—290°), aus A. Nadeln; 0,6 g. *Pikrat*, $C_{15}H_{12}\cdot C_6H_3O_7N_3$, F. 154° (A.). (J. org. Chemistry **17**. 1202—09. Sept. 1952. Jadavpur, Calcutta, Indian Assoc. for the Cult. of Sci., Dep. of Organ. Chem.)

LEHMSTEDT. 2850

I. N. Nasarow, I. W. Torgow und **M. W. Kuwarsina**, *Acetylenderivate.* 130. Mitt. *Synthese polycyclischer Verbindungen.* 8. Mitt. *Kondensation von 1-Vinylcyclohexen-(1) mit Cyclohexen-(1)-on-(6).* (129. bzw. 7. vgl. C. **1953**. 6686 bzw. **1951**. II. 2595.) Da bis jetzt in der Literatur keine exakten Beweise für die Konst. der tricycl. Verbb., die durch Kondensation cycl. Diene vom Typus des 1-Vinylcyclohexens-(1) (I) u. 1-Vinyloktalins-(1) mit α.β-ungesätt. cycl. Ketonen entstehen, vorliegen, wurde die Kondensation von I mit Cyclohexen-(1)-on-(6) (II), die zu *cis-1-* u. *-4-Keto-Δ^{8a}-dodekahydrophenanthren* (III u. IV) führen kann, durchgeführt. In diesem Fall sollte die Umwandlung des Kondensationsprod. in bekannte Verbb. leichter möglich sein als bei den in früherer Unterss. (Журнал Общей Химии [J. allg. Chem.] **18** (**80**). [1948.] 1090; **19** (**81**). [1949.] 184) erhaltenen Verbindungen. Das in einer Ausbeute von mehr als 40% gewonnene krist. Kondensationsprod. erwies sich als IV, während III, wenn überhaupt, nur zu höchstens 10% entstand. Beweisend für die Konst. war nachst. Reaktionsfolge. IV wurde durch Grignardierung in *4-Methyl-Δ^{8a}-dodekahydrophenanthrol-(4)* u. dieses durch Behandeln mit 70% ig. H_2SO_4 in ein Gemisch von *4-Methyl-$\Delta^{8a.3}$-* u. *4-Methyl-$\Delta^{8a.4}$-dekahydrophenanthren* (V u. VI) übergeführt. Die Dehydrierung mit Se bei 300—310° gelang nicht, da die Reaktionsprodd. nicht identifiziert werden konnten; besser war Pt auf Kohle bei 330—350°, am besten RANEY-Ni bei 350—360°, das ein Gemisch von KW-stoffen lieferte, aus dem sich *4-Methylphenanthren* isolieren ließ. — IV wurde durch Einw. von CH_3ONa in die entsprechende *trans-Verb.* (VII) umgewandelt. Durch Hydrieren von IV u. VII wurden *cis-* u. *trans-4-Ketoperhydrophenanthren* hergestellt. Bei der Dienkondensation mit α.β-ungesätt. cycl. Ketonen bilden sich also polycycl. Ketone mit cis-Konfiguration der anellierten Ringe, wie auch frühere Unterss. zeigten, in Übereinstimmung mit ALDER u. STEIN (Z. angew. Chem. **50.** [1937.] 510.)

V e r s u c h e : *1-Vinylcyclohexen-(1)* (I), $Kp._{53}$ 63—65°; $Kp._{760}$ 142—144°; aus 20 g 1-Vinylcyclohexanol-(1) in 100 ml Aceton bei anteilweiser Zugabe von 10 g P_2O_5 unter Rühren bei 35—50°; nach Neutralisieren mit Na_2CO_3-Lsg. u. Sättigen mit K_2CO_3 wird mit Ae. aufgenommen; n_D^{21} 1,4910; 11,5 g (Ausbeute). Vgl. die Herst. nach NASAROW u. NAGIBINA (l. c.) durch Dehydratation mit $KHSO_4$. — *cis-4-Keto-Δ^{8a}-dodekahydrophenanthren* (IV), $C_{14}H_{20}O$, F. 63°; $Kp._3$ 127°; durch 3std. Erhitzen von 7 g I mit 16 g II + 0,1 g Pyrogallol im geschlossenen Metallgefäß auf 200—205°; aus A. Nadeln; n_D^{20} 1,5280 (unterkühlt); 6 g neben viel wiedergewonnenem Ausgangsmaterial. *Semicarbazon,* $C_{15}H_{23}ON_3$, F. 188°; aus Alkohol. *2.4-Dinitrophenylhydrazon,* $C_{20}H_{24}O_4N_4$, F. 167°; aus Alkohol. — *cis-4-Ketoperhydrophenanthren,* $C_{14}H_{22}O$, F. 110—112°; durch Hydrieren von **IV** (1,1 g; Pt nach ADAMS; A.); aus A. Kristalle; 0,9 g. *Semicarbazon,* $C_{15}H_{25}ON_3$, F. 91—92°; aus 50%ig. CH_3OH. *2.4-Dinitrophenylhydrazon,* $C_{20}H_{26}O_4N_4$, F. 140°; aus Alkohol. — *4-Methyl-Δ^{8a}-dodekahydrophenanthrol-(4),* $C_{15}H_{24}O$, F. 117 bis 118°; $Kp._3$ 140—142°; aus 5 g **IV** u. der GRIGNARD-Verb. aus 1,2 g Mg u. 7 g CH_3J; man läßt 3 Std. bei 20°, dann über Nacht u. 6 Std. bei 35° unter Rühren einwirken u. zerlegt mit 10%ig. H_2SO_4; aus 75%ig. A. Kristalle; 3 g. Hieraus (3 g) durch 3std. Verrühren mit 5 ml 70%ig. H_2SO_4 bei 75° das Gemisch von **V** u. **VI**; bei der Dest. werden die Fraktionen $Kp._3$ 114—117°; $D._4^{20}$ 0,9681; n_D^{20} 1,5245; 0,5 g, u. $Kp._3$ 125—127°; $D._4^{20}$ 0,9776; n_D^{20} 1,5260; 1 g, beide der analyt. Zus. $C_{15}H_{22}$ entsprechend, erhalten. — *4-Methylphenanthren,* $C_{15}H_{12}$, F. 41°; eine Lsg. von 2,2 g einer der vorst. Fraktionen in 100 ml Bzl. wird in Ggw. von 10 g RANEY-Ni im Drehautoklaven unter N_2 3½ Std. auf 350—360° u. ½ Std. auf 370—380° erhitzt; Isolierung als *Pikrat* (0,4 g) aus der Fraktion des Reaktionsprod. vom $Kp._1$ 120—130°; aus CH_3OH Nadeln; 0,1 g. *Pikrat,* F. 141—142°. *Styphnat,* F. 134°. — *trans-4-Keto-Δ^{8a}-dodekahydrophenanthren* (**VII**), F. 76°; durch 3std. Kochen von 0,5 g **IV** mit 5 ml 0,5%ig. CH_3ONa-Lsg.; aus A. Kristalle; 0,3 g. *Semicarbazon,* F. 188—189°. *2.4-Dinitrophenylhydrazon,* $C_{20}H_{24}O_4N_4$, F. 189°; aus Alkohol. — *trans-4-Ketoperhydrophenanthren,* F. 74—75°; durch Hydrieren von **VII** (0,5 g) wie oben; aus A. Kristalle; 0,3 g. *2.4-Dinitrophenylhydrazon,* $C_{20}H_{26}O_4N_4$, F. 210—212°; aus Alkohol. (Журнал Общей Химии [J. allg. Chem.] **22** (84). 220—27. Febr. 1952. Inst. für organ. Chem. der Akad. der Wiss. der UdSSR.)

R. KNOBLOCH. 2850

B. A. Arbusow und **A. R. Wiltschinskaja,** *Einwirkung von Acrylsäurenitril und Acrolein auf α-und β-Pyronen.* Vff. stellten die *Prodd.* der *Diensynth.* von α- u. β-*Pyronen* (**I** u. **II**) mit *Acrolein* (**III**) u. *Acrylonitril* (**IV**) her. Die Rk. mit **III** ergab gegenüber DUPONT u. DULOU (C. R. hebd. Séances Acad. Sci. **202.** [1936.] 1861) nichts wesentlich Neues. Eine Entscheidung zwischen den für die Addukte von **III** an **I** bzw. **II** möglichen Formeln **V** oder **Va** bzw. **VI** oder **VIa** auf experimentellem Wege wurde nicht getroffen. Das gleiche gilt für die Addukte von **IV** an **I** bzw. **II**, denen **VII** oder **VIIa** bzw. **VIII** oder **VIIIa** entsprechen. Durch Red. der Addukte mit **IV** wurden die entsprechenden *Amine* (**IX** oder **IXa** bzw. **X** oder **Xa**) gewonnen.

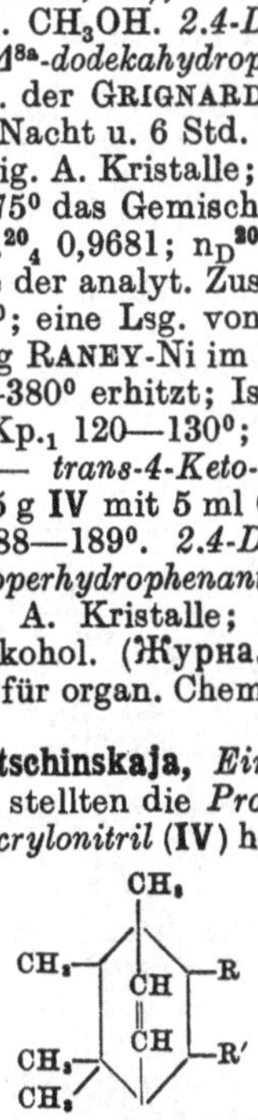

V R = CHO; R′ = H
VII R = CN; R′ = H
IX R = CH_2NH_2; R′ = H
Va R = H; R′ = CHO
VIIa R = H; R′ = CN
IXa R = H; R′ = CH_2NH_2

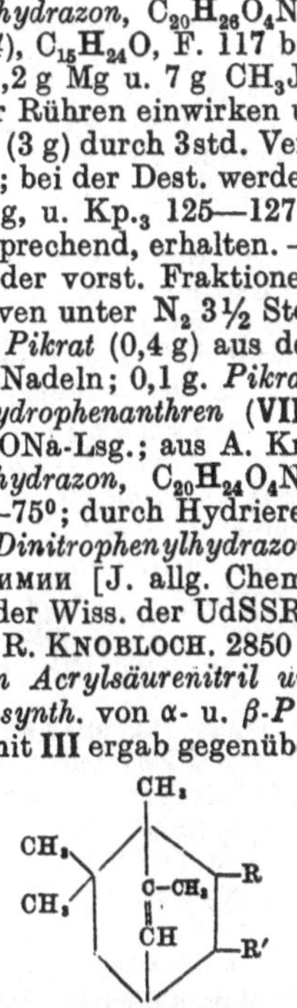

VI R = CHO; R′ = H
VIII R = CN; R′ = H
X R = CH_2NH_2 R′ = H
VIa R = H; R′ = CHO
VIIIa R = H; R′ = CN
Xa R = H; R′ = CH_2NH_2

V e r s u c h e : Die therm. Zers. von Alloocimen durch Überleiten des Dampfes über Glasscherben bei 400—420° liefert neben **I** u. **II** *p-Cymol* (hieraus durch Oxydation u. Veresterung *Terephthalsäuredimethylester,* F. 138—139°) u. *Hemellitol* (*Trinitrohemellitol,* F. 205—206°); vgl. C. **1948.** II. 1420. — *α-Pyronen* (**I**), $Kp._6$ 30—31°; $D._0^{20}$ 0,8284; n_D^{20} 1,4660. *Addukt* mit **III** (**V** oder **Va**), $C_{13}H_{20}O$, $Kp._5$ 98—99°; aus 31,4 g **I** u. 14 g **III** bei 12std. Erhitzen auf dem Wasserbad; Fl. von campherähnlichem Geruch; $D._0^{20}$ 0,9764; n_D^{20} 1,4895; Mol.-Refr. ($[MR]_D$) 56,75; ca. 18 g. *Semicarbazon,* F. 225°; aus CH_3OH Kristalle. *Addukt* mit **IV** (**VII** oder **VIIa**), $C_{13}H_{19}N$, $Kp._{10}$ 128—130°; aus 25,5 g **I** u. 26 g **IV** + wenig Hydrochinon, 20 Std. im geschlossenen Rohr bei 125—140°; $D._0^{20}$ 0,9574; n_D^{20} 1,4875; $[MR]_D$ 56,77; 12,8 g. — *β-Pyronen* (**II**), $Kp._6$ 35—36°; $D._0^{20}$ 0,8493; n_D^{20} 1,4795. *Addukt* mit **III** (**VI** oder **VIa**), $C_{13}H_{20}O$, $Kp._8$ 112—113°; weiche paraffinartige M.; 14,3 g aus 20,2 g **II**. *Semicarbazon,* F. 229—230°; aus CH_3OH Kristalle. *Addukt* mit **IV** (**VIII** oder **VIIIa**), $C_{13}H_{19}N$, F. 45—50°; Kp.$_6$ 125—127°; paraffinartige M.; 21,5 g aus 20 g **II**. — *Kondensationsprod.* des *Addukts* **V** oder **Va** mit *Essigsäureäthylester*, $C_{17}H_{26}O_2$, Kp.$_6$ 154—157°; aus 23,8 g des Addukts, die bei 0—7° zu 153 g Essigester + 6 g Na hinzugefügt werden, unter anschließendem 2½std. Rühren; Öl von angenehmem, schwachem Geruch; D.$^{20}_0$ 0,9864; n_D^{20} 1,4935; $[MR]_D$ 77,01 (für 2 Doppelbindungen 77,03); ca. 26 g. — *Amin* **IX** oder **IXa**, $C_{13}H_{23}N$, Kp.$_{23}$ 138—140°; durch Red. von 6,5 g des Addukts **VII** oder **VIIa** in 50 ml absol. A. mit anteilweise eingetragenen 6,2 g Na; man verd. mit W. u. extrahiert mit Ae.; ammoniakal. riechende Fl.; D.$^{20}_0$ 0,9450; n_D^{20} 1,4995; $[MR]_D$ 59,98; 5,2 g. *Pikrat*, F. 187—188°; aus verd. A. gelbe Kristalle. — *Amin* **X** oder **Xa**, $C_{13}H_{23}N$, Kp.$_{16}$ 125—126°; aus dem Addukt **VIII** oder **VIIIa**; Öl; D.$^{20}_0$ 0,9470; n_D^{20} 1,5010; $[MR]_D$ 60,09; 8,3 g aus 8,4 g Addukt. *Pikrat*, F. 199—201°; aus verd. Alkohol. (Журнал Общей Химии [J. allg. Chem.] **21** (**83**). 1872—76. Okt. 1951. Kasan, Uljanow-Lenin-Univ. u. Med. Inst.) QUECK. 2950

John M. Stewart und **Charles H. Burnside**, *Reaktionen von Trimethylensulfid mit Chlor und Brom.* Durch Einleiten von 1 Mol Cl_2 in eine Lsg. von 2 Mol Trimethylensulfid (**I**) in Chlf. entsteht *Bis-[3-chlorpropyl]-disulfid* (**II**), das mit Piperidin zu *Bis-[3-piperidinopropyl]-disulfid* (**III**) reagiert. Die analoge Rk. mit Br_2 liefert ein **II** entsprechendes Bromprod., das instabil ist, sich jedoch leicht in **III** überführen läßt. Wird die Spaltung von **I** durch Zutropfen von 1 Mol zur Lsg. von 1 Mol Cl_2 in Chlf. bei —40 bis —60° in Ggw. von etwas Hydrochinon vorgenommen, entsteht *3-Chlor-1-propansulfenylchlorid* (**IV**), das mit **I** weiter zu **II** reagiert. **IV** wird daher auch als Zwischenprod. bei der ersten Reaktionsart angenommen. Die Einw. von **I** auf überschüssiges Cl_2 in 75%ig. Essigsäure ergibt ein Prod., dessen Eigg. dem *3-Chlor-1-propansulfonylchlorid* entsprechen. Der F. des daraus hergestellten Amides stimmt mit dem in der Literatur berichteten überein.

Versuche: *Trimethylensulfid* (**I**), Kp.$_{680-685}$ 90—93°, nach BENNET u. HOCK (J. chem. Soc. [London] **1927**. 2496); n_D^{20} 1,5070; 45% (Ausbeute). — *Bis-[3-chlorpropyl]-disulfid* (**II**), $C_6H_{12}Cl_2S_2$, Kp.$_1$ 113—115°, n_D^{20} 1,5450; 48,7%. — *Bis-[3-piperidinopropyl]-disulfid* (**III**)-*Dihydrochlorid*, $C_{16}H_{34}N_2Cl_2S_2$, F. 210—212° (Zers.), aus **II** u. Piperidin in Alkohol. — *Bis-[3-brompropyl]-disulfid*, $C_6H_{12}Br_2S_2$, Dest. nicht möglich, da Zersetzung. — *3-Chlor-1-propansulfenylchlorid* (**IV**), Kp.$_4$ 51—53°, n_D^{20} 1,5190; 30%. — *3-Chlor-1-propansulfonylchlorid*, Kp.$_1$ 82—85°, n_D^{28} 1,4890; 72%. *Sulfonamid*, F. 62—63°. (J. Amer. chem. Soc. **75**. 243—44. 5/1. 1953. Missoula, Mont., State Univ., Chem. Dep.) L. FISCHER. 3030

Niels Clauson-Kaas und **Zdeněk Tyle**, *Darstellung von cis- und trans-2.5-Dimethoxy-2-[acetamidomethyl]-2.5-dihydrofuran, von cis- und trans-2.5-Dimethoxy-2-[acetamidomethyl]-tetrahydrofuran und von 1-Phenyl-2-[acetamidomethyl]-pyrrol.* 2-[Acetamidomethyl]-furan wird nach der von Vff. früher beschriebenen Meth. (vgl. Acta chem. scand. **6**. [1952.] 556 u. früher) zu *2.5-Dimethoxy-2-[acetamidomethyl]-2.5-dihydrofuran* methoxyliert, das zu etwa gleichen Teilen aus cis- u. trans-Isomeren besteht, von denen das eine fest, das andere fl. ist. Beide lassen sich zu den entsprechenden isomeren *Tetrahydrofuranverbb.* hydrieren, die mit Anilin *1-Phenyl-2-[acetamidomethyl]-pyrrol* bilden.

Versuche: *2-[Acetamidomethyl]-furan* (*N-Furfurylacetamid*), $C_7H_9O_2N$, Kp.$_9$ 146—148°, n_D^{25} 1,4998, aus Furfurylamin in Ae. u. Essigsäureanhydrid bei —20°; 95% (Ausbeute). — *cis-* u. *trans-2.5-Dimethoxy-2-[acetamidomethyl]-2.5-dihydrofuran*, $C_9H_{15}O_4N$, a) F. 104—105° (Ae.), b) Kp.$_{0,1}$ 119—124°, durch Elektrolyse von vorst. Verb. u. NH_4Br in Methanol, Zugabe zu $NaOCH_3$-Lsg. u. Dest.; 96% Gemisch vom Kp.$_{0,6}$ 119—134°; Trennung durch Kristallisation aus Ae. u. Vakuumdest. der Mutterlauge. — *cis-* u. *trans-2.5-Dimethoxy-2-[acetamidomethyl]-tetrahydrofuran*, $C_9H_{17}O_4N$, a) Kp.$_{0,1}$ 117—124°, F. 58—60° (Ae.), b) Kp.$_{0,1}$ 111—117°, durch Hydrierung des festen bzw. fl. Isomeren von vorst. Verb. in Methanol mit RANEY-Ni (100 at, Zimmertemp.); 97%. — *1-Phenyl-2-[acetamidomethyl]-pyrrol*, $C_{13}H_{14}ON_2$, Kp.$_{0,4}$ 166—171°, Kp.$_{0,1}$ 159 bis 166°, F. 88—91° (Ae.), durch 30 Min. Kochen von vorst. Isomeren mit Anilin + Eisessig; 88 bzw. 97%. (Acta chem. scand. **6**. 667—70. 1952. Kopenhagen, Sadolin u. Holmblad A/S., Centrallabor.) JOHN. 3051

Charles D. Hurd und **John Patterson**, *Die Anlagerung von Hydroxylamin an ω-Nitrostyrol, Furylnitroäthylen und Nitroolefine.* Hydroxylamin lagert sich an ω-Nitrostyrol zu *N-[1-Phenyl-2-nitroäthyl]-hydroxylamin* (**I**), an 1-Furyl-(2)-2-nitroäthylen zu *N-[1-Furyl-(2)-2-nitroäthyl]-hydroxylamin* (**II**), an 1-Nitrobuten-(1) zu *N-[1-Äthyl-2-nitroäthyl]-hydroxylamin* (**III**) u. an 1-Nitropropen-(1) zu *N-[1-Methyl-2-nitroäthyl]-hydroxylamin* (**IV**) an. Die Stabilität dieser Verbb. nimmt mit zunehmendem bas. Charakter in der Richtung von **I** nach **IV** ab, wofür wahrscheinlich eine rückläufige

MICHAEL-Rk. mit nachfolgender Polymerisation der Nitroalkene verantwortlich zu machen ist. **I**, **II**, **III** u. **IV** reagieren mit Phenylisocyanat oder Phenylisothiocyanat zu den entsprechenden Phenylcarbamo- bzw. Phenylthiocarbamo-N-substituierten Hydroxamsäuren. — Am Beispiel von **I** wurden die Eigg. dieser Verbb. untersucht. **I** löst sich in wss. Alkali, die Isolierung einer aci-Form ist jedoch nicht möglich. **I** gibt ein n. Hydrochlorid, reagiert mit Benzaldehyd zu *Phenyl-N-[1-phenyl-2-nitroäthyl]-nitron*, mit Acetanhydrid oder Acetylchlorid in Pyridin zu *Essigsäure-N-[1-phenyl-2-nitroäthyl]-acethydroxamsäureanhydrid*, mit 3 Mol Benzoylchlorid wahrscheinlich zu einem zweifach gemischten Anhydrid, bei dem sowohl ein N-substituiertes Benzoesäurebenzohydroxamsäureanhydrid als auch Benzoesäure-aci-nitroanhydrid vorliegt. Die katalyt. Hydrierung von **I** liefert *Styroldiamin*, $C_6H_5\cdot CH(NH_2)\cdot CH_2\cdot NH_2$, das als *N.N'-Styrol-bis-benzamid* isoliert wurde. **I** gibt mit Benzolsulfonylchlorid in Pyridin *N-[1-Phenyl-2-nitroäthyl]-benzolsulfhydroxamsäure* (**VIII**) mit 1 Mol Kristallpyridin, die durch Alkali in *ω-Nitroacetophenoxim* **V** umgewandelt wird. Die Oxydation von **I** mit Hypochlorit liefert *ω-Nitroacetophenon* **VI**, mit Chromsäure eine Verb. mit gleichen Eigg. wie *Styrolpseudonitrosit* (**VII**). Durch Kochen mit Chlf. oder W. geht **VII** in **V** über, während die gleiche Behandlung von **VII** mit verd. HCl **VI** ergibt. Es handelt sich also bei diesem Oxydationsprod. von **I** um ein Nitrosodimeres, das beim Kochen oder Lösen dissoziiert u. sich in **V** umlagert.

Versuche: *N-[1-Phenyl-2-nitroäthyl]-hydroxylamin* (**I**), $C_8H_{10}O_3N_2$, F. 98,5 bis 99° (Chlf.–Methanol, 9:1), durch Zutropfen von Hydroxylamin in Methanol zur Lsg. von ω-Nitrostyrol in Methanol u. 30 Min. am Rückfluß; 80% (Ausbeute). — *N-[1-Furyl-(2)-2-nitroäthyl]-hydroxylamin* (**II**), $C_6H_8O_4N_2$, F. 62,5—64° (A.), analog aus 1-[Furyl-(2)]-2-nitroäthylen; 81%. — *N-[1-Äthyl-2-nitroäthyl]-hydroxylamin* (**III**), $C_4H_{10}O_3N_2$, Kp.$_2$ 103,5—104°, durch Zugeben von 1-Nitrobuten-(1) zur Suspension von Hydroxylamin in Ae. u. 30 Min. am Rückfluß, D.$^{20}{}_{20}$ 1,202, n_D^{20} 1,4740; 52,8%. — *N-[1-Methyl-2-nitroäthyl]-hydroxylamin* (**IV**), $C_3H_8O_3N_2$, Kp.$_{0,9}$ 92—92,5°, analog aus 1-Nitropropen-(1), D.$^{20}{}_{20}$ 1,269, n_D^{20} 1,4769; 49,8%. — *Phenylcarbamo-N-[1-phenyl-2-nitroäthyl]-hydroxamsäure*, $C_{15}H_{15}O_4N_3$, F. 129—129,5° (Aceton), aus 1 g **I** in Dioxan mit 0,59 g Phenylisocyanat; 0,75 g. — *Phenylcarbamo-N-[1-furyl-(2)-2-nitroäthyl]-hydroxamsäure*, $C_{13}H_{13}O_5N_3$, F. 139,5—140° (A.; Zers.), analog aus 0,5 g **II** nach 2 Std.; 0,5 g. — *Phenylthiocarbamo-N-[1-äthyl-2-nitroäthyl]-hydroxamsäure*, $C_{11}H_{15}O_3N_3S$, F. 95° (Zers.), aus **III** u. Phenylisothiocyanat in Chloroform. — *Phenylthiocarbamo-N-[1-methyl-2-nitroäthyl]-hydroxamsäure*, $C_{10}H_{13}O_3N_3S$, F. 135° (Zers.), analog aus **IV**. — *N-[1-Phenyl-2-nitroäthyl]-hydroxylammoniumchlorid*, $C_8H_{11}O_3N_2Cl$, F. 110,5—112°, aus **I** in Dioxan u. absol. Ae. mit HCl; 99,2%. — *N-[1-Phenyl-2-nitroäthyl]-phenylnitron*, $C_{15}H_{14}O_3N_2$, F. 80—81° (Ligroin–Chlf.), aus **I** u. Benzaldehyd in A. unter Rühren; 70,5%. — *N.N'-Styrol-bis-benzamid*, $C_{22}H_{20}O_2N_2$, F. 220,5—221,5° (A.), durch Red. von **I** in absol. Methanol in Ggw. von Pt u. Benzoylieren; 58,1%. — *Essigsäure-N-[1-phenyl-2-nitroäthyl]-acethydroxamsäureanhydrid*, $C_{12}H_{14}O_5N_2$, F. 143—145°, a) aus **I** mit Acetanhydrid, nach Umkristallisation aus Methanol u. zweimal aus Bzl., F. 131—132°; 86%; b) aus **I** in Dioxan–Pyridin mit Acetylchlorid; 89%. — *N-[1-Phenyl-2-nitroäthyl]-benzolsulfhydroxamsäure* (**VIII**), $C_{14}H_{14}O_5N_2S\cdot C_6H_5N$, F. 94—95° (A.), durch Zugeben von 8,8 g Benzolsulfonylchlorid zu 9,1 g **I** in 25 cm³ Pyridin bei —10° unter Schütteln, 1 Std. bei 0°; 16,8 g. — *N-Methylpyridiniumjodid*, F. 115,5—117° (absol. A.; Zers.), durch Extraktion vorst. Verb. in wss. NaOH mit Ae. u. Behandeln mit Methyljodid. — *Styrolpseudonitrosit* (**VII**), $C_8H_8O_3N_2$, F. 128,5—129° (Zers.), durch Oxydation von 9,1 g **I** mit $Na_2Cr_2O_7$ in 6n H_2SO_4; 7 g. — *ω-Nitroacetophenonoxim* (**V**), F. 94,5° (Chlf.), a) aus 14,5 g **VIII** in wss. Alkali u. Einleiten von CO_2, gelbe Nadeln; 6,5 g; b) durch Extraktion von 7 g **VII** mit Chlf.; 6,1 g. — *ω-Nitroacetophenon* (**VI**), F. 105—105,5° (Chlf.), a) aus **V** mit 6n HCl am Rückfluß; b) aus **VII** analog; c) durch Oxydation von 5 g **I** mit Ca-Hypochlorit in wss. HCl unter Rühren in 1 Std.; 1,7 g. — *Reaktionsprod. von* **I** *mit 3 Mol Benzoylchlorid*, $C_{29}H_{22}O_6N_2$, F. 155,5—156° (Bzl.); aus 2 g **I** sowohl mit 2 als auch 3 Mol Benzoylchlorid in Pyridin unter Schütteln in 10 Min.; 1,1 g; spaltet durch stark alkal. Hydrolyse Benzoesäure ab. (J. Amer. chem. Soc. **75**. 285—88. 20/1. 1953. Evanston, Ill., Northwestern Univ., Chem. Labor.) L. FISCHER. 3061

Peter L. Paytash, Malcolm J. Thompson und **Maurice E. Fykes**, *Itaconsäurederivate von Sulfanilamiden.* Aus prim. Aminen u. Itaconsäure entstehen 1-Alkyl-(bzw. -Aryl)-5-oxo-pyrrolidin-3-carbonsäuren (vgl. C. **1950**. II. 2668). Beim Verschmelzen von Ita-

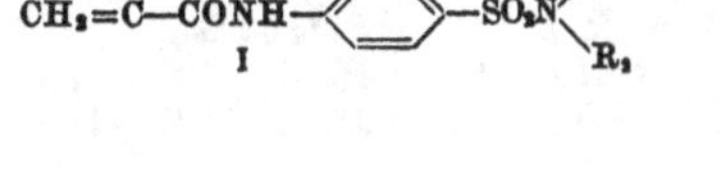

I

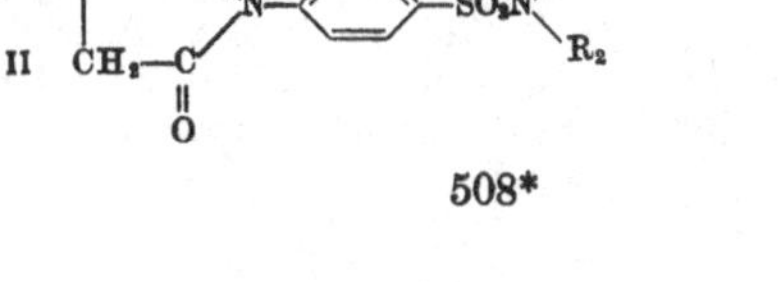

II

consäure mit Sulfanilamiden bilden sich dagegen vorwiegend *N^4-Itaconylsulfanilamide* (I). Nur in wenigen Fällen werden in geringer Ausbeute *1-[p-Sulfamylphenyl]-5-oxopyrrolidin-3-carbonsäurederivv.* (II) erhalten. Diese Verbb. entstehen leicht durch Kondensation von *1-[p-Chlorsulfonylphenyl]-5-oxopyrrolidin-3-carbonsäure* mit prim. u. sek. Aminen. Verbb. vom Typ I konnten nicht in II übergeführt werden u. umgekehrt. Die Trennung von I u. II gelingt durch Säure- oder Basenhydrolyse. II gibt dabei Itaconsäure u. das entsprechende Sulfanilamid.

Versuche: *N^4-Itaconylsulfanilamid*, F. 198—199°, durch Erhitzen von Itaconsäure mit Sulfanilamid auf 180° u. Eingießen in kaltes W. nach 15—30 Sekunden. Die Lsg. wird mit $NaHCO_3$ alkal. gemacht, abfiltriert u. mit verd. HCl behandelt. Kristalle aus W. oder verd. A.; 5% (Ausbeute). — Analog werden folgende *N^4-Itaconylsulfanilamide* vom Typ I dargestellt: R_1 = *Methyl*, R_2 = *H*, F. 188—189°; 31%; R_1 = *Äthyl*, R_2 = *H*, F. 185—186°; 23%; R_1 = R_2 = *Äthyl*, F. 156—157°; 40%; R_1 = *Isopropyl*, R_2 = *H*, F. 210—211°; 53%; R_1 = *3-Methoxypropyl*, R_2 = *H*, F. 168—169°; 7%; R_1 = *3-Isopropoxypropyl*, R_2 = *H*, F. 174—175°; 36%; R_1 = *n-Butyl*, R_2 = *H*, F. 183—184°; 60%; R_1=R_2 = *n-Butyl*, F. 120—122°; 40%; R_1 = *Cyclohexyl*, R_2 = *H*, F. 184—185°; 40%; R_1 = *2.4.4-Trimethyl-2-pentyl*, R_2 = *H*, F. 163 bis 164°; 29%; R_1 = *3.5.5-Trimethylhexyl*, R_2 = *H*, F. 156—157°; 10%; R_1 = *Phenyl*, R_2 = *H*, F. 179—180° u. 183—184°; 15%; R_1 = *Phenyl*, R_2 = *Äthyl*, F. 148—149°; 29%; R_1 = *2-Chlorphenyl*, R_2 = *H*, F. 197—198°; 37%; R_1 = *3-Chlorphenyl*, R_2 = *H*, F. 184—185°; 36%; R_1 = *4-Chlorphenyl*, R_2 = *H*, F. 208—209°; 36%; R_1 = *2.4-Dichlorphenyl*, R_2 = *H*, F. 189—190°; 37%; R_1 = *2.5-Dichlorphenyl*, R_2 = *H*, F. 177 bis 178°; 41%; R_1 = *2-Nitrophenyl*, R_2 = *H*, F. 175—176° (nach Umfällen aus alkal. Lsg. F. 154—155°); 2%; R_1 = *3-Nitrophenyl*, R_2 = *H*, F. 179—180°; 1%; R_1 = *4-Nitrophenyl*, R_2 = *H*, F. 210—211°; 3%; R_1 = *2-Tolyl*, R_2 = *H*, F. 184—185°; 31%; R_1 = *3-Tolyl*, R_2 = *H*, F. 189—190°; 30%; R_1 = *4-Tolyl*, R_2 = *H*, F. 213—214°; 53%; R_1 = *3 Nitro-4-tolyl*, R_2 = *H*, F. 162—163°; 4%; R_1 = *Benzyl*, R_2 = *H*, F. 186 bis 188° (Zers.); 20%; R_1 = *β-Phenäthyl*, R_2 = *H*, F. 180—181°; 57%; R_1 = *2-Methoxyphenyl*, R_2 = *H*, F. 163—165° (Zers.); 4%; R_1 = *4-Methoxyphenyl*, R_2 = *H*, F. 193 bis 194°; 35%; R_1 = *2-Methoxy-5-chlorphenyl*, R_2 = *H*, F. 172—173°; 37%; R_1=*2.5-Dimethoxyphenyl*, R_2 = *H*, F. 82—83°; 8%; R_1 = *2.5-Diäthoxyphenyl*, R_2 = *H*, F. 167 bis 168°; 10%; R_1 = *β-3.4-Dimethoxyphenäthyl*, R_2 = *H*, F. 157—158°; 7%; R_1 = *2-Diphenylyl*, R_2 = *H*, F. 191—192°; 15%; R_1 = *4-Diphenylyl*, R_2 = *H*, F. 217—218°; 20%; R_1 = *1-Naphthyl*, R_2 = *H*, F. 175—176° u. 180—182° (Zers.); 35%; R_1 = *2-Naphthyl*, R_2 = *H*, F. 181—183°; 30%; R_1 = *2-Carboxyphenyl*, R_2 = *H*, F. 133—135°; 25%; R_1 = *3-Carboxyphenyl*, R_2 = *H*, F. 195—196°; 40%; R_1 = *4-Carboxyphenyl*, R_2 = *H*, F. 225—226° (Zers.; beim schnellen Erhitzen 236—237°); 54%. —*Bis-[N^4-itaconylsulfanilyl]-p-phenylendiamin*, F. 207—208°; 15%. — *1-[p-Chlorsulfonylphenyl]-5-oxopyrrolidin-3-carbonsäure*, $C_{11}H_{10}O_5NClS$, F. 164—165° (Bzl.), aus 1-Phenyl-5-oxopyrrolidin-3-carbonsäure u. Chlorsulfonsäure bei 60—65° u. Gießen der sirupösen Lsg. auf Eis; 76—85% (Ausbeute). — *1-[p-Sulfamylphenyl]-5-oxopyrrolidin-3-carbonsäurederivv.* (II). Verf. *A.*: Aus vorst. Verb. u. prim. oder sek. Aminen in $NaHCO_3$-Lsg. oder Aceton. Nach Stehen Umkristallisation aus W., verd. A. oder verd. HCl. Verf. *B.*: 5 g Itaconsäure werden auf 180° erhitzt u. dazu 2 g des Sulfanilamids gegeben. Die Mischung wird 2—5 Min. am Rückfluß erhitzt, abgekühlt u. mit verd. HCl angesäuert. — Nach *A.* wurden folgende Verbb. vom Typ II dargestellt: R_1 = *Methyl*, R_2 = *H*, F. 204—206°; 49%; R_1=R_2 = *Methyl*, F. 220—223° u. 237—239°; 70% (nach *B.* in geringer Ausbeute); R_1 = *Äthyl*, R_2 = *H*, F. 198—199°; 46%; R_1=R_2 = *Äthyl*, F. 152 bis 153°; 51%; R_1 = *Isopropyl*, R_2 = *H*, F. 190—191°; 81%; R_1 = *3-Methoxypropyl*, R_2 = *H*, F. 104—106°; 37%; R_1 = *3-Isopropoxypropyl*, R_2 = *H*, F. 105—107°; 60%; R_1 = *n-Butyl*, R_2 = *H*, F. 168—169°; 51%; R_1 = R_2 = *n-Butyl*, F. 74—76°; 48% (nach *B.* in geringer Ausbeute); R_1 = *Cyclohexyl*, R_2 = *H*, F. 174—175°; 83% (nach *B.* in geringer Ausbeute); R_1 = *2.4.4-Trimethyl-2-pentyl*, R_2 = *H*, F. 185—186°; 75%; R_1 = *3.5.5-Trimethylhexyl*, R_2 = *H*, F. 156—157°; 35%· R_1 = *Carboxymethyl*, R_2 = *H*, F. 190—192°; 35%; R_1 = *Phenyl*, R_2 = *H*, F. 192—193°; 67% (nach *B.* in geringer Ausbeute); R_1 = *Phenyl*, R_2 = *Äthyl*, F. 188—189°; 72%; R_1 = *2-Chlorphenyl*, R_2 = *H*, F. 166—168°; 57%; R_1 = *3-Chlorphenyl*, R_2 = *H*, F. 209—210°; 85%; R_1 = *2.4-Dichlorphenyl*, R_2 = *H*, F. 210—211°; 75%; R_1 = *2.5-Dichlorphenyl*, R_2 = *H*, F. 104—106°; 65%; R_1 = *2-Nitrophenyl*, R_2 = *H*, F. 189—191°; 30%; R_1 = *3-Nitrophenyl*, R_2 = *H*, F. 233—235°; 85%; R_1 = *4-Nitrophenyl*, R_2 = *H*, F. 220—226° (Zers.); 60%; R_1 = *2-Tolyl*, R_2 = *H*, F. 160—161°; 65%; R_1 = *3-Tolyl*, R_2 = *H*, F. 178—179°; 68%; R_1 = *4-Tolyl*; R_2 = *H*, F. 150—151°; 41%; R_1 = *3-Nitro-4-tolyl*, R_2 = *H*, F. 156—157°; 30%; R_1 = *Benzyl*, R_2 = *H*, F. 194—195°; 47% (nach *B.* in geringer Ausbeute); R_1 = *β-Phenäthyl*, R_2 = *H*, F. 187—188°; 92%

(nach *B.* in geringer Ausbeute); R_1 = *2-Methoxyphenyl*, R_2 = *H*, F. 182—183°; 77% (nach *B.* in geringer Ausbeute); R_1 = *2-Methoxy-5-chlorphenyl*, R_2 = *H*, F. 188—189°; 86%; R_1 = *2.5-Dimethoxyphenyl*, R_2 = *H*, F. 157—158°; 90% (nach *B.* in geringer Ausbeute); R_1 = *2.5-Diäthoxyphenyl*, R_2 = *H*, F. 159—160°; 49%; R_1 = *β-3.4-Dimethoxyphenäthyl*, R_2 = *H*, F. 114—115°; 68%; R_1 = *2-Diphenylyl*, R_2 = *H*, F. 199 bis 200°; 50%; R_1 = *4-Diphenylyl*, R_2 = *H*, F. 214—215°; 75%; *1.4 Bis [p-(3-carboxy-5 oxopyrrolidino)-phenylsulfonamido]-benzol*, F. 280° (Zers.); 80%; *4.4'-Bis [p-(3-carboxyy-5-oxopyrrolidino)-phenylsulfonamido]-diphenyl*, F. 315—320° (Zers.); 80%; R_1 = *p-Benzolazophenyl*, R_2 = *H*, F. 252—254°; 75%; R_1 = *1-Naphthyl*, R_2 = *H*, F. 192 bis 193°; R_1 = *2-Carboxyphenyl*, R_2 = *H*, F. 218—220° (Zers.); 18%; R_1 = *3-Carboxyphenyl*, R_2 = *H*, F. 228—230°; 24%; R_1 = *4-Carboxyphenyl*, R_2 = *H*, F. 245° (Zers.); 30%. (J. Amer. chem. Soc. **74.** 4549—52. 20/9. 1952. New Orleans, La., Xavier Univ., Dep. of Chem.) H. ULRICH. 3081

Toshio Hoshino, *Über das N-[Oxyisopropyl]-indol.* Bei der Rk. von N-Indolylmagnesiumjodid (**I**) mit Carbonylverbb. entstehen *N-Indolderivv.*, z. B. mit Aceton (**II**), *N-[α-Oxyisopropyl]-indol*, welches leicht wieder in Indol (**III**) u. **II** zerfällt; der Mechanismus dieser „Dissoziation" wird diskutiert.

Versuche: *N-[α-Oxyisopropyl]-indol*, $C_{11}H_{13}ON$, F. 85—86°, durch Rk. von **I** (aus C_2H_5MgJ u. **III** in Ae.) u. **II** in Ae., Zers. mit Eis u. verd. Essigsäure u. vorsichtiges Einengen der äther. Lsg.; aus CCl_4, Ae. oder PAe. Nädelchen; 75% Ausbeute; gibt bei mehrere Monate langem Stehen oder mehrstd. Kochen in CCl_4 **II**, **III** u. wenig *Di-β-indolyldimethylmethan*, F. 165—166° (A.). (Chem. Ber. **85.** 858—60. 14/10. 1952. Tokyo-Meguroku-Ookayama, Techn. Inst., W. HOFFMANN. 3081

Ss. G. Fridman, *Aminoalkylester von Thiazolcarbonsäuren.* 2. Mitt. *2-Phenylbenzothiazolcarbonsäure-(6) und 2-p-Aminophenylbenzothiazolcarbonsäure-(6).* (1. vgl. C. **1950.** II. 2553.) Aus den Chloriden von 2-Phenyl (**I**)- u. 2-p-Nitrophenylbenzothiazolcarbonsäure-(6) (**VI**) wurden mit β-Diäthylaminoäthanol (**III**) u. γ-Diäthylaminopropanol (**IV**) die entsprechenden *Diäthylaminoäthyl-* bzw. *-propylester* hergestellt. Analog wurden die *β-Piperidinoäthylester* gewonnen. Die **VI** Derivv. wurden zu den entsprechenden Derivv. der *2-p-Aminophenylbenzothiezolcarbonsäure-(6)* (**II**) reduziert. Die Hydrochloride der **I**-Derivv. lösen sich wenig in kaltem, besser in heißem W., gut in Alkohol. Die **II**-Derivv. bilden gelbe Nadeln, mit blauer Fluorescenz lösl. in den meisten organ. Lösungsmitteln, wenig in Ae., ihre Hydrochloride orange, in W. leichtlösl. Kristalle. Außer diesen Estern, die auf anästhesierende Wrkg. geprüft werden sollen, wurden der *Methyl-* u. *Äthylester* u. das *Amid* von **II** synthetisiert.

Versuche: *2-Phenyl-6-methylbenzothiazol*, F. 125°; durch 1std. Erhitzen von 35 g 5-Methyl-2-aminothiophenol (vgl. l. c.) mit 45 g Benzoylchlorid auf dem Wasserbad; man entfernt nicht umgesetztes Ausgangsmaterial durch Kochen mit 5%ig. NaOH, extrahiert heiß mit HCl u. fällt mit W., aus verd. A.; 27 g (Ausbeute). — *2-Phenylbenzothiazolcarbonsäure-(6)* (**I**), F. 261°; durch Oxydation von 11,2 g vorst. Verb. mit 16,5 g $KMnO_4$ + H_2SO_4 in sd. verd. Essigsäure; aus Eisessig Kristalle; 7,8 g. *Chlorid* (**V**), F. 177°; aus **I** u. PCl_5 in Chlorbenzol, 1½ Std. auf dem Wasserbad; aus Bzl. hellgelbe Nadeln; 95%; *Methylester*, F. 159°. *β-Diäthylaminoäthylester; Hydrochlorid*, $C_{20}H_{22}O_2N_2S \cdot HCl$, F. 219—220°; aus **V** u. **III** durch 2std. Erhitzen in Bzl.; aus Dichloräthan Kristalle; 78%. *Pikrat*, $C_{26}H_{25}O_9N_5S$, F. 169°; aus Aceton. *γ-Diäthylaminopropylester; Hydrochlorid*, $C_{21}H_{24}O_2N_2S \cdot HCl$, F. 205—206°; aus **V** u. **IV**; 75%. *Pikrat*, $C_{27}H_{27}O_9N_5S$, F. 157°. *β-Piperidinoäthylester; Hydrochlorid*, $C_{21}H_{22}O_2N_2S \cdot HCl$, F. 236—237°; aus **V** u. β-Piperidinoäthanol; 78%. — *6-Methyl-2-p-nitrophenylbenzothiazol*, $C_{14}H_{10}O_2N_2S$, F. 219°; durch 1std. Erhitzen von 5-Methyl-2-aminothiophenol mit p-Nitrobenzoylchlorid auf dem Wasserbad; aus Eisessig, dann Dichloräthan; 52%. — *2-p-Nitrophenylbenzothiazolcarbonsäure-(6)* (**VI**), F. 320°; durch Oxydation von 12,5 g vorst. Verb. in 100 ml 70%ig. H_2SO_4 + 0,5 ml HCl (D. 1,12) mit anteilweise eingetragenen 15 g $K_2Cr_2O_7$ auf dem Wasserbad; man fällt mit W. u. isoliert die Säure über das *Na-Salz*; aus Eisessig Nadeln; 67%. *Na-Salz*, $C_{14}H_7O_4N_2SNa$, aus W. Kristalle. *Chlorid*, F. 206°; aus Bzl.; 97%. *Methylester*, $C_{15}H_{10}O_4N_2S$, F. 259—260°; aus Bzl.; 91%; *Äthylester*, $C_{16}H_{12}O_4N_2S$, F. 224°; hellgelbe Nadeln. *Amid*, $C_{14}H_9O_3N_3S$, F. 296—297°; aus Eisessig hellgelbe Nadeln. *β-Diäthylaminoäthylester; Hydrochlorid*, $C_{20}H_{22}O_4N_3ClS$, F. 238° (Zers.); aus A. hellgelbe Nadeln; 85%. *γ-Diäthylaminopropylester*, $C_{21}H_{23}O_4N_3S$, F. 159 bis 160°; aus A. hellgelbe Nadeln. *Hydrochlorid*, $C_{21}H_{24}O_4N_3ClS$, F. 234° (Zers.); aus A. hellgelbe Nadeln; 86%. *β-Piperidinoäthylester; Hydrochlorid*, $C_{21}H_{22}O_4N_3ClS$, F. 244°; aus A. hellgelbe Nadeln; 86%. — *2-p-Aminophenylbenzothiazolcarbonsäure-(6)-methylester*, $C_{15}H_{12}O_2N_2S$, F. 218°; durch Red. des Methylesters von **VI** mit Sn u. HCl bei 40—45°; das beim Abkühlen ausfallende *$SnCl_2$-Doppelsalz* wird mit 10%ig. NaOH zerlegt; aus A. gelbe Nadeln; 50%. *Äthylester*, $C_{16}H_{14}O_2N_2S$, F. 234—235°; gelbe Nadeln;

44%. *Amid*, $C_{14}H_{11}ON_3S$, F. 270—271°; durch Red. des Amids von **VI** analog Vorst.; aus sehr verd. A. gelbe Nadeln; 38%. *β-Diäthylaminoäthylester*, $C_{20}H_{23}O_2N_3S$, F. 139°; durch Red. der entsprechenden Nitroverb.; aus verd. A. gelbe Kristalle; 41%; *Hydrochlorid*, orange Kristalle. *γ-Diäthylaminopropylester*, $C_{21}H_{25}O_2N_3S$, F. 102°; aus sehr verd. A. gelbe Nadeln; 45%. *Pikrat*, $C_{27}H_{28}O_9N_6S$, F. 198°; aus Aceton orange Nadeln. *β-Piperidinoäthylester*, $C_{21}H_{23}O_2N_3S$, F. 156°; gelbe Nadeln; 45%. (Журнал Общей Химии [J. allg. Chem.] **20** (82). 1807—15. Okt. 1950. Inst. für organ. Chem. der Akad. der Wiss. der UkrSSR.) G. FROELICH. 3142

Samuel Siegel und **Seymour Coburn,** *Die Darstellung von Isochromanen. Isochroman* u. sein *3-Phenylderiv.* bilden sich in der für das 1.3-Diphenylderiv. früher (J. Amer. chem. Soc. **73.** [1951.] 3163) beschriebenen Weise aus den entsprechenden Glykolen. Letztere lassen sich aus den Derivv. der Homophthalsäure durch Hydrierung mit $LiAlH_4$ gewinnen. Bei der Oxydation der Isochromane entstehen wahrscheinlich *Peroxyde*.

Versuche: *Homophthalylalkohol*, Kp.$_2$ 164—165°; durch Red. von 20 g Homophthalsäureanhydrid nach NYSTROM u. BROWN (C. **1948.** I. 1098); n_D^{20} 1,5556; 8 g (Ausbeute). — *Isochroman*, Kp.$_2$ 67—69°; durch 20 Min. Erwärmen von 2,6 g vorst. Verb. u. $KHSO_4$ auf 45° u. Dest. des öligen Rückstandes; n_D^{20} 1,5422; 1,2 g. — *2-[2'-Oxy-2'-phenyläthyl]-phenylcarbinol*, $C_{15}H_{16}O_2$, durch Hydrierung von 2 g 3-Phenylisocumarin mit $LiAlH_4$ u. Dest. bei 105° (Ölbadtemp.)/10^{-4} mm; n_D^{20} 1,5986; 1,22 g. — *3-Phenylisochroman*, $C_{15}H_{14}O$, F. 114—115° (Aceton); aus vorst. Verb. durch Zufügen von wenig H_2SO_4 zu einer essigsauren Lösung. — *Peroxyd* von *Isochroman* (wahrscheinlich Oxydation in 1-Stellung); $C_{18}H_{18}O_4$, F. 147° (Ae.; Zers.); Zers. bei 78° im Vakuum langsam; durch mehrtägiges Stehen des Isochromans in Glasgefäßen an der Luft unter Zunahme der Viscosität u. Kristallbildung. Entsprechend verhält sich die 1-Phenylverb.; das 1.3-Diphenylderiv. ist weniger empfindlich. (J. Amer. chem. Soc. **73.** 5494—95. Nov. 1951. Chicago, Ill., Inst. of Technol., Dep. of Chem.) LEHWALD. 3211

Heinrich Leditschke, *Über die Aufspaltung des Furankernes.* 3. Mitt. *Die allgemeine Anwendbarkeit der Synthese von 2-substituierten 3-Oxypyridinen aus α-Furylketonen.* (2. vgl. Chem. Ber. **85.** [1952.] 483.) Aus aromat., hydroaromat., aliphat., heterocycl. u. aliphat.-aromat. α-Furylketonen werden durch Erhitzen mit NH_3 die entsprechenden *2-substituierten 3-Oxypyridine* dargestellt.

Versuche: *3-Oxy-2-äthylpyridin*, C_7H_9ON, F. 135°, Kp. 156°, durch 10std. Erhitzen von Äthyl-α-furylketon mit NH_4Cl in alkoh. NH_3-Lsg. im Rohr auf 200° u. Versetzen mit W.; aus W. Nadeln; 29% (Ausbeute). — *3-Oxy-2-n-butylpyridin* (**I**), $C_9H_{13}ON$, F. 126—127°, aus n-Butyl-α-furylketon u. NH_4Cl in alkoh. NH_3-Lsg., Behandlung des Rückstandes mit 2n NaOH u. Einleiten von CO_2; aus Ae. Nadeln; 52%. — *3-Oxy-2-benzylpyridin*, $C_{12}H_{11}ON$, F. 188° (wss. A.), aus Benzyl-α-furylketon analog **I**; 26%. — *2-Hexahydrobenzoylfuran*, $C_{11}H_{14}O_2$, F. 47°, Kp.$_{18}$ 139—140°, nach GRIGNARD aus Brenzschleimsäurenitril (**II**) u. Cyclohexylbromid; aus PAe. Nadeln. Daraus *3-Oxy-2-cyclohexylpyridin*, $C_{11}H_{15}ON$, F. 185°; aus A. lange Nadeln; 55%. — *3-Oxy-2-[thienyl-(2)]-pyridin*, C_9H_7ONS, F. 227—228° (Zers.; A.), durch 10std. Erhitzen von Thienyl-(2)-α-furylketon analog **I**, aber mit CH_3COONH_4, 250°; gelb; 63%. — *2-[3-Methoxybenzoyl]-furan*, $C_{12}H_{10}O_3$, Kp.$_2$ 152°, Kp.$_{14}$ 185—186°, nach GRIGNARD aus **II** u. m-Bromanisol; 58%. Daraus *3-Oxy-2-[3-methoxyphenyl]-pyridin*, $C_{12}H_{11}O_2N$, F. 177°; aus Methanol lange Nadeln; 41%. — *3-Oxy-2-[3-oxyphenyl]-pyridin* (**III**), $C_{11}H_9O_2N$, F. 195° (W.), durch ½std. Kochen vorst. Verb. mit 56%ig. HBr, Alkalisieren u. Einleiten von CO_2; bräunlich; 46%. — *2-[4-n-Butoxybenzoyl]-furan*, $C_{15}H_{16}O_3$, Kp.$_3$ 192°, durch 4std. Rk. von Phenyl-n-butyläther u. Brenzschleimsäurechlorid in Ggw. von $AlCl_3$ in sd. CS_2; 52,5%. Daraus *3-Oxy-2-[4-n-butoxyphenyl]-pyridin*, $C_{15}H_{17}O_2N$, F. 140° (A.); gelblich; 54%. — *3-Oxy-2-[3.4-dimethoxyphenyl]-pyridin*, $C_{13}H_{13}O_3N$, F. 171—172°, aus 2-[3.4-Dimethoxybenzoyl]-furan; aus A. Nadeln; 43%. Daraus analog **III** *3-Oxy-2-[3.4-dioxyphenyl]-pyridin*, $C_{11}H_9O_3N \cdot ½ H_2O$, F. 166—167°; aus W. gelbliche Nadeln; 41%. — *3-Oxy-2-[4-methoxyphenyl]-pyridin*, F. 186°, aus 2-[4-Methoxybenzoyl]-furan; 52%. Daraus *3-Oxy-2-[4-oxyphenyl]-pyridin*, $C_{11}H_9O_2N$, F. 222—223° (wss. A.); gelblich; 80%. (Chem. Ber. **86.** 123—26. 1953. Höchst, Farbwerke Hoechst, vormals Meister Lucius & Brüning, Chem. Zentrallabor.) W. HOFFMANN. 3231

E. P. Hart, *Eine verbesserte Synthese von Pyridin-2-aldehyd. Pyridin-2-aldehyd*, Kp.$_{16}$ 69—70°, entsteht in 57%ig. Ausbeute bei 1std. Einleiten von 10% O_3-haltigem O_2 in 2-Stilbazol in Essigester bei —15 bis —20°, Zers. des *Ozonids* mit W., Zn-Staub, n/10 $AgNO_3$ u. Hydrochinon, Behandeln mit 3,7%ig. HCl, dann wss. KOH u. Ausäthern. (J. chem. Soc. [London] **1952.** 4540. Nov. Nottingham, Techn. Coll.) W. HOFFMANN. 3231

M. W. Rubzow, Je. Ss. Nikitskaja und **A. D. Janina,** *Synthese von γ-substituierten Pyridinen.* Aus der β-Picolinfraktion kann man, nach Abtrennung von α-Lutidin mittels

$ZnCl_2$, durch selektive Oxydation *γ-Formylpyridin* (I) in Ggw. von β-Picolin gewinnen. Bei Behandlung einer Lsg. von I in Toluol mit 50%ig. $NaHSO_3$-Lsg. scheidet sich als weißes, feinkrist. Pulver ein Gemisch des Na-Salzes der *[γ-Pyridyl]-oxymethansulfonsäure* (II) mit $NaHSO_3$ aus, das bei Kristallisation aus W. ein Na-freies inneres Salz der II liefert: $C_5H_4N-CH(OH)-SO_3Na + NaHSO_3 \rightarrow (^+HNC_5H_4-CHOH-SO_3^-) + Na_2SO_3$. Analog verläuft die Rk. mit Essigsäure. Erhitzt man Na-II kurz mit 35%ig. K_2CO_3-Lsg., extrahiert mit Ae. oder Chlf., trocknet mit K_2CO_3 u. dampft das Lösungsm. ab, dann erhält man eine scharf riechende Fl. (Kp. 185–187°), die an der Luft rasch krist. (F. 58–60°) zu I·H_2O; *Thiosemicarbazon* des I, F. 215–217° (aus A.). Ein erheblicher Teil des I kann aus dem abdest. Lösungsm. mit alkoh. HCl als flockiger weißer Nd. von I-Hydrochlorid (F. 132–134°) mit ½ Mol W. oder daraus durch Vakuumdest. wasserfrei mit F. 159,5 bis 161,5° gewonnen werden. Dessen Kondensation mit Malonsäure (in Eisessig bei 85–90°) liefert mit einer Ausbeute von 81% der Theorie *4-[β.β-Dicarboxyvinyl]-pyridiniumchlorid* (III; F. 219–220°), daraus mit äquivalenter Menge Na-Acetat in wss. Lsg. die freie Base (F. 263–265° mit 1½ Mol H_2O). Mit Malonester (in Pyridin) in Ggw. von Piperidin (2–3% über äquimol. Menge) wird ohne Erhitzen *4-[β.β-Dicarbäthoxyvinyl]-pyridin* als farbloses Öl ($Kp._5$ 162–164°) erhalten (62% der Theorie). III liefert beim Erhitzen mit alkoh. HCl durch Decarboxylierung *β-[Pyridyl-(4)]-acrylsäure* als Äthylester, bei Hydrierung mit Pt (nach Adams) in 4%ig. HCl *4-[β.β-Dicarboxyäthyl]-piperidiniumchlorid* (F. 235–237°), daraus mit Na-Acetat die freie Base (F. 255,5 bis 256°), durch Veresterung mit 79,5% Ausbeute *4-[β.β-Dicarbäthoxyäthyl]-piperidin* (F. 128–129°). (Доклады Академии Наук СССР [Ber. Akad. Wiss. UdSSR] [N. S.] **89.** 81–83. 1/3. 1953. Allunions Wiss. Ordshonikidse Forschungsinst. für pharmaz. Chem.)

R. K. Müller. 3231

Paul E. Fanta, *Einige 5-substituierte Derivate von 2-Methylnicotinsäureäthylester.* Im Verlauf pharmakol. Unterss. neuer heterocycl. Verbb. wurde die Rk. von Na-Nitromalonaldehyd (II) mit β-Aminocrotonsäureäthylester (I) untersucht; als einzige Verb. wurde aus dem Reaktionsgemisch *2-Methyl-5-nitronicotinsäureäthylester* (III) isoliert, der leicht verseifbar ist. *2-Methyl-5-nitronicotinsäure* wird durch Erhitzen auf ihren F. nicht decarboxyliert; der Ester liefert mit H_2/Pt in A. zu gleichen Teilen *5-Oxyamino-* u. *5-Amino-2-methylnicotinsäureäthylester* (IV); in Essigsäure/Acetanhydrid entsteht mit Pt/H_2 *5-Acetylamino-2-methylnicotinsäureester.* IV läßt sich diazotieren u. verkochen zur *5-Oxy*-Verb. oder mit KJ nach Sandmeyer umsetzen oder mit H_3PO_2 entaminieren.

V e r s u c h e (FF. korr.): *2-Methyl-5-nitronicotinsäureäthylester* (III), $C_9H_{10}O_4N_2$, F. 64–65°; aus I (aus 0,20 Mol Acetessigester in absol. Ae. durch Sättigen mit NH_3 bei –10°) u. 0,10 Mol II in W., Gemisch auf 50° erhitzen, dann auf –5° kühlen u. Nd. aus 50%ig. A. umlösen; hellgelbe Nadeln; 35% (Ausbeute; berechnet auf II). — *2-Methyl-5-nitronicotinsäure,* $C_7H_6O_4N_2$, F. 215–215,5° (Zers.), durch Kochen von vorst. Verb. mit HCl, aus A. feine Nadeln; sublimiert unzersetzt; 73%. — *5-Oxyamino-2-methylnicotinsäureäthylester,* $C_9H_{12}O_3N_2$, F. 111,5–112,5°; aus III in absol. A. mit PtO_2/H_2 bei 32–35°/900 lbs., feine Nadeln aus Bzl.; 45%. Aus der zur Trockene gedampften Mutterlauge mit PAe. beim Kühlen auf –5° *5-Amino-2-methylnicotinsäureäthylester* (IV), $C_9H_{12}O_2N_2$, F. 64–65°; aus Bzl./Ligroin feine Kristallbüschel; 46%. *Pikrat,* $C_{15}H_{15}O_9N_5$; F. 191–192°; aus A. gelbe Platten. — *5-Acetylamino-2-methylnicotinsäureäthylester,* aus III in Essigsäure/Acetanhydrid mit PtO_2/H_2 bei 30–40°/1500 lbs.; Isolierung als *Pikrat,* $C_{17}H_{17}O_{10}N_5$, F. 170–171°; aus W. gelbe Kristalle. — *5-Oxy-2-methylnicotinsäureäthylester,* $C_9H_{11}O_3N$, F. 163–164,5°; aus IV in verd. H_2SO_4 mit $NaNO_2$ u. Verkochen, Reinigung durch Vakuumsublimation, Blättchen aus Bzl./Ligroin. — *5-Jod-2-methylnicotinsäureäthylester,* $C_9H_{10}O_2NJ$, F. 92,5–93,5°; aus IV nach Sandmeyer; Reinigung durch Vakuumsublimation; Kristalle; 55%. — *2-Methylnicotinsäureäthylester,* aus IV durch Diazotieren in verd. HCl, dann mit H_3PO_2 16 Std. bei 0° stehenlassen, mit Na_2CO_3 auf p_H 8 stellen u. ausäthern, hellgelbes Öl; 62%. *Pikrat,* F. 145,5–146,5°, aus W. lange feine gelbe Nadeln. *Hydrochlorid,* F. 230,5 bis 231° (Zers.; Essigester). — Tabelle der Infrarotabsorptionsspektren in Chloroform. (J. Amer. chem. Soc. **75.** 737–38. 5/2. 1953. Chicago, Ill., Illinois Inst. of Technol., Dep. of Chem.)

Goebel. 3231

Irving Allan Kaye, Chester L. Parris und **William J. Burlant,** *Die Verwendung von 2-Aminopyridin bei der Voigt-Reaktion.* Vff. haben im Verlauf von Unterss. der antimitot. Wrkg. von mit N-substituiertem 1.2-Diphenyläthylamin verwandten Verbb. 2 Stereoisomere von *N-Pyridyl-(2)-1.2-diphenyl-2-aminoäthanol* dargestellt. Die Verbb. wurden dargestellt u. ihre stereochem. Struktur festgelegt auf der Basis der Rk. von 2-Aminopyridin u. den isomeren Stilbenoxyden in Ggw. von $LiNH_2$. Der erythro-Amino-

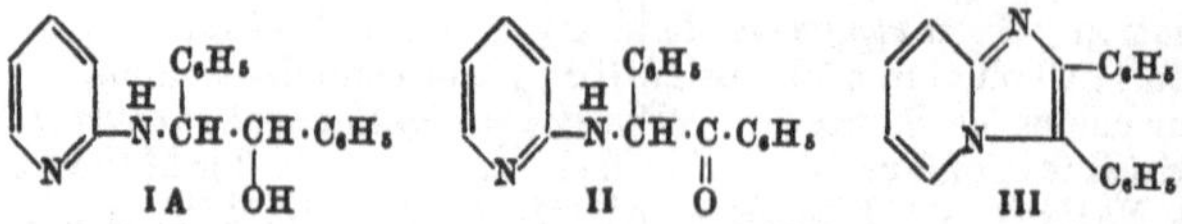

IA II III

alkohol **IA** (aus trans-Stilbenoxyd) wurde am besten aus *N-Pyridyl-(2)-desylamin* (**II**) durch Red. mit Al-Isopropylat dargestellt; die Darst. von **II** aus 2-Aminopyridin u. Benzoin ist eine Ausdehnung der VOIGT-Rk. auf ein heterocycl. Amin, das eine N—C—N-Gruppierung enthält. Die Rk. geht nicht mit 2-Benzylaminopyridin, 2-Aminopyrimidin, 2-Aminothiazol oder 2-Aminolepidin. Beim Erhitzen von 2-Aminopyridin mit Desylchlorid entsteht nicht das Keton **II**, sondern das Cyclisierungsprod. *2.3-Diphenylimidazo-[1.2:a]-pyridin* (**III**).

Versuche (FF. korr.): *Benzoylcarbinol*, $C_8H_8O_2$, F. 89,5—90,5°, aus Phenacylbromid mit KOOCH; 72% (Ausbeute). — *threo-N-Pyridyl-(2)-1.2-diphenyl-2-aminoäthanol*, $C_{19}H_{18}ON_2$, F. 177,5—178,5° (Isopropanol), aus 2-Aminopyridin u. cis-Stilbenoxyd mit 98%ig. $LiNH_2$ in absol. Toluol bei 24std. Kochen, dann auf Eis gießen; 61%. — *N-Pyridyl-(2)-desylamin* (**II**), $C_{19}H_{16}ON_2$, F. 106—108°, aus Benzoin u. 2-Aminopyridin in Toluol mit konz. HCl bei 20std. Kochen unter Wasserabscheidung, aus Isopropanol orangegelber Nd.; 83%. — *erythro-N-Pyridyl-(2)-1.2-diphenyl-2-aminoäthanol* (**IA**), $C_{19}H_{18}ON_2$, F. 156,5—157,5° (Isopropanol), aus **II** u. Al-Isopropylat in absol. Isopropanol; 95%; oder aus dem Aminoketon mit $LiAlH_4$; 65%; oder aus trans-Stilbenoxyd wie bei der threo-Verb.; 50%. — *2.3-Diphenylimidazo-[1.2:a]-pyridin* (**III**), $C_{19}H_{14}N_2$, F. 151,5—153°; aus Desylchlorid u. 2-Aminopyridin bei 110—120° (3 Std.); Kristalle aus Isopropanol; 38%. Mit Phenacylbromid entsteht *2-Phenylimidazo-[1.2:a]-pyridin*, $C_{13}H_{10}N_2$, F. 135—136°; Kristalle aus Hexan; 100%. Mit Na_2CO_3 oder Na-Acetat anstatt $NaHCO_3$ 88 bzw. 33%. *Pikrat*, $C_{13}H_{10}N_2 \cdot C_6H_3O_7N_3$, F. 236—238° (Aceton). (J. Amer. chem. Soc. **75**. 746—48. 5/2. 1953. Brooklyn, N.Y., Brooklyn Coll., Dep. of Chem.) GOEBEL. 3231

Robert C. Elderfield, Leland L. Smith und **Eleanor Werble,** *Synthese von im Chinolinring mit ^{15}N markiertem Pentaquine.* Es wird über die Darst. von im Chinolring mit ^{15}N markiertem *6-Methoxy-8-[5-(isopropylamino)-pentylamino]-chinolin* („*Pentaquine*"; **I**) berichtet. Die Synth. verläuft auf folgendem Weg: *p-Toluidin* wurde zu *4-Amino-2-nitrotoluol* (65% [Ausbeute]) nitriert, diazotiert u. zu *4-Oxy-2-nitrotoluol* (36%) verkocht, mit $(CH_3O)_2SO_2$ methyliert zu *4-Methoxy-2-nitrotoluol* (88%), dann mit $KMnO_4$ oxydiert zur *4-Methoxy-2-nitrobenzoesäure* u. deren Säurechlorid mit $^{15}NH_3$ umgesetzt zu *4-Methoxy-2-nitrobenzoesäureamid* (**II**), $C_8H_8O_4N_2$, F. 160—162° (A./W.). Beim Abbau von **II** mit NaOBr entsteht *$^{15}N_{(1)}$-4-Methoxy-2-nitroanilin* (**III**); 66%, das wie üblich umgesetzt wurde zu 6-Methoxy-8-nitrochinolin u. weiter zu **I** (Gesamtausbeute 25%). Die Darst. von **III** gelang nicht aus 4-Methoxy-2-nitrochlorbenzol mit ^{15}N-K-Phthalimid, während beim o-Nitrochlorbenzol diese Rk. in kochendem Dimethylformamid mit guter Ausbeute zu 2-Nitroanilin führte (Wrkg. der CH_3O-Gruppe). (J. Amer. chem. Soc. **75**. 1245. 5/3. 1953. Ann Arbor, Mich., Univ. of Michigan, Dep. of Chem.) GOEBEL. 3231

A. H. Blatt und **Norma Gross,** *Synthese von in der Seitenkette mit ^{15}N markiertem Pentaquine.* Vff. berichten über die Darst. von in der Seitenkette mit ^{15}N markiertem *Pentaquine* (**I**); Markierung an der 8-Aminogruppe ($^{15}N_{(8)}$) oder an der endständigen Aminogruppe ($^{15}N_{(T)}$). $^{15}N_{(T)}$-**I** wurde erhalten durch Umsetzung von ^{15}N-Phthalimid-K mit 1.5-Dibrompentan zum ω-Brompentylphthalimid; 52% (Ausbeute), daraus mit 6-Methoxy-8-aminochinolin 6-Methoxy-8-[phthalimidopentylamino]-chinolin (69%), Spaltung mit Hydrazin (100%) u. Rk. mit Isopropyljodid (27%). $^{15}N_{(8)}$-**I** wurde mit einer Gesamtausbeute von 22,5% dargestellt durch Nitrierung von Acetyl-p-anisidin in $CH_3COOH/(CH_3CO)_2O$ mit $K^{15}NO_3/H_2SO_4$, dann Verseifung zu 4-Methoxy-2-nitroanilin (70%), Rk. nach SKRAUP zum Chinolinderiv. (65%), das mit $SnCl_2$/HCl zum 6-Methoxy-$^{15}N_{(8)}$-8-aminochinolin red. (77%) u. dann mit ω-Chlorpentylisopropylamin umgesetzt wurde (64%). Keine nähere Versuchsbeschreibung. Physiol. Abbau von **I** vgl. ELDERFIELD u. SMITH (C. **1953**. 8131). (J. Amer. chem. Soc. **75**. 1245—47. 5/3. 1953. Flushing, N. Y., Queens Coll., Dep. of Chem.) GOEBEL. 3231

G. R. Clemo und **R. W. Temple,** *Chlormethylierung von Eugenol und Darstellung einiger neuer Isochinolinbasen.* (Vgl. CHALLIO u. CLEMO, C. **1948**. II. 187. 717.) In Fortführung ihrer Arbeiten über Eugenol chlormethylieren Vff die Methyläther u. Benzoate von Dihydroeugenol u. β-Chlordihydroeugenol mit HCl u. Formaldehyd zu *4.5-Dimethoxy-2-propyl-* (**I**), *5-Benzoyloxy-4-methoxy-2-propyl-* (**VI**), *2-[2'-Chlorpropyl]-4.5-dimethoxy-* (**IV**) u. *5-Benzoyloxy-2-[2'-chlorpropyl]-4-methoxybenzylchlorid* (**V**). Verss., die Stellung der Chlormethylgruppe der Verbb. durch Oxydation mit $KMnO_4$ festzulegen, waren mit Ausnahme von **I**, bei dem *4.5-Dimethoxy-2-propylbenzaldehyd* entstand, erfolglos. Zum Vgl. wurde aus Methyldihydroeugenolalkohol (aus Dihydroeugenol mit NaOH u. Formaldehyd u. anschließend Methylierung) *2.3-Dimethoxy-5-propylbenzylchlorid* dargestellt. **I** verhält sich bei Behandlung mit methylalkoh. KCN wie 3.4-Dimethoxybenzylchlorid u. liefert nur *4.5-Dimethoxy-2-propylbenzylmethyläther*, mit wss.-alkoh. KCN dagegen in geringer Menge das gewünschte *4.5-Dimethoxy-2-propylbenzylcyanid*, das nur langsam mit H_2/Pt in Acetanhydrid zum *N-Acetylderiv.* von *β-[4.5-Dimethoxy-2-propylphenyl]-äthylamin* (**II**) red. wird. Bei Red. in A. bei höherem Druck in Ggw. von RANEY-Ni entsteht nur **II**. Die *Acetyl-*, *Benzoyl-*, *Phenacetyl-*u. *3.4-Dimethoxyphenacetylderivv.* von **II** erleiden modifizierten BISCHLER-NAPIERALSKI-Ringschluß zu *7.8-Dimethoxy-5-propyl-1-R-3.4-dihydroisochinolinen* [**III**; R = CH_3-, C_6H_5-, $C_6H_5CH_2$- u. 3.4-Dimethoxybenzyl-] (**VII**). **VII** muß während der Aufarbeitung als Hydrochlorid vorliegen, da die freie Base instabil ist u. schon bei n. Temp. Oxydation zu **III** (*R = 3.4-Dimethoxybenzoyl*) erleidet. **III** (R = CH_3) u. **VII** ergeben bei der Red. die entsprechenden *1.2.3.4-Tetrahydroisochinoline* (**VIII**), das **VIII** (R = 3.4-Dimethoxybenzyl) bei Dehydrierung in Cymol mit Pd-Schwarz die papaverinähnliche Base *7.8-Dimethoxy-5-propyl-1-[3'.4'-dimethoxybenzyl]-isochinolin* (läßt sich ebenfalls durch Dehydrierung von **VII** gewinnen). Verss., **III** (R = H) durch Ringschluß des N-Formylderiv. von **II**, oder aus **II** durch Ringschluß mit Formaldehyd oder Methylal u. HCl **VIII** (R = H) darzustellen, blieben erfolglos. **IV** u. **V** sind für die Darst. von 2-Aryl-1.2.3.4-tetrahydroisochinolinen von besonderem Interesse. **IV**, das aus Eugenol in 50%ig. Ausbeute entsteht, reagiert mit prim. aromat. Aminen zu *2-Aryl-1.2.3.4-tetrahydro-6.7-dimethoxy-3-methylisochinolinen*. In dieser Weise wurden mit p-Aminobenzoesäure (**IX**), deren Äthylester u. p-Nitranilin *2-[4-Carboxy-* bzw. *4-Carbäthoxy-* bzw. *4-Nitrophenyl]-6.7-dimethoxy-3-methyl-1.2.3.4-tetrahydroisochinolin* dargestellt. Analog entstanden mit **V** die entsprechenden *7-Benzoyloxyderivv.*, mit **I** u. **VI** dagegen die entsprechenden offenkettigen *Benzylarylamine.*

Versuche: *4.5-Dimethoxy-2-propylbenzylchlorid* (**I**), $C_{12}H_{17}O_2Cl$, F. 53—54° (PAe.), Kp.$_2$ 128—134°, durch Zufügen von Dihydroeugenylmethyläther zu einer Mischung aus 40%ig. Formalin u. bei 60° mit HCl gesätt. Salzsäure, 3½ std. Rühren bei 60° unter HCl-Einleiten, Gießen auf Eis, Abgießen u. Aufnehmen des gummiartigen Rückstandes in Ae.; 30,4 g (Ausbeute). — *4.5-Dimethoxy-2-propylbenzaldehyd*, $C_{12}H_{16}O_3$, Kp.$_{,1}$ 117—120°, durch Zufügen von $KMnO_4$ zu 2 g vorst. Verb. u. Na_2CO_3 in sd. Aceton; nach 6 std. Kochen Abdest. des Acetons, Ausschütteln des Rückstandes mit 2%ig. NaOH, dann mit Ae. u. Dest. der Ätherlsg., gelbes Öl; 0,85 g. *2.4-Dinitrophenylhydrazon*, $C_{18}H_{20}O_6N_4$, F. 199—201°, dunkelrote Nadeln aus Essigester + A. (F.-Depression mit 2.3-Dimethoxy-5-propylbenzaldehyddinitrophenylhydrazon). — *5-Benzoyloxy-4-methoxy-2-propylbenzylchlorid* (**VI**), $C_{18}H_{19}O_3Cl$, F. 97,5—99°, aus 20 g Dihydroeugenylbenzoat wie **I**, Prismen aus PAe.; 19,6 g. — *β-Chlordihydroeugenylmethyläther*, $C_{11}H_{15}O_2Cl$, Kp.$_{,1}$ 109—111°, durch Sättigen einer Mischung von 28 g O-Methyleugenol u. konz. HCl bei 0° mit HCl-Gas u. Extrahieren nach 6tägigem Stehen mit Chlf.; 26 g. — *2-[2'-Chlorpropyl]-4.5-dimethoxybenzylchlorid* (**IV**), $C_{12}H_{16}O_2Cl_2$, Kp.$_{,1}$ 144—146°, aus 17,7 g vorst. Verb. wie **I**; 16,7 g. — *5-Benzoyloxy-2-[2'-chlorpropyl]-4-methoxybenzylchlorid* (**V**), $C_{18}H_{18}O_3Cl_2$, F. 107—109°, aus 15 g β-Chlordihydroeugenylbenzoat wie **I**, Prismen aus PAe.; 9,6 g. — *4.5-Dimethoxy-2-propylbenzylmethyläther*, $C_{13}H_{20}O_3$, Kp.$_{0,2}$ 121—123°, durch 7 std. Kochen von 5 g **I** in CH_3OH mit KCN; aus der Methanollsg. durch Abdampfen, Aufnehmen in Ae. u. Dest.; 4 g. — *4.5-Dimethoxy-2-propylbenzylcyanid*, $C_{13}H_{17}O_2N$, F. 66—68°, Kp.$_{,1}$ 153—155°, aus 23 g **I** in Bzl. u. 15 g KCN in W. durch 3½ std. Kochen unter Rühren; aus der Benzolschicht durch Dest.; Nadeln aus Bzl. + PAe.; 19 g. — *N-Acetyl-β-[4.5-dimethoxy-2-propylphenyl]-äthylamin*, $C_{15}H_{23}O_3N$, F. 96—98° durch 40 std. Hydrieren von 7,3 g vorst. Verb. mit PtO_2 in Acetanhydrid bei 100 lbs./sq.in.; nach Filtrieren u. Zers. des Anhydrids mit W. Abdampfen u. Aufnehmen in Bzl.; Nadeln aus Bzl. + PAe.; 7,0 g. — *β-[4.5-Dimethoxy-2-propylphenyl]-äthylaminhydrochlorid*, $C_{13}H_{21}O_2N \cdot HCl$, F. 241—243°, durch 6 std. Hydrolyse vorst. Verb. in sd. 40%ig. HCl, Plättchen aus A. + Aceton. *Freie Base* (**II**), Kp.$_{0,1}$ 115—120°, F. 43—46°. *Pikrat*, $C_{19}H_{24}O_9N_4$, F. 192—194°, gelbe Prismen (wss. A.). **II** entsteht ferner bei Red. vorst. Cyanids (12 g) in NH_3-gesätt. A. bei 100°/100 at/1¾ Std. über RANEY-Ni; 10 g. — *3.4-Dihydro-7.8-dimethoxy-1-methyl-5-propylisochinolin*, $C_{15}H_{21}O_2N$, Kp.$_2$ 142—144°, durch 2½ std. Kochen von 1 g N-Acetyl-**II** in Toluol mit $POCl_3$ u. Verdünnen mit PAe.; aus dem gummiartigen Nd. durch Ausziehen mit verd. HCl, Alkalisieren u. Chloroformextraktion; 0,6 g. *Pikrat*, $C_{15}H_{21}O_2N \cdot C_6H_3O_7N_3$, F. 192 bis 193° ($CH_3OH$ + Aceton). — *1.2.3.4-Tetrahydro-7.8-dimethoxy-1-methyl-5-propylisochinolin, Hydrochlorid*, $C_{15}H_{24}O_2NCl$, F. 167—169°, aus 1,4 g vorst. Verb. durch Red. über Pt in 25%ig. HCl, Prismen aus Aceton + Ae.; 1,25 g. *Pikrat*, $C_{15}H_{23}O_2N \cdot C_6H_3O_7N_3$,

F. 158—160° (Ae.·CH_3OH). — *N-Benzoyl-β-[4.5-dimethoxy-2-propylphenyl]-äthylamin*, $C_{20}H_{25}O_3N$, F. 117—118,5°, aus 1,1 g **II** u. Benzoylchlorid in Alkali, Nadeln aus Bzl. + PAe.; 1 g. — *3.4-Dihydro-7.8-dimethoxy-1-phenyl-5-propylisochinolinhydrochlorid*, $C_{20}H_{24}O_2NCl$, F. 192,5—194° (Zers.), aus vorst. Verb. (1 g) durch Kochen mit $POCl_3$ in Toluol wie oben, gelbe Prismen aus Aceton; 0,9 g. *Freie Base* ist glasartig. *Pikrat*, $C_{20}H_{23}O_2N \cdot C_6H_3O_7N_3$, F. 144—146°, Prismen ($CH_3OH$–Ae.). *Methojodid*, $C_{21}H_{26}O_2NJ$, F. 184—185°, gelbe Nadeln aus Aceton. — *β-[4.5-Dimethoxy-2-propylphenyl]-N-[phenylacetyl]-äthylamin*, $C_{21}H_{27}O_3N$, F. 94—96°, aus 1,5 g **II** u. Phenylacetylchlorid in Alkali, Nadeln aus Bzl. + PAe.; 1,4 g. — *1-Benzyl-3.4-dihydro-7.8-dimethoxy-5-propylisochinolin, Hydrochlorid*, $C_{21}H_{26}O_2NCl$, F. 155—156° (Zers.), aus 1 g vorst. Verb. in Chlf. durch Kochen mit $POCl_3$ (3½ Std.), Abdampfen, Auswaschen mit PAe. u. Aufnehmen in CH_3OH, Zufügen von W. bis zur Trübung, Alkalisieren mit Soda u. Ausäthern; nach Einleiten von HCl gelbliche Prismen aus Aceton–Ae.; 0,4 g. *Freie Base*, F. 97—99°, Prismen (wss. CH_3OH). *Pikrat*, $C_{21}H_{25}O_2N \cdot C_6H_3O_7N_3$, F. 127—128,5°, Prismen (CH_3OH). *Methojodid*, $C_{22}H_{28}O_2NJ$, F. 131—132,5°, gelbe Prismen aus Aceton. — *N-[3'.4'-Dimethoxyphenylacetyl]-β-[4.5-dimethoxy-2-propylphenyl]-äthylamin*, $C_{23}H_{31}O_5N$, F. 119 bis 120°, aus 8,5 g **II** u. Homoveratrumsäurechlorid, Nadeln aus Bzl. + PAe.; 11 g. — *3.4-Dihydro-7.8-dimethoxy-1-[3'.4'-dimethoxybenzyl]-5-propylisochinolin* (**VII**), *Hydrochlorid*, $C_{23}H_{30}O_4NCl$, F. 161—163° (Zers.), aus 5 g vorst. Verb. in Chlf. u. $POCl_3$, gelbe Prismen aus Aceton–Ae.; 3,75 g. *Pikrat*, $C_{23}H_{29}O_4N \cdot C_6H_3O_7N_3$, F. 131—134°, Prismen ($CH_3OH$). — *3.4-Dihydro-7.8-dimethoxy-1-[3'.4'-dimethoxybenzoyl]-5-propylisochinolin*, $C_{23}H_{27}O_5N$, F. 139—141°, aus 0,3 g vorst. Verb. in W. durch Alkalisieren mit Pottasche, Ausäthern, Abdampfen, Aufnehmen in CH_3OH u. Stehen an der Luft, kub. Kristalle aus wss. CH_3OH; 0,108 g; bereits Spuren verursachen beim Kochen in Acetanhydrid Blaufärbung. *Pikrat*, $C_{23}H_{27}O_5N \cdot C_6H_3O_7N_3$, F. 167—169°, Prismen ($CH_3OH$). *Methojodid*, $C_{24}H_{30}O_5NJ$, F. 170—173°, orangefarbene Prismen (Aceton–Ae.). — *1.2.3.4-Tetrahydro-7.8-dimethoxy-1-[3'.4'-dimethoxybenzyl]-5-propylisochinolin*, $C_{23}H_{31}O_4N$, F. 84 bis 86°, durch Hydrierung von 1,3 g des Hydrochlorids von **VII** mit Pt in W. (2½ Std.); 0,9 g. *Hydrochlorid*, $C_{23}H_{32}O_4NCl$, F. 178—180°, Nadeln aus Aceton. *Pikrat*, $C_{23}H_{31}O_4N \cdot C_6H_3O_7N_3$, F. 181—183°, Nadeln (A.). — *7.8-Dimethoxy-1-[3'.4'-dimethoxybenzyl]-5-propylisochinolin, Hydrochlorid*, $C_{23}H_{27}O_4N \cdot HCl$, F. 179—180° (Zers.), a) durch 24std. Kochen der Tetrahydroverb. (0,2 g) mit Pd-Schwarz in p-Cymol, Abdampfen im Vakuum, Extrahieren mit 25%ig. HCl; nach Auswaschen u. Abdampfen Aufnehmen in Aceton u. Fällen mit Ae., gelbe Prismen aus Aceton–Ae.; 0,08 g. *Pikrat*, $C_{23}H_{27}O_4N \cdot C_6H_3O_7N_3$, F. 157—158,5°, Prismen (CH_3OH); b) aus 0,3 g **VII** wie a) unter N_2; 0,12 g. — *p-[4.5-Dimethoxy-2-propylbenzylamino]-benzoesäure*, $C_{19}H_{23}O_4N$, F. 199 bis 201°, durch kurzes Kochen von **I** u. p-Aminobenzoesäure (**IX**) in Pyridin u. Zufügen von W.; Prismen (wss. A.). — *2-[p-Carboxyphenyl]-1.2.3.4-tetrahydro-6.7-dimethoxy-3-methylisochinolin*, $C_{19}H_{21}O_4N$, F. 220—223°, aus 2 g **IV** wie vorst., cremefarbene Prismen aus CH_3OH; 0,8 g. — *Äthyl-p-[4.5-Dimethoxy-2-propylbenzylamino]-benzoat*, $C_{21}H_{27}O_4N$, F. 100—102°, aus **I** u. **IX**-Äthylester, Prismen (CH_3OH). — *2-[p-Carbäthoxyphenyl]-1.2.3.4-tetrahydro-6.7-dimethoxy-3-methylisochinolin*, $C_{21}H_{25}O_4N$, F. 139—141°, aus 2,6 g **IV** u. **IX**-Äthylester, Platten aus CH_3OH; 1 g. — *N-[4.5-Dimethoxy-2-propylbenzyl]-p-nitranilin*, $C_{18}H_{22}O_4N_2$, F. 147,5—149,5°, aus 2 g **I** u. p-Nitranilin, gelbe Prismen aus CH_3OH; 1,1 g. — *1.2.3.4-Tetrahydro-6.7-dimethoxy-3-methyl-2-[p-nitrophenyl]-isochinolin*, $C_{18}H_{20}O_4N_2$, F. 157—159°, aus 1,8 g **IV** u. p-Nitranilin, gelbe Prismen aus CH_3OH; 0,5 g. — *p-[5-Benzoyloxy-4-methoxy-2-propylbenzylamino]-benzoesäure*, $C_{25}H_{25}O_5N$, F. 220—222°, aus **VI** u. **IX**, Prismen (CH_3OH). — *p-[5-Oxy-4-methoxy-2-propylbenzylamino]-benzoesäure*, $C_{18}H_{21}O_4N$, F. 162—164°, aus 8 g vorst. Verb. durch Verseifung mit NaOH in W., Platten aus Bzl. u. dann A.; 5,3 g. — *7-Benzoyloxy-2-[p-carboxyphenyl]-1.2.3.4-tetrahydro-6-methoxy-3-methylisochinolin*, $C_{25}H_{23}O_5N$, F. 212 bis 215°, aus 3,3 g **V** u. **IX**, Prismen; 0,95 g. (J. chem. Soc. [London] **1953**. 678—83. Febr. Newcastle-on-Tyne, Univ. of Durham, Kings Coll.) LEHWALD. 3231

Pierre-Adolphe Lepape, *Synthese in 1-Stellung substituierter 6.7-Dialkoxy-1.2.3.4-tetrahydroisochinoline*. 1 g des aus β-[3.4-Diäthoxyphenyl]-äthylamin u. 3.4-Diäthoxybenzaldehyd (**I**) entstehenden *Aldimins* $C_{23}H_{31}O_4N$ (**II**), F. 95° (Block; A.), liefert bei ¼std. Erhitzen mit 85%ig. H_3PO_4 auf dem sd. Wasserbad in Ggw. von wenig HCl, Gießen in W. u. Alkalisieren mit KOH 0,95 g *1-[3'.4'-Diäthoxyphenyl]-6.7-diäthoxy-1.2.3.4-tetrahydroisochinolin*; ohne HCl ist 3std. Erhitzen auf dem Wasserbad oder 48std. Reaktionsdauer bei 37° erforderlich; die Isolierung von **II** ist nicht notwendig. *Hydrochlorid*, F. 245—246° (A.–Ae.); in Chlf. löslich. — Bei Verwendung von p-Äthoxybenzaldehyd, p-Dimethylaminobenzaldehyd, Salicylaldehyd oder Önanthaldehyd an Stelle von **I** werden in ähnlichen Ausbeuten analoge Prodd. erhalten. (C. R. hebd. Séances Acad. Sci. **234**. 1175—77. 10/3. 1952.) W. HOFFMANN. 3231

Edgar A. Steck, R. Pauline Brundage und **Lynn T. Fletcher,** *Pyridazinderivate.* 1. Mitt. *Einige amöbicide Pyridazone-(3).* Vff. berichten über die Darst. von 6-[4-Halogenphenyl]-pyridazonen-(3), von denen das unlösl. 6-[3.4-Dichlorphenyl]-pyridazon-(3) die stärkste Wrkg. besitzt (Hamstertest). Die als Zwischenprodd. benötigten Ketosäuren wurden aus den Halogenbenzolen u. Bernsteinsäureanhydrid nach FRIEDEL-CRAFTS dargestellt; aus Methylbernsteinsäureanhydrid u. 1.2-Dichlorbenzol entstanden *4-[3.4-Dichlorphenyl]-2-methyl-* (I) u. *-3-methyl-4-ketobutansäure* (II), die weiter umgesetzt u. erst als Pyridazon-(3)-verbb. getrennt wurden. 1.2-Dibrombenzol ergab 4-[4-Bromphenyl]-4-ketobutansäure u. 1.4-Dibrombenzol, aber nicht die Dibromsäure; aus 1.4-Dichlor-, 1.2.4-Trichlor- u. 1.2.4.5-Tetrachlorbenzol wurden lediglich harzige Prodd. erhalten. Aus den 4-Aryl-4-ketobutansäuren u. Hydrazin wurden die 6-substituierten 4.5-Dihydropyridazone-(3) hergestellt; aus I u. II entstand dabei ein Gemisch von 6-[3.4-Dichlorphenyl]-4.5-dihydro-4- bzw. -5-methylpyridazon-(3), das mit Br_2 in Eisessig dehydriert u. durch fraktionierte Kristallisation getrennt wurde.

V e r s u c h e: *4-[3.4-Dichlorphenyl]-4-ketobutansäure,* $C_{10}H_8O_3Cl_2$, F. 166—166,7°, aus A. oder Bzl. prismat. Nadeln; 58% (Ausbeute); *4-[2.4-Dichlorphenyl]-4-ketobutansäure,* $C_{10}H_8O_3Cl_2$, F. 77,5—78° (Heptan); aus 1.2- u. 1.3-Dichlorbenzol mit Bernsteinsäureanhydrid/$AlCl_3$ bei 65—70°; 13%. — *Gemisch* von *4-[3.4-Dichlorphenyl]-2-* (I) u. *-3-methyl-4-ketobutansäure* (II), $C_{11}H_{10}O_3Cl_2$, aus Methylbernsteinsäureanhydrid u. 1.2-Dichlorbenzol mit $AlCl_3$, 1 Std. bei 65°; 70% (Gemisch); daraus durch Umlösen aus Heptan u. Bzl. reines *2-Methylisomeres* (I), F. 123,5—124°; 17%; u. unreines *3-Methylisomeres* (II), F. 100—108°; 12%. — Aus den Ketosäuren wurden mit der äquivalenten Menge n-KOH bei 80—90° u. 10—15% Überschuß Hydrazinsulfat in n-KOH durch 1—2std. Kochen dargestellt: *6-[4-Chlorphenyl]-4.5-dihydropyridazon-(3),* $C_{10}H_9ON_2Cl$, F. 179—179,5°, aus A. Prismen; 88%. — *6-[4-Bromphenyl]-4.5-dihydropyridazon-(3),* $C_{10}H_9ON_2Br$, F. 168—168,5°, aus A./W. Nadeln; 96%. — *4.5-Dihydro-6-[4-jodphenyl]-pyridazon-(3),* $C_{10}H_9ON_2J$, F. 199—199,5°, prismat. Nadeln aus A./W. oder Essigester; 87%. — *6-[2.4-Dichlorphenyl]-4.5-dihydropyridazon-(3),* $C_{10}H_8ON_2Cl_2$, F. 172,5—173°, aus A./W. Nadeln; 97%. — *6-[3.4-Dichlorphenyl]-4.5-dihydropyridazon-(3),* $C_{10}H_8ON_2Cl_2$, F. 174—175°, aus A. Blättchen; 96%. — *6-[3.4-Dichlorphenyl]-4.5-dihydro-4-methylpyridazon-(3),* $C_{11}H_{10}ON_2Cl_2$, F. 167—168°; aus I; Blättchen aus Bzl.; 90%. — Durch Dehydrierung der vorst. Dihydroverbb. (gesätt. Lsg. in Eisessig bei 60—70° unter Rühren mit 1,1 Äquivalent Br_2 versetzen u. 1—3 Std. erhitzen, Hydrobromid-Nd. mit Essigester waschen u. mit NH_4OH behandeln) wurden dargestellt: *6-[4-Chlorphenyl]-pyridazon-(3),* $C_{10}H_7ON_2Cl$, F. 270—270,5°, aus Butanol Nadeln; 90%. — *6-[4-Bromphenyl]-pyridazon-(3),* $C_{10}H_7ON_2Br$, F. 249,5—250,5°; aus A. Würfel; 95%. — *6-[4-Jodphenyl]-pyridazon-(3),* $C_{10}H_7ON_2J$, F. 173,5—174°; Nadeln aus Essigester; 87%. — *6-[2.4-Dichlorphenyl]-pyridazon-(3),* $C_{10}H_6ON_2Cl_2$, F. 216 bis 216,5°; aus A./W. faserige Nadeln; 92%. — *6-[3.4-Dichlorphenyl]-pyridazon-(3),* $C_{10}H_6ON_2Cl_2$, F. 256—257°; aus W./Dioxan faserige Nadeln; 94%. — *Gemisch 6-[3.4-Dichlorphenyl]-4.5-dihydro-4-* u. *-5-methylpyridazon-(3),* F. ca. 150°; aus I + II mit Hydrazin wie oben, dann aus dem Rohprod. mit Br_2 in Eisessig wie vorst. *Gemisch* von *6-[3.4-Dichlorphenyl]-4-* (III) u. *-5-methylpyridazon-(3),* das bei fraktionierter Kristallisation aus A. u. aus Dioxan *6-[3.4-Dichlorphenyl]-5-methylpyridazon-(3),* $C_{11}H_8ON_2Cl_2$, F. 260,2—261°, u. *6-[3.4-Dichlorphenyl]-4-methylpyridazon-(3)* (III), F. 251—251,8°, im Verhältnis 2:1 liefert; 70—75% (Gemisch); III aus I über das Dihydropyridazon (90%) mit 75% Ausbeute. (J. Amer. chem. Soc. **75.** 1117—19. 5/3. 1953. Rensselaer, N. Y., Sterling-Winthrop Res. Inst.) GOEBEL. 3272

Shigenobu Tōzaki, *Synthese von 2.5-Diaminopyrimidin. 2.5-Diaminopyrimidin,* F. 207—208°, entsteht über *2-Acetylamino-5-nitropyrimidin* (F. 193—194°) in besserer Ausbeute aus 2-Amino-5-nitropyrimidin (F. 185—186°) als bei direkter Red. mit H_2 in Ggw. von PtO_2. (Abstr. Kagaku-Kenkyū-Jo Hōkoku [Rep. sci. Res. Inst.] **21.** 25. 1951. [Orig.: engl.]) W. HOFFMANN. 3272

Roslyn K. Keller und **Raymond A. LaForge,** *Möglicherweise sedativ wirkende Verbindungen.* 1. Mitt. *N-substituierte Piperazine.* Vff. beschreiben die Darst. N-substituierter Isovalerylamide, -harnstoffe u. -biuret, die einen Piperazinring enthalten. Die Verbb. zeigen am Kaninchen keine sedative, hypnot. oder das Zentralnervensyst. hemmende Wirkung.

V e r s u c h e: *1-Isovaleryl-4-methylpiperiazinhydrochlorid,* F. 173—174°; aus Isovalerylchlorid (I) in Chlf. durch Zugabe von 1-Methylpiperazin (IV), dann 1 Std. kochen; Kristalle aus Aceton; 16% (Ausbeute). — *1-Isovaleryl-4-carbäthoxypiperazin,* $Kp._4$ 168 bis 170°; aus I in Chlf. u. 1-Carbäthoxypiperazin (II) bei 20°, dann 45 Min. kochen; n_D^{25} 1,4850; 38%. — *Isovalerylisocyanat* (III), $Kp._{37}$ 53—54°; nach HILL u. Mitarbeiter (J. Amer. chem. Soc. **62.** [1940.] 1595); 57%. — *1-Carbäthoxypiperazin-4-[N-isovaleryl]-*

carboxamid, F. 88,5—90,5°; aus **II** in Ae. u. **III**, anschließend 5 Std. kochen, einengen u. mit Heptan verrühren; Kristalle aus Heptan; 51%. — *1-Methylpiperazin-4-[carbonsäure-[isovalerylamid]*, F. 79,5—81°; analog aus **IV**; 37%. — *1-Carbäthoxypiperazin-4-carboxamid*, F. 159—161°; aus **II** u. Nitroharnstoff in W. bei 50—60° (30 Min.); Kristalle aus Isopropanol; 62%. — *N-Isovaleryl-N'-[4-carbäthoxy-1-piperazoyl]-harnstoff*, F. 103,5—105°; aus 22,1 g der vorst. Verb. u. 12,7 g **III** in absol. Ae. bei ca. 16std. Kochen unter Wasserausschluß; 13,9 g. (J. Amer. pharmac. Assoc., sci. Edit. **41.** 301—02. Juni 1952. Orange, N. J., E. Bilhuber Inc., Res. Labor.) Goebel. 3272

Raymond A. LaForge, Charlotte E. Cosgrove, Roslyn B. Keller und **Ursula E. Johnsen,** *Möglicherweise sedativ wirkende Verbindungen.* 2. Mitt. *Einige substituierte Acetoacetamide.* (1. vgl. vorst. Ref.) Es wird über die Darst. von *Acetoacetamidderivv.* der

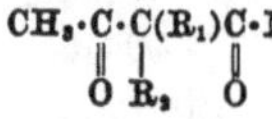 I

Formel **I**, sowie ihre sedative oder hypnot. Wrkg. berichtet. Vff. schließen, daß die Einführung einer β-Acetylgruppe in sedativ wirkende aliphat. Amide ihre Wrkg. vermindert. Pharmakol. Test am Kaninchen im Vgl. zu Bromural.

V e r s u c h e : *α-Propylacetoacetamid*, F. 102—103,5°, aus α-Propylacetessigsäuremethylester u. konz. NH_4OH bei 3tägigem Rühren, dann Esterüberschuß u. NH_4OH im Vakuum abdampfen, der Ölrückstand erstarrt; aus Bzl. Kristalle; 45% (Ausbeute); [0] (pharmakol. Wrkg.). — Analog wurden folgende Verbb. der Formel **I** dargestellt: $R_1 = CH_3$; $R_2 = R_3 = H$, F. 77—80°; 18%; [schwach sedativ]. — $R_1 = R_2 = CH_3$; $R_3 = H$, F. 120—121,5°; 76%; [0]. — $R_1 = C_2H_5$; $R_2 = R_3 = H$, F. 98—99°; 13%; [0]. — $R_1 = iso\text{-}C_3H_7$; $R_2 = R_3 = H$, F. 140—142°; 12,5%; [sedativ]. — *Acetoacetyl-p-phenetidid*, F. 105,5—106°, aus Acetessigsäuremethylester bei 165° mit p-Phenetidin; Kristalle aus Propylendichlorid/PAe.; 48%; [wirksam]. — *α.α-Dipropylacetoacet-p-phenetidid*, F. 95—96,5°, durch Eintropfen von α-Propylacetoacet-p-phenetidid u. C_3H_7J in absol. A. + Na, dann neutral kochen, W. zusetzen u. einengen; aus Ae. Kristalle; 66%; [0]. — Analog folgende I-Verbb.: $R_1 = R_2 = C_2H_5$; $R_3 = H$, F. 122 bis 123°; 47%; [schwach sedativ]. — $R_1 = R_2 = C_3H_7$; $R_3 = H$, F. 102—104°; 51%; [wirksam]. — $R_1 = Allyl$; $R_2 = C_2H_5$; $R_3 = H$, F. 97—98°; 29%; [wirksam]. — $R_1 = C_2H_5$; $R_2 = H$; $R_3 = p\text{-}C_6H_4{\cdot}OC_2H_5$, F. 111—113°; 15%; [0]. — $R_1 = C_3H_7$, $R_2 = H$; $R_3 = p\text{-}C_6H_4OC_2H_5$, F. 106—107,5°; 33%; [0]. — $R_1 = R_2 = C_2H_5$; $R_3 = p\text{-}C_6H_4OC_2H_5$, F. 79—80,5°; 15%; [0]. — $R_1 = iso\text{-}C_4H_9$; $R_2 = R_3 = H$, F. 86—87°; 29%; [0]. — *1-Phenyl-3-[α.α-diäthylacetoacetyl]-harnstoff*, F. 107—109°; aus kochendem α.α-Diäthylacetoacetamid in absol. Bzl. durch Eintropfen von Phenylisocyanat, dann 28 Std. kochen, im Vakuum einengen, mit PAe. verreiben; Kristalle aus 75%ig. Methanol; 50%; [0]. — Analog folgende I-Verbb.: $R_1 = CH_3$; $R_2 = H$; $R_3 = CO{\cdot}NH{\cdot}C_6H_5$, F. 148—150°; 18%; [0]. — $R_1 = R_2 = CH_3{\cdot}R_3 = CO{\cdot}NH{\cdot}C_6H_5$, F. 154—157,5°; 28%; [0]. — $R_1 = R_2 = C_3H_7$; $R_3 = CO{\cdot}NH{\cdot}C_6H_5$, F. 133—135°; 49%; [wirksam]. — *α-Chlor-α-propylacetoacetamid*, F. 51,5—52,5°, aus α-Propylacetoacetamid in absol. Ae. bei 0° mit SO_2Cl_2; Kristalle aus PAe.; 38%; [0]. — Analog: **I**, $R_1 = Cl$; $R_2 = C_3H_7$; $R_3 = p\text{-}C_6H_4OC_2H_5$, F. 53,5—55,5°; 29%; [0]. — $R_1 = Cl$; $R_2 = iso\text{-}C_4H_9$; $R_3 = H$, $Kp._3$ 125—126°; 74%; [0]. (J. Amer. pharmac. Assoc., sci. Edit. **41.** 303—06. Juni 1952.) Goebel. 3272

J. S. Morley, *Die Chemotherapie der Filariasis.* 1. Mitt. *Monoacylderivate von 1.2.3.4-Tetrahydrochinoxalin.* Im Gegensatz zu den Beobachtungen anderer Autoren lassen sich bei der Rk. zwischen *1.2.3.4-Tetrahydrochinoxalin* (**I**) u. einem Acylierungsmittel die *Monoacylderivv.* fassen; sie entstehen bei relativ hohen p_H-Werten aus äquimol. Mengen an Ausgangsprodd. in über 70%ig. Ausbeute; bei $p_H < 5$ überwiegt dagegen die Disubstitution. Vf. erklärt dieses Verh. mit der stärkeren Ionisation von **I** bei niedrigem p_H. Die pKa-Werte von **I** u. einigen Derivv. u. von *trans-Oktahydrophenazin* (vgl. nachst. Ref.) werden in W. oder 50%ig. A. bei Raumtemp. potentiometr. ermittelt u. mit denen von o-Phenylendiamin verglichen. Die Ergebnisse der in bas., neutralen oder sauren Lösungsmitteln bzw. in Pufferlsgg. bei potentiometr. kontrolliertem p_H durchgeführten Substitutionen bestätigen die theoret. Überlegungen. — *1-Acyl-1.2.3.4-tetrahydro-4-methylchinoxaline* werden durch Acylierung von *1.2.3.4-Tetrahydro-1-methylchinoxalin* (**VII**) oder Methylierung der *Monoacylderivv.* von **I** erhalten; zum Vgl. mit der biol. Wrkg. ihrer *Jodmethylate* wird das *Jodmethylat* des *1-Diäthylcarbamyl-4-methylpiperazins* („Hetrazan") synthetisiert. — **I** u. **VII** reagieren nicht mit Diäthylcarbamylchlorid.

V e r s u c h e : *1.2.3.4-Tetrahydrochinoxalin* (**I**), F. 97—98°, a) durch Hydrierung von Chinoxalin; b) durch 15std. Erhitzen von Brenzcatechin u. Äthylendiaminhydrat auf 200—210° im Rohr, Gießen in W., Aufnehmen in Bzl. u. Fällen mit Leichtbzn.; hellgelb; 52% (Ausbeute). *Hydrochlorid*, F. 167—169°, aus **I** u. HCl-Gas in Aceton;

aus A.–Ae. unter N_2 Nadeln. — *1-Acetyl-1.2.3.4-tetrahydrochinoxalin* (II), $C_{10}H_{12}ON_2$, F. 109—110°, a) durch Zugabe von Essigsäureanhydrid (III) zu I in Eisessig bei 27—30°, Ausäthern bei p_H 4—5 u. Waschen mit 20% ig. Essigsäure (zur Entfernung von 28,4% I); aus Bzl.–Leichtbzn. spröde ingwerfarbene Prismen; 47%; b) wie vorst., aber in A.; 96%. — *1.4-Diacetyl-1.2.3.4-tetrahydrochinoxalin*, $C_{12}H_{14}O_2N_2$, F. 143—144°, a) aus der sauren Mutterlauge bei der Darst. von II (Meth. a) durch Extraktion mit Bzl.; 7,15% bzw. 15,4%, wenn bei p_H 3 extrahiert wird; b) bei 2std. Einw. von 2 Mol III auf I bei 35—40°; 1,05 g; aus Essigester kleine Warzen. — Relative Ausbeute an II (bezogen auf Gemisch II/vorst. Verb.) bei der Rk. von I mit III in A. 100%, in Essigsäure 72%; mit Acetylchlorid in A. 38%, in Essigsäure 32%. — *1-Carbäthoxy-1.2.3.4-tetrahydrochinoxalin* (IV), *Hydrochlorid*, $C_{11}H_{14}O_2N_2 \cdot HCl$, F. 151—152°, durch Zutropfen von Chlorameisensäureäthylester (V) zu I in A. u. 1$^1/_2$std. Rk. bei 20—30°, dann Zugabe von W., Ausäthern (in der wss. Phase bleiben 45% I), Aufnehmen in Bzl. u. Fällen mit äther. HCl; aus A.–Ae. Nadeln; 20,6—24%; daneben durch Alkalisieren der benzol.-äther. Mutterlauge *1.4-Dicarbäthoxy-1.2.3.4-tetrahydrochinoxalin* (VI), $C_{14} \cdot H_{18}O_4N_2$, F. 40,5—42°, Kp.$_{0,3}$ 176°; aus PAe. oder W. Prismen; 21,5%. Bei Durchführung vorst. Rk. in Pufferlsgg. unter potentiometr. p_H-Kontrolle betragen die Ausbeuten an IV bzw. VI: 25 bzw. 58% bei p_H 3; 30 bzw. 51% bei p_H 4; 75 bzw. 0% bei p_H 5—7. Relative Ausbeute an IV (bezogen auf Gemisch IV/VI) bei der Rk. von I u. V in Pyridin 54%, in Aceton oder A. 50%, in Essigsäure 33%. — *1.4-Dibenzoyl-1.2.3.4-tetrahydrochinoxalin*, $C_{22}H_{18}O_2N_2$, F. 204—205°, aus I u. Benzoylchlorid in Aceton u. wenig W. bei 25—30°; aus Aceton Würfel; 39%; durch Einengen der Mutterlauge, Zugeben von W. u. Extraktion mit Bzl. (in der wss. Phase bleiben 34% I) *1-Benzoyl-1.2.3.4-tetrahydrochinoxalin*, $C_{15}H_{14}ON_2$, F. 152—153°; aus Bzl. Prismen; 20%. — *1.2.3.4-Tetrahydro-1-methylchinoxalin* (VII), Kp.$_2$ 108°, durch Einw. von konz. H_2SO_4 auf das 4-Phenylsulfonylderiv. bei 45—50°, kurzes Erhitzen auf dem Dampfbad, Alkalisieren u. Aufnehmen in Bzl.; 83%; daraus mit HCl-Gas in Aceton *Monohydrochlorid*, $C_9H_{12}N_2 \cdot HCl$, F. 173—174°; aus A.–Ae. unter N_2 prismat. Nadeln. — *1-Acetyl-1.2.3.4-tetrahydro-4-methylchinoxalin* (VIII), a) durch 5std. Kochen von 1 g II u. CH_3J in Ggw. von Na_2CO_3 in A. unter N_2 bei 5 cm Hg Überdruck, Eindampfen u. Aufnehmen in Bzl.; Öl; 0,91 g; b) als *Monohydrochlorid*, $C_{11}H_{14}ON_2 \cdot HCl$, F. 154—155°, durch $^1/_4$std. Kochen von 0,8 g VII u. III, Alkalisieren, Aufnehmen in Ae., dann Bzl. u. Einleiten von HCl; aus A.–Ae. Prismen; 0,7 g. — *1-Acetyl-1.2.3.4-tetrahydro-4.4-dimethylchinoxaliniumjodid*, $C_{12}H_{17}ON_2J$, F. 184—185° (Zers.), a) durch 7std. Kochen von 0,8 g VIII u. CH_3J in A.; 0,32 g; b) bei 13std. Kochen von 0,75 g II u. CH_3J in Methanol; 0,11 g; aus A. prismat. Nadeln. — *1-Carbäthoxy-1.2.3.4-tetrahydro-4-methylchinoxalin, Hydrochlorid*, $C_{12}H_{16}O_2N_2 \cdot HCl$, F. 133—134°, a) durch 4std. Kochen von 1 g VII-Hydrochlorid u. V in Ggw. von $NaHCO_3$ in A. unter N_2 bei 5 cm Hg Überdruck, Aufnehmen in Bzl., dann Aceton u. Sättigen mit HCl-Gas bei 0°; aus A.–Ae. oder Aceton–Ae. unter N_2 Nadeln; 0,94 g; b) durch 5std. Kochen von 0,9 g IV-Hydrochlorid u. CH_3J in Ggw. von Na_2CO_3 in A. unter N_2 u. weiter wie oben; 0,65 g ölige *Base*; daraus 0,45 g Hydrochlorid; daneben aus dem in Bzl. unlösl. Anteil mit heißem A. 0,3 g *1-Carbäthoxy-1.2.3.4-tetrahydro-4.4-dimethylchinoxaliniumjodid*, $C_{13}H_{19}O_2N_2J$, F. 172—173° (Zers.); entsteht auch bei 10std. Kochen des bei der Rk. von 3,35 g I u. V erhaltenen Rohprod. mit CH_3J in A.; aus A. prismat. Nadeln; 1,07 g. — *„Hetrazan"-Jodmethylat*, $C_{11}H_{24}ON_3J$, F. 159—160° (Zers.), durch 4std. Kochen von „Hetrazan" (1-Diäthylcarbamyl-4-methylpiperazin) u. CH_3J in A.; aus A.–Ae. spröde Nadeln. (J. chem. Soc. [London] **1952.** 4002—08. Okt. Cambridge, Univ., Chem. Labor., u. Manchester, Univ., Med. Res. Council, Group for Res. in Chemotherapy, Dep. of Organ. Chem.) W. HOFFMANN. 3272

J. S. Morley, *Die Chemotherapie der Filariasis.* 2. Mitt. *Monoacylderivate von 5.10-Dihydro- und trans-1.2.3.4.5.10.11.12-Oktahydrophenazin.* (1. vgl. vorst. Ref.) Aus *5.10-Dihydrophenazin* (I) werden bei Raumtemp. mit überschüssigen Acylierungsreagentien nur *Monoacylderivv.* erhalten. Im Falle des *trans-1.2.3.4.5.10.11.12-Oktahydrophenazins* (II) dagegen wird wie beim 1.2.3.4-Tetrahydrochinoxalin das Verhältnis zwischen *Mono-* u. *Diacylderivv.* durch den p_H-Wert bestimmt; bei p_H 7 entstehen ausschließlich erstere, bei p_H 3 nur letztere. I wird nach RIS [1886] dargestellt; bei sorgfältigem Luftausschluß entsteht dabei kein Phenazin (III). Aus den Acylderivv. von *5.10-Dihydro-5-methylphenazin* (IV) konnten keine quaternären Salze mit CH_3J oder p-Toluolsulfonsäuremethylester erhalten werden, auch fand keine Rk. zwischen I bzw. IV u. Diäthylcarbamylchlorid statt. II entsteht

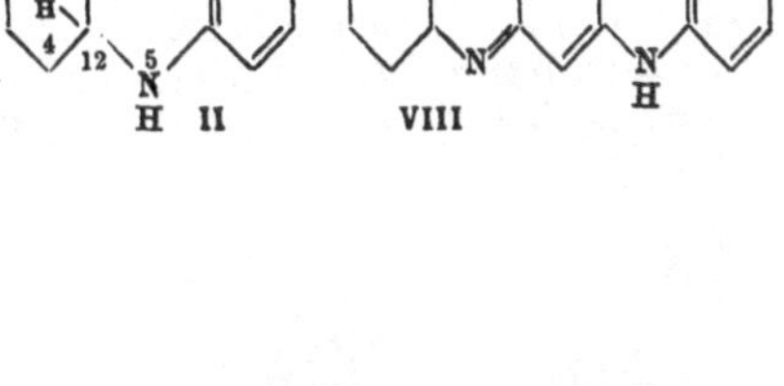

durch Red. von *1.2.3.4-Tetrahydrophenazin* (**V**), dieses durch Kondensation von Cyclohexandion-(1.2) (**VI**) u. o-Phenylendiamin (**VII**); bei letzterer Rk. werden als Nebenprodd. *cis-1.2.3.4.5.10.11.12-Oktahydrophenazin* u. eine bas. *Verb.* $C_{18}H_{18}N_4$ der wahrscheinlichen Konst. **VIII** gebildet.

Versuche: *5.10-Dihydrophenazin* (**I**), F. 280° (Zers.; Vakuumröhrchen), durch 35—40std. Erhitzen von **VII** u. Brenzcatechin auf 200—210° im Rohr u. schnelles Auslaugen mit W. bei 60°; 82% (Ausbeute); mit Leichtbzn. aus Aceton unter CO_2 schwachgrünliche Blättchen; gibt bei Sublimation im O_2-Strom bei 210—220° *Phenazin* (**III**), F. 171—172°; aus A. prismat. gelbe Nadeln; 55% (bezogen auf **VII**). — *5-Acetyl-5.10-dihydrophenazin*, $C_{14}H_{12}ON_2$, F. 254—255° (Zers.), a) durch 48std. Rk. von 0,25 g **I** u. 1,4 ml Essigsäureanhydrid (**IX**) in Aceton unter CO_2 bei Raumtemp.; aus Aceton Würfel; 0,24 g; b) durch Aufkochen von 0,5 g **I** in 5 ml **IX**; prismat. Nadeln; 0,51 g; c) bei 2tägiger Rk. von **I** u. 2 Mol **IX** bei Raumtemp. oder bei 5 Min. Erhitzen auf 95° in Essigsäure. Bei $^1/_2$std. oder 3std. Kochen von 0,5 g **I** oder 0,5 g der Monoacetylverb. in 5 ml **IX** entsteht *5.10-Diacetyl-5.10-dihydrophenazin*, F. 179—180°, Prismen; 0,62 g. — *Phenazhydrin*, $C_{12}H_8N_2 \cdot C_{12}H_{12}N_2$, F. 225° (Zers.), bei der Rk. von 0,5 g **I** u. **IX** in Ggw. von Luft in Aceton; aus A. blaue Prismen; schwächer gefärbt als die aus gleichen Mengen **I** u. **III** in Aceton entstehenden Kristalle (F. 210° unter Zers.); beide Formen (0,1 g) geben in Bzl. **I** (0,03 g) u. im Filtrat **III** (0,055 g). — *5-Benzoyl-5.10-dihydrophenazin*, $C_{19}H_{14}ON_2$, F. 224—225°, durch 3tägige Rk. von **I** u. Benzoylchlorid (**X**) in Aceton (oder 1 Tag in Pyridin) unter CO_2 bei Raumtemp.; aus Bzl. Blättchen, aus wss. Aceton prismat. Nadeln; 51 bzw. 38%. — *5-Carbäthoxy-5.10-dihydrophenazin*, $C_{15}H_{14}O_2N_2$, F. 109—110°, durch 16std. Rk. von **I** u. Chlorameisensäureäthylester (**XI**) in Aceton (oder 1 Tag in Pyridin) unter CO_2 bei Raumtemp., Zugabe von W. u. Alkali u. Aufnehmen in Bzl.; aus Leichtbzn. u. wenig A. oder Aceton nach längerem Stehen gelbe Prismen; 17 bzw. 66%. — *5-Methylphenazoniummethylsulfat*, F. 198° (Zers.), durch Rk. von Dimethylsulfat u. 5 g **III** in Nitrobenzol bei 100 bis 120°; aus wss. A.–Ae. glänzende gelbbraune Nadeln; 6,1 g. — *5.10-Dihydro-5-methylphenazin* (**IV**), F. 163—164° (Vakuumröhrchen), durch Red. von 3 g vorst. Verb. mit Zn-Staub in 3nHCl u. Bzl. in Ggw. von Pt-Chlorid unter CO_2; aus Bzl. mit Leichtbzn. Nadeln; 1,6—2 g. — *5-Benzoyl-5.10-dihydro-10-methylphenazin*, $C_{20}H_{16}ON_2$, F. 164 bis 165°, durch 16std. Rk. von **IV** u. **X** in Pyridin bei Raumtemp. unter CO_2; aus verd. Essigsäure Prismen; 80%. — *5-Carbäthoxy-5.10-dihydro-10-methylphenazin*, $C_{16}H_{16}O_2N_2$, F. 84—85°, analog aus **IV** u. **XI**; aus verd. Essigsäure Nadeln; 90%. — *1.2.3.4-Tetrahydrophenazin* (**V**), F. 92—93°, durch 2std. Kochen von 10,5 g **VI** u. 11 g **VII** in Ggw. von CH_3COONa in Eisessig u. Gießen in W.; aus Leichtbzn. Prismen; 11,5 g. Durch Alkalisieren der Mutterlauge u. Waschen mit Aceton *Verb.* $C_{18}H_{18}N_4$ (**VIII?**), F. 264 bis 265°; aus wss. A. kleine Prismen; 3,5 g; Reinigung über das *Dihydrochloriddihydrat*, $C_{18}H_{18}N_4 \cdot 2\,HCl \cdot 2\,H_2O$, F. 320—322° (Zers.); aus verd. HCl oder wss. Aceton Nadeln. *Diacetylderiv.*, $C_{22}H_{22}O_2N_4$, F. 245—247° (Zers.); aus Pyridin kleine Nadeln. — *cis-1.2.3.4.5.10.11.12-Oktahydrophenazin*, F. 146—147° (Leichtbzn.), aus der aceton. Mutterlauge bei der Isolierung von **VIII**. — **V** reagiert nicht mit RANEY-Ni oder Chloranil bei mehrstd. Kochen in Xylol. Ein Gemisch von **V** u. vorst. Verb. oder **II** (aber nicht **VIII**) liefert bei $^1/_2$std. Erhitzen auf 245—250° in Ggw. von 30%ig. Pd-Kohle quantitativ **III**. — *1-[p-Dimethylaminobenzyliden]-1.2.3.4-tetrahydrophenazinjodmethylat*, $C_{22}H_{24}N_3J$, F. 160—180° (Zers.), aus 0,8 g **V**-Jodmethylat in Pyridin u. p-Dimethylaminobenzaldehyd in Essigsäureanhydrid u. Fällen mit Ae.; aus A.–Ae. kastanienbraune Nadeln; 1 g; in W., A. oder Essigsäure tiefblau. — Beim Alkalisieren entsteht aus **V**-Jodmethylat die *Dehydrobase*, Kp.$_1$ 169—170°. — *trans-1.2.3.4.5.10.11.12-Oktahydrophenazin* (**II**), *Monohydrochlorid*, $C_{12}H_{16}N_2 \cdot HCl$, F. 315° (Zers.), aus **V** u. C_2H_5ONa in sd. absol. A., dann Gießen in W., Aufnehmen in A. u. Fällen mit konz. HCl; aus W. unter N_2 Prismen; daraus mit wss. NH_4OH die *Base*, F. 155—156°; 71—78%. — *5-Acetyl-trans-1.2.3.4.5.10.11.12-oktahydrophenazin, Hydrochlorid*, $C_{14}H_{18}ON_2 \cdot HCl$, F. 292—294° (Zers.), a) durch 48std. Rk. von **II** u. **IX** in Aceton u. Zugabe von äther. HCl; aus A.–Ae. Nadeln; 30%; daraus die *Base*, $C_{14}H_{18}ON_2$, F. 118—119°; aus Leichtbzn. Nadeln; b) durch $1^1/_2$std. Einw. von **IX** auf **II** in A. bei 45—50° aus dem Filtrat; 39%. — *5.10-Diacetyl-trans-1.2.3.4.5.10.11.12-oktahydrophenazin*, $C_{16}H_{20}O_2N_2$, F. 175 bis 176°, a) aus der Mutterlauge bei der Darst. vorst. Verb. (Meth. a); 54%; b) bei 2std. Kochen von **II** u. **IX**; aus Aceton–Leichtbzn. Prismen. — *5-Carbäthoxy-trans-1.2.3.4.5.-10.11.12-oktahydrophenazin, Hydrochlorid*, $C_{15}H_{20}O_2N_2 \cdot HCl$, F. 228—230° (Zers.), aus **II** u. **XI** in wss. A. bei p_H 7; aus A.–Ae. Nadeln; 32%. *Base*, $C_{15}H_{20}O_2N_2$, F. 98—99°; aus Leichtbzn. braune Prismen. — Analog *5-Benzoyl-trans-1.2.3.4.5.10.11.12-oktahydrophenazin, Hydrochlorid*, $C_{19}H_{20}ON_2 \cdot HCl$, Zers. bei 280—310°; aus A.–Ae. Nadeln; 22%. *Base*, $C_{19}H_{20}ON_2$, F. 155—156°; aus Bzl.–Leichtbzn. hellbraune Prismen. — *5.10-Di-*

carbäthoxy-trans-1.2.3.4.5.10.11.12-oktahydrophenazin, $C_{18}H_{24}O_4N_2$, F. 76—77°, aus II u. XI in wss. A. bei p_H 3; Nadeln; 11—15%. — Analog *5.10-Dibenzoyl-trans-1.2.3.-4.5.10.11.12-oktahydrophenazin*, $C_{26}H_{24}O_2N_2$, F. 168—169°; aus Bzl.–Leichtbzn. prismat. fleischfarbene Nadeln; 10—12%. — *5-Benzolsulfonyl-trans-1.2.3.4.5.10.11.12-oktahydrophenazin*, $C_{18}H_{20}O_2N_2S$, F. 150—151°, durch 14std. Rk. von II u. Benzolsulfonylchlorid (XII) in Pyridin bei 20—25°, Aufnehmen in Aceton, Fällen des *Hydrochlorids* (70%) mit äther. HCl u. Alkalisieren; aus wss. A. oder Bzl.–Leichtbzn. Nadeln; 50%; mit überschüssigem XII entsteht *5.10-Dibenzolsulfonyl-trans-1.2.3.4.5.10.11.12-oktahydrophenzain*, $C_{24}H_{24}O_4N_2S_2$, F. 169—170°; aus A. große, prismat. Nadeln; 98%. (J. chem. Soc. [London] **1952**. 4008—14. Okt.) W. HOFFMANN. 3272

Rudolf Grewe und **Günter Rockstroh**, *Die Verlängerung der Kohlenstoffkette der Glucose am nichtreduzierenden Ende.* Statt der bisher wenig erfolgreichen Verss., Tosylate von Zuckern mit KCN in der Schmelze umzusetzen, wurde mit KCN-Lsg. gearbeitet. 1.2-Isopropyliden-d-glucosetosylat-(6) (I) gibt mit KCN in wss. Lsg. jedoch *1.2-Isopropyliden-5.6-anhydro-d-glucose* (II), u. die vollständig substitutierten Verbb. 1.2-Isopropyliden-3.5-diacetyl-d-glucosetosylat u. 1.2;3.5-Diisopropyliden-d-glusosetosylat reagieren mit KCN überhaupt nicht in der Kälte. In äthanol. (weniger gut in methanol.) Lsg. dagegen reagiert **I** mit KCN (weniger gut mit NaCN) zu *1.2-Isopropyliden-d-glucose-6-cyanhydrin* (**III**) u. **II**. **III** läßt sich über das kristalline *1.2-Isopropyliden-3.5-diacetyl-d-glucose-6-cyanhydrin* (**IV**) rein darstellen, da die *1.2-Isopropyliden-3-acetyl-5.6-anhydro-d-glucose* nicht kristallisiert. Auch das 1.2-Trichloräthyliden-d-glucosetosylat-(6) (**V**) läßt sich mit KCN in A. zum *1.2-Trichloräthyliden-d-glucose-6-cyanhydrin* umsetzen, doch bietet dies keine besonderen Vorteile, da die Trennung von der mitentstehenden *1.2-Trichloräthyliden-5.6-anhydro-d-glucose* schwierig ist. Aus **IV** lassen sich durch Verseifung mit verd. Säuren u. anschließende Acetylierung *α-Tetraacetyl-d-glucose-6-cyanhydrin* (**VI**) u. *β-Tetraacetyl-d-glucose-6-cyanhydrin* (**VII**) erhalten. Aus dem Vgl. der opt. Drehung von **VI** u. **VII** mit denen der α- u. β-Pentaacetylglucose ergibt sich das Vorhandensein eines Pyranoseringes u. die Zuordnung zur α- bzw. β-Reihe. Durch Entacetylierung von **VI** u. **VII** entsteht das *β-d-Glucose-6-cyanhydrin* (**VIII**), dessen Mutarotation der der β-d-Glucose ähnelt. Während **VI** auf Grund seiner geringeren Löslichkeit durch Kristallisation von **VII** rein abgetrennt werden kann, erhält man **VII** auf dem Umwege über **VIII** rein. Methanol. HCl gibt mit **VIII** *β-1-Methyl-d-glucose-6-cyanhydrin* (**IX**), ohne daß dabei stärkere Verseifung der CN-Gruppe eintritt. **IX** läßt sich über das *β-1-Methyl-2.3.4-triacetyl-d-glucose-6-cyanhydrin* reinigen u. krist. in 2 Modifikationen. Der Verbrauch von 2 Mol HJO_4 u. die physikochem. Ähnlichkeit mit der β-1-Methylglucopyranose beweisen die Pyranosestruktur von **IX**. — Aus **VI** u. **VII** (am besten aus reinem **VI**) erhält man mit HBr/Eisessig unter Verseifung der CN-Gruppe eine unbeständige *Acetobromverb.* u. nach Behandlung mit Methanol u. Ag_2CO_3 *β-1-Methyl-6-desoxy-d-glucosecarbonsäure-(6)-amid* (**X**). **X** besitzt auf Grund der Oxydation mit HJO_4 die Pyranosestruktur u. läßt sich über das *β-1-Methyl-2.3.4-triacetyl-6-desoxy-d-glucosecarbonsäure-(6)-amid* (**XI**) reinigen. Mit N_2O_4 liefert **XI** die *β-1-Methyl-2.3.4-triacetyl-6-desoxy-d-glucosecarbonsäure-(6)* (**XIIa**) u. nach Entacetylierung die nicht kristallisierende *β-1-Methyl-6-desoxy-d-glucosecarbonsäure-(6)* **XII**). **XII** läßt sich unter Verbrauch von 2 Mol HJO_4 zu Äpfelsäure abbauen. Durch Nachoxydation mit Br_2 entsteht Oxalsäure. Dadurch ist bewiesen, daß die COOH-Gruppe in **XII** endständig ist, also keine Verzweigung bei der Umsetzung von **I** mit KCN entstanden ist.

Versuche: *1.2-Isopropyliden-d-glucosetosylat-(6)* (**I**), F. 101°, aus 1.2-Isopropyliden-d-glucose nach BLINDENBACHER u. REICHSTEIN (C. **1950**. II. 2912); 64% (Ausbeute). — *1.2-Isopropyliden-3.5-diacetyl-d-glucose-6-cyanhydrin* (**IV**), $C_{14}H_{19}O_7N$, F. 129°, durch 14std. Umsetzung von **I** mit KCN in Ae.-haltigem A., Neutralisieren des Filtrats, Eindampfen u. Acetylieren des **III**-haltigen Sirups mit Acetanhydrid in Pyridin (12 Std. bei Zimmertemp.); Nadeln aus A.; $[\alpha]_D^{20}$ +4,3° (c = 3 in Pyridin); 76% (aus rohem **I** 54%, bezogen auf 1.2-Isopropyliden-d-glucose). — *1.2-Isopropyliden-d-glucose-6-cyanhydrin* (**III**), $C_{10}H_{15}O_5N$, F. 112° (Chlf.), durch Entacetylierung von **IV** in Methanol mit Na-Methylat; ein in Chlf. nicht krist. Anteil von **III** wurde wieder zu **IV** acetyliert (15% des Ausgangsmaterials); $[\alpha]_D^{20}$ —15,2° (c = 1,5 in Pyridin); 76% (Ausbeute unter Berücksichtigung von wiedergewonnenem **IV**). Direkt aus **I** hergestelltes **III** läßt sich nur schwer u. unter großen Verlusten aus Chlf./PAe. reinigen, aus den Mutterlaugen kleine Mengen *1.2-Isopropyliden-5.6-anhydro-d-glucose* (**II**). — *1.2-Trichloräthyliden-d-glucose*, durch Zusammenschmelzen von Glucosemonohydrat mit Chloralhydrat u. wenig W. u. Eintropfenlassen von konz. H_2SO_4 unter Kühlung; 20%. — *1.2-Trichloräthyliden-d-glucosetosylat-(6)* (**V**), $C_{15}H_{17}O_8Cl_3S$,

F. 146° (Bzl.), durch 24std. Umsetzung vorst. Verb. mit p-Toluolsulfochlorid in Pyridin; $[\alpha]_D^{20}$ —14,5° (c = 2 in Pyridin); 68%. — *1.2-Trichloräthyliden-3.4-diacetyl-d-glucose-tosylat-(6)*, $C_{19}H_{21}O_{10}Cl_3S$, F. 124° (A.), durch Acetylierung von **V** mit Acetanhydrid in Pyridin; $[\alpha]_D^{20}$ +12,7° (c = 2 in Pyridin); 100%. — *1.2-Trichloräthyliden-d-glucose-6-cyanhydrin*, $C_9H_{10}O_5NCl_3$, F. 192°, aus **V** mit KCN in A. in 48 Std. bei Zimmertemp.; sternförmig gruppierte glänzende Nadeln aus W.; $[\alpha]_D^{20}$ —10,4° (c = 2 in Pyridin); 60%. — *1.2-Trichloräthyliden-3.4-diacetyl-d-glucose-6-cyanhydrin*, $C_{13}H_{14}O_7NCl_3$, F. 152° (A.), durch Acetylierung vorst. Verb.; $[\alpha]_D^{20}$ +12,9° (c = 2 in Pyridin). — *1.2-Trichloräthyliden-5.6-anhydro-d-glucose*, $C_8H_9O_5Cl_3$, F. 145° (A.), aus **V** u. KCN in Aceton; $[\alpha]_D^{20}$ —29,8° (c = 2 in Pyridin). — *α-Tetraacetyl-d-glucose-6-cyanhydrin* (**VI**), $C_{15}H_{19}\cdot O_9N$, F. 210°, durch 3std. Verseifung von **IV** mit verd. H_2SO_4 auf dem Wasserbad, Neutralisieren mit $BaCO_3$ u. 12std. Acetylierung des Trockenrückstandes vom Filtrat; glänzende Nadeln aus Essigester, $[\alpha]_D^{22}$ +108°,3 (c = 1 in Chlf.); 50%. — Aus den Mutterlaugen durch Einengen u. Umkristallisieren aus A. unreines **VII**; 39%. — *β-d-Glucose-6-cyanhydrin* (**VIII**), $C_7H_{11}O_5N$, F. 147° (Methanol), aus **VI** oder **VII** oder dem Gemisch von **VI** u. **VII** durch 2std. Entacetylieren mit Na-Methylat in Methanol; das nicht krist. **VIII** wurde wieder zu **VI** u. **VII** acetyliert (10% des Ausgangsmaterials); $[\alpha]_D^{22}$ +16,5° (extrapoliert) → +17,6° (5 Min.) → +19,0° (10 Min.) → +20,1° (15 Min.) → +21,2° (20 Min.) → +28,3° (60 Min.) → +35,3° (120 Min.) → +50,5° (Endwert; c = 2 in W.); 81% (Ausbeute einschließlich rückgewonnenem **VI** bzw. **VII**). — *β-Tetraacetyl-d-glucose-6-cyanhydrin* (**VII**), $C_{15}H_{19}O_9N$, F. 138° (A.), durch Acetylierung von **VIII**; $[\alpha]_D^{20}$ +9,0° (c = 2 in Chlf.); 100%. — *β-1-Phenyl-2.3.4-triacetyl-d-glucose-6-cyanhydrin*, $C_{19}H_{21}O_8N$, F. 182° (A.), durch 1std. Erhitzen von **VII** mit Phenol in Ggw. von p-Toluolsulfonsäure auf dem Wasserbad, Aufnehmen mit Äthylenchlorid u. Waschen mit NaOH u. W.; $[\alpha]^{20}_D$ —27,5° (c = 2 in Chlf.); 66%. Die entsprechende Umsetzung gelingt mit **VI** nicht, da **VI** in der Phenolschmelze unlösl. ist. — *β-1-Phenyl-d-glucose-6-cyanhydrin*, $C_{13}H_{15}O_5N$, F. 193°, durch Entacetylierung von β-1-Phenyl-2.3.4-triacetyl-d-glucose-6-cyanhydrin wie bei der Darst. von **VIII**; farblose Blättchen aus A.; $[\alpha]_D^{20}$ —81,8° (c = 2 in Pyridin); 74%. Das Triacetylderiv. läßt sich über vorst. Verb. am besten rein darstellen. — *β-1-Methyl-d-glucose-6-cyanhydrin* (**IX**), $C_8H_{13}O_5N$, F. 151° (1. Modifikation aus A.), F. 164° (2. Modifikation aus Essigester), durch 7std. Erhitzen von 2,3 g **VIII** in absol. HCl-haltigem Methanol, Neutralisieren mit $PbCO_3$, Acetylierung des Rückstandes u. Entacetylierung des rohen, mit 90% Ausbeute erhaltenen Triacetylderiv.; $[\alpha]_D^{22}$ —33,5° (c = 3 in W.); 0,9 g. Die Verb. verbraucht 1,92 Mol. HJO_4/Mol. — *β-1-Methyl-2.3.4-triacetyl-d-glucose-6-cyanhydrin*, $C_{14}H_{19}O_8N$, F. 144°, durch Acetylierung vorst. Verb.; $[\alpha]_D^{20}$ —15,5° (c = 2 in Chlf.); 100%. — *β-1-Methy-6-desoxy-d-glucosecarbonsäure-(6)-amid* (**X**), $C_8H_{15}O_6N$, F. 173°, durch 5std. Umsetzung von **VI** mit Eisessig/HBr bei Zimmertemp., Isolierung der rohen *Acetobromverb.* aus Chlf., Umsetzung mit Ag_2CO_3 in Methanol unter mäßigem Erwärmen, Kristallisation von rohem **XI** mit A. u. Entacetylierung mit Na-Methylat in Methanol; farblose Nadeln aus A.; $[\alpha]_D^{22}$ —24,5° (c = 2 in W.); 28%. **X** läßt sich entsprechend auch aus **VII** erhalten, verbraucht 2,03 Mol HJO_4/Mol. — *β-1-Methyl-2.3.4-triacetyl-6-desoxy-d-glucosecarbonsäure-(6)-amid* (**XI**), $C_{14}H_{21}O_9N$, F. 190° (A.), durch Acetylieren von **X**; $[\alpha]_D^{23}$ —9,2° (c = 1 in Chlf.); 89%. — *β-1-Methyl-2.3.4-triacetyl-6-desoxy-d-glucosecarbonsäure-(6)* (**XIIa**), $C_{14}H_{20}O_{10}$. F. 166°, durch Umsetzung von **XI** mit fl. N_2O_4 in Eisessig unter Kühlung über Nacht, Zusatz von Eis u. Extraktion mit Chlf.; Nadeln aus Essigester/Ae.; $[\alpha]_D^{18}$ —14° (c = 2 in Chlf.); 72%. — *d-Äpfelsäurediamid*, F. 154° (nach Sublimation im Hochvakuum), durch Entacetylierung von **XIIa** mit Ba-Methylat in Methanol in 2 Tagen bei Zimmertemp., Neutralisieren, 2tägige Oxydation der Lsg. mit HJO_4 (Verbrauch 1,97 Mol/Mol), Entfernung von JO_4^- u. JO_3^- als Sr-Salze u. Oxydation mit Br_2 in Ggw. von $SrCO_3$ (vgl. JACKSON u. HUDSON, J. Amer. chem. Soc. **59**. [1937.] 994), Entfernung von Br^- u. Oxalsäure, Veresterung mit CH_2N_2 in Methanol u. 24std. Umsetzung mit methanol. NH_3 bei Zimmertemp.; $[\alpha]_D^{18}$ +39,4° (c = 0,7 in W.); ca. 30%. (Chem. Ber. **86**. 536—46. 1953. Kiel, Univ., Organ. chem. Inst.) WILLENBERG. 3400

Ward Pigman, E. A. Cleveland, D. H. Couch und **J. H. Cleveland**, *Reaktionen von Kohlenhydraten mit N-haltigen Substanzen.* 1. Mitt. *Mutarotation von einigen Glykosylaminen. Glucosylamin* (**I**), F. 128—129°; *Glucosyl-n-butylamin* (**II**), F. 88—90°; *Glucosyl-n-hexylamin* (**III**), F. 93—95°; *Glucosyl-n-octylamin* (**IV**), F. 102°; *Glucosyl-n-decylamin* (**V**), F. 103—104°; *Glucosyl-n-dodecylamin* (**VI**), F. 105,5°; *Glucosyl-n-octadecylamin*, F. 103,5°; *Glucosylanilin* (**VII**), F. 140°; *Glucosyl-4-aminodiphenyl ·H_2O*, F. 118 bis 120° (Zers.); *Glucosyl-4-aminoazobenzol ·H_2O*, F. 134—135° (Zers.); *Maltosyl-n-hexylamin ·H_2O* (**VIII**); *Maltosyl-n-dodecylamin ·H_2O* (**IX**), F. 48—84°, wahrscheinlich amorph; *Maltosyl-n-octadecylamin*, F. 80—115°, wahrscheinlich amorph; *Lactosyl-n-dodecyl-*

amin, F. 117—119° (Zers.) u. *Lactosyl-4-aminodiphenyl·2H_2O*, F. 144—148°, wurden nach Weygand (Ber. dtsch. chem. Ges. **72.** [1939.] 1663) oder Sorokin (Ber. dtsch. chem. Ges. **20.** [1887.] 783) hergestellt u. die Mutarotation einer 5%ig. Lsg. von I—IX in H_2O, 0,01nNaOH, 0,5nHCl u. nCH_3COOH bei 30° gemessen (Tabellen, Kurven). Die Glykosylamine erweisen sich als sehr labil. 3 verschied. Reaktionsarten, nämlich Hydrolyse, Umlagerung im Ring oder α-β-Isomerisation u. eine Rk., die in Eisessig erfolgt, eine starke Braunfärbung hervorruft u. noch nicht näher untersucht ist, sind die Ursachen der Mutarotation. Stabilität u. Art der auftretenden Rk. werden stark von der aglykon. Gruppe beeinflußt. Verd. Essigsäure ist im allg. wirksamer als 0,5nHCl mit viel höherer H-Ionenkonz.; **I, VIII** u. **IX** werden bei 30° von 0,5nHCl überhaupt nicht angegriffen, während die Hydrolyse von **VII** vor der ersten Messung beendet ist. — 0,01 nNaOH katalysiert die Hydrolyse von **II** u. verhindert sie bei **VII**, wo sie eine Umlagerung hervorruft. — Dest. W. verursacht bei allen untersuchten Verbb. mit Ausnahme von **I** u. **IX**, die in W. stabil sind, eine teilweise Hydrolyse. — Die gefundenen Ergebnisse begründen verschied. Einwände gegen die Theorie von Mitts u. Hixon (C. **1946.** I. 2391), nach der die Hydrolyse von Glykosylaminen mit der Dissoziationskonst. der aglykon. Gruppe parallel geht. (J. Amer. chem. Soc. **73.** 1976—79. Mai 1951. Birmingham, Corn Prod. Refining Co., Chem. Div.) Rossow. 3400

A. W. Johnson, *Organische Chemie. Alkaloide.* Kurze Zusammenfassung über synthet. Verss. u. Synth. des *Morphins* von Gates u. Tschudi, Struktur von *Chinamin*, *Cinchonamin*, mögliche biogenet. Verwandtschaft der letzteren zu den Alkaloiden der *Yohimbin*-Gruppe u. anderen Alkaloiden unter Anführung der Literaturstellen. Die Struktur der *Strychnos*- u. der *Erythrina*-Alkaloide *Erysopin*, *Erysodin* u. *Erysovin* wird kurz gestreift. (Sci. Progr. **40.** 478—84. Juli 1952. Cambridge, Univ., Chem. Labor.) Nezel. 3500

Yves-René Naves, *Die Struktur von Terpenen.* Vortrag über die ν (C=C)-Schwingungen im Infrarot- u. Raman-Spektr. sowie die δ (C-H)-Schwingungen im Infrarotspektr. der Systeme cis- u. trans-CH=CH-, -CH=CH_2, >C=CH_2, >C=CH- u. >C=C<, deren Kenntnis bes. die Unterscheidung zwischen Isopropyliden- u. Isopropenylbindung bei Terpenen ermöglicht. (Manufact. Chemist **24.** 55—57. Febr. 1953.) Spaeth. 3600

Ss. Ss. Nametkin und **Je. L. Fantalowa,** *Über die Umsetzung von Camphen mit verdünnter Salpetersäure.* Bei der Nitrierung von Camphen mit verd. HNO_3 werden 2 strukturisomere Nitroverbb. gebildet: *α-Nitrocamphen* (**I**) u. *ω-Nitrocamphen* (**II**). Die Struktur von **I** wird durch seine Umwandlung in die krist. stereoisomere Modifikation, F. 116°, bewiesen; **II** wird in Ggw. von alkohol. Lauge zum bicyc. Keton *Camphenilon* hydrolysiert. Die substituierende Wrkg. von HNO_3 bezieht sich gleichzeitig u. unabhängig auf beide Cyclen des KW-stoffsystems. Camphen verhält sich hierbei wie ein gesätt. bicycl. KW-stoff. — Zur Nitrierung von Camphen unter Druck werden 5 g mit 22 cm³ HNO_3 (1,075) in geschmolzenem Glasrohr 30 Std. bei 105—110° erhitzt. Das rotgelbe ölige Reaktionsprod. wird mit 2%ig. Sodalsg. gewaschen u. mit Wasserdampf destilliert. Bei der Nitrierung unter gewöhnlichen Druck wird Camphen 10 Std. mit HNO_3 auf sd. Wasserbad erhitzt. Das überdest. **II**, $C_{10}H_{15}O_2N$ wird aus Methylalkohol umkrist., F. 64,5°, Ausbeute 3,2%, unter Druck 5,6%, geht bei 30std. Erwärmen mit alkohol. KOH in *Camphenilon* über, F. 38—38,5°; *Semicarbazon*, F. 221—222°. — **I** wird aus dem Wasserdampfdestillat mit Ae. extrahiert, $Kp._{14}$ 119—120°, $D.^{20}_4$ 1,0693; n_D^{20} 1,4950; MR_D 49,40; Ausbeute 7,0 bzw. 7,7%. — Die stereoisomere Modifikation wird durch Sättigen der alkal. Lsg. von **I** mit CO_2 getrennt. Aus dem Destillationsrückstand scheidet sich beim Abkühlen *Camphenilsäurenitril*, $C_{10}H_{15}ON$, aus; F. aus PAe. 228—229,5°. Beim 1std. Erwärmen des Nitrils mit verd. H_2SO_4 bei 118—120° wird *Tricyclensäure* gebildet, F. 149,5°, welche erstmalig in den *Phenylphenacylester*, $C_{24}H_{24}O_3$, übergeführt wurde, F. 127,5°. (Доклады Академии Наук СССР [Ber. Akad. Wiss. UdSSR] [N. S.] **87.** 979—82. 21/12. 1952.) Trofimow. 3600

W. Klyne, *Die Konfiguration der 7-Oxyderivate der Cholesterinreihe. Bemerkungen zur Abhandlung von Schaltegger und Müllner.* Die von Schaltegger u. Müllner (C. **1953.** 5344) gesammelten Daten zur Best. der Konfiguration an $C_{(7)}$ in der *Cholesterinreihe* wurden von den Autoren nach Ansicht des Vf. nicht richtig ausgelegt. Die *Allylalkoholgruppe* in Δ^4-3β-Oxy- (**I**) u. $\Delta^{9,11}$-12-Oxystereoiden (**II**) einerseits u. Δ^5-7β-Oxyverbb. (**III**) andererseits stellen 2 enantiomere Typen dar. Dies läßt erwarten, daß der Drehungsbeitrag

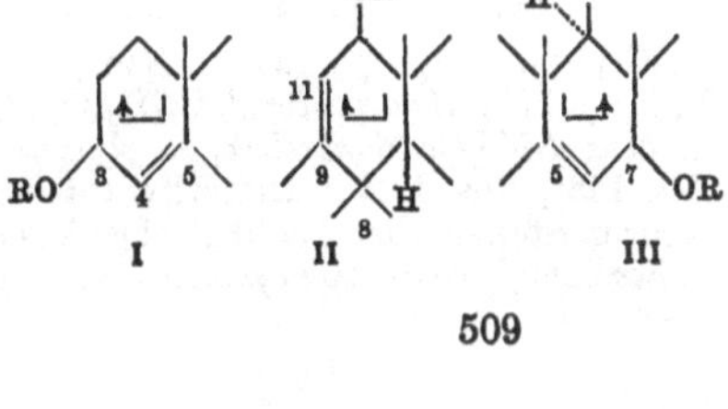

I II III

der 7β-Oxygruppe bei Δ^5-Stereoiden umgekehrten Vorzeichens ist, als derjenige der 3β-Oxygruppe von Δ^4-Steroiden. Unter diesem Gesichtspunkt betrachtet, unterstützen die Daten obiger Autoren die „neuen“ Indices für Substituenten am C-Atom 7. (Helv. chim. Acta **35**. 1224—27. 16/6. 1952. London, Postgrad. Med. School.)

H. SCHEURLEN. 3700

A. Cohen, J. W. Haworth und **E. G. Hughes,** *Syntheseversuche in der Reihe der B-Vitamine.* 4. Mitt. *Eine Synthese von Pyridoxin.* (3. vgl. BERGEL u. Mitarbeiter, C. **1953**. 7818.) Im Modellvers. wird Äthyl-DL-α-methylaminopropionat mit Diäthyl-α-formylsuccinat kondensiert u. das entstandene *Diäthyl-N-[1-carbäthoxyäthyl]-N-methylaminomethylensuccinat* (**I**) mit Na, $NaOC_2H_5$ oder $NaNH_2$ zu dem cycl. Ketoester (**II**) cyclisiert. **II**-Hydrochlorid wird (im Gegensatz zur freien Base) an trockener Luft oder durch mehrfaches Umkrist. aus A.–Ae. oder besser durch Behandlung mit SO_2Cl_2 zum *4.5-Dicarbäthoxy-3-oxy-1.2-dimethylpyridiniumchlorid* (**IV**) dehydriert. **IV** kann mit $NaHCO_3$ oder NaOH in das *Phenolbetain* (**V**) verwandelt werden, das als farbloses Hydrat u. als gelbe Anhydroform existiert. Bei der Kondensation von Dimethyl-α-formylsuccinat u. Methyl-DL-α-benzylaminopropionat wird das *Dimethyl-N-benzyl-N-[1-carbomethoxyäthyl]-aminomethylensuccinat* (**Ia**) u. weiter durch dessen Cyclisierung nach DIECKMANN der cycl. Ketoester **IIa** erhalten, der nach obigen Rkk. oder bei direkter Chlorierung das *1-Benzyl-4.5-dicarbomethoxy-3-oxy-2-methylpyridiniumchlorid* (**IVa**) ergibt. Bromierung von **IIa** gibt das entsprechende Pyridiniumbromid. Hydrogenolyse von **IVa** liefert (nach alkal. Behandlung des Hydrochlorids) das *Dimethyl-3-oxy-2-methylpyridin-4.5-dicarboxylat* (**VII**), das nach Verseifung zur freien Säure u. Methylierung *Dimethyl-3-methoxy-2-methylpyridin-4.5-dicarboxylat* ergibt. Die weitere Verwandlung von **VII** in *Pyridoxin* (**X**)-*Hydrochlorid* erfolgte in bekannter Weise (KUHN u. Mitarbeiter, Naturwiss. **27**. [1939]. 469) über das Dicarboxamid, Dicyanid u. die Bis-aminomethylverbindung. Zur Umgehung der Methylierung u. späteren Entmethylierung der 3-Oxygruppe von **VII** wird diese entsprechend dem Modellvers. mit Benzyldimethylphenylammoniumhydroxyd benzyliert. Die *3-Benzylverb.* (**VIa**) von **VII** ergab **X** nach derselben Reaktionsfolge. Um die Stufen der Amid-, Nitril- u. Aminomethylderivv. zu umgehen, wird **VIa** mit $LiAlH_4$ zu **X**-*Benzyläther* (**XI**) red. u. nach der Isolierung als **XI**-Hydrochlorid zu **X**-Hydrochlorid hydrogenolysiert. Bei der Red. von **VII** mit $LiAl_4$ war die Abtrennung von **X** unbefriedigend. Bei den Verss. zu einer modifizierten Synth. von **X** durch Verwendung substituierter Aminomethylenbernsteinsäure-Derivv. aus N-Benzyl-DL-alaninester u. Oxymethylensuccinodinitril oder Methyl-β-cyan-α-formylpropionat ergab die Ringschluß-Rk. lediglich eine Isomerisierung. Bei der Red. des **VIa** entsprechenden Diäthylesters mit Al-Amalgam wird *Diäthyl-3-benzyloxy-2-methyldihydropyridin-4.5-dicarboxylat* erhalten.

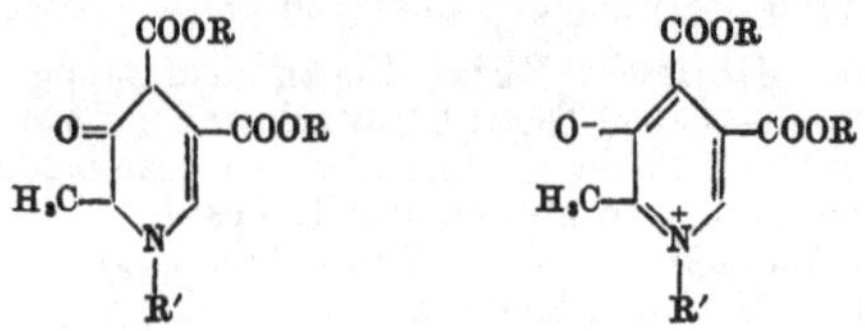

II R = C_2H_5; R′ = CH_3 V R = C_2H_5; R′ = CH_3
IIa R = CH_3; R′ = $C_6H_5CH_2$ Va R = CH_3; R′ = $C_6H_5CH_2$

Versuche: *Diäthyl-N-[1-carbäthoxyäthyl]-N-methylaminomethylensuccinat* (**I**), $C_{15}H_{25}O_6N$, Kp.$_{0,25}$ 165—170°, aus Äthyl-α-methylaminopropionat u. Diäthyl-α-formylsuccinat, 1 Std. bei 90°; gelbes Öl; 89,5% (Ausbeute). — *4.5-Dicarbäthoxy-3-oxy-1.2-dimethylpyridiniumchlorid* (**IV**), $C_{13}H_{18}O_5NCl$, F. 161—162° (Zers.), a) aus 30 g **I** in Bzl. mit gepulvertem Na unter N_2 am Rückfluß u. nach Beendigung der Rk. noch 1 std. Erhitzen, dann mit alkoh. HCl behandeln u. wiederholt aus A.–Ae. umkrist.; 13 g; b) aus **I** in Bzl. mit $NaOC_2H_5$ am Rückfluß, dann das ölige Prod. bei 45° mit SO_2Cl_2 behandeln; 63%; c) aus 16 g **I** mit $NaNH_2$, sonst wie unter b); 8,5 g. Gibt mit $FeCl_3$ rote Färbung. — Behandlung von **IV** in wss. Lsg. mit $NaHCO_3$ oder NaOH gibt das *Phenolbetain* (**V**), $C_{13}H_{17}O_5N \cdot 1,5\ H_2O$, F. ca. 90° (feine Nadeln); $C_{13}H_{17}O_5N$, F. 160° (gelb; aus Essigester). — *Anhydro-4.5-dicarboxy-3-oxy-1.2-dimethylpyridiniumhydroxyd* (Betain), $C_9H_9O_5N$, Zers. 230°, aus 6,1 g **IV** durch alkal. Verseifung; Blättchen aus W.; 2,0 g. — *Methyl-α-benzylaminopropionat*, $C_{11}H_{15}O_2N$, Kp.$_{11}$ 132—133°, durch reduktive Kondensation von Alaninmethylester mit Benzaldehyd oder aus Methyl-α-brompropionat u. Benzylamin nach BISHOFF (Ber. dtsch. chem. Ges. **30**. [1897.] 3171). *Hydrochlorid*, $C_{11}H_{16}O_2NCl$, F. 177°; aus Methanol-Ae. Nadeln. — *Dimethyl-N-benzyl-N-[1-carbomethoxyäthyl]-aminomethylensuccinat* (**Ia**), $C_{18}H_{23}O_6N$, Kp.$_{0,35}$ 195 bis 198°, aus 17,4 g Dimethyl-α-formylsuccinat u. 19,5 g vorst. Verb., 1,5 Std. bei 100° u. Stehen über Nacht; tief gelbes viscoses Öl; 27,4 g. — *Diäthyl-N-benzyl-N-[1-carbäthoxyäthyl]-aminomethylensuccinat* (**Ib**), $C_{21}H_{29}O_6N$, Kp.$_{0,3}$ ca. 210°, mit Diäthylα-formylsuccinat entsprechend **Ia**; 90%. — *1-Benzyl-4.5-dicarbomethoxy-3-oxy-2-methylpyridiniumchlorid* (**IVa**), $C_{17}H_{18}O_5NCl$, F. 148—150° (Zers.; aus Methanol-Ae. Prismen), a) aus **Ia** wie **IV** (a) nach mehrtägigem Stehen an der Luft; b) entsprechend **IV** (b) aus **Ia** mit $NaOCH_3$, 62%; c) mit ähnlichem Erfolg entsprechend **IV** (c); d) dem Ringschluß wie bei **IVa** (b) folgt Chlorierung in CCl_4 bei Zimmertemp.; 4,0 g aus 35 g **Ia**. — Bei der Bromierung entsprechend **VIa** (d) entsteht das entsprechende *Pyridiniumbromid*, $C_{17}H_{18}O_5NBr$, F. 134—135° (Zers.); Prismen aus Methanol-Ae.; 52%; läßt sich durch Behandeln mit AgCl in **IVa** überführen. — *Phenolbetain* (**Va**), $C_{17}H_{17}O_5N$, F. 138—140° (→ purpurrote Fl.), aus 7,03 g **IVa** mit 2n NaOH bei 0°; aus W. farblose flache Nadeln oder Prismen (Hydrat), beim Trocknen im Vakuum oder über PCl_5 bei 66° gelbe Anhydroform; 6,15 g. — *1-Benzyl-4.5-dicarbäthoxy-3-oxy-2-methylpyridiniumchlorid* (**IVb**), $C_{19}H_{22}O_5NCl$, F. 135—136° (Zers.), aus **Ib** wie **IV** (b); aus Aceton-Ae. Nadeln. — *Dimethyl-3-oxy-2-methylpyridin-4.5-dicarboxylat-hydrochlorid*, $C_{10}H_{12}O_5NCl$, F. 165—168° (Zers.), aus 35,15 g **IVa** in Methanol mit H_2 in Ggw. von Pd-Kohle bei Zimmertemp. bei etwas über 1 at; Nadeln aus Methanol-Ae.; 23,4 g. Daneben eine andere *Form* der gleichen Zus., F. 223° (Zers.), die dieselbe freie Base gibt. 28,8 g geben bei Behandlung mit $NaHCO_3$ die freie *Base* (**VII**), $C_{10}H_{11}O_5N$, F. 138—140°; filzige Nadeln aus Bzn. (60—80°) oder Methanol; 16,5 g. — 5 g **VII**-Hydrochlorid geben in Pyridin mit p-Toluolsulfonylchlorid (24 Std. bei Zimmertemp.) *Dimethyl-2-methyl-3-[toluol-p-sulfonyloxy]-pyridin-4.5-dicarboxylat*, $C_{17}H_{17}O_7NS$, F. 99—100°, rechteckige Prismen aus Methanol; 6 g; gibt mit konz. wss. NH_3 das *3-Oxy-2-methylpyridin-4.5-dicarboxamid* (**VIII**; $C_8H_9O_3N_3$, langsame Zers. > 250°; blaßgelbe Prismen aus Methanol). Direkte Behandlung von **VII** mit NH_3 (D. 0,88) gibt unter Verseifung u. Amidierung nur gemischte Prodd., die NH_4-Salze von Halbamiden enthalten. — **VIII**-*Hydrochlorid*, $C_8H_{10}O_3N_3Cl$, Zers. > 200°, wird sicherer erhalten aus **Va** mit eiskaltem wss. NH_3 unter Bldg. von *Anhydro-1-benzyl-4.5-dicarbamyl-3-oxy-2-methylpyridiniumhydroxyd* ($C_{15}H_{15}O_3N_3$, F. 255—257° [Zers.]) u. anschließende Hydrogenolyse in HCl-haltigem Methanol mit Pd-Kohle. — *Diäthyl-3-oxy-2-methylpyridin-4.5-dicarboxylat-hydrochlorid*, $C_{12}H_{16}O_5NCl$, F. 144—145°, aus 20 g **IVb** entsprechend **VII**; Nadeln aus A.–Ae.; 11,1 g. Die freie *Base* (**VIIa**) wurde als niedrigschmelzende Substanz erhalten u. nicht weiter gereinigt. Gibt bei saurer Hydrolyse (wie auch **VII**-HCl) *3-Oxy-2-methylpyridin-4.5-dicarbonsäure* [$C_8H_7O_5N$, F. 259° (Zers.; aus W.)]. — *Dimethyl-3-methoxy-2-methylpyridin-4.5-dicarboxylat* (**VI**), $C_{11}H_{13}O_5N$, $Kp._{0,2}$ 109—112°, $Kp._{0,5}$ 114—116°, a) aus 11,25 g **VII** mit Diazomethan in Ae., 3 Tage bei 3—5°; 8 g; b) **VII**-Na (aus **VII** mit $NaOCH_3$) in Methanol u. Trimethylphenylammoniumchlorid werden unter Rühren in sd. Xylol unter N_2 eingetropft u. noch 1 Std. erhitzt; 71%. — *3-Methoxy-2-methylpyridin-4.5-dicarboxamid*, $C_9H_{11}O_3N_3$, Zers. 210° (Bldg. des Imids, das bei ca. 250° schmilzt u. mit NH_3 in das Diamid zurückverwandelt wird), aus **VI** mit NH_3, 2 Tage; kleine Blättchen aus Methanol; > 90%. — *4.5-Dicyan-3-methoxy-2-methylpyridin*, $C_9H_7ON_3$, F. 78°. 10 g der vorst. Verb. in ein Gemisch aus Bzl., Pyridin u. $POCl_3$ bei 0—5° eintragen, dann langsam erwärmen u. 1 Std. bei 60—70° halten; nach Vakuumsublimation flache Nadeln aus wss. Methanol; 5,1 g. — *4.5-Bis-aminomethyl-3-methoxy-2-methylpyridintrihydrochlorid*, $C_9H_{18}ON_3Cl_3 \cdot 0,5\ H_2O$, Zers. bei 200°, aus vorst. Verb. in Methanol durch Eintropfen in HCl-haltiges Methanol mit $PdCl_2$ unter Schütteln in H_2; aus Methanol-Ae. Blättchen. — *4.5-Bis-aminomethyl-3-oxy-2-methylpyridin* (**IX**)-*Trihydrobromid*, $C_8H_{16}ON_3Br_3$, Zers. bei ca. 280° (A.–Ae.), aus 5,8 g vorst. Verb. mit konz. HBr (D. 1,5), 30 Min. am Rückfluß; 7,5 g. Entmethylierung mit konz. HCl ist unvollständig. — *3-Benzyloxypyridin*, $Kp._{0,6}$ 114°. 0,95 g 3-Oxypyridin werden mit einer Lsg. von Na in Methanol gemischt, Benzyldimethylphenylammoniumchlorid zugesetzt u. das Ganze in sd. Xylol eingetragen [vgl. **VI** (b)]; 0,7g. *Pikrat*, $C_{18}H_{14}O_8N_4$, F. 118—120°; aus A. gelbe Nadeln. — *Dimethyl-3-benzyloxy-2-methylpyridin-4.5-dicarboxylat* (**VIa**), $C_{17}H_{17}O_5N$, $Kp._{0,3}$ 173—176°, F. 68°, aus **VII** entsprechend vorst. Verb.; Nadeln aus Bzn. (60—80°); 80%. *Diäthylester* (**VIb**), $C_{19}H_{21}O_5N$, $Kp._{0,3}$ 187—189°, F. 48—49°; Prismen aus Bzn. (40—60°); 80%. — Mit **VIa** wird die gleiche Reaktionsfolge durchgeführt wie mit **VI**: *3-Benzyloxy-2-methylpyridin-4.5-dicarboxamid*, $C_{15}H_{15}O_3N_3$, Zers. 194° (NH_3-Entwicklung); blasse cremefarbene Blättchen aus Methanol. — *3-Benzyloxy-4.5-dicyan-2-methylpyridin*, $C_{15}H_{11}ON_3$, F. 96°; nach Sublimation bei 90—95°/10^{-5} mm blaßgelbe Kristalle. — **IX**-*Trihydrochlorid*, $C_8H_{16}ON_3Cl_3 \cdot 3\ H_2O$, Zers. > 280° (teilweise Sublimation), durch Eintragen einer HCl-haltigen methanol. Lsg. vorst. Verb. in Methanol mit Pd-Kohle u. Schütteln unter H_2; aus wss. A. flache Nadeln. — *3-Oxymethylpyridin*, $Kp._{15}$ 142—143°, aus 15,1 g Äthylnicotinat mit $LiAlH_4$ in Ae. bei 0—5°; $n_D^{18,5}$ 1,5451; 2,35 g. *Pikrat*, F. 158 bis 160°. — *3-Benzyloxy-4.5-bis-oxymethyl-2-methylpyridin* (**XI**), $C_{15}H_{17}O_3N$, F. 118 bis 120°, aus **VIb** wie vorst.; Prismen aus Bzl. oder Essigester; 52%. Bei der Aufarbeitung mit 5n HCl **XI**-*Hydrochlorid* ($C_{15}H_{18}O_3NCl$, F. 178° (A.–Ae.); 85%). — *4.5-Bis-oxymethyl-3-methoxy-2-methylpyridin* (*Pyridoxinmethyläther*), $C_9H_{13}O_3N$, F. 102—104° (Essigester), aus Diäthyl-3-methoxy-2-methylpyridin-4.5-dicarboxylat durch Red. mit $LiAlH_4$. — *3-Oxy-4.5-bis-oxymethyl-2-methylpyridinhydrochlorid* (*Pyridoxinhydrochlorid* **X**), $C_8H_{12}O_3NCl$, F. 208—210° (Zers. aus W.), a) aus 12 g **VIIa** durch $LiAlH_4$-Red.; hellbraunes krist. Pulver (F. 202° Zers.); 2,3 g; b) aus 43,5 g **XI**-HCl durch Hydrierung mit Pd-Kohle; 28,2 g; c) aus **IX** ·3 HBr nach Überführung mit AgCl in **IX** ·3 HCl u. $NaNO_2$ in verd. HCl bei 30°, dann 20 Min. bei 90°; 58%. *Triacetat*, $C_{14}H_{17}O_6N$, $Kp._{0,5}$ 148°. — *Diäthyl-3-benzyloxy-2-methyldihydropyridin-4.5-dicarboxylat*, $C_{19}H_{23}O_5N$, F. 102—104°, aus 17,15 g **VIb** mit Al-Amalgam, nach Zusatz von W. 45 Min. am Rückfluß; Nadeln aus Essigester-Bzn. mit intensiver blauer Fluorescenz in UV-Licht; 16,1 g. — *Methyl-α-[N-benzyl-N-(1-carbomethoxyäthyl)-aminomethylen]-β-cyanpropionat*, $C_{17}H_{20}O_4N_2$, $Kp._{0,1}$ 203—205°, aus 9,5 g Methyl-β-cyan-α-formylpropionat u. 13 g Methyl-α-benzylaminopropionat, 1 Std. auf dem Dampfbad; 12,5 g. — *N-Benzyl-N-[1-carbomethoxyäthyl]-aminomethylensuccinodinitril*, $C_{16}H_{17}O_2N_3$, $Kp._{5.10^{-4}}$ 140—150°, aus 45,9 g Methyl-α-benzylaminopropionat-hydrochlorid u. 29,5 g K-α-Oxymethylensuccinodinitril, 3 Std. bei 105—115° unter N_2; viscoses Öl; 23,1 g. *Hydrochlorid*, F. 117,5°. 10 g geben nach 1,5std. Kochen in Bzl. mit Na-Pulver (oder mit $NaOCH_3$, KOC_2H_5, oder Na-Isoamylat) 2,2 g eines *Salzes* $C_{16}H_{17}O_2N_3 \cdot HCl$ vom F. 197° (Zers.; faserige Nadeln aus A.-Essigester; nicht ident. mit dem Hydrochlorid des Ausgangsmaterials). In einem gleichen Vers. mit Na wurde aus der ersten öligen Fraktion ein krist. *Prod.* ($C_{14}H_{15}N_3 \cdot HCl$, F. 190—192°, Methanol–Ae.) erhalten. (J. chem. Soc. [London] **1952**. 4374—83. Nov. Welvyn Garden City, Herts, Roche Prod. Ltd., Res. Dep.) H.-J. KOCH. 3800

A. Cohen und **E. G. Hughes,** *Synthetische Versuche in der B-Gruppe der Vitamine.* 5. Mitt. *Neue Derivate von Pyridoxin.* (4. vgl. vorst. Ref.) Pyridoxinhydrochlorid (**I**) bildet mit Aceton in Ggw. von H_2SO_4 ein *Isopropylidenderiv.* (**II**), für das nebenst.

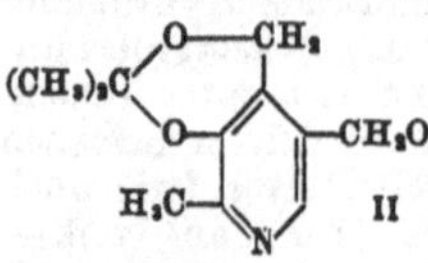
II

Struktur angenommen wird, da der Test auf Phenole mit freier p-Stellung mit 2.6-Dichlorchinonchlorimid negativ ausfällt, aber nach saurer Hydrolyse positiv wird. **II** gibt nach alkal. $KMnO_4$-Oxydation u. nachfolgender Hydrolyse das Lacton der *3-Oxy-4-oxymethyl-2-methylpyridin-5-carbonsäure.* Ferner wird das *Cyclohexylidenderiv.* von **I** bereitet. Bei der Behandlung von 4.5-Bis-aminomethyl-3-oxy-2-methylpyridin mit HNO_2 (vgl. vorst. Ref.) wird als Nebenprod. der **I**-Bldg. das *5-Chlormethyl-3-oxy-4-oxymethyl-2-methylpyridin* (**III**) isoliert. **III** bildet ein *Isopropylidenderiv.* (**IV**), das mit dem Chlorierungsprod. von **II** ident. ist. **III** hat im mikrobiolog. Test mit *Neurospora sitophila* (Stamm 299) ca. $^1/_4$ der Aktivität von **I**. Bei Behandlung mit Diäthylamin wird **III** in das *5-Diäthylaminomethyl-3-oxy-4-oxymethyl-2-methylpyridin* verwandelt, das als Dipikrat u. Dihydrochlorid charakterisiert wird. Das letztere hat wenig oder keine spasmolyt. Aktivität gegen Histamin am isolierten Meerschweinchendarm.

Versuche: *Isopropylidenpyridoxin* (**II**), $C_{11}H_{15}O_3N$, F. 113—115°, aus 2 g **I** mit Aceton u. konz. H_2SO_4 bei Zimmertemp. über Nacht, Isolierung über das *Hydrochlorid* [$C_{11}H_{16}O_3NCl$, F. 217—218° (Zers.; aus A.–Ae.)]; 1,5 g (Ausbeute); aus schwach ammoniakal. W. Nadeln. — *Cyclohexylidenpyridoxinhydrochlorid*, $C_{14}H_{20}O_3NCl$, F. 224 bis 225° (Zers.; aus A.), aus **I** mit Cyclohexanon u. konz. H_2SO_4 bei Zimmertemp., $2^1/_2$ Std. Rühren u. 60 Std. Stehen. — *5-Chlormethyl-3-oxy-4-oxymethyl-2-methylpyridinhydrochlorid* (**III**), $C_8H_{11}O_2NCl_2$, F. 170—171° (Zers.), aus den alkoh. Mutterlaugen der HNO_2-Behandlung von 4.5-Bis-aminomethyl-3-oxy-2-methylpyridin (vgl. vorst. Ref.); aus A. cremefarbene flache Nadeln. *Isopropylidenderiv.* (**IV**), $C_{11}H_{15}O_2NCl_2$, F. 190—191° (Zers.) aus 2,24 g **III** in Aceton mit konz. H_2SO_4, nach kurzem Erwärmen auf 40° 24 Std. bei Zimmertemp.; feine Nadeln aus A.–Ae.; 1,2 g. **IV** ist ident. mit der aus **II** durch Kochen mit überschüssigem $SOCl_2$ am Rückschluß erhaltenen Verbindung. — *5-Diäthylaminomethyl-3-oxy-4-oxymethyl-2-methylpyridinhydrochlorid*, aus **III** u. Diäthylamin im verschlossenen Rohr, 16 Std. bei 60°, als braunes viscoses Öl. *Dipikrat*, $C_{24}H_{26}O_{16}N_8$, F. ca. 174° (Essigsäure). *Dihydrochlorid*, $C_{12}H_{22}O_2N_2Cl_2$, Zers. bei 212 bis 214° (Methanol–Ae.), aus dem Dipikrat durch Behandlung mit verd. HCl. — *3-Oxy-4-oxymethyl-2-methylpyridin-5-carbonsäurelacton*, $C_8H_7O_3N$, aus A., F. von 273° (Zers., Sintern ab 270°) bis 282—283° (je nach Erhitzungsbedingungen), aus 3 g **II** in W. mit $KMnO_4$ bei Zimmertemp. unter $3^1/_2$std. Rühren, 0,8 g. (J. chem. Soc. [London] **1952**. 4384—86. Nov.) H.-J. KOCH. 3800

A. Cohen und **J. A. Silk,** *Synthetische Versuche in der B-Gruppe der Vitamine.* 6. Mitt. *Synthese des Pyridoxinanalogen 2-Benzyl-3-oxy-4.5-bis-oxymethylpyridin.* (5. vgl. vorst. Ref.) Die Darst. von *2-Benzyl-3-oxy-4.5-bis-oxymethylpyridinhydrochlorid* (**I**) erfolgt nach den in vorst. Ref. beschriebenen Standardmethoden (nach KUHN), wobei als Ausgangsmaterial Methyl-α-benzylamino-β-phenylpropionat u. Dimethyl-α-formylsuccinat dienen. Bequemer ist auch hier die $LiAlH_4$-Red. der entsprechenden 3-Benzylverb. mit anschließender Hydrolyse zu I. Im mikrobiolog. Test zeigt I nur eine leichte inhibitor. Wrkg. auf *Staphylococcus aureus* u. *Bact. coli* in der Verd. 1 : 2000. Wird I allein getestet, so hat es keine Pyridoxin (II)-Wrkg. für Neurospora sitophila, dagegen zeigen 0,5 mg I in Ggw. von 5 g II eine 6 g II entsprechende Aktivität.

Versuche: *Methyl-α-benzylamino-β-phenylpropionat*, $C_{17}H_{19}O_2N$, Kp.$_{0,3}$ 137 bis 141°, aus α-Benzylamino-β-phenylpropionsäure [aus Benzylamin u. α-Brom-β-phenylpropionsäure (MARVEL, Org. Syntheses **12.** 100) nach FISCHER u. v. MECHEL (Ber. dtsch. chem. Ges. **49.** [1916.] 1355) in 77%ig. Ausbeute] in Methanol mit konz. H_2SO_4 $2^1/_2$ Std. auf dem Wasserbad; 68%. Die Veresterung mit Methanol u. HCl gibt geringere Ausbeuten. Bei der Rk. von Benzylamin mit Methyl-α-brom-β-phenylpropionat bei 100° werden als Nebenprod. beträchtliche Mengen *N-Benzyl-α-benzylamino-β-phenylpropionamid* ($C_{23}H_{24}ON_2$, Kp.$_{0,4}$ ca. 220°) erhalten. — *Dimethyl-N-benzyl-N-[1-carbomethoxy-2-phenyläthyl]-aminomethylensuccinat*, $C_{24}H_{27}O_6N$, F. 85—86° (wss. Methanol), aus vorst. Verb. u. Dimethyl-α-formylsuccinat (20% Überschuß), 3 Std. bei 100°; 78,4%. — *1.2-Dibenzyl-4.5-dicarbomethoxy-3-oxypyridiniumchlorid*, $C_{23}H_{22}O_5NCl$, F. 135—137° (Zers.; aus Aceton), aus vorst. Verb. in Methanol mit $NaOCH_3$, $1^1/_4$ Std. Rückfluß unter N_2; 79%. Gibt mit $FeCl_3$ tiefrote Färbung. Wss. Lsg. sauer gegen Kongorot, daraus Abscheidung des *Phenolbetains* ($C_{23}H_{21}O_5N$, F. 168° Zers.; aus Methanol–Ae.). — *Dimethyl-2-benzyl-3-oxypyridin-4.5-dicarboxylat-hydrochlorid* (III), $C_{16}H_{16}O_5NCl$, F. 148 150° (Zers.), aus vorst. Verb. in Methanol mit H_2 u. Pd-Kohle; Platten aus Methanol–Ae. 95%. Gibt bei Hydrolyse mit 10%ig. NaOH die *4.5-Dicarbonsäure* ($C_{14}H_{11}O_5N$, F. 241°). — *2-Benzyl-3-methoxypyridin-4.5-dicarboxamid*, $C_{15}H_{15}O_3N_3$, F. 194° (Zers. in Imid u. NH_3), aus vorst. Verb. (nach Überführung in die freie Base mit wss. $NaHCO_3$ u. Verätherung mit CH_2N_2) durch 40std. Behandlung mit NH_3; Platten aus Methanol; 70%. — *2-Benzyl-4.5-dicyan-3-methoxypyridin*, $C_{15}H_{11}ON_3$, F. 64° (nach Hochvakuumsublimation), aus vorst. Verb. in Pyridin u. Bzl. mit $POCl_3$, unter Rühren langsam erwärmen, bis die Temp. spontan auf ca. 40° ansteigt, dann 1 Std. bei ca. 65°; 73%. — *4.5-Bis-aminomethyl-2-benzyl-3-methoxypyridintrihydrochlorid* (Monohydrat), $C_{15}H_{22}\cdot ON_3Cl_3\cdot H_2O$, F. 193° (Methanol–Ae.), 3,23 g vorst. Verb. in HCl-haltigem Methanol mit H_2 u. methanol. Pd-Kohle-Suspension 6 Std. schütteln; 3,85 g. — *4.5-Bis-aminomethyl-2-benzyl-3-oxypyridintrihydrobromid* (Dihydrat) (IV), $C_{14}H_{20}ON_3Br_3\cdot 2\,H_2O$, F. 255 bis 260° (Zers.; aus Methanol–Ae.), aus 2,25 g vorst. Verb. mit HBr (D. 1,5), 2 Std. am Rückfluß; 2,55 g. — *Dimethyl-2-benzyl-3-benzyloxypyridin-4.5-dicarboxylat*, $C_{23}H_{21}\cdot O_5N$, F. 78°, aus 12,3 g III in Methanol mit $NaOCH_3$, Zufügen von methanol. Benzyldimethylphenylammoniumchlorid u. Eintragen des Gemisches in sd. Xylol unter N_2 u. $2^1/_2$std. Rühren; Prismen aus Methanol; 10 g. — *2-Benzyl-3-benzyloxy-4.5-bis-oxymethylpyridinhydrochlorid*, $C_{21}H_{22}O_3NCl$, F. 179—180°, aus vorst. Verb. u. $LiAlH_4$ in Ae. unter N_2 u. $1^1/_2$std. Rühren bei 0°; Nadeln aus Methanol–Ae.; 88,5%. — *2-Benzyl-3-oxy-4.5-bis-oxymethylpyridinhydrochlorid* (I), $C_{14}H_{16}O_3NCl$, F. 202° (Zers.), a) aus vorst. Verb. in A.-W. mit H_2 u. Pd-Kohle unter Schütteln; aus A. faserige Nadeln; b) durch Einw. von AgCl auf **IV** in W. u. Behandlung des gebildeten Hydrochlorids in salzsaurer Lsg. mit $NaNO_2$ auf dem Wasserbad (30 Min.); 41%. (J. chem. Soc. [London] **1952.** 4386—90. Nov.) H.-J. KOCH. 3800

Loren M. Long und **H. D. Troutman**, *Chloromycetin. Die Synthese von* DL-*threo-2-Dichloracetamido-1-[4'-nitronaphthyl-(1')]-propandiol-(1.3)*. Es wurden 2 mit Chloromycetin verwandte Verbb., DL-*threo-2-Dichloracetamido-1-[4'-nitronaphthyl-(1')-propandiol-(1.3)* (I) u. DL-*threo-2-Dichloracetamido-1-[naphthyl-(2')]-propandiol-(1.3)* (II) dargestellt.

Versuche: *4-Nitroacetonaphthon-(1)* (III), $C_{12}H_9O_3N$, F. 88—89°; aus 4-Nitronaphthoyl-(1)-chlorid nach J. Amer. chem. Soc. **71.** [1947.] 2473; 82% (Ausbeute). — *α-Brom-4-nitroacetonaphthon-(1)* (IV), $C_{12}H_8O_3NBr$, F. 100—101° (Eisessig); aus **III** in Eisessig (+ Spur konz. HCl) mit Br_2/Eisessig bei 25°, dann in W. eingießen; 89%. — *α-Acetamido-4-nitroacetonaphthon-(1)* (V), $C_{14}H_{12}O_4N_2$, F. 179—182° (50%ig. Essigsäure, dann A.); IV-*Hexamethylentetraminsalz* (F. 143—147°; 90%) gibt durch Hydrolyse in konz. HCl–95%ig. A. (1 : 2 Voll.) bei 25° *α-Amino-4-nitroacetonaphthon-(1)-hydrochlorid*; daraus in 50%ig. Essigsäure bei 5° mit Acetanhydrid u. wss. Na-Acetat **V**; 70%. — *α-Acetamido-β-oxy-4-nitropropionaphthon-(1)* (VI), $C_{15}H_{14}O_5N_2$, F. 150—152° (Essigester); aus **V**, 36—38%ig. wss. CH_2O, CH_3OH u. Na_2CO_3 durch 1std. Rühren bei 35—38° u. Ansäuern mit Eisessig; 56%. — *α-Acetamido-β-acetoxy-4-nitropropionaphthon-(1)*, $C_{17}H_{16}O_6N_2$, F. 123—126° (Essigester); aus **VI**. — DL-*threo-2-Acetamido-1-[4'-nitronaphthyl-(1')]-propandiol-(1.3)* (VII), $C_{15}H_{16}O_5N_2$, F. 218—221° (W.); aus **VI** durch langsame Dest. mit Al-Isopropylat u. trockenem Isopropanol, bis Acetonprobe negativ, Filtrieren der heißen Lsg. des Rückstands in Isopropanolwasser durch *Supercel*, 3malige Extraktion des Filterkuchens mit heißem 80%ig. Isopropanol, Konzentrieren der vereinigten Extrakte bei 80°/20 mm u. Krist. des öligen Rückstands in Ggw. von Äthylacetat; 18%. — *DL-threo-2-Amino-1-[4'-nitronaphthyl-(1')]-propandiol-(1.3)* (**VIII**), $C_{13}H_{14}O_4N_2$, F. 170—171° (verd. CH_3OH), aus **VII** durch 3std. Erhitzen mit 5%ig. HCl, Entfärben mit *Darco* u. Alkalisieren mit 20%ig. NaOH; 85%. — *DL-threo-2-Dichloracetamido-1-[4'-nitronaphthyl-(1')]-propandiol-(1.3)* (I), $C_{15}H_{14}O_5N_2Cl_2$, F. 181—182° (W.); aus **VIII** durch Erwärmen mit Dichloressigsäuremethylester, Einengen (90°/20 mm), Waschen des Rückstands mit $CHCl_3$ u. Umkrist.; 53%. — Daten der Zwischenstufen (**a**) für die Darst. von **II** [*Naphthyl-(2')* statt *4'-Nitronaphthyl-(1')*]: **Va**, $C_{14}H_{13}O_2N$, F. 134—136°; 91%. — **VIa**, $C_{15}H_{15}O_3N$, F. 164—166°; 78%. — **VIIa**, $C_{15}H_{17}O_3N$, F. 169 bis 171°; 59%. — **VIIIa**, $C_{13}H_{15}O_2N$, F. 118—119°; 86%. — *DL-threo-2-Dichloracetamido-1-[naphthyl-(2')]-propandiol-(1.3)* (II), $C_{15}H_{15}O_3NCl_2$, F. 153—155°; 53%. (J.Amer. chem. Soc. **73**. 542—44. Febr. 1951. Detroit, Mich., Parke, Davis & Co., Res. Labors.) K. MAIER. 3900

Hussein A. Fahim und **Ibrahim R. Shimi**, *Xylopsäure*. 1. Mitt. *Xylopsäure* (**I**) wird mit PAe. oder wss. Pyridin aus der Fruchthülle von *Xylopia aethiopica* gewonnen. Sie zeigt keine reduzierenden Eigenschaften. Alkoxy-, CO-, OH- oder chromophore Gruppen konnten nicht nachgwiesen werden.

Versuche: *Xylopsäure* (I), $C_{22}H_{32}O_4$, F. 265—266°, $[\alpha]_D^{20,5}$ —127° (Chlf.), Plättchen. Mäßig lösl. in CS_2, Ae., PAe. u. Aceton. *Methylester*, $C_{23}H_{34}O_4$, F. 124°, mit Diazomethan oder Methylsulfat. *Chlorid*, durch 6std. Kochen mit Oxalylchlorid. *Amid*, $C_{22}H_{33}O_3N$, F. 196—198° (Zers.), mit NH_3, mkr. Platten aus PAe./Essigester. — *N-haltige Säure*, F. 146° (Zers.) (Bzl./PAe.), durch 1std. Behandlung von **I** bei 5—20° mit rauchender, konz. HNO_3. (J. chem. Soc. [London] **1953**. 712. Febr. Kairo, Ägypten, Fouad I Univ.) FRANCK. 3950

Karl Freudenberg und **Friedrich Bittner**, *Coniferylmethyläther und andere mit dem Lignin zusammenhängende Stoffe*. Die Darst. von *Coniferylmethyläther* (**I**) gelang aus Toluolsulfoconiferylalkohol über dessen Methyläther durch Behandeln mit Alkali. **I** wurde sowohl durch Pilzdehydrogenase als auch durch Säuren in amorphe, in W. kaum lösl. Prodd. verwandelt, die noch untersucht werden müssen. — Als Zwischenprodd. für Modellsubstanzen des Lignins wurden *7-Acetoxy-5-propyl-2-[3.4-diacetoxyphenyl]-cumaron*, das durch Acetanhydrid u. $HClO_4$ nicht angegriffen wird, *3-Methoxy-2-benzyloxy-5-propylbenzoesäure* u. *3-Methoxy-2-benzyloxy-5-propylphenylessigsäure* dargestellt.

Versuche: *Toluolsulfoconiferylmethyläther*, $C_{18}H_{20}O_5S$, F. 75° (A.): Tosylconiferylalkohol in Chlf. mit Ag_2O u. entwässertem Gips 1 Std. schütteln, Methyljodid zugeben, weitere 20 Std. bei Zimmertemp. schütteln, 2 Std. auf 60° erwärmen; 70% (Ausbeute). — *Coniferylmethyläther* (*Methylisoeugenol*, I), $C_{11}H_{14}O_2$: Zur warmen Lsg. von 5 g vorst. Verb. in Methanol bei 35° 40%ig. KOH, die mit Dithionit versetzt ist, geben, 15 Std. bei 35° halten, mit W. versetzen, eindampfen, durch Ausschütteln reinigen u. Rückstand im Hochvakuum bei 150° Badtemp. dest.; 2,4 g. *Phenylurethan*, $C_{18}H_{19}O_4N$, F. 119° (Bzl.); Nadeln. *3.5-Dinitrobenzoat*, $C_{18}H_{16}O_8N_2$, F. 158—159° (Essigester), gelbe Kristalle. — Azlacton der *2.3-Dimethoxy-5-allylphenylessigsäure*, F. 166° (Bzl.); 5-Allyl-o-vanillin (**II**) wird mit Dimethylsulfat methyliert (Öl, Kp.$_{0,6}$ 132°) u. danach mit Hippursäure kondensiert; gelbe Prismen; 57%. — *2.3-Dimethoxy-5-propylphenylessigsäure*, F. 93—94° (Cyclohexan), aus vorst. Verb. durch Verseifung, Sättigen mit CO_2, Filtrieren, bei —5° mit kleinem Überschuß 6%ig. H_2O_2 versetzen, 48 Std. im Eisschrank aufbewahren, ansäuern u. ausäthern, Rückstand mit RANEY-Ni in Methanol hydrieren; 66%. — *Veratroyl-[2.3-dimethoxy-5-propylphenyl]-methan* (**III**), F. 87—88° (A.), aus dem Säurechlorid vorst. Verb., das zur Mischung von Veratrol in CS_2 u. $AlCl_3$ gegeben wurde; 2 Std. bei 60°; 70%. — *7-Acetoxy-5-propyl-2-[3.4-diacetoxyphenyl]-cumaron*, $C_{23}H_{22}O_7$, F. 131° (A.): 1 g **III** wurde mit konz. HBr u. Eisessig 2 Std. unter N_2 gekocht, im Vakuum eingeengt u. der Rückstand in Pyridin acetyliert; chromatograph. Reinigung des Prod. in Chlf.-Ligroin mit Al_2O_3. Prod. im 1. Abfluß farblos bei Verwendung von Chlf.-Ligroin (1:2); Nadeln; 0,4 g. — *3-Methoxy-2-benzyloxy-5-propylbenzoesäure*, $C_{18}H_{20}O_4$, F. 93° (Ligroin), durch Hydrierung von 5-Allylguajacolcarbonsäureester u. Rk. mit Benzylchlorid; Nadeln. *Säurechlorid*, F. 32°. — *3-Methoxy-2-benzyloxy-5-allylbenzaldehyd*, aus **II** durch Benzylierung; Reinigung über Bisulfitverb.; Öl; 63%. — *3-Methoxy-2-benzyloxy-5-allylphenylessigsäure*, $C_{19}H_{20}O_4$, F. 75° (unscharf) (Ligroin): Das Azlacton, dargestellt aus vorst. Verb. u. Hippursäure, wurde unter N_2 mit 10%ig. NaOH gekocht, danach mit CO_2 gesätt., verd. u. mit H_2O_2 versetzt u. gereinigt; Nadeln; 76%. — *3-Methoxy-2-benzyloxy-*

5-propylphenylessigsäure, $C_{19}H_{22}O_4$, F. 88° (Ligroin), aus vorst. Verb. durch Red. in Ggw. von RANEY-Ni; Nadeln. (Chem. Ber. **85**. 86—89. 1952, ausg. 20/12. 1951. Heidelberg, Univ., Chem. Inst. u. Inst. f. d. Chem. des Holzes u. der Polysaccharide.) L. FISCHER. 3950

Karl Freudenberg und **Günther Wilke**, *Modelle zur Chemie des Lignins, insbesondere der Formaldehyd abspaltenden Gruppen.* Die folgenden Verbb. wurden dargestellt u. die Abspaltung von *Formaldehyd* (in % der Theorie) mit 28%ig. H_2SO_4 in der Hitze untersucht: *α-Phenoxyzimtalkohol* (I) (Spuren), bildet *Vinylphenylketon*, *2.3-Diphenylpropandiol-(1.2)* (IV) (0%), bildet *2.3-Diphenylpropionaldehyd*, *Acetoxymethylstilben* (0%), bildet *2-Phenylinden*, *1-Methoxy-3-oxo-2.3-diphenylpropan* (V) (21%), *2.3-Diphenylpropantriol-(1.2.3)* (30%), *2.3-Diphenylpropandiol-(1.3)* (II) (71%) u. *1-Methoxy-2.3-diphenylpropanol-(3)* (III) (68%); die letzten beiden Verbb. geben *Stilben*. I, II u. III sind als Modellsubstanzen des *Lignins* zu verwenden, bes. sind Kondensationsprodd. von I u. II als sehr wahrscheinlich im Lignin anzunehmen. Die Leichtigkeit der Abspaltung von HCHO scheint mit der Wasserdampfflüchtigkeit der Reaktionsprodd. parallel zu gehen. Die Unterss. über die HCHO-Abspaltung aus Lignin, das aus Fichtenholz nach verschied. Vertf. gewonnen worden war, ergaben durchschnittlich 2% CH_2O, bei Cuproxamlignin bis 3%. Daraus wird geschlossen, daß ca. 13% der Einheiten des natürlichen Lignins in Anordnungen vorliegen, die, wie z. B. die Kondensationsprodd. von II, bis zu 70% CH_2O liefern. Weitere Einheiten werden durch Kupferoxydammoniak in CH_2O-liefernde Anordnungen übergeführt. Die CH_2O liefernden Gruppen verschwinden bei Behandlung des Lignins mit heißen organ., Mineralsäure enthaltenden Lösungsmitteln. — Als Modellsubstanzen wurden aus Na-Phenolat u. Phenylpropiolsäureäthylester über den *Phenoxyzimtsäureäthylester*, der in 2, vermutlich stereoisomeren Formen erhalten wurde, I dargestellt, analog aus Dimethoxyphenylpropiolsäuremethylester u. Dihydroeugenol über den *β-[2-Methoxy-4-propylphenoxy]-3.4-dimethoxyzimtsäuremethylester* u. dessen $LiAlH_4$-Red. *α-[2-Methoxy-4-propylphenoxy]-3.4-dimethoxyzimtalkohol* (VI). — Beschreibung der App. zur Best. des abgespaltenen CH_2O vgl. Original. Versuche: *2.3-Diphenylpropandiol-(1.2)* (IV), $C_{15}H_{16}O_2$, F. 77—78° (Ligroin). *Monobenzoat*, $C_{22}H_{20}O_3$, F. 94—95°. — *Acetoxymethylstilben*, $C_{17}H_{16}O_2$, Kp.$_{0,4}$ 167—169°, aus IV mit Acetanhydrid u. Acetylchlorid (9 Std. bei 150°); 64% (Ausbeute). *p-Azobenzolcarbonsäureester*, $C_{28}H_{22}O_2N_2$, F. 103—104°, aus vorst. Verb. durch Verseifung zu Oxymethylstilben u. Rk. des Rohprod. mit p-Azobenzolcarbonsäurechlorid in Pyridin, neben wenig Azobenzolcarbonsäure, die durch Filtration der Chlf.-Lsg. über Al_2O_3 entfernt wurde. — *1-Methoxy-3-oxo-2.3-diphenylpropan* (V), $C_{16}H_{16}O_2$, Kp.$_{0,1}$ 126—127°: Desoxybenzoin u. $NaNH_2$ in Ae. 7 Std. im H_2-Strom kochen, in eine Lsg. von Chlormethylmethyläther in kaltem Ae. durch eine gewärmte Nutsche hineinsaugen u. nach 2 Std. aufarbeiten; 65,5%. — *2.3-Diphenylpropantriol-(1.2.3)*, aus Oxymethylbenzoin durch Hydrierung in Ggw. von RANEY-Ni in Methanol; nach mehrwöchigem Stehen teilweise Kristallisation aus Petroläther. *Dibenzoat*, $C_{29}H_{24}O_5$, F. 191—192° (Propanol); Nadeln. — *2.3-Diphenylpropandiol-(1.3)* (II), $C_{15}H_{16}O_2$, F. 106—107° (Bzn.), aus Oxymethylendesoxybenzoin durch Hydrierung in Ggw. von RANEY-Ni in Methanol. — *1-Methoxy-2.3-diphenylpropanol-(3)* (III), $C_{16}H_{18}O_2$, F. 64,5—66° (PAe.), analog II aus V. *Acetat*, $C_{18}H_{20}O_3$, F. 80—81° (Methanol). — *Phenoxyzimtsäureäthylester* (*1-Carbäthoxy-2-phenoxy-2-phenyläthylen*), $C_{17}H_{16}O_3$, 1. Form F. 73—74° (PAe.), 2. Form — langsamer auskrist. — F. 51° (PAe.). — *α-Phenoxyzimtalkohol* (I), $C_{15}H_{14}O_2$, F. 65—66° (Chlf.-PAe.): 11,6 g vorst. Verb. (roh) werden in Ae. unter N_2 bei —70 bis —80° mit 0,82 g $LiAlH_4$ in Ae. versetzt, innerhalb von 3—4 Std. wird auf 20° erwärmt, gereinigt u. umkrist.; Nadeln; 2—3 g. — *3.4-Dimethoxyphenylpropiolsäuremethylester*, $C_{12}H_{12}O_4$, F. 81—82° (Methanol-W.), aus Dimethoxyphenylpropiolsäure u. Dimethylsulfat in methanol. NaOH durch 1 std. Kochen; Nadeln; 64,5%. — *β-[2-Methoxy-4-propylphenoxy]-3.4-dimethoxyzimtsäuremethylester*, $C_{22}H_{26}O_6$, Kp.$_{0,01-0,05}$ 202—204°, F. 70—71° (Methanol) aus dem Na-Salz des Dihydroeugenols (durch Zugabe zur Lsg. von Na in absol. Methanol u. Eindampfen im Vakuum bei 100° dargestellt), einer Lsg. vorst. Verb. (ölig) in Toluol u. Dihydroeugenol bei 100° (5 Std.); 58%. — *α-[2-Methoxy-4-propylphenoxy]-3.4-dimethoxyzimtalkohol* (VI), aus vorst. Verb. mit $LiAlH_4$ in Ae. bei —70 bis —80°; nach 3 Std. bei 20° Alkoholat absaugen, zers. u. waschen; daneben durch Ätherspaltung *Dimethoxyzimtalkohol* u. *Dihydroeugenol*. VI-*Phenylurethan*, $C_{28}H_{31}O_5N$, F. 110—111° (Methanol). (Chem. Ber. **85**. 78—85. 1952, ausg. 20/12. 1951. Heidelberg, Univ., Chem. Inst. u. Inst. f. d. Chem. des Holzes u. der Polysaccharide.) L. FISCHER. 3950

D₃. Makromolekulare Chemie.

Leo Mandelkern und **Paul J. Flory**, *Der Reibungskoeffizient für flexible Kettenmoleküle in verdünnter Lösung.* Vff. zeigen, daß sich für die Ableitung eines Ausdruckes für den Reibungskoeff. von verd. Lsgg. hochpolymerer kettenförmiger Stoffe mit Erfolg

Modellvorstellungen heranziehen lassen, welche sich bei der Ableitung für die innere Reibung solcher Systeme als brauchbar erwiesen haben. Es wird so der Ausdruck $f_0/\eta_0 = K\,f\,M^{1/2}\alpha$ u. $Kf = P([r_0^2]/M)^{1/2}$ gefunden. Hierin bedeutet α einen Faktor, der angibt, um welchen Betrag die Distanz der Kettenenden den wahren Abstand $(r_0^2)^{1/2}$ übersteigt; M ist das Mol.-Gew., η_0 die Viscosität des Mediums u. P eine universelle Konstante. Die mittels dieser Gleichungen an Lsgg. von *Polystyrol* in Toluol u. Methyläthylketon sowie von *Celluloseacetat* in Aceton gemessenen Werte bestätigen die abgeleiteten Gleichungen. (J. chem. Physics **20.** 212—14. Febr. 1952. Ithaca, N. Y., Cornell Univ., Dep. of Chem.) Zimmer. 4000

G. M. Guzmán, *Kinetische Analyse der Kettenübertragung auf Monomere und Polymere bei Polymerisationsreaktionen.* Es werden Gleichungen für die Reaktionskinetik von Polymerisationen entwickelt, bei denen statt des n. Kettenwachstums (mit der Geschwindigkeitskonstanten k_{pn}) die Aktivität eines Polymerenradikals auf das Monomere (mit k_{fn}) oder auf ein inakt. Polymere (mit k_{xn}) übertragen wird, was häufig bei Vinyl- u. Acrylpolymerisationen beobachtet worden ist. Hierbei wird angenommen, daß das Syst. einen stationären Zustand mit prakt. konstanter Radikalkonz. erreicht u. daß die Initialgeschwindigkeit (Bldg. des Monomerenradikals) u. Monomerenkonz., wenigstens zu Anfang, sich nicht wesentlich ändern, während man für spätere Stadien eine Abhängigkeit der Initialgeschwindigkeit von der abnehmenden Monomerenkonz. annehmen muß. Die Rk. findet ihr Ende durch gegenseitige Vernichtung von 2 Radikalen entweder durch Disproportionierung oder Vereinigung (mit $k_{tn} \cdot k_{tr}$). Ferner wird mit Burnett (Quart. Rev. [Chem. Soc., London] **4.** [1950.] 296) angenommen, daß das Verhältnis der Geschwindigkeitskonstanten k_{tn}/k_{pn}, k_{fn}/k_{pn} u. k_{xn}/k_{pn} unabhängig von der Molekulargröße ist u. während der Polymerisation konstant bleibt. Weiter ist die Ordnung der Initial-Rk. zu beachten: bei photochem. Rkk. 0, bei katalyt. 1 oder 2, bei therm. meist 2 in bezug auf das Monomere. Es ergibt sich für die Verteilung der Molekulargröße (deren Mittel kleiner ist als bei n. Polymerenwachstum) im inakt. Polymeren eine Exponentialform, wenn die Radikale sich durch Disproportionierung, eine aus Exponential- u. Glockentyp gemischte Form, wenn sie sich durch Kombination vernichten. (An. Real Soc. españ. Física Quím., Ser. B **48.** 815—24. Dez. 1952. Patronata „Juan de la Cierva", Dep. Plásticos.) Metzener. 4000

H. A. Shah, F. Leonard und **A. V. Tobolsky,** *Phthalylperoxyd als Polymerisationsinitiator.* Die überwiegende Mehrzahl der bei Vinylpolymerisationen verwendeten Katalysatoren dissoziiert in Monoradikale, die die polymere Kettenbldg. einleiten, z. B. Benzoylperoxyd u. Azo-2.2'-bis-isobutyronitril. Für diese besteht eine inverse Beziehung zwischen Polymerisationsgrad u. -geschwindigkeit. Kettenabbruch bei Polystyrolen verläuft über eine Rekombination der Radikale. Vff. untersuchen die Verhältnisse bei einem Diradikal, das an beiden Enden Kettenwachstum ermöglicht. Es wäre hier zu erwarten, daß bei geringen Katalysatorkonzz. Ringabbruch durch Rekombination der beiden Radikalenden der gleichen Kette unter Ringbldg., bei hohen Konzz. hingegen Rekombination der Radikalenden verschied. Ketten eintritt. Das Charakterist. dieser Polymerisation würde sein, hohe Polymerisationsgrade für hohe Polymerisationsgeschwindigkeit zu erhalten. Verss. über die Polymerisation von *Styrol* bei 60° mit *Phthalylperoxyd* ergaben, daß mit diesem Katalysator höhere Polymerisationsgrade zu erreichen waren, als sich bei Verwendung eines Monoradikale liefernden Katalysators für eine Blockpolymerisation bei 60° berechnen lassen. Die Grenzviscosität des gebildeten Polymers nimmt mit zunehmendem Umsatz kontinuierlich zu. (J. Polymer Sci. **7.** 537—41. Nov. 1951. Princeton, N. J., Univ., Plastics Labor.) Ruske. 4010

Ss. N. Uschakow, Ss. P. Mitzengendler und **W. A. Tschechowskaja,** *Über die Mischpolymerisation von Vinylacetat und Maleinsäureanhydrid und die Eigenschaften der erhaltenen Mischpolymere.* 5. Mitt. *über die Mischpolymerisation von Vinylestern mit Maleaten.* (4. vgl. C. **1952.** 2010.) Nach Literaturangaben polymerisieren *Maleinsäureanhydrid* (**I**) u. *Maleinsäure* nicht mit den eigenen Monomeren, sondern bilden nur Mischpolymerisate; bei der Mischpolymerisation mit Allylacetat (**II**) erfolgt dagegen auch eine Polymerisation zwischen den eigenen Komponenten. Das analoge Verh. von **I** wurde von Vff. bei der Mischpolymerisation mit *Vinylacetat* (**III**) beobachtet. Hier stellt **I** die aktivere Komponente dar. Auch bei einem Überwiegen von **III** im Ausgangsgemisch enthält das Mischpolymerisat mehr als 50% **I.** Die Anwesenheit von Luft inhibiert die Bldg. von **I**–**I**-Bindungen. Die Polymerisation von **III** u. **I** erfolgte bei 65° in Ggw. von 0,1—2% Benzoylperoxyd in Bzl. oder Aceton. Das mol. Verhältnis der Komponenten betrug **III**:**I** = 10—0,1. Während bei der Polymerisation von **I** mit einem akt. Monomeren, wie Styrol (**IV**), die Bldg. des Makromol. durch 3 Reaktionsweisen erfolgt (**IV**–**IV**; **IV**–**I** u. **I**–**IV**), sind es im Falle solcher inakt. Komponenten wie **II** oder **III** 4 (III–III; III–I; I–III u. I–I). Im Falle der Maleinsäureester findet eine Bindung zwischen diesen Komponenten auch bei der Mischpolymerisation mit **IV**, jedoch in viel geringerem Maße als bei **III**, statt. Sämtliche Mischpolymerisate **I** + **III** enthalten anfangs 50% u. mehr an **I**; erst wenn prakt. alles **I** verbraucht ist, reagiert fast ausschließlich **III**. Temperaturänderung hat keinen Einfl. auf die Zers. der Mischpolymerisate. Diese lösen sich nicht in Bzl., Bzn. u. Ae., jedoch, im Gegensatz zu den Mischpolymerisaten aus **III** u. Monomethylmaleat, leicht in Wasser. W. verseift die Acetatgruppen. Hierbei entsteht ein Mischpolymerisat vom Typ des „Povimal". Analysen zeigen, daß mit der Verseifung durch Rk. der entstandenen COOH- u. OH-Gruppen teilweise Bldg. von Polylactonen vor sich geht. (Журнал Прикладной Химии [J. angew. Chem.] **24**. 485—89. Mai 1951. Leningrad, Technol. Inst., Lehrstuhl für plast. Massen.) ZELLENTIN. 4010

P. O. Powers, *„Gebundenes" Wasser in Phenol–Formaldehyd-Kondensaten.* Bei einer Erörterung des „gebundenen" W. in Phenol–Formaldehydharzen wird gezeigt, daß der für das „gebundene" W. von BENTZ u. NEVILLE (J. Polymer Sci. **4**. [1949.] 673) gefundene Wert nicht mehr konstant ist, wenn die Befunde (l. c.) auf das feste Harz bei verschied. Trocknungsgraden bezogen werden. Vf. folgert vielmehr aus den Befunden, daß das „gebundene" W. anderes W. darstellt als das im Harz als Methylol- oder Dibenzyläthergruppen kombinierte Wasser. Der Verlust des W. durch Bldg. von Methylenbrücken oder von Dibenzyläthergruppen u. der Verlust, der durch Entw. von CH_2O aus Dibenzyläthergruppen u. von W. aus Methylolgruppen eintritt, ist vermutlich der Ursprung des beobachteten „gebundenen" Wassers. (J. Polymer Sci. **5**. 262—64. April 1950. Columbus, O., Battelle Memorial Inst.) SCHÄFF. 4010

Lloyd H. Brown, *Harzbildungsreaktion von Furfurol und Phenol.* Unters. der Kondensations-Rk. zwischen *Phenol* u. *Furfurol*. Beim Umsatz mit 5—10% NaOH als Kondensationsmittel in wss. Medium ist der Umsatz zum Harz proportional der Reaktionszeit, wobei 10% NaOH bes. stark beschleunigend wirken. Mit steigender Reaktionszeit nimmt der Anteil des Furfurols im Harz erheblich zu. Anwesendes W. wirkt verlangsamend auf die Rk., Kondensationen ohne Wasserzusatz u. mit K_2CO_3 als Kondensationsmittel (135°) führen zu hohen Umsätzen, bes. wenn das Reaktionswasser entfernt wird. Die Erweichungspunkte der Harze liegen dann bes. hoch, während die Härtungszeiten verringert werden. Den gleichen Effekt erzielt man durch Nachbehandlung der Harze mit Säuren oder Oxydationsmitteln. (Ind. Engng. Chem. **44**. 2673—75. Nov. 1952. Chicago, Ill., Quaker Oats Co.) DAI L'ASTA. 4010

C. S. Marvel und **A. H. Markhart jr.**, *Polyalkylensulfide.* 5. Mitt. *Die Bildungsgeschwindigkeit in Emulsion.* (4. vgl. C. **1951**. II. 235.) Vff. untersuchen den Verlauf der Rk. zwischen *Diolefinen* u. *Dimercaptanen* bei der Emulsionspolymerisation in Ggw. eines Redoxkatalysators. Die Rk. wurde einerseits verfolgt durch die Best. der umgesetzten Menge Mercaptan, andererseits durch die Wachstumsgeschwindigkeit der gebildeten polymeren Massen, indem die spezif. Viscosität von in Chlf. gelösten Proben der Polymerenmischung laufend bestimmt wurde. Als Aktivator diente eine Mischung aus *Ammoniumpersulfat*, *Na-Bisulfit* u. *Cu–Sulfat–Pentahydrat*. — Untersucht wurde *Hexamethylendithiol* (**IV**) in einer auf p_H 3,5 abgepufferten Lsg. eines Emulgators, während der ersten 15 Min. wurde bei gewöhnlicher Temp., später bei 30° gemessen; als Diolefine dienten *Biallyl* (**I**) u. *Dimethylbiallyl* (**II**). In ähnlicher Weise wurde die Rk. zwischen **I** u. *Äthandithiol* (**III**) untersucht. In allen Fällen wurden unter den Versuchsbedingungen innerhalb der ersten 5 Min. mehr als 80% des Thiols umgesetzt. Auch bei *Bis-[2-mercaptoäthyl]-sulfid* wurden im wesentlichen die gleichen Beobachtungen wie bei **III** gemacht. Gegenüber der Umsetzgeschwindigkeit der Mercaptangruppen blieb die entsprechende Polymerisationsgeschwindigkeit unter Bldg. polymerer Massen erheblich zurück. So wurde maximale spezif. Viscosität für die Rk. zwischen **I** u. **IV** erst nach 18 Std. erreicht, für die Rk. zwischen **II** u. **IV** gar erst nach 48 Stunden. Nach Vff. trägt diese Rk. sowohl den Charakter einer Kettenpolymerisation freier Radikale als auch einer Kondensationspolymerisation. Es werden Aussagen über den mutmaßlichen Reaktionsmechanismus gemacht, wobei als verschied. Zwischenstufen freie Radikale angenommen werden. Bes. während des ersten Teiles der Polymerisation scheinen die monomeren Komponenten sehr rasch unter Bldg. einer großen Anzahl relativ niedrigmol. Prodd. zu reagieren, während später in zunehmendem Maße sich diese letzteren mit anderen größeren Einheiten, welche gegensätzliche Endgruppen enthalten, umsetzen. In diesem Stadium ist die Rk. allerdings erheblich langsamer, was durch die geringe Stoßwahrscheinlichkeit geeigneter Endgruppen begründet sein mag. Auf diese Weise läßt sich qualitativ der rasche anfängliche Umsatz der Thiolgruppen u. das relativ langsamere Zunehmen des durchschnittlichen Mol.-Gew. gegen

Ende der Rk. erklären. (J. Amer. chem. Soc. **73**. 1064—65. März 1951. Urbana, Ill., Univ., Noyes Chem. Labor.) WISSEROTH. 4010

C. S. Marvel und **A. H. Markhart jr.**, *Polyalkylensulfide.* 6. Mitt. *Neue Polymere mit der Möglichkeit zur Bildung von Querverbindungen.* (5. vgl. vorst. Ref.) Die Bldg. von Polymeren aus *Diolefinen* u. *Dimercaptanen* wurde auf einige neue Monomerkombinationen ausgedehnt. Es wurden starke, schwach elast. faserförmige Polymere mit Gruppen erhalten, die in der Folge die Bldg. von Querbindungen ermöglichen. Osmot. Mol.-Gew.-Daten wurden für eine Anzahl von Polymeren mit verschied. Eigenviscositäten erhalten. Polymere vom Mol.-Gew. 60000 wurden aus *Biallyl* u. *Hexamethylendithiol* erhalten. Es wurde gefunden, daß *Diallylsulfid* sich gegen die Addition von Mercaptan unter den angewendeten Bedingungen relativ wenig reaktiv verhält. Dies weist darauf hin, daß ein Schwefelatom in β-Stellung zur Doppelbindung die durch ein Freiradikal katalysierte Addition eines Mercaptans stört. Die durch Basen katalysierte Rk. von *Hexamethylendithiol* u. dem querkonjugierten Dienon *Dibenzalaceton* ergab ein kautschukartiges Polymer. (J. Polymer Sci. **6**. 711—16. Juni 1951.) WISSEROTH. 4010

C. S. Marvel und **Alex Kotch**, *Polyalkylensulfide.* 7. Mitt. *Das Polymere von Tetramethylendithiol und Biallyl.* (6. vgl. vorst. Ref.) Bei der Emulsionspolymerisation von *Tetramethylendithiol* u. *Biallyl* bildet sich ein Polymeres mit einer spezif. Viscosität von 0,52 u. F. 64—67.⁰ Zur Herst. von Fasern kann das Polymere kalt gezogen werden. Überraschenderweise entsteht das gleiche Polymere bei der Rk. von *Tetramethylendibromid* u. dem *Na-Salz von Hexamethylendithiol* (I) in Benzol–A.-Mischung.

V e r s u c h e : Die sd. Lsg. von I in Bzl. (aus 0,46 g Na in A. u. 1,5 g Dithiol) wurde mit Bzl. u. 2,15 g *Tetramethylendibromid* versetzt, nach Beenden der stürm. Rk. mit Bzl. verd., unter Rückfluß gekocht, die kalte filtrierte Lsg. in Methanol eingegossen u. das Polymere abfiltriert. Ausbeute: 1,08 g eines Polymeren vom F. 63—65⁰, spezif. Viscosität 0,36; eine weitere Menge von 0,26 g, F. 65—68⁰, spezif. Viscosität 0,63, wurde durch Behandeln des benzolunlösl. Materials mit W. gewonnen. (J. Amer. chem. Soc. **73**. 481. Jan. 1951.) WISSEROTH. 4010

C. S. Marvel und **C. W. Roberts**, *Polyalkylensulfide.* 8. Mitt. *Polymere von 4-Vinylcyclohexen.* (7. vgl. vorst. Ref.) Reines *4-Vinylcyclohexen* u. *Hexamethylendithiol* reagieren unter verschied. Bedingungen zu einem Polymeren mit faktisähnlichen Eigenschaften. Polymere mit der höchsten Eigenviscosität wurden in MP-189-EF-Emulsion (E. I. DU PONT DE NEMOURS & CO.) bei p_H 4 mit einem Persulfat–Bisulfit–Kupfersulfat-Initiator hergestellt. Die Polymeren enthalten häufig Querbindungen, u. wenn sie ohne vorherige sorgfältige Entfernung der Initiatorlsg. getrocknet werden, zeigen sie Eigg. von vulkanisierten Faktispräparaten. *Azo-bis-isobutyronitril*, ein *Cumolhydroperoxyd–Ferropyrophosphat-Syst.* u. *Cerisulfat–Bisulfat–Kupfer-Syst.* wurden ebenfalls zur Initiierung dieser Polymerisations-Rk. angwendet. (J. Polymer Sci. **6**. 717—24. Juni 1951.) WISSEROTH. 4010

J. R. McLoughlin und **A. V. Tobolsky**, *Wirkung der Kühlungsgeschwindigkeit auf die Entspannung von Polymethacrylsäuremethylester.* Bei Unters. der physikal. Eigg. von Polymethacrylsäuremethylester unter der Temp. der Umwandlung 2. Ordnung wurde gefunden, daß die Eigg. unter dieser Temp. stark abhängig sind von der Geschwindigkeit, mit der das Material im Übergangsbereich abgekühlt wurde. So ist die Spannungsrelaxation von der Kühlgeschwindigkeit abhängig. Es wird angenommen, daß die Abweichung der Entspannungsgeschwindigkeit auf eine kleinere Abnahme im spezif. Vol. des Polymers bei schnellerer Abkühlung zurückgeführt werden kann, so daß schneller gekühlte Proben ein größeres freies Vol. haben u. in der Lage sind, Spannungen schneller durch innere Flußprozesse zu entspannen. (J. Polymer Sci. **7**. 658. Dez. 1951.) E. W. HAAS. 4010

S. M. Mukherjee und **H. J. Woods**, *Röntgenographische und elektronenmikroskopische Untersuchungen über den Abbau von Cellulose durch Schwefelsäure. Ramie* (I), *Baumwolle* (II), *Jute* (III) u. *Hanf* (IV) wurden mit H_2SO_4 (900—975 g/Liter) bei 20 u. 40⁰ bis zu 32 Tagen behandelt u. in der Zentrifuge bis p_H 5—6 gewaschen. Die opalescenten Lsgg. wurden gegen W. dialysiert u. die neutrale koll. Lsg. elektronenmkr. untersucht (Schrägbedampfung mit Cr). Diese Lsgg. konnten auch im Vakuum konz. u. kohärente Filme auf mit Siliconen überzogenem Glas erhalten werden. Die Kristallstruktur u. Orientierung wurde röntgenograph. untersucht. Die elektronenmkr. gemessenen Breiten bzw. Dicken der Celluloseteilchen betragen bei **III**: 85 bzw. 20, **II**: 130 bzw. 25, **IV**: 130 bzw. 30, **I**: 155 bzw. 35 Å. Die Längen der Teilchen dagegen schwanken in weiten Grenzen bis 2500 Å. Bei der Einw. von Säure auf Roh-III erfolgt an Stelle der Teilchenbldg. bevorzugt Aufspaltung in Fibrillen. Ähnliche Verss. wurden mit *mercerisierten Cellulosefasern* in der Cellulose II-Modifikation durchgeführt u. ergaben ähnliche Teilchendimensionen. *Regenerierte Cellulosefasern* (*Fortisan*, *Viscose*, *Acetat*) wurden nach der Meth. von RÅNBY (Acta chem. scand. **3.** [1949.] 649) mit 2,5nH_2SO_4 durch 8std. Kochen in mehr oder weniger gut ausgeprägte Teilchen zerlegt. Die Bedeutung der Isolierung von Cellulose-Einkristalliten wird im Sinne der Arbeiten von RÅNBY u. RIBI diskutiert. Die röntgenograph. Unterss. ergaben genaue Hinweise für die Orientierung der 101-Ebene in bezug auf die Filmoberfläche u. die Breite der Teilchen sowie die röntgenograph. Kristallitdicke. (Biochim. biophysica Acta [Amsterdam] **10.** 499—511. April 1953. Leeds, Univ., Dep. Textile Ind., Textile Phys. Labor.) ZAHN. 4050

Hans Rüggeberg, *Über den Einfluß von Ionen auf die Kleistereigenschaften der Stärke.* Zusammenfassender Überblick über die Elektrolytbeeinflussung von Stärkekleistern unter besonderer Berücksichtigung der Arbeiten von SAMEC. Zur Deutung der Wrkg. von Elektrolyten wird das Modell eines Amylopektinphosphates entwickelt, das bei der Dissoziation negative Ladungen bildet, die eine Spreitung des Mol. u. damit eine erhöhte Hydratation u. Viscosität bewirken. (Stärke **5.** 109—13. Mai 1953. Düsseldorf, Klebstoffwerk der Henkel u. Cie., GmbH.) ULMANN. 4050

M. Samec, *Über Wasserstoffbindungen in der Stärke.* Übersicht über die Tatsachen, die zur Annahme von H-Bindungen in der Stärke geführt haben, u. über die damit zusammenhängenden Zustandsänderungen der Stärke unter verschied. Bedingungen. (Stärke **5.** 105—08. Mai 1953. Ljubljana.) ULMANN. 4050

Allene Jeanes und **R. W. Jones,** *Acetylierung stärkeartiger Polysaccharide.* Die vollständige Acetylierung von *Amylose* (I) ist ohne Abbau möglich durch Umsetzung von aus ihrem Butanolkomplex isolierter trockener I mit *Essigsäureanhydrid* (**II**) u. Pyridin oder mit **II** u. Na-Acetat bei 100° oder mit **II** u. Pyridin in Ggw. von *Formamid* (**III**) bei Zimmertemperatur. Bei Verwendung von **III** ist eine Acetylierung des I-Butanolkomplexes ohne Isolierung von trockener I möglich. Die Acetylierungen gelangen auch mit in geeigneter Weise behandelter Wachsmaisstärke, Maisstärke u. Maisamylopektin. Erhitzen bei der Rk. in Ggw. von **III** erscheint unzweckmäßig.

V e r s u c h e: Vorbereitung zur Acetylierung durch Anreichern von umkrist. Maisamylose–Butanol-Komplex in einer Zentrifugentrommel, Mischen mit einer großen Menge absol. A. im WARING-Mischer, dreimaliges Waschen mit absol. A. u. Trocknen im Vakuum u. Einstellen des Gleichgewichtes gegenüber der Luftfeuchtigkeit oder durch Einrühren einer konz. wss. Lsg. von Maisamylopektin in 5 Voll. A. u. Trocknen wie oben oder durch Gelatinieren von Stärken in W. bei 100° u. Wasserentzug unter Bldg. leichter amorpher, gleichmäßig reaktionsfähiger Granulate (**IV**), die zum Teil zu einer Paste vermahlen wurden, welche, wie bei Amylopektin beschrieben, weiterverarbeitet wurde. — 5 g lufttrockener **IV** oder 5 g **I** (als Butanolkomplex) wurden mit 70 ml **III** vermischt u. nach Zusatz von 125 ml Pyridin u. 100 ml **II** 20 Std. bei Zimmertemp. acetyliert u. dann mit Eiswasser vermischt. Bei einer zweiten Acetylierung keine Änderung des Acetylgeh. u. der Eigenviscosität (Tabelle). — 5 g wärmegetrocknetes Polysaccharid wurden mit 20 ml Pyridin u. 17 ml **II** 3 Std. bei 100° gerührt u. nach dem Abkühlen in A. eingerührt. — 5 g lufttrockene Maisamylose wurden über Nacht in 75 ml **II** eingequollen u. dann unter Zusatz von 1,5 Na-Acetat 6 Std. bei 100° gerührt u. nach dem Abkühlen mit Eiswasser verrührt. — Nach dem **III**- oder dem Na-Acetatverf. hergestellte Maisamylosetriacetate waren in Aceton lösl., nicht aber die in Ggw. von Pyridin bei 100° gewonnenen. Alle Triacetate aus Maisamylose u. Maisstärke waren in Chlf. u. 1.1.2-Trichloräthan löslich. Triacetate aus Wachsmaisstärke nach dem Pyridinverf. bei 100° u. dem **III**-Verf. waren in Aceton u. den Cl-haltigen Lösungsmitteln löslich. Das in Ggw. von Pyridin bei 100° dargestellte Triacetat von Maisamylopektin war in den Cl-haltigen Lösungsmitteln unlösl., das in Ggw. von **III** hergestellte Prod. aber löslich. (J. Amer. chem. Soc. **74.** 6116—18. 5/12. 1952. Peoria, Ill., Northern Regional Res. Labor.) WILLENBERG. 4050

Raymond A. Brown und **John R. Cann,** *Ausdehnung der Theorie einer elektrophoretischen Grenzlinienverbreiterung bei Proteinen.* Es wird eine allg. Theorie der reversiblen elektrophoret. Grenzlinienverbreiterung bei homogenen Proteinen (Verss. mit *γ-Rinderserumglobulin*) entwickelt. Die Theorie wird zur Deutung der Ergebnisse von Ausbreitungsverss. an Proteinen, bei denen die Beweglichkeitskurven die Form einer GAUSSschen sowie einer nicht-GAUSSschen Verteilungskurve aufweisen, angewandt. (J. physic. Colloid Chem. **54.** 364—69. März 1950. Pasadena, Calif., Inst. of Technol.) HENTSCHEL. 4070

K. M. Rudall, *Elastische Eigenschaften und α-β-Umwandlung von Faserproteinen.* Vf. berichtet über Verss. über Dehnung u. Kontraktion von dünnen Filmen von *Epidermin, Fibrin* u. *Myosin.* Die Versuchsergebnisse sind in graph. Darstellungen wiedergegeben. (Proc. Roy. Soc. [London], Ser. B **141.** 39—45. 11/3. 1953.) GOTTFRIED. 4070

Andrew D. Booth, *Das Abbrechphänomen der Proteinkristallographie.* Auf Grund der bekannten Dürftigkeit der experimentell beobachteten Röntgeninterferenzen von Proteineinkristallen u. ihrer Tendenz, in kugelförmigen Schalen aufzutreten, wird an Hand der bekannten Daten der *Ribonuclease* gezeigt, daß ein einfaches Modell ohne Annahme einer inneren Struktur eine befriedigende Übereinstimmung mit den experimentellen Daten liefert. (J. chem. Physics **20.** 1907—10. Dez. 1952. London, Univ., Birkbech College Res. Labor.) GOTTFRIED. 4070

Raymond C. Rhees und **Joseph F. Foster,** *Änderung des Zeiß-Pulfrich-Photometers zur Messung der 90°-Streuung und Asymmetrie.* Ein ZEISS-PULFRICH-Photometer wird derart abgeändert, daß die Intensitäten des gestreuten Lichtes im Winkelbereich von —245 bis +145° gemessen werden können. Die sonst in der gleichen Horizontalebene liegenden Achsen der beiden Gesichtsfelder liegen hier senkrecht übereinander, so daß sie auch von auf der Rotationsachse des opt. Syst. befindlichen Lichtquellen beleuchtet werden können. Aus Streuungsmessungen wurden die Mol.-Gewichte der drei Proteine *Rinderserumalbumin, Ovalbumin* u. *Lysozym* sowie der *Amyloheptaose* zu 72500, 46200, 13400 u. 1050 in guter Übereinstimmung mit Ergebnissen anderer Vff. ermittelt. Es zeigt sich, daß die Asymmetrie, die bei Lsgg. von Proteinen prakt. nicht auftreten soll, ein gutes Kriterium für die Güte der Klärung der Lsgg. ist. Die Größe $\delta n/\delta c$ (n Brechungsindex u. c Konz.) wurde mittels Modifikation der LONGSWORTH-Elektrophoresetechnik gemessen. (Iowa State Coll. J. Sci. **27.** 1—14. Okt. 1952. Iowa, State Coll., Dep. of Chem.) LINDBERG. 4070

K. T. Poroschin und **I. Ja. Slonim,** *Über das Molekulargewicht der Proteine (Molekulargewichte der Proteine vom Typus der Protosäuren und ihrer Hydrolyseprodukte).* Zur Ermittlung des Mol.-Gew. wurde die Diffusionsmeth. (vgl. PERRIN, J. Physique Radium **7.** [1936.] 1; SIMHA, J. physic. Chem. **44.** [1940.] 25; MEHL, ONCLEY, SIMHA, C. **1941. I.** 213) angewendet. Gemessen wurden Diffusionskoeff., Viscosität u. D. von Lsgg. der Konz. 0,15—0,20% bei 25°. Als Lösungsm. wurde eine Pufferlösung aus 10 g NaCl, 1 g KCl, 5 g K_2HPO_4 u. 1000 cm³ W. vom p_H 0,25 benutzt. Das Mol.-Gew. betrug bei der *Protosäure* des *Caseins* 412000 (Halbachsenverhältnis b/a des Rotationsellipsoids 10,2), bei seinem prim. Hydrolyseprod. 750 (b/a 3,2), bei dem *Eiweißstoff* des *Ricinussamens* 38000 (b/a 16,6) u. bei seinem Hydrolysenprod. 950 (b/a 4). (Известия Академии Наук СССР, Отделение Химических Наук [Nachr. Akad. Wiss. UdSSR, Abt. chem. Wiss.] **1950.** 518—20. Sept./Okt. Inst. für organ. Chem. der Akad. der Wiss. der UdSSR.) G. FROELICH. 4070

B. Jirgensons, *Denaturierung von Pflanzenproteinen,* 3. Mitt. *Optische Drehung, Viscosität und Reduktionsvermögen von denaturierten Proteinen.* (2. vgl. J. Polymer Sci. **4.** [1949.] 545.) Bei Unterss. der opt. Drehung von nativem u. von durch Erhitzen mit Essigsäure (**I**), Alkalien, Propylalkohol (**II**), Na-Salicylat (**III**) u. Na-Dodecylbenzolsulfonat (**IV**) denaturiertem Legumin (**V**) findet Vf., daß mit Ausnahme des Erhitzens alle erwähnten Substanzen eine Erhöhung des Drehwertes bewirken. **V** u. Tuberin, die durch **III** oder **IV** denaturiert worden sind, zeigen in saurer Lsg. bei zunehmenden H-Ionenkonzz. eine Abnahme des nativen Drehwertes, während in alkal. Lsg. der Drehwert mit steigendem p_H nur wenig zunimmt. Leicht desaminiertes **V** besitzt fast die gleiche Abhängigkeit der Drehwerte wie natives, während desaminiertes **V** in Lsg. von Netzmitteln eine etwas verschied. p_H-Abhängigkeit zeigt. Das durch Jod-Titration ermittelte Reduktionsvermögen von **V** ändert sich beim Erhitzen in annähernd neutraler Lsg. auf 90° nicht, ebensowenig bei Behandlung mit **II** oder 40—50%ig. **I.** Die Viscosität von derartig behandeltem **V** ist jedoch etwas höher als die entsprechenden Viscositäten von nativem **V.** (J. Polymer Sci. **5.** 179—89. April 1950. Manchester, England, Victoria Univ. of Manchester, Dep. of Chem.) NEHRING. 4070

J. Baudrenghien, Cours de chimie organique, à l'usage des élèves des candidatures en sciences. 1er fasc.: Généralités. 2e fasc.: Série aliphatique; hydrocarbures, composés (à) une seule espèce de fonction. 3e fasc.: Série aliphatique; composés à plusieurs fonctions diverses. 4e fasc.: Série cyclique. 5e ed. Liège: Editions Derouaux. 1952. (Abb. u. Diagr.) (Polycopié fr. 500,—.)

A. P. Dunlop and **F. N. Peters,** The furans. New York: Reinhold. 1952. (886 S., Diagr., Bibl., Fußnoten.) $ 18,—.

Ray Quincy Brewster, Organic chemistry. 2nd ed. New York: Prentice-Hall. 1953. (867 S. m. Abb., Diagr.) $ 9,35.

Arnold Münster, Riesenmoleküle. Freiburg: Herder. 1952. (165 S. m. 55 Abb. u. 4 Taf.) 8° = Unsere Welt sehen und verstehen. Gruppe 1. DM 6,80.

—, Physikalisch-chemische Eigenschaften individueller Kohlenhydrate. 4. Aufl. Moskau: Gosstoptechisdat. 1953. (436 S.) 19 Rbl. 30 Kop. [russ.]

E. Biologische Chemie. Physiologie. Medizin.

E_1. Allgemeine Biologie und Biochemie.

Carlos Lopez Bustos, *Die chemischen Elemente und ihre biologische Wirkung.* Übersicht über die Wrkg. einer großen Zahl von Elementen bzw. deren Verbindungen. — 148 Literaturhinweise. (Farmac. nueva **17.** 541—46. Nov. 593—602. Dez. 1952.) ALTPETER. 4100

Enrique Duran, *Über ein wichtiges Molekül.* Allg. Ausführungen über die Bedeutung chem. Formeln, bes. der *Desoxyribonucleinsäure.* (Farmac. nueva **17.** 547—50. Nov. 1952.) ALTPETER. 4100

Sverre Dick Henriksen, *Mutative Lactosevergärung bei Klebsiella.* Verss. mit mehreren *K. ozaenae*-Stämmen u. einem *K. rhinoscleromatis*-Stamm bestätigten die bei *Klebsiella* häufige Variabilität der Zucker-, speziell der *Lactose* (I)-Vergärung u. zeigten, daß die verzögerte oder negative I-Vergärung als mutative Veränderung zu deuten ist. Aus allen Stämmen konnten stabile, rasch vergärende Mutanten isoliert werden; die I-negativen Formen blieben auf I-Agarplatten konstant. Aus einer alten Bouillonkultur konnte eine I-negative Mutante eines I-vergärenden *K. pneumoniae*-Stammes isoliert werden. Die Unterschiede in der Fähigkeit u. Geschwindigkeit der I-Fermentation durch *Klebsiella* beruhen wahrscheinlich auf verschied. Mutationsraten. Die langsame I-Vergärung durch *K. rhinoscleromatis*-Stämme ist diagnost. wichtig. (Acta pathol. microbiol. scand. **27.** 35—40. 1950. Oslo, Univ., Kaptein W. Wilhelmsen Og Frues Bakteriologiske.) K. MAIER. 4130

John H. McClendon und **L. R. Blinks,** *Anwendungen von Lösungen hochmolekularer Stoffe zur Untersuchung von isolierten intracellulären Strukturen.* Mit Lsgg. von *Polyäthylenglykol* (0,8 g/cm^3) von einem Mol.-Gew. von ca. 2400 gelingt es, Plastiden auch in isoliertem Zustand tagelang homogen u. unverändert zu erhalten, während sie in *Zucker-* oder *KCl*-Lsgg. aufschwellen u. ihr Pigment verlieren. (Nature [London] **170.** 577—78. 4/10. 1952. Pacific Grove, Calif., Stanford Univ., Hopkins Marine Station.) H. SCHEURLEN. 4150

F. Windisch und **W. Heumann,** *Makrometrie des Zellstoffwechsels sowie Ermittlung der oxybiotischen Schwellenwerte (Minimum, Optimum) nach dem gleichen methodischen Prinzip.* Vff. beschreiben eine verbesserte Meth. zur makrometr. Best. des Zellstoffwechsels (vgl. F. WINDISCH, C. **1932.** I. 2966). Die neue App. gestattet, Reihenunterss. im größeren Maßstab vorzunehmen. Es können exakte Stoffwechselmessungen an höher organisierten Lebewesen ausgeführt werden. Die im Strömungsverf. ermöglichte quantitative Proportionierung bestimmter O_2/N_2-Gasgemische gestattet, die verschiedensten O_2-Partialdrucke zur biol. Anwendung zu bringen. Dadurch ist es möglich, die oxybiot. Schwellenwerte (Minimum, Optimum) bei Mikroorganismen sowie sonstigen pflanzlichen u. tier. Zellen exakt zu erfassen. (Naturwissenschaften **39.** 329—30. Juli 1952. Berlin, Inst. für Med. u. Biol. der Dtsch. Akad. der Wiss., Abt. Krebsforschung-Mikrobiol.) W. KOCH. 4150

W. Knoth, *Histochemische Untersuchungen an Gewebekulturen.* An Milzkulturen vom Meerschweinchen bestimmte Vf. den Geh. an *Acetalphosphatiden* des Cytoplasmas. Mit Hilfe der FEULGENschen Plasma-Rk. konnte gezeigt werden, daß namentlich im Bereich der Mitochondrien u. Mikrosomen ein großer Teil der Fette u. Lipoide aus Acetalphosphatiden besteht. Es wird vermutet, daß die Anhäufung des *Plasmalogens* in der Nähe des Zellkernes durch die Art ihrer Entstehung durch Redoxvorgänge aus den *Esterphosphatiden* bedingt ist. (Z. Krebsforsch. **58.** 674—77. 1952. Gießen, Akad. für med. Forschung u. Fortbldg., Pathol. Inst.) H. SCHEURLEN. 4150

Harold A. Harper und **Manford D. Morris,** *Die Aminosäurezusammensetzung von Kükenerythrocyten-Nucleohiston.* 3 Proben von Kükenerythrocyten-Nucleohiston (I) wurden mikrobiol. auf ihren Geh. an 18 Aminosäuren untersucht. Die Proben zeigten einige Unterschiede im Aminosäuregehalt. ***Tryptophan*** ließ sich in keinem der I-Hydrolysate nachweisen. Es wurden geringe Mengen ***Methionin,*** aber kein ***Cystin*** gefunden. Falls Cystin überhaupt vorhanden ist, so muß sein Anteil $<0,1\%$ sein. Der ***Alanin***-Geh. wurde höher als von früheren Untersuchern gefunden (15,5—19,0%). Vff. fanden mehr ***Lysin*** als ***Arginin*** entgegen früheren Befunden. (Arch. Biochem. Biophysics **42.** 61—68. Jan. 1953. San Francisco, Calif., Univ. of San Francisco, Dep. of Biol. and Chem.) NEHRING. 4150

Marion F. Harrison, *Bestandteile der Leberzelle.* Es werden die biochem. wichtigen Bestandteile der Leberzellen von männlichen u. weiblichen Ratten bestimmt, wobei die Zahl der Zellen einer Probe durch den Geh. an ***Desoxyribonucleinsäure*** unter

Berücksichtigung eines Korrekturfaktors für Polyploidie festgelegt wird. Geschlechtsunterschiede lassen sich nur beim ***Eisen*** feststellen, die Leberzellen weiblicher Ratten enthalten dreimal soviel wie die männlichen Tiere. ***Kupfer*** wird ausschließlich im Kern gefunden, während Eisen u. ***Zink*** vorwiegend im Cytoplasma nachgewiesen werden. (Proc. Roy. Soc. [London], Ser. B **141.** 203—16. 17/4. 1953. Cambridge, Univ., Dep. of Exp. Med.) MATTHIES. 4150

Tony Brechbühler, *Untersuchungen über die Nucleinsäuren der Bakterien.* 1. Mitt. *Gehalt der R- und S-Stämme von Salmonella paratyphi A und Shigella dysenteriae während ihres Wachstums an Pentose- und Desoxypentosenucleinsäure.* Die Unters. der Bildungsgeschwindigkeit der *Nucleinsäuren* in glucosehaltigen wie glucosefreien Bouillonkulturen von *S. paratyphi* (*A 5038/III S* u. *R*) u. *Sh. dysenteriae* (*35 S* u. *R*) ergab für die Glatt- u. Rauhformen keinen merklichen Unterschied. (Bull. Soc. Chim. biol. **32.** 952—58. 1950. Inst. Pasteur.) K. MAIER. 4150

G. R. Wyatt und **S. S. Cohen,** *Nucleinsäuren in Rickettsien.* Die Unters. der *Desoxyribonucleinsäuren* von Rickettsia prowazeki (R.p.) u. R. burneti (R.b.) ergab nach Hydrolyse mit Perchlorsäure bei R.p. *Adenin/Thymin*-Verhältnis von 1,13, bei R.b. ein solches von 1,12. Das Verhältnis *Guanin/Cytosin* war bei R.p. 1,11, bei R.b. 1,02. Die Übereinstimmung der DNS in R.b. mit der des Hühnereis, in dem sie gezüchtet wurde, wird als zufällig angesehen. (Nature [London] **170.** 846—47. 15/11. 1952.) GERBER. 4150

Edward W. Daniels, *Einige Wirkungen auf die Zellteilung von Pelomyxa carolinesis als Folge von Röntgenbestrahlung, Behandlung mit Bis-[β-chloräthyl]-methylamin und experimentelle Plasmogamie (Fusion).* Bei der Amöbe Pelomyxa carolinesis wird infolge einer Behandlung mit *Stickstofflost* (I) (10^{-5}—$2\cdot10^{-4}$mol.) die Plasmotomie nicht gehemmt, wohl aber die Zellteilungsrate. Experimentelle Fusion einer mit I behandelten u. einer unbehandelten Zelle ergab eine geringere Hemmung der Zellteilung. Dieselben Ergebnisse wurden bei der Fusion von röntgenbestrahlten Zellen mit nichtbestrahlten Amöben erhalten. (J. exp. Zoology **120.** 509—23. Aug. 1952. Chicago, Ill., Univ., Dep. of Physiol. and USAF Radiat. Labor.) H. SCHEURLEN. 4150

E. Bonomo und **M. Bonelli,** *Das Verhalten der Serum-Mucopolysaccharide bei Patienten mit Neoplasien.* Der Anteil der *Mucopolysaccharide* des Serums war bei malignen Neoplasien u. bei verschied. Entzündungskrankheiten fast immer vergrößert. (Tumori **38.** 351—57. Nov./Dez. 1952. Milano, Univ., Inst. di Clin. Med. ed Inst. Naz. per lo Studio e la Cura de Tumori.) LUDOLPHY. 4160

M. Ratzenhofer und **E. Schauenstein** (unter experimenteller Mitarbeit von **W. Berndt**), *Über den Nachweis von Albuminen im Gewebssaft bei krebsig entarteter Mastopathie.* Vff. konnten nachweisen, daß die bei krebsig entarteter Mastopathie anzutreffende eiweißhaltige Gewebs-Fl. überwiegend *Albumine* enthält. Die Jodacid-Rk. zeigt, daß ihr Geh. an —SH-Gruppen ungefähr dem des Serums entspricht. Auch der *Tyrosin*- u. *Tryptophan*-Geh., die Lage des isoelektr. Punktes sowie die Fällbarkeit mit $(NH_4)_2SO_4$ entsprechen ganz den bei Albumin gefundenen Eigenschaften. (Z. Krebsforsch. **58.** 198—206. 1952. Graz, Univ., Pathol.-anatom. Inst. u. Inst. für theoret. u. physikal. Chemie.) H. SCHEURLEN. 4160

M. Ratzenhofer und **E. Schauenstein,** *Weitere biophysikalische Untersuchungen des Gewebssaftes bei Mammacarcinom.* In Erweiterung der Arbeit von RATZENHOFER u. Mitarbeiter (vgl. vorst. Ref.) wurde durch Aussalzverss., Best. des isoelektr. Punktes, UV-spektrophotometr. Unterss. u. Papierelektrophorese bei 17 Fällen von Brustkrebs der Gewebssaft untersucht. Dabei wurde bei 5 Fällen überwiegend *Albumin* u. bei 12 Fällen etwa gleich viel Albumin u. *Globulin* gefunden. Der Gesamteiweißgeh. lag zwischen 1—6%, also zum Teil erheblich unter dem des Normalserums. (Z. Krebsforsch. **58.** 707—10. 1952. Graz, Univ., Pathol.-anatom. Inst. u. Inst. für theoret. u. physikal. Chemie.) H. SCHEURLEN. 4160

Ellice McDonald und **William A. Mosher,** *Nucleinsäuren und die Untersuchung des Krebses.* Vff. bringen eine Übersicht über Aufgabenkreis u. Methodik der Krebsforschung an der BIOCHEMICAL RESEARCH FOUNDATION. Besondere Bedeutung genießen dabei die Nucleinsäuren u. ihre Beziehung zum n. u. anomalen Gewebewachstum, über die zusammenfassend berichtet wird. (J. Franklin Inst. **251.** 183—87. Jan. 1951.) REUSSE. 4160

E. Blickenstorfer, P. Isler, M. Marti und **Chr. Hedinger,** *Vermütterlichung eines erwachsenen Mannes mit Chorionepitheliom.* Neben den klin. u. pathol.-anatom. Verhältnissen werden die Hormonstoffwechselverschiebung u. vor allem die seel. Situation dargestellt. (Dtsch. Arch. klin. Med. **199.** 462—80. 1952. Zürich, Univ., Med. Poliklinik.) EGGSTEIN. 4160

H. G. Müller, *Beziehungen zwischen hormonbildenden Tumoren und Carcinoma adenomatosum corporis uteri.* An Hand von 5 Fällen von Corpuscarcinomen der Gebärmutter im Zusammenhang mit follikelhormonbildenden Tumoren des Ovars (Granulosazelltumoren) diskutiert Vf. greifbare Zusammenhänge zwischen einer im Genotyp festgelegten Tumoranlage, die das Wachstum der Ovarialtumoren bewirkt, u. einer vom Primärtumor ausgehenden, bedingt krebsauslösenden Komponente mit *Follikelhormon*, das gemeinsam mit der allg.-spezif. Tumordisposition die Adenocarcinombldg. hervorzurufen in der Lage ist. (Z. Geburtshilfe Gynäkol. **137.** 126—37. 1952.)
Gummel. 4160

Hans Lettré, Peter Marquardt und **Elisabeth Carl,** *Weitere Untersuchungen über die zellteilungshemmende Wirkung von Adrenalin und Derivaten.* Bei in vitro gezüchteten Fibroblasten übt *l-Adrenochrom* (I) die gleiche Mitosegiftwrkg. aus wie *l-Adrenalin* (II). In beiden Fällen zeigte sich Metaphasenarretierung durch Spindelschädigung. Bei Zusatz von *Vitamin C* kann der Übergang II → I nicht stattfinden, u. es tritt keine Mitosehemmung ein. Lsgg. von I verlieren bald ihre Wirksamkeit. Als Folgeprod. von I in Frage kommende Verbb., wie *3.5.6-Trioxy-1-methylindol* (III), *5.6-Dioxy-1-methylindol* u. ein indigoides Deriv. (*5.6.5'.6'-Tetraoxy-1.1'-dimethylindigo*), zeigen keine teilungshemmende Wirkung. I, II u. III zeigten am Mäuseascitestumor keine teilungshemmende Wirkung. (Hoppe-Seyler's Z. physiol. Chem. **291.** 99—103. 31/10. 1952. Heidelberg, Univ., Inst. für exp. Krebsforsch., u. Freiburg/Br., Univ., Med. Fak., Abt. für exp. Therapie.) H. Scheurlen. 4160

F. Bielschowsky und **Marianne Bielschowsky,** *Die carcinogene Aktivität von N-Monomethyl- und N-Dimethyl-2-aminofluoren.* Vff. vergleichen die cancerogene Wrkg. von *N-Mono-* (I) u. *N-Dimethyl-2-aminofluoren* (II) mit der des Acetylaminofluorens (III) an Ratten verschied. Stämme nach peroraler Applikation. In bezug auf die Leber erweist sich III als das stärkste Cancerogen; II wirkt am schwächsten. Hinsichtlich der Tumorbldg. in anderen Organen besteht kein Unterschied zwischen den 3 Verbindungen. (Brit. J. Cancer **6.** 89—92. März 1952. Dunedin, Univ. of Otago, Med. School, Brit. Empire Cancer Campaign, New Zealand Branch, Cancer Res. Labor.) Reiss. 4160

Aldo Bernelli-Zazzera, *Beitrag zur Kenntnis der co-cancerogenen Faktoren und ihres Wirkungsmechanismus auf die Haut der Maus. Crotonöl* (I) (5% in Olivenöl) konnte Hyperplasie, die durch Methylcholanthren (II) (0,3% in Aceton) auf der Haut der Maus erzeugt wurde, vergrößern u. erhalten. Der %-Satz der im Ruhestadium befindlichen Zellen nahm dabei durch I zu. *Pyren* (0,5% in Aceton) u. *Atebrin* (0,5% in A.) erwiesen sich an Stelle von I wirkungslos. Die Zahl der epidermalen Mitosen war nach einmaliger Pinselung mit II u. folgender subcutaner Injektion von *Colchicin* ($^1/_{30}$ mg in H_2O) vermehrt. (Tumori **38.** 339—50. Nov./Dez. 1952. Milano, Univ., Inst. di Patologia.) Ludolphy. 4160

Guido Giacomo Tedeschi und **Vera Canali,** *Die Wirkung der Lactoflavinphosphorsäure auf das Benzpyrensarkom der Ratte. Lactoflavinphosphorsäure* stimulierte mehr als Lactoflavin, intramuskulär injiziert, die Entw. eines Benzpyrensarkoms der Ratte; sie zeigte parenteral angewendet keine Wrkg. auf die Regeneration der Rattenleber u. auf die Entw. eines Granuloms, welches durch koaguliertes Eialbumin hervorgerufen wurde. (Tumori **38.** 371—73. Nov./Dez. 1952. Roma, Univ., Inst. di Fisiol. Gen.)
Ludolphy. 4160

Guido Giacomo Tedeschi, *Die Wirkung der Phosphorsäureester des Pyridoxins und des Desoxypyridoxins auf das Benzpyrensarkom der Ratte.* Die Entw. des Benzpyrensarkoms bei der Ratte wurde durch *Pyridoxin-4.5-diphosphat* mehr begünstigt als durch das freie Vitamin. Dagegen hemmte *Desoxypyridoxinphosphat* nach rechtzeitiger intramuskulärer Injektion die Sarkomentw. u. rief makroskop. sichtbare histolog. Veränderungen am Sarkomgewebe hervor. (Tumori **38.** 366—70. Nov./Dez. 1952. Roma, Univ., Inst. di Fisiol. Gen.) Ludolphy. 4160

J. Ries und **A. P. Blasiu,** *Vitamin-A-Therapie des Carcinoms.* Bei 20 Carcinomkranken wurde durch *Vitamin-A-* u. *-C-*Hypervitaminisierung meist zunächst eine Besserung beobachtet, doch nach längerer Behandlung trat oft Rückgang des Allgemeinbefindens u. Progredienz des Tumors ein, so daß die Behandlung in den meisten Fällen abgebrochen werden mußte. Nach Ansicht der Vff. sind bei Krebskranken die Vitamine nur im Sinne der internen Allgemeintherapie von Bedeutung. Bei einer 4—6wöchigen Therapie mit *Arovit* (2mal/Woche 1 cm^3 intramuskulär) u. *Redoxon* (2mal/Woche 1 g intravenös) hält das gebesserte Allgemeinbefinden am längsten an. (Münchener med. Wschr. **94.** 2033—36. 3/10. 1952. München, I. Univ.-Frauenklinik.)
H. Scheurlen. 4160

Fritz Micheel (mitbearbeitet von **Rosemarie Hacker** und **Elisabeth Schallenberg**), *Über ein anticancerogenes synthetisches Antigen aus Gelatine.* (**9. Mitt.** *Antigene und Krebs.*)

(8. vgl. C. **1949**. I. 76.) *N-Carbobenzoxy-l-tyrosyl-Gelatine* (C.T.-Gelatine), ein synthet. Antigen, ist in der Lage, bei Mäusen die durch ein Depot von 1 mg *Benzpyren* hervorgerufene Tumorrate von 80—90% auf 29% zu senken. (Hoppe-Seyler's Z. physiol. Chem. **291**. 153—54. 31/10. 1952. Münster/Westf., Univ., Organ.-chem. Inst.) H. SCHEURLEN. 4160

Ludwig Heilmeyer, *Therapie mit cytostatischen Stoffen, Wirkungsprinzip, Leistungen und Grenzen.* Übersicht über Ergebnisse der Behandlung von Geschwulstkrankheiten mit Cytostaticis. Günstige Wirkungen wurden z. B. vom *Urethan* bei chron. myeloischer Leukämie in 85% u. von *Stickstofflost* bei Lymphogranulomatose in 80% gesehen. Zahlen, z. B. über die Dauer der Remissionen u. das Schicksal der Patienten, fehlen. (Strahlentherapie **86**. 411—21. 1952.) DRUCKREY. 4160

H. W. Vasterling, *Möglichkeiten und Grenzen der Hormontherapie des fortgeschrittenen weiblichen Genitalcarcinoms.* Es werden zuerst 50 mg *Testosteronpropionat* täglich bis zu einer Gesamtmenge von 1000 mg verabreicht. Dann werden 3mal wöchentlich je 50 mg bis zu einer Menge von 500 mg appliziert. In einer 3. Serie folgen wöchentlich 2 Injektionen von je 50 mg bis zu einer Menge von 400 mg, dann werden 3mal 100 mg Testosteron unter die Bauchfascie implantiert. Der Allgemeinzustand der Patienten bessert sich deutlich unter der Therapie, die Schmerzen werden geringer. Nach einem bestimmten Remissionsstadium nimmt die Hormonwrkg. ab, u. der Exitus tritt relativ schnell ein. Jedoch scheint die Lebensdauer der so Behandelten erhöht zu sein. Bei den 35 Patienten, die Vf. behandelte, zeigte sich in ca. 75% ein Palliativerfolg, eine Heilung trat in keinem Falle ein. (Dtsch. med. Wschr. **77**. 1222—25. 3/10. 1952. Göttingen, Univ., Frauenklinik.) REICHLE. 4160

W. Staehler, *Die Behandlung der sogenannten Prostatahypertrophie, des Prostatacarcinoms und der Blasenpapillome mit Keimdrüsenhormonen. Zugleich ein Beitrag zur hetero-hormonalen Morphogenese des Harnblasenkropfes.* Zusammenfassender Überblick über die Therapie der Prostatahypertrophie (Androgen-Östrogen-Injektionen), des Prostatacarcinoms (Cyren B, Elektroresektion) u. der Blasenpapillome (Cyren B-Implantation) sowie über den Einfl. der Kastration auf die hypertroph. Prostata. (Neue med. Welt **1**. 369—74. 18/3. 1950. Tübingen, Univ., Chirurg. Klinik.) H. SCHEURLEN. 4160

John H. Freed, Eugene P. Pendergrass und **John W. Carnwath,** *Androgentherapie bei der Behandlung von Lungenmetastasen von einem Adenocarcinom des corpus uteri. Bericht über einen durch Androgentherapie gebesserten Fall.* Vff. berichteten über einen Fall von Gebärmutterkrebs mit Metastasen an der Vagina, Tibia u. Lunge. Da sich die Lungenmetastasen trotz Röntgentherapie des Beckens u. der Ovarien verstärkten, wurde 3mal wöchentlich 100 mg *Testosteronpropionat* intramuskulär gegeben, wonach ein völliger Rückgang der Lungenmetastasen für 6 Monate erreicht wurde. Vff. diskutierten den möglichen Mechanismus der Androgenwrkg. bei Uteruscarcinom. (Amer. J. Roentgenol. Radium Therapy **65**. 596—602. April 1951. Philadelphia, Pa., Univ. Hosp.) H.-J. KOCH. 4160

Robert Kohler, *Palliative Behandlung, insbesondere die spinale Alkoholinjektion, bei fortgeschrittenem Genitalcarcinom.* Überblick über die Behandlung einiger Begleiterscheinungen der Collumcarcinome, wie Blutungen (Blutstillung durch *Aceton*), Jauchung (*Sulfonamide* oder Aceton) u. Schmerzen, die außer durch operative Durchtrennung der Schmerzleitungsbahn auch durch subarachnoidale *Alkohol*-Injektion mit Erfolg behandelt werden können. (Neue med. Welt **1**. 381—84. 18/3. 1950. Frankfurt/M., Univ., Frauenklinik.) H. SCHEURLEN. 4160

Adolf Linke und **Wolfgang Ulmer,** *Über den Einfluß der Behandlung mit Äthylurethan und Stickstofflost auf die Phagocytosefähigkeit menschlicher Leukocyten.* (Vgl. C. **1952**. 4639.) Aus Unterss. an 39 Patienten, die mit *Urethan* u. bzw oder *Stickstofflost* behandelt wurden, ergab sich, daß bei dieser Therapie keine Schädigung der Phagocytosewerte eintritt. Vff. untersuchten den zeitlichen Verlauf der Phagocytoseprozente u. -indices von defibriniertem venösem Blut, dem Bakterien (Staph. aureus) oder *Ultramarin* zugesetzt wurde. (Klin. Wschr. **30**. 273—77. 15/3. 1952. Erlangen, Univ., Med. Klinik.) H. SCHEURLEN. 4160

Daniel Laszlo, Daniel M. Ekstein, Ruth Lewin und **Kurt G. Stern,** *Biologische Untersuchungen an stabilen und radioaktiven Verbindungen Seltener Erden.* 1. Mitt. *Über die Verteilung von Lanthan im Säugetierorganismus.* Weiße Mäuse erhielten intravenöse, intraperitoneale oder subcutane Injektionen mit $LaCl_3$ mit einem Geh. von jeweils 15—20 μC an ^{140}La. Dieses wurde durch Behandlung von $^{139}La_2O_3$ mit Neutronen im Atomreaktor gewonnen. Die Halbwertszeit beträgt 40 Std., die Emission besteht aus β-Strahlen von 2,1 MeV u. γ-Strahlen von 2,3 MeV. Nach bestimmten Zeiten wurden die Tiere gewogen, getötet u. der Geh. verschied. Gewebe an ^{140}La ermittelt, u. zwar teils durch Messung mit dem GEIGER-Zähler, teils durch Radioautographie. Das intravenös applizierte Chlorid findet sich vorwiegend in Leber u. Milz, wenig im Skelett. Bei intraperitonealer Injektion verteilt sich das Chlorid nahezu gar nicht. In diesem Befund kommt die Eignung des ^{140}La für intratumorale Bestrahlung zum Ausdruck. Verss. mit einem Komplexsalz (Lanthanversenat), in dem La in nichtionisierter Form vorliegt, zeigten, daß in diesem Fall die Verteilung in den Organen homogener ist als diejenige des ionisierten La. (J. nat. Cancer Inst. **13.** 559—72. Okt. 1952. New York, N. Y., Montefiore Hosp., u. Brooklyn, N. Y., Polytechn. Inst. of Brooklyn, Dep. of Chem. and Phys.) REUSSE. 4160

B. Vincent Hall, *Das Wachstum von in vitro röntgenbestrahlten Tumorfragmenten nach Vorbehandlung mit Cystein.* Tumorfragmente von 8—14 mg wurden aus subcutanen Mammacarcinomen weißer Mäuse entnommen u. in 0,85% ig. NaCl-Lsg. gehalten. Ein Teil der Proben wurde direkt mit Röntgenstrahlen behandelt, ein anderer Teil wurde unmittelbar vor der Bestrahlung mit 0,008 mol. Cysteinlsg. behandelt. Die Bestrahlungsdaten waren 200 kV, 15 mA, Fokus–Objekt-Abstand 12,7 cm, Filter 2 mm Al, Dosisleistung maximal 1030 r/Minute. Unmittelbar nach Bestrahlung wurden die Proben implantiert u. ihr Wachstum bzw. ihre Überlebensrate gemessen. Es zeigte sich, daß die Vorbehandlung mit Cystein eindeutig die Wrkg. der Bestrahlung mildert. Um einen gleichwertigen Bestrahlungseffekt bei mit Cystein behandelten Tumoren auszulösen, muß die Bestrahlungsdosis um ca. 18% gesteigert werden. Die Latenzperiode zwischen Implantation u. beginnendem Wachstum ist in ihrer zeitlichen Länge eine exponentielle Funktion der Dosis, unabhängig von vorheriger Cysteinbehandlung. Der absol. Wert der Latenzzeit ist ohne Cystein größer als mit Cysteinvorbehandlung. Diese ist unwirksam, wenn das Cystein in das den Tumor umgebende Gewebe eingebracht wird, d. h. die Wrkg. der Sulfhydrylgruppe spielt sich ausschließlich im intracellulären Raum ab. (Cancer Res. **12.** 787—92. Nov. 1952. Chicago, Ill., Univ. of Illinois, Dep. of Zool., u. Argonne Nat. Labor., Div. of Biol. and Med. Res.) REUSSE. 4160

K. E. Corrigan und **H. S. Hayden,** *Diagnostische Untersuchungen mit radioaktiven Tracern.* Die Diagnose maligner Geschwülste an der Schilddrüse durch Tracergaben von ^{131}J wurde von Vff. zu einer komplexen Meth. entwickelt. Neben der Lokalisierung des ^{131}J, die durch GEIGER-Zähler bestimmt wird, muß dabei die Abscheidung der akt. Substanz über den Urin u. deren zeitliche Funktion berücksichtigt werden. Die diagnost. Auswertung der Meßwerte wird auseinandergesetzt. Von 76 nach dieser Meth. als bösartig diagnostizierten Fällen erwiesen sich bei der Operation nur 3 als gutartig. (Radiology **59.** 1—18. Juli 1952. Detroit, Mich., Harper Hosp., Dep. of Radiol.) REUSSE. 4160

J. S. D. Bacon, La Química de la vida. Introducción a la Bioquímica. Barcelona: Seix Barral. 1953. (162 S. m. Abb.) ptas. 20,—.

Jean Feldmann, Biologie végétale, la cellule végétale, étude morphologique et physico-chimique, les bactéries. Paris: C. Hermant. 1953. (119 S. m. Abb., Autogr.) fr. 700,—.

Bradley Titus Scheer, General physiology. New York: Wiley. 1953. (623 S. m. Abb., Diagr. u. 67 Bibl.) $ 7,—.

E₂. Enzymologie. Gärung.

Wolfgang Langenbeck, *Zur Theorie der Enzymwirkungen.* Katalysatormodelle für *Desmolasen* können, wenn die akt. Gruppen unmittelbar an aromat. oder heterocycl. Ringe gebunden sind, durch Einführung aktivierender Substituenten in ihrer enzymat. Wrkg. erheblich gesteigert werden, wobei der Einfl. sich unter Umständen in den Moll. über erhebliche Entfernungen erstreckt. Ähnlich wie zwischen der Wirkungsweise isolierbarer akt. Gruppen der Fermente u. ihrer Modelle eine vollkommene Parallelität besteht, scheint eine solche auch für den Funktionsmechanismus der Apofermente zu existieren. Hierbei müssen in einem Leitungssyst. innerhalb des Mol., gegebenenfalls auch zwischen mehreren gleichartigen oder verschied. organ. Moll., Energieübertragungen stattfinden, wobei unter Ausbildung neuer mesomerer Zustände Verlagerungen des Bindungszustandes eintreten. Die Gruppen *R* im allg. Schema $R \cdot CH_2 \cdot CH(NH_2)COOH$ der Aminosäuren sind als die aktivierenden Gruppen der Enzyme zu betrachten. Die Ursache für die spezif. Aktivierungseffekte ist wahrscheinlich in der verschied. Anordnung der *R*-Reste in den einzelnen Apofermenten zu suchen. Voraussetzung für die Übertragung der Wrkg. aktivierender Gruppen auf ein anderes Mol. ist die Verbindungsbldg., analog wie im Falle *Coferment–Apoferment,* wobei jedoch außerdem noch besondere strukturelle Bedingungen erfüllt sein müssen. Die Theorie der Übertragung der Wrkg. aktivierender Gruppen in Fermenten auf eine fest gebundene akt. Gruppe oder auf ein Coferment läßt sich auch auf die Häminfermente anwenden, da die katalyt. Wrkg. der Hämine in Modellverss. ebenso durch aktivierende Substituenten beeinflußbar ist wie bei metallfreien organ. Katalysatoren. (Naturwissenschaften **37**. 44—45. 1950. Rostock, Univ., Chem. Inst.) K. MAIER. 4210

Sv. Dalgaard-Mikkelsen, K. Karlshøj und **L. Szabo,** *Die Bedeutung der Hyaluronidase für die Infektiosität von Cl. welchii.* In Verss. mit 10 *Hyaluronidase* (I)-positiven *Cl. welchii*-Stämmen wurde die I-Bldg. in vitro verdoppelt, wenn I in Form von 10% Rindersynovial-Fl. dem Grundmedium (5%ig. Serumbouillon) zugesetzt wurde. Subcutane Injektionen von *Cl. welchii*-Stämmen zusammen mit Standardtoxin u. Weiterüberimpfung der Ödem-Fl. (6 Passagen) vermehrten weder in vivo noch in vitro (Ödem-Fl. auf Blutagar, dann Serumbouillon) die I-Bildung. Zusatz von Stiertestis-I zum Inoculum bewirkte ein Absinken der Mortalität, wenn die Impfung mit Bakterien allein oder mit Bakterien + Toxin erfolgte. Dies beruhte wahrscheinlich auf der raschen Ausbreitung der Impfflüssigkeit. Möglicherweise ist der Abbau von *Hyaluronsäure* zu vergärbaren Zuckern durch bakterielle I wichtiger als deren „spreading"-Faktorwirkung. (Acta pathol. microbiol. scand. **27**. 186—93. 1950. Copenhagen, Univ., Royal Veter. and Agric. Coll., Hyg.-bacteriol. Dep. u. Dep. of Pharmacol.) K. MAIER. 4210

R. Jaques, *Eine biologische Testmethode für Hyaluronidase.* Beschreibung eines verfeinerten spreading-Testes, bei dem eine Genauigkeit von ±16 bis ±32% erzielt wird. Benutzung hochverd. *Hyaluronidase* (I)-Lsgg. (Diffusionsvermehrung durch die höchste I-Konz. nicht >20%), Hämoglobin als Indicator, Injektionen innerhalb eines eng umschriebenen Hautbereichs, Verwendung von 12 eben getöteten Albinomeerschweinchen pro Analyse, Mittesten von I-Standardpräpp., Ausmessen der Farbfläche an der Hautinnenseite genau 12 Min. nach der Injektion. (Biochem. J. **53**. 56—59. Jan. 1953. London, Mill Hill, Nat. Inst. for Med. Res.) GIBIAN. 4210

J. H. Humphrey und **R. Jacques,** *Hyaluronidase: Korrelation zwischen biologischem Test und anderen Auswertungsmethoden.* (Vgl. vorst. Ref.) Vgl. von 5 Testes-*Hyaluronidase* (I)-Präpp., einer Staphylokokken-I u. einer Streptokokken-I mittels spreading-Testes, Viscosimetrie u. Turbidimetrie unter möglichst ident. Bedingungen (Lösungsm. Phosphatpuffer, Ionenstärke 0,1, p_H 7,02; 0,9% NaCl, 0,2% Gelatine, hochgereinigte Hyaluronsäure, 20 Min. 30° bzw. 10 Min. 37°) u. jeweils unter Bezugnahme auf ein I-Standardpräparat. Bei den Testes-I ergab sich gute Übereinstimmung bes. zwischen Viscosimetrie u. Biotest, aber auch Turbidimetrie. Für die bakteriellen I bestand auch Korrelation, aber weniger vollständig. (Biochem. J. **53**. 59—62. Jan. 1953.) GIBIAN. 4210

John H. Pazur, Dexter French und **Doris W. Knapp,** *Mechanismus der Wirkung der Speichelamylase.* Im Anschluß an die Arbeiten über SCHARDINGER-Dextrine (C. **1951**. II. 986) wird die Einw. von *Speichelamylase* (I) auf *Amylodextrin* (aus Maisstärke mit H_2SO_4 erhalten; Kette mit ca. 23 Glucoseeinheiten) u. *Amylose* (nach SCHOCH hergestellt) untersucht. Die Wrkg. der I wurde mittels Papierchromatographie, Best. der „Maltose" sowie an der Änderung der Färbung mit Jod (spektrophotometr.) verfolgt. Bei p_H 7,0 erfolgt Abbau zu Glucose sowie Di-, Tri- u. Tetrasacchariden; höhere Saccharide (aus denen auf einen wahllosen Abbau geschlossen werden könnte) treten nicht auf. I wirkt so, daß in einem umschriebenen Raum des Substratmol. mehrere Bindungen hydrolysiert werden, bevor die Enzym–Substrat-Verb. dissoziiert. (Proc. Iowa Acad. Sci. **57**. 203—09. 1950. Ames, Iowa, Iowa State Coll., Chem. Dep.) HESSE. 4210

O. T. Rotini und **C. Galoppini,** *Der Einfluß von NaCl auf das Temperaturoptimum der Speichelamylase. NaCl* steigert bis zu einer Konz. von 0,01% die Aktivität der *Amylase* (I) des menschlichen Speichels. Bei höheren *NaCl*-Konzz. bleibt die Wirksamkeit konstant, jedoch steigt in 1%ig. *NaCl*-Lsg. das Temperaturoptimum der Speichel-I auf 43° an, während es in salzfreier Lsg. bei 28° liegt. (Enzymologia [Den Haag] **15**. 279—84. 1/9. 1952. Pisa, Univ. degli Studi, Ist. di Chim. Agr.) K. MAIER. 4210

P. T. Grant und **C. Long,** *Die fermentative Phosphorylierung des d-Glucosamins.* Vff. untersuchten nach dem Befund von HARPUR u. QUASTEL (Nature [London] **164**. [1949.] 693) die Phosphorylierung des Glucosamins (I) durch Adenosintriphosphat (ATP; II) in Ggw. von Hefehexokinase, $MgCl_2$ u. KF bei p_H 7,5 u. 30°. Nach 10 Min. Incubationszeit wurde das Protein durch Fällung entfernt u. aus dem Filtrat I durch Red. mit Cu nach der Meth. von NELSON (vgl. C. **1945**. II. 1076) u. II durch Best. des säurelabilen P quantitativ nachgewiesen. Dabei ergab sich, daß I u. II im selben Molverhältnis aus dem Reaktionsgemisch verschwinden. Die Geschwindigkeit der Phosphorylierung von I ist etwa gleich, wie die der Glucose unter gleichen Bedingungen.

Daß das Endprod. *Monophosphoglucosamin* ist — isoliert als Ba-Salz —, konnte durch Analyse bestätigt werden. (Biochem. J. **50.** XX. Jan. 1952. Aberdeen, Marischal Coll., Dep. of Biol. Chem.) V. KEREKJARTO. 4210

Carlos E. Cardini, *Die Wirkung der Pflanzenaldolase auf Fructose-1-phosphat.* Aus Jackbohnenhomogenat wurde durch Extraktion mit W., Dialyse, fraktionierte $(NH_4)_2SO_4$-Fällung u. erneute Dialyse der gelösten Ndd. ein akt. *Aldolase*-Präp. erhalten, das auf *Fructose-1-phosphat* (I) unter Bldg. von *Triosephosphat* (*Dioxyacetonphosphat*) u. wahrscheinlich *Glycerinaldehyd* (III) einwirkt. Die Reaktionsgeschwindigkeit wurde bei verschied. I- oder *Fructosediphosphat* (II)-Konzz., mit u. ohne *Cyanid*, gemessen. Die Spaltung erfolgt reversibel. In Ggw. von II u. überschüssigem III wird ein *Ketohexosemonophosphat* gebildet. (Enzymologia [Den Haag] **15.** 303—06. 1/9. 1952. Buenos Aires, Fundación Campomar, J. Alvarez 1719, Inst. de Invest. Biochim.) K. MAIER. 4210

H. Dahms, *Zur klinischen Brauchbarkeit der alkalischen Phosphataseprobe.* Über 800 Serumunterss. an einem Krankengut von 300 Patienten mit Erkrankungen der Leber oder der Gallenwege (davon 194 mit Ikterus) ergaben, daß die Höhe der ermittelten Werte der *alkal. Serumphosphatase* (I) als zuverlässiges Hilfsmittel in der Differentialdiagnose des Verschlußikterus verwendbar ist. Vorzüge u. Grenzen der Meth. werden angegeben u. die Abhängigkeit der I-Aktivität von Stauungsfaktoren diskutiert. (Klin. Wschr. **30.** 830—32. 15/9. 1952. Hamburg, Allg. Krankenhaus Barmbeck, Med. Abt. Rübenkamp.) K. MAIER. 4210

Jekisiel Szulmajster und **Marianne Grünberg-Manago,** *Die enzymatische Hydrolyse von Äthylphosphat.* Verschied. Bakteriensorten, z. B. *E. coli, Cl. saccharobutyricum, Cl. sporogenes,* u. *Hefen,* z. B. Back- u. Bierhefe, besitzen eine gegen *Äthylphosphat* (I) wirksame *Phosphatase* (II)-Aktivität. Die Hydrolyse von I erfolgt optimal bei p_H 3—3,5 u. einer $^1/_{180}$mol. I-Konz., wobei der Hydrolysegrad je nach den verwendeten Mikroorganismen variiert. Bei den strikten Anaerobiern ist die II-Aktivität sehr schwach, größer bei den fakultativen Anaerobiern, z. B. *E. coli,* u. relativ stark bei Backhefe, dagegen ziemlich schwach bei Bierhefe. Die Best. des bei der Hydrolyse in Freiheit gesetzten *P* u. A. zeigte im Falle von *E. coli* u. Backhefe, daß A. mengenmäßig stets wesentlich unterlegen war, d. h. ein Teil desselben wird weiter umgewandelt. $^1/_{30}$ mol. NaF hemmt II 100%ig, während 0,001mol. KCN unwirksam ist. Ein durch Extraktion von Backhefe nach einer modifizierten Meth. von ALBERS festgestelltes II-Trockenpräp. wurde durch Dialyse gereinigt u. durch Aceton gefällt, wobei ein wasserlösl. II-Präp. anfiel, das keine durch $HClO_4$ fällbaren Proteine mehr enthielt. Die p_H-Abhängigkeit der Hydrolysekurve war mit der lebenden Hefe identisch. Zusatz von Mg^{2+} war ohne Wrkg., *β-Alanin* verstärkte die Aktivität um ca. 20%. Bei p_H 3,5 spaltete II ca. 100 γ P aus I/mg N in 1 Std. ab. (C. R. hebd. Séances Acad. Sci. **231.** 382—84. 31/7. 1950.) K. MAIER. 4210

Roderick Juhasz, Virginia Heines, Rose Agnes Greenwell und **Mary Adeline O'Leary,** *Der Einfluß von Toxin aus Staphylococcus aureus auf die Wirksamkeit der Katalase.* Durch Toxin aus Staphylococcus aureus wird die Wrkg. von *Katalase* (I; hergestellt nach SUMNER u. DOUNCE) herabgesetzt. Gleiche Mengen von 3 verschied. Mustern bewirkten z. B. 22,4, 16,4 bzw. 42% Herabsetzung. Die katalyt. Wrkg. von *Hämin* wurde durch das zweite bzw. dritte Muster um 13,6 bzw. 27,3% herabgesetzt; ein aus dem dritten Muster mit A. erhaltenes u. von A. wieder befreites Präp. setzte diese Wrkg. um 27,3% herab. — Das dem ersten Muster als Konservierungsmittel zugesetzte Merthiolat 1 : 5000 war ohne Einfl. auf I. (Euclides [Madrid] **13.** 197—203. Mai 1953. Louisville, Ky., Nazareth Coll., Inst. Div. Thomae.) HESSE. 4210

Frederick N. Minard, *Die Hemmung der Pankreaslipasewirkung durch Polyoxyäthylensorbitanester. Monofettsäureester* (I) von *Polyoxyäthylensorbitan,* die sogenannten *Tween*-Marken, hemmen die Wrkg. von *Pankreaslipase* (II) auf Maisöl. Da I durch II unter den Versuchsbedingungen langsam hydrolysiert werden, liegt hier ein Beispiel dafür vor, daß ein reaktionsträgeres Substrat die Enzymwrkg. gegenüber einem reaktionsfähigeren hemmt. Die Hemmung durch I kann durch Zusatz von Gallensalzen aufgehoben werden. (J. biol. Chemistry **200.** 657—60. Febr. 1953. North Chicago, Ill., Abbott Labors.) K. MAIER. 4210

C. Bertrand Thompson, *Der Einfluß von Röntgenstrahlen auf Arginase.* Aus Rinderleber extrahierte *Arginase* (I) in einer Konz. von ca. 0,1% in Phosphatpufferlsg. p_H 7,0 bis 7,4 mit Verunreinigungen in Form von Katalase u. anderen Enzymen u. Proteinen wurde in Paraffingefäßen mit Röntgenstrahlung behandelt. Bestrahlungsdaten: 250 kV, 15 mA, Fokusabstand 50—60 cm, Filter 0,5 cm Cu, Dosisleistung 56 r/Minute.

Die Gesamtdosis betrug bis zu 16000 r. Die Aktivität der bestrahlten I wurde nach der Meth. von MOHAMED u. GREENBERG bestimmt (1—79 Tage nach der Bestrahlung). Zu Beginn dieser Phase stieg die Aktivität an, mit wachsender Bestrahlungsdosis zeigte die Aktivität wellenförmige Änderungen mit schließlich völliger Denaturierung. In allen Fällen wurde im Bestrahlungsgut H_2O_2 nachgewiesen. Ausflockung u. Nd. trat nicht ein, später nur bei nichtdialysierten Lösungen. (Amer. J. Physiol. **170.** 731—34. Sept. 1952. Montevideo, Fac. de Med., Inst. de Fisiol.) REUSSE. 4210

Margaret E. Maxwell, *Die Erzeugung von Protease durch Züchtung von Aspergillus oryzae auf Weizenkleie.* Von 43 auf feuchter Weizenkleie gezüchteten Schimmelpilzarten u. -stämmen gab *Aspergillus flavus-oryzae*, Stamm *292—4795*, Kulturextrakte mit der höchsten *Gelatinase* (I)-Aktivität. Optimale Entw. u. I-Bldg. wurden auf sterilisierter Kleie, die alle erforderlichen Nahrungsfaktoren enthält u. nach der Sterilisation in einer für das Pilzwachstum ausgezeichnet geeigneten Form vorliegt, mit 60% Wassergeh. in maximal 2 mm dicker Schicht erzielt. Nach Beimpfung mit einer Sporensuspension erfolgte die Züchtung bei 28° 4 Tage lang in gesätt. Atmosphäre. I ist aus der Kleiekultur mittels W. leicht bei Raumtemp. extrahierbar. Die Messung der I-Aktivität erfolgte nach LENNOX (Commonwealth Australia, Council sci. ind. Res., annu. Rep. **16.** [1943.] 155). (Austral. J. appl. Sci. **1.** 348—62. Sept. 1950. Melbourne, Wool Textile Res. Labor., C. S. I. R. O., Biochem. Unit.) K. MAIER. 4210

H. T. Huang und **Carl Niemann,** *Die Enzym-Inhibitor-Dissoziationskonstanten des α-Chymotrypsins und verschiedener Serien bifunktioneller konkurrierender Inhibitoren.* Vff. bestimmten die Enzym-Inhibitor-Dissoziationskonstanten des *α-Chymotrypsins* u. verschied. Serien konkurrierender Inhibitoren, wie Benzoesäure, Phenylessigsäure, β-Phenylpropionsäure, γ-Phenylbuttersäure, die entsprechenden Amide, β-Indolessigsäure, β-[β'-Indolyl]-propionsäure, γ-[β'-Indolyl]-buttersäure, β-[β'-Indolyl]-propionamid u. Acetanilid in wss. Medium bei 25° u. einem durch 0,02 mol. Tris-[hydroxymethyl]-aminomethanhydrochloridpuffer gehaltenen p_H von 7,9. Ein Vgl. der Versuchsergebnisse mit früher erhaltenen zeigt, daß die Affinität des α-Chymotrypsins zu bestimmten negativ geladenen konkurrierenden Inhibitoren teilweise durch die Natur des im Reaktionssyst. anwesenden Puffers beeinflußt wird. Eine nähere Betrachtung der Struktur einiger der genannten Verbb. läßt zudem den Schluß als möglich erscheinen, daß diese Verbb. auf mehrere verschied. Weisen mit der akt. Gruppe des Enzyms verknüpft gedacht werden können. (J. Amer. chem. Soc. **74.** 5963—67. 5/12. 1952. Pasadena, Calif., Inst. of Technol., Gates and Crellin Labor. of Chem.) NIEMITZ. 4210

J. Lens und **A. Evertzen,** *Die Analyse von enzymatischen Proteinverdauungen.* Die Chromatographie an Stärkesäulen unter Verwendung von n-Butanol, n-Propanol u. 0,1 n HCl (1 : 2 : 1) u. anschließend von n-Propanol, 0,5 n HCl (2 : 1) nach STEIN u. MOORE (J. biol. Chemistry **176.** [1948.] 337; **178.** [1949.] 53. 79) kann ohne besondere Störung durch anwesende Polypeptide zur Best. der Aminosäurezus. von enzymat. Proteinhydrolysaten verwendet werden. Die ***Polypeptide*** bleiben nach Elution der ***Aminosäuren*** in der Säule hängen; gegebenenfalls anwesende ***Amine*** werden im Chromatogramm ebenfalls gefunden. Untersucht wurden ein pept. Insulinhydrolysat, das Dialysat eines durch Papain abgebauten Caseins u. 3 Tryptonpräparate. (Recueil Trav. chim. Pays-Bas **71.** 43—48. Jan. 1952. Oss, Laborr. N. V. Organon.) K. F. MÜLLER. 4210

Samuel P. Bessman, Jack Rossen und **Ennis C. Layne,** *γ-Aminobuttersäure — Glutaminsäure-Transaminierungen im Hirn.* Vff. konnten in Hirnhomogenisaten (Kalb, Ratte, Kaninchen) ein Syst. nachweisen, das *γ-Aminobuttersäure* u. *α-Ketoglutarsäure* zu Bernsteinsäuresemialdehyd u. Glutaminsäure transaminiert; die Rk. ist reversibel. Das Syst. findet sich in schwächerem Maße auch in Rattenleberpartikeln, jedoch nicht in Rattennierenpartikeln. Im Rattenhirn liegt die gesamte Aktivität in den unlöslichen Partikeln. (J. biol. Chemistry **201.** 385—91. März 1953. Washington, Res. Found. of the Children's Hosp.) NEHRING. 4210

W. S. Gorkin und **M. N. Kondraschowa,** *Über die fermentativen Eigenschaften von Nekrosin (Makrocytase) eitriger Exsudate.* Verss. mit ungereinigter u. hochgereinigter *Makrocytase* (I; 1901 von METSCHNIKOW entdeckt u. ident. mit dem *Nekrosin* von MENKIN), die aus sauren Exsudaten (p_H 6,6 u. weniger) der Pleuralhöhle des Hundes nach Zufuhr von Terpentin u. aus natürlichen eitrigen Exsudaten des Menschen gewonnen wurde, ergaben, daß I ein proteolyt. Ferment vom Trypsintyp ist, dessen Wirkungsoptimum bei p_H 7,7—8,2 liegt. I spaltet verschied. Eiweißstoffe u. zeigt fibrinolyt. Wirkung. Im Anfangsstadium bewirkt I eine Peptisation der Eiweiße ohne wesentlichen Anstieg des Amino-N. Die Zunahme des letzteren tritt erst nach längerer Incubation mit dem Ferment ein. Die proteolyt. Wrkg. von I nähert sich der von

Trypsin (II). Metallkationen bindende u. die proteolyt. Wrkg. von II u. Chymotrypsin hemmende Stoffe hemmen auch den Eiweißabbau durch I. Sehr wahrscheinlich enthält I Mg. Die Eiweißpeptisation durch I oder II wird durch die Metallkationen bindenden Stoffe nicht beeinflußt. Hierin sehen Vff. den Beweis dafür, daß die peptisierende Wrkg. nicht auf besonderen Fermenten beruht, sondern auf die Aktivität der Proteinasen zurückzuführen ist. (Биохимия [Biochemie] **18.** 288—95. Mai/Juni 1953. Moskau, Inst. für biol. u. med. Chem. der Akad. der Med. Wiss. der UdSSR.) LEBTAG. 4210

Tage Astrup und **Norma Alkjaersig,** *Bestimmung proteolytischer Enzyme auf Grund ihrer fibrinolytischen Aktivität.* Auf Grund ihrer lösenden Wrkg. auf einen *Fibrin*-Film lassen sich fibrinolyt. Enzyme des Blutes bestimmen (vgl. ASTRUP, CROOKSTON u. MACINTYRE, Acta physiol. scand. **21.** [1950.] 238). Diese Meth. ist auch für die Best. von *Trypsin, Chymotrypsin, Papain, Ficin, Bacillus subtilis-Protease* u. *Aspergillus-Protease* geeignet. (Arch. Biochem. Biophysics **37.** 99—105. Mai 1952. Kopenhagen, Carlsberg-Stiftung, Biol. Inst.) W. KOCH. 4210

Otto E. Lobstein und **Samuel J. Fogelson,** *Die Wirkung der Chloridkonzentration auf die Bestimmung der Lysozymaktivität.* Der bei der Best. des *Lysozyms* nach der Meth. von SMOLELIS u. HARTSELL benutzte Phosphatpuffer wird durch Zugabe von NaCl (0,071 n NaCl) modifiziert. Diese Modifikation erwies sich zur Best. der lyt. Aktivität im Magensaft als notwendig, da beobachtet wurde, daß sowohl sehr niedrige als auch hohe Cl-Konzz. in der Pufferlsg. die Lysozymaktivität beträchtlich verändern. (Amer. J. Digest. Diseases **18.** 298—99. Okt. 1951. Chicago, Ill.) PATZSCH. 4210

Gerald Litwack, J. N. Williams jr. und **C. A. Elvehjem,** *Die Rolle der essentiellen und nichtessentiellen Aminosäuren für die Erhaltung der Leberxanthinoxydase.* Vff. weisen die Notwendigkeit von nichtessentiellen Aminosäuren im Futter für die Bldg. eines Leberenzyms, der *Xanthinoxydase,* bei Ratten nach. Die gleichen Wirkungen wie durch die nichtessentiellen Aminosäuren konnten durch Verfütterung von ***Ammoniumcitrat*** oder ***Harnstoff*** erzielt werden. Das Wachstum bei den verschied. Versuchsfutterzusätzen bestätigte im allg. die Befunde früherer Untersucher. (J. biol. Chemistry **201.** 261—65. März 1953. Madison, Wis., Univ. of Wisconsin, Coll. of Agricult., Dep. of Biochem.) NEHRING. 4210

Friedrich Kiermeier, *Über die Enzymaktivität in gefrorenen Pflanzengeweben.* Kurze Übersicht über das Verh. verschied. pflanzlicher Enzyme bei u. nach der Einw. tiefer Temperaturen. Vf. schlägt vor, Enzyme als Indicatoren für die Unters. der Gefriereinflüsse auf pflanzliche Gewebe zu verwenden. (Naturwissenschaften **39.** 323—25. Juli 1952. München, Dtsch. Forschungsanstalt für Lebensmittelchemie.) W. KOCH. 4210

Richard H. Follis jr., *Die chemische Differenzierung von Knorpel und Knochen.* 2. Mitt. *Sulfataseaktivität.* (1. vgl. Bull. Johns Hopkins Hosp. **85.** [1949.] 360.) Bei der Knochenbldg. aus Knorpelgewebe könnte das Freiwerden von H_2SO_4 aus *Chondroitinschwefelsäure* eine Rolle spielen, indem durch lokale p_H-Änderungen die Löslichkeit von Calciumphosphat erhöht wird. Daher wurden Rippen, Periost u. Rippenknorpel mit p-Nitrophenolsulfat auf *Phenolsulfatase* (I)-Aktivität geprüft. Nur bei Ggw. von roten Blutzellen oder Markelementen, die manchmal schwierig zu entfernen waren, fiel die Prüfung positiv aus. In Knorpelgewebe war keine I nachzuweisen. (Proc. Soc. exp. Biol. Med. **77.** 847—49. Aug. 1951. Baltimore, Johns Hopkins Univ., School of Med., Dep. of Pathol.) LOCH. 4230

Roger Raveux, *Der Einfluß der Art der Stickstoffquelle auf die Alkoholbildung durch Sterigmatocystis nigra.* Die A.-Bldg. durch *St. nigra* mit KNO_3 bzw. $(NH_4)_2SO_4$ als *N*-Quelle ist, bezogen auf Myceltrockengewicht, in Ggw. von Nitrat schwächer als mit $(NH_4)_2SO_4$ bei gleichem p_H (3,0—3,2). Unabhängig von der N-Quelle reduziert ein p_H-Abfall unter 3 die A.-Bildung. Die beiden genannten *N*-Verbb. verändern in dem Maße, wie sie verbraucht werden, durch Bldg. von KOH bzw. H_2SO_4 die p_H-Werte. (C. R. hebd. Séances Acad. Sci. **231.** 1107—08. 13/11. 1950.) K. MAIER. 4270

L. Massart und **P. Heymans,** *Die Assimilation des NH_3-Stickstoffs durch die Hefe. Untersuchung einiger Inhibitoren.* Die Assimilation des NH_3-N durch Bäckerhefen, suspendiert in Glucose (I)–Phosphat-Medium, ist von einem charakterist. Gasaustausch begleitet. In Ggw. von $(NH_4)_2SO_4$ (0,5 mg/cm³) erfolgt eine Stimulierung der energieliefernden Reaktionen. Bei niedrigen I-Konzz. (0,5—1 mg/cm³) äußert sich diese durch eine Zunahme des O_2-Verbrauchs für die gleiche I-Menge. Bei höheren I-Konzz. (5 bis 10 mg/cm³) findet eine bedeutende Steigerung der aeroben Gärung statt, die schließlich über die Atmung dominiert. Monobromessigsäure (**II**) u. Hg-Verbb. (**III**) erlauben eine Unterscheidung zwischen Atmung u. Assimilation des NH_3-N: In Ggw. bestimmter Konzz. dieser Inhibitoren wird die Assimilation von NH_3-N unterdrückt, während die Atmung intakt bleibt. Die Energiebldg. durch die intakte Atmung mit I als Substrat dient in Ggw. von Inhibitoren demnach nicht zur NH_3-N-Assimilation u. zum Eiweißaufbau. Die NH_3-N-Assimilation ist gegenüber diesen Inhibitoren empfindlicher als die Atmung. Da **II** u. **III** (*$HgCl_2$, Merfen, Solumercryl, Mercurochrom, Merthiolat*) beide SH-Gruppen blockieren, scheint die Annahme berechtigt, daß bei der NH_3-N-Assimilation ein Enzymsyst., für dessen Wirksamkeit SH-Gruppen erforderlich sind, beteiligt ist. (Bull. Soc. Chim. biol. **32.** 879—87. 1950. Gand, Univ., Labor. de Biochim.) K. MAIER. 4270

L. Massart und **P. Heymans**, *Der Einfluß der Dinitrophenole auf den Stoffwechsel der Hefen.* In Ggw. die Atmung stimulierender Konzz. von *Dinitrophenolen* (**I**) (z. B. Konzz. von $1-2 \cdot 10^{-6}$ *Dinitrocyclopentyloxybenzol*) verbrennen Hefen zugesetzte Glucose nahezu vollständig. Andrerseits hemmen diese **I**-Konzz. stark die NH_3-N-Assimilation. Diese Befunde stimmen mit der derzeitigen Vorstellung vom **I**-Wirkungsmechanismus überein, wonach synthet. Prozesse gehemmt werden. Die *Nucleinsäuren*-Synth. erfährt durch **I**-Konzz., die atmungsaktivierend wirken, eine Hemmung, wie experimentell nachgewiesen wurde. (Bull. Soc. Chim. biol. **32.** 888—93. 1950. Gand, Univ., Labor. de Biochim.) K. MAIER. 4270

E_3. Mikrobiologie. Bakteriologie. Immunologie.

H. Ostertag, *Celluloseabbau durch Bakterien.* Übersicht über den Abbau von Cellulose (**I**) u. **I**-haltigen Abfallstoffen (Faulgasgewinnung) durch Mikroben u. deren Bedeutung für die **I**-Verdauung. Vorschlag für eine neue Klassifikation. — 36 Seiten Literaturangaben. (Ergebn. Hyg., Bakteriol., Immunitätsforsch. exp. Therap. **27.** 149—322. 1952. Hamburg, Hyg. Inst. der Hansestadt Hamburg.) HESSE. 4300

André Lwoff und **Hélène Ionesco**, *Das Kaliumion und das Wachstum des Bacteriums Moraxella lwoffi.* Das K^+-Ion, das für die oxydative Decarboxylierung von *l-Äpfelsäure* u. *Oxalessigsäure* durch *Moraxella* erforderlich ist, spielt auch für die Entw. von *M. lwoffi*, unabhängig von der Art der *C*-Quelle, eine wichtige Rolle. *K*-Mangel bewirkt unter bestimmten Bedingungen ausgeprägte Veränderungen in der Morphologie des Bacteriums unter Bldg. von Langformen (75 μ gegenüber n. 2,5 μ). GIEMSA-Färbung nach Hydrolyse mit n HCl bei 60° oder nach Einw. von Ribonuclease macht einen spiralförmigen, von einem Bakterienende zum andern reichenden Körper sichtbar, der anscheinend den Bakterienkern darstellt. Die Langzellen sind Degenerationsformen u. nicht, auch nicht in Ggw. von K^+, vermehrungsfähig. (Ann. Inst. Pasteur **79.** 14—19. Juli 1950. Inst. Pasteur, Serv. de Physiol. Microbienne.) K. MAIER. 4310

Jacques Nicolle und **Yvonne Joyeux**, *Die optischen Antipoden der Asparaginsäure als N- und C-Quelle für verschiedene Bakterien.* 14 Stämme verschied. Bakterienspecies wurden auf synthet. Nährmedium (Ann. Inst. Pasteur **67.** [1941.] 177) mit einem der opt. Antipoden von *Asparaginsäure* (**I**) als N- u. C-Quelle bei 37° gezüchtet. *l*(—)-**I** wurde durch 11 von 13 bzw. 11 von 14 Species als N- bzw. C-Quelle, *d*(+)-**I** durch 6 von 13 als N-Quelle, jedoch durch keinen Stamm als C-Quelle verwertet; *dl*-**I** diente 11 von 13 bzw. 11 von 14 als N- bzw. C-Lieferant. *l*(—)-**I** wurde durch *Salmonella enteritidis* decarboxyliert, *d*(+)-**I** dagegen nicht. (C. R. hebd. Séances Acad. Sci. **230.** 482—84. 30/1. 1950.) K. MAIER. 4310

B. W. Boughton und **M. R. Pollock**, *Langkettige ungesättigte Fettsäuren als essentielle Faktoren für das Bakterienwachstum: Weitere Untersuchungen mit Corynebacterium „Q".* Nach einem Überblick an Hand der Literatur über die Kenntnisse, betreffend Bedeutung der ungesätt. Fettsäuren für das Wachstum gewisser Bakterien, werden frühere Verss. (Biochem. J. **45.** [1949.] 417) fortgesetzt u. weitere Unterss. mit dem Corynebacterium „Q" durchgeführt, um die von der Ölsäure ausgelöste u. bekannte Wachstumswrkg. mit dem Effekt anderer ungesätt. Fettsäuren vergleichen zu können. Als Fettsäuren werden den Nährböden hinzugefügt: *cis-* u. *trans-Octadecen-11-säure* (*Vaccensäure*) (**I**), *Öl-* u. *Elaidin-*, *cis-* u. *trans-Heptadecen-9-säure* (**II**), *cis-Undecen-9-säure, cis-* u. *trans-Tetradecen-9-säure* (**III**), *cis-* u. *trans-Hexadecen-9-säure* (**IV**), *cis-* u. *trans-Eicosen-9-säure* (**V**), *cis-* u. *trans-Octadecen-4-säure* (**VI**), ferner die gesätt. Verbb. *Pentadecan-* u. *Heptadecansäure*, weiterhin *12-Methylöl-* u. *5.7.13.17-Tetramethylölsäure, 9-Methyl-* u. *7.11-Dimethylölsäure, Undecen-11-säure, Pelargon-* u. *Acelainsäure, cis-Octadecen-6-säure.* Aus den experimentellen Werten wird abgeleitet, daß cis- u. trans-**IV**, cis- u. trans-**II**, cis- u. trans-**I** in ihrer Wachstumswrkg. der Ölsäure etwa gleichen; trans-**III** zeigt in höherer Konz. nur sehr geringen Effekt; cis-**III**, cis- u. trans-**V**, cis- u. trans-**VI** erweisen sich als inaktiv. Als Austausch (Wachstumsfaktor) für Ölsäure kommen nicht in Betracht ungesätt. Fettsäuren mit C_{20} u. mehr sowie mit C_{14} u. weniger, ferner solche, bei denen die Lückenbindung um 1—2 C-Atome über die 6.7-Position hinaus an die Carboxylgruppe genähert ist; solche Verbb. erweisen sich als inaktiv. Die cis- oder trans-Konfiguration ist ohne Effekt auf die Wachstumsbeeinflussung. Krit. vergleichende Betrachtungen über die Angaben der Literatur hinsichtlich der Wachstumswrkg. ungesätt. Fettsäuren bei Clostridium u. Lactobacillus. (Biochem. J. **53.** 261—65. Jan. 1953. London, Univ., Birkbeek Coll., Dep. of Chem., u. Nat. Inst. for Med. Res.) TÄUFEL. 4310

J. Fauconnier (unter techn. Mitarbeit von **A. Chevalier**), *Die Zersetzung des Harnstoffs durch Past. pseudotuberculosis in synthetischem Nährmedium nach Ferguson. Eine neue Reaktion zur Differenzierung der ätiologischen Agentien der Pest und der Pseudotuberkulose.* Die schnelle hydrolyt. Spaltung von *Harnstoff* (I) in FERGUSON-Milieu ist nicht allein für *Proteus* charakterist., sondern erfolgt auch durch ca. 95% der *Past. pseudotuberculosis*-Stämme. Die I-Spaltung ist zuverlässiger als die Vergärung von *Glycerin* (II), da zahlreiche *P. pestis*-Stämme II ebenfalls abbauen. Dagegen waren von 35 *P. pestis*-Stämmen 34 *Urease*-negativ, so daß der I-Abbau zur Differenzierung der beiden *Pasteurella*-Stämme geeignet ist. (Ann. Inst. Pasteur **79.** 104—05. Juli 1950. Inst. Pasteur, Serv. de Microbie technique et de la Peste.) K. MAIER. 4320

David Hendlin und **Myrle L. Ruger,** *Die Wirkung von Kobalt auf die mikrobielle Synthese LLD-aktiver Substanzen.* In 1% *N–Z*-Medium (enzymat. Caseindigest) wird die Co^{2+}-Konz. zum begrenzenden Faktor der Biosynth. LLD- (Lactobacillus lactis DORNER-) akt. Verbb. durch *Streptomyces griseus.* Zusatz von 0,1—0,2 mg-% Co^{2+} bewirken eine ca. 3fache Zunahme der LLD-Aktivität. Auch bei einer großen Anzahl anderer Mikroorganismen (Isolierungen aus Rinderpansen u. -fäkalien, *Mycobacterium smegmatis, Pseudomonas lumichroma,* n. sp.), die ebenfalls *LLD*-akt. Substanzen synthetisieren, rufen 0,2 mg % Co^{2+} eine beträchtliche Steigerung der *LLD*-Aktivität hervor. (Science [New York] **111.** 541—42. 19/5. 1950. Rahway, N. J., Merck & Co., Inc.) K. MAIER. 4320

A.-R. Prévot, R. Saissac und **B. Callame,** *Untersuchungen über den Ursprung des zur Reduktion der Sulfite durch die Anaerobier erforderlichen Wasserstoffs.* (Vgl. Ann. Inst. Pasteur **75.** [1948.] 571.) Die Red. von *Sulfiten* zu H_2S durch die zu den *Clostridiales* gehörigen Anaerobier, wie *Cl. perfringens, Cl. sporogenes, Cl. septicum,* erfordert keine spezif. H_2-Donatoren wie die Red. von Nitraten zu Nitriten. Sie erfolgt durch H_2, der aus den vergärbaren Zuckern des Nährbodens, den Polypeptiden, den Aminosäuren verschied. N-Quellen u. aus Autolyseprodd. der mit neutralem Phosphatpuffer gewaschenen Bakterienzellen stammt. Die Red. erfolgt durch ein Endoenzym, *Sulfitoreduktase.* (Ann. Inst. Pasteur **79.** 93—94. Juli 1950. Inst. Pasteur, Serv. des Anaérobis.) K. MAIER. 4320

Harold G. Shirk und **Glenn A. Greathouse,** *Infrarotspektren von Bakteriencellulose.* Zur Unters. der Fähigkeit von *Acetobacter xylinum,* aus verschied. Kohlenhydraten mit u. ohne Zusatz von ^{14}C als Radioindicator Membranhäutchen zu bilden u. zur Best. ihrer Ähnlichkeit mit der Cellulose höherer Pflanzen werden die Infrarotabsorptionsspektren dieser Häutchen untersucht. Die Bakterienfilme werden dadurch erzeugt, daß man A. xylinum auf einem Medium aus 0,5 (%) Hefeextrakt, 2 A. u. 0,25 CH_3COOH unter Zusatz von *Cellobiose, Mannit, Glycerin, Dextrose* oder *Lävulose* zu einer Endkonz. 0,5mol. in Zucker wachsen läßt. Je 50 ml dieser Medien aus reinsten Chemikalien u. dest. W. sterilisieren Vff. durch SEITZ-Filter u. impfen sie in ERLENMEYER-Kolben mit akt. Kulturen. Die Membranhäutchen werden geerntet, wenn sie ca. 1—3 mm dick sind, mit W. u. NaOH gewaschen, auf Glasplatten getrocknet u. von dort vorsichtig entfernt. Die Absorptionsspektren ähneln einander weitgehend, unabhängig von dem Kulturmedium. Gewisse Unterschiede werden auf Differenzen in der Schichtdicke der Filme zurückgeführt, die beträchtlich schwankt. Am dünnsten sind die Häutchen auf Cellobiose, am dicksten die auf Lävulose entstandenen. Vff. schließen aus den gewonnenen Absorptionsdaten, daß die Molekularstruktur aller Filme die gleiche ist u. Cellulosecharakter besitzt. (Analytic. Chem. **24.** 1774—75. Nov. 1952. Washington, D. C., Nat. Res. Council.) SCHLEGEL. 4320

L. Grün und **E. Steinvorth,** *Untersuchungen zur Wirkung ultravioletter Strahlen in der Verhütung aerogener Infektionen.* Es wurde die Keimzahl von je 2 gleichartigen, durch *UV*-Licht bestrahlten u. unbestrahlten Räumen einer Kinderklinik bestimmt, wobei ein wesentlicher Unterschied nicht festgestellt werden konnte. Eine infektionsverhütende Wrkg. ist aber dem UV-Licht nicht abzusprechen. (Die Medizinische **1952.** 88—91. 19/1. Düsseldorf, Med. Akad., Hyg. Inst.) DOSSMANN. 4330

Hugo Mondolfo, *Unterschiede im Aminosäurenstoffwechsel der Bakterien unter der Wirkung bakteriostatischer Mittel.* Mittels mikrobiol. Meth. wurde die Aminosäurenzus. von Bakteriensuspensionen (E. coli, Strepto- u. Staphylokokken) in einer bestimmten Salz–Glucose-Lsg. untersucht. Im Normalfall werden nach 4 Std. (37°) 20% der Bakterienproteine als Aminosäuren frei in der Fl. nachweisbar. Allg. ist die qualitative u.

quantitative Zus. der der Bakterien gleich; Glycin u. Glutaminsäure, die vermehrt freigesetzt werden. Dieser Effekt wird bei Zugabe von *Toluol* stärker. *Sulfadiazin* hingegen bewirkt eine Verminderung der Proteolyse (30—50% der Norm), ausgenommen Asparagin, Cystin, Histidin u. Serin, die nicht beeinflußt werden. *Streptomycin*, in therapeut. Dosen zugefügt, zeigt in seiner Wrkg. keinen Unterschied gegenüber der Norm. (Rev. Asoc. bioquím. argent. **17.** 17—18. Jan./Febr. 1952.) P. G. SCHEURLEN. 4330

R. Bönicke, *Über den Antagonismus zwischen dem Isonicotinsäurehydrazid (INH) und bestimmten aromatischen Substanzen.* Vf. fand, daß die bakteriostat. Wrkg. des *Isonicotinsäurehydrazids* (I) auf Mycobacterium Phlei durch einige aromat. Verbb. [*p-Aminosalicylsäure, m-Aminophenol* (II), *Phenol, Resorcin* u. *Phloroglucin*] stark verringert wird, während andere aromat. Verbb. [*p-Aminophenol, Brenzcatechin, Benzoesäure, o-, m-* u. *p-Aminobenzoesäure* (III)] ohne Einfl. waren. Die stärkste Wrkg. zeigte **II**, das noch in einer Verdünnung von 1:1000 die bakteriostat. Wrkg. eines 0,1%ig. **I**-Zusatzes herabsetzte. Der Antagonismus zwischen den genannten Substanzen u. **I**, der durch **III** aufhebbar ist, war am ausgeprägtesten, wenn **I** dem Nährmedium (HOTTINGER-Bouillon) erst mindestens 3 Std. nach den genannten Verbb. zugesetzt wurde; jedoch werden diese aromat. Verbb. von den Bakterien nicht als Energiequelle benutzt. (Naturwissenschaften **39.** 402. Sept. 1952. Borstel, Tuberkulose-Forschungsinst.) IPPEN. 4330

N. J. Berridge und **J. Barrett,** *Eine Inhibitorsubstanz im Darm der Küken.* Es wurde gefunden, daß der Darminhalt von Küken inhibitor. gegen Strept. agalactiae wirkte. Der Inhalt vom Zwölffingerdarm war auch wirksam u. war in seiner Wrkg. äquivalent einer Lsg. von 70 μg Penicillin/ml. Die Substanz wurde mit dest. W. bei einem p_H von 6—7 extrahiert. Die Wrkg. war mit einem Präcipitat verbunden, das ein Maximum bei p_H 3 erreichte. (Biochem. J. **51.** III. April 1952. Reading, Univ., Nat. Inst. for Res. in Dairying.) NEHRING. 4330

H. J. Oskam, *Vergleich zweier Methoden für die Bestimmung der Resistenz von Mycobacterium tuberculosis gegen p-Aminosalicylsäure und Streptomycin.* Die Ergebnisse der Resistenzbestimmungen von *Mycobact. tubercul.* gegen *PAS* u. *Streptomycin* auf dem Nährboden von LOEWENSTEIN u. auf dem Medium von HERROLD (vgl. J. infect. Diseases **48.** [1931.] 236) unterscheiden sich nur wenig voneinander. Das LOEWENSTEIN-Medium wird jedoch bevorzugt, da es sich besser für direkte Resistenzbestimmungen eignet. (Antonie van Leeuwenhoek **18.** 316—22. 1952. Utrecht, Univ., Med. Clin.) RUTKOWSKI. 4340

G. Bruynoghe und **B. Cymbala,** *Einige in vitro-Ergebnisse über antituberkulöse Chemotherapie.* Zwischen *Streptomycin* (I) u. *PAS* besteht ein Synergismus (Sy), der um so ausgeprägter ist, je mehr der Stamm resistent gegen I ist. Die Ggw. von PAS scheint die Sensibilität (Ssbl) der I-resistenten Stämme wieder zum Normalen zurückzuführen. Bei der Kombination **I** + **PAS** genügt es nicht, die Ssbl gegen beide Anteile getrennt zu bestimmen, man muß auch gegen das Gemisch testen. Durch Lyophilisation wird die **I**-Resistenz der resistenten Stämme erheblich herabgesetzt. Die Resistenz der Tuberkelbacillen gegen Isonicotinsäurehydrazid (II) nimmt zu. Es besteht kein **Sy** zwischen **II** u. **I** oder **PAS**. Die gegen **II** resistenten Stämme sind es auch gleichermaßen gegen das Isopropylderivat. (Bull. Acad. roy. Méd. Belgique [6] **17.** 485—96. 1952.) K. BÖHM. 4340

R. Benda und **D.-A. Urquia,** *Eine den Prozentsatz empfindlicher und resistenter Keime liefernde Schnellmethode zur Bestimmung der Streptomycinresistenz der Tuberkelbakterien.* Vff. beurteilen die Streptomycinresistenz der Tb-Bakterien in pathol. Material, z. B. Sputum, Pleura-Fl., durch direkte Beobachtung nach einer modifizierten Fontès-Färbung, wobei die streptomycinempfindlichen inhomogen, mit chromophilen Granula erscheinen, während die resistenten ein homogenes Aussehen von rotbrauner Farbe aufweisen. Die Meth. stellt ein biol. Verf. dar, das die durch Streptomycineinw. veränderten Zellen zu erkennen ermöglicht. (Presse méd. **58.** 841—42. 22/7. 1950. Paris, Centre de Phthisiol. et de Pneumol. de l'Hôpital Beaujon.) K. MAIER. 4340

B. Fogh, *Bakterielles in vivo-Wachstum und die Wirkung von Penicillin auf im Wachstum gehemmte Bakterien. Salmonella typhimurium* verhält sich in vivo hinsichtlich des Wachstums wie in einer sich langsam vermehrenden Kultur in vitro. Die Rk. gegenüber *Penicillin* (I) ist ebenfalls ähnlich wie die sich langsam teilender Keime einer Kultur, d. h. sie sind gegen hohe **I**-Konzz., bes. wenn sie in Leukocyten eingeschlossen sind, relativ resistent. Andererseits können unter den in vivo-Bedingungen niedrigere **I**-Konzz., als in vitro wirksam sind, in Verb. mit den Abwehrkräften des Körpers einen bakteriostat. Effekt ausüben. (Acta pathol. microbiol. scand. **27.** 889—901. 1950. Kopenhagen, Univ., Inst. of General Pathol.) K. MAIER. 4340

R. Benda und **D.-A. Urquia,** *Schnellbestimmung der Streptomycinwirkung des Tuberkelbakteriums und des Prozentsatzes der empfindlichen und resistenten Keime.* Vff. geben eine Erwiderung auf die Einwände, die gegenüber ihrer Meth. (vgl. vorst. Ref.) zur Best. des %-Satzes streptomycinresistenter u. empfindlicher Tuberkelbakterien auf Grund morpholog. Kennzeichen (homogenes oder granuliertes Aussehen) in prinzipieller u. prakt. Hinsicht gemacht werden u. stellen fest, daß das Verf. den übrigen in vitro-Methoden gleichwertig, an Einfachheit der Technik u. Schnelligkeit der Auswertung jedoch überlegen ist. (Presse méd. **59.** 1671—72. 15/12. 1951. Paris, Centre de Phthisiol. et de Pneumol. de l'Hôpital Beaujon.) K. MAIER. 4340

Joyce M. Wright, *Produktion von Gliotoxin aus unsterilisiertem Boden.* Nach Ergebnissen des Vf. wird *Gliotoxin* (I) durch Trichoderma viride in Wareham Heath-Erde erzeugt, einem sehr sauren Boden mit üppiger Mikroflora. Nachw. durch Papierchromatographie. Der Geh. der Probe an I konnte nach der Größe der Hemmungszonen ungefähr beurteilt werden. Aktivität wurde bei nur unbeimpften unsterilen Bodenproben festgestellt bei Zusatz von getrocknetem Klee; sie wird auf die I-Produktion durch den Fungus zurückgeführt. Bei Zusatz von 5% getrocknetem Klee zur Bodenprobe wurde von dieser ca. 0,6 μg/I/g erzeugt. (Nature [London] **170.** 673—74. 18/10. 1952. Welwyn, Herts, Imperial Chemical Industries Ltd., Butterwick Res. Labor.) DOSSMANN. 4340

Dorothy M. Wheater, A. Hirsch und **A. T. R. Mattick,** *Die Möglichkeit der Identität von „Lactobacillin" mit durch Lactobacillen erzeugtem Wasserstoffperoxyd.* Da aus Gruyere-Käse isolierte Lactobacillenstämme gegen Staphylococcus aureus Hemmungszonen von 20—30 mm Durchmesser ergaben, erhielt das akt. Prinzip den Namen *Lactobacillin* (I). Nach Unterss. der Vff. scheint aber H_2O_2 in dem Mechanismus der Wachstumshemmung eine Rolle zu spielen, weswegen die Existenz von I anzuzweifeln ist. Vff. stellten an ihren Testorganismen bei H_2O_2 eine Hemmwrkg. von 4 μg/ml fest. Die Aktivität ist an das Vorhandensein lebender Zellen geknüpft; diese produzieren vermutlich H_2O_2, selbst wenn nur Spuren von O_2 anwesend sind. Der antibiol. Effekt wird durch Katalase zerstört. Daß der Vorgang bisher nicht richtig erkannt worden ist, wird auf das Vorhandensein eines nichtidentifizierten Faktors bei Verwendung steriler Malzextraktnährbrühe zurückgeführt, der entweder H_2O_2 entfernt oder den Test verschleiert. (Nature [London] **170.** 623—24. 11/10. 1952. Shinfield, Nr. Reading, National Inst. for Res. in Dairying.) DOSSMANN. 4340

J. Babad, A. Pinsky, R. Turner-Graff und **N. Sharon,** *Ein durch Bacillus subtilis erzeugtes fungicides Polypeptid.* Vff. berichten über die Isolierung eines sauren, homogenen, hitzebeständigen *Polypeptids* (I) durch Bacillus subtilis mit p_K ca. 5,5 u. Äquivalentgewicht von ca. 1000 bei Titrierung mit NaOH. I ist unlösl. in dest. W., lösl. bei p_H über 6, leicht lösl. in *Methanol, A.* u. *n-Butanol.* Der N-Geh. des getrockneten I betrug 11—11,5%. Chromatograph. Unterss. eines sauren Hydrolysates ergaben Anwesenheit von ***Glutaminsäure, Asparaginsäure, Serin, Alanin, Valin, Leucin*** u. ***Phenylalanin.*** Vorvers. zur Best. des antibiot. Spektr. werden erwähnt. I wirkt in der Hauptsache fungicid. (Nature [London] **170.** 618—19. 11/10. 1952. Rehovoth, Israel, Agricult. Res. Stat., Dairy Res. Labor.) DOSSMANN. 4350

P. T. J. C. P. Warner, *Das Phänomen des Irisierens von Ps. pyocyanea.* Etwa die Hälfte frisch isolierter *Ps. pyocyanea*-Stämme zeigen auf festen Nährböden bei schräger Beleuchtung einen metall. oder irisierenden Glanz. Die irisierende Substanz (I) ist mit W. abschwemmbar, von wachsartiger, fettiger oder öliger Beschaffenheit u. gelblicher bis brauner Farbe. Da I auch Lyse der Bakterienkulturen bewirkt, wurde die Erscheinung des Irisierens vielfach als eine Bakteriophagenwrkg. betrachtet. Die I-Bldg. wird in Oberflächenkulturen durch Verwendung verd. Bouillon bei der Nähragarherst. oder eines halbsynthet. Agarmediums, Zusatz einer Salzlsg. oder eines oberflächenakt. Mittels, z. B. Saponin oder Na-Desoxycholat, zum Medium verhindert. I zeigt teilweise die Eigg. einer Fettsäure u. bildet vielleicht eine Komponente der *Pyocyanase,* die bekanntlich Bakteriolyse bewirkt. Bakteriophagenlyse u. die von dem Phänomen des Irisierens begleitete Auflösung der Kulturen stellen nach den vergleichenden Unterss. des Vf. zwei verschied. Vorgänge dar, wobei der letztere wahrscheinlich das Ergebnis einer Stammesvariation ist. (Brit. J. exp. Pathol. **31.** 242—57. April 1950. London, Middlesex Hosp., Bland-Sutton Inst. of Pathol.) K. MAIER. 4350

Hans Christen Engboek, *Die Erscheinung des Irisierens von Bakterienkulturen, speziell solchen des Pfeifferschen Bacillus.* 126 Stämme des PFEIFFERschen Bacillus aus eitriger Cerebrospinal-Fl. zeigten sämtlich starkes Irisieren, dagegen nur 31 (9%) von 345 aus Herden außerhalb des Zentralnervensyst. isolierten. Alle irisierenden Stämme waren verkapselt. Das Irisieren beruht möglicherweise auf einem Gittereffekt. (Acta pathol. microbiol. scand. **27.** 388—93. 1950. Kopenhagen, Staatl. Seruminst.) K. MAIER. 4350

Phyllis A. Don und **M. van den Ende,** *Vorläufige Untersuchung der Bakteriophagen von Pseudomonas aeruginosa.* 30 aus klin. Material isolierte *Pseudomonas aeruginosa*-Stämme wurden hinsichtlich Phagen u. speziell des bei der Lyse häufig auftretenden Effektes der metall. glänzend erscheinenden Flecken („Irisieren") untersucht. Aus den Filtraten der Stämme wurden 25 Bakteriophagen oder Phagenvarianten isoliert u. deren Wrkg. auf die verschied. Bakterienstämme, sowie auf einige ihrer Varianten studiert. Die Isolierung eines filtrierbaren Agens, das das Irisieren hervorrufen kann, gelang bisher nicht. Bei einigen *Streptomycin*-empfindlichen Stämmen wird das Irisieren ohne Beeinflussung der Phagenaktivität durch das Antibioticum verhindert. „Irisierende" Stämme entstehen häufig spontan aus solchen ohne diesen Effekt. Bldg. der irisierenden Flecken, Farbstoffbldg. der Stämme, lysogener Charakter, Phagenempfindlichkeit u. -resistenz scheinen voneinander unabhängige Variable zu sein. (J. of Hyg. **48.** 196—214. Juni 1950. Cape Town, Univ., Dep. of Pathol.)
K. MAIER. 4350

Neil Tomlinson, J. J. R. Campbell und **Paul C. Trussell,** *Der Einfluß von Zink, Eisen, Kupfer und Mangan auf die Bildung von Citronensäure durch Aspergillus niger.* 2. Mitt. *Nachweis des essentiellen Charakters von Kupfer und Mangan.* (1. vgl. J. Bacteriol. **59.** [1950.] 217.) Bei Züchtung von *A. niger* 72—4 aus Conidien in stationärer Oberflächenkultur zwecks Bldg. von Citronensäure (I) aus *Saccharose* (II) ist zur Erzielung hoher I-Ausbeuten der Zusatz von Spuren Zn, Fe, Mn u. Cu erforderlich, wobei die Konzz. der Spurenelemente niedriger als für maximal schnelles Pilzwachstum erforderlich sein müssen. Fehlen eines der Spurenelemente bewirkte eine deutliche Verminderung der I-Bildung. Weglassung von Zn, Fe, Mn bzw. Cu rief eine 96, 91, 44 bzw. 76%ig. Abnahme hervor. Wurde II durch Behandlung mit Kationenaustauschern gereinigt, so lag die I-Ausbeute, auch in Ggw. optimaler Zn-, Fe-, Mn- u. Cu-Konzz., 17% niedriger als bei ungereinigter, d. h. eine hohe I-Bldg. erfordert noch Ggw. eines zusätzlichen Faktors. (J. Bacteriol. **61.** 17—25. Jan. 1951. Vancouver, Univ. of British Columbia, Dep. of Dairying, u. British Columbia Res. Council.) K. MAIER. 4380

Selman A. Waksman, The Actinomycetes: Their nature, occurrence, activities and importance. Waltham, Massachusetts: Chronica Botanica Comp. 1950. (221 S. m. 39 Abb. u. 44 Taf.) 8°. $ 5,—.

Hans Schmidt, *Fortschritte der Serologie.* 2. Auflage. Lieferung 12 u. 13. Darmstadt: Dr. Dietrich Steinkopff. 1953. Je 64 Seiten (705—768 u. 769—832). Subskriptionspreis je DM 6,—. (11. Lfg. vgl. C. **1953.** 1032.)
Der Abschnitt „Hämagglutination" wird in der 13. Lieferung abgeschlossen, die außerdem den Abschnitt „Konglutination" sowie den Anfang des Abschnittes „Die zytotox. Antikörper" enthält. Die insgesamt ca. 900 weiteren Literaturangaben reichen bis in das Jahr 1953 hinein
SCHLOTTMANN. 4370

E_4. Pflanzenchemie. Pflanzenphysiologie. Pflanzenpathologie.

Eric Cocker und **Wesley Cocker,** *Ein Anthocyanidin aus Louro Inamui.* Vff. stellten fest, daß der Extrakt des brasilian. Hartholzes Louro Inamui ein *Anthocyanidin* (I) enthält, das sich in seinen Farb-Rkk., seinem Verteilungsverhältnis u. papierchromatograph. Verh. wie *Peonidin* verhält. — Durch Extraktion von Spänen wurde eine rosabraune Lsg. erhalten, die durch 2 Min. Kochen u. mit 10%ig. HCl zu einer bernsteinfarbenen Lsg. hydrolysiert wurde. Reinigung u. vergleichende Farb-Rkk. mit Anthocyanidinen als Standardsubstanzen nach Methoden von ROBINSON u. ROBINSON (Biochem. J. **26.** [1932.] 1647). Nach Extraktion mit Amylalkohol u. Versetzen mit $FeCl_3$ färbt sich Amylalkohol purpurrot u. wss. Schicht blau. Um I aus Amylalkohol in 1%ig. HCl überzuführen, sind 8 Voll. Bzl. nötig. — Bei der Papierchromatographie wird das Papier mit 1%ig. HCl-Lsg. von I versetzt u. mit Lsg. von Butanol–CH_3COOH–W. (40:10:50) entwickelt. Als Vergleichssubstanzen wurden Anthocyanidine benutzt. Folgende R_F-Werte wurden festgestellt: I: 0,37, Peonidin: 0,37, Delphinidin: 0,36, Pelargonidin: 0,49, Cyanidin: 0,47, Malvidin: 0,49, Peltogynidin: 0,44. (J. chem. Soc. [London] **1952.** 5035—36. Dez. Oxford, Univ., Dyson Perrins Labor.) FRANCK. 4420

L. J. Webb, *Überblick über die Phytochemie in Australien.* 2. Mitt. *Alkaloide der Queensland-Flora.* (1. vgl. Commonwealth sci. ind. Res. Organizat., Bull. **241.** [1949.].) 1040 Arten von *Angiospermen* werden auf Alkaloidgeh. geprüft. Damit ergibt sich unter Einbeziehung früherer Unterss., daß 206 Arten aus 108 Gattungen u. 37 Familien wesentliche Alkaloidmengen enthalten. 9 Familien ragen bes. hervor. Bei 60 Familien enthielten sämtliche untersuchten Arten keine Alkaloide. Einheim. Vertreter aus Familien, die anderswo als Alkaloidlieferanten dienen (z. B. Rubiaceen), wiesen nur dürftige Gehh. auf. Die Unterss. erfolgten an frischen Pflanzen wie auch an Herbarmaterial. (Commonwealth sci. Res. Organizat., Bull. **268.** 5—99. 1952. Brisbane, C. S. I. R. O., Plant and Soils Labor.) FRESENIUS. 4420

Manfridi Francesca, *Die Wirkung einiger kolloidaler Metalle auf die Keimung der Samen im Hinblick auf die Natur ihrer Reserven.* Koll. Lsgg. von *Au, Pt, Pd, Ag* u. *CuO* üben auf das 1. Stadium der Pflanzenentw. (Senf, Weizen, Linsen) verschied., manchmal etwas unbestimmte Wirkungen aus. Bei vernalisierten Samen von Weizen stimulieren die koll. Metalle die Ährenbldg. deutlich, bes. wenn die Samen erst nach 40tägiger Vernalisierung in die koll. Lsgg. gebracht werden. (Chimica [Milano] [N. S.] **7** (**28**). 375—77. Okt. 1952.) METZENER. 4486

W. B. Ligett, Calvin N. Wolf, R. E. Hay und **D. P. Uhl,** *Ein neuer Pflanzenwachstumsregulator, α-Cyano-β-[2.4-dichlorphenyl]-acrylsäure.* Durch Kondensation von 2.4-Dichlorbenzaldehyd mit Cyanessigsäure wurde *α-Cyano-β-[2.4-dichlorphenyl]-acrylsäure* (**I**) dargestellt u. als Wachstumsregulator an Tomaten u. Dotterblumen zur Anwendung gebracht. Bei Tomaten ergab eine Saatgutbehandlung u. eine Anwendung mit Lanolinpaste keine Ergebnisse. Beim Tauchen eines Blattes von jungen Tomatensämlingen in 1%ig. wss. Suspension von **I** starb dieses Blatt ab, die übrige Pflanze wurde zunächst nicht beeinflußt, nach 10 Tagen war die Höhe nur noch $^1/_3$, nach einem Monat ½ gegenüber unbehandelten. Bespritzen junger Tomatensämlinge mit 1%ig. Suspension von **I** ergab Absterben, mit 0,1% Verzögerung des Wachstums. Höhe betrug nach 3 Wochen bei behandelt 14 cm, unbehandelt 35,5 cm. Dabei entstanden keine Schädigungen am Gewebe, Farbe war n., durch übermäßiges Austreiben der Achselknospen waren Pflanzen ungewöhnlich buschig. Anwendung von **I** bei Dotterblumen im Knospenzustand ergab Verzögerung der Blüte. Das *Diäthanolaminsalz* (**II**) wirkt stärker als **I**. DL für Ratten bei oraler Verabfolgung **I**: 50—250 (mg/kg); **II**: 25—500. (Science [Washington] **116**. 393—94. 10/10. 1952. Detroit, Mich., Ethyl Corp., u. Columbus, O., Battelle Memorial Inst.) BEINERT. 4486

E_5. Tierchemie. Tierphysiologie. Tierpathologie.

James Norman Dent und **Ernest L. Hunt,** *Eine autoradiographische Untersuchung der Jodverteilung in Larven und metamorphosierenden Exemplaren von Anuren.* Zur Klärung der Frage der J-Verteilung bei Amphibienlarven wurden Larven verschied. Froscharten in bestimmten Entwicklungsstadien während 24 Std. Lsgg. von unterschiedlichen KJ-Konzz. (J als ^{131}J) ausgesetzt u. nach Verlauf verschied. Zeiten untersucht. Die J-Aufnahme erschien direkt proportional zur Konz. in der Lösung. Ein Tag nach Entfernung aus der Versuchslsg. war eine deutliche Anhäufung von J in der Thyreoidea, im Darm, den pigmentierten Geweben (bes. des Auges), der Thymus u. den Hornzähnen feststellbar. Längere Zeit nach Entfernung aus der Versuchslsg. bestand noch Anhäufung in Thyreoidea, Thymus u. Pigmentschichten des Auges. Diese Lokalisation von ^{131}J wurde durch Larvenstadium oder Thyreoidektomie nicht deutlich beeinflußt. Durch Einw. höherer ^{131}J-Konzz. wurden Thyreoidea u. Thymus häufig geschädigt oder zerstört. Aus stark geschädigten Schilddrüsen verschwand das ^{131}J, nicht jedoch aus schwer geschädigten Thymusdrüsen. Es wird angenommen, daß in pigmentierten Geweben lokalisiertes J an *Tyrosin* gebunden ist. (J. exp. Zoology **121**. 79—97. Okt. 1952. Charlottesville, Va., Univ. of Virginia, Miller School of Biol.) SCHWAIBOLD. 4510

Hedwig Langecker, *Ein Beitrag zur Bestimmung der Hyaluronsäure in Organen.* Die vom Vf. angewandte Bestimmungsmeth. beruht auf der Trübungs-Rk. von *Hyaluronsäure* (**I**) mit verd. Serum bei p_H 4,2 nach deren Lsg. aus dem Proteinverband u. Inaktivierung der körpereigenen *Hyaluronidase* (**II**). — Das zerkleinerte Material wird in Acetatpuffer p_H 6 ausgekocht; günstig ist vorherige Herst. eines Acetontrockenpulvers. Zur weiteren Enteiweißung wird der filtrierte Extrakt 3 Std. mit Pepsin bei 37° incubiert. In der klaren Lsg. wird der Trübungstest in Acetatpuffer, p_H 4,2, mit Pferdeserum 1:10 ausgeführt. Im Parallelvers. wird **I** durch **II** abgebaut. Die Differenz der erhaltenen Trübungen wird mittels einer täglich erneuerten Kontrollkurve (mit gereinigtem **I**) als **I** bewertet. — Zu Muskulatur zugesetzte **I** wird zu 80% wiedergefunden. In einer Tabelle sind die **I**-Gehh. von Organen verschied. Tiere angegeben. Gewisse Streuungen treten auf wegen der Schwierigkeiten, die gewebseigene **II** auszuschalten. (Klin. Wschr. **30**. 222—23. 1/3. 1952. Berlin-West, Schering Akt.-Ges., Hauptlabor.) NECKEL. 4520

R. P. Hansen, F. B. Shorland und **N. J. Cooke,** *Die verzweigtkettigen Fettsäuren von Hammelfett.* 2. Mitt. *Die Isolierung von (+)-12-Methyltetradecan- und von 13-Methyltetradecansäure.* (1. vgl. C. **1953**. 3428.) Unter Heranziehung der Untersuchungsverff., wie sie früher bei der Abtrennung von verzweigtkettigen Fettsäuren aus Butter sowie aus Rinderfett benutzt worden sind, erfolgt eine weitere eingehende Prüfung des Fettes aus oberflächlichem Fettgewebe von alten Mutterschafen, nachdem vorher schon darin die Ggw. von (+)-14-Methylhexadecansäure nachgewiesen worden war (l. c.). Aus

7,69 kg Methylestern dieses Schaffettes werden durch fraktionierte Dest. im Vakuum, Tieftemperaturkristallisation sowie chromatograph. Trennung 2 Fraktionen abgetrennt; Kennzeichnung derselben durch F., Verseifungsäquivalent, Elementaranalyse, Geh. an Methyl, spezif. Drehung, röntgenograph. Untersuchungen. Unter krit. Auswertung des einschlägigen Schrifttums wird aus den experimentellen Daten abgeleitet, daß im geprüften Schaffett in Glyceridbindung die (+)-12-Methyl- sowie die 13-Methyltetradecansäure anwesend sind, jene (F. 25,8°) in einer Menge von mindestens 0,04, diese (F. 50,2°) von mindestens 0,02%, bezogen auf die Gesamtfettsäuren. (Biochem. J. **53.** 374—78. Febr. 1953. Wellington, New Zealand, Dep. of Sci. and Ind. Res., Fats Res. Labor.) TÄUFEL. 4520

Paul Boulanger und **Gérard Biserte,** *Freie Aminosäuren und Peptide des Hirngewebes: Anwesenheit von gebundener γ-Aminobuttersäure.* Mit Hilfe von Ionenaustauscherharzen wurden aus dem Acetonextrakt u. aus dem Dialysat von Gehirn (Hund, Schwein oder Rind) 4 Fraktionen erhalten, die durch zweidimensionale Papierchromatographie aufgearbeitet wurden. Es konnten freie Aminosäuren u. Peptide festgestellt werden. In einer bestimmten Fraktion befand sich auch hierunter gebundene *γ-Aminobuttersäure,* die von gebundenem *β-Alanin* begleitet wurde. In dieser Fraktion wurde sonst normalerweise *Pantothensäure* angetroffen. (C. R. hebd. Séances Acad. Sci. **233.** 1498 bis 1500. 3/12. 1951.) PATZSCH. 4520

A. Gedeon Matoltsy, *Eine Untersuchung des strukturellen Proteins des Glaskörpers* (*Vitrosin*). Isolierung u. Reinigung des *Vitrosins* (I), eines strukturellen Bestandteiles des Glaskörpers, sowie Beschreibung seiner physikochem. u. chem. Eigenschaften. I ist aus einem *Protein-Kohlenhydrat-Komplex* zusammengesetzt, der *Cystin* u. die *aromat. Aminosäuren* nur in sehr geringer Menge u. keine *Hyaluronsäure* bzw. *Hexosamine* enthält. I zeigt ähnliche Eigg. wie *Kollagen,* unterscheidet sich aber von diesem in der Feinstruktur seiner Fasermoleküle. (J. gen. Physiol. **36.**. 29—37. 20/9. 1952. Boston, Mass., Massachusetts General Hospital.) NIESWANDT. 4520

Andrée Drilhon, *Untersuchung des Inneren von Macrothylacea rubi L. während der Winterruhe.* Vf. untersuchte den Geh. u. die Zus. der *Aminosäuren* bei der Larve von Macrothylacea rubi L. während der Winterpause (Oktober—Februar) durch Papierchromatographie. Im Februar entspricht die Aminosäurezus. der Larve schon der der Puppe. Die wachsende Anzahl der auftretenden Aminosäuren u. der steigende Aminosäuregeh. im Januar u. Februar sind die ersten Anzeichen einer Metamorphose. (C. R. hebd. Séances Acad. Sci. **234.** 1913—15. 5/5. 1952.) H. SCHEURLEN. 4520

Fred M. Snell, *Aktivitätskoeffizienten einiger Natrium- und Kaliumphosphate.* Es wird untersucht, ob eine *Ionenwechselwrkg.* zwischen Na^+ u. K^+ mit verschied. organ. Phosphorsäureestern, anorgan. Pyro- u. Polyphosphorsäuren besteht. Zu diesem Zweck werden aus *Membranpotentialmessungen* an Kollodiummembranen die Aktivitätskoeffizienten ermittelt. Es ergeben sich innerhalb der Versuchsgenauigkeit für die Na- u. K-Verbb. die gleichen Werte. Hieraus wird geschlossen, daß den untersuchten Phosphorsäureverbb. keine Bedeutung für den akt. Ionentransport in biol. Systemen zukommt, noch daß sie intracelluläres K binden. (Biochim. biophysica Acta [Amsterdam] **10.** 188—89. Jan. 1953. Cambridge, Mass., Massachusetts Inst. of Technol., Dep. of Biol.) WALLIS. 4550

Morten Simonsen und **Richard Christensen,** *Durch heteroplastische Parabiose bedingte Antikörperbildung. Behandlung mit Antihistaminicis.* Zur Unters. der Frage, ob bei heteroplast. Parabiose eine Antikörperbldg., die gegen den Partner gerichtet ist, eintritt, u. ob das Leben von solchen heteroplast. parabiot. Tieren durch *Antihistaminica* verlängert werden kann, wurde eine Parabiose von Ratte u. Maus hergestellt. Es zeigte sich, daß Maus u. Ratte gegen die Erythrocyten des Partners gerichtete Antikörper bilden, u. die Antikörper nach 2—3 Tagen im Blut nachzuweisen sind. Eine Verabreichung von Antihistaminicis hatte keinen Einfl. auf die Lebensdauer, der Tod der Tiere trat zwischen 4 u. 16 Tagen nach der Operation ein, wobei die Maus immer zuerst starb. (Acta pathol. microbiol. scand. **27.** 325—37. 1950. Kopenhagen, Univ., Inst. of General Pathol.) REICHLE. 4551

Mary C. Pangborn, *Probleme der Herstellung und Verwendung von Cardiolipinantigenen.* Cardiolipin ist ein Phosphorlipoid, das keine N-Base, aber gewisse freie Säurevalenzen der Phosphorsäuregruppen besitzt. Es kann echte Salze bilden, u. hierauf beruht auch das Reinigungsverf., bei dem Salze von verschied. Löslichkeit in organ. Lösungsmitteln gebildet werden. Cardiolipin ist wahrscheinlich ein Gemisch zweier verschied., aber sehr ähnlicher Verbb., die sich bisher voneinander nicht trennen ließen. Beide haben aber die gleiche Bedeutung für Luesreaktionen. Das zur Fertigstellung des Cardiolipinantigens notwendige *Lecithin* wird einfacher aus Eigelb gewonnen. Die große Empfindlichkeit u. Spezifität des aus Cardiolipin, Lecithin u. *Cholesterin* bestehenden *Luesantigens* ist nicht nur von der Reinheit, sondern auch von einem optimalen Mischungsverhältnis der drei Komponenten abhängig. (Acta dermato-venereol. [Stockholm] **31.** Suppl. 24. 152—66. 1951. Albany, N. Y., State Dep. of Health, Div. of Labor. and Res.) FISCHOEDER. 4551

Ulrich Berger, *Weitere Untersuchungen zur Frage einer antibakteriellen Speichelwirkung.* Die in der Literatur verschieden beantwortete Frage des H_2O_2-Geh. von menschlichem Speichel wurde durch Resistenzbest. an 60 Stämmen frisch gezüchteter Mundbakterien zu klären versucht. Am empfindlichsten war Neisseria (Hemmung mit 0,0005% H_2O_2); es folgen Corynebacterium, Sarcina, γ- u. α-hämolyt. Streptokokken, Mikrokokken u. Diphtheriebakterien. Die Speichelflora ist also nicht H_2O_2-resistent. Durch die von TSCHESCHE u. Mitarbeiter (Z. Naturforsch. **6b.** [1951.] 22) im Speichel gefundene H_2O_2-Konz. von 0,03% wurden alle getesteten Stämme völlig gehemmt, 23 von 24 Stämmen auch abgetötet. In bebrütetem Nativspeichel nimmt die Zahl der bes. H_2O_2-empfindlichen Anaerobier rasch zu. Es wird daher angenommen, daß die α-hämolyt. Streptokokken in vivo von der Möglichkeit der aeroben Atmung nicht in nennenswertem Maße Gebrauch machen, im Speichel demnach prakt. kein H_2O_2 entsteht. Mit der Suspension- u. Fäulnismeth. wurde in Fortführung früherer Unterss. bei 10 Versuchspersonen nachgewiesen, daß der unvermischte Gesamtspeichel keinen Hemmungsfaktor gegen Diphtheriebakterien im Sinne der DOLD-WEIGMANNschen Inhibine enthält. (Z. Hyg. Infektionskrankh. **136.** 94—101. 1953. Hamburg, Univ., Klinik u. Poliklinik für Zahn-, Mund- u. Kieferkrankheiten.) GOEBEL. 4555

C. E. Rosiere und **M. I. Grossman,** *Über einen histaminähnlichen Körper, welcher die Magensaftsekretion stimuliert, ohne die anderen Histaminwirkungen zu besitzen. 3-β-Äthylaminopyrazol,* welches eine Pyrazolkonfiguration anstatt der Imidazolkonfiguration des Histamins aufweist, ruft eine Magensaftsekretion hervor, ohne die anderen Histaminwirkungen zu zeigen. Es erscheint deshalb zur Best. des histaminrefraktären Magensaftes geeignet zu sein. (Science [Washington] **113.** 651. 8/6. 1951.) REICHLE. 4555

R. Kernen und **R. Brun,** *Untersuchungen über das Schwitzen.* 5. Mitt. *Pharmakodynamische Prüfungen der Schweißdrüsen des Menschen.* Die hemmende oder fördernde Wrkg. von 103 Verbb., welche iontophoret. auf die Haut gebracht wurden, wurden nach MANUILA u. ISLER (C. **1952.** **398**) untersucht. Fördernd auf die Schweißdrüsensekretion wirkten die Parasympathomimetica *Acetylcholin, Arecolin, Benzoylcholin, Cholin, Dilvasen, Doryl, β-Mecholyl, Physostigmin, Pilocarpin, Prostigmin, Tetramethylammonium*; die Sympathicomimetica *d-Adrenalin, l-Adrenalin, Adrenalon, Aleudrin, Arterenol, Linksglaucosan, Neoepinin*; endlich verschiedenartige Stoffe, wie *Nicotinsäure, Nicotinsäurehydrazid, Butyldimethylbenzoyl-β-oxyäthylammoniumbromid, Butyldimethyl-β-oxyäthylammoniumbromid, Coramin, Diäthyldimethylammoniumjodid, Äthyldimethyl-(benzoyl-β-oxyäthyl)-ammoniumjodid, Äthyldimethyl-β-oxyäthylammoniumjodid* u. *Äthyltrimethylammoniumjodid,* endlich *Nicotylamid, Nicotin, Piperidin, Chinin* u. *Ronicol.* Die durch Pilocarpin angeregte Schweißabsonderung konnte durch *Atropin, Scopolamin, Buscopan, Banthine, Multergan* u. *Prantal* gestoppt werden. Durch Adrenalin hervorgerufenes Schwitzen konnte durch *Priscol* u. *Regitin* vermindert werden. Ohne Wrkg. auf das Schwitzen waren die Sympathicomimetica *Adrenoxyl, Ephedrin, Maxiton, Suprifen, Sympatol, Tyramin, Veritol* u. *Privin,* von den sympatholyt. wirkenden Mitteln *Dibenamin, Dihydroergotamin, Gravitol, Gynergen, Pyridin, Chinolein, Oxychinolein, Yohimbin, 3248 Roche* u. *Opilon*; die Spasmolytica *Xanthen-9-carbonsäure, Artane, Bentyl, Dolantin, Papaverin, Trasentin*; die Histamine u. Antihistaminica *Antistin, Avil, Benadryl, Histamin, Neoantergan, Phenergan*; Amine u. quartäre Ammoniumbasen *Butyldiäthyl-β-oxyäthylammoniumbromid, Cetyltrimethylammoniumbromid, Ammoniumchlorid, Diäthyl-(benzoyl-β-oxyäthyl)-amin, Dimethyl-(benzoyl-β-oxyäthyl)-amin, Diäthylamin, N.N-Diäthyläthanolamin, Dimethylamin, N.N-Dimethyläthanolamin, Methyldiäthyl-(benzoyl-β-oxyäthyl)-ammoniumjodid, Methyldiäthyl-β-oxyäthylammoniumjodid, Äthylamin, Methylamin, Pendiomid, Piperazin, Pyridoxin, Rimifon, Tetraäthylammoniumchlorid, Triäthanolamin, Triäthylamin, Triäthylbenzoyl-β-oxyäthylammoniumjodid, Triäthyl-β-oxyäthylammoniumjodid, Trimethylamin*; verschied. Verbb., wie *Agaricinsäure, Camphersäure, Dioxyphenylalanin, Na-Salicylat, Trafuryl, Tubocurarin* u. endlich Anästhetica u. Analgetica, wie *Cocain, Evipan, Morphin* u. *Procain.* (Dermatologica [Basel] **106.** 1—13. 1953. Genf, Univ., Clin. dermatol.; Hôpital cantonal.) WOLFGANG ALBRECHT. 4555

Joseph Sivadjian, *Die Anwendung einer hygrophotographischen Methode bei der Untersuchung der Transpiration.* Mit Hilfe einer durch Licht geschwärzten Platte von AgJ u. HgJ_2 in Gelatine konnte Vf. die Wrkg. des Sympathicolyticums *Diäthylaminomethyl-3-benzodioxan* (I) auf die Transpiration untersuchen. Die Platte wird auf die Haut aufgelegt u. erfährt an den Stellen starker Transpiration innerhalb weniger Min. eine Entfärbung. I wirkt auf die Transpiration stark erhöhend. Diese Eig. beruht auf seiner vasodilatator. Wrkg., da *Ergotamin,* das vasoconstrictor. wirkt, die dem I entgegengesetzte Wrkg. auf die Transpiration zeigt. (C. R. hebd. Séances Acad. Sci. **234.** 1911—13. 5/5. 1952.) H. SCHEURLEN. 4555

Remi Gerard-Marchant, *Die chemische Bestimmung des Follikelhormons in Gynäkologie und Geburtshilfe.* (Semaine méd. **28.** 205. 10/3. 1952.) KÖNIGSDORF. 4559

F. N. Ghadially und **H. J. Whiteley,** *Hormonell induzierte epitheliale Hyperplasie des Goldfisches (Carassius auratus).* Intraperitoneale Injektion (4 mg) bzw. Implantation (10 mg) von *Testosteronpropionat* führt bei jungen sowie bei erwachsenen Goldfischen (Carassius auratus) zur Ausbildung epithelialer Hyperplasien an Kiemen u. Brustflossen. Männliche Fische erleiden diese Veränderungen zu 100%, weibliche zu 50%. Beschreibung der histolog. Befunde. (Brit. J. Cancer **6.** 246—48. Sept. 1952. Sheffield, Univ., Dep. of Pathol.) REISS. 4559

Berthe Salzgeber, *Selektive Wirkung von Trypaflavin auf das Mark der in vitro kultivierten Geschlechtsdrüsen des Hühnerembryos.* Die in vitro-Verss. an den Keimdrüsen von Hühnerembryonen mit *Trypaflavin* (I; $^1/_{1000}$—$^3/_{1000}$ mg/0,6 cm^3) ergaben, daß das Ovar, dessen Mark sich sonst in vitro anomal im Sinne einer hodenähnlichen Struktur entwickelt, eine n. Struktur erhält. I hat also eine spezif. hemmende Wrkg. auf das Mark, nicht aber auf die Rinde. Der Vers. zeigt, daß eine nichthormonartige chem. Substanz doch eine Hormonwrkg. haben kann. (C. R. hebd. Séances Acad. Sci. **236.** 1306—08. 23/3. 1953.) R. KÖNIG. 4559

Franz Kroath, *Einfluß von Sexualhormonen auf die Altersschwerhörigkeit.* Die Ergebnisse, die Vf. bei der Behandlung der Altersschwerhörigkeit mit Geschlechtshormonen erhielt, zeigen, daß die dabei eintretende Verbesserung der Hörkraft nicht nur auf dem Schwinden der Ohrgeräusche, sondern auf einer Zunahme der Perzeptionsfähigkeit der Hörorgane beruht. Dabei wird sowohl in der Luft- als auch in der Knochenleitung die obere Tongrenze hinaufgesetzt u. die Perzeption der Schwingungsdauer nimmt zu. (Neue med. Welt **1.** 374—76. 18/3. 1950. Graz, Univ., Hals-, Nasen- u. Ohrenklinik.) H. SCHEURLEN. 4559

O. Hofferber und **P. Hutzschenreuter,** *Makroskopische und mikroskopische Veränderungen am endokrinen System, an der Gebärmutter und am Euter von Ziegen nach Injektion östrogener Substanzen (Folöstrol T).* Bei Ziegen, die eine subcutane Injektion von 1 Mill. I.E. *Dienöstroldiacetat* (*Folöstrol;* I) erhielten, wurden verschied. Organe makroskop. u. mkr. untersucht. Der Uterus macht nach der Injektion bei gleichzeitiger Größenzunahme einen Sexualcyclus von über 100 Tagen durch. An den Ovarien wurde eine Zunahme des absol. Gewichtes durch Cystenbldg. beobachtet. Die Funktion der Ovarien bleibt mindestens 250 Tage gestört, weswegen die Tiere 7—8 Monate steril bleiben. Die Eutergewichte der mit I behandelten Tiere sind durchweg geringer als die der unbehandelten Kontrolltiere. Ebenso bedingt I eine Verkleinerung der Schilddrüse bis ca. zum 90. Tage, später tritt wieder langsame Vergrößerung ein. Die Schilddrüse macht während dieser Zeit ein Stadium der Ruhe durch (Einschränkung der Hormonproduktion, dadurch Herabsetzung des Grundumsatzes u. besserer Masterfolg bei den Tieren). Bei den Nebennieren zeigen sich Gewichtszunahme, Hyperplasie u. andere Verbindungen. Die Hypophysen nehmen an Größe u. Gewicht zu, u. es finden Zellveränderungen statt. (Mh. Veterinärmed. **8.** 156—64. 15/4. 1953. Berlin, Humboldt-Univ., Veterinärmed. Fak., Klinik für Geburtshilfe u. Rinderkrankheiten.) H. SCHEURLEN. 4559

Mary Dochios und **Leonard S. Dreifus,** *Antidiuretische Hormonuntersuchungen bei Patienten mit Ödemen.* Die Ausscheidung von antidiuret. Hormon im Urin bei Patienten mit congestivem Herzfehler bzw. Lebercirrhose ist proportional dem Grad der klin. Ödeme. Zur Best. des Hormonspiegels wird die Wasserretention von Ratten, denen nach einer Wasserinfusion durch Magensonde das aus dem Urin extrahierte antidiuret. Prinzip intraperitoneal gespritzt wurde, gemessen. Die ödematösen Patienten zeigten außerdem einen positiven KEPLER-POWER-W.-Reaktionstest u. verminderte 17-Ketosteroidausscheidung. Danach wird ein Antagonismus zwischen Hypophysenhinterlappen als Quelle des antidiuret. Hormons u. der Nebennierenrinde angenommen, wobei das Gleichgewicht bei ödematösen Patienten gestört ist. (Amer. J. med. Sci. **222.** 538—43. Nov. 1951 Philadelphia, Pa., Hahnemann Med. Coll. and Hosp., Dep. of Med.) H.-J. KOCH. 4560

Ernold Granzer, *Über die Wirkung von Hormonextrakten des Hypophysenhinterlappens auf die Serumproteinzusammensetzung sowie ihre Beziehungen zum Renin.* Die Zus. der Serumproteine wird, wie nach der Meth. von GRASSMANN-HANNIG festgestellt wurde, durch Hormonextrakte des Hypophysenhinterlappens („*Hypophysin*") vor allem im Sinne einer Senkung der α_2-Globuline beeinflußt. Vf. diskutiert die Beziehung der HHL-Hormone zum *Renin* (I) u. glaubt, daß eines der im *Hypophysin* enthaltenen Hormone dieselben proteolyt. Eigg. entfalten kann wie I, oder daß der HHL-Totalextrakt durch I verunreinigt ist. (Naturwissenschaften **39**. 405. 1. Septemberheft 1952. München, Univ., I. Med. Klinik.) H. SCHEURLEN. 4560

Pierre Bourgeois, Vic-Dupont, R. Mollon und **C. Blatrix,** *Die Wirkung von Cortison und ACTH auf nichttuberkulöse Meerschweinchen und Kaninchen.* 1. Mitt. Injektionen von täglich 0,75 mg *Cortison* (I) bzw. 0,50 mg *ACTH* (II) 25 Tage bei n. Meerschweinchen u. täglich 4 mg I bzw. 4 mg II 30 Tage bei n. Kaninchen bewirkten in der Leber centrolobäre Läsionen in Form von Fettinfiltrationen, in der Milz reticuläre Hypoplasie mit Atrophie der lymphoiden Elemente, in den Nebennieren reticuläre Hyperplasie, in der Lunge *Alocolitis* u. hypo- u. hypertroph. Reticulärpneumonie. (Rev. Tuberculose [5] **16**. 908—11. 1952. Paris.) K. MAIER. 4560

William B. Sherman, *Cortison, ACTH und die allergischen Reaktionen.* Vf. berichtet zusammenfassend über die Möglichkeit, allerg. bedingte Krankheiten wirksam mit *Cortison* (I) u. *ACTH* (II) zu behandeln. Vf. geht auf experimentelle Grundlagen, Dosierung u. Wrkg. näher ein. (Practitioner **170**. 347—54. April 1953. New York City, Columbia Univ., Coll. of Phys. and Surgeons; Presbyterian Hosp.; Roosevelt Hosp.) REICHLE. 4560

F. Scheiffarth, F. Legler und **G. Berg,** *Experimentelle Untersuchungen über die Beeinflußbarkeit der humoral faßbaren Antikörperproduktion durch die Hormone des Hypophysen–Nebennieren-Systems.* 1. Mitt. *Das Verhalten der Antistreptolysinreaktion und der Serumeiweißkörper unter ACTH.* Der Antistreptolysintiter bei mit Streptolysin immunisierten Kaninchen wird durch *ACTH* nicht beeinflußt, gleichgültig, ob das Hormon vom Beginn der Sensibilisierung an oder erst auf der Höhe der Antikörperproduktion verabfolgt wird. Auch die bei der Immunisierung stets auftretende Verschiebung der Albumin–Globulin-Relation bleibt unter ACTH unverändert. (Z. ges. exp. Med. **120**. 558—67. 1953. Erlangen, Univ., Med. Klinik.) FISCHOEDER. 4560

F. Scheiffarth, F. Legler und **G. Berg,** *Experimentelle Untersuchungen über die Beeinflußbarkeit der humoral faßbaren Antikörperproduktion durch die Hormone des Hypophysen–Nebennieren-Systems.* 2. Mitt. *Das Verhalten der Antistreptolysinreaktion und der Serumeiweißkörper unter Cortison.* (**1. vgl. vorst. Ref.**) Entsprechend den in 1. Mitt. wiedergegebenen Befunden hat auch die *Cortison*-Verabfolgung keine Wrkg. auf die Antistreptolysinbildung. Dagegen erfolgt dabei eine erhebliche Abnahme des γ-Globulins u. Zunahme des Albumins. Da trotz der starken Wrkg. des Cortisons auf das Serumeiweißbild die Antikörperbldg. ungestört blieb, wird vermutet, daß Antistreptolysin einen nicht proteinartigen Träger hat. Präcipitine haben Beziehungen zum γ-Globulin. Die unter Cortison stehenden Kaninchen wurden kachekt., stoffwechselgestört u. erlagen oft sept. Infektionen. (Z. ges. exp. Med. **120**. 568—77. 1953. Erlangen, Univ., Med. Klinik.) FISCHOEDER. 4561

F. Layani, A. Bengui und **S. de Mende,** *Elektrophoretische Untersuchung und Chemie der Serumeiweißkörper im Verlauf einer chronischen fortschreitenden Polyarthritis und ihre Veränderung unter dem Einfluß der Cortisontherapie.* Bei 25 Patienten mit fortschreitender chron. Polyarthritis ergab die elektrophoret. Unters. der Serumeiweißkörper einen niedrigen Albuminspiegel, Vermehrung der γ-Globuline, wahrscheinlich bes. der Unterfraktion γ_1, Vermehrung der β-Fraktionen, beschleunigte Senkungsgeschwindigkeit der Hämoglobuline parallel mit der Zunahme der Summe aus $\beta + \gamma$-Globulinen u. der Schwere des rheumat. Prozesses. Bei der Hormontherapie mit *Cortison* u. *ACTH* war die Synth. der Eiweißkörper, bes. die Synth. ihrer Muttersubstanzen, der Albumine, stark eingeschränkt, jedoch war die Antikörperbldg. nicht gehemmt. (Semaine Hôpitaux Paris **28**. 3221—30. 30/10. 1952. Paris, Sorbonne, Labor. d'électrophorése.) BRANDT. 4561

Henri Galliard, Jacques Lapierre, Michel Larivière und **Robert Berdonneau,** *Cortison und corticotropes Hormon (ACTH) bei den Parasitosen durch Blutprotozoen. Cortison* besitzt nur eine erhöhte Wrkg. auf solche Parasiten, die einen raschen Tod der Tiere herbeiführen (*Trypanosoma brucei, Plasmodium berghei, Toxoplasma*), ist aber wirkungslos, sogar nach hohen Dosen, bei chron. Erkrankungen (*Trypanosoma cruzi, T. gambiense, Borrelia hispanica, Leishmania enriettii*). *ACTH* ruft bei diesen eine Eosinopenie hervor. (C. R. hebd. Séances Acad. Sci. **236**. 1308—10. 23/3. 1953.) R. KÖNIG. 4561

K. Fellinger, R. Falkner, V. Lachnit und **B. Watschinger,** *Zur Therapie des nephrotischen Syndroms mit Cortison.* Von 7 Patienten mit nephrot. Syndrom als Folge einer chron. Nephritis zeigten nach Gabe von insgesamt 1000 mg *Cortison* nur 2 einen Anstieg der Serumeiweißwerte u. völligen Rückgang der Ödeme. Die Autoren erwägen als Ursache des therapeut. Erfolges die nach Cortisongabe nachweisbare Verminderung der Nebennierenrindentätigkeit. (Dtsch. Arch. klin. Med. **199**. 481—91. 1952. Wien, II. Med. Univ.-Klinik.) EGGSTEIN. 4561

P. Rondoni und **F. Arienti,** *Über die Wirkung einiger Steroide auf den Ascorbinsäuregehalt der Organe bei Ratten.* Ratten erhielten täglich intramuskulär 2,5—6 Ratteneinheiten *Cortigen* (ein Nebennierenrindenextrakt, der die meisten Hormone enthält), oder 0,9—2,65 mg *Desoxycorticosteron,* oder 15—30 mg *Cortison,* oder 1,5 mg *Progesteron.* Der daraufhin bestimmte *Ascorbinsäure*-Geh. der Nebennieren, Nieren, Leber u. Milz zeigte meist eine deutliche Zunahme, die von der Dosierung der Hormone unabhängig zu sein scheint. (Int. Z. Vitaminforsch. **24**. 272—76. 1952. Mailand, Univ., Inst. für allg. Pathol.) H. SCHEURLEN. 4561

Geoffrey H. Bourne, *Cortison und Vitamin C bei der Wundheilung.* Vf. stellte durch Verss. an Kaninchen fest, daß tägliche Injektion von 7,5 mg/kg *Cortison* (**I**) die Spannkraft von heilendem Wundgewebe auf durchschnittlich 59% des Normalwertes senkt. Durch gleichzeitige Gabe von *Vitamin C* wird dieser Effekt nicht verändert. Bei skorbut. Meerschweinchen wird durch **I** der Gewichtsverlust nur wenig vermindert; die Spannkraft des Wundgewebes wird bei diesen Tieren durch **I** nicht herabgesetzt. (Int. Z. Vitaminforsch. **24**. 318—30. 1952. London, London Hospital.) H. SCHEURLEN. 4561

K. H. Pfeffer und **Hj. Staudinger,** *Über die Ausscheidung von Corticoiden im Urin unter normalen und pathologischen Bedingungen.* 1. Mitt. *Die Corticoide im Urin bei künstlichem Fieber und anderen Stressformen.* Die Ausscheidung von *11-Oxycorticoiden* (**I**) im Urin ist nach Injektion von *Pyrifer* (**II**) kurzfristig erhöht, ebenso verhält sich die Ausscheidung von *17-Ketosteroiden* (**III**), während sich die Ausscheidungsgröße der *11-Desoxycorticoide* (**IV**) unter der Einw. des Fiebers nicht unmittelbar ändert. Bei NaCl-freier Reisdiät vermindert sich die Corticoidausscheidung im Urin wesentlich; nach Gabe von **II** wird nur die NaCl-Ausscheidung etwas vermehrt, die Corticoidausscheidung bleibt jedoch gleich. Nach Gabe von *Desoxycorticosteron* an Patienten mit Polyarthritis rheumatica chronica steigt die Ausscheidung von **IV** deutlich an; nach Behandlung mit **II** bleibt eine Vermehrung der NaCl- u. eine Veränderung der **I**-Ausscheidung aus. Nach *ACTH*-Gabe steigen die Werte von **I** u. **IV** im Urin, während sich **III** nicht verändert. Unterss. bei Fällen mit lobärer Pneumonie zeigten zunächst eine Steigerung der NaCl- u. Corticoidausscheidung, die aber in der 2. Phase wieder niedrig ist. Auch bei anderen Stressformen (Nacht- oder Gartenarbeit) wird als Ausdruck erhöhter Nebennierenrindenaktivität eine vermehrte Corticoidausscheidung im Urin beobachtet. (Klin. Wschr. **30**. 257—64. 15/3. 1952. Mannheim, Städt. Krankenanstalten, Med. Abt. u. Zentrallabor.) H. SCHEURLEN. 4561

Lars Funck, *Erfahrungen mit der kombinierten NNR-Hormon-Ascorbinsäurebehandlung bei rheumatischen Krankheiten.* Die kombinierte Behandlung von 36 Polyarthritisfällen mit Injektionen von 5 mg *Cortiron* (*11-Desoxycorticosteronacetat*) u. 1 g *Ascorbinsäure* führte nur bei 2 Patienten zu lange dauernder Verminderung der Beschwerden. 26 Fälle zeigten keine Rk. auf die Therapie, bei 10 traten Nebenerscheinungen, wie Tachycardie, Druckgefühl, Kopfschmerzen usw., auf. (Münchener med. Wschr. **95**. 244—45. 20/2. 1953. Aachen, Landesbad, Rheumaforschungsinst.) KRUSEN. 4561

Pericles Menof, *Die Schilddrüsenbehandlung von essentieller Hypertension. Bericht über 334 Fälle.* (Vgl. MENOF, South African med. J. **24**. [1950.] 172,) In der Annahme, daß eine essentielle Hypertension auf einer Schilddrüseninsuffizienz basiert, wurden 334 Fälle von Hypertension, davon 70% mit Erfolg, mit Schilddrüsenextrakt behandelt. Renale Hypertension spricht auf die Schilddrüsenbehandlung nicht an. (South African med. J. **26**. 967—71. 6/12. 1952. Johannesburg, General Hosp.) H.-J. KOCH. 4562

P. V. Véghelyi, T. T. Kemény, J. Sós, Magda B. Händel, L. Csalay und **Gabriele Horváth,** *Reaktion des Pankreas auf chronische Schädigungen.* 5 Gruppen weißer Ratten setzte man verschied. chron. Schädigungen aus, z. B. Mangeldiät, chron. Vergiftung mit Tetrachlorkohlenstoff, Zinksulfat, wiederholte parenterale Histamingaben sowie gleichzeitig Mangeldiät u. Histamingaben. In allen Fällen wurde eine Degeneration des exkreot. Syst. des Pankreas durch Cysten mit nachfolgender Fibrose beobachtet. (Experientia [Basel]. **8**. 72—74. 15/2. 1952. Budapest, Univ., Dep. of Pediatrics, u. Inst. of Exper. Med.) PLAMBECK. 4564

E. Klotzbücher, *Glukagonhyperglykämie und gestörte Insulinverwertung beim menschlichen Diabetes mellitus.* Zur Feststellung, ob der anatom. Verschiebung nach der

Glukagon (I)-bildenden A-Zellenseite des Pankreas beim menschlichen Diabetes mellitus im Gegensatz zum Überwiegen der *Insulin* (II)-bildenden B-Zellen bei n. Fällen (vgl. FERNER, C. **1953**. 4068) auch funktionell ein Überwiegen der I- über die II-Sekretion entspricht, wurden 41 Blutübertragungen von Diabetikern auf Gesunde vorgenommen. — Die Ergebnisse waren nicht einheitlich (sowohl Anstieg wie Senkung des Blutzuckers). Daß I die alleinige Ursache derselben bei Coma ist, wird bezweifelt. — Änderungen der Hypophysenvorderlappenfunktion werden als mögliche zusätzliche Ursache für Diabetes mit I-Hyperglykämie bzw. mit gestörter II-Verwertung erwogen. Es fehlt bisher jedoch der experimentelle Nachweis. (Dtsch. Gesundheitswes. **7**. 1487. 20/11. 1952. Berlin-Pankow, Städt. Krankenhaus.) RANG. 4564

Francisco De Venanzi, *Die Probe $\Delta G/\Delta P$ bei der chemischen Aufklärung des diabetischen Syndroms.* Der Abfall des anorgan. P nach Glucoseinjektion kann als Test für die Insulin (I)-Produktion des Pankreas angesehen werden. Berechnet man, vom Nüchternzustand ausgehend, den Zuwachs von Blutzucker (II) u. den P-Abfall nach Glucoseinjektion, so findet man bei Diabetikern Unterschiede in der Relation $\Delta G/\Delta P$. Eine Gruppe weist einen n. P-Abfall auf, so daß angenommen werden kann, daß bei diesen Patienten regelrecht I erzeugt wird; die andere Gruppe weist vergleichsweise niedrigen P-Geh. auf. In dieser Gruppe finden sich häufiger familiäre Belastung, Nierenschädigungen u. hohe II-Werte, sowie Neigung zu Bluthochdruck, Erscheinungen, die bei Betrachtung des II-Spiegels, der bei beiden Gruppen gleich ist, allein nicht zum Vorschein kommen. (Acta ci. venezolana **3**. 214—24. Nov./Dez. 1952. Caracas, Inst. de Investigación Científica.) P. G. SCHEURLEN. 4564

Rolf Emmrich und **Hans Petzold**, *Über die Wirkung „lipotroper“ Stoffe auf die Regeneration der Rattenleber.* Eine $^2/_3$-Resektion der Rattenleber führt unter starker Verfettung wieder zu einer raschen Regeneration des Leberrestes. Die lipotrope Wrkg. subcutan injizierten *Cholins* (I) (0,04 g/Tag) wird in diesem Regenerationstest bestätigt. *Corhormon* (II; Extrakt aus embryonalen Herzen, 1 ml/Tag) verhütet weitestgehend die Fettinfiltration, vermag aber nicht gespeichertes Fett in gleicher Weise zu mobilisieren wie I. Eine Phospholipoidsynth. bzw. lipolyt. Wrkg. des I ist demnach von einer die Verfettung verhütenden des II zu unterscheiden. Wahrscheinlich wirkt II als Fermentaktivator, der die Leberregeneration begünstigt. (Naunyn-Schmiedebergs Arch. exp. Pathol. Pharmakol. **214**. 333—40. 1952. Halle/Saale, Univ., Med. Klinik.) C. VOGEL. 4569

H. Giersberg und **W. Usinger**, *Die Bedeutung des Pigmenthormons beim Säugetier.* Die tagesperiod. Aktivitäts- u. Stoffwechselschwankungen bei der weißen Maus, die durch den Lichtwechsel gesteuert werden, werden nicht durch einen 3wöchigen Dauerdunkelaufenthalt, wohl aber durch eine ebenso lange Dauerbeleuchtung aufgehoben. Nach Zusatz von Pigmenthormon tritt der ursprüngliche Rhythmus wieder hervor. (Naturwissenschaften **39**. 405—06. 1. Septemberheft 1952. Frankfurt/M., Zool. Inst.) H. SCHEURLEN. 4569

Frank A. Brown jr., H. Marguerite Webb und **Muriel I. Sandeen**, *Die Wirkungsweise zweier Hormone, die die roten Chromatophoren von Palaemonetes regulieren.* Bei Palaemonetes wurden zwei auf die Chromatophoren wirkende Hormone gefunden: eines, das das rote Pigment an einer Stelle konz. u. ein anderes, das dieses Pigment verteilt. Das dispergierende Hormon ist bei einäugigen Tieren wirksamer als bei n., d. h. im ersten Fall ist die Konz. des dispergierenden Hormons geringer als im letzten. Sind beide Tropine in ungefähr gleicher Konz. vorhanden, dann wirken sie antagonistisch. Ist eines der beiden in 100—500fachem Überschuß vorhanden, dann wirkt es so, als würde das zweite Hormon vollkommen fehlen. Es wurden verschied. Nervengewebe auf das Vorhandensein der beiden Hormone untersucht u. gefunden, daß die Konnektiven u. die Kommissuren am meisten konzentrierendes Hormon enthalten. Wird dieses Nervengewebe bei einäugigen Tieren auf weißem Untergrund getestet, dann zeigt es auch dispergierende Aktivität. (J. exp. Zoology **120**. 391—420. Aug. 1952. Woods Hole, Mass., Northwestern Univ., Dep. of Biol. Sci.; Boston, Coll., Dep. of Biol.; Duke Univ., Dep. of Zool., Marine Biol. Labor.) H. SCHEURLEN. 4569

Henri J. A. Koch, *Augenstielhormone, Volumenzunahme nach dem Häuten und Stickstoffstoffwechsel bei dem Krebs Eriocheir sinensis (M. Edw.).* Gesamt-N-Bestimmungen an ganzen Krebsen u. abgeworfenen Panzern zeigen, daß der Gewebeabbau durch Entfernung der Augenstiele nicht beschleunigt wird. Vf. konnte auch keine vermehrte Gewebesynth. vor der 1. experimentellen Häutung beobachten, obwohl die Futteraufnahme die Möglichkeit dazu bot. Der gesteigerte Volumenzuwachs nach der 1. experimentellen Häutung ist die Folge einer veränderten Wasserbilanz u. (oder) vielleicht veränderter Elastizität der Haut, stellt aber keinen wirklichen Wachstumsprozeß dar. (Meded. Kon. vlaamse Acad. Wetensch., Letteren schone kunsten België, Kl. Wetensch. **14.** Nr. 14. 1—11. 1952. Univ. of Louvain, Zoophysiol. Labor.) NEHRING. 4569

H. Munro Fox und **Elizabeth A. Phear,** *Faktoren der Beeinflussung der Hämoglobinsynthese durch Daphnien.* Hohe Temp. u. hoher *Eisen*-Geh. des W. steigern die Hämoglobinsynth. in Daphnien. *Entenkot* wirkt genauso, zum Teil wahrscheinlich durch *Vitamin-B_{12}*-, zum Teil durch den Eisengehalt. Aufgekochter Entenkot ist weniger wirksam. (Proc. Roy. Soc. [London], Ser. B **441.** 179—89. 17/4. 1953. London, Univ., Bedford Coll., Zool. Dep.) MATTHIES. 4572

H. Munro Fox, Elizabeth A. Phear und **Barbara M. Gilchrist,** *Der Einfluß von Temperatur und Eisen auf die Hämoglobinsynthese durch Daphnia.* Es wurde gefunden, daß die durch O_2-Mangel verursachte Bldg. von *Hämoglobin* (I) bei *Daphnia obtusa* bei höherer Temp. zu größeren I-Mengen führt als bei niedriger Temp. (bei 1 ml O_2/Liter W. u. 17° 5fache Erhöhung, bei 28° 7fache). Weiter wurde gefunden, daß der I-Geh. bei O_2-Mangel u. nicht nachweisbarem Fe im W. (Dipyridyl) auf das *1*fache ansteigt (Fe-Zufuhr durch Algennahrung), bei Zusatz von 4 mg Fe/Liter jeden 2. Tag aber auf das 9—10fache. Ferrosalze waren dabei wirksamer als Ferrisalze. Da im Darm von *Daphnia* eine ausreichende Reduktionskraft zur Red. von Ferriverbb. besteht (Ggw. von red. Hämochromogen), wird dieser Unterschied darauf zurückgeführt, daß aus Ferrosalzen im W. feiner verteiltes u. suspendiertes Ferrihydroxyd als bei Ferrisalzen entsteht u. dieses daher besser aufgenommen werden kann. (Nature [London] **171.** 347. 21/2. 1953. London, Univ., Bedford Coll.) SCHWAIBOLD. 4572

S. G. Jokipii, *Experimentelle Untersuchungen über Blutalkohol bei gesunden Menschen und bei gewissen Krankheiten.* Statist. Auswertung von Bestimmungen des A. (endogener u. nach A.-Verabreichung) im Blut gesunder Personen sowie bei bestehenden Krankheiten. Beschreibung der Untersuchungsmethode. — Über 100 Literaturangaben. (Ann. Med. exp. Biol. fenn., Suppl. **29.** 1—99. 1951. Helsinki, Univ., First Med. Clinic.) NIESWANDT. 4572

Werner Schmidt und **Sven Moeschlin,** *Beeinflussung der Phagocytosefähigkeit menschlicher Leukocyten durch Urethan oder Arsen.* In Verss. in vitro ließ sich bei 5 Patienten, die während 14—24 Tagen mit therapeut. Urethandosen (täglich 3 g *Urethan*) u. bei 3 Patienten, die mit *Arsen* (Liquor Fowleri ansteigend von dreimal 3 Tropfen, dreimal 4 Tropfen usw. bis zu dreimal 12 Tropfen täglich) behandelt worden waren, keine Hemmung der Bakterienphagocytose der Leukocyten feststellen. (Aerztl. Forsch. **6.** I. 513—14. 10/11. 1952. Zürich, Univ., Med. Klinik.) W. BRANDT. 4573

H. Braunsteiner, E. Gisinger und **F. Pakesch,** *Ferritin, Transferrin und Serumeisen.* Der Ferritingeh. in Rattenleber u. -milz (bestimmt nach GRANICK u. Mitarbeiter) verhält sich wie das „Depoteisen". Abnahme des Fe-Bindungsvermögens bei verschied. Krankheitsbildern (Nephrosen, Hypoproteinämien) geht mit Abnahme der elektrophoret. bestimmbaren Albuminfraktion parallel. Unter Fe-Belastung (100 mg intravenös) bei Hypoproteinämie u. Amyloidnephrose steigt der Serum-Fe-Spiegel bis 1000 γ-%, da kein Fe-bindendes Protein mehr zur Verfügung steht. 100 mg Cortison senken den Serum-Fe-Spiegel vorübergehend auf durchschnittlich 61 mg-% (nicht bei akuter Hepatitis). Bei Blutungs- u. Schwangerschaftsanämien ist das Fe-Bindungsvermögen gesteigert u. der Mucosablock aufgehoben. Die Ergebnisse werden durch die Existenz eines dynam. Gleichgewichtes zwischen Transferrin u. Apoferritin erklärt. (Klin. Wschr. **30.** 394—401. 1/5. 1952. Wien, II. Med. Univ.-Klinik.) SCHWEIGER. 4574

Harwell Davis jr. und **Henry R. Jacobs,** *Gesamtorganische Säuren im Serum.* Ausfällen der Proteine am isoelektr. Punkt durch Erhitzen im Wasserbad, der Phosphate u. Carbonate durch Calciumhydroxyd. Mit 0,05nHCl wird p_H 7,5 eingestellt u. bis zum p_H 3,0 titriert. Diabetiker mit schlechter Einstellung zeigen große Streuung vom Mittelwert. (Amer. J. clin. Pathol. **23.** 464—69. Mai 1953. Chicago, Ill., Northwestern Univ., Med. School.) MATTHIES. 4574

M. Cachin, J. Durlach und **J. Blass,** *Die Aminosäuren des Blutserums bei Lebererkrankungen.* Bei 62 Personen mit Lebererkrankungen wurden die Aminosäuren des Blutserums mittels Papierchromatographie untersucht. Bei Cirrhose war der Aminosäurengeh. erhöht, nur in der letzten Krankheitsperiode vor dem Tod fand ein Aminosäurensturz statt. Die Zunahme betraf hauptsächlich *Alanin, Threonin, Asparaginsäure, Glutaminsäure, Phenylalanin* u. *Tyrosin.* Bei der gutartigen ikterogenen Hepatitis waren die Veränderungen des Aminosäurenspiegels schwach u. inkonstant u. betrafen bes. Tyrosin u. Phenylalanin. Bei schweren Hepatiden waren die Veränderungen beträchtlich; die Aminosäuren nahmen stark zu, bes. das Tyrosin im Blut. Die Hypertyrosinämie war jedoch für Lebererkrankungen nicht spezifisch. (Semaine Hôpitaux Paris **28.** 3231—38. 30/10. 1952.) W. BRANDT. 4574

M. C. Nath, V. G. Hatwalne und **J. S. Gadgil,** *Fortschreitende Abnahme des Blutgehalts an reduziertem Glutathion nach Acetoacetatinjektionen.* Der *Glutathion* (GSH)-Blutspiegel fällt nach Injektionen von Hypophysenvorderlappenpräpp., adrenocorticotropem Hormon oder Alloxan ab. Er ist ebenfalls bei Diabetes erniedrigt. LAZAROW (Physiol. Rev. **29.** [1949.] 48) versuchte, die diabetogene Wrkg. eines im Laufe der Zeit angehäuften Stoffwechselprod., das für eine progressive Degeneration der β-Zellen des Pankreas verantwortlich ist, mit der Erniedrigung des GSH-Blutspiegels in Verbindung zu bringen. Frühere Unterss. des Vf. ergaben, daß die aus dem Fettstoffwechsel stammenden Ketonkörper eine solche Rolle spielen können, vor allem *Acetoacetat* u. *β-Oxybutyrat* (vgl. NATH u. BRAHMACHARI, Nature [London] **154.** [1944.] 487; Indian J. med. Res. **37.** [1949.] 71; NATH u. CHAKRABARTI, C. **1952.** 3195; NATH u. HATWALNE, C. **1951.** I. 2614). Vff. bestimmen den GSH-Geh. im Blut von Kaninchen sowie den Blutzucker nach 3 u. 24 Std. nach subcutaner Injektion von *Na-Acetoacetat* (**I**) in Dosen von 300, 200 u. 100 mg/kg Körpergewicht. Der GSH-Geh. wird maximal nach 1½ Std. erniedrigt u. ist nach 3 Std. auf fast den n. Wert zurückgekehrt. Mit dem Fallen des GSH-Geh. steigt der Blutzuckerspiegel an. Werden die gleichen **I**-Dosen täglich gegeben u. 1½ Std. nach der Injektion der GSH-Geh. bestimmt, ergibt sich, daß dieser nach 3, 4 bzw. 5 Tagen (mit abnehmenden **I**-Dosen) auf Null abfällt. Nach dem 6. Tage wurden die Injektionen abgesetzt, worauf nach mehreren Tagen der GSH-Spiegel wieder seinen Normalwert hatte. Auch nach je 10tägigen Injektionen von 50, 100 u. 150 mg/kg war nach 30 Tagen der GSH-Wert auf ~30% des Ausgangswertes gefallen. **I** vermindert also den GSH-Geh. des Blutes, wenn auch nicht in dem Maße wie Alloxan (das allerdings auch intravenös injiziert wurde). Die **I**-Anhäufung im Blut mit folgender Verminderung des GSH-Blutspiegels (als prädisponierende Ursache der Diabetes) kann verschied. Gründe haben, die Verminderung des Na-Geh. kann allerdings nach vorliegenden Ergebnissen dafür nicht in Frage kommen. (Biochem. J. **53.** 479—81. Febr. 1953. Nagpur, India, Univ., Dep. of Biochem.)
RUSKE. 4574

W. I. Olwin, *Eine Gegenüberstellung der Resultate der Bestimmung von Albumin und Globulinen im Blutserum durch Elektrophorese und Salzfällung.* Durch Verss. mit n. u. patholog. Blutserum von Menschen u. Kaninchen wird gezeigt, daß bei der Fällung mit 21%ig. oder 24%ig. Na_2SO_3 (**I**) der *Albumin–Globulin* (**II**)-Koeff. gegenüber dem elektrophoret. gefundenen Wert zu hoch ausfällt, da **II** nicht völlig gefällt wird. Eine gute Übereinstimmung erhält man bei Fällung mit 19 ml 26,9%ig. **I** je 1 ml Blutserum. (Биохимия [Biochemie] **18.** 329—34. Mai/Juni 1953. Stalinabad, Tierzuchtinst. der Akad. der Wiss. der TadshikSSR u. Med. Awizenna-Inst., Lehrstuhl für pathol. Physiol.)
LEBTAG. 4574

Walter H. Seegers und **Norma Alkjaersig,** *Vergleich der Eigenschaften von gereinigtem Menschen- und Rinderprothrombin.* Durch $Mg(OH)_2$-Adsorption (C. **1952.** 7206) gereinigtes humanes u. bovines *Prothrombin* (**I**) werden hinsichtlich der Adsorption an *Bariumcarbonat*, der elektrophoret. Eigg., der autokatalyt. Aktivierung u. ihrer Hemmung, der Aktivierung mit *Thromboplastin*, Plättchen u. Ca, der UV-Lichtabsorption, der spezif. Aktivität u. Stabilität verglichen. Es zeigen sich keine Unterschiede. Bei Ultrazentrifugation ergibt sich, daß Rinder-**I** homogen ist, Menschen-**I** hingegen nicht. (Amer. J. Physiol. **172.** 731—36. März 1953. Detroit, Mich., Wayne Univ., Dep. of Physiol. and Pharmacol.)
MATTHIES. 4574

Mogens Lassen, *Hitzedenaturierung von Plasminogen bei der Fibrinplattenmethode.* Vf. denaturiert vor Best. von fibrinolyt. Enzymen mit der Fibrinplattenmeth. das im Substrat enthaltene Plasminogen durch Hitze; hierdurch wird die Meth. unempfindlich gegen fibrinolyt. Aktivatoren. (Acta physiol. scand. **27.** 371—76. 28/2. 1953. Copenhagen, Carlsberg Found., Biol. Inst.)
BRATFISCH. 4574

H. W. Friedrich, R. Schautz und **H. L. du Mont,** *Klinische und experimentelle Untersuchungen über Dextran.* Bericht über Tierverss. u. klin. Erfahrungen mit *Dextran* (**I**, *Macrodex*, KNOLL). Die klin. Wrkg. war günstig, doch wird vor den Kreislauf belastender Überdosierung gewarnt. Bei **I**-Zufuhr ist mit reversibler Verdrängung von Eiweiß u. Erythrocyten sowie mit vermehrtem Eiweißabbau zu rechnen. **I** wurde aus Leber mit 30%ig. KOH gelöst, mit Methanol gefällt u. vom Glykogen mit FEHLINGscher Lsg. getrennt. Bei Kaninchen, die ohne Entblutung 7—10% des Körpergewichtes an **I** erhalten hatten, wurde noch nach 6 Wochen **I** in der Leber gefunden. Eine vorübergehende Verdrängung von Glykogen aus der Leber durch **I** wird auf Grund von Färbeverss. für möglich gehalten. Die Niere u. bes. die Milz der Kaninchen wiesen stärkere Veränderungen auf als die der Hunde, bei denen 8% des Körpergewichtes nach Entblutung durch **I** ersetzt worden waren. (Anaesthesist **1.** 144—49. Dez. 1952. Würzburg, Univ., Chirurg. Klinik.)
WILLENBERG. 4576

Werner Beck, *Die Serumkonserve in der Unfallchirurgie.* Es wird über Erfahrungen mit der *Serumkonserve* (I) der BERINGWERKE u. mit *Dextran* berichtet. Die I ist vor allem bei Verbrennungen u. auch bei stumpfen Verletzungen dem Vollblut überlegen, da sie die Gefahr von Nierenschädigungen u. Bluteindickung vermeidet. Es wird darauf hingewiesen, daß die Wirksamkeit von *Penicillin* an das Vorhandensein von *Serumalbumin* gebunden ist, das durch die I zugeführt wird. Ferner ist der Geh. der I an *Nebennierenhormonen* u. Salzen für ihre Wrkg. wesentlich. Blutgruppenbestimmungen sind bei der I überflüssig. (Die Medizinische **1952.** 1491—94. 22/11. Bochum, Berufsgenossenschaftliche Krankenanstalten „Bergmannsheil".) WILLENBERG. 4576

Alvin L. Sellers, Howard C. Goodman, Jessie Marmorston und **Margaret Smith,** *Geschlechtsunterschied in der Proteinurie bei der Ratte.* Erwachsene ♂ Ratten (Slonaker-Addis-Stamm) scheiden mit dem Urin 4—5mal mehr Protein aus als ♀ Tiere. Diese geschlechtlich verschied. Exkretion zeigt sich sowohl im ausgeschiedenen als auch im direkt der Harnblase entnommenen Harn. Nach Kastration tritt bei den ♂ Tieren ein plötzliches Absinken des Proteingeh. ein, während ♀ keine Veränderung aufweisen. Subcutan injiziertes Testosteronpropionat (2 mg/Tag) bewirkt eine erhöhte Proteinausscheidung bei den kastrierten ♀ u. ♂ Tieren. Demnach scheint der hohe Proteingeh. im Harn ♂ Ratten, angeregt durch die Androgenproduktion der Hoden, seinen Ursprung in den Nieren zu haben. (Amer. J. Physiol. **163.** 662—67. Dez. 1950. Los Angeles, Calif., Inst. for Med. Res., Cedars of Lebanon Hosp.) C. VOGEL. 4577

B. C. P. Jansen, *Kommission für biochemische Nomenklatur der internationalen Union für reine und angewandte Chemie.* Zusammenstellung neuer Bezeichnungen für die Trivialnamen mehrerer Vitamine. (Chem. Weekbl. **48.** 997—98. 27/12. 1952. Amsterdam, Labor. Physiol. Chem.) WESLY. 4587

E. Blanco Santiago und **L. Miranda González-Montes,** *Die Korrektur von Morton und Stubbs bei der Bewertung von Vitamin-A-Konzentraten. Einfluß der Molekulardestillation auf die Form der Absorptionskurve der Vitaminkonzentrate.* Die spektrophotometr. Meth. zur *Vitamin-A*-Best. in Konzentraten von MORTON u. STUBBS (C. **1948.** II. 332) wird beschrieben u. auf 3 durch Molekulardest. gewonnene Fraktionen aus Fischöl angewendet, wobei sich Vitamin A in der mittleren Fraktion angereichert findet. (Ion [Madrid] **12.** 523—26. Okt. 1952. Sección de Alto Vacío del Inst. L. Torres Quevedo.) LUDOLPHY. 4587

G. Annoni und **N. Tento,** *Der Stoffwechsel der B-Vitamine.* Sehr ausführliche Literaturübersicht über Bldg. in Lebewesen, Zufuhr, Resorption, Verwertung, Speicherung u. Ausscheidung der *Vitamine* B_1, B_2, B_6, *H* (*Biotin*), *H'* (*p-Aminobenzoesäure*), B_c (*Folsäure*), B_{12} u. B_{14}, des *Nicotinsäureamids*, der *Pantothensäure*, des *Cholins*, des *Inosits*, der *Adenylsäure*, des *Thymidins* u. *Thymins*. — 203 Literaturangaben. (Farmaco [Pavia] **7.** 209—54. März/April 1952. Magenta, Ospedale civile.) IPPEN. 4587

Walter Landauer, *Durch Borsäure verursachte Mißbildungen bei Kükenembryonen und die wahrscheinliche Rolle des Riboflavins bei ihrer Entstehung.* Im Gegensatz zu DURAISWAMI (C. **1951.** I. 1028) fand Vf., daß *Riboflavin* (I) die Wrkg. des *Insulins* (II) auf den Kükenembryo (Fehlen des Bürzels, Mikromelie u. Abnormitäten am Schnabel) nicht aufhebt, sondern eher noch verstärkt. Wird dem 4 Tage alten Embryo 2,5 mg *Borsäure* (III) injiziert, so werden ähnliche Abnormitäten wie mit II erzielt: Fehlen des Bürzels, verkürzter Unterkiefer, gespaltener Gaumen, unterentwickelte Füße u. anderes. Diese Wrkg. von III wird großenteils durch gleichzeitige Gaben von I, zum Teil auch durch *Na-Pyruvat* oder durch *Nicotinamid*, aufgehoben. (J. exp. Zoology **120.** 469—508. Aug. 1952. Storrs, Conn., Univ. of Connecticut, Storrs Agricult. Exp. Stat.)
H. SCHEURLEN. 4587

A. William Schreiner, William Slinger, Virginia R. Hawkins und **Richard W. Vilter,** *Seborrhoische Dermatitis, ein lokaler Defekt, in dem Pyridoxin eine Rolle spielt.* Patienten mit trockner seborrhoischer Dermatitis wurden oral, parenteral u. lokal mit *Pyridoxin* (I) behandelt; die therapeut. Wrkg. sowie die Ausscheidung von Xanthurensäure (II) u. Pyridoxinsäure (III) nach oralen *dl-Tryptophan*-Gaben (IV) wurde bestimmt. I oral wirkte zum Teil verschlechternd, parenteral nur gering bessernd, lokal heilend (mit Ausnahme von 3 aus 20 Fällen, die jeder Therapie widerstanden), doch waren Recidive 4 bis 8 Wochen nach Absetzen von I häufig. Die nach IV erhöhten Ausscheidungen von II wurden sowohl bei lokaler als auch parenteraler Applikation von I auf das Normalniveau gesenkt. I parenteral erhöhte stark die III-Ausscheidung im Urin. I-Salbe war dabei ohne Wirkung. Es wird geschlossen, daß bei der seborrhoischen Dermatitis ein lokaler I-Mangel vorliegt. Ferner zeigt sich, daß auch die Haut fähig ist, I in die biol. akt. Form (Pyridoxalphosphat) überzuführen. Bei Ratten ließ sich ein Zusammenhang zwischen I u. Fettstoffwechsel nachweisen. (J. Lab. clin. Med. **40.** 121—30. Juli 1952.

Cincinnati, Univ. of Cincinnati, Dep. of Internal Med., Coll. of Med., u. Cincinnati, Gen. Hosp.) DU MONT. 4587

W. Leemann, *Der Nicotinsäuregehalt im Blute des gesunden und kranken Pferdes.* Mit Hilfe des biol. Testes wurde der *Nicotinsäure* (I)-Blutspiegel des Pferdes bestimmt. Er beträgt 8,54 γ/cm^3 Vollblut oder $1,22 \cdot 10^{-9}$ γ/Erythrocyt. Bei Bronchopneumonie war der I-Geh. des Blutes deutlich erniedrigt (4,12 γ/cm^3 Vollblut bzw. $0,82 \cdot 10^{-9}$ γ/Erythrocyt). Bei Morbus maculosus war der I-Blutspiegel auf 5,17 γ/cm^3 Vollblut bzw. $0,69 \cdot 10^{-9}$ γ/Erythrocyt gesunken. Eine zusätzliche Verabreichung von *Nicotinsäureamid* oder von Kombinationspräpp. des *B-Komplexes* bei schweren Infektionskrankheiten ist angezeigt. (Schweiz. Arch. Tierheilkunde **95.** 228—37. April 1953. Boston, Mass., Angell Mem. Anim. Hosp.) HEERDT. 4587

E. Lester Smith, *Anomalien bei der Verteilungschromatographie: Die Natur von Vitamin B_{12d}.* Die Annahme, daß *Vitamin B_{12d}* (erhalten durch Denitrierung von Vitamin B_{12c}) sich vom erwarteten Vitamin B_{12b} unterscheidet, basierte nur auf der scheinbaren Trennung durch die Verteilungschromatographie. Reines Vitamin B_{12} gab zwei oder drei Zonen in Kieselgur mit wasserhaltigem n-Butanol. Zugabe von 15 % Phenol eliminierte diese multiplen Zonen, was durch Einführung radioakt. Isotope bewiesen wurde. Eine doppelte Zonenbldg. aus Butanol konnte bei kleinem R_F-Wert sowohl durch zu trockene als auch zu feuchte Lsg. erhalten werden. Eine Aufeinanderfolge beider Fehler ergibt drei Zonen, wenn die Lsg. einen Überschuß an W. in feiner Suspension enthält oder nicht genügend gesätt. ist, was durch zu schnelle Präparation der wassergesätt. Lsg. oder durch Wechsel auf eine nur wenig niedrige Laboratoriumstemp. bedingt sein kann. (Biochem. J. **50.** XXXVI. März 1952. Greenford, Middlesex, Glaxo Labors. Ltd.) BARTH. 4587

Günther Wendland, *Die Gesamtvitamin-C-Bestimmung.* 2. Mitt. *Die Bestimmung der Dehydroascorbinsäure mit Thioacetamid.* (1. vgl. Pharmazie **2.** [1947.] 261.) Bei Best. des Gesamt-*Vitamin-C* wird zur Red. der *Dehydroascorbinsäure* statt des üblichen H_2S das Thioacetamid (I) vorgeschlagen, das zu Ammoniumacetat u. H_2S hydrolysiert. Störende Hydrolysenprodd. treten nicht auf. Hg- u. Pb-Salze werden als gut filtrierbare Ndd. gefällt. I ist auch für mit NaCl (vgl. MARX, Z. Unters. Lebensmittel **95.** [1952.] 315) hergestellte Extrakte verwendbar. (Arch. Pharmaz. Ber. dtsch. pharmaz. Ges. **286/58.** 158—64. 1953. Hamburg, Krankenhausapotheke Heidberg.) FRESENIUS. 4587

Robert J. Salmon und **Charles D. May,** *Weitere Untersuchungen über den Metabolismus von L-Tyrosin in skorbuterkrankten Affen. Wirkung von Folinsäure, Cortison, Adrenalektomie und Sulfhydrylgruppen auf die Urinexkretion von p-Oxyphenylverbindungen.* (Vgl. C. **1952.** 1686 u. J. Lab. clin. Med. **36.** [1950.] 591.) Die Ausscheidung von p-Oxyphenylverbb. (Tyrosylurie) im Harn skorbuterkrankter, mit L-Tyrosin (II) gefütterter Rhesusaffen wird durch Verabreichung von Folinsäure, Corticotropin, Cystein, Glutathion nicht beeinflußt. Die Wrkg. von Cortison ist uneinheitlich, während D-Ascorbinsäure (III) eine nur geringe u. verzögerte Einschränkung der Tyrosylurie verursacht. Nach Verabfolgung von Jodacetat u. p-Chlormercuribenzoat (Sulfhydrylgruppeninhibitoren) tritt bei Affen keine Tyrosylurie auf, wenn sie mit III u. II gefüttert wurden. Ein nichtskorbut., adrenalektomisierter u. mit II gefütterter Affe zeigt keine Tyrosylurie. — 50 Literaturangaben. (J. Lab. clin. Med. **41.** 376—92. März 1953. Minneapolis, Minn., Univ., Coll. of med. Sci., Dep. of Pediat.) FINDEISEN. 4587

Ilmari Poijärvi, *Untersuchung über den Einfluß verschiedener Eiweißmengen des Futters auf den Eiweißgehalt der Milch und die erzeugten Milch- und Eiweißmengen.* (Vgl. C. **1952.** 5288.) Fütterungsverss. mit Milchkühen ergaben, daß durch Erhöhung der verfütterten Mengen an verdaulichem Eiweiß um 30—50 % durch reichlichere Gaben von Ölkuchen, bei gleichbleibender Menge Trockensubstanz u. gleicher Anzahl Futtereinheiten, die erzeugten Milch-, Rohprotein- u. Caseinmengen absinken, während der %-Geh. der Milch an Rohprotein anfangs leicht ansteigt. Dagegen ist eine Erniedrigung der verfütterten Menge an verdaulichem Eiweiß um 10—15 % während einer Zeitspanne von 50 Tagen ohne Einfl. auf die Produktion. (Karjatalous **28.** 553—57. 21/11. 1952.) BECKMANN. 4589

Paavo Roine und **Terttu Ettala,** *Toxische Wirkung von Aureomycin bei Meerschweinchen. Aureomycin* (I) hat bei verschied. Tieren einen wachstumsfördernden Einfluß. Meerschweinchen reagieren aber anders, sie sind gegen I sehr empfindlich. Von 9 Versuchstieren gingen 8 nach I-Zufütterung ein. Die Kontrolltiere gediehen bei sonst gleichen Bedingungen gut. Vff. glauben, daß I einen schädigenden Einfl. auf die Darmflora hat, wenn auch der rasche Tod an eine direkte tox. Wrkg., vielleicht auf den Stoffwechsel, denken läßt. Es wird in diesem Zusammenhang die Vermutung von LOOMIS (C. **1951.** I. 618) erwähnt, der eine Störung der Phosphorylierung annimmt.

(Nature [London] **169.** 1014. 14/6. 1952. Helsinki, Univ., Dep. of Nutr. Chem.) L. BERGER. 4589

Antti Telkkä und **Kimmo K. Mustakallio,** *Die Wirkung von Aureomycin auf mit Leberpulver gefütterte Kaulquappen.* (Vorl. Bericht.) Die an Warmblütern gemachte Beobachtung, daß *Aureomycin* (I) als Futterzusatz eine wachstumsfördernde Wrkg. hat, konnte auch bei einem Vers. mit 120 Kaulquappen, von denen 40 3mal 50 mg I, 40 weitere 3mal 150 mg I innerhalb von 15 Tagen als Zusatz zum Leberpulverfutter erhielten, während die restlichen 40 als Kontrollen dienten, bestätigt werden. Das Durchschnittsgewicht der mit I gefütterten Tiere war gegenüber dem der Kontrolltiere um 36 bzw. um 32% bei der höheren Dosis erhöht. In dem bei Beendigung des Vers. erreichten Stadium, der Metamorphose konnten keine deutlichen Differenzen festgestellt werden. (Ann. Med. exp. Biol. fenn. **31.** 91—94. 1953. Helsinki, Univ., Dep. of Anat.) KRUSEN. 4589

Carl Schlieper, *Versuch einer physiologischen Analyse der besonderen Eigenschaften einiger eurythermer Wassertiere.* Der Einfl. äußerer Faktoren (Temp., O_2-Druck, [H.], Molarkonzz., Gifte, Röntgenstrahlen) auf den Stoffwechsel u. das Verh. einiger eurythermer (A) u. stenothermer Wassertiere (B) wurde untersucht. Bei 15° besitzen die untersuchten A-Arten eine geringere Stoffwechselintensität u. eine niedrigere Aktivität als B. Sie sind allg. gegenüber äußeren Einww. resistenter; diese besonderen Eigg. von A werden mit einer höheren Festigkeit ihrer Protoplasmastruktur erklärt. (Biol. Zbl. **71.** 449—61. 1952. Marburg/Lahn, Univ., Zoolog. Inst., u. Kiel, Univ., Inst. für Meereskunde.) KÖNIGSDORF. 4595

Otto Wieland, *Neuere Erkenntnisse auf dem Gebiet des Kohlenhydratstoffwechsels und ihre Bedeutung für die Klinik.* Fortschrittsbericht. (Aerztl. Forsch. **6**/I. 298—308. 10/7. 1952. München, Univ., II. Med. Klinik.) KLINGMÜLLER. 4596

Richard C. Greulich und **C. P. Leblond,** *Radioautographische Aufzeichnung von Radiokohlenstoff in Organen und Geweben von neugeborenen Ratten nach Verabreichung von mit* ^{14}*C-markiertem Bicarbonat.* Um zu zeigen, daß CO_2 für die organ. Synth. im tier. Gewebe notwendig ist, wurden neugeborene Ratten mit Bicarbonat injiziert u. nach 4, 24 u. 72 Std. getötet. Histolog. Präpp. wurden der Autoradiographie unterworfen. Nach den Verss. wurde geschlossen, daß ^{14}C in die Kohlenhydrate, Proteine u. Carbohydrat–Protein-Komplexe eingebaut wird. Infolge der Beobachtung zu 3 Zeitpunkten kann man unterscheiden zwischen abklingender Umwandlung u. bestehenbleibender Reaktion. (Anatom. Rec. **115.** 559—85. März 1953. Montreal, McGill Univ., Dep. of Anat.) HEERDT. 4596

A. Geiger, J. Magnes und **R. S. Geiger,** *Weiterleben des durchströmten Katzengehirns in der Abwesenheit von Glucose.* Die Beobachtungen der Durchströmungsverss., ausgeführt am isolierten Gehirnkreislauf der Katze mit glucosefreiem Blut, sind in einer Tabelle zusammengefaßt. Ist die Geschwindigkeit des Blutstroms groß genug, so bewahrt das Gehirn über 1 Std. seine rhythm. elektr. Aktivität u. die Fähigkeit, auf chem. Stimulation anzusprechen. Während der Perfusion ist der Sauerstoffverbrauch so hoch wie bei Ggw. von *Glucose* (I). Ein *Glykogen*-Rest bleibt im Gehirn erhalten, I verschwindet, *Milchsäure*- u. *K*-Geh. werden geringer, der *Na*-Geh. dagegen größer. (Nature [London] **170.** 754—55. 1/11. 1952. Jerusalem, Univ., Physiol. Abt.) NIESWANDT. 4596

J. W. Cornforth, G. D. Hunter und **G. Popják,** *Die Biosynthese des Cholesterins aus Acetat.* Kurzmitt. über den systemat. Abbau von isotopem *Cholesterin* (I), das mittels Rattenleberschnitten biosynthet. aus $CH_3{}^{14}COOH$ bzw. aus $^{14}CH_3COOH$ aufgebaut worden ist. Der Abbau wird so gelenkt, daß $C_{(1)}$, $C_{(2)}$, $C_{(3)}$, $C_{(4)}$, $C_{(5)}$, $C_{(6)}$, $C_{(10)}$ u. $C_{(18)}$ jeweils einzeln als CO_2 erfaßbar sind; Messung der jeweiligen Radioaktivität des Abbau-CO_2. Das aus $CH_3{}^{14}COOH$ abgeleitete I zeigt Aktivität bei $C_{(2)}$, $C_{(4)}$, $C_{(6)}$ u. $C_{(10)}$; die anderen sind inaktiv. Das aus $^{14}CH_3COOH$ synthetisierte I zeigt starke Aktivität bei $C_{(1)}$, $C_{(3)}$, $C_{(5)}$ u. $C_{(18)}$, geringere (20%) bei $C_{(2)}$, $C_{(4)}$, $C_{(6)}$ u. $C_{(10)}$. Die geringere Aktivität wird damit erklärt, daß das methylmarkierte Acetat vor dem Einbau in I auf dem Wege über den Tricarbonsäurecyclus in $CH_3{}^{14}COOH$ umgeformt worden ist. Es wird gefolgert, daß $C_{(2)}$, $C_{(4)}$, $C_{(6)}$ u. $C_{(10)}$ sich vom Carboxyl-C-Atom, $C_{(1)}$, $C_{(3)}$, $C_{(5)}$ u. $C_{(18)}$ aber sich vom Methyl-C-Atom herleiten. Die Aktivität des gesamten C des I deckt sich mit der Annahme, daß 15 C-Atome des I vom Methyl-C, 12 C-Atome aber vom Carboxyl-C des Acetates abstammen. Hinweis, daß die Angaben des Schrifttums über *Squalen* als Intermediärprod. der Biosynth. des I mit den oben angeführten Angaben im Einklang stehen. (Arch. Biochem. Biophysics **42.** 481—82. Febr. 1953. London, Mill Hill, Nat. Inst. for Med. Res.) TÄUFEL. 4596

Erwin Schwenk und **Nicholas T. Werthessen,** *Untersuchungen über die Biosynthese von Cholesterin.* 4. Mitt. *Höher aktive Substanzen, die* ^{14}*C-Cholesterin in der intakten*

Ratte begleiten. (3. vgl. Arch. Biochem. Biophysics **40.** [1952.] 334.) Hinweis, daß nach Durchströmen von überlebenden Organen (z. B. Leber) des Schweines mit ^{14}C-Acetat radioaktive Verbb. nachweisbar sind, von denen ein Teil mit Digitonin zusammen mit dem *Cholesterin* (I) fällbar ist u. sich vom über das 5.6-Dibrom-3β-cholestanol gereinigten I durch höhere Aktivität unterscheidet. Es werden analoge Verss. an Ratten ausgeführt, an die intraperitoneal 0,2 mC Natriumacetat (^{14}C in der Carboxylgruppe) verabfolgt werden; die nach bestimmten Wartezeiten getöteten Tiere werden in heißer alkoh. KOH (30%) hydrolysiert (15—20 Std.); das entsprechend behandelte Filtrat wird mit Pentan extrahiert; der zur Trockne gebrachte Pentanextrakt wird nacheinander über das Digitonid u. I-Dibromid gereinigt; Messung der Aktivität dieser beiden Ndd. sowie der Mutterlauge (l. c.). Aus den Ergebnissen wird abgeleitet, daß bei Ratten, die nicht später als 1 Std. nach der Injektion von ^{14}C-Acetat getötet werden, der mit Digitonin erhaltene Nd. stärker radioaktiv als das I selbst ist, daß also akt. Begleitstoffe vorhanden sind. Diese Beobachtung gilt nicht nur für überlebende, isolierte Organe, sondern auch für die intakte Ratte. Es wird vermutet, daß es sich bei diesen akt. Begleitstoffen, die bei Ausdehnung der Versuchsdauer über 1 Std. hinaus verschwinden, um Zwischenprodd. der I-Biosynth. handelt. (Arch. Biochem. Biophysics **42.** 91—93. Jan. 1953. Shrewsbury, Mass., Worcester Foundation for Experimental Biology.) TÄUFEL. 4596

Herbert L. Meltzer und **David B. Sprinson,** *Die Synthese von $^{14}C_{(4)}$,^{15}N-l-Threonin und eine Untersuchung seines Stoffwechsels.* Synth. markierter *Threonine* (I): Methylmarkiertes Acetylchlorid wurde mit Na-Acetessigester umgesetzt u. die Na-Verb. des Äthyldiacetessigesters in Ggw. von Na-Bicarbonat mit Phenyldiazoniumchlorid zur Rk. gebracht. Durch reduktive Spaltung der Phenylazoverb. mit Zn in Acetanhydrid, nachfolgende katalyt. Hydrierung der Ketogruppe u. isomere Umlagerung in Ggw. von $SOCl_2$ wurde ein Gemisch aus 80% I u. 20% *Allo*-I erhalten, deren $C_{(4)}$-Atom markiert war. Das ^{15}N-markierte I wurde ausgehend von ^{15}N-Hippursäure über den Äthylester der Benzamidoacetessigsäure erhalten. — Mit einem Gemisch beider I wurde bei Fütterungsverss. an Ratten gezeigt, daß $^1/_5$—$^1/_3$ des Nahrungs-I zu *Essigsäure* (II) u. *Glycin* (III) gespalten wird. Eine Umwandlung zu Propionsäure scheint keine Bedeutung zu haben. Verss., bei denen Ratten *^{15}N-l-Leucin* erhielten u. dann das I der inneren Organe auf Geh. an ^{15}N untersucht wurde, ließen erkennen, daß die Aminogruppe von I nicht in stärkerem Maße an reversiblen N-Übertragungs-Rkk. teilnimmt. — Wurde Entenblut in Ggw. von markiertem I incubiert, so enthielt das isolierte *Hämin* (IV) sowohl ^{14}C als auch ^{15}N. Wahrscheinlich wurde auch hier I zuerst zu II u. III abgebaut, denn bekanntlich werden beide Verbb. zur IV-Synth. verwertet. (J. biol. Chemistry **197.** 461—74. Juli 1952. New York, N. Y., Columbia Univ., Coll. of Physicians and Surg., Dep. of Biochem.) v. PECHMANN. 4596

Jay S. Roth, Arthur Wase und **Herbert J. Eichel,** *Untersuchungen mit Methioninsulfoximin.* (Vgl. C. **1952.** 5923.) Ratten, die während 10 Tagen intraperitoneale Jnjektionen von *^{35}S-L-Methioninsulfoximin* (I) (zunehmend 10, 12, 15 mg, spezif. Aktivität 201320 C.p.m.) erhielten, schieden täglich 50% der injizierten Dosis im Urin u. 8,5% in den Fäces aus. Die Gewebsretention von *^{35}S* 24 u. 48 Std. nach der letzten Injektion ergab, daß die größten Mengen (pro g Gewebe, nach 24 Std.), in abnehmender Reihenfolge, am Rückenmark, Darm, Nieren u. Muskel zurückgehalten wurden. Zwischen 24 u. 48 Std. wurden von allen Geweben, außer von Gehirn u. Serum, große Anteile des gespeicherten *^{35}S* ausgeschieden. Die *Cholinoxydase*-Aktivität in Nierenhomogenaten der behandelten Ratten nahm am Ende der 10 Tageperiode um 15% ab. Die *^{35}S*-Aufnahme aus I durch Leberschnitte war in Ggw. geringer Mengen *DL-Methionin* (II) hoch, nahm bei mittleren II-Konzz. deutlich ab u. bei höheren wieder zu. Die *^{35}S*-Aufnahme aus *^{35}S-DL-Methionin* in vivo wurde durch gleichzeitige Injektion von *DL-Methioninsulfoximin* gesteigert. Eine chromatograph. Unters. des Urins zeigte, daß *^{35}S* aus I größtenteils in eine Nichtaminosäureform (anorgan. oder Äthersulfat) übergeführt wird. (J. biol. Chemistry **200.** 647—56. Febr. 1953. Philadelphia, Penn., Hahnemann Med. Coll. and Hosp., William Goldman Isotope Labor., Div. of Biol. Chem.) K. MAIER. 4596

George Wolf, *Die Umwandlung von α-^{14}C-Histidin in der intakten Ratte.* 1. Mitt. *Die Radioaktivität von Aminosäuren aus Protein.* *α-^{14}C-DL-Histidin* (I) wurde synthetisiert u. Ratten intraperitoneal injiziert. Aus dem Eingeweideprotein wurden I, *Glutaminsäure* (II), *Asparaginsäure* (III) u. *Prolin* isoliert. I, II u. III wiesen, in abnehmender Reihenfolge, eine beträchtliche Aktivität (83,7% der gesamten Aktivität des Eingeweideproteins) auf. Der II-Abbau ergab keine Aktivität im *α-COOH*, eine geringe im *α-C* oder *γ-COOH* u. die Hauptmenge im *β-C* oder *γ-C* (oder beiden). Der III-Abbau zeigte eine analoge Aktivitätsverteilung wie II. Während der 4std. Versuchsdauer wurde kein hochakt. CO_2, das im Organismus vorhanden war, in *α-COOH* von *α-Ketoglutarsäure*, die mit II im Gleichgewicht steht, eingebaut. Die Ergebnisse sprechen für das von TABOR u. Mitarbeiter (J. biol. Chemistry **196.** [1952.] 121) angegebene Abbauschema für *L*-I (→ *Urocaninsäure* → *L-Glutaminsäure* → *Bernsteinsäure* → *L-Asparaginsäure*).

Versuche: *α-^{14}C-DL-Histidin*: *α-^{14}C-Äthylacetamidocyanacetat* mit *Chlormethylimidazolhydrochlorid* zu *α-^{14}C-Äthyl-α-acetamido-α-cyano-β-imidazolpropionat* kondensieren, dieses 12 Std. mit 15%ig. H_2SO_4 am Rückfluß hydrolysiert, kalte Lsg. in $Ba(OH)_2$-Suspension geben, Ba aus Filtrat entfernen, Filtratrückstand bis zur konstanten spezif. Aktivität des *Histidins* aus A.-W. umkrist.; F. 271—272°, spezif. Aktivität 429 μC/Millimol.; Ausbeute 67%; *Diquecksilberderiv.*, 431 μ-C/Millimol. (J. biol. Chemistry **200.** 637—45. Febr. 1953. Urbana, Ill., Univ. of Illinois, Radiocarbon Labor., u. Div. of Animal Nutrition.) K. MAIER. 4596

P. Seifert, *Diagnostische und therapeutische Konsequenzen aus unserer Kenntnis der Beziehungen des Harnsäurestoffwechsels zur Gicht.* Durch purinfreie Diät u. Gaben von *Atophan* u. *Salicylaten* können die Blut-Harnsäure-Werte auf n. Höhe gehalten werden. Eine Heilung im Sinne einer restitutio ad integrum ist bislang nicht möglich. (Die Medizinische **1952.** 888—91. 28/6. Heidelberg.) v. PECHMANN. 4596

S. Hirsch, *Der durch die Adrenalinwirkung auf die Coronararterien nachgewiesene strukturelle Mechanismus der Arterienkontraktion.* Mittels einer speziellen Fixierungsmeth. gelang bei Hunden nach Einw. von *Adrenalin* die Darst. kleiner Herzmuskelgefäße im Kontraktionszustand. Das histolog. Bild dieser Arterienkontraktion ist durch eine charakterist. Anordnung der Muskelfasern u. der plast. Elemente der Gefäßwand gek. u. entspricht genau derjenigen, die in den mit Verschlußeinrichtungen versehenen kleinen Arterien arterio-venöser Anastomosen angetroffen worden ist. (Cardiologia [Basel] **21.** 65—74. 1952. Brussels, Univ., Fac. of Med., Dep. of Pathol. Anatomy.) K. MAIER. 4597

Harry Clarence Biddle, Chemistry in health and disease. 4th ed. Phil.: F. A. Davis. 1953. (816 S. m. Abb.) $ 4,50.

Peter Dahr, Technik der Blutgruppen- und Blutfaktoren-Bestimmung. 6. erw. u. verb. Aufl. Stuttgart: Thieme. 1953. (VIII + 319 S. m. 27 Abb.) 8°. DM 24,—.

E₆. Pharmakologie. Therapie. Toxikologie. Hygiene.

Erik Odeblad, *Untersuchungen über den Einfluß interner Bestrahlung mit ^{32}P auf die Ovarialfollikel bei der Maus unter besonderer Berücksichtigung ihrer quantitativen Auswertung.* Die subcutane Injektion von ^{32}P (als Na_2HPO_4-Lsg.) führt zu Frühschäden am Ovar. Vf. hat an 163 jungen Mäusen das Verhalten der aus Ovar extrahierten Follikel nach Injektion von verschied. ^{32}P-Dosen mit dem Ziel untersucht, in deren Veränderungen ein quantitatives Maß für die Strahlenwrkg. zu erkennen. Die histolog. u. autoradiograph. Unters. zu verschied. Zeitpunkten nach der Injektion (2—10 Tage) u. in verschied. Phasen des Cyclus ergab, daß das Vork. von Kernfragmentierung, Pyknosis u. Cytoplasmavakuolisierung sowie die Mitosenhemmung als quantitatives Aussagen über die Bestrahlungswrkg. nicht herangezogen werden können. Geeignet dagegen erscheint das Auszählen der **aufgeblähten** Zellen („blown-up cells") u. die Messung des Follikeldurchmessers. (Acta radiologica [Stockholm] **38.** 375—81. Nov. 1952. Stockholm, Karolinska Inst., Gynecolog. Clin.) REUSSE. 4601

Leonard J. Cole und **Marie E. Ellis,** *Die Verringerung der Strahlensensibilität von Mäusen nach Applikation von Äthylalkohol.* Mäuse (20—26 g) wurden mit Röntgenstrahlen totalbestrahlt. Bestrahlungsdaten: 250 kV, 15 mA, Filter 0,5 mm Cu + 1 mm Al, HWS 1,5 mm Cu, FHA 100 cm, Dosisleistung 25 r/Min. Die Tiere erhielten 30 Min. vor der Bestrahlung intraperitoneale Injektionen von 1,25 oder 2,50 oder 3,75 ml (pro 100 g Körpergewicht) einer 25%ig. Lsg. von A. in W. mit 0,9% NaCl-Zusatz. Die Beobachtung der Überlebensrate der Tiere ergab, daß die letale Wrkg. der Bestrahlung durch die A.-Applikation verringert wurde. Die Verringerung steigt mit wachsender A.-Menge linear an. Die DL_{50} beträgt bei 3,75 ml A.-Anwendung 814 r, während sie ohne A. 620 r beträgt. Auch die Körpergewichtsverluste treten nach A.-Zufuhr weniger in Erscheinung. Bei Ratten werden entsprechende Beobachtungen nicht gemacht. Vff. diskutieren die Deutung ihrer Beobachtungen als eine Erhöhung der *Katalase*-Aktivität. (Amer. J. Physiol. **170.** 724—30. Sept. 1952. San Francisco, Calif., Naval Radiological Defense Labor., Biol. and Med. Sciences Div.) REUSSE. 4601

Raymond L. Libby und **Manuel Tubis**, *Kapseln für die orale Verabreichung von Radioisotopen.* Gelatine-Kapseln gestatten eine exakte Dosierung u. Messung der oral zu verabreichenden Mengen an Radiojod, Radiophosphor oder anderen. (Nucleonics **10.** Nr. 3. 63—64. März 1952. Los Angeles, Calif., Univ. of California, Wandsworth General Hosp. Veterans Administration Center Radioisotope Labor., u. School of Med., Dep. of Radiology.) FROST. 4601

Ingmar Wickbom, *Ein Todesfall nach Kontrastinjektion in die Aorta thoracica.* Vf. bringt einen Krankenbericht über einen Exitus im Anschluß an eine Kontrastinjektion mit dem *Diäthanolaminsalz der 3.5-Dijodpyridil-(4)-essigsäure* (*Dijodon*, 70%). Die Injektion erfolgte durch Aortenpunktur vom Jugulum her zwecks Lokalisierung eines Carcinoms im Sternalraum. Der am darauffolgenden Tag eintretende Tod wird auf Grund der Autopsie auf den ca. 7 Sek. dauernden Verbleib des Kontrastmittels in den Kranzarterien zurückgeführt, der eine Ischämie des Myocardiums hervorgerufen hat. (Acta radiologica [Stockholm] **38.** 350—54. Nov. 1952. Gothenburg, Schweden, Sahlgrenske Sjukhuset, Roentgen Dep. III.) REUSSE. 4601

H. Drexel, *Untersuchungen über den Einfluß von Thermalschwefelbädern auf das Verhalten der Serumeiweißfraktionen bei Rheumatikern.* An 50 Kranken mit überwiegend Polyarthritis wurde im Verlauf einer Kur im Thermalbad Füssing eine fortschreitende Normalisierung des elektrophoret. Serumproteinbildes beobachtet. (Münchener med. Wschr. **95.** 306—08. 13/3. 1953. München, Univ., Inst. f. Physikal. Therapie u. Röntgenol. u. Balneol. Inst.) KRUSEN. 4603

Harry Boström und **Erik Odeblad**, *Autoradiographische Beobachtungen bei der Aufnahme von mit ^{35}S markiertem Natriumsulfat in den Kaninchenfetus.* Der ^{35}S-Geh. wird 16 Std. nachdem das Muttertier mit $Na_2{}^{35}SO_4$ intravenös injiziert wurde, in den Organen u. Geweben der 3 Wochen alten Feten bestimmt. Die Gewebe, die reich an Sulfomucopolysacchariden sind, wie u. a. Knorpel, Aorta, Herzklappen, zeigen eine hohe Aufnahme von ^{35}S. (Anatom. Rec. **115.** 505—09. März 1953. Stockholm, Karolinska Inst., Dep. of Chem. II u. Sabbatsberg Hosp.) HEERDT. 4606

Gustaf Östling und **Gunnar Tötterman**, *Spezifische Aktivität von anorganischem Phosphor in Plasma und Urin während konstanter Infusion von radioaktivem Phosphat beim Menschen.* Radioaktives Na-Phosphat wird intravenös in einem konstanten Strom infundiert u. Plasma u. Urin auf den ^{32}P-Geh. geprüft. Nach Abschluß der Infusion (30 Min.) enthält der Urin mehr ^{32}P als das Plasma (spezif. Aktivität von Urin 9,0 u. von Plama 8,5), der zugeführte P wird also schneller ausgeschieden. Der injizierte P muß ein anderes Bindungsverhältnis haben als anorgan. P des Plasmas. (Arch. int. Pharmacodynam. Thérap. **92.** 362—67. 1953. Helsingfors, Maria Hosp., u. Medica Ltd.) HEERDT. 4606

E. Boyland und **G. H. Wiltshire**, *Die Ausscheidung von 1-Naphthol und 1.2-Dioxy-1.2-dihydronaphthalin bei Ratten, denen Naphthalin injiziert wurde.* Ratten u. Kaninchen, denen Naphthalin (III) injiziert wurde, scheiden *1-Naphthol* (I) frei u. gebunden u. *1.2-Dioxy-1.2-dihydronaphthalin* (II) aus. Ratten u. Kaninchen, denen I injiziert wurde, scheiden II nicht aus, ebenso scheiden Ratten, denen II injiziert wurde, kein I aus. Nach der 1. Injektion von III enthält der Urin von Ratten u. Kaninchen relativ mehr I u. 1-Naphthylsulfat als II. Bei täglich wiederholten Injektionen steigt der relative u. absol. Betrag von ausgeschiedenem II an u. zur gleichen Zeit werden die Ratten resistent gegen die III-Wirkung. Die Bldg. von II ist mithin ein Anpassungsprozeß, der mit dem Training ansteigt. (Biochem. J. **50.** 37. März 1952. London, Chester Beatty Res. Inst., Royal Cancer Hosp.) K. BÖHM. 4607

J. N. Smith, R. H. Smithies und **R. T. Williams**, *Über das Schicksal von 4.6-Dinitro-o-kresol beim Kaninchen. 4.6-Dinitro-o-kresol* (I) ist tox. u. wirkt beim Menschen als kumulierendes Gift. Es wird langsam u. nur zu 1—2% unverändert ausgeschieden. Kaninchen vertragen oral Dosen von 20—30 mg/kg, mehr als 30 mg/kg wirken tödlich. Aus Urinkontrollen mit I behandelter Kaninchen konnten Stoffwechselprodd. von I durch Papierchromatographie isoliert u. durch Farb-Rk. u. Spektroskopie identifiziert werden. Gefunden wurden unverändertes I, gebundenes I, 6-Acetamido-(II) u. 6-Amino-4-nitro-o-kresol (III), ferner in kleinen Mengen 4-Amino-6-nitro-o-kresol u. 3-Amino-5-nitrosalicylsäure (IV). II u. III waren für Kaninchen in Dosen von 500 mg/kg untox., so daß vermutet wird, daß Red. einer der Nitro-Gruppen das I entgiftet. II wird teilweise als 6-Acetamido-4-nitro-o-kresylglucuronid ausgeschieden. (Biochem. J. **50.** XXXVII. März 1952. London, St. Mary's Hosp.) K. BÖHM. 4607

P. Kästli, *Die Ausscheidung von toxisch wirkenden Stoffen durch die Milchdrüse mit besonderer Berücksichtigung der Insekticide.* Zusammenfassende Darst. über Aufnahme u. Ausscheidung (durch die Milchdrüse) von Pflanzengiften, A., Kunstdünger u. Insekticiden u. über die tox. Wrkg. von *DDT*, *γ-Hexachlorcyclohexan*, *Toxaphen*, *Chlordan* u. *Methoxychlor*, *Aldrin* u. *Dieldrin*. Bericht über eigene Verss., wonach es bei Verfütterung von Milch, welche von solchen Kühen stammte, die kontaktinsekticidhaltiges Futter erhalten hatten, zu Vergiftungserscheinungen gekommen war. Wiedergabe eidgenöss. u. französ. Richtlinien für die Verwendung von Insekticiden in der Landwirtschaft. (Schweiz. Arch. Tierheilkunde **95**. 171—87. März 1953.) SCHEIBE. 4607

Walter J. Burdette, *Anstieg des Sauerstoffverbrauchs des menschlichen Herzmuskels durch Lanatosid C*. Bei Herzoperationen entnommene Herzmuskulatur wurde mit *Lanatosid C* incubiert u. der Sauerstoffverbrauch mit WARBURG-Meth. gemessen. Lanatosid C führt zum Anstieg des Sauerstoffverbrauchs. (J. Lab. clin. Med. **40**. 867—71. Dez. 1952. New Orleans.) MATTHIES. 4607

L. Rave, *Über die Schädlichkeit und Nützlichkeit des Nicotins*. Allg. Zusammenstellung über die physiol. Wrkg. des Rauchens, Kauens u. Schnupfens von Tabak, über Tabak bzw. Nicotin als Schädlingsbekämpfungsmittel u. über die Heilwrkg. von Nicotinderivv. (Nicotinsäure u. Nicotinsäureamid) an Hand der Literatur (vgl. v. NOORDEN, Süddtsch. Tabak-Ztg. **1949**. Heft 23, 24, 25, 27). (Dtsch. Apotheker-Ztg. **90**. 460—63. 23/6. 1950. Nutzhorn.) LIEBNER. 4608

Victor M. Marquez A. und **Marcel Granier-Doyeux**, *Chemische und pharmakologische Untersuchung einer aus Veratrum viride isolierten aktiven Fraktion*. Aus dem Rhizom- u. Wurzelpulver von Veratrum viride wird die akt. Fraktion (Alkamine) in mehreren Stufen gewonnen: Maceration mit A.; Filtration; Konzentrierung; Entfernen des A. Lsg. in W.; Entproteinierung; Entfernung von Aromaten, organ. Säuren u. Cevadin; Extraktion mit alkal. Ae.; Entfernung der Jervine; Abdampfen des Ae.; Entfernung von Veratramin u. Protoveratrin; chromatograph. Entfernung der Gruppe der Germine. Die Fraktion zeigte nicht mehr den die Entspannung verlangsamenden Effekt des offizinellen Veratrins auf die gestreifte Muskulatur. Sie wirkt durch ihren Geh. an dem Glucosid *Veratrosin* beschleunigend auf die Herztätigkeit wie Adrenalin. In klin. Verss. wird keine Wrkg. auf die Atmung beobachtet. Die Wrkg. auf den Blutdruck erfolgt in 2 Phasen: auf eine sehr deutliche Herabsetzung folgt eine langsamere u. anhaltende Wrkg. in gleicher Richtung. Brechreiz wird nicht beobachtet, auch keine tox. Wrkg., aber Verstärkung der Darmperistaltik. Klin. wird das Präp. bei Hypertension versuchsweise angewandt, am besten eignen sich Tabletten mit Methylcellulose. (Acta ci. venezolana **3**. Nr. 3. 80—87. 1952.) R. K. MÜLLER. 4608

L. Lendle und **W. Busse**, *Perorale Resorptionsbedingungen herzwirksamer Glykoside*. Es wurde in Verss. an Hunden die Frage der Herzwrkg. von *Digitoxin* (I), *Verodigen* (II), *Digilanid* (III), *Lanadigen* (IV), *k-Strophanthin* (V), *g-Strophanthin* (VI), *Strophoral* (VII) u. *Strophanthidin* (VIII) bei oraler Gabe überprüft. Als Test für die tox. Wrkg. wurden Bradycardie u. Erbrechen gemessen. Im Vgl. mit subcutan wirksamen Dosen mußte I oral sechsmal so hoch dosiert werden. V, VI, VII u. VIII waren erst in einer Größenordnung von über 2,0 mg/kg sicher wirksam. Wirkungsverluste traten also bei allen Verbb. ein, jedoch hatte II $^1/_2$ der Wrkg. von I, obwohl in jenem ca. 90% *Gitoxin* enthalten sind, welches bislang oral als unwirksam bezeichnet wurde. Der Wirkungsverlust kann nicht durch Glykosidspaltung bedingt sein, da auch VIII in der Größenordnung der Glykoside wirkt. (Klin. Wschr. **30**. 264—68. 15/3. 1952. Göttingen, Univ., Pharmakol. Inst.) HOHENSEE. 4608

Berthold Kern, *Zum Nachweis der Strophanthinresorption. Eine methodenkritische Untersuchung*. Vf. kritisiert die zur Ermittlung der Resorption oral zugeführten *Strophanthins* (I) verwendete Best. der „Auffüllungsdosis". Dazu wird einem gesunden Versuchstier oral I gegeben u. dann soviel I intravenös gespritzt, bis das Tier stirbt. Aus dem so im Vgl. mit der letalen Dosis von nur intravenös verabreichtem I erhaltenen Toxizitätsanteil des oral gegebenen I wird auf dessen prozentuale Resorption geschlossen. Dabei wurden von einigen Autoren Werte um 0% erhalten, obgleich es nie gelang, unresorbiertes I im Kot oder eine Zerstörung des I im Verdauungstrakt nachzuweisen. Da diese Befunde nach Ansicht des Vf. zu klin. Erfolgen der oralen I-Therapie im Widerspruch stehen, prüfte er die I-Resorption an Patienten mit Coecumfisteln u. fand, daß I in fast allen Fällen zu 98—100% im Dünndarm oder in seltenen Fällen noch zu geringem Teil im Dickdarm resorbiert wird. Die Best. des I wurde colorimetr. nach Zusatz von Pikrinsäure u. KOH zum Methanol-Extrakt des Dünndarminhaltes durchgeführt. Auf die Unters. des Kotes ist diese Meth. wegen zu hoher Leerwerte nicht anwendbar. (Med. Mschr. **6**. 371—74. Juni 1952. Stuttgart.) IPPEN. 4608

E. Pfeifer, *Zur Pharmakologie der Asclepiadaceen. Im besonderen der Samen von Vincetoxicum offic. Moench*. Übersicht. Aufzählung von pharmakol. wirksamen Asclepiadaceen. Pharmakol. Analyse der Samen von Vincetoxicum offic., dessen Glykosidfraktion zentral lähmende u. peripher krampffördernde Wrkg. besitzt, wie Tierverss. (Kaninchen, Frosch, Meerschweinchen, Blutegel) zeigten. (Scientia pharmac. **20.** 229 bis 232. 31/12. 1952. Graz, Univ., Pharm.-Chem. Inst.) KERSTEIN. 4608

Manfred Kunzfeld, *Vorläufige Mitteilung über Harnverfärbung und antibiotischen Effekt nach Genuß echter Reizker.* Vf. konnte 4—8 Std. nach dem Genuß von echtem Reizker (Lactarius deliciosus L.) bier- bis rotbraune Harnverfärbungen beobachten. Außerdem trat die bakterielle Zers. beim Stehenlassen solchen Harnes sehr verzögert ein. (Münchener med. Wschr. **95.** 235—36. 20/2. 1953. Rothenkirchen/Oberfranken.) KRUSEN. 4608

Robert C. Elderfield und **Leland L. Smith,** *Über den physiologischen Abbau von in der Seitenkette mit ^{15}N markiertem Pentaquine.* Vff. berichten über den Abbau von *Pentaquine* beim Rhesusaffen. Die Unterss. wurden durchgeführt mit 2 verschied. mit ^{15}N entweder am $N_{(8)}$ oder dem anderen N-Atom der Seitenkette (vgl. C. **1953.** **8080**) markierten Verbindungen. Der Abbau verläuft rasch u. vollständig; die ganze Seitenkette wird vom Chinolinrest abgespalten u. weiter unter Desaminierung abgebaut (^{15}N-Harnstoff im Urin, daneben Hippursäure u. wenig harzige Prodd., die nicht untersucht werden konnten). (J. Amer. chem. Soc. **75.** 1022—24. 5/3. 1953. New York, N. Y., Columbia Univ., Dep. of Chem.) GOEBEL. 4610

Rolf Wachsmuth, *Intraabdominelle Anwendung von Sulfonamiden (Adhäsionsbildung in Klinik und Experiment).* An Hand einer reichen Kasuistik aus dem einschlägigen Schrifttum weist Vf. nach, daß es heute nicht mehr zu vertreten ist, die intraabdominelle Anwendung der *Sulfonamide* (I) wegen der Adhäsionsgefahr grundsätzlich abzulehnen. Den I werden nämlich Komplikationen zur Last gelegt, die eigentlich den Beimengungen wie Talkum oder Borsäure zuzuschreiben sind. Ebenso kann die Schwerlöslichkeit oder kristalline Ausfällung von I-Verbb. zu Fremdkörperwirkungen im Bauchraum führen. Auch der einfache Operationseffekt kann zu Verwachsungen führen bei dazu disponierten Personen. Bei Beachtung dieser Punkte bestehen keine grundsätzlichen Bedenken gegen die intraabdominelle Anwendung von I. (Med. Klin. **47.** 1463—66. 31/10. 1952. Lengerich/Westf., Provinzialheilanst.) L. BERGER. 4610

Wilhelm Driesen, *Sulfonamidkonzentration im Liquor cerebrospinalis mit entzündlicher Reaktion im Liquorraum nach Hirnoperationen.* Reihenunters. an 50 am Schädel operierten Kranken, bei denen eine abakterielle, entzündliche Rk. auftrat. Vf. verabreichte diesen Patienten prophylakt. *Aristamid* (I), das sich wegen guter Verträglichkeit u. hoher Konz. im Blut bes. bewährte. Die Best. der I-Konz. im Liquor darf erst nach Entfernung der korpuskulären Elemente durchgeführt werden, da durch diese sonst zu hohe Werte entstehen. Das Verhältnis I-Konz. im Blut/I-Konz. Liquor wird wie bei n. Versuchspersonen gefunden, das heißt, die Permeabilität der Blut–Liquor-Schranke für I wird durch die bestehenden Entzündungen nicht verändert. (Dtsch. Z. Nervenheilkunde **169.** 322—26. 1952. Köln-Lindenberg, Neurochirurg. Univ.-Klinik.) L. BERGER. 4610

Harald Nilsson, *Die Konzentration von PAS im Blut während der Verabreichung von PAS oder PAS-Salzen.* Vf. berichtet über Unterss. an 100 Patienten, denen *PAS*, *PAS-Na* u. *PAS-Ca* in verschied. Dosen verabreicht wurde. Die Best. der Konz. dieser Chemotherapeutica im Blut wurde nach KLYNE u. NEWHOUSE (Lancet **255.** [1948.] 611) vorgenommen. Die Ergebnisse werden in Diagrammen veranschaulicht. Als beste Dosis zur Aufrechterhaltung einer genügenden Blutkonz. werden ca. 10 g reine PAS/Tag festgestellt. PAS-Na u. PAS-Ca sollten am besten in 3 Dosen/Tag verabreicht werden. (Tubercle **34.** 100—04. April 1953. Eksjö Sanatorium.) R. KÖNIG. 4610

Fritz Kuhlmann und **Friedrich-Günter Scholz,** *Über klinische Erfahrungen bei der Behandlung der Tuberkulose mit Neoteben.* Vff. berichten ausführlich über ihre Erfahrungen bei der Behandlung einer größeren Zahl Tuberkulöser mit *Neoteben* (I; *Isonicotinsäurehydrazid*). Sie heben bes. die wesentliche Besserung des Allgemeinbefindens, daneben aber auch die im Röntgenbild nachweisbare klin. Besserung hervor. Eine Heilung wurde bei pulmonalen Tuberkuloseformen nicht beobachtet, jedoch in einem Fall von Kehlkopftuberkulose. Gute Erfolge wurden auch in je einem Fall von Iristuberkulose u. tuberkulöser Salpingitis gesehen. Trotz des günstigen Einfl. des I auf den Appetit der Tuberkulosekranken wurde keine Wrkg. des I auf Appetitlosigkeit aus anderer Ursache beobachtet. (Med. Mschr. **6.** 358—63. Juni 1952. Essen-Werden, Evang. Krankenhaus.) IPPEN. 4610

H. Scheffler und **H. A. Heinsen,** *Neotebentherapie bei tuberkulösen Diabetikern.* 18 tuberkulöse Diabetiker erhielten 10—15 mg/kg Körpergewicht *Isonicotinsäurehydrazid* (I) über einen Zeitraum von 11 Monaten. Die überwiegende Mehrzahl der Kranken zeigte keine nennenswerte Besserung der diabet. Stoffwechsellage als Folge der

I-Verabreichung. In 4 Fällen fand sich eine deutliche u. zunehmende Stoffwechselverschlechterung, die auf eine hepatogene Insulinresistenzerhöhung infolge tox. Leberschadens zurückgeführt wird. Die tuberkulösen Lungenprozesse bildeten sich zum großen Teil unter I gut zurück. (Dtsch. med. Wschr. **78**. 590—93. 17/4. 1953. Zeven/Hann., Waldkrankenhaus.) RUTKOWSKI. 4610

M. Soriano, M. González-Ribas, P. Casanovas, A. Trujols und **P. Vintró**, *Ergebnisse der Behandlung von tuberkulöser Meningitis und Pulmonartuberkulose nach 12monatigen Erfahrungen mit Isonicotinsäurehydrazid.* (Med. clín. [Barcelona] **20** (**11**). 354—64. Juni 1953.) LOCH. 4610

Philipp Klee, *Tuberkulosebekämpfung und Isonicotinsäurehydrazid* (*INH, Isoniazid*). Übersicht über die günstigen chemotherapeut. Eigg. des *Isonicotinsäurehydrazids* in der Tuberkulosebehandlung. Durch Kombination mit anderen Chemotherapeuticis kann die Bldg. resistenter Bakterienstämme verzögert oder verhindert werden. (Dtsch. med. Wschr. **78**. 587—90. 17/4. 1953. Wuppertal-Elberfeld, Städt. Krankenanstalten.) RUTKOWSKI. 4610

Ed. Sivriere, *Isonicotinsäurehydrazid bei der Behandlung der Tuberkulose.* Vf. berichtet über die Erfahrungen, die bei der Behandlung der Tuberkulose mit Isonicotinsäurehydrazid (*Rimifon*, ROCHE; *Nydrazid*, SQUIBB) u. seinem Isopropylderiv. (*Marsilid*, ROCHE) gemacht wurden. Als Dosis werden 50 mg/10 kg Körpergewicht vorgeschlagen. Ein endgültiges Urteil über diese Präpp. kann erst gefällt werden, wenn ein größeres Erfahrungsmaterial vorliegt. — Literaturangaben. (Presse méd. **60**. 534—35. 12/4. 1952. Passy, Haute-Savoie.) R. KÖNIG. 4610

K. Conrad und **E. Scheib**, *Über akute Psychosen nach Isonicotinsäurehydrazidbehandlung.* Nach einer 3 Monate lang durchgeführten Neotebenbehandlung bei einer 35jährigen Frau mit Bauch- u. Genitaltuberkulose entwickelte sich eine akute Psychose, die nach ca. 6—7 Tagen mit tobsuchtsartigen Rkk. ihren Kulminationspunkt hatte. (Dtsch. med. Wschr. **78**. 604—07. 17/4. 1953. Homburg/Saarland, Univ.-Nervenklinik.) RUTKOWSKI. 4610

Ludwig Stadler, *Beitrag zu den Nebenwirkungen des Isonicotinsäurehydrazids.* Nach Gabe von 15,9 g *Isonicotinsäurehydrazid* (I) in 54 Tagen wird bei einem Astheniker ein auch nach Absetzen des I anhaltender schwerer hypoglykäm. Zustand beobachtet u. das allmähliche Abklingen der Störung des Kohlenhydratstoffwechsels an Zuckerbelastungskurven verfolgt. (Dtsch. med. Wschr. **78**. 612. 17/4. 1953. Todtmoos, Thoraxchirurg. Krankenhaus Wehrawald.) RUTKOWSKI. 4610

G. Viollier, E. Quiring und **H. Staub**, *Einfluß von oral verabreichtem Isonicotinsäurehydrazid und dessen Isopropylderivat auf den Enzymhaushalt der weißen Ratte.* Es wird die Wrkg. oraler Verabreichung von *Isonicotinsäurehydrazid* (*Rimifon*) u. *Isonicotinylisopropylhydrazin* (*Marsilid*) auf die Enzyme der Leber untersucht u. dabei eine spezif. Hemmung der *Tyraminoxydase* festgestellt. Vff. fassen diese Hemmung als Ausdruck einer indirekten Schädigung der an der Adrenalinsynth. beteiligten Enzymsysteme auf, wodurch die tox. Nebenwirkungen dieser Tuberkulostatica (z. B. orthostat. Blutdruckabfall), die man durch Adrenalinzufuhr beheben kann, erklärt werden. (Helv. chim. Acta **36**. 724—30. 30/4. 1953. Basel, Univ., Med. Klinik.) RUTKOWSKI. 4610

R. Domenjoz, *Die Wirkung von Isonicotinsäurehydrazid auf die Formalinentzündung und das Dextranödem.* Die durch subcutane Injektion von Formalin in die Rattenpfote hervorgerufene entzündliche Schwellung wurde durch *Cortison* (I) u. *Isonicotinsäurehydrazid* (II), in geringem Maße durch das *Diäthanolaminsalz des Benzaldehyd-4-carbonsäurethiosemicarbazons* (III, *Solvoteben*, BAYER) u. durch *p-Aminosalicylsäure* (IV) gehemmt. — II hemmt ebenfalls das durch subcutane Injektion von Dextran in die Rattenpfote auftretende Ödem. In geringerem Maße wirken (abnehmend) I, IV u. III. I besitzt hinsichtlich seiner angewandten Menge ein Wirkungsoptimum. Man muß demnach beim II neben der tuberkulostat. Wrkg. auch einen antiphlogist. Effekt in Rechnung stellen, der das klin. Bild zusätzlich günstig beeinflußt. (Schweiz. med. Wschr. **82**. 1023—25. 4/10. 1952. Saarbrücken, Univ., Pharmakol. Inst.) WILLENBERG. 4610

Maj Levander-Lindgren, *Elektrocardiographische Untersuchungen beim Scharlach unter besonderer Berücksichtigung der Wirkung der Penicillintherapie.* Vf. konnte zeigen, daß die Therapie mit *Penicillin* (I) beim Scharlach die Häufigkeit der auftretenden Begleitmyocarditis vermindert. Vor allem werden schwere EKG-Veränderungen seltener. Außerdem zeigte sich, daß der Erfolg dieser Therapie um so besser ist, je früher I verabreicht wird. (Acta paediatrica [Uppsala], Suppl. 1952. 11—211. Stockholm, Epidemic Hosp.) REICHLE. 4611

W. Tischer, *Die Behandlung des Scharlachs mit Omnacillin.* Zur Beurteilung der Änderung der Immunisierungsvorgänge durch *Penicillin* (I) bei der Behandlung des

Scharlachs wurden bei einer Epidemie an 280 Patienten 3 Versuchsreihen mit verschied. Therapie durchgeführt: a) symptomat. Behandlung, 100 Fälle; b) I-Therapie, 100 Fälle, $3 \cdot 10^5$ E. I pro Tag über 4—5 Tage; c) Verabreichung von *Omnacillin* (II; HOECHST), II = I + *Omnadin* (III), 80 Fälle, Dosierung wie bei b). Leichter Verlauf: a) 67%; b) 60%; c) 83%. Zahl der Komplikationen: a) 41%; b) 68%; c) 26%. II-Behandlung erwies sich a) u. b) überlegen; III scheint demnach eine Aktivierung der Abwehrfunktion u. eine Verbesserung der Immunitätslage herbeizuführen. (Münchener med. Wschr. **94**. 1759—62. 29/8. 1952. Münster/Westf., Städt. Clemenshosp.) DOSSMANN. 4611

L. E. Bartholomew, R. H. Stinson, N. H. Schimmel, W. M. Matteucci und **H. F. Flippin,** *Das Hydrojodid des Diäthylaminoäthylesters von Penicillin G, Neopenil.* 4. Mitt. *Placentare Transmission von Penicillin nach einmaligen Injektionen von Neopenil und Procainpenicillin.* (3. vgl. SCHIMMEL u. Mitarbeiter, Amer. J. med. Sci. **224**. [1952.] 247.) An 186 Frauen wurden kurz vor der Entbindung 500000 E. *Penicillin* (I) intramuskulär in Form von *Procainpenicillin* (II) bzw. *Penicillindiäthylaminoäthylesterhydrojodid* (III; *Neopenil*) verabreicht. In den ersten 4 Std. nach Injektion wurden bei III höhere I-Werte im Nabelschnurblut gefunden als nach II. Da nach 6—24 Std. bei III das Nabelschnurblut höhere I-Werte zeigte als das mütterliche Blut, muß dem III eine längere Verweildauer im foetalen Blut zugesprochen werden. (Amer. J. Obstetr. Gynecol. **65**. 30—33. Jan. 1953. Philadelphia, Pa., Univ. of Pennsylvania, School of Med., General Hosp.) KRUSEN. 4611

Eberhard Koch, *Zur Penicillinbehandlung des Gasbrandes.* Bericht eines Falles von epifascialem Gasbrand am Oberschenkel, der durch *Aquacillin* (3,6 Millionen E.) geheilt wurde. Allerdings empfiehlt Vf. neben diesen hohen Dosen radikale chirurg. Wundversorgung u. lokale Behandlung mit Sulfonamiden. (Med. Klin. **47**. 1396—97. 17/10. 1952. Wilhelmshaven, Städt. Krankenhaus, Chirurg. Abt.) L. BERGER. 4611

Z. Morcos, *Kurze Mitteilung über Antibiotica und besonders über Streptomycin-Penicillin-Kombinationen.* Nach einigen kurzen Angaben über die Verwendung von Antibioticis in Human- u. Veterinärmedizin zeigt Vf. an orientierenden Verss. mit Bact. coli u. pyocyaneus die günstige Wrkg. von *Streptomycin-Penicillin*-Kombination. (Brit. veterin. J. **106**. 422—26. Nov. 1950. Cairo, Veterin. Coll.) KRUSEN. 4611

V. Monaldi, *Die Folgen der bakteriostatischen Wirkung des Streptomycins auf die einzelnen pathologischen Bestandteile des tuberkulösen Prozesses.* Allg. Übersicht über den patholog. Ablauf der Lungentuberkulose u. über die mögliche Einw. der antibiot. Therapie mit *Streptomycin* auf die tuberkulösen Veränderungen des Gewebes. (Neue med. Welt **1**. 523—24. 15/4. 1950. Neapel, Inst. Sanatoriale „Principe Di Piemonte".) RUTKOWSKI. 4611

S. Kuna und **F. T. Cuchie,** *Der Einfluß von Guanidin und Streptidin auf die Toxizität von Streptomycin.* Es wird gezeigt, daß die Guanidingruppe im Streptidin des *Streptomycin*-Mol. für die klon. Krämpfe, die nach intracisternaler Injektion des Streptomycins beobachtet werden, verantwortlich zu machen ist. Das Streptomycin ist häufig mit Zersetzungsprodd., die eine Guanidingruppe enthalten, verunreinigt. Ein qualitativer, nicht jedoch ein quantitativer Zusammenhang konnte bestätigt werden. Die doppelte Menge von Dihydrostreptomycin verursacht die gleichen neurotox. Störungen wie Streptomycin, obwohl der Geh. an Guanidingruppen der gleiche bleibt. Streptidin u. ein Gemisch von Inosit + Guanidin zeigen im Tiervers. dieselben tox. Erscheinungen wie Streptomycin. (Arch. int. Pharmacodynam. Thérap. **92**. 408—15. 1953. Rahway, N. J., Merck Inst.) HEERDT. 4611

H. Zischinsky, *Aureomycin und Terramycin in der Behandlung des Keuchhustens.* 43 Fälle mit Keuchhusten erhielten *Aureomycin* (I), 38 *Terramycin* (II). Dosierung von I: Säuglinge (I in Kakao) 50 mg, später 25 mg/kg; von II: Säuglinge (II als Pulver) 100 mg, später 50—75 mg/kg. Einfl. von I u. II auf den Ablauf der Hustenanfälle ist der gleiche. Gesamtdauer der Krankheit wird durch I u. II nicht verkürzt. Es treten Fälle auf, die nur auf I oder II ansprechen, daher hält Vf. für schwere Fälle ein I + II-Kombinationspräp. für erwünscht. In 60,5% der Fälle haben I u. II einen eindeutigen Einfl. auf Zahl u. Schwere der Anfälle. Auftretende Recidive sind gut mit I u. II beeinflußbar; Lungenkomplikationen werden vermieden, Resistenz wurde bisher nicht beobachtet. (Münchener med. Wschr. **94**. 1740—46. 29/8. 1952. Wien, Wilhelminenspital.) DOSSMANN. 4611

A. Ravina, *Wirkung von Neomycin auf die pathogenen Darmmikroben.* Vf. beschreibt u. diskutiert die von POTH (Amer. Surgeon **18**. [1952.] 572) angewandte Meth. der präoperativen Beseitigung pathogener Darmkeime durch peroral verabreichte 1%ig. *Neomycin*-Lsg., zur Steigerung der Wrkg. kombiniert mit *Phthalylsulfathiazol.* (Presse méd. **61**. 406. 21/3. 1953. Paris.) KRUSEN. 4611

R. Hoppe, *Über Erfolge mit Streptokinase und Streptodornase.* Vf. berichtet über seine Erfahrung mit Streptokinase u. Streptodornase bei Hämatothoraces u. Empyemen. Vf. kann die frappierende Wrkg. dieser Stoffe nach Angaben anderer Autoren nicht voll bestätigen, glaubt aber, daß es möglich ist, mit Hilfe dieser Präpp. zu noch besseren Ergebnissen bei der Pneumolysenachbehandlung zu kommen. (Dtsch. med. Wschr. **77.** 1231—32. 3/10. 1952. Essen-Heidhausen, LVA Heilstätte Holsterhausen.) Reichle. 4614

Joseph M. Miller, Beverly H. White und **Perrin H. Long,** *Streptokinase und Streptodornase bei der Behandlung chirurgischer Infektionen.* Bericht über die neuere Literatur, Wirkungsweise, Anwendungsweise u. -möglichkeiten u. Krankenberichte über die Verwendung von *Streptokinase* u. *Streptodornase* in der Chirurgie. (Lancet **264.** 220—22. 31/1. 1953. New York, N. Y., State Univ., Coll. Med., Dep. Med.; Fort Howard, Md., Veterans Admin., Surg. Serv.) H.-J. Koch. 4614

Julious R. Bourgoyne, *Anästhesie bei Kindern.* Übersicht. (Dental Items Interest **74.** 318—24. April. 415—19. Mai 1952. Memphis, Tenn.) Dautzenberg. 4621

K. H. Brands und **K. Solth,** *Sedativa in der Geburtshilfe. Untersuchungen über die antidiuretische Wirkung verschiedener Sedativa (Morphin, Luminal, Pernocton, Dolantin) und ihre Bedeutung für die Anwendung in der Geburtshilfe.* Bei 100 gesunden Frauen im letzten Drittel einer n. Schwangerschaft wurden für 2mal 24 Std. jegliche Flüssigkeits- u. Nahrungszufuhr gesperrt. Dann wurde innerhalb 6 Std. 2500 cm^3 einer 5%ig. Dextroselsg. intravenös verabreicht u. die Urinmenge gemessen u. das spezif. Gewicht bestimmt. An einem anderen Tage wurde bei sonst gleichen Versuchsbedingungen, vor Beginn der Infusion Morphin 0,015 oder 2 cm^3 20% Luminal oder 2 cm^3 50% Dolantin oder 0,2 Pernocton intramuskulär gespritzt. Morphin senkt die Urinausscheidung so stark, daß Vff. vor Anwendung in der Geburtshilfe bei Schwangerschaftstoxikosen oder Eklampsien dringend warnen. An Stelle von Morphin sollte Luminal, Dolantin oder Pernocton verwandt werden, die keine diuresehemmende Wrkg. haben. (Dtsch. med. Wschr. **77.** 1228—30. 3/10. 1952. Marburg, Univ., Frauenklinik.) Reichle. 4621

Claus Kerrinnes, *Zur Technik der Bronchographie mit einem Beitrag zur Pantocainintoxikation.* Beschreibung einer Meth., die es gestattet, mit geringen Mengen *Pantocain* (I) eine befriedigende Anästhesie zu erzielen u. gleichzeitig I-Intoxikationen weitgehend einzuschränken. (Dtsch. Gesundheitswes. **7.** 1186—89. 19/9. 1952. Leipzig, Univ., Chirurg. Klinik.) Dossmann. 4621

G. D. Kersley und **L. Mandel,** *Toxische Wirkungen von Phenylbutazon.* Bericht über eine 46jährige Frau mit rheumat. Arthritis, bei der sich nach oraler Einnahme von *Phenylbutazon, „Butazolidin“* (Dosis: 1 Tablette mit 200 mg, 2mal/Tag) eine Agranulocytose entwickelte. Durch Verabreichung von Penicillin, Aureomycin u. ACTH sowie durch 2 Bluttransfusionen konnte das Blutbild wieder normalisiert werden. (Lancet **264.** 1046—47. 23/5. 1953. Bath, Roy. Nat. Hosp. for Rheumatic Diseases.) R. König. 4621

J. D. Procter und **R. Gwyn Evans,** *Toxische Wirkungen von Phenylbutazon.* (Vgl. vorst. Ref.) Vff. berichten ebenfalls über 2 Fälle, bei denen nach Verabreichung von *Phenylbutazon* (I) eine Agranulocytose auftrat, die bei 1 Fall zum Tode führte. Nach Ansicht der Vff. sollte eine Best. der weißen Blutkörperchen zu Beginn u. mehrmals während der Behandlung mit I vorgenommen werden. Irgendwelche krankhaften Symptome bei ambulanten Patienten, wie Halsentzündung, Haut-Rkk., Ikterus, Fieber u. dgl., müssen sofort klin. überwacht u. behandelt werden. (Lancet **264.** 1047. 23/5. 1953. Nottingham, Gen. Hosp.) R. König. 4621

Fritz Zinnitz, *Studie über die unterschiedliche pharmakologische Wirksamkeit moderner Antirheumatica.* Beobachtungen an 25 Fällen von chron. Polyarthritis ergaben, daß bei Personen, die im Vegetonogramm ein hohes Vaguspotential u. einen niedrigen *Cholinesterase* (I)-Spiegel zeigen, die einmalige Verabreichung von 4 g *Aminophenazon* (II) oder *Salicylamid* (III) eine deutliche analget. Wrkg. hat, wobei sich die Leukocytenzahl nicht wesentlich verändert. Liegt jedoch ein hoher I-Spiegel mit niederem Vagustonus vor, so bewirken II oder III eine starke Leukocytenzunahme bei nur geringem analget. Effekt. Dagegen bewirkt die Zufuhr von 4 g einer Kombination aus II + III bei niederem I-Geh. im Blut u. hohem Vaguspotential bei niedrigem Leukocytenwert eine sehr intensive analget. Wrkg., die bei hohem I-Geh. u. stark ansteigender Leukocytenzahl ausbleibt. — Literaturbesprechung mit 49 Zitaten. (Münchener med. Wschr. **95.** 322—24. 13/3. 1953. München, Univ., II. Med. Klin.) Krusen. 4621

A. W. Frankland, *Antihistaminpräparate in der Behandlung allergischer Erscheinungen.* Vf. berichtet über den unterschiedlichen Wert der Antihistaminpräpp. bei der Behandlung von Asthma, Urticaria, Ekzemen u. Heufieber. Übersichtstabelle der in Großbritannien gebräuchlichsten Antihistaminpräparate. (Practitioner **170.** 355—60. April 1953. St. Mary's Hosp.) Reichle. 4625

William Anderson, *Heilmittel für das Heufieber.* Übersicht über Ätiologie, Erscheinungsformen, Therapie u. Prophylaxe des Heufiebers. (Pharmac. J. **170** ([4] **116**). 443—44. 13/6. 1953. Glasgow, Royal Techn. Coll.) REICHLE. 4625

H. Aurel Müller, *Wehenmittel und kindliche Sterblichkeit.* Die zunehmende Kindersterblichkeit bei Erstgebärenden in den ersten 40 Jahren der Beobachtungszeit wird vom Vf. auf die immer stärkere Verwendung von Wehenmitteln zurückgeführt. Die Sterblichkeit konnte in den letzten Jahren durch die Kombination der Wehenmittel mit Spasmolyticis oder Narkoticis gesenkt werden. Außerdem fand die Anwendung von Wehenmitteln allein eine stärkere krit. Einschränkung. (Dtsch. med. Wschr. **77**. 1225—28. 3/10. 1952. Marburg, Univ., Frauenklinik.) REICHLE. 4628

E. Mannheimer, F. Pakesch, E. E. Reimer und **H. Vetter,** *Die hämatologischen Komplikationen der Epilepsiebehandlung mit Hydantoinkörpern.* Neben den bekannten Hauterscheinungen nach Behandlung der Epilepsie mit Hydantoinkörpern können auch Störungen der blutbereitenden Organe auftreten. Im Gegensatz zu jenen treten diese erst nach langer Behandlungsdauer auf. Sie ähneln den Erscheinungen bei tox. u. allerg. Störungen der Blutbldg. u. gehen wie diese mit Kernschädigung u. Reifungshemmung der Blutkörperchen einher. Wirksame Gegenmittel sind nicht bekannt. Beste Therapie ist Absetzen der Medikation. Zur Vermeidung solcher Störungen sind regelmäßige Blutkontrollen geeignet sowie Ausschluß aller zu allerg. Erkrankungen neigenden Patienten. (Med. Klin. **47**. 1397—1401. 17/10. 1952. Wien.) L. BERGER. 4628

Udo Köhler, *Moderne Gesichtspunkte für die Herztherapie.* Übersicht unter besonderer Berücksichtigung der Stoffwechselvorgänge des Herzens. (Dtsch. Gesundheitswes. **7**. 1001—10. 7/8. 1952. Halle, Univ., I. Med. Klinik.) HOHENSEE. 4630

H. F. Zipf und **H. Keller,** *Synergistisches Verhalten von Cardiazol, arterieller CO_2-Spannung und Wasserstoffionenkonzentration.* Vagotomierte Katzen (ohne Carotissinusreceptoren, Chloralose/Urethan-Narkose) zeigten nach narkot. Schädigung der Atmung eine größere Empfindlichkeit für intravenös zugeführtes *Cardiazol* (**I**). Unter CO_2–Luft-Beatmung oder Zufuhr von Milchsäure wurde im arteriellen Blut Zunahme der CO_2-Spannung u. des p_H gemessen. (Naunyn-Schmiedebergs Arch. exp. Pathol. Pharmakol. **214**. 242—52. 1952. Bonn, Univ., Pharmakol. Inst.) HOHENSEE. 4630

Miriam B. Barlow, Hilde Ginsberg und **Josephine Gottlich,** *Die Anwendung von Noradrenalin bei akuten hypotensiven Zuständen.* Über die Anwendung (intravenöse Infusion einer 4 cm^3-Ampulle in 1000 cm^3 physiol. NaCl- oder Dextroselsg.) des ***Bitartrates** von Noradrenalin* (***Arterenol***; **I**; **als** *Levophed*; WINTHROP) bei 21 Fällen akuter Hypotension wird berichtet. **I** ist wirksamer als andere gleichartig wirkende Präparate. Ständige Überwachung der Patienten bei einer I-Therapie ist wichtig. (South African med. J. **27**. 564—66. 4/7. 1953. Witwatersrand, Univ., u. Coronation Hosp.) PATZSCH. 4630

Peter Hoffmann, *Zur Glykosidbehandlung der Hypotonie.* Essentielle Hypotonien können mit Erfolg durch *Miroton* (Inhaltsstoffe: Adonis, Convallaria, Oleander u. Scilla) behandelt werden, ohne daß jedoch ein anhaltender Blutdruckanstieg gesehen wurde. Cardiale Hypotonien erfordern dagegen ***Digitoxin*** bzw. ***Strophanthin***. (Med. Klin. **47**. 881—82. 27/6. 1952. Berlin-Neukölln.) HOHENSEE. 4630

D. R. Laurence und **N. A. Miles,** *Apresolinunverträglichkeit mit Blasenlähmung.* Nach 25 mg *Apresolin* (I) kam es bei einer Patientin unter Zittern zu einer Pulsbeschleunigung (120 Schläge/Min.). Nach 1 Std. erholte sie sich wieder. In der Nacht trat dieser Zustand nochmals auf. 36 Std. nach Beginn der I-Verabreichung trat eine Blasenlähmung auf, welche noch 24 Std. nach dem Absetzen anhielt. Außerdem traten noch andere Nebenerscheinungen (Nausea, Erbrechen, pektangiöse Beschwerden, Verstopfung) auf. — Bei geringerer Dosierung wurde die Blasenlähmung nicht mehr beobachtet. Der Blutdruck betrug vor der Behandlung (nach einwöchiger Bettruhe) 220/90 mm Hg, nach der Behandlung 190/90 mm Hg. (New England J. Med. **248**. 464—65. 12/3. 1953. London.) SCHEIBE. 4630

Victor F. Marshall und **James L. Green,** *Aluminiumgele mit konstanter Phosphoraufnahme zur Behandlung phosphorhaltiger Nierensteine.* Vff. berichten unter Anwendung der von SHORR (J. Urology **53**. [1945.] 507) angegebenen Meth. über Erfahrungen an 37 Patienten, die bei gleichzeitiger Einhaltung einer Diätvorschrift (1300 mg P, 770 mg Ca u. 3000 cm^3 Fl./Tag) mit *Amphojel* (Al-Hydroxydgel) u. *Basaljel* (bas. Al-Carbonatgel; WYETH INC.) über einen durchschnittlichen Zeitraum von 49 Monaten behandelt wurden. Als prophylakt. Mittel haben sich die Präpp. sehr gut bewährt, so daß nur in wenigen Fällen eine operative Entfernung der phosphorhaltigen Nierensteine notwendig war (Dosis: je 40 bzw. 30 cm^3 nach den Mahlzeiten u. vor dem Schlafen). (J. Urology **67**. 611—22. Mai 1952. New York, N. Y., Cornell Univ., Hosp., Med. Center, James Buchanan Brady Found., Dep. of Urology.) R. KÖNIG. 4640

Casimir Funk, Philip Tomashefsky, Arthur Ehrlich und **Robert Soukup,** *Verhütung von Magengeschwüren bei Shay-Ratten durch Ochsengalle.* Verhinderung des Auftretens von Magengeschwüren an Shay-Ratten durch orale Gaben von Ochsengalle, Gallepulver u. isolierten Gallensäuren. Einzelne Gallensäuren u. Gemische verschied. bekannter Säuren sind weniger wirksam als der Gesamtkomplex. Die Wrkg. beruht sicher nicht auf Alkalisierung des Magensaftes, sondern wahrscheinlich auf Sekretionseinschränkung, hervorgerufen entweder durch die Gallensäuren oder vielleicht durch einen noch unbekannten Stoff. (Science [Washington] **116.** 638—39. 5/12. 1952. New York, N. Y., Funk Found. for Med. Res., Inc.) KERSTEIN. 4645

Antonio Molina, *Ein amöbicides Antibioticum: Fumagilina. Orales und ungiftiges Therapeuticum gegen intestinale Amöbiasis.* Das aus Aspergillus fumigatus dargestellte *Fumagilina* zeigt neben weniger gut ausgeprägter antibakterieller u. antimycot. Wrkg. gute Wrkg. gegen Amöben, wie Verss. in vitro zeigten. Bes. bei Erkrankungen, die durch Endamoeba histolytica hervorgerufen werden, ist es bei oraler Verabfolgung mit Erfolg angewendet worden. Es ist in therapeut. Dosen ungiftig. (Med. clín. [Barcelona] **20 (11).** 393—96. Juni 1953.) LOCH. 4649

F. Hauschild, *Verzweigtkettige Fettsäuren und Venenverödung.* Von den geprüften Fettsäuren (*Caprin-, 2 4-Diisopropylbutter-, 2-Propylheptan-, Laurin-, 2-Butyloctan-, Palmitin-, 2-Hexyldecansäure* [I]) erfüllt I in erheblichem Maße bei geringer Dosierung die Anforderungen eines modernen Verödungspräp. hinsichtlich des Verödungseffektes sowie baktericider u. anästhesierender Wirkung. Bereits 12—50 mg hexyldecansaures Na (in 1—5 ml W. gelöst) entsprechen der wirksamen Dosis bisher üblicher Präpp. (Ölsäuremonoäthanolamin, Natriummorrhuat, Natriumrocolonat). Infolge der erheblichen Dosisunterschiede der verzweigtkettigen gegenüber den gradkettigen Fettsäuren muß eine spezif. Wrkg. in Betracht gezogen werden. (Arzneimittel-Forsch. **3.** 86—90. Febr. 1953. Leipzig, Univ., Pharmakol. Inst.) C. VOGEL. 4670

A. Graff, *Parapathogene Substanzen neben Biovaccinen.* Die meisten mineral., pflanzlichen u. tier. Gifte besitzen unabhängig von ihrer Zus. homöospezif. Eigg., so daß sie auf den lebenden Organismus als „parapathogene“ Substanzen wirken. Sie können similante Krankheitsbilder hervorrufen, bei entsprechender Dosierung heilen u. eine Immunisierung aufbauen. Die Wrkg. ist derjenigen der Biovaccinen zu vergleichen. Bei Schweinegrippe u. weißem Durchfall der Ferkel haben sich entsprechende Präpp. bewährt. (Tierärztl. Umschau **8.** 187—93. Juni 1953. München.) KERSTEIN. 4670

Elisabeth Becker, *Thalliumvergiftung.* Mitt. eines *Thallium* (**I**)-Giftmordes an einer 74jährigen Frau. Chem. Nachw. von **I** in den parenchymatösen Organen. Anatom. wurden Veränderungen festgestellt, die durch **I** hervorgerufen wurden. (Med. Klin. **47.** 1722—25. 26/12. 1952. Düsseldorf, Med. Akad., Inst. für gerichtl. Med.) ZELLER. 4675

Sirkka Isotalo und **R. A. Alha,** *Thalliumsulfatvergiftung. Zwei nicht tödlich verlaufene Vergiftungen nach zufälligem Genuß von Erbsen, die zur Taubenbekämpfung dienen sollten.* Genuß einer nicht mehr feststellbaren Menge von Erbsen, die mit *Thalliumsulfat* vergiftet waren, durch 2 Jungen im Alter von 5 Jahren. Die Vergiftung verlief in der bei Thalliumvergiftungen bekannten Weise. Na-Thiosulfat u. Vitamin B zeigten keinen greifbaren therapeut. Erfolg; BAL wurde nicht verabreicht. (Ann. Med. exp. Biol. fenn. **30.** 88—95. 1952. Helsinki, Univ., Hosp. of contagious diseases, Dep. of forensic med.) W. BRANDT. 4675

J. Wister und **J. P. W. Hughes,** *Akute CO-Vergiftung.* Analyse des Krankheitsbefundes von 105 Patienten mit akuter CO-Vergiftung. Hautläsionen, vorübergehende Atmungsstörungen, starkes Schwitzen, Lebervergrößerung stehen statist. mit der Schwere der Vergiftung in Beziehung. Im Blutbild war als direkte Folge der Hypoxämie die Zahl der Neutrophilen ca. 3mal höher als n., während Lymphocyten u. Eosinophile bei den schwer Vergifteten eindeutig niedriger lagen als normal. Andere Befunde, wie Arrhythmie, lokale Ödeme, Erbrechen, Kopfschmerzen, Pulssteigerung, Erhöhung der Erythrocytenzahl u. Glykosurie sollen mehr von der Funktion des autonomen Nervensyst. als von der Schwere der Vergiftung abhängig sein. (A. M. A. Arch. ind. Hyg. occupat. Med. **6.** 344—56. Okt. 1952. New Haven, Conn., Yale Univ., School of Med., Dep. of Public Health, Sect. of Occupational Health.) ZELLER. 4675

J. H. Alvis und **C. W. Tanner,** *CO-Vergiftung bei Unterwasseroperationen.* Bericht über eine CO-Vergiftung in einem Unterseeboot. (A. M. A. Arch. ind. Hyg. occupat. Med. **6.** 404—06. Nov. 1952.) ZELLER. 4675

P. Lesley Bidstrup, *Klinische Aspekte bei Vergiftungen durch Dinitro-o-kresol.* Beschreibung der Vergiftungssymptome durch *3.5-Dinitro-o-kresol* (**I**). Hervorgehoben wird, daß sich der Vergiftete im Anfangsstadium wohler als gewöhnlich fühlt, daher wird die Vergiftung erst relativ spät erkannt. Es wird eine Blutunters. angeraten; der

Geh. an I darf nicht über 15—20 γ/g liegen. Ein Gegengift ist nicht bekannt. — 10 Literaturangaben. (Proc. Roy. Soc. Med. **45**. 574—75. Sept. 1952.) KNÖPKE. 4675

D. R. Davies, *Die Wirkung organischer Phosphorinsekticide auf Enzyme.* Überblick über die Toxikologie der Insekticide *E 605* (*Parathion*), *Schradan* (*OMPA*, *Pestox III*) u. *Isopestox.* Ausführliche Behandlung der Wrkg. dieser hochgiftigen Stoffe auf die *Cholinesterase.* — 14 Literaturangaben. (Proc. Roy. Soc. Med. **45**. 570—71. Sept. 1952.) KNÖPKE. 4675

P. Lesley Bidstrup, *Klinische Aspekte bei Vergiftungen durch organische Phosphorinsekticide.* Vf. berichtet über die Vergiftungssymptome durch organ. Phosphorverbb. (*E 605*, *Schradan* usw.), die als Insekticide gebraucht werden, u. weist bes. auf die Hemmung der *Cholinesterase* hin. Als Gegengift wird Atropin angegeben. — 14 Literaturangaben. (Proc. Roy. Soc. Med. **45**. 572—73. Sept. 1952.) KNÖPKE. 4675

G. W. Pearce, A. M. Mattson und **W. J. Hayes jr.,** *Prüfung von menschlichem Fett auf Anwesenheit von DDT.* Vorl. Mitt. über das Vork. von *DDT*-Zersetzungsprodd. im menschlichen Fett, nachgewiesen an Absorptionsspektren nach der SCHECHTER-HALLER-Methode. Angabe der Meth. zur Isolierung von *DDT* u. verwandten Prodd. aus CCl_4-Extrakten von Fettproben. Im Experiment wurde direkte Ablagerung von *DDT* durch Einnahme damit verunreinigter Nahrungsmittel nicht festgestellt. Wie an 60 Proben nachgewiesen werden konnte, ist das Hauptzersetzungsprod. *DDE* = *2.2-Bis-[p-chlorphenyl]-1.1-dichloräthylen.* Durch die Isolierungsmeth. wurden noch *DDA* = *Bis-[p-chlorphenyl]-essigsäure* u. *DBP* = *4.4'-Dichlorbenzophenon* festgestellt, die ident. Absorptionsspektren haben; es ist aber unwahrscheinlich, daß diese in größeren Mengen im fetthaltigen Gewebe auftreten. Von *DDA* ist bekannt, daß es schnell ausgeschieden wird. Es ist noch nicht untersucht, ob *DDE* bereits als Teilzersetzungsprod. von *DDT*-Rückständen auf pflanzlichen Prodd. vorkommt oder ob die Zers. während der Nahrungsmittelaufnahme bzw. erst nach *DDT*-Ablagerung im Fett eintritt. (Science [Washington] **116**. 254—56. 5/9. 1952. Savannah, Ga., Federal Security Agency, Public Health Serv.) DOSSMANN. 4675

Mary O. Amdur, Leslie Silverman und **Philip Drinker,** *Inhalation von Schwefelsäurenebeln durch den Menschen.* 23 Versuchspersonen inhalierten H_2SO_4-Nebel in Konzz. von 0,35—5 mg/m³. Die Retention der inhalierten H_2SO_4 betrug durchschnittlich 77%. Bei allen Versuchspersonen kam es dabei zu einer oberflächlichen u. schnellen Atmung (Messung mit Pneumotachograph). Konzz. von 5 mg/m³ wurden von allen Versuchspersonen sofort bemerkt; bei dieser Konz. waren die Atmungsveränderungen am deutlichsten, überall kam es zu einem Abfall des Minutenvolumens. (A. M. A. Arch. ind. Hyg. occupat. Med. **6**. 305—13. Okt. 1952. Boston, Mass., Harvard Univ., School of Public Health, Dep. of Ind. Hygiene.) ZELLER. 4681

Frederick Gregorius, *Lungenkrebs in der Chromatindustrie.* Ausgedehnte Vergleichsunterss. des Auftretens von Lungentumoren bei Chromatarbeitern im Verhältnis zum Auftreten des Lungenkrebses in der allg. Bevölkerung (verglichen mit Zahlen einer Lebensversicherungsgesellschaft) zeigen, daß der Lungenkrebs bei Chromatarbeitern 16—80mal häufiger ist. (A. M. A. Arch. ind. Hyg. occupat. Med. **5**. 196—97. März 1952.) GUMMEL. 4681

David Lester und **Leon A. Greenberg,** *Die Inhalation von Äthylalkohol durch den Menschen.* 1. Mitt. *Gewerbehygienische und gesundheitsgesetzliche Gesichtspunkte.* 2. Mitt. *Mit Tetraäthylthiuramdisulfid behandelte Personen.* Es wurde eine Überprüfung der zulässigen oberen Grenze des Geh. der Raumluft an A. in Industriebetrieben vorgenommen. Eine Konz. von über 40 mg/Liter wurde in kürzester Zeit unerträglich, 10—20 mg/Liter ließen eine, wenn auch nicht ganz ungestörte Arbeit zu. Es wird eine obere zulässige Grenze von 7 mg A./Liter Raumluft vorgeschlagen. Der eingeatmete A. wird bis zu 67% resorbiert. Bei mit *Tetraäthylthiuramdisulfid* vorbehandelten Personen liegt die obere Grenze der Verträglichkeit bei 2 mg/Liter. (Quart. J. Stud. Alcohol **12**. 167—78. Juni 1951. New Haven, Conn., Yale Univ.) MATTHIES. 4681

Karl H. Sroka, *Zur Behandlung der Berufskrankheiten durch Nitro- und Amidokörper des Benzols und seiner Homologen.* Die Nitro- u. Aminoverbb. des Bzl. sind Blutgifte. Die Vergiftungssymptome werden beschrieben u. die in Frage kommenden Behandlungsmethoden im einzelnen diskutiert. (Seifen-Oele-Fette-Wachse **78**. 101—03. 27/2. 1952.) BRAUKMANN. 4681

Carlos Blanco-Soler, Los radioisotopos en la clinica. Madrid: Paz Montalvo. 1953. (237 S. m. Abb.) ptas 75,—.

A. J. Delario, Roentgen, radium and radioisotope therapy. London: Kimpton. 1953. (371 S. m. Abb.) 55s.

Knud Møller, Pharmakologie als theoretische Grundlage einer rationellen Pharmakotherapie. Übers. u. Bearb. nach der 4. dän. Aufl. von Otto Walker. 2. deutsche Aufl. Basel: B. Schwabe & Co. 1953. (812 S. m. Abb.) 8°. fr. 57,—.

F. Pharmazie. Desinfektion.

E. Soos, *Die therapeutische Bedeutung und die Herstellung von Suppositorien. (Eine Übersicht über ältere und neuere Suppositoriengrundlagen.)* Übersicht. Abgrenzung der Indikationen der Anwendung; Diskussion der Resorption u. deren anatom. Grundlagen; Besprechung von fettartigen u. wasserlösl. Suppositoriengrundstoffen; Beschreibung der Herstellungsverff., Berechnung des Verdrängungsfaktors zur Erzielung optimaler Dosierungsgenauigkeit. — 55 Literaturangaben. (Scientia pharmac. **20**. 233—51. 31/12. 1952. Wien, Univ., Pharmakol. Inst.) KERSTEIN. 4766

Herbert Kuntscher, *Milchzucker.* 1. u. 2. Mitt. Übersicht über Vork., Geschichte u. Chemie der Lactose; Formen des Milchzuckers: α-Lactosehydrat (α-Lactose), α-Lactoseanhydrid u. β-Lactoseanhydrid (β-Lactose). Amorphe Lactose ist eine Lsg. des Gemisches aus α- u. β-Lactose. — Physikal. Verh. der Lactose; eingehende Darst. betreffend spezif. Drehungsvermögen, F., Löslichkeit u. Kristallisation in W., D., Viscosität u. allg. Löslichkeit. Ferner wird das biochem. Verh. besprochen. (Pharmaz. Ind. **45**. 109—11. April. 140—43. Mai 1953. Tannheim/Tirol.) ULEX. 4786

L. Schon, *Cera-Emulgator und Cetostearylalkohol.* Von den zur Herst. des Cera-Emulgators (**I**) notwendigen Ausgangsmaterialien stellt der *Cetostearylalkohol* (**II**) eine Mischung von festen aliphat. Alkoholen, hauptsächlich Stearyl- u. Cetylalkohol dar. Kennzahlen von **II**: AZ. 170—185, SZ. $<$0,1, VZ. $<$0,5, JZ. $<$2,0, F. $>$43°, Kp. $>$300°, Hydroxylzahl 195—215. Aus Vgll. u. Betrachtungen wird für wünschenswert erachtet, daß für **II** u. auch für das Unverseifbare von **I** F. über **43°** u. die AZ. in ihrem niedrigsten u. auch höchsten Wert erhöht werden. (Pharmac. J. **168** ([4] **114**). 360—61. 24/5. 1952.) BOYE. 4786

H. Tracksdorf, *Über die Wandbeständigkeit des Kupferamalgams bei der Wurzelfüllung mit Kupferamalgam.* Aus Unterss. in vitro geht hervor, daß die Cu-Amalgamwurzelfüllung *Cupro-Muc* als absol. wandbeständig zu bezeichnen ist. Die verschied. Verarbeitungsmethoden haben keinen Einfl. auf die Wandbeständigkeit. (Dtsch. Zahnärztebl. **7**. 429—33. 22/7. 1953. Nürnberg.) KLESSE. 4798

Conrad Schöller, *Grundstoffe und Zwischenprodukte für die pharmazeutische Industrie und verwandte Industrien.* Hinweis auf die Verwendbarkeit von Chemikalien, Zwischenprodd. oder Endprodd. der BASF in der pharmazeut. u. kosmet. Industrie. Es wird bes. auf die Zwischenprodd. der Farbstoffchemie, die Chemikalien der Kunststoff-, der Acetylen-, der Äthylen- u. der Äthylenoxydchemie sowie anderer Zweige der chem. Großindustrie eingegangen, die der weiterverarbeitenden pharmazeut. Industrie zur Realisierung ihrer Überlegungen u. Forschungen von Nutzen sein können. — Auszug aus Produktenverzeichnissen der BASF. (Pharmaz. Ind. **45**. 104—08. April 1953. Mannheim.) ULEX. 4800

—, *Neue Arzneimittel. Expressan* (KNEIPP HEILMITTELWERK, Würzburg): Gallen- u. Lebertee mit Herba Chelidonii, Absinthii, Folia Menyanthes trifoliatae, Menthae, Cortex Frangulae, Rhizoma Curcumae. — *Finalgonsalbe* (DR. KARL THOMAE GMBH., Biberach): Nonylsäurevanillylamid 0,4 (%), Nicotinsäurebutoxyäthylester 2,5. Zur percutanen Wärmereiztherapie. — *Spongiofort* (HEINRICH MACK NACHF., Illertissen): Resorbierbarer Gelatineschwamm zur Tamponade. — *Synpen* (DR. KARL THOMAE GMBH., Biberach): N-Dimethylaminoäthyl-N-p-chlorbenzyl-α-aminopyridinhydrochlorid. Antihistaminicum. Tabletten zu 0,025 g, Ampullen zu 0,02 g. — *TMD 10* (GLUTAN-CHEMIE GMBH., Würzburg): 10%ig. Lsg. von Tetraäthylammoniumbromid. Für Ganglienblockade. — *Visnogen-Upha* (UPHA GMBH., Hamburg): 20 mg Khellin in Natriumsalicylatlösung. (Arzneimittelforsch. **1**. 150. Juni 1951.) HOTZEL. 4800

—, *Neue Arzneimittel. Almehist* (MEYER CHEMICAL CO., INC., Detroit Mich.): Kapseln mit Pyrilaminmaleat 50 (mg), Hyoscinhydrobromid 0,016, Hyoscyaminhydrobromid 0,08, d-Amphetaminsulfat 1,5. Anwendung bei Heufieber. — *Aminodroxtabletten* (S. E. MASSENGILL CO., Bristol, Tenn.): Enthalten Aminophyllin u. $Al(OH)_3$. — *Apresoline* (CIBA PHARMACEUTICAL PRODUCTS, INC., Summit): Enthält Hydralazin. Anwendung bei hohem Blutdruck. — *Dicalets* (ABBOTT LABORATORIES, Chicago, Ill.): Polyvitaminpräp. für werdende Mütter. — *Geratose* (E. L. PATCH CO., Stoneham): Kapseln mit Cholinbitartrat 250 (mg), Trockenleber 125, Tocopherolacetat 2,5 I.E. — *Heliogen* (HELIOGEN PRODUCTS, INC., Long Island City, N. Y.): Tabletten, die im Mund freies Jod abspalten. Mund- u. Halsdesinfiziens. — *Methiumchlorid* (CHILLCOTT LABORATORIES, INC., Morris Plains): Tabletten zu 250 mg Hexamethoniumchlorid zur Behandlung der Hypertension. — *PNS* (WINTHROP-STEARNS, INC., New York, N.Y.): Enthält Pantocain, Neosynephrin, Sulfamylon, Bismutum subgallicum u. Perubalsam. Hämorrhoidalzäpfchen. — *Somnadex* (CENTRAL PHARMACAL CO., Seymour): Tabletten mit Pentobarbital-Na 60 (mg), Butabarbital-Na 30, d-Desoxyephedrin 5. Schlafmittel. — *Theominal M* (Winthrop-Stearns, Inc., New York, N. Y.): Tabletten mit Theobromin 0,32 g u. Luminal 15 mg. — *Vicon-A* (Meyer Chemical Co., Inc., Detroit, Mich.): Polyvitaminpräp. in Kapseln. — *Wyamine Sulfate* (Wyeth Inc., Philadelphia, Pa.): Enthält N-Methylphenyl-tert.-butylaminsulfat, erhöht den Blutdruck. — *Cholimeth fortified* (Central Pharmacol Co., Seymour): Tabletten mit Cholin, Methionin, Inosit u. Vitamin B_{12}. — *Crystamin 120* (Armour Laboratories, Chicago, Ill.): Ampullen mit 120 mg Vitamin B_{12}. — *Crystamin Forté* enthält pro Kapsel 100 γ Vitamin B_{12}, getrocknete Darmschleimhaut 75 mg u. 175 mg Folsäure. (J. Amer. pharmac. Assoc., pract. Pharmacy Edit. **13**. 329—31. Mai 1952.) Hotzel. 4800

—, *Neue, nicht offizinelle Arzneimittel. Theelin* (Parke, Davis & Co., Detroit, Mich.): Ampullen zu 2 u. 5 mg Östrogen/cm³. — *Elixir Lynoral* (Organon Inc., Orange): Äthinylöstradiol 0,0075 mg/cm³. (J. Amer. med. Assoc. **144**. 927—28. 11/11. 1950.) Hotzel. 4800

Willibald Winkler, *Neue Arzneimittel und Spezialitäten: Vitamine und Diätmittel.* Übersicht über Chemie u. Wirkung. (Oesterr. Apotheker-Ztg. **4**. 36—42. 28/1. 1950.) Hotzel. 4800

Willibald Winkler, *Neue Arzneimittel und Spezialitäten: Purinderivate. Methylxanthine, Adeninderivate (und Harnsäure).* Übersichtsbericht, Chemie u. physiol. Wirkung. (Oesterr. Apotheker-Ztg. **4**. 258—60. 13/5. 1950.) Hotzel. 4800

—, *Scoline: Succinylcholinchlorid, ein besonders kurz wirkendes Muskelrelaxans.* Hersteller Allan & Hanburys, Durban. Ampullen zu 0,1 g. (South African med. J. **26**. 421. 17/5. 1952.) Hotzel. 4806

—, *Misolin in der Behandlung der Epilepsie. 5-Phenyl-5-äthylhexahydropyrimidindion-(4.6).* Tagesdosis 0,4—1,6 g. (Rev. clín. españ. **45**. 347—48. 15/6. 1952.) Hotzel. 4806

G. Lock, *Über die Herstellung von Isonicotinsäurehydrazid.* Aus 4-Äthylpyridin (aus Pyridin, Essigsäureanhydrid u. Zinkstaub) erhält man durch Oxydation mit $KMnO_4$ *Isonicotinsäure* (I). Hieraus über das Säurechlorid *Isonicotinsäureäthylester* (II), aus II mit Hydrazinhydrat *Isonicotinsäurehydrazid*, F. 171—172° (korr.), farblose Nadeln. Zur Darst. von I kann man auch von 2.4-Lutidin ausgehen (Oxydation mit $KMnO_4$ zu *Pyridin-2.4-dicarbonsäure*, daraus nach partieller Decarboxylierung I). — 8 Literaturangaben. (Pharmaz. Ind. **14**. 366—67. Dez. 1952, Unterach, Oberösterreich, Arzneimittelfabrik Ebewe.) Wallis. 4806

Pierre Duquenois, *Aktuelle, aus den Apocynaceen gewonnene pharmazeutische Stoffe. Alkaloide und Heteroside.* Übersicht. Gewisse *Apocynaceen* liefern das Ausgangsmaterial zur synthet. Darst. von *Steroidhormonen*, aus anderen Pflanzen wurden in den letzten Jahren Alkaloide u. Glucoside isoliert, die als neue herzwirksame Mittel wachsende Bedeutung gewinnen. Genannt werden *Digitoxid, Scillaren, g-* u. *k-Strophanthosid, Cortison, Sarmentogenin, Thevetosid, Oleandrosid* u. *Odorosid A.* — Strukturformeln u. 29 Literaturangaben. (Produits pharmac. **7**. 177—81. April 1952. Straßburg, Fac. de Pharm.) J. Keil. 4806

Abraham Taub und **Sidney Paikoff,** *Filtriertechnik als Stabilitätsfaktor für Thiaminhydrochloridinjektionen.* Die geringste Verfärbung u. Sedimentation der Thiaminhydrochloridlsg. ergab sich bei Verwendung eines ultrafeinen Pyrexglasfiltertiegels, der zuvor mit HCl u. W. gewaschen wurde. Selas-Porzellanfilter waren weniger gut, Seitz-Asbestfilter wenig geeignet. (J. Amer. pharmac. Assoc., sci. Edit. **41**. 248—50. Mai 1952. New York, N. Y., Columbia Univ., Coll. of Pharm.) Spitaler. 4808

Peter Marquardt, Elisabeth Carl und **Claus Reichle,** *Die Haltbarkeit von Adrenalin und Noradrenalin. Arterenol* (I) ist gegen Dicarbonsäuren (II), wie z. B. Bernsteinsäure, weniger empfindlich als *Adrenalin* (III). III-II-Lsgg. verlieren auch unter N_2 die Blutdruckwirksamkeit, in I-II-Lsgg. mit Ascorbinsäure bleibt diese stark abgeschwächt erhalten. I-II-III-Lsgg. bleiben stabil. Zwischen Vitamin C u. Antivitamin C besteht kein wesentlicher Unterschied hinsichtlich der Stabilisierung von III-Lösungen. (Arzneimittel-Forsch. **3**. 14—16. Jan. 1953. Freiburg, Univ., Med. Fak., Abt. für experimentelle Therapie.) Fresenius. 4808

Georg Henneberg, *Wirksamkeitsprüfungen von Kombinationen verschiedener Antibiotica.* Mischpräpp. aus Antibioticis (I) untereinander u. von I mit Sulfonamid werden geprüft. Dabei kann ein Anteil auf chem. oder physikal. Wege zerstört oder blockiert werden oder die Wirkungsgrenze eines Anteils kann durch Verdünnung u. Wahl eines geeigneten mikrobiol. Testobjekts unterschritten werden. (Arzneimittel-Forsch. **3**. 25—26. Jan. 1953. Berlin, Robert-Koch-Inst. für Infektionskrankeiten.) Fresenius. 4810

Louis Domange und **Andrée Pinguet**, *Über die Feststellung von Nitrobenzol in Bittermandelöl.* Ein Bittermandelöl ergab bei Unters. nach der Meth. der US-Pharmakopoe nahezu n. die physikal. Konstanten u. n. Gehh. an Gesamt- u. freiem *HCN* sowie *Benzaldehyd.* Überraschenderweise war die Rk. auf *Nitrobenzol* (I) positiv. Ein Vergleichsmuster verhielt sich negativ. Dieses war ungefärbt, hatte einen pikanten Geruch u. hinterließ beim Verdunsten keinen Geruch. Das erstuntersuchte Öl war leicht gelb gefärbt u. wies nach dem Eindampfen einen reinen Mandelgeruch auf. I als Fälschungsmittel läßt sich nach Red. zu Anilin u. Dest. mit der Mauvein-Rk. nachweisen. Die Carbylamin-Rk. hingegen ist für Anilin nicht eindeutig. Sie kann auch von Aminoverbb. gegeben werden, die aus den Mandeln stammen u. in dem ersten Öl enthalten waren. (Ann. pharmac. franç. **8.** 724—25. Nov. 1950.) Freytag. 4818

Edgar Schnohr, *Eine schnelle chirurgische Reinigung mit hexachlorophenhaltiger Seife* (*G 11*). *Hexachlorophen* (I; *Bis-[oxy-3.5.6-trichlorphenyl]-methan*) desinfiziert die Hand des Chirurgen ohne Bürsten in 3 Minuten. Bes. empfehlenswert ist die Verwendung der 3%ig. I-Seifenemulsion „p_H-*Isoderm*" mit p_H 5,5, die aus Sulfonaten, Cholesterinen aus Lanolin u. Vaseline besteht. Nach H_2O-Spülung verbleibt I auf der Haut. Bei täglichem Gebrauch tritt daher eine kumulierende Desinfektionswrkg. ein. Auch eine 3%ig. Paste ist gut, eine 2%ig. Seife desinfiziert nicht ausreichend. Verss., das Operationsfeld mit einer 2%ig. alkoh. Lsg. zu desinfizieren, wurden wegen starker Reizwrkg. auf die Haut abgebrochen. (Acta chirurg. scand. **105.** 258—70. 20/5. 1953. Kopenhagen, Sundby Hosp., u. Inst. of Pathol.) Fischoeder. 4834

G. A. Lammie und **E. J. Sandford**, *Wirkung von Sterilisationsmitteln auf Wolframcarbidbohrer.* Das Verrosten der mit Carbid plattierten Bohrer verbietet die Verwendung von kochendem W. als Sterilisationsmittel. Co wird aus dem Carbid herausgelöst durch H_2O_2, Trichlorphenylmethyljodsalicyl (TCP), durch Jodtinktur u. durch *Eusol* (HClO). Brauchbar sind A.C.10-Öl oder -Emulsion (fl. KW-stoffgemisch), Alkohol, Lysol u. antisept. Chlorxylenol. (Brit. Dental J. **94.** 171—77. 7/4. 1953. Birmingham, Univ., u. Coventry, Hard Metal Tools.) J. Fischer. 4834

V. Froboese, *Einfache Seuchenbekämpfung auf dem Geflügelhof.* Vf. empfiehlt Dauerdesinfektion (über das Trinkwasser) mittels schwefliger Säure (0,8 gr/Liter). (Tierzucht **6.** 352—53. Okt. 1952. Berlin.) Winiker. 4834

Peter Cooper, *Sicherheit bei der Herstellung von Injektionslösungen.* Forderung strenger Sicherheits- u. Kontrollmaßnahmen neben größter Reinheit der verwendeten Chemikalien für Injektionslsgg., u. a. Angabe des Sterilisations- u. Verfallsdatums auf dem Etikett der Lsg. oder in gewissen Fällen des p_H-Grenzwertes, period. Reinheitsprüfung des dest. W. (Messung des elektr. Widerstandes), seine Sterilisation spätestens 4 Std. nach der Gewinnung. — Hinweise auf Herst. u. Abfüllung einwandfreier steriler Lösungen. Beschreibung einer hierfür geeigneten App. (Abb.). Vorschläge für Verschlüsse u. Kontrollmaßnahmen. — 19 Literaturangaben. (Pharmac. J. **169** ([4] **115**). 319—20. 1/11. 336. 8/11. 1952.) Spitaler. 4836

W. Weis, *Über die Wirkungskontrolle von Arzneimitteln.* Grundsätzliche Ausführungen über die wesentlichen Forderungen, die an eine krit. Beurteilung der Arzneiwrkg. zu stellen sind. (Subsidia med. [Wien] **4.** 124—30. Aug. 1952.) Nieswandt. 4880

L. Fuchs, **M. Wichtl** und **H. Häring**, *Eine Grenzwertmethode zur Prüfung der Gerbstoffdrogen und Gerbstofftinkturen.* Ausfällung der Gerbstoffe in Drogen u. Tinkturen aus Auszügen mit Cu-Acetat u. Pb-Acetat in Ggw. von Na-Acetat unter festgelegten Bedingungen, zuerst unter Zusatz einer bestimmten zur Fällung nicht ausreichenden Menge Reagens. Bei den Anforderungen entsprechendem Gerbstoffgeh. deutliche Trübung nach weiterer Reagenszugabe. Befriedigender Verlauf der Vergleiche mit quantitativen Bestimmungen. Das Verf. wird als Arzneibuchmeth. empfohlen. — 11 Literaturangaben. (Scientia pharmac. **20.** 209—16. 31/12. 1952. Wien, Univ., Pharmakol. Inst.) Kerstein. 4880

E. A. Haugas und **B. W. Mitchell**, *Die Bestimmung von Isonicotinylhydrazid.* Mitt. einer bromometr. Meth. zur Best. von Isonicotinylhydrazid (I), die gegenüber der jodometr. den Vorteil hat, von der Reaktionszeit u. von Temperaturschwankungen zwischen 10 u. 30° unabhängig zu sein. Bei der Analyse von I-Tabletten liefert sie genauere Werte, da Br in saurer Lsg. mit den Füllmitteln (untersucht wurden Lactose, Glucose, Saccharose u. Stärke) nicht reagiert. — Diskussion. (J. Pharmacy Pharmacol. **4.** 687—92. Okt.; Pharmac. J. **169** ([4] **115**). 166. 6/9. 1952. Welwyn Garden City, Herts.. Pharmaceut. Ltd.) Spitaler. 4880

K. Jentzsch, *Papierchromatographische Trennung von Solanaceenalkaloiden.* (*Trennung von Atropin bzw. Hyoscyamin, Scopolamin, Tropin und Scopolin*). Nach Kritik der bisher üblichen Methoden Beschreibung eines neuen Verf. in HCl-haltiger Atmosphäre. Stationäre Phase ist ein Gemisch von 50 ml rauchender HCl mit 50 ml H_2O, geschüttelt mit 12,5 ml Butanol u. 12,5 ml Chlf.; die mobile Phase ist das mit HCl gesätt. Butanol–Chlf.-Gemisch; Sichtbarmachung der Alkaloidflecken mit DRAGENDORFF-Reagens. Im absteigenden Chromatogramm auf WHATMAN-Filterpapier Nr. 1 folgende R_F-Werte: *Atropin* (Hyoscyamin) 0,89, *Scopolamin* 0,79, *Tropin* 0,50, *Scopolin* 0,20. Untersucht wurden Drogen u. galen. Präparate. — 18 Literaturangaben. (Scientia pharmac. **20.** 216—23. 31/12. 1952. Wien, Univ., Pharmakognost. Inst.) KERSTEIN. 4880

Gunnar Sternberg, *Zwei Methoden zur bakteriologischen Auswertung von Desinfektionsmitteln.* Beschreibung einer Suspensionsmeth. (**A**) u. eines Verf. (**B**) unter Verwendung auf Deckgläschen aufgetrockneter Bakterien zur Auswertung von Desinfektionsmitteln. **A** eignet sich für große, direkt vergleichbare Serien u. bietet die Möglichkeit zur weitgehenden Variation der Versuchsbedingungen. Ein Vorteil von **B** besteht in der längeren (1 Monat) Aufbewahrungsmöglichkeit der mit Staphylokokken versehenen Deckgläschen, ohne daß eine Resistenzänderung der Keime eintritt. (Acta pathol. microbiol. scand. **27.** 134—41. 1950. Helsingfors, Univ., Dep. of Serol. and Bacteriol.) K. MAIER. 4880

Linwood F. Tice, Salem, N. J., V. St. A., *Klumpenfreies Auflösen von Gelatine* (**I**) in mehrwertigen Alkoholen, wie Glycerin (**II**), Propylenglykol u. dgl., durch Evakuieren eines Gemisches von **I** u. **II** in der Kälte u. anschließendes Erhitzen auf 80—100°. Es können in A. gelöste Arzneimittel zugesetzt werden. Bei Verwendung von 30—35% **I** erhält man klare, plast. Formkörper ohne Luftblasen (Trägerstoffe für medizin. Zubereitungen). (**A. P. 2 558 065** vom 3/5. 1949, ausg. 26/6. 1951.) K. HEINZE. 4787

Myer Coplans, London, England, *Behandlung von Sennesblättern.* Schoten oder Blätter des Sennastrauches werden gebrüht oder extrahiert u. der Infus bzw. der Extrakt der Sprühtrocknung unterworfen. Das erhaltene trockne Pulver dient der Herst. von *pharmazeut.* Erzeugnissen. (**Can. P. 483 850** vom 13/3. 1951, ausg. 10/6. 1952. E. Prior. 27/3. 1950.) WITTHOLZ. 4791

Imhausen & Co. G. m. b. H. und **Karl-Heinz Imhausen,** Witten/Ruhr (Erfinder: **Karl-Heinz Imhausen,** Witten/Ruhr, und **Otto Jacobi,** Wiesbaden), *Wollfettartige Salbengrundlagen* erhält man durch Extraktion der fett- bzw. wachsartigen Anteile von Carotinsubstanzen mit z. B. Ae. u. der nicht fett- bzw. wachsartigen Stoffe mit W., niederen Alkoholen, Estern, Ketonen, Vereinigung der Extrakte, Entfernen des Lösungsm. u. gegebenenfalls Reinigung durch Umlösen. Hydrophiles Salbenfett. (**D.B.P. 872 247** Kl. 30h vom 26/5. 1949, ausg. 30/3. 1953.) SCHINDLER. 4793

Deutsche Hydrierwerke Akt.-Ges., Düsseldorf (Erfinder: **Stefan Morgenstern,** Berlin), *Kakaobutterersatz,* bestehend aus einem festen bei etwa Körpertemp. schm. Gemisch aus Fettalkoholen mit 14—22 C-Atomen u. Estern aus ungesätt. seifenbildenden Fettsäuren u. höhermol. ungesätt. aliphat. Alkoholen, bes. natürlich vorkommenden Estern unter Zusatz von gehärteten pflanzlichen oder tier. Ölen u./oder Partialestern 2- oder mehrwertiger Alkohole, bes. des Pentaerythrits oder Dipentaerythrits u. seifenbildenden Carbonsäuren. (**D. B. P. 879 592** Kl. 30h vom 17/4. 1943, ausg. 15/6. 1953.) E. PETERSEN. 4793

Deutsche Hydrierwerke Akt.-Ges., Düsseldorf, *Kakaobutterersatz,* bestehend aus 1.6-Hexandiol für sich allein oder bes. mit anderen höhermol. aliphat. Glykolen zur Herst. geformter pharmazeut. oder kosmet. Zubereitungen. (**D. B. P. 885 602** Kl. 30h vom 30/9. 1943, ausg. 6/8. 1953.) SCHINDLER. 4793

Dr. Alexander Wacker Ges. für elektrochemische Industrie G. m. b. H. (Erfinder: **Hans Scheidemandel**), München, *Verbandmaterial* für Wunden, das mit Siliconen imprägniert ist, gegebenenfalls kombiniert mit nichtimprägniertem Verbandmaterial. (**D. B. P. 875 994** Kl. 30i vom 5/10. 1951, ausg. 7/5. 1953.) E. PETERSEN. 4795

B. Braun, Melsungen, und **Deutsche Gelatine-Fabriken,** Göppingen (Erfinder: **Bernd Braun,** Melsungen, und **Walther Schmid,** Göppingen), *Blutstillender Schwamm,* gek. durch einen Geh. von 2—7% koll. Silber. (**D. B. P. 876 446** Kl. 30i vom 16/5. 1951, ausg. 15/5. 1953.) E. PETERSEN. 4795

Tampax, Inc., Palmer (Erfinder: **Albert William Lewing,** Monson), Mass., V. St. A., *Vaginaltampon* aus gepreßter Baumwolle, die mit 0,1—20% die Absonderung verhaltendem Mittel, z. B. Glycerin, Glykol oder Glykolpolymerisaten, imprägniert ist. — Zeichnung. (**D. B. P. 864 441** Kl. 30i vom 10/4. 1951, ausg. 26/1. 1953. A. Prior. 7/10. 1950.) E. PETERSEN. 4795

F. Hoffmann-La Roche & Co. Akt.-Ges., Basel, Schweiz, *Herstellung von Dichloracetimidoäthern* durch Rk. eines Gemisches von Dichloracetonitril (**I**) u. einem Alkohol mit HCl bei niedriger Temp. u. unter Ausschluß von Feuchtigkeit. — Z. B. wird **I** mit absol. A. u. trocknem HCl-Gas bei höchstens 0° zum *Dichloracetimidoäthylätherhydrochlorid* mit F. 85—90° umgesetzt. — *Zwischenprodd. für Therapeutica.* (**D. B. P. 847 744** Kl. 12o vom 2/2. 1951, ausg. 28/8. 1952. Schwz. Prior. 10/3. 1950.) SCHINDLER. 4807

Siegfried Winkler, Berlin, *Organische Thioverbindungen bzw. deren Salze mit Metallen oder Säuren* erhält man durch Red. von Thioverbb. von der Art des Cystins mit Metallen, wie Ca, Al, Mg oder Fe, in neutraler, saurer oder alkal. Lsg. bzw. Suspension in Ggw. von H_2S. Die Metallsalze können unter H_2S-Zusatz mit Säuren zers. u. die freien Thioverbb. mit Lösungsmitteln (A. oder Aceton) ausgefällt oder durch Eindampfen abgeschieden werden. — Eine Cystinlsg. in NH_4OH wird mit Mg-Pulver oder -Spänen unter Einleiten von H_2S red.; man erhält *Mg-Cysteinat*, das mit HCl *Cysteinhydrochlorid*, mit Ascorbinsäure *Cysteinascorbinat* liefert, dieses zers. sich beim Erhitzen auf 230° unter Braunfärbung u. verkohlt bei 244°. Zwischenprodd. für *Heilmittel.* (**D. B. P. 844 899** Kl. 12o vom 6/12. 1949, ausg. 24/7. 1952.) KRAUSS. 4807

I. G. Farbenindustrie Akt.-Ges., Frankfurt/M. (Erfinder: **Hans Schmidt,** Wuppertal, und **Hans Buschkiel,** Leverkusen), *Injizierbare flüssige Suspensionen wasserlöslicher Sb-Verbindungen* in einem fetten Öl erhält man unter Zusatz von Wollfett (**I**). — Z. B. werden die Sb-Verbb. mit Sesam-, Oliven- oder Mandelöl in Ggw. von I unmittelbar zu den Suspensionen verrieben. (**D. R. P. 752 784** Kl. 30h vom 20/5. 1939, ausg. 28/8. 1952.) SCHINDLER. 4807

J. R. Geigy Akt.-Ges., Basel, Schweiz, *Herstellung von Sulfonamidderivaten.* Benzolsulfonamide, die in 4-Stellung eine NH_2-Gruppe oder eine andere N-haltige Gruppe aufweisen, werden mit Carbonsäuren der Benzolreihe, die im Benzolring eine oder mehrere Alkyl-, Alkoxy- oder Alkylthiogruppen enthalten, acyliert. — Z. B. acyliert man p-Nitrobenzolsulfonamid mit 4-Methoxybenzoesäurechlorid zu *4-Nitrobenzol-N-[4'-methoxybenzoyl]-sulfonamid,* F. 156°, hieraus durch Red. die *4-Aminoverb.*, F. 160°. Weiter wird die Herst. beschrieben von: *4-Nitrobenzol-N-[3'-methyl-4'-methoxybenzoyl]-sulfonamid,* F. 179°; *4-Aminoverb.*, F. 187°; *4-Nitrobenzol-N-[4'-methylbenzoyl]-sulfonamid,* F. 244°; *4-Aminoverb.*, F. 144°; *4-Nitrobenzol-N-[2'-methylbenzoyl]-sulfonamid,* F. 186°; *4-Aminoverb.*, F. 176°; *4-Nitrobenzol-N-[3'-methylbenzoyl]-sulfonamid,* F. 126—127°; *4-Aminoverb.*, F. 160°; *4-Nitrobenzol-N-[2'.4'-dimethylbenzoyl]-sulfonamid,* F. 170°; *4-Aminoverb.*, F. 222°; *4-Nitrobenzol-N-[3'.4'-dimethylbenzoyl]-sulfonamid,* F. 214—215°; *4-Aminobenzol-N-[4'-methylmercaptobenzoyl]-sulfonamid,* F. 182°; *4-Aminobenzol-N-[3'-methylmercaptobenzoyl]-sulfonamid,* F. 185°; *4-Aminobenzol-N-[2'-methylmercaptobenzoyl]-sulfonamid,* F. 177°; *4-Nitrobenzol-N-[3'-methyl-4'-methylmercaptobenzoyl]-sulfonamid,* F. 185—187°; *4-Aminoverb.*, F. 192°; *4-Aminobenzol-N-[3'-methylmercapto-4'-methylbenzoyl]-sulfonamid,* F. 217—218°; *4-Nitrobenzol-N-[4'-isopropylmercaptobenzoyl]-sulfonamid,* F. 175°; *4-Aminoverb.*, F. 215°, *4-Aminobenzol-N-[3'-isopropylmercaptobenzoyl]-sulfonamid,* F. 144°, u. *4-Aminobenzol-N-[2'-isopropylmercaptobenzoyl]-sulfonamid,* F. 144°. (**Dän. P. 72128** vom 5/4 1944, ausg. 12/2. 1951. Schwz. Priorr. 24/4. u. 24/10, 1914. **Zusatz zu Dän. P. 65726.**) JÜRGEN SCHMIDT. 4807

Sterling Drug, Inc., Wilmington, Del., übert. von: **Sydney Archer** und **Chester M. Suter,** Albany County, und **Benjamin F. Fuller,** Rensselaer, N. Y., V. St. A., *Aminosulfone* der Formel B—X—C(Ar)(Ar')—SO_2—R, worin B eine niedermol. aliphat. tert.-Aminogruppe, X eine niedere Alkylengruppe, Ar u. Ar' Arylgruppen u. R einen niederen KW-stoffrest bedeuten, wirken *analgetisch.* Sie entstehen beim Erhitzen eines Sulfons Ar·CH(Ar')·SO_2·R mit einem Aminoalkylhalogenid B–X-Halogen. — *Diphenylmethanthiol* (**I**). Beim Kochen von Benzhydrylchlorid mit Thioharnstoff u. alkoh. NaOH. Bläuliche Fl., Kp.$_{1,5}$ 135°. — *Benzhydryläthylsulfon* (**II**). Man kocht **I** mit C_2H_5J in Na·O·C_2H_5-Lsg. u. oxydiert mit H_2O_2 in Essigsäure, F. 135—136°. — *3-[1-Piperidyl]-1.1-diphenylpropylmethylsulfon,* F. 122,6—123,6°. — *3-Dimethylamino-1.1-diphenylbutylmethylsulfon,* F. 148,6—150°. — *3-Dimethylamino-1.1-diphenylbutyläthylsulfon* (**III**), F. 150,5—151,8°; *Hydrochlorid,* F. 205—205,6°. — *d*-**III**, F. 110—110,6°; $[\alpha]_D^{27}$ —10° (c = 2, in Aceton); *d*-**III**-*Hydrochlorid,* F. 196,8—198°; *d*-**III**-*d-Bitartrat,* F. 166—169°. — *l*-**III**, F. 110—110,8°; *l*-**III**-*Hydrochlorid,* F. 196—197°; *l*-**III**-*d-Bitartrat,* F. 171—172,5°. — *3-Diäthylamino-1.1-diphenylpropyläthylsulfonhydrochlorid,* F. 166,5—168°. — *Fluorenthiol,* F. 105—106°. — *9-Fluorenyläthylsulfon,* F. 168°. — *9-[2-(1-Piperidyl)-äthyl]-9-fluorenyläthylsulfonhydrochlorid,* F. 194,8—196,8°. — *1.1-Diphenyl-4-[1-piperidyl]-butyläthylsulfon,* F. 112—113,5°. — *Benzhydrylpropylsulfon,* F. 110—113°. — *3-Dimethylamino-1.1-diphenylbutyl-n-propylsulfonbitartrat,* F. 148,2—151°. — *Benzhydrylisopropylsulfon,* F. 190—192°. — *3-Dimethylamino-1.1-diphenylbutyl-2-propylsulfonbitartrat.* — *3-Dimethylamino-1.1-diphenylpropyläthylsulfonhydrochlorid,* F. 202,8 bis 204,8°. — *Benzhydrylcyclopentylsulfon,* F. 193—194°. — *3-Dimethylamino-1.1-diphenylbutylcyclopentylsulfon.* — *Benzhydrylisobutylsulfon,* F. 130—131°. — *3-[1-Piperidyl]-*

1.1-diphenylbutyläthylsulfon, F. 160—161,6°. (**A. P. 2 618 640** vom 18/5. 1948, ausg. 18/11. 1952.) LANGER. 4807

Josef Vonkennel, Köln, und **Josef Kimmig**, Hamburg, *Herstellung von 4.4'-Diaminodiphenylsulfoxyd*, dad. gek., daß man 4-Aminobenzolsulfinsäure-(1)-anilid (I), in welchem die in 4-Stellung befindliche Aminogruppe durch einen leicht abspaltbaren Rest, wie Acetyl-, Benzyl- oder Carbalkoxyrest, geschützt ist. mit Halogenwasserstoffsäuren (II) erwärmt u. den gegebenenfalls noch vorhandenen abspaltbaren Rest abspaltet. An Stelle von I sind auch Gemische äquimol. Mengen des Amids oder eines Halogenids unter gleichen Bedingungen verwendbar. Statt der II kann man auch deren Anilinsalze zur Umlagerung verwenden. Das Sulfoxyd wird entweder in farblosen Prismen oder als weißgelbes amorphes Pulver gewonnen, F. 175°. — *Therapeut.* wirksam. (**D. B. P. 854 802** Kl. 12q vom 19/1. 1939, ausg. 6/11. 1952.) GRÄGER. 4807

Farbenfabriken Bayer, Leverkusen (Erfinder: **Robert Behnisch, Fritz Mietzsch** und **Hans Schmidt**, Wuppertal), *Thiosemicarbazone*. Aromat. Oxoverbb., die im aromat. Ring mindestens 1 prim., gegebenenfalls acylierte Aminogruppe tragen, werden a) mit Thiosemicarbazid oder seinen am S oder N substituierten Derivv., b) mit Hydrazin oder seinen Derivv. u. anschließend dann mit Rhodanverbb. oder Senfölen, c) mit Semicarbazid oder seinen Derivv. u. anschließend mit S-Verbb. umgesetzt. Oder es werden in den entsprechenden Thiosemicarbazonen bereits vorhandene reaktionsfähige Nitro-, Nitroso-, Azoxy-, Azo- u. Hydrazogruppen in NH_2-Gruppen übergeführt. — Aus 4-Nitrobenzaldehydthiosemicarbazon erhält man durch Erhitzen mit 18%ig. NaSH auf 70—80° *4-Aminobenzaldehydthiosemicarbazon*, F. 204°. Gelbgrünes *Cu-Salz*, braunes *Fe-Salz*. — *3-Aminobenzaldehyd*-I (I = *thiosemicarbazon*), F. 158°. — *2-Aminobenzaldehyd*-I, F. 202° (Aufschäumen). — *4-Aminoacetophenon*-I, F. 172°. — *4-Succinoylaminobenzaldehyd*-I, F. 206°. — *4-Phthaloylaminobenzaldehyd*-I, F. 220° (Zers.). — *3-Succinoylaminobenzaldehyd*-I, F. 230°. — *4-Oxy-3-aminobenzaldehyd*-I-*hydrochlorid*, F. 210°; *Sulfat*; *Freie Base*, F. 206°. — *4-Methoxy-3-aminobenzaldehyd*-I, F. 172°. — *4-Oxy-3-acetylaminobenzaldehyd*-I, F. 267° (Zers.). — *4'-Phenylurethansulfamido-4-benzaldehyd*-I, F. 221° (Zers.). — *4-(N-Methylthioharnstoff)-benzaldehyd*-I, F. 229°. — *Diphenylthioharnstoff-4-aldehyd*-I, F. 212°. — *p-Acetaminobenzaldehyd-4-(4'-sulfonamidophenyl)*-I, F. 220°. — *4-Benzoyl-*; *4-(4'-Methylbenzoyl)-*; *4-(4'-Methoxybenzoyl)-*; *4-(4'-Chlorbenzoyl)-*; *4-(4'-Nitrobenzoyl)-*; *4-(2'-Chlorbenzoyl)-aminobenzaldehyd*-I, FF. 285, 310, 295, 305 (sämtliche unter Zers.) u. 198°. — *4-(4'-Phenoxyacetyl)-*; *4-(4'-Thymoxyacetyl)-*; *4-(2'-Fluorbenzoyl)-aminobenzaldehyd*-I, FF. 230, 208, 220° (sämtliche unter Zers.). — *4-Propionylaminoacetophenon*-I, F. 194° (Aufschäumen). — *4-Acetaminobenzaldehydallyl*-I, F. 242°. — Mittel gegen *Tuberkuloseinfektionen* der *Warmblüter*. (**D. B. P. 852 086** Kl. 12o vom 4/11. 1943, ausg. 13/10. 1952.) KRAUSS. 4807

Ciba Akt.-Ges., Basel, Schweiz, *Herstellung von Phenoxyacetamidinen* durch Rk. der entsprechenden Imidoäther, Thioimidoäther, Thioamide, Amide oder Nitrile mit NH_3 bzw. NH_4-Salzen. *4-Chlorphenoxyacetamidinhydrochlorid*, F. 183—185°; *3.4-Dimethylphenoxyacetamidinhydrochlorid*, F. 202—203,5°; *2.4-Dimethylverb.*, F. 176—177°; *2-Methylverb.*, F. 147,5—148,5°; *3-Methyl-4-chlorverb.*, F. 193—194°. — Den Herzmuskel stimulierende *Heilmittel*. (**Schwz. PP. 283 645, 283 646, 283 647, 283 648** u. **283 649** vom 10/6. 1948, ausg. 1/10. 1952. **Zusätze zu Schwz. P. 278 405; C. 1952. 6901.**) FABEL. 4807

G. D. Searle & Co., Chicago, Ill., übert. von: **Robert R. Burtner**, Skokie, Ill., und **Harry A. Arbit**, Los Angeles, Calif., V. St. A., *Herstellung von substituierten Phenylalkylbenzoylcarbonsäuren* der Zus. I (A u. B = aliphat. 2-wertige KW-stoffreste C_1 bzw. C_2—C_8; E u. F = H, Halogen, OH, Alkyl, Alkoxyl; D = H, Halogen, OH, Alkoxyl u. —CO—B—COOX; R = H, Alkyl; X = H oder ein äquivalentes Kation, n = 1 oder 2). Man gibt unter Rühren zur Suspension von 396 (Teilen) o-Benzoylanisol u. 200 Bernsteinsäureanhydrid in 2400 $C_6H_5NO_2$ bei 0—5° innerhalb 30 Min. 536 trockenes $AlCl_3$, rührt weitere 2 Std. bei 0° u. läßt dann 15 Std. stehen, zers. mit Eis u. verd. Säure u. entfernt das Lösungsm. durch Wasserdampfdest., kühlt den Rückstand ab, löst den Nd. in 8000 2%ig. NaOH, rührt die Lsg. mit Aktivkohle, säuert nach Filtrieren an u. krist. die *β-(3-Benzyl-4-methoxybenzoyl)-propionsäure* aus CH_3OH um, F. 133°. — Kochen mit HJ in $(CH_3CO)_2O$ → *β-(3-Benzyl-4-oxybenzoyl)-propionsäure*, F. 185,5° (aus Essigester). — Ferner wird beschrieben die Herst. von: *β-(3-Benzyl-4-methoxybenzoyl)-acrylsäure*, F. 156°. — *β-(2-Methoxy-5-benzylbenzoyl)-propionsäure*, F. 121°. — *β-(2-Oxy-5-benzylbenzoyl)-propionsäure*, F. 161°. — *2.4-Dimethoxydiphenylmethan*, $Kp._{0,1}$ 125 bis 130°; n_D^{25} 1,5764, u. *2.4-Dimethoxy-5-benzyldiphenylmethan*, F. 98°. — *β-(2.4-Dimethoxy-5-benzylbenzoyl)-propionsäure*, F. 177°. — *β-[p-(2-Methoxy-5-chlorbenzyl)-benzoyl]-propionsäure*, F. 144—145°. — *2-Oxyderiv.*, F. 200—201°. — *β-[2-p-(2-Methoxy-5-chlorbenzyl)-benzoyl]-acrylsäure*, F. 162°. — *β-[3-(o-Methoxyphenetyl)-4-methoxy-*

benzoyl]-propionsäure, F. 141—142°, u. dessen *4-Oxybenzoylderiv.*, F. 147—148°. — *ω-[3-(p-Cymenyl)-4-methoxybenzoyl]-valeriansäure.* — *2.2'-Dimethoxy-5.5'-bis-(β-carboxypropionyl)-dibenzyl* (**II**), F. 250° (Zers.). — *β-[2-Methyl-4-methoxy-5-(β-phenylpropyl)-benzoyl]-propionsäure.* — *3-(4'-Oxyphenyl)-4-(3'-β-carboxypropionyl-4'-oxyphenyl)-*

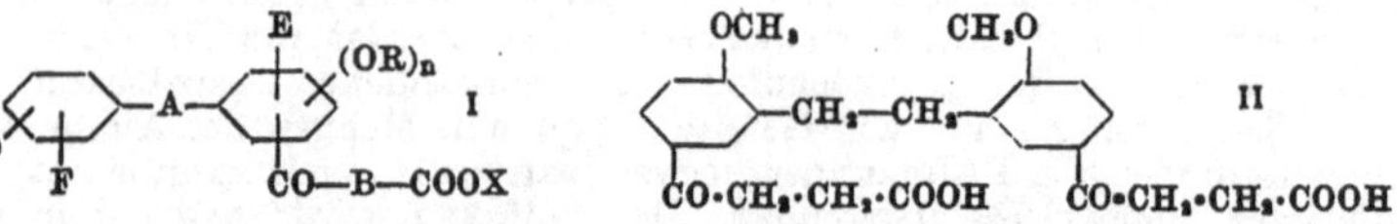
I II

hexan, F. 85—95°. — *3-(4'-Methoxyphenyl)-4-(3'-β-carboxypropionyl-4'-methoxyphenylhexan* u. die entsprechenden Butane. — *3-(4'-Methoxyphenyl)-4-(3'-δ-carboxyvaleryl-4'-methoxyphenyl)-hexan* u. dessen *3-(4'-Oxyphenyl)-derivat.* — *3.3'-Dioxy-4-δ-* u. *-6-δ-carboxyvaleryldibenzyl. 3-(p-Oxyphenyl)-5-(p-oxy-m-β-carboxypropionylphenyl)-4-äthylheptan.* — *2.2'.4.4'-Tetramethoxy-5.5'-bis-(β-carboxypropionyl)-diphenyl*, F. 232°. — 2.2'-*Dimethoxyderiv.*, F. 315° (Zers.). *Therapeutica* u. *Zwischenprodd.* für solche. (**A. P. 2 588 802** vom 10/4. 1950, ausg. 11/3. 1952.) MÜLLER-MEININGEN. 4807

E. R. Squibb & Sons, New York, N. Y., übert. von: **William A. Lott,** Maplewood, und **Edward Pribyl,** Metuchen, N. J., V. St. A., *3-(o-Toloxy)-2-oxypropylcarbamat* erhält man durch Rk. von 3-(o-Toloxy)-1.2-propandiol mit Phosgen u. Behandlung des Zwischenprod. mit NH_3, F. 93°. — Mittel zur Behandlung *spast.* u. *neuromuskulärer Störungen.* (**A. P. 2 609 386** vom 26/7. 1951, ausg. 2/9. 1952.) BRÖSAMLE. 4807

David Curtis, New York, N. Y., V. St. A., *Herstellung von Salzen aus Alkyl- und Alkaminestern aminoaromatischer Carbonsäuren und Additionsprodukten von $B(OH)_3$* mit aliphat., nichtsubstituierten Polyoxymonocarbonsäuren, z. B. Glucon-, Galakton-, Glykohepton-, Gulon-, Arabon-, Talon-, Rhamnohepton-, Rhamnon-, Mannonsäure u. dergleichen. — Z. B. erhitzt man 1,86 (g) $B(OH)_3$ mit 1,78 δ-Gluconsäurelacton in 10 cm³ W. zum Sieden u. gibt unter Rühren 4,72 Procainbase zu. Die *Procain-B-gluconat*-Lsg. wird mit 200 cm³ W. verd., sie reagiert alkal. gegen Lackmus. Als Lösungsm. kann statt. W. Isopropanol verwendet werden. — *Therapeutica.* (**A. P. 2 582 191** vom 20/9. 1946, ausg. 8/1. 1952.) MÜLLER-MEININGEN. 4807

Ciba Pharmaceutical Products, Inc., Summit, N. J., übert. von: **Karl Miescher,** Riehen, und **Ernst Urech,** Binningen, Schweiz, *Herstellung von α-Phenylaminopropionsäureamidin* (**I**). Man gibt z. B. innerhalb 30 Min. unter Eiskühlung 50,2 Gewichtsteile α-Phenylaminopropionsäureimidomethyläther (aus den entsprechendem Nitril + HCl + CH_3OH in Chloroformlsg.) in alkoh. NH_3 u. hält 2 Std. bei 20°, 2 Std. bei 50°, saugt vom NH_4Cl ab, dest. Filtrat zur Trockene, krist. Rückstand aus wss. A. um u. erhält **I**-*Monohydrochlorid*, F. 197—198°. — Freie **I**-Base. F. 109—111° (aus Bzl.). — **I** u. seine Salze wirken vor allem als *Herzstimulantien* u. *coronargefäßerweiternd*). (**A. P. 2 613 225** vom 28/6. 1951, ausg. 7/10. 1952. Schwz. Prior. 5/7. 1950.) MÜLLER-MEININGEN. 4807

Abbott Laboratories, North Chicago, übert. von: **Marjorie B. Moore** und **Charles A. Stainbrook,** Waukegan, Ill., V. St. A., *Sulfate von p-Aminobenzoesäure-(β-diäthylaminoäthylamid)* kristallisieren gut u. sind nicht hygroskopisch. Verwendung *gegen Herzarrhythmie.* — *Saures Sulfat*, F. 165°. — *Neutrales Sulfat*, F. 232—234°. (**A. P. 2 617 824** vom 11/12. 1950, ausg. 11/11. 1952.) LANGER. 4807

Food Research Laboratories, Inc., Long Island City, übert. von: **Walter A. Winsten,** Forest Hills, N. Y., V. St. A., *Herstellung von Pyridoxyliden-p-aminosalicylsäure*, dad. gek., daß man Pyridoxalhydrochlorid in W. oder CH_3OH mit p-Aminosalicylsäure in Rk. bringt. Das Prod. hat Depotwrkg. u. wird an Stelle von PAS benutzt. (**A. P. 2 614 104** vom 26/5. 1950, ausg. 14/10. 1952.) LÜTTGEN. 4807

Parke, Davis & Co., Detroit, übert. von: **Leon A. Sweet** und **Edward W. Tillitson,** Grosse Pointe, Mich., V. St. A., *As- und S-haltige Verbindungen* der allg. Formel **I** (R = OH, —O-Alkyl mit 1—12 C-Atomen, NH_2; R_1 = H oder $—CH_2CH_2OH$) erhält man durch Kondensation eines Mercaptans $HS—CH_2COR$ mit einer 3-Amino-4-oxybenzol-As-Verb. der Formel **II** (X = —AsO, $—AsO_3H_2$, $—As(OH)_2$, $—AsCl_2$, $—AsBr_2$) in einem Lösungsm. (W., Alkohole, Ketone, Dioxan). — n-Hexylmercaptoacetat gibt mit 3-Amino-4-oxybenzolarsonsäure in absol. Ae. beim Erhitzen *(3-Amino-4-oxyphenyl)-di-(carbo-n-hexyloxymethylmercapto)-arsin. Hydrochlorid.* — *(3-Amino-4-oxyphenyl)-di-(carbo-2'-äthylhexyloxymethylmercapto)-arsin.* — *3-(Amino-4-oxyphenyl)-di-(carbo-n-octyloxymethylmercapto)-arsin.* — *(3-Amino-4-oxyphenyl)-di-(carbo-1'-methylheptyloxymethylmercapto)-arsin.*

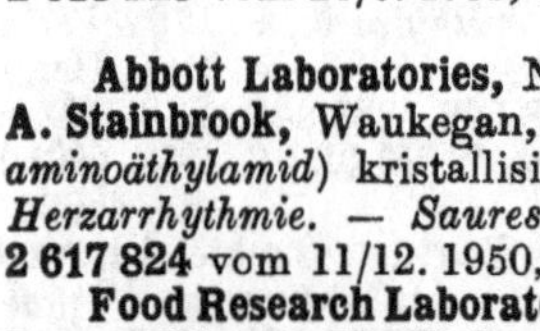
I II

— *(3-Amino-4-oxyphenyl)-di-(carbo-n-decyloxymethylmercapto)-arsin.* — *(3-Amino-4-oxyphenyl)-di-(carbo-n-dodecyloxymethylmercapto)-arsin.* — *(3-Amino-4-β-oxyäthoxyphenyl)-di-(carboxymethylmercapto)-arsin.* — *(3-Amino-4-β-oxyäthoxyphenyl)-di-(carbomethoxymethylmercapto)-arsin.* — *(3-Amino-4-β-oxyäthoxyphenyl)-di-(carbo-2'-äthylhexyloxymethylmercapto)-arsin.* — *(3-Amino-4-β-oxyäthoxyphenyl)-di-(carbamidomethylmercapto)-arsin.* — *(3-Amino-4-β-oxyäthoxyphenyl)-di-(carbo-1'-methylheptyloxymethylmercapto)-arsin.* — *(3-Amino-4-β-oxyäthoxyphenyl)-di-(carbodecyloxymethylmercapto)-arsin.* — *(3-Amino-4-β-oxyäthoxyphenyl)-di-(carboctyloxymethylmercapto)-arsin.* — Die Prodd. sind *trypanocid* u. *spirochäticid.* (**A. PP. 2 566 382** u. **2 566 383** vom 17/9. 1947, ausg. 4/9. 1951.) KRAUSS. 4807

Ernst A. H. Friedheim, New York, N. Y., V. St. A., *Stabile therapeutisch wirksame, organische Arsenverbindungen* der allg. Formel I (R = Aryl) erhält man durch Kondensation von wenigstens 2 Mol 2.3-Dimercaptopropanol, Thioglykolsäure oder Cystein mit der entsprechenden As-Verb. u. Lösen in Propylenglykol. — 3-Amino-4-oxyphenylarsenoxyd gibt in wss. Na_2CO_3 mit 2.3-Dimercaptopropanol I (R = 3-Amino-4-oxyphenyl), unlösl. in W., leicht lösl. in Aceton u. A., schwach in kaltem Methanol. Die 5%ig. Lsgg. in wasserfreiem Propylenglykol, auch die des Hydrochlorids, sind *injizierbar.* (**A. P. 2 593 434** vom 19/2. 1947, ausg. 22/4. 1952.)

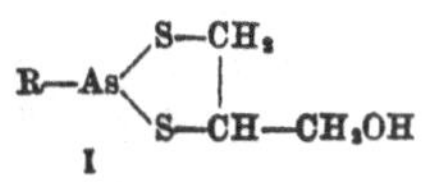

I

KRAUSS. 4807

Farbwerke Hoechst, vormals Meister Lucius & Brüning (Erfinder: **Alfred Fehrle,** Bad Soden, **Walter Herrmann** und **Hans Hilmer**), Frankfurt/M., *Carbaminoverbindungen* erhält man durch Erhitzen von arsenhaltigen 2-Keto-2.3-dihydrobenzoxazolen (Benzoxazolonen) mit prim. oder sek., aliphat. Basen oder hydrierten, heterocycl. Basen oder Hydrazin mit oder ohne Verdünnungsmittel u. gegebenenfalls Red. des As zur dreiwertigen Stufe. — Benzoxazolon-2-arsinsäure-5 wird mit alkohol. Methylamin 3 Std. auf 100° erhitzt, wodurch man *3-Methylcarbamino-4-oxyphenylarsinsäure* erhält. — *3-Oxy-4-methylcarbaminophenylarsinsäure.* — *3-Oxäthylcarbamino-4-oxyphenylarsinsäure.* — *3-Butylcarbamino-4-oxyphenylarsinsäure.* — *3-Propanolcarbamino-4-oxyphenylarsinsäure.* — *3-Allylcarbamino-4-oxyphenylarsinsäure.* — *3-Oxy-4-allylcarbaminophenylarsinsäure.* — *4-Oxy-3-semicarbacidbenzol-1-arsinsäure* — u. obenst. Verbindungen. Verwendung als *Arzneimittel.* (**D. B. P. 852 089** Kl. 12o vom 17/8. 1944, ausg. 13/10. 1952.) KRAUSS. 4807

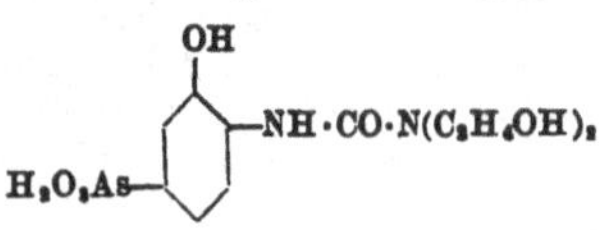

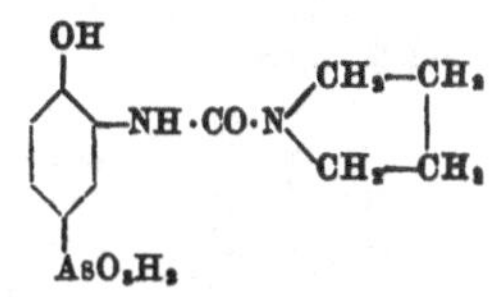

Central Pharmacal Co., übert. von: **Wolffe Harry Feinstone,** Seymour, Ind., V. St. A., *Aminosäuresalze von Mersalyl.* Man setzt die Säureform des Mersalyls (= *Salyrgan*) (I) mit 1 Mol einer aliphat. Aminosäure, die 2-5 C-Atome enthält, in Ggw. von Alkalien, Erdalkalien oder NH_4-Ionen um. — I-*Na-Glycinat*; I-*K-Glycinat*; I-*NH_4-Glycinat*; I-*Ca-Glycinat*; I-*Li-Glycinat.* (**A. P. 2 581 397** vom 29/4. 1949, ausg. 8/1. 1952.) LANGER. 4807

Schieffelin & Co., übert. von: **Gino R. Treves,** New York, N. Y., V. St. A., *Nitrosubstitutionsprodukte des Di-(alkoxyphenyl)-äthans.* 1.2-Di-(o-alkoxy-p-nitrophenyl)-äthan-Verbb., in denen jedes Äthan-C-Atom durch eine Acyloxygruppe substituiert ist, wobei sowohl die Alkoxygruppe als auch die Acyloxygruppe 1—7 C-Atome aufweisen, werden z. B. hergestellt, indem man 2-Alkoxy-4-nitrotoluol kondensiert durch Behandeln von dessen kaust. alkoh. Lsg. mit O-haltigem Gas in Ggw. von H-bindenden Mitteln, die durch den O des Gases wieder leicht oxydiert werden können. Als Kondensationsprod. erhält man 2.2'-Dialkoxy-4.4'-dinitrodibenzyl, halogeniert dann mit freiem Halogen in Ggw. eines Lösungsm., wobei sich α.β-Dihalo-2.2'-dialkoxy-4.4'-dinitrodibenzyl bildet, acyliert dieses mit einem Metallsalz einer organ. Säure u. erhält α.β-Diacyloxy-2.2'-dialkoxy-4.4'-dinitrodibenzyl. Hieraus erhält man durch Behandeln mit alkoh. Alkalilauge 2.2'-Dialkoxy-4.4'-dinitrohydrobenzoin, welches mit einem Oxydationsmittel 2.2'-Dialkoxy-4.4'-dinitrobenzil bildet. Dieses kann man wiederum mit einem Reduktionsmittel behandeln u. erhält dann 2.2'-Dialkoxy-4.4'-diaminobenzil. Als bes. geeignete *therapeut.* Mittel werden *α.β-Diacetoxy-2.2'-dimethoxy-4.4'-dinitrodibenzyl* u. *2.2'-Dimethoxy-4.4'-diaminobenzil,* bes. gegen *Tuberkulose,* genannt. (**A. P. 2 596 108** vom 20/4. 1948, ausg. 13/5. 1952.) GRÄGER. 4807

Monsanto Chemical Co., St. Louis, Mich., V. St. A., *β-Halogenäthylbenzhydryläther* erhält man aus einem Benzylhydrylhalogenid u. Äthylenoxyd (I) in Ggw. eines bas.

wirkenden Katalysators bei 100—180°. — Benzhydrylbromid, bei 170° mit I in Ggw. von K_2CO_3 erhitzt, ergibt *Diphenylmethyl-β-bromäthyläther*, $Kp._3$ 170—174°. — *Zwischenprodd.* für *Arzneimittel.* (**E. P. 672 416** vom 13/4. 1950, ausg. 21/5. 1952. A. Prior. 21/4. 1949.) G. KÖNIG. 4807

Upjohn Co., übert. von: **James H. Hunter,** Kalamazoo, Mich., V. St. A., *Herstellung von Pyrrolidyl-1- und Alkylpyrrolidyl-1-alkanthiolestern* der Zus. (R)(R')·CH–CO–S–C_nH_{2n}–R'' (R = Aryl, Aralkyl, Cycloalkyl, Cycloalkenyl; R' = Alkyl u. wie R, R'' = Pyrrolidyl-1 u. Alkylpyrrolidyl-1; n = 2, 3 u. 4). — Beispiele: Zur Lsg. von 181 (g) α-Brompropionsäureäthylester in 200 cm³ Bzl. gibt man unter Rühren innerhalb 1 Std. 148 Pyrrolidin, wobei Aufsieden eintritt. Man kocht noch 1 Std. unter Rückfluß, kühlt ab, gießt in 300 cm³ Eiswasser, säuert mit verd. HCl auf p_H 2 an, wäscht die wss. Schicht mit Ae., macht sie dann mit NaOH stark alkal., extrahiert sie 4mal mit je 200 cm³ Ae. u. dest. die vereinigten Ae.-Extrakte. Man erhält 156,7 (91,5%) α-(*Pyrrolidyl-1*)-*propionsäureäthylester*, $Kp._{12}$ 84°. — Red. mit Li-Al-Hydrid → *2-(Pyrrolidyl-1)-propanol-1*, $Kp._{11}$ 80°; n_D^{25} 1,4758. — *2-Methyl-3-(pyrrolidyl-1)-propanol-1*, $Kp._{12}$ 91°; n_D^{25} 1,4620. — *3-(Pyrrolidyl-1)-butanol-1*, $Kp._{21}$ 114°; n_D^{25} 1,4742. — *3-(Pyrrolidyl-1)-butanol-2*, $Kp._{13}$ 79°; n_D^{25} 1,4610. — *4-(Pyrrolidyl-1)-butanol-2*, $Kp._{13}$ 87°; n_D^{25} 1,4611. — *3-(Pyrrolidyl-1)-propanol-1*, $Kp._{45}$ 115°; n_D^{25} 1,4701. — *4-(Pyrrolidyl-1)-butanol-1*, $Kp._{12}$ 113°; n_D^{25} 1,4705. — *2-Methyl-2-(pyrrolidyl-1)-propanol-1*, $Kp._{12}$ 87°; n_D^{30} 1,4720; F. 30°. — *1-(2-Oxyäthyl)-5-methylpyrrolidon-2*, $Kp._{12}$ 167°; n_D^{20} 1,4900. — *2-(2-Methylpyrrolidyl-1)-äthanol* (I), $Kp._{16}$ 81°; n_D^{25} 1,4680. — *2-(2.3-Dimethylpyrrolidyl-1)-äthanol*, $Kp._{13}$ 86°; n_D^{25} 1,4661. — *3-(2-Methylpyrrolidyl-1)-propanol-1*, $Kp._{18}$ 100°; n_D^{25} 1,4672. — *2-(3-Methylpyrrolidyl-1)-äthanol*, $Kp._{45}$ 105°; n_D^{25} 1,4640. — *2-(3.3-Dimethylpyrrolidyl-1)-äthanol*, $Kp._{13}$ 81°; n_D^{25} 1,4580. — *2-(3.4-Dimethylpyrrolidyl-1)-äthanol*, $Kp._{12}$ 86°; n_D^{25} 1,4594. — *2-(2.4.4-Trimethylpyrrolidyl-1)-äthanol*, $Kp._{14}$ 84°; n_D^{25} 1,4535. — Zur kalten Lsg. von 51,8 I in 200 cm³ absol. Bzl. gibt man zuerst langsam 36,3 cm³ $SOCl_2$ u. dann 16 wasserfreien HCl, erhitzt 2 Std. am Wasserbad u. erhält beim Abkühlen *2-(2-Methylpyrrolidyl-1)-äthylchlorid, Hydrochlorid* (II), das nach Waschen mit Bzl. u. Ae. u. Umkrist. aus Isopropanol den F. 184—185,5° besitzt. Ferner die *Hydrochloride* folgender Verbb.: *2-(Pyrrolidyl-1)-propylchlorid*, F. 150—163°. — *4-(Pyrrolidyl-1)-n-butylchlorid*, F. 111—113°. — *2-Methyl-3-(pyrrolidyl-1)-n-propylchlorid*, F. 164,5—165,5°. — Man erhitzt 46 II u. 19 $CS(NH_2)_2$ in 50 cm³ A. 20 Std. unter Rückfluß am Wasserbad, kühlt ab, wäscht die erhaltenen Kristalle mit A. u. $(CH_3)_2CO$, krist. aus 250 cm³ A. um u. erhält so 43,3 (95%) *2-(2-Methylpyrrolidyl-1)-äthylisothiouroniumchlorid, Hydrochlorid* (III), F. 216—218°. — Ferner die *Isothiouroniumchlorid-Hydrochloride* (IV): *2-(Pyrrolidyl-1)-äthyl*-IV, F. 174—175°. — *2-(Pyrrolidyl-1)-propyl*-IV, F. 184,5—186°. — *4-(Pyrrolidyl-1)-n-butyl*-IV, F. 168—169,5°. — *2-Methyl-3-(pyrrolidyl-1)-n-propyl*-IV, F. 215—216,5°. — Man mischt 16,9 III in 30 cm³ W. u. 5,3 NaOH in 20 cm³ W. bei Raumtemp., extrahiert nach Verdrängung der Luft durch N_2 6 Std. kontinuierlich mit peroxydfreiem Ae., trocknet die Lsg. von *2-(2-Methylpyrrolidyl-1)-äthanthiol* über $CaSO_4$ u. gibt sie zur Lsg. von 13,3 α-Phenyl-α-(Δ^2-cyclopentyl)-acetylchlorid in 50 cm³ Bzl., erhitzt 2 Std. unter Rückfluß, gießt in verd. HCl, trennt die Schichten, extrahiert die organ. Schicht mit W. u. zieht die vereinigten wss. Lsgg. mit Ae. aus, macht aus ihnen mit NaOH *2-(2-Methylpyrrolidyl-1)-äthyl-α-phenyl-α-(Δ^2-cyclopentenyl)-thiolacetat* (V) frei, das man in Ae. aufnimmt, mit W. wäscht, über $CaSO_4$ trocknet u. aus dem man durch Einleiten von trockenem HCl V-*Hydrochlorid*, $C_{20}H_{28}ONClS$, F. 111—115° (aus Essigester), erhält. — Weiter wird u. a. beschrieben die Herst. von : *2-(Pyrrolidyl-1)-äthyl-α.α-diphenylthiolacetat, Hydrochlorid*, $C_{20}H_{24}ONClS$, F. 140—141°. — *2-(Pyrrolidyl-1)-äthyl-α-cyclopentyl-α-n-propylthiolacetat*, $Kp._{0,025}$ 107°; *Hydrochlorid*, $C_{18}H_{30}ONClS$, F. 146—148°. — *2-(Pyrrolidyl-1)-1-propyl-α-phenyl-α-isobutylthiolacetat, Citrat*, $C_{25}H_{37}O_8NS$, F. 158—158,5°. — *4-(Pyrrolidyl-1)-butyl-α-phenyl-α-Δ^2-cyclohexenylthiolacetat-Hydrochlorid*, $C_{22}H_{32}ONClS$, F. 133 bis 134°. — *2-Methyl-3-(pyrrolidyl-1)-1-propyl-α-phenyl-α-cyclopentylthiolacetat*, $Kp._{0,05}$ 160—170°; *Hydrochlorid*, $C_{21}H_{32}ONClS$, F. 121—124°. — *2-(2-Methylpyrrolidyl-1)-äthyl-α-Δ^2-cyclopentenyl-α-n-propylthiolacetat, Citrat*, $C_{23}H_{37}O_8NS$, F. 100—102°. — *Antispasmodica.* (**A. P. 2 584 131** vom 6/6. 1949, ausg. 5/2. 1952.) MÜLLER-MEININGEN. 4807

G. D. Searle & Co., übert. von: **Elmer F. Schroeder,** Chicago, Ill., V. St. A., *2-Trihalogenmethyl-1.3-dioxolan-4-carboxybenzoesäure- oder -alkanester* der Zus. I (X = Halogen, Y = Alkoxy-, Nitrat-, Carboxybenzoat- oder -alkanoat-Reste) erhält man durch Rk. von α.β-Dioxyverbb. mit Chloral (II) oder Bromal oder deren Hydraten in Ggw. wasserabspaltender Verbb., z. B. H_2SO_4 oder $ZnCl_2$. Man mischt z. B. 20 g 2-Trichlormethyl-4-oxymethyl-1.3-dioxolan, 20 (cm³) konz. HNO_3 u. 20 W. bei 60—65°, dampft am Wasserbad 3 Std. ab, setzt 60 W. zu u. erhält beim Abkühlen *2-Trichlormethyl-1.3-dioxolan*, F. 68—69° (aus verd. A.). — Zur Mischung aus 70 g II-Hydrat mit 225 H_2SO_4 gibt man nach Kühlen auf 5° 40 g Glycerin-α-monoäthyläther mit solcher Geschwindigkeit, daß die Temp. unter Außenkühlung nicht über 15° steigt. Man läßt die Temp. dann

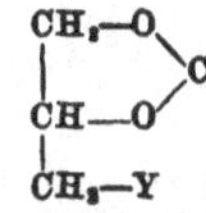
I

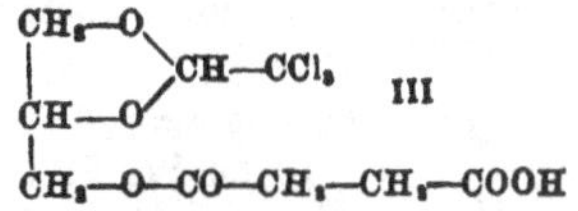
III

unter Rühren auf Raumtemp. steigen u. gießt auf 1500 g Eis, trennt die Ölschicht ab u. wäscht sie mit W., nimmt in Chlf. auf, wäscht mit W., verd. Na_2CO_3 u. W. u. trocknet. Durch Dest. erhält man *2-Trichlormethyl-4-äthoxymethyl-1.3-dioxolan*, $Kp._{14}$ 125 bis 126°. Aus 400 (g) dieser Verb. u. 200 Bernsteinsäureanhydrid in 1000 cm³ Pyridin erhält man bei 3std. Erhitzen auf 75° *2-Trichlormethyl-1.3-dioxolan-4-carbinolbernsteinsäureester* (III), *trans*-Form (F. 85—87°) + NaOH → *trans-2-Trichlormethyl-4-oxymethyl-1.3-dioxolan* (IV), $Kp._1$ 103—104°. — *trans-2-Trichlormethyl-1.3-dioxolan-4-carbinolphthalsäureester*, F. 93—95°. — IV + HNO_3 → *trans-2-Trichlormethyl-1.3-dioxolan-4-carbonsäure*, F. 134—135°. — *Hypnotica, Sedativa* u. *Desinfektionsmittel*. (**A. P. 2 589 296** vom 2/6. 1950, ausg. 18/3. 1952.) MÜLLER-MEININGEN. 4807

Bruno Böttcher (Miterfinder: **Fritz Bauer**), Kronach, Bayern, *Herstellung von Pyrazolonverbindungen*. 3-Aryltrithione der allg. Formel I, in der R einen Arylrest, bes. einen Phenyl- oder Alkoxyphenylrest, bedeutet, werden mit Phenylhydrazin (II) umgesetzt. — Aus 30 g 3-(p-Anisyl)-trithion (p-Methoxypropenylbenzoltrithion) durch Erhitzen mit 90 g II auf 90° (Temperatursteigerung durch exotherm. Rk. auf ca. 210°) *1-Phenyl-3-(p-methoxyphenyl)-5-pyrazolonimid* (III), F. 190°. — 3-Phenyltrithion (Allylbenzoltrithion) + II → *1.3-Diphenyl-5-pyrazolonimid*, F. 129,5°. — *Antirheumatica, Analgetica*. (**D. B. P. 862 610** Kl. 12p vom 23/4. 1950, ausg. 12/1. 1953.) DONLE. 4807

I 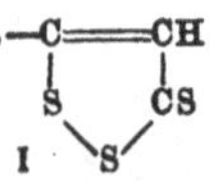

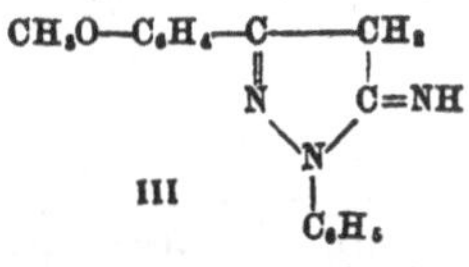
III

James J. Spurlock, Denton, Tex., V. St. A., *Herstellung von 5-substituierten 5-(2-Thienyl)-hydantoinen* der Zus. I (R = Cyclohexyl, Phenyl oder niedermol. Alkyl; X = H, Alkali- oder Erdalkalimetall, NH_4 oder substituiertes NH_4). — Zur Lsg. von 19,8 (g) Isobutoxymethyl-2-thienylketon in 125 cm³ A. gibt man 9,7 KCN in 25 cm³ W. u. 34,3 $(NH_4)_2CO_3$ u. erhitzt im Autoklaven 18 Std. auf 110°, gibt zum Reaktionsprod. 100 cm³ W. u. dampft auf 150 cm³ ein, säuert mit konz. HCl an, filtriert u. krist. den Nd. aus verd. A. um. *5-Isobutoxymethyl-5-(2-thienyl)-hydantoin* (II), F. 145—146,5°. — Beschrieben wird ferner die Herst. folgender *5-(2-Thienyl)-hydantoine* (III), *5-Methoxymethyl*-III, F. 198—199°. — *5-Äthoxymethyl*-III, F. 235 bis 236. — *5-n-Propoxymethyl*-III, F. 163—164,5°. — *5-Isopropoxymethyl*-III, F. 157—158°. — *5-n-Butoxymethyl*-III, F. 113 bis 114,5°. — *5-sek.-Butoxymethyl*-III, F. 148—149°. — *5-n-Amoxymethyl*-III, F. 121,5 bis 122,5°. — *5-Isoamoxymethyl*-III, F. 142,5—144°. — *5-n-Hexoxymethyl*-III, F. 125—126°. — *5-Cyclohexoxymethyl*-III, F. 171,5—172,5°. — *5-Phenoxymethyl*-III, F. 180—181°. — Das *Ca-Salz von* II erhält man z. B. durch Lösen von 26,8 II in 250 cm³ absol. A. u. Zugabe von $(C_2H_5O)_2Ca$ (aus 2,04 Ca + 125 absol. A.) u. Eindampfen im Vakuum zur Trockene. Ebenso erhält man andere Metall- oder Äthanolaminsalze. — *Therapeutica* geringer Toxizität. (**A. P. 2 591 103** vom 9/10. 1950, ausg. 1/4. 1952.) MÜLLER-MEININGEN. 4807

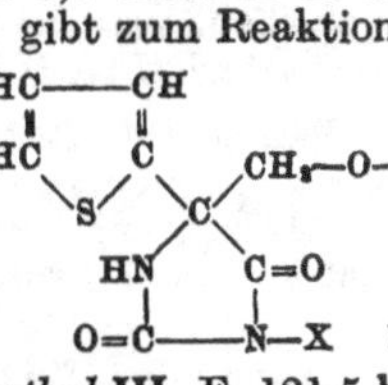
I

Johann Max Danner und **Werner Zerweck**, Frankfurt/M., *Komplexe Hydantoinverbindung*. Man setzt 1-Piperidinobutanon-(3)-hydrochlorid mit KCN u. $(NH_4)HCO_3$ in A. + K_2CO_3 um u. stellt aus dem entstandenen *5-(β-Piperidinoäthyl)-5-methylhydantoin* (F. 202—203°) mit *5-(p-Methylphenyl)-5-methylhydantoin* eine Doppelverb. her durch gemeinsames Eindampfen einer wss. Lösung. — Potenzierte *Hydantoinwirkung*. (**Schwz. P. 282 877** vom 6/12. 1949, ausg. 16/8. 1952.) LANGER. 4807

Ciba Akt.-Ges., Basel, Schweiz, *2-[4'.6'-Dimethylbenzthiazolyl-(2')-amino]-4-(β-diäthylaminoäthylamino)-chinazolin* (I) durch Erhitzen von 2-Chlor-4-(β-diäthylaminoäthylamino)-chinazolinhydrochlorid mit 2-Amino-4.6-dimethylbenzthiazol in Nitrobenzol auf 170°. F. 210—213°; *Dihydrochlorid*, F. 305—307°. — Wirksam gegen *Tuberkelbacillen*. (**Schwz. P. 282 950** vom 12/1. 1949, ausg. 1/9. 1952.) LANGER. 4807

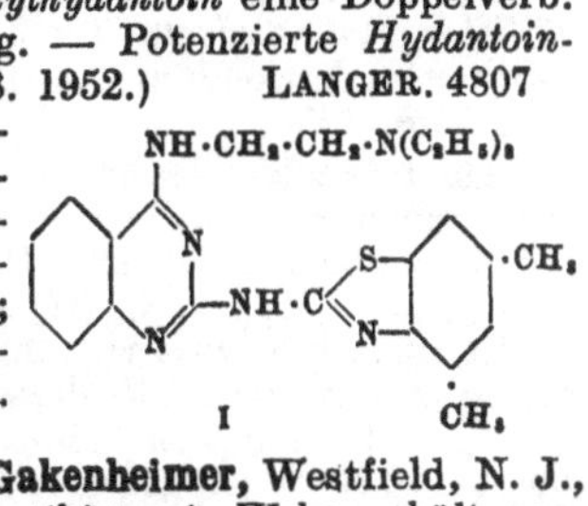
I

Merck & Co., Inc., Rahway, übert. von: **Walter C. Gakenheimer**, Westfield, N. J., V. St. A., *Tabletten* mit schneller u. lang anhaltender Antihistamin-Wrkg. erhält man unter Verwendung von Pyranisamin (N-p-Methoxybenzyl-N.N'-dimethyl-N-α-pyridyläthylendiamin), zweckmäßig als Maleat, mit den übrigen Zusätzen. Der Überzug besteht aus Celluloseacetat-H-phthalat mit 9—10% freien COOH-Gruppen. (**A. P. 2 598 530** vom 12/7. 1949, ausg. 27/5. 1952.) SCHINDLER. 4807

American Cyanamid Co., New York, N. Y., übert. von: **John J. Denton**, Bound Brook, und **Hugh W. Stewart**, Plainfield, N. J., V. St. A., *Piperazinoxyde*. Man behandelt z. B. 1-Diäthylcarbamyl-4-methylpiperazin in alkoh. Lsg. bei 30—40° mit 30%ig. wss. H_2O_2. Das erhaltene *1-Diäthylcarbamyl-4-methylpiperazinoxyd* $\cdot H_2O$ schm. (aus Aceton-Ae.) bei 60,5—62°. Analog lassen sich *1-Dimethyl-* oder *1-Methyläthylcarbamyl-4-methylpiperazinoxyd* darstellen. — Mittel *gegen Filarien*. (**A. P. 2 578 053** vom 5/10. 1950, ausg. 11/12. 1951.) BRÖSAMLE. 4807

Merck & Co., Inc., Rahway, übert. von: **Andrew N. Wilson**, Colonia, und **Stanton A. Harris**, Westfield, N. J., V. St. A., *Herstellung von 1-[(4-Amino-2-methyl-5-pyrimidyl)-methyl]-2-methyl-3-(β-oxyäthyl)-pyridiniumsalzen*. Man kühlt z. B. die Lsg. von 300 (mg) 2-Methyl-3-(β-oxyäthyl)-pyridin in 10 cm³ CH_3CN (I) auf 0°, gibt 120 2-Methyl-5-brommethyl-6-aminopyrimidindihydrobromid zu u. schüttelt bis zur Lsg., läßt 16 Std. bei 0—3° stehen, trennt den Nd. durch Zentrifugieren ab, wäscht mit I u. Ae. u. erhält 105 (75%) *1-[(4-Amino-2-methyl-5-pyrimidyl)-methyl]-2-methyl-3-(β-oxyäthyl)-pyridiniumbromidhydrobromid* (II), $C_{14}H_{20}ON_4Br_2$, F. 209—210° (Zers.), lösl. in W. u. CH_3OH, nicht in A. — *1-[(4-Amino-2-methyl-5-pyrimidyl)-methyl]-2-methyl-3-(β-oxyäthyl)-pyridin-Dipikrat*, $C_{26}H_{24}O_{15}N_{10}$, F. 181—182°. — *1-[(4-Amino-2-methyl-5-pyridyl)-methyl]-2-methyl-3-(β-oxyäthyl)-pyridiniumchloridhydrochlorid*, $C_{14}H_{20}ON_4Cl_2$, F. 234—236° (Zers.). — *Heilmittel*, infolge Herabsetzung der Thiaminwrkg. bes. gegen Encephalo- u. Poliomyelitis. (**A. P. 2 587 262** vom 28/8. 1948, ausg. 26/2. 1952.)

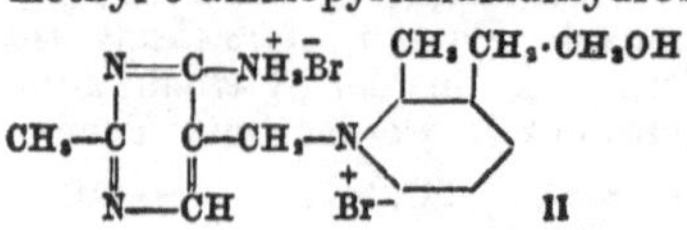

II

MÜLLER-MEININGEN. 4807

Gottwalt Franz Fischer, Würzburg, *Herstellung von 5-Nitrouracilcarbonsäure-(4) oder deren am N substituierten Derivaten*, dad. gek., daß man 4-Methyl-2-thiouracil oder dessen am N durch Alkyl-, Aryl- oder Aralkylreste substituierte Derivv. mit konz. HNO_3 oder HNO_3 enthaltenden Mischungen behandelt. Durch Red. der Nitrogruppe kann man die 5-Amino- u. -racilcarbonsäure-(4) erhalten. — Zwischenprodd. für *Arzneimittel*. (**D. B. P. 844 300** Kl. 12p vom 29/9. 1950, ausg. 17/7. 1952.) SCHINDLER. 4807

Johann Max Danner und **Werner Zerweck**, Frankfurt/M., *Theobromin-Quecksilber-Derivat*. Man setzt Hg(II)-Acetat mit *1-Allyltheobromin* um u. läßt die entstandene saure Anlagerungsverb. auf *1-Diäthylaminoäthyltheobromin* einwirken. Farbloses Pulver, leicht lösl. in W., wirkt *diuretisch*. (**Schwz. P. 282 875** vom 2/12. 1949, ausg. 1/9. 1952.) LANGER. 4807

Laboratoires Dausse, Soc. An., Paris, Frankreich, *In Wasser lösliche Rutinverbindungen*. Rutin (I) bzw. 3.3.7-3'.4'-Pentaoxyflavon ist in Form der tert. Aminoalkyläther, bes. der Mono-β-tert.-aminoäthyläther, in W. lösl., gegen Oxydation beständig u. z. B. als 10%ig. wss. Lsg. *injizierbar*. — 20 (Teile) I werden einer Lsg. von 8,3 des HCl-Salzes von β-Diäthylaminoäthylchlorid in 50 W. suspendiert u. dann mit in 150 W. gelöstem 3,4 NaOH unter Luftausschluß verrührt. Geringe Rückstände werden aus der erhaltenen klaren Lsg. abfiltriert. Aus dem durch Versprühen getrockneten Pulver kann durch Extraktion mit sd. A. der I-*mono-β-diäthylaminoäthyläther* als goldgelbes Pulver mit F. 170°, frei von NaOH, isoliert werden. Analog: I-*mono-β-morpholinoäthyläther*, F. 135°. (**E. P. 677 493** vom 14/9. 1950, ausg. 13/8. 1952. F. Prior. 20/9. 1949.) MÖLLERING. 4807

Rhein-Chemie G. m. b. H. (Erfinder: **Carl Müller**, Heidelberg), *Herstellung leicht löslicher Rutinderivate* durch Behandlung mit $ClCH_2COOH$ in alkal. Lösung. Für *parenterale* Anwendung, capillarabdichtend. (**D. B. P. 885 547** Kl. 12q vom 2/3. 1952, ausg. 6/8. 1953.) FABEL. 4807

Hans Joachim Teuber, Heidelberg, *Herstellung von Abbauprodukten des Kakothelins* bzw. analog gebauter Brucinderivv. durch Rk. mit H_2O_2, wobei als Hauptprod. eine Aminoxyddicarbonsäure $C_{20}H_{23}O_9N_3 \cdot 4\,H_2O$ (I) neben anderen Säuren erhalten wird. In 10 (cm³) 3%ig. H_2O_2 (II) aufgeschlämmt u. bei 0° mit 14 kalter 2nNaOH nahezu gelöst, man gibt weitere 3 5nNaOH u. unter Kühlung 4 II zu, wobei die Temp. auf ca. 40° steigt. Man hält diese Temp. 10—15 Min., kühlt auf 0°, stellt mit Sn–H_2SO_4 auf p_H 4 ein, saugt nach 1—2 Std. kalt ab, deckt mehrmals mit Eiswasser, I zers. sich oberhalb 200° u. ist ein wertvolles Zwischenprod. zur Herst. von *Arzneimitteln*. (**D. B. P. 854 522** Kl. 12p vom 25/4. 1950, ausg. 10/11. 1952.) MÜLLER-MEININGEN. 4807

Eastman Kodak Co., Rochester, N. Y., übert. von: **Charles Donald Robeson**, Rochester, N. Y., und **Distillation Products, Inc.**, Del., V. St. A., *β-Jonylidenacetaldehyd* ergibt die Oxydation des in organ. Lösungsmitteln gelösten β-Jonylidenäthanols mit MnO_2 bei n. Temp. oder bei der Rückflußtemp. des Lösungsmittels. Bes. geeignet ist ein MnO_2, das aus $MnSO_4$ u. K_2MnO_4 gewonnen wird. *Zwischenprod.* für die Synth. des *Vitamin A.* (**E. P. 668 604** vom 13/7. 1950, ausg. 19/3. 1952. A. Prior. 3/8. 1949.) G. KÖNIG. 4809

American Cyanamid Co., New York, N. Y. (Erfinder: **Martin Everett Hultquist**, Bound Brook, und **Barbara Roth**, Middlesex Borough, N. J.), V. St. A., *Herstellung von hydrierten Formylpteroinsäuren.* Man behandelt di- oder tetrahydrierte Pteroinsäuren, z. B. Dihydrofolsäure, oder deren Salze bei 0—100° mit HCOOH oder bei 50—100° mit Alkylformiat, bes. in Ggw. eines bas. Mittels u. eines inerten Lösungsmittels. — *Wachstumsfaktoren.* (**D. B. P. 855 261** Kl. 12p vom 30/3. 1951, ausg. 10/11. 1952. A. Priorr. 1/4. u. 29/4. 1950.) MÜLLER-MEININGEN. 4809

Merck & Co., Inc., übert. von: **Frank R. Koniuszy**, Rahway, und **Karl Falkers**, Plainfield, N. J., V. St. A., *Glutamylglutamylglutaminsäureester.* Glutamylglutaminsäuretrimethylester in Chloroformlsg. wird unter Wasserausschluß mit Carbobenzoxyglutaminsäureanhydrid zu N-Carbobenzoxyglutamylglutamylglutaminsäuretrimethylester (**II**) umgesetzt, mit Diazomethan in N-Carbobenzoxyglutamylglutamylglutaminsäuretetramethylester (**I**) übergeführt u. dieser mit H_2 in Ggw. von Pd-Oxyd in Glutamylglutamylglutaminsäuretetramethylester (**III**) verwandelt, oder es wird **II** hydriert u. das Reaktionsprod. (**IV**) zu **III** methyliert. — *N-Carbobenzoxy-d-glutamyl-d-glutaminsäuretrimethylester*, F. 112°. — *N-Carbobenzoxy-d-glutamyl-d-glutamyl-d-glutaminsäuretrimethylester* (**II**), F. 159°. — *Tetramethylester* (**I**), F. 112°. — *d-Glutamyl-d-glutamyl-d-glutaminsäuretrimethylester* (**IV**), F. 99°. — *Wachstumsfaktor für Mikroorganismen.* (**A. P. 2 538 104** vom 1/12. 1948, ausg. 16/1. 1951.) LANK. 4809

Hartford National Bank & Trust Co., Hartford, Conn., V. St. A., übert. von: **Engberth Harmen Reerink** und **Jacob Van der Vliet**, Weesp, Holland, *Herstellung dünnflüssiger, in Wasser stabiler Emulsionen von Lipoidsubstanzen, besonders fettlöslicher Vitamine* durch Zusatz der Lipoidsubstanz zu einer wss. Lsg. eines Emulsionsmittels u. einem veresterten Cholesterin. — Beispiele, u. a. für eine Emulsion von Vitamin D_3 in einer wss. Lsg. des Tri-Na-Salzes des Cholesterinbutan-1.2.3.4-tetracarbonsäuremonoesters. (**A. P. 2588290** vom 15/2. 1946, ausg. 4/3. 1952. Holl. Prior. 4/3. 1943.) MAASS. 4809

Upjohn Co., übert. von: **Robert H. Levin**, Kalamazoo, Mich., V. St. A., *Herstellung von Additionsprodukten von Bis-nor-cholatrien-22-aldehyd* mit aliphat. 1.2-olefin. 1.2-Dicarbonsäuren, deren Anhydriden oder Estern, z. B. Maleinsäure, ihrem Anhydrid oder ihren niedermol. Alkylestern. Das Additionsprod. hat die allg. Formel **I**, worin A der Additionsrest der Carbonsäure ist u. B eine OH- oder Acyloxygruppe bedeutet, welche frei von ozonisierbaren Gruppen ist. — Das Dehydroergosteryladditionsprod. der Formel **II** wird ozonisiert, u. zwar wird mit 1,0—1,25 Mol Ozon auf 1 Mol Additionsprod. bei —80° bis +30° behandelt. Das Ozonisierungsprod. wird unter reduzierenden Bedingungen unter Bldg. des C-22-Aldehyds zersetzt. Genannt ist ferner das *Maleinsäureanhydridadditionsprod.* vom *3-Acetoxy-bis-nor-5.7.9-cholatrien-22-al.* (**Can. P. 476 939** vom 8/7. 1950, ausg. 11/9. 1951. A. Prior. 18/8. 1949.) M. F. MÜLLER. 4809

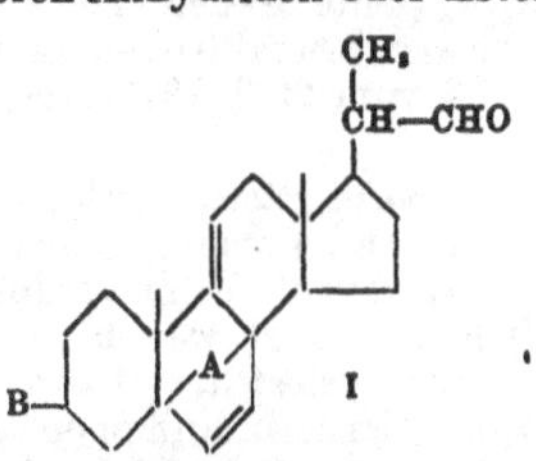

I

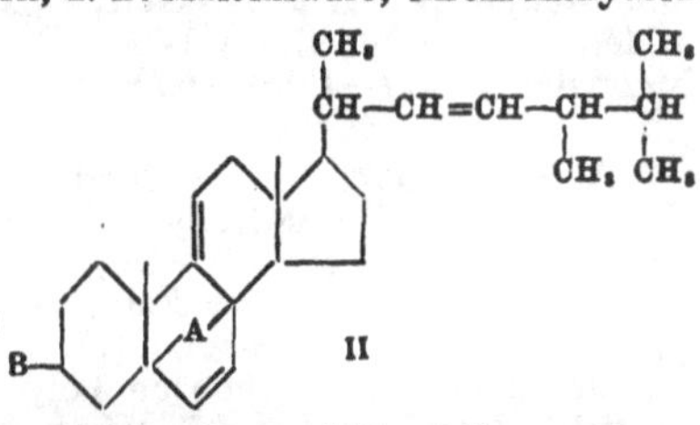

II

Upjohn Co., übert. von: **Robert H. Levin** und **George B. Spero**, Kalamazoo, Mich., V. St. A., *Herstellung von in 3-Stellung substituierten 5.7.9(11)-Pregnatrien-20-on-Additionsprodukten.* Man geht aus von einem 3.22-Diacyloxybisnor-5.7.9(11).20(22)-cholatetraen-Addukt der allg. Formel **I**, worin B eine Acyloxygruppe mit 1—10 C-Atomen ist. A ist ein Additionsrest von Maleinsäureanhydrid oder eines Maleinsäurediesters eines Alkohols mit 1—8 C-Atomen. Diese Verb. wird mit Ozon behandelt, wobei ein 20.22-Ozonid gebildet wird, welches zers. wird. Es wird isoliert das 3-substituierte 5.7.9(11)-Pregnatrien-20-on-Additionsprodukt. — Es ist genannt das *3-Benzoyloxy-5.7.9.(11)-pregnatrien-20-on-dimethylmaleatadditionsprodukt,* welches erhalten wird aus dem Dimethylmaleataddukt von

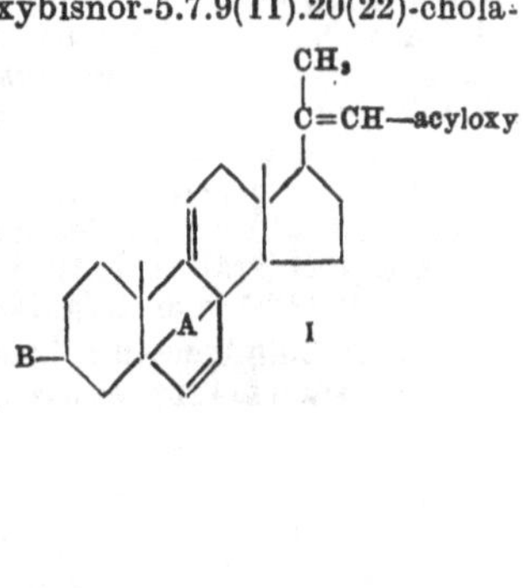

I

3-Benzoyloxy-22-acetoxybisnor-5.7.9.(11).20(22)-cholatetraen. Vgl. A. P. 2 530 389; C. **1951**. II. 2358. (**Can. P. 476 940** vom 23/9. 1950, ausg. 11/9. 1951. A. Prior. 13/10. 1949.) M. F. Müller. 4809

Ciba Akt. Ges., Basel, Schweiz, *1-Oxo-7-acetoxy-2.13-dimethyl-14-trans-perhydrophenanthren-2-carbonsäurenitril* (I), F. 110—111°, erhält man durch Behandeln von 1-Oxo-7-acetoxy-2.13-dimethyl-14-trans-perhydrophenanthren mit einem Halogenierungsmittel (Br). Das anfallende 1-Oxo-2-brom-7-acetoxy-2.13-dimethyl-14-transperhydrophenanthren (Zers. 134°) wird mit KCN zu I umgesetzt. Zwischenprod. u. *Therapeuticum*. (**Schwz. P. 279 286** vom 8/10. 1948, ausg. 17/3. 1952.) Krauss. 4809

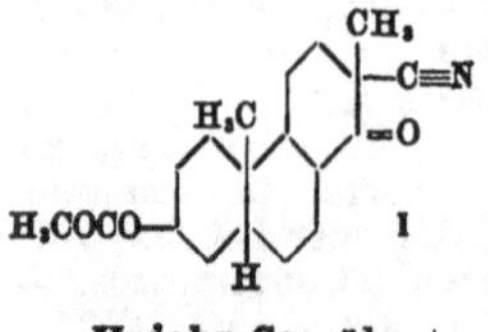

I

Upjohn Co., übert. von: **James H. Hunter** und **Jerome Korman,** Kalamazoo, Mich., V. St. A., *Tetrahydronaphthole* der allg. Formel I, worin R einen $CH_3 \cdot CH_2$- oder Äthylidenrest, ein R′ H, das andere eine Oxy- oder Alkoxygruppe u. R_2 eine Carboxy- oder Carbmethoxygruppe darstellt, durch Behandlung von 6- (bzw. 7)-Alkoxy-2-methyl-2-carbalkoxy-1-keto-1.2.3.4-tetrahydronaphthalin mit Äthylmagnesiumhalogenid, Dehydratisierung der entstandenen 6 (7)-Alkoxy-2-methyl-2-carbalkoxy-1-äthyl-1-oxy-Verb. zur entsprechenden Äthylidenverb., anschließend Hydrolysieren der Ester- u. Hydrierung der Äthylidengruppe u. schließlich Entalkylierung des 6- bzw. 7-Substituenten. Nachst. aufgeführte Tetrahydronaphtholabkömmlinge wirken *hormonähnlich* u. sind als *Zwischenprodd.* zur Herst. physiol. akt. Körper verwendbar (-1.2.3.4-tetrahydronaphthalin = **II**): *6-Methoxy-2-methyl-2-carbmethoxy-1-äthyl-1-oxy*-**II**, $C_{16}H_{22}O_4$, weiß krist., F. (aus PAe.) 100,5—101°; *6-Methoxy-2-methyl-2-carbmethoxy-1-äthyliden*-**II**, Kp.$_{0,08}$ 135—140°; *6-Methoxy-2-methyl-2-carboxy-1-äthyliden*-II, $C_{15}H_{18}O_3$, F. (aus verd. CH_3OH) 113—115°; *6-Methoxy-2-methyl-2-carboxy-1-äthyl*-**II**, $C_{15}H_{20}O_3$, F. (aus CH_3OH) 131—132°; *6-Oxy-2-methyl-2-carboxy-1-äthyl*-**II**, $C_{14}H_{18}O_3$, F. (aus Methylcyclohexan) 150,5—152°; *7-Methoxy-2-methyl-2-carbmethoxy-1-äthyl-1-oxy*-**II**, $C_{16}H_{22}O_4$, F. (aus PAe.) 53,5—54,5°; *7-Methoxy-2-methyl-2-carbmethoxy-1-äthyliden*-**II**, $C_{16}H_{20}O_3$, Kp.$_{0,08}$ 140—145°; *7-Methoxy-2-methyl-2-carboxy-1-äthyliden*-II, $C_{15}H_{18}O_3$, F. (aus PAe.) 128 bis 132°; *7-Methoxy-2-methyl-2-carboxy-1-äthyl*-II, $C_{15}H_{20}O_3$, F. (aus PAe.) 115—116,5°; *7-Oxy-2-methyl-2-carboxy-1-äthyl*-**II**, $C_{14}H_{18}O_3$, F. (aus Methylcyclohexan) 169—171°. — Herst. des als Ausgangsmaterial dienenden 7-Methoxy-2-methyl-2-carbmethoxy-1-keto-**II**, $C_{14}H_{16}O_4$, weiße Kristalle, F. (aus PAe.) 92—93°, aus 7-Methoxytetralon-1 über Methyl-7-methoxy-1-keto-**II**-2-glyoxalat, $C_{14}H_{14}O_5$ (feine Nadeln aus CH_3OH, F. 80—81°), u. 7-Methoxy-2-carbmethoxy-1-keto-**II** (schwer kristallisierendes Öl, 2.4-Dinitrophenylhydrazon, F. 177—178°). (**A. P. 2 553 532** vom 22/3. 1947, ausg. 15/5. 1951.) Schmauser. 4809

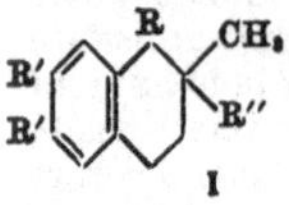

I

N. V. Organon, Oss, Holland, *Injizierbare Arzneimittelemulsionen* von schwer in W. lösl. Wirkstoffen mit organ. Lösungsmitteln, wobei die Konz. der Wirkstoffe in den Lösungsmitteln so gewählt wird, daß die Wirkstoffe beim Verdünnen der Emulsion mit W. in fester, feinverteilter Form ausfallen. — Z. B. werden gleiche Teile Testosteronpropionat (I) u. Benzylalkohol (II) ineinander gelöst u. mit so viel mit II gesätt. W. gemischt, daß nach Zugabe von Polyoxyäthylensorbitanmonooleat (III) eine Emulsion entsteht, die 50 mg I u. 1% III im cm^3 enthält. Oder 25 (mg) Progesteron werden in 50 II gelöst u. 10 Natriumlaurylsulfat zugegeben. Diese Lsg. wird mit 5%ig. wss. Glucoselsg., die mit II gesätt. ist, auf 1 cm^3 aufgefüllt. Weitere Beispiele mit Desoxycorticosteron, Östradiol u. Stilböstrol. (**E. P. 667 010** vom 3/2. 1950, ausg. 20/2. 1952. Holl. Prior. 18/2. 1949.) K. Heinze. 4809

Heviferm-Laboratorium G. m. b. H., Deutschland, *Herstellung von Fermentpräparaten aus den Eingeweiden von Fischen und anderen Wassertieren.* Die frisch gewonnenen Eingeweide u. Schleimhäute von Seefischen, Süßwasserfischen oder anderen Wassertieren werden fein zerkleinert u. mit der 3fachen Menge Leitungswasser, Glycerin oder wss. A., denen man ca. 2‰ Toluol, Xylol oder Essigester zur Desinfektion zugesetzt hat, 24 Std. extrahiert. Der Extrakt wird im Vakuum auf $^1/_2$—$^1/_3$ seines Vol. eingedampft. Aus dem Konzentrat werden die Eiweißstoffe mit A., Chlf., Ae. oder $(NH_4)_2SO_4$ gefällt. Der Nd. wird gewaschen oder gegebenenfalls durch Dialyse gereinigt, getrocknet u. gemahlen. Alle Operationen werden bei Tempp. unterhalb 40° durchgeführt. Nach der Best. der Wirksamkeit werden aus dem Pulver Pillen oder Tabletten geformt. Das Präp. enthält verdauungsfördernde Enzyme u. dient als Medikament. (**F. P. 1 015 566** vom 15/4. 1948, ausg. 15/10. 1952.) Heyne. 4809

Usines Chimiques des Laboratories Français, Frankreich (Erfinder: **Henri Penau** und **Guy Hagemann**), *Gewinnung baktericider Substanzen aus den Kulturen niederer*

Pilze. Die bei 20—25° bei einem p_H-Wert von 6 im Vakuum konz. u. von festen Stoffen, durch Zentrifugieren befreite Kultur-Fl. von Schimmelpilzen wird mit reinem Aceton behandelt. Der gebildete Nd. wird abzentrifugiert u. bei 15° im Vakuum getrocknet u. erneut in W. gelöst. Die wss. Lsg. wird mit feingepulverter Benzoe- oder Salicylsäure versetzt u. mehrere Std. bei 0 stehen gelassen. Die Suspension der organ. Säuren wird filtriert, mit W. gewaschen u. mit solcher Menge Ae. aufgenommen, wie zum Lösen der organ. Säuren erforderlich ist. Die äther. Schicht wird mit W. gewaschen. Die vereinigten wss. Auszüge werden nochmal mit Ae. ausgeschüttelt, um die letzten Spuren der organ. Säuren zu entfernen. Sie werden nach dem Zentrifugieren im Vakuum zur Trocknung gebracht. Man gewinnt ein hellgelbes in W. leichtlösl. Pulver, das die Entw. von Staphylococcus aureus in einer Verdünnung von 10^{-9} bis $2 \cdot 10^{-9}$ verhindert. (**F. P. 986 689** vom 7/12. 1943, ausg. 3/8. 1951.) HEYNE. 4811

Jacques Risler, Paris, Frankreich, *Herstellung von antibiotischen Stoffen.* Man entwickelt gleichzeitig u. unter Vermischung eine Pilz- u. eine Bakterienkultur, gegen welche Bakterien die bei der Pilzkultur entwickelten antibiot. Stoffe wirksam sind. Z. B. entwickelt man Aspergillusarten, wie *Aspergillus oryzae,* zusammen mit Kulturen von Colioder Tuberkulosebacillen. Die Bedingungen der Entw. werden so gehalten, daß sowohl Pilze wie Bakterien in der Lsg. wachsen. Man kann nach dem Oberflächenverf. sowie auch nach dem Tiefkulturverf. arbeiten. Man sorgt zweckmäßig, bes. bei mehrstufiger Entw. dafür, daß die gebildeten Pilzsporen immer wieder mit den Bakterien in Berührung gebracht werden. (**N. P. 80 143** vom 29/7. 1949, ausg. 28/4. 1952. F. Prior. 30/7. 1948.) JÜRGEN SCHMIDT. 4811

Farbenfabriken Bayer, Leverkusen (Erfinder: **Jacques L. Wachtel,** Peoria, Ill. **Donald R. Croley,** Cincinnati, O., und **Justin Murtaugh,** Guilford, Ind., V. St. A.) *Alkalisalze des Penicillins* (**I**) erhält man durch Rk. von **I**-Salzen von organ. Basen, z. B. Triäthylammonium-**I**, in Lsg. von z. B. Chlf. mit Alkalisalzen von organ. Säuren, z. B. K-Acetat, in Lsg. von z. B. n-Butanol. Erhöhung der Ausbeute an Benzyl-**I**-Salzen. — Beispiele. (**D. B. P. 878 259** Kl. 30h vom 22/11. 1949, ausg. 1/6. 1953. A. Prior. 23/10. 1948.) SCHINDLER. 4811

Farbenfabriken Bayer, Leverkusen (Erfinder: **Rudolf Hiltmann, Ernst Auhagen** und **Klaus Bauer,** Wuppertal), *In Wasser schwer lösliches kristallisiertes Penicillinsalz* erhält man durch Rk. von Penicillin mit 3-n-Butoxy-N-isobutylbenzylamin (**I**) in Wasser. F. 76—78°, $[\alpha]_D^{20}$ + 111,4°. **I** wird erhalten durch Kondensation des 3-n-Butyloxybenzaldehyds ($Kp._3$ 120°) mit Isobutylamin u. katalyt. Hydrierung der Azomethinverbindung. Die Base hat $Kp._{2,5}$ 136—138°, das Hydrochlorid F. 124—126°. Protrahierte u. lokalanästhet. Wirkung. (**D. B. P. 880 303** Kl. 12p vom 21/2. 1951, ausg. 22/6. 1953.) SCHINDLER. 4811

Farbenfabriken Bayer, Leverkusen (Erfinder: **Ernst Auhagen** und **Klaus Bauer,** Wuppertal), *Wässerige Suspensionen von Penicillinsalzen organischer Basen* erhält man durch Zusatz von Galle oder Gallensäuren bzw. deren Salzen. — Beispiele. Leicht fließende, gut injizierbare Suspensionen. (**D. B. P. 880 197** Kl. 30h vom 16/5. 1951, ausg. 18/6. 1951.) SCHINDLER. 4811

Soc. des Usines Chimiques Rhône-Poulenc, übert. von: **Robert Michel Jacob,** Ablon-sur-Seine, **Leonide Liakhoff,** Vitry-sur-Seine, und **Jacques Georges Robert,** Paris, Frankreich, *Herstellung von (d-) 1-p-Nitrophenyl-2-dichloracetylaminopropan-1.3-diol* („*Chloramphenicol*"; **I**) durch Rk. des Bernsteinsäurehalbesters der rac. threo-Form (**II**) mit Strychnin (**III**) in einem organ. Lösungsmittel. — Man mischt z. B. die Lsg. von 2,115 (g) **II** in 30 cm³ $(CH_3)_2CO$ mit einer Lsg. von 1,67 **III** in 11 cm³ Chlf. u. läßt das Gemisch

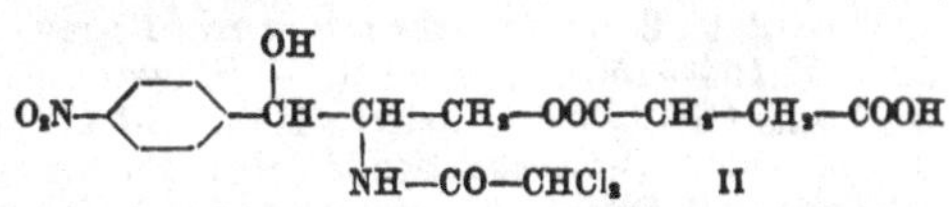

II

2 Tage im Eisschrank bei 0° stehen, filtriert das **III**-Salz (2,1) ab, dampft das Filtrat im Vakuum bei Raumtemp. ein, nimmt den Rückstand mit 20 cm³ Chlf. auf, gibt unter Rühren langsam 22 cm³ 0,1nNaOH zu, gießt die wss. Schicht ab, macht mit verd. H_2SO_4 genau kongosauer, wäscht den Nd. mit W., trocknet im Vakuum über H_2SO_4; die 0,580 Rohprod. werden in 5,5 0,5nNaOH gelöst, 30 Min. bei 0° stehen gelassen, mit einer Mischung aus 80 (%) Ae. u. 20 $CH_3COOC_2H_5$ extrahiert u. aus dem Extrakt 0,270 **I** vom F. 143°, $[\alpha]_D^{18}$ + 1,71°, c = 4,9% in A. erhalten. — Herst. von **II**: 5 rac. Threo-**I** u. 1,6 Bernsteinsäureanhydrid in 10 cm³ absol. Dioxan (**IV**) werden auf 70 bis 75° erwärmt, eine Lsg. von 1,22 absol. Pyridin in 5 cm³ **IV**, bei dieser Temp. innerhalb ½ Std. zugegeben u. nach weiteren 30 Min. das Lösungsm. im Vakuum entfernt. Man nimmt den Rückstand in 1,5 $NaHCO_3$ + 10 cm³ W. auf, filtriert nach einigem Stehen. macht das Filtrat kongosauer, filtriert den Nd. ab, wäscht mit W. u. Ae. u. erhält

aus 50%ig. wss. CH_3OH 4,6 II, F. 163°. (**A. P. 2 586 661** vom 6/12. 1950, ausg. 19/2. 1952. F. Prior. 14/12. 1949.) MÜLLER-MEININGEN. 4811

Parke, Davis & Co., Detroit (Erfinder: **Louis Ludwig Bambas,** Grosse Pointe Woods), Mich., V. St. A., *Aminodiole* der Formel I, worin n = 1 oder 2 ist, R = H, Halogen, NO_2, niedere Alkyl- oder Alkoxyreste, u. R_1 = H oder einen Acylrest bedeutet, dienen zur Herst. *antibiot.* wirksamer Verbindungen. Sie entstehen durch Red. der entsprechenden Ketone.

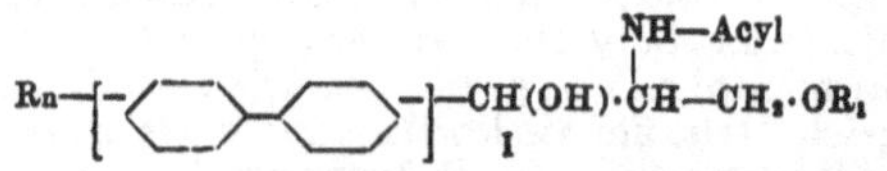

I

— *dl-ψ-1-[4'-Biphenylyl]-2-acetamidopropandiol-(1.3).* Durch Red. von 4-Biphenylyl-α-acetamido-β-oxyäthylketon mit Al-Isopropylat in sd. Isopropanol, F. 190—191°. Aus dem Filtrat erhält man das *dl-reg.-Isomere.* — Analog erhält man: *1-[3'-Biphenylyl]-2-benzamidopropan-1.3-diol,* das in seine beiden Formen zerlegt werden kann. — *1-[3'-Biphenylyl]-2-benzamido-3-acetoxypropan-1-ol.* — *1-[4''-Methoxy-4'-biphenylyl]-2-phenylacetamidopropan-1.3-diol.* — *dl-1-[4''-Nitro-4'-biphenylyl]-2-cetamidopropan-1.3-diol.* — *1-[4''-Jod-4'-biphenylyl]-2-benzamidopropan-1.3-diol.* — *dl-1-[2''-Methyl-4'-biphenylyl]-2-p-toluylamidopropan-1.3-diol.* — *dl-1-[4''-Nitro-6'-methyl-3'-biphenylyl]-2-acetamidopropan-1.3-diol.* — *dl-ψ-1-[4'-Biphenylyl]-2-dichloracetamidopropan-1.3-diol,* F. 149—150°. — *4-Biphenylyl-[brommethyl]-keton-Hexamethylentetramin-Komplex.* Aus Hexamethylentetramin u. 4-Biphenylyl-[brommethyl]-keton in Chlf. bei Zimmertemp.; liefert mit alkoh. HCl *4-Biphenylyl-[aminomethyl]-ketonhydrochlorid.* Dieses gibt beim Acetylieren *4-Biphenylylacetamidomethylketon* (II), F. 154—155°. — II gibt mit CH_2O in verd. Methanol in Ggw. von $NaHCO_3$ *4-Biphenylyl-α-acetamido-β-oxyäthylketon* (III), F. 166—167°. — Beim Acetylieren von III entsteht *4-Biphenylyl-α-acetamido-β-acetoxyäthylketon.* (**D. B. P. 836 652** Kl. 12q vom 16/2. 1950, ausg. 15/4. 1952. A. Prior. 26/3. 1949.) LANGER. 4811

Parke, Davis & Co., Detroit, Mich., V. St. A., *Herstellung von diastereoisomeren Formen von Amidodiolverbindungen* der allg. Formel $C_6H_3(R_4R_5)$—$CO(R_1R_2)$—$CH(NHR)(CH_2OR_3)$, worin R, R_1 u. R_2 dasselbe oder verschied. Radikale sind, z. B. H oder Acylreste. R_3 ist H oder ein niedermol. Alkylrest; R_4 u. R_5 sind derselbe oder verschied. Reste, z. B. H, Halogen oder niedermol. Alkyl- oder Alkoxyreste. Das Verf. ist dad. gek., daß diese genannten Verbb. einer fraktionierten Kristallisation mit organ. Lösungsmitteln, wie $CHCl_3$, niederen aliphat. Alkoholen oder dgl. unterworfen werden. — Zur Unterscheidung zwischen den beiden möglichen Diastereoisomeren dieser Aminodiolverbb. werden die cis-Verbb., d. h. die Prodd., bei denen die beiden höchstpolaren Gruppen an den asymm. C-Atomen auf derselben Seite oder Ebene der C-Atome liegen, nachst. als „regulär" (reg.) Serie oder Form bezeichnet. Die trans-Diastereoisomeren werden als „pseudo" (ψ) Serie bzw. Form bezeichnet. Sowohl die regulären als auch die Pseudoformen liegen als Racemate von opt.-akt. Isomeren vor, die in rechte (d) u. links (*l*) drehende Isomere getrennt werden können. — Das ungetrennte Gemisch der beiden Diastereoisomere oder -formen wird mit „ungetrennt" bezeichnet. — Die durch das Verf. hergestellten Prodd. sind als Zwischenprodd. für die Bereitung chem. Verbb. mit *antibiot.* Aktivität von besonderem Wert. — Z. B. wird das (dl)-ψ-1-Phenyl-2-acetamido-3-acetoxypropan-1-ol in das (*l*)-ψ-1-p-Nitrophenyl-2-dichloracetamidopropan-1.3-diol umgewandelt, welches als „*Chloramphenicol*" ein sehr wertvolles Antibioticum zur Behandlung von Typhus u. Infektionskrankheiten darstellt. — 1-Phenyl-2-aminopropan-1.3-diol wird mit Methyldichloracetat $^1/_4$ Std. bei 100° erhitzt. Beim Aufarbeiten wird (dl)-reg.-1-Phenyl-2-dichloracetamidopropan-1.3-diol, F. 154—156°, gewonnen. — Ungetrenntes (dl)-1-Phenyl-2-aminopropan-1.3-diol wird aus $CHCl_3$ kristallisiert. Man erhält (dl)-reg.-1-Phenyl-2-aminopropan-1.3-diol, F. 103—104°. Die verbleibende $CHCl_3$-Filtratlsg. wird zur Trockne eingedampft, um das rohe (dl)-ψ-1-Phenyl-2-aminopropan-1.3-diol zu erhalten. Dieser Rückstand wird mit überschüssigem Essigsäureanhydrid bei 70° 15 Min. lang erhitzt. Durch Kristallisation erhält man *(dl)-ψ-1-Phenyl-2-acetamido-3-acetoxypropan-1-ol,* Kp. 167—168°. — (dl)-1-o-Methylphenyl-2-aminopropan-1.3-diol wird in $CHCl_3$ aufgenommen. Es scheidet sich (dl)-reg.-1-o-Methylphenyl-2-aminopropan-1.3-diol in krist. Form ab. Nach dem Abfiltrieren wird das Chloroformfiltrat im Vakuum eingedampft. Dabei gewinnt man das (dl)-ψ-1-o-Methylphenyl-2-aminopropan-1.3-diol. Dieses Rohprod (I) kann über das Acylderiv., z. B. N-Acetat oder das N.3-O-Diacetat, gereinigt werden. — Das Prod. I wird z. B. mit überschüssigem Essigsäureanhydrid bei 70—80° 15 Min. lang erhitzt u. das Reaktionsgemisch im Vakuum eingedampft. Der Rückstand besteht aus (dl)-ψ-1-o-Methylphenyl-2-acetamido-3-acetoxypropan-1-ol. — Ungetrenntes (dl)-1-m-Methoxyphenyl-2-aminopropan-1.3-diol wird aus $CHCl_3$ auskristallisiert. Man erhält krist. (dl)-reg.-1-m-Methoxyphenyl-2-aminopropan-1.3-diol. Das entsprechende (dl)-ψ-Isomere bleibt in der Chloroformlsg. u. wird durch Eindampfen der Lsg. gewonnen. (**Oe. P. 173 452** vom 15/2. 1950, ausg. 27/12. 1952. A. Prior. 16/3. 1948.) M. F. MÜLLER. 4811

Farbwerke Hoechst, vormals Meister Lucius & Brüning (Erfinder: **Gustav Ehrhardt**), Frankfurt/M., *Herstellung von 1-(p-Halogenphenyl)-2-acylamino-1.3-dioxypropanen,* dad. gek., daß man Halogenphenylserinester der Formel I, wobei X Halogen u. Y einen Alkylrest bedeuten, bes. mit Li–Al-Hydrid in die Halogenphenylaminopropandiole der

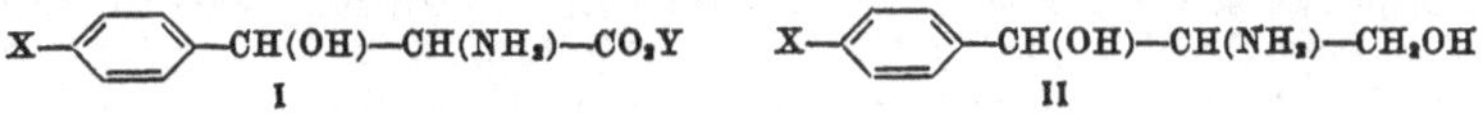

I II

Formel **II** überführt u. diese mit Acylierungsmitteln, wie Dichloracetylchlorid oder Dichloressigester, in die Amide verwandelt. Nach dem Beispiel wird p-Chlorphenylserinäthylester zum *1-(p-Chlorphenyl)-2-amino-1.3-dioxypropan,* F. 123—124°, u. dieses zum *1-(p-Chlorphenyl]-2-dichloracetylamino-1.3-dioxypropan,* F. 120—121°, umgesetzt. — *Antibiotische* Eigenschaften. (**D. B. P. 859 147** Kl. 12o vom 3/9. 1950, ausg. 11/12. 1952.) SCHINDLER. 4811

E. I. du Pont de Nemours & Co., übert. von: **Edward C. Hermann,** Wilmington, Del., V. St. A., *N-(2-Thenoylmethyl)-hexamethylentetraminiumhalogenide* der allg. Zus. **III** erhält man durch Rk. von Verbb. der Zus. **I** (R_1 = H oder niederes Alkyl, R_2 = H, Halogen, NO_2 oder niedere Alkylreste, X = Cl oder Br) mit Hexamethylentetramin (**II**) z. B. in Chloroformlsg. — Beispiel: Zur Lsg. von 505 (g) 2-Acetylthiophen in 800 cm^3 Eisessig gibt man unter Bestrahlung mit UV-Licht bei 15—20° innerhalb 2 Std. 640 Br_2, rührt ca. 2 Std. weiter, gießt in kaltes W. u. extrahiert mit Chlf.; die Lsg. rührt man in 585 **II** u. 1,5 Liter Chlf. usw. Reinigung des rohen *N-(2-Thenoylmethyl)-hexamethylentetraminiumbromid,* $C_{12}H_{17}ON_4BrS$, erfolgt durch Fällen aus der mit Aktivkohle behandelten wss. Lsg. mit Dioxan, F. 160° (Zers.). Weiter wird beschrieben die Herst.

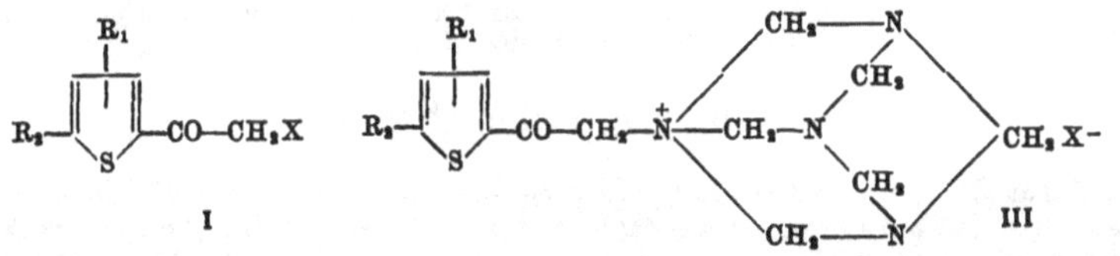

von: *N-(5-Brom-2-thenoylmethyl)-hexamethylentetraminiumbromid.* — *N-(5-Methyl-2-thenoylmethyl)-hexamethylentetraminiumbromid.* — *N-(3-Methyl-2-thenoylmethyl)-hexamethylentetraminiumbromid.* — *N-(2-Thenoylmethyl)-hexamethylentetraminiumchlorid.* — Zwischenprodd. u. *Bakteriostatica.* (**A. P. 2 579 494** vom 2/8. 1950, ausg. 25/12. 1951.) MÜLLER-MEININGEN. 4811

Sharp & Dohme, Inc., Philadelphia, Pa., V. St. A., *Herstellung einer wässerigen Hämoglobinlösung* durch Abtrennung der roten Blutkörperchen, die in einer Hexoselsg. suspendiert werden, welche ca. 0,15 (%) Nicotinamid oder 0,006 NH_3 enthält. Die Blutkörperchen werden durch die mechan. Einw. einer Ultrazentrifuge zerstört u. Hämoglobin geht in Lsg.; nach Klären der Lsg. wird der K-Geh. mittels eines Basenaustauschers auf 3—5 Milliäquivalente red., durch Na-Ionen ersetzt u. der p_H-Wert auf 7,2, bis 7,3 eingestellt. Diese Lsg. gibt keine Agglutination mit A-, B- oder 0-Blut, sie kann durch Gefriertrocknung konserviert werden. (**E. P. 658 060** vom 10/6. 1949, ausg. 3/10. 1951. A. Prior. 23/6. 1948.) K. HEINZE. 4813

Strong Cobb & Co., Inc., Cleveland, O., V. St. A., *Dragee, worin zwei verschiedene Therapeutica enthalten und durch eine besondere Schicht getrennt sind.* Der Kern kann aus Pankreas-, Gallenextrakt u. einer säurebindenden Substanz, wie Mg-Hydroxyd oder -Trisilicat bestehen. Die Trennschicht ist alkalilöslich. Das äußere Therapeuticum enthält Pepsin u. eine Säure, wie Wein- oder Citronensäure. Die Außenhülle ist säurelöslich. Zur Unterbringung auch anderer, erst magen- u. dann darmlöslicher Medikamente brauchbar. (**E. P. 669 782** vom 27/9. 1949, ausg. 9/4. 1952. A. Prior. 30/10. 1948.) K. HEINZE. 4815

Schering Akt.-Ges. (Erfinder: **Heinz Oeser**), Berlin, *Radioaktives Röntgenkontrastmittel,* bes. zur Darst. der Leber u. Gallenblase, bestehend aus physiol. indifferenten organ. Halogenverbb., bes. J-Verbb., die radioakt. Halogen, bes. radioakt. J, enthalten. (**D. B. P. 882 894** Kl. 30h vom 24/10. 1950, ausg. 13/7. 1953.) SCHINDLER. 4829

Alfred Muhr, Zürich, Schweiz, *Schutz gegen die ungünstige Einwirkung mehrwertiger Metallionen auf die baktericide Wirkung quaternäre Ammoniumsalze enthaltender Desinfektionsmittel,* Den letzteren wird ein Stoff (eine organ., N-haltige Polycarbonsäure bzw. ein Alkalisalz davon, z. B. Äthylendiamintetraessigsäure) beigefügt, der mit den Metallionen, wie Ca- oder Mg-Ion, in W. lösl. Chelate zu bilden vermag. (**Schwz. P. 276 557** vom 18/6. 1949, ausg. 16/10. 1951.) KETTNER. 4835

Chimie & Atomistique, Frankreich, *Sterilisation von festen Stoffen* bei niedriger Temperatur. Der zu sterilisierende Stoff. wird in eine Ummantelung gebracht, die z. B. aus Celluloseacetat-, Cellulosenitrat-, Cellophan- u. anderen Folien aus plast. Massen bestehen kann. Diese Ummantelung ist für Bakterien undurchlässig, aber für desinfizierende Gase, wie CH_2O-Dampf, Cl_2, NH_3, SO_2, durchlässig, so daß durch Einbringen in diese Gase Sterilisierung erreicht wird. Auf diese Weise lassen sich chirurg. Instrumente, Kompressen, Tupfer, Binden sowie auch in der Hitze zersetzliche pulverförmige Arzneimittel sterilisieren. (**F. P. 972 908** vom 10/6. 1941, ausg. 5/2. 1951.) WITTHOLZ. 4835

Georges Hirtz, Frankreich, *Konservieren von Injektionsflüssigkeiten.* Das zur Bereitung der Injektionslsgg. notwendige W. wird entgast u. dann mit N_2 oder anderen inerten Gasen gesättigt. Die Entgasung kann durch Kochen, gegebenenfalls unter Vakuum, erfolgen. (**F. P. 989 512** vom 24/6. 1949, ausg. 10/9. 1951.) WITTHOLZ. 4835

Deutsche Hydrierwerke Akt.-Ges., Düsseldorf, *Konservierungsmittel,* z. B. für *pharmazeutische Zubereitungen.* Als solche verwendet man die wasserlösl. Salze von Alkylarylketonen der allg. Formel R·CO·Ar·OH, in welcher R einen aliphat., gegebenenfalls substituierten KW-stoffrest von höchstens 4 C-Atomen u. Ar einen aromat. KW-stoffrest, vorzugsweise einen Benzolrest, der auch Substituenten enthalten kann, bedeuten, z. B. das Na- oder K-Salz des Methyl-4-oxyphenylketons. (**D. B. P. 881 247** Kl. 30i vom 21/12. 1940, ausg. 29/6. 1953. **Zusatz zu D. R. P. 724 274; C. 1943. I. 305.**) KETTNER. 4835

Wilfredo Boué, Tratado popular de plantas medicinales. 5000 recetas. 8a edición. Barcelona: Edit. Sintes. 1953. (336 S. m. Abb.) ptas 30,—.

Louis Vidal, Dictionnaire de spécialités pharmaceutiques. 1953. Paris: Office de vulgarisation pharmaceutique. 1953. (XV + 422 + 2734 + 84 S.) fr. 1250,—.

G. Analyse. Laboratorium.

E. Pajares Diaz, *Die Anwendung eines Luftkammermanometers als Lokalbarometer.* Grundlagen u. Beschreibung eines Manometers mit Hg-Säule; Ablesekorrektur für Temperaturänderung; Eichung. (Euclides [Madrid] **12.** 419—23. Okt. 1952. Madrid, Inst. L. Torres Quevedo de Instr. ci.) R. K. MÜLLER. 5016

E. D. Kane, *Schnelle Methode für nasse Siebanalyse.* An einen mechan. bewegten Schüttelsiebsatz ist ein Vorratsbehälter für die gerührte Ausgangssuspension u. ein Auffanggefäß für den Ablauf angeschlossen. (Chemist-Analyst **40.** 93. Dez. 1951. Meriden, Conn., Cuno Ingng. Corp., Res. Ing.) BLUMRICH. 5024

Louis E. Owen, *Auflagenscheibenfiltration.* Die Verwendung von möglichst kleinen, aschenarmen Papierscheiben auf Frittenunterlage zum Sammeln von Ndd. für spektroskop. Unterss. (nach ihrer Veraschung) wird zur Verkleinerung der Blindwerte empfohlen. (Chemist-Analyst **40.** 94. Dez. 1951. Oak Ridge, Tenn.) BLUMRICH. 5024

D. Geoghegan, *Eine einfache Wassersperre für Wasserstrahlpumpen.* Um bei einer Wasserstrahlpumpe das Einströmen von W. in das Unterdruckgefäß zu verhindern, wird ein „Falle" dazwischengeschaltet, bestehend aus einem Zylinder (z. B. Hals einer zersprungenen Kochflasche), in den das eine Rohrende kurz, das andere lang hineinragt, das lange (Rezipienten-) Ende trägt ein BUNSEN-Ventil, d. h. ein mit einem Längsschlitz versehenes Stückchen unten verschlossenen Gummischlauchs. (Chem. and Ind. **1951.** Nr. 5. 3/2. 94. Marldon bei Paignton, Devon.) PAULI. 5026

Bernard I. Halperin, Shigeru Oae und **Calvin A. Vanderwerf,** *Ein verbesserter Hickman-Vakuumdestillierapparat.* Das Kühlgefäß des App. ist für Durchfluß des Kühlmittels abgeändert. (Chemist-Analyst **40.** 95. Dez. 1951. Lawrence, Kans., Univ., Dep. of Chem.) BLUMRICH. 5038

K. C. D. Hickman und **D. J. Trevoy,** *Untersuchungen über Verdampfung im Hochvakuum. Tensimeter mit fallender Strömungsrichtung.* Das Tensimeter besteht im wesentlichen aus einer Düse, die von einem durch drei Vorlagen in drei Zonen geteilten, zylindr. Kondensator umgeben ist. Der Dampf dringt von dem aus der Düse senkrecht nach unten austretenden Flüssigkeitsstrom nach außen, bis er von der Kondensatorwand, deren Temp. 100° u. mehr unter dem des Flüssigkeitsstromes liegt (durch Abkühlung mit Preßluft), niedergeschlagen wird. Die Kondensate aus der mittleren u. unteren Vorlage werden gesammelt, gemessen u. analysiert. — Die mit *Di-2-äthylhexylphthalat* (**I**) u.

Di-2-äthylhexylsebacat (II) ausgeführten Verss. ergaben, daß die experimentellen Daten für die Destillatmengen mit denen auf Grund der Dampfdruckwerte von Perry u. Weber u. der Gleichung von Knudsen errechneten bei Drucken unter 5 μ bei Einzelwerten bis auf 5%, bei Mittelwerten bis auf 2% übereinstimmen. Bei höheren Drucken treten Abweichungen bis zu 75% auf. Verss. mit einem Gemisch von 29,4 Mol.-% I in II zeigten, daß die relative Flüchtigkeit (α) mit fallender Temp. stark ansteigt (z. B. bei 100,7° α = 5,5; bei 140,7° α = 3,44; bei 171,9° α = 2,51). (Ind. Engng. Chem. **44**. 1882—88. Aug. 1952. Rochester, N. Y., Eastman Kodak Co.) Oppermann. 5038

D. J. Trevoy, *Untersuchungen über Verdampfung im Hochvakuum. Projektive und Dampf–Flüssigkeits-Gleichgewichtsbeziehungen für zwei binäre Systeme über ein ausgedehntes Gebiet.* Bin. Lsgg. von *Di-2-äthylhexylphthalat* (I) u. *Di-2-äthylhexylsebacat* (II) mit 10—90 Mol.-% I wurden in Stufen von 10 zu 10% im Fallstromtensimeter im Gebiet von 1—100 μ Sättigungsdruck bei Tempp. von 80—100° einer projektiven Dest., das heißt, kein Mol. kehrt zur Destillations-Fl. zurück, wobei Destillationsgeschwindigkeit, Zus. des Destillats u. relative Flüchtigkeit gemessen wurden, unterworfen. Hierbei ergab sich, daß beim Syst. I–II die relative Flüchtigkeit (α) nur mit der Temp. variiert (z. B. 80,3° α = 6,28; 110,8° α = 4,88; 151,0° α = 3,05; 177,1° α = 2,38). — Ein Vgl. einer projektiven Dest. eines I–II-Gemisches mit 30 Mol.-% I mit einer Dest. des gleichen Gemisches unter Gleichgewichtsbedingungen bei 100—180° in einem Tensimeter mit rotierendem Al-Zylinder zeigte, daß die Werte für α unter ca. 5 μ Sättigungsdruck für beide Destillationsarten ident. sind. Sie divergieren aber merklich, wenn Destillatmenge u. Druck ansteigen, wobei sich unter Gleichgewichtsbedingungen viel höhere Werte ergeben. — Ferner wurden 6 Flüssigkeitsgemische (zwischen 0—100%) von *Di-n-octylphthalat* (III) u. II bei Tempp. von 100—180° im Fallstromtensimeter projektiv destilliert. Im Gegensatz zu dem I–II-Syst. zeigt dieses Flüssigkeitspaar eine beträchtliche Veränderung von α bei konstanter Temp., wenn die Zus. der Fl. variiert. Bei allen Tempp. (100—180°) fällt α schnell mit steigendem Geh. an III in der Flüssigkeit. (Ind. Engng. Chem. **44**. 1888—92. Aug. 1952.) Oppermann. 5038

K. C. D. Hickman, *Untersuchungen über Verdampfung im Hochvakuum. Verhalten der Oberfläche bei der Kolbendestillation.* Die Dest. von *Di 2-Äthylhexylphthalat* (I), *Octoil S* (*Di-2-Äthylhexylsebacat*, II), *Di-Octyladipat*, *Trikresylphosphat*, „*Dowtherm*", „*Stanolind*"-*Weinöl*, *Silicone*, *2-Äthylhexylalkohol*, *Butanol*, *Butyläther*, Butanol–Butyläther-Gemisch, *Propan* (bei —150°) in Destillationskolbenapparaten im Hochvakuum zeigte, daß die Flüssigkeitsoberfläche entweder turbulent oder ruhig sein kann oder turbulente u. ruhige Gebiete, die scharf voneinander abgegrenzt sind, nebeneinander aufweist, Zusätze von II, *Di-Butylphthalat*, *Fischöl*, *Vitamin A*, *Vitamin E* u. *Mineralöl* (Pumpenöl) zu I einzeln oder gemeinsam führten zu folgenden Resultaten: Die ersten beiden Substanzen beeinflußten die Turbulenz der Flüssigkeitsoberfläche nicht, die nächsten drei veranlaßten die Bldg. von ausgedehnten ruhigen Gebieten. Das Mineralöl machte die halbe Oberfläche inaktiv. Noch stärker wirkte ein Gemisch aus 950 cm³ I, 50 cm³ *Duoseal-Pumpenöl*, 5 cm³ *Tocopherol*-Konzentrat u. 0,5 cm³ Vitamin-A-Konzentrat. Die Ausbldg. der ruhigen Stellen ist eine Folge der in der Fl. vorhandenen Verunreinigungen, deren Ggw. in Spuren genügt. Es sind somit nicht nur die beim Erwärmen der Fl. auftretenden Konvektionsströme allein, sondern auch die Natur der mol. Oberflächenschicht, die das Verh. der Flüssigkeitsoberfläche beeinflussen. (Ind. Engng. Chem. **44**. 1892—1902. Aug. 1952.) Oppermann. 5038

K. C. D. Hickman und **D. J. Trevoy,** *Untersuchungen über Verdampfung im Hochvakuum. Vergleich von Hochvakuumdestillationskolben und Tensimetern.* Gleichgewichtsdestillationen im Kolben mit kon. Rührer u. im Tensimeter mit Al-Zylinder sowie projektive Destillationen im Kolben mit magnet. Rührer u. Kaltfingerkühlung, u. im Tensimeter mit expandierender u. kontrahierender Oberfläche der Fl. auf dem Kondensator ergaben keinen Unterschied in der Art der Dest. bei Gleichgewichtsdest. u. einer neuen reinen Oberfläche bei der projektiven Dest. unter 2—5 μ. Beim Tensimeter mit expandierender u. kontrahierender Oberfläche erreicht die relative Flüchtigkeit α auf der expandierenden Seite für jede Temp. die größten Werte, die als einzige die des Gleichgewichttensimeters noch übertreffen. Der Unterschied der Werte zwischen kontrahierender u. expandierender Oberfläche steigt mit steigender Temp. u. Verdampfungsgeschwindigkeit stark an. Auf Grund der in dieser u. vorangegangenen Arbeiten gewonnenen Daten für das Syst. *Di-2-Äthylhexylphthalat* (I) u. *Di-2-Äthylhexylsebacat* (II) mit dem Fallstrom- u. dem Al-Zylindertensimeter läßt sich für den Temperaturbereich von 70 bis 180° eine verzweigte Kurve für α konstruieren. — Dest. von 0,5 Liter II mit 30 Mol.-% I in einem 1 Liter-Kolben mit Luftrührung mittels einer Capillare u. elektr. geheizter Ummantelung bei 175—180° Kolbentemp. u. einem Gasdruck von 2 μ zeigt, daß die

Trennung der Komponenten am größten bei minimalem Rückfluß ist. Die Manteltemp. soll hierbei 1—2° unter der Dampftemp. liegen. (Ind. Engng. Chem. **44**. 1903—11. Aug. 1952.) OPPERMANN. 5038

L. W. Hartzel, W. L. Savell und **R. E. Schachat,** *Ein verbessertes Bad konstanter Temperatur.* Der Dampf einer sd. Fl. umströmt das Bad u. wird von einem seitlichen Rückflußkühler kondensiert. Das Kondensat wird durch ein besonderes Rohr in den Kochkolben zurückgeführt (alles aus Glas). (Chemist-Analyst **40**. 95. Dez. 1951. South Norwalk, Conn., Remington Rand Inc.) BLUMRICH. 5046

Y. A. Boulos, *Verdampfungsporosimeter.* Zur Best. der Porosität der Gesteine wird die Anordnung von STEFAN abgeändert u. die Konstante der Verdampfung neu bestimmt. Nach der Verdampfungsmeth. wurde das Porenvol. von 2 nub. Sandsteinen bestimmt, u. zwar mit der Prismenmethode. Es wurden Werte von 0,24 bzw. 0,23 gefunden. (Neues Jb. Geol. Paläontol., Mh. **1953**. 116—18. März. Alexandrien.) ENSSLIN. 5048

E. Wiedemann, *Die interferometrische Aufzeichnung von Brechungsindex-Gradienten-Kurven* [$(dn/dx)/x$-*Diagrammen*]. 9. Mitt. *über Elektrophorese.* (8. vgl. C. **1953**. **4914**.) Es wird eine neue, einfach zu handhabende Interferenzanordnung zur Aufzeichnung von (dn/dx)/x-Kurven bei Elektrophorese- u. Ultrazentrifugenverss. beschrieben, die auf der Interferometeranordnung von RAYLEIGH basiert. Gegenüber den Diagrammmethoden besitzt es größere Lichtstärke u. Schärfe u. ist 25mal so genau (auf $^1/_{25}\ \lambda$). (Helv. chim. Acta **35**. 2314—22. 1/12. 1952. Basel, Pharm.-chem. Labor. „Sandoz".) LINDBERG. 5063

Harry Svensson und **Karl Odengrim,** *Eine neue Methode zur Messung kleiner Brechungsindices.* Es wird eine Meth. zur schnellen Best. der Konz. von Lsgg. beschrieben, die im Prinzip auf der Messung geringer Brechungsindexunterschiede von Fll. beruht. Die Meßanordnung besteht aus einer Doppelprismaküvette, die Lösungsm. u. Lsg. enthält, deren verschied. opt. Dichten im monochromat. Licht interferometr. gemessen werden. Die Genauigkeit der Best. des Brechungsindex n ist $1 \cdot 10^{-6}$. Es erscheinen Interferenzstreifen, deren Dichte der Differenz der n in weiten Grenzen proportional ist. (Acta chem. scand. **6**. 720—28. 1952. Stockholm, Fabriksaktiebolag, Labor. af LKB-Produkter.) RUDOLPH. 5063

Ch. Dufour, *Optische Dichte eines Interferenzetalons von Fabry-Pérot mit halbdurchsichtigen komplexen Spiegeln.* (Vgl. C. **1952**. 5306.) Es wurde die Änderung der Interferenzordnung bestimmt, wenn man anstatt der üblichen Metallschichten Mehrfachschichten der Form M B H oder H B H B H benutzt, wo M halbdurchsichtiges Metall, H Dielektrikum mit hohem Index u. B Dielektrikum mit niedrigem Index bedeutet. Der numer. Auswertung der erhaltenen Ausdrücke wurde ein symm. Interferenzfilter von Ag-Schichten zugrunde gelegt, die durch ein Paar dielektr. Schichten Kryolith–ZnS bedeckt waren. (J. Physique Radium **12**. 888—89. Nov. 1951. Montrouge, Comp. des Compteurs, Labor. Télévision.) GOTTFRIED. 5063

R. E. Rippere, *Herstellung von Pasten von gummiartigen Materialien für Infrarotuntersuchung.* Zur Herst. von Pasten von gummi- oder gelartigen Stoffen, die sich leicht zwischen NaCl-Platten für Infrarotunters. auftragen lassen, empfiehlt der Vf., die Stoffe zunächst mit dem gleichen Vol. NaCl zu verreiben, bis sich das Gel getrennt hat u. jedes Teilchen mit Salzkristallen überzogen ist. Hiernach wird unter ständigem Reiben Nujol zugesetzt, bis die M. die gewünschte Konsistenz erreicht hat. (Analytic. Chem. **25**. 363. Febr. 1953. Pittsfield, Mass., General Electric Co., Chem. Div.) GOTTFRIED. 5063

M. Dolinsky, *Ein Verfahren der Infrarotanalyse unlöslicher Festkörper in nichtpolaren Lösungsmitteln.* Mit Hilfe eines Zweistrahl-Infrarotspektralphotometers werden quantitative Messungen unlösl. Festkörper in nichtpolaren Lösungsmitteln durchgeführt. Die Suspendierung erfolgt durch Al-Stearat (I), welches in einigen Fällen nicht nur eine Suspension von Teilchen $< 3\ \mu$ sondern sogar eine Lsg. an u. für sich unlösl. Stoffe bewirkt. Die Suspensionen gehorchen dem BEERschen Gesetz bei Wellenlängen oberhalb von 7 μ. Die Absorption von I wird in Rechnung gesetzt. Als Lösungsm. dienen CCl_4 für 2—9 μ u. CS_2 für 7,25—15 μ. Das Verf. wird an den verschiedenartigsten Stoffen erprobt, wie sulfonierten *Teerkohlenfarbstoffen, Sulfonamiden, organ. Säuren, Purinen, Zuckern, Aminosäuren,* anorgan. *Salzen, Penicillin* sowie fl. *Polyäthylenglykol.* Das Verf. läßt sich nicht auf Faserstoffe sowie andere hochmol. Substanzen anwenden, da von diesen I absorbiert wird. (J. Assoc. off. agric. Chemists **34**. 748—63. 15/8. 1951. Washington, D. C., Federal Sec. Agency, Food and Drug Administrat., Div. of Cosmetics.) v. SCHIESZL. 5063

A. Saenz Bretón, *Photoelektrische Spektrometer.* Überblick über die Spektrometerkonstruktionen, bei denen statt der photograph. Aufnahme u. Messung der Linien-

schwärzung die Intensitäten der emittierten Linien durch Photomultiplier oder GEIGER-Zähler gemessen u. registriert werden. Die Vorzüge dieser Geräte liegen überwiegend nicht in größerer Genauigkeit, sondern im erheblichen Zeitgewinn u. in der Ausdehnung des Meßbereichs auf photograph. nicht erfaßbare oder schwerer auswertbare Linien, der Nachteil beim einfachen Spektrometer darin, daß mit einer Photoröhre zur Zeit nur eine Linie gemessen wird. Die Geräte werden eingehend beschrieben. (Inform. Quím. analít. **7.** 3—12. Jan./Febr. 1953. Inst. de Opt. „Daza de Valdés".)
METZENER. 5063

P. G. Guest und **Wendell M. Simmons,** *Standardinterferenzstreifen im Jamin-Refraktometer.* Ein ca. ½°-Glaskeil wird derart vor dem Fernrohr in den Strahlengang eingeführt, daß ein zweites Spaltbild mit festen Interferenzstreifen seitlich neben dem mit den zu untersuchenden Interferenzen entsteht. Durch Variation des Keilwinkels u. der Spaltbreite kann man das Spaltbild unmittelbar neben das erste legen. Die zu erreichende Meßgenauigkeit ist etwas besser (nicht mehr als 2mal). (J. opt. Soc. America **43.** 319—20. April 1953. Sydney, Univ.) LINDBERG. 5064

Mutsuaki Shinagawa, *Eine Mehrzweckschaltung zur Aufnahme von Polarogrammen.* Vf. beschreibt ausführlich mit Schaltskizzen einen Polarographen, mit dem 15 verschied. Schaltungen eingestellt werden können. Er vereint die 5 bekannten Arten der Schaltungen in sich, deren Vorteile durch entsprechendes Umschalten zugänglich sind. Es sind das: Schaltung zur Änderung der Polarität der angewendeten EMK, Schaltung, um den Reststrom zu kompensieren, Kompensationsschaltung zur Messung des Diffusionsstromes u. Schaltung zur Änderung der angewendeten EMK. Die Arbeitsweise des App. wird an Hand der Analyse von einer wss. Lsg. von $(COOK)_2$, $(NH_4)_2Fe(SO_4)_2$, $NH_4Fe\cdot(SO_4)_2$, KCl, KBr, Pb-Acetat, $TlNO_3$ u. H_2SO_4 erläutert. (J. Sci. Hiroshima Univ., Ser. A **16.** 371—82. Nov. 1952. Hiroshima, Univ., Chem. Labor. [Orig.: engl.])
MOSLÉ. 5066

O. Nesvadba, *Synchronisierung der Quecksilbertropfelektroden durch Druck.* Vf. entwickelt eine „künstliche" Tropfelektrode, bei welcher der hydrostat. Hg-Druck nach Einstellen des Gleichgewichtes mit dem Rückdruck durch synchronisierte Gasdruckstöße ersetzt wird. Dabei werden die Druckschwankungen von rechtwinkliger Zeitfolge durch ein elektrometr. gesteuertes, rotierendes Rohrsyst. geregelt. Konstruktionseinzelheiten u. Schaltschema werden mitgeteilt. Die Eigg. dieser Elektrode werden mitgeteilt. Die Eigg. dieser Elektrode werden an polarograph. Analysen von *Pb-Acetat, 1.3-Dinitrobenzol, Zn-Acetat,* an der Trennung *Pb–Cd–Zn* sowie in der Differentialpolarographie geprüft u. mit der n. Elektrode verglichen. Diskussion der Ergebnisse. (Collect. Trav. chim. Tchécoslov. **15.** 751—65. 1950. Brno, Inst. for Ind. Hygiene.)
WEITBRECHT. 5066

S. Stankoviansky, *Über Synchronisieren der Quecksilbertropfen für polarographische Zwecke durch Abstreichen.* Vf. beschreibt zunächst eine für polarograph. Arbeiten geeignete Revolverelektrode. Diese besteht aus 6 von einem gemeinsamen Hg-Reservoir gespeisten Glascapillaren, deren Mündungen in einer Ebene liegen u. von einem synchron rotierenden Glasstäbchen abgestrichen werden, wodurch das Abtropfen in gleichmäßigen Zeitabschnitten geschieht. Die Strom–Spannungs-Kurven besitzen einen zackenlosen Verlauf auch bei den höchsten Empfindlichkeiten. Der entstehende Strom u. die Stufenhöhe sowie die Empfindlichkeit der Meth. werden entsprechend 6fach erhöht, außerdem wird die Aufnahmedauer auf 4 Min. reduziert. Die Brauchbarkeit der Revolverelektrode wird an Polarogrammen von *KCl* an *Luft,* von $MnCl_2$, $ZnCl_2$, $CdCl_2$ u. $CuCl_2$ in n/1 NH_4OH/NH_4Cl gezeigt. Ferner wird zur Anwendung bei differentialpolarograph. Verff. eine Kombination aus 2 eintropfigen Elektroden mit synchroner Tropfenregulierung durch Abstreichen entwickelt u. ihre Arbeitsweise beschrieben, wobei die Doppelelektrode in n. u. Differentialschaltung verwendet werden kann. An der Best. der *K-* u. O_2-Stufe, der Best. von *Cu, Zn, Ni, Mn* u. *Ba* in n/1 NH_4OH/NH_4Cl in Ggw. von O_2 u. unter Eliminierung des Kapazitätsstromes sowie an der Best. von *Pb, Zn* u. *Mn* in Ggw. großer Mengen *Cd* wird die Brauchbarkeit der Doppelelektrode gezeigt. (Collect. Trav. chim. Tchécoslov. **15.** 734—50. 1950. Banská Štiavnica, Staatsgewerbeschule, Labor.)
WEITBRECHT. 5066

M. Hapalová, *p_H-Bestimmung.* (Pivovarský Sladařský Časopis Kvas **78.** 106. 31/3. 1950.)
FREYTAG. 5066

—, *Zwei passende Anordnungen machen p_H-Messer zu wirksamen Titriergeräten.* Die beiden Anordnungen bestehen aus einem ortsfesten bzw. tragbaren BECKMAN-p_H-Messer, einem Titriergefäß mit magnet. Rührer, 2 Büretten u. je 1 Glas- u. Kalomelelektrode. Der Ausschlag am p_H-Gerät zeigt den Verlauf der Titration an; die Geschwindigkeit der Nadel des p_H-Messers erhöht sich mit Annäherung an den Titrationsendpunkt stark. (Laboratory **22.** 56—57. 1952.) WESLY. 5066

a) Elemente und anorganische Verbindungen.

Blanzat und **Barbe,** *Schnellmethode zur Bestimmung von Sauerstoff in Kohlesorten.* Vff. beschreiben einen App. mit einem Verbrennungsrohr aus Sintertonerde unter Verwendung von Benzolkohle als Reduktionsmittel, in welchem die O-haltige Substanz durch Erhitzen unter N_2, vorteilhaft bei 1200°, zers. wird. Das entstehende CO kann durch J_2O_5, mit H_2SO_4 auf Kieselgel gebracht, zu CO_2 oxydiert u. nach Absorption mit Natronkalk gravimetr. bestimmt werden. Das Verf. wird an *Anthrachinon* u. *Dimethylglyoxim,* an *Benzol-* u. *Zuckerkohle* sowie an verschied. natürlichen Kohlesorten mit 4—9% O_2 erprobt. Die Ergebnisse zeigen eine gute Genauigkeit. Der Einfl. der Verbrennungstemp., des S-Geh. u. der mineral. Bestandteile wird diskutiert. Zeitdauer für eine Best. 50 Minuten. (Bull. Soc. chim. France, Mém. [5] **19.** 569—73. Mai/Juni 1952. Cerchar, Labor. de Chim. analytique.) WEITBRECHT. G 260

Imre Bozsai, *Neue photometrische Methode zur Bestimmung des Arsengehaltes von Kupfer.* Die Best. des As erfolgt photometr. direkt in der 8,2n salzsauren Lsg. als gelbes As_2S_3-Sol. Da die Konzz. von HCl, Cu^{2+} u. SO_3^{2-} die Lichtabsorption beeinflussen, muß der Geh. an vorst. Ionen konstant gehalten werden. Die störende Färbung des Cu wird durch Red. mit $SnCl_2$ beseitigt. — 500 mg Metall werden mit H_2SO_4–HNO_3 gelöst, zwecks Entfernen der HNO_3 eingedampft, in 10 ml W. gelöst u. nach Zusatz von 27,0 ml HCl (D. 1,19) auf 50 ml verdünnt. 10 ml dieser Lsg. werden nacheinander mit 7,0 ml HCl (D. 1,19), 2 ml 2%ig. Gelatinelsg., 5,0 ml 10%ig. Lsg. von $SnCl_2$ in HCl (D. 1,19), u. 1 ml 0,4%ig. Na_2SO_3-Lsg. vermischt. Innerhalb 2—10 Min. wird die Extinktion dieser Lsg. gegen dest. W. bei 430 mμ gemessen. Zur Auswertung ist eine Eichkurve beigegeben. Die Gültigkeit des LAMBERT-BEERschen Gesetzes besteht zwischen 0,04—0,5 mg As/ 25 ml. Genauigkeit der Meth. 3—5%. Beleganalysen. (Magyar Kémiai Folyóirat [Ung. Z. Chem.] **58.** 356—59. Dez. 1952. Budapest, Rákosi Mátyás Vas-, Acél- és Fémmüvek Kém. Labor.) v. PILINSZKY. G 265

C. J. van Nieuwenburg und **J. W. L. van Ligten,** *Über die mikroskopische Unterscheidung von Zirkon und Hafnium.* Die Kristallformen von Zr- u. Hf-Verbb. sind im allg. sehr ähnlich. Vff. fanden einen Unterschied im Verh. gegenüber dem Reagens von MARTINI (Chinolin u. NH_4SCN). Ein mit H_2SO_4 abgerauchter Tropfen $ZrOCl_2$ bzw. $HfOCl_2$ wird mit 1 Tropfen HCl (1:2) aufgenommen u. mit 1 Tropfen Chinolin (6 ml Chinolin, 4 ml konz. HCl, 4 ml H_2O) vermischt. Daneben gibt man 1 Tropfen gesätt. NH_4SCN-Lösung. Aus den sofort gebildeten Öltröpfchen entstehen nach 1—3 Min. Kristalle, die sich in der 1. Min. für Zr u. Hf mkr. unterscheiden, dann aber gleich erscheinen. Bei Verwendung von 25%ig. Ameisensäure statt HCl zeigte Hf ein befriedigendes Verh., während Zr nur Öltröpfchen bildete. (Analytica chim. Acta [Amsterdam] **7.** 390—92. Nov. 1952. Delft, T. U., Labor. of Microanalysis.) PLUSKAL. G 323

Arthur de Sousa, *Eine Mikroreaktion für Mangan in Mineralien und Silicaten* Das in Mineralen weit verbreitete Mn kann die Best. von Al, Be, Ca u. Mg leicht stören Vf. kritisiert die üblichen Verff., bei denen aus der Farbe der meist alkal., teilweise auch sauren Aufschlüsse auf die Existenz von Mn geschlossen wird. Vf. schließt die meisten Mn-Minerale in wenigen Min. in der Wärme mit konz. HCl auf, kocht für 5 g Mineral mit 20 g ZnO in 50 ml H_2O, filtriert u. engt auf 5—10 ml ein. Einen Tropfen dieser Lsg. gibt Vf. auf ein Papierfilter, das er mit 1—2 Tropfen einer frisch bereiteten 5%ig. alkoh. 8-Oxychinolinlsg. getränkt hat. Legt man das Filter über eine Flasche mit konz. NH_3, so zeigt sich bei Ggw. von Mn ein brauner Fleck, der bei Ggw. anderer Ionen innen gelb sein kann. Bei Silicaten schm. Vf. 10 g feinstgepulverte Substanz mit 50 g einer Mischung von Na_2CO_3 u. K_2CO_3. Die Schmelze wird dann in HCl gelöst u. wie oben weiterbehandelt. In anderen Fällen schließt Vf. die Silicate mit HF auf. Da HF später stört, treibt er es durch konz. H_2SO_4 oder durch Verdampfen aus. Die das Mn begleitenden Elemente stören nicht, bes. da Fe durch ZnO gefällt ist. Die Empfindlichkeit beträgt bis 10^{-5} g, bei Silicaten 10^{-4} g. (Analytica chim. Acta [Amsterdam] **7.** 393—95. Nov. 1952. Lisbonne, Inst. Sup. Techn., Labor. de Chim. Phys.) PLUSKAL. G 350

Chozo Yoshimura, *Über metallische Reduktionsmittel in der analytischen Chemie. (Bestimmung von Fe, Ti, W, Mo und Cu unter Verwendung des Quecksilberreduktors. Einfluß des Phosphations auf die Reduktion.)* Mit *Hg* bzw. Amalgamen von Zn, Cd u. Pb (fl. oder fest) oder Pb-Schrot, am besten mit fl. *Zn–Hg,* lassen sich Fe^{3+}, Ti^{4+}, V^{5+} u. Mo^{6+} in CO_2-Atmosphäre reduzieren. Nach Entfernen des Hg u. Filtration durch Glassinterfilter kann die Lsg. mit Diphenylamin als Indicator mit $K_2Cr_2O_7$ titriert werden. In Ggw. von PO_4^{3-} wird die Red. zunehmend unvollständiger in der Reihe Fe, Ti, Mo, V. (J. chem. Soc. Japan, pure Chem. Sect. [Nippon Kagaku Zassi] **73.** 122—26. Febr. 1952. [Orig.: japan.]) SCHULER. G 354

Harold E. Affsprung, Nedra A. Barnes und **Herbert A. Potratz,** *Spektrophotometrische Bestimmung von Kobalt als Tetraphenylarsoniumcobaltothiocyanat.* Vff. benutzen die Meth. von Potratz u. Rosen (C. **1950.** II. 85) zur spektrophotometr. Best. des blauen Co-Komplexes nach Extraktion mit Chloroform. Das Verf. ist für die Best. von Spuren Co in *U, Stahl-* u. *Ni–Cu-Legierungen* u. bei der direkten Best. von Co in *Co–Cu-Legierungen* anwendbar. Hierbei ist die voraufgehende Entfernung von Fe, Ni oder Cu nicht erforderlich. Die Analysen können auch durch visuellen Vgl. der blauen Extrakte vorgenommen werden. Fe^{2+} stört nicht, wohl aber Fe^{3+}, Mo^{5+} u. Mo^{6+} wegen der Bldg. gefärbter Komplexe mit CNS^-. Durch Zusatz von NH_4F im Überschuß entstehen farblose, die Best. nicht mehr störende Komplexverbindungen. Da Cu^{2+} ebenfalls einen mit Chlf. extrahierbaren Thiocyanatkomplex gibt, muß es zuvor mit J^- zu Cu^+ red. werden. Gegebenenfalls hierbei entstehendes gefärbtes J_3^- wird mit starkem Überschuß an Thiosulfat reduziert. V^{5+} bildet mit CNS^- einen gelben, mit Chlf. extrahierbaren Komplex. Man red. mit Fe^{2+} zu V^{4+} u. maskiert das entstandene Fe^{3+} mit NH_4F. HNO_3 entfernt man am besten vorher durch Abrauchen mit H_2SO_4. Die Verff. zur Best. von Co bei Abwesenheit u. bei Ggw. von Cu u. V werden beschrieben. (Analytic. Chem. **23.** 1680—83. Nov. 1951. St. Louis, Mo., Washington Univ.) Schlegel. G 355

Toshio Kozu, Masao Suga und **Mishio Kurita,** *Indirekte volumetrische Bestimmung von Silber.* Zwei indirekte Verff. für die volumetr. Best. von *Ag,* das in 0,08—0,2%ig. Lsg. als Ag_2SO_4 (I) vorliegen soll, werden ausgearbeitet. Die Lsg. von **I** wird mit reinem Fe-Pulver ca. 1 Std. stehengelassen (zu langes Stehen ist zu vermeiden) u. das entstandene $FeSO_4$ mit $KMnO_4$ (**II**) titriert. Beim 2. Verf. wird die Lsg. von **I** mit 1,2—2fachem Überschuß an 0,1nNa-Oxalatlsg. (**II**) gefällt u. dann entweder der Nd. mit eiskaltem W. u. 1%ig. Na-Acetatlsg. gewaschen, in verd. H_2SO_4 gelöst, mit **II** titriert oder die angewandte **III** nach der Fällung zurücktitriert. Ggw. von $(NH_4)_2SO_4$ ist zu vermeiden, K_2SO_4 u. Na_2SO_4 sollen unter 0,1% sein, 1% $ZnSO_4$ ist ohne Einfluß. (J. chem. Soc. Japan, pure Chem. Sect. [Nippon Kagaku Zassi] **73.** 435—40. Juni 1952. Aien Univ. [Orig.: japan.]) Schuler. G 359

b) Organische Verbindungen.

Wolfgang Kirsten, *Neue Entwicklungen in der quantitativen organischen Mikroanalyse.* Es werden neuere Entwicklungen in der Methodik der Mikro-C–H–, O-, N-, Halogen- u. S-Best. besprochen. Bei der Mikro-C–H-Best. haben sich bes. Kugelschliffe, die mit Siliconen geschmiert werden, bewährt. MnO_2 wird zur Absorption der Stickoxyde bei der Verbrennung N-haltiger Substanzen empfohlen. Außerdem werden die von Unterzaucher angegebenen Methoden zur Best. von C–H u. N krit. besprochen. Mehrfach red. u. wieder oxydiertes CuO gibt Anlaß zu N-Verlusten bei der Best. des N nach Dumas. Zur Best. der Halogene werden Methoden für die feuchte (Carius) u. trockne Veraschung angegeben. Zur Best. von S in Mikro- u. Ultramikromengen eignet sich bes. die Meth. der Oxydation mit nachfolgender Hydrierung. N u. P stören dabei nicht. Um den S quantitativ aus anorgan. u. Asche enthaltenden organ. Substanzen zu vertreiben, benutzt man vorteilhaft V_2O_5. (Analytic. Chem. **25.** 74—86. Jan. 1953. Uppsala, Univ., Inst. of Med. Chem.) Fretzdorf. 5352

Samuel B. Knight und **M. H. Peterson,** *Flammenphotometrische Natriumbestimmung in Salzen organischer Säuren.* Der Na-Geh. von 30 definierten oberflächenakt. Na-Salzen organ. Säuren wurde flammenphotometr. unter Verwendung des Perkin-Elmer-Flammenphotometers, Modell 52 A, bestimmt; die erhaltenen Werte bewiesen die Brauchbarkeit dieser Bestimmungsmethode. (Analytic. Chem. **24.** 1514—16. Sept. 1952. Chapel Hill, N. C., Univ., Venable Chem. Labor.) K. F. Müller. 5354

Richard Fuchs, Russell C. Waters und **Calvin A. Vanderwerf,** *Allgemeiner qualitativer Nachweis für Epoxyde.* Der Nachw. für *Epoxyde* (**I**) beruht auf deren Hydrolyse zum entsprechenden Glykol, das mit HJO_4 oxydiert wird; die dabei entstehende HJO_3 wird als $AgJO_3$ nachgewiesen. Der HJO_4-Test gestattet eine Unterscheidung der **I** von einfachen Aldehyden u. Ketonen. 1.2-Glykole, α-Oxyaldehyde u. -ketone, 1.2-Diketone u. α-Oxysäuren stören, da sie von HJO_4 oxydiert werden. Bei folgenden **I** war der Test positiv: *Äthylen-* u. *Propylenoxyd, Epichlorhydrin, 1.2-Epoxybutan, 2.3-Epoxybutan, 1-Brom-2.3-epoxybutan, Butadienmonoxyd, Cyclopenten-* u. *Cyclohexenoxyd, Styroloxyd, p-Chlorstyroloxyd* u. *Safroloxyd.* Ausführung: 2 ml einer 0,5%ig. HJO_4-Lsg. werden mit 2 Tropfen konz. HNO_3 versetzt u. dann 1—2 Tropfen Probe zugegeben; wasserunlösl. Proben werden vorher in 2 ml Dioxan oder Essigsäure gelöst. Nach dem Umschütteln gibt man 1—2 Tropfen 5%ig. $AgNO_3$-Lsg. hinzu, wonach bei positivem Ausfall der Prüfung ein weißer Nd., meist sofort, spätestens in 5 Min., erscheint. (Analytic. Chem. **24.** 1514. Sept. 1952. Lawrence, Kans., Univ.) K. F. Müller. G 570

Albert Kirrmann und **Nelly Daune-Dubois,** *Bestimmung eines Gemisches von Säuren in organischem Milieu.* Zur Unters. eines Gemisches von organ. Säuren verschied. Stärke u. Konz. in Polykondensationsharzen benutzen Vff. ein potentiometr. Verf. unter Verwendung einer Kalomelelektrode u. einer Pt-Elektrode, um die Neutralisationskurve aufzunehmen. Eine weitere Pt-Elektrode, in geeigneter Form zur 1. Pt-Elektrode geschaltet, zeigt die abgeleitete Kurve an, die die Wendepunkte der Neutralisationskurve genauer erkennen läßt. Untersucht wurden Mischungen von *Phthalsäureanhydrid* u. *Monomethylphthalat, K-Monophthalat, Bernsteinsäure* u. *Ölsäure.* (C. R. hebd. Séances Acad. Sci. **236.** 1361—63. 30/3. 1953.) FRETZDORFF. G 800

Robert V. MacAllister und **Raymond J. Lisk,** *Polyoxyäthylenstearat. Colorimetrische Bestimmung in verdünnten Lösungen.* Es wird eine Schnellmeth. zur Best. der Konz. von Polyoxyäthylenstearat (I) in verd. Lsgg. vorgeschlagen, die darauf beruht, daß I mit der Amylose (II)-fraktion der Kartoffelstärke einen Komplex bildet. Die überschüssige II bildet einen II–Jod-Komplex, der spektrophotometr. bestimmt wird. Die Meth. gestattet Analysen bis zu einer Verdünnung von 0,05% I mit einer Reproduzierbarkeit von $\pm$0,010%. Auch für andere Verbb., die Komplexverbb. mit II eingehen, wird diese Analysenmeth. vorgeschlagen. (Analytic. Chem. **23.** 609—10. April 1951. Hoboken, N. J.. Div. of Gen. Foods Corp., Central Labors.) A. BRUCK. G 810

Willard P. Tyler und **Donald W. Beesing,** *Chemische und kryoskopische Analyse von β-Propiolacton.* Die Grundlage der Best. von *β-Propiolacton* (I) ist dessen Umsetzung mit $Na_2S_2O_3$, die nach der Gleichung I + $Na_2S_2O_3 \rightarrow NaO_3S\cdot SCH_2CH_2COONa$ verläuft. Die Rk. wird in Phosphatpuffer mit überschüssigem $Na_2S_2O_3$ ausgeführt; der Überschuß an $Na_2S_2O_3$ wird mit Jodlsg. zurücktitriert. Vff. geben 3 Ausführungsformen, je nach dem I-Geh. u. dem Geh. an *Acrylsäure* (II), an. Die Best. von II in I-Proben erfolgt durch Bromierung mit Bromid–Bromat-Lsg. in Ggw. von $HgSO_4$ nach LUCAS u. PRESSMAN (Ind. Engng. Chem., analyt. Edit. **10.** [1938.] 140). Freie Säure u. Anhydrid werden in I-Proben durch Titration in alkoh. Lsg. mit $NaOCH_3$ bestimmt. Sehr reines I gibt nach der $Na_2S_2O_3$-Meth. einen um ca. 0,5% zu niedrigen Geh., wie durch kryoskop. Vergleichsbest. gefunden wurde, deshalb wird der chem. gefundene Wert mit dem empir. Faktor 0,995 korrigiert. Der Geh. von reinstem I wird durch E.-Best. (E. für 100%ig. I: $-33{,}36\pm0{,}01^0$; kryoskop. Konstante 0,020 Grad^{-1}) ermittelt. Die I-Best. wird durch Aceton oder organ. Säuren nicht gestört. Bis zu 5% *Diketen* (III) stören kaum. 5—10% III stören die Endpunktbest.; in diesem Fall ist der erste erhaltene Endpunkt anzunehmen. In Ggw. von CH_2O erhält man einen zu frühen Endpunkt. Die II-Best. wird durch andere ungesätt. Verbb. gestört. Ausführung: 1. Proben mit 60—100% I u. <20% Säure (berechnet als II): 0,5 g Probe (ca. 0,5 mMol) läßt man mit 25 ml 0,4 mol. $Na_2S_2O_3$-Lsg. u. 2 mMol K_2HPO_4-Pufferlsg. 10—20 Min. stehen, wäscht dann mit 25 ml W. nach u. titriert mit 0,2n Jodlsg. gegen Stärke. 2. Bei Proben mit 40—80% I u. 20—60% Säure (berechnet als II) verwendet man Einwaagen von 0,4—0,6 g ($\leq$0,4 gI) u. 6 mMol Phosphatpuffer. 3. Bei Proben mit 10—40% I u. 60—90% Säure (berechnet als II) verwendet man 12 mMol Phosphatpuffer (3 ml 4 mol. Lsg.) u. Einwaagen von 0,6—0,8 g (< 0,4 g I). Bei den Blindverss. gibt man in den Fällen 1. u. 2. vor der Titration 5 ml 1 mol. Na-Acetatlsg., im Fall 3. gibt man außerdem 8 mMol Essigsäure hinzu. %I = ml Verbrauch·7,206/Einwaage·0,995. — Best. der II: $\leq$ 1,25 mVal Probe (45 mg II) gibt man zu 25 ml 0,1 n $KBrO_3$–KBr-Lsg., fügt anschließend 10 ml 10%ig. H_2SO_4 hinzu u. läßt nach dem Mischen 3 Min. im verschlossenen Kolben stehen; dann gibt man 10 ml 5%ig. $HgSO_4$-Lsg. in 10%ig. H_2SO_4 hinzu u. schüttelt während der nächsten 5 Min. einige Male um. Nach Versetzen mit 20 ml 10%ig. NaCl-Lsg. u. 20 ml 15%ig. KJ-Lsg. wird mit 0,05n $Na_2S_2O_3$-Lsg. gegen Stärke titriert. (Analytic. Chem. **24.** 1511—13. Sept. 1952. Brecksville, O., B. F. Goodrich Res. Center.)
K. F. MÜLLER. G 850

S. C. Ellis und **K. G. A. Pankhurst,** *Die Bestimmung von basischen Gruppen in Kollagen und Gelatine.* Vff. beschreiben eine Schnellmeth. zur Best. der bas. Gruppen des Kollagens u. der Gelatine, gelöst in Ameisen- oder Essigsäure, durch direkte konduktometr. oder potentiometr. Titration mit Perchlorsäure. (Biochem. J. **52.** 350—52. Okt. 1952. Milton Park, Egham, Surrey, Brit. Leather Manufacturer's Assoc.)
BRATFISCH. G 4070

c) Bestandteile von Pflanzen und Tieren.

Wallace S. Tirman und **Harry W. Banker,** *Eine einfache mikroradiographische Methode unter Benutzung einer gewöhnlichen diagnostischen Röntgeneinrichtung.* Kaninchen wurde in vivo eine gegen Röntgenstrahlen undurchlässige Substanz injiziert (10% AgJ + 3% Akaziengummi), die Niere entfernt u. in Formalin fixiert. 300 μ dicke Schnitte wurden zwischen 2 Folien eines plast. Stoffes („*Stryafoil*") gelegt u. diese mit der photograph. Platte fest am Fenster der diagnost. Röhre mit rotierender Anode angebracht. Aus den beigefügten Aufnahmen ist zu erkennen, daß eine deutliche Differenzierung der Gefäße möglich ist. (Science [Washington] **113.** 530—31. 4/5. 1951. Bluffton, Ind., Caylor-Nickel Clinic.) GOTTFRIED. 5661

Sami A. Hashim und **Aftim N. Acra**, *Ein verbessertes Bleitetraacetat-Schiff-Verfahren.* Ermittlung günstiger Bedingungen für den mkr. Nachw. von oxydativ unter Bldg. von Aldehyden spaltbaren Verbb. in tier. u. pflanzlichen Geweben: 5 Min. lange Einw. von 0,023nPb-Tetracetatlsg. in Bzl. (3—4 Tage lang verwendbar), Wegnehmen ihres Überschusses mit 2%ig. Äthylendiamintetracetatlsg. vom p_H 8 (Komplexbldg.), Färben durch Einw. von SCHIFFschem Reagens, Waschen usw. — Arbeitsvorschriften. (Stain Technol. **28.** 1—8. Jan. 1953. Beirut, Libanon, Amer. Univ. of Beirut, Med. School, Dep. of Histol.) BLUMRICH. 5661

Edwin R. Fisher, *Die Zerstörung von basophilen Cytoplasmastoffen mit Mineralsäuren.* Die mit *Azur A, Thionin* usw. anfärbbaren Stoffe des Cytoplasmas tier. Gewebe werden, wenn diese chromatfrei fixiert waren, außer durch *Ribonuclease* durch HNO_3, HCl oder H_2SO_4 (vorteilhaft mit 2mol. Lsgg., 16 Std. bei 3°) zerstört, ohne die basophilen Stellen der Zellkerne merklich zu verändern. (Stain Technol. **28.** 9—12. Jan. 1953. Bethesda, Md., Nat. Inst. of Health, Nat. Inst. of Arthritis and Metabol. Diseases.) BLUMRICH. 5661

A. Novelli, *Eine neue Kernfärbemethode mit der pflanzlichen Indicatorfarbe Sambucyanin.* Ein aus Sambucus nigra-Beeren extrahierter Farbstoff, *Sambucyanin* (I), wurde in die Histologie eingeführt. Die färber. besten Erfolge wurden mit Zusätzen von K-Alaun zu der wss. alkoh. Lsg. von I erreicht. Durch Einengen im Vakuum konnte I als amorphes, hygroskop. dunkelrotes Pulver gewonnen werden. I ist ein empfindlicher Kernfarbstoff mit guten Indicatoreigg. u. gibt einen p_H-abhängigen Farbumschlag von Rot nach Blau. Die mit I gefärbten mkr. Präpp. weisen Unterschiede im Farbton auf, was für einen cellulären p_H-Unterschied zu sprechen scheint. — Der aus Sambucus ebulus extrahierte Farbstoff gleicht in seinen Eigg. dem Hämatoxylin. (Experientia [Basel] **9.** 152—53. 15/4. 1953. Genf, Univ., Dep. of Pathol. and Bacteriol.) PFAFF. 5661

S. Apelgot und **S. Mars**, *Anwendung der Schwefelsäure-Silber-Chromsäure-Verbrennung zur Bestimmung von Radiobrom in der Biologie.* In der von ZACHERL (Mikrochemie **11.** [1932.] 61) beschriebenen App. wird die Substanz mit einer Mischung aus 150 mg $Ag_2Cr_2O_7$, 250 mg $K_2Cr_2O_7$ u. 200 mg wasserfreiem Na_2SO_4 u. unter Zusatz von 5 ml H_2SO_4 in einem Ölbad innerhalb von 30 Min. von 25 auf 130° erhitzt u. 4 Min. auf dieser Temp. gehalten. Währenddessen wird durch einen ständigen O_2-Strom das Br_2 abgetrieben u. im Absorptionsgefäß, das 9 ml 12,5%ig. Na-Arsenitlsg. enthält, aufgefangen. Zu dieser Lsg. werden genau 0,3 ml 10%ig. NaBr-Lsg., 2 ml HNO_3, 1 ml 10%ig. $AgNO_3$-Lsg. u. 0,5 ml absol. A. gegeben, der erhaltene Nd. abfiltriert, gewaschen, getrocknet u. 20 Min. in einem Ofen auf 350° erhitzt. Dann erfolgt die Aktivitätsmessung. (Bull. Soc. Chim. biol. **34.** 612—16. 1952. Paris, Inst. de Radium.) KRUSEN. 5664

d) Medizinische und toxikologische Analyse.

Friedrich-Otto Drenckhahn, *Untersuchungen zur polarometrischen Messung des Sauerstoffdruckes* (pO_2) *im Blut mit der Platinelektrode.* Vf. verwendet eine ruhende zylindr. Pt-Elektrode mit einem Durchmesser von 0,15 mm u. einer Länge von 1,5 bis 4 mm u. period. wechselnde Rechteckspannungen. Zur Ausschaltung des störenden Erythrocyteneinfl. wird die Elektrode mit einem erythrocytenfreien Kollodiummantel von 0,25—0,3 mm Stärke umgeben. Zur Aufsättigung des Kollodiummantels wird bis zu Beginn der Analyse 2½ Min. gewartet. In defibriniertem Warmblüterblut wurde bei 37° der Diffusionsstrom bei konstanter Spannung zwischen 2 u. 700 mm linear vom O_2-Druck abhängig gefunden. Der mittlere Fehler der Eichkurvenwerte betrug ± 2 bis ± 4 mm p_{O_2}. (Naturwissenschaften **38.** 455—56. Okt. 1951. Kiel, Physiol. Inst.) R. LEVI. 5727

P. J. Lawther und **D. V. Bates**, *Eine Methode zur Bestimmung von Distickstoffmonoxyd im Blut.* Beschreibung einer App. zur infrarotspektroskop. Best. von N_2O im Blut. Eliminierung von N_2O aus dem Blut erfolgt durch Luftdurchleitung. (Clin. Sci. **12.** 91—95. 1953. London, St. Bartolomew's Hosp.) KRUSEN. 5727

L. W. Afanassjewa, *Die Bestimmung des Siliciums im Blut und in den Geweben des Organismus mit Hilfe eines Photocolorimeters.* 3 ml Blutserum oder 0,5 g pulverisiertes Gewebe werden mit 1 ml gesätt. Borsäure zur Trockene verdampft, 2—3 Min. geglüht, mit 1 g wasserfreier Soda versetzt u. 15 Min. im Muffelofen auf 900° erhitzt. Nach Abkühlung wird mit 2—3 ml W. erhitzt (nicht bis zum Sieden), abgekühlt, mit

1—2 ml Phenolphthaleinlsg. in A. u. $8nH_2SO_4$ (I) bis zur Entfärbung versetzt u. auf 50 ml aufgefüllt. 5 oder 10 ml dieser Lsg. werden auf 20 ml verd., mit je 5 ml 0,5nI u. 5%ig. Ammoniummolybdat versetzt. Nach 3 Min. Stehen gibt man 15 ml 8 n I u. 1 ml 0,5%ig. $SnCl_2$ zu, füllt auf 50 ml auf u. colorimetriert. Nach diesem Verf. kann Si in Ggw. von P mit 2—4% Genauigkeit bestimmt werden. (Биохимия [Biochemie] **18.** 319—23. Mai/Juni 1953. Dnepropetrowsk, Med. Inst., Lehrstuhl für Hygiene der Arbeit.) LEBTAG. 5727

Ss. I. Gussew, S. A. Bitowt und **L. K. Chorkow,** *Photonephelometrische Bestimmung von Zink im Blut.* Nach dem Verf., das auf der Rk. zwischen *Zn* u. *Diantipyrylmethylmethan* in Ggw. von NH_4SCN beruht, können 9 μg-% Zn in 0,2 ml Blut quantitativ bestimmt werden. Al, Cd, Ca, Mg, 5 μg Co (in 1 ml Lsg.) oder Ni, 1 μg Cu u. 10 μg Fe(II) stören nicht. Fe(III) wird durch Zugabe von Ascorbinsäure (I) oder Hydrochinon (II) zu Fe(II) reduziert. Der Fehler beträgt ±8%. Zur Zn-Best. werden 0,2 ml Blut mit 1 ml konz. H_2SO_4 in Ggw. von H_2O_2 mineralisiert, zur Verjagung von SO_3 auf 460° (nicht höher) erhitzt. Den Trockenrückstand versetzt man mit 0,3 ml nHCl, 9,7 ml W. u. 0,03—0,05 g I oder 0,2 g II. 5 ml Filtrat werden mit 9 ml Zn-Reagens versetzt u. photonephelometriert. (Биохимия [Biochemie] **18.** 348—50. Mai/Juni 1953. Molotowo, Med. Inst.) LEBTAG. 5727

J. Schmid, M. Pantlitschko und **E. Leonhartsberger,** *Eine Methode zur automatischen intragastralen Säuremessung.* Vff. schildern Verss. zur automat.-intragastralen Säuremessung mittels einer Magensonde, welche eine eingebaute Antimonelektrode nebst Bezugselektrode enthält. Die p_H-Werte werden mit Hilfe eines Röhrenvoltmeters u. eines gekoppelten Punkteschreibers automat. registriert. Das Gerät erlaubt Best. der Rhythmik der Säurebldg., kurzzeitige Unterss. der Pufferwirkungen verschied. Diäten bei Hyperacidität, ferner gleichzeitige Best. des p_H im Magensekret, auf der Magenschleimhaut u. in verschied. Darmabschnitten, sowie der Magenperistaltik in Abhängigkeit vom p_H des Magens. (Wiener klin. Wschr. **64.** ([N. F.] 7.) 864—67. 7/11. 1952. Wien, Univ., Med. Klinik, u. Inst. für med. Chemie.) FINDEISEN. 5746

William B. Weil, *Herstellung einer stabilen Form des Inulins für die Gewebsanalyse.* Um für die Best. der *Inulin* (I)-Verteilung in den Geweben eine brauchbare, in heißer Alkalilsg. beständige injizierbare Substanz zu erhalten, beschreibt Vf. eine Modifikation des Verf. von ROSS u. MOKOLOFF (J. biol. Chemistry **190.** [1951.] 659): 10%ig. I-Lsg. wird mit konz. NaOH-Lsg. 2 Std. lang im Wasserbad erhitzt u. dann mit HCl bis p_H 7 neutralisiert. Es folgt dann mehrfache Fällung mit 95%ig. A. u. Zentrifugieren mit Entfernung der obersten Schicht, bis ein weißes Pulver übrigblieb, das mit dest. W. eine klare Lsg. ergibt. (Proc. Soc. exp. Biol. Med. **80.** 103—04. Mai 1952. Boston, Mass., Harvard Med. School and Children's Med. Center.) DUCHO. 5750

Ronald Belcher y Cecil L. Wilson, Microanálisis inorgánico cualitativo. Madrid: Edit. Alhambra. 1953 (94 S. m. Abb., Diagr.) ptas. 20,—.

Philip William West and others, Qualitative analysis and analytical chemical separations. New York: Macmillan. 1953. (235 S., Diagr.) $ 3,75.

H. Angewandte Chemie.

I. Allgemeine chemische Technologie.

M. L. Oliphant, *Atomenergie für industrielle Zwecke.* Behandelt werden der Begriff der Atomenergie aus U u. H u. die Ausnützungsverfahren. (Int. chem. Engng. Process Ind. **31.** 217—19. Mai 1950. Birmingham, Univ.) PAULI. 5800

J. L. Putman, *Einige industrielle Anwendungen von radioaktiven Isotopen.* Vf. schildert Eigg. der Isotopen, ihre Gewinnung, Nachw. ihrer Strahlung, ihre Verwendung als Spuren hinterlassende Elemente. Für 1. Best. des noch vorhandenen Bruchteils einer Stoffmenge bei Umsetzungen oder Dest., 2. Best. des Dampfdrucks bei niedrigen Tempp., z. B. des weißen P, 3. Best. geringer Löslichkeiten, 4. Best. des Ursprungs einer Reaktionskomponente (kommt S im Koks aus organ. Stoffen oder mineral. Verunreinigungen), 5. Unters. der FISCHER-TROPSCH-Synth. zur Entscheidung, ob C aus dem CO stammt oder dem als Katalysator dienenden Eisencarbid, 6. Messung der Selbstdiffusion. — 3 Figuren. (Coke and Gas **13.** 365—69. Okt. 1951. Harwell, England, Atomic Energy Res. Establ.) PAULI. 5800

J. L. Putman, *Einige industrielle Anwendungen von radioaktiven Isotopen.* 2. Mitt. (1. vgl. vorst. Ref.) Da verschied. Elemente im Atommeiler verschieden stark radioakt. werden, können geringe Beimengungen unter Umständen vorteilhaft bestimmt werden, z. B. As in Ge bis zu 2 Teilen in 10 Millionen. — Die Schwärzung photograph. Schichten durch radioakt. gemachte Stoffe kann dazu benutzt werden, den Übergang einer Substanz bei trockener Reibung zu untersuchen. — Man kann Röntgenröhren bei an sich bekannten Unterss. durch γ-Strahler ersetzen, wobei längere Einwirkungsdauer prakt. möglich ist. Mit einem Präp. können, weil es nach allen Seiten strahlt, mehrere Aufnahmen gleichzeitig gemacht werden, z. B. ringförmige Schweißnähte von Röhren werden von der Achse aus bestrahlt, wobei um die Schweißnaht lichtempfindliches Papier gelegt ist. — Der Abstand zweier Bohrlöcher kann durch Einbringung einer radioakt. Strahlenquelle, z. B. ^{60}Co, in das eine u. eines Zählers in das andere Loch bestimmt werden. Die erforderlichen Schutzmaßnahmen werden als nicht schlimmer als bei giftigen Stoffen geschildert. — 3 Abbildungen. (Coke and Gas **13.** 405—07. Nov. 1951.) PAULI. 5800

A. W. Morrison, *Kohlenstoff als Konstruktionsmaterial.* Zusammenfassender Vortrag über die Entw. von C-Erzeugnissen als Werkstoff: Graphitisierung, Formstücke mit verkokender Teerbindung u. Anwendung härtbarer Kunstharze als Bindemittel. Beschreibung der Herst., Formgebung, Brand u. Eigg. sowie der verschied. Verwendungen zu Rohren, Hähnen, Düsen, Füllkörpern, Absorbern, Wärmeaustauschern usw. (Proc. chem. Engng. Group Soc. chem. Ind. **32.** 87—91. 1950. Chem. Engng. Group of Soc. of Chem. Ind.) F. HEINRICH. 5804

C. H. G. Hands und **F. R. Whitt,** *Die Verwendung von mit Glasur ausgekleideten Geräten bei der Herstellung organischer Verbindungen.* Berichtet wird über die Verwendung von Reaktionsgefäßen, Destillierblasen, Kondensatoren, Rohren u. Ventilen aus Gußeisen u. Weichstahl mit Innenauskleidung aus im Trockenverf. aufgebrachtem Email u. des notwendigen Zubehörs, wie Rührern u. Dichtungen, bes. bei Füllung mit stark sauren Flüssigkeiten. Ursachen der Korrosion werden besprochen, eine statist. Kurve gibt die dadurch bedingte Lebensdauer der Geräte an. Genauer untersucht wird der Wärmeübergang bei den unter atmosphär. Druck benutzten Geräten in Abhängigkeit von den Tempp. der Heiz-, Kühl- u. Reaktions-Fll., der Strömungsgeschwindigkeit der Heiz(W., Dampf oder Öl)- u. Kühl(Sole)-Fl. u. dem Rühren. Der gesamte Wärmeübergangskoeff. wird aus denen der einzelnen Schichten berechnet u. ergibt bei Annahme der Wärmeleitfähigkeit des Emails 0,54 CHU/sq.ft. · Std. · (°C/ft.) nach MARKS (Mechanical Engineers Handbook, 308) die Dicke der Emaillierung zu 0,05 in., was annähernd der gemessenen entspricht. Von erheblicher Bedeutung ist ferner die Viscosität des Wandfilms der Heizflüssigkeit. (Trans. Instn. chem. Engr. **28.** 140—48. 1950.) METZENER. 5804

Anton W. Rick, *Bitumenkitte.* Nach einer Begriffsbest. der Bitumenkitte werden die Anforderungen hinsichtlich Steh- u. Haftvermögen, Verarbeitbarkeit, Alterungs- u. chem. Beständigkeit, die Anwendungen zur Einglasung u. im Bautenschutz, ferner Herst., Prüfung u. Verarbeitung zusammenfassend dargelegt. (Bitumen, Teere, Asphalte, Peche verwandte Stoffe **1.** 214—16. 1950. Bad Godesberg.) F. HEINRICH. 5812

S. W. Wolkowa, *Verteilung der Einschlüsse eines inhomogenen festen Körpers in aus demselben erhaltenen dispersen Systemen.* Für die Beziehungen zwischen der Verteilung von Einschlüssen im inhomogenen festen Körper nach Größe u. Form u. der Verteilung der durch Zerkleinerung dieses Körpers erhaltenen dispersen Systeme nach der Größe der Teilchen u. ihrem Geh. an eingeschlossener Phase werden Gleichungen aufgestellt. Die daraus ermittelten Werte werden in Kurven u. Tabellen dargestellt. (Коллоидный Журнал [Kolloid-J.] **14.** 153—56. Mai/Juni 1952. Moskau, Städt. Pädagog. Inst.) LEBTAG. 5820

W. Möhle und **B. Waeser,** *Thermische Analyse des Rühr–Misch-Vorganges.* Es wird ein „Mischeffekt" definiert, der die Dimension g/Sek. hat. Die mechan. Arbeit ist theoret. gleich Mischeffekt × kinemat. Zähigkeit. Die bei einem einzelnen Rührwerk aufzuwendende Arbeit ist prakt. um den „dynam. Äquivalenzfaktor" größer. Nach einem neuen, gesetzlich geschützten Verf. wird an einem Ende eines Mischgefäßes durch eine Heizspirale eine bekannte Wärmemenge zugeführt u. durch Thermometer am Anfang u. Ende des Gefäßes der Temperaturausgleich beobachtet. Aus den calor. Meßwerten neben dynamometr. Bestimmungen des Kraftaufwands werden Rückschlüsse auf geeignete Rührarten u. Rührerformen gezogen. — 4 Zeichnungen, 1 Abbildung. (Chemie-Ing.-Techn. **24.** 494—500. Sept. 1952. Heidelberg, Max-Planck-Inst. für Med. Forschung, Inst. für Chem.) PAULI. 5822

Junji Furukawa und **Tsutomu Oumae,** *Eigenschaften flotierender Pulver.* **1. Mitt.** *Viscosität.* In einem STORMER-Viscosimeter werden die Viscositäten von Suspensionen von *Vinylacetatpolymerisat*-Kügelchen mit mittleren Durchmessern von 0,271, 0,324, 0,384, 0,588 u. 0,755 mm sowie von *Aktivkohle*-Teilchen unregelmäßiger Form u. ähnlicher Teilchengröße bei verschied. Gasstromgeschwindigkeiten, die für die Flotation verwendet werden, bestimmt u. graph. dargestellt. Als Suspensions-Fll. dienen fl. Paraffin u. Glycerin verschied. Konzentration. Der Zusammenhang zwischen der reziproken Gasgeschwindigkeit u. dem log η (η = Viscosität in Poise) ist jeweils für verschied. %-Gehh. an Teilchenzusätzen linear. Der Geltungsbereich der angewendeten Formeln wird erörtert. — 9 Diagramme. (J. chem. Soc. Japan, ind. Chem. Sect. [Kōgyō Kagaku Zassi] **54**. 798—800. Dez. 1951. Kyoto Engng. Dep. [Orig.: japan.]) SCHULER. 5828

N. Stein, E. B. Elfrink, L. D. Wiener und **C. R. Sandberg,** *Die Gleitgeschwindigkeiten von in Flüssigkeitssäulen aufsteigenden Gasen.* Vff. berichten über 214 Verss. zur Ermittlung der Gleitgeschwindigkeiten von Gasen (Luft, Propan u. Naturgas mit 97% Methan) in Fll. (W., Schmier- u. Rohölen), die sich in senkrechten oder geneigten Rohren bzw. ringförmigen Zwischenräumen befinden, als Modellverss. zur Abschätzung der Verhältnisse bei der Erdölförderung, bes. der Abscheidung des gelösten Gases, das sich beim Pumpen sonst störend bemerkbar macht. Für die Daten dieser Arbeit — Versuchsanordnung nach GOSLINE (Trans. Amer. Inst. Mining metallurg. Engr. **118**. [1936.] 56), in die das Gas durch eine stat. Flüssigkeitssäule der Höhe H hindurchtritt — wird die Gleitgeschwindigkeit Vg aus dem Anstieg des Flüssigkeitsspiegels der Säule ermittelt. Die Meth. fußt auf einer Analyse der mittleren spezif. Gewichte von Gas u. Fl. während des Hindurchgleitens des Gases. Dieses mittlere spezif. Gewicht kann ausgedrückt werden als Funktion der hindurchgleitenden Gasmenge, der Gasgeschwindigkeit, der spezif. Gewichte der Fl. u. des Gases sowie des Rohrquerschnittes. Darüber hinaus ergibt es sich aus der Flüssigkeitsstandhöhe vor dem Gaseintritt, dem Anstieg der Flüssigkeitsmenge nach dem Gaseintritt, dem Rohrquerschnitt u. dem spezif. Gewicht der Flüssigkeit. Unter Berücksichtigung dieser Beziehung wurden aus den 214 Daten dieser Arbeit u. 11 Literaturwerten für die Gleitgeschwindigkeit eine Gleichung abgeleitet. Die experimentell bestimmten mittleren Gleitgeschwindigkeiten weichen zahlenmäßig durchschnittlich 9,2%, bei einer mittleren algebraischen Abweichung von nur 0,31%, von denen der Gleichung ab. (J. Petroleum Technol., Petroleum Trans., AIME **4**. 233—40. Sept. 1952.) STAGE. 5862

Soc. Industrielle des Produits Cellostra (S. à. r. l.), Bas-Rhin, Frankreich, *Dichtungsmasse.* Lösungsmittel-, öl-, gas- u. säurebeständige Dichtungsmassen von hervorragenden Eigg. für die Herst. von Packungen oder Dichtungen erhält man durch Einverleiben von unbrennbaren Fasern in Hydratcellulose (Viscose) mit Hilfe von Mischvorrichtungen; man verformt die erhaltene M. zu einer Platte zwischen zwei Leinwandbahnen, reift die Viscose 24 Std. lang bei einer Temp. bis zu 100° u. läßt sie noch ca. 8 Tage bei Raumtemp. nachreifen; darauf wäscht man das Erzeugnis, treibt das W. mittels hydraul. Drucks aus, erweicht die Platte in einem geeigneten Bade u. überzieht ihre Oberflächen mit einem antikorrosiven Schutzanstrich. (**F. P. 996 233** vom 24/9. 1949, ausg. 17/12. 1951.) RAETZ. 5813

Soc. An. de Hauts Fourneaux et Fonderies de Pont-à-Mousson, Corrèze, Frankreich, *Mittel für Kanalisationsfugen.* Es enthält ein Gemisch aus S u. einem inakt. Füllstoff, der bei Berührung mit der Kanalisations-Fl. (W.) quillt, bes. aus einem adsorbierenden Mineral in koll. Form, wie Bentonit oder Walkererde, in einer Menge von 3—15 Gew.-% der Gesamtmenge. Man verwendet z. B. ein Gemisch aus 56 (Gew.-%) S, 38 eines Mineralpulvers aus SiO_2, Al_2O_3, Fe_2O_3, CaO u. MgO (einschließlich Glühverlust), 1 Acenaphthen als Verflüssigungsmittel u. 5 Bentonit als Adsorptionsmittel. Man bringt das Gemisch in Form einer Schmelze zwischen die zu verbindenden Teile, z. B. von Rohren; nach dem Erstarren ist das Gemisch so hart u. fest, daß es den mechan. Kräften des Kanalisationsdruckes widersteht u. eine hohe Dichtigkeit gewährleistet. (**F. P. 974 088** vom 10/12. 1941, ausg. 19/2. 1951.) RAETZ. 5813

George W. Stockburger, St. Louis, Mo., V. St. A., *Flüssigkeits- und gasdichter Verschluß für Glasgefäße, besonders zum Sterilisieren von Bier in Flaschen.* Um den Hals der Gläser werden mehrere Folien aus regenerierter Cellulose mit dazwischenliegenden Verstärkungsschichten aus Pappe in Form einer Kapsel gelegt. Die Folien haben beidseitig einen wärmehärtbaren Grundüberzug aus Phenol oder Harnstoff u. CH_2O u. darüber einen thermoplast. Decküberzug aus Nitrocellulose, Polyvinylchlorid u./oder -acetat, Polyäthylen, Polystyrol, Kautschukhydrochlorid oder bes. aus Nitrocellulose u. Dammarharz. Die Abdichtung erfolgt durch Druck u. Hitze. (**A. P. 2 586 446** vom 5/9. 1947, ausg. 19/2. 1952.) G. VOGEL. 5813

VEB Farbenfabrik Wolfen (Erfinder: **Robert Griessbach, Hans Wassenegger, Karl Brodersen, Alfred Rieche** und **Hans Maier-Bode**), Wolfen, *Anionenaustauscher.* Man verwendet wasserunlösl. Kondensationsprodd. aus prim. aromat. Aminen bzw. Aminophenolen u. Aldehyden. In den Kondensationsprodd. sind die Aminogruppen der für die Harzbldg. benutzten aromat. Basen oder der kondensierten Harze teilweise solche aliphat. Reste eingeführt, die entweder bereits bas. Gruppen besitzen oder solche nach der Einführung durch bekannte Umsetzungen enthalten. — Man verwendet z. B. ein Harz aus m-Phenylendiamin u. CH_2O u. erhitzt dieses mit der gleichen Menge Epichlorhydrin ca. 8 Std. bei 100°. Nach Entfernung des überschüssigen Epichlorhydrins wird das Harz 8 Std. mit einer 30%ig. Trimethylaminlsg. unter Rückfluß erhitzt. Das erhaltene Harz wird gewaschen, getrocknet u. zerkleinert. (**D. P. [DDR] 1108** Kl. 12g vom 10/9. 1936, ausg. 9/1. 1953 [Wirtschaftspatent].) M. F. MÜLLER. 5827

Aktiebolaget Enköpings Verkstädter, Fanna, Schweden (Erfinder: **E. O. E. af Geijerstam** und **G. E. Larson**), *Absorption von geringen Wasserdampfmengen aus Gasen.* Man leitet das Gas durch einen Turm, in dem eine LiCl-Lsg. in einem geschlossenen Kreislauf zwischen einem Vorratsbehälter u. dem Absorptionsturm zirkuliert. Daneben ist ein zweiter, geschlossener Kreislauf zwischen dem Vorratsbehälter u. einem Verdampfer für die LiCl-Lsg. vorgesehen, aus der die aufgenommene Menge Wasserdampf dem Syst. entzogen werden kann. — Vorr., Zeichnung. (**Schwed P. 132 997** vom 16/6. 1947, ausg. 25/9. 1951.) JÜRGEN SCHMIDT. 5849

Vereinigte Österreichische Eisen- und Stahlwerke Akt.-Ges. (Erfinder: **Felix Langer**), Österreich, *Entstauben von Gasen,* dad. gek., daß das zu entstaubende Gas durch einen Flüssigkeitsschleier hindurchgedrückt wird. Das Verf. kann bes. zur Reinigung der Eisenoxyde führenden Abgase bei der Stahlerzeugung verwendet werden, wo es auf restlose Entstaubung ankommt u. die Wiedergewinnung der Eisenoxyde wirtschaftlich ist. — Vorrichtung. (**Oe. P. 172 640** vom 28/11. 1950, ausg. 25/9. 1952.) HEYNE. 5851

M. W. Kellogg Co., Jersey City, übert. von: **William J. Degnen,** Westfield, und **Luther R. Hill,** Ridgewood, N. J., V. St. A., *Kontaktbehandlung von Gasen und Feststoffen* zur Trennung von Gasen u. Dämpfen von Feststoffen u. zur Durchführung von therm. u. katalyt. Prozessen im Fließbettverfahren. Die Gase werden im Aufwärtsstrom durch die feinverteilten Feststoffe mit niedriger Geschwindigkeit geführt, damit eine untere dichte Phase mit Feststoffen in hoher Konz. u. darüber eine diffuse Phase mit niedriger Konz. von Feststoffen aufrechterhalten wird. Ein Teil des Gases wird durch eine für die Feststoffe undurchlässige Membran geführt, ein anderer Teil direkt abgezogen, gegebenenfalls werden Feststoffe durch Zentrifugaltrennung entfernt, u. Gas über Wärmeaustauscher rückgeführt. (**A. P. 2 548 875** vom 7/1. 1947, ausg. 17/4. 1951.) REICHELT. 5851

John B. Pierce Foundation, New York, N. Y., V. St. A., *Kühlflüssigkeit für Automobilkühler.* Man läßt auf $SiCl_4$ ein Gemisch von Isoalkanolen u. Phenolen einwirken u. erhält ein Gemisch von Tetraisoalkyl-, Triisoalkylmonoaryl-, Diisoalkyldiaryl-, Monoisoalkyltriaryl- oder Tetraarylorthosilicaten. Das unter Verwendung von Isopropyl- oder Isobutylalkohol u. Phenol hergestellte Prod. ist von —70 bis 400° F fl. u. beständig gegen Wasser. (**E. P. 676 633** vom 26/5. 1949, ausg. 30/7. 1952.) DERSIN. 5859

Raffinerie Tirlemontoise, übert. von: **André Smet,** Tirlemont, Belgien, *Extraktion.* Man teilt eine Fl. in 2 gleiche Teile u. läßt diese im Gleichstrom, aber getrennt, eine Kontaktzone passieren, in der im Gegenstrom, jedoch mit geringerer Geschwindigkeit, die Feststoffe (I) wandern. Auf diese Weise bringt man I während ihres Durchgangs durch die Kontaktzone wiederholt mit je einem der Teilströme in Berührung. (**A. P. 2 569 199** vom 13/7. 1948, ausg. 25/9. 1951.) NEBELSIEK. 5863

Krebs & Cie., Frankreich, *Verdampfen von wässerigen Lösungen* unter Zuführung eines trocknen u. kalten Trägergasstromes im Gegenstrom. Man verwendet dazu ein Gas von sehr niedrigem Mol-Gewicht, z. B. H_2. — Zeichnung. (**F. P. 972 367** vom 19/2. 1941, ausg. 29/1. 1951.) M. F. MÜLLER. 5865

Hans Müller, Schweiz, *Kolonne zum Verdampfen, Eindicken und Destillieren,* welche im unteren beheizten Teil als Verdampfungszone u. im oberen nichtbeheizten Teil als Trennzone ausgebildet ist. Durch die ganze Länge der Kolonne erstreckt sich ein Scheibenrührwerk. In der Trennzone werden die fl. Tröpfchen von den Dämpfen getrennt unter Vermeidung einer wesentlichen Schaumbildung. — Zeichnung. (**F. P. 972 575** vom 29/9. 1948, ausg. 31/1. 1951.) M. F. MÜLLER. 5865

Distillation Products, Inc., Wilmington, Del., V. St. A., *Kurzweg-Destillation.* Bei der Kurzwegdest. wird zur Fraktionierung des Destillationsgutes ein Teil des Kondensats von der Kondensationsfläche (I) durch Zentrifugalkräfte auf die Destillationsfläche zurückgeschleudert u. somit erneuter Dest. u. Fraktionierung unterworfen. I ist z. B. als rotierende Schraubenfläche in einem von außen beheizten Hochvakuumgefäß ausgebildet. — Vorr., Zeichnungen. (**Dän. P. 72 702** vom 25/10. 1946, ausg. 2/7. 1951. A. Prior. 2/5. 1944.) JÜRGEN SCHMIDT. 5865

„Patelhold" Patentverwertungs- & Electro-Holding Akt.-Ges., Glarus, übert. von: **France Balduzzi,** Zürich, Schweiz, *Kristallisation.* Man taucht einen Saatkristall üblicherweise in eine gesätt. Lsg. der auszukristallisierenden Substanz u. bedeckt die Oberfläche dieser Lsg. mit einer ½—1 cm dicken Flüssigkeitsschicht, z. B. eines aliphat. Öles. Letztere ist für Infrarotstrahlen durchlässig, aber chem. gegenüber der auszukristallisierenden Lsg. indifferent. Dabei benutzt man als Heizquelle einen Infrarotradiator. (**A. P. 2 571 651** vom 6/7. 1948, ausg. 16/10. 1951. Schwz. Prior. 12/7. 1947.) NEBELSIEK. 5869

Comp. des Freins et Signaux Westinghouse, Paris, Frankreich, *Kristallisation.* In einen verschlossenen Behälter (I) ragt ein Flügelrührer, an dessen Flügeln je ein Saatkristall befestigt ist, der tief in die Mutterlauge (II) eintaucht. Durch den Deckel des I ist luftdicht ein gekühltes Glasgefäß (III) eingelassen, dessen Boden ein kleineres III mit einer perforierten Bodenplatte (IV) abschließt, die aber oberhalb II endet. Auf IV befindet sich nun Material (V) des auszukristallisierenden Stoffes. Die Temp. der II hält man nun so, daß ständig ein Teil verdampft. Dieser schlägt sich an den Kühlschlangen des III nieder, fließt durch V, löst einen Teil u. fließt in II zurück, so daß sich dieser allmählich anreichert. — Zeichnung. (**E. P. 660 541** vom 21/11. 1949, ausg. 7/11. 1951. F. Prior. 18/12. 1948.) NEBELSIEK. 5869

Directie van de Staatsmijnen in Limburg, aandelend voor en namens den Staat der Nederlanden, Heerlen, Holland, *Kontinuierliche Kristallisation.* Man leitet die Lsg. kontinuierlich durch ein Kühlbad, aus der die Kristallmasse kontinuierlich abgeführt wird. Das Kühlbad wird in Bewegung gehalten, u. die Wände werden von Kristallen freigehalten. Hierzu wird das Bad lediglich von den Wänden her gekühlt u. eine Temperaturdifferenz innerhalb des Bades aufrechterhalten, so daß nur kleine Kristalle gebildet werden. Die Lsg. soll sich gegen die gekühlte Wand zu bewegen u. hierbei die Wand vor dem Absetzen von Kristallen an ihr schützen. Der kristallhaltige Brei wandert dann in Richtung von der Wand zum inneren Teil des Kühlbehälters, wobei eine Auflösung von kleinen Kristallen stattfindet mit Hilfe des gegen die Wand verlaufenden Flüssigkeitsstromes. Die Vermischung der einzelnen Ströme wird durch Rühreinrichtungen bewirkt. Die Beispiele beschreiben die Kristallisation von Anthracen aus Anthracenöl u. von $Ca(NO_3)_2 \cdot 4H_2O$ aus einer salpetersauren Lsg. von Rohphosphat. (**N. P. 79 067** vom 2/11. 1948, ausg. 24/9. 1951. Holl. Prior. 4/11. 1947.) JÜRGEN SCHMIDT. 5869

California Research Corp., San Francisco, übert. von: **Clark J. Egan,** Piedmont, Calif., V. St. A., *Fraktionierte Kristallisation.* Man läßt die mehrere Komponenten enthaltende Lsg. mehrere Zonen passieren. Zuerst bringt man sie mit Kühlkörpern (I) in der Verdichtungszone in Berührung, wobei sich auf diesen I Kristalle (II) absetzen. Die Mutterlauge (III) zieht man ab. Durch eine Fl. werden die angesetzten II aufgelöst, herausgeschwemmt u. in einer Kühlzone zum Wachsen gebracht. Mit III wird dieser Vorgang nun bei anderen Tempp. u. Konzz. verschied. Male wiederholt, um so allmählich eine Fraktionierung zu erzielen. — Abbildungen. (**A. P. 2 579 421** vom 30/4. 1949, ausg. 18/12. 1951.) NEBELSIEK. 5869

Attapulgus Clay Co., Philadelphia, übert. von: **William S. W. McCarter,** Bala-Cynwyd, Pa., V. St. A., *Trocknen von Flüssigkeiten* durch Behandeln mit Metallsilicaten, die durch Fällen aus wss. Lsgg. von Alkalisilicaten mit Mg-, Ca- oder Al-Salzlsgg. u. Trocknen bei 220—600° F hergestellt sind. (**Can. P. 479 079** vom 28/2. 1944, ausg. 4/12. 1951.) SCHÖNAUER. 5875

Lyophile-Cryochem Corp., Baltimore, Md., übert. von: **Earl W. Flosdorf,** Forest Grove, Pa., V. St. A., *Trocknen von labilen, wässerigen Materialien,* z. B. Chemikalien, Nahrungsmitteln. Man bringt das Material (I) in eine unter Vakuum stehende Kammer, die mit einem heizbaren Mantel versehen ist, u. läßt es gefrieren. Dann erhitzt man, so daß erstmals das Eiswasser sublimiert u. steigert die Temp. bis an 0°. Darüber legt man ein elektr. Feld hoher Frequenz an, so daß in dem I sehr schnell der Wärmegrad erreicht wird, bei dem auch die letzten Spuren von W. entweichen. (**A. P. 2 605 554** vom 5/8. 1947, ausg. 5/8. 1952.) NEBELSIEK. 5875

Colgate-Palmolive-Peet Co., übert. von: **Donald E. Marshall,** Summit, N. J., V. St. A., *Sprühtrocknung.* Die in Festprodd. überzuführende Lsg., z. B. Seifenlsg. Milch, Fruchtsaft, Kaffee, Stärkelsg., Zuckerlsg. usw., wird auf ein durch Aeration in Bewegung befindliches Bett bereits getrockneter Prodd., das im Kreislauf durch den App. geführt wird, aufgesprüht u. mit diesen durch gegebenenfalls heiße Gase in die Trockenzone geführt, wo die Trocknung mit infraroter Strahlung oder anderweitig erfolgt. — Zeichnung. (**A. P. 2 579 944** vom 9/4. 1945, ausg. 25/12. 1951.) LÜTTGEN. 5875

Aktiebolaget Svenska Fläktfabriken, Stockholm, Schweden, *Behandlung von pulverförmigen oder stückigen Stoffen mit Gasen.* Die Behandlung erfolgt in einer rotierenden Trommel mit einer senkrechten Zwischenwand, wobei das Behandlungsgut von oben nach unten hindurchfällt u. das Gas quer durch diesen Schleier herabfallender Teilchen geleitet wird. (**Finn. P. 26 133** vom 4/11. 1949, Auszug veröff. 31/12. 1952. Schwed. Prior. 5/11. 1948.) JÜRGEN SCHMIDT. 5879

André Buhart, Frankreich, *Bestimmung der Dichte von Flüssigkeiten.* Gas (Luft) wird durch je ein Tauchrohr in die zu messende Fl. u. in eine Vergleichs-Fl. von bekannter D. geleitet. Die Tauchtiefe der Rohre wird so eingestellt, daß nur durch die Vergleichs-Fl. etwas Gas perlt. Der in dem luftdichten Raum über dieser herrschende Druck wird unter der Oberfläche der zu messenden Fl. abgelassen. Der Höhenunterschied zwischen den Tauchtiefen der beiden Tauchrohre in der zu messenden Fl. entspricht dem Verhältnis der D. der beiden Flüssigkeiten. Nach diesem Prinzip arbeitende Vorr. ermöglicht die Best. der D. auch von fließenden u. unreinen Flüssigkeiten. — Zeichnung. (**F. P. 977 238** vom 2/11. 1948, ausg. 29/3. 1951.) HOLM. 5887

Poul Waldtlow, Kemisk teknisk erhvervslaere. 2. udg. København: Teknologisk instituts forlag. 1950. (320 S. m. Abb.) Kr. 13.00.

—, Les Hautes Températures et leurs Utilisations en Chimie. Vols. I and II. Paris: Masson et Compagnie. (1400 S.) Fr. 9000,—.

II. Feuerschutz. Rettungswesen.

P. F. Holt, *Die Untersuchung von Staub in Industrieluft.* 4. Mitt. *Bestimmung der Massenkonzentration.* (3. vgl. C. **1952.** 5313.) Die einfachste Meth. zur gewichtsmäßigen Erfassung einer Staubmenge ist die Filtration staubhaltiger Luft durch ein Papierfilter. Nachteile sind: Verstopfung durch feinen Staub u. Aufnahme von Feuchtigkeit. Vorteilhafter zur Erfassung von Sandstaub ist die Verwendung einer mit reinen Zuckerkristallen gefüllten Glasröhre als Filter. Nach dem Vers. wird der Zucker in W. gelöst u. der Staub nach Ausglühen gewogen. Statt Zucker kann auch KNO_3 genommen werden. Da die Filtration durch hygroskop. Stoffe allg. nicht befriedigt, weil wasserlösl. Staubteile verlorengehen, sind in Kohlenbergwerken Staubfilter aus Salicylsäurekristallen in Benutzung. Die Kristalle bilden auf einem feinmaschigen Drahtsieb eine festhaftende Schicht (3—4 mm), so daß das gesamte Filter in jeder Lage benutzt werden kann. Nach einer Staubunters. werden die Kristalle in A. gelöst u. zentrifugiert u. die Zentrifugengläser nach Trocknung bei 80° gewogen. Statt Salicylsäure findet in Gießereien auch das in Bzn. lösl. Acenaphthen Verwendung. Diese Filter sind universal verwendbar u. gestatten die Anwendung von mikroanalyt. u. petrograph. Methoden zur Staubuntersuchung. (Metallurgia [Manchester] **43.** 309—10. Juni 1951.) KLEFFNER. 5930

P. F. Holt, *Die Untersuchung von Staub in Industrieluft.* 5. Mitt. *Bestimmung der Massenkonzentration nach der Methode des flüchtigen Filters.* (4. vgl. vorst. Ref.) Eine Standardmeth. für die gewichtsmäßige Staubbest., z. B. in Kohlenzechen, ist die Luftfiltration durch ein Filter, das mit einem flüchtigen Filtermaterial, z. B. Naphthalin, gefüllt ist. Das hierzu benötigte Naphthalin wird durch rasches Erhitzen auf 100° geschmolzen u. dann schnell in eine Form aus Aluminiumfolie vergossen. Der entstandene feste Block wird in einem Achatmörser zerkleinert u. das Pulver durch ein 20 Maschensieb gedrückt. Aus diesem Pulver werden Filter in eine Form gepreßt, deren Boden aus einer durchlöcherten Al-Scheibe besteht. Die Filter besitzen aber nur eine Haltbarkeit von 7—10 Tagen, da die größeren Kristalle auf Kosten der kleineren wachsen u. die Porengröße zunimmt. Nach einer Unters. staubhaltiger Luft wird das Naphthalin bei 80° verflüchtigt, u. der Staub bleibt meßbar auf der Unterlage zurück. Bei über 5 mg Staub können Si, Al, Ca, Mg u. andere Bestandteile mit den üblichen colorimetr. u. mikroanalyt. Methoden nachgewiesen werden. In der Lunge wirken nur Staubteilchen von 0,5—5 μ gesundheitsschädlich, da die kleineren Teilchen nicht in der Lunge behalten u. wieder ausgeatmet u. die größeren in den oberen Atmungswegen festgehalten werden. (Metallurgia [Manchester] **44.** 52—54. Juli 1951.) KLEFFNER. 5930

P. F. Holt, *Die Untersuchung von Staub in Industrieluft.* 6. Mitt. *Photoelektrische Apparate und Apparate für die Untersuchung großer Proben.* (5. vgl. vorst. Ref.) Verff. der Staubunters., die mit einer Lichtquelle u. einer photoelektr. Zelle arbeiten, ergeben sofort unmittelbar vergleichbare Zahlenwerte. Die Genauigkeit u. Anwendbarkeit der Meth. ist abhängig von Farbe, Oberfläche u. Transparenz der Staubteilchen; bei geringer Staubkonz. wird die Meth. unempfindlich. Ein besseres Ergebnis erzielt man unter Ausnutzung des TYNDALL-Effektes. Tyndallometer gestatten die zentrale fortlaufende Überwachung staubiger Luft. Die Zahl der Staubteilchen kann photoelektr. gemessen werden, wenn ein mit Staub beladenes Papierfilter in den Strahlengang eingeschaltet wird u. der App. vorher, z. B. für Kohlenstaub, mit dem „Therm. Niederschlagsapp." geeicht wird. — Zur genauen Feststellung des Staubbildes in der Luft werden Filter u. Apparate verwendet, die ohne Segregation arbeiten: Papierfilter, für geringe Konz. Salicylsäurefilter oder für große Staubmengen Wollstoffe oder Labyrinthfilter. (Metallurgia [Manchester] **44**. 108—10. Aug. 1951.) KLEFFNER. 5930

R. Criegee, *Unfälle mit Peroxyden.* Bei der Reinigung von *tert.-Butylperbenzoat* nach MILAS u. SURGENOR (J. Amer. chem. Soc. **68**. [1946.] 642) durch Hochvakuumdest. aus einem Ölbad von 115° trat eine äußerst heftige Explosion ein. Dieser Explosion ging ein Aufschäumen der Fl. voraus. — *Äthylenozonid* (nach HARRIES u. KÖTSCHAN, Ber. dtsch. chem. Ges. **42**. [1909.] 3305), das in ungewöhnlichem Maße stoßempfindlich ist, detonierte beim Umfüllen. (Angew. Chem. **65**. 398—99. 7/8. 1953. Karlsruhe, Techn. Univ., Inst. für organ. Chem.) J. MATTNER. 5936

Maxey Brooke, *Flammpunkt von Aceton–Wasser-Gemischen.* Die große Feuergefährlichkeit von Aceton, auch nach Verdünnen mit W., geht aus den niedrigen Flammpunkten hervor (2%ig 120° F bis 18%ig. 45° F). (Chemist-Analyst **40**. 92. Dez. 1951. Old Ocean, Tex.) BLUMRICH. 5936

F. O. Walter Meyer, *Schwerer Brandschaden durch unsachgemäße Lagerung.* Vf. berichtet über ein Brandunglück, das sich gelegentlich des Umstapelns von Räucherpatronen, die wiederholt feucht u. trocken geworden waren, ereignete. Die Räucherpatronen bestanden aus einem Gemisch von Holzmehl, Kohle, S, KNO_3 u. $KClO_3$. Sie waren durch einen Zündkopf, bestehend aus Chlorat, S, Kohle u. Fe-Verbb., verschlossen, mit dessen Hilfe sie durch Reiben an einer Reibfläche gezündet werden sollten. Die Patronen konnten jedoch schon durch bloßes Herunterfallen zur Entzündung gebracht werden. (Chemiker-Ztg. **77**. 68—70. 5/2. 1953.) BRAUKMANN. 5936

M. W. Jakowenko, *Gesundheitliche Verbesserung der Arbeitsbedingungen bei der Heißverzinkung von Eisen.* Durch Verzicht auf die Pb-Sohle in Zn-Bädern wird Pb-Vergiftung der Luft vermieden. Jedoch ist eine häufigere Reinigung des Zn von den sonst unter dem Pb sich ansammelnden Verunreinigungen erforderlich. Überhitzungen werden leichter vermieden. (Гигиена и Санитария [Hyg. u. Sanitätswes.] **1952**. Nr. 8. 46—47. Aug. Moskau, San.-epidemiol. Stat.) R. K. MÜLLER. 5940

H. v. d. Bussche, *Feuerschutz in Mühlenbetrieben.* Die erhöhte Feuergefährlichkeit der Mühlenbetriebe wird dargelegt. An Löschgeräten, die im Betriebe an bes. feuergefährdeten Stellen anzubringen sind, werden in Vorschlag gebracht: Netzmittellöscher, Schaumlöscher, CO_2-Handfeuerlöscher, Naßfeuerlöscher. Die Stellen im Betriebe, wo Feuerlöscher angebracht werden, sollen aus einem Plan ersichtlich sein. Musterbeispiele hierfür werden angeführt. (Müllerei **3**. 106—07. 25/2. 1950.) BRAUKMANN. 5944

Pyrotron Development Corp., New York, N. Y., V. St. A., *Feuerschutz- und Wärmeisoliermittel.* Die M. besteht aus *Harnstoffphenolsulfonat* oder Kondensations- oder Polymerisationsprodd. aus Harnstoff, Phenolsulfonat u. Aldehyd. Die Massen werden als wss. Suspension aufgetragen u. geben beim Eintrocknen feste Beläge. Beim Eintrocknen kann auch eine Härtung der Harze erfolgen. Beim Erwärmen werden diese Überzüge porös; sie sind unbrennbar. (**N. P. 79 997** vom 24/4. 1950, ausg. 31/3. 1952. A. Prior. 26/4. 1949.) JÜRGEN SCHMIDT. 5945

Torsten Wieslander, Halmstad, Schweden, *Herstellung von Schaum für Feuerlöschzwecke.* Man verwendet ein Gemisch aus Bicarbonat, Al-Sulfat, W. u. Erbsenmehl. (**Finn. P. 26 071** vom 7/6. 1950, Auszug veröff. 29/11. 1952.) JÜRGEN SCHMIDT. 5945

Soc. An. Stop-Fire, Seine, Frankreich, *Lösung zum Schaumlöschen von Bränden.* Zur Erhöhung der Stabilität u. Haftfähigkeit des Schaumes enthält die im übrigen übliche Lsg. noch Methylcellulose oder eines ihrer Derivv., bes. Carboxymethylcellulose (**I**). — Beispiele: a) 90 (Gewichtsteile) $NaHCO_3$, 15 pulverisierte Süßholzwurzel, 30 **I**, 200 KCl, 1000 W., trotz des Geh. an als Gefrierschutzmittel zugesetztem KCl ergibt die Lsg. einen guthaftenden Schaum; b) 90 $NaHCO_3$, 9 Na-Dodecylbenzolsulfonat, 20 **I**, der Schaum dieser Lsg. haftet besser als der einer Lsg. von nur Sulfonat. (**F. P. 977 232** vom 2/11. 1948, ausg. 29/3. 1951.) SCHREINER. 5945

Total Kommanditgesellschaft Foerstner & Co., Ladenburg/Neckar, *Feuerlöschmittel, besonders zum Ablöschen von Leichtmetallbränden,* bestehend aus, oder enthaltend, siliciumorgan. Polyverbb., bes. Siliconöle, gegebenenfalls mit Löschzusätzen, wie flammerstickenden oder krustenbildenden Stoffen. (**Oe. P. 172 045** vom 20/9. 1950, ausg. 25/7. 1952. D. Prior. 14/9. 1950.) M. F. MÜLLER. 5945

General Aniline & Film Corp., New York, N. Y., übert. von: **Warren F. Busse, Joseph M. Lambert** und **Peter P. Debye**, Easton, Pa., V. St. A., *Feuerlöschschaum.* Die Lsg. besteht aus 0,5—2 (%) eines wasserlösl. Salzes der Carboxymethylcellulose u. 0,25—5 eines die Oberflächenspannung herabsetzenden Mittels (Na-Salz von N-Capryl- oder N-Octyltaurin). (**A. P. 2 514 310** vom 12/1. 1946, ausg. 4/7. 1950.) STEIL. 5945

III. Elektrotechnik.

A. Schulze, *Gold–Chrom-Normalwiderstände.* Es werden die seit 1936 gesammelten Erfahrungen mit Au–Cr-Normalwiderständen (2,05% Cr, Hersteller Fa. W. C. HERAEUS, Hanau/M.) beschrieben. Die Widerstände von 1 u. 10 Ω sind wegen des kleinen Temperaturkoeff. von ca. $\pm 1 \cdot 10^{-6}$ u. wegen ihrer Brauchbarkeit kurz nach Herst. den üblichen Manganinwiderständen überlegen. Die üblichen Ausführungen mit lacküberzogenen Drähten erwiesen sich als feuchtigkeitsempfindlich (Quellen des Lackes) u. wurden daher durch Widerstände in Messinggehäuse mit Ar-Füllung ersetzt, bei denen zeitliche Änderungen nach 13 Jahren · (maximale Änderung während dieser Zeit $-6 \cdot 10^{-6}$) nicht mehr festgestellt wurden. Die neuesten Ausführungen mit u. ohne Potentialklemmen in Glashülle mit Ar-Füllung haben sich in der Beobachtungszeit von Aug. 1951 bis Mai 1952 ebenfalls gut bewährt. (Arch. techn. Messen **1952.** 283—84. Dez. Deutsches Amt für Maß u. Gewicht.) WERNER SCHULZ. 5954

Michael Hoch, *Neue Isolation für Radiofrequenzleitungen für Arbeiten im Hochvakuum.* Es wird das isolierte Einlöten einer Radiofrequenzleitung in einen Radiofrequenzheizofen aus Metall genau beschrieben. (Rev. sci. Instruments **23.** 651. Nov. 1952. Columbus, O., State Univ., Cyrogenic Labor. and Dep. of Chem.) GOTTFRIED. 5956

A. S. Pirjatinski, *Über den elektrischen Durchbruch technischer Dielektrika.* Es wird eine Hypothese über den Thermoionisationsmechanismus des Durchbruchs bei hohen Frequenzen aufgestellt, auf Grund dessen die Abhängigkeit der elektr. Festigkeit der *Keramik* von ihrer physikal.-techn. Charakteristik u. dem Porendurchmesser gefunden wird. Die Festigkeit hängt nicht von der DK. ab. Es wird gezeigt, daß bei Zwischenfrequenzen die Möglichkeit besteht, daß die *Papier*-Kondensatoren durch Kondensatoren ersetzt werden, die aus getränkter ungebrannter Keramik bestehen. (Журнал Технической Физики [J. techn. Physik] **22.** 1556—64. Okt. 1952.) A. KUNZE. 5956

J. M. Stevels, *Dielektrische Verluste in Glas.* Die Verluste haben drei Ursachen: Leitung, Nachwrkg. u. Resonanz. Leitungsverluste überwiegen bei niedrigen Frequenzen u. bei hohen Temperaturen. Nachwirkungsverluste bestehen aus Relaxations (I)- u. Deformationsverlusten (II). I treten bei Raumtemp. zwischen 10^3 u. 10^6 Hz auf. II steigen proportional der Frequenz. Die Resonanzverluste existieren nur bei hohen Frequenzen (10^{10}—10^{13} Hz). Einfl. der Glaszus. u. Struktur auf die Verluste bes. von Borosilicatgläsern. Angabe von Maßnahmen zur Senkung der Verluste. (Philips' techn. Rdsch. **13.** 385—96. Juni 1952.) FROST. 5956

E. E. Anderson und **I. S. Fagerson,** *Konstanter und sichtbarer Elektrolytstand in Sammlerbatterien.* Auf das Nachfülloch von Akkumulatoren wird ein mit W. gefüllter, nach unten mit einem Stutzen bis zum Säureniveau reichender Behälter aus Kunststoff mit Gewinde aufgesetzt, der das verbrauchte W. automat. nachspeist. (Chemist-Analyst **40.** 94. Dez. 1951. Amherst, Mass., Univ., Dep. of Food Technol.) BLUMRICH. 5970

C. W. Miller, *Wanderwellen-Linearbeschleuniger für die Röntgentherapie.* Vf. berichtet über einen Röntgenstrahlengenerator für eine Härte von 10 MeV. Der Generator ist ein Linearbeschleuniger nach dem Prinzip der Wanderwellenröhre. Die Elektronen werden mit einer Anfangsgeschwindigkeit von 45—50 kV in die Röhre eingeführt. Die Frequenz der Wanderwelle beträgt $3 \cdot 10^9$ Hz. Die Dosisleistung in 1 m Abstand beträgt bis zu 1250 r/Minute. Der Elektronenbrennfleck hat einen Durchmesser von 3 mm, der Öffnungswinkel des Röntgenstrahlbündels von einer Anode beträgt ca. 25°. (Nature [London] **171.** 297—98. 14/2. 1953. Manchester, Metropolitan-Vickers Electr. Co., Res. Dep.) REUSSE. 5974

W. Düsing, *Vakuumdichte Glas/Kovar-Verschmelzungen.* Für den Bau moderner Hochleistungssenderöhren, bes. für kurze Wellenlängen, wird die *Kovar*-Anglasung empfohlen. Hierbei ist Pb-freien Gläsern der Vorzug zu geben, da bei Pb-haltigen die Haftfestigkeit zwischen Glas u. Metall infolge Pb-Austritt an der Stoßstelle beider Werkstoffe unzulässig stark herabgesetzt wird. Zur Vermeidung übermäßiger Erhitzung wird das Kovar vor dem Einschmelzen zweckmäßig z. B. mit einer 30 μ starken Au-Schicht überzogen. (Telefunken-Ztg. **26.** 111—20. März 1953.) OPPERMANN. 5974

G. Medicus, *Wieder zusammensetzbare, ausheizbare Röhren mit verlöteter Verbindung.* Die Verbindung zwischen den beiden Röhrenteilen besteht aus zwei kon. dünnwandigen Teilen. Der untere Konus hat einen nach oben zeigenden Rand, in den der Rand des oberen Konus ziemlich dicht paßt. Der Raum zwischen den Rändern wird mit Lot gefüllt; am geeignetsten erwies sich hierzu die bei 779° schm. eutekt. *Cu–Ag-Legierung.* Das Verlöten u. Öffnen der Röhre wird genau beschrieben. (Rev. sci. Instruments **23.** 647—48. Nov. 1952. Dayton, O., Wright Field.) GOTTFRIED. 5974

G. Medicus, *Ein einfacher Weg zur Herstellung von mit Quarz umgebenen W-Sonden für Gasentladungsmessungen.* (Rev. sci. Instruments **23.** 646—47. Nov. 1952. Dayton, O., Wright Field.) GOTTFRIED. 5978

Soc. Prosilis, Frankreich, *Halbleiter* mit starker Temperaturabhängigkeit des elektr. Widerstands bestehen aus einer festen Lsg. eines leitenden Oxyds (z. B. V-, Ti- oder Pr-Oxyd) in einem (bes. isomorphen) isolierenden Oxyd (z. B. Al-, Th- oder Cr-Oxyd). (**F. P. 991 891** vom 23/5. 1949, ausg. 11/10. 1951.) KESSEL. 5953

Monsanto Chemical Co., St. Louis, Mo., übert. von: **Charles Kilbourne Bump,** Hampden, und **Harold F. Park,** East Longmeadow, Mass., V. St. A., *Beseitigung elektrostatischer Ladungen auf Isolatoren.* Hierzu dient die Strahlung eines Gemisches aus B oder Be (oder deren Verbb.) mit einem radioakt. Präp. (z. B. $RaBr_2$ oder Po). Das Gemisch ist in einen Behälter aus C (z. B. Graphit) oder einem festen KW-stoff (z. B. einem Kunstharz) eingeschlossen. Die Isolatoren müssen mindestens 0,05 Gew.-% elementares oder chem. gebundes Zn, Ag, Sb, Ca, Sc, Ti, Se, Sr, Zr, In, Sn, Te, Ce, Gd, Tb, Tu, Ta, W, Os, Ir, Hg oder Pb enthalten. (**A. P. 2 562 138** vom 4/4. 1950, ausg. 24/7. 1951.) KESSEL. 5957

Dussek Brothers & Co. Ltd., Crayford, England, *Imprägniermittel für Kabel und Isolatoren.* Einem Isolieröl wird in einem flüchtigen organ. Lösungsm. gelöstes oder dispergiertes Polyisobutylen (**I**) zugesetzt u. das Lösungsm. aus der Mischung entfernt. Als **I** dient bes. solches mit einem Mol.-Gew. $>$ 20000, als Lösungsm. Toluol, Xylol oder Trichloräthylen mit einem **I**-Geh. von ca. 10 Gew.-%. (**Schwz. P. 273 798** vom 17/12. 1948, ausg. 1/6. 1951. E. Priorr. 5/8. u. 30/11. 1948.) KESSEL. 5957

Westinghouse Electric Corp., übert. von: **William R. Wattson jr.,** Pittsburgh, und **Jack Swiss,** Murrysville, Pa., V. St. A., *Flexibler Glimmerisolierstoff.* Als Bindemittel für Glimmermehl dient ein Gemisch aus 95—50 (%) eines fl. α-Methylstyrolpolymeren vom mittleren Mol.-Gew. 300—4000 u. 5—50 eines Mischpolymeren aus 50—90 einer Vinylarylverb. (z. B. Styrol, Methylstyrol) u. 50—10 eines aliphat. Olefins (z. B. Butadien, Isobutylenpentadien, Isobutylenhexadien, Isopren), wobei das Mischpolymere ein mittleres Mol.-Gew. von 2000—30000 hat. (**A. P. 2 562 004** vom 20/6. 1950, ausg. 24/7. 1951.) KESSEL. 5957

Insl-X Corp., Brooklyn, übert. von: **Howard E. Smith,** Briarcliff Manor, N. Y., V. St. A., *Pilzbeständiges Isoliermaterial* besteht aus 10—30 (Teilen) Lanolin, 20 bis 40 Polymethacrylsäurebutylester, 10—20 eines wachsartigen höheren Fettsäureamids (z. B. Stearin- oder Palmitinsäureamid), 5—50 Kunstharz mit E. $<$ 150° (z. B. aus Diphenylchlorid), 2—20 Weichmacher u. 0,5—2% Phenylmercuri-o-benzoylsulfimid. (**A. P. 2 556 451** vom 13/2. 1947, ausg. 12/6. 1951.) KESSEL. 5957

E. I. du Pont de Nemours & Co., Wilmington, Del., übert. von: **Philip Francis Sanders,** Lima, Pa., V. St. A., *Isoliermaterial.* Glasfaserstoffe erhalten einen verhältnismäßig dicken Überzug aus einer wss. Suspension von Tetrafluoräthylen (**I**), der zum Trocknen bis unter den E. des **I** erwärmt, dann zur Beseitigung der Trockenrisse durch Walzen bei Tempp. unter dem E. des **I** verdichtet u. schließlich über den E. des **I** erhitzt wird. (**A. P. 2 539 329** vom 9/4. 1949, ausg. 23/1. 1951.) KESSEL. 5957

Indestructible Paint Co. Ltd., London, England, *Isoliermaterial* enthält eine Mischung aus einem (bes. mit Butylalkohol) verätherten Harnstoff- oder Melamin-Formaldehyd-Harz (**I**) u. einem teilweise polymerisierten Ester (**II**) eines mehrwertigen Alkohols (**III**) u. einer gesätt. aliphat. zweibas. Säure (**IV**), in einem oder mehreren organ. Lösungsmitteln (**V**) gelöst, wobei das Gewichtsverhältnis zwischen **I** u. **II** 0,4 : 1 bis 4 : 1 beträgt. Als **III** dienen bes. Glycerin oder ein Glykol, als **IV** Adipin-, Sebacin- oder Bernsteinsäure, als **V** prim. Alkohole (z. B. Butanol oder A.) oder aromat. KW-stoffe (z. B. Xylol, Toluol) oder Cyclohexanol. (**E. P. 657 782** vom 3/11. 1948, ausg. 26/9. 1951.) KESSEL. 5957

Sprague Electric Co., North Adams, übert. von: **Preston Robinson,** Williamstown, und **Colin C. Reid,** Boston, Mass., V. St. A., *Isolierung elektrischer Leiter* aus Al, Cu, Sn, Pb oder Zn; hierzu dient eine oberflächliche Ferrocyanidschicht, die mit einem Polyvinylharzüberzug versehen ist. (**A. P. 2 593 922** vom 16/4. 1947, ausg. 22/4. 1952.) KESSEL. 5957

General Aniline & Film Corp., New York, N. Y., übert. von: **Warren F. Busse**, Easton, Pa., V. St. A., *Schmelzbares dielektrisches Material* enthält 50—75 (Teile) feinverteiltes TiO_2 in Rutilform oder Erdalkalititanat, innig vermengt mit 100 hochmol. Polyvinylcarbazol, das mit 5—10% teilweise hydriertem Terphenyl plastiziert ist. (**A. P. 2 540 748** vom 12/10. 1945, ausg. 6/2. 1951.) KESSEL. 5957

Steatite & Porcelain Products Ltd., Stourport-on-Severn, England, *Dielektrische Keramikkörper* erhalten leitende oder halbleitende glasierte Oberflächenüberzüge, die prakt. aus blauem Ti-Oxyd (I) bestehen. Zum Schutz seiner blauen leitenden Modifikationen erhält I prakt. bis 10% W-, Co-, Cr-, Be-, Cu-, Ni-, Mn-, Mo- oder V-Oxyd oder Mg-Thorat oder -Zirkonat zugesetzt. Zur Einstellung der Oberflächenleitfähigkeit dienen Zusätze von MgO, Al_2O_3, SiO_2, ZrO_2, CeO_2, Erdalkalioxyden, Feldspat oder Steatit. (**Belg. P. 498 220** vom 19/9. 1950, ausg. 19/3. 1951.) KESSEL. 5957

Radio Corp. of America, übert. von: **Samuel Bousky**, Dayton, O., V. St. A., *Dielektrische Keramikkörper* bestehen aus einem homogenen gesinterten Gemisch von 5—95 (%) Alkali-Niobat (bes. $NaNbO_3$) u. 95—5 Zn- oder bes. Cd-Niobat. (**A. P. 2 584 324** vom 30/12. 1950, ausg. 5/2. 1952.) KESSEL. 5957

N. V. Philips' Gloeilampenfabrieken, Eindhoven, Holland, *Elektrischer Kondensator* mit keram. Dielektrikum aus 50—58 (%) BaO, 20—35 TiO_2, Rest ZrO_2, bei 1200—1500° gebrannt. Als Flußmittel können bis 10 Steatit oder Bentonit dienen. (**Belg. P. 499 881** vom 7/12. 1950, ausg. 7/6. 1951. E. Prior. 9/12. 1949.) KESSEL. 5957

S. E. M. Soc. d'Électricité & de Mécanique (Procédés Thomson-Houston, van den Kerchove & Carels) Soc. An., Brüssel, Belgien, *Dielektrikum* für Kondensatoren u. Hochfrequenzkabel. Feinste Glimmerplättchen werden in ein fl. Isoliermaterial (z. B. Mineralöl, einen halogenierten KW-stoff oder Dibutylsebacat) eingebettet. (**Belg. P. 499 301** vom 10/11. 1950, ausg. 1/3. 1951. A. Prior. 10/11. 1949.) KESSEL. 5957

N. V. Philips' Gloeilampenfabrieken, Eindhoven, Holland, *Verlustarmer Magnetkern für Hochfrequenz über 1000 kHz.* Bei Magnetkernen aus einem kub. Ferrit können die Verluste bei Frequenzen bis zu 1000 kHz genügend gering gehalten werden, wenn ihr spezif. elektr. Widerstand durch hohen O_2-Geh. auf hohe Werte, mindestens 100 Ω/cm, gebracht wird. Für noch höhere Frequenzen muß außerdem noch die Anfangspermeabilität auf niedrigere Werte zwischen 20 u. 150 beschränkt werden. Erreicht wird dies mit *Ni–Zn-Ferriten*, deren mol. %-Geh. an Fe_2O_3 40—60, bes. weniger als 50, beträgt u. deren CURIE-Punkt durch passende Einstellung des Mischungsverhältnisses der Fe-, Ni- u. Zn-Komponenten hoch, bes. oberhalb 250°, liegt. Bei der Herst. ist außerdem für völliges Durchreagieren des Ferrits zu sorgen. Man geht hierzu zweckmäßig von sehr feinverteilten Mischungen von Fe-, Ni- u. Zn-Verbb. mit einer Korngröße von weniger als 1 μ aus u. sintert sie in einer O_2-haltigen Atmosphäre bei einer so niedrigen Temp., daß O_2-Abtrennung vermieden wird, vorzugsweise bei nicht mehr als 1300°. Statt dessen oder auch in Verbindung damit kann man das Gemisch wiederholt mit zwischenzeitlichem Feinmahlen sintern, wobei die Temp. der verschied. Sinterungen höchstens gleich der Temp. der letzten Sinterung sein soll. Das Kühlen muß ebenfalls in O_2-haltiger Atmosphäre langsam stufenweise erfolgen, vorzugsweise bei einem gleichzeitig mit der Temp. abnehmenden O_2-Partialdruck. — Sehr günstige HF-Eigg. ergeben sich bes. mit einem Mischungsverhältnis von wenigstens je 10 Mol-% NiO u. ZnO u. 40—60 Fe_2O_3. Bes. niedrige Verluste (tg $\delta/\mu_0 < -1 \cdot 10^{-3}$ bei 10 MHz) können bei einer Zus. von 34—35 NiO, 15—18 ZnO u. 49—50 Fe_2O_3 erreicht werden. (**Oe. P. 168 523** vom 30/12. 1947, ausg. 25/6. 1951. Holl. Prior. 27/3. 1946.) KLEIN. 5959

Comp. Générale d'Électricité, Soc. An., Seine, Frankreich (Erfinder: **Jean-Paul-Raymond Lusinchi**), *Herstellung von Metalleinlagen in Gegenständen aus Thermoplasten oder wärmehärtenden Harzen*, bes. aus Bitumen. Zwischen Metall u. Formkörper kommt eine Bindeschicht aus einem Bitumen mit wesentlich niedrigerem F. als das des Gegenstandes oder Kautschukumwandlungsprodd., wie Chlorkautschuk oder Kautschuklösungen. Das Verf. dient bes. zur *Befestigung von Anschlußklemmen* auf Akkudeckeln. Die Bindemittel sollen bei Formtemp. fl. sein, eine gewisse Elastizität besitzen, mit dem Formkörpermaterial mischbar sein u. an den Metalleinlagen gut haften. (**F. P. 1 005 550** vom 6/8. 1947, ausg. 11/4. 1952.) PANKOW. 5971

Santos Paul Durazzo, Alfort, Seine, Frankreich, *Leichter Aluminiumakkumulator*. Die Kathode besteht aus *reinem Al*, das nicht von verd. H_2SO_4, selbst nicht von heißer von 66° Bé, angegriffen wird, oder einer seiner gleich widerstandsfähigen Legierungen. Die Dicke der zweckmäßig gewellten Platten braucht nur 0,5—1 mm zu betragen. Als Anode dient eine Al-Trägerplatte, die eine Schicht aus reinem Pb u. akt. Material von PbO trägt. Der Elektrolyt ist mit H_2SO_4 von ca. 25° Bé angesäuertes Wasser.

Die EMK. beträgt bei voller Ladung offen 3—3,5 V, bei Belastung 2,75 V, abfallend auf 2,10 V. Auch die Anschlußklemmen u. die Zellenverbinder können aus Al oder verbleitem Al bestehen. Die Gewichtsverminderung beträgt 40—45%. — Zeichnungen. (**F. P. 994 352** vom 19/1. 1945, ausg. 15/11. 1951.) KLEIN. 5971

H. Vogt, Johanneshov, Schweden, *Herstellung von Sinterelektroden für alkalische Akkumulatoren.* Man bestreut 2 Papierstreifen mit einem Metallpulver unter Zusatz eines Bindemittels u. führt diese unter Zwischenlage eines Metallnetzes so zusammen, daß das aufgestreute Pulver gegen das Metallnetz gedrückt wird, preßt u. sintert dann die gepreßten, zusammengesetzten Bänder bei 600—1000° in einer reduzierenden Atmosphäre. (**Schwed. P. 135 322** vom 4/5. 1948, ausg. 22/4. 1952.) JÜRGEN SCHMIDT. 5971

United States of America, übert. von: **Edgar C. Pitzer,** Schenectady, N. Y., V. St. A., *Herstellung von Trockenbatterien.* Zwischen dem Zn-Becher u. dem MnO_2-Depolarisator, der mit Cellophan als Trennschicht umgeben ist, befindet sich eine Elektrolytpaste aus 50—60 cm^3 gesätt. NH_4Cl-Lsg. u. 100 g eines Harzes, das mit HCl behandelt wird, als Ionenaustauscher. Dieses soll sauer reagieren u. wird ausgewählt aus den Gruppen: sulfonierter Petroleumkoks, „Greensand" oder aromat. KW-stoff-polymere, die Sulfonsäuregruppen enthalten, wie z. B. „Dowex 50". (**A. P. 2 607 809** vom 11/1. 1949, ausg. 19/8. 1952.) LAASS. 5971

Pertrix Union G. m. b. H., Ellwangen (Erfinder: **Hans Walter,** Berlin), *Feststellung der optimalen Füllung von galvanischen Füllbatterien aus Plattenelementen.* Bei dem durch den Boden der Zelle sichtbaren Elektrolytträger wird dessen ausreichende Durchfeuchtung mit dem von oben eingefüllten W. oder Elektrolyten durch seine Verfärbung erkennbar gemacht. Der Füll-Fl. kann ca. 1% $K_2Cr_2O_7$ als färbende Substanz oder KCNS zugegeben werden, das mit $FeCl_3$, mit welchem der Elektrolytträger imprägniert wird, die Rotfärbung ergibt. Auch Farbindicatoren, wie z. B. Phenolphthalein, sind entsprechend anwendbar. — Abbildungen. (**D. B. P. 868 763** Kl. 21b vom 14/2. 1945, ausg. 26/2. 1953.) LAASS. 5971

Comp. Générale de Télégraphie sans Fil, übert. von: **Jean Robillard** und **Claire Pierre,** Paris, Frankreich, *Herstellung von sehr dünnen Folien für Thermoelemente.* SiO_2 wird im Vakuum bei ca. 2000° bis zu einer Dicke von 0,4 μ auf einen Kollodiumfilm sublimiert u. letzterer aufgelöst. Auf die SiO_2-Haut werden die beiden Metalle des Thermoelementes in bekannter Weise aufgedampft. — Vorrichtung. (**A. P. 2 617 153** vom 13/7. 1949, ausg. 11/11. 1952. F. Prior. 16/7. 1948.) LAASS. 5971

Sylvania Electric Products, Inc., Salem, Mass., V. St. A., *Quecksilberdampf-Gasentladungsleuchtröhre* mit fluorescierendem Innenbelag, bes. aus Mg-Wolframat u. Zn-Silicat. Die Gasfüllung besteht aus Ar u. 0,3—1,5 Vol.-% N_2. (**E. P. 639 013** vom 1/8. 1947, ausg. 21/6. 1950. A. Prior. 10/3. 1944.) KESSEL. 5973

Sylvania Electric Products, Inc., Salem, Mass., V. St. A., *Leuchtstoffe für Gasentladungsleuchtröhren,* z. B. Zn- oder Zn–Be-Silicate oder Mg-Wolframate, erhalten bei der Herst. einen Zusatz von 0,05—5% As_2O_3. (**E. P. 637 539** vom 1/8. 1947, ausg. 24/5. 1950. A. Prior. 22/6. 1946.) KESSEL. 5973

British Thompson-Houston Co. Ltd., London, England, *Leuchtstoffe für Gasentladungsleuchtröhren* bestehen aus $Ca_3(PO_4)_2$ (I), mit Ce u. Th aktiviert; z. B. 4 bis 15 (Gew.-%) CeO_2 u. 0,1—20 ThO_2, auf das I-Gewicht bezogen. (**E. P. 633 891** vom 14/7. 1947, ausg. 14/2. 1950. A. Prior. 15/7. 1946.) KESSEL. 5973

J. Fassbender, F. Möglich, R. Rompe und **K. Damzog,** Berlin, *Strahlungsempfindliche Widerstandszelle* für Licht-, Röntgen- oder Korpuskularstrahlen. Als Widerstandselement dient ein Einkristall aus einem Oxyd, Sulfid, Selenid oder Tellurid von Zn, Cd oder Hg. Die elektr. Verbindung zwischen den Elektroden der Zelle u. den Zuführungsdrähten besteht aus einem Metall oder kompaktem Graphit, unter Vermeidung von koll. Graphit. (**Belg. P. 497 734** vom 24/8. 1950, ausg. 16/12. 1950.) KESSEL. 5975

Radio Corp. of America, übert. von: **Ernest G. Linder,** Princeton, N. J., V. St. A., *Sekundärelektronen-Verstärkerröhre* mit Magnetronwirkung. Die Primärelektronen entstammen einem künstlichen radioakt. Präp. (β-Strahler), z. B. ^{32}P. — Zeichnung. (**A. P. 2 520 603** vom 25/9. 1948, ausg. 29/8. 1950.) KESSEL. 5975

Electric & Musical Industries Ltd., Hayes, Middlesex, England (Erfinder: **Alfred Hermann Sommer**), *Elektroden mit lichtelektrischer Emission und Sekundäremission.* Auf einer metall. Trägerfläche wird eine dünne Sb- oder Bi-Schicht (I) niedergeschlagen u. bei 150—200° mit Cs-Dampf behandelt. Ein beim Abkühlen auftretender Verlust an lichtelektr. Empfindlichkeit wird durch eine erneute Zugabe von Cs ausgeglichen. (**E. P. 639 995** vom 21/1. 1947, ausg. 12/7. 1950.) KESSEL. 5975

Arundell Wallis Faulkner, Woking, Surrey, England, *Umsetzung radioaktiver Strahlung in elektrische Energie.* Ein natürliches oder künstliches radioakt. Präp. (I) erregt in einer fluorescierenden Substanz (II) eine Luminescenzstrahlung, die in einem Photoelement (III) eine EMK. erzeugt. I u. II können miteinander gemischt oder in Schichten voneinander getrennt sein. Als I dient z. B. $RaCl_2$, $Ba^{14}C_2$, PuO_2, $Pu\cdot(SO_4)_2$, $Pu(NO_3)_4$, $Pu(JO_3)_4$, UO_2. Die II wird so gewählt, daß ihr Luminescenzbereich der spektralen Empfindlichkeitsverteilung der III entspricht, z. B. eine im Infrarot luminescierende II für ein Cu_2O- oder ein Sb_2S_3-III, eine im Sichtbaren luminescierende II für ein Se-III, eine im UV luminescierende II für ein MoS_2-III. (E. P. **638 106** vom 5/11. 1947, ausg. 31/5. 1950.) Kessel. 5975

Bell Telephone Laboratories, Inc. (**Western Electric Co., Inc.**), New York, N. Y., übert. von: **John N. Shive,** Plainfield, N. J., V. St. A., *Selengleichrichter.* Die Trägerplatte (z. B. aus Ni oder Al) erhält zur Erzeugung einer 2. Sperrschicht von geringem u. stabilem Widerstand vor dem Aufbringen des Se eine dünne, z. B. 0,5 μ starke Schicht aus Te. (**A. P. 2 608 611** vom 17/8. 1949, ausg. 26/8. 1952. **Belg. P. 495 728** vom 15/5. 1950, ausg. 1/9. 1950. A. Prior. 17/8. 1949.) Kessel. 5977

Kotron Rectifier Corp., Essex, N. J., V. St. A., *Trockengleichrichter* werden in Reihenschaltung auf isolierenden Trägerstreifen befestigt, die aus vulkanisierten u. mit einem Kunstharz imprägnierten Faserstoffen bestehen. (E. P. **640 380** vom 1/8. 1947, ausg. 19/7. 1950.) Kessel. 5977

IV. Wasser. Abwasser.

Hans Dorner, *Wasseraufbereitung.* Bericht über Wasseraufbereitung, wobei die physikal. Verff. besprochen werden. (Seifen-Oele-Fette-Wachse **78.** 215—18. 7/5. 1952.) Niemitz. 6016

Gonzalo Piedrola, Jose Bravo und **Jose Amaro,** *Die Schnellreinigung von Trinkwässern, die zufällig und unvermutet gefaßt werden.* Vff. berichten eingehend über die modernsten Verff. der Schnellreinigung von frei vorkommendem Trinkwasser. (Med. Cirug. Guerra **15.** 81—139. Febr. 1953.) Pistor. 6016

W. Wesly, *Versuche im halbtechnischen Maßstab zur Entsalzung und Entkieselung mit Ionenaustauschern.* 1 m^3/h Rohwasser (Abdampfrückstand 200—390, SiO_2 4—6 mg/Liter; 7—8° Carbonathärte, 2° Nichtcarbonathärte) wird entsalzt u. entkieselt. Die Anlage weist nachst. Schaltung auf: Schnellentcarbonisator (Fällung mit CaO) Filter — Kationenaustauscher — Anionenaustauscher — Kationenaustauscher — Riesler — Anionenaustauscher — Anionenaustauscher zur Entkieselung — Pufferfilter. Als Austauscher dienen Lewatite. Das entsalzte W. zeigt 0,6 mg/Liter Abdampfrückstand, unter 0,02 mg/Liter Kieselsäure. (Mitt. Vereinig. Großkesselbesitzer **1953.** 334—39.) Wesly. 6020

C. R. Harlock, *Chlor und Chlordioxyd zur Algengeruchsbekämpfung.* Vf. berichtet über Erfahrungen auf dem Gebiet der Algengeruchsbekämpfung in der dortigen Anlage. Danach gelingt es, durch genügend hohe Cl_2-Dosis den Algengeruch so zu zerstören, daß er auch beim Erwärmen des W. auf 80° nicht wiederhervortritt. Die Cl_2-Einwirkungszeit muß dort mindestens 6 Std. betragen, kann aber durch Zusatz von ClO_2 wesentlich herabgesetzt werden. Das vollständig aufbereitete W. wird bis zu einem konstanten p_H belüftet, wozu dort pro m^3 W. ca. 2,5—3,75 m^3 Luft erforderlich sind. Störungen durch Mn, das normalerweise durch Flockung bei p_H 9 oder höher entfernt wird, werden hier durch $Al_2(SO_4)_3$-Flockung bei niedrigerem p_H beseitigt, nachdem das Mn vorher durch das ClO_2 aufoxydiert ist. (Water Sewage Works **100.** 74—75. Febr. 1953. Washington, D. C., McNeil Island, Eden Creek Filtration Plant.) Niemitz. 6024

J. F. Braune, *Orientierende Untersuchungen mit einem Sterilit-Versuchsfilter zur Trinkwasserentkeimung. Sterilit*-Verf. ist eine stromlose Trinkwassersilberung durch grobkörniges (0,3—1,0 mm) mit Ag vorbehandeltes Filtermaterial. Laboratoriumsverss. mit künstlich infiziertem Göttinger Leitungswasser vom p_H 7,3 zeigten bei einer Abgabe von 7 γ Ag je 1 W. in 4 Min. Kontaktzeit Wachstumshemmung von $2,5\cdot10^4$ Keimen *E. coli* in 2½—3 Stunden. Erhöhung der organ. Substanz im gesilberten W. oder seine Verdünnung mit ungefiltertem W. bewirkten schnelles Nachlassen der baktericiden Wirkung. (Gesundheits-Ing. **74.** 12—15. Jan. 1953. Göttingen, Univ., Hyg. Inst.) Mühlmeister. 6026

Don E. Bloodgood, *Vorfluter und Abwasserbehandlung.* Zusammenfassender Überblick über die Zusammenhänge zwischen Abwasserbehandlung u. Selbstreinigungsvermögen von Vorflutern. Im einzelnen werden behandelt: Selbstreinigung, Sauerstoffgeh., Strömungsgeschwindigkeit, Einfl. der Temp., Änderung in der Abwasserbehandlung u. ihre Auswirkung auf den Vorfluter, Vorfluter u. öffentliche Gesundheit, Vorfluter u. Fischleben, Algenwachstum, Bldg. von Schlammbänken u. gesetzliche Überwachung u. Regelung. (Water Sewage Works **100.** 56—59. Febr. 1953. Lafayette, Ind., Purdue Univ.) NIEMITZ. 6036

E. Knop, *Kontrollstationen zur Überwachung der Verunreinigung von Wasserläufen.* Zur Überwachung der beiden Wasserläufe werden Kontrollstationen errichtet, die dauernde automat. Probenahmen ermöglichen. Beschreibung einer Anlage, in der selbständige Meßgeräte zur Feststellung der Trübung, des p_H-Wertes, des O_2- u. Salzgeh. u. der Temp. vorgesehen sind. Fischbecken dienen der Feststellung der Schädlichkeit des Abwassers für das biol. Leben, Rinnen der des Pilzwachstums. (Gesundheits-Ing. **74.** 78—79. März 1953. Essen, Emschergenossenschaft u. Lippeverband.) MÜHLMEISTER. 6038

H. W. Gehm, *Gegenwärtige Arbeitsweise in der Behandlung der Abflut aus Papierfabriken.* Bericht über die gegenwärtig geübte Praxis der Aufbereitung des bei der Herst. des Papiers aus Holzschliff in den Papiermaschinen anfallenden Abwassers, die im wesentlichen in einer durch chem. Flockungsmittel verbesserten mechan. Klärung besteht, während der anfallende Schlamm teils in Saugzellfiltern, teils auf Trockenbeeten entwässert wird. Die verschied. üblichen Klärbeckenkonstruktionen werden besprochen u. diskutiert. (Paper Trade J. **136.** Nr. 9. 22—24. 27/2. 1953. Nat. Council for Stream Improvement.) NIEMITZ. 6040

T. G. Tomlinson und **H. Hall,** *Einflüsse auf die Abwasserreinigung auf Tropfkörpern.* Bericht über Versuchsergebnisse an 8 Tropfkörpern von 2,44×1,37×1,83 m in den Minworth Works des Birmingham Tame and Rea District Drainage Board bei Belastungen zwischen 0,59—5,9 m^3 je m^3 u. Tag hinsichtlich Reinigungseffekt, Ausbildung u. Besiedelung des Rasens, Brechnung der Abbaukonstante (0,047) u. der Durchlaufzeit. Die *BSB*-Abnahme wird linear bei Belastung über 2,67 m^3/m^3, darunter wirkt Nitrifikation mit. Der Ablauf klärt bei niedriger Belastung besser. (J. Proc. Inst. Sewage Purificat. **1950.** 338—60. Water Pollution Res. Labor., Dep. of Sci. and Ind. Res.) MANZ. 6040

N. S. Chamberlin, *Ein Chlorentwickler im Plattierraum löst das Cyanid-Vernichtungsproblem.* Beschreibung einer Anlage zur Vernichtung der Cyanide durch Cl in Abwässern bei p_H 8,5—10,0. (Metal Finishing **49.** 54. 55. 58. Aug. 1951. Newark, N. J., Wallaca & Tiernan Inc.) J. FISCHER. 6042

C. E. Keefer, *Schlammfilteruntersuchungen.* Vf. berichtet über Verss. zur Schlamm trocknung mittels Saugzellenfilter in Baltimore, die unter besonderer Berücksichtigung der Tatsache durchgeführt wurden, daß auf der dortigen Kläranlage insgesamt 4 verschied. Schlammarten anfallen: ausgefaulter Klärschlamm (I), nichtausgefaulter Belebtschlamm (II), nichtausgefaulter Tropfkörperschlamm (III) u. der bei der Flockung des Anlagenablaufes mit $Al_2(SO_4)_3$ anfallende Schlamm. Aus den umfangreichen Verss. ergeben sich folgende allg. interessierende Ergebnisse: Die Filtrationsgeschwindigkeit des **I** wird weder durch Zusatz von **II** noch von **III** vergrößert, wohl jedoch bei Zusatz von ausgefaultem **III**. $FeCl_3$ erweist sich als Koagulierungsmittel für den zu filternden Schlamm durchweg als am vorteilhaftesten u. wirtschaftlicher als durch Cl_2 in den 3wertigen Zustand übergeführtes $FeSO_4$. Nur bei genügend großem Preisunterschied kann die Behandlung mit $FeSO_4$ wirtschaftlicher sein. Mischungen beider Verbb. sind um so wirksamer, je mehr $FeCl_3$ sie im Verhältnis enthalten. Die Wirtschaftlichkeit der Behandlung mit $FeCl_3$ kann durch Zusatz von $Ca(OH)_2$ gesteigert werden. Als am wirtschaftlichsten erweist sich die Behandlung mit 2% $FeCl_3$ u. mit 4% $Ca(OH)_2$, beide Konzz. bezogen auf die Trockensubstanz des getrockneten Schlammes. (Water Sewage Works **100.** 80—84. Febr. 1953. Baltimore, Md., Bureau of Sewers.) NIEMITZ. 6048

H. Haberlandt und **. Scheminzky,** *Mikrophysikalische Nachweismethoden für Spurenstoffe in Heilwässern.* Übersichtsbericht. — 56 Literaturangaben. (Die Medizinische **1953.** 635—42. 9/5. Wien, Univ., Mineralog. Inst., u. Innsbruck, Univ., Balneolog. Inst.) FRESENIUS. 6058

S. K. Love und **L. L. Thatcher,** *Wasser.* Übersicht der Methoden zur analyt. Unters. von W. u. darin gelöster Stoffe. — 183 Literaturangaben. (Analytic. Chem. **25.** 65—74. Jan. 1953. Washington, D. C., U. S. Geological Survey.) KNÖPKE. 6060

Jack L. Lambert, *Eine induzierte Reaktion als Methode zur Bestimmung von Fluoridonen.* Vf. beschreibt eine neue, empfindliche Meth. zur Best. von geringen Fluoridonenkonzz. in Wasser. Das Verf. beruht auf der Zeitmessung des von der F^+-Konz. abhängigen Auftretens der Jodstärkefarbe bei der Rk. zwischen Jodidionen u. dem Hydrolyseprod. von Cerisulfat. Die besten Ergebnisse erhält man mit Fluoridkonzz. von 0,3—0,9 p. p. m. Das Verf. wird aber von mehreren im Trinkwasser enthaltenen

Substanzen beeinträchtigt, so daß es in seinem derzeitigen Entwicklungszustand für Serienanalysen von Gebrauchswasser unzweckmäßig ist. — 250 cm^3 der Wasserprobe werden mit 1,0 cm^3 Ceratlsg. [10 cm^3 gesätt. $Ce(HSO_4)_4$-Lsg. u. 7,0 cm^3 konz. H_2SO_4 in 500 cm^3 Lsg.] versetzt. In einem Reagensglas werden 20,0 cm^3 dieser Lsg. 10 Min. lang in ein Bad von konstanter Temp. ($25 \pm 0,1^0$) eingetaucht. Dann wird 1,0 cm^3 CdJ_2-Stärkelsg. [11 g CdJ_2 u. 2,50 g A-Stärke in 1000 cm^3 Lsg.] zugegeben u. mit einer Stoppuhr die Zeit gemessen, nach welcher die entstandene Blaufärbung derjenigen einer sehr schwachen Bromthymolblaulsg. in ca. 0,1 mol. $Na_2HPO_4 \cdot 7_5H_2O$-Lsg. gleicht. — Genaue Einstellung der Temp. ist erforderlich. Zweiwertige Kationen beeinflussen die Neigung der Zeit–Konzentrations-Kurve; einwertige Kationen haben keinen wesentlichen Einfluß. Kationen mit kleinem Ionenradius (Na, Mg) beeinflussen die Geschwindigkeit der Farbentw. weniger als solche mit großem Ionenradius (K, Ca). Cl^- beschleunigt die Reaktion. Von den im Trinkwasser vorliegenden Ionenkonzz. stören 0,2 p.p.m. Mn nicht; 0,3 p.p.m. Fe^{3+} u. 0,5 p.p.m. Phosphat haben geringen Einfl.; 0,2 p.p.m. Al stören sehr, 0,05 p.p.m. nur wenig. Freies Cl_2 u. Hypochlorit machen die Best. durch sofortige Jodabscheidung unmöglich. Die im Trinkwasser zulässige Höchstkonz. von 0,4 p.p.m. Cl_2 läßt sich mit einem Zn-Reduktor beseitigen. Auch die Alkalität des W. beeinflußt die Geschwindigkeit der Farbbildung. (Analytic. Chem. **25** 271—74. Febr. 1953. Manhattan, Kans., Kansas State Coll.) FORCHE. 6060

R. Sijderius, *Bestimmung des Ammoniakgehaltes mit Neßlers-Reagens mit dem photoelektrischen Colorimeter.* Die Extinktionsmessung der Färbung, die Gehh. unter 0,2 mg NH_4^+/Liter mit NESSLERS Reagens ergeben, entspricht nicht mehr dem BEERschen Gesetz. Man gibt in diesem Falle der zu untersuchenden *Wasserprobe* so viel NH_3 zu, daß die abgelesene Extinktion mehr als 0,1 beträgt, wodurch die lineare Beziehung zwischen NH_3-Konz. u. Extinktion wieder hergestellt wird. Die zugesetzte NH_3-Menge zieht man ab. (Chem. Weekbl. **48.** 457—58. 28/6. 1952. Rotterdam, Labor. Drinkwaterleiding.) WESLY. 6060

H. Borsten und **L. C. E. Kniphorst,** *Die Bestimmung der Gesamthärte und der Kalkhärte von Wasser nach dem „Komplexon"-Verfahren.* Übersicht über Grundzüge, Ausführung u. Ergebnisse des Verfahrens. (De Tex **12.** 479—81. 15/5. 1953. Delft, Vezelinst., Toegepast Natuurwetensch. Onderzoek.) WESLY. 6062

Rolf Andersen, Gentofte, Dänemark, *Destillation von Wasser* unter kontinuierlicher Zirkulation durch einen Wärmeaustauscher u. Verdampfer. Der erzeugte Wasserdampf wird komprimiert u. anschließend durch einen Austauscher geleitet, wobei der kondensierte Dampf das Rohrwasser erwärmt. Zur Reinerhaltung des Austauschers werden durch Elektrolyse die Verunreinigungen aus dem Rohwasser schlammförmig niedergeschlagen. Die Menge des zirkulierenden W. beträgt das 600—1000, bes. das 800 bis 900fache der verdampften Wassermenge. (**E. P. 641 429** vom 11/4. 1947, ausg. 9/8. 1950. Dän. Prior. 24/4. 1946.) REICHELT. 6017

Directie van de Staatsmijnen in Limburg, Heerlen, Holland, *Kationenaustauscher.* Steinkohle oder Koks (Körnung 0,2—0,5 mm) wird 24 Std. unter Durchleiten von O_2 auf 325° erhitzt, in nNaOH suspendiert, 30 Min. im Sieden gehalten u. ausgewaschen. Regenerierung des z. B. für die *Wasserenthärtung* verbrauchten Materials mit NaCl-Lösung. (**E. P. 678 486** vom 15/8. 1950, ausg. 3/9. 1952. Holl. Prior. 20/8. 1949.) SALZMANN. 6021

Unifloc Reagents Ltd., John Oswald Samuel und **Geraint Hopkins,** Swansea, Glamorganshire, Wales, England, *Trockene Flockungsmittel.* 1 Teil $CaCl_2 \cdot 2\,H_2O$ (I) oder wasserfrei wird mit 0,37—1,5 Stärke (berechnet auf I) gemischt bei nicht $< 35^0$. Durch Stehen an der Luft läßt man 0,5—1 W. aufnehmen. Auf 1 I können 0,07 $ZnCl_2$ oder 1,5 $MgCl_2 \cdot 6\,H_2O$ zugesetzt werden. (**E. P. 636 553** vom 23/4. 1948, ausg. 3/5. 1950.) REICHELT. 6025

Imperial Chemical Industries Ltd., übert. von: **John E. Edwards,** Walford, England, *Verhinderung der Inkrustenbildung von Wasser.* Um die Fällung von Ca- u. Mg-Verbb. u. die Inkrustenbldg. zu vermeiden, wird dem W. ein in W. lösl. Polyphosphat u. eine Verb. aus einem mehrwertigen Phenol u. einer Polyoxybenzoesäure zugesetzt. (**Can. P. 483 928** vom 9/9. 1943, ausg. 10/6. 1952.) WITTHOLZ. 6031

Geigy Co. Ltd., Manchester, **George Alexander Campbell,** Davenport, und **Harold Lomas,** Stockport, England, *Verhinderung oder Verringerung der Steinbildung in Dampfkesseln usw.* Dem Speisewasser wird ein Na-Salz eines Kondensationsprod. von Naphthalinsulfosäure u. CH_2O in Mengen von 0,001—0,01 (Gew.-%) allein oder zusammen mit z. B. 0,0005 Na_3PO_4 zugesetzt. (**E. P. 642 238** vom 19/8. 1948, ausg. 30/8. 1950.) REICHELT. 6031

L'Auxiliaire des Chemins de Fer et de l'Industrie, Seine, Frankreich, *Kesselsteinlöse- und -verhütungsmittel*, bestehend aus Natronablauge der Cellulosegewinnung aus Holz (oder besser aus dem aus diesen Ablaugen extrahierten Lignin) u. einem Antischaummittel (Tannin, Nadelholzöl, bei höheren Tempp. Äther ergebende Alkohole) sowie gewünschtenfalls Zusätzen, die das p_H korrigieren oder sonst in Kesselsteinverhütungs- u. -lösemitteln üblich sind. (**F. P. 986 659** vom 2/12. 1943, ausg. 3/8. 1951.)
SCHREINER. 6035

V. Anorganische Industrie.

Siegfried Beilisch, Eutin, *Herstellung von Wasserstoff*. Ein Gemisch von zerkleinerter (vorzugsweise gepulverter) Kohle (z. B. Stein-, Braun-, Holz-, Elektrodenkohle, Torf, Graphit oder/u. Koks) u. zerkleinertem (vorzugsweise gepulvertem) Zn wird (vorzugsweise in einer durchlässigen Umhüllung) mit dest. oder Leitungs- oder Seewasser behandelt. Die Rk. verläuft um so schneller, je mehr Elektrolyte das W. enthält. (**D. B. P. 873 834** Kl. 12i vom 13/6. 1944, ausg. 16/4. 1953.) SCHREINER. H 238

Elektrochemische Werke München Akt.-Ges., Höllriegelskreuth bei München (Erfinder: **Kurt Herrmann**, Pullach bei München), *Herstellung von Hydrazinhydrat* (**I**) durch Oxydation von Harnstoff mittels Hypochlorit in wss. Lsg. in Ggw. von Ätzalkali sowie bes. von Leim. Das gebildete **I** wird aus der Reaktionslsg. unmittelbar durch Dest. u. fraktionierte Kondensation der abstreichenden Brüden gewonnen. Zur Verhinderung von Zerss. kann man das überschüssige Alkali vor Beginn der Dest. neutralisieren. (**D. B. P. 878 941** Kl. 12i vom 20/11. 1941, ausg. 8/6. 1953. **Zusatz zu D. R. P. 767 249; C. 1952. 5635.**) ZÜRN. H 243

Badische Anilin- & Soda-Fabrik, Ludwigshafen/Rh. (Erfinder: **Hans Krzikalla**, Heidelberg, und **Ernst Woldan**, Burgkirchen/Alz), *Herstellung von Halogenwasserstofflösungen*. Als Lösungsm. werden bei den Arbeitsbedingungen fl., N-substituierte Carbonamide von Fettsäuren verwendet, z. B. Dimethyl- oder Diäthylformamid oder -acetamid. Durch Erwärmen oder Evakuieren kann das gelöste Halogenwasserstoffgas rein zurückgewonnen werden. (**D. B. P. 873 994** Kl. 12i vom 11/1. 1942, ausg. 20/4. 1953.)
SCHREINER. H 245

Badische Anilin- & Soda-Fabrik, Ludwigshafen/Rh. (Erfinder: **Heinz Krekeler**, New York, N. Y., V. St. A., und **Helmut Schlecht**, Ludwigshafen/Rh.), *Herstellung von Chlor* durch Rk. von HCl-Gas mit O_2 oder O_2-haltigen Gasen in einer Schmelze katalyt. wirkender Chloride nach dem Hauptpatent unter teilweiser Kondensation des in den umgesetzten Gasen enthaltenen Wasserdampfes u. Rückführung des Kondensates in das Reaktionsgefäß (**I**). Die umgesetzten Gase werden in innige Berührung mit dem zurückfließenden Kondensat gebracht, zweckmäßig in einem zwischen **I** u. Kühler geschalteten, mit Füllkörpern, Glocken- oder Siebböden versehenen Gefäß. — Schema. (**D. B. P. 873 688** Kl. 12i vom 5/10. 1940, ausg. 16/4. 1953. **Zusatz zu D. B. P. 857 633; C. 1953. 4100.**) SCHREINER. H 247

Badische Anilin- & Soda-Fabrik, Ludwigshafen/Rh. (Erfinder: **Heinz Krekeler**, New York, N. Y., V. St. A., und **Helmut Schlecht**, Ludwigshafen/Rh.), *Herstellung von Chlor* durch Rk. von HCl-Gas mit O_2 oder O_2-haltigen Gasen in einer Schmelze katalyt. wirkender Chloride nach dem Hauptpatent. Die Schmelze wird mittels des Stromes der umzusetzenden Gase u. mit Hilfe eines innerhalb oder außerhalb des länglichen Reaktionsraumes angeordneten Rohres umgewälzt. — Vorrichtung. (**D. B. P. 873 689** Kl. 12i vom 19/7. 1941, ausg. 16/4. 1953. **Zusatz zu D. B. P. 857 633; C. 1953. 4100.**)
SCHREINER. H 247

Lech-Chemie Gersthofen, Gersthofen (Erfinder: **Georg Spielberger**, Leverkusen-Bayerwerk), *Absorption von Chlorwasserstoff aus Gasgemischen*. Das Gasgemisch wird mit einem wasserfreien Sulfat eines Metalles mit > 10 nicht in Edelgassphäre gebundenen Elektronen, z. B. Cu(II)-, Cd- Bi-, Sn(II)-, Pb-Sulfat, in Berührung gebracht. Vorzugsweise wird das Gasgemisch durch eine kräftig gerührte Anschlämmung des Salzes in konz. H_2SO_4 geschickt. (**D. B. P. 869 793** Kl. 12i vom 19/5. 1942, ausg. 9/3. 1953.)
SCHREINER. H 247

Deutsche Gold- und Silberscheideanstalt vormals Roessler, Frankfurt/M. (Erfinder: **Josef Müller**, Paternion, Österreich, und **Ludwig Raum**, Konstanz), *Herstellung von Chlordioxyd*. Cl_2 oder Cl-Verbb. werden (zweckmäßig in saurem Medium) der oxydierenden Wrkg. akt. O_2 abspaltender Verbb. (z. B. Persäuren, Persalzen, Peroxyden, H_2O_2) unterworfen, vorteilhaft in Ggw. von Katalysatoren (Ag oder Ag-Salzen). Als Oxydationsmittel werden bes. Lsgg., die $H_2S_2O_8$ oder/u. H_2SO_5 enthalten, verwendet. Das entstandene ClO_2 wird aus dem Reaktionsgemisch durch Lösungsmittel ausgezogen oder mit Hilfe von Trägergasen oder -dämpfen unter Druck oder Unterdruck oder durch gelindes Erwärmen oder vereinigte Anwendung mehrerer solcher Maßnahmen ausgetrieben. Die Reaktionslsgg. können auch unmittelbar für Bleichzwecke oder zur Herst. von Chloriten verwendet werden. (**D. B. P. 872 491** Kl. 12i vom 1/10. 1941, ausg. 2/4. 1953.) SCHREINER. H 247

Mathieson Chemical Corp. (Erfinder: **John George Matarese** und **John Kenneth Moorhead**), Baltimore, Md., V. St. A., *Umwandlung von $Ca(OCl)_2$ in NaOCl* mit Hilfe eines Kationenaustauschers (I), der mit Na-Ionen beladen ist. Man leitet die Lsg. durch I, bis dieser an Ca-Ionen gesätt. ist, wäscht mit W. u. dann mit 15% ig. NaCl-Lösung. (**E. P. 686 968** vom 9/11. 1951, ausg. 4/2. 1953. A. Prior. 9/11. 1950.) NEBELSIEK. H 247

Deutsche Gold- und Silberscheideanstalt vormals Roessler, Frankfurt/M. (Erfinder: **Heinrich Meier-Ewert**, Rheinfelden/Baden), *Stabilisieren von Percarbonaten* (I). Als Stabilisierungsmittel (gegebenenfalls zusammen mit anderen Stabilisierungsmitteln für I, z. B. Magnesiumsilicat) werden Aerosole (z. B. Kieselsäureaerosol) verwendet, wie sie durch therm. Zers. von Metallen, Metalloiden oder Verbb. solcher (vorzugsweise Halogeniden) in gas-, dampf- oder nebelförmigem Zustand in Ggw. oxydierend bzw. hydrolysierend wirkender Gase oder Dämpfe in feinstverteilter Form (z. B. in Teilchengrößen zwischen ca. 2 u. 10 μ) erhalten werden. (**D. B. P. 870 092** Kl. 12i vom 22/6. 1944, ausg. 9/3. 1953.) SCHREINER. H 260

American Cyanamid Co., übert. von: **William E. Sanborn**, New York, N. Y., V. St. A., *Ionenaustauscher für Silicium*. Die Si-haltige Lsg. wird mit einem durch Fluorid, z. B. Alkalifluorid, aktivierten Anionenaustauscher behandelt u. anschließend mit einem Kationenaustauscher, wodurch die in wss. Lsg. vorhandene Si-Verb. in Kieselfluorwasserstoffsäure umgebildet wird. (**Can. P. 485 846** vom 9/10. 1947, ausg. 19/8. 1952. A. Prior. 29/7. 1947.) WITTHOLZ. H 261

Deutsche Gold- & Silberscheideanstalt vormals Roessler (Erfinder: **Harry Kloepfer**), Frankfurt/M., *Herstellung feinverteilter Oxyde von Metallen und Metalloiden* durch therm. Spaltung in gasförmigem Zustand aus den Halogeniden, z. B. $SiCl_4$, in Ggw. von Wasserdampf bei Tempp. oberhalb des Taupunktes des W. bzw. des Halogenwasserstoffes, bes. HCl, wobei die Bldg. u. Abscheidung der gewonnenen Oxyde in Unedelmetallapparaturen aus z. B. Fe, Zn, Al oder deren Legierungen vorgenommen wird. (**D. B. P. 878 342** Kl. 12g vom 14/7. 1943, ausg. 1/6. 1953.) MATTHAES. H 270

Dr. Georg Meder, Harzer Dolomit-Werke (Erfinder: **Philipp Osswald**, Hofheim/Taunus), Scharzfeld/Harz, *Reinigen von Magnesiumoxyd* durch Einw. wss. Lsgg. von CO_2 bis zur Bicarbonatbldg., mit anschließender Austreibung der CO_2. Dabei wird der Reaktionsweg vom MgO zum $Mg(HCO_3)_2$ in 2 Stufen unterteilt, deren 1. bis zum $MgCO_3$ führt. Die hierbei gebildete warme Reaktions-Fl. wird entfernt u. durch frisches, kaltes W. für die 2. Stufe ersetzt. — Schema. (**D. B. P. 882 986** Kl. 12m vom 11/4. 1943, ausg. 13/7. 1953.) NEBELSIEK. H 282

Kali-Chemie Akt.-Ges. (Erfinder: **Fritz Rüsberg**), Hannover, *Herstellung von Bariumoxyd* durch Erhitzen eines Gemisches von $BaCO_3$ u. C auf $< 1200^0$ in einer App. aus keram. Material, das außer SiC noch Korund enthält (**D. B. P. 881 494** Kl. 12m vom 24/5. 1951, ausg. 29/6. 1953.) NEBELSIEK. H 285

Vereinigte Aluminium-Werke Akt.-Ges. (Erfinder: **Gerhard Holder**, Oftersheim/Baden), Berlin und Bonn, *Fällung von Tonerdehydrat* aus Alkalialuminatlsgg. (I) durch Ausrühren unter Zusatz von krist. Tonerdehydrat (II) als Erreger. Dabei setzt man der I das II in Teilmengen zu. (**D. B. P. 880 743** Kl. 12m vom 5/11. 1944, ausg. 25/6. 1953.) NEBELSIEK. H 294

Säurefabrik Schweizerhall, Schweizerhall, Schweiz, *Titandioxyd* mit einem Rutilgeh. von mindestens 40% durch Zers. von $TiCl_4$ mit O_2-haltigen Gasen. Das Gemisch läßt man in mindestens einem Gasstrom (I) bei 500^0 ausströmen u. entzündet es mittels einer exotherm. chem. Hilfs-Rk. zu einer Flamme. Dabei ist der Querschnitt (II) des I senkrecht zur Ausströmungsrichtung so zu bemessen, daß der größte Kreis, welcher diesem II einbeschrieben werden kann, einen Durchmesser von nicht >1 cm aufweist. (**Schwz. P. 285 142** vom 4/10. 1949, ausg. 16/12. 1952.) NEBELSIEK. H 321

Robert Hugo Lindblad und **Sven Christian Pyk**, Nynashamn, Schweden, *Reinigen von $ZrCl_4$-Dämpfen*. Man chloriert das Zr-haltige Material bei 300—400° u. erhält dabei durch $FeCl_3$ u. $CrCl_3$ verunreinigte $ZrCl_4$-Dämpfe. Diese red. man bei derselben Temp. mit Zn, Cd oder Mn u. erhält durch Sublimation reines $ZrCl_4$. (**A. P. 2 618 531** vom 26/9. 1949, ausg. 18/11. 1952. Schwed. Prior. 21/6. 1948.) NEBELSIEK. H 322

Kennedy M. Nahas, Valley Cottage, N. Y., V. St. A., *Gewinnung von $Fe(OH)_3$* aus wss. Anilinschlamm (I). Man erhitzt 2—6 Std. I mit 30—85% ig. H_2SO_4 unter Zusatz eines Oxydationsmittels bei 50—90°. Anschließend fügt man Alkali zu, bis ein p_H von 7,5 erreicht ist, u. trennt das ausgefällte $Fe(OH)_3$ ab. (**A. P. 2 608 468** vom 14/5. 1948, ausg. 26/8. 1952.) NEBELSIEK. H 354

United Steel Co. Ltd., Lewis Reeve und **Geoffrey Waston Wells,** Sheffield, York, England, *Gewinnung von $FeCl_3$.* Man behandelt das gebrochene, Fe_2O_3-haltige Erz (I) zuerst mit gasförmigem HCl (II) bei ca. 150—190°, wobei sich $FeCl_3$ u. Wasserdampf bildet, der zusammen mit wenig $FeCl_3$ abgetrieben u. abgetrennt wird. Dann behandelt man I weiter mit II bei 250—400° u. treibt damit das zuerst gebildete zusammen mit neu gebildetem $FeCl_3$ ab, verflüchtigt es u. trennt ab. (**E. P. 677 691** vom 21/7. 1949, ausg. 20/8. 1952.) NEBELSIEK. H 354

Crowley-Republic Steel Corp. (Erfinder: **Marion Ernest Gr. A. St. Henderson** und **Irving Percival Whitehouse**), Cleveland, O., V. St. A., *Verbesserung bei der Gewinnung von Ferrochlorid* aus FeO-haltigem Material. Man setzt dieses bei 750—800° einem Gasgemisch aus H_2 u. HCl aus u. steigert die Temp. auf 1050—1200° F. Dabei kontrolliert man die Zus. der Gase, um bei steigender Temp. den HCl-Anteil ansteigen zu lassen. (**E. P. 674 717** vom 9/11. 1950, ausg. 25/6. 1952. A. Prior. 15/11. 1949.) NEBELSIEK. H 354

Pennsylvania Salt Mfg. Co., Philadelphia, übert. von: **John F. Gall,** Narberth, und **Henry C. Miller,** Wyndmoor, Pa., V. St. A., *Gewinnung von Kobaltsalzen.* Man leitet bei 240—400° über Co-haltiges Material, z. B. Co_3O_4, Dämpfe von ClF_3 oder BrF_5 u. beachtet, daß wasserfreie Bedingungen eingehalten werden u. das entstehende CoF_3 auch ebenso bis zur Verwendung aufbewahrt wird. (**A. P. 2 615 232** vom 8/11. 1951, ausg. 28/10. 1952.) NEBELSIEK. H 355

VI. Silicatchemie. Baustoffe.

N. A. Schmelewa, *Alkalische Aluminiumsilicatsteine in kalireichen Gläsern des Bleikristalls und ihre Bildungsbedingungen.* Die Bldg. von alkal. *Aluminiumsilicaten* (I) in der Kontaktzone von Glasfluß von Bleikristall u. Ofenwandung ist nicht auf die Zerstörung der feuerfesten M. zurückzuführen. Geringer Zusatz von *Na_2O* (II) fördert die Kristallisation von *Carnegieit* u. *Leucit.* Bei 4% II verschwindet I in der Kontaktzone. Ist im Glasfluß das Verhältnis II/K_2O (III) = 2 : 13, so entsteht viel I u. eine dicke dunkle Kontaktschicht. Bei II:III = 7 : 8 bleibt die I-Bldg. aus. Im alkalireichen Glasfluß mit II:III = 7 : 13 entsteht trotz starker Auflösung der feuerfesten M. im Glas kein I. Die Kontaktschicht verursacht die Bldg. von I oder schützt die Wandung vor der Zerstörung durch Glas. Aus den Versuchsergebnissen ergibt sich, daß I nicht immer stabil ist u. je nach der Zus. der Glasmasse an der gleichen feuerfesten M. entstehen oder verschwinden kann. I entsteht auch in K-reichen Pb-freien u. Barytkristallgläsern. Die I-Bldg. kann durch ein richtiges Verhältnis von II/III verhindert werden (Доклады Академии Наук СССР [Ber. Akad. Wiss. UdSSR] [N. S] **88.** 895—98. 11/2. 1953.) LEBTAG. 6200

H. Jebsen, *Mikrogefüge eines Millefioriglases.* Vf. zeigt an Hand einiger Farbaufnahmen von venezian. Tausendblumengläsern, daß durch die genauen Kenntnisse der Verarbeitungstemp. die Glasmacher Muranos ein Glas herstellten, welches ein vollkommenes Verschmelzen verhinderte, dafür aber klare Grenzflächen bewahrte. (Sprechsaal Keram., Glas, Email **83.** 368. 20/9. 1950.) THIELE. 6200

L. Stegmüller, *Ein bewährtes, im Handel beziehbares Gerät für die Differentialthermoanalyse im keramischen Betrieb.* Vf. gibt einen Überblick über die Vorzüge der App. u. der Anordnung der Thermoelemente. Es werden die Abhängigkeit der Thermokraft des Differentialelements vom Drahtquerschnitt u. die Bedeutung der Lage der Thermoelemente im Pulver für die Thermokraft des Differential-Thermoelements erörtert. Des weiteren wird der Erhitzungsofen, der Programmregler, das Anzeigegerät für die Differentialströme u. das Anzeigegerät für die wirklichen Erhitzungstempp. besprochen. (Sprechsaal Keram., Glas, Email **86.** 1—8. 5/1. 1953.) PISTOR. 6206

Alphons Schoblik, *Der Glasurbrand. Eine mikroskopische Betrachtung.* An Hand einiger mkr. Aufnahmen von Dünnschliffen feinkeram. Fertigwaren zeigt der Vf. auftretende Glasurschäden. Diese Schäden machen sich hauptsächlich im Glanz bemerkbar. Sie treten durch verschied. Punkte in Erscheinung, wie etwa durch ungenügendes Sintern. Hierdurch kann es zu einer Kristallisation in der Oberfläche der Glasur kommen. Weiterhin rechnet man das Austreten von S-Gasen aus den Rohstoffen oder Verbrennungsgase zu den schädlichen Beeinflussungen des Glasurglanzes. Einen wesentlichen Einfl. auf die Glasuroberfläche bildet die Übergangsstelle Scherben–Glasur. Die einzelnen Aufnahmen des Vf. geben hierbei guten Einblick. Durch diese Meth. der einwandfreien Begutachtung der Fehlererscheinungen mehrerer Proben von verschied. Stellen des Ofens ist es möglich, das Einwirken der Glasur auf den Scherben bzw. das der Verbindungsstelle auf die Glasuroberfläche zu verfolgen. Diese entnommenen Proben können während des Brandes Hinweise zur Fehlerabstellung u. für Verbesserungsmöglichkeiten geben. (Sprechsaal Keram., Glas, Email **83**. 369—75. 20/9. 391—95. 5/10. 1950.) THIELE. 6212

Max Linseis, *Zusammenhänge zwischen mineralogischem Aufbau und keramischen Eigenschaften von Kaolinen und Tonen.* Vf. benutzte als neue Meth. zur quantitativen Best. der Tonmineralien die Differentialthermoanalyse, wobei die Mitbenutzung der Röntgenanalyse sich als sehr erfolgreich bewies. Für die Best. der Plastizität wurden im Koordinationssyst. die Werte der Zugfestigkeit (Abszisse) u. der Verschiebbarkeit (Ordinate) eingetragen u. der Abstand des resultierenden Punktes vom Koordinatennullpunkt als Maßzahl der Plastizität verwendet. Aus allen Unterss. ergab sich, daß die Trockenbruchfestigkeit mit wachsender Annäherung an eine Idealverteilungskurve der Korngrößenzus. u. mit steigendem Geh. an Tonmineralien wächst, wobei der *Montmorillonit* fünfmal so wirksam ist. Gleiches gilt für die Trockenschwindung, wobei jedoch Montmorillonit schneller wirksam ist. Ein Anwachsen der Plastizität läßt sich aus der Formel: Anteil = Kaolinitgeh. + 3 × Montmorillonit — $^1/_3$ Quarzgeh. in ansteigendem Tonmineralgeh. ersehen. Die Arbeit gibt einen Überblick über die augenblicklichen, zu diesem Problem in Frage kommenden Untersuchungsmethoden. (Sprechsaal Keram., Glas, Email **83**. 352—56. 20/9. 389—91. 5/10. 409—10. 20/10. 433—36. 5/11. 456—58. 20/11. 1950.) THIELE. 6216

W. K. Golow, *Versuch zur Anwendung von Belkiner Tonen als Bindemittel beim halbtrockenen Verfahren der Formung von feuerfesten Materialien.* Der hochwertige *Belkiner Ton* ist hochdispers u. enthält feinste Glimmerschüppchen. Er konnte nach Verss. mit Erfolg als Bindemittel zur Herst. hochwertiger feuerfester Erzeugnisse verwendet werden, wenn die Vertrocknung die optimale Temp. 750—850° (11—13% Feuchtigkeit) u. die Wasseraufnahme der Schamotte 10—12% nicht überstieg, die Feuchtigkeit der M. beim Mischen (7—8 Min.) sich innerhalb des Wertes von 9—11% hielt u. der Druck der Verformungspresse den Wert 28—32 at aufwies. (Огнеупоры [Feuerfeste Mater.] **17**. 286—87. Juni 1952. Nishne-Tagilsk, Fabrik für feuerfeste Materialien.) v. WILPERT. 6218

W. D. Zigler, *Änderung der Eigenschaften der Arbeitsoberfläche von Dinasgewölben nach Erhitzen bis 1690° ohne Einwirkung von Eisenoxyden.* Es wurden Dinasringe u. Ziegel verschied. Herkunft zum Gewölbe eines Ofens zusammengestellt u. mit einem Naphtha-Zerstäuber im langsamen Erhitzungsgang in 29 Std. auf 1600° erhitzt, 4 Std. bei dieser Temp. gehalten, innerhalb weiterer 3 Std. die Temp. auf 1680° gesteigert u. weitere 5 Std. bis auf 1690° erhitzt. Nach dem Abkühlen wurden die Prüfstücke eingehend untersucht (ab 1200° Beobachtung des Zustandes des Gewölbes). — Der Dinas zeigte bei dieser hohen Temp. Tropfzapfenbldg. u. Veränderungen der Oberflächenstruktur; es konnten 4 Zonen festgestellt werden. Infolge intensiver Cristobalitbldg. wurde die Oberfläche 40 mm tief aufgelockert. Das verwendete Rohmaterial sowie der Umwandlungsgrad Quarz → Dinas sind für den Auflockerungsgrad bestimmend, der bei den verschied. Prüfstücken große Unterschiede aufwies. Ein Zusammenschmelzen der benachbarten Prüfstücke erfolgte nicht, jedoch konnte eine Verdichtung des Dinas bis zu einer Tiefe von 14 mm (infolge Überhitzung) beobachtet werden. (Огнеупоры [Feuerfeste Mater.] **17**. 252—62. Juni 1952. Charkow, Inst. für feuerfeste Materialien.) v. WILPERT. 6218

G. Mußgnug, unter Mitarbeit von **G. Meyenburg,** *Sinterfähigkeit von Rohmehl.* Nach einem kurzen Überblick über die beim Brennen des Portlandzementklinkers sich abspielenden Vorgänge wurden die Rkk. im festen Zustand nach der Formel für die Reaktionsgeschwindigkeit von HEDVALL erörtert u. die physikal.-chem. Grundlagen der Rkk. beim Sinterungsvorgang kurz gestreift. An synthet. Rohmehlen wurde der Einfl. des Kalksättigungsgrades, des Kieselsäuremoduls u. des Tonerdemoduls auf die Sinterfähigkeit gezeigt u. an einigen Beispielen die Bedeutung der Nebenbestandteile im Portlandzement (MgO, K_2O + Na_2O) u. der Mahlfeinheit für den Sinterungsvorgang nachgewiesen. Abschließend wurde noch die Sinterfähigkeit verschied. techn. Rohmehle überprüft. (Zement-Kalk-Gips **6** (**42**). 46—53. Febr. 1953. Oberhausen.) K. SEIDEL. 6222

W. Kramer, *Eigenschaften und Anwendungsmöglichkeiten des Sulfat-Hüttenzementes.* Es wird an Hand von Verss. gezeigt, daß der mit einer Sonderschlacke hergestellte Sulfathüttenzement neben allen anderen Eigg. eines Normenzementes eine bes. hohe Widerstandsfähigkeit gegen chem. Angriffe besitzt. (Betonstein-Ztg. **18**. 405—08. Nov. 1952.) K. SEIDEL. 6222

O. P. Mtschedlow-Petrossjan, *Über die Natur der bindenden Eigenschaften.* Roher *Serpentinit* (I) zeigt bei der Hydratation mit fortschreitender Auslaugung von 5 Min. bis 5 Std. eine p_H-Zunahme von 9,61—9,76, danach bis zu 24 Std. eine p_H-Senkung auf 9,71. Die verschied. gebrannten I-Proben weisen erhöhte p_H-Werte auf, bedingt durch geringe Mengen CaO u. MgO aus der Zers. der I-Beimengungen. Wo beim Brennen (30 Min. bei 700° u. 2 Std. bei 660°) ein hydraul. akt. Prod. entsteht, wird innerhalb 5 Std. fast die gleiche p_H-Abnahme beobachtet. Elektronenmkr. ist beim Anmachen des I-Zementes mit W. eine starke Abnahme der Korngröße bis ca. 10^{-5} cm zu beobachten. Aus dem Vgl. der Zahl der aus der Lsg. entfernten OH-Ionen u. der in der Einwaage enthaltenen Mg-Ionen ergibt sich, daß auf 1 g-Ion OH ~ 100 g-Atome Mg kommen. Aus den Versuchsergebnissen wird geschlossen, daß beim Anrühren des Bindemittels mit W. ein erhöhtes p_H erforderlich ist. Die Basizität entsteht bei I durch die Beimengungen, bei Silicatzement durch abgespaltenes CaO, bei Schlackenzement durch zugesetztes CaO. Die optimalen p_H-Werte stehen noch nicht fest. Die überschüssigen OH-Ionen ermöglichen ihre Anziehung an die akt. Stellen der verminderten Kationenkoordination. Der Eintritt der OH-Ionen zerlegt das Gitter in Komplexe der Größenordnung 10^{-5} cm, die aggregieren u. bei der nachfolgenden Kristallisation einen Zementstein bilden. Das Auftreten von Bindeeigg. ist demnach durch das bei bestimmtem p_H eintretende Vermögen des akt. Gitters bedingt, OH-Ionen aufzunehmen. (Доклады Академии Наук СССР [Ber. Akad. Wiss. UdSSR] [N. S.] **89.** 137—39. 1/3. 1953.) LEBTAG. 6222

K. Eberle, *Betonherstellung bei niedrigen Temperaturen.* Vorschriften zur Verhinderung von Frostschäden beim Betonieren. (Betonstein-Ztg. **18.** 417—20. Nov. 1952.)* K. SEIDEL. 6224

Allan Backman, *Über die Grundbedingungen der Geschmeidigkeit des Baukalkes.* Es wird eine strukturchem. u. strukturmechan. Theorie über das Verh. des Kalkhydrats in Wassersuspension gegeben. Die Theorie der Fließeigg. plast. Fll. wird erörtert, wobei die Ähnlichkeit u. Verschiedenheiten zwischen Kalksuspension u. echten koll. Gelen nachgewiesen werden. Von der Eintrittspartikel, dem Kristallit u. dessen Anhäufung in Flocken ausgehend, wird der Chemismus der Wasseranlagerung u. -umlagerung sowie dessen rheonome Konsequenz gedeutet. Die prakt. Eigg. werden im Lichte dieser Theorie behandelt u. lassen sich ohne Widersprüche auf dieser theoret. Grundlage erklären. Zuletzt werden die prakt. Anforderungen an einen guten Mörtel u. deren strukturmechan. Bedingungen. erörtert. (Zement-Kalk-Gips **6** (**42**). 37—42. Febr. 1953. Stockholm.) K. SEIDEL. 6226

A. Foulon, *Bautenschutzmittel aus heimischen Rohstoffen, insbesondere Silicaten.* Neben den bereits bekannten Bautenschutzmitteln, wie z. B. *Plasto-Silin, Plasto-Silin-M* sowie den einzelnen Silin-Putzmitteln, wird auf ein neues Bautenschutzmittel hingewiesen. *Cira-Silin* stellt laut Vf. ein zuverlässiges Schutzmittel gegen Witterungsschäden, Nässe u. Schlagregen dar. Als fl. Imprägnierungsmittel wird das farblose *Cira-Silin* auf die Außenwände gestrichen, wobei es tief in die Poren des Mauerwerkes eindringt, ohne die Struktur des Materials zu verändern. Das Prod. wird auch in lichtechten Farbtönen hergestellt. (Sprechsaal Keram., Glas, Email **83.** 413. 20/10. 1950.) THIELE. 6228

Helmut Kösters, *Praktische Anwendung chemischer Bautenschutzstoffe.* (Vgl. C. **1952.** 2737.) Es werden Hinweise zur prakt. Anwendung chem. Bautenschutzstoffe gegeben. (Dtsch. Drogisten-Ztg. **5.** 269—72. 15/5. 1950. München.) GRIMME. 6228

L. G. C. Sims, *Die Auswahl von Schottersteinen für Straßenasphaltmischungen nach petrographischen Methoden.* Vf. zeigt an verschied. Gesteinen den Wert der petrograph. Untersuchung. Er bringt eine Klassifikation, die für den Straßenbauer von großem Wert ist, weil er hieraus sofort ersehen kann, ob die Gesteinsart für den Straßenbau geeignet ist oder nicht. Zahlreiche Abb. petrograph. Schnitte erläutern das Gesagte. (J. chem. Ind., Suppl. Nr. 1.**69.** 18—23. 1950. London, Limmer a. Trinidad Lake Asphalt Co., Ltd.) ROSENDAHL. 6230

Dr. Rickmann & Rappe (Erfinder: **Harald Butter**), Köln-Kalk, *Borfreie oder borarme Grundemails.* Den Emails werden Sulfide, Selenide, Telluride oder solche Stoffe zugesetzt, aus denen diese während des Arbeitsganges entstehen können. Auch völlig borfreie Emails schm. mit diesen Zusätzen glatt auf. (**D. B. P. 865 088** Kl. 48c vom 25/5. 1940, ausg. 29/1. 1953.) MARKHOFF. 6213

Siemens-Schuckertwerke Akt.-Ges., Berlin und Erlangen (Erfinder: **Günther Kromrey** und **Waldemar Oberst,** Berlin), *Herstellung von Emailüberzügen mit hoher Durchschlagsfestigkeit gegenüber elektrischen Spannungen.* Auf das Metall werden zunächst eine oder mehrere Grundemailschichten aufgebracht u. bei n. Temp. eingebrannt. Danach werden durchschlagsfeste Schichten, z. B. aus alkaliarmen Pb-Emails aufgetragen u. bei niedrigerer als der der Zus. dieser Emails entsprechenden n. Einbrenntemp. eingebrannt. Die Durchschlagsfestigkeit erhöht sich auf etwa den 8fachen Betrag gegenüber Emails, die bei n. Temp. eingebrannt werden. (**D. R. P. 760 544** Kl. 48c vom 17/1. 1941, ausg. 15/9. 1952.) MARKHOFF. 6213

Soc. An. des Manufactures des Glaces et Produits Chimiques de Saint-Gobain, Chauny & Cirey, Seine, Frankreich, *Poröse, feuerfeste Körper aus Ton,* die bei ca. 1450° gebrannt werden. Ein Ton der Zus. von ca. 50—58(%) SiO_2, 30—36 Al_2O_3-TiO_2, 1—2 Fe_2O_3, 0,5—1,5 H_2O, Spuren CaO, mit 10—12 Glühverlust, wird mit einer geringen Menge eines Entflockungsmittels, z. B. NaOH-Lsg., u. mit wenig W. zu einer formbaren M. angesetzt. Besitzt die NaOH-Lsg. 40 g/**Liter** NaOH, so fügt man vorteilhaft zur Lsg. 60cm³/**Liter** Na-Wasserglas (36° Bé) hinzu. Durch Einrühren von ca. 1 kg Al-Pulver wird Blasenbldg. in der M. erzielt. Zur Formung benutzt man entweder wasserundurchlässige Metall- oder wasseraufsaugende Gipsformen. Es wird dann gebrannt. Infolge der höheren Brenntemp. wird die Zeitdauer des Brennvorganges verkürzt. (**F. P. 1 003 500** vom 14/1. 1947, ausg. 18/3. 1952.) BEWERSDORF. 6219

Dörentruper Sand- und Thonwerke G. m. b. H. (Erfinder: **Alfred Borsch**), Dörentrup, Lippe, *Gebrannte Quarzkunststeine und feuerfeste Massen.* Feingemahlener, möglichst reiner Quarzsand wird mit Fe_2O_3 u. Alkalilauge vermischt, gegebenenfalls geformt u. bei einer Temp. von 1000—1400° gebrannt. Die feuerfesten Massen können auch in Industrie- u. Schmelzöfen eingestampft u. durch Beheizen des Ofens gesintert werden. (**D. B. P. 863 175** Kl. 80b vom 17/9. 1950, ausg. 15/1. 1953.) REINHART. 6219

Comp. Générale de Télégraphie sans Fils, Paris, Frankreich, *Herstellen feuerfester Erzeugnisse.* Feuerfeste Stoffe, wie Al_2O_3, werden mit einem Bindemittel plast. formbar gemacht, das aus der Suspension eines organ. Stoffes mit Schichtstruktur, z. B. Öl-, Palmitin- oder Stearinsäure, in W. unter Anwendung von organ. Stoffen besteht, die die Oberflächenspannung zwischen W. u. den organ. Säuren herabsetzen, wie Triäthanolamin, Glycerin oder eine Sulfonfettsäure. — Es werden z. B. 500 cm³ Triäthanolamin mit 590 g Stearin in der Wärme digeriert u. die erhaltene M. unter mechan. Einw. in W. suspendiert. 225 g dieses Prod. werden mit 1000 g Al_2O_3 vermischt u. die M. geformt u. gebrannt. (**Schwz. P. 279 863** vom 15/10. 1948, ausg. 1/4. 1952. F. Prior. 10/12. 1947.) REINHART. 6219

Robert Bosch G. m. b. H., Stuttgart (Erfinder: **E. Klingler**), *Herstellung von keramischen Formkörpern.* Man verformt nichtplast., keram. Massen mit einem organ. Bindemittel durch Spritzgußverfahren. Hierbei soll das Bindemittel wenigstens teilweise ein härtbares Kunstharz, bes. ein Phenolformaldehydharz, sein, das beim Spritzgießen aushärtet. — Z. B. besteht die M. aus Korund mit Erdalkaliverbb. u. enthält auf 100 Teile M. 10—20 Teile Bindemittel aus Phenolformaldehydharz, Weichasphalt (Gemisch aus Bitumen u. Stearinsäure im Verhältnis 10:1) u. Teeröl im Verhältnis 6:3:4. (**Schwed. P. 132 862** vom 1/2. 1945, ausg. 4/9. 1951. D. Prior. 11/2. 1944.) JÜRGEN SCHMIDT. 6221

Steatite & Porcelain Products Ltd., übert. von: **Jack Woodcock** und **John K. Paridge,** Stourport-on-Severn, England, *Keramische Dielektrika.* Gemenge von TiO_2 mit 0,25—15% NiO, MgO u. gegebenenfalls CaO, SrO u. BaO, werden durch gemeinsames Vermahlen gemischt, geformt u. gebrannt. Das NiO wirkt als Flußmittel u. red. die Sintertemp. um 50—200°. Gegenüber der Anwendung der gebräuchlichen Flußmittel setzt es den dielektr. Verlustfaktor herab, ein zusätzlicher Geh. an ZrO_2 setzt den Temperaturkoeff. des Verlustfaktors herab. Der Geh. an NiO vermindert die Neigung des TiO_2, bei reduzierendem Brand Halbleitereigg. anzunehmen. (**A. P. 2 576 380** vom 10/11. 1948, ausg. 27/11. 1951. E. Prior. 17/11. 1947.) REINHART. 6221

George Edward Bessey, Watford, Hertfordshire, England, *Herstellung von Schaumbeton.* Zur Herst. eines Schaumbetons von erhöhter Festigkeit wird der üblicherweise als Zuschlagstoff für Zement oder Kalk verwendete feinverteilte Sand ganz oder zum Teil durch pulverisierte Kohlenasche ersetzt. Die mit W. angemachte Mischung wird unter Zusatz schaumbildender Stoffe in bekannter Weise geschäumt u. durch Wasserdampf gehärtet. (**E. P. 663 568** vom 3/12. 1948, ausg. 27/12. 1951.) HANS HOFFMANN. 6225

Leube-Werk K.-G. (Erfinder: **Emil Merz**), Nürnberg, *Herstellung von Schaumbeton.* Als Schaummittel für Zement oder Gips wird neben Leim, Harz- oder Schmierseifen gleichzeitig ein Zusatz von Keratinabbauprodd., gegebenenfalls in Ggw. von Abbindebeschleunigern u. gasentwickelnden Stoffen verwendet. (**D. B. P. 858 658** Kl. 80b vom 14/5. 1950, ausg. 8/12. 1952.) HANS HOFFMANN. 6225

Otto Anton Vieli, Rhazüns, **Paul Camenisch** und **Rudolf Ursprung**, Chur, Graubünden, Schweiz, *Herstellung von Schaumbeton.* Die wss. Lsg. eines koll. Schaummittels, wie Saponin, Quillayarindenabkochung, Alkylnaphthalinsulfonat, wird mechan. in Schaum übergeführt, der mit dem Mörtel unter Zusatz von $CaCl_2$ u. gegebenenfalls Na_2SO_4 oder $CuSO_4$ vermischt wird. Die entstehende plast. M. kann auf der Strangpresse verarbeitet werden. (**Schwz. P. 282 668** vom 17/2. 1950, ausg. 16/8. 1952.)
HANS HOFFMANN. 6225

Farbwerke Hoechst, vormals Meister Lucius & Brüning, Frankfurt/M.-Höchst (Erfinder: **Karl Dietz**, Kronberg/Taunus), *Herstellung selbsterhärtender Massen.* Flugaschen, wie sie bei der Wärmeerzeugung aus Industrieanlagen anfallen, werden mit bei der Zers. von CaC_2 entstehenden Kalkschlämmen gegebenenfalls unter Zusatz von W. vermischt. (**D. B. P. 859 426** Kl. 80b vom 2/8. 1942, ausg. 15/12. 1952.)
HANS HOFFMANN. 6227

Walter Thalhofer, Schweiz, *Aktivieren von Anhydrit.* Der Anhydrit wird mit Stoffen versetzt, die Mg-Oxychlorid (Magnesia- oder Sorelzement) bilden. Die Zusatzstoffe (Lsgg.) MgO u. $MgCl_2$ dürfen erst kurz vor oder während des Anrührens miteinander vereinigt werden. Das plast. Gemisch bindet gut ab zu einem Zement mit einer Festigkeit von 500 kg/cm² u. mehr. Empfohlen wird ein Verhältnis von 10—50 (20) Teilen MgO auf 10 Teile Anhydrit. (**F. P. 985 795** vom 9/5. 1949, ausg. 23/7. 1951. Schwz. Prior. 13/5. 1948.)
SCHREINER. 6227

Jean-Marcel-Reyester Duplay, Seine, Frankreich, *Dübelstab* aus Gips oder Zement, synthet. Kunstharz, das in A. u. in W. lösl. ist, u. A. mit Holzmehl, Walkererde, Bimssteinmehl oder Eisenfeilstaub als Füllstoffe. Der Stab ist so fest, daß man ihn im Augenblick der Benutzung in W. tauchen u. bequem in das zu verdübelnde Loch einführen kann. Dann läßt sich die Dübelmasse gut eindrücken. Nach der Verfestigung können Nägel, Schrauben usw. gut in der verdübelten Stelle befestigt werden. Der Stab wird vor Gebrauch zweckmäßigerweise mit Papier umhüllt gehalten. Die Dübelmasse kann auch zu Pillen, Tabletten u. dgl. geformt werden. (**F. P. 980 082** vom 9/12. 1948, ausg. 8/5. 1951.)
BEWERSDORF. 6227

Kaiser Gypsum Co., Oakland, übert. von: **Wallace R. Riddell**, Berkeley, und **George B. Kirk**, Redwood City, Calif., V. St. A., *Wasserabstoßende Gipsmischung.* Ein mit W. angemachter Gipsbrei wird mit einer Harzemulsion vermischt; schwerer sd. Rückstände der Petroldest. können der M. zugesetzt werden. Bezogen auf die Trockensubstanz soll die Mischung 0,5—2,0 (Gew.-%) Harz u. 2—10 Petrolrückstände enthalten. — Diagramm. (**A. P. 2 610 130** vom 10/7. 1950, ausg. 9/9. 1952.)
HANS HOFFMANN. 6227

Henry J. Kaiser Co., Nevada, übert. von: **Wallace C. Riddell**, Berkeley, und **Georg B. Kirk**, Redwood City, Calif., V. St. A., *Wasserabstoßende Gipsmischung.* Ein mit W. angemachter Gipsmörtel wird mit 0,5—2,0 (Gew.-%), bezogen auf die Trockensubstanz, Petrolwachs in Form einer wss. Emulsion u. mit 2—10 eines schwerer sd. Rückstandes der Petroldest., Kiefern- oder Kohlenteer vermischt. — Diagramme. (**A. P. 2 604 411** vom 10/7. 1950, ausg. 22/7. 1952.) HANS HOFFMANN. 6227

Canadian Gypsum Co. Ltd., Windsor, Novia Scotia, Can., übert. von: **Thomas P. Camp**, Arlington, Heights, Ill., V. St. A., *Wasserwiderstandsfähige Gipskörper*, bei denen die Gipskristalle mit einem Überzug von Asphalt versehen sind, der noch geringe Mengen Paraffinwachsteilchen dispergiert enthält. Das Verhältnis zwischen Asphalt u. Paraffinwachs ist 10:2. — Z. B. wird in einen Gipsbrei eine 15%ig. Asphaltemulsion mit ca. 20% Paraffinwachs eingemischt. Die M. wird in Formen gebracht u. bei wenigstens 150° F getrocknet u. dann abgekühlt. Es bildet sich ein Asphalt–Wachs-Film auf den Gipskristallen, u. das Endprod. ist wasserwiderstandsfähig. Verändert man das Verhältnis von Asphalt zu Paraffinwachs auf 10:1 u. fügt $<2\%$ Ätzalkali oder Erdalkalioxyd u. Portlandzement hinzu, so wird der Körper noch wasserwiderstandsfähiger. Ein noch größerer Vorteil kann erzielt werden, wenn für jeden Anteil Wachs 0,1 bis 0,8% Na_2SO_4 zugesetzt wird. (**Can. PP. 476 179** u. **476 180** vom 20/9. 1945, u. **476 181** vom 8/4. 1947, alle ausg. 21/8. 1951. A. Priorr. 30/3. 1945 u. 16/11. 1946.)
BEWERSDORF. 6227

Homogen Akt.-Ges., Dornach, Solothurn, Schweiz, *Herstellen von Gegenständen mit glänzender Oberfläche.* Ein bindemittelhaltiger Brei, z. B. mit einem Geh. an Zement, Gips oder hydraul. Kalk, wird auf eine glänzende, porenfreie Kontaktfläche gebracht u. dort gegebenenfalls unter Druck bis zum Erhärten gelassen. Die Kontaktfläche kann aus Glas, chromiertem Metall oder einem glasierten keram. Körper bestehen. Nach dem Ablösen von der Kontaktfläche zeigt der erhärtete Brei eine glänzende porenlose Oberfläche. Die Schicht aus bindemittelhaltigem Brei kann vor dem Erhärten mit Körpern, z. B. aus Beton, hinterlegt werden, um Betonplatten, Treppenstufen,

Fenstersimse oder dgl. mit glatter Oberfläche herzustellen. (**Schwz. P. 274 159** vom 17/2. 1949, ausg. 16/6. 1951.) REINHART. 6229

E. Juštšuk und **J. Juštšuk,** Enskede, Schweden, *Herstellung von Isolierplatten.* Man stellt eine Aufschlämmung aus groben Teilchen, wie Abfallspänen, Hobelspänen, gemahlenem Stroh oder gemahlener Rinde, u. teils feinverteilten Faserstoffen, wie Abfallpapier, Torf oder Zellstoff, her, preßt das W. in Zentrifugen derart ab, daß die feinverteilten Faserstoffe in Richtung gegen die Formoberfläche gedrückt werden u. hier eine dichte Schicht bilden zwischen den gröberen Teilchen, die sie auf diese Weise zusammenhalten. Die Platten werden dann getrocknet u. erwärmt, was auch gleichzeitig mit dem Zentrifugieren verbunden werden kann. (**Schwed. P. 132 844** vom 26/4. 1949, ausg. 4/9. 1951.) JÜRGEN SCHMIDT. 6229

Aktiebolaget Statens Skogsindustrier, Djursholm, Schweden (Erfinder: **E. H. B. Nyström**), *Herstellung von Massen für die Herstellung von Holzwollplatten.* Bei der Herst. von Platten aus Holzwolle, Zement u. W. wird die Holzwolle zunächst mit W. bespritzt oder anderweitig befeuchtet, das ein Netzmittel, bes. „Teepol", enthält. Dann läßt man das überschüssige W. ablaufen u. nun erst wird die Vermischung mit dem Zement vorgenommen. Man benötigt dann weniger W. zum Abbinden des Zementes u. erhält gleichmäßigere Platten, da die Holzwolle nicht mehr als die notwendige Wassermenge zurückhält. (**Schwed. P. 133 153** vom 11/3. 1949, ausg. 2/10. 1951.) JÜRGEN SCHMIDT. 6229

A. Magnani, Broni, Italien, *Herstellung von Faserstoffzementplatten.* Man stellt die Platten oder Bänder aus Faserstoffzement kontinuierlich her, indem man die M. sukzessive einem endlosen Band zuführt u. hier bis zur gewünschten Dicke aufträgt, dann verteilt, verformt u. preßt. Alle diese Maßnahmen erfolgen auf dem Band, das aus einer saugfähigen Unterlage besteht. In allen Phasen wird ein ständiges Absaugen der Fll. durch das Förderband vorgenommen. Man kann während der Verteilung, also nach Beendigung der Zuführung, dem Band auch eine Rüttelbewegung erteilen. — Zeichnungen. (**Schwed. P. 133 151** vom 9/9. 1940, ausg. 2/10. 1951. It. Priorr. 8/9. u. 29/9. 1939, 11/4. 1940 u. 5/8. 1941.) JÜRGEN SCHMIDT. 6229

Julian F. Beaudet, Lake George, N. Y., V. St. A., *Baustoff.* Sägemehl wird mit einem gegebenenfalls angesäuerten oder mit Alkali versetzten wasserlösl. Phenolkondensationsprod. (I) getränkt, das Material unter Härtung des Harzes auf 38—150° erhitzt, mit 33% Portlandzement ($CaSO_4$ oder Magnesit) vermischt u. mit W. angerührt. — Herst. von Platten, Stäben, Blöcken, Maschinensockeln u. dergleichen. Statt I kann auch Dimethylolharnstoff, Styrol-, Furfurol-, Resorcin- bzw. Lignin- oder Melaminharz verwendet werden. (**A. P. 2 594 280** vom 11/3. 1949, ausg. 29/4. 1952.) SALZMANN. 6229

Titan Co., Inc., New York, N. Y., V. St. A. (Erfinder: **W. B. Blumenthal**), *Herstellung von Schleifmitteln.* Eine Mischung von TiO_2 u. ZrO_2 im Molverhältnis von 1:9 bis 9:1, bes. 1:3 bis 3:1, wird bis zum Schmelzen, vorzugsweise im elektr. Lichtbogen, unter Zusatz von so viel Kohle erhitzt, daß ca. 98% des ursprünglichen O-Geh. entfernt werden, die M. jedoch nicht >15% an Gewicht verliert. Die Schmelze wird dann erkalten gelassen. Das fertige krist. Schleifmittel weist eine große D. von ca. 5,1 auf. (**Schwed. P. 135 551** vom 29/3. 1951, ausg. 29/4. 1952. A. Prior. 30/3. 1950.) JÜRGEN SCHMIDT. 6239

Siemens & Halske Akt.-Ges., Berlin und München (Erfinder: **Franz Hädgen,** Falkensee), *Schleifmassen für Oberflächenbehandlung,* bestehend aus Bleicherderückständen der Mineralölregenerierung u. einem Zusatz von ca. 10—40% Paraffin zuzüglich gegebenenfalls Mineral-Altölen. (**D. R. P. 744 852** Kl. 39b vom 29/6. 1941, ausg. 16/2. 1953.) SALZMANN. 6239

William Howard Mead, Oakland, Calif., V. St. A., *Reinigung von Oberflächen mit Schleifmitteln.* Man bearbeitet die Oberfläche mit einem Schleifmittel (I) unter Zuführung von Druckluft (II). Um die bearbeitete Stelle herum wird jedoch die Luft abgesaugt, damit keine I u. Verunreinigungen nach außen gelangen, dort stören u. überdies verloren gehen. Die vom äußeren Rand abgesaugten I werden aus der Saugluft wieder abgeschieden u. II wieder zugeführt. — Vorr., Zeichnung. (**N. P. 78 324** vom 11/9. 1945, ausg. 27/3. 1951.) JÜRGEN SCHMIDT. 6239

Norton Co., Worcester, übert. von: **Wallace L. Howe,** West Boylston, Mass., V. St. A., *Trockene, körnige Mischung für Schleifkörper,* bestehend aus Teilchen von hartem Material (SiC oder geschmolzenem Al_2O_3), von denen jedes durch eine beträchtliche Anzahl feiner Teilchen einer verglasenden M. aus keram. Bindemittel (Ton) u. Wachs (I) umgeben u. ferner mit einem Überzug aus feinem Mehl (II), pflanzlichem Samen entstammend, versehen ist; letzteres enthält mindestens 10 u. nicht mehr als

50% Fettsäureester. Der F. von I ist mindestens 130° F; es findet z. B. als Emulsion Anwendung. Als II wird Kerkerobutter enthaltendes Kerkeropulver genannt. — Brennen erfolgt im Ofen. (**A. P. 2 534 128** vom 30/7. 1949, ausg. 12/12. 1950. E. Prior. 30/8. 1948.) SCHREIBER. 6239

Norton Co., Worcester, übert. von: **Wallace L. Howe**, West Boylston, Mass., V. St. A., *Trockene, körnige Mischung für Schleifkörper*, bestehend aus Teilchen von hartem Material (SiC oder geschmolzenem Al_2O_3), von denen jedes durch eine beträchtliche Anzahl feiner Teilchen einer verglasenden M. aus keram. Bindemittel (Ton) u. Wachs (F. mindestens 130° F) umgeben u. ferner mit einem Überzug aus amorphem C versehen ist. — Brennen erfolgt im Ofen. (**A. P. 2 534 129** vom 28/6. 1949, ausg. 12/12. 1950.) SCHREIBER. 6239

VII. Agrikulturchemie. Schädlingsbekämpfung.

F. Scheffer und **G. Kemmler**, *Biologische Gasgewinnung aus Stallmist. Ihre Auswirkung auf die Qualität der wirtschaftseigenen Düngemittel.* Unterss. an einer nach dem Syst. SCHMIDT-EGGERSGLÜSS arbeitenden Anlage ergaben, daß bei der biol. Gasgewinnung ein dem Stallmist zumindest im Nährstoffgeh. überlegenes Düngemittel (*Bihu-Dung*) erzeugt wird. (Mitt. dtsch. Landwirtschafts-Ges. **68.** 27—29. 8/1. 1953. Göttingen.) WINIKER. 6294

M. Muñoz Taboadela, *Die Tonmineralogie einiger Böden von Spanien und von Rio Muni (Westafrika).* Unters. einiger trockener Kalkböden (einschließlich Terra rossa), andalus. Schwarzerden, Eisen-Humus-Podsole u. trop. Lehme auf ihren Mineralbestand. (J. Soil Sci. **4.** 48—55. Jan. 1953. Craigiebuckler, Aberdeen, Inst. for Soil Res.) ENSSLIN. 6300

Arkadiusz Musierowicz, *Beitrag zur Kenntnis der Kryptopodsolböden von Gebirgsrandgebieten.* Auf 3 voneinander entfernt liegenden Wiesen am Gebirgsrande wurden Proben entnommen. Bestimmt wurden Pflanzenbestand, mechan. Zus. (nach KOPECKY-ATTERBERG), physikal. u. chem. Eigg. (spezif. u. Volumgewicht, Wasserkapazität, Befeuchtungswärme, Acidität), chem. Zus. [N, C, Humus, anorgan. Gele (nach TAMM), 20%ig. HCl-Auszug], Düngerbedürfnis. Die Böden besitzen Kryptopodsolstruktur. (Roczniki Nauk rolniczych [Polish agric. Annu.] **54.** 631—47. 1950. Warschau, Hochschule für Landw., Inst. für Bodenkunde.) v. WILPERT. 6300

A. Karim, *Die pedologische Bedeutung des Titans.* Die Verteilung des Ti in den Tonfraktionen verschied. Horizonte eines Bodenprofils ergibt, daß das Element bei Podzolprozessen im A-Horizontton. Bei laterit. Bedingungen reichert Ti sich im B-Horizontton an. (J. Soil Sci. **4.** 56—58. Jan. 1953. Dacca, Univ., Pakistan.) ENSSLIN. 6304

J. B. Hester, F. A. Shelton und **R. L. Isaacs jr.**, *Der Einfluß chemischer Nährstoffe in Bodenhorizonten auf die Fruchtbarkeit.* In Gefäßverss. wurden verschied. Horizonte eines feinsandigen Elkton-Lehmbodens mit Tomaten u. Hafer als Versuchsfrüchte auf ihre Fruchtbarkeit untersucht. Der A-Horizont lieferte den Pflanzen die größten Mengen an N u. Phosphorsäure u. einen beträchtlichen Teil an Ca, K u. Mg. Der podsolierte Teil des A-Horizontes lieferte sehr geringe Mengen an Nährstoffen, jedoch etwas N u. beachtliche Mengen an Wasser. Der B- u. C-Horizont lieferten wenig N u. Phosphorsäure, jedoch erhebliche Mengen an K, Mg u. Wasser. Im C-Horizont ist jedoch so wenig freier Sauerstoff vorhanden, daß die Nährstoffe u. das W. von der Pflanze wenig genutzt werden können. (Farm Chemicals **115.** 19—23. Sept. 1952.) GRÜTZ. 6304

M. T. Vittum, *Anreicherung der Phosphorsäure im Boden.* Wegen der schnellen Festlegung der Phosphorsäure (I) im Boden kann selten mehr als 15—30% der zugefügten Menge von der Pflanze aufgenommen werden. Bei einem p_H-Wert des Bodens $<5,3$ wird I als für die Pflanze nicht aufnehmbares Al- u. Fe-Phosphat festgelegt. Bei steigenden p_H bis 6,0 wird I an die Bodenkolloide gebunden u. kann von dort zum Teil durch die Wurzelhaare resorbiert werden. Bei p_H 6,0—7,0 liegt I als Monocalcium- u. Monomagnesiumphosphat vor u. ist relativ gut pflanzenaufnehmbar. Bei $p_H > 7,0$ wird I als unlösl. Tricalciumphosphat festgelegt. Wenn dem Boden im Laufe der Jahre mehr I zugefügt als durch die Ernte entzogen wird, kann die Festlegungskapazität des Bodens für I abgesätt. u. pflanzenaufnehmbare I im Boden angereichert werden, wodurch eine Steigerung der Fruchtbarkeit des Bodens bedingt ist. Das N-K_2O-P_2O_5-Verhältnis der Mineraldüngung muß entsprechend dem Geh. an pflanzenaufnehmbarer I eingestellt werden. (Farm Chemicals **115.** 39—41. 63. Sept. 1952. Geneva, N. Y., State Agr. Exp. Stat.) GRÜTZ. 6304

O. T. Rotini, A. del Carratore, G. Lotti und **L. Carloni**, *Das Absorptionsvermögen des Ackerbodens für Metaphosphorsäure.* Verss. mit K verschied. Bodenarten ergaben, daß Ortho- u. Metaphosphorsäure in großer Menge u. nahezu sofort aufgenommen werden. Die Aufnahme des Metaphosphations war im Vgl. zum Orthophosphation stärker. (Chim. e Ind. [Milano] **34**. 711—14. Dez. 1952. Pisa, Ist. di Chim. Agraria del'l Univ.) GRIMME. 6304

Albert Demolon, Pierre Boischot und **Edwóge Tyszkiewicz,** *Über die Diffusion der löslichen Phosphorsäuredünger.* Die Geschwindigkeit der Diffusion von P_2O_5 in einem diskontinuierlichen Medium hängt im wesentlichen vom Grade der Durchfeuchtung ab. Sek. Rkk., die mit der Natur des Mediums in Verbindung stehen, haben nur einen geringen Einfluß. Die Körnung der Superphosphate verändert sein Verh. in dieser Hinsicht nicht. Sie ist nur insofern von Einfl., als sie die topograph. Verteilung der Konz. je nach der Größe der Körner modifiziert. Diese Lokalisation spielt bei der landwirtschaftlichen Verwendung granulierter Phosphate eine Rolle. (C. R. hebd. Séances Acad. Sci. **230**. 595—98. 13/2. 1950.) A. JACOB. 6304

Georg W. Felber, *Die Stickstoffdüngung der Reben.* Neben guter Stalldunggabe soll die N-Düngung nicht zu Beginn der Vegetation, sondern frühestens nach der Blüte, am besten erst im August gegeben werden. (Dtsch. Weinbau **8**. 188. 20/4. 1953. Frankfurt/M.) GRIMME. 6304

H. W. Gardner, *Die Wirkung einer Kopfdüngung von Stickstoff auf den Ertrag und Eiweißgehalt von Winterweizen.* Die Mehrerträge von 10 verschied. Winterweizensorten durch eine N-Gabe im Mai [1,5 cwt. $(NH_4)_2SO_4$/acre] waren sehr unterschiedlich u. sortenbedingt, ebenso auch die Zunahme des Eiweißgehaltes. Von der verabfolgten N-Menge konnten im Durchschnitt 26% im Kornertrag nachgewiesen werden. (Agriculture [London] **57**. 1—8. April 1950. St. Albans, Hertfordshire, Inst. of Agric.) WALTER SCHULTZE. 6304

E. N. Greer und **N. L. Kent,** *Die Wirkung einer Kopfdüngung von Stickstoff auf die Qualität von Winterweizen.* Sortenverss. ergaben, daß eine N-Kopfdüngung im Frühjahr keinen Einfl. auf die Mahl- u. Backfähigkeit von Winterweizen hat. Dagegen konnte bei 10 Sorten durchschnittlich eine geringe Erhöhung des Vitamin B_1-Geh. durch die Frühjahrsdüngung festgestellt werden. (Agriculture [London] **57**. 59—63. Mai 1950. St. Albans, Cereals Res. Stat.) WALTER SCHULTZE. 6304

Valeriano C. Calma und **Dimas L. Castro,** *Über den Einfluß des Zeitpunktes der Anwendung von Ammonsulfat auf den Maisertrag.* Die während der Pflanzzeit, sowie 3 u. 6 Wochen später verabfolgte Düngung wirkte sich in der nassen Jahreszeit (Mai–Sept.) nicht, in der trockenen Jahreszeit (Nov.—März) dagegen bei später Gabe nachteilig aus. (Philippine Agriculturist **34**. 116—20. Okt./Dez. 1950. Los Banos, Laguna Exper. Stat. of the Coll. of Agricult.) WALTER SCHULTZE. 6304

F. Martin, *Betrachtungen über die Düngung im Reisanbau.* Reis braucht zur günstigen Entw. vor allem einen genügenden CaO-Vorrat im Boden. Am besten bewährte sich eine Düngung von 500 (kg) CaO, 400 Dicalciumphosphat, 200 KCl u. 150 $(NH_4)_2SO_4$, pro ha. (Ind. agric. aliment. **70**. 99—105. Febr. 1953.) GRIMME. 6304

W. Schuphan, *Qualitätsverbesserung der Nahrungspflanzen durch harmonische Volldüngung.* Vf. bespricht die durch eine harmon. Volldüngung realisierbaren Qualitätsverbesserungen von für die menschliche Ernährung bestimmten Pflanzen u. nimmt gegen die Düngung mit ungeklärten Fäkalien Stellung. (Mitt. dtsch. Landwirtschafts-Ges. **68**. 186—89. 19/2. 1953. Geisenheim.) WINIKER. 6304

J. R. Neller, *Schwefelernährung der Pflanzen.* Weißklee benötigt zur guten Entw. einen genügenden S-Vorrat im Boden, der in der Regel durch Superphosphatdüngung gedeckt wird. Auf leichten, leicht auswaschbaren Böden empfiehlt sich eine Beidüngung von feingemahlenem Gips. (Farm Chemicals **115**. Nr. 12. 28—29. Dez. 1952.) GRIMME. 6304

E. J. Hewitt und **E. W. Jones,** *Der Einfluß von Zink- und Kupfermangel auf Feldfrüchte in Sandkulturen.* Eingehende Beschreibung der Technik zur Herst. von reinen Sandkulturen, sowie von Cu- u. Zn-freien Nährlsgg. durch Auswaschung mit einer 0,05%ig. Lsg. von Dithizon in redest. CCl_4. Vegetationsverss. mit Tomaten, Hafer, Schwedenklee, Zuckerrüben u. gelben Rüben lieferten bei Cu-Mangel nur 0,97—24,1% des n. Ertrages, bei Zn-Mangel 4,3—46,2%. Die visuellen Mangelsymptome werden näher beschrieben. (Annu. Rep. agric. horticult. Res. Stat., Long Ashton, Bristol **1950**. 56—63.) WALTER SCHULTZE. 6304

Anna Nowotny-Mieczyńska und **Zofia Wróblewska,** *Einfluß von Spurenelementen (Mangan und Bor) auf die Entwicklung der Tomaten.* Der Einfl. des Mangels an B u. bes. Mn auf die Ernährung von Tomaten wurde bei Wasserkulturen sowie unter n. Bedingungen [Topfverss. (Sand) u. Freilandverss. (Gartenerde mit Sandunterlage)] untersucht. — Die Mangelerscheinungen zeigten sich am deutlichsten bei den Wasserkulturen (sehr stark gehemmte Entw.), am wenigsten deutlich bei den Freilandverss. (Vorfrüchte: erst Bohnen, dann Spinat). Optimale Bedingungen: Topfverss. 7,5 mg Mn/je Pflanze; Freilandverss.: 250—500 mg Mn/ar ergaben 30% Mehrertrag an Früchten von 60—78 g Durchschnittsgewicht. Mehr Mn wirkte hemmend (Topf) oder reifeverzögernd (Freiland). Mangel an B wirkt sich noch stärker aus als Mn-Mangel. (Roczniki Nauk rolniczych [Polish agric. Annu.] **54**. 257—72. 1950. Pulawy, Wiss. Inst. für Landw., Bodenkundl. Fakultät, Abt. für Gemüse.) v. WILPERT. 6304

W. Sauerlandt, *Über die Wirkung des Bihudunges in Feldversuchen.* Vf. berichtet über erfolgreiche Feld- u. Wiesendüngungsverss. mit *Bihu-Dung* (Faulschlamm). (Mitt. dtsch. Landwirtschafts-Ges. **68**. 31. 8/1. 1953. Braunschweig-Völkenrode.) WINIKER. 6304

Philipp Rupp, *Die Chlorose der Weinberge und ihre Bekämpfung.* Vf. empfiehlt Verbesserung der Bodendurchlüftung durch flaches Unterbringen von Schlacken, Entkalkung durch Stalldung u. Kaligaben, Verbesserung der physikal. Bodenstruktur durch Aufbringen von Stadtmüll oder vergorenem Torf. Eine sorgfältige Bodenbearbeitung ist unerläßlich. (Dtsch. Weinbau **8**. 185—87. 20/4. 1953. Mainz.) GRIMME. 6304

C. Böhme-Skassa, *Bodenbürtige Kohlensäure.* Vf. weist darauf hin, daß eine sinnvolle u. planmäßige Lenkung der Bldg. von bodenbürtigem CO_2 für die Bodenfruchtbarkeit zum mindesten ebenso wichtig ist wie starke Gaben von Pflanzennährstoffen. (Mitt. dtsch. Landwirtschafts-Ges. **68**. 879—81. 20/8. 1953. Nörten-Hardenberg.) WINIKER. 6304

Zofia Niklewska-Gumińska, *Untersuchungen über Gemüsezucht in Nährlösungen.* In 2 Versuchsserien mit Tomaten, Gurken, Salat, Möhren, Kartoffeln wurden Parallelverss. durchgeführt, um festzustellen, ob die Erträge in Wasserkulturen oder unter natürlichen Bedingungen auf gedüngten Böden höher sind. Die Wasserkulturen bekamen die Versailler Düngesalzmischung $(NH_4)_2HPO_4$, $MgSO_4$, KNO_3, $Ca(NO_3)_2$, $FeCl_3$, KJ, H_3BO_3, $ZnSO_4$, $MnSO_4$; ein Teil der Versuchswassertöpfe bekam 10 bzw. 100 mg Humus, zu welchem Zweck Na-Humat u. Huminsäure aus Torf dargestellt wurden; die Bodenverss. wurden mit Komposterde, gegebenenfalls unter Humuszusatz durchgeführt, wobei der Humus auch Zusatzgaben von $FeCl_3$ u. $Fe(SO_4)_3$ erhielt. — Es zeigte sich, daß ein Durchlüften (Durchpumpen) der Pflanzennahrung überflüssig ist, wenn der Hauptteil der Wurzeln sich oberhalb der Nähr-Fl. befindet; das beste p_H der Nähr-Fl. liegt bei 5,8—7,4 (bestimmt mit einer Indicatormischung aus Thymol- u. Bromthymolblau, Methylrot, Phenolphthalein in A.). Ein Erwärmen der Nähr-Fl. ist nur bei Tempp. $<20^0$ zu empfehlen. Humuszusatz wirkte teils günstig, teils schädigend. Die reinen Salze konnten mit Erfolg durch techn. Salze ersetzt werden. Die Fruchterträge der Wasserkulturen lagen zum Teil über jenen auf Komposterde (um 50%). (Roczniki Nauk rolniczych [Polish agric. Annu.] **54**. 273—97. 1950. Posen, Univ., Lehrstuhl für Gartenbau.) v. WILPERT. 6304

O. Bode, *Untersuchungen zur Unterbrechung der Keimruhe bei Kartoffeln.* Verss. mit 20 verschied. Kartoffelsorten zeigten, daß sowohl mit 6%ig. Äthylenchlorhydrinlsg. als auch mit *Rindite* (Gemisch aus Äthylenchlorhydrin, Äthylenchlorid u. CCl_4 im Verhältnis 7:3:1) die natürliche Keimruhe unterbrochen werden kann. Auch bei beginnendem Abklingen der Keimruhe wirkte sich eine Behandlung für die meisten Sorten noch günstig aus. Stets war eine wesentliche Förderung der Augenstecklinge festzustellen. Zwischen den beiden Behandlungsmethoden wurden nur geringfügige Unterschiede festgestellt. (Nachrichtenbl. dtsch. Pflanzenschutzdienstes [Braunschweig] **2**. 183—86. Dez. 1950.) WINIKER. 6312

G. E. Blackman, *Selektive Toxizität und die Entwicklung selektiver Unkrautbekämpfungsmittel.* Allg. Ausführungen. — 10 Literaturhinweise. (Manufact. Chemist **21**. 161 bis 64. April 1950. Oxford, Univ.) A. JACOB. 6312

W. Petersen, *Diesjährige Erfahrungen bei der Unkrautbekämpfung.* Es wurde beobachtet, daß Wuchsstoffmittel nur dann unkrautvernichtend wirken, wenn das Unkraut schnell u. zügig wächst. In Zeiten von Wachstumsstockungen, die durch ungünstiges Wetter, durch zu große Trockenheit oder Kälte hervorgerufen werden, versagen sie völlig. (Mitt. dtsch. Landwirtschafts-Ges. **68**. 857—58. 13/8. 1953. Bevensen.) WINIKER. 6312

K. Holly, E. K. Woodford und **G. E. Blackman,** *Bekämpfung einiger perennierender Unkräuter auf Dauerwiesen mit selektiven Herbiciden.* Bericht über erfolgreiche Verss. bei der Bekämpfung perennierender Unkräuter, z. B. Hahnenfuß, Distel, Jakobskraut mit MCPA-, 2.4-D- u. 2.4.5-T-Mitteln. (Agriculture [London] **59**. 19—23. April 1952. Oxford, Agric. Res. Council's Unit of Exp. Agronomy, Dep. of Agricult.) GROH. 6312

T. E. Maki und **R. M. Allen,** *Verwendung von Allylalkohol für die Unkrautbekämpfung in Wald-Baumschulen.* Mit Allylalkohol (1 Vol. in ca. 208 Voll./W.) konnten Unkräuter ohne Schädigung der jungen Pflänzchen erfolgreich bekämpft werden. Die Hauptnachteile des Verf. bestehen darin, daß die Anwendung Zeit braucht (zwischen Behandlung u. Aussaat müssen mindestens 5 Tage liegen) u. daß starker Regen u. Wind die Beetoberflächen nach der Behandlung verunreinigen können. (J. Forestry **50.** 470—71. Juni 1952. New Orleans, La., U. S. Forest Serv., Southern Forest Exp. Stat.) GROH. 6312

J. P. Martin, R. C. Baines und **Fred Foote,** *Bodenbegasung bei Citrusneupflanzungen.* Bericht über Entwesungsverss. auf Citrusböden vor der Neuanpflanzung. Geprüft wurden CS_2, Chlorpikrin, D–D-Gemisch (Dichlorpropen + Dichlorpropan), Äthylendichlorid u. -bromid, Methylbromid u. Chlorbrompropen. Hierbei bewährte sich das D–D-Gemisch am besten (Anwendung 3—6 Monate vor der Neupflanzung). (Calif. Citrograph **38.** 216—18. April 1953.) GRIMME. 6312

A. B. Hadaway und **F. Barlow,** *Untersuchungen an wässerigen Suspensionen von Insekticiden.* (1. Mitt.). Moskitos wurden für kurze Zeit mit Ablagerungen aus wss. Insekticidsuspensionen auf Gipsblöcken in Berührung gebracht. Es wurde festgestellt, daß die Größe von DDT-Kristallen in Beziehung zu ihrer insekticiden Wirksamkeit steht. Kleine Kristalle sind wirksamer als große. Optimal wirksam waren auf Gips Teilchen von 10—20 μ. Des weiteren haben Form u. M. der Kristalle sowie die Art der Unterlage einen Einfl. auf die insekticide Wirkung. Die Beziehung zwischen Teilchengröße u. Wirksamkeit gilt auch für *Methoxychlor* u. *DDD,* weniger für *Compound 497* u. *γ-Hexachlorcyclohexan.* (Bull. entomol. Res. **41.** 603—22. Febr. 1951. Porton, Colon. Insecticide Res. Unit.) DÖHRING. 6312

F. Barlow und **A. B. Hadaway,** *Untersuchungen an wässerigen Suspensionen von Insekticiden.* 2. Mitt. *Quantitative Bestimmungen der aufgenommenen und gespeicherten DDT-Mengen.* (1. vgl. vorst. Ref.) Als Testobjekt dienten 3 Tage alte weibliche *Aedes aegypti* u. 1—3 Tage alte *Glossina palpalis.* Wss. Suspensionen von *DDT*-Kristallen verschied. Größe wurden auf eine feste Unterlage aufgespritzt, die dann von Insekten überlaufen wurde. Diese Insekten wurden mit geeigneten Lösungsmitteln behandelt u. so wurde die individuelle DDT-Aufnahme bestimmt. Die Wrkg. des aufgenommenen DDT nimmt bei Moskitos mit abnehmender Partikelgröße zu. Partikel in der Größe bis 20 μ werden besser gespeichert als größere. (Bull. entomol. Res. **42.** 769—77. Jan. 1952. Porton, Colon. Insecticides Res. Unit.) LÜPNITZ. 6312

A. B. Hadaway und **F. Barlow,** *Untersuchungen an wässerigen Suspensionen von Insekticiden.* 3. Mitt. *Faktoren, die die Beständigkeit einiger synthetischer Insekticide beeinflussen.* (2. vgl. vorst. Ref.) Untersucht wurden an Aedes aegypti die Eigg. von DDT (**I**), γ-BHC (**II**), Aldrin (**III**) u. Dieldrin (**IV**). Die Wirksamkeit dieser Substanzen ist abhängig von dem Material, das als Unterlage dient. Es wurde bes. das Verh. auf Mörtelblöcken bestimmt, wobei der Einfl. der Atmosphäre u. der physikal. Eigg. der Substanzen beachtet wurde. Es besteht ein umgekehrtes Verhältnis zwischen der Partikelgröße u. der Initialtoxizität, andererseits nimmt der Einfl. der Partikelgröße ab, wenn die tatsächliche Wirksamkeit der Substanzen zunimmt. Demzufolge kann in bezug auf unmittelbare Kontaktinsekticidität folgende Reihenfolge aufgestellt werden: **IV** > **II** > **III** > **I**. Der Verdampfungseffekt der Substanzen wächst mit abnehmender Partikelgröße (**II** > **III** > **IV** > **I**). Die Beständigkeit der Substanzen wächst mit der Partikelgröße. Bei einer gegebenen Partikelgröße wird folgende Reihenfolge der Beständigkeit ermittelt: **I** > **IV** > **II** > **III**. (Bull. entomol. Res. **43.** 281—311. Juli 1952.) LÜPNITZ. 6312

N. Raucourt und **A. Dupire,** *Das Insekticid Hexachlorcyclohexan.* Überblick über Herst., Eigg., Toxizität u. Anwendung. (Ind. chimique **40.** 193—97. Juli 1953.) WINIKER. 6312

Jacques d'Aguilar, *Bemerkungen über die Dauerwirkung von Hexachlorcyclohexan.* Im Boden verbliebenes Hexachlorcyclohexan erwies sich noch nach 4 Jahren als für Agriotes-Larven giftig. (C. R. hebd. Séances Acad. Sci. **231.** 1352—54. 6/12. 1950.) LIEBNER. 6312

Wolfdietrich Eichler, *Nochmals: „Fragen der DDT-Laboratoriumstechnik".* Ergänzend zu der C. **1951.** II. 2242 referierten Arbeit weitere Bemerkungen bes. über den „Drosophila-Test" u. „Entdedetisierung". (Zbl. Bakteriol., Parasitenkunde, Infektionskrankh. Hyg., I. Abt., Orig. **158.** 127—28. 12/5. 1952. Leipzig, Univ., Parasitolog. Inst.) LIEBNER. 6312

A. G. Thomson, *Bekämpfung von Schmeißfliegen.* Überblick über geeignete Maßnahmen zur Schmeißfliegenbekämpfung mit DDT. (Food **22.** 106—07. 99. März 1953.) FRESENIUS. 6312

J. C. Gaines und **R. L. Hanna,** *Heuschreckenbekämpfung.* Zur Bekämpfung von Melanoplus differentialis Thos. waren *Aldrin* u. *Dieldrin* wirksamer als *Chlordan, Toxaphen* u. *Compound 1189* (oxydiertes Dimeres des Hexachlorcyclopentadiens). (J. econ. Entomol. **44.** 116—17. Febr. 1951. Texas Agricult. Exp. Stat., Coll. Stat.) LIEBNER. 6312

R. A. E. Galley, *Die Stellung von Dinitrophenolen und organischen Phosphorverbindungen in der Landwirtschaft.* Vf. berichtet über die Anwendungsformen, -möglichkeiten, Giftigkeit usw. des 3.5-Dinitro-o-kresols u. des p-Nitrophenyldiäthylthiophosphats (Parathion, E 605). Es wird bes. auf die Gefährlichkeit der Anwendung der giftigen Mittel als hochkonz. Sprühmittel hingewiesen. (Proc. Roy. Soc. Med. **45.** 567—69. Sept. 1952.) KNÖPKE. 6312

Sigbert Mehl, *Die Bekämpfung der Ratten mit Cumarinmitteln.* Allg. Ausführungen. (Dtsch. Drogisten-Ztg. **8.** 346—48. 15/7. 1953. München, Bayer. Landesanst. für Pflanzenbau u. Pflanzenschutz.) WINIKER. 6312

—, *Messung der Dichte und der Feuchtigkeit des Erdbodens.* Kurze Beschreibung zweier neuer Methoden zur Best. der D. u. des Feuchtigkeitsgeh. des Erdbodens. Die erste von R. K. BERHARD u. D. BERDAN (Rutgers Univ.) entwickelte Meth. benutzt die Durchlässigkeit für γ-Strahlung, die zweite von D. J. BELCHER, T. R. CUYKENDALL u. H. S. SACK (Cornell Univ.) benutzt die Streuung von Neutronen u. γ-Strahlung. (Nucleonics **8.** Nr. 4. 78—80. April 1951.) V. HARLEM. 6324

H. Jacobs und **Oey Yauw Hong,** *Die Gehaltsbestimmung von DDT.* Die Verff. zur Unters. von DDT werden krit. besprochen. Das von GUNTHER empfohlene Verf. der argentometr. Best. des Cl-Ions gibt zu hohe Werte. Richtige Werte werden gefunden, wenn man die zu untersuchende Probe mit 0,1nKOH bei Zimmer- statt bei Siedetemp. behandelt. — Unter den colorimetr. Verff. verdient die von SCHECHTER angegebene Arbeitsweise (Farb-Rk. des nitrierten DDT mit Na-Methylat) den Vorzug. (Chem. Weekbl. **46.** 501—04. 8/7. 1950. Buitenzorg, Indonesien, Labor. voor Scheikundig Onderzoek.) WESLY. 6328

United States of America, übert. von: **John M. Shaw** und **Thomas R. Bartley,** Denver, Colo., und **Richard S. Rosenfels,** Richland, Wash., V. St. A., *Vernichtung von Wasserunkräutern.* In Kanälen u. Entwässerungsanlagen wachsende Unterwasserunkräuter, z. B. *Zannichellia palustris, Potamogeton pectinatus, Anacharis, Myriophyllum, Cerataphyllum, Ranunculus* u. dgl., werden mittels eines Gemisches aus aromat. KW-stoffen, z. B. *Kohlenteernaphtha, Xylolen, Isopropylbenzol, Methyläthylbenzol, Tri-, Tetra-, Penta-, Hexamethylbenzol* u. dgl., u. einem Emulgator, z. B. sulfoniertem Petroleum oder Ricinusöl, das unter hohem Druck mittels Düsen unter W. zerstäubt wird, vernichtet. Konzz. 125—300 p.p.m. (**A. P. 2 600 436** vom 31/8. 1948, ausg. 17/6. 1952.) KARST. 6313

Standard Oil Co., Chicago, Ill., übert. von: **Loyd Q. Boyd,** Hammond, Ind., und **Albert A. Endres,** Homewood, Ill., V. St. A., *Unkrautvertilgungsmittel.* In Tennisplätzen u. dgl. werden unerwünschte Grasarten, z. B. *Digitaria sanguinalis* u. *Digitaria ischaemum,* mittels Fll. bekämpft, die Thiocyanester oder -äther enthalten. Beispiele: *β-Butoxy-β'-thiocyandiäthyläther, β.β'-Dithiocyandiäthyläther* u. *Isobornylthiocyanacetat.* Als Träger-Fll. dienen bes. KW-stoffdestillate, die zwischen ca. 180—260° sieden. (**A. P. 2 608 479** vom 27/10. 1950, ausg. 26/8. 1952.) KARST. 6313

Maurice McGill Wright, New Plymouth, Neuseeland, *Unkrautvernichtungsmittel.* Man mischt dem noch feuchten Gemisch aus H_2SO_4 u. Rohphosphat (zwecks Superphosphatherst.) 0,1% eines Unkrautvernichtungsmittels, z. B. des Na-Salzes der 2.4-Dichlorphenoxyessigsäure, zu. (**E. P. 689 819** vom 22/3. 1951, ausg. 8/4. 1953. Neuseel. Priorr. 29/3. u. 15/9. 1950.) NEBELSIEK. 6313

Maurice McGill Wright, New Plymouth, Neuseeland, *Unkrautvernichtungsmittel,* das bes. zur Verteilung vom Flugzeug aus geeignet ist. Man fügt zu einem Gemisch aus einem üblichen Trägerstoff, z. B. pulverisiertem Kalk, u. einem Düngemittel, z. B. Superphosphat, noch 0,1% eines Unkrautvernichtungsmittels, z. B. des Na-Salzes der 2.4-Dichlorphenoxyessigsäure, zu u. granuliert die Mischung. (**E. P. 689 820** vom 22/3. 1951, ausg. 8/4. 1953. Neuseel. Priorr. 29/3. u. 15/9. 1950 u. 5/3. 1951.) NEBELSIEK. 6313

Ruhrchemie Akt.-Ges., Oberhausen-Holten, *Künstliche Düngemittel unter Zusatz von Unkrautbekämpfungsmitteln.* Künstliche Düngemittel, bes. *Kalkammonsalpeter,* werden mit Einpuderungsstoffen, z. B. Kieselgur, behandelt, die vorher mit Unkrautvertilgungsmitteln, wie 2.4.5-Trichlorphenylessigsäure oder 2.4-Dichlorphenoxyessigsäure oder 2-Methyl-4-chlorphenoxyessigsäure oder deren Salzen, vermischt worden sind. Den Unkrautvertilgungsmitteln kann auch capillarakt. Al_2O_3 zugemischt werden. (**Oe. P. 173 710** vom 9/10. 1950, ausg. 26/1. 1953. D. Priorr. 12/10. u. 17/10. 1949.) WITTHOLZ. 6313

American Cyanamid Co., New York, N. Y., übert. von: **Kenneth G. Nolan**, South Norwalk, und **John H. Fletcher**, Riverside, Conn., V. St. A., *Fungicide Mittel.* Als akt. Stoffe enthalten die Mittel Thiophene der nebenst. allg. Formel, in der Y für Halogen, X für NO_2, m für 1—3, n für 1—2 stehen u. m + n 2—4 sind, im Gemisch mit staubförmigen Trägerstoffen. — Beispiele: *2-Chlorthiophen, Tetrachlorthiophen, 2.5-Dijodthiophen, 5-Chlor-2.3.4-tribromthiophen, 2.5-Dichlor-3.4-dinitrothiophen* u. dergleichen. Die Mittel dienen bes. zum Schutz von Saatgut. (**A. P. 2 600 126** vom 7/5. 1947, ausg. 10/6. 1952.) KARST. 6313

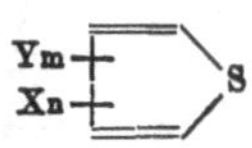

Reilly Tar & Chemical Corp., Indianapolis, Ind., V. St. A., *Fungicides Mittel*, bestehend aus einem Alkylcyclohexylmethylpyridin u. einem Trägerstoff, z. B. Talk oder Bentonit. — Beispiele. (**E. P. 666 730** vom 14/4. 1949, ausg. 20/2. 1952.) KETTNER. 6313

Standard Oil Development Co., Elizabeth, N. J., übert. von: **Albert J. Shmidl**, Greens Rayon, Tex., V. St. A., *Fungicides und insekticides Mittel*, das als Wirkstoff halogeniertes, bes. chloriertes Durochinon mit ca. 54,5 Gew.-% Cl, das an die nichtaromat. C-Atome gebunden ist, enthält, zweckmäßig zu 1—10% in einem KW-stoff, wie Bzl., Toluol oder Xylol, gelöst u. dann in W. mit 0,1—1,0% eines üblichen Netzmittels dispergiert. (**A. P. 2 615 827** vom 3/1. 1950, ausg. 28/10. 1952.) GRÄGER. 6313

N. V. de Bataafsche Petroleum Mij., Den Haag, Holland, *Fungicides und insekticides Mittel*, bestehend aus prim. Thiocyanaten, die aus einer Mischung von 6 oder mehr C-Atome enthaltenden Oxoalkoholen hergestellt wurden, in Verbindung mit Emulgier-, Füll- u. Lösungsmitteln. — Beispiele. (**E. P. 666 998** vom 26/1. 1949, ausg. 20/2. 1952. Holl. Prior. 27/1. 1948.) KETTNER. 6313

Sun Oil Co., Philadelphia, übert. von: **Herbert L. Johnson**, Media, und **Archibald P. Stuart**, Norwood, Pa., V. St. A., *Schädlingsbekämpfungsmittel*, bes. gegen Larven des gemeinen Blütenkäfers, bestehend aus 1.2.3.4-Tetrachlorbutan, gelöst in CCl_4 oder verd. mit Talkum. (**A. P. 2 620 291** vom 26/12. 1947, ausg. 2/12. 1952.) NEBELSIEK. 6313

Isotope Developments Ltd. und **Kenneth Fearnside**, London, England, *Insektenbekämpfungsmittel*, bestehend aus DDT oder einem ähnlichen chlorierten organ. Insekticid, dem zur Erleichterung seines Nachw. im Schmutz der behandelten Tiere eine radioakt. Verb., z. B. radioakt. $NaSbO_2$, beigemischt ist. (**E. P. 683 433** vom 27/6. 1950, ausg. 26/11. 1952.) KRANZ. 6313

Imperial Chemical Industries Ltd., London, England, *Herstellung von Benzolhexachlorid* mit einem Geh. des *γ-Isomeren* von mindestens 20 Gew.-% durch Einleiten von Chlor in ein fl. Gemisch von Bzl. u. einem Lösungs- oder Verdünnungsmittel einschließlich partiell oder vollständig chlorierter KW-stoffe, in Ggw. von aktin. Licht u. in Abwesenheit von Verzögerern, wie Sauerstoff, der Additions-Rk. zwischen Bzl. u. Cl_2, bei einer Temp. zwischen dem Kristallisationspunkt des reinen Bzl. u. des Benzollösungsmittelgemisches, dad. gek., daß das Lösungsm. ein partiell chlorierter aliphat. KW-stoff ist, u. die Reaktionstemp. zwischen 0 u. —50° liegt, wobei das Verhältnis des Lösungsm. zum Bzl. bes. ca. 3 : 1 beträgt. — Als partiell chlorierte aliphat. KW-stoffe werden ein oder mehrere der folgenden Lösungsmittel verwendet: CH_3Cl, $CHCl_3$, CH_2Cl_2, C_2H_5Cl, 1.1-Dichloräthan, Äthylendichlorid, 1.1.2-Trichloräthan, Propylendichlorid, 1-Chlor-1-methylpropan, Butylchlorid, tert.-Butylchlorid, Monofluordichlormethan, 1.2-Dichlorisobutan oder 1.1-Difluor-1.2-dichloräthan. (**Oe. P. 174 056** vom 6/2. 1951, ausg. 25/2. 1953. E. Priorr. 6/2. u. 21/8. 1950.) M. F. MÜLLER. 6313

N. V. de Bataafsche Petroleum Mij., Den Haag, Holland, *Insekticides Mittel*, bestehend aus einem Kontaktinsekticid, z. B. 2.2-Bis-(p-chlorphenyl)-1.1.1-trichloräthan oder Hexachlorcyclohexan, dispergiert in einer organ., mit W. nicht mischbaren Fl., z. B. einem leichten KW-stoff–Schmieröl-Destillat, wie Spindelöl, einem Emulgiermittel, z. B. einem Kondensationsprod. von Äthylenoxyd u. einem Alkylphenol u. einer geringen Menge Wasser. (**E. P. 666 109** vom 21/10. 1949, ausg. 6/2. 1952. Holl. Prior. 25/10. 1948.) NEBELSIEK. 6313

Farbwerke Hoechst, vormals Meister Lucius & Brüning, Frankfurt/M.-Höchst (Erfinder: **Aloys Giltges**, Krefeld), *Insektenbekämpfung* durch Verwendung von ***halogenierten*** *Carbonsäureestern von Phenolen* allein oder im Gemisch mit anderen wirksamen oder inerten Stoffen zur Bekämpfung von Insekten aller Art sowie deren Entwicklungsstadien. — Beispiele: ***Essigsäure-2,4-dichlornaphtylester, Buttersäure-2,4-dibromnaphthyl-***

ester, Oxalsäuredibromphenylester, Adipinsäuredi-trichlorphenylester, Monochloressigsäurephenylester u. *2.5-Dichlorbenzoesäurepentachlorphenylester.* Konz ca. ½—5%. Bes. wirksam gegen *Motten, Kleiderläuse, Wanzen, Fliegen, Mücken* u. *Ameisen.* (**D. B. P. 874 088** Kl. 45l vom 29/11. 1944, ausg. 20/4. 1953.) KARST. 6313

Dow Chemical Co. (Erfinder: **John N. Hansen** und **Frank B. Smith**), Midland, Mich., V. St. A., *Herstellung von Aminsalzen von Dinitrophenolen.* Ein gegebenenfalls durch KW-stoffreste substituiertes 2.4-Dinitrophenol wird mit einem aliphat. Amin Alkyl—NX_2 (X = H oder Alkyl mit mindestens 3 C-Atomen) in Ggw. eines organ. Lösungsm. umgesetzt. — Es werden dargestellt: *Salze* des *2.4-Dinitro-6-cyclohexylphenols* mit *n-Octylamin,* F. 160—161,5°; *Dodecylamin,* F. 162,5—164°; *Di-n-butylamin,* F. 123—124°; *Amylamin,* F. 184—186°; *Diamylamin,* F. 86—96°; *n-Decylamin,* F. 159,2°; *Tri-n-butylamin,* F. 65—68°. Ferner das *n-Decylaminsalz* des *2.4-Dinitrophenols,* F. 101°, u. das *n-Octylaminsalz* des *2.4-Dinitro-6-methylphenols,* F. 65—86°. — *Insekticide* u. *Fungicide.* (**D. B. P. 885 546** Kl. 12q vom 28/9. 1950, ausg. 6/8. 1953. A. Prior. 29/8. 1941.) FABEL. 6313

N. V. de Bataafsche Petroleum Mij., Den Haag, Holland, *Insekticides Mittel,* bestehend aus einem organ. Lösungsm., z. B. Kerosin oder Tetrahydronaphthalin, in welchem DDT oder ein entsprechendes Fluor-, Methyl- oder Methoxyphenylderiv. u. ein Cumaronharz oder harzartiges Prod., das vom Cumaron abgeleitet ist, z. B. Cumaron–Styrol- oder Cumaron–Inden-Harz, gelöst sind, zusammen mit einem Emulgiermittel, z. B. Casein. (**E. P. 675 231** vom 23/12. 1949, ausg. 9/7. 1952. Holl. Prior. 24/12. 1948.) NEBELSIEK. 6313

Pierre Doyle, Frankreich, *Fliegenfänger.* Eine Lsg. von Kolophonium oder Kautschuk in Mineralöl wird mit ZnO gefärbt u. ihr dann DDT oder andere rasch wirkende Insekticide zugesetzt. Durch die weiße Farbe sollen die Fliegen angelockt werden. (**F. P. 1 000 872** vom 28/11. 1949, ausg. 18/2. 1952.) WITTHOLZ. 6313

Farbwerke Hoechst, vormals Meister Lucius & Brüning (Erfinder: **Kaspar Pfaff, Michael Erlenbach** und **Werner Gelmroth**), Frankfurt/M.-Höchst, *Schädlingsbekämpfungsmittel,* gek. durch den Geh. an dem Einwirkungsprod. einer anorgan. oder organ. Base oder eines gegebenenfalls substituierten KW-stoffes auf ein Nitrocarbazol, das noch weiter substituiert sein kann, u. gegebenenfalls an Zusatzstoffen, wie Netz-, Dispergier- u. Haftmitteln u. weiteren Fungiciden. — Beispiele: *Tetranitrocarbazol-K, Monochlor-3.6-dinitrocarbazol-K, 1.8-Dichlor-3.6-dinitrocarbazol-K* u. *Dibromdinitrocarbazol-Na.* Konz. ca. 1—10%. Zur Bekämpfung von *Fliegen, Maden, Raupen, Heu-* u. *Sauerwurm* bes. geeignet. (**D. B. P. 871 976** Kl. 45l vom 20/2. 1941, ausg. 26/3. 1953.) KARST. 6313

Artur Henry Lanner und **Skandinaviska Anilinverken, Henry Lanner,** Stockholm, Schweden (Erfinder: **H. M. Kindahl**), *Mittel zum Vertilgen von Ameisen und anderen Insekten.* Das Mittel enthält ein Nitril u. eine Zuckerart, z. B. besteht es aus einer Lsg. von 10% $NaNO_2$ u. 5% Rohrzucker, Glucose oder Dextrin. Das Mittel wirkt sehr schnell, da durch die Ameisensäure der Ameisen die Nitrite versetzt werden unter Entw. von nitrosen Gasen. (**Schwed. P. 134 779** vom 27/4. 1950, ausg. 4/3. 1952.) JÜRGEN SCHMIDT. 6313

Sorex-Ltd., London, England, *Schädlingsbekämpfungsmittel* gegen schädliche Säugetiere, bes. Ratten u. Mäuse, bestehend aus einem üblichen Köderstoff, der mit einem in W. aufgelösten Alkalisalz des 3-(1-Phenyl-2-acetyläthyl)-4-oxycumarins (genannt 3.4-Cumarol) getränkt ist. — Beispiele. (**E. P. 683 986** vom 25/9. 1950, ausg. 10/12. 1952.) NEBELSIEK. 6313

Riedel-de-Haën Akt.-Ges. (Erfinder: **Friedrich Boedecker** und **Konrad Schulze**), Berlin, *Metallphosphidpaste,* bes. zur *Bekämpfung* von *Nagetieren.* Die Schwierigkeit bei der Verwendung ist die leichte Zersetzbarkeit des hauptsächlich verwendeten Zn-Phosphids. Man verarbeitet es daher mit hochmol. KW-stoffen, z. B. Vaseline, zu einer Paste u. vermischt diese mit Köderstoffen, z. B. Kartoffelbrei. (**D. B. P. 880 817** Kl. 45l vom 15/11. 1944, ausg. 25/6. 1953.) NEBELSIEK. 6313

Kenneth D. Roeder, ed. Insect physiology. New York: Wiley. 1953. (1114 S. m. Abb., Diagr.) $ 15,—.

VIII. Metallurgie. Metallographie. Metallverarbeitung.

H. Flügel, *Geschichte, Ausdehnung und Produktion der Blei–Zink-Abbaue des Grazer Paläozoikums.* 3. Mitt. *Die Baue zwischen Groß-Stübing und Rabenstein.* (Vgl. C. **1952.** 5640.) Nach Erörterung des geolog. Baues dieses Raumes werden die Blei–Zink-Abbaue Rabenstein, Arzwaldgraben-Guggenbach u. Groß-Stübing sowie der Schwefelkiesbergbau Groß-Stübing besprochen. — Schrifttumsangaben. (Berg- u. hüttenmänn. Mh. montan. Hochschschule Leoben **98.** 61—68. April 1953. Graz, TH.) PAHL. 6360

Andreas Thurner, *Das Erzfeld „Niedere Tauern".* Überblick über den heutigen Stand der geolog. u. bergbaulichen Kenntnisse der Tauern-Erzlagerstätten Schladming, Walchen, Pusterwald, Oberzeiring u. Flatschach. Vf. kommt zu dem Schluß, daß in den tekton. bes. beanspruchten Zonen neue Erzfelder gefunden werden können. Wegen der Ähnlichkeit der Niederen mit den Hohen Tauern in bezug auf die Stellung der granitenen Gesteine besteht auch Hoffnung, radioakt. Substanzen u. Wässer zu erhalten. — Schrifttumsangaben. (Montan-Ztg. **69.** 87—92. Juni 1953. Graz.) PAHL. 6360

I. S. Margolin (unter experimenteller Mitarbeit von **A. G. Sujewa**), *Zur Methodik der Beurteilung von mechanischen Eigenschaften schwerer Suspensionen bei der Trennung von Mineralien nach ihrem spezifischen Gewicht.* Zur Beurteilung der technol. Eigg. der für die Mineralscheidung angewandten Ferrosiliciumsuspension der D. 2,5—3,2 bestimmt Vf. direkt mit Hilfe eines Plastometers den Widerstand, dem das Erzkorn bei der langsamen Bewegung in der Suspension begegnet. Diese Bewegung wird durch die Verschiebung einer dünnen Platte im Aufstrom nachgebildet. Die Platte besitzt die gleiche spezif. Oberfläche wie das Erzkorn. Durch Vgl. des effektiven D. der Platte u. des schwersten im Scheideapp. aufgestiegenen Erzkorns kann das Ergebnis der Scheidung in der gegebenen Suspension nach den Anreicherungskurven vorausgesagt werden. Vf. bespricht ferner den Einfl. des Peptisators (Bentonit, Phosphat). (Доклады Академии Наук СССР [Ber. Akad. Wiss. UdSSR] [N. S.] **89.** 117—20. 1/3. 1953. Staatl. Wiss. Forschungsinst. für Hütten- u. chem. Rohmaterialien.) LEBTAG. 6362

Hans Schiffers, *Ein Beitrag zu den Verbrennungsvorgängen im Kupolofen.* Untersucht werden die Verbrennungsvorgänge im Kupolofen sowie die Rkk. der Kohlenoxyde von den Düsen bis zur Gicht. Es wird ein Reaktionssyst. aufgestellt, nach dem die Rkk., Oxydationen u. Redd. verlaufen müssen, wenn sie mit dem Prinzip des kleinsten Zwanges in Einklang stehen sollen. Es zeigte sich, daß im Kupolofen zwei Reaktionszonen zu berücksichtigen sind, nämlich die Windzone, in der freier O_2 vorhanden ist, u. die Erhitzungszone, in der nur noch Umsetzungen nach $C + CO_2 \rightleftharpoons 2\,CO$ möglich sind. In der letzteren würden die Umsetzungen bei geringer Geschwindigkeit der Gase im Ofen nach dem von GUMZ für C-Luft aufgestellten Diagramm nach BOUDOUARD verlaufen. Die Kurven sind jedoch verzerrt, weil die große Gasgeschwindigkeit bei den niederen Tempp., bes. in der oberen Erhitzungszone, die Gleichgewichtseinstellung verhindert. Rechner. wurde festgestellt, daß im Augenblick des restlosen O_2-Verbrauchs das im Schachtofen entstand ene Gas eine Zus. von 14,6% CO_2 u. 10,59% CO hat, wobei CO_2 seinen maximalen Wert erreicht hat, der mit der zahlenmäßig bestimmbaren Maximaltemp. von 2000° zusammenfällt. Die gesamte, im Wärmehaushalt des Kupolofens erscheinende, durch Verbrennung von C entstehende Wärme entstammt der Windzone. — Schrifttumsangaben. (Giesserei, techn.-wiss. Beih. **1953.** 527—36. Mai. Aachen, TH, Giesserei-Inst.) HOCHSTEIN. 6370

W. Fischer und **O. Winkler,** *Die Technik des Schmelzens und Gießens von Metallen und Legierungen im Hochvakuum.* (Rev. Métallurgie **49.** 211—20. März 1952.) PAHL. 6382

F. Roll, *Ein Hilfsmittel bei der Bestimmung der stofflichen Natur von pulvrigen Kernbindern.* Das Heiztischmikroskop nach KOFLER eignet sich bes. für die Unters. von Stoffgemischen von Kernbindern. Tone, Harze, Kartoffelstärke, Dextrine, Sulfitlaugepulver u. Kartoffelwalzmehlteilchen zeigen unter dem Einfl. der Wärme besondere Merkmale. (Giesserei **40.** 127—28. 5/3. 1953. Duisburg.) BÜLTMANN. 6382

W. Donike, *Falsches und richtiges Gattieren in der Eisengießerei.* (Giessereipraxis **71.** 41—43. 10/2. 1953.) HOCHSTEIN. 6402

Alberto Miret Plaja, *Der Einfluß des Schwefels auf den Grauguß.* Es werden die ungünstigen Einflüsse des S auf das Verh. des fl. *Fe* beim Gießen u. auf das Prod. besprochen. Verss. ergaben, daß man diesen durch Zusatz von *Ferromangan* bis zu einem Geh. des Gußeisens von $\leq 1\%$ Mn entgegenwirken kann, wenn man in neutraler oder reduzierender Atmosphäre arbeitet, da MnS sich leichter als FeS bildet, zum Teil in die Schlacke geht, u. da das Eutektikum FeS/MnS zusammen mit MnS nicht so ungünstig wie das Eutektikum FeS/Fe wirkt. Erfordert ein noch höherer S-Geh. einen Mn-Geh. $> 1\%$, der sonst einen zu harten Guß mit weißen Flecken geben würde, so wirkt dem eine Erhöhung des *Si*-Geh. über die übliche Grenze von 3% hinaus entgegen; es findet energ. Entschwefelung statt u. wird ein Guß mit guten Eigg. erzielt. Nach einer Faustregel soll der Mn-Geh. 0,3% + dem Doppelten des S-Geh. als Minimum im fertigen Guß betragen. Weitere Verss. zeigten, daß auch das Optimum des Si-Geh. mit zunehmendem S-Geh. steigt. (Ion [Madrid] **13.** 22—25. Jan. 1953. Zaragozza, Labors. Reiter.) METZENER. 6402

W. Gaßner, *Späneschmelzung im Kupolofen.* Die Eisenspäne wurden mit Zement u. W. zu handlichen Masseln geformt u. nach Abbindung in den Ofen eingesetzt. Hoch-% ig. *Ferrosilicium* oder *Ferromangan* kann hinzugefügt werden. (Giessereipraxis **71.** 80—81. 10/3. 1953.) HOCHSTEIN. 6402

W. Donike, *Stahlschrottzusätze im Kupolofen.* Allg. Richtlinien. (Giessereipraxis **71.** 107—08. 10/4. 1953.) HOCHSTEIN. 6402

Werner Trommer, *Die Schlackenführung im basischen Lichtbogenofen beim Herstellen von Stahlformguß und ihr Einfluß auf die Wirtschaftlichkeit.* Es wird ein Schmelzverf. beschrieben, das einen hohen Cr-Rückgewinn aus dem Einsatz bei erträglichen P-Werten der Endanalyse ermöglicht. (Neue Giesserei **37.** ([N. F.] **3.**) 249—55. 29/6. 1950. Braunschweig.) HABBEL. 6408

Alejandro Gimenez y Sanmartin, *Schnelle Entschwefelung, Behandlung von Siemens-Martin-Stahl mit flüssiger Schlacke.* In einem 6 t-Elektroofen wird eine Stahlschmelze derselben Zus. wie im SIEMENS-MARTIN-Ofen mit weißer Schlacke erschmolzen, deren Menge ca. 3,5% der Stahlmenge des SIEMENS-MARTIN-Ofens beträgt. Stahl u. Schlacke aus dem Elektroofen werden in die Pfanne gegossen, in die anschließend der Stahl aus dem SIEMENS-MARTIN-Ofen unter Zurückhaltung der Schlacke abgestochen wird. Versuchsergebnisse mit Angabe der Zus. von Schlacke u. Stahl. Der S nimmt von 0,045 auf 0,025% ab. Gleichzeitig tritt geringe Abnahme von C, P u. Si u. Zunahme von Mn ein. Es wird eine Verbesserung der Eigg. des n. SIEMENS-MARTIN-Stahles erzielt, die Qualität des Elektrostahles wird nicht erreicht. (Iron and Steel **23.** 352—54. Aug. 1950.) K. STEIN. 6408

P. Cattier, Ch. Dubois, J. Bleton und **P. Bastien,** *Verteilung von Einschlüssen in Schmiedestählen. Lage von Silicaten und Sulfiden.* (Vgl. C. **1951. I.** 1930.) Auf Grund der festgestellten örtlichen Anreicherung von Silicat- u. Sulfideinschlüssen in Stählen, die in sauren, bas. oder in Duplex-Öfen hergestellt waren, werden Gesetzmäßigkeiten zur Erklärung der Verteilung dieser Einschlüsse abgeleitet. (Metal Treatment **17.** 102—09. Sommer 1950.) HOCHSTEIN. 6408

W. A. Smith, *Der Einfluß von Begleitelementen im Stahl bei der Herstellung von Stahlrohren.* Die Gehh. an *Ni, Cu* u. *Sn* sind in **Corby** niedriger als bei anderen Stahlwerken. Durch Oxydation des Fe beim Verzundern werden Cu u. Ni angereichert, bilden mit *S* u. Fe-Oxyden niedrigschm. Eutektika, die zwischen die Korngrenzen eindringen u. Rotbruch verursachen. Keine Schädigung bei unter 0,15 (%) Ni, unter 0,1 Cu u. einem Brennstoff mit wenig S. Bei 0,3 Cu oder Ni oder 0,5 Cu + Ni besteht starke Rotbruchempfindlichkeit. Bei geschweißten Rohren wirkt sich ein höherer Cu- u. Ni-Geh. durch Oxyd- u. Sulfideinschlüsse in der Schweißnaht schädlich aus. Durch Preßluft kann die Oberfläche vor dem Verschweißen gesäubert werden. Stähle von CORBY lassen sich leicht verarbeiten. — Zahlentafeln. (J. West Scotland Iron Steel Inst. **57.** 202—20. 1949/50. Stewarts & Lloyds Ltd.) K. STEIN. 6408

G. Bowman, *Stahlgußblöcke für nahtlose Rohre.* Erörterung von Vorverss. zur Erzielung von Blöcken, die frei von Lunkern, Blasen u. porösen Stellen sind. Zum Warmhalten des Kopfes hat sich am besten Stroh bewährt. (Iron Coal Trades Rev. **166.** 477—82. 27/2. 1953.) BÜLTMANN. 6408

W. Trinks, *Entstaubung des Bessemer-Konverters.* Der BESSEMER-Konverter wirft während des Blasens 8% Metall u. Metalloxyd sowie die 4% C seiner Beschickung als CO aus. Die Entstaubung der noch brennenden Abgase ist schwierig, da der Konverter bewegt wird. Der Staubauswurf kann durch verringerten Blasdruck vermindert werden. (Blast Furnace Steel Plant **38.** 1040—42. Sept. 1950. Pittsburgh, Pa., Assoc. Engng.) v. BOGDANDY. 6408

F. J. Shortsleeve und **M. E. Nicholson,** *Umwandlungen in ferritischen Chromstählen zwischen 1100 und 1500° F (595 und 815° C).* Auf röntgenograph. Wege wird der Verlauf der Ferrit–Ferrit-σ-Phase-Grenze auf der Fe-reichen Seite des Fe–Cr-Gleichgewichtdiagramms sowie der Vorgang der σ-Phasenbldg. in handelsüblichen Fe–Cr-Stählen untersucht. Die in techn. Stählen im Verlaufe des Stahlherstellungsprozesses eingeführten kleinen Gehh. von Si u. Mn verschieben die Grenze des Zweiphasengebietes in Richtung niedrigerer Cr-Gehh. u. höherer Temperaturen. Das Auftreten der σ-Phase wurde in einer 18% ig. Cr-Legierung mit 0,1% C bei 595° Alterungstemp. beobachtet. C verbindet sich mit Cr u. Fe zu einem kub. Fe–Cr-Carbid, wobei sich die Grenze des Zweiphasengebietes zu höheren Cr-Gehh. verschiebt. Die Schwellentemp. für den Beginn der σ-Phasenbldg. wird durch Cr u. Temp. in einer Art beeinflußt, die für die durch therm. Keimbldg. u. -wachstum gesteuerte Umwandlung kennzeichnend ist. Die Geschwindigkeit der σ-Phasenbldg. wird durch Carbide u. andere, durch den Stahlherstellungsprozeß in den Stahl gebrachte Elemente wesentlich beschleunigt.

Die Löslichkeit von C in der σ-Phase liegt bei 595° unter 0,016% C. (Trans. Amer. Soc. Metals **43.** 142—60. 1951.) WERNER. 6410

E. F. Losco, *Warmbehandlungsfähige Legierung auf Eisenbasis mit guter Warmfestigkeit.* Im Gasturbinenbau wird die Legierung *Discaloy* mit 54 (%) Fe, 26 Ni, 13,5 Cr, 3,2 Mo, 1,6 Ti, 0,7 Mn, 0,8 Si, 0,1 Al u. 0,03 C verwendet. Sie zeichnet sich durch gutes Kriechverh. bei gleichzeitig guter Verformungsfähigkeit u. hoher Zunderfestigkeit im Temperaturbereich von 540—730° aus. Die Festigkeitseigg. beruhen auf einem Wärmebehandlungsverfahren. Schmiedetemp. 870—1260°, vorzugsweise 980—1180°. Im gleichen Temperaturbereich kann auch warm gewalzt werden. *Discaloy* kann nach den üblichen Schweißverff. geschweißt werden. Die Wärmebehandlung erfolgt in zwei Stufen: 1. 1—2std. Lösungsglühen bei ca. 980° mit anschließender Öl- oder Wasserabschreckung. In diesem Zustand ist das Material weich u. ermöglicht Formgebungsarbeiten. Es folgt Anlaßbehandlung bei 732° während 20 Std. mit anschließender Ofenabkühlung auf 650°, wo nochmals 20 Std. gehalten wird. Die so erreichte Härte u. Festigkeit ist über den vollen Arbeitstemperaturbereich beständig. (Materials and Methods **32.** Nr. 4. 65—69. Okt. 1950. Westinghouse Electric Corp., Materials Engng. Dep.) WERNER. 6410

E. W. Colbeck, *Nichtrostende Stähle.* Zustandsdiagramme, Gefüge, physikal. u. chem. Eigg. der gebräuchlichen nichtrostenden Stähle werden besprochen. (Trans. Manchester Assoc. Engr. **1949/50.** 17—51.) KREITZ. 6410

Klaus Sixtus, *Magnetische Texturwerkstoffe.* Überblick über Verff. zur Herst. einer Kristalltextur mit einer magnet. Vorzugsrichtung bei *Ni–Fe-* u. *Si–Fe*-Legierungen durch besondere Walz- u. Glühbehandlung. (Feinwerktechnik **54.** 88—91. 1950. Backnang.) HABBEL. 6410

Helmut Hartmann, Wilhelm Hofmann und **Wolfgang Stahl,** *Beobachtungen über die Verkrätzung von Bleilegierungen beim Durchleiten eines Luftstroms durch die Schmelze.* In weitem Bereich wurde Proportionalität zwischen der Gewichtszunahme der Schmelze u. dem Vol. der durchgeleiteten Luft, zwischen dem Mengenstrom der Luft u. der Blasenfrequenz sowie Konstanz der Blasengröße festgestellt. Schriftmetalle (mit Sn u. Sb legiertes Pb) mit 5/12, 6/15 u. 9/19 Sn/Sb zeigten prakt. gleiche Sauerstoffaufnahme pro Volumeneinheit eingeblasener Luft. Eine Legierung 5,5/28,5 Sn/Sb oxydiert wesentlich stärker. Ein Maximum der Oxydation besteht bei 0,04% Sb u. 350°. (Z. Metallkunde **44.** 123—25. April 1953. Braunschweig, TH, Inst. für anorgan. Chem. u. Inst. für Werkstoffkunde u. Schweißtechnik.) APEL. 6430

Gerhard Bunge, Eduard R. Honak und **Walter Nielsch,** *Über die Eigenschaften einer technisch verwendbaren Kupfer–Chrom-Legierung.* Überblick über die Entw. der Cu–Cr-Legierungen mit *0,5—1,5% Cr.* Bes. behandelt werden die Warmfestigkeit, Leitfähigkeit u. Lauf- u. Verschleißeigg. in verschied. Behandlungszuständen. Die im Schrifttum nur angedeutete Anlaßbehandlung wurde genau untersucht. — 21 Literaturstellen. (Z. Metallkunde **44.** 71—76. Febr. 1953. Laucherthal, Versuchsanst. der Fürstl. Hohenzollernschen Hüttenverwaltung.) APEL. 6432

Ernst Brunhuber, *Gefügeuntersuchungen an Sondermessingen.* Von der GUILLETschen Berechnungsmeth. ausgehend, wurden die Einflüsse von dritten Komponenten, u. zwar von *Mn, Fe, Al, Pb* u. *Ni* in geringen Konzz. auf das Gefüge von Messinglegierungen, bes. das Auftreten neuer Gefügebestandteile u. -veränderungen, untersucht. (Giessereipraxis **70.** 392—94. 25/10. 1952.) APEL. 6432

W. W. Kee, *Die Legierungen hoher Leitfähigkeit.* Die Eigg. der nichtvergütbaren *Cu–Te-*, *Cu–Ag-* u. *Cu–Cd*-Legierungen u. der durch Ausscheidungshärtung vergütbaren *Cu–Be-*, *Cu–Cr-* u. *Cu–Ni–P*-Legierungen werden besprochen u. die Gesichtspunkte bei der Auswahl für besondere Verwendungszwecke erörtert. (Rev. Métallurgie **49.** 89—98. Febr. 1952.) APEL. 6432

Franz Lihl, *Untersuchungen an den Amalgamen der Metalle Mangan, Eisen, Kobalt, Nickel und Kupfer.* Die Herst. der Amalgame durch elektrolyt. Abscheidung an einer Hg-Kathode u. ihre Eigg. werden beschrieben. Die Amalgame des Fe u. Co sind als Suspensionen der elementaren Metalle in Hg aufzufassen, während Ni u. Cu mit Hg eine wohldefinierte Verb. bilden. Die Beständigkeit der Amalgame gegen O_2 nimmt in der Reihe Mn, Fe, Co, Ni, Cu zu. Bei Wärmebehandlung in reduzierender Atmosphäre entstehen in allen Fällen unter Abdest. des Hg die elementaren Metalle. (Z. Metallkunde **44.** 160—66. April 1953. Wien, TH, Inst. für anorgan. chem. Technologie.) APEL. 6438

R. C. Spooner, *Der Abnutzungswiderstand von anodisch in Schwefelsäure erzeugten Filmen auf Aluminium und seinen Legierungen.* Der Verschleißwiderstand von anod., im H_2SO_4-Bad (15 Gew.-%) erzeugten u. in kochendem W. abgedichteten Oxydschichten auf verschied. Al-Sorten wurde nach der ASTM-Sandstrahlmeth. untersucht.

Es wurde hierbei der Einfl. verschied. Faktoren geprüft: Dauer der anod. Behandlung, Dauer der Nachdichtung (Sealing), Alterung an der Luft, Stromdichte u. Elektrolyttemperatur. Versuchsmaterial: *Alumilite* (99,76% ig. Al auf 3 S), außerdem *Al* 99,99, sowie *2 S*—$^3/_4$ *H* (99,26% Al), *3 S*—$^1/_2$ *H* (98,16% Al), 24 *S*—*T* (92,78% Al), 50 *S*—*T* (98,75% Al). — Mit wachsender Schichtdicke infolge längerer Oxydationsdauer, erhöhter Stromdichte oder niedrigerer Elektrolyttemp. wurde der Verschleißwiderstand erniedrigt. Durch verlängertes Sealing oder durch Alterung unbehandelter Oxydschichten an der Luft wurde der Verschleißwiderstand erhöht. Steigerung der Stromdichte führte zu größeren Werten der spezif. Verschleißfestigkeit (Verschleißkoeff. in g/μ). — Die Abnutzungswerte für die Oxydschichten auf Al 99,99 u. 99,76 sowie 2 S u. 3 S waren nur wenig verschieden. 50 S hatte einen etwas höheren Verschleißkoeff., während der Wert für 24 S erheblich geringer war. (Canad. J. Technol. **29.** 479—91. Nov. 1951. Kingston, Ont., Aluminium Labor., Ltd., Chem. Div.) SKALIKS. 6442

F. P. Strieter, *Zirkoniumhaltige Magnesiumgußlegierungen.* Legierungen aus Mg mit Seltenen Erden, aus Mg mit *Th* u. aus Mg mit *Zn* erlangen durch Zusatz von *Zr* die erforderliche Gießbarkeit, hohe Festigkeit u. Dehnung bei Raumtemp. u. gute Dauerstandfestigkeit bei höheren Temperaturen. Die Hauptwrkg. besteht in einer Verfeinerung des Gußgefüges. — Schrifttumsangaben. (Metal Progr. **63.** Nr. 3. 75—82. März 1953. Midland, Mich., Dow Chemical Co., Magnesium Dep.) APEL. 6444

H. J. Millward, *Mg–Zr-Gußlegierungen mit hohem Festigkeits–Gewichts-Verhältnis.* (Amer. Foundryman **20.** 44—47. Sept. 1951. Coventry, England, Sterling Metals Ltd.) PAHL. 6444

W. E. Kuhn, *Entwicklung der Graphitelektroden und Untersuchung der Wärmeverluste mit verschiedenen Elektroden in einem Einelektroden-Edelgas-Lichtbogenofen.* Für die *Ti*-Schmelze wurde eine Ti–TiC-bedeckte Elektrode mit Graphitspitze entwickelt. Bei Unters. von Bogenlänge, -strom u. -spannung auf Wärmeverluste ergab sich eine Zunahme der Verluste linear mit dem Stromanstieg bis auf ca. 10%. Kurze Bogenlänge u. hoher Bogenstrom erhöhen die Schmelzwirkung. *W*-Elektrodenspitzen sind besser als Graphitspitzen. (J. electrochem. Soc. **99.** 97—108. März 1952. Niagara Falls, N. Y., Titan Alloy Mfg. Div., Nat. Lead Comp.) A. KUNZE. 6448

H. W. Worner, *Wärmebehandlung von titanreichen Titan–Eisen-Legierungen.* An Ti-Legierungen mit 2—9,5% Fe wurde nachgewiesen, daß Legierungen mit 2—6% Fe aus dem Gebiet der festen Lsg. von β-Ti–Fe durch Wasserabschreckung merklich gehärtet werden können. Einige der Legierungen, bei denen die feste β-Lsg. trotz Wasserabschreckung noch erhalten blieb, zeigten bei einer Wärmebehandlung von einigen Std. bei 220—450° Aushärtungserscheinungen. (J. Inst. Metals **80.** 213—16. Jan. 1952. Melbourne, Univ.) HOCHSTEIN. 6448

H. W. Greenwood, *Imprägnierte Sinterlegierungen.* Überblick. (Engineer **190.** 384 bis 385. 20/10. 1950.) V. BOGDANDY. 6474

D. D. Howat, R. L. Craik und **J. P. Cranston,** *Das Sintern von Kupfer–Zink-Pulver-Preßmassen.* Es wird nachgewiesen, daß die durch therm. Analysen zusammen mit Veränderungen im Vol. u. im elektr. Widerstand erhaltenen Werte als Kennzeichen der Sinterung u. Legierungsvorgänge dienen können, die bei der Erhitzung von Preßmassen aus Cu u. Zn auftreten. Die Einflüsse der Teilchengröße u. des Preßdruckes auf den Vorgang wurden untersucht. Die erste Stufe der Sinterung ist die Übertragung von Zn-Atomen zu den Oberflächen der Cu-Teilchen u. die Bldg. der raumzentrierten kub. β-Phase des Cu–Zn-Systems. Röntgenograph. wird nachgewiesen, daß in der Hauptsache alles Zn in der M. zu den Cu-Teilchen unter Bldg. der β-Phase übergeführt wird. Phasenänderungen beim weiteren Erhitzen rühren von der Diffusion der Metalle im festen Zustande u. von der Verdampfung von Zn aus der β-Phase her. — Schrifttumsangaben. (J. Inst. Metals **80.** 353—61. März 1952. Manchester, Univ.) HOCHSTEIN. 6474

Joseph L. Bonanno, *Vor- und Nachteile bei der pulvermetallurgischen Herstellung von metallischen Gegenständen.* (Materials and Methods **35.** Nr. 4. 101—05. April 1952.) HOCHSTEIN. 6474

F. Benesovsky, *Gesinterte Fertigformteile.* Angaben über die neuesten Fortschritte. Beispiele einiger Verwendungsmöglichkeiten. — Ausführliche Schrifttumsangabe. (Werkstatt u. Betrieb **83.** 157—60. Juni 1950. Reutte, Tirol.) HABBEL. 6474

E. Lardner und **N. B. McGregor,** *Bestimmung der elastischen Konstanten und der Spannungs–Dehnungs-Beziehung zum Bruch von gesinterten Wolframcarbid–Kobalt-Legierungen.* An Legierungen aus WC u. 5—25% Co sowie an solchen mit noch 5—15% Ti wurde gezeigt, daß bei Raumtemp. der YOUNGsche Elastizitätsmodul beträchtlich abnimmt u. die POISSONsche Zahl schwach mit dem Co-Geh. anstieg. Bestimmungen des YOUNGschen Moduls zwischen Raumtemp. u. 600° zeigen eine totale Abnahme in

der Ordnung von 5—6% bei 600°, wobei die Geschwindigkeit der Abnahme fast gleichförmig u. vom Co-Geh. unabhängig ist. Aus der Spannungs–Dehnungs-Beziehung ergibt sich, daß bei einem Co-Geh. über ca. 11% eine plast. Verformung bei Spannungen unterhalb der Raumtemperaturbruchfestigkeit auftritt. Die Einw. eines gewissen Ersatzes von W-Carbid durch Ti-Carbid besteht in einer weiteren Senkung des YOUNGschen Moduls. Die in den Versuchsgrenzen beobachteten Veränderungen in der Korngröße verursachen keine systemat. Veränderung des Moduls u. der POISSONschen Zahl. (J. Inst. Metals **80.** 369—74. März 1952. Sheffield, Brown-Firth Res. Labor.)
HOCHSTEIN. 6476

J. D. Kennedy, *Industrielle Verwendung von Chromcarbiden.* Überblick über die Verwendung von Cr-Hartmetallen auf Grund ihrer Korrosionsbeständigkeit u. Warmfestigkeit. (Materials and Methods **36.** Nr. 2. 166—68. 170. 172. 174. Aug. 1952.)
HOCHSTEIN. 6476

Gunnar Wallquist, *Untersuchung des Formveränderungswiderstandes bei Metallen und Legierungen.* Die keilförmige Schneide wird beim stat. Test mit bestimmter maximaler Druckkraft (1500 kg) aufgedrückt, beim dynam. Test mit bestimmter Schlagenergie (5 kgm) gegen das Probestück (10×10×50 mm) geschlagen. Der Schneideradius ist in beiden Fällen 2 mm, der Schneidewinkel 90 bzw. 60°. Die Eindrucktiefe (mm) dient als Maß für den Formveränderungswiderstand. Unterss. an C-Stählen, legierten Stählen, Al, Al-Legierungen, Cu u. Messing zeigen, daß hartes Material durch Schlag leichter formverändert wird als durch Druck, weiches umgekehrt. Die Meth. wird als technolog. Test empfohlen. (Jernkontorets Ann. **135.** 197—218. 1951.)
R. K. MÜLLER. 6480

Paul Björnson, Klas Erik Johansson und **Per Stake,** *Magnetpulverprüfung.* Zusammenfassender Bericht: Prinzip; Apparatetypen; Stoßmagnetisierung; Entmagnetisierung; Wahl der Feldstärke für verschied. Prüfbedingungen; Indiziermittel u. Auftragvorr.; Fehlertypen; prakt. Anwendung; Anwendung in einigen schwed. Industrien. — 50 Literaturhinweise. (Jernkontorest Ann. **135.** 129—68. 1951.) R. K. MÜLLER. 6480

W. Engelhardt, *Die Wandlungen in der Auffassung der bleibenden Verformung.* Die urspünglich rein mechanist. Auffassung der bleibenden Verformung ist einer rein thermodynam., u. zwar statist., gewichen. Die Arbeiten über die „spontane Dehnung" haben einen erneuten Wandel bewirkt. Zwar gilt die statist. Auffassung unverändert, jedoch muß die bleibende Verformung nunmehr als ein Vorgang angesehen werden, der sich aus einer rein mechan. u. einer therm. Komponente zusammensetzt. — Schrifttumsangaben. (Metall **6.** 762—64. Dez. 1952. Zwickau, Deutsches Amt für Material- u. Warenprüfung der DDR.) HOCHSTEIN. 6480

W. M. Lomer und **P. L. Pratt,** *Das Opak-Haltemikroskop als Mittel zur Untersuchung eines Oberflächenreliefs.* Durch das näher beschriebene Opak-Haltemikroskop können kleinere Veränderungen von Neigungen auf der Oberfläche entdeckt u. geschätzt werden. (J. Inst. Metals **80.** 409—11. März 1952. Cambridge, Cavendish Labor.)
HOCHSTEIN. 6480

Hans Bühler, *Die Brauchbarkeit technologischer Verfahren zur Messung innerer Spannungen in metallischen Werkstücken.* Überblick über die verschied. Meßverff. u. ihre Anwendbarkeit. Ein Vgl. ergab, daß bei Verwendung von Dehnungsmeßstreifen sich Verbesserungen durch größere Meßgenauigkeit u. schnellere Versuchsdurchführung ergeben. Es ist hierbei möglich, den gesamten räumlichen Eigenspannungszustand in zylindr. Körpern lückenlos zu messen. (Stahl u. Eisen **72.** 947—52. 31/7. 1952. Saarbrücken.) HOCHSTEIN. 6480

D. A. Colwell, *Aufkohlung in flüssigen Bädern.* Vf. bespricht den Reaktionsablauf bei der Carburierung von Stählen in *Cyanid*-Bädern. Über Zwischenstufen von Cyanat- oder Cyanamidradikalen wird hierbei C u. N_2 frei. Es werden Hinweise gegeben, wie die Bldg. von N_2 zurückgedrängt wird, ohne die Bldg. von atomarem C zu stören. (Australas. Engr. **1950.** 60—62. 7/12. Melbourne, Australien.) GERHARD GÜNTHER. 6492

Heinrich Arend, *Wärmebehandlung niedriglegierter Vergütungsstähle.* Normalglühen, Härten u. Anlassen muß im Hinblick auf die Temperatur- u. Zeitführung als Ganzes betrachtet werden wenn Maximalwerte aus einem Stahl erzielt werden sollen. Die Vorbereitungsglühung, d. h. eine Glühung bis zu beginnendem Kornwachstum an Stelle der Normalglühung, läßt eine Herabsetzung der Glühtemp. u. damit in manchen Fällen einen Übergang von der Öl- zur Wasserhärtung ohne Gefahr der Härterißbldg. zu. Der Härteverzug nimmt im allg. ab, die Kerbzähigkeit zu. Ebenso nimmt die Durchhärtung zu. Durch die Vorbereitungsglühung wird ferner die Zerspanbarkeit der Stähle verbessert. (Industrie-Anz. **74.** Nr. 97. 3—6. 2/12. 1952. Mülheim/Ruhr.)
HOCHSTEIN. 6492

Otto Wendt, *Abbrennstumpfschweißen von Schienen und Schwellen.* Beschreibung u. Durchführung des Verfahrens. (Schweißen u. Schneiden **5.** 99—104. März 1953. Minden/Westf.) HOCHSTEIN. 6506

A. J. Hipperson und **E. J. Keefe,** *Widerstandsschweißen.* Überblick über die Anwendung des Verf. auf *Cu* u. *Cu*-Legierungen, wie *Messing, Neusilber* u. *Al-, Si-* u. *P-Bronze* u. die hierbei auftretenden Probleme. (Metal Ind. [London] **80.** 283—86. 11/4. 306—07. 18/4. 1952.) PAHL. 6506

R. F. Tylecote, *Preßschweißung.* Erörtert werden Theorie u. Praxis der Preßschweißung zur Vereinigung von Eisen mit einem Nichteisenmetall bei Tempp., wo keine fl. Schlacke vorliegt oder wo vorhandene niedrigschm. Metallbestandteile den Schweißvorgang unterstützen. Es werden die Einflüsse der Schweißtemp., der Zeit u. die Schweißbarkeit verschied. Metalle, wie *Cu, Fe, Ni, Al* u. dgl., behandelt. — Schrifttumsangaben. (Metal Ind. [London] **81.** 43—46. 18/7. 1952. London, Univ.) HOCHSTEIN. 6506

W. Hofman und **J. Ruge,** *Versuche über die Kaltpreßschweißung von Metallen.* Bei Reinst-*Aluminium* wird die Scherfestigkeit in Abhängigkeit vom Verformungsgrad bei Kalt-Preßschweißungen, die bei Tempp. von 400 bis —150° durchgeführt wurden, untersucht. Hierbei zeigte sich, daß die bei höheren Tempp. durchgeführten Preßschweißungen eine Verschweißung bereits bei geringeren Verformungsgraden u. niedrigeren Drucken ergaben. Die Festigkeit der Verbb. liegt, da die bei der Verformung eingetretene Kaltverfestigung wieder rückgängig gemacht wird, niedriger als bei den bei Raumtemp. geschweißten Proben. Eine Kalt-Preßschweißung wurde ferner an reinem *Eisen* (*Armco*-Eisen) u. austenit. *Stahl* mit 18 % Cr u. 8 % Ni durchgeführt. Die Scherfestigkeit einer Verb. des austenit Stahles steigt mit Zunahme der Schweißtemp., was dadurch erklärt wird, daß hierbei die Kaltverfestigung bei 200° noch nicht wieder rückgängig gemacht wird. Die bei Stahl notwendigen Verformungen u. aufzuwendenden Drucke sind hoch. (Feinwerktechnik **55.** 307—08. Dez. 1951. Braunschweig, TH.) HOCHSTEIN. 6506

W. Hoffmann und **W. Raabe,** *Erfahrungen mit der autogenen Schienenpreßschweißung.* (Schweißen u. Schneiden **5.** 90—95. März 1953. Höllriegelskreuth u. Köln.) HOCHSTEIN. 6506

P. Voigt, *Das Erkennen fehlerhafter Schweißungen im Röntgen- und Schliffbild, ihre Beurteilung und Bewertung.* (Schweißtechnik **3.** 108—15. April 1953. Halle/Saale.) HOCHSTEIN. 6506

Uno Trädgårdh, *Elektrolytische Metallabscheidung auf Aluminium und Aluminiumlegierungen.* Überblick: Schwierigkeiten; Reinigung der Oberfläche; Vorbehandlung der Oberfläche; Kontakt- oder Zementiermethoden; Oxydationsmethoden; elektrolyt. Metallabscheidung. — 24 Literaturhinweise. (Tekn. Tidskr. **81.** 687—90. 8/9. 1951. Stockholm.) R. K. MÜLLER. 6514

Marjorie Whitaker, *Korrosionswiderstand von Aluminium.* Schrifttumsübersicht aus den letzten 30—40 Jahren bis einschließlich 1951, betreffend den Einfl. von Verunreinigungen u. kleinen Beimengungen in Rein-Al u. Al-Knet- u. -Gußlegierungen. — 170 Schrifttumsangaben. (Metal Ind. [London] **80.** 183—86. 7/3. 207—12. 14/3. 227—30. 21/3. 247—51. 28/3. 263—66. 4/4. 288—89. 11/4. 303—05. 313. 18/4. 331—32. 25/4. 346—50. 2/5. 387—88. 9/5. 1952.) PAHL. 6538

H. Voßkühler, *Erscheinung und Deutung der Spannungskorrosion bei Aluminium-Knetlegierungen.* Bericht über Spannungskorrosionsverss. u. das Schrifttum bis *1943.* (Werkstoffe u. Korrosion **1.** 143—53. April. 179—84. Mai. 310—20. Aug. 357—66. Sept. 1950. Ulm.) HABBEL. 6538

W. W. Skortschelletti und **Ss. Je. Tukatschinski,** *Über die Korrosion von Metallen an der Luft bei einer relativen Feuchtigkeit unter 100 %.* Voraussetzung der Korrosion in einer Atmosphäre unterhalb des Taupunktes ist die Ausbldg. eines Feuchtigkeitsfilmes auf dem Metall. Die Bldg. mehrmol. Schichten hängt nicht von intermol. VAN DER WAALSschen Kräften ab, sondern erfolgt durch spezif. Adsorptionskräfte, die möglichst nahe bei denen der Chemosorption liegen. Wenn *Fe* schon mit Rost bedeckt ist, genügt auch schon eine kurze Erhöhung der Feuchtigkeit der Atmosphäre, z. B. auf 50—60 %, um das Weiterrosten zu beschleunigen, während bei reinem Fe das Rosten erst nahe 100 % beginnt. Die EMK. eines Elementes Fe–Rost–Feuchtigkeit–Hg wird erst bei 50—60 % Feuchtigkeit meßbar u. nimmt mit steigender Feuchtigkeit rasch zu. Der an der Luft (nicht aber ni W·) gegenüber unlegiertem Stahl korrosionsbeständigere *Cu-Stahl* (0,25—0,33 % Cu) zeigt auch einen höheren krit. Feuchtigkeitsgrad des Korrosionsbeginns, z. B. über 60—70 %; seine Vorteile müssen in trockenem Klima ausgeprägter sein als in feuchtem, was sich auch in prakt. Erfahrungen (Fabrikstadtatmosphäre) bestätigt. Verkupfern hat keine Einfl. auf die krit. Feuchtigkeit. (Журнал Прикладной Химии [J. angew. Chem.] **26.** 30—40. Jan. 1953.) R. K. MÜLLER. 6538

W. W. Skortschelletti und **W. A. Titowa,** *Über das Rissigwerden von Messing durch Korrosion in Ammoniaklösungen.* Beim Auftreten von Korrosionsrissen in Messing in NH_3-Lsg. spielen elektrocapillare Erscheinungen die wichtigste Rolle. Für den Verlust an Oberflächenfestigkeit ist die Struktur der unter dem Einfl. eines oxydierenden Elektrolyten, oberflächenakt. Stoffe (Verss. mit Propionsäure) oder aufgezwungener Polarisation entstehenden Doppelschicht maßgebend. Am stärksten ist die Rißbldg. an der Grenzfläche von Lsg. u. Luft oder anderen Gasen (bes. bei oxydierenden Lsgg.) Rein korrodierende Faktoren erleichtern nur die Entw. der Mikrorisse, auch interkrist. Korrosion wirkt nur beschleunigend. Schnell u. leicht tritt die Rißkorrosion nur auf bei bes. ungünstiger Lage des sich spontan einstellenden Potentials zum Maximum der Elektrocapillarkurve u. starker allg. Verminderung der Festigkeit in dem betreffenden Elektrolyten. Auch bei Einkristallen von Messing treten Korrosionsrisse auf. (Журнал Прикладной Химии [J. angew. Chem.] **26.** 41—49. Jan. 1953.) R. K. MÜLLER. 6538

I. A. Lewin und **Ss. A. Ginzberg,** *Mikroelektrochemische Methode zur Untersuchung der Strukturkorrosion.* Zur Unters. der selektiven Korrosion heterogener Legierungen wird für den Spezialfall von Korngrenzenkorrosion eine Meth. angewandt, die darauf beruht, daß bei der kathod. Polarisation eines korrodierenden Syst., bestehend aus Kornflächen u. Korngrenzen, ein Teil des Stromes für die Beseitigung der anod. Polarisation der Korngrenzen verbraucht wird u. dieser Anteil für jeden Potentialwert aus der Gegenüberstellung der Polarisationskurven des gesamten Syst. u. der Kornflächen erhalten werden kann. Die Polarisationskurven der Kornflächen werden nach Abdeckung der Korngrenzen mit einem geeigneten Lack mittels eines Mikromanipulators erhalten. Experimentell konnte auf diesem Wege die Neigung eines 27%ig. *Cr-Stahles* zur interkrist. Korrosion in H_3PO_4-Lsg. nachgewiesen werden. (Академия Наук СССР. Труды Института Физической Химии [Akad. Wiss. UdSSR, Arb. Inst. physik. Chem.] **1950.** Nr. 1. 93—96.) REINBACH. 6540

Wilhelm Rädeker, *Verbesserung der Prüfung von Stahl auf Empfindlichkeit gegen Spannungsrißkorrosion.* Bei der Unters. von Baustählen nach Langzeit–Warmzug-Verss. mit kochender Calciumammoniumnitratlsg. wurde u. a. festgestellt, daß die Lebensdauer mit fallender Probenbelastung steigt. Mit fallender Laugenkonz. u. auch mit fallender Laugentemp. nimmt die Lebensdauer der Proben zu. Durch Wärmebehandlung ist die Spannungsrißempfindlichkeit n. unlegierter Stähle in gewissem Umfange zu beeinflussen. Bei den mit Al behandelten Stählen ist die Rißempfindlichkeit im überhitzten Zustand (Glühung bei 1050°) groß. Sie wird durch eine Nachglühung bei 750° wesentlich herabgesetzt. Es wird angenommen, daß hierbei die Erhöhung der Spannungsrißunempfindlichkeit durch Ausscheidung von Aluminiumnitrid beeinflußt wird. An geschweißten Proben zeigte sich, daß es Schweißungen mit geringer Spannungsrißempfindlichkeit gibt. An Stählen läßt sich eine mittlere Wachstumsgeschwindigkeit der Spannungsrisse (Reißgeschwindigkeit) errechnen. — Diskussion. (Stahl u. Eisen **73.** 485—92. 9/4. 1953. Mülheim/Ruhr.) HOCHSTEIN. 6540

F. Wormwell und **H. C. K. Ison,** *Temperatureinfluß auf die Korrosionsgeschwindigkeit unter Bewegung.* Die Abtragungen von weichem Stahl in 0,1 n NaCl-Lsg. unter hoher Bewegung (ca. 2000 ft/min) zwischen 25 u. 30° zeigen für mit Stahlkies bestrahlte Oberflächen einen größeren Temperaturkoeff. (100 to Zunahme) als für geschmirgelte Flächen (50 to Zunahme). (Chem. and Ind. **1951.** 293. 14/4. Teddington, Chem. Res. Labor., Dep. of Sci. and Ind. Res.) KATZ. 6540

Bergische Stahl-Industrie, Remscheid, *Herstellung von aus Temperguß bestehenden Formteilen, die unabhängig von ihrer Wandfläche durch Schmelzschweißen gut schweißbar sind.* Ein Rohguß mit 2,7—3,0(%) *C*, 0,25—0,35 *Si*, 0,7—0,85 *Mn*, 0,02—0,06 *S*, Rest Eisen mit den üblichen Gehh. an *P* wird bei einer Temp. von mindestens 1020° u. höchstens 1070° auf ein prakt. temperkohlefreies, ferrit. bzw. perlit. Gefüge oxydierend geglüht. (**D. B. P. 872 352** Kl. 18d vom 3/6. 1950, ausg. 30/3. 1953.) HOCHSTEIN. 6407

Reinhard Straumann, Waldenburg, Baselland, Schweiz, *Feder aus Nickel–Eisenlegierung mit härtendem Berylliumzusatz für thermokompensierte Schwingsysteme.* Die Legierung enthält unter 0,2(%) *C*, 0,5—2 *Be*, 25—40 *Ni*, 0,5—2 *Ti*, 5—12% mindestens eines Metalles der *Cr*-Gruppe u. als Rest im wesentlichen Eisen. Der CURIE-Punkt des Werkstoffes liegt im Bereich von +40 bis +80°. (**D. B. P. 875 372** Kl. 18d vom 11/11. 1944, ausg. 4/5. 1953. Schwz. Prior. 25/1. 1944.) HOCHSTEIN. 6411

Metallgesellschaft Akt.-Ges. (Erfinder: **Kurt Göhre** und **Kurt Meyer**), Frankfurt/M., *Gewinnung von Rohzink aus Zinkstaub.* Leichter u. schwerer Zn-Staub wird nach Mischung, z. B. im Verhältnis 1:1, in üblicher Weise ausgeschmolzen. Bei Staubgemischen mit Raumgewichten zwischen 2 u. 3 kg/Liter wird die Ausschmelztemp. von 500° auf 600° gesteigert. (**D. B. P. 866 726** Kl. 40a vom 12/1. 1941, ausg. 12/2. 1953.) HANS HOFFMANN. 6427

Rudolf Riedelbauch, Meisenheim/Glan, *Entgasen von Schwermetallschmelzen.* Das Verf. nach D. R. P. 733 616 wird zum Entgasen von Schwermetallschmelzen, bes. von *Zn* u. seinen Legierungen, benutzt. (**D. B. P. 871 517** Kl. 40a vom 10/12. 1940, ausg. 23/3. 1953. **Zusatz zu D.R.P. 733 616; C. 1943. I. 2759.**) HANS HOFFMANN. 6427

Akt.-Ges. für Unternehmungen der Eisen- und Stahlindustrie, Essen (Erfinder: **Otto Reif,** Essen, und **Walter Ruopp,** Bremen), *Rösten und Laugen vanadinhaltiger Schlacken.* Den V-haltigen Schlacken werden vor dem Rösten eisenoxydhaltige Stoffe, bes. Eisenerz, zugesetzt, worauf das Röstgut zum Auslaugen des V im erhitzten Zustand ins W. gebracht wird. (**D. B. P. 879 168** Kl. 40a vom 4/5. 1940, ausg. 11/6. 1953.) HANS HOFFMANN. 6441

Francis Hakking, New York, V. St. A., *Eisenpulver,* bes. zur Verwendung in der Pulvermetallurgie. Man stellt sich aus Eisenabfällen durch Einleiten von Cl_2 oder Behandlung mit HCl in Ggw. von W. eine $FeCl_2$-Lsg. her, trennt die Verunreinigungen ab u. dampft zur Trockne ein. Im Schmelzfluß oxydiert man $FeCl_2$ zu magnet. Fe-Oxyd u. red. zu Fe-Pulver. (**Schwz. P. 284 402** vom 24/2. 1949, ausg. 17/11. 1952. A. Prior. 12/2. 1946.) NEBELSIEK. 6475

Mannesmann Akt.-Ges. (Erfinder: **Gerhard Naeser,** Duisburg), Düsseldorf, *Herstellung von feinsten Schwermetallpulvern,* bes. für Katalysatoren u. Dauermagneten. Man mischt Schwermetallchloriden, z. B. $FeCl_2$, Alkali- oder Erdalkalichloride, z. B. NaCl, zu, schm. die Mischung u. red., bes. mit H_2. (**D. B. P. 880 283** Kl. 12n vom 25/3. 1951, ausg. 22/6. 1953.) NEBELSIEK. 6475

Eric Harry Eugen Johansson, Stockholm, Schweden, *Herstellung von Metallpulver.* Man elektrolysiert mit Anoden, die aus dem reinen oder unreinen Metall, z. B. Fe, bestehen, das in Pulverform hergestellt werden soll, die Schmelze oder die wasserfreie Lsg. eines Salzes eines im Verhältnis zu diesem Metall unedleren Metalles, z. B. Na oder Ca, oder eines elektropositiveren Radikals. (**D. B. P. 880 132** Kl. 12n vom 8/10. 1944, ausg. 18/6. 1953.) NEBELSIEK. 6475

Meinicke Metallurgie G. m. b. H., Hannover (Erfinder: **Erich Pelzel,** Linz, Österreich), *Verzinnen der Oberflächen von metallischen Werkstücken.* Die Gegenstände werden in eine Schmelze von wasser-, oxyd- u. oxychloridfreiem $SnCl_2$ getaucht, die durch Eindampfen u. Einschmelzen aus einer wss. salzsauren Lsg. gebildet wurde, in der so viel KCl gelöst war, wie zur Bldg. eines Komplexsalzes notwendig ist. An Stelle von KCl kann auch $ZnCl_2$ verwendet werden. Beim Arbeiten mit der Schmelze tritt keine Oxydation u. Zers. der Schmelze ein. (**D. B. P. 847 833** Kl. 48b vom 8/3. 1944, ausg. 28/8. 1952.) MARKHOFF. 6525

Carnegie-Illinois Steel Corp., Pittsburgh, Pa., V. St. A., *Zusatzmittel für saure galvanische Verzinnungsbäder* besteht aus 60—85 (Gew.-%) *4.4'-Dioxydiphenylsulfon* u. 40—15 *2.4'-Dioxydiphenylsulfon.* Schwefelsaure, phenolsulfosaure u. borflußsaure Sn-Bäder liefern mit dem Zusatzmittel dichte, duktile u. glänzende Sn-Überzüge. (**E. P. 659 976** vom 14/10. 1949, ausg. 31/10. 1951. A. Priorr. 27/4. u. 27/5. 1949.) MARKHOFF. 6525

Carnegie-Illinois Steel Corp., Pittsburgh, Pa., V. St. A., *Wärmebehandlung von Eisen vor dem elektrolytischen Verzinnen.* Die zu verzinnenden Gegenstände werden auf 1200 bis 1350° F (650—730° C) in einer reduzierenden Atmosphäre erhitzt, die weniger als 0,1(%) CO_2, weniger als 0,1 Wasserdampf, nicht mehr als 3,5 CO, mindestens 2 H_2 u. als Rest N_2 enthält. Der Geh. an H_2 u. CO soll 7% nicht überschreiten. Durch diese Vorbehandlung wird die Korrosionsschutzwrkg. erheblich erhöht. (**E. P. 653 069** vom 31/3. 1948, ausg. 9/5. 1951. A. Prior. 9/12. 1947.) MARKHOFF. 6525

Carnegie-Illinois Steel Corp., Pittsburgh, Pa., V. St. A., *Elektrolytisches Verzinnen von Stahlbändern.* Das Stahlband wird durch eine Reihe von Behältern geführt. Die Stromdichte im ersten Behälter liegt unter den n. Abscheidungsbedingungen u. wird von Behälter zu Behälter bis auf die n. Stromdichte gesteigert. Man verhindert dadurch die Fleckenbldg. des Sn-Überzuges. — Diagramm. (**E. P. 668 890** vom 31/10. 1949, ausg. 26/3. 1952. A. Prior. 2/7. 1949.) MARKHOFF. 6525

International Standard Electric Corp., New York, N. Y., V. St. A., übert. von: **Henry Wolfson** und **Bernard Thomson,** London, England, *Galvanisches Bad zum Erzeugen glänzender Silberniederschläge* besteht aus 40 (g/Liter) *AgCN*, 55 *KCN*, 100 KNO_3 u. 1 K_2SeO_3. Das Bad arbeitet bei kathod. Stromdichten von 10 A/sq.ft (1,07 A/dm²) u. mehr. (**A. P. 2 613 179** vom 19/6. 1947, ausg. 7/10. 1952. E. Prior. 20/6. 1946.) MARKHOFF. 6527

General Motors Corp., Detroit, Mich., übert. von: **Thomas R. Holbrook,** Cornelia, Ga., V. St. A., *Silberüberzug auf Stahl.* Die Stahloberfläche wird zunächst kathod.

in einer salzsauren $NiCl_2$ behandelt. Man verwendet z. B. eine 25%ig. HCl, die 0,2 bis 1,5 oz./gal. (1,5—11,25 g/Liter) $NiCl_2 \cdot 6 H_2O$ enthält u. arbeitet 60—90 Sek. bei 6 V Gleichstrom. Dann wird die Oberfläche kurz galvan. vernickelt, u. zwar 45—60 Sek. in einem $NiCl_2$–$B(OH)_3$-Elektrolyten. Auf der Ni-Schicht lassen sich dann galvan. festhaftende Ag-Schichten abscheiden, die kathod. Behandlung in salzsaurer $NiCl_2$-Lsg. kann auch zum Entfernen beschädigter Ag-Schichten angewendet werden. (**A. P. 2 557 823** vom 26/10. 1946, ausg. 19/6. 1951.) MARKHOFF. 6527

Carnegie-Illinois Steel Corp., Pittsburgh, Pa., V. St. A., *Elektrolytische Behandlung von Zinnoberflächen.* Die Gegenstände werden zuerst kathod. u. dann anod. in einer passivierenden Lsg. behandelt, die z. B. PO_4- oder CrO_4-Ionen enthält. Es bildet sich eine wasserunlösl. Schicht, die die Fleckenbldg. verhindert u. die Haftung von Lacküberzügen verbessert. (**E. P. 651 707** vom 31/12. 1948, ausg. 4/4. 1951. A. Prior. 27/10. 1948.) MARKHOFF. 6529

Parker Rust Proof Co., Detroit, übert. von: **Robert C. Gibson**, Birmingham, Mich., V. St. A., *Erzeugen von Oxalatüberzügen auf nichtrostendem Stahl.* Die Gegenstände werden mit einer Oxalsäurelsg. behandelt, die 0,4—15% Fe als Ferrioxalat u. mindestens 2% Cl-Ionen enthält. Zur Herst. der Lsg. werden 83 lbs. (37,5 kg) Oxalsäure u. 150 lbs. (68 kg) Ferrooxalat in 14 lbs. (6,35 kg) $NaClO_3$ enthaltendem W. gelöst. Der Lsg. werden dann 125 lbs. (57 kg) NaCl zugesetzt u. die Lsg. auf 100 gal (454,59 Liter) aufgefüllt. Es bilden sich haftende Oxalatüberzüge, die die plast. Deformation von nichtrostendem Stahl erleichtern. (**A. P. 2 577 887** vom 12/2. 1949, ausg. 11/12. 1951.) MARKHOFF. 6529

Continental Can Co., Inc., New York, N. Y., übert. von: **George C. Hook**, Chicago, Ill., V. St. A., *Korrosionsschutz für Metalle.* Wasserunlösl. $ZnCrO_4$ wird in einer konz. Methanollsg. von Tetraäthanolammoniumhydroxyd aufgelöst u. die Lsg. auf die zu schützende Metalloberfläche aufgetragen. Zweckmäßig verwendet man eine Lsg. aus 1 (Teil) Zinkgelb, 9 einer 40%ig. Lsg. von Tetraäthanolammoniumhydroxyd in Methanol u. 1 konz. NH_4OH-Lösung. Man erhält einen sehr feinkörnigen Chromatüberzug, der eine gute Grundlage für Anstriche bildet. (**A. P. 2 566 887** vom 7/10. 1949, ausg. 4/9. 1951.) MARKHOFF. 6529

Anox Akt.-Ges., Vaduz, Liechtenstein (Erfinder: **C. Sonnino**), *Elektrolytische Herstellung von Schutzschichten auf Aluminium.* Man behandelt die Al-Flächen mit Elektrolyten aus wss. CrO_3-Lsgg. mit 0,5—20% Zn- oder Mg-Salzen. Bei 20—80° u. einer Stromdichte von 1,8—2,5 A/dm^2 u. 10—30 Volt. Die Schutzschichten sind opak u. wärmebeständig. (**Schwed. P. 132 606** vom 5/8. 1940, ausg. 7/8. 1951. It. Prior. 4/8. 1939.) JÜRGEN SCHMIDT. 6529

Blendax-Fabrik R. Schneider & Co., Mainz (Erfinder: **August Bodensiek**, Wunstorf/Hann.), *Verhinderung der Korrosion von Aluminium durch Salben und pastenförmige Massen.* Den Salben u. Pasten, bes. kosmet. u. pharmazeut. Präpp., werden unlösl. gefällte Phosphate, wie Zn-, Al- u. Ca-Phosphat, in Mengen bis zu 5%, bes. 0,25—3, zugesetzt. Die Korrosion des Al durch nicht neutral reagierende Bestandteile wird zuverlässig verhindert. (**D. B. P. 824 285** Kl. 48d vom 2/10. 1948, ausg. 10/12. 1951.) MARKHOFF. 6533

Metallgesellschaft Akt.-Ges., Frankfurt/M. (Erfinder: **Ludwig Schuster**, Philadelphia, Pa., V. St. A., **Robert Krause**, Langelsheim/Harz, und **Heinrich Fleischhauer**, Frankfurt/M.), *Erzeugen feinkristalliner Phosphatschichten auf Metallen, besonders Eisen undStahl.* Die Gegenstände werden in einer *Ti*-haltigen Na_2HPO_4-Lsg. vorgespült, deren p_H-Wert zwischen 9,5 u. 10 liegt u. die durch Eindampfen einer Ti-haltigen Na_2HPO_4-Lsg. zur Trockne u. Wiederauflösen hergestellt wurde. (**D. B. P. 871 098** Kl. 48d vom 27/2. 1945, ausg. 19/3. 1953.) MARKHOFF. 6533

Pyrene Co. Ltd., Brentford (Erfinder: **Wilfred Laurence Baker**, Isleworth, Middlesex, **Montagu Hyams**, Finchley, und **Leslie Albert Parkes**, Beckenham, Kent), England, *Entfernen des Schlammes aus Phosphatierungslösungen.* Ein Teil der Lsg. wird kontinuierlich abgezweigt, der Schlamm in einer Zentrifuge abgeschleudert u. die Lsg. zum Hauptteil der Behandlungslsg. zurückgeführt. Vor dem Zentrifugieren wird die Lsg. abgekühlt u. ihr H_3PO_4 oder prim. Metallphosphat zugesetzt. Der Schlammgeh. der Behandlungslsg. wird hierdurch niedrig gehalten. (**D. B. P. 874 235** Kl. 48d vom 11/10. 1951, ausg. 23/4. 1953. E. Prior. 22/3. 1951.) MARKHOFF. 6533

Rudolf Bloch, Isaac Schnerb und **David Kaplan**, Palästina, *Korrosionsschutz für Druckbehälter zum Lagern von Brom.* Die oft plötzliche Zerstörung der innen mit einem Bleibelag versehenen Behälter aus Eisen wird hervorgerufen durch katalyt. Wrkg. geringer Mengen von HBr. Um die Bldg. von HBr zu verhindern, wird der Bleibelag durch kathod. Oxydation mit einer Schicht von PbO_2 oder mit einem anderen oxydierend wirkenden Überzug, z. B. MnO_2, versehen. (**F. P. 972 275** vom 25/9. 1948, ausg. 29/1. 1951.) VIER. 6539

Deutsche Gold- und Silberscheideanstalt vormals Roessler, Deutschland, *Metallschutz gegen korrodierende Flüssigkeiten.* Den Lsgg., z. B. aus NaF, $CaCl_2$, $ZnSiF_6$, werden geringe Mengen Rhodanammon u./oder Thioharnstoff zusammen mit Aldehydkondensationsprodd. u./oder Ketonen mit anderen kondensationsfähigen Stoffen, wie Aminen, Phenolen u. deren Derivv., zugesetzt. Die Mischung wird gegebenenfalls mit zusätzlichen porösen Stoffen durch Schmelzen bei 150—230° erhalten. Die Zusatzstoffe werden z. B. Kühl-Fll. oder Holzimprägnierungslsgg. zugesetzt. (**F. P. 996 331** vom 28/12. 1949, ausg. 18/12. 1951.) HOLM. 5639

Pure Oil Co., übert. von: **George W. Ayers, Erskine E. Harton** und **Louis R. Mazurk,** Chicago, Ill., V. St. A., *Verhinderung der Korrosion von Stahl durch starke Alkalilaugen.* Beim Regenerieren u. Kochen von Lsgg., die bis zu 50 (Gew.-%) Alkali u. z. B. alkalilösl. Beschleuniger u. Oxydationskatalysatoren für die Behandlung von KW-stoffen enthalten, werden den Lsgg. 0,001—5 Na-, Ka- oder Li-Thiosulfat als Korrosionsschutzmittel hinzugefügt. (**A. P. 2 617 713** vom 15/4. 1948, ausg. 11/11. 1952.) LAASS. 6539

F. M. Loskutow, Die Metallurgie des Zinks. 2. Aufl. Dt. Übers. v. Dipl. Ing. Friedrich Krantz. Halle-Saale: Knapp. 1953. (XI + 296 S. m. 104 Abb.) 8° = Die Metallhüttenpraxis in Einzeldarstellungen. Bd. 6. DM 18,60.

D. Rubner, Métodos modernos y prácticos de dorado, plateado, niquelado, cromado y metalizaciones diversas. Selección de recetas y procedimientos. Segunda edición, revisada y ampliada. Barcelona: Edit. Ossó. 1953. (424 S. m. Abb.) ptas. 140,—.

—, Tecnologia de talleres metalúrgicos. I. Productos metalúrgico. Barcelona: Escuela de Trabajo de la Diputación. Librería Bosch. 1951. (88 S.) ptas. 6,—.

IX. Organische Industrie.

Phillips Petroleum Co., Del., übert. von: **Joseph Ackerman jr.** und **Charles W. Moberly,** Bartlesville, Okla., V. St. A., *Stabilisierungsmittel für organische Verbindungen gegen Oxydation* in Mengen von 0,005—5 Gew.-% sind die Reaktionsprodd. mehrwertiger Metallsalze von hochmol. Carbonsäuren mit Phenolen, Naphtholen u. ähnlichen Verbb., die am Ring OH-Gruppen enthalten. Diese Verbb. können noch weiter substituiert sein, z. B. zu Aminophenolen. Die mehrwertigen Metallsalze werden in der niedrigen Oxydationsstufe angewandt, z. B. Sn''-Stearat, ferner Cr''-, Co-, Cu- u. Fe''-Salze der Carbonsäuren. Die Rk. erfolgt bei 100—300° in Reaktionszeiten von 30 Min. bis 2 Std., wobei das Mengenverhältnis von Metallsalzen:Phenol 1:1 bis 1:2 betragen soll. Man kann die Stabilisatoren auch in situ bei einer Dest. unter Rückfluß bilden. (**A. P. 2 573 294** vom 2/6. 1947, ausg. 30/10. 1951.) G. KÖNIG. 6551

United Kingdom Chemicals Ltd., London, und **Georg Schafer,** Swansea, England, *Hydrolyse halogenhaltiger organischer Verbindungen,* die ein oder mehr Halogenatome an einer aliphat. Gruppe enthalten, erfolgt mittels einer wss.-alkal. Lsg., die mit den Ausgangsstoffen nicht oder wenig mischbar ist, unter Erwärmen, vorteilhaft bei 100 bis 300°, wobei die alkal. Lsg. an mehreren Stellen des Reaktionsgefäßes eingeleitet wird. Verdünnungsmittel können anwesend sein. Man erhält je nach den Ausgangsstoffen gesätt. oder ungesätt. Monooxy-, Dioxy-, Oxyhalogenverbb. oder ungesätt. Halogenverbindungen. — Zeichnungen. (**E. P. 684 763** vom 27/10. 1950, ausg. 24/12. 1952.) G. KÖNIG. 6575

Soc. d'Électro-Chimie, d'Électro-Métallurgie et des Aciéries Électriques d'Ugine, Paris, Frankreich (Erfinder: **Clifford A. Hampel,** New York, N. Y., V. St. A.), *Bleichverfahren.* Organ. Verbb., wie Cellulose, Zucker, Stärke, Schwämme, synthet. Fasern, Öle, Fette, Seifen, Wachse oder Harze, werden mit nichtsauren Alkali- oder Erdalkalichloriten u. Persulfaten gebleicht, wobei der p_H-Wert der Bleichflotte bes. mit Alkaliphosphatpuffer auf nicht <7 gehalten wird. (**D. B. P. 833 943** Kl. 8i vom 26/9. 1950, ausg. 13/3. 1952. A. Priorr. 11/1. u. 16/6. 1943.) LÜTTGEN. 6583

I. G. Farbenindustrie Akt.-Ges., Werk Rheinfelden, Rheinfelden (Erfinder: **Bruno Henning** und **Otto Bandtel,** Bitterfeld), *Überführung von hochchlorierten aliphatischen Kohlenwasserstoffen,* bes. Tetrachloräthan (**I**), in weniger Cl enthaltende KW-stoffe durch Überleiten im Gemisch mit Cl aufnehmenden KW-stoffen über Katalysatoren bei erhöhter Temp., dad. gek., daß man als Katalysatoren schwachbas. Metallhydroxyde bzw. -oxyde verwendet. Den hochchlorierten KW-stoff verwendet man im Überschuß über die stöchiometr. Menge des Cl aufnehmenden KW-stoffs. — Die Katalysatoren werden von Zeit zu Zeit durch Überleiten von Wasserdampf regeneriert. — Aus symm. **I** u. C_2H_2 erhält man Dichloräthylen, Trichloräthylen u. geringe Mengen Perchloräthylen sowie Pentachloräthan. Symm. **I** u. Bzl. geben Dichloräthylen, Monochlorbenzol, Trichloräthylen u. Dichlorbenzol. (**D. B. P. 874901** Kl. 12o vom 1/4. 1943, ausg. 27/4. 1953.) G. KÖNIG. H 500

British Thomson-Houston Co. Ltd., London, England, *Fluorierte aliphatische Verbindungen* erhält man aus einer Mischung von HF u. Chlor-KW-stoffen, die noch ein H-Atom an C gebunden enthalten, bei Tempp. —78 bis +19° u. n. Druck unter Einw. von elektr. Strom. Man kann auch in Ggw. eines Elektrolyten, wie LiF, NaF, KF, arbeiten sowie höhere Drucke anwenden. — Zeichnung. (**E. P. 668609** vom 2/8. 1950, ausg. 19/3. 1952. A. Prior. 17/8. 1949.) G. KÖNIG. H 500

Allied Chemical & Dye Corp., New York, übert. von: **Patrick Anthony Florio**, Woodside, und **John Douglas Calfee**, Manhasset, N. Y., V. St. A., *Reinigen von* CH_4 *und* $CCl_2{=}CCl_2$, die bei der Chlorolyse von 1.1-Difluoräthan erhalten werden u. geringe Mengen akt. Fluorverbb., z. B. $CCl_2{=}CClF$, enthalten, erfolgt durch Behandeln mit Si-Verbb., wie SiO_2, Kieselsäuren, Silicaten, z. B. Glaswolle, Diatomeenerde, oder Mischungen dieser Stoffe, bei 60—150° in Mengen von 50 u. mehr Gew.-%. F-Geh. nach der Behandlung $<$ 0,02 Gew.-%. (**A. P. 2577847** vom 16/10. 1948, ausg. 11/12. 1951.) G. KÖNIG. H 500

Phillips Petroleum Co., Bartlesville, Okla., V. St. A., *Trennen der Mono- und Diolefine aus Mischungen mit gesättigten Kohlenwasserstoffen* erfolgt durch Behandeln des Gemisches mit einer Lsg. eines Cu(I)-Salzes in o-Anisidin bei —30 bis +30° u. Drucken zwischen 1—300 at mit anschließender Desorption der gelösten Olefine unter Anwenden von Hitze u./oder vermindertem Druck. Die Absorptionslsg. kann beim Arbeiten unterhalb des F. von o-Anisidin (5,2°) mit in der Kälte beständigen Stoffen (A., Methylalkohol, Aceton) verd. werden. Der Partialdruck der Olefine kann durch Zumischen inerter Gase beeinflußt werden. Die Absorptionsmischung kann auch auf porige Träger aufgebracht sein. C_2H_2 u. H_2S sind aus der KW-stoffmischung vorher zu entfernen. — Zeichnung. (**E. P. 663516** vom 24/7. 1947, ausg. 27/12. 1951. A. Prior. 25/4. 1946.) G. KÖNIG. H 500

British Celanese Ltd. (Erfinder: **Edward Boaden Thomas** und **Frank Hindley**), London, England, *Chlorieren von besonders gasförmigen Paraffinkohlenwasserstoffen oder deren Monochlorverbindungen* erfolgt mittels Cl_2 in Ggw. von S_2Cl_2 bei Tempp. $<$100°. — Aus CH_3Cl erhält man CH_2Cl_2, $CHCl_3$ u. geringe Mengen CCl_4. — CH_4 ergibt CH_3Cl u. CH_2Cl_2. (**E. P. 674900** vom 1/6. 1949, ausg. 2/7. 1951.) G. KÖNIG. H 510

N. V. de Bataafsche Petroleum Mij., Den Haag, Holland, übert. von: **Alexander J. Cherniavsky**, San Francisco, Calif., V. St. A., *Monohalogenalkane und -alkene* gleicher C-Atomzahl erhält man aus den entsprechenden Olefinen durch Umsetzen von mindestens 2, bes. 5—6 (Mol) mit 1 Halogen bei 200—700° u. 1—7 at, wobei vorwiegend Substitutionsprodd. entstehen. Aus der Reaktionsmischung kann man das Monohalogenalken entfernen u. die verbliebene Gasmischung bei 300° u. 1—70 at in Ggw. eines Halogenids von Zn, Al, Bi, Sb, Fe oder V zur Rk. bringen, wobei aus dem bei der 1. Rk. gebildeten HCl mit dem vorhandenen Olefin Additionsprodd. entstehen. Man erhält z. B. *Vinylchlorid, Äthylchlorid, Äthylendichlorid, Crotylchlorid, Allylchlorid, Isopropylchlorid, Butylchlorid.* Bei der Verwendung von Br_2 entstehen die entsprechenden Bromide. — Zeichnung. (**E. P. 635013** vom 12/5. 1947, ausg. 29/5. 1950. A. Prior. 13/5. 1946.) G. KÖNIG. H 520

Badische Anilin- & Soda-Fabrik (Erfinder: **Kurt Pierch**), Ludwigshafen/Rh., *Herstellung organischer sauerstoffhaltiger Verbindungen*, dad. gek., daß man Acetale mit einem Gemisch von CO u. H_2 in Ggw. von Metallcarbonyle bildenden Metallen aus Katalysatoren unter erhöhtem Druck bei erhöhter Temp. u. gegebenenfalls die Erzeugnisse mit H_2 in Anwesenheit von Hydrierungskatalysatoren behandelt. Als Katalysatoren eignen sich bes. Co u. Ni, Zusätze, wie Cu, Al_2O_3, MgO, wirken häufig aktivierend. I können auf Träger, wie akt. C, Kieselgur, aufgetragen sein. — Glycerinersatz, Weichmacher usw. (**D. B. P. 875802** Kl. 12o vom 7/3. 1941, ausg. 7/5. 1953.) G. KÖNIG. H 550

Standard Oil Development Co., Wilmington, Del., V. St. A., *O-haltige organische Verbindungen gewinnt man durch Oxosynthese*, indem man die fl. Reaktionsprodd. durch Kühlen bei Synthesedruck von den gasförmigen Bestandteilen trennt u. sie ganz oder zum Teil in das Reaktionsgefäß am Boden oder an mehreren Stellen einleitet. Die gasförmigen Bestandteile können dem Eingangsstrom zugeleitet werden. Aus dem fl. Reaktionsprod. scheidet man den Katalysator durch Erhitzen unter gleichzeitigem Durchleiten von H_2 ab. Die Reaktionsprodd. können durch katalyt. Hydrierung in die entsprechenden Alkohole oder durch Oxydation in Carbonsäuren übergeführt werden. — Zeichnung. (**E. P. 647363** vom 9/4. 1948, ausg. 13/12. 1950.) G. KÖNIG. H 550

Ruhrchemie Akt.-Ges., Oberhausen-Holten, *CO-Hydrierung* wird mit einem Fe-Katalysator ausgeführt, der mittels Alkaliverbb. aus der Lsg. ausgefällt wurde u. bei unvollkommener Waschung noch 3—20 Gew.-% Alkalimetalle, als K_2O berechnet, u. auf metall. Fe bezogen, enthält. Es können noch Cu u./oder Zn u./oder Ca, ferner auch Elemente der 4.—7. Gruppe des Period. Syst., bes. V, Ce, W oder deren Verbb., als Katalysatoren vorhanden sein. — Hauptsächlich O-haltige Produkte. (**E. P. 668 419** vom 15/8. 1949, ausg. 19/3. 1952. D. Prior. 1/10. 1948.) G. KÖNIG. H 550

Paul Anglaret, Frankreich, *Reduktion von Estern zu Alkoholen* mittels Na u. einem Alkohol in einem alkoh. Medium in Ggw. von Stoffen, welche befähigt sind, das gebildete Na-Alkoholat zu zers. unter Bldg. eines Na-Salzes u. unter Regenerierung des Alkohols. Solche zers. Stoffe sind z. B. NH_4Cl, CO_2 u. wasserfreies Na_2CO_3 oder CO_2 u. Wasser. (**Can. P. 477 548** vom 5/7. 1947, ausg. 9/10. 1951. F. Priorr. 5/7. 1946 u. 16/5. 1947.) M. F. MÜLLER. H 550

Standard Oil Development Co., Elizabeth, N. J., V. St. A., *Alkohole*. Das Reaktions-Prod. der Oxosynth., enthaltend Aldehyd, W., sek. Reaktionsprodd., gelösten Katalysator u. komplexe Katalysatorverbb., entwässert man auf einen Wassergeh. $>$1%, zers. die Katalysatorverbb. bei erhöhter Temp. unter gleichzeitigem Einleiten eines inerten Abtreibgases (H_2), trennt vom abgeschiedenen metall. Katalysator u. hydriert die fl. Mischung unter Zugabe von bis 50 Gew.-%, vorteilhaft 1—10 Gew.-%, W. in Ggw. eines S-haltigen Katalysators, wie MoS_2, auf akt. C, zu den entsprechenden Alkoholen. — Zeichnung. (**E. P. 671 608** vom 9/5. 1950, ausg. 7/5. 1952. A. Prior. 21/10. 1949.) G. KÖNIG. H 550

N. V. de Bataafsche Petroleum Mij., Den Haag, Holland, *Höhermolekulare Alkohole* mit 6 u. mehr C-Atomen erhält man aus den entsprechenden Olefinen durch Absorption in konz. H_2SO_4 u. Hydrolysieren in 2 Stufen, wobei man in der 1. Stufe nur so viel W. zusetzt, daß eine 35—45%ig. H_2SO_4 anfällt. Die Säure wird abgeschieden u. in der 2. Stufe so viel W. zugesetzt, daß die Endkonz. der Säure 5—15% beträgt, wobei die Hydrolyse durch Erhitzen auf 100° unterstützt wird. Hydrolyse wird in den einzelnen Stufen durch Abkühlen unterbrochen. Die in der 2. Stufe anfallende Säure wird in der 1. Stufe an Stelle des W. verwendet. (**E. P. 643 136** vom 20/7. 1948, ausg. 15/9. 1950.) G. KÖNIG. H 550

Badische Anilin- & Soda-Fabrik (Erfinder: **Gustav Wietzel, Otto Vorbach** und **Arno Scheuermann**), Ludwigshafen/Rh., *Herstellung sauerstoffhaltiger aliphatischer Verbindungen* nach D. B. P. 867 849, dad. gek., daß man an Stelle von Methanol dessen Homologe in fl. Phase bei Tempp. über 100°, aber unterhalb der krit. Temp. des jeweils behandelten Alkohols, u. unter einem Druck von 300 at der Rk. mit CO u. H_2 in Ggw. von carbonylbildenden Metallen der 8. Gruppe des Period. Syst. oder deren Verbb. unterwirft. — Man erhält z. B. aus A., CO u. H_2 in Ggw. eines bas. Co-Carbonatkatalysators bei 600 at unter Erhitzen Propylalkohol u. höhermol. Oxyäther. (**D. B. P. 875 346** Kl. 12o vom 10/6. 1943, ausg. 30/4. 1953. **Zusatz zu D. B. P. 867 849; C. 1953. 6567.**) G. KÖNIG. H 550

Cities Service Oil Co., Bartlesville, übert. von: **William B. Hughes**, Barnsdall, und **Jack Newcombe**, Pawhuska, Okla., V. St. A., *Reinigen von Alkoholen*, enthaltend Carbonylverbb. u. Acetale, erfolgt durch katalyt. Hydrierung in Ggw. geringer Mengen (0,005—1%) Mineralsäuren, wie H_2SO_4 oder H_3PO_4, bei 100—250° u. 500—3000 lbs./sq.in., wobei als Katalysatoren platiniertes oder palladiniertes Ni, RANEY-Ni, Ni auf Träger, Pt- oder Pd-Schwarz, ferner Cu-, Co- oder Fe-Chromit angewendet werden. Vorteilhaft ist ein Wassergeh. von 10—15%. (**A. P. 2 569 671** vom 16/7. 1948, ausg. 2/10. 1951.) G. KÖNIG. H 550

Badische Anilin- & Soda-Fabrik, Ludwigshafen/Rh. (Erfinder: **Wilhelm Wenzel**, Frankfurt/M.), *Herstellung von Äthern*, dad. gek., daß man Verbb. aus organ. Oxyverbb. u. Metallen, deren Hydroxyde mit W. keine alkal. Lsgg. liefern, mit organ. OH-Verbb. umsetzt. Als bevorzugte Metallverbb. kommen die des Al in Betracht. Die Oxyverbb. können gleich oder verschieden sein. Die Rk. soll möglichst in der fl. Phase ausgeführt werden. Als Ausgangsstoffe sind genannt: 5.5-Dimethyl-3-methylhexanol-(1), n-Hexylalkohol. (**D. B. P. 876 403** Kl. 12o vom 3/2. 1943, ausg. 11/5. 1953.) G. KÖNIG. H 550

Standard Oil Development Co., Elizabeth, N. J., V. St. A., *Äthylalkohol* gewinnt man aus einer KW-stoffmischung mit 30—40 Vol.-% C_2H_4 u. geringen Mengen (0,1 bis 5%) C_3H_6, durch Behandeln mit 95—100 Gew.-%ig. H_2SO_4 bei 60—100° u. 300 bis 500 lbs./sq.in., wobei ein Säureextrakt von 1,0—1,3 (Mol) C_2H_4 auf 1 H_2SO_4 erhalten wird. Anschließend läßt man auf diese Mischung ein von C_3H_6 möglichst freies KW-stoffgemisch mit 60—100 Vol.-% C_2H_4 1—3 Std. bei 80—110° u. bei gleichem Druck einwirken u. erhält einen Extrakt mit mindestens 1,4 C_2H_4 auf 1 H_2SO_4. Man hydrolysiert die erhaltenen Schwefelsäureester zu Äthylalkohol. (**E. P. 660 652** vom 30/7. 1946, ausg. 7/11. 1951.) G. KÖNIG. H 560

American Cyanamid Co., übert. von: **Harold Simmonds Davis**, New York, N. Y., V. St. A., *Äthylenchlorhydrin* (I) *und Äthylenglykol* (II) erhält man durch Einleiten von Äthylenoxyd (III) in HCl, bis die Lsg. neutral reagiert. I wird mit W. abdest. u. II bleibt als Rückstand. II wird bevorzugt erhalten, wenn man die Konz. an HCl niedrig u. die Temp. hoch hält. Hohe Konzz. an HCl ergeben bes. I. Hohe HCl-Konzz. kann man auch mit HCl u. in W. lösl. Metallchloriden aufrechterhalten. Mittels Kalkmilch erhält man III, das in den Kreislauf rückgeführt werden kann. (**E. P. 660 835** vom 17/1. 1949, ausg. 14/11. 1951. A. Prior. 5/3. 1948.) G. KÖNIG. H 570

British Industrial Solvents Ltd., London, England, *2.2.4-Trimethylpentan-1.3-diol* u. *Isobutanol* erhält man durch katalyt. Hydrierung von 5.5-Dimethyl-2.4-diisopropyl-6-oxy-1.3-dioxan in der fl. Phase u. in saurem Medium bei 30—130° u. gegebenenfalls unter Druck mittels eines Hydrierungskatalysators (RANEY-Ni), vorteilhaft in Ggw. eines Verdünnungsmittels, wie A., Isobutanol. Als Ansäuerungsmittel kommen schwache organ. Säuren, wie Essig-, Butter-, Malonsäure, nicht HCOOH, in Betracht. (**E. P. 682 260** vom 19/1. 1950, ausg. 5/11. 1952.) G. KÖNIG. H 570

Henkel & Cie., G. m. b. H. (Erfinder: **Helmut Pietsch**), Düsseldorf, *Herstellung von Pentaerythritdichlorhydrin*, dad. gek., daß man den Pentaerythritdichlorhydrinmonoschwefeligsäureester sauer verseift. Die Rk. verläuft bereits bei 80—90°. Verwendung als Zwischenprod., bes. zur Herst. von Kunstharzen. (**D. B. P. 875 803** Kl. 12o vom 21/7. 1951, ausg. 7/5. 1953.) G. KÖNIG. H 580

Henkel & Cie., G. m. b. H. (Erfinder: **Helmut Pietsch**), Düsseldorf, *Herstellung des Pentaerythritdichlorhydrinmonoschwefligsäureesters* durch Rk. von Pentaerythrit mit $SOCl_2$ in Ggw. von Pyridin, dad. gek., daß man das Reaktionsgemisch auf Tempp. von höchstens 130°, bes. ca. 100°, erhitzt, $Kp._{4-5}$ 113—115°, F. 30°. (**D. B. P. 875 805** Kl. 12o vom 17/8. 1951, ausg. 7/5. 1953.) G. KÖNIG. H 580

Albright & Wilson Ltd., Birmingham, England, *Dialkylphosphite und deren Chlorderivate* erhält man aus PCl_3 u. wss. Alkoholen, die, mittels einer rotierenden Scheibe gemischt, auf gekühlte Flächen geschleudert werden u. als Reaktionsprodd. in dünner Schicht ablaufen. Entstehender HCl wird abgesaugt, oder durch eingeleitetes inertes Gas abgeführt. — PCl_3, A. u. W. im Verhältnis 2,14 : 1 : 1 ergeben bei 14,5° reines *Diäthylphosphit*. Dieses, bei 0—10° mit Cl_2 behandelt, ergibt *Diäthylchlorphosphonat*, $Kp._{12}$ 84°. Werden Methyl- oder Isopropylalkohol eingesetzt, erhält man *Dimethylphosphit*, $Kp._{16}$ 65—67°, oder *Diisopropylphosphit*, $Kp._{13}$ 79—81°. — Zeichnung. (**E. P. 684 835** vom 17/5. 1949, ausg. 24/12. 1952.) G. KÖNIG. H 590

Severočeské Tukové Závody (Drive Jiri Schicht) Národní Podnik, Usti nad Labem, Tschechoslowakei, *Verseifung von Alkylsulfochloriden* (I) *zu Alkylsulfonaten* RSO_3Na oder —K (R = gerad- oder verzweigtkettiger KW-stoffrest mit ca. 14—15 C-Atomen). Die I werden mit Alkalicarbonatlsg. auf über 100° unter Druck erhitzt, so daß das Unverseifbare mit dem CO_2 unter gleichzeitigem Einleiten von Dampf abdest., das in einem Vakuumgefäß bei ca. 30 mm Hg abgetrennt wird. (**E. P. 636 650** vom 20/11. 1946, ausg. 3/5. 1950. D. Prior. 30/10. 1941.) KRAUSS. H 600

Standard Oil Development Co., Elizabeth, N. J., V. St. A., *Oxosynthese*. Das bei dieser Synth. anfallende Reaktionsgemisch wird bei höheren Tempp. u. Drucken mit H_2 zur Zerlegung des komplexen Katalysators behandelt. Es entweichen CO u. H_2 u. das Metall schlägt sich auf einem Trägermaterial nieder. Anschließend leitet man in diesen Raum ein CO-reiches Gas in Ggw. einer Fl., die Metallcarbonyle löst, ein. Die erhaltene Lsg. wird von der Fl., die einen höheren Dampfdruck als die Methylcarbonyle besitzt, ganz oder zum Teil befreit u. die Carbonyle werden in die Reaktionszone geleitet. Als Fll. eignen sich bes. Butan u./oder Pentan, fl. Olefine, Ae., Aceton, Methan oder halogenierte KW-stoffe. Die erhaltenen Oxoverbb. können zu den entsprechenden Alkoholen hydriert werden. — Zeichnung. (**E. P. 659 712** vom 21/10. 1949, ausg. 24/10. 1951. A. Prior. 19/11. 1948.) G. KÖNIG. H 650

Imhausen & Co. G. m. b. H. und **Karl-Heinz Imhausen** (Erfinder: **Karl-Heinz Imhausen** und **Emil Keunecke**), Witten/Ruhr, *Herstellung von Chlorierungsprodukten des Äthylalkohols*, dad. gek., daß man in eine Mischung von A. mit unter den Reaktionsbedingungen nicht chlorierbaren wasserfreien Lösungsmitteln, bes. chloriertem A., Cl_2 einleitet. — Ein Gemisch von A. u. Dichloracetaldehyd ergibt mit Cl_2 bei 20° in 32 Std. Dichloracetaldehyd; hieraus mit Chlorbenzol Dichlordiphenyldichlormethylmethan. — Mischung von A. u. CCl_4 liefert mit Cl_2 nach 60 Std. (Endtemp. 60°) Trichloracetaldehyd. (**D. B. P. 874 768** Kl. 12o vom 15/1. 1949, ausg. 27/4. 1953.) G. KÖNIG. H 670

„Shell" Refining & Marketing Co. Ltd., London, England, *Fettsäuregemische* erhält man in Form ihrer Alkalisalze durch Alkalischmelze von Gemischen aus sek. aliphat. Alkoholen mit Olefin-KW-stoffen C_5—C_{20}, wie sie z. B. bei der Herst. von sek. Alkyl-

sulfaten aus Olefingemischen anfallen, bei 250—350, bes. 300—325°, wobei nicht umgesetzte organ. Verbb. abdest. werden. Man verwendet z. B. 0,75—10 (Mol) KOH + NaOH (1—3 : 1) je 1 Alkohol. (**E. P. 660838** vom 9/2. 1949, ausg. 14/11. 1951.)
MÜLLER-MEININGEN. H 800

Märkische Seifen-Industrie O. H. G. und **Karl-Heinz Imhausen** (Erfinder: **Arthur Imhausen** † und **Karl-Heinz Imhausen**), Witten/Ruhr, *Konzentrieren wässeriger Lösungen von niedermolekularen Fettsäuren* unter Abdest. des W. als azeotrop. Gemisch mit Propyl- oder Isopropylformiat, dad. gek., daß man zum Konzentrieren von wss. HCOOH (I) oder von wss., I enthaltenden wasserlösl. Fettsäuren diese beiden Ester ohne Verwendung einer weiteren Hilfs-Fl. zum Abdestillieren des W. verwendet. (**D. B. P. 880294** Kl. 12o vom 24/10. 1942, ausg. 22/6. 1953.) MÜLLER-MEININGEN. H 810

Badische Anilin- & Soda-Fabrik (Erfinder: **Otto von Schickh**), Ludwigshafen/Rh., *Aliphatische Nitrohalogencarbonsäuren* u. ihre Derivv. erhält man durch Rk. von Verbb. der allg. Zus. $R \cdot CH(X) \cdot NO_2$ (R = H oder organ. Rest, X = Halogen) mit $\alpha.\beta$-ungesätt. aliphat. Carbonsäuren, deren Estern, Amiden oder Nitrilen in Ggw. alkal. Katalysatoren. — Man erhitzt z. B. 110 (Teile) 1-Chlor-1-nitroäthan, 200 A. u. 3 K_2CO_3 unter Rühren auf 55°, tropft 55 $CH_2{=}CH \cdot CN$ zu, rührt weitere 12 Std. bei 60°, dest. nach Waschen mit W. u. erhält 104 (63%) *γ-Chlor-γ-nitro-n-valeronitril*, Kp. 139—140°. — Bei Raumtemp. benötigt die Rk. 10—15 Tage. — *Weichmacher* u. *Lösungsmittel*. (**D. B. P. 871752** Kl. 12o vom 23/3. 1943, ausg. 26/3. 1953.)
MÜLLER-MEININGEN. H 810

Badische Anilin- & Soda-Fabrik (Erfinder: **Werner Höhn**), Ludwigshafen/Rh., *Herstellung von Al-Triformiat oder anderen neutralen Salzen des Al mit wasserlöslichen organischen Säuren.* Man versetzt wss. Lsgg. eines anorgan. Al-Salzes, die bes. SO_4''-Ionen enthalten, bei Tempp. $<50°$, bes. bei 40°, mit Alkali- oder NH_4-Hydroxyd oder -Carbonat, löst das wasserhaltige $Al(OH)_3$ nach Entfernung der Mutterlauge in der entsprechenden Carbonsäure u. läßt das neutrale Al-Salz nach Einengen auskristallisieren oder dampft die Lsg., bes. im Zerstäubungstrockner, ein. (**D. B. P. 873696** Kl. 12o vom 4/3. 1950, ausg. 16/4. 1953.) MÜLLER-MEININGEN. H 810

Zschimmer & Schwarz vormals Chemnitz, Brilon (Erfinder: **Oskar Jochem,** Greiz, und **Adolf Müller,** Greiz), *Al-Formiat* (**II**) erhält man, indem man festes $Al_2(SO_4)_3$ (**I**) mit einer zur Lsg. nicht ausreichenden Menge W. anteigt, festes $(HCOO)_2Ca$ bei 40—90° einrührt, die erhaltene **I**-Lsg. vom $CaSO_4$ trennt u. gegebenenfalls aus der heißen Lsg. des krist. **I** mit **II**-Mutterlaugen anrührt. (**D. B. P. 880295** Kl. 12o vom 11/3. 1943, ausg. 22/6. 1953.) MÜLLER-MEININGEN. H 810

Farbwerke Hoechst, vormals Meister Lucius & Brüning (Erfinder: **Valentin Hilcken** und **Hermann Patri**), Frankfurt/M., *Alkalisalze der Monochloressigsäure* erhält man durch Rk. von Alkalicarbonat mit geschmolzener $CH_2Cl \cdot COOH$ (**I**), wobei man die Energie der latenten Schmelzwärme der **I** zur Verdampfung des Reaktionswassers ausnutzt. (**D. B. P. 871890** Kl. 12o vom 21/10. 1942, ausg. 26/3. 1953.)
MÜLLER-MEININGEN. H 810

Badische Anilin- & Soda-Fabrik (Erfinder: **Heinrich Hopff** und **Kurt Rautenstrauch**), Ludwigshafen/Rh., *Essigsäure-α.α-dicyanäthylester* (**II**) erhält man durch Rk. von 2 (Mol) Alkalicyanid mit 2,5—2,8 $(CH_3CO)_2O$ (**I**) in Ggw. von Lösungsmitteln, z. B. Benzol. — 2 **I** + 2 NaCN (**III**) → $CH_3 \cdot COO \cdot C(CN)_2 \cdot CH_3$ + 2 CH_3COONa (**IV**). Man erhitzt z. B. 306 (Teile) **I** mit 1200 Bzl., gibt 98 **III** zu u. kocht 5 Std. unter Rückfluß, filtriert vom **IV** ab, wäscht dieses mit Bzl. u. erhält 115—120 (85—88%) **II**, $Kp._{10}$ 100—110°; F. 69—69,5° (aus CCl_4). — Zwischenprodukt. (**D. B. P. 873839** Kl. 12o vom 9/6. 1951, ausg. 16/4. 1953.) MÜLLER-MEININGEN. H 810

E. I. du Pont de Nemours & Co., Wilmington, Del., V. St. A., *Ester* erhält man durch Rk. bes. von C_2—C_4-Olefinen mit CO u. prim. 1- oder mehrwertigen Alkoholen, bei 150—500°, bes. 175—375°, u. mindestens 50—300 at in Ggw. von 0,05—30% eines im Reaktionsgemisch lösl. carbonsauren Salzes, z. B. Co-Propionat (**I**). Man erhitzt z. B. 144 (g) CH_3OH, 42 Buten-(1) u. 5 **I** 105 Min. auf 240—250° unter 690—750 at CO-Druck. Umsatz zu *Valeriansäuremethylester*; Ausbeute: 24,7%. — CH_3OH + CO + Isobutylen → *Isovaleriansäuremethylester*. — $C_2H_5OH + C_2H_4$ + CO → *Propionsäureäthylester*. — $CH_3OH + C_2H_4$ + CO → *Propionsäuremethylester*. — CH_3OH + Propylen + CO → *n-Buttersäuremethylester*. — Äthylenglykol + C_2H_4 + CO → *Äthylenglykolmonopropionsäureester*. (**E. P. 651853** vom 26/11. 1947, ausg. 11/4. 1951. A. Prior. 19/11. 1945.)
MÜLLER-MEININGEN. H 810

Lonza Elektrizitätswerke und Chemische Fabriken Akt.-Ges., Basel, Schweiz, *Herstellung von monomerem Methacrylsäuremethylester* durch Umwandlung von Acetoncyanhydrin (**I**) in Methacrylamid (**II**) u. Esterifizierung des letzteren unter Bldg. u.

Isolierung des Methacrylsäuremethylesters, dad. gek., daß man **I** durch Zugabe von Pyroborsäure oder Borsäureanhydrid in einem fast wasserfreien Medium in die Borsäureester überführt, worauf man das Borsäureestergemisch mit konz. Säuren behandelt u. darauf die Nitrilgruppe durch Zugabe von W. in eine Amidgruppe unter Bldg. von **II** verwandelt u. dann das **II** durch Zugabe von CH_3OH u. darauf von W. in saurer Lsg. in Methacrylsäuremethylester überführt u. diesen isoliert. — Beispiel, 19 Patentansprüche. (**Schwz. P. 279 909** vom 13/10. 1949, ausg. 16/4. 1952. A. Prior. 6/11. 1948.) DONLE. H 810

N. V. de Bataafsche Petroleum Mij., Den Haag, Holland, *Diester von α.ω-Dioxyalkanen oder Alkanen*, die mindestens 4 C enthalten, erhält man durch Pyrolyse der entsprechenden Triester bei mindestens 300, bes. 350—650° u. gegebenenfalls Red. der dabei erhaltenen Prodd., bes. in Ggw. von RANEY-Ni bei 40—300°, bes. 50—150°, u. 250—10000, bes. 500—5000 lbs./sq.in. H_2-Druck. — Beispiele: 1.2.6-Hexantrioltriacetat → *Hexendioldiacetat* (Kp.$_{<1-3}$ 89—115°) $\xrightarrow{\text{Red.}}$ *Hexamethylenglykoldiacetat*, Kp.$_3$ 103,5—106°. (**E. P. 652 329** vom 6/8. 1948, ausg. 18/4. 1951. A. Prior. 16/8. 1947.) MÜLLER-MEININGEN. H 820

Union Oil Co. of California, Los Angeles, übert. von: **Art C. McKinnis**, Long Beach, Calif., V. St. A., *HCN-Gewinnung*. Man leitet ein Gemisch aus halogenierten, gesätt., aliphat. KW-stoffen mit 1—4 C-Atomen, z. B. CH_3Cl, C_2H_5Br u. a., NH_3 u. O_2 durch eine Vorerhitzungszone in eine Verbrennungszone, wo es (ohne Katalysator) verbrannt wird. Das gebildete HCN trennt man von den Verbrennungsprodd. ab. (**A. P. 2 620 259** vom 18/6. 1949, ausg. 2/12. 1952.) NEBELSIEK. H 890

Rohm & Haas Co., Philadelphia, Pa., V. St. A., *Trennung basischer Aminocarbonsäuren* aus einem Gemisch von Aminocarbonsäuren geschieht mittels eines *Ionenaustauscherharzes* vom Carbonsäuretyp, wobei ein Teil der Carbonsäuregruppen in Salz übergeführt wird, u. zwar in einem solchen Verhältnis, daß bei der zu trennenden Aminocarbonsäuremischung ein p_H-Wert eingestellt wird, der unterhalb des isoelektr. Punktes der zu adsorbierenden Säure bzw. Säuren u. oberhalb des isoelektr. Punktes der nicht adsorbierten Säuren liegt. — Beispiele für die Trennung von *Arginin, Lysin, Histidin, Leucin* u. *Glutaminsäure*. (**E. P. 658 669** vom 8/2. 1949, ausg. 10/10. 1951. A. Prior. 16/3. 1948.) LANGER. H 950

Union Carbide & Carbon Corp., New York, übert. von: **Frederick A. Smith**, Kenmore, N. Y., V. St. A., *Tetraalkylorthosilicate* erhält man bei der exotherm. Rk. von mindestens 4 (Mol) eines Alkanols mit 1 SiS_2. — A. ergibt, mit SiS_2 bei n. Temp. vermischt, unter Entweichen von H_2S *$Si(OC_2H_5)_4$*, Kp. 165°; n_D 1,384; D. 0,9374. (**A. P. 2 569 784** vom 27/1. 1949, ausg. 2/10. 1951.) G. KÖNIG. H 980

Union Carbide & Carbon Corp., New York, N. Y., übert. von: **James B. Culbertson**, Lockport, **Hendrick de W. Erasmus**, Lewiston, und **Robert M. Fowler**, Niagara Falls, N. Y., V. St. A., *Kieselsäureester mehrwertiger aliphatischer Alkohole oder der Alkylenchlorhydrine* erhält man aus den OH-Gruppen enthaltenden Verbb. u. SiS_2 unter exotherm. Bedingungen. Die Alkohole sollen keine Gruppen enthalten, die mit SiS_2 reagieren. — Äthylenglykol ergibt mit SiS_2 *$(OCH_2—CH_2O)_2Si$*, lösl. in A. u. Äthylsilicat. Äthylenchlorhydrin setzt sich zu *$(ClCH_2—CH_2O)_4Si$* um u. Glycerin liefert *Glycerinsilicat*. (**A. P. 2 569 747** vom 8/6. 1949, ausg. 2/10. 1951.) G. KÖNIG. H 980

Standard Oil Development Co., übert. von: **Richard C. Brandon**, Elizabeth, N. J., V. St. A., *Dehydrierung von Petroleummonoalkylnaphthenen* in der Gasphase erfolgt durch Leiten der Ausgangsstoffe, die auch S-Verbb. enthalten können, über einen auf einem Träger (Al_2O_3, Silicagel) aufgebrachten Pd- oder Pt-Katalysator (0,1—10%ig.) bei 650—800° F. Zweckmäßig verwendet man eine Petroleumfraktion mit Kp. 200—400°. Die Regenerierung des Katalysators erfolgt durch Abbrennen der sich bildenden Ndd. bei 700—1100° F. — Aus Äthylcyclohexan erhält man in Ggw. von 2% Pt auf Al_2O_3l *Äthylbenzol*, aus Methylcyclohexan → *Toluol*. (**A. P. 2 560 329** vom 15/6. 1946, ausg. 10/7. 1951.) KRAUSS. H 1010

N. V. de Bataafsche Petroleum Mij., Den Haag, Holland (Erfinder: **Kenneth Edwin Furman** und **Harry de Veuve Finch**, Emeryville, Calif., V. St. A.), *Verfahren zur Herstellung von Phenolen*. Alicycl. Ketone, z. B. Cyclohexanon (**I**), werden bes. in Dampfform zwischen 225—650°, bes. 350—575°, mit einem akt. C-Katalysator (**II**), in der Regel A-Kohle, in Berührung gebracht. **II** kann ein oder mehrere Schwermetalle, auch in Form ihrer Oxyde u. anderer Verbb. bis zu 20% enthalten. — Beispiel: 3,43 (Mol) **I** u. 1 W. werden bei 575° durch ein den **II** enthaltendes Rohr mit einer fl. Raumgeschwindigkeit von 4,1/Std. (Erläuterung vgl. Orig.) geleitet. Nach Zuführung von 1,82 **I** waren 0,49 Mol *Phenol* erzeugt u. 0,98 **I** nicht umgesetzt. (**D. B. P. 872 790** Kl. 12q vom 24/6. 1951, ausg. 9/4. 1953. A. Prior. 27/6. 1950.) MATTHAES. H 1060

C. U. R. A. Patents Ltd., Leatherhead (Erfinder: **Peter Hervey Given,** Worcester Park), Surrey, England, *Herstellung von Phenolen.* Ein Alkylphenol oder ein dieses enthaltendes Gemisch wird in Dampfform, gegebenenfalls unter Beimischung einer kleinen Menge Wasserdampf, über einen auf 300—550° erhitzten sauren Katalysator geleitet, welcher aus einem Gemisch von Oxyden, z. B. einem Gemisch aus SiO_2 u. Al_2O_3 oder aus SiO_2, Zr-Oxyd u. Be-Oxyd, besteht, die gemeinsam ausgefällt oder, bei getrennter Ausfällung, im feuchten Zustand vermischt worden sind. Der Katalysator kann durch Behandlung mit Luft bei 450—550° reaktiviert werden. — Beispiel: **363,3** g o-Kresol werden mit 116 Wasserdampf mit einer Flüssigkeitsgeschwindigkeit von 0,48/Std. über 300 cm^3 eines aus SiO_2 u. Al_2O_3 (4 : 1) bestehenden Katalysators geleitet. 97,8% der fl. Bestandteile werden wiedergewonnen; davon sind 14,5 Phenol, 54,4 o-Kresol, 1,3 m-Kresol, 9,0 p-Kresol, 13,8 Xylenole, 3,4 nichtphenol. Verbb. u. 1 Wasser. (**D. B. P. 874 911** Kl. 12q vom 24/6. 1951, ausg. 27/4. 1953. E. Prior. 23/6. 1950.)
MATTHAES. H 1060

British Resin Products Ltd., London, **Ewart Ray Herbert Jones,** Bramhall, und **Lan Kenneth Miles Robson,** London, England, *6-Methylol-3-pentadecylphenol* (**I**), F. 91°, erhält man durch Kondensation von 3-Pentadecylphenol, F. 50,5—51°, $Kp._{10}$ 240° (vgl. A. P. 2 181 119, C. **1940.** I. 2397) in wss. oder wss.-alkoh. alkal. Lsg. mit äquimol. Mengen CH_2O bei über 100°. **I** läßt sich durch Erhitzen in ein Harz, oder durch Methylierung in *6-Methylol-3-pentadecylanisol* überführen, das durch Oxydation mit $KMnO_4$ *Methoxytherephthalsäure* liefert. (**E. P. 634 960** vom 23/12. 1947, ausg. 29/3. 1950.)
KRAUSS. H 1060

Wyandotte Chemicals Corp., übert. von: **Donald R. Jackson,** Wyandotte, **William K. Langdon** und **Thomas H. Vaughn,** Grosse Ile, Mich., V. St. A., *Abtrennung von Alkalisulfaten aus ihren Mischungen mit Alkalibenzolsulfonaten und deren Alkylhomologen* (Alkyl = 1—4 C-Atome) erfolgt durch Zusatz von W. u. Erhitzen auf über 30—100°, wobei das gesamte Sulfonat gelöst wird u. das ungelöste Sulfat dann abfiltriert werden kann. — Eine Mischung aus Na-Benzolsulfonat mit 37 (%) Na_2SO_4 wird mit W. auf 95° erhitzt u. filtriert. Der Sulfatgeh. des Filtrats beträgt 6,7; nach dessen Einengen u. nochmaligem Filtrieren bei 95° ist der Sulfatgeh. des Filtrats 3,8. Weiter werden gereinigt: Na-Toluol-, -Xylol-, -p-Cymolsulfonat. — Diagramm. (**A. P. 2 572 344** vom 23/3. 1949, ausg. 23/10. 1951.)
KRAUSS. H 1090

Monsanto Chemical Co. (Erfinder: **John K. Fincke**), St. Louis, Mo., V. St. A., *Sulfonierung organischer Verbindungen.* Gelöstes SO_3 enthaltendes fl. SO_2 wird mit fl. SO_2, in dem ein KW-stoff, der wenigstens eine —CH=CH-Gruppe enthält, gelöst ist, gemischt. Die Mischung wird durch eine Düse in ein Sammelgefäß entspannt, wobei Druck, Temp. u. Strömungsgeschwindigkeit so gewählt werden, daß die freiwerdende Reaktionswärme vollständig durch die Verdampfungswärme des als Lösungsm. dienenden SO_2 abgeführt wird. Die Sulfonierung erfolgt also kurzfristig unter annähernd adiabat. Bedingungen, wobei die Temp. der SO_2-Lsg. in der Mischzone auf 20—75° u. der Druckabfall beim Durchgang durch die Düse zwischen 2,8 u. 7 kg/cm^2 eingestellt wird. — Hergestellt werden: *Benzolsulfonsäure*; *Dodecylbenzolmonosulfonsäure, -disulfonsäure, -pentasulfonsäure*; *Schwefelsäurehexadecylester.* Äthylen → *Carbylsulfat* + W. → *Äthionsäure.* — Vorr., Zeichnung. (**D. B. P. 862 007** Kl. 12o vom 29/9. 1950, ausg. 8/1. 1953. **E. P. 666 154** vom 17/2. 1949, ausg. 6/2. 1952. Beide A. Prior. 1/4. 1948.)
KRAUSS. H 1090

Badische Anilin- & Soda-Fabrik, Ludwigshafen/Rh. (Erfinder: **Walter Reppe, Tim Toepel,** Ludwigshafen/Rh., und **Karl Klager,** Monrovia, Calif., V. St. A.), *Herstellung von Phenylacetaldehyd* (**I**), *seinen Acetalen oder β-Phenyläthylidendiestern,* dad. gek., daß man Cyclooctatetraen (**II**) mit W. oder Alkoholen bzw. Phenolen oder Carbonsäuren u. Hg-Verbb. umsetzt. — Zu $HgSO_4$ in W. suspendiert wird **II** tropfenweise zugesetzt. Es bildet sich eine Hg-Additionsverb. u. die Reaktions-Fl. erwärmt sich auf 70—80°, wobei die Additionsverb. unter Abscheiden von Hg zerfällt. Man äthert aus u. dest., wobei **I**, $Kp._{0,7}$ 57—58°, anfällt. — Mit Hg-Acetat in Methanol u. **II** erhält man *Phenylacetaldehyddimethylacetal,* $Kp._{22}$ 110°. — Mit Eisessig erhält man *β-Phenyl-α.α-äthylidendiacetat,* F. 64—65°. (**D. B. P. 868 898** Kl. 12o vom 22/10. 1941, ausg. 2/3. 1953.)
G. KÖNIG. H 1120

Hans Joachim Teuber, Heidelberg, *Chinone.* Man läßt auf Verbb. mit aromat. gebundenen OH-Gruppen Metallsalze der Nitrosodisulfonsäuren einwirken. Phenol → *p-Chinon*; Thymol → *Thymochinon*; p-Oxybenzoesäure → *p-Chinon*; o-Kresol → *Toluchinon*; Guajacol → *Methoxychinon*; Hydrochinon → *p-Chinon*; α-Naphthol → *1.4-Naphthochinon*; Pyrogallol-1.3-dimethyläther → *2.6-Dimethoxy-p-chinon.* (**D. B. P. 883 145** Kl. 12o vom 25/7. 1951, ausg. 16/7. 1953.)
BRÖSAMLE. H 1190

E. I. du Pont de Nemours & Co., übert. von: **Robert G. Linville**, Wilmington, Del., V. St. A., *Aromatische Acylfluoride* erhält man durch Rk. von aromat. Diazonium-Borfluoriden mit CO bis 60—125° u. 200—1000 at unter Wasserausschluß in einem inerten Lösungsm. gegebenenfalls in Ggw. eines Metall-, z. B. Ni-Carbonyls u. einer wasserfreien Säure, z. B. HCl. — Beispiel: 50 (Teile) Benzoldiazonium-Borfluorid u. 200 absol. A. wurden 6 Std. unter 1000 at CO-Druck auf 80° erhitzt u. 14,5 (43%) *Benzoylfluorid*, F. 64°, erhalten. (**A. P. 2 517 898** vom 24/12. 1948, ausg. 8/8. 1950.) MÜLLER-MEININGEN. H 1210

Aschaffenburger Zellstoffwerke Akt.-Ges., Redenfelden/Obb., *Salicylamid*. Man verrührt Salicylsäuremethylester mit 22%ig. NH_3 bei n. Temp. u. säuert auf $p_H \cdot 8,5$ an. F. 135°. (**Schwz. P. 282 729** vom 16/3. 1950, ausg. 16/8. 1952. D. Prior. 20/6. 1949.) LANGER. 1250

Mathieson Chemical Corp., New York, übert. von: **Victor C. Fusco**, Youngstown, N. Y., V. St. A., *Halogenphenoxyessigsäuren* erhält man durch Ansäuern des Reaktionsprod. aus Halogenalkaliphenolaten mit Halogenessigsäure. — Man löst z. B. 23,6 (g) $Cl \cdot CH_2 \cdot COOH$ in W., neutralisiert mit einer Lsg. von 10 NaOH in 90 cm³ W. vorsichtig unterhalb 30°, löst dann 74,1 2.4.5-Trichlorphenol in einer wss. Lsg. von 15 NaOH, mischt die beiden neutralen Lsgg. u. dampft bei 130° ein, schlämmt den Rückstand mit 1500 cm³ W. auf u. bringt mit Alkali das p_H von 8 auf 10, filtriert *2.4.5-Trichlorphenoxyessigsaures Na* (**I**) ab, wäscht mit 10% ig. NaCl-Lsg. u. gewinnt aus dem Filtrat (1720 cm³ NaCl-Geh. 25/Liter) durch Zusatz von 70 NaCl noch 8 I. — Aus 53 I erhält man durch Ansäuern seiner wss. Lsg. 42 *2.4.5-Trichlorphenoxyessigsäure*, F. 154—155°, NZ. 255,3. — *2.4-Dichlorphenoxyessigsäure*, F. 139—141°. (**A. P. 2 599 250** vom 9/9. 1948, ausg. 3/6. 1952.) MÜLLER-MEININGEN. H 1250

American Cyanamid Co., New York, N. Y., übert. von: **Harold M. Day**, Stamford, und **Margaret H. Bradley**, Bridgeport, Conn., V. St. A., *Umsetzung von Phenolsalzen mit Halogenalkansäuren* liefert die entsprechenden Äther der Oxyalkansäuren. — *Isopropyliden-bis-(p-phenoxyessigsäure)*. Aus Isopropylidendi-(p-phenol)-Na u. Chloressigsäure (**I**) in sd. W., wobei zunächst äquimol. Mengen beider Verbb. angewandt u. dann weitere Mengen NaOH u. I nachgetragen werden in dem Maße, wie die Rk. fortschreitet. Tabelle mit Ausbeuten. — Analog wurden hergestellt: *2.4-Dichlorphenoxyessigsäure*. — *2-Benzothiazolyloxyessigsäure*, F. 174°. (**A. P. 2 541 003** vom 17/8. 1948, ausg. 6/2. 1951.) LANGER. H 1250

Badische Anilin- & Soda-Fabrik (Erfinder: **Erwin Rotter**), Ludwigshafen/Rh., *Aromatische N-Monoalkylamine* erhält man durch Behandlung von Gemischen des entsprechenden aromat. N.N-Dialkylamins u. des am N nicht alkylierten aromat. Amins mit FRIEDEL-CRAFTS-Katalysatoren. Z. B. ergaben Anilin u. N.N-Dimethylanilin mit BF_3 47% N-Monomethylanilin, 23% N.N-Dimethylanilin u. 30% Anilin. Ersteres wird durch fraktionierte Dest. rein gewonnen. Entsprechend erhält man N-Monomethyl-o-toluidin u. N-Monäthylanilin. — Zwischenprodukte. (**D. B. P. 865 450** Kl. 12q vom 21/12. 1950, ausg. 2/2. 1953.) SCHINDLER. H 1310

Cilag Akt.-Ges. (Erfinder: **Hans Suter** und **Hans Zutter**), Schaffhausen, Schweiz, *Herstellung neuer basischer Äther* der allg. Formel **I**, worin R_1 u. R_3 niedere Alkylreste, R_2 = H oder ein niederer Alkylrest, Z = O oder S, R_4, R_5 u. R_6 = H, Halogenatome, NH_2-Gruppen, OH-Gruppen, niedere Alkyl- oder Alkoxygruppen sind, dad. gek., daß man eine Verb. der Formel **II**, worin R_1, R_2 u. Z die oben erwähnte Bedeutung besitzen u. R_4, R_5 u. R_6 H-Atome sind, mit einer Verb. der Formel R_3X, worin R_3 die oben erwähnte Bedeutung besitzt u. X eine Aminogruppe, eine Formylaminogruppe oder eine während der Rk. in eine Aminogruppe überführbare Gruppe ist, u. einem Reduktionsmittel umsetzt, u. daß man gegebenenfalls im Umsetzungsprod. einen unter Umständen eingetretenen Formylrest wieder abspaltet, oder daß man eine Verb. der Formel **III**, in welcher R_1, R_4, X u. Z die eingangs erwähnte Bedeutung besitzen u. R_4, R_5 u. R_6 = H

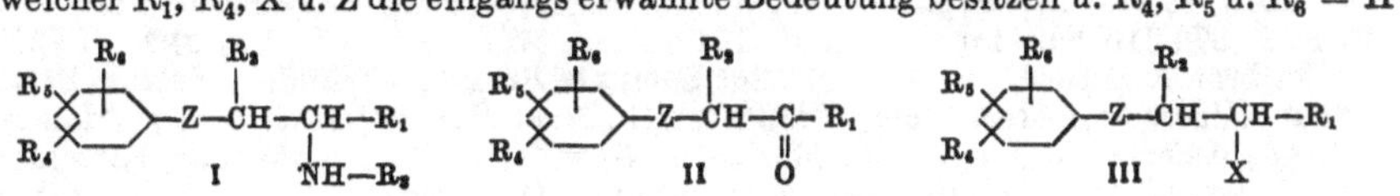

sind, mit einem R_3 entsprechenden Alkanon oder Alkanal u. einem Reduktionsmittel umsetzt, u. daß man gegebenenfalls im Umsetzungsprod. einen unter Umständen eingetretenen Formylrest wieder abspaltet. — Aus Phenoxyaceton u. wss.-alkoh. Methylaminlsg. in Ggw. von RANEY-Ni mit H_2 bei 80—90° u. 77 at Druck entsteht *1-Phenoxy-2-N-methylaminopropan*, Kp.$_{11}$ 108—110°. — Aus Phenoxyaceton u. Nitromethan entsteht durch Hydrierung 1-Phenoxy-2-N-methylaminopropan. — Bei der Hydrierung von 1-(2'.4'.6'-Trimethylphenoxy)-2-nitropropan in Ggw. von Aceton entsteht *1-(2'.4'.6'-Trimethylphenoxy)-2-(N-isopropylamino)-propan.* — Nach dem beschriebenen Verf. lassen sich weiter gewinnen: *1-(2'-Methoxyphenoxy)-2-N-methylaminopropan,* $Kp._{12,5}$ 140—141°. — *1-(2'-Methoxyphenoxy)-2-N-isopropylaminopropan,* $Kp._{14-15}$ 150—151°. — *1-(2'.5'-Dimethoxyphenoxy)-2-N-methylaminopropan,* $Kp._{12}$ 169—171°. — *1-(2'-Oxyphenoxy)-2-N-methylaminopropan,* F. 78—80°. — *1-(2'-Oxyphenoxy)-2-N-isopropylaminopropan,* $Kp._{12}$ 127—128°. — *1-(4'-Oxyphenoxy)-2-N-methylaminopropan, Hydrochlorid,* F. 171°. — *1-(4'-Chlorphenoxy)-2-N-methylaminopropan,* $Kp._{14}$ 143—145°, *Hydrochlorid,* F. 125—126°. — *1-(4'-Aminophenoxy)-2-N-methylaminopropan,* $Kp._{12}$ 168—169°. (**Oe. P. 172 651** vom 11/1. 1951, ausg. 10/10. 1952. Schwz. Priorr. 17/1. u. 6/4. 1950.) M. F. MÜLLER. H 1320

Badische Anilin- & Soda-Fabrik (Erfinder: **Hanns Ufer**), Ludwigshafen/Rh., *Oxime.* Man setzt Nitroalkane bzw. Nitrocycloalkane mit Alkylenoxyden, bes. in Ggw. von alkal. wirkenden Katalysatoren u. Lösungsmitteln, um. *Cyclohexanonoxim* erhält man z. B. durch Rk. von Nitrocyclohexan mit Äthylenoxyd in A., dem geringe Mengen Na u. K_2CO_3 zugefügt wurden. (**D. B. P. 877 303** Kl. 12o vom 4/11. 1951, ausg. 21/5. 1953.) BRÖSAMLE. H 1960

Farbenfabriken Bayer (Erfinder: **Hans Seifert** und **Berthold Wenk**), Leverkusen, *Ketone* aus ω-trihalogensubstituierten aromat. Verbindungen. Man setzt diese mit aromat. KW-stoffen in Ggw. von FRIEDEL-CRAFTS-Katalysatoren um, wobei man tiefe Tempp. anwendet (um Verharzung zu verhindern) u. während oder nach der Rk. W. bzw. Wasserdampf bei erhöhter Temp. zuführt. — Aus $C_6H_5CCl_3$, C_6H_5Cl u. $AlCl_3$ wird (bei 10—15°) *4-Chlorbenzophenon* erhalten. Analog werden dargestellt: *4.4'-Dichlorbenzophenon,* F. 142—144°; *3.4-Dichlorbenzophenon,* F. 95°; *Benzophenon*; *4-Nitro-3-methoxybenzophenon,* F. 103°; *4-Chlornaphthyphenylketon,* F. 77—78°. (**D. B. P. 876 690** Kl. 12o vom 8/9. 1951, ausg. 18/5. 1953.) BRÖSAMLE. H 2360

Aladar Skita, Baden-Baden, und **Werner Stühmer,** Eldagsen/Hann. (Erfinder: **Aladar Skita, Werner Stühmer** und **Wilhelm Kaupmann,** Hannover), *N-Substituierte 1.5-Diphenyl-3-aminopentane* entstehen durch katalyt. Red. von Dibenzalacetonoxim (**I**) in Ggw. von Carbonylverbindungen. — *1.5-Diphenyl-3-isopropylaminopentan.* Man behandelt **I** mit Aceton, H_2 u. einem Pt–$BaSO_4$-Katalysator in Eisessig, Kp. 203,5 bis 205°; *Hydrochlorid,* F. 160,5—161,5°. — Analog: *1.5-Diphenyl-3-äthylaminopentan,* Kp. 203—204°; *Hydrochlorid,* F. 149,5—150,5°. (**D. B. P. 875 947** Kl. 12q vom 15/10. 1949, ausg. 7/5. 1953.) LANGER. H 2510

Farbwerke Hoechst, vormals Meister Lucius & Brüning (Erfinder: **Fritz Maennchen**), Frankfurt/M., *2.4.2'.4'-Tetranitro-x.x'-dichlordiphenylamin* (**I**) *und 2.4·x-Trinitro-x.x.x-trichlordiphenylamin* (**II**). — **I**: Man nitriert 2.4-Dinitrodiphenylamin (**III**) mit 50%ig. HNO_3 bei 50—90° zu 2.4.2'.4'-Tetranitrodiphenylamin u. leitet in das Reaktionsgemisch Cl_2 ein. Gelbes Pulver, F. ca. 190°. — **II**: Man nitriert **III** mit 50%ig. HNO_3 bei n. Temp., behandelt analog u. erhält ein Gemisch verschied. Stellungsisomerer. (**D. B. P. 870 112** Kl. 12q vom 28/12. 1950, ausg. 9/3. 1953.) LANGER. H 2510

Aladar Skita, Baden-Baden, und **Werner Stühmer,** Eldagsen/Hann., *Diastereomere N-substituierte 1.3-Diphenyl-3-aminopropanole-(1)* entstehen durch Rk. von n-1.3-Diphenyl-3-aminopropanol-(1) mit Carbonylverbb. bei gleichzeitiger katalyt. Red. u. gegebenenfalls Umlagerung der N-Substitutionsprodd. der Normalform über die Halogenide in die Isoform. — *n-1.3-Diphenyl-3-cyclohexylaminopropanol-(1).* Aus n-1.3-Diphenyl-3-aminopropanol-(1), Cyclohexanon, H_2 u. Pt–$BaSO_4$ in Methanol, F. 122—124°; *Hydrochlorid,* F. 206—207°. — Analog: *n-1.3-Diphenyl-3-isopropylaminopropanol-(1),* F. 96—97°; *Hydrochlorid,* F. 181—183°. — *n-1.3-Diphenyl-3-isobutylaminopropanol-(1)-hydrochlorid* (**I**), F. 205—207°. — *n-1.3-Diphenyl-3-benzylaminopropanol-(1),* F. 112 bis 113°; *Hydrochlorid,* F. 178—179°. — *1.3-Diphenyl-3-isobutylamino-1-chlorpropan-hydrochlorid,* aus **I** u. PCl_5 in Chlf., F. 187,5—189°. Gibt beim Erhitzen mit W. im Rohr auf 120° *iso-1.3-Diphenyl-3-isopropylaminopropanol-(1)-hydrochlorid,* F. 196—197°. (**D. B. P. 874 916** Kl. 12q vom 15/10. 1949, ausg. 27/4. 1953.) LANGER. H 2520

Farbwerke Hoechst, vormals Meister Lucius & Brüning (Erfinder: **Herbert Bestian, Gerhard Ehlers** und **Ernst Plötz**), Frankfurt/M., *Neue Harnstoffabkömmlinge.* Man setzt N-disubstituierte Carbaminsäurechloride in Ggw. von alkal. wirkenden Mitteln mit α.β-Alkyleniminen um. — Aus Äthylenimin (**I**) + Dimethylcarbaminsäurechlorid *N.N-Dimethyl-N'.N'-äthylenharnstoff,* $Kp._{11}$ 79°. — **I** + Diäthylcarbaminsäurechlorid (**II**) → *N.N-Diäthyl-N'.N'-äthylenharnstoff,* $Kp._4$ 66°. — **I** + Di-n-butylcarbaminsäurechlorid → *N.N-Di-n-butyl-N'.N'-äthylenharnstoff,* $Kp._2$ 94°. — **I** + Diisobutylcarbaminsäurechlorid → *N.N-Diisobutyl-N'.N'-äthylenharnstoff,* $Kp._4$ 96°. — **I** + Diisohexylcarbaminsäurechlorid → *N.N-Diisohexyl-N'.N'-äthylenharnstoff,* $Kp._5$ 141°. — **I** + Diphenylcarbaminsäurechlorid → *N.N-Diphenyl-N'.N'-äthylenharnstoff,* F. 79°. —

I + aus Pyrrolidin u. $COCl_2$ hergestelltes Carbaminsäurechlorid → *N.N-Butylen-(1.4)-N'.N'-äthylenharnstoff*, $Kp._5$ 86°. — I + aus Piperidin u. $COCl_2$ hergestelltes Carbaminsäurechlorid → *N.N-Amylen-N'.N'-äthylenharnstoff*, $Kp._4$ 98°. — I + Dicyclohexylcarbaminsäurechlorid → *N.N-Dicyclohexyl-N.N'-äthylenharnstoff*, $Kp._2$ 142°. — I + Octadecylmethylcarbaminsäurechlorid → *N-Octadecyl-N-methyl-N'.N'-äthylenharnstoff*, $Kp._{12}$ 170—180°. — N-Phenyl-N-methylcarbaminsäurechlorid + I → *N-Phenyl-N-methyl-N'.N'-äthylenharnstoff*, $Kp._3$ 117°. — Propylenimin + II → *N.N-Diäthyl-N'.N'-propylenharnstoff*, $Kp._{0,5}$ 60—61°. — Hilfsmittel der Textil-, Lack- u. Kunststoffindustrie. (**D. B. P. 858 847** Kl. 12p vom 21/3. 1942, ausg. 11/12. 1952.) Donle. H 3030

Badische Anilin- & Soda-Fabrik (Erfinder: **Ernst Plötz** und **Erwin Weinhardt**), Ludwigshafen/Rh., *Herstellung von Derivaten des Äthylenimins*, die noch den 1.2-Alkyleniminring enthalten, dad. gek., daß man Ester oder Amide von α-Halogenfettsäuren bei n. oder mäßig erhöhter Temp. unter Zusatz halogenwasserstoffbindender Mittel mit monomeren 1.2-Alkyleniminen umsetzt, die am N-Atom ein freies H-Atom enthalten. — Äthylenimin (I) + Chloressigsäureäthylester (in Ggw. von Na_2CO_3) → *Äthyleniminoessigsäureäthylester*, $Kp._{20}$ 75—80°. — 1.2-Propylenimin + N.N-Diäthylchloracetamid (in Ggw. von Triäthylamin) → *1.2-Propyleniminoessigsäurediäthylamid*, viscose Flüssigkeit. — I + Methylolchloracetamid → nicht destillierbare, hochviscose, helle Flüssigkeit. — Textilhilfsmittel, Zwischenprodd. der Kunststoffindustrie. (**D. B. P. 858 700** Kl. 12p vom 12/11. 1942, ausg. 8/12. 1952.) Donle. H 3030

Norddeutsche Hefeindustrie Akt.-Ges., Hamburg (Erfinder: **Carl Warth** und **Werner Wachs**, Löwenberg), *Herstellung von Furfurol aus cellulosehaltigen Rohstoffen.* In der 1. Stufe behandelt man mit 0,5%ig. HCl bei 2 atü, bes. in einer Druckextraktionsbatterie. In der 2. Stufe wird die Pentosenlsg. in üblicher Weise zu Furfurol verarbeitet. (**D. R. P. 754 036** Kl. 12q vom 25/2. 1941, ausg. 27/7. 1953.) Fabel. H 3061

British Industrial Solvents Ltd., London, übert. von: **Richard Norman Lacey**, England, *Herstellung von 4-Methylcumarinen.* Gegebenenfalls substituierte Acetessigsäurephenylester werden bei 10—100° mit einem wasserabspaltenden u. Ringschluß bewirkenden Katalysator, bes. H_2SO_4 (bes. 70—80%ig), behandelt, gegebenenfalls in Ggw. eines Wasserschleppers. — Hergestellt werden: *4-Methylcumarin*, F. 83°; *β-Methylumbelliferon*, F. 178—182°; *β-Methyldaphnetin*, F. 238°; *4-Methyl-6-oxycumarin*, F. 242 bis 244°; *4.7-Dimethylcumarin*, F. 131°; *4.8-Dimethylcumarin*, F. 112—113°; *4.6-Dimethylcumarin*, F. 144—148°. (**E. P. 682 457** vom 2/2. 1950, ausg. 12/11. 1952.) Fabel. H 3211

Gesellschaft für Teerverwertung m. b. H. (Erfinder: **Otto Kruber**), Duisburg, *2.4-Dimethylchinolin aus Steinkohlenteer* (I) erhält man durch Fällung von eng um 265° sd. Fraktionen von Teer-Chinolin-Basen mit H_2SO_4, Reinigen der festen Sulfate, z. B. durch Umlösen mit verd. A. oder anderen Lösungsmitteln, u. Freisetzen der Base, z. B. mit Alkali, u. anschließende Destillation. Die Chinolinbasenfraktion kann auch zuerst z. B. mit A. verd. u. dann mit konz. H_2SO_4 allmählich versetzt werden. (**D. R. P. 766 094** Kl. 12p vom 29/12. 1942, ausg. 26/1. 1953.) Schindler. H 3231

Union Carbide & Carbon Corp., New York, N. Y., übert. von: **Henry Cady Chitwood**, Charleston, Va., V. St. A., *Herstellung von 5-Alkyl-3-oxypyridin* (I) durch Überleiten von Di-2-alkylolaminen mit höchstens 10 C-Atomen in den Alkylolgruppen über einen Ni, Cu u. Cr enthaltenden Katalysator bei 275—350°. — Z. B. wird Di-(2-oxypropyl)-amin bei 350° über einen Katalysator geleitet, der 32,6 (Teile) Cu, 1,93 Cr u. 0,58 Na_2SO_4 auf 100 Ni enthält. Aufarbeitung ergibt u. a. 41,7% 5-Methyl-3-oxypyridin, F. 134 bis 136°, $Kp._5$ 153°; Pikrat, F. 187—188°. — Oxyäthylamino-2-propanol → 3-Oxypyridin, F. 126°. (**A. P. 2 557 076** vom 12/10. 1949, ausg. 19/6. 1951.) K. Heinze. H 3231

Badische Anilin- & Soda-Fabrik (Erfinder: **Heinrich Ulrich**, Ludwigshafen/Rh., und **Johannes Müller**, Eppstein), *Stickstoffhaltige Basen* entstehen beim Erhitzen von Äthylendiamin oder seinen, durch NH_3-Abspaltung erhältlichen offenkettigen Polykondensationsprodd. oder deren Oxalkylierungsprodd. in Ggw. von Hydrierungskatalysatoren auf ca. 100—300°, gegebenenfalls unter Zusatz von H_2. — Äthylendiamin → *Piperazin* (I); Ausbeute 81,5%. — asymm. Diäthyläthylendiamin → *Mono-* u. *Diäthylamin* (1 : 2). — Monooxyäthyläthylendiamin → I, *Mono-* u. *Diäthanolamin.* — Diäthylentriamin → I u. einem *hellgelben Öl*, das als Vulkanisationsbeschleuniger u. Zwischenprod. für Textilhilfsmittel geeignet ist. (**D. B. P. 870 416** Kl. 12p vom 24/3. 1942, ausg. 12/3. 1953.) Krauss. H 3272

Deutsche Hydrierwerke Akt.-Ges., Düsseldorf (Erfinder: **Christoph Grundmann**, Columbus, O., V. St. A.), *6-Oxypyridazine* erhält man aus Pyridazinonen durch Dehydrierung mittels Br_2 oder Cl_2 in Ggw. unpolarer, indifferenter Lösungsmittel, z. B. Dioxan,

Ae., Chlf., CCl_4. — 3-Methylpyridazinon-(6) → *3-Methyl-6-oxypyridazin*; *Hydrobromid*, F. 180—190° (Zers.). (**D. B. P. 867 853** Kl. 12p vom 23/3. 1944, ausg. 2/4. 1953.) BRÖSAMLE. H 3272

Cassella Farbwerke Mainkur (Erfinder: **Werner Zerweck, Karl Keller** und **Heinrich Salkowski**), Frankfurt/M., *Tri- und Tetramethylol-2.6-diamino-4-methyl-1.3.5-triazin* erhält man durch Rk. von 1 (Mol) 2.6-Diamino-4-methyl-1.3.5-triazin mit mindestens 3 CH_2O, vorzugsweise in neutralem oder alkal. Medium. Die reinen Verbb. zers. sich bei ca. 163° bzw. 127° (obige Reihenfolge). Sie stellen weiße Pulver dar, die in W. leichtlösl. sind u. sich z. B. zum Imprägnieren von Geweben aus regenerierter Cellulose oder als Bindemittel zur Herst. von Korkplatten eignen. (**D. B. P. 870 110** Kl. 12p vom 29/7. 1943, ausg. 9/3. 1953.) BRÖSAMLE. H 3313

X. Färberei. Organische Farbstoffe.

R. Haller, *Das Phänomen der substantiven Färbung.* Frühere Unterss. haben eindeutig gezeigt, daß es sich bei den Küpenfärbungen als auch den Färbungen mit unlösl. Azofarbstoffen auf Baumwolle um Absorptionsverbb. handelt, während dies für die substantiven Färbungen noch nicht mit Sicherheit erwiesen ist. Es wurden daher neue Verss. mit Primulin, Diaminblau 3 R, Kongorot u. Direkthimmelblau grünlich angestellt, die der Meth. der physikal. Kondensation (10std. Erhitzen bei 130° mit W. in eingeschmolzenem Rohr) ausgesetzt wurden. Hierbei hat sich gezeigt, daß bei der substantiven Färbung der Verlauf der Ablagerung des Farbstoffes ein völlig anderer ist als bei Indigo oder den unlösl. Azofarbstoffen, wo eine Zerteilung des Farbpigmentes bis zur mol. Lsg. offenbar nicht erfolgt. (Textil-Praxis **8.** 498—99. Juni 1953.) H. G. FRÖHLICH. 7002

—, *Neue Farbstoffe und Textilhilfsmittel.* Prodd. der BADISCHEN ANILIN- & SODA-FABRIK AG., Ludwigshafen/Rh.: *Perlitongrau N* dient zum Färben von Perlon- u. Nylonstrümpfen. Die Lichtechtheit ist gut. Die Wasser-, Wasch- u. Schweißechtheit entspricht den Erfordernissen der Strumpffärberei. — Musterkarten über *Basolan-* u. *Basolanecht*-Farbstoffe auf Wollgarn (Neubezeichnung für Säurefarbstoffe). — Die Musterkarte von *Celliton-*, *Cellitonecht-* u. *Cellitazolfarbstoffen* auf Acetat ist eine Neuauflage der Musterkarte 530/24. — *Waschrohstoff 818 Plv.* dient in erster Linie für die Herst. von Kopfwaschmitteln, kann aber auch für die Herst. von spezif. schweren Feinwaschmitteln für Wolle u. Seide verwendet werden. Das Prod. besitzt hervorragendes Schaum- u. Waschvermögen. — *Siligen A* ist ein vielseitiges Appreturhilfsmittel auf Basis koll. Kieselsäure. Dient für die Schiebefestausrüstung u. für leichte Mattierungseffekte. — Prodd. der FARBWERKE HOECHST AG. vorm. MEISTER, LUCIUS & BRÜNING, Frankfurt/M.-Höchst: *Remalangelb GG* ist ein Säurefarbstoff, der sich durch ein gutes Neutralziehvermögen sowie durch sehr gute Echtheitseigg. auszeichnet. Dient zum Färben von Wolle u. zur Herst. von Ätzböden auf Wolle u. Perlon sowie im Direktdruckverf. auf Wolle, Perlon, Naturseide u. Acetatreyon. — *Indanthrendruckblau HR Suprafix Teig* von sehr guten Echtheitseigenschaften. — *Indanthrengelb H2 GK Plv.* besitzt gutes Egalisiervermögen, ist sowohl für Wasch- als auch für Buntgewebe geeignet. — *Anthrasololivgrün IBB* kann zum Färben von Baumwolle, Leinen, Viscose- u. Kupferreyon sowie -zellwolle verwendet werden. Die Echtheitseigg. sind ausgezeichnet. — *Hostapon T Gel* ist ein anionakt. Netz-, Wasch-, Dispergier- u. Färbereihilfsmittel. — Prodd. der KALLE & CO. AG., Wiesbaden-Bieberich: *Thylose BTA* für Zellwollschlichte. — Prodd. der IMPERIAL CHEMICAL INDUSTRIES LTD., London: *Caledon Green 7 GS* dient zum Färben von Cellulosefasern u. ist auch für die Apparatefärberei geeignet (S. C. 546). — *Brenthol BC* wird mit Brentamine Echtbasen u. -salzen auf Cellulosematerial in allen Tönungen vom hellen Orange, Scharlach u. Rot bis zum Bordeaux verwendet. Das Aufziehvermögen sowie die allg. Echtheitseigg. sind gut (S. C. 648). — Prodd. der Chemischen Fabrik RÖHM & HAAS G. M. B. H., Darmstadt: *Acristin* ist ein neues, für die knitterfeste Ausrüstung bestimmtes Hilfsmittel. (Reyon, Zellwolle andere Chemiefasern **31.** 354—55. Juni 1953.) P. ECKERT. 7018

W. Widmer und **E. Krähenbühl,** *Die Cibalanfarbstoffe, eine Klasse neuartiger Metallkomplexverbindungen.* Allg. verständliche Darst. über die färber. Eigg., Echtheiten u. verschied. Verwendungsmöglichkeiten von CIBALANFARBSTOFFEN, einer Farbstoffgruppe, die sich bes. in der Echtfärberei von tier. Fasern sowie für das Färben von Polyamidfasern eingeführt hat. (Textil-Praxis **8.** 491—95. Juni 1953.) H. G. FRÖHLICH. 7020

C. F. Fitton, *Über die Verwendung von Chemikalien in der Textilindustrie.* Vf. weist darauf hin, daß bei der Naßbehandlung von Textilien, wie z. B. beim Färben, eine große

Menge von Chemikalien Verwendung finden (z. B. Netz-, Reinigungs-, Egalisierhilfs-, Abbrems-, Farbstoffixierungs-, Glanz-, Mattierungsmittel, Wassserfestausrüstungen, fluorescierende Verbb. u. a. m.). Hierzu kommen dann noch die im W. gelösten Salze (Ca, Mg, Cu, Fe, Al). Um nun beim Färben u. den danach folgenden Operationen Fehler auszuschalten, muß sehr darauf geachtet werden, daß keine Verunreinigungen auf der Faser vorhanden sind (Präparationen, Schlichte usw.), die mit den im Färbebad oder den Nachbehandlungsbädern anwesenden Chemikalien reagieren können. Zur Ausschaltung der im W. vorhandenen Verunreinigungen wird dasselbe vorteilhaft völlig gereinigt (Harzaustauscher). (Canad. Textile J. **70**. Nr. 6. 53—57. 13/3. 1953.) H. G. FRÖHLICH. 7020

Wilhelm Christ, *Neues in der Färbereitechnologie.* Überblick über die Fortschritte in der kontinuierlichen Färbung u. der Färbung bei Tempp. über 100°, im Pigmentdruck u. in der Verwendung der Phthalocyanine beim Färben u. Drucken. (Färgeriteknik **28**. 241—44. Nov. 1952. Leverkusen, Farbenfabriken Bayer.) R. K. MÜLLER. 7020

J. A. Somers, *Färben bei hohen Temperaturen.* Betrachtung über das Färben der synthet. Fasern bei hohen Tempp., die Vor- u. Nachteile dieser Verff. werden geschildert. (Brit. Rayon Silk J. **29**. Nr. 348. 49—52. Mai 1953.) A. v. KÖNIG. 7020

G. Bertolina, *Die Färbung des Acetatreyon.* Übersicht über die Technik des Färbens u. Appretieren des Acetatreyon nebst kurzer Beschreibung der hierfür in den verschied. Ländern angewandten Verfahren. (Fibre e Colori **2**. 163—66. April 1952.) MARSSON. 7020

—, *Das Färben von Wolle–Nylon-Mischgeweben.* Die Färbemöglichkeiten werden in folgenden Gruppen besprochen: egalisierende saure Farbstoffe, Walkfarbstoffe, metallisierte Farbstoffe, Chromfarbstoffe, Nylonreserve. (Tinctoria [Milano] **48**. **343**—**47**. Dez. 1951.) R. K. MÜLLER. 7020

R. W. Speke, *Trocknung und Textilfarbstoffe.* Die beim Trocknen gefärbter Stoffe infolge Überhitzung möglichen Schwierigkeiten würden größtenteils verschwinden, wenn alle pflanzlichen Fasern mit Küpen- oder Kupplungsfarbstoffen gefärbt würden. Bei wärmeempfindlichen Farbstoffen muß der Trocknungsvorgang derart kontrolliert werden, daß Übertrocknung vermieden wird. (Färgeriteknik **29**. 1—4. Jan. 1953. Imperial Chemical Industries Ltd.) R. K. MÜLLER. 7020

British Celanese Ltd., London, England, *Färben von Textilien aus Celluloseestern und -äthern mit Küpenfarbstoffen.* Man färbt mit einer wss. Lsg. der Leukoverb. des Farbstoffes, die eine mit W. mischbare organ. Fl. (**I**) enthält, auf das Material stärker quellend wirkt als W. allein, u. auf einen p_H-Wert von 8—11,5 gebracht wird, entweder durch freies Alkali (**II**) oder durch ein **II**-Salz, dessen Dissoziationskonstante $<1 \cdot 10^{-8}$ ist. **I** ist z. B. Methyl-, Äthyl- oder Propylalkohol, Äthylenglykolmonoäthyläther oder Diacetonalkohol. Es können auch Mischgewebe mit tier. Fasern gefärbt werden. (**E. P. 647 898** vom 28/7. 1947, ausg. 28/12. 1950.) V. SCHILLER. 7021

Badische Anilin- & Soda-Fabrik (Erfinder: **Karl Anacker,** Mannheim, und **Hans Schermer**), Ludwigshafen/Rh., *Abziehen von sauren oder substantiven Farbstoffen* von Fasern aus künstlichen linearen Hochpolymeren (I) mit Amidgruppe in der Kette oder diese enthaltenden Mischfasern mit tier. u./oder pflanzlichen Textilfasern. Man läßt auf die gefärbten Fasern höhermol., organ. Säuren einwirken, die mit den künstlichen I wasserechte Verbb. geben, z. B. Naphthalinsulfonsäuren sowie Einwirkungsprodd. von CH_2O auf diese, Benzidindisulfonsäuren, Diaminostilbendisulfonsäuren, Anthrachinonsulfonsäuren u. Anthracencarbonsäuren. (**D. B. P. 865 889** Kl. 8m vom 25/3. 1943, ausg. 5/2. 1953.) V. SCHILLER. 7021

General Aniline & Film Corp., New York, N. Y., übert. von: **William H. von Glahn,** Loudonville, und **Herman A. Bergstrom,** Albany, N. Y., V. St. A., *Azofarbstoffe.* Die in der Azofarbstoffchemie üblichen Diazokomponenten werden mit *4-Cyan-2.5-dialkoxyacetoacetaniliden* gekuppelt, in denen die Alkoxygruppe ein Methyl-, Äthyl-, Propyl-, Butyl- oder Amylradikal enthält. Gelbe, wasserlösl. u. Pigmentfarbstoffe, die zum Färben u. Bedrucken von Fasern aller Art geeignet sind. — Beispiel: 14,15 (Teile) 4- oder 5-Chlor-o-toluidin werden mit 26,2 4-Cyan-2.5-dimethoxyacetoacetanilid gekuppelt; gelbgrüne Pigmentfarbstoffe. (**A. P. 2 559 181** vom 22/8. 1947, ausg. 3/7. 1951.) KALIX. 7053

American Cyanamid Co., New York, N. Y., übert. von: **Robert Prescott Parker,** Somerville, und **Coris Mabelle Hofmann,** Bound Brook, N. J., V. St. A., *Wasserunlösliche Azofarbstoffderivate* stellen Verbb. der allg. Formel Ar—N_2—Ar′—NRR′ dar. Hierin bedeutet Ar einen Benzolrest, Ar′ = Ar oder einen Naphthalinrest, Ar u. Ar′ enthalten zusammen mindestens eine Sulfonylfluoridgruppe u. gegebenenfalls noch andere Substituenten, jedoch nur solche, die die Wasserlöslichkeit der Verbb. nicht erhöhen. R. u. R′ sind H-Atome, Alkyl-, Aralkyl- oder Alkoxyalkylgruppen. Herst. durch Kupplung von Arylaminen, die in p-Stellung zu NH_2 kuppeln, mit diazotierten Aminobenzoylsulfonylfluoriden. Die Verbb. eignen sich bes. zum Färben von Celluloseacetat u. Polyvinylchlorid- u. Polyvinylacetatharzen. — Beispiele: *3-(4′-N.N-Di-β-oxyäthylaminobenzolazo)-4-methylbenzolsulfonylfluorid,* F. 159—160°, *3-(2′-Methyl-4′-N.N-di-β-oxyäthylaminobenzolazo)-benzolsulfonylfluorid,* F. 142—143°, *4-(4′-N.N-Di-β-oxyäthylaminobenzolazo)-benzolsulfonylfluorid,* F. 150—151°, *3-(4′-N.N-Di-β-oxyäthylaminobenzolazo)-4-methoxybenzolsulfonylfluorid,* F. 177—178°, *3-(4′-Aminonaphthylazo)-4-methylbenzolsulfonylfluorid,* F. 197—200°. (**A. P. 2 576 037** vom 25/8. 1947, ausg. 20/11. 1951.) KALIX. 7053

General Aniline & Film Corp., New York, übert. von: **William Henry von Glahn,** Loudonsville, N. J., V. St. A., *Azofarbstoffe* der Formel I, in welcher R eine eine Azogruppe enthaltende Verb. u. X Methoxy- oder Äthoxygruppen bedeuten, werden durch Kuppeln einer entsprechenden Diazoverb. eines Amins, welche frei von lösl. machenden Gruppen ist, erhalten. — Beispiel: 5-Chlor-2.4-dimethoxyanilin → 4-(o-Nitrobenzolazo)-1-amino-7-naphthol; schwarzer Farbstoff. (**A. P. 2 497 246** vom 2/4. 1946, ausg. 14/2. 1950.) V. SCHILLER. 7055

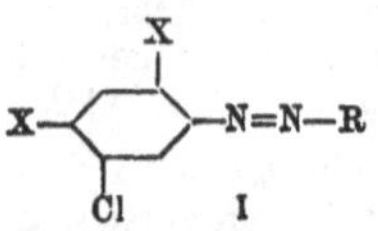

I

Imperial Chemical Industries Ltd., übert. von: **Mordecai Mendoza,** Blackley, England, *Azofarbstoffe* der Formel I entstehen in alkal. Medium durch Kuppeln von 2 Mol diazotierter 4-Nitro-4′-aminodiphenylamin-2-sulfonsäure mit der Monoazoverb., die in saurem

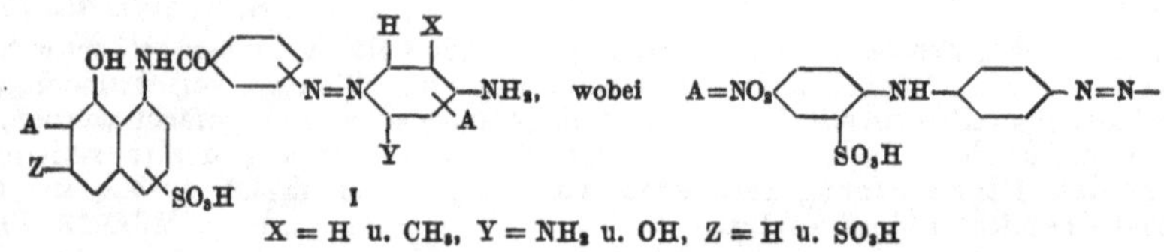

$X = H$ u. CH_3, $Y = NH_2$ u. OH, $Z = H$ u. SO_3H

Medium durch Kuppeln von 1 Mol diazotierter 1-(m- oder p-Aminobenzoylamino)-8-naphtholmono- oder -disulfonsäure, die in 7-Stellung nicht substituiert ist, mit 1 Mol eines m-Aminophenols oder eines m-Diamins der Benzolreihe, die zweimal kupplungsfähig sind, entsteht. Diazotierung, Kupplung sowie Isolierung des Farbstoffs erfolgen in bekannter Weise. Die Farbstoffe färben Leder aller Gerbarten gleichmäßig braun, ohne einzudringen. (**A. P. 2 535 312** vom 22/8. 1949, ausg. 26/12. 1950. E. Prior. 8/9. 1948.) HARDER. 7055

J. R. Geigy Akt.-Ges., übert. von: **Peter Hindermann,** Basel, **Werner Bossard** und **Adolf Krebser,** Riehen, Schweiz, *Polyazofarbstoffe.* Tetrakisazofarbstoffe, die im freien Zustand der Formel I entsprechen, werden erhalten durch Kupplung von Diazofarbstoffen **II**, worin X das Radikal einer nichtsulfonierten 1.3-Diaminobenzol-Kupplungskomponente bedeutet, mit diazotierten Aminoazoverbb. der Formel **III**, worin Y jeweils H oder CH_3 bedeutet, u. Behandeln der resultierenden Farbstoffe **IV** mit Kupferungsmitteln.

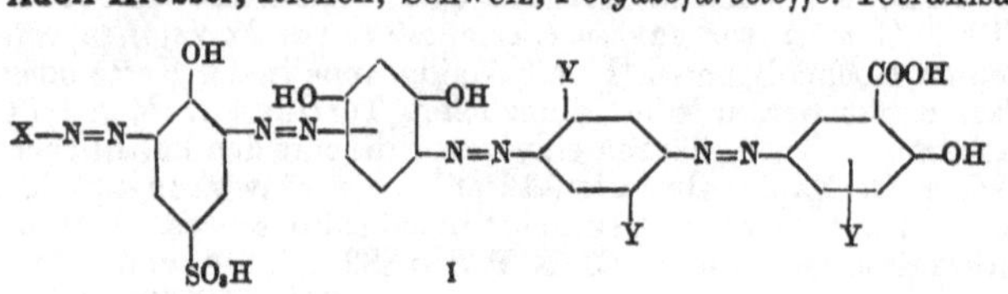

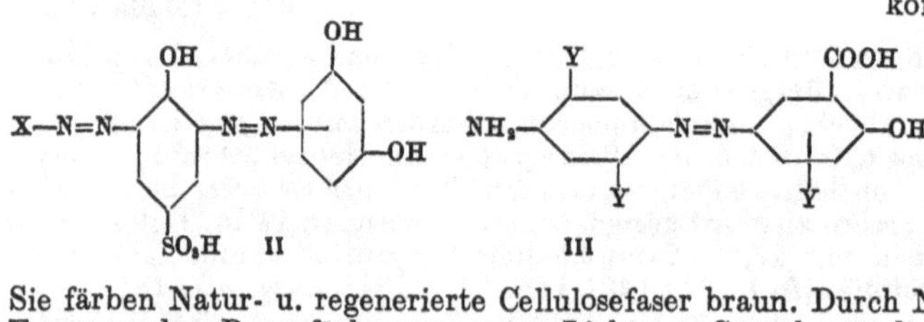

Sie färben Natur- u. regenerierte Cellulosefaser braun. Durch Nachkupferung auf der Faser werden Braunfärbungen guter Licht- u. Säurebeständigkeit u. Haftfestigkeit im feuchten Zustand erzielt. IV ($R_1 = CH_3$, $R_2 = H$) ist ein dunkles Pulver, das sich in W. rotbraun u. in konz. H_2SO_4 dunkelblau löst u. Cellulosefasern in einem neutralen Glaubersalzbad in braunen Tönen färbt, die bei Nachbehandlung mit $CuSO_4$ in Rötlichbraun übergehen. Sehr licht- u. feuchtigkeitsbeständig. IV (R_1 = Cl, R_2 = CH_3) löst sich in W. mit brauner, in konz. H_2SO_4 mit blauer Farbe u. färbt Baumwolle u. regenerierte Cellulosefasern rötlichbraun. Durch Nachkupfern wird die Beständigkeit

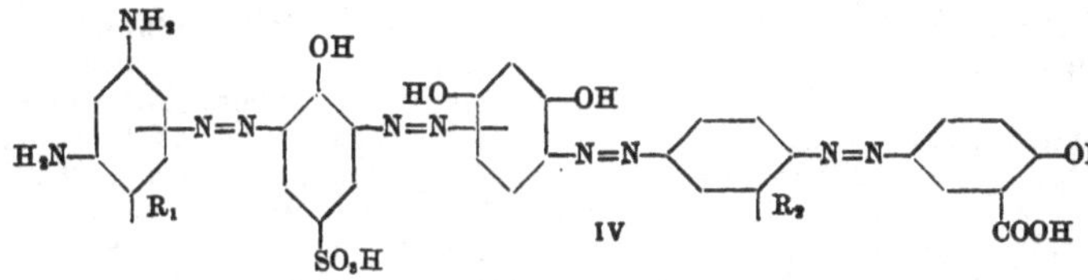

IV

gegen Licht u. Säure u. Haltbarkeit im feuchten Zustand wesentlich gesteigert. (**A. P. 2 535 416** vom 28/4. 1949, ausg. 26/12. 1950. Schwz. Prior. 9/11. 1945.) HARDER. 7055

Imperial Chemical Industries Ltd., London (Erfinder: **Frank Lodge** und **James Wardleworth**, Blackley, Manchester), England, *Farbstoffe der Acedianthronreihe*, die eine gute Affinität gegenüber Baumwolle (A) besitzen u. A in lichtechten braunen Tönen färben, erhält man durch Rk. eines Arylaminoacedianthrons, welches mindestens eine Chlormethyl- oder Brommethylgruppe an dem Arylkern gebunden trägt, mit Thioharnstoff (I) oder einem substituierten I, wie N-Methyl-, N-Phenyl-, N.N'-Dimethyl-, N.N.N'-Trimethyl-, N.N.N'.N'-Tetramethyl- oder Äthylen-I. — 4,5 (Gewichtsteile) p-Toluidinoacedianthron (II) löst man bei 15—20° in 55 96%ig. H_2SO_4, versetzt mit 7 1.1'-Dichlordimethyläther u. rührt 18 Std. bei 15—20°. 30 der erhaltenen Bis-(chlormethyl)-verb., ein braunes Pulver, mischt man mit 120 Tetramethyl-I (III) u. 120 W., rührt ½ Std. bei 85—90°, kühlt auf 60° u. versetzt mit 500 Aceton. Das erhaltene braune Pulver, in W. gelbbraun lösl., färbt Cellulosefasern in gelbbraunen Tönen von guten Echtheitseigenschaften. Weitere Farbstoffe erhält man aus p-Phenoxyanilinoacedianthron mit ca. 4 Chlormethylgruppen im Mol u. III; Bis-(chlormethyl)-o-anisidinoacedianthron u. III; Tris-(chlormethyl)-verb. von II u. III oder I; Bis-(chlormethyl)-verb. von p-Phenylanilinoacedianthron u. III. (**D. B. P. 869 102** Kl. 22b vom 22/6. 1951, ausg. 2/3. 1953. E. Prior. 26/6. 1950.) ROICK. 7059

Celanese Corp. of America, New York, N. Y., V. St. A., *Anthrachinonderivate*, geeignet als Farbstoffe für Celluloseacetat (E) usw. sowie als Zwischenprodd. zur Herst. weiterer Farbstoffe, erhält man durch Ersatz der 2-Sulfonsäuregruppe einer Anthrachinon-2-sulfonsäure, die in 1-Stellung Br, OH, NH_2 NHR oder $NHSO_2R$, u. in 4-Stellung dieselben Gruppen enthält (R = Alkyl oder Aryl) u. worin mindestens einer der 1- u. 4-Substituenten NH_2 oder NHR darstellt, durch eine Oxyalkylthiogruppe. Die Rk. erfolgt durch 3½—8 std. Erhitzen des Anthrachinonderiv. mit 1—5 Mol eines Mercaptoalkohols in verd. Natron- oder Kalilauge bei ca. 90—105°. — Aus 1-Amino-4-anilinoanthrachinon-2-sulfonsäure u. 2-Mercaptoäthanol (I) erhält man so in 82%ig. Ausbeute 1-Amino-2-oxyäthylthio-4-anilinoanthrachinon. Setzt man 1-Amino-4-bromanthrachinon-2-sulfonsäure mit I um, so kann man in 67%ig. Ausbeute 1-Amino-2.4-di-(oxyäthylthio)-anthrachinon erhalten (färbt E rot). Aus dem in gleicher Weise erhaltenen 1-Amino-2-oxyäthylthio-4-p-toluolsulfonoxyäthylthioanthrachinon kann durch Hydrolyse das 1.4-Diamino-2-oxyäthylthioanthrachinon hergestellt werden. (**E. P. 678 644** vom 18/7. 1950, ausg. 3/9. 1952. A. Prior. 20/7. 1949.) ROICK. 7059

Farbenfabriken Bayer (Erfinder: **Otto Bayer** und **Georg Rösch**), Leverkusen bei Köln, *Phthalocyaninfarbstoffe*. Metallhaltige oder metallfreie Phthalocyanine (I) werden mit ω-Oxy-N-methylphthalimid oder dessen funktionellen Derivv., wie Äthern u. Estern, in Ggw. von Kondensationsmitteln, wie $AlCl_3$, wasserfreie H_2SO_4 usw., behandelt u. die Reaktionsprodd. mit sauren Verbb. verseift. Die Reaktionsprodd. sind wasserlösl. u. eignen sich zum Bedrucken u. Färben von Wolle u. Kunstfasern, bes. von Baumwolle. Bei Nachbehandlung der Färbungen mit $NaNO_2$ + H_2SO_4 wird durch Ersatz der NH_2-Gruppe durch OH die Echtheit der Färbung erhöht. — Beispiel: 100 (Gewichtsteile) ω-Chlor-N-methylphthalimid werden bei 70—80° in ein Gemisch aus 400 $AlCl_3$ + 100 Piperidin eingetragen u. 57,6 Cu-I zugemischt. Nach 3std. Erhitzen auf 130—140° fällt das Reaktionsprod. als blauer Nd. aus, das 5 N-Methylphthalimidreste enthält. Zunächst wird mit NaOH die freie Phthalaminsäure ausgefällt u. diese anschließend mit HCl zum ω-Pentaaminomethyl-Cu-I-HCl verseift. Wasserlösl. Pulver, das Baumwolle grünstichig blau färbt. (**D. B. P. 852 588** Kl. 22e vom 16/11. 1950, ausg. 16/10. 1952.) KALIX. 7073

XIa. Farben. Anstriche. Lacke. Naturharze.

Erich Stock und **Kurt Ledermann,** *Die Fällung von hellem Cadmiumgelb in saurem Medium.* Die Herst. heller Cadmiumgelb (I)-töne durch Fällung von CdS in saurem Medium mittels H_2S ist prinzipiell möglich. Ein gewisser Helligkeitswert kann wegen der Neigung des I zum Nachdunkeln (infolge spontaner Teilchenvergrößerung) nicht überschritten werden. Zur Erzielung eines nicht extrem hellen, dafür aber minimal nachdunkelnden Prod. werden folgende Arbeitsbedingungen empfohlen: Konz. 8% $CdSO_4 \cdot 8/3H_2O$ (g im Vol. einschließlich Säuregeh.), Säuregeh. 4,8% H_2SO_4 zusätzlich (g wirksame Substanz im Vol.), Fällungstemp. 15°, Temp. des Waschwassers maximal 75°, Trocknungstemp. 60°. Die Filtration muß unter Unterdruck erfolgen. (Dtsch. Farben-Z. **7.** 87—90. März 1953. Krefeld, Textilingenieurschule (Färbereischule), Abt. für Farben u. Lacke.) WINIKER. 7092

Heinrich Wulf, *Über die Verdünnbarkeit der Bindemittel.* Allg. Ausführungen. (Dtsch. Drogisten-Ztg. **8.** 305—08. 15/6. 1953.) WINIKER. 7096

Herbert Hönel, *Neue Wege in der Anstrichtechnik.* (Vortrag.) Vf. gibt zunächst einen Überblick über die Entw. neuer Kunststoffe für Einbrennlacke, welche die Verwendung von W. als Lösungsm. gestatten. Härtbare oder härtende Methylolverbb. (**I,** z. B. Phenolalkohole oder Anfangskondensate von Aminoplasten) werden mit relativ hochmol., plastifizierenden Stoffen (**II**) vereinigt. Die **II** müssen im Mol. mehrere, vorzugsweise prim. OH-Gruppen u. mindestens 1 Carboxylgruppe enthalten u. mit einer wasserlösl. Stickstoffbase (**III,** z. B. NH_3, Mono-, Di-, Trimethylamin, Alkylolamine) eine wasserlösl. Seife bilden. Die Härtung (bei mindestens 160°) beruht im wesentlichen auf Polyverätherung. Die Ggw. größerer mittel- oder endständiger KW-stoffreste in wenigstens einer der Komponenten **I, II, III** verhindert die bei wss. Lacken sonst auftretenden Benetzungs- u. Verlaufsstörungen. Abschließend teilt Vf. mit einem derartigen von ihm entwickelten Einbrennlack gemachte Erfahrungen mit u. gibt Hinweise zu seiner Anwendung. (Farbe u. Lack **59.** 174—80. Mai 1953. Graz.) WINIKER. 7106

Fritz Oschatz, *Säurehärtende Lacke auf Basis von Harnstoffharzen.* Bei der Unters. des Einfl. verschied. saurer Kondensationsmittel u. verschied. Verdünnungsmittel auf Viscosität, Gelatinierzeit, Antrocknung u. Oberflächenhärte von modifizierten Harnstoffharzlacken auf Basis *Plastopal AT* (**I,** mit einem ölfreien Adipinsäurepolyester modifiziertes Harnstoffharz) u. *Plastopal BT* (**II,** Polyurethan–Formaldehyd-Harz) bei 20° u. 65% Luftfeuchtigkeit wurde festgestellt, daß die Viscosität der mit Härter versetzten Lsgg. zunächst prakt. unverändert bleibt u. erst kurz vor der Gelatinierung kräftig ansteigt. Die Gelatinierzeiten sind um so kürzer, je höher der Säurezusatz u. je schlechter das Lösevermögen des Verdünnungsmittels ist. Die klebfreie Trocknung wird im wesentlichen durch die Flüchtigkeit des Verdünnungsmittels bedingt, jedoch haben auch die Härter einen gewissen Einfluß. Größere Härterzusätze bewirken eine Beschleunigung der klebfreien Antrocknung, verbessern jedoch die Endhärte nicht wesentlich. Dieselbe kann sogar zurückgehen, z. B. bei I-Lacken. Bzgl. der Wirksamkeit der verschied. Härter wurde festgestellt, daß HCl u. HNO_3 etwa gleich wirksam sind. H_2SO_4 trocknet etwas langsamer an u. durch. Bei I-Lacken kommt Benzotrichlorid der HCl am nächsten, wobei die Neigung zur Gelatinierung geringer ist. Bei einem Zusatz von mindestens 2% eignen sich bei **I** auch noch p-Toluolsulfonsäure, Benzol- u. p-Toluolsulfochlorid, während H_3PO_4 u. Butylphosphorsäure völlig versagen. Bei **II** geben nur HCl u. HNO_3 gute Ergebnisse. Durch Zusatz von 10% eines nichtmodifizierten Harnstoffharzes zu **II** kann die Antrocknung u. Oberflächenhärte gesteigert werden, jedoch nimmt dadurch die Lagerbeständigkeit der mit Härter versetzten Lsgg. ab. (Farbe u. Lack **59.** 169—73. Mai 1953. Mannheim.) WINIKER. 7106

J. Bundies, *Volumenverhältnisse im Anstrichfilm.* Vf. weist auf die Notwendigkeit einer volumenmäßigen Bewertung von Gewichtsveränderungen in Anstrichschichten hin, bes. bei Vergleichsverss. an Farben verschied. spezif. Gewichts. (Dtsch. Farben-Z. **7.** 177—78. Mai 1953. Hamburg-Wilhelmsburg, Grau-Relius Lack- u. Farbenfabrik.) WINIKER. 7106

A. Hörner, *Titandioxyd in Außenemaillen.* Bericht über Verss., denen zufolge ein Anstrich mit erhöhtem TiO_2-Geh. (Anatasform) eine ausreichende Wetter- u. Witterungsbeständigkeit besitzt, wenn eine möglichst geringe, gerade noch ausreichende Pigmentierung in Verbindung mit einem akt. Pigment gewählt wird u. ein möglichst „dicker", porenfreier u. beständiger Lackfilm vorhanden ist. (Dtsch. Farben-Z. **7.** 85—86. März 1953.) WINIKER. 7106

N. J. Read, *Plumbate als Anstrichpigmente.* Vortrag über Anwendung u. Eigg. von Erdalkaliplumbat-Anstrichen. — Diskussion. (Paint Manufact. **20.** 128—33. 139. April 1950.) SCHEIFELE. 7106

René Lefaux, *Die Weißblechindustrie und die Metallemballagen.* Überblick über an Konservendosenlacke zu stellende Anforderungen sowie Lackier- u. Prüfverfahren. (Peintures, Pigments, Vernis **26.** 51—55. Febr. 1950.) SCHEIFELE. 7106

Anton W. Rick, *Aluminiumanstriche und Lösungsmittel.* Vf. weist auf die Explosionsgefahr hin, die bei der Verwendung chlorierter Lösungsmittel zur Herst. von Al-Anstrichfarben besteht. Spuren W. gefährden dieselben ebenfalls. (Dtsch. Farben-Z. **7.** 138. April 1953.) WINIKER. 7106

Willy Moritz, *Schalldämpfungsmittel für die Automobilindustrie.* Kurzer Überblick über die Bedeutung der mittels eines Spachtels oder einer Spezialspritzpistole auftragbaren Schalldämpfungsmittel u. die an sie zu stellenden Anforderungen nebst prakt. Hinweisen für Rezeptur u. Auftrag. (Dtsch. Farben-Z. **7.** 178. Mai 1953. Horrem.) WINIKER. 7106

James A. Bede, *Heißspritzen von Lacken.* Überblick über die Vorteile des Heißspritzens. (Ind. Finishing **27.** Nr. 2. 40—47. Dez. 1950.) SCHEIFELE. 7106

Heinrich Wulf, *Von der Viscosität der Bindemittel.* Überblick über die Methoden zur Messung der Viscosität von Binde- u. Anstrichmitteln. (Dtsch. Drogisten-Ztg. **8.** 273—76. 1/6. 1953.) WINIKER. 7154

Auergesellschaft Akt.-Ges., Berlin (Erfinder: **Hermann Heidrich,** Berlin-Wilmersdorf), *Herstellung organischer, pigmentartiger Leuchtstoffe* durch Aufbringen fluorescierender Farbstoffe (I) (z. B. Fluorescein-Na oder 1-naphthylamin-4-sulfonsaures Na) auf großoberflächige Stoffe (z. B. Kieselgel, Al_2O_3, Cellulose, Stärke, ionenaustauschende Kunststoffe). Die an den großoberflächigen Stoffen adsorbierten **I** sollen durch Säurebehandlung in schwer- oder unlösl. Verbb. umgewandelt u. gegebenenfalls die Pigmente vorher mit Küpenfarbstoffen (z. B. Indigo, Anthrachinonimin, Acylaminoanthrachinon) zur Erzielung einer entsprechenden Tageslichteinfärbung angefärbt werden. (**D. B. P. 873 294** Kl. 22f vom 29/3. 1951, ausg. 13/4. 1953.) SCHREINER. 7093

Badische Anilin- & Soda-Fabrik, Ludwigshafen/Rh. (Erfinder: **Lothar Jakob,** Viernheim), *Weichmacher* für filmbildende Stoffe, bestehend aus Estern von oxyalkylierten Gemischen mehrwertiger Phenole, bes. von im wesentlichen aus Brenzcatechin u. seinen kernalkylierten Homologen bestehenden Gemischen, oder ihren Kernhydrierungsprodd. u. Mono- oder Polycarbonsäuren; sie besitzen milden Geruch u. geringe Flüchtigkeit. (**D. B. P. 870 901** Kl. 39b vom 20/8. 1944, ausg. 19/3. 1953.) SALZMANN. 7097

Rudolf Decker & Hellmuth Holz (Erfinder: **Hans Scheidemandel**), München, *Herstellung von Kondensaten,* dad. gek., daß man 1. eine aliphat. Alkalialkoholatlsg. in Vinylacetat (I), das mit einem organ. Lösungsm. verd. ist, zweckmäßig unter Kühlung einrührt; 2. die Rk. durch gleichzeitige Zugabe von **I**, welches durch ein organ. Lösungsm. verd. sein kann, u. einer aliphat. Alkalialkoholatlsg. weiter fortsetzt. — Beispiel. — *Löser u. Weichmacher für die Lackindustrie.* (**D. B. P. 859 953** Kl. 39c vom 21/2. 1943, ausg. 18/12. 1952.) DONLE. 7097

Sherwoods Paints Ltd., Barking, England, *Kontinuierliche Herstellung von Polymeren oder von Kondensations- oder Dehydratationsprodukten* durch Erhitzen der Ausgangsstoffe auf solche Tempp., bei denen sie fl. sind, wobei bei der Reaktionstemp. fl., nichtflüchtige Polymere oder Kondensations- oder Dehydratationsprodd. u. flüchtige Nebenprodd. gebildet werden, dad. gek., daß man die Ausgangsstoffe kontinuierlich in dünner Filmschicht durch eine mit Füllkörpern angefüllte, auf die Reaktionstemp. erhitzte Säule hindurchschickt u. die gebildeten Nebenprodd. durch einen durch die Säule geleiteten inerten, bei der Reaktionstemp. nicht kondensierbaren Gasstrom, z. B. CO_2 im Gegenstrom, entfernt. — Beispiele für die Dehydratisierung von Ricinusöl, für die Herst. von 60%ig. Leinölalkydharz aus Phthalsäureanhydrid u. Leinölmonoglycerid usw. (**D. B. P. 863 417** Kl. 39c vom 15/11. 1949, ausg. 19/1. 1953. E. Priorr. 16/11. 1948 u. 26/9. 1949.) DONLE. 7097

General Aniline & Film Corp., New York, N. Y., übert. von: **Charles O. Barbre,** East Orange, N. J., V. St. A., *Lösungsmittelmischungen,* bestehend aus einem oder mehreren aliphat. Chlor–KW-stoffen (I) u. einem oder mehreren aliphat. Alkoholen (II), die durch W. u. Säuren verunreinigt sind, werden von den Verunreinigungen durch Behandeln mit wasserfreiem K_2CO_3 mit anschließender Filtrierung regeneriert. Als **I** kommen z. B. CH_2Cl_2, Chlf., $C_2H_2Cl_2$, C_3H_5Cl u. als **II** Butylalkohol in Betracht. — Verf. bes. geeignet für Film- u. Lackbereitung. (**E. P. 650 781** vom 15/7. 1947, ausg. 7/3. 1951. A. Prior. 16/12. 1941.) G. KÖNIG. 7101

E. I. du Pont de Nemours & Co., Wilmington, übert. von: **Harris Walter Bradley,** Bellefonte Heights, Del., V. St. A., *Filme und Überzüge bildende Polyäthylensulfonamide* erhält man durch Sulfochlorierung von Polyäthylenen mit einem Mol.-Gew. von

9000—12000 (auch 20000—80000) u. Rk. der erhaltenen Sulfochloride mit NH_3, Monomethyl- bis Monooctylamin, Anilin, Toluidin, Cyclohexylamin, Diphenylamin oder Piperidin. Die Prodd. enthalten auch in der Kette gebundenes Chlor. Gelöst in aliphat. Estern oder Ketonen, dienen die Prodd. als *Lacke.* (**A. P. 2 615 000** vom 2/7. 1949, ausg. 21/10. 1952.) MÖLLERING. 7101

Dynamit Akt.-Ges. vormals Alfred Nobel & Co., Troisdorf, *Überziehen von beliebigen Oberflächen mit Polykondensationsprodukten,* die ein kurzes Schmelzpunktsintervall besitzen, wie z. B. Polyamide, -ester, -anhydride u. -urethane, durch Aufbringen im Schmelzfluß. Ein gleichmäßiger Überzug wird erzielt, wenn das Polykondensationsprod. direkt aus dem festen Zustand heraus mittels eines entsprechend angewärmten Gasstromes als feinverteilte Schmelze durch Aufspritzen aufgebracht wird. — Abb. einer Spritzpistole. (**D. B. P. 880 720** Kl. 75c vom 27/9. 1940, ausg. 25/6. 1953.) LAASS. 7101

Soc. des Usines Chimiques Rhône-Poulenc, Paris, übert. von: **Pierre Pascal Peyrot,** Feyzin, und **Louis Jean Dumoulin,** La Terrasse-sur-Dorlay, Frankreich, *Verbesserte Polysiloxanharzlacke* erhält man durch den Zusatz von Triacetoxysilanen zu vollständig kondensierten Polysiloxanharzen. — Zu 100 (Teilen) einer 50%ig. Lsg. von methyliertem Polysiloxanharz in Äthylacetat setzt man 55 *Methyltriacetoxysilan.* Mit der Lsg. hergestellte *Lacküberzüge* werden 30 Min. bei 100° u. 45 Min. bei 80° eingebrannt. Ohne den Zusatz beträgt die Einbrennzeit 16 Std. bei 100°. Pigmente, wie TiO_2, können dem Lackansatz zugesetzt werden. (**A. P. 2 615 861** vom 10/3. 1948, ausg. 28/10. 1952.) MÖLLERING. 7107

Koch & Sterzel Akt.-Ges., Düsseldorf (Erfinder: **Otto Warnack,** Dresden), *Schutz von Lack- oder Farbspritzräumen* vor den beim Spritzen aus dem Anstrichmittelnebel sich absetzenden Teilchen. Die zu schützenden Teile werden mit einem Klebstoff auf wss. Grundlage überzogen, auf dem die Anstrichteilchen fest haften; diese können mit dem lose anhaftenden Klebstoff zusammen durch Abziehen entfernt werden. Letzterer besteht aus: 100 (Gewichtsteile) Kreide, 70 W., 30 wasserlösl. Fett, z. B. Bohrfett, u. 10 Stärkekleister, der durch Aufschließen von Stärke mittels HNO_3 oder NaOH hergestellt u. mit $Hg(CN)_2$ haltbar gemacht wurde. (**D. R. P. 753 190** Kl. 75c vom 28/7. 1942, ausg. 13/7. 1953.) LAASS. 7107

William J. Francis, Portsmouth, Va., V. St. A., *Unterwasseranstrich für Schiffe.* Die tox. wirkende guthaftende Farbe besteht aus z. B. 41,67% Harz, 4,44% Paraffinwachs, 2,38% Ceresinwachs, 13,64% Cu-Linoleat (I), 32,46% CuO u. 5,41% inertem Pigment, wie Asbest. An Stelle von I kann Cu-Naphthenat, Cu-Tallat oder Zn-Naphthenat verwendet werden. (**A. P. 2 602 752** vom 3/2. 1950, ausg. 8/7. 1952.) GRÄGER. 7107

Lowell Christian jr., Indianapolis, Ind., V. St. A., *Schutzmittel für Rasierklingen* bestehend aus Wagenfett (I) (für Achsenschmierung) (7—23 Teile), Polierrot (**II**) (0,1—0,5) u. Graphitpulver, z. B. 20 **I,** 0,2 **II** u. 1 **III.** (**A. P. 2 605 189** vom 30/7. 1949, ausg. 29/7. 1952.) GRÄGER. 7107

National Starch Products, Inc., übert. von: **Alfred G. Battaglia,** New York, N. Y., und **Ralph C. McGaffin,** Plainfield, N. J., V. St. A., *Heißsiegelmasse.* Man emulgiert Harz oder Kunstharz (**I**), z. B. Polystyrol oder modifiziertes Kolophonium, u. einen bei n. Temp. festen Weichmacher, z. B. Diphenylphthalat (**II**), in wss. Polyvinylalkohol-Lsg. (**III**), gegebenenfalls unter Zusatz von Schutzkolloiden, wie Na-Dioctylsulfosuccinat, indem man **I** u. **II** zusammenschmilzt oder in Lsg. mit **III** emulgiert, oder **II** in mit **III** emulgierter Form mit **I** mischt. Die Prodd. trocknen klebfrei auf. (**A. PP. 2 613 156** vom 21/7. 1949 u. **2 613 191** vom 4/6. 1949, beide ausg. 7/10. 1952.) LÜTTGEN. 7107

Chemical Developments of Canada Ltd., übert. von: **Otto Schmidt,** Toronto, Ontario, Canada, *Herstellung von Harzalkoholen* durch Erhitzen von Kolophonium oder eines anderen Naturharzes, welches eine Carbonsäuregruppe enthält, mit H_2 in Ggw. eines Hydrierungskatalysators, welcher Cu, Co oder Ni enthält, bei 250—260° u. einem Druck von 150—300 at. — Die Harzsäure wird dabei zu dem entsprechenden Harzalkohol reduziert. (**Can. P. 479 237** vom 14/11. 1947, ausg. 11/12. 1951.) M. F. MÜLLER. 7149

XIb. Plaste (Kunstharze. Plastische Massen).

Frank Perrotta, *Heizung mit Strahlen des fernen Infrarots.* Überblick über die Anwendungsmöglichkeiten von Strahlen des fernen Infrarots in der Kunststoffindustrie. (Mod. Plastics **30.** Nr. 12. 109—11. 114—15. Aug. 1953. Bloomfield, N. J., M. B. Rosevear Co.) WINIKER. 7170

B. W. Duke und **M. T. Gladstone,** *Oxydative Zersetzung von Äther- und Esterbindungen enthaltenden Weichmachern.* Vff. weisen darauf hin, daß Äther- u. Esterbindungen enthaltende Weichmacher, z. B. Bis-2-butoxyäthyladipat, bei höheren Tempp. (150°) an der Luft einen Abbau erleiden, der zum Freiwerden von Säure führt, wodurch eine Beeinträchtigung der physikal. Eigg. von PVC-Harzen bedingt ist. (Mod. Plastics **30.** Nr. 12. 126. Aug. 1953.) WINIKER. 7172

J. E. Carey, *Neuere Entwicklungen auf dem Gebiet der Epoxyharze.* Überblick über neuere Anwendungen der Epoxyharze (Schichtstoffe, Klebstoffe, Gießharze, Schäume). (Mod. Plastics **30.** Nr. 12. 130. 132. 134. Aug. 1953.) WINIKER. 7176

James F. Driver, *Kunststoffe in der Gießerei.* Allg. Überblick über die Anwendungsmöglichkeiten von Harnstoff- u. Phenol-Formaldehyd-Harzen bei der Herst. von Formen in der Gießerei. (Machinery Lloyd (continent. Edit.) **25.** Nr. 4A. 67. 69. 71—72. 21/2. 1953.) DALL'ASTA. 7176

Elmer Warnken, *Ein hitzebeständiges Phenolharz.* Überblick über Eigg. u. Verarbeitung des hitzebeständigen Phenolharzes CTL-91-LD unter besonderer Berücksichtigung der Herst. von Schichtstoffen. (Mod. Plastics **30.** Nr. 12. 121—22. 124. Aug. 1953.) WINIKER. 7176

Fritz Ohl, *Silicone.* Kurzer Überblick über Herst., Eigg. u. Anwendungen. (Dtsch. Drogisten-Ztg. **8.** 374—76. 1/8. 1953.) WINIKER. 7188

—, *Prüfmethoden für beschichtete Gewebe und Vinylfolien.* Zusammenstellung geeigneter Prüfverff. für PVC-Folien u. mit PVC- bzw. Pyroxylin-Harzen beschichtete Gewebe. — 19 Abbildungen. (Mod. Plastics **30.** Nr. 12. 100—05. 196. 200. 202—03. Aug. 1953.) WINIKER. 7210

Färberei Schlieren Akt.-Ges. (Erfinder: **Karl Tanner**), Schlieren bei Zürich, Schweiz, *Erzeugung matter und adhäsionsarmer Oberflächen an Thermoplasten.* Man überzieht die zu mattierenden Oberflächen mit einer wss. Suspension mindestens eines Thermoplastes (I) u. fixiert den Überzug anschließend durch Erwärmen. Zur Herst. der Suspension kann der gleiche oder ein anderer I verwendet werden wie der, den die Oberfläche enthält. I ist z. B. ein Polyvinylharz. (**Schwz. P. 286 836** vom 2/9. 1949, ausg. 2/3. 1953.) v. SCHILLER. 7171

Badische Anilin- & Soda-Fabrik, Ludwigshafen/Rh. (Erfinder: **Rudolf Kern,** Neustadt/Weinstraße), *Polymerisation von Äthylen* in wss. Emulsion mit wasserlösl. Salzen von Persäuren, dad. gek., daß das Verf. in Ggw. von Salzen polymerer Phosphorsäuren, bes. Metaphosphaten, durchgeführt wird. Nach den Beispielen werden Na-tri- oder -hexametaphosphat verwendet. (**D. B. P. 884 572** Kl. 39c vom 4/2. 1943, ausg. 27/7. 1953.) SCHINDLER. 7173

Farbenfabriken Bayer (Erfinder: **Wilhelm Becker** und **Otto Bayer**), Leverkusen, *Chlorieren von höhermolekularen Äthylenpolymerisaten bzw. -mischpolymerisaten,* dad. gek., daß man die wss. Emulsionen, wie sie bei der Emulsionspolymerisation von Äthylen bzw. seinen Mischungen mit anderen Vinylverbb. erhalten werden, oder eine Mischung der wss. Emulsion des Polyäthylens mit den Emulsionen von anderen hochmol. Stoffen einer Chlorierung unterwirft. — Z. B. aus Äthylen u. Vinylchlorid ein weißes Prod. mit mehr als 60% Cl. — Verwendung zur Herst. von Kunststoffen, Folien, Lacken usw. (**D. B. P. 862 681** Kl. 39c vom 17/12. 1950, ausg. 12/1. 1953.) DONLE. 7173

Imperial Chemical Industries Ltd. (Erfinder: **William Johnson Smith Naunton, Walter Reading Prior** und **John Robert Salmond Waring**), London, England, *Stabilisieren von Polyäthylenen* durch Zusetzen von 0,5—5% *Ni-Dibutyldithiocarbamat.* (**E. P. 684 976** vom 24/5. 1950, ausg. 31/12. 1952.) SALZMANN. 7173

I. G. Farbenindustrie Werk Rheinfelden, Baden, *Mischpolymerisate aus Vinylchlorid* (I) *und Trichloräthylen* (II) durch Polymerisation des Gemisches I u. II im Verhältnis 9 : 1 bis 2 : 1 in wss. Emulsion. Der Prozeß kann in Abwesenheit von Puffern in schwachsaurem Medium vorgenommen werden. Als Emulgator wird ein Monosulfat eines langkettigen aliphat. KW-stoffes von Kp. 240—320°, z. B. aus der FISCHER-TROPSCH-Synth., verwendet. Zur Herst. von *Lacken, Folien, Klebemitteln, Fäden* u. *Borsten.* (**D. B. P. 885 162** Kl. 39c vom 23/10. 1943, ausg. 3/8. 1953.) SCHINDLER. 7173

Farbwerke Hoechst, vormals Meister Lucius & Brüning (Erfinder: **Alex Jahn, Guido Lorentz** und **Gerhard Bier**), Frankfurt/M., *Herstellung perlförmiger oder körniger Polymerisationsprodukte* durch Polymerisation von Vinylchlorid (I) oder Gemischen aus überwiegenden Mengen I u. anderen, für sich oder in Mischung polymerisierbaren ungesätt. Verbb. in Ggw. von W., Katalysatoren u. Dispergiermitteln, dad. gek., daß als letztere Glykoläther oder Polyglykoläther von OH-Gruppen enthaltenden organ. Verbb., die keine Estergruppen aufweisen, verwendet werden. In den Beispielen werden oxyäthyliertes Dodecylphenol, Kokosfettalkoholglykoläther u. Oleylalkoholglykoläther genannt. (**D. B. P. 883 351** Kl. 39c vom 17/2. 1951, ausg. 16/7. 1953.) SCHINDLER. 7173

Monsanto Chemical Co., St. Louis, Mo., übert. von: **Tracy M. Patrick jr.,** Dayton, O., V. St. A., *Weichmacher* für *Polyvinylchlorid,* bestehend aus den Acylderivv. von Polycarbonsäurealkylestern, z. B. Di-2-äthylhexyl- bzw. Dihexylbutyrylsuccinat oder Tributyl-α-butyryltricarballylat. (**A. P. 2 594 488** vom 29/12. 1949, ausg. 29/4. 1952.) SALZMANN. 7173

Monsanto Chemical Co., St. Louis, Mo., übert. von: **Joachim Dazzi,** Dayton, O., V. St. A., *Weichmachungsmittel* für *Polyvinylhalogenide,* bestehend aus einem Trisaralkyl-(1'.2'-dicarboxyäthyl)-bzw.Bis-aralkylmonoalkyl-(1'.2'-dicarboxyäthyl)-ölsäureester, wobei der Aralkylrest 7—8, der Alkylrest 1—4 C-Atome aufweist, z. B. Tribenzyl-, Triphenetyl- oder Tri-p-methylbenzyl-(1'.2'-dicarboxyäthyl)-ölsäureester. — Ferner sind geeignet die entsprechenden Ester der Undecylensäure, z. B. der Tribenzylester der (1'.2'-Dicarboxyläthyl)-undecylensäure. (**A. PP. 2 581 005** u. **2 581 006** vom 25/5. 1950, ausg. 1/1. 1952.) SALZMANN. 7173

Advance Solvents & Chemical Co., New York, N. Y., V. St. A., *Nicht gilbende Polyvinylchloridharze* erhält man durch Zusatz kleiner Mengen Erdalkalisalze von α- oder β-alkylierten oder oxyalkylierten Carbonsäuren mit 4—16 C-Atomen als Stabilisierungsmittel. — Geeignet sind z. B. Ba-, Sr- oder Ca-Salze von 2-Äthylbuttersäure, 2-Methyläthylessigsäure, Benzylessigsäure oder 3-Äthoxybuttersäure. (**E. P. 684 499** vom 17/3. 1950, ausg. 17/12. 1952.) MÖLLERING. 7173

B. F. Goodrich Co., New York, N. Y., übert. von: **Richard T. Carroll,** Akron, O., V. St. A., *Organozinnverbindungen,* die *Polyvinylchlorid* zum Schutz *gegen* die Einw. von *Hitze* u. *Licht* zugesetzt werden, erhält man durch Rk. von Sn-Oxyden (Dibutyl-, Phenylbutylzinnoxyd) mit z. B. Diäthyl- Dioctylphthalat, Trikresylphosphat, Äthylorthosilicat, Diäthyl- oder Dibutylmaleat bei ca. 150—210°. (**A. P. 2 597 920** vom 29/6. 1951, ausg. 27/5. 1952.) BRÖSAMLE. 7173

Monsanto Chemical Co., St. Louis, Miss., V. St. A., *Plastische Masse.* Polyvinylchlorid oder seine Mischpolymerisate mit Vinylestern, Alkylmaleat oder -fumarat werden mit dem Phenylester der 1-Dodecansulfonsäure als Weichmacher versetzt. — Statt dessen können auch Paraffin-KW-stoffe mit 19—21 C-Atomen, die sulfoniert u. mit Phenol (Kresol oder Chlorphenol) verestert worden sind, verwendet werden. Die daraus hergestellten Gebilde sind noch bei —42° u. —33° geschmeidig; die Weichmacher sind zu 9,2 bzw. 2,47% flüchtig. (**E. PP. 681 581** u. **681 864** vom 18/8. 1950, ausg. 29/10. 1952. Beide A. Prior. 20/8. 1949.) SALZMANN. 7173

Pascal J. Carpentier, Paris, Frankreich, *Zellkörper aus Polyvinylchlorid.* Als gaserzeugende Stoffe gibt man dem Gemisch von Polyvinylchlorid u. Weichmacher Malein- bzw. Phthalsäureanhydrid, $CaCO_3$, BaO_2 neben Azoisobuttersäuredinitril zu, erhitzt die Preßlinge auf 180—120° u. setzt sie alsdann 255 Min. gesätt. Dampf von 80° aus; D. 0,045 g/cm³. — Zeichnung. (**A. P. 2 589 537** vom 7/9. 1949, ausg. 18/3. 1952. F. Prior. 10/9. 1948.) SALZMANN. 7173

Dow Chemical Co. (Erfinder: **Carl Bradford Havens**), Midland, V. St. A., *Lichtstabilisiertes Vinyl–Vinylidenchlorid-Mischpolymerisat,* gek. durch einen Geh. an 0,5–10% eines Erdalkalisalzes des 2-Oxy-5-chlorbenzophenons. (**E. P. 680 409** vom 16/2. 1951, ausg. 1/10. 1952.) SALZMANN. 7173

B. F. Goodrich Co., New York, N. Y. (Erfinder: **Harry Gilbert,** Cuyahoga Falls, **Floyd Francis Miller** und **Vernon Louis Folt,** Akron, O.), V. St. A., *Herstellung von Mischpolymerisaten aus monomerem Vinylidencyanid* (*1.1-Dicyanäthylen*) u. anderen Monomeren, dad. gek., daß man die Polymerisation in Ggw. eines Verdünnungs- oder Lösungsm. aus KW-stoffen u. eines Peroxydkatalysators ausführt u. als das andere Monomere entweder 1. Acrylsäurenitril, 2. ein 1.2-Dihalogenäthylen, 3. einen Acrylsäurealkylester, 4. einen α-Cyanacrylsäurealkylester, 5. einen α-Halogenacrylsäurealkylester oder 6. einen Ester einer einbas. Säure mit einem Alkohol der Formel ROH benutzt, wobei R einen Alkylenrest mit mindestens 3 C-Atomen bedeutet, welcher eine Methylengruppe besitzt, die durch eine Doppelbindung mit einem C-Atom verbunden ist, das seinerseits an eine andere Methylengruppe gebunden ist. Nach den Beispielen werden Alkylacetat, -capronat u. -formiat sowie Methylallylchlorid u. Allylchlorid u. cis- oder trans-Dichloräthylen in Ggw. von z. B. o.o'-Dichlorbenzoylperoxyd mit Vinylidencyanid polymerisiert. Geeignet für Filme u. Fäden. (**D. B. P. 883 352** Kl. 39c vom 23/1. 1951, ausg. 16/7. 1953. A. Priorr. 24/1., 15/2. u. 27/10. 1950.) SCHINDLER. 7173

B. F. Goodrich Co., New York, N. Y., V. St. A., übert. von: **Harry Gilbert, Floyd Francis Miller** und **Vernon Louis Folt,** *Vinylidencyanid* (**I**) *enthaltende Mischpolymerisate.*

Das in einem organ. Lösungsm. gelöste Gemisch aus I, Acrylnitril (II) oder 1.2-Dichloräthylen (III) oder einem Alkylacrylat wird in Ggw. von Peroxyd-Katalysatoren erwärmt. — Z. B. polymerisiert man in Bzl. gelöste Gemische aus I u. II oder Allylacetat bzw. -formiat oder Methallylchlorid oder Allylcyanid oder III oder Methyl-α-cyanacrylat oder N-Butylacrylat unter Zusatz von Dichlorbenzoylperoxyd durch Erwärmen auf 50°. (**E. P. 685 016** vom 9/1. 1951, ausg. 31/12. 1952. A. Priorr. 24/1., 25/2. u. 27/10. 1950.) MÖLLERING. 7173

E. I. du Pont de Nemours & Co., übert. von: **Frank Clifton McGrew**, Wilmington, Del., und **Paul Swithin Pinkney**, Niagara Falls, N. Y., V. St. A., *Lufttrocknende Mischpolymerisate.* Ein 15—50 Mol.-% Acetylen u. Vinylacetat enthaltendes Gemisch wird bei —20° bis 250°, bes. bei 40—150° u. 400—1000 at in Ggw. eines Peroxyd-Katalysators in 5—30 Std. unter Rühren polymerisiert. Die Rk. kann in Ggw. von N_2, W. oder Methyl- bis Butylalkohol als Lösungsm. erfolgen. Die erhaltenen öligen bis festen Harze sind ungesätt. u. in üblichen Lösungsmitteln löslich. (**A. P. 2 617 789** vom 3/10. 1950, ausg. 11/11. 1952.) MÖLLERING. 7173

Farbenfabriken Bayer (Erfinder: **Max Coenen** und **Karl Hamann**), Krefeld, *Herstellung von Polyvinylestern* durch Rk. von Diketen mit hydroxylgruppenhaltigen Polyvinylverbb., z. B. einem verseiften Mischpolymerisat aus 80% Vinylchlorid u. 20% Vinylacetat mit ca. 3% OH-Gruppengehalt. Die erhaltenen Acetessigsäureester können z. B. zur Herst. von Formkörpern verwendet werden. (**D. B. P. 887 123** Kl. 39c vom 26/8. 1944, ausg. 20/8. 1953.) SCHINDLER. 7173

Farbwerke Hoechst, vormals Meister Lucius & Brüning, Frankfurt/M.-Höchst, *Herstellung von Polyvinylformalen* durch Verseifung von Polyvinylestern u. gleichzeitige oder anschließende Kondensation mit CH_2O in Ggw. starker Säuren, dad. gek., daß man die Verseifung u. Acetalisierung in Ggw. starker Mineralsäuren, deren Konz. mindestens 70% beträgt, durchführt. — Z. B. trägt man in 500 (Gewichtsteile) 70%ig. H_2SO_4 u. 250 CH_2O (30%ig.) 250 Polyvinylacetat ein u. rührt 90 Min. bei 40°. Zus. des Prod.: 79% Acetal-, 10% Ester-, 11% Alkoholgruppen. (**D. B. P. 862 680** Kl. 39c vom 20/10. 1950, ausg. 12/1. 1953.) DONLE. 7173

Farbwerke Hoechst, vormals Meister Lucius & Brüning (Erfinder: **Josef Monheim**), Frankfurt/M., *Emulsionspolymerisation bei gleichzeitiger Gegenwart von Oxydationsmitteln und Reduktionsmitteln*, dad. gek., daß als Oxydationsmittel oxydierend wirkende O-Verbb. ohne Peroxydstruktur, wie $KMnO_4$, MnO_2, NaOCl, mol. O_2, u. als Reduktionsmittel reduzierend wirkende Verbb. ohne polymerisationshemmende Wrkg. (Hyposulfite, Sulfoxylate, Thiosulfate, Sulfite, Hydrazin, Hydroxylamin, Thioharnstoff, Salze von Cr^{2+}, Fe^{2+}, Ti^{3+} usw.) verwendet werden. — Beispiele für Polymerisation von Vinylacetat, Styrol, Acrylsäuremethylester, Vinylchlorid usw. (**D. B. P. 861 155** Kl. 39c vom 22/2. 1941, ausg. 29/12. 1952.) DONLE. 7173

Farbwerke Hoechst, vormals Meister Lucius & Brüning, Frankfurt/M.-Höchst, *Herstellung von Polymerisaten oder Mischpolymerisaten* in Substanz, Lsg. oder Dispersion, dad. gek., daß man als Katalysatoren Sulfinsäuren verwendet. — Beispiele für Polymerisation vom Methacrylsäuremethylester, Vinylacetat, Acrylsäureäthylamid, Styrol mittels Benzolsulfinsäure bzw. ihres Na-Salzes. (**D. B. P. 861 156** Kl. 39c vom 9/9. 1944, ausg. 29/12. 1952.) DONLE. 7173

Röhm & Haas G. m. b. H. (Erfinder: **Otto E. Hintze** und **Ernst Trommsdorff**), Darmstadt, *Herstellung von wasserlöslichen Salzen carboxylgruppenhaltiger Polymerisate in Pulverform.* Pulverförmige Carboxylgruppen enthaltende Polymerisate werden mit flüchtigen N-Basen in Abwesenheit von W. oder in Ggw. nur solcher Mengen W. behandelt, die nicht zur Verklumpung führen. — Beispiele für die Behandlung von Mischpolymerisaten aus gleichen (Teilen) Methacrylsäure u. Methacrylsäureamid; aus 70 Acrylsäure u. 30 Styrol; aus Polyacrylsäure usw. (**D. B. P. 859 954** Kl. 39c vom 4/6. 1944, ausg. 18/12. 1952.) DONLE. 7173

Henkel & Cie., G. m. b. H., Düsseldorf, *Granulierte Polymerisationsprodukte* α.β-ungesätt. Carbonsäuren, die durch Einw. von starken Mineralsäuren auf Ketocyanhydrine erhalten werden, werden unter Ausschluß von O_2 in Ggw. von Beschleunigern polymerisiert. — Z. B. läßt man 380 (Teile) Acetoncyanhydrin unter Kühlung in 600 konz. H_2SO_4 einfließen, wobei 80° nicht überschritten werden dürfen. Das Gemisch wird dann auf 128—130° unter Durchleiten von H_2 erhitzt, u. im Verlauf von 2 Std. läßt man 550 W. eintropfen. Man kühlt auf 70°, setzt 0,5—1 Benzoylperoxyd zu u. rührt 2 Std., wobei das granulierte Polymerisat ausfällt. (**E. P. 685 151** vom 22/5. 1950, ausg. 31/12. 1952. D. Prior. 24/2. 1950.) MÖLLERING. 7173

Purdue Research Foundation, übert. von: **Gustave B. Bachman**, West Lafayette, Ind., und **Leonda L. Lewis**, Sanborn, N. Y., V. St. A., *Halogentrifluormethylstyrole* (**I**) der untenst. Formel II erhält man durch Dehydratation von prim., sek. oder tert. Alkoholen, die aus Fluorbrombenzolen über die GRIGNARD-Verbb. erhalten werden.

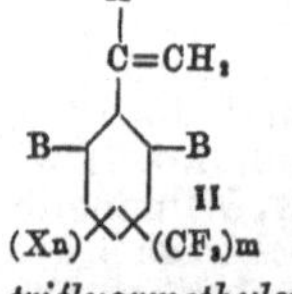

II

I können in bekannter Weise mit sich selbst oder mit anderen olefin. Monomeren polymerisiert werden. Man erhält harzartige *Kunststoffe*. In II stehen: A für H oder Methyl, B für H, Halogen oder Trifluormethyl, X für Cl, F oder Br, n u. m sind 1 oder 2. Ist B = H, dann soll A ein Methyl sein. — Aus gleichen Teilen 2.5- u. 3.4-Dibrom-α-trifluortoluol u. einer Mg-GRIGNARD-Verb. erhält man: 2-Brom-α-methyl-4-trifluormethylbenzylalkohol, hieraus mit KOH bei 200° *2-Brom-4-trifluormethylstyrol*, $Kp._5$ 72—73°, $D.^{25}_{25}$ 1,558, n_D^{25} 1,5228. Es werden ferner hergestellt: *4-Fluor-3-trifluormethylstyrol*, $Kp._{40}$ 77—78°, $D.^{25}_{25}$ 1,263, n_D^{25} 1,4522. *4-Fluor-α-methyl 3-trifluormethylstyrol*, $Kp._{40}$ 89—91°, $D.^{25}_{25}$ 1,230, n_D^{25} 1,4530. (**A. P. 2580504** vom 16/12. 1947, ausg. 1/1. 1952.) G. KÖNIG. 7173

Dr. F. Raschig G. m. b. H. (Erfinder: **Emil Dreher**), Ludwigshafen/Rh., *Herstellung von Mischharzen aus Phenolen*, dad. gek., daß 1. aromat., polykondensationsfähige Oxyverbb. mit beträchtlichen Mengen von aliphat. Oxycarbonsäuren u. CH_2O oder CH_2O-abgebenden Stoffen in Ggw. saurer Kondensationsmittel, vorzugsweise Oxalsäure (I), umgesetzt werden; 2. das erhaltene Kondensationsprod. mit Basen, z. B. tert. Aminen, in geringen, d. h. den verwendeten Katalysatoren entsprechenden Mengen versetzt wird. — 500 kg Reinphenol, 450 kg CH_2O (30%ig.) u. 282 kg Milchsäure werden mit 5 kg I 8—12 Std. bei 100—110° unter Rückfluß kondensiert, dann fügt man 33 kg $KHCO_3$ (wss. Lsg.) zu, dest. bis 170° bei n. Druck alles Flüchtige ab, dest. bei vermindertem Druck weiter, versetzt mit 15 kg Dibutylamin das Harz u. läßt es ab. — Vielseitige Verwendung. (**D. B. P. 862 678** Kl. 39c vom 4/6. 1941, ausg. 12/1. 1953.) DONLE. 7177

Farbenfabriken Bayer (Erfinder: **Richard Wegler** und **Theodor Lürten** †), Leverkusen, *Herstellung von Kunstharzen*, dad. gek., daß man O-haltige Kondensationsprodd., welche durch Rk. von überschüssigem CH_2O in saurem Medium mit alkylierten Aromaten, gegebenenfalls in Ggw. anderer, mit CH_2O reagierender Verbb., erhalten werden, mit organ. Säuren oder deren funktionellen Derivv., gegebenenfalls in Ggw. saurer Katalysatoren, erhitzt. — 160 g eines Xylol-CH_2O-Kondensats (11% O enthaltend), 250 g Montansäure (Mol.-Gew. 336) u. 0,3 g $C_6H_5SO_2Cl$ werden $2^1/_2$ Std. auf 170—200° erhitzt. Nach Abdest. von 7 cm^3 W. u. von CH_2O usw. fällt ein hartes Wachs, F. >80°, an, von dem 1 g 0,7 cm^3 n/10-KOH zur Neutralisation verbraucht. — Weitere Beispiele. — Weichmacher u. Ersatzstoffe für Naturharze usw. (**D. B. P. 863 412** Kl. 39c vom 16/8. 1941, ausg. 19/1. 1953.) DONLE. 7177

Badische Anilin- & Soda-Fabrik, Ludwigshafen/Rh. (Erfinder: **Hans Krzikalla,** Heidelberg), *Polykondensationsprodukte* erhält man durch Wärmebehandlung von Polykohlensäureestern (I) mehrwertiger Alkohole mit Isocyanaten, Isothiocyanaten oder wie diese wirkenden Verbindungen. Als I sind Dichlorameisensäureester des 1.4-Butandiols, des Glykols, des Glycerins, deren Derivv. usw. genannt. — Kunstmassen für Formkörper, Klebstoffe. (**D. B. P. 887 119** Kl.39c vom 30/12. 1943, ausg. 20/8. 1953.) SCHINDLER. 7181

Farbenfabriken Bayer, Leverkusen (Erfinder: **Walter Bock,** Köln), *Herstellung von Kunststoffen* durch Rk. polyamidbildender, bifunktioneller Ausgangsstoffe, dad. gek., daß die Rk. in Ggw. von Hydrazinen mit mindestens noch 1 H an jedem N, Derivv. derselben, wie Acylverbb., oder Salzen derselben, durchgeführt wird. Es können auch fertige Polyamide mit den genannten Stoffen nachbehandelt werden. Als Ausgangsstoffe sind z. B. Gemische von Diaminen u. Dicarbonsäuren, Aminocarbonsäuren u. deren Derivv. genannt. — Beispiele. — Die Prodd. besitzen bessere physikal. Eigg. u. können mit Weichmachern usw. oder mit anderen Kunststoffen verarbeitet werden. (**D. B. P. 887 120** Kl. 39c vom 3/4. 1942, ausg. 20/8. 1953.) SCHINDLER. 7181

Rohm & Haas Co., Philadelphia, Pa., übert. von: **Robert S. Yost,** Oreland, und **Robert W. Auten,** Jenkintown, Pa., V. St. A., *Methylolderivate von Harnstoffpolyaminen.* Dihalogenalkane (I) mit weniger als 4 C-Atomen u. einer Kette von 2 C-Atomen zwischen den Cl- oder Br-Atomen, z. B. Dichloräthan oder -propan, werden mit Polyäthylenpolyaminen (II) mit einem Mol.-Gew. >146, bes. bis 189, im Verhältnis I : II von 0,7 : 1 bis 1,6 : 1 auf 70—150° erhitzt. Das Prod. wird mit Harnstoff im Verhältnis von 0,2 : 1 bis 1,5 : 1 bei 200° umgesetzt, worauf man mit einer wss. Lsg. von CH_2O (III) nachbehandelt, so daß mindestens 0,6 Mol. II auf jedes an N gebundene H-Atom entfallen. — Mit dem Harz imprägniertes Papier hat erhöhte Naßreißfestigkeit. (**A. P. 2 616 874** vom 19/7. 1951, ausg. 4/11. 1952.) MÖLLERING. 7181

Farbenfabriken Bayer (Erfinder: **Detlef Delfs, Carl Taube,** Leverkusen, und **Herbert Nordt,** Köln), *Herstellung von Isocyanatgruppen enthaltenden Kondensationsprodukten,* dad. gek., daß man Carbaminsäureester oder Carbaminsäureamide, die mindestens 1 H an N gebunden enthalten, mit polyfunktionellen Isocyanaten, gegebenenfalls zusammen mit monofunktionellen, bei höheren Tempp. zur Rk. bringt, wobei die Zahl der Isocyanatgruppen die Zahl der am N befindlichen H überwiegen soll. Nach den Beispielen wird Hexamethylendiisocyanat mit Carbaminsäureisobutylester, Acetamid, p-Toluolsulfamid zwischen 140—185° kondensiert. (**D. B. P. 883 504** Kl. 39c vom 17/6. 1944, ausg. 20/7. 1953.) SCHINDLER. 7181

I. G. Farbenindustrie Akt.-Ges., Frankfurt/M. (Erfinder: **Heinrich Hopff** und **Hanns Ufer,** Ludwigshafen/Rh.), *Herstellung von Polyamiden* durch Kondensation von Dicarbonsäuren u. Diaminen u./oder Aminocarbonsäuren oder amidbildenden Derivv. dieser Stoffe, dad. gek., daß bei der Kondensation der Ausgangsstoffe mit fortlaufender C-Atomkette bis zu ca. 10% Diamine mitverwendet werden, deren C-Ketten durch 2 oder mehr O-Atome unterbrochen sind. — Z. B. werden 900 (Teile) adipinsaures Hexamethylendiamin, 900 ε-Caprolactam, 200 adipinsaurer 1.4-Butandioldi-γ-aminopropyläther, 5,03 Adipinsäure u. 600 W. unter Druck u. Ausschluß von Luft in 2 Std. auf 278° geheizt usw. (**D. R. P. 758 619** Kl. 39c vom 20/7. 1940, ausg. 5/1. 1953.) DONLE. 7181

I. G. Farbenindustrie Akt.-Ges., Frankfurt/M. (Erfinder: **Karl Rössler,** Berlin, und **Paul Schlack,** Leitershofen), *Hochpolymere Polyamide* aus Aminocarbonsäuren erhält man durch genügend langes Erhitzen von α.α'-Diaminodicarbonsäuren, welche 5- oder 6-gliedrige cycl. Lactame nicht zu bilden vermögen, bzw. deren amidbildenden Derivv., wie Estern, Amiden, Urethanen. Genannt sind α.α'-Diaminosebacinsäuredimethylester, α.α'-Di-monomethylaminosebacinsäuredimethylester u. *Hexamethylen-bis-N.N'-aminoessigsäuremethylester* (Öl, $Kp._1$ 161—165°, aus Hexamethylendiamin mit CH_2O u. KCN über *Hexamethylen-bis-N.N'-aminoacetonitril,* F. des salzsauren Salzes 174—175°). (**D. R. P. 753 569** Kl. 39c vom 3/5. 1939, ausg. 24/8. 1953.) SCHINDLER. 7181

Ruhröl G. m. b. H., Essen (Erfinder: **Günther Ibing,** Mülheim/Ruhr, und **Wilhelm Schacht,** Hannover), *Herstellung hochmolekularer Reaktionsprodukte* aus verd. Olefinen mit SO_2, dad. gek., daß die die Olefine enthaltenden Ausgangsstoffe, bes. techn. Gasgemische oder Benzine, mit fl. SO_2 in Rk. gebracht werden in Ggw. von peroxydhaltigen Katalysatoren, die man aus aromat. KW-stoffen dadurch herstellt, daß diese in Ggw. geringer Mengen Wasserdampf einer milden Oxydation unterworfen werden. Die Eigg. der *Polysulfone* hängen vom Ausgangsstoff, Konz. u. Reaktionstemp. ab. — Beispiele. (**D. B. P. 885 778** Kl. 39c vom 27/6. 1944, ausg. 6/8. 1953.) SCHINDLER. 7185

Rudolf Decker und Hellmuth Holz, München (Erfinder: **Paul Ernst, Matthias Thoma** und **Hugo Zoebelein,** Burghausen), *Spritzgußmassen aus Acidylcellulosen.* Man behandelt z. B. *Acetylcellulose* mit einem Gemisch (I) aus Weichmachern, Lösern bzw. Quellmitteln u. so viel Nichtlösern teils bei Atmosphären-, teils bei Unterdruck (oder in umgekehrter Reihenfolge), daß höchstens eine Quellung, jedoch keine Lsg. eintritt. I besteht z. B. aus CCl_4, Trichloräthylphosphat u. Essigsäureäthylester. (**D. B. P. 849 482** Kl. 39b vom 7/9. 1944, ausg. 15/9. 1952.) SALZMANN. 7199

Union Oil Co. of California, Los Angeles, übert. von: **William Castellano,** San Lorenzo, Calif., V. St. A., *Plastische Masse.* 750 (g) Tallölpech, 250 gewaschenes, wachsartiges Oxydationsprod. aus Polyalkoholen (mit 3 u. mehr OH-Gruppen) u. 87 Pentaerythrit werden bei 249—254° umgesetzt. Das Prod. kann als solches oder nach weiterer Rk. mit Äthylcellulose als öl- u. alkalifester Metallüberzug u. als Bodenbelag dienen. (**A. P. 2 603 571** vom 19/12. 1949, ausg. 15/7. 1952.) MÖLLERING. 7199

Wm. A. Mohn & Søn A/S, Bergen, Norwegen, *Herstellung von plastischen Stoffen aus Eiweiß.* Unlösl. Eiweißstoffe, bes. Muskelfleisch von Fischen, wie Fischabfälle, Fischmilch, Fischmehl usw., werden mit 0,5—1%ig. NaOH in Mengen bis 15%, bezogen auf trockene Eiweißstoffe, bei 45—60° aufgeschlossen, dann von den Knochen abfiltriert, worauf man den p_H-Wert von ca. 12 auf 7—10 senkt, die M. mit Formalinlsg. härtet (50—40% Formalin, bezogen auf Eiweiß), u. dann das Eiweiß mit verd. Säure ausfällt. Man kann das Eiweiß auch noch bleichen u. mit anderen Harzbildnern vermischen, sowie die M. durch Zusatz von wasserabsorbierenden Stoffen wasserfest machen. Durch Zusatz von Alkohol bei der Herst. kann die Transparenz der Prodd. erhöht werden. (**N. P. 79 999** vom 6/1. 1949, ausg. 31/3. 1952.) JÜRGEN SCHMIDT. 7199

Soc. pour la Vente et la Transformation de Produits Manufactures, Seine, Frankreich, *Herstellung von Bodenbelag.* Man bringt auf ein Gewebe unter Zwischenlage eine Klebschicht, etwa aus einer Vinylpaste, wie plastiziertem Polyvinylchlorid, eine Folie aus

Vinylmaterial, wie Polyvinylchlorid, u. heizt im Tunnelofen auf 100—130° u. danach auf 150—190° unter ziehender Bewegung zwischen 2 Walzen. (**F. P. 1 012 677** vom 1/2. 1950, ausg. 16/7. 1952.) PANKOW. 7205

United States of America, übert. von: **Hibbard S. Busby** und **Wendell L. Ward,** New Orleans, La., V. St. A., *Bauelement.* 3 (Teile) Baumwolle werden in einer Lsg. von z. B. 5 Polyvinylchloridacetat, 25 Methyläthylketon, 25 Aceton, 10 Diallylmaleat u. 1 Benzoylperoxyd dispergiert. Nach einigen Std. wird die Fl. dekantiert u. die M. nach Verdunsten des Lösungsm., gegebenenfalls kontinuierlich zu Platten verpreßt. (**A. P. 2 587 591** vom 11/7. 1950, ausg. 4/3. 1952.) SALZMANN. 7205

Dow Chemical Co., Midland, übert. von: **Arthur F. Roche,** Freeland, und **Raymond M. Price,** Midland, Mich., V. St. A., *Plastische Masse.* Polystyrol oder seine Derivv. werden mit 5—8% Polyäthylenglykol mit einem Mol.-Gew. von 200—1200 bei 200° verschmolzen, die M. zerkleinert u. zu Formkörpern mit perlmutterartigem Aussehen verpreßt. (**A. P. 2 588 660** vom 31/3. 1950, ausg. 11/3. 1952.) SALZMANN. 7205

American Cyanamid Co., New York, N. Y., übert. von: **Henry P. Wohnsiedler,** Darien, und **Edward L. Kropa,** Old Greenwich, Conn., V. St. A., *Heiß preßbare Masse* bestehend aus 45—95 (Teilen) Melamin–CH_2O-Harz u. 55—5 eines Mischpolymerisats aus Acrylnitril u. Äthylacrylat (bzw. N-n-Butylacrylamid). Die bes. elast., bruchfeste, naß- u. kratzbeständige M. kann noch Weichmacher (z. B. o-Kresylglycerinäther), Gleitmittel (Zn-Stearat) u. Füllstoffe enthalten; sie eignet sich für komplizierte Preßkörper, Lampensockel, Installationsmaterial, Dekorations- u. Einrichtungsstücke, Belagstoffe u. dgl. u. kann auch als wss. Emulsion verwendet werden. (**A. P. 2 582 303** vom 16/10. 1947, ausg. 15/1. 1952.) SALZMANN. 7205

Raybestos-Manhattan, Inc., Bridgeport, Conn., V. St. A., *Formen von mit Phenolharz imprägnierten Bahnen.* Angefeuchtetes *Papier* wird mit einer wss. Lsg. eines in alkal. Medium kondensierten Phenol (9 kg)–CH_2O (9 kg)-Harzes (C-Zustand) getränkt; nach dem Trocknen werden mehrere Lagen bei 135—150° z. B. zu gebogenen transparenten Körpern verpreßt u. in der Form abgekühlt. Herst. von Flugzeugteilen, Motorbooten, Schaltbrettern, Zwischenwänden, Möbeln u. dgl. (**E. P. 651 842** vom 29/7. 1947, ausg. 11/4. 1951.) SALZMANN. 7205

Edward Henry George Sargent, London, England, *Verbundkörper aus* Papier, Gewebe oder Glasfasern werden unter Verwendung eines Kondensationsprod. hergestellt, das durch Rk. von äquimol. Mengen Phenol oder seiner Homologen, CH_2O u. 1% Morpholin bei 100° erhalten wird. Nach Entfernung des W. wird das noch feste Harz mit 5—1,5% Chlordiphenyl im Vakuum erwärmt. Glasfasern werden vor dem Verkleben mit einer Lsg. von Tetraäthylsilicat in Aceton imprägniert; zwischen den Preßplatten u. dem Harz wird eine Cellulosehydratfolie eingelegt. (**E. P. 646 170** vom 6/11. 1947, ausg. 15/11. 1950.) SALZMANN. 7205

Bergwerksverband zur Verwertung von Schutzrechten der Kohlentechnik G. m. b. H. (Erfinder: **Karl Fehl** und **Otto Grosskinsky**), Dortmund-Eving, *Herstellung von Kondensationsprodukten* durch Wärmebehandlung von Gemischen aus Harnstoff (I), Phenylthioharnstoff u. Aldehyden, bes. CH_2O, zweckmäßig bei 70—90° in saurem Medium, dad. gek., daß man 1. die Wärmebehandlung bei p_H 3—5, gegebenenfalls unter Zusatz von Thioharnstoff, durchführt; 2. auf 1 (Mol) **I** bis zu 0,4 Monophenylthioharnstoff u. gegebenenfalls bis zu 0,5 Thioharnstoff nimmt. — Die Prodd. werden mit einem Füllmittel, wie Holzmehl, $CaCO_3$ oder dgl., vermengt, rasch bei niedriger Temp. entwässert u. heiß *verpreßt.* (**D. B. P. 859 670** Kl. 39c vom 11/11. 1942, ausg. 15/12. 1952.) DONLE. 7205

Soc. An. des Manufactures des Glaces et Produits Chimiques de Saint-Gobain, Chauny & Cirey, Seine, Frankreich (Erfinder: **Charles Maginot**), *Faserhaltige plastische Massen.* Man imprägniert Glas-, Mineral- oder organ. Fasern mit einem wärmehärtenden Harz, wie Harzen aus Allylestern oder -äthern, Diglykolphthalatmethacrylaten oder Glykolmaleaten, u. überzieht sie ein- oder beidseitig mit einer Folie aus einem Stoff (Methylacrylatharz, nachchloriertes Polyvinylchlorid), das mit dem Imprägnierungsharz nicht mischbar ist. Die Folie kann bei der Weiterverarbeitung der faserhaltigen M. abgezogen werden oder wie dünne Weichkautschuk- oder Cellophanfolien als Schutzfolie in Preßformen dienen. (**F. P. 1 012 391** vom 1/8. 1949, ausg. 9/7. 1952.) PANKOW. 7205

Office National d'Études et de Recherches Aéronautiques, Seine, Frankreich (Erfinder: **Georges Fabre**), *Verarbeiten plastischer Massen,* wie Phenol, Aminoplaste, Vinylharze, Polyamide, Polyester. Man mischt sie mit harten, feinverteilten Stoffen, wie „Carborundum“, Korund, W-Pulver, Kieselerde, auch unter Zusatz eines Lösers, der dann wieder entfernt wird, formt zu Platten, die zerkleinert u. in einen Lack, eine Paste oder eine Dispersion übergeführt werden u. imprägniert oder überzieht hiermit Faserschichten, worauf durch Druckerhitzung geformt wird. Man verwendet Textilien, Glasgewebe, Nylon, Karton, Papier u. heizt bis 300° bei bis 200 kg Druck. Man erhält bruchfeste, hochelast. Massen. (**F. P. 1 005 744** vom 17/9. 1947, ausg. 15/4. 1952.) PANKOW. 7205

Saywell Associates, South San Francisco, übert. von: **Lawrence G. Saywell,** San Mateo, Calif., V. St. A., *Lager für sich drehende Wellen.* Eine Mischung von z. B. 5 (g) Phenolharz, 0,4 Graphit, 1,7 Pb-Flitter u. 1,7 Cu-Flitter, gegebenenfalls auch 0,2—0,3 Silicon wird verpreßt u. gehärtet; in Form einer Lsg. können auch Metalle überzogen werden. (**A. P. 2 581 301** vom 20/7. 1948, ausg. 1/1. 1952.) SALZMANN. 7205

Formica Co., Cincinnati, O., V. St. A., *Verbundkörper.* Papier oder Gewebe werden mit Phenolharzlsg. imprägniert, getrocknet u. mit einer 30 % Zellstoff enthaltenden alkoh. Lsg. von Melaminharz überzogen. Die getrockneten Schichten werden heiß verpreßt. (**E. P. 676 886** vom 26/8. 1949, ausg. 6/8. 1952. A. Prior. 24/9. 1948.) SALZMANN. 7205

Farbwerke Hoechst, vormals Meister Lucius & Brüning, Frankfurt/M.-Höchst (Erfinder: **Karl Daimler,** Ehlhalten), *Platten aus Cellulosefasern* mit wasserabweisender Schwamm- u. Insektenschutzwirkung. Phenole bzw. Naphthole u. Fettsäuren u./oder Abietinsäure, bes. mit an solchen Säuren reiche Rohprodd. (Tallöl), werden gemeinsam, zweckmäßig nach vorheriger Auflsg. ineinander, durch Zugabe von NH_4OH, NaOH, KOH oder Na_2CO_3 in wss. Lsg. übergeführt, dem Faserbrei einverleibt u. durch Zusatz von Salzen 2- oder 3-wertiger Metalle ausgefällt. (**D. B. P. 850 806** Kl. 39b vom 12/8. 1950, ausg. 29/9. 1952.) SALZMANN. 7205

Fritz von Neubeck, Deutschland, *Preßmassen* aus zerkleinerten u. gesiebten Pulvern aus *Coniferenfrüchten,* wie Tannen- oder Kiefernzapfen, denen zusätzlich Harze als Bindemittel u. Na-Silicat zur Verdichtung u. Wasserunlöslichmachung der M. zugesetzt werden können. Zumischen von Ölen u. Farbstoffen gibt *linoleum*artige Massen; Verwendung im Baugewerbe, für Möbel, elektr. Isolierungen. Das Pulver kann auch Holzmehl, etwa bei der Herst. von Holzkitt, ersetzen u. als Pudermittel in der Bäckerei, als Zusatz zu medizin. Bädern, als Fichtennadelersatz dienen. Der nach dem Absieben bleibende faserige Rückstand kann zur Herst. von Papier u. Zellstoffextrakten dienen. (**F. P. 1 007 204** vom 6/3. 1948, ausg. 5/5. 1952.) PANKOW. 7205

Siegfried Glaubert, Seine, Frankreich, *Verarbeiten von Holzabfällen.* Man behandelt sie oder andere ligninhaltige Stoffe mit Alkali- oder Erdalkalibase, nachher oder vorher mit organ. Stoffen mit 5—10 C-Atomen u. einer OH-Gruppe oder Aldehydgruppe u. danach mit Aldehyden oder heterocycl. Alkoholen u. einer Säure oder solche entwickelnden Stoffen, wie S oder SO_2 abgebende Verbb., u. preßt endlich bei 100—150° u. 7—30 kg/cm², je nach vorhandenem u. durch die Vorbehandlung umgewandeltem Lignin. Man behandelt z. B. die Holzabfälle mit 1 % Kalk, dann mit 0,25—0,5 Gew.-% einer 15%ig. wss. SO_2-Lsg., gibt 1—3% Furfurylalkohol zu, mischt 1—10 Min. u. preßt unter 15 kg bei 115°. (**F. P. 1 012 531** vom 9/11. 1949, ausg. 11/7. 1952.) PANKOW. 7205

British Glues & Chemicals Ltd., Welwyn Garden City, **Harold Jacob Stern, Lawrence Edward Shadbolt,** London, und **Charles Horner Ltd.,** Halifax, England, *Formkörper aus Casein.* 100 (Teile) Labcasein, 25 W., 10 Melamin u. 5,5 Glycerin werden intensiv vermischt, 24 Std. stehengelassen u. zu einem Stab, einer Scheibe, Röhre u. dgl. geformt u. 3 Tage mit einer 5%ig. CH_2O-Lsg. behandelt. Die Gebilde werden anschließend noch 16 Std. auf 70° erwärmt. Die Feuchtigkeitsaufnahme beträgt nur 12%. (**E. P. 682 685** vom 24/10. 1949, ausg. 12/11. 1952.) SALZMANN. 7205

B. X. Plastics Ltd., London, England, *Formkörper aus Casein.* Säurecasein wird in NaOH, Na_3BO_3, NH_4OH, Triäthanolamin oder Methylamin gelöst, mit einer Lsg. von Zn-, Al-Acetat oder $ZnCl_2$ ausgefällt, gewaschen, getrocknet u. in beliebiger Weise verarbeitet. (**E. P. 645 461** vom 2/6. 1948, ausg. 1/11. 1950.) SALZMANN. 7205

B. X. Plastics Ltd. (Erfinder: **Solomon Harris Pinner** und **Alan Douglas Whitehead**), London, England, *Wasserfeste Proteinformkörper* erhält man durch Zugabe von 2—15% einer aromat. Monocarbonsäure, wie Benzoe-, Cumin-, Salicyl-, Toluyl- oder Zimtsäure, z. B. zur Zein-Preßmasse u. Nachbehandlung der Gebilde mit CH_2O. (**E. P. 681 429** vom 16/2. 1949, ausg. 22/10. 1952.) SALZMANN. 7205

Research Corp., New York, N. Y., V. St. A. (Erfinder: **E. J. Cohn** und **J. D. Ferry**), *Herstellung von plastischen Stoffen.* Man fällt aus Blutplasma das Fibrinogen aus, trocknet dieses, wäscht es mit A. u. versetzt es mit einem Weichmacher, z. B. einem mehrwertigen Alkohol, formt durch Gießen u. erhärtet durch Erhitzen. Man kann auch noch andere Eiweißstoffe, wie Albumin oder Globulin, zusetzen. (**Schwed. P. 135 784** vom 9/2. 1943, ausg. 20/5. 1952. A. Prior. 9/2. 1942.) JÜRGEN SCHMIDT. 7205

Rudolf Květŏn, Střeloké Hoštice, Tschechoslowakei, *Härtbare keratinhaltige Preßkunststoffe* erhält man, wenn man z. B. 160 (g) 30%ig. CH_2O mit $Na_4B_2O_7$ auf p_H 9,0 einstellt, dann auf 60° erwärmt u. mit 120 Hornmehl 2 Std. lang verknetet, wobei diese Temp. eingehalten wird. Beim p_H 8 werden 60 Harnstoff zugesetzt, weitere 2 Std. verknetet, das p_H auf 4—5 eingestellt, getrocknet u. gemahlen. Aus dem Preßpulver erhält man Preßlinge mit einer Biegefestigkeit $>$1000 kg/cm² u. von hoher Wasserbeständigkeit. (**Schwz. P. 283 436** vom 20/1. 1950, ausg. 1/10. 1952.) MÜLLER-MEININGEN. 7205

Anton Rettenmaier, Deutschland, *Plastische Massen.* Man erhitzt S-haltige Gasreinigungsmassen u./oder S-haltige Erdmassen mit 35—50% S-Geh. auf 130—150° u. preßt in der Form oder auf der Heißwalze oder gießt die bei höherem S-Geh. geschmolzene M. in Formen. Zusatz von Füllstoffen, Asphalt, Bakelit, Asbest; Textilien oder Überzüge aus diesen. Verwendung für säurefeste Massen oder als elektrotechn. Isoliermaterial. (**F. P. 1 009 339** vom 8/6. 1948, ausg. 28/5. 1952.) PANKOW. 7205

Aktiebolaget Svensk Torföradling, Sösdala, Schweden (Erfinder: **E. A. Westlin**), *Herstellung von Formkörpern aus Torf.* Man vermischt Frästorf mit 35—60 Gew.-% W. mit Rohtorf mit 80—95 Gew.-% W., so daß die Mischung plast. wird. Man trocknet dann die Formkörper, so daß der Feuchtigkeitsgeh. unter 50% sinkt u. die Formkörper ohne Zusatz von Bindemitteln stabil werden. Bes. vorteilhaft liegt der Feuchtigkeitsgeh. des fertigen Gemisches zwischen 65 u. 75 Gew.-%. (**Schwed. P. 134 797** vom 3/3. 1949, ausg. 4/3. 1952.) JÜRGEN SCHMIDT. 7205

René Moreau, Belgien, *Verarbeitung von Metallplatten.* Die bes. perforierten Metallfolien von 0,4—0,6 mm Stärke werden beidseitig mit einem Kunstharzüberzug, bes. aus bakelisiertem Papier von 0,2—0,6 mm Stärke, überzogen. Man erhält Platten hoher Elastizität, die sich zum Auskleiden von Bahnwagen eignen. (**F. P. 1 009 117** vom 25/1. 1950, ausg. 26/5. 1952. Belg. Prior. 27/1. 1949.) PANKOW. 7205

A. **Bravo Rey,** Tecnología de las resinas alquídicas. Barcelona: Edit. Reverté. 1952. (228 S.) ptas. 120,—.

XII. Kautschuk. Guttapercha. Balata.

J. C. van Schooneveldt, *Die chemische Zusammensetzung von ausgewachsenen Heveablättern in Beziehung zu einigen Düngungsversuchen.* Vf. untersuchte den Einfl. verschied. Düngemittel [N, Phosphat (I) u. Kali (II)] auf die Zus. der Heveablätter. Der N-Geh. der Blätter steht in keinem Zusammenhang mit der angewandten Menge Düngemittel. Im Falle von Wachstumsstörungen läßt sich die Diagnose N-Mangel nicht aus der Zus. der Blätter stellen. Auch nach reichlicher I-Düngung sind die I-Gehh. der Blätter niedrig infolge I-Armut des Lateritbodens, auf dem die Pflanzen wachsen. Niedrige I-Gehh. der Blätter ungenügend wachsender Pflanzen lassen daher nur in beschränktem Maße die Schlußfolgerung zu, daß I-Mangel zu der Wachstumsstörung beigetragen hat. Die Unzulänglichkeit alten Lateritbodens zur Deckung des II-Bedarfs junger Heveapflanzen äußert sich in Wachstumsstillstand u. niedrigem II-Geh. der Blätter. Die Zufuhr von II bewirkt Wachstumsverbesserung ohne Erhöhung des II-Geh. in den Blättern. Ein niedriger II-Geh. kann auf II-Mangel deuten; die Wahrscheinlichkeit von II-Mangel ist größer, wenn die II-armen Blätter von einer suboptimal wachsenden Pflanze stammen. (Arch. Rubbercultuur **27.** 83—105. Febr. 1950.) WESLY. 7222

J. P. Riches und **E. G. B. Gooding,** *Untersuchungen über die Physiologie des Latex.* 1. Mitt. *Das Fließen des Latex beim Zapfen — theoretische Betrachtungen.* Behandelt werden die Anatomie der Rinde von Hevea brasiliensis, das Anzapfen der Bäume u. die verschied. Theorien des Saftergusses. — 21 Literaturhinweise. (New Phytologist **51.** 1—10. April 1952. Cambridge, Univ., Botany School.) WINIKER. 7222

E. G. B. Gooding, *Untersuchungen über die Physiologie des Latex.* 2. Mitt. *Der Latexerguß beim Anzapfen von Hevea brasiliensis und die damit verknüpften Veränderungen des Durchmessers des Baumstammes und der Latexkonzentration.* (1. vgl. vorst. Ref.) — 14 Literaturhinweise. (New Phytologist **51.** 11—29. April 1952.) WINIKER. 7222

E. G. B. Gooding, *Untersuchungen über die Physiologie des Latex.* 3. Mitt. *Einfluß verschiedener Faktoren auf die Konzentration des Latex von Hevea brasiliensis.* (2. vgl. vorst. Ref.) Behandelt wird der Einfl. der Zapf- u. Ruheperioden sowie der Jahreszeiten. — 11 Literaturhinweise. (New Phytologist **51.** 139—53. Aug. 1952.) PLAMBECK. 7222

Eric P. B. Edwards, *Cyclisierter Kautschuk.* Überblick über die Herst. von cyclisiertem Kautschuk unter besonderer Berücksichtigung der Verhältnisse in Malaya. (India Rubber J. **125.** 6—11. 29/8. 1953.) WINIKER. 7222

Oskar Enslin, *Untersuchungen an ölplastiziertem Buna S 3.* (Vortrag.) Aus Buna S 3-Öl-Koagulaten mit jeweils 25, 35, 50 u. 75% Naftolen ZD (bezogen auf Buna) wurden Mischungen mit steigenden Rußdosierungen hergestellt. Es wurde u. a. festgestellt, daß jedem Ölgeh. eine Rußdosierung entspricht, die optimale Reißfestigkeiten liefert. Mit steigendem Rußgeh. gingen die Reißfestigkeitskurven durch ein Maximum, das um so weiter nach der Seite höherer Rußgehh. rückte, je stärker ölhaltig die Mischung war. Die Alterung verschlechterte sich durch den Ölzusatz nicht. Bzgl. des Einfl. der Öltype auf die physikal. Eigg. der Vulkanisate wurde festgestellt, daß bei Verwendung aromat. Öle die besten Werte für Reißfestigkeit, Härte u. Kerbzähigkeit erzielt werden. Paraffin. Öle liefern die besten Elastizitätswerte, sind aber für die Ölplastizierung aus anderen Gründen (niedrige Festigkeitswerte, Ausschwitzen aus Rohmischungen u. Vulkanisaten, schlechte Verarbeitung auf der Walze) ungeeignet. Naphthen. Öle führen zu Werten, die zwischen denen für aromat. u. paraffin. Öle liegen; die Festigkeitswerte allerdings nähern sich mehr den mit paraffin. Ölen erzielten. — 11 Literaturhinweise. (Kautschuk u. Gummi **6.** Nr. 6. Wiss. u. Techn. WT106—10. Juni 1953. Frankfurt/M., Metallgesellschaft Akt.-Ges., Kolloid-Chem. Labor.) WINIKER. 7224

R. Hormuth, *Untersuchungen an ölplastiziertem Buna S 3. Korreferat.* Stellungnahme zum Vortrag von ENSLIN (vgl. vorst. Ref.). (Kautschuk u. Gummi **6.** Wiss. u. Techn. WT110—11. Juni 1953. Marl, Chem. Werke Hüls.) WINIKER. 7224

Paul Schneider, *Ein Überblick über die Alterung von Kautschuk und Kautschukvulkanisaten.* (Vortrag.) Behandelt werden: Einfl. von O_2 auf die Alterung, Einw. von O_2 auf Kautschuk, Einfl. von O_2 auf die Oxydation von Vulkanisaten, Alterungserscheinungen an der Oberfläche von Vulkanisaten, Alterungserscheinungen bei dynam. Beanspruchung, bei der Alterung auftretende chem. Veränderungen. — 46 Literaturhinweise. (Kautschuk u. Gummi **6.** Wiss. u. Techn. WT111—19. Juni 1953. Leverkusen.) WINIKER. 7230

R. Meyer, *Ein Überblick über die Alterung von Kautschuk und Kautschukvulkanisaten. Korreferat.* Ergänzend zu dem Vortrag von SCHNEIDER (vgl. vorst. Ref.) behandelt Vf. die Doppelrolle des Phenyl-β-naphthylamins, welches sowohl als Alterungs- u. Ermüdungsschutzmittel (natürlicher Kautschuk) u. Stabilisator (Buna S) als auch als Oxydationsbeschleuniger (roher Naturkautschuk) u. Abbaukatalysator (Buna S) wirken kann. (Kautschuk u. Gummi **6.** Wiss. u. Techn. WT119. Juni 1953. Harburg.) WINIKER. 7230

Soc. Internationale de Recherches Scientifiques et de Travaux Techniques L. B. M., Marokko, *Konservieren von Kautschukmilch* durch Zusatz von $NH_2OH \cdot HCl$, zweckmäßig zusammen mit NH_2OH, worauf die Kautschukmilch durch eine Kolloidmühle geschickt wird. Man nimmt z. B. pro Liter Kautschukmilch 0,5—3 g $NH_2OH \cdot HCl$ u. 1—2,65 g NH_2OH; die Zusätze wirken auch vulkanisationsbeschleunigend. (**F. P. 1 005 878** vom 11/10. 1947, ausg. 16/4. 1952.) PANKOW. 7223

Aktiebolaget Separator, Stockholm, Schweden (Erfinder: **J. A. Aspegren**), *Herstellung von konzentriertem Kautschuklatex mit über 60% Kautschukgehalt.* Man konz. den Kautschuklatex in 2 Stufen in Zentrifugen, gegebenenfalls unter Zusatz von NH_3 als Trennmittel. Hierbei wird in der ersten Zentrifuge auf einen Kautschukgeh. von 50—55% u. in der zweiten auf einen Kautschukgeh. über 60%, bes. ca. 63—64%, gearbeitet. — Z. B. läßt man in der ersten Stufe in 1—3 Wochen die Trennung vor sich gehen, worauf man die M. in eine zweite Zentrifuge zur weiteren Konzentrierung überführt. (**Schwed. P. 134 764** vom 14/5. 1949, ausg. 4/3. 1952.) JÜRGEN SCHMIDT. 7223

Soc. à Responsabilité Limitée: S. E. L. A., Seine, Frankreich (Erfinder: **P. Michaux** und **P. Herbout**), *Verarbeiten von Kautschukmilch.* Man hydrolysiert die in der Kautschukmilch enthaltenen Proteine teilweise (durch Behandeln mit Trypsin, Papain, Druckerhitzung mit NH_3, Alterung) u. koaguliert die Kautschukmilch durch Bewegung. Man kann vor dem Rühren ein Schaummittel oder Seifenschaum oder ein Verflüssigungsmittel, wie NH_3-W., zugeben oder Luftblasen durchleiten u. erhält so feste oder schaumige Koagulate. (**F. P. 1 012 193** vom 29/6. 1949, ausg. 7/7. 1952.) PANKOW. 7223

Antony Vila, Seine, Frankreich, *Plastiziermittel,* bes. für *Kautschuk.* Man verwendet unlösl. Öle, die man aus Teer aus harzartigem Holz etwa durch Dest. mit überhitztem Wasserdampf oder durch Holzverschwelung erhält. (**F. P. 1 012 475** vom 4/10. 1949, ausg. 10/7. 1952.) PANKOW. 7227

Deutsche Gold- und Silberscheideanstalt vorm. Roessler, Deutschland, *Füllstoff für Kautschuk, Kunstkautschuk oder thermoplastische Harze,* wie Polyisobutylen, Vinyl-, Acryl-, Styrolharze. Man verwendet hierfür Oxyde, die bei der therm. Dissoziation flüchtiger Metall- oder Metalloidverbb. in Dampfform mit oxydierenden oder hydrolysierenden Stoffen, auch in Ggw. gas- oder dampfförmiger Verdünnungsmittel oder brennbarer Gase entstehen, etwa die aus Si-Halogeniden entstehenden Si-Aerosole, die eine Teilchengröße von 0,005—0,01 μ haben. Sie dienen in Kautschukmischungen als Rußersatz u. werden in Mengen von 20% u. mehr angewandt, wobei öfter eine leichte Erhöhung des S- u. Beschleunigeranteils zweckmäßig ist. Verwendung der Mischungen für Laufflächen von Reifen (geringere Wärmeentw.) u. Sohlen. In den Kunstharzen verbessern sie Härte u. Bruchfestigkeit. Verwendung für *Prothesen* u. *Kunstharzzähne*. Zusatz in Mengen unter 20%. (**F. P. 1 007 494** vom 30/12. 1949, ausg. 6/5. 1952. D. Prior. 31/12. 1948.) PANKOW. 7227

Comp. de Produits Chimiques et Électrométallurgiques Alais, Froges et Camargue, Seine, Frankreich (Erfinder: **Honoré Thibon** und **Henri Mathieu**), *Tonerdefüllstoff für Kautschuk*. Man entwässert $Al_2O_3 \cdot H_2O$ (I) zu γ-Al_2O_3 bei 500—1100°. In Kautschukmischungen zeigt es ähnlich gute Eigg. wie I, doch sind die Kautschukmischungen isotrop u. unorientiert. (**F. P. 1 008 828** vom 18/1. 1950, ausg. 22/5. 1952.) PANKOW. 7227

Soc. An. Électro-Cable und **Maurice Delsaux,** Seine, Frankreich, *Vulkanisieren langer Kautschukgegenstände*. Fäden, Kabel, Schläuche werden vor der Vulkanisation statt mit Pb mit einem Kunstharz von hohem F. ummantelt, die Hülle wird nach der Vulkanisation aufgeschnitten u. entfernt. Man bringt z. B. Polyamid von 1—3 mm Stärke durch Umwickeln oder Ausstoßen aus der Strangpresse auf das Kabel auf. Um bei dem Aufbringen durch das ca. 200° heiße Polyamid keine oberflächliche Vulkanisation zu erhalten, bringt man zuerst bei 140° eine Polyvinylchloridschicht u. dann das Polyamid auf. Die Vulkanisationsrohre füllt man statt mit Dampf oder heißem W. mit einem bei Vulkanisationstemp. unter Druck so weichen Harz, daß das Kabel ohne Schwierigkeit den Vulkanisationsraum durchläuft. (**F. P. 1 010 927** vom 7/2. 1950, ausg. 17/6. 1952.) PANKOW. 7229

Otto Gruber & Co., Deutschland, *Zusammenvulkanisieren von Kautschukteilen*. Eine Folie aus einer gefüllten, S-haltigen Kautschukmischung wird mit einer vulkanisierend wirkenden Lsg. auf eine andere Kautschukfläche aufgeklebt. Man nimmt als solche Lsg. z. B. eine von Chlorschwefel in Bzl. oder CS_2 mit oder ohne Beschleuniger u. auch Alterungsschutzmittel. Verwendung zum Aufvulkanisieren von Reparaturflicken auf Schläuche oder von Teilen auf Schuhe. (**F. P. 1 005 183** vom 16/6. 1947, ausg. 7/4. 1952.) PANKOW. 7229

B. B. Chemical Co. Ltd., William Hedley Swire, Alan Hardy und **Irving Roylands Cooper,** Leicester, England, *Oberflächenbehandlung von Kreppsohlen*. Die Rand- u. Laufflächen aufgeklebter Kreppsohlen werden mit einer organ. Lsg. behandelt, die einen nicht oder kaum vulkanisierbaren kautschukartigen Stoff, z. B. Polyisobutylen, u. Vulkanisiermittel enthält. Statt dieser kann eine organ. Lsg. verwendet werden, die kurz vor Gebrauch aus zwei Komponenten zusammengesetzt wird, deren eine Kautschuk u. S u. deren andere einen Vulkanisationsbeschleuniger enthält. (**E. P. 664 371** vom 17/8. 1948, ausg. 2/1. 1952.) OVERBECK. 7231

Henri-Auguste Leduc, Seine, Frankreich, *Herstellung von porösen Kautschukmassen*. Man gibt zu Kautschuk- oder Kunstkautschukdispersionen einen oberflächenakt. Stoff in solchen Mengen, daß die Verfestigung der M. verzögert wird, führt von dem Boden des Gefäßes ein indifferentes Gas, wie Luft, NH_3-haltige Luft, N_2, in die M., führt gegebenenfalls den erhaltenen Schaum zur Regulierung der Blasengröße durch einen Spalt mit sich bewegenden Wänden u. koaguliert dann durch Erwärmen, zweckmäßig mittels eines elektr. Stromes niederer, mittlerer oder hoher Frequenz mit einer Potentialdifferenz von 100 V/cm. (**F. P. 1 006 149** vom 22/11. 1947, ausg. 21/4. 1952.) PANKOW. 7231

Firestone Tire & Rubber Co., übert. von: **P. Bosomworth** und **Fred Mason,** Akron, O., V. St. A., *Herstellen von Gegenständen mit Porenstruktur*. Die Mischung eines in der Hitze vulkanisierbaren polymeren Werkstoffes, z. B. natürlicher oder künstlicher *Kautschuk*, mit einer Fl., deren Kp. im Bereich der Vulkanisiertemp. der M. liegt, wird in einer dielektr. Form der Wrkg. eines hochfrequenten elektr. Wechselfeldes ausgesetzt. Die Fl. wird in solcher Menge zugegeben, daß sie am Ende der Vulkanisation nicht gänzlich verdampft ist. (**Schwz. P. 288 508** vom 10/2. 1948, ausg. 16/5. 1953. A. Prior. 14/4. 1947.) SCHLITT. 7229

Raymond-Jean Vincent, Seine-et-Oise, Frankreich, *Poröse Masse für Reifen*. Die plast. Massen, bes. *Kautschuk*, werden durch Gasentbindung unter Über- oder Unterdruck porös gemacht, ganz oder teilweise mit einer mit Textil- oder Metalleinlagen versehenen Hülle überzogen u. für Luftschläuche oder Dämpfungseinrichtungen an Maschinen verwendet. (**F. P. 1 014 548** vom 18/8. 1947, ausg. 18/8. 1952.) PANKOW. 7231

Firestone Tire & Rubber Co. (Erfinder: **F. H. Mason** und **S. C. Schott**), Akron, O., V. St. A., *Verbinden von Schaumgummi mit Textilien.* Man bringt eine Schaumgummimischung auf den Textilien auf u. läßt dann hochfrequenten elektr. Strom einwirken, so daß der Schaumgummi vulkanisiert. (**Schwed. P. 134 762** vom 25/11. 1947, ausg. 4/3. 1952. A. Prior. 2/7. 1947.) JÜRGEN SCHMIDT. 7231

Metallgesellschaft Akt.-Ges., Deutschland, *Herstellung von Druckklischees, besonders aus Kautschuk*, bestehend aus einer dünnen Schicht von Natur- oder synthet. Kautschuk, die bei der Vulkanisierung durch eine adhäsive Schicht mit einer Fe- oder Leichtmetallplatte oder -folie verbunden wird. Man befestigt z. B. eine 1,2 mm starke Kautschukplatte, hergestellt aus einem Gemisch von 100 Teilen Butadien–Acrylsäurenitril-Mischpolymerisat, 20 Teilen partiell ungesätt. KW-stoffen der Erdölraffination, 40 Teilen akt. Kienruß, 15 Teilen akt. ZnO, 1 Teil S, 2 Teilen „Vulkacit CZ“, 0,5 Teilen Thiuram u. 1 Teil Phenyl-β-naphthylamin, auf einer 0,8 mm starken Folie einer Leichtmetallegierung, die mit einer Chlorkautschukschicht bedeckt ist. Weitere adhäsive Mittel sind z. B. hochchloriertes Polyvinylchlorid, Polyisocyanat, Chloropren. (**F. P. 1 017 994** vom 10/3. 1950, ausg. 24/12. 1952. D. Priorr. 28/3. u. 3/8. 1949.) OPPERMANN. 7231

Soc. An. des Automobiles Peugeot, Seine, Frankreich (Erfinder: **Hubert Tolle**), *Befestigen von Kautschuk oder plastischen Massen an Mineral- oder organischem Glas* oder anderen Stoffen, an denen sie schlecht haften. Man verwendet als Bindeglied eine Metallschicht. Man spritzt z. B. auf das Glas eine dünne Al-Schicht, bringt darauf eine zweite dünne Schicht aus einer Cu-Legierung, wie Messing, u. vulkanisiert hierauf eine Kautschukschicht. Befestigung von Windschutzscheiben, Glasscheiben, Verwendung als Dichtungsmaterial. (**F. P. 1 012 034** vom 20/5. 1949, ausg. 2/7. 1952.) PANKOW. 7231

Ringfeder G. m. b. H., Krefeld-Uerdingen (Erfinder: **Ernst Kreissig**), *Werkstoff.* Dünne Metallplatten oder -bleche bzw. Metallfolien werden unter Zwischenschaltung von dünnen Gummilagen aufeinander geschichtet u. z. B. durch Vulkanisation miteinander verbunden. (**D. B. P. 846 010** Kl. 39a vom 28/9. 1943, ausg. 7/8. 1952.) SCHLITT. 7231

Farbenfabriken Bayer (Erfinder: **Siegfried Petersen, Erwin Müller** und **Otto Bayer**), Leverkusen, *Herstellung kautschuk-elastischer Produkte,* dad. gek., daß man auf vorwiegend linear aufgebaute Polyester aus Glykolen u. aliphat. Dicarbonsäuren, von denen jede Komponente nicht mehr als 7 C-Glieder enthalten soll, Diisocyanate oder wie solche reagierende Verbb. der iso- oder heterocycl. Reihe, die mindestens 2 o-kondensierte Ringsysteme enthalten, einwirken läßt. Nach den Beispielen wird Glykoladipinsäurepolyester mit Naphthylen-1.4-diisocyanat, den entsprechenden -1.5-, -2.6- u. -2.7-Verbb., Fluoren-2.7-, Chrysen-2.8-, Pyren-2.8-diisocyanat, Diphenylensulfon- oder Diphenylmethansulfondiisocyanat kondensiert. Angaben der physikal. Eigg. der Produkte. (**D. B. P. 883 347** Kl. 39c vom 16/4. 1944, ausg. 16/7. 1953.) SCHINDLER. 7239

XIV. Zucker. Kohlenhydrate. Stärke.

André Smet, *Die neue kontinuierliche Diffusionsanlage der Raffinerie Tirlemontoise.* Bericht über Erfahrungen im Verlauf der Kampagne 1949. (Sucrerie belge **69.** 241—52. 1. u. 15/4. 1950.) RUTKOWSKI. 7412

G. Grimaud, *Die kontinuierliche Olier-Diffusion in der Rübenzuckerindustrie.* Die in der Sucrerie Centrale d'Arras kontinuierlich arbeitende Diffusionsanlage der Bauart OLIER wird beschrieben, u. die damit erhaltenen Ergebnisse werden mitgeteilt. (Zucker **6.** 95—99. 1/3. 1953. Paris, École Centrale des Arts & Manufactures.) RUTKOWSKI. 7412

Theo Asche, *Über die Sedimentation im Schlammsaft.* Bei höherer Temp. des Saftes verläuft die Sedimentation wesentlich schneller als bei niedriger Temperatur. Das Einhalten der optimalen Saturationstemp., die bei 85—90° liegt, wird empfohlen. (Zucker **6.** 100—01. 1/3. 1953.) RUTKOWSKI. 7412

Hans-Joachim Hoffmann, *Die Trocknung und Kühlung von Zucker im pneumatischen Förderrohr.* (Zucker **6.** 126—33. 15/3. 1953.) RUTKOWSKI. 7438

G. Fischer, *Über ein einfaches Verfahren zur Prüfung von Entschäumern.* 1 Liter Test-Fl. (Rohsaft, Dünnsaft, verd. Melasse, Schwemmwasser) wird in einen Zylinder gefüllt u. auf die jeweilige Versuchstemp. hochgeheizt. Dann wird Luft 1 Min. lang durchgeleitet u. die entstandene Schaummenge in Litern abgelesen. Nach Wiederholung desselben Vers. unter Zusatz von Entschäumungsmitteln werden die erhaltenen Werte für die Schaummenge miteinander verglichen. (Zucker **6.** 92—94. 1/3. 1953. Braunschweig TH., Inst. für landwirtschaftl. Technol. u. Zuckerindustrie.) RUTKOWSKI. 7470

Haydar Nayrizhan, *Vorschläge zur Errechnung des Zuckergehalts zuckerhaltiger Rohstoffe.* Es werden zwei neue Formeln vorgeschlagen, die den theoret. (HN_r) u. den prakt. (HN_{pr}) Zuckergeh. unter Berücksichtigung der Verluste berechnen: $HN_r = [100 - 1/Q \cdot (100 \cdot A \cdot G_s)] \cdot (-D/100)$; $HN_{pr} = [100 - 1/Q \cdot (100 \cdot A \cdot G_s)] \cdot [(D - K)/100]$, wobei A = Melasse bildender Quotient, d. h. ein Teil nicht zuckerartiger Stoffe verhindert die Menge A an der Kristallisation [= Q/(100 — Q)]; Q = Reinheit des Saftes, den man aus zuckerhaltigen Rohstoffen erhält; K = Zuckerverlust beim Pressen; G_s = Prozentsatz der nichtzuckerartigen Stoffe im Rohsaft. Die Formeln sind praktischer zu handhaben als die von WINTER. Sie sind auf Zuckerrohr u. Zuckerrübe anwendbar. (Türkiye genel Kimyagerler Kurumu Dergisi B [Z. allg. türk. Chemiker-Ver., Abt. B] **4.** 54—59. Dez. 1950. Adana, Zuckerfabrik, Chem. Labor.) ROSSOW. 7472

Süddeutsche Zucker-Akt.-Ges., Mannheim, *Gewinnung von Zucker* nach D. B. P. 872 330, dad. gek., daß das z. B. mittels eines Siebvibrators erhaltene Diffusionskonzentrat einem erneuten Superationsvorgang unterworfen u. erst das dadurch gewonnene Konzentrat in die Auslauge- oder Dekantiervorr. zurückgeführt wird. Der p_H-Wert des zu verdampfenden Saftes kann, gegebenenfalls nach Zusatz von $Ca(OH)_2$, z. B. mit CO_2 herabgesetzt werden. Erhöhung der Ausbeute. (**D. B. P. 882 380** Kl. 89c vom 23/12. 1950, ausg. 9/7. 1953. **Zusatz zu D. B. P. 872 330; C. 1953. 6162.**) SCHINDLER. 7415

Max Felchlin, Schwyz, Schweiz, *Herstellung von nichtzusammenbackendem Staubzucker* durch Zusatz von höchstens 1% Tricalciumphosphat vor oder nach dem Mahlen. (**Schwz. P. 287 211** vom 22/8. 1952, ausg. 16/3. 1953.) SCHINDLER. 7439

Sugar Research Foundation, Inc., New York, N. Y., V. St. A., *Wasserhelle Invertzuckerlösungen* erhält man durch Hydrolyse von wss. Saccharoselsgg. mit HCl. Das Anfangs-p_H soll nicht größer als 2 sein, die Hydrolyse soll bei 125° u. p_H 2,3—3,0 durchgeführt werden, u. die Invertzuckerlsg. soll ein p_H von 2,5—4,9 besitzen. Sie kann mit CO_2 imprägniert werden. Ihr 5-Oxymethylfurfurolgeh. beträgt weniger als 0,2% des Hexosegehalts. (**E. P. 687 668** vom 14/4. 1950, ausg. 18/2. 1953.) SCHINDLER. 7443

N. V. Mij. voor Kolenbewerking Stamicarbon, Heerlen, Holland, *Konzentrieren und Reinigen von Stärkesuspensionen* durch Erwärmen auf 40—60° u. Durchleiten durch ein Hydrocyclonsyst., in dem stufenweise u. kontinuierlich gearbeitet wird. Bei einer Einlaufkonz. von z. B. 5,4° Bé gelingt es, bei 47° auf 18° Bé zu konz., während der Ablauf 0° Bé aufweist. (**Schwz. P. 288 712** vom 16/1. 1950, ausg. 1/6. 1953. Holl. Prior. 15/1. 1949.) SCHINDLER. 7449

Corn Products Refining Co., New York, N. Y., übert. von: **Ralph W. Kerr,** Riverside, Ill., V. St. A., *Modifizierte Stärkeprodukte* erhält man durch Behandeln von Stärke mit $AlCl_3 \cdot 6H_2O$ bei p_H 2,8—3,4 u. anschließende Enzymbehandlung bei p_H 5,5—7,5. Als Enzyme sind z. B. α- u. β-Amylase genannt. — Beispiele. (**A. P. 2 619 428** vom 1/3. 1950, ausg. 25/11. 1952.) SCHINDLER. 7449

National Starch Products, Inc., New York, N. Y., V. St. A., *Stärkeprodukte* mit hoher Viscosität, niedriger Verkleisterungstemp. u. geringer Fähigkeit, nach dem Verkochen zu gelatinieren. Nach den Beispielen werden Stärkeester von ungesätt. Säuren, wie Malein-, Croton- u. Citraconsäure, oder Stärkeäther, wie 1-Oxy-3-carboxypropen-(2.3), mit $NaHSO_3$ behandelt. Die Verarbeitung kann in wss. oder nichtwss. Suspension, z. B. in A., erfolgen. Es kann auch unmodifizierte Stärke mit Na-Benzylchlorid-p-sulfonat oder Na-Chlormethylisocyanat u. dgl. behandelt werden. (**E. P. 688 291** vom 15/6. 1950, ausg. 4/3. 1953.) SCHINDLER. 7449

Blattmann & Co., Wädenswil, Schweiz, *Herstellung von Stärkeabbauprodukten* durch therm. Behandlung von gegebenenfalls vorbehandelter trockener bis feuchter Stärke (I) in pulverigem Zustand, dad. gek., daß die I zunächst einer fortwährenden Wasserverdampfung im Vakuum unterworfen u. hierauf unter Ausschluß von O_2 sowohl therm. nachbehandelt als auch gekühlt wird. Als Ausgangsstoff kann chem., z. B. mit SO_2, biochem., z. B. mit Enzymen, oder physikal., z. B. durch Ultraschall, oder nach mehreren dieser Verff. vorbehandelte I verwendet werden. Als Stärkeaufschlußmittel sind HCl, Al_2Cl_3, $NaHCO_3$, NH_3, Hexamethylentetramin genannt. Die Wasserverdampfung kann nur so weit getrieben werden, daß bei der therm. Nachbehandlung keine Verkleisterung eintritt. Vgl. D. B. P. 864 396, C. **1953.** 3653. (**D. B. P. 886 280** Kl. 89k vom 30/1. 1951, ausg. 13/8. 1953. Schwz. Priorr. 7/2. u. 10/7. 1950.) SCHINDLER. 7449

N. V. W. A. Scholten's Chemische Fabrieken, Groningen. (Erfinder: **Hendrik Adriaan van Westen,** Amsterdam, und **Cornelius Martinus Hendrik Kool,** Hoogerand), Holland, *Hydrolyse von Kohlenhydraten* in saurem Medium, dad. gek., daß die Säure in Form eines Stoffes zugesetzt wird, der bei n. Temp. neutral reagiert, bei Temp. der Hydrolyse bzw. hydrolysierenden Hydrierung aber ein saures Medium erzeugt. Nach einem Beispiel wird Kieselgur mit H_3PO_4 getränkt, getrocknet u. auf ca. 450° erhitzt. Die M. wird dann pulverisiert, mit W. ausgewaschen u. getrocknet. Das Prod. enthält ca. 25% H_3PO_4. An seine Stelle kann auch Na-Hexylsulfat treten. (**D. B. P. 879 980** Kl. 89i vom 15/10. 1944, ausg. 18/6. 1953. Holl. Prior. 30/9. 1943.) SCHINDLER. 7461

Corn Products Refining Co., New York, N. Y., V. St. A., *Reinigen von Inositlösungen* aus Phytathydrolysaten, die durch Extraktion mit verd. Säuren aus z. B. Maisweichwasser gewonnen wurden. Das saure Hydrolysat wird bis p_H 6—7 mit Kalk neutralisiert u. der Nd. entfernt. Er besteht aus einem Kalk-Inosit-Komplex (**I**); dann wird bis p_H 8—10 alkalisiert u. der Nd. abermals entfernt. Sodann läßt man den Inosit aus dem Filtrat auskristallisieren. **I** kann zum Neutralisieren zurückgeführt oder mit H_3PO_4 auf Inosit verarbeitet wesden. (**E. P. 686 396** vom 24/1. 1950, ausg. 21/1. 1953. A. Prior. 1/10. 1949.) SCHINDLER. 7461

XVI. Nahrungs-, Genuß- und Futtermittel.

Hermann Bungartz, *Alte und neue Trocknungsverfahren.* Nach einem Überblick über die Bedeutung der Trocknung für Keim- u. Backfähigkeit des Getreides beschreibt Vf. einige Trocknertypen. (Mitt. dtsch. Landwirtschafts-Ges. **68.** 877—78. 20/8. 1953.) WINIKER. 7664

G. R. Edwards, *Chemische Behandlungen unterstützen die Kartoffeleinlagerung.* Das wirksamste Mittel, den Gewichtsverlust u. die Keimbldg. auf ein Minimum herabzusetzen, bestand in einer Behandlung mit *Tuberite* (Isopropylphenylcarbamat) vor der Einlagerung. (J. Dep. Agric. South Australia **56.** 131—32. Okt. 1952.) GROH. 7690

J. Casimir und **G. Jakovliv,** *Untersuchung über die Aminosäuren in gelierten Früchten, Fruchtkonserven und Konfitüren.* Die industrielle Aufbereitung von verschied. Früchten (Erdbeeren, Himbeeren, Kirschen, Johannisbeeren) u. das Kochen von Marmelade scheint keinen Einfl. auf den Geh. an Aminosäuren, wie *Asparaginsäure, Glutaminsäure, Serin, Glykokoll, Alanin* u. *Lysin,* zu haben. Das Kochen der Früchte in Ggw. von Zucker zur Herst. von Marmeladen kann verantwortlich sein für die Verringerung des Geh. an *Leucin, Phenylalanin, Tryptophan, Prolin, Arginin* u. *Histidin.* Die Verminderung an *Valin* u. *Threonin* ist viel geringer. (Ind. agric. aliment. **69.** 787—90. Nov. 1952. Gembloux, Inst. Agronomique u. Ed. Materne S. A.) RUTKOWSKI. 7702

Lucey R. Alford, N. E. Holmes, W. J. Scott und **J. R. Vickery,** *Untersuchungen über die Konservierung von Eiern.* 1. Mitt. *Die Art des Verderbs bei australischen Exporteiern.* Vff. können zeigen, daß bei längerem Transport (Australien—England) die Verluste an Eiern auf Bakterienbefall (bereits vor dem Versand) beruhen. Es werden folgende Arten von Fäulnis unterschieden: Grün (Pseudomonas fluorescens) 38,1% des Gesamtverlustes, farblos (Ps. achromobacter) 27,9%, schwarz (Proteusarten) 29,5% u. rosa (Pseudomonasarten) 3,1. Die restlichen 1,4% gehen zu Lasten anderer Bakterienstämme. (Austral. J. appl. Sci. **1.** 208—14. Juni 1950. Melbourne, C. S. I. R. O., Wool Text. Res. Labor., Biochem. Unit, u. Homebush, N. S. W., C. S. I. R. O., Div. of Food Preservation and Transport.) REISS. 7754

J. M. Gillespie, W. J. Scott und **J. R. Vickery,** *Untersuchungen über die Konservierung von Eiern.* 2. Mitt. *Das Vorkommen des Bakterienverderbs bei ungewaschenen Eiern und bei mit der Hand gewaschenen.* (1. vgl. vorst. Ref.) Best. der durchschnittlichen Verderbnisquote von Eiern während einer Lagerung von 8—12 Wochen bei 0,0—1,1° u. 3 Wochen bei 20° (entsprechend einem Transport von Australien nach England). Von 3101 Dutzend ungewaschener Eier waren nach dieser Zeit 1,06% verdorben (die Zahlen schwanken zwischen 0,0 u. 15,8% bei 168 Untersuchungsreihen) von 1141 Dutzend mit der Hand gewaschener 2,71% (bei 67 Unterss. 0,0—28,4%). (Austral. J. appl. Sci. **1.** 215—23. Juni 1950.) REISS. 7754

J. M. Gillespie, W. J. Scott und **J. R. Vickery,** *Untersuchungen über die Konservierung von Eiern.* 3. Mitt. *Die Lagerung von maschinell gewaschenen Eiern.* (2. vgl. vorst. Ref.) Es werden die 3 wichtigsten Typen von Eierwaschmaschinen beschrieben. Es wird gezeigt, daß die verwendeten Maschinen im hohen Maße von Fäulnisbakterien befallen sind, die während des Waschprozesses auf die Eier übertragen werden. Die Fäulnisquote ist somit bei den maschinell gereinigten Eiern höher als bei den mit der Hand gewaschenen. Die Quote kann durch Zusatz bakterieid wirkender Chemikalien erniedrigt werden. (Austral. J. appl. Sci. **1.** 313—29. Sept. 1950.) REISS. 7754

M. E. Schulz und **G. Sydow,** *Kohlensäureimprägnierung von Sauermilcherzeugnissen.* Um Sauermilcherzeugnisse erfrischender u. spritziger zu machen, empfehlen Vff. Kohlensäureimprägnierung (0,1—0,2 at bei 8—12°) unter Zusatz von 5% Traubenzucker.

Für das Verf. (2 Schemata) eignen sich saure Voll- u. Magermilch (Buttermilch nur bei sofortigem Verbrauch), nicht aber Joghurt. (Molkerei- u. Käserei-Ztg. **4**. 438—39. 9/4. 1953. Kiel, Bundes-Versuchs- u. Forschungsanst. für Milchwirtschaft, Chem. Inst.) WINIKER. 7756

P. Nikulitschew, *Butterqualität und Herstellungsverfahren.* Zur Verbesserung der Butterqualität wird vorgeschlagen: Herabsetzung des Fettgeh. im Rahm auf 25% u. 2stufiges Abkühlen nach dem Pasteurisieren (zuerst mit dem Flächenkühler auf 16° u. dann langsam weiter im Rahmreifer). Es wird so Fett von grobkristalliner Struktur u. Butter von weicher Konsistenz erhalten. (Молочная Промышленность [Milch-Ind.] **11**. Nr. 3. 22—25. März 1950.) SCHMELZ. 7758

N. Ssamssonow, *Chlorierung des Waschwassers und des Butterfertigers.* Durch Chlorung kann der Keimgeh. im Butterfertiger u. Butterwaschwasser herabgedrückt werden. Nach 6 Monaten Lagerzeit war in gechlorten Butterfertigern hergestellte u. mit gechlortem W. gewaschene Butter deutlich besser. Für das jeweilige W. wird die Menge Chlorkalk benötigt, bei der nach 30 Min. mit Jodstärke u. HCl Blaufärbung u. nach 2 Std. Entfärbung zu beobachten ist. Zum Desinfizieren von Metallen sind 150 mg akt. Cl/Liter, zum Desinfizieren von Holz 300 mg/Liter nötig. (Молочная Промышленность [Milch-Ind.] **11**. Nr. 3. 42—45. März 1950. Nowosibirsk, Gebietslabor.) SCHMELZ. 7758

Václav Kněz, *Züchtung des Schimmels Penicillium roqueforti in Reinkultur auf Würzenährboden.* Auf einem Nährboden, bestehend aus 100 g Malzextrakt, 5 g Pepton, 500 cm³ saurer Molke u. 500 cm³ dest. W., gedeiht *Penicillium roqueforti* (**I**) am besten, wie überhaupt dieser Schimmelpilz sich auf Substraten, die den n. Wachstumsbedingungen entsprechen, am günstigsten entwickelt. Für die Entw. von **I** ist p_H 4—6 am vorteilhaftesten. Je niedriger der p_H-Wert ist, desto graublauer ist die Farbe, je höher, desto mehr erscheint sie grün bis graugrün. Auf sauren Substraten altert u. degeneriert **I** nicht so rasch. Die Versuchstemp. betrug 16—18°. Eine höhere Temp. beschleunigt die Sporenbldg. nicht. Bei ständiger Züchtung auf künstlichen Nährböden werden die erwünschten **I**-Eigg. geschwächt; auf Käse wächst **I** zwar typ. weiter, aber allmählich geht die Fähigkeit zu aromatisieren u. zu peptonisieren verloren. Für die **I**-Reinkultur ist daher ein Cyclus einzuhalten, nämlich abwechselnde Züchtung auf Käse u. auf Würznährböden. (Mlékařské Listy **42**. 36—39. 18/3. 1950. Tábor.) FREYTAG. 7760

Bernard Andela, *Die Herstellung von Romadurkäse im norddeutschen Raum.* (Molkerei- u. Käserei-Ztg. **4**. 528—32. 30/4. 1953. Alfeld/Leine, Niedersächs. Lehrkäserei.) WINIKER. 7760

Bruno Wauschkuhn, *Bankrote Käse.* Überblick über neuere Erkenntnisse über das Bankrotwerdens der Käse nebst prakt. Hinweisen zu seiner Verhinderung. (Molkerei-Ztg. **1953**. 977—78. 6/8. 1953. Hameln, Milchwirtschaftl. Lehr- u. Untersuchungsanst.) WINIKER. 7760

G. Kerimow, *Untersuchung der Gründe der Blaufärbung von gesalzenem Käse.* Verss. zeigten, daß Fermentpräpp. aus Bact. coli aus Cystin H_2S u. NH_3 freimachen. Sie wirken bei p_H 6 am stärksten, bei p_H 5 am wenigsten. In der Salzlake mit p_H 6,8—7,2 erfolgt eine Auslaugung der Randschichten des Käses, wodurch ein p_H von 6,4 erreicht wird. Hierdurch wird die H_2S-Freisetzung verstärkt. Mit Spuren von Fe oder Pb bewirkt H_2S eine Blaufärbung der oberen Käseschicht. Der entwickelte NH_3 neutralisiert die Käsemasse auch im Innern, worauf die Verfärbung weiter eindringen kann. Die Erhöhung des p_H in den Randschichten kann durch Ansäuern der Lake mit Essig- oder Milchsäure vermieden werden. Dadurch wird in der Salzlauge das p_H 5 eingehalten u. zugleich eine Geschmacksverbesserung erreicht. (Молочная Промышленность [Milch-Ind.] **11**. Nr. 5. 27—30. Mai 1950.) SCHMELZ. 7760

A. Korolew, *Zur Frage der Berechnung des Fettgehalts im Käse.* Die Kritik von LURJE (vgl. C. **1950**. II. 1186) an der Angabe des Fettgeh. von Käse in der Trockenmasse wird als unbegründet zurückgewiesen. Für den Verbraucher wird die Einführung von Begriffen wie vollfett, fett u. $^3/_4$fett usw. empfohlen, wobei die Grenzen gesetzlich genau festgelegt werden müßten. (Молочная Промышленность [Milch-Ind.] **11**. Nr. 5. 21—22. Mai 1950. Wologda, Milchinst.) SCHMELZ. 7760

J. N. Merridew und **W. F. Raymond**, *Laboratoriumsmäßige Trocknung von Heu durch dielektrische Erwärmung mit Hochfrequenz.* Die schnelle Trocknung von Heu ergibt weniger Verluste an Trockensubstanz als die langsame Lufttrocknung. Vff. haben daher Verss. in einem Hochfrequenzofen durchgeführt. Dieser arbeitete bei 20 MHz mit einer Nutzleistung von 20 kW. 300 g Heu können damit in 15 Min. in ihrem Feuchtigkeitsgeh. von 80 auf 10—25% gebracht werden. Die Ausbeute an Trockensubstanz liegt um ca. ½% höher als im Warmluftofen. Das Verf. wird für bestimmte biol. Unterss. empfohlen, bei denen schnelles Trocknen gefordert wird. (Brit. J. appl. Physics **4.** 37—39. Febr. 1953. Durham, Univ., Dep. of agricult. Engng., u. Stratford-on-Avon, Grassland Res. Stat.) REUSSE. 7782

P. Winkler, *Selbstentzündung von Heu und Grummet.* Überblick über die Ursachen der Selbstentzündung nebst Hinweisen zu ihrer Verhütung. (Mitt. dtsch. Landwirtschafts-Ges. **68.** 903—04. 27/8. 1953. Rothschwaige bei Dachau.) WINIKER. 7782

H. Glathe, *Vermeidung von Selbstentzündung.* Diskussion der Möglichkeiten zur Vermeidung einer Selbstentzündung von Heu. Vf. weist bes. darauf hin, daß ein Zusatz von Viehsalz nicht als sicheres Mittel gegen Selbsterhitzung angesehen werden kann. (Mitt. dtsch. Landwirtschafts-Ges. **68.** 875—76. 20/8. 1953. Braunschweig-Völkenrode.) WINIKER. 7782

Max Becker, *Neuere Untersuchungsergebnisse an Luzernegrünmehl.* Bericht über die Zus. (Rohprotein, Rohfaser, Carotin, Wassergeh.) handelsüblicher Luzernegrünmehle. (Mitt. dtsch. Landwirtschafts-Ges. **68.** 79—81. 22/1. 1953. Braunschweig-Völkenrode.) WINIKER. 7786

W. Wöhlbier und **H. Palmedo,** *Der Futterwert der Schlempe.* Unterss. an 38 Schlempe (**I**)-proben ergaben, daß **I** ein Eiweißfutter hoher biol. Wertigkeit mit reichem Vitamin- u. Mineralstoffgeh. einschließlich Spurenelementen darstellt. Prakt. Hinweise für **I**-Fütterung. (Mitt. dtsch. Landwirtschafts-Ges. **68.** 33—34. 8/1. 1953.) WINIKER. 7786

Jar. Mašek und **O. Jiránek,** *Ergebnisse von Fütterungsversuchen mit durch Thermobacterium intestinale syn. Bact. acidophilus gesäuerter Milch auf dem Staatsgut in Litovice.* 356 Mastschweine erhielten täglich (in kg) 1,50 Maisschrot, 0,7 Gerstenschrot, 0,02 Trockenhefe, 0,40 Eiweißgemisch, 0,75 mit *Bact. acidophilus* gesäuerte Milch, 4,00 Küchenabfälle verschied. Zus., hauptsächlich Gemüse, u. 0,40 trockenes Brot. Pasteurisierte Milch mit 7,20—7,60° SH wurde bei 24—25° mit 1,4—1,6% eines Gemisches aus 50% mit *Streptococcus cremoris* u. *Betacoccus cremoris* von 38—40° SH u. 50% mit B. acidophilus gesäuertem Rahm von 60—75% SH versetzt. Dadurch stieg der Säuregrad um 1,0—1,5° SH. Sofort nach Beimpfung wurde die Milch in reine Milchkannen gefüllt. Nach 20—22 std. Säuerung bei 18—20° wurden in der umgerührten Milch 31—52° SH festgestellt. Die Gesamtzahl der Fütterungstage betrug 9175. Gefüttert wurden Schweine von 10—15 kg, so daß Endgewichte von 30—138 kg beobachtet wurden; tägliche Gewichtszunahme 0,75 kg. Das Wägen wurde nicht nach Altersgruppen vorgenommen. Nach Überwindung anfänglichen Widerwillens der Tiere gegen das Futter besserte sich ihr Gesundheitszustand auffällig, u. die Gewichtszunahme war erhöht. Die Futterkalkmenge muß entsprechend vermehrt werden. Ähnliche Feststellungen erlaubten Fütterungsverss. an Kälbern. (Mlékařské Listy **42.** 116—19. 28/8. 1950.) FREYTAG. 7786

František Flám, *Über zusätzliche Fütterung von Schweinen mit gesäuerter Milch auf dem Staatsgut in Lovosice.* Es wurde ein außerordentlich günstiger Einfl. auf das Wachstum der Tiere festgestellt. (Mlékařské Listy **42.** 181. 20/12. 1950.) FREYTAG. 7786

G. Gorbach, *Mikromethoden auf dem Lebensmittelgebiet.* 2. Mitt. *Zur Mikrobestimmung von Aldosen.* (1. vgl. C. **1946.** II. 145.) Vf. gibt ein modifiziertes mikrotitrimetr. Verf. zur Best. von Aldosen mittels Natriumhypojodit als Oxydationsmittel, bei dem J-Verlust durch Zugabe eines Überschusses an $Na_2S_2O_3$ vor dem Ansäuern mit H_2SO_4 vermieden wird, an. Durch Testverss. wird eine Genauigkeit von ca. $\pm 3\%$ festgestellt. Tabelle über Beleganalysen mit 0,1—1,0 mg Glucose. (Z. Lebensmittel-Unters. u. -Forsch. **95.** 165—67. Sept. 1952. Graz, TH, Inst. für biochem. Technol. u. Lebensmittelchemie.) LIEBNER. 7788

G. Schwarz, *Erhitzungsnachweis bei verschiedenen Pasteurisierungsverfahren der Milch.* Vortrag. — Für den Nachw. der ordnungsgemäßen Hocherhitzung der Milch sind die 3 Handelsreagentien „*Neu*", „*N 3*" u. „*Traventol*" amtlich zugelassen. — Eine Störung der Rk. durch regenerierte Peroxydase, gebildet bei Milchaufbewahrung zwischen 20 u. 30°, kann durch Spontansäuerung der Probe umgangen werden. — Für die Phosphataseprobe als Überprüfung der Dauer- u. Kurzzeiterhitzung sind die Methoden von SCHARER, SCHWARZ u. FISCHER sowie das Handelspräp. „*Lactognost*" (HEYL) geeignet. — Bei hocherhitzter Milch kann mit der Phosphataseprobe ein Zusatz von 0,3% Rohmilch nachgewiesen werden, bei der Peroxydaseprobe hingegen nur ein Zusatz von 5%. (Z. Lebensmittel-Unters. u. -Forsch. **94.** 88—97. Febr. 1952. Hohenheim, Landw. Hochschule, Inst. für landw. Technol.) HÜCKSTÄDT. 7856

J. Gerber und **E. Siegenthaler,** *Die Verwendung des photoelektrischen Leukometers im Molkereilaboratorium.* Beschreibung des Geräts u. seiner Anwendungen. (Molkerei- u. Käserei-Ztg. **4.** 180—83. 12/2. 1953. Bern, Verbandsmolkerei.) WINIKER. 7856

Siemens-Schuckertwerke Akt.-Ges., Berlin und Erlangen (Erfinder: **Gerhard Franke,** Berlin), *Behandlung von Stoffen mit Ultraviolettstrahlen,* z. B. zum Zweck der *Sterilisierung* u. *Vitaminisierung* von *Nahrungsmitteln.* Die äußere Begrenzung des Behandlungsraumes wird zur Beseitigung oder Verhinderung eines den Durchgang der UV-Strahlen behindernden Nd. mit einem Gas (Luft-) Strom bespült, der in andere Räume geleitet werden kann. (**D. B. P. 862 297** Kl. 12g vom 27/3. 1943, ausg. 8/1. 1953.) STEIL. 7635

Imperial Chemical Industries Ltd., London, England (Erfinder: **W. A. Caldwell**), *Selbstwärmende Verpackung für Nahrungsmittel.* Man bringt die warmen Nahrungsmittel in einen Raum, aus dem Wärme durch Wärmeleitung abgeführt werden kann. Dieser Raum wird mit einem zweiten Raum umgeben, den man mit einer anzündbaren Heizmischung füllt, z. B. einem Gemisch aus 32,5% Ca-Silicid, 60% Mennige u. 7,5% Talkum. Diese M. soll ohne Gasentw. abbrennen. Nach außen kann die M. noch mit einem Isoliermantel aus Asbest oder Glaswolle umgeben sein. Man kann die M. auch mit einem besonderen Zündsatz, z. B. einem Baumwollfaden, der mit KNO_3 u. Nitrocellulose getränkt u. überzogen ist, zünden. — Zeichnungen. (**Schwed. P. 134 233** vom 4/6. 1945, ausg. 15/1. 1952.) JÜRGEN SCHMIDT. 7635

British Baking Industries Research Association, Martin Alan Cookson und **John Bridgeford Maxwell Coppock,** Chorleywood, Hertfordshire, England, *Mürbungsmittel* („*G. M. S.*") *für Backzwecke.* Das aus einer Mischung von Mono- u. Diglyceriden sowie einer geringen Menge Triglyceriden bestehende Reaktionsprod. von Glycerin mit einer gesätt. Fettsäure wird dem Mehl oder Teig in Mengen von 0,02—0,4%, berechnet auf das Mehlgewicht, zugesetzt. (**E. P. 691 401** vom 21/11. 1950, ausg. 13/5. 1953.) KRANZ. 7675

Firma Dr. August Oetker, Bielefeld, *Gewinnung von Pektin.* Das Ausgangsmaterial, z. B. Obsttrester, Citrusfrüchte oder entzuckerte Rübenschnitzel, wird vor der mit angesäuertem W. durchgeführten Extraktion unter Zusatz von W. so weit erhitzt, bis eine Auflockerung des Zellverbandes eingetreten ist. Die Vorbehandlung erfolgt z. B. bei 65—95°. (**Schwz. P. 286 480** vom 23/1. 1950, ausg. 16/2. 1953. D. Prior. 26/1. 1949.) KRANZ. 7703

Firma Dr. August Oetker, Bielefeld, *Gewinnung von Pektin.* Um bei der Extraktion des pektinhaltigen Materials den p_H-Wert der Extraktions-Fl. stabil zu erhalten, wird der z. B. aus H_2SO_4 oder HCl bestehenden Fl. ein Neutralsalz, z. B. $CaCl_2$, oder ein sauer reagierendes Salz, z. B. $Al_2(SO_4)_3$, zugesetzt. (**Schwz. P. 286 481** vom 23/1. 1950, ausg. 16/2. 1953. D. Prior. 26/1. 1949.) KRANZ. 7703

Pomosin-Werke G. m. b. H. (Erfinder: **Rudolf Otto** und **Gerhard Winkler**), Frankfurt/M., *Behandlung von Pektindünnsäften.* Die bei der Säurehydrolyse von protopektinhaltigem Material anfallenden Dünnsäfte werden vor der Eindampfung zu Pektinextrakten durch mit zuvor in den Arbeitszustand versetzten Anionenkunstharzaustauschern angefüllte röhrenförmige Behälter geführt. (**D. B. P. 881 302** Kl. 53k vom 15/1. 1942, ausg. 29/6. 1953.) KRANZ. 7703

Elmer K. Pettibone, San Francisco, Calif., V. St. A., *Veredeltes Soja-Kakao-Präparat.* Sojabohnen werden mit dem Konzentrat eines bes. glutaminsäurehaltigen Proteinhydrolysates gemischt, fein vermahlen u. zusammen mit einem in gegebenenfalls gleicher Weise behandelten Kakaopräp. zu *Puddingpulver* u. dgl. weiterverarbeitet. (**A. P. 2 590 647** vom 25/11. 1949, ausg. 25/3. 1952.) KRANZ. 7711

I. A. Meggle, Molkerei, Wasserburg/Inn (Erfinder: **Franz Mauracher,** Reitmehring), *Herstellung von Vanilletrockenaroma.* Pulverisierte Vanillefrüchte werden mit Milchzucker, der mit Lactalbumin angereichert ist, innig vermischt, u. in geschlossenem Behälter ca. 1 Std. bei Tempp. zwischen 80 u. 90° ausgesetzt. (**D. B. P. 880 848** Kl. 53k vom 9/5. 1951, ausg. 25/6. 1953.) KRANZ. 7715

A. S. Torres, Milton, Mass., V. St. A., *Rösten von Bohnen und Nüssen,* bes. *Kaffeebohnen.* Man röstet die Nüsse oder Bohnen durch Einführen in eine erhitzte Atmosphäre, wobei die Erhitzung durch Infrarotstrahlen mit einer Wellenlänge $>$8000 Å erfolgt. Die Behandlung wird abgebrochen, wenn das vom Röstgut reflektierte Strahlenbündel sich so verändert, daß ein vorbestimmter Wert der Wellenlänge unterschritten wird, bes. wenn die Rückstrahlung keine Wellen von $>$8000 Å mehr enthält. — Vorr., Zeichnungen. (**Schwed. P. 132 694** vom 9/4. 1947, ausg. 14/8. 1951. A. Prior. 9/4. 1649.) JÜRGEN SCHMIDT. 7721

Gösta Johan Melchior, Stockholm, Schweden, *Herstellung von Kaffee-Extrakt.* Röstkaffee in zerkleinerter oder unzerkleinerter Form wird mit W. in einem Hochdruckkocher bei einem Überdruck von 0,5—2 at behandelt. (**Schwz. P. 286 843** vom 31/3. 1950, ausg. 2/3. 1953. Schwed. Prior. 16/8. 1949.) KRANZ. 7721

Helmut Beitter, Göppingen, *Herstellung von coffeinhaltigem Getreidekaffee.* Geweichtes oder gedämpftes Getreide wird bei ca. 170—190° gargeröstet, unter Zugabe von W. oder einer Zuckerlsg. abgekühlt u. mit einer wss. Coffeinlsg. von ca. 90—95° besprüht. Nach dem Abdunsten des Lösungswassers werden die Getreidekörner mit einer Harzglasur überzogen u. erneut geröstet. (**D. B. P. 881 301** Kl. 53d vom 6/3. 1940, ausg. 29/6. 1953. **Zusatz zu D. B. P. 844 246; C. 1952. 7754.**) Kranz. 7723

Siemens-Schuckertwerke Akt.-Ges., Berlin und Erlangen (Erfinder: **Eugen Sauter** und **Hans Jenneck,** Erlangen), *Ultraviolettbestrahlung von Flüssigkeiten,* bes. *Milch,* mittels eines Bestrahlungsgerätes, bei dem die zu bestrahlende Fl. die Wanderung der UV-Strahlungsquelle (I) berührt. Die Milch wird erwärmt bevor sie mit I in Berührung kommt. — Vorrichtung. (**D. B. P. 856 095** Kl. 53e vom 2/10. 1948, ausg. 20/11. 1952.) Maass. 7757

Andreas Lembke, Sielbeck bei Eutin, *Praktisch völlige Abtrennung von Bakterien aus Milch,* indem die mittels Temperaturerhöhung auf eine niedrigere kinemat. Viscosität gebrachte Milch der Einw. einer Zentrifuge mit einer Trennkraft von g = ca. 30000 ausgesetzt wird. (**D. B. P. 855 938** Kl. 53e vom 5/5. 1950, ausg. 17/11. 1952.) Maass. 7757

René-Fernand-Marie-Aimé-Louis Champ und **Soc. l'Auvergne Laitière,** Frankreich, *Herstellung eines Milchproduktes in Pulverform.* Die ganz oder teilweise entrahmte u. pasteurisierte Milch wird einer Milchsäuregärung bei —1 bis +18° unterworfen, bis der Säuregrad 60—130° Dornic (0,6—1,3% Milchsäure) beträgt. Die geronnene u. von dem Serum befreite Milch wird bei niedriger Temp. getrocknet. Dem Prod. können Frucht- oder Gemüsepulver, Vitamine u. Salze zugesetzt werden. Es ist wegen seiner leichten Verdaulichkeit bes. als Säuglingsnahrung geeignet. (**F. P. 1 005 115** vom 5/6. 1947, ausg. 7/4. 1952.) Heyne. 7757

Soc. l'Alimentation Équilibrée, Frankreich, *Milchhaltige Nahrungsmittel und Getränke in Pulverform.* Säfte von Früchten, Fruchtpulpe oder Gemüsebrei werden mit dicker Milch, die nur schwach milchsauer ist, gemischt u. auf einem Walzentrockner oder durch Zerstäubung zu Pulver getrocknet. Das Prod. ist zur Diätkost. u. Säuglingsnahrung geeignet u. unbegrenzt haltbar. Durch Anrühren mit W. erhält man eine Suppe oder ein Getränk. (**F. P. 1 005 118** vom 5/6. 1947, ausg. 7/4. 1952.) Heyne. 7757

Albert Meyer, Ludwigshafen/Rh., *Eiweißgewinnung aus Milch.* Magermilch oder Casein werden einer fermentativen Behandlung mit Lab (Chymosin) bei Tempp., bei denen die Gelbldg. verzögert wird, bes. bei >20°, behandelt u. anschließend getrocknet. (**D. B. P. 860 738** Kl. 53i vom 18/3. 1949, ausg. 22/12. 1952.) Kranz. 7757

Borden Co., übert. von: **Richard I. Block,** Scarsdale, N. Y., V. St. A., *Sirup für Eiscreme.* Eine wss. Lsg. von Lactose wird mit einem sauren Ionenaustauscher, z. B. sulfoniertem Phenol-CH_2O-Harz, bei erhöhter Temp. teilweise hydrolysiert, filtriert u. konzentriert. (**A. P. 2 592 509** vom 13/7. 1950, ausg. 8/4. 1952.) Kranz. 7757

Soc. Normande de Produits Chimiques, Frankreich (Erfinder: **Leonard Froquet** und **Pierre Pichon**), *Behandlung von Milch für die Käsebereitung.* Na-Formiat, Penicillin u. Chloramphenicol hindern die Entw. von Buttersäurebakterien u. Colibacillen ohne die Entw. von Milchsäurebakterien wesentlich zu beeinträchtigen. Bei gemeinsamer Anwendung der drei Stoffe genügen sehr geringe Mengen, z. B. für 100 Liter Milch sind erforderlich: Na-Formiat 25 g, Penicillin 10000 Oxfordeinheiten u. Chloramphenicol 200 γ. (**F. P. 1 000 194** vom 9/11. 1949, ausg. 8/2. 1952.) Heyne. 7761

Harold J. Petersen, Tonica, Ill., V. St. A., *Herstellung von Käse ohne Milchfett.* Man verarbeitet geronnene Magermilch auf gepreßten Käse, lagert diesen mindestens 6 Wochen bei niederer Temp., schm. den gereiften u. zerschnittenen Käse bei 150 bis 180° F, gibt Speiseöl, wie Erdnußöl, zu u. verarbeitet auf festen Käse oder unter Zusatz z. B. von Na-Citrat oder Na_3PO_4 auf Schmelzkäse. (**A. P. 2 604 405** vom 6/1. 1950, ausg. 22/1. 1952.) Maass. 7761

United States Alfalfa Products Co., Verdon, Neb., V. St. A., *Trocknen von Grünfutter* (**I**), wie Alfalfa. Die Blätter u. Stiele des **I** werden in gleich große Teile zerschnitten u. gespalten, im Heißluftstrom bei unter 122° getrocknet u. nach dem Kühlen in eine grobkörnige Form übergeführt. — Vorrichtung. (**E. P. 666 645** vom 21/9. 1948, ausg. 13/2. 1952.) Kranz. 7783

Günther Rentz, Groß-Mahner, *Eiweißkraftfutter.* Auf einer aus Trockenschnitzeln u. verd. Melasse bereiteten Dickmasse von 40—45% Trockensubstanz werden nach vorangegangener wilder Milchsäuregärung Hefen ohne Impfung mit einer Kultur gezüchtet u. vermehrt. (**D. B. P. 855 500** Kl. 53g vom 5/10. 1950, ausg. 13/11. 1952.) Kranz. 7787

C. F. Boehringer & Soehne G. m. b. H. (Erfinder: **Erich Rabald** und **Helmut Stein**), Mannheim-Waldhof, *Futtermittel.* Melasseschlempe wird durch Zusatz von HCl, $NH_4 \cdot Cl$

oder Weinsäure weitgehend von ihrem Geh. an K-Ionen befreit u. gegebenenfalls mit Kalk, NH_3 oder dgl. neutralisiert. (**D. B. P. 860 737** Kl. 53g vom 8/12. 1940, ausg. 22/12. 1952.) KRANZ. 7787

Dehydrating Process Co., Boston, Mass., V. St. A. (Erfinder: **J. Ryan** und **W. C. Wilson**), *Überführung von Fischen in flüssige Produkte.* Man behandelt alle Bestandteile des Fisches ohne Trennung mit Säuren u. Wasserdampf bei erhöhter Temp. u. erhöhtem Druck, bis alle Teile eine Teilchengröße von ca. 50 μ angenommen haben. Die Behandlung wird bes. bei p_H 2,8—3,7 durchgeführt. Als Säuren verwendet man H_2SO_4, HCl oder H_3PO_4. Die anfallende Lsg. wird anschließend zweckmäßig im Vakuum bis auf mindestens 40% Feststoffgeh. eingedampft. Die Prodd. dienen als *Futtermittel.* (**Schwed. P. 135 628** vom 30/12. 1947, ausg. 6/5. 1952. A. Prior. 2/1. 1947.) JÜRGEN SCHMIDT. 7787

Adolphe Pacault, Frankreich, *Stickstoff- und $CaHPO_4$-haltiges Beifutter für Haustiere.* Haut oder Hautabfälle, gegerbt oder ungegerbt, werden längere Zeit (1—5 Std. in schwachalkal. W. gekocht u. mit Tier- oder Aktivkohle behandelt, um die färbenden u. Geruchsstoffe zu entfernen. Die filtrierte klare Brühe, die Ca enthält, wird mit H_3PO_4 versetzt, so daß alles Ca als $CaHPO_4$ gefällt wird. Die überschüssige H_3PO_4 wird durch $CaCO_3$ neutralisiert. Man dampft die dicke, milchige Brühe im Vakuum ein u. erhält ein leichtes weißes Pulver. Man kann vor dem Neutralisieren u. Trocknen durch Behandeln mit Pepsin bei 40° die Eiweißstoffe auch zu Peptonen abbauen. Das Prod. stellt, mit Melasse oder mit gehäckseltem Stroh gemischt, ein wertvolles Viehfutter dar. (**F. P. 1 011 178** vom 21/12. 1948, ausg. 19/6. 1952.) HEYNE. 7787

National Distillers Products Corp., Va., übert. von: **Charles M. Ely,** Springdale, O., V. St. A., *Beifutter für Geflügel.* Wachstumssteigerung durch Zugabe von 0,015—0,2% Fettsäureester von Polyäthylenglykol (I), wobei die gesätt. oder ungesätt. Fettsäure 8—10 C-Atome besitzt u. I durch Kondensation von 6—12 Mol. Äthylenglykol erhalten ist. (**A. P. 2 604 402** vom 26/4. 1951, ausg. 22/7. 1952.) KRANZ. 7787

American Cyanamid Co., New York (Erfinder: **Thomas Hughes Jukes,** Suffern), N. Y., V. St. A., *Futtermittel,* enthaltend wachstumsfördernde Faktoren, die durch Luftfermentation eines Nährmediums unter Verwendung von *Streptomyces aureofaciens* erzeugt sind. Das Aureomycin kann vorher aus der Fermentations-Fl. extrahiert werden. (**D. B. P. 880 540** Kl. 53g vom 10/9. 1950, ausg 22/6. 1953. **E. P. 689 594** vom 30/8. 1950, ausg. 1/4. 1953. **Belg. P. 498 143** vom 15/9. 1950, ausg. 2/1. 1951. Alle A. Prior. 17/9. 1949. **A. P. 2 619 420** vom 17/9. 1949, ausg. 25/11. 1952.) KRANZ. 7787

Vaclav Jonas, Prag, Tschechoslowakei, *Futtermittel* aus Industrieabwässern (I), z. B. der Zuckerfabrikation, Spiritusbrennerei, Molkerei. Die I werden mit einer Schimmelpilzkultur, bes. Oidium lactis oder Fusisporium moschatum, beimpft u. bei 20—30° u. p_H 6 unter Belüftung 6—12 Std. vergoren. Durch Zugabe von Ca(OH) bis p_H 9—10,5 wird ausgefällt u. gegebenenfalls noch CO_2 bis zu p_H 6,8—7,2 eingeleitet. Der Schlamm wird abgepreßt, getrocknet u. vermahlen. — Die geklärten I können in öffentliche Gewässer abgeleitet werden. (**Schwz. P. 282 723** vom 19/11. 1948, ausg. 16/8. 1952. Tschech. Prior. 24/11. 1947.) KRANZ. 7787

XVII. Fette. Seifen. Wasch- u. Reinigungsmittel. Wachse. Bohnermassen usw.

Anton Giorgio Antonioli und **Renato Turriziani,** *Die Ölextraktion mit Lösungsmitteln bei höherer Temperatur.* 1. Mitt. An dünnen Schnitten (0,24 mm) von *Erdnüssen* wurden nach dem Verf. von FAN, MORRIS u. WAKEHAN (C. **1949.** II. 263) aus dem zeitlichen Verlauf der Extraktion mit 2 *Benzinen* (Kp. 80—120° u. 120—150°) die Diffusionskoeff. D bei 25, 50 u. 75° bestimmt. Die Kleinheit der Werte weist darauf hin, daß die Diffusion nicht frei erfolgt, sondern durch Membranen gehemmt ist. Die Temperaturabhängigkeit von D entspricht gemäß der Theorie von EYRING, POWELL u. ROSEVEARE (Ind. Engng. Chem. **33.** [1941.] 430) einem Exponentialgesetz u. führt Aktivierungskoeffizienten, die allerdings nicht mit jenen übereinstimmen, die aus Viscositätsmessungen an denselben Systemen zu entnehmen sind. Die möglichen Ursachen dieser Unstimmigkeit werden erörtert. (Ann. Chimica **41.** 255—63. April/Mai 1951. Roma, Fac. Ing., Ist. Chim. appl. ind.) METZENER. 7872

S. Kaloyéréas, *Versuche über den Einfluß von Ultraschall auf Öle und dergleichen.* Verschied. Öle, wie raffiniertes Baumwollsamenöl, Sojaöl, Sesamöl u. Olivenöle verschied. Provenienz wurden mit Ultraschall (27000—36000 V) behandelt. Man konnte lediglich bei manchen Ölen, wie raffinierten Olivenölen, Samenölen u. an reiner Fettsäure eine Verringerung des Gesamtsäuregeh. feststellen. Bei natürlichen Olivenölen wurde teils eine Anreicherung, teils eine Verminderung des Fettsäuregeh. beobachtet. Diese Unstimmigkeiten bei natürlichen Ölen sind nach Ansicht des Autors vielleicht auf Oxydationen zurückzuführen, die durch das — je nach dem Zustand des Öles — entwickelte H_2O_2 bedingt sind. Auf Flaschenweine hatte der Ultraschall keine Wrkg., bei noch trüben Weinen wurde eine Verringerung des Säuregeh. festgestellt. (Praktika Akad. Athenon **18.** 265—67. 1943, ausg. 1950 [Orig.: griech.].) VLACHOS. 7894

N. Ss. Arutjunjan, Ju. P. Matzuk und **D. D. Minakow,** *Untersuchung der Samen und des Öls der Crambe.* Eigg. u. Zus. der im Kubangebiet gezogenen Samen der abessin. Crambe werden angegeben. Das durch Pressen u. Filtrieren in der Kälte gewonnene Öl besitzt folgende Eigg.: D.^{20} 0,9072; Viscosität nach ENGLER 12,92; $n_D{}^{20}$ 1,4716; E. —11°; Fettsäuretiter (Grade) 22,8; JZ. 86,58; VZ. 173,2; mittleres Mol.-Gew. der Fettsäuren 311,23; REICHERT-MEISSL-Zahl 1,75; POLENSKE-Zahl 0,406; Neutralisationszahl der Fettsäuren 211,8; Rhodanzahl 73,54; Unverseifbares 0,52. An ungesätt. Fettsäuren wurden gefunden: Ölsäure 26,78%; Erucasäure 48,42%; Linolsäure 14,32%; Linolensäure 0,08%. Das Öl wird für Speisezwecke empfohlen. (Маслобойно-Жировая Промышленность [Öl- u. Fett-Ind.] **17.** Nr. 11. 4—6. Nov. 1952. Krasnodar, Inst. für Lebensmittelind., u. Allunions Wiss. Forschungsinst. für Fette.) SCHMEISS. **7894**

N. Ja. Masslow und **A. Je. Petrow-Spiridonow,** *Untersuchung des fetten Öles aus den Samen von Erysimum Canescens Roth.* Durch Extraktion mit PAe. wurden aus dem Samen von *Erysimum canesens Roth.* 27,75% Öl gewonnen. Nach Best. der physikal. u. chem. Konstanten wurden 50 g Öl mit 2n KOH in 50%ig. alkoh. Lsg. verseift, das Verseifbare mit 10%ig. H_2SO_4 zers. u. die freien Fettsäuren mit Ae. extrahiert. Nach der Bleisalzmeth. wurde das Säuregemisch in feste u. fl. Säuren getrennt, die ersteren wurden als Mg-Salze nach HEINTZE gefällt, die letzteren bromiert. Die festen Säuren bestehen demnach aus 76,90% *Erucasäure* (**I**) u. 23,1% *Palmitinsäure* (**II**). Das Öl besteht aus 43,98% *Oleinsäure,* 2,02% *α-Linolsäure,* 2,36% *α-Linolensäure,* 8,52% *Glycerin,* 10,50% **I,** 29,98% **II** u. 1,64% Unverseifbares. (Журнал Прикладной Химии [J. angew. Chem.] **25.** 1326—29. Dez. 1952. Moskau, Landw. Timirjasew-Akad., Lehrstuhl für organ. Chem.) LEBTAG. 7894

C. Griffiths, *Walratöl und seine Produkte.* Es wird berichtet über die Gewinnung von Walöl u. Walratöl (**I**), die Verwendung von **I** als Beleuchtungsmaterial, sulfoniertes **I**, sulfonierte Fettsäuren u. Walrat (**II**). Einige Anwendungsgebiete für **II** werden angegeben. (Manufact. Chemist **24.** 65—66. Febr. 1953.) BOYE. 7898

G. G. Fanijew, *Einige Fragen der Raffination von Speisefetten.* Übersicht über die in der Tschechoslowakei üblichen Verff. der Hydratation, Neutralisation, Bleichung, Filtration u. Desodorierung. (Маслобойно-Жировая Промышленность [Öl- u. Fett-Ind.] **17.** Nr. 9. 7—9. Sept. 1952. Margarine-Hauptverwaltung.) SCHMEISS. 7900

Kazuo Fukuzumi und **Shinpei Ozaki,** *Versuche mit α-Chlordibutylnaphthalinsulfosäure als Fettspalter.* Die fettspaltende Wrkg. von *α-Chlordibutylnaphthalinsulfosäure,* $Cl \cdot C_8H_{18} \cdot C_{10}H_4 \cdot SO_3H$ (**I**) auf Rapsöl u. Cocosöl bes. bei niedrigen Konzz. (0,5n) von H_2SO_4 (5 Std. bei 100° ist stärker (88,5) als die von Dibutylnaphthalinsulfosäure. 1-Chlornaphthalin wurde aus Naphthalin u. Cl_2 in Ggw. von $FeCl_2$ in 71% Ausbeute erhalten u. daraus **I** in 91% Ausbeute. (J. chem. Soc. Japan, ınd. Chem. Sect. [Kōgyō Kagaku Zassi] **54.** 645—46. Okt. 1951. Nagoya Univ. [Orig.: japan.]) SCHULER. 7908

M. K. Jakubow und **L. M. Chramuschina-Puschkar,** *Verarbeitung und Veredelung des Soapstocks.* Durch Erwärmen auf 90—95°, gelegentliches schwaches Rühren, Zusatz von NaCl oder dessen gesätt. Lsg. bis mindestens 1% im wss. Teil des Soapstocks, werden, hauptsächlich infolge der hohen Temp., in 4—12 Std. 80—90% des neutralen Fettes ausgeschieden. Verdünnen mit W. ist ungünstig. Der Soapstock wird anschließend entweder nach dem Zerlegen mit 3—5%ig. H_2SO_4 oder in alkal. Medium mittels Na_2O_2, H_2O_2, NaClO oder anderer Reagentien gebleicht (genaue Vorschriften). (Маслобойно-Жировая Промышленность [Öl- u. Fett-Ind.] **17.** Nr. 9. 12—14. Sept. 1952. Charkow, Polytechn. Inst.) SCHMEISS. 7910

W. Greber, *Verfahrenstechnische Auswertungen einer Kerzentauchanlage.* Vf. führte eine quantitative Auswertung des Vorgangs der Erzeugung von Kerzen durch mehrfach aufeinanderfolgende Tauchung durch. Es konnten Formeln aufgestellt werden, die das Gewicht der Kerze als Funktion folgender Größen beschreiben: Temperaturunterschied der Kerze u. des Bades unmittelbar vor dem Eintauchen; Temperaturunterschied des E. des Paraffins u. der Temp. des Bades; Anzahl der Tauchungen u. Länge des Dochtes. Die Gesetzmäßigkeiten wurden in Form eines Nomogrammes gebracht, mit Hilfe dessen die Kapazität einer Kerzentauchanlage berechnet werden kann. (Chem. Techn. **4.** 207—11. Mai 1952. Rehmsdorf bei Zeitz.) GERHARD GÜNTHER. 7920

Aktiebolaget Separator, Schweden, *Raffinieren von fetten Ölen* mit einer Lauge oder mit einem anderen emulgierend wirkenden Neutralisationsmittel. Die Lauge wird mit dem Öl in Form von feinen Tröpfchen gemischt u. stehen gelassen. Die gebildete *Seife* wird durch Schleudern von dem Öl getrennt. (**F. P. 979 778** vom 29/1. 1949, ausg. 2/5. 1951. Schwed. Prior. 29/1. 1948.) M. F. MÜLLER. 7887

Canadian Patents and Development Ltd., übert. von: **F. A. Vandenheuvel,** Ottawa, Ontario, Can., *Gewinnung von Öl und Proteinsubstanzen aus Fischleber* durch Zerkleinern u. Erwärmen auf 45—70°, worauf eine wss.-alkal. Lsg. bis zu p_H 7,5—8,5 zugesetzt wird. Die alkal. Lsg. besteht aus $Ca(OH)_2$, NaOH, KOH, Na_2CO_3, Na_2H- u. Na_3PO_4, LiOH u. CsOH. Danach wird zentrifugiert u. die Ölphase von der proteinhaltigen wss. Phase getrennt. (**Can. P. 484 092** vom 28/5. 1951, ausg. 17/6. 1952.) M. F. MÜLLER. 7899

Henri Doumergue und **André Szabo,** Frankreich, *Herstellung von Seife* aus einem Gemisch von Brenzschleimsäure (α-Furancarbonsäure), α-Furylalkohol, Fettsäuren u. NaOH. Die Menge an Fettsäuren beträgt höchstens 20%. (**F. P. 975 636** vom 18/3. 1942, ausg. 7/3. 1951.) M. F. MÜLLER. 7911

André Samuel, Frankreich, *Herstellung von gasentwickelnden Reinigungsmitteln.* Man mischt z. B. 7 Teile trockenes Seifenpulver mit 2,7 Teilen Weinsäure (I) u. 3,3 Teilen $NaHCO_3$ (II) oder 6 Teile Laurinalkoholammoniumsulfonat mit 1 Teil Polyäthylen u. I u. II in Mengen wie oben. Die Prodd. kommen in Form von Pastillen, Tabletten usw. zur Anwendung. (**F. P. 989 284** vom 22/4. 1949, ausg. 6/9. 1951.) OPPERMANN. 7911

Universal Oil Products Co., übert. von: **Herbert S. Bloch** und **George L. Hervest,** Chicago, Ill., V. St. A., *Reinigung der Sulfonierungsprodukte von alkylierten aromatischen Kohlenwasserstoffen.* Diese werden zunächst mit leichten aliphat. KW-stoffen von höchstens 4 C-Atomen extrahiert. Dabei wird in fl. Phase gearbeitet. In die obere Lösungsmittelschicht gehen dabei die nichtsulfonierten KW-stoffe, in der unteren Schicht sind die Sulfonsäuren enthalten, welche in Form ihrer Salze als Trockenprod. aus der unteren Schicht abgetrennt werden. — Die Sulfonierungsprodd. werden erhalten, indem man zunächst einen aromat. KW-stoff mit einem Monoolefin von 10 bis 15 C-Atomen alkyliert, worauf das isolierte u. gereinigte Alkylierungsprod. mit H_2SO_4 Oleum oder SO_3 sulfoniert wird. Vgl. A. P. 2 458 049. (**Can. P. 484 388** vom 14/8. 1947, ausg. 24/6. 1952. A. Prior. 16/8. 1946.) M. F. MÜLLER. 7913

M. W. Kellogg Co., Jersey City, übert. von: **Louis C. Rubin,** West Caldwell, N. J., V. St. A., *Sulfonierung von geradkettigen Olefinen* (I) mit 10—18 C-Atomen, die z. B. bei der CO-Hydrierung erhalten wurden, in einem zweistufigen Verfahren. Die I werden in der ersten Stufe mit mindestens 80%ig. H_2SO_4 im Unterschuß bei 0 bis —20° so lange behandelt, bis die gesamte Säure verbraucht ist. Die nichtumgesetzten I werden in einer 2. Reaktionszone mit überschüssigem mindestens 80%ig. H_2SO_4 wieder bei 0 bis —20° behandelt, bis die gesamten I sulfoniert sind, wobei in beiden Stufen weder eine Polymerisation noch eine Depolymerisation der I erfolgt. Die erhaltene Reaktionsmischung aus Sulfonsäuren u. freier Säure wird nun wieder in die erste Stufe zurückgeführt. Die säurefreien Sulfonsäuren können dann abgezogen u., falls erforderlich, mit Alkali neutralisiert werden. — In den Beispielen wird zur Sulfonierung eine 25%ig. bzw. 50%ig. Olefinfraktion mit Kp. 150—225° bzw. bis 250° verwendet, die durch katalyt. Hydrierung von CO erhalten wurde. Die Sulfonierung erfolgt in zwei hintereinandergeschalteten Rk.-Türmen. App., Zeichnung. *Reinigungs- u. Netzmittel.* (**A. P. 2 573 730** vom 15/3. 1948, ausg. 6/11. 1951.) KRAUSS. 7913

Ruhrchemie Akt.-Ges., Oberhausen-Holten, *Neutralisation von Sulfonsäuren und Schwefelsäureestern* mit Alkalicarbonaten, dad. gek., daß man die Sulfonsäuren oder die Schwefelsäureester u. wss. Lsgg. von Alkalicarbonaten, die das Carbonat in möglichst äquivalenter Menge zur Sulfonsäure bzw. zum Schwefelsäureester enthalten, am Kopf eines turmartigen Behälters aus getrennten, aber möglichst nahe beieinander liegenden Austrittsöffnungen gegeneinander oder ineinander versprüht, die entstehende Neutralisationslsg. am Boden des turmartigen Behälters abzieht u. nach der Zerstäubung von Lsgg. verbleibende Gasmengen einer Waschvorr. zuführt, aus deren Waschflüssigkeitskreislauf absatzweise oder fortlaufend kleine Flüssigkeitsmengen in die am Turmboden sich ansammelnde Neutralisationslsgg. übergeführt werden. — Die Sulfonsäuren oder die Schwefelsäureester werden vor der gleichzeitigen Versprühung mit den Alkalicarbonaten mit kleinen Mengen von W., z. B. mit 5%, verdünnt. — Die am Boden des Reaktionsturmes sich ansammelnde Sulfonatlsg. wird in einem nachgeschalteten Rührwerksbehälter zusammen mit Säuren oder Alkalien auf einen bestimmten p_H-Wert eingestellt. (**Oe. P. 173 442** vom 6/6. 1951, ausg. 27/12. 1952. D. Prior. 25/4. 1951.) M. F. MÜLLER. 7913

Soc. An. d'Innovations Chimiques Sinnova ou Sadic, Meaux-Beauval (Erfinder: **Vsevolod Blinoff,** Neuilly-sur-Seine), Frankreich, *Kontinuierliche Sulfonierung bzw. Veresterung organischer Verbindungen,* bes. von Fettalkoholen mit 8—30 C-Atomen, mit $ClSO_3H$ (**I**). Die zu sulfonierenden bzw. zu veresternden Verbb. werden zusammen mit **I** mittels eines indifferenten Gases (**II**) unter Druck in einer Mischdüse nebelförmig zerstäubt; das zerstäubte Reaktionsgemisch wird in eine Sulfonierungskammer (**III**) gesprüht. Die mengenmäßige Zuführung der Reaktionsteilnehmer, der Druck von **II** u. die Ausmaße von **III** werden so bemessen, daß die Sulfonierung bzw. Veresterung während der Schwebedauer der Tropfen des zerstäubten Reaktionsgemisches unter gleichzeitiger Abführung der Reaktionswärme vollständig abläuft u. das auf den Boden von **III** auftreffende Sulfonat (Ester) prakt. frei von HCl ist. — Vorr., Zeichnung. (**D. B. P. 834 245** Kl. 12o vom 7/12. 1949, ausg. 17/3. 1951. F. Prior. 17/7. 1948.) Krauss. 7913

Standard Oil Development Co., übert. von: **David Frazier,** Bay Village, O., V. St. A., *Sulfonierte Thioäther* erhält man durch Rk. eines Olefins mit 4—12 C-Atomen mit 0,25—0,5 Mol. S_2Cl_2. Der erhaltene Chlorthioäther wird dann mit Na_2SO_3 umgesetzt. Es werden folgende Verbb. hergestellt: $H_3CCH_2CH_2CH_2C(SO_3Na)HCH_2—S(CH_2)_5 \cdot CH_3$. — $H_3C(CH_2)_3CH(SO_3Na)CH_2—S—CH_2CH(SO_3Na)(CH_2)_3CH_3$. — $H_3C(CH_2)_3 \cdot CH(SO_3Na)CH(CH_3)—S—CH_2(CH_2)_4CH_3$. — $H_3CC(CH_3)_2CH_2CH(SO_3Na)CH_2—S—CH(C_2H_5)CH(SO_3Na)CH_2CH(CH_3)CH_3$. — $H_3CC(CH_3)_2CH_2C(CH_3)_2CH_2CH(SO_3Na) \cdot CH(CH_3)—S—CH_2CH(SO_3Na)CH_2CH_3$. — $H_3CC(CH_3)_2CH_2CH(CH_3)CH_2CH(SO_3Na) \cdot CH(CH_2CH_3)SCH_2CH(SO_3Na)CH_2CH_3$. — $H_3CCH_2CH(CH_3)CH_2CH(CH_3)CH(SO_3Na) \cdot CH_2SCH(C_3H_7)CH(SO_3Na)CH_2CH_3$. — $H_3CCH(CH_3)CH_2CH(CH_3)CH_2CH(SO_3Na) \cdot CH_2SCH_2CH(SO_3Na)CH_2CH(CH_3)CH_2CH(CH_3)CH_3$. Verwendung als *oberflächenakt. Mittel,* bes. als *Reinigungsmittel.* — Tabellen. (**A. P. 2 499 377** vom 6/2. 1948, ausg. 7/3. 1950.) Krauss. 7917

Wyandotte Chemicals Corp., übert. von: **Leslie R. Bacon** und **Clifton E. Smith,** Wyandotte, und **Thomas H. Vaughan,** Grosse Ile, Mich., V. St. A., *Reinigungsmittel,* bestehend aus Na-Alkylbenzolsulfonaten u. 1—63% Oxäthylcellulose (**I**), bes. **I** mit 2—3 Glykolresten pro Glucoseeinheit, u. gegebenenfalls anorgan. Salzen. — Diagramm. (**A. P. 2 602 781** vom 5/1. 1949, ausg. 8/7. 1952.) Lüttgen. 7917

Myer Rosenfeld, Aberdeen, und **Charles F. Pickett,** Bel Air, Md., V. St. A., *Reinigungsmittel,* bestehend hauptsächlich aus einer Mischung von ca. 29—60% Diäthylentriaminoleat u. dem Kondensationsprod. von 1 (Mol) Diäthylentriamin u. 1—2 Diacetonalkohol, die in Putzpetroleum oder ähnlichen Lösungsmitteln gelöst ist. Bes. zum Entfetten u. Reinigen von Metallen u. metall. Gegenständen. (**A. P. 2 616 856** vom 23/12. 1948, ausg. 4/11. 1952.) Lüttgen. 7917

Atomix, Inc., Wilmington, übert. von: **Carsten F. Boe,** Wooddole, und **William R. Lowstuter,** Wilmington, Del., V. St. A., *Reinigungs- und Poliermittel* in Form einer Öl-in-Wasser-Emulsion mit 20—90% W. in der zusammenhängenden Phase (**I**). Sie enthält als Filmbildner ein in W. unlösl., in Öl lösl. Harz oder Wachs (**II**) mit einem F. nicht $<50^0$, ein mit Öl mischbares, mit W. nicht mischbares u. ein mit beiden mischbares Lösungsm. für **II**, ferner Polyvinylalkohol als ein in W. lösl. Filmbildner u. 1% Emulgator, beide in **I**. — Beispiel: 15(%) 70%ig. chloriertes Paraffinwachs, 10 Butyloleat, 25 Leichtmineralöl, 1 Fettsäure-Amin-Acetat, 2 Glycerin u. 47 Wasser. (**A. P. 2 566 716** vom 3/10. 1947, ausg. 4/9. 1951.) Reichelt. 7917

Theodor Waag und **Max Fischer,** Jena, *Reinigungs- und Scharfhaltungsmittel für Rasierklingen,* bestehend aus Kalkseife lösenden Mitteln in Verbindung mit Rostverhütungsmitteln, bes. Passivierungsmitteln, wie Nitriten, Chromaten, Chloraten u./oder Desinfektions- u. Parfümierungsmitteln. — Es werden benutzt z. B. 100 (g) Glykol, 50 W., 25 Na_2CrO_4, 3 Oxychinolin, 2 Parfümöl. (**D. P. [DDR] 1 038** Kl. 48d vom 30/11. 1950, ausg. 9/7. 1952 [Ausschließungspatent].) M. F. Müller. 7917

Benjamin Clayton, übert. von: **Abraham Taub,** New York, N. Y., V. St. A., *Desinfizierendes Reinigungsmittel,* bestehend aus einer Mischung von 1—3 (Teilen) Glycerin u. 3—1 wasserlösl. Polyalkylenglykol, in der J u. Alkalijodid gelöst sind, u. 3—20% Reinigungsmittel vom anionakt. Typ. — Beispiel: 1(%) J, 1,2 NaJ, 8 Na-Laurylsulfat, 44,9 Triäthylenglykol, 44,9 Wasser. (**A. P. 2 599 140** vom 30/3. 1949, ausg. 3/6. 1952.) Lüttgen. 7917

Hans Graae, Frederiksberg, und **Thorvald Thornton Stannius,** Hellerup, Dänemark, *Präparat aus Stahlwolle und Seife.* Die Stahlwolle ist mit einem Korrosionsschutzmittel aus Metallsalz oder Metalloxyden u. einem Überzug aus einem Metall oder einer Doppelschicht aus einem Metall u. dessen Oxyd, Phosphat oder Sulfid überzogen. — Z. B. verwendet man einen Überzug aus Fe-Phosphaten u. Zn, Cd, Sn oder

Cu oder aus einer Doppelschicht aus Cu u. CuS. (**Dän. P. 73 177** vom 22/3. 1949, ausg. 8/10. 1951.) JÜRGEN SCHMIDT. 7917

Imperial Chemical Industries Ltd., übert. von: **Ernest G. Cockbain**, London, England, *Herstellung einer wässerigen Wachsemulsion*, welche 10—25(%) Paraffinwachs enthält. Als weitere Zusätze sind enthalten: 0,1—1,0 eines Salzes eines amphoteren Metalles, z. B. Al-Formiat, u. 10—5,0 modifiziertes Rinderbluteiweiß, erhalten aus Rinderbluteiweiß durch Behandlung mit einer wss. Lsg. eines Alkalis ca. 2 Std. bei 20—60° u. Einstellung der Lsg. auf einen p_H-Wert unter 4,4 durch Zusatz von Säure, (**Can. P. 479 313** vom 6/5. 1947, ausg. 11/12. 1951.) M. F. MÜLLER. 7925

Zschimmer & Schwarz vormals Chemnitz, Brilon/Westf., *Herstellung eines Bodenreinigungsmittels*. Man bringt in Terpentinöl, Testbenzin oder ähnlichen Lösungsmitteln alkylaromat. Sulfonsäuren, wie Dodecylbenzolsulfonsäure, in Form ihrer NH_4- oder Alkylolaminsalze bzw. als Salze organ. Basen, wie des Cyclohexylamins, gegebenenfalls unter Verwendung sogenannter Lösungsvermittler, wie Hexalin, Methylhexalin, Pine Oil u. ähnlich wirkender Verbb., in Lösung. (**D. B. P. 870 151** Kl. 22g vom 8/9. 1951, ausg. 12/3. 1953.) GRÄGER. 7927

Centre d'Études pour l'Industrie, Frankreich, *Verbesserung von natürlichen, pflanzlichen oder tierischen Wachsen* zwecks Erhöhung ihres F. u. ihrer Härte sowie ihrer Wasserwiderstandsfähigkeit durch Verseifung in der Wärme mit einem Metalloxyd oder -hydroxyd in An- oder Abwesenheit von W., gegebenenfalls unter Druck. Nach dem Verseifen mit NaOH wird das Wachs mit überschüssiger Mineralsäure u. danach mit einem Metalloxyd, -hydroxyd oder -carbonat oder mit einem Salz einer flüchtigen organ. Säure, z. B. Essigsäure, behandelt. Als Metalle sind genannt: Alkali-, Erdalkalimetalle, Mg, Zn, Cd, Cu, Al, Ti oder Zr. (**F. P. 981 665** vom 7/1. 1949, ausg. 29/5. 1951.) M. F. MÜLLER. 7925

XVIIIa. Holz. Cellulose. Zellstoff. Papier. Papierdruck. Celluloid. Linoleum.

E. A. Behr, D. R. Briggs und **F. H. Kaufert**, *Diffusion gelöster Stoffe durch Holz.* Von STAMM (U. S. Dep., Agric., techn. Bull. **1946.** 929) wurden theoret. Gleichungen für die Diffusion gelöster Stoffe in Holz in Längs- u. Querrichtung aufgestellt, die von Vff. nachgeprüft werden. Nach der ersten Meth. werden dünne Scheiben der betreffenden Holzarten (Zeder, Fichte, Tanne) als Membranen in einer Diffusionszelle angeordnet u. die Diffusion von *NaCl* an in W. vorgequollenem Holz u. von *Naphthalin* in Bzl. an ungequollenem Holz wird gemessen; nach einem 2. Verf. läßt man die Lsg. in einen Holzblock eindiffundieren u. bestimmte die Ausbreitung des gelösten Stoffes histolog. an Dünnschnitten. In Anbetracht der durch die Poren- u. Zellwandstruktur komplizierten Verhältnisse ist die Übereinstimmung zwischen theoret. u. experimentell ermittelten relativen Diffusionsgeschwindigkeiten befriedigend. (J. physic. Chem. **57.** 476—80. April 1953. St. Paul, Minn., Univ.) HENTSCHEL. 7952

R. W. Finholt, Maurice Weeks und **Clayton Hathaway**, *Neue Theorie der Holzschutzbehandlung.* Besprochen werden die gegen holzzerstörende Pilze giftig wirkenden Chemikalien. Zur Prüfung der Pilz- bzw. der fungiciden Wrkg. der Chemikalien wurde die Meth. in PETRI-Schalen mit Agar angewandt, sowie zweitens die Meth. mit Holzklötzen auf einer Erdgrundlage. Die letztere ist wirklichkeitsnäher, aber zeitraubend u. weniger genau. Als Pilze wurden *Madison 517* u. *534* verwendet. Bei Alkoholen mit 6—18 C-Atomen zeigten solche mit 12 C-Atomen die besten Ergebnisse, wobei die Agarprobe u. Holzprobe gleich waren. Bei aliphat. Aminen zeigte die Holzprobe geringe, aber gleichmäßige Giftigkeit, bei der Agarprobe aber einen steilen Anstieg bei C 12. Die Basizität ist ohne Einfl., lediglich die Mol.-Größe. Die Alkohole wirken innerhalb, die Amine außerhalb der Zellmembran. (Ind. Engng. Chem. **44.** 101—05. Jan. 1952.) FRIEDEMANN. 7952

F. P. Komarow, *Neues auf dem Gebiet der Untersuchung der Celluloseoxydation.* Nach eingehender Behandlung von grundsätzlichen Fragen der Celluloseoxydation, so auch der selektiven Oxydation an Hand der Literatur, bringt Vf. Versuchsergebnisse über Zusammenhänge zwischen dem Verbrauch eines Oxydationsmittels, wie Ca-Hypochlorit, bei der Behandlung von 4% Lignin enthaltender *Sulfitcellulose* u. den verschied. physikal.-chem Eigg. derselben. Während der O_2-Verbrauch von 7,0 auf 20,0% vom Cellulosegewicht anstieg, fiel die mittlere Länge der Fasern von 3000 μ auf 320 μ, die Fähigkeit der Wasserabgabe stieg von 14 auf 42°, die Löslichkeit in 1% ig. NaOH von 14,2 auf 52,1%, der Geh. an Carboxylgruppen von 0,053 auf 0,910, die Carbonylzahl von 2,3 auf 8,3, die Cu-Zahl von 2,7 auf 20,4 u. die Methylenblauadsorption von 24,0% auf 48,0%. (Бумажная Промышленность [Papier-Ind.] **28.** Nr. 1. 6—13. Jan. 1953.) ULMANN. 7954

Richard Bartunek, *Über Umsetzung, Quellung und Lösung von Cellulose in Elektrolytlösungen.* Nach einem kurzen Überblick über den heutigen Stand der Erkenntnisse, wobei bes. auf die zur Zeit noch bestehenden Lücken hingewiesen wird, werden die Reaktionshemmungen im Syst. NaOH–H_2O–CS_2-Cellulose durch Elektrolyhydrolysierung besprochen. Im weiteren Verlauf äußert sich Vf. über die Elektrolyhydrate u. die Cellulosequellung, über die Quellungsmessungen an Zellstoffblättern in Alkali-, Säure- u. Salzlsgg. sowie über den Einfl. der Hydradisierungsstufen in Elektrolytlösungen. Kurz hingewiesen wird auf die Additionsverbb. der Cellulose sowie auf die Quellungstheorien. Abschließend wird auf die Elektrolyhydrate u. die Celluloseacetylierung sowie auf die Wasserassoziate u. Organosolvate eingegangen. Es hat sich gezeigt, daß die Konzentrationsabhängigkeit von Rkk. in Elektrolytlsgg. vom wechselnden Ordnungszustand in diesen Lsgg. abhängt (freies W., Ionenhydrate, Dipolhydrate, wasserfreie Moll.). Dieser macht sich bei Cellulose durch wechselnde Quellungs- u. Lösungsfähigkeit deutlich bemerkbar, bes. bei Lsgg. von Alkalien, Säuren u. sauren Salzen. Mit der UV- u. Ultrarotspektrophotometrie scheint es möglich, die dabei entstehenden Bindungen zu erkennen u. zu messen u. so einen tieferen Einblick in die Reaktionsweise der Cellulose sowie rückwirkend in den Ordnungszustand des Reaktionsmittels zu gewinnen. (Papier **7.** 153—58. 5/5. 1953.) P. ECKERT. 7954

Gustaf Edling, *Kann ein Zellstoffwerk bezüglich des Brennstoffes Selbstversorger werden?* Vf. gibt Zahlen über Wärmeerzeugung u. -verbrauch von Sulfatzellstofffabriken in Schweden an, u. zwar als Mittelwerte von 19 Schwarzlaugenkesseln mit Dicklaugeeinspritzung sowie 1 Kessel nach dem BT (BERGSTRÖM-TROBECK)-Verf. mit Verbrennung von Ablaugepulver. Bei guter Wärmewirtschaft im Betrieb kann sich ein Sulfatzellstoffwerk unabhängig vom Brennstoffbezug machen. In Sulfitzellstoffwerken wird zwar schon jetzt Sulfitablauge von 50—55% Trockengeh. verbrannt, aber die Selbstversorgung eines Sulfitzellstoffwerkes hängt sehr stark von den Betriebsverhältnissen, bes. von möglichst vollständiger Auswaschung der Ablauge ohne zu große Verdünnung. (Svensk Papperstidn. **55.** 863—68. 30/11. 1952.) BORCHERS. 7956

Olavi Perilä, *Zellstoff für Feinpapier aus Bagasse.* Durch Laboratoriumskochverss. mit Bagasse wurde der Mindestverbrauch an Chemikalien bei den Aufschlußverff. POMILIO u. GRUCO, sowie mit Sulfatlauge, Wasservorhydrolyse–Sulfatlauge, Na_2SO_3, $NaHSO_3$ sowie Na_2SO_3 + $NaHSO_3$ ermittelt. Am günstigsten waren hierbei die Verff. mit Sulfatlauge, Na_2SO_3 sowie nach POMILIO. Letzteres gab bei 180 g Na_2O/kg Bagasse + 70 g Cl/kg Bagasse 50% Ausbeute an ungebleichtem Stoff, entsprechend 275 bzw. 85 g jeweils /kg Bagasse bei 47% Ausbeute von gebleichtem Stoff. Beim Sulfatverf. wurden mit 300 bzw. 430 g Na_2O/kg Bagasse 47% Ausbeute an ungebleichtem bzw. 43% an gebleichtem Stoff erhalten. Das Natriumsulfitverf. braucht 155 bzw. 175 g Na_2O/kg Bagasse u. 155 bzw. 165 g SO_2/kg Bagasse bei 58 bzw. 54% Ausbeute. Die Festigkeitseigg. nehmen ab in der Reihenfolge POMILIO-Sulfatverf., Na-Sulfitverf. — 9 Tabellen, 14 Schrifttumshinweise. (Paperi ja Puu **35.** 29—34. 15/2. 1953. Helsinki, Finnland-Inst. für Technol., Labor. für Holzchemie. [Orig.: finn.].) BORCHERS. 7960

Hiroshi Mikawa, Koichiro Sato, Chizuko Takasaki und **Hajime Okada,** *Über die teilweise Identität der Gruppen im Lignin, die mit S im Sulfit- und im Kraftverfahren reagieren.* (Vgl. LINDGREN, Acta chem. scand. **1.** [1947.] 779 u. ENKVIST, Svensk Papperstidn. **52.** [1949.] 183.) *Holzpulver* wird dem Sulfit- u. dann dem „Sulfat" (Kraft)-Kochverf. oder in umgekehrter Folge unterworfen. Die Gruppe, die bei p_H 6 sulfoniert wird (nach ERDTMANN Gruppe A), besteht aus 2 Anteilen, X u. Z. Sulfonierung von X u. Z ist eine Rk. 1. Ordnung. Die Gruppe X reagiert auch mit S bei der Behandlung mit H_2S–W. bei p_H 7. Es scheint noch eine weitere Gruppe Y vorzuliegen, welche unter den gleichen Bedingungen mit H_2S reagiert, nicht aber bei der Sulfonierung bei p_H 6. Auf je ein Mol.-Gew. Lignin von 1700—1800 trifft ein X u. ein Z, auf 7000—8000 je ein Y. Die X-Gruppe könnte eine benzylalkoh. OH-Gruppe sein. (J. chem. Soc. Japan, ind. Chem. Sect. [Kōgyō Kagaku Zassi] **54.** 299—300. April 1951. Tokyo, Forstwiss. Inst. [Orig.: japan.]) SCHULER. 7960

Hiroshi Mikawa, *Der Vorgang des Holzaufschlusses.* 1. Mitt. *Bindung des Schwefels an Lignin beim Sulfit- und beim Kraftaufschluß.* (Vgl. vorst. Ref.) Ausführlichere rechner. Behandlung zu vorst. Mitteilung. (J. chem. Soc. Japan, ind. Chem. Sect. [Kōgyō Kagaku Zassi] **54.** 651—53. Okt. 1951. Tokyo, Forstwiss. Inst. [Orig.: japan.]) SCHULER. 5962

Hiroshi Mikawa, *Der Vorgang des Holzaufschlusses.* 2. Mitt. *Kinetik der Sulfonierung.* (1. vgl. vorst. Ref.) Genauere kinet. Einzelheiten zu der vorl. Mitt. (vgl. vorvorst. Ref.) über die Bldg. fester Ligninsulfosäuren mittels $NaHSO_3$ + Na_2SO_3 bei p_H 6. — 5 graph. Darstellungen. (J. chem. Soc. Japan, ind. Chem. Sect. [Kōygō Kagaku Zassi] **54.** 741 bis 743. Nov. 1951. Tokyo, Forstwiss. Inst. [Orig.: japan.]) SCHULER. 7962

Hiroshi Mikawa, *Der Vorgang des Holzaufschlusses. 3. Mitt. Teilweise Identität der Gruppen des Lignins, die mit Schwefel im Kraft- und im Sulfitverfahren reagieren..* (2. vgl. vorst. Ref.) Stützung der in der vorl. Mitt. (vgl. vorvorst. Ref.) ausgesprochenen Annahme der Identität der Gruppen, die im Lignin sowohl beim Sulfit als auch beim Kraftausschluß reagieren durch Anwendung elektrometr. Titrierverfahren. — 13 Diagramme. (J. chem. Soc. Japan, ind. Chem. Sect. [Kōgyō Kagaku Zassi] **54.** 762—64. Dez. 1951. Tokyo, Forstwiss. Inst. [Orig.: japan.]) SCHULER. 7962

Heinz Corte, *Ein abgekürztes Verfahren zur Ermittlung des Mahlverhaltens von Sulfit- und Halbzellstoffen.* Es wird eine Meth. beschrieben, nach der sich die Kurven für die Entw. des Mahlgrades, der Reißlänge, des Berstdruckes u. der Bruchdehnung aus den gemessenen Werten vor der Mahlung u. nach 50 Min. Mahldauer unter Standardbedingungen berechnen lassen. Zur Erhöhung der Zuverlässigkeit kann noch ein weiterer Mahlpunkt, z. B. nach 30 Min. Mahldauer, mitbenutzt werden. Die Berechnung erfolgt monograph. mit Hilfe zweier zu diesem Zweck konstruierter Rechengeräte. Das Verf. ist auf Sulfitzellstoffe u. Halbzellstoffe beschränkt. (Papier **7.** 196—205. 5/6. 1953.) P. ECKERT. 7962

Jacobus Sundman, *Die Zuckerbildung bei der Sulfitzellstoffkochung.* Um die Resistenz der Polysaccharide des Holzes gegen die Hydrolyse beim Ca–Bisulfit-Aufschluß nach Reihenfolge u. Mengenanteil zu bestimmen, wurden vorbehandelte Ablaugenproben von Fichte, Kiefer, Birke u. Aspe chromatograph. auf *Mannose* (**I**), *Galaktose* (**II**), *Glucose* (**III**), *Xylose* (**IV**), *Arabinose* (**V**) u. zum Teil *Fructose* (**VI**) geprüft. Zum Entwickeln dienten α-Naphthoresorcin oder Anilin–Phthalsäure sowie ammoniakal. $AgNO_3$, als Eluens ein Gemisch aus 4 (Teilen) Butanol, 1 CH_3COOH u. 5 Wasser. — Nadel- u. Laubhölzer unterscheiden sich bes. bzgl. der Mengenanteile an **I** u. **II**. **V** findet sich in Sulfitablauge schon bei 180° Kochtemp., kurz danach **IV** u. **II**, **I** erst ab 130°. **III** tritt erst bei überkochten Stoffen, z. B. für Kunstfasern durch Hydrolyse der Cellulose auf; **VI** bildet sich aus **III** durch Umlagerung. (Paperi ja Puu B **32.** 267—74. 15/9. 1950. Helsingfors, Centrallabor. AB, Abt. für organ. Chemie.) BORCHERS. 7962

C. William Converse, *Halbchemische Zellstoffherstellung — eine Verfahrensuntersuchung.* Bei den halbchem. Verff. werden Holzschnitzel in der Größe von 1,27—1,59 cm unter milden Bedingungen gekocht u. dann mechan. zerfasert. Die Kochung erfolgt in rotierenden Kugelkochern, Vertikalkochern oder kontinuierlich im Messing-DURKEE-Pulper mit neutraler Sulfat- oder Sulfitlauge, die mit Soda oder $NaHCO_3$ gepuffert ist, oder nur mit NaOH. Bei einem neueren Verf. wird mehrere Std. bei Zimmertemp. mit 2,5—7,3%ig. NaOH aufgeschlossen. Bleichbarer Zellstoff (**I**) wird zur Zeit nur nach dem neutralen Sulfitverf. hergestellt. Eine Chemikalienrückgewinnung erfolgte bisher nur dort, wo die Ablauge zusammen mit Kraftschwarzlauge verarbeitet werden konnte. Die gekochten Schnitzel werden dann in Scheibenrefinern in einer Stufe zerfasert. Vf. hält ein 2-Stufenverf. wegen besserer Wrkg. für geeigneter. In der Entwässerung liegt halbchem. **I** zwischen Holzschliff u. vollchem. Sulfit-**I**. Er hat eine hohe Berstfestigkeit u. Dehnbarkeit bei mittlerer bis geringer Durchreißfestigkeit. Seine Eigg. lassen sich durch Bleichen verbessern. Die Vorteile der halbchem. Verff. liegen in der Verwendung schnellwachsender Hölzer, der hohen Ausbeute (70—80% ungebleichter oder 55—60% gebleichter **I**), den geringeren Anlagekosten, da weniger Korrosionsgefahr besteht, u. der weiten Verwendungsmöglichkeit des halbchem. **I**. (Paper Mill News **76.** Nr. 12. 48—56. 21/3. 1953. Muncy, Pa., Pulp and Paper Mill Div., Sprout, Waldron & Co., Inc.) H. BECKER. 7964

Constance Emery und **W. E. Cohen,** *Untersuchungen über die Kettenlängenverteilung von nitrierter Holz- und Baumwollcellulose.* Die ausführlichen Unterss. der Vff. zeigen, daß die Meth. der fraktionierten Auflösung von Nitratcellulose mittels Äthylacetat/A.-Lsgg. nicht geeignet ist, brauchbare Verteilungsdiagramme zu geben. Es wurde daher die Meth. der fraktionierten Fällung angewandt. Allerdings stößt die Fraktionierung von hochmol. Nitratcellulose unbekannter Substitution ebenfalls auf bedeutende Schwierigkeiten, so daß man in solchen Fällen am besten eine Fraktionierung unterläßt. Die Unterss. selbst haben keinerlei Anhaltspunkte für das Vorhandensein von period., säureempfindlichen Bindungen in der Cellulose ergeben. Die Untersuchungsmeth. sowie die Ergebnisse werden ausführlich besprochen. (Austral. J. appl. Sci. **2.** 473—87. Dez. 1951.) H. G. FRÖHLICH. 7970

Wilfried Vollmer, *Der Zusammenhang zwischen Zugfestigkeit und Berstwiderstand des Papiers.* Es wird eine Beziehung zwischen dem Berstdruck u. den im linearen Zugvers. gemessenen Reißlängen u. Bruchdehnungen für isotrope Papiere abgeleitet. Die experimentelle Prüfung wird an Hand eines umfangreichen Untersuchungsmaterials durchgeführt. Neben der für kugelförmige Aufwölbung abgeleiteten Beziehung wird ferner eine Formel für zylindr. Deformierungen angegeben. Unter Berücksichtigung beider Beanspruchungsarten gelang es auch für anisotrope Papiere, die gemessenen Berstdrucke aus den linearen Zugfestigkeitswerten der Längs- u. Querrichtung quantitativ zu berechnen. (Papier **7.** 251—57. Juli 1953. Waldhof, Zellstoffabrik, Forschungslabor.) P. ECKERT. 7984

A. S. O'Brien und **T. L. Davis,** *Die colorimetrische Bestimmung von Pentosan in hochveredeltem Zellstoff.* Die Meth. Pentosan (I) mit starken Säuren zu Furfurol umzusetzen u. dieses im Destillat colorimetr. mit Anilin u. Essigsäure zu bestimmen, wurde auf den Einfl. verschied. variabler Faktoren bei der Dest. u. Farbentw. untersucht. Die Meth. ist äußerst empfindlich u. brauchbar, einen I-Geh. zwischen 0,1 u. 1% zu bestimmen. Die Grenzen der Anwendbarkeit der Meth., ihre Genauigkeit sowie einige Angaben hinsichtlich ihrer Durchführung werden gemacht. (Tappi **35.** Nr. 11. 499. 1952; referiert nach: Papier **7.** L32. 5/4. 1953.) P. ECKERT. 8006

—, *Neues Gerät zur Bestimmung der Naßberstfestigkeit.* Das Gerät arbeitet nach dem gleichen Prinzip wie der SCHOPPER-DALÉN-Berstdruckprüfer, also mit Druckluft. Entsprechend der Best. des Berstdruckes sehr schwacher Papierblätter ist der SCHOPPERsche Berstdruckprüfer in verschied. Einzelheiten abgeändert worden. Das Gerät wird an Hand einer schemat. Darst. besprochen. (Allg. Papier-Rdsch. **1953.** 551—52. 4/7.) P. ECKERT. 8010

Deutsches Hydrierwerk Rodleben VEB (Erfinder: **Ernst Götte**), Rodleben bei Roßlau, *Holzkonservierungsmittel,* bestehend aus kationenakt. Verbb. für sich oder in Verbindung mit bekannten fungiciden u. insekticiden Mitteln, gegebenenfalls unter Zusatz von Metall schützenden Mitteln u./oder geeigneten Streckungs- oder Verdünnungsmitteln. — Unter kationenakt. Verbb. versteht man oberflächenakt. Alkylderivv., die bei ihrer Dissoziation in W. alkylhaltige Kationen bilden u. denen vorzugsweise quaternäre Stickstoffatome, ferner auch quaternäre Phosphor-, Arsen- usw. -atome oder auch tern. Schwefelatome zugrunde liegen können. — Zur Holzkonservierung in Baulichkeiten verwendet man als Anstrichmittel eine 5%ig. wss. Lsg. von *Dodecylpyrimidiniumchlorid.* — In weiteren Beispielen werden zur Holzkonservierung verwendet: Dodecyloxycarbomethyltrimethylammoniumchlorid, Alkyloxycarbomethyltrimethylammoniumchlorid (Alkylgemisch aus C_7—C_9), Lauryltrimethylammoniumchlorid. — Beschrieben ist z. B. eine Lsg. aus 5 (Teilen) kieselfluorwasserstoffsaurem Dodecylbenzyldimethylammonium u. 3 salzsaurem Alkylpyridin (Alkylgemisch aus C_{10}—C_{16}). (**D. P. [DDR] 355** Kl. 38h vom 16/2. 1941, ausg. 5/3. 1952 [Wirtschaftspatent].) M. F. MÜLLER. 7953

Norbert Bieler, Frankreich, *Schädlingsbekämpfung und Holzkonservierung* mit einer hauptsächlich aus halogeniertem Naphthalin, hydriertem Naphthalin oder Naphthylamin bestehenden Mischung. — Diese besteht z. B. aus 85 (Teilen) Dichlornaphthalin, 5 Paraldehyd, 3 Cyclohexanol, 2 Dibromnicotin, 3 $C_6H_6Cl_6$, 2 o-Nitrophenol. Außerdem können 20% Holzteeröl zugesetzt werden. Die Mischung wird auf das Holz gestäubt oder als Anstrich benutzt, wodurch die pflanzlichen u. tier. Parasiten, ihre Larven u. Eier vernichtet werden u. ein weiterer Befall vermieden wird. (**F. P. 999 872** vom 22/1. 1946, ausg. 5/2. 1952.) WITTHOLZ. 7953

John Eckert Greenawalt, New York, N. Y., V. St. A., *Verbrennung von Sulfitablaugen und ähnlichen Rückständen.* Man verbrennt die Sulfitablauge in einem Ofen unter Einführung von Primärluft in der Weise, daß zunächst vollständige Verbrennung erzielt wird u. sich auf der gegenüberliegenden Wand ein feuerfester Überzug aus den festen Verbrennungsprodd. abscheidet. Des weiteren wird die Verbrennung so geleitet, daß die weiteren, nicht brennbaren Bestandteile der Sulfitablauge sich fl. auf der gegenüberliegenden Wand abscheiden u. an ihr herablaufen. Durch den ersten festen Überzug wird die Wand gegen Erosion geschützt. — Vorr., Zeichnung. (**N. P. 80 190** vom 13/1. 1947, ausg. 5/5. 1952. A. Prior. 18/1. 1946.) JÜRGEN SCHMIDT. 7963

Inventa Akt.-Ges. für Forschung & Patentverwertung, Luzern (Erfinder: **Walter Kopp,** Ems), Schweiz, *Entfernen des Rückstandes aus Perkolatoren der Celluloseverzuckerung* mittels verd. Säuren durch plötzliches Öffnen des Entleerungsverschlusses bei erhöhten Drucken u. Tempp., dad. gek., daß kurz vor dem Öffnen Dampf von oben in das Reaktionsgefäß gepreßt wird. Auch während des Entleerens soll Dampf nachgepreßt werden. Die Wrkg. beruht auf dem gebildeten Temperaturgefälle zwischen Preßdampf u. Ligninkuchen. (**D. B. P. 873 830** Kl. 89i vom 22/7. 1951, ausg. 16/4. 1953. Schwz. Prior. 27/7. 1950.) SCHINDLER. 7969

Lonza-Werke Elektrochemische Fabriken G. m. b. H., Weil (Erfinder: **Hermann Engelmann,** Freiburg, und **Otto Schön,** Ettal), *Herstellung von Cellulosemischestern.* Man verestert Cellulose in Ggw. von Katalysatoren u. unter Verwendung eines Gemisches aus höhermol. Fettsäure, z. B. Crotonsäure, u. niedermol. Fettsäureanhydrid, z. B. Acetanhydrid, das vor der Veresterung bis zur Bldg. eines Gleichgewichts erhitzt worden ist. Das Gemisch wird ohne Abtrennung der beim Erhitzen entstandenen niedermol. Fettsäure u. ohne Zusatz eines inerten Lösungsm. verwendet. (**D. B. P. 883 434** Kl. 12o vom 16/7. 1942, ausg. 16/7. 1953.) FABEL. 7971

Sichel-Werke Akt.-Ges., Hannover, *Herstellung wasserlöslicher fester Alkalisalze von Celluloseäthercarbonsäuren* durch Rk. von Monohalogenfettsäuren mit Alkalicellulose u. Trocknen, bes. auf erhitzten Walzen. Das mit Säuren oder sauren Salzen ausgefällte Reaktionsgemisch wird vor dem Trocknen nur so weit mit Alkali (z. B. Na_2CO_3, aber nicht NH_3) neutralisiert, daß es noch schwach sauer bis eben neutral reagiert. Dann werden flüchtige, alkal. reagierende Stoffe [NH_3, $(NH_4)_2CO_3$] im Überschuß zugesetzt. Das anschließende Trocknen führt zu einem Prod. hoher Viscosität u. großer Bindekraft. (**D. B. P. 877 603** Kl. 12o vom 26/7. 1942, ausg. 26/5. 1953.) FABEL. 7971

Soc. Rhodiaceta, Paris, übert. von: **Maurice Lepin,** Le Peage-du-Roussillon, und **Auguste Bally,** St.-Maurice-l'Exil, Frankreich, *Verteilen von Flüssigkeiten in viscosen Massen,* z. B. der CH_3COOH in einem Acetylierungsgemisch von Cellulose, des CS_2 in Alkalicellulose oder eines Netzmittels in einer wss. Farbstoffdispersion. Der rotierende Kessel, der zu ca. 25% gefüllt ist u. sich z. B. mit 8 Drehungen/Min. bewegt, besitzt seitlich in der Höhe seiner Drehungsachse eine kon. Düse. Der Flüssigkeitsstrahl trifft jeweils eine durch die Drehung gebildete dünne Schicht. — Zeichnung. (**A. P. 2 583 742** vom 15/12. 1948, ausg. 29/1. 1952.) SALZMANN. 7971

Arthur Viertel und **Günther Kurz,** Greiz/Thür., *Flotationsmittel für Abwässer der Papier-, Pappen- oder Zellstoffindustrie,* bestehend aus den Alkalisalzen von wasserlösl. Kondensationsprodd. aus Phenolen u. CH_2O von novolakartigem oder resolartigem Charakter. (**D. P. [DDR] 713** Kl. 55b vom 6/8. 1949, ausg. 2/5. 1952 [Wirtschaftspatent].) M. F. MÜLLER. 7975

Deutsche Gold- und Silberscheideanstalt vormals Roessler, Frankfurt/M. (Erfinder: **Wilhelm Gärtner,** Darmstadt, und **Emil Scheller,** Lorsbach), *Bleichen von Zellstoff* mit alkal. Peroxydlsg. u. hierauf mit alkal. Hypochloritlsg., dad. gek., daß das Bleichen des gegebenenfalls mit Cl_2 vorbehandelten Stoffes in offenen Behältern erfolgt. Zweckmäßig wird nach der Cl_2-Bleiche schon abgesäuert, wenn noch geringe Mengen akt. Cl_2 in der Flotte vorhanden sind. Das Verf. erspart Cl_2 u. erfordert z. B. nur 0,3 (Teile) Peroxyd auf 100 Stoff. (**D. R. P. 753 531** Kl. 55c vom 9/11. 1938, ausg. 18/5. 1953.) G. VOGEL. 7979

Ecusta Paper Corp., Pisgah Forest, N. C., V. St. A., *Herstellung von Zigarettenpapier.* Das Prod. gibt eine festhaftende Asche, wenn dem Stoff 0,5—5% eines Alkalihydroxyds, bes. NaOH, oder eines quaternären NH_4-Hydroxyds zugesetzt werden. Das Alkali wird vorteilhaft mit Säure, bes. H_3PO_4, vollständig oder teilweise neutralisiert, wodurch die Asche feinflockiger wird. NaOH kann im Stoff durch Rk. von $Ca(OH)_2$ u. Na_2CO_3 gebildet werden. Für das gebildete $CaCO_3$ ist ein Dispergiermittel, vorteilhaft ein Alkalipolyphosphat, erforderlich. — Beispiel: 100 (Teilen) Stoff werden 2,5 NaOH, 1,25 H_3PO_4 u. als Füllstoff 40 $CaCO_3$ zugesetzt. (**E. P. 646 030** vom 15/5. 1947, ausg. 15/11. 1950. A. Prior. 25/4. 1946.) G. VOGEL. 7983

Robinson Emmons Matthews und **Ward Duncan Harrison,** Brevard, N. C., V. St. A., *Zigarettenpapier mit verbesserter Verbrennung.* Das Papier, das $CaCO_3$ als Füllstoff enthält, wird mit einer wss. Lsg. von $NH_4H_2PO_4$, $(NH_4)_2HPO_4$ oder von beiden zusammen so imprägniert, daß das Prod. 0,2—0,4% PO_4 enthält. Zweckmäßig wird die noch feuchte Bahn imprägniert. (**E. P. 646 020** vom 13/1. 1947, ausg. 15/11. 1950.) G. VOGEL. 7983

H. P. Andrews Paper Co., New York, N. Y., V. St. A., *Herstellung von Druckpapier.* Das Papier wird mit einer wss. Dispersion von koll. SiO_2 überzogen u. getrocknet, oder es werden nacheinander Wasserglas u. eine Alaunlsg. aufgebracht, wobei feine SiO_2-Teilchen ausgefällt werden. (**E. P. 647 197** vom 1/4. 1947, ausg. 6/12. 1950. A. Priorr. 18/4. u. 24/10. 1945 u. 8/2. 1946.) LAASS. 7985

Australian Paper Manufacturers Ltd., Matraville, New South Wales, Australien, *Aufarbeitung von Bitumenpapieren und -pappen.* Der z. B. bei 20° aufgeschlagene Stoff wird, zweckmäßig nach Vorreinigung durch Sieben, bei $p_H > 7$, bes. 10, u. z. B. bei 2—3% Stoffdichte mit einem Lösungsm. (D. < 1) für Bitumen (**I**), z. B. mit 40 (Teilen) Kerosin auf 100 **I**, nochmals, z. B. 2 Std., aufgeschlagen. Die Lsg. des **I** steigt nach oben, wird abgezogen u. auf I verarbeitet. (**E. P. 636 277** vom 27/10. 1947, ausg. 26/4. 1950.) G. VOGEL. 7987

Wolfgang Wehl, Stuttgart, *Herstellung von transparentem oder pigmentiertem Material für Beleuchtungszwecke usw.*, z. B. für Lampenschirme. Bei der Warmverklebung (z. B. durch Bügeln, Pressen, Walzen) von mindestens 2, zweckmäßig vorbehandelten, imprägnierfähigen Celluloseschichten (Papier, Karton) mit beidseitig aufgebrachten Polyvinylacetatfilmen werden kleine formbeständige Hohlräume erhalten, wenn mindestens 1 Schicht vorverformt, z. B. verdrillt, u. beim Verkleben der Druck begrenzt wird. Die Ausgangsstoffe sind pigmentiert oder bedruckt. Die Prodd. wirken hochtransparent, diffus oder reflektierend. (**D. B. P. 875 917** Kl. 55f vom 20/9. 1950, ausg. 7/5. 1953.) G. VOGEL. 7987

Émile Michaud, Frankreich, *Wasserdichtmachen von Papier und Geweben.* Als wasserdichtmachende Zwischenschicht zwischen zwei Lagen aus Papier, Gewebe oder dgl. dient eine Mischung aus Steinkohlenteer u./oder Erdpech (70%) mit einem oberen F. von 80° u. Leichtölen (30%). Für die Leichtöle wird folgende Zus. empfohlen: Aromat. KW-stoffe 70%, Äthylen-KW-stoffe 10%, Phenol 10%, Pyridinbasen 10%. Die günstigste Temp. für das Einbringen der Zwischenschicht liegt zwischen 120 u. 170°. (**F. P. 1 005 186** vom 16/6. 1947, ausg. 7/4. 1952.) GLAFEY. 7987

Fettchemie und Fewa-Werk VEB (Erfinder: **Hans Markert**), Chemnitz, *Herstellung von tintenfestem Papier* mit Hilfe von Hydrophobierungsmitteln, welche hydrophobe Gruppen u. außerdem reaktionsfähige Atome oder Atomgruppen enthalten, die beim Erhitzen zur Rk. mit der Faser bzw. zur Eigenkondensation befähigt sind, dad. gek., daß das ungeleimte Papier während oder nach seiner Fertigstellung mit einer Lsg. der Hydrophobierungsmittel in W. oder organ. Lösungsmitteln besprüht bzw. durch einen Raum geführt wird, der die genannten Lsgg. in Nebelform enthält, worauf das Papier bei einer Temp. von ca. 90—130° getrocknet wird. (**D. P. [DDR] 824** Kl. 55f vom 1/8. 1943, ausg. 2/5. 1952 [Wirtschaftspatent].) M. F. MÜLLER. 7987

F. A. R. Franchi, Schweiz, *Imprägnierter Pappbehälter.* Die Wandungen des zylindr. Behälters bestehen aus mehreren Lagen von Papier, die mittels eines bei der Trocknung unlösl. werdenden Spezial-Caseinleimes folgender Zus. zusammengeklebt sind: 50 (Gewichtsteile) Casein werden mit nacheinander zugesetzten 250 kaltem W. u. 200 Kalkmilch (20%ig.) bis zur vollkommenen Auflsg. des Caseins gerührt. Zur Erhöhung der undurchlässig machenden Wrkg. dieses Leimes u. seiner Elastizität wird obige M. noch mit 515 folgender Mischung versetzt: 50 Casein werden in 350 kaltem W. gelöst, mit 5 Kalkmilch (20%ig.) u. 100 einer Mischung von 700 fl. Ammoniak u. 500 Zinkoxyd versetzt. Nach mindestens 24std. Ruhe werden dieser Mischung noch 20 einer 20%ig. Lsg. von Kautschuk in Bzl. zugesetzt. Die innere Oberfläche des Behälters ist mit einem säure- u. alkalibeständigen Lack überzogen. Dieser enthält als Lösungsmittel: 7—12 (Teile) Bzl., 3—7 Äthylacetat, 0,5—1,5 Aceton, 1—3 Butylacetat. In diesem Gemisch sind gelöst: 20—25% Nitrocellulose hoher Viscosität, 1—2% Weichmacher, z. B. M 95 u. M 97 der CIBA SOC. AN., Basel, sowie 2—3% Dibutylphthalat. Das zu tiefe Eindringen der Lösungsmittel des Lackes in das Papier verhindert ein der Lackierung vorangehender Schutzüberzug aus Gummi arabicum, dem Aluminiumpulver oder Titanoxyd zugesetzt sind. (**F. P. 1 008 382** vom 16/1. 1950, ausg. 16/5. 1952.) GLAFEY. 7987

United Wallpaper, Inc., Chicago, Ill., V. St. A., *Tapete.* Die Papierbahn wird a) mit einer Öl–Harz-Mischung (enthaltend Na_2SiO_3 u. Verdünnungsmittel) imprägniert, b) mit Pigment (TiO_2, $TiO_2 + CaSO_4$, $CaCO_3$) behandelt, c) nach Bedarf mit einer wss. Öl–Protein-Druckpaste gefärbt bzw. gemustert u. d) mit einem Cellulosederiv. oder Vinylharzlack überzogen, der als Glättungsmittel SiO_2, Diatomeenerde oder $CaCO_3$ neben einem Weichmachungsmittel enthält. Die Tapete ist gegen Fett, Öl, Tinte, Bleistift u. Lebensmittelflecken unempfindlich. (**E. P. 641 938** vom 8/10. 1946, ausg. 23/8. 1950.) SALZMANN. 7989

Inkerman Works (Erfinder: **Frederick Heywood jr.** und **John Craven,** Cheetham, **Percy Allan Charlesworth,** Adlington), England, *Auffrischen untauglich gewordener Kunststoffüberzüge von Druckwalzen.* Die Walzen werden mit Lsgg. solcher Stoffe behandelt, die als Weichmacher für die Kunststoffe dienen. Z. B. wird eine unbrauchbar gewordene Druckwalze, die mit einer Polyvinylchloridmasse (**I**) überzogen ist, so lange mit einer 0,5—2%ig. Lsg. von Trikresylphosphat (**II**) in Mineralöl getaucht, bis **I** genügend **II** aufgenommen hat. (**E. P. 637 417** vom 4/12. 1947, ausg. 17/5. 1950.) LAASS. 7989

Columbia Ribbon & Carbon Mfg. Co., Glen Cove, übert. von: **Douglas A. Newman,** Port Washington, N. Y., V. St. A., *Flachdruckplatte.* Ein Papierblatt von verhältnismäßig poröser, faseriger Struktur wird von der einen Seite aus bis in eine Tiefe von $^1/_3$ seiner Gesamtstärke mittels Stärke pergamentartig gemacht. Zwei derartige Blätter werden so aufeinandergelegt, daß die Pergamentschichten außen sind, u. mittels einer wasserfesten Klebschicht miteinander verbunden. Die eine der Pergamentschichten erhält einen Überzug aus fein verteiltem mineral. Material, der trocken eine Fettfarbe annimmt, naß aber fettabstoßend ist. (**A. P. 2 511 783** vom 28/2. 1946, ausg. 13/6. 1950.) BAUR. 7989

S. D. Warren Co., Boston, Mass., übert. von: **Frederick H. Frost,** Portland, Me., V. St. A., *Flachdruckplatte* mit W. annehmender Oberfläche. Die Bildstellen derselben enthalten eine in W. lösl. Verb., die mit einem in W. lösl. Metallsalz, dessen Valenz >1 ist, zu reagieren vermag, so daß eine unlösl. Verb. dieses Metalles entsteht. Die bildfreien Stellen der Oberfläche enthalten eine unlösl. Verb. dieses Metalles. — Mehrere Ausführungsbeispiele. (**A. P. 2 559 610** vom 12/12. 1947, ausg. 10/7. 1951.) BAUR. 7989

Soc. des Procédés Serge Beaune, Créteil, Frankreich, *Gleichzeitiges Drucken mehrerer Farben.* Das Muster einer Tiefdruckform, z. B. einer Kupferstichplatte, wird auf mehrere, der Farbenzahl entsprechende Einfärbwalzen (I) übertragen, deren Belagschichten den Teilfarben entsprechend derart weggeschnitten werden, daß die Teilmuster erhaben stehen. Mit diesen I wird die Tiefdruckform eingefärbt, wobei sich die Teilfarben zu Mischfarbtönen überdecken können. (**Schwz. P. 275 461** vom 29/12. 1947, ausg. 1/8. 1951. F. Prior. 15/6. 1944.) KITTLER. 7989

Shell Development Co., San Francisco, übert. von: **Curtis W. Smith,** Berkeley, Calif., V. St. A., *Herstellung von Lactonen.* Durch Einw. von Al-Isopropylat (I) auf Glutaraldehyd (II) in CCl_4 bei 20—60° erhält man *δ-Valerolacton,* $Kp._{0,5}$ 66—70°. I wird in Mengen von 0,001—0,4 (Mol) pro 1 II angewandt. Analog aus α.γ-Dimethyl-α-äthoxymethylglutaraldehyd *α.γ-Dimethyl-γ-äthoxymethyl-δ-valerolacton,* $Kp._{0,05}$ 71 bis 76°; aus α.γ-Dimethyl-α-methoxymethylglutaraldehyd *α.γ-Dimethyl-γ-methoxymethyl-δ-valerolacton,* $Kp._{0,3}$ 90—94°. — Verwendung als *hochsd. Lösungsmittel,* bes. für *Druckerschwärze.* (**A. P. 2 526 702** vom 20/9. 1948, ausg. 24/10. 1950.) BRÖSAMLE. 7989

Knud Malling, Kopenhagen, Dänemark, *Zellstoffmasse* für Tapetenmakulatur, Maluntergrund, Schall- u. Wärmedichtungen, Linoleum, Rohrisolierungen u. dergleichen. — 3 (kg) Zellstoff werden mit 2 Kieselgur, 0,5 Al_2O_3 u. 0,6 $Na_2B_4O_7$ feucht angerührt u. mit 0,1 Casein, 0,005 $Ca(OH)_2$ u. gegebenenfalls 5% Sand versetzt. (**E. P. 636 665** vom 2/11. 1945, ausg. 3/5. 1950. Dän. Prior. 23/10. 1940.) SALZMANN. 7993

American Viscose Corp., Del., V. St. A., *Schwerentflammbare Folien* aus Cellulosehydrat, Cellulosederivv., Gelatine, Casein, Papier u. wasserlösl. Vinylharzen erhält man durch Behandlung mit einer wss. Guanidinthiocyanatlsg.; diese kann außerdem andere hygroskop. Stoffe, wie Li- u. K-Acetat, -Citrat, -Lactat, -Salicylat, Amylaminformiat, Harnstoffmalat, Propylaminacetat, Glykol, Sorbit, Li-Acetylsalicylat, Triäthanolaminmonomalat u. Di-(triäthanolamin-prim.-phosphat enthalten. (**E. P. 647 582** vom 16/10. 1946, ausg. 20/12. 1950.) SALZMANN. 7995

National Research Corp., Cambridge, übert. von: **Philip Godley,** Lexington, Mass., V. St. A., *Aufdampfen von Metallüberzügen im Vakuum.* Die zu überziehenden nichtmetall. Oberflächen werden zunächst in einem Vakuum von 50—500 μ Hg erhitzt, um okkludierte Gase zu entfernen, u. dann nach Abkühlung mit Metall bedampft. Man erhält so z. B. festhaftende Al-Überzüge auf „Cellophan". — Zeichnung. (**A. P. 2 562 182** vom 4/8. 1948, ausg. 31/7. 1951.) MARKHOFF. 7995

Imperial Chemical Industries Ltd., London, **David Hay Coffey, Owen Burchell Edgar, Thomas James Meyrick** und **John Thomas Watts,** Blackley, England, *Filme und Formkörper aus Nitrocellulose* erhalten als weichmachenden Zusatz 16—50% eines aus einem Glykol u. einer zweibas. Säure hergestellten Esters, z. B. Polyäthylensebacat (I), Terephthalsäure-Adipinsäure-Glykolat, ein Gemisch von I mit Polypropylenadipat, der mit einem Diisocyanat umgesetzt worden ist. Die M. kann als Isoliermittel für elektr. Leitungen, als Lack u. Überzug für Gewebe, Bekleidungsleder, Spielbälle, Reifen, Bodenbelag u. dgl. Verwendung finden. (**E. P. 640 597** vom 1/3. 1948, ausg. 26/7. 1950.) SALZMANN. 7995

Alfred J. Stamm and Elwin E. Harris, Chemical processing of wood. New York: Chemical Pub. Co. 1953. (605 S. m. Abb., Diagr., Bibl.) $.12,—.

XVIIIb. Textilfasern.

K. A. Lokapur, *Krimpon-Druck.* Kurze Beschreibung über Kreppausrüstung sowie die Herst. von Plissee-Effekten mittels Druckverf. auf Baumwollware, unter gleichzeitiger Angabe von Rezepturen, wird beschrieben. (Indian Textile J. **62.** 106—07. 120. Nov. 1951.) H. G. FRÖHLICH. 8032

—, *Die Anwendung von Calaroc GA und TC zum Wasserdichtmachen von Nylon. und anderen Geweben. Calaroc GA* ist eine 70%ig. wasserfreie stabile Lsg. eines neuartigen ölfreien Alkydharzes in Butylacetat. *Calaroc TC* ist eine schon mit W. äußerst heftig reagierende, stechend riechende, sehr giftige Lsg. von m-Toluylendiisocyanat in Toluol. Durch Rk. beider Lsgg. nach den angegebenen Vorschriften erhält man einen physiol. absol. unschädlichen wasserdichten Film ohne Verlust der Brillanz auf selbst mit empfindlichen Farben gefärbten Geweben. Auch eine Färbung dieses Films mit geeigneten Pigmenten ist möglich. (Fibre e Colori **2.** 467—69. Nov. 1952. Mailand, I. C. I. u. Sesacolor S. A.) GROH. 8032

Warren F. Busse, *Anwendungen von Spannungen durch hohe Kompression bei Textilfasern.* 1. Mitt. Zur Unters. des Verh. von unter hohen Drucken gepreßten Fasermassen [um einen Test zur Voraussage der Verspinnbarkeit von Baumwolle (I) zu finden], wurden Handkompressionsverss. u. quantitative Hochkompressionsprüfungen bei 13,8 bis 2760 kg/cm² (im Zylinder 1,25 cm Bohrung mit Stempel) bei Erfassung der Erholung u. des mkr. Bildes durchgeführt. Untersucht wurden verschieden gefärbte **I**, Zellwolle, Nylonstapelfaser, Wolle. Die beiden letzteren erholen sich gut selbst bei Drucken von 4140—5520 kg/cm², während unter drast. Bedingungen gefärbte u. schlecht verspinnbare **I** schon bei viel niedrigeren Drucken zu Pulver zerfällt. (Textile Res. J. **23.** 77—84, Febr. 1953. Charlottesville, Va., Inst. Textile Technol.) ZAHN. 8040

H. J. Kolb, H. E. Stanley, W. F. Busse und **F. W. Billmeyer jr.,** *Anwendungen von Spannungen unter hoher Kompression bei Textilfasern.* 2. Mitt. Mit Hilfe der in der 1. Mitt. (vgl. vorst. Ref.) beschriebenen Kompressionsmeth. wurden jeweils 0,3 g Stapelfaser 1 Min. komprimiert u. die Höhen der Pillen nach 15 Min., 2, 24 u. 72 Std. nach Kompressionen von 1380 oder 13800 kg/cm² gemessen. Untersucht wurden Fasern aus Kautschuk, elast. Nylon, Saran, n. Nylon, Wolle, Casein, Vicara, Orlon, Acrilan, Dacron, Dynel, Acetat, Reyon (Reihenfolge mit abnehmender Erholung). Schlechte Erholung beruht in erster Linie auf Überschreiten der elast. Grenze u. läßt sich teilweise durch 100° heiße Luft, W. (25, 100°) verbessern. Die einfache Hochkompressionsprobe eignet sich zur Voraussage des Verh. von Fasern bei hohen mechan. Beanspruchungen. (Textile Res. J. **23.** 84—90. Febr. 1953.) ZAHN. 8040

L. P. Herrington, *Bekleidung und Klima vom physiologischen Standpunkt aus gesehen.* Beschreibung über das Anpassungsvermögen des Menschen an die verschied. klimat. Einflüsse, wie Lufttemp., Luftfeuchtigkeit, Strahlung usw. In diesem Zusammenhang werden auch prakt. Prüfungen von Kleidungsstücken bzgl. ihrer physiol. Eigg., wie Luftdurchlässigkeit, Reflexionsvermögen, Hygroskopizität usw. beschrieben u. besprochen. — 6 Abbildungen. (Amer. Dyestuff Reporter **42.** P62—66. P69. 2/2. 1953. New Haven, Conn., Yale Univ., John B. Found. Labor. of Hyg., Dep. of Publ. Health.) H. G. FRÖHLICH. 8040

Horst Steinbach, *Das Waschen von Wolle.* Vortrag über die physikal. u. chem. Eigg. der Wollfaser, die Nachteile der Seifen u. die Vorteile der Fettalkoholsulfonate u. Fettsäurekondensationsprodd. bei der Wollwäsche. (Färgeriteknik **29.** 27—29. Febr. 46—48. 50—53. 55—56. März 1953. Düsseldorf, Böhme Fettchemie G. m. b. H.) R. K. MÜLLER. 8060

P. Larose, *Die Sorption von Chlorwasserstoff durch Wolle.* Die Sorption von trockenem HCl (**I**) durch Wolle (**II**) bei 4—42,5°, bei Drucken bis zu 65,1 cm Hg u. die stufenweise Desorption wurden untersucht. Die Isothermen gehorchten der FREUNDLICHschen Gleichung. Bis zu 7 mMol **I**/g **II** wurden aufgenommen. 1,4 mMole **I** blieben selbst nach Evakuierung bei 75° gebunden. Die Sorptionswärme betrug —1750 cal. Die behandelte **II** war gelblich verfärbt u. zeigte eine Alkalilöslichkeit von 75%. Die Möglichkeiten der Rk. von **I** mit **II** (Verb. mit bas. Gruppen, Serin, Threonin, Peptidgruppen, Abbau) sowie die Diffusionsgeschwindigkeiten werden diskutiert. (Textile Res. J. **23.** 91—98. Febr. 1953. Ottawa, Can., Nat. Res. Council, Div. of Chem.) ZAHN. 8060

F. Urban, *Über das Walken der Tuche.* Betrachtung über das Filzen der Wolle u. die verschied. Walkverfahren. Durch die Säurewalke wird in $3^1/_4$ Std. die gleiche Einwalkung erreicht wie durch eine 10std. Fettwalke. Weitere Vorteile der Säurewalke sind, daß durch sie die geringsten Verluste an Gewicht u. Reißfestigkeit des Tuchs eintreten. Nachteilig ist der härtere Griff des sauer gewalkten Tuches. (Textil-Praxis **8.** 420—24. Mai 1953.) V. KÖNIG. 8060

Hiroshi Fujita und **Akira Kishimoto**, *Eine Methode zur Bestimmung der Konzentrationsabhängigkeit des Diffusionskoeffizienten.* Zur mathemat. erleichterten Lösung von Diffusionsgleichungen (hochpolymere Stoffe, wie Cellulose, vollsynthet. Fasern usw.) wird eine vereinfachte Meth. vorgeschlagen. (Textile Res. J. **22**. 94—95. Febr. 1952. Maizuru, Japan, Univ. Kyoto.) ZAHN. 8070

P. Herrent, A. Lude und **F. Mouraux**, *Strukturviscosität von Viscose.* Vff. untersuchten die rheolog. Eigg. von Viscoselsgg., wie sie in der Kunstseideindustrie verwendet werden. Dabei wurde der entscheidende Einfl. des Polymerisationsgrades u. der Konz. festgestellt. Bei niedrigen Schubspannungen führten die Befunde zu Schlußfolgerungen, die von den von PHILIPPOFF gezogenen abweichen. Bei hohen Schubspannungen wird die Viscositäts–Konz.-Beziehung linear. (Bull. Soc. chim. belges **60**. 164—90. April/Juni 1951. Tubize, S. A. Fabelta, Centre de Rech.) SCHÄFF. 8074

D. F. Holmes, *Orlon Acrylfaser.* Ausführliche Übersicht über die physikal., chem. u. textilen Eigg. der Orlon-Faser. (Textile Mercury Argus **128**. 593—98. 3/4. 1953. E. I. du Pont de Nemours & Co., Inc., Textile Fibre Dep.) A. v. KÖNIG. 8080

Amilcare Magni, *Orlon, die Acrylfaser von du Pont.* Überblick über Entw., Herst., Eigg. u. Anwendungen. (Riv. Tessile Aracne **8**. 83—84. Jan. 1953.) R. K. MÜLLER. 8080

H. Moroff, *Über das Schlichten mit polymeren Acryl- und Methacrylsäuren.* Der Vf. gibt einen Überblick über das Schlichten von Polyamidfasern mit polymeren Acryl- u. Methacrylsäuren. In diesem Zusammenhang wird darauf hingewiesen, daß sich diese Verbb. (z. B. *Acrytex*) in sauer eingestellter Form (p_H 3—3,5) am besten eignen. Auf diese Weise wird die Schlichtauflage erhöht u. die Wasserempfindlichkeit der Filme bei hoher relativer Luftfeuchtigkeit wird stark herabgesetzt (nur noch 10% Wasseraufnahme bei 100% relativer Luftfeuchtigkeit). Die günstigste Schlichttemp. beträgt 55—60°, die Konz. 3—4%. Die Trockentempp. liegen zwischen 50—75°. Infolge der sauren Einstellung der Schlichtlsgg. müssen die Eisenteile (auch Cu) geschützt werden, was z. B. mit *Vetrodurlack* geschehen kann. Al ist sehr beständig, u. V 2 A sowie V 4 A werden überhaupt nicht angegriffen. Zum Schluß wird noch eine rasche u. einfache Meth. zur Best. der Schlichtauflage auf der Faser mitgeteilt. (Textil-Praxis **8**. 143—45. Febr. 1953. Darmstadt, Röhm & Haas G. m. b. H.) H. G. FRÖHLICH. 8080

H.-D. Schulz, *Praktische p_H- und r_H-Messung.* Es werden die Grundlagen der p_H- u. r_H-Messung aufgezeigt u. Angaben darüber gemacht, welche Meßanordnung für die einzelnen Bestimmungen — unter besonderer Berücksichtigung der Bedürfnisse für die Textilindustrie — sich als die günstigste erwiesen hat. Bes. wird auf den Mechanismus bei der r_H-Messung näher eingegangen. Die prakt. Form der p_H-Messung ist die elektrometr. Messung mittels Glaselektrode. Ein für diese Meßkette geeignetes Gerät, das *Acidometer*, wird beschrieben. — 9 Literaturzitate. (Reyon, Zellwolle andere Chemiefasern **31**. 314—18. Juni 1953. Berlin, Labor. der Fa. Dr. B. Lange.) P. ECKERT. 8096

H. Rath, G. Nawrath und **E. Schoenfeld**, *Erkennung der Polyacrylverbindungen im Rahmen der Appretur-, Schlichte- und Faseranalyse.* Inhaltlich ident. mit der C. **1953**. 629 referierten Arbeit. (Tinctoria [Milano] **50**. 7—11. Jan. 1953.) P. ECKERT. 8098

—, *Die Widerstandsfähigkeit von Wollölen bei der Lagerung gegenüber der Oxydation.* Ausführliche Beschreibung einer Testmeth. zur Best. des Widerstandes von Wollölen (Schmälze) gegenüber oxydativen Einflüssen. (Amer. Dyestuff Reporter **39**. P 911. 25/12. 1950.) H. G. FRÖHLICH. 8108

Ciba Akt.-Ges., Basel (Erfinder: **Franz Ackermann**, Binningen), Schweiz, *Neue Abkömmlinge der 4.4'-Diaminostilbendisulfonsäure-(2.2')* erhält man nach dem Verf. des Schwz. P. 281 107 (C. **1953**. 3172); z. B. die *4.4'-Bis-[2''-äthylamino-4''-chlor-1''.3''.5''-triazyl-(6'')-amino]-stilbendisulfonsäure-(2.2')*, deren Dinatriumsalz ein hellgelbes, in W. lösl. Pulver darstellt, oder die entsprechende 2''-Methylaminoverb., die gleichfalls als *opt. Bleichmittel* verwendbar ist. (**D. B. P. 877 146** Kl. 12p vom 7/9. 1950, ausg. 21/5. 1953. Schwz. Priorr. 18/10. 1949 u. 1/8. 1950.) BRÖSAMLE. 8027

Böhme Fettchemie G. m. b. H., Hamburg (Erfinder: **Kurt Burgdorf** und **Herbert Frotscher**, Chemnitz), *Netzmittel für die Textilindustrie* usw., bestehend aus Mischungen aus hochmol. Einwirkungsprodd. von Äthylenoxyd auf Fettsäuren, Fettalkohole oder aliphat. Amine u. aus aliphat., 8—12 C-Atome enthaltenden Alkoholen mit verzweigter Kette. (**D. R. P. 753 281** Kl. 8c vom 18/9. 1937, ausg. 27/4. 1953.) OVERBECK. 8029

Jean Ripert und **Soc. à r. l. Thibaud Gibbs & Cie.**, Seine, Frankreich, *Herstellung von ionenaktiven Stoffen.* Wasserunlösl. Aldehyde (Butyraldehyd, Önanthol, Dodecylaldehyd, Citral, Benzaldehyd, Zimtaldehyd, Salicylaldehyd, Furfurol) oder Ketone (Methylheptanon, Methylnonylketon, Methylnaphthylketon, Cyclohexanon, Cumarin,

Campher, Pulegon, Fenchon) werden mit Alkylenoxyden (Äthylenoxyd, Propylenoxyd) in Ggw. eines Katalysators [NaOH, $Ba(OH)_2$, Na-Äthylat, Al-Butylat] mehrere Std. bei 100—175° kondensiert. Es entstehen Verbb., die als *Textilhilfsmittel* mit baktericiden u. fungiciden Eigg. verwendbar sind. (**F. P. 982 421** vom 18/6. 1943, ausg. 11/6. 1951.) NOUVEL. 8029

Jean Ripert und **Soc. á. r. l. Thibaud Gibbs & Cie.**, Seine, Frankreich, *Herstellung von kationaktiven Stoffen.* Man vereinigt Betainester (erhältlich aus tert. Aminen, Aminoxyden odes Arsinen u. Halogencarbonsäureestern) mit Hydrazinen u. kondensiert die erhaltenen Prodd. mit Carbonylverbindungen. Folgende Ausgangsstoffe sind genannt: Dimethylpropylamin, Triäthanolamin, Triacetyltriäthanolamin, Diäthyldodecylaminoxyd, Dimethylanilin, Dimethylguanidin, Dimethylthioharnstoff, Pyrrol, Pyridin, Novocain u. Triäthylarsin; ferner Chlorameisensäure-, Chloressigsäure- u. p-Chlormethylbenzoesäureäthylester. Geeignete Hydrazine sind: Hydrazin, Semicarbazid, Thiosemicarbazid u. Harnstoff. Von Carbonylverbb. sind angeführt: Önanthol, Hexadecylaldehyd, Citral, Benzaldehyd, Zimtaldehyd, Glucose, Mannose, Aceton u. Campher. — *Textilhilfsmittel* mit baktericiden u. fungiciden Eigenschaften. (**F. P. 977 639** vom 26/9. 1942, ausg. 3/4. 1951.) NOUVEL. 8029

Badische Anilin- & Soda-Fabrik, Ludwigshafen/Rh. (Erfinder: **Oskar Leupin,** Mannheim), *Stabilisieren von Textilbehandlungsbädern.* Man setzt den Bädern, die Methylolverbb., z. B. Dimethylolharnstoff (**I**), u. gegebenenfalls saure oder säureabspaltende Mittel enthalten, 5—20% niedrigmol. Fettsäureamide, z. B. Formamid, Acetamid (**II**), Buttersäureamid, oder deren Methylolverbb. zu. — Z. B. versetzt man eine Lsg. von 150 (Teilen) **I** in 1000 W. mit 15 **II** u. 2 krist. $AlCl_3$. Die Lsg. ist lange haltbar u. dient zum *Knitterfestmachen.* (**D. B. P. 874 898** Kl. 8k vom 2/7. 1944, ausg. 27/4. 1953.) MÖLLERING. 8029

Silicon (Organic) Development Ltd., London, England, *Wasserabstoßende Ausrüstungen für Textilien, Papier, Glas, Keramik usw.* erhält man durch Behandlung mit einer Lsg., bei der 2 (Teile) Monoäthanolamin u. 2 W. in 100 kondensiertem Äthylsilicat (erhalten durch Rk. von $SiCl_4$ mit A.) verteilt u. mit 500—1000 Bzl. oder CCl_4 gelöst werden. (**E. P. 647 923** vom 24/3. 1948, ausg. 28/12. 1950.) MÖLLERING. 8033

British Rubber Producers' Research Association, London, und **Claude Montague Blow,** Welwyn Garden City, England, *Wasserfeste und mottensichere Ausrüstung* von Garnen u. Papier, gek. durch eine Behandlung mit einer Dispersion von a) 45 Litern einer anvulkanisierten Latexdispersion in einer 0,75% ig. wss. Cetyltrimethylammoniumbromidlsg. (**I**), b) 200 g einer 25% ig. Dispersion eines Antioxydans in **I** u. c) 1,8 kg einer 25% ig. Dispersion von Dichlordiphenyltrichloräthan (gelöst in Mineralöl) in **I**, die mit W. verd. u. mit NH_4OH auf ein p_H von 9—9,5 eingestellt worden ist. (**E. P. 638 090** vom 31/7. 1947, ausg. 31/5. 1950.) SALZMANN. 8033

Akt.-Ges. Cilander, Herisau, übert. von: **Paul Walter Steinlin,** Basel, Schweiz, *Erzeugung von Transparenteffekten auf Fasern aus regenerierter Cellulose.* Man behandelt das Material nach folgenden verschied. Möglichkeiten: 1. mit NaOH (**I**) von Mercerisierungsstärke 5 Sek. bei —5 bis 25° u. anschließend mit H_2SO_4 (**II**) von 40—52° Bé, 5—7 Sek. bei —5 bis 20°, entfernt freie **II** u. behandelt nochmals mit heißer **I** 5—10 Sek. bei 60°; 2. mit heißer **I** 5—12 Sek. bei 60° u. anschließend mit **II** 5—9 Sek. bei —5 bis 20°; 3. mit **I** 5 Sek. bei 50°, dann mit **II** 5—7 Sek. bei —5 bis 20° u. anschließend mit **I** 5 Sek. bei —5 bis 20°; 4. mit **I** 5—8 Sek. bei 55°, entfernt freie **I** u. behandelt anschließend nochmals mit **I** 5 Sek. bei 45°; 5. mit **I** 5—10 Sek. bei 50°, entfernt **I** u. behandelt nochmals 5 Sek. mit **I** bei —5 bis 25°. (**A. PP. 2 506 041, 2 506 042, 2 506 043, 2 506 044** u. **2 506 045** vom 31/7. 1946, ausg. 2/5. 1950. Alle Schwz. Prior. 22/4. 1943.) v. SCHILLER. 8033

Dow Corning Co., Midland, Mich., V. St. A., *Wasserabweisende Gewebe* erhält man durch Imprägnierung mit einer wss. Emulsion von polymerisierten Siloxanen vom Typ —(CH_3)SiH—O—. Die Polymerisate werden durch Hydrolyse von CH_3HSiCl_2, gegebenenfalls im Gemisch mit $(CH_3)_2SiCl_2$, $C_{18}H_{37}SiCl_3$ oder $C_6H_5(CH_3)SiCl_2$ erhalten. Nach der Imprägnierung trocknet man das Textilgut u. fixiert das Harz durch Erhitzen auf Tempp. > 100°. (**E. P. 645 768** vom 11/5. 1948, ausg. 8/11. 1950.) MÖLLERING. 8037

Deutsche Hydrierwerke Akt.-Ges., Düsseldorf (Erfinder: **Winfried Hentrich,** Riehen, Basel, Schweiz, und **Heinz-Joachim Engelbrecht,** Dessau), *Bis-sulfaminosulfimide. Bis-[3-(3'.4'-dichlorbenzolsulfamino)-benzolsulfonyl]-imidnatrium.* Man setzt 3-Nitrobenzolsulfochlorid mit NH_4Cl in NaOH um, red. das entstandene 3.3'-Dinitrodibenzoldisulfimid mit Fe u. Essigsäure, behandelt mit 3.4-Dichlorbenzolsulfochlorid u. setzt mit NaOH um, hellgraues Pulver. — Analog: *Bis-[3-(2'.4'.5'-trichlorbenzol-*

sulfamino)-benzolsulfonyl]-imidnatrium, graues Pulver. Die Substanzen dienen zur *insektensicheren Imprägnierung* von *Textilien*. (**D. B. P. 875 661** Kl. 12q vom 19/7. 1940, ausg. 4/5. 1953.) LANGER. 8037

B. F. Goodrich Co., New York, N. Y., V. St. A., *Kunstharzemulsionen*. Ein Monomerengemisch aus Vinyl- u./oder Vinylidenchlorid (I) u. einem Acrylsäureester wird in Ggw. eines Netzmittels, eines Peroxydkatalysators u. eines milden Alkalis oder alkal. Puffersalzes in Abwesenheit von Luft-O_2 in wss. Emulsion polymerisiert, wobei der Geh. der Emulsion an Vinylverbb. mindestens 10% betragen soll. — 20 (Teile) Methylacrylat, 80 I u. 1 $K_2S_2O_8$ werden mit 250 einer wss. 1% ig. Netzmittellsg. mit einem Geh. von 0,2% NH_4OH 65 Std. bei 50° polymerisiert. — Die z. B. mit Dioctylphthalat vermischte Emulsion eignet sich zum *Wasserdichtmachen* von *Stoffen* oder zur Herst. festhaftender Überzüge. (**E. P. 636 535** vom 11/10. 1946, ausg. 3/5. 1950. A. Prior. 24/12. 1942.) MÖLLERING. 8037

Imperial Chemical Industries Ltd., London, **Leslie Bradford Robert Henry Roberts** und **Charles Douglas Weston**, Manchester, England, *Glänzen und Prägen, besonders von Baumwollgewebe*. Man imprägniert das Gut mit einer wss. Lsg. eines Vorkondensates (I) aus Diharnstoff u. CH_2O, trocknet, prägt, z. B. durch heißes Kalandern, u. härtet bei erhöhter Temp. aus. Zweckmäßig setzt man I als sauren Katalysator $NH_4 \cdot H_2PO_4$ zu. (**E. P. 660 002** vom 21/5. 1948, ausg. 31/10. 1951.) MÖLLERING. 8045

Dow Chemical Co., Midland, Mich., übert. von: **Edgar C. Britton**, Midland, Mich., und **John N. Hansen**, Albert Lea, Minn., V. St. A., *Quaternäre Pyridiniumhalogenide*, die z. B. *Meltaubldg.* auf *Baumwollgeweben verhindern*. Durch Rk. von Pyridin mit 2-[2'-(3''.5''-Dichlor-2''-phenyl)-äthoxy]-äthylchlorid erhält man das *2-[2'-(3''.5''-Dichlor-2''-phenyl)-äthoxy]-äthylpyridiniumchlorid* vom F. 137—139°. Analog werden dargestellt: *2-[2'-(Monochlor-2''-phenyl)-äthoxy]-äthylpyridiniumchlorid*; *2-(5'-Chlor-2'-phenyl)-äthyl-γ-picoliniumbromid*, F. 131—132°. (**A. P. 2 578 668** vom 21/10. 1949, ausg. 18/12. 1951.) BRÖSAMLE. 8045

N. V. de Bataafsche Petroleum Mij., Den Haag, Holland, *Imprägnierungsmittel für Faserstoffe*. Um Faserstoffe gegen den Angriff von Mikroorganismen zu schützen, imprägniert man sie mit einem Mittel, das 1. Schwermetallsalze organ. Säuren, bes. Naphthensäuren, 2. KW-stoffe (I), bes. mit Kp. 140—200°, 3. organ. Lösungsmittel, die Öl u. W. lösen u. weniger viscos als I sind, 4. öllösl. capillarakt. Stoffe enthält. — Z. B. wird ein Gemisch aus 40 (%) Zn-Naphthenat (Naphthensäuren mit SZ. 170), 57 Schwerbenzin (Kp. 140—200°), 1 Diacetonalkohol u. 2 Natriumerdölsulfonat (aus Weißöl) verwendet. Bes. dienen die Mittel zum Imprägnieren von *Fischnetzen* oder Fischnetzgarnen vor deren Eingerbung. (**N. P. 78 637** vom 21/7. 1949, ausg. 4/6. 1951. Holl. Prior. 23/7. 1948.) JÜRGEN SCHMIDT. 8051

Scholler Brothers, Inc., Philadelphia, Pa., V. St. A., *Chlorieren von Wolle*. Man behandelt die Wolle zunächst mit einem Säurebad bei p_H 1—4, bis sie 0,4—0,6, bes. 0,49—0,55, Milliäquivalente je g lufttrockene reine Wollfaser aufgenommen hat. Anschließend wird mit chlorierenden Mitteln, z. B. Calciumhypochlorit (I), bei p_H 7,2—9 in Ggw. von alkal. Na-Borat chloriert, wodurch das Chlor allmählich u. kontrollierbar frei gemacht wird. Man verwendet zum Chlorieren z. B. eine Lsg. mit 4,5—10 (%) Na-Metaborat u. 1,75—6,5 I. (**N. P. 80 045** vom 11/10. 1948, ausg. 15/4. 1952. A. Prior. 15/5. 1948.) JÜRGEN SCHMIDT. 8061

Soc. des Produits Houghton, Seine, Frankreich, *Walken von Wolle*. Man verwendet als Walkmittel eine Paste aus 30% Ton, 6% Na_3PO_4, 12% Seife oder Fettstoffsulfonaten, 5% Na_2CO_3 u. 47% W., die man durch Emulgieren herstellt, bei 100° kocht u. erkalten läßt, u. die sich in W. leicht löst. Das neue Walkverf. ist mit einer Fettstoffersparnis, einer Herabsetzung der Walkdauer u. daher mit verhältnismäßig geringen Kosten verbunden. (**F. P. 973 124** vom 17/6. 1941, ausg. 7/2. 1951.) RAETZ. 8061

Textilwerk Akt.-Ges. Gossau, Gossau, Schweiz, *Haltbarmachen von Wollgarn oder daraus hergestellten Produkten gegen Verfilzung und Schrumpfung*. Man behandelt Wollgarn oder Wollgewebe mit einem Bad, das ein in Säure gelöstes Kunstharz (I) u. CH_2O enthält, z. B. je Liter 2 g I, das in 40% ig. HCOOH gelöst ist, u. 2 cm³ CH_2O. Die Behandlung soll bei 25° ca. ½ Std. dauern. Nähere Angaben über das I fehlen. (**N. P. 80 199** vom 3/11. 1949, ausg. 12/5. 1952. Schwz. Prior. 8/11. 1948.)
JÜRGEN SCHMIDT. 8061

Harris Research Laboratories, übert. von: **Arnold M. Sookne**, Silver Spring, Md., und **Alfred E. Brown**, Washington, D. C., V. St. A., *Wasserabweisende Wolle* erhält man durch Imprägnierung mit einer 0,25% ig. wss. Seifenlsg. u. anschließende Behandlung des Gutes mit einer 0,1% ig. wss. Lsg. eines Al-Salzes, wie $Al_2(SO_4)_3$. Geeignet sind Tempp. von 23—43°. (**A. P. 2 599 590** vom 28/7. 1948, ausg. 10/6. 1952.)
MÖLLERING. 8061

Farbwerke Hoechst, vormals Meister Lucius & Brüning (Erfinder: **Herbert Bestian, Heinrich Greune, Johannes Heyna, Werner Kirst** und **Joseph Nüsslein**), Frankfurt/M., *Veredeln von Keratinfasern.* Wolle oder andere Keratinfasern werden mit wss. Lsgg. von Äthyleniminen mit mindestens 2 Iminresten behandelt. Geeignete Prodd. erhält man z. B. durch Anlagerung von Äthyleniminen an Isocyanester oder Verbb. mit beweglichem C-Atom; sie haben die nebenst. allg. Formel, worin R mehrwertigen, aliphat., isocycl. oder heterocycl. Rest u. X eine Gruppe, wie —NH—CO—, —CO—, —SO_2— bedeuten. — Die Prodd. erhöhen die Alkalifestigkeit der Wolle. — Wollgarn wird 1 Std. bei 65° mit einer 0,05% ig. wss. Lsg. von Xyloltriäthylenharnstoff oder Hexamethylendiäthylenharnstoff behandelt, gespült u. bei 60—70° getrocknet. (**D. B. P. 872 037** Kl. 8k vom 1/8. 1944, ausg. 30/3. 1953.) MÖLLERING. 8061

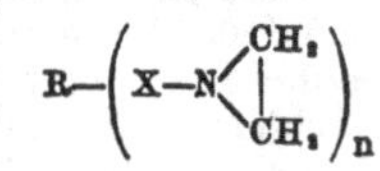

Fred Whitaker Co., übert. von: **Jackson Bauer**, Newportville, Pa., V. St. A., *Verbesserung der Standfestigkeit von wollenen Flor- bzw. Plüschgeweben* (Teppichen u. Polsterwaren). Wolle mit 0,3% Fettgeh. wird mit einer 0,1% ig. H_2SO_4 enthaltenden, 46° warmen 0,6% ig. wss. SiO_2-Dispersion (Teilchengröße 10—100 $\mu\mu$) 1½ Min. behandelt. Die Säuremenge kann auch 0,05% betragen; außerdem kann das Bad H_2O_2, Dispergiermittel, wie Alkylnaphthalinsulfonate oder Hexametaphosphate, gegebenenfalls in Verbindung mit substantiven Stoffen, wie quaternäre Ammoniumsalze oder auch Polystyrol-, Acrylsäure- oder härtbare Harze, enthalten. (**A. P. 2 570 750** vom 21/10. 1948, ausg. 9/10. 1951.) SALZMANN. 8061

United States of America, Secretary of Agriculture, übert. von: **Harrison W. Jones, Walter J. Thorsen,** Napa, und **Harold P. Lundgren,** Berkeley, Calif., V. St. A., *Verfestigen von Proteinfasern.* Wolle, Seide, Haare, Pelze u. künstliche Eiweißfasern werden 3 Tage in eine 20% ig. bis gesätt. Acroleinlsg. gelegt, gewaschen, getrocknet u. dann wiederum 3 Tage mit einer Lsg. von 0,5 cm^3 SCl_2 in 100 cm^3 CS_2 behandelt. Durch eine offenbare Vernetzung hat sich der Elastizitätsmodul etwa verdoppelt. In gleicher Weise können Web- u. Wirkwaren veredelt werden. (**A. P. 2 583 574** vom 30/8. 1949, ausg. 29/1. 1952.) SALZMANN. 8061

Comptoir des Textiles Artificiels, Frankreich, *Viscoseseide.* Viscose wird ohne jede mechan. Beeinflussung, wie Druck, Reibung, lediglich unter ganz schwachem Zug in einem aus 20—60° warmen konz. Na_2SO_4-Lsg. bestehenden Fällbad versponnen, dann auf 50—250% gestreckt u. schließlich in einem gleichen, aber angesäuerten Bad bei 60—100° fixiert. Diese Seide eignet sich für Kabelwicklungen, für Flugzeug- u. Automobilpneumatik sowie für Gewebe von großer Widerstandsfähigkeit. (**F. P. 989 136** vom 3/2. 1944, ausg. 5/9. 1951.) WITTHOLZ. 8075

Courtaulds Ltd. (Erfinder: **Donald Entwistle, Horace James Hegan** und **Edwin Holroyd Sharples**), London, England, *Rückgewinnung von $ZnSO_4$ aus dem Viscosespinnbad.* Das 70° warme, 2,1 (%) H_2SO_4, 0,85 $ZnSO_4$ u. 6 Na_2SO_4 enthaltende Fällbad läuft mit einer 22% ig. NaOH (24°; Tauchlauge) in einem Kessel zusammen (p_H 12) u. von da in einen Absetzbehälter. Nach Abfließen der Fl. wird $Zn(OH)_2$ mit 94% ig. H_2SO_4 gelöst unter Bldg. einer 21% ig. wss. $ZnSO_4$-Lösung. In gleicher Weise können auch Abfallaugen mit 3—6 (%) $ZnSO_4$, 20—30 $CaSO_4$ u. 5—10 $CaCO_3$, $Fe(OH)_2$, $Al(OH)_3$ durch Lösen in verd. H_2SO_4, Abtrennen des $CaSO_4$, Oxydieren des Fe-Salzes u. Ausfällen von $Fe(OH)_2$ u. $Al(OH)_3$ mit zurückgewonnenem $Zn(OH)_2$ aufbereitet werden. (**E. P. 678 462** vom 21/3. 1950, ausg. 3/9. 1952.) SALZMANN. 8075

Zellwolle Lenzing Akt.-Ges., Lenzing (Erfinder: **Theodor Kleinert** und **Philipp Wurm,** Vöcklabruck), Oberösterreich, *Ausscheidung von Calciumionen aus schwefelsauren, wässerigen Natriumsulfatlösungen, insbesondere aus sauren Fällbädern der Viscosefaserindustrie.* Man erhitzt diese Lsgg. mit einem Na_2SO_4-Geh. von über ca. 20% bis zur Ausscheidung von Doppelsalzen aus $CaSO_4$ u. Na_2SO_4 (Glaubersalz) auf über ca. 50° u. trennt die ausgefallenen Doppelsalze ab; man erhitzt die Lsg. auf eine Temp., die um 10—20° höher liegt als die höchste beim darauffolgenden Eindampfen auftretende Temp., bes. auf Tempp. zwischen 80° u. dem Kp. bei Atmosphärendruck bzw. bei Anwendung von Druck allenfalls über den atmosphär. Kp.; vorteilhaft verteilt man (zum Zwecke der Kristallkeimbldg.) in der die auszuscheidenden Salze enthaltenden schwefelsauren Na_2SO_4-Lsg. bei der Reaktionstemp. geringe Mengen krist. Doppelsalze aus $CaSO_4$ u. Na_2SO_4. Das Eindampfen der Spinnbäder kann auf diese Weise auch in höheren Temperaturgebieten ohne Verkrustungsgefahr durchgeführt werden; das Erhitzen der Spinnbäder bewirkt gleichzeitig eine Entgasung u. eine Ausscheidung des koll. S. (**Oe. P. 172 659** vom 7/6. 1951, ausg. 10/10. 1952.) RAETZ. 8075

Badische Anilin- & Soda-Fabrik, Ludwigshafen/Rh. (Erfinder: **Oscar Leupin,** Mannheim), *Formalisierung von Cellulosekunstseide* erfolgt unter Verwendung von in

W. lösl., aliphat. γ- oder δ-Halogencarbonsäuren, z. B. γ- oder δ-Chlor- oder Brombutter- oder -valeriansäure. — Z. B. setzt man einer wss. 0,6% ig. CH_2O-Lsg. 0,8% Säure zu. (**D. B. P. 864 848** Kl. 8k vom 3/6. 1942, ausg. 29/1. 1953.) MÖLLERING. 8075

Chemische Fabrik Stockhausen & Cie., Krefeld (Erfinder: **Richard Hess**, Vennikel, und **Georg Strauch**, Krefeld), *Quellfestmachen von Celluloseseide.* Man behandelt in Ggw. saurer Katalysatoren u. bei höherer Temp. mit wss. Lsgg. von Pentaerythrose (I) oder Kondensaten aus CH_2O u. Acetaldehyd mit einem erheblichen Geh. an I. — *Viscosezellwoll*-Gewebe wird mit einer Lsg. behandelt, die je Liter 100 g I u. 10 cm³ $AlCl_3$-Lsg. (30° Bé) enthält. Nach dem Abquetschen wird bei 70° vor- u. 15 Min. bei 120° nachgetrocknet, worauf mit alkal. Lsg. gespült u. wieder getrocknet wird. (**D. B. P. 864 850** Kl. 8k vom 22/9. 1942, ausg. 29/1. 1953.) MÖLLERING. 8075

Phrix Arbeitsgemeinschaft, Hirschberg (Erfinder: **Hugo vom Hove**, Frankfurt/M., und **Ruth Anschütz**, Hirschberg), *Erzielung eines dauerhaften, knirschenden Griffs und gleichzeitiges Schmälzen von Fasern aus regenerierter Cellulose*, gek. durch die Verwendung von Estern oder Estergemischen höherer aliphat. Alkohole mit gesätt. Fettsäuren oder Fettsäuregemischen (Säuren des Cocosfetts oder Palmöls) von 12—18 C-Atomen, also einer Gesamtkettenlänge von C_{24}—C_{36}, z. B. Lauryllaurat. (**D. R. P. 767 554** Kl. 29b vom 25/3. 1939, ausg. 22/12. 1952.) SALZMANN. 8075

E. I. du Pont de Nemours & Co., übert. von: **Frank Wesley Lane**, Newport, und **William Leonard Dills**, Wilmington, Del., V. St. A., *Herabsetzung der Entflammbarkeit von Textilien* (bes. Samt) aus *Cellulose*, gek. durch eine Behandlung mit einer wss. Lsg. von TiO_2 u. Sb_2O_3 in HCl (200—400 g der Oxyde im Liter). Atomverhältnis Ti : Sb = 0—2 : > 10. Die mit der beständigen Lsg. der Komplexverb. getränkten Textilien werden mit gesätt. Na_2CO_3-Lsg. neutralisiert, gewaschen u. getrocknet. — Es können auch andere Halogensalze des Ti oder Sb, HNO_3 oder Halogensäuren verwendet u. auch *Filme* behandelt werden. (**A. P. 2 570 566** vom 24/1. 1947, ausg. 9/10. 1951.) SALZMANN. 8075

Phrix-Werke Akt.-Ges., Hamburg (Erfinder: **Erich Torke**, Hamburg, und **Josef König**, Krefeld), *Fäden oder Fasern aus regenerierter Cellulose* mit erhöhter Affinität zu allen Farbstoffen erhält man durch den Zusatz von ganz oder teilweise verätherten Oxyalkyl- oder Oxaralkylaminen zur Viscose, die durch Rk. mit Äthylenoxyd oder Polyäthylenoxyd in 6% ig. Lauge lösl. gemacht worden sind; genannt ist u. a. der Trialkanolamindicetyläther, der mit 6 C_2H_4O-Gruppen umgesetzt worden ist. (**D. B. P. 871 810** Kl. 29b vom 13/6. 1951, ausg. 26/3. 1953.) SALZMANN. 8075

Bobingen Akt.-Ges. für Textilfaser (Erfinder: **Paul Schlack**), Bobingen, *Schlichtemittel.* Man verwendet zum *Schlichten von Kunstseidefäden* einen kalt oder heiß in W. lösl. Celluloseäther, z. B. Methylcellulose, Methyläthylcellulose oder bes. Carboxymethylcellulose (I), mit einem Zusatz capillarakt., in W. lösl. Dispergiermittel, z. B. Paraffinsulfonat oder Alkylbenzolsulfonat. — Geeignet ist ein Gemisch aus 32 (%) Na-I, 16 Na-Glykolat, 12 NaCl, 2 Na-Acetat, 6,5 Gemisch aus Cetyl- u. Stearylalkohol, 8,0 Paraffinsulfonsäureamid, 3,5 paraffinsulfonsaurem Ammonium u. 20 Wasser. (**D. B. P. 874 752** Kl. 8k vom 5/12. 1950, ausg. 27/4. 1953.) MÖLLERING. 8075

I. G. Farbenindustrie Akt.-Ges., Frankfurt/M. (Erfinder: **Hans Krzikalla u. Otto Dornheim**, Ludwigshafen/Rh., und **Fritz Nadler**, Köln), *Spinnfärben von Celluloseestern und -äthern*, dad. gek., daß man die aus sauren Farbstoffen u. höhermol. aliphat. Aminen (Palmkernfettdimethylamin) hergestellten Farbstoffsalze verwendet. (**D. R. P. 757 773** Kl. 39b vom 3/8. 1939, ausg. 18/5. 1953.) SALZMANN. 8077

Naphthol-Chemie Offenbach (Erfinder: **Ernst Fischer**), Offenbach/M., *Spinngefärbte Fäden aus Celluloseestern.* Man verleibt der Spinnlsg. organ. Pigmentfarbstoffe [Monoazofarbstoff aus diazotiertem 1-Amino-2-methoxybenzol-5-carbonsäurephenylamid u. 1-(2′-Oxycarbazol-3′-carboylamino)-4-chlorbenzol], mit oder ohne Zusatz von Ruß, in Form einer Zubereitung ein, die man durch intensives Vermahlen der Pigmente mit feinzerkleinerten Celluloseestermassen in Vorrichtungen, welche zur Erzeugung von raschen mechan. Schwingungen geeignet sind, erhält, wobei die Menge des Trägerstoffs diejenige des Farbstoffanteils zweckmäßig nicht wesentlich übersteigt. (**D. B. P. 879 589** Kl. 29b vom 29/10. 1950, ausg. 15/6. 1953.) SALZMANN. 8077

Badische Anilin- & Soda-Fabrik, Ludwigshafen/Rh. (Erfinder: **Hermann Berthold**, Heidelberg), *Herstellung von Pigmentzubereitungen* durch mechan. Bearbeitung von Pigmenten mit Celluloseestern, wobei man elektroneutrale Emulgiermittel, wie Einwirkungsprodd. von Äthylenoxyd (I) auf höhermol. Alkohole, z. B. von 25 (Mol) I auf 1 Octadecylalkohol mitverwendet. Die Pigmente (TiO_2, Zn-Weiß, Lithopone, Ruß, Metalloxyde, wasserunlösl. Azofarbstoffe, Küpenfarbstoffe oder Phthalocyanine) werden zweckmäßig vor dem Verkneten mit einer Acetylcelluloselsg. in Aceton u. A. mit den

Emulgiermitteln behandelt. Das nach dem Trocknen erhaltene Pulver verteilt sich schnell u. gleichmäßig in Acetylcellulosespinnlösungen. (**D. B. P. 868 484** Kl. 22g vom 25/6. 1944, ausg. 26/2. 1953.) GRÄGER. 8077

Svit, Národní Podnik, Gottwaldov, Tschechoslowakei (Erfinder: **J. Procházká**), *Herstellung von linearen Polyamiden.* Man erhitzt ein Gemisch aus 6-Aminocapronsäure u. 6-Caprolactam in einem offenen Behälter auf 150—300°, z. B. im Verhältnis von 20 : 80. Man erhält ein glasartiges *verspinnbares* Harz. (**Schwed. P. 131 695** vom 27/7. 1942, ausg. 15/5. 1951. D. Prior. 15/9. 1941.) JÜRGEN SCHMIDT. 8081

Chemickè Závody na Slovensku, Národní Podnik, Bratislava, Tschechoslowakei, *Behandlung von Fäden, Gewebe, Filz, Kunstleder* u. ähnlichen Erzeugnissen. Die aus *Superpolyamiden* hergestellten Prodd. werden durch ein verd. Säurebad u. anschließend durch eine instabile Latexemulsion geführt, der noch Vulkanisationsbeschleuniger zugemischt sein können. Hiernach werden die Prodd. getrocknet u. gegebenenfalls bei 120—140° vulkanisiert. An Stelle von Naturkautschuk kann auch Kunstkautschuk verwendet werden. Nach der Latexbehandlung können die Prodd. gedehnt, getrocknet u. der an sich bekannten weiteren Behandlung, z. B. Passieren eines heißen oder kalten Kalanders, unterworfen werden. (**F. P. 974 456** vom 29/10. 1948, ausg. 22/2. 1951. Tschech. Prior. 29/10. 1947.) WITTHOLZ. 8081

American Enka Corp., Enka, N. C., V. St. A., übert. von: **Theodoor Koch,** Oosterbeek, und **Noach Benninga,** Arnhem, Holland, *Hochmolekulare, lineare Polyamide.* Caprolactam (I) wird in Ggw. von 0,5—5% HCOOH (bezogen auf I) auf 150—300°, zweckmäßig bei n. Druck, erhitzt. Die Polymerisation von ω-Lactamen der Formel $\underline{HN—(CH_2)_n—CO}$ (n = wenigstens 5) erfolgt bei 170—300° in Ggw. eines geschmolzenen, hochmol., linearen Polyamids mit einer inneren Viscosität (Holl. P. 49 796; C. **1941**. I. 3613) von wenigstens 0,4 u. < 1 (Mol) W. je 50 Lactam, ohne Zusatz eines Katalysators, wobei ein Teil des teilweise polymerisierten Lactams laufend aus der Reaktionszone entfernt u. mit frischem Lactam in den Kreislauf zurückgegeben wird. — 100 (g) **I** werden mit 4 98%ig. HCOOH 20 Std. auf 255° erhitzt, wobei man ein farbloses, zu *Fäden* verspinnbares Polymeres mit einer inneren Viscosität von 0,8 erhält. — App., Zeichnung. (**A. PP. 2 562 796** vom 3/8. 1948, ausg. 31/7. 1951. Holl. Prior. 28/11. 1947 u. **2 562 797** vom 28/6. 1949, ausg. 31/7. 1951. Holl. Prior. 12/3. 1948.) KRAUSS. 8081

Imperial Chemical Industries Ltd., Robert G. Desson, Harry R. Hadfield und **Lionard Wood,** England, *Verminderung der schädlichen Lichteinwirkung auf Textilstoffe aus Nylon.* Man behandelt Nylontextilstoffe, z. B. Fäden aus Polyhexamethylenadipinsäureamid, bes. solche, die ein Mattierungsmittel, wie TiO_2, enthalten, bei 50—100° zunächst mit einer angesäuerten wss. Lsg. von 0,01—0,5%, bes. 0,05—0,5% (auf das Gewicht der Textilstoffe bezogen), $Na_2Cr_2O_7$, $K_2Cr_2O_7$ oder $(NH_4)_2Cr_2O_7$ u. darauf mit einem Mittel, das aus der Bichromatlsg. durch Red. Chromiionen bildet wie $Na_2S_2O_3$, $NaHSO_3$, das Kondensationsprod. aus CH_2O u. $NaHSO_3$ oder CH_2O. So behandelte Nylonfäden verlieren bei viermonatiger Einw. des Tageslichtes im Frühjahr u. Sommer nur 26% ihrer Zugfestigkeit, während unbehandelte Fäden unter denselben Bedingungen 80% ihrer Zugfestigkeit einbüßen. — Beispiel. (**F. P. 993 632** vom 20/8. 1949, ausg. 5/11. 1951. E. Prior. 8/9. 1948.) RAETZ. 8081

British Nylon Spinners Ltd., Alick Robert Munden, Pontypoll, und **Robert Geoffrey Aickin,** London, England, *Schlichte zum Wirken, besonders von Nylonfäden.* Zu 100 (Teilen) einer Lsg., die 8 (%) Polyvinylalkohol (VZ. 140), 1,6 H_3BO_3 u. 90,4 W. enthält, setzt man 8 Paraffinschmierölgemisch, das 5 (%) Glycerindioleat, 3 Na-Salz von sulfonierten KW-stoffsulfonsäuren u. 0,2 Dimethylbutylphenol enthält. Während der Emulgierung stellt man durch Eisessig auf p_H 5,5 bei 20° ein. Nach dem Schlichten soll das Garn 5,9% Schlichte enthalten. (**E. P. 659 380** vom 13/10. 1949, ausg. 24/10. 1951.) MÖLLERING. 8081

British Nylon Spinners Ltd., Pontypool, und **Geoffrey Harry Langdon Andrew,** Coventry, England, *Verhinderung der elektrostatischen Aufladung von Polyamidfäden,* die mit einer 2 (%) NaCl u. 20 W. enthaltenden Lsg. eines mehrwertigen, über 200° sd. aliphat. Alkohols, z. B. Diäthylenglykol oder Glycerin imprägniert werden; diese Lsg. kann auch noch fungicide (Salicylanilid), korrosionsverhindernde ($NaNO_2$) u. oberflächenakt. (sulfonierte Fettalkohole) Mittel enthalten. (**E. P. 649 877** vom 22/9. 1948, ausg. 7/2. 1951.) SALZMANN. 8081

American Cyanamid Co., New York, N. Y., übert. von: **Arthur Cresswell,** Stamford, Conn., V. St. A., *Herstellung von Fäden und Fasern aus Polyacrylnitrillösungen* in NaSCN mittels W. von < 10° als Fällbad. Der Faden läuft anschließend in mehreren Windungen über ein Paar geschränkte, mit kaltem W. berieselte Walzen, wird in heißem W. gestreckt u. in gequollenem Zustand auf der Sammelspule mit einem antistat. Mittel (z. B. Guanylharnstoff, Guanidinsalzen von Schwefelsäureestern, Alkoxypropionitrilen) behandelt u. getrocknet. — Bei der Herst. von gekräuselten Fasern wird das gestreckte Kabel bei ca. 70° bis auf gegebenenfalls 13% W. vorgetrocknet, geschnitten u. fertig getrocknet oder spannungslos durch einen Trockenschrank geführt u. geschnitten. — Durch eine zusätzliche ganz kurze (0,01—1 Sek.) u. spannungslose Erwärmung der trocknen Fäden, z. B. in einem mit Kanälen versehenen Heizblock, auf 175—400° wird das Schrumpfbestreben im wesentlichen aufgehoben, während die Dehnung von ca. 10 auf 20% steigt. — Zeichnungen. (**A. PP. 2 558 731** vom 27/1. 1949, **2 558 732** vom 15/4. 1949 u. **2 558 733** vom 8/6. 1949, alle ausg. 3/7. 1951.) SALZMANN. 8081

American Cyanamid Co., New York, N. Y., übert. von: **Arthur Cresswell,** Stamford, Conn., V. St. A., *Fäden, Filme, Rohre, Bänder und dergleichen aus Polyacrylnitril* oder seinen Mischpolymerisaten (z. B. Acrylamid). Man verarbeitet eine 15%ig. 75° warme Polyacrylnitrillsg. (I) in NaSCN (oder eine 10%ig. I in $ZnCl_2$) u. fällt in W. von —10° (mit A.-Zusatz), 1, 10, 25 oder 50° aus. Das Zulaufrohr mit der Spinndüse enthält ein zentr. eingebautes Heizelement. Die *Fäden* werden zweckmäßig in einem anschließenden zweiten 90—100° warmen Wasserbad, gestreckt. — Die Fäden werden, ohne vorherige Trocknung, mit Acetatfarbstoffen [z. B. 4-(β-Oxyäthylamino)-1-methylaminoanthrachinon, 4-Acetamino-2'-oxy-5'-methylazobenzol) in Ggw. eines Netzmittels bei 40° gefärbt; vor oder nach dem Färben wird ein wss. Quellmittel (50%ig. Harnstofflsg., Glycerin, sulfoniertes Ricinusöl, Äthylencyanhydrin), gegebenenfalls mit einem Aviviermittel, zur Einw. gebracht. — Zeichnungen. (**A. PP. 2 558 730** vom 4/9. 1947 u. **2 558 735** vom 30/8. 1950, beide ausg. 3/7. 1951.) SALZMANN. 8081

American Viscose Corp., Wilmington, Del., übert. von: **Howard M. Hoxie,** Chester, Pa., V. St. A., *Polyacrylnitril-Naßspinnverfahren.* Eine 18%ig. Lsg. eines Acrylnitril-2-vinylpyridin (90:10%)-Mischpolymerisates in Dimethylacetamid (I) wird in ein 30° warmes, aus I u. 33 W. bestehendes Bad gesponnen. Beim Austritt aus dem Bad läuft W. entgegen, das für eine geregelte Badkonz. sorgt. Die Fäden werden in 80 bis 85° warmem W. gestreckt, gewaschen, auf einer Walze getrocknet u. durch ein mit Dampf (4,2 at) gespeistes Rohr geführt. — Zeichnungen (**A. P. 2 577 763** vom 5/11. 1949, ausg. 11/12. 1951.) SALZMANN. 8081

E. I. du Pont de Nemours & Co., Wilmington, Del., übert. von: **Allen E. Polson,** Tallmadge, O., V. St. A., *Gut färb- und formbare Garne, Fäden und Filme aus Polyacrylnitril* (I) erhält man, indem man I mit salpetriger, phosphoriger oder schwefliger Säure (II) soweit hydrolysiert, daß 2—75% I zu Amiden hydrolysiert sind. — 110 (Teile) pulverisiertes I werden bei 5—6° in 2460 II in 18 Std. zu einer klaren Lsg. gelöst, die bei 2—3 mm Hg entgast u. nach 48 Std. Alterung aus einer rostfreien Stahldüse zu Fäden von 0,003 inch Durchmesser versponnen werden. (**A. P. 2 579 451** vom 31/12. 1948, ausg. 18/12. 1951.) MÖLLERING. 8081

E. I. du Pont de Nemours & Co., V. St. A., übert. von: **Jesse Harmon,** *Acrylnitril-Vinylpyridin-Mischpolymerisation* in wss. Emulsion bei p_H 7—10,5 unter Anwendung von 2—25% Vinylpyridin (2- oder 4-Vinylpyridin, 4-Äthyl- oder 4,6-Dimethyl-2-vinylpyridin) bei 35—60°. Verarbeitung der Polymeren auf *Fasern,* die sich gut färben lassen, bes. mit sauren Farbstoffen. (**F. P. 981 751** vom 24/2. 1949, ausg. 30/5. 1951. A. Prior. 25/2. 1948.) PANKOW. 8081

Soc. Rhodiaceta, Frankreich, *Herstellung von Fäden, Fasern, Borsten* u. dgl. aus Polyvinylchlorid (I). Mit nichtlösenden Fll., wie Trichloräthylen, Äthylacetat, Bzl., Toluol, wird I gequollen, bei erhöhter Temp. aus Spinndüsen gepreßt u. der Faden getrocknet u. gestreckt. (**F. P. 994 511** vom 6/7. 1949, ausg. 19/11. 1951.) WITTHOLZ. 8081

Industrial Rayon Corp., Cleveland, übert. von: **Gaetano F. d'Alelio,** Shalter Heights, O., V. St. A., *Lösungen von Polymerisaten,* die mindestens 50—80% Vinylidenchlorid enthalten (Rest Acrylnitril u. dgl.) u. ein Mol.-Gew. von 10000—200000 besitzen, erhält man z. B. durch Lösen von 10 (Teilen) Polyvinylidenchlorid in 90 CH_3COOH-freiem N.N-Dimethylacetamid bei Raumtemperatur. Bei erhöhter Temp. u. gegebenenfalls unter Druck kann man 20—25%ig. Lsgg. erhalten. Herst. von *Fasern,* Filmen u. dergleichen. — Beispiele. (**A. P. 2 531 406** vom 25/10. 1946, ausg. 28/11. 1950.) MÜLLER-MEININGEN. 8081

Celanese Corp. of America, übert. von: **Sidney James Allen,** London, und **James Gordon Napier Drewitt,** Spondon, England, *Faserbildende Polydekamethylenoxalamide* vom F. 280—320° erhält man z. B. durch 24std. Stehenlassen von äquimol. Mengen

Dekamethylendiamin mit Äthyloxalat in absol. A. (15%ig. Lsg.) bei Raumtemp., wobei das Reaktionsprod. ausfällt. Zunächst noch wenig lösl. in m-Kresol, HCOOH, $HCONH_2$, konz wss. LiBr, $CaCl_2$-, $ZnCl_2$- u. dgl. Lsgg., nach 10 Min. langem Erhitzen in H_2-Atmosphäre aus der Schmelze verspinnbar. (**A. P. 2 558 031** vom 26/8. 1947, ausg. 26/6. 1951. E. Prior. 18/6. 1947.) Müller-Meiningen. 8081

Svit, Národní Podnik, Gottwaldov, Tschechoslowakei (Erfinder: **J. Procházka**), *Verfahren zur Herstellung hochpolymerer Kondensationsprodukte.* Man kondensiert ω-Ureidocarbonsäuren der Formel NH_2—CO—NH—$(CH_2)_n$—COOH oder deren Ester, in denen n bes. >2, mit Hydrazin unter Polymerisation. — Z. B. vermischt man 10 g ε-Ureidocapronsäure oder deren Ester mit 2,8 g Hydrazinhydrat u. erhitzt nach der Haupt-Rk. auf 180°, wobei NH_3 u. H_2O entweichen. Man erhält ein glasartiges Polykondensat, das in der Schmelze zu *Fäden* versponnen werden kann. (**Schwed. P. 131 636** vom 5/5. 1944, ausg. 8/5. 1951. D. Prior. 5/5. 1943.) Jürgen Schmidt. 8081

Soc. Rhodiaceta, Seine, Frankreich (Erfinder: **Robert-Félix Janin** und **Henri Bonnet**), *Textilien aus linearen Polykondensaten* mit losen Maschen u./oder Knoten wie Tüll, Spitzen, Filet, werden mittels Lsgg. oder Schmelzen von linearen Polykondensaten überzogen, z. B. mit einem Kondensat aus (40—60 Teilen) Hexmethylendiammoniumadipat (I) u. (60—40) ε-Aminocapronsäure (II) oder deren Derivaten. Man erhöht dadurch die Formbeständigkeit u. die Festigkeit des Gewebes. Man leitet z. B. Fäden oder Gewebe durch eine Lsg. eines Mischpolyamides aus gleichen Teilen I u. II nebst 1,5 Teilen Triresorcylphosphat, von dem 13,5 (Teile) in 85 80%ig. A. gelöst sind. (**F. P. 990 445** vom 8/7. 1949, ausg. 21/9. 1951.) Pankow. 8081

Owens-Corning Fiberglas Corp., Toledo (Erfinder: **Ralph L. Tiede,** Newark, O., und **Fay V. Tooley,** Urbana, Ill.), V. St. A., *Glas zur Herstellung von Glasfasern.* Gläser von der Zus. 50—62 (Gew.-%) SiO_2, 5—25 $TiO_2 + ZrO_2$, 0—12 B_2O_3, 10—20 Na_2O u. 0—10 Al_2O_3 besitzen für techn. Zwecke günstige Viscositäten u. gute Widerstandsfähigkeit gegen den Angriff von W. u. Säuren. Sie können bei verhältnismäßig niederen Tempp. verarbeitet werden u. greifen selbst aus Nichtedelmetallen bestehende Vorrichtungen nicht an. (**D. B. P. 868 495** Kl. 32b vom 6/7. 1951, ausg. 26/2. 1953.) Hans Hoffmann. 8083

Algemeene Kunstvezel Mij. N. V., Den Haag, Holland (Erfinder: **F. Rosengarth**), *Herstellung von Glasfasern.* Das geschmolzene Glas trifft auf eine horizontale rotierende Scheibe, von der dünne Fäden abgeschleudert u. durch Messer auf Stapellänge geschnitten werden, während von unten Kühlluft zugeführt wird. Das Verf. ist für andere Ausgangsstoffe, wie thermoplast. Stoffe, geeignet. (**Schwed. P. 135 861** vom 11/8. 1949, ausg. 27/5. 1952. F. Prior. 12/8. 1948.) Jürgen Schmidt. 8083

N. V. Mij., Tot Beheer en Exploitatie van Octrooien, Den Haag, Holland (Erfinder: **James Franklin Hyde,** Corning, N. Y., V. St. A.), *Glasfaserbehandlung.* Zur Verbesserung der elektr. Widerstandsfähigkeit u. mechan. Festigkeit von Glasfasern, welche vorzugsweise weniger als 2% Alkalimetalloxyde enthalten, werden die Fasern mit der Lsg. eines Salzes der CH_3·COOH, HCl, HF, HNO_3 oder H_2SO_4 behandelt u. anschließend gewaschen. Vorzugsweise wird eine 5—40%ig. Pb-Acetatlsg. benutzt. (**D. B. P. 865 646** Kl. 32b vom 27/6. 1941, ausg. 2/2. 1953. A. Prior. 15/4. 1940.) Hans Hoffmann. 8083

—, Textile Research Dept., American Viscose Corp. Rayon technology. 2nd. rev. edn. London: McGraw-Hill. 1953. (344 S. m. Abb.) 59 s 6 d.

XIX. Brennstoffe. Erdöl. Mineralöle.

Hilding Bergström, *Der Einfluß langer Lagerzeit auf die Zusammensetzung von Meilerkohle.* 100 Jahre gelagerte Meilerkohle zeigt folgende Zus. (in Klammern Werte für frische Kohle); C 77,2% (90,0), H 3,0 (2,5), O 19,8 (7,5). Man kann in 100 Jahren mit 11% Gewichtszunahme der Kohle (15,6% O_2-Aufnahme, 4,25% C-Abgabe als CO_2) rechnen. (Jernkontorets Ann. **135.** 175. 1951.) R. K. Müller. 8124

Masao Kugo, *Plastische Eigenschaften von Backkohle.* 27 Kohleproben, von denen Analysenwerte vorlagen, werden mit einem abgeänderten Gieseler-Plastometer auf Erweichung, Schmelzen, Fließbeweglichkeit u. Verfestigung im Zusammenhang mit der Temp. untersucht (5 Diagramme). Obwohl gleiche Fließbeweglichkeit beim Erweichen auftritt, ist der zugehörige Temperaturbereich verschieden. Die Verschiedenheit im Verh. beruht vielleicht auf einem verschied. Stadium der Inkohlung u. zeigt sich auch in einem verschied. Geh. an flüchtigen Bestandteilen, Koks u. einem verschied. Charakter des Kokses u. der extrahierbaren Anteile. (J. chem. Soc. Japan, ind. Chem. Sect. [Kōgyō Kagaku Zassi] **54.** 628—30. Okt. 1951. Hoku Dai Ind., Chem. Dep. [Orig.: japan.]) Schuler. 8126

I. G. C. Dryden, *Einwirkung von Lösungsmitteln auf Kohle bei niedrigen Temperaturen. 4. Mitt. Eigenschaften von Extrakten und Rückständen aus der Behandlung von Kohle mit Aminlösungsmitteln.* **3. vgl. Fuel 30.** [1951.] 217.) Untersuchungsbericht über Extraktion von jüngerer Fettkohle mit Äthylendiamin. Ausfällen der Extrakte mit nichtlösenden Stoffen oder W., Dialyse u. Elektrodialyse, Chromatographie, Elektrophorese, Chlorierung u. Kondensation mit Aminen u. Best. der Benetzungswärme führte zu der Annahme, daß die Kohlenextrakte sowohl während als auch nach der Extraktion in koll. Form vorliegen, wenn auch das scheinbare Mol.-Gew. in Brenzcatechinlsg. nur 300—400 beträgt. Weiterhin wurde gefunden, daß die in Lsg. befindlichen Kohlepartikel in der Größe in weitem Bereich schwanken. Etwa 90% sind zu groß, um eine Cellophanmembran zu passieren, während der restliche Teil sehr klein ist. Die mittlere Größe der koll. Anteile ist unabhängig von der Lagerstätte, wenigstens bis 86% Kohlengehalt. Auch erscheint es unwahrscheinlich, daß die Extraktion mit Aminlösungsm. chem. selektiv ist. Es wird vermutet, daß die Extrakte wahrscheinlich die wenigen koll. Anteile der Gesamtkohlen darstellen, während der ungelöste Rückstand die Hauptmenge darstellt. Die Kohlepartikel in wasserfreier Aminlsg. haben keine Ladung, sind aber mit einer chem. adsorbierten Äthylendiaminschicht (5—10%) überzogen, wobei die Aminogruppen fest mit der Kohle verankert sind. Bei Zugabe von W. bildet sich durch physikal. Adsorption eine weitere Schicht von Hydroxylionen, die den Kohlepartikeln eine negative Ladung verleihen. Darauf beruht die Stabilisierung dieser Lösungen. In Brenzcatechinlsg. sind einige positiv geladene Kohlepartikel vorhanden. (Fuel **31.** 176—99. April 1952. British Coal Utilisat. Res. Assoc.) K. O. MÜLLER. 8126

J. J. Broeze, *Chemische Phänomene in Verbrennungskraftmaschinen.* Vf. vertritt den Standpunkt, daß der Verschmutzungsgrad eines Motors von bestimmten Gleichgewichtsverhältnissen abhängt, je nachdem, ob man sich diesen nähert, ob man sie noch nicht erreicht bzw. überschritten hat. Gesetze, die diese Gleichgewichtsverhältnisse regeln, werden an Hand prakt. Beispiele besprochen u. gezeigt, daß das Schmieröl neben der Funktion der Schmierung u. Kühlung auch noch die Aufgabe hat, für die innere Reinigung des Motors zu sorgen. — Diagramm, Bilder im Original. (Bull. techn. Bureau Veritas **64.** 170—74. Sept. 1952.) K. O. MÜLLER. 8128

A.-C. Richardson und **Benny Langston,** *Neue Fortschritte in der thermischen Trocknung von Feinkohle.* Kurze Übersicht über die Anforderungen an Vorrichtungen zur therm. Trocknung von Feinkohle, die gegenwärtig in den USA eine führende Stellung bei der Kohlenaufbereitung einnimmt. Beschrieben wird eine App., die nach einem Strömungsverf. arbeitet. (Rev. Ind. minérale **31.** 695—703. April 1951. Columbus, O., Battelle Memorial Inst.) v. MICKWITZ. 8134

E. Belani, *Über Holzverkohlung und Holzkohlenroheisen.* Bericht über den Stand in Österreich. Bes. bemerkenswert ist die Herst. von Holzkohlenbriketts mit 90% C, einer D. von 0,9, 200 kg/cm^2 Druckfestigkeit, einem Heizwert von 7500—8000 W.E. u. Freiheit von allen für metallurg. Zwecke schädlichen Beimengungen. (Montan-Ztg. **69.** 95—96. Juni 1953. Villach.) POHL. 8140

Kurt Guthmann, *Erfahrungen mit der Verkokung amerikanischer Kohlen in Westdeutschland.* Es handelt sich um eine hochwertige amerikan. Kokskohle mit einem niedrigen S- (0,8%), Asche- u. Wassergeh., wobei die Summe von Asche + W. höchstens 12% betrug. Im Vgl. mit deutscher Kohle ähnlicher Zus. waren auch die Ergebnisse ungefähr die gleichen, allerdings war die Gasausbeute günstiger (350 Nm^3/t deutscher Kohle, 385 Nm^3/t amerikan.). Der gewonnene Koks muß als sehr gut bezeichnet werden, so daß er auch als Gießkoks verwendet werden kann. Die Erfahrungen wurden während eines einjährigen Betriebes im Gaswerk Hamburg gemacht. (Stahl u. Eisen **72.** 144—45. 31/1. 1952.) ROSENDAHL. 8144

N. E. Siderfin, *Die Verwendung von Koksgrus.* Koksklein oder Koksgrus kann vorteilhaft zur Herst. von akt. Kohle oder als Ausgangsstoff für Generatoren für die Herst. von Gas verwendet werden. — Bilder u. Arbeitsweise. (Coke and Gas **12.** 335 bis 337. Sept. 1950.) K. O. MÜLLER. 8144

—, *Ersatz von Luft durch Sauerstoff beim Wassergasverfahren.* Verss. zum Ersatz von Luft durch O_2 bei der Wassergasherstellung. Beschreibung u. Ergebnisse. (Chem. Engng. News **28.** 1922. 5/6. 1950.) FRIEDEMANN. 8152

Fl. Toft, *Feuerfeste Materialien. Ihre Eigenschaften und Anwendung, besonders in Gaswerksöfen mit verschiedenen Berechnungen über Aufbau und Isolierung der Öfen.* Orientierender Überblick über die Eigg., die Anforderungen u. die für die Verarbeitung

u. das Betriebsverh. wichtigen Gesichtspunkte. (Ingeniørvidensk. Skr. **1952**. Nr. 1. 1—179. Kopenhagen, Belysningsvaesen.) R. K. MÜLLER. 8156

Amos H. Abbott, *Testversuche helfen eine gleichmäßige Zugabe von Duftstoffen zu Gasen zu erreichen.* Es handelt sich um die Beladung von Erdgas u. Flüssiggasen mit Duftstoffen. Vf. unterscheidet drei Geruchsstufen: schwach (gerade wahrnehmbar), stark (der Geruch wird unangenehm), deutlich (zwischen stark u. schwach liegend). Die Versuchspersonen können durch Gewöhnung allmählich so weit gebracht werden, diese drei Geruchsstufen genau zu unterscheiden. Die Gase können so mit einem Geruchträger beladen werden, daß sie „deutlich" erkennbar sind, wenn 15% der unteren Explosionsgrenze erreicht ist. 500 g eines handelsüblichen Geruchmittels auf 28 m^3 Gas ergeben einen „deutlichen" Geruch. Die Feststellungen müssen täglich durchgeführt werden, da die Geruchstoffe durch irgendwelche Einww. wieder aus dem Gas entfernt werden können. So stellte Vf. im Winter fest, daß bei Flüssiggasen der Geruchträger dann verschwand, wenn die Gase im Verdampfer verdampft wurden, während im Sommer ein Nachlassen eintrat, wenn im Tank Verdampfung eingetreten war. (Amer. Gas J. **178**. Nr. 1. 21—29. Jan. 1953.) ROSENDAHL. 8162

Bruno Waeser, *Die Steinkohlenteerdestillation.* Vf. gibt an Hand zahlreicher Literaturangaben nach einem Überblick über Eigg. u. Bestandteile des Steinkohlenteers eine Beschreibung von Aufbau, Baustoffen u. Arbeitsweise der Blasen- u. Röhrendestillationen für Teer. Die Möglichkeiten des Einsatzes neuerer Destillationsverff. werden am Schluß kurz erörtert. (Bitumen, Teere, Asphalte, Peche, verwandte Stoffe **1**. 217—19. 1950. Kollmar/Holstein.) F. HEINRICH. 8176

Mario Medici, *Die methanhaltigen Naturgase in Norditalien. Produktion, Transport, Verwertung.* Die vor allem in der Poebene bisher ausgebeuteten Naturgase enthalten 91—98,6% CH_4. (Ricerca sci. **20**. 1589—1617. Nov. 1950. Padova.) R. K. MÜLLER. 8186

Kenichi Yamamoto und **Yoshiro Morita,** *Adsorption von Petroleumkohlenwasserstoffen an porösen Stoffen.* 1. Mitt. *Über Adsorptionsaffinität.* Die Affinität des Adsorbates zum Adsorptionsmittel wurde aus der Benetzungs- (Kondensations-)wärme pro Oberflächeneinheit des Adsorbens hergeleitet. Dies ist unter dem Vorbehalt möglich, daß man für die Änderung der Grenzflächenenergie noch andere Ursachen nicht außer Betracht läßt. Die spezif. Oberflächen (m^2/g), die Benetzungswärmen u. Adsorptionsaffinitäten von *Kieselgel, Aktivkohle* u. *Al-Silicaten* gegen W., KW-stoffe u. Alkohole wurden bestimmt u. ihre Anwendung in der *Erdöl*-Industrie erörtert. Aus den Daten für die Adsorptionswärme von Kieselgel + fl. KW-stoffen u. Lösungsm. wurden die Affinitäten berechnet u. Fragen der techn. Auswertung erörtert. (J. chem. Soc. Japan, ind. Chem. Sect. [Kôgyô Kagaku Zassi] **54**. 781—83. Dez. 1951. Tokyo, Waseda Univ. [Orig.: japan.]) SCHULER. 8186

P. H. Cardwell, *Kolloidchemische Betrachtungen zur Behandlung von Ölbohrungen.* Ausführlich referierende Arbeit über einzelne Fragen zur Behandlung produzierender Ölbohrungen. Besprochen wird das Säuern (mit HCl u. HF) das Abdichten von Formationen, die Verfestigung von Formationen, das Fluten, das „Hydrafrac"-Verf. u. das Zementieren. Die Theorie der Inhibitorwrkg. in der HCl wird entwickelt u. die Wirksamkeit der Inhibitoren an Hand der LANGMUIRschen Gleichung der Adsorptionsisotherme u. der TRAUBEschen Adsorptionsregel untersucht. Gleichzeitige Verwendung an sich nichtinhibierender Netzmittel ergab immer eine Verbesserung, die nach Ansicht der Vff. durch leichteres Ablösen der H_2-Bläschen von der Metalloberfläche erklärt ist. Oberflächenakt. Stoffe bewirken leichteres Eindringen der Säure bei geringerem Druck, leichteres Zurückfließen der verbrauchten Säure (JAMIN-Effekt), geringere Emulsionsbildung. Verwendet werden anion. u. nichtanion. Typen. Die zahlreichen, zum permanenten Abdichten dienenden anorgan. Gele u. die verwendeten Kunstharze, meist Phenol–Formaldehyd-Harze, werden besprochen. Zur temporären Abdichtung sind Stärke u. Proteingele bekannt, die durch zugesetzte Bakterien nach einer gewissen Zeit verflüssigt werden. Zur porösen Verfestigung von Formationen werden Phenol–Aldehyd-Harze, gemeinsam mit Netzmitteln, verwendet. Die Porosität ist durch den Geh. der Harzmischung an Festsubstanz regelbar. Auf das Quellen der Tone beim Fluten u. auf bekannte Verff. zur Vermeidung des Quellens wird hingewiesen. Das Hydrafrac-Verf. wird erläutert u. einige Literaturhinweise zum Zementieren werden gegeben. — 141 Literaturzitate. (Colloid Chem. **7**. 455—75. 1950. Tulsa, Okla.) SYDOW. 8190

Harold MacLean und **J. A. F. Gardner,** *Gerbstoff für die Ölindustrie aus in Seewasser geflößter westlicher Hemlockrinde.* Ein aus westlicher Hemlockrinde hergestellter konz. Gerbextrakt erwies sich im Laboratoriumsvers. als geeigneter Ersatz für Quebracho zum Vermindern der Viscosität von Bohrschlamm bei der Erdölbohrung. Die angewandte Rinde stammte aus in Seewasser geflößten Stämmen. Der Kochsalzgeh. des Extraktes störte nicht. Die unlösl. Bestandteile können durch Sulfitieren mit Na-Metabisulfit vermindert werden. (Canada, Dep. Resourc. Developm., Forestry Branch, Mimeogr. V. 1010. 1—5. April 1950.) O. ENGEL. 8190

Akira Suzuki, Ayao Kitahara und **Mitsuru Koga,** *Verwendung von Tieftemperaturteer.* 1. Mitt. *Kontinuierliches Cracken von paraffinhaltigen Ölen in der Hitze.* In halbtechn. Maßstab wurden bei 480—550° bei 40std. kontinuierlichem Betrieb (Zuführung von 50—80 Liter/Std.) aus säurefreiem *Mittelöl* 11%, aus wachshaltigem Öl u. Paraffinnachöl je 14% *Solventnaphtha* gewonnen. Aus den Teersäuren wurde so bei 520 bis 550° 20% an *Phenol* u. *Kresolen* erhalten. Daten für techn. Ausführung. (J. chem. Soc. Japan, ind. Chem. Sect. [Kōgyō Kagaku Zassi] **54.** 789—90. Dez. 1951. Koshiro Erdölinst. [Orig.: japan.]) SCHULER. 8196

W. J. Mattox, *Das katalytische Cracken nach dem Fließbettverfahren.* Die histor. Entw. des katalyt. Crackens mit zirkulierendem Katalysator u. die techn. u. wirtschaftl. Bedeutung werden besprochen. Einsatzmaterialien, Art u. Herst. der Katalysatoren u. die techn. Grundprinzipien des Verf. werden erläutert. Ein Überblick über das Verh. der Paraffine, Olefine, Naphthene u. Aromaten beim Cracken wird gegeben. (Colloid Chem. **7.** 477—95. 1950. Baton Rouge, La.) SYDOW. 8196

Yves Trambouze und **Marcel Perrin,** *Einfluß der chemischen Zusammensetzung der Fischer-Katalysatoren und ihrer Bestandteile auf die Aktivität bei der Synthese.* Vff. untersuchen die Reaktionsweise bei Verwendung von FISCHER-TROPSCH-Kontaktmassen bei Synthesen. Es zeigt sich, daß bei der Abweichung von der ursprünglichen Arbeitsweise auch die Struktur des Katalysators verändert wird. Es werden speziell die *Hydroaluminate* (I) u. *Hydrosilicate* (II) des *Ni* betrachtet. Die Herst. erfolgte derart, daß 100 g $Ni(NO_3)_2$, 20 g $Mn(NO_3)_2$ u. 15 g $Al(NO_3)_3$ in 480 ml aqua dest. aufgelöst werden. Nach Zugabe von 24 g Kieselgur werden die Metallionen durch 120 ml einer Lsg., die 84 g K_2CO_3 enthält, ausgefällt, 10 Min. am Kochen gehalten, abfiltriert u. nach dem Waschen mit 600 ml aqua dest. so schnell wie möglich getrocknet. I begünstigt die Methanbldg., während II die Rk. in der Richtung des Auftretens kondensierbarer KW-stoffe lenkt. I wird unter den betrachteten Reaktionsverhältnissen nicht reduziert, was sehr wahrscheinlich auch auf II zutrifft. Die Ni-Ionen belegen die akt. Zentren u. sind somit in bestimmten Abständen voneinander festgehalten u. diese sind bei I u. II verschieden. Im II ist der gleichmäßige Abstand der akt. Zentren nicht wesentlich unterschiedlich von dem, den die Festlegung des Wasserstoffs an den CH_3-Radikalen erfordert, während im I die Kondensation der Methylengruppen begünstigt wird. Vff. untersuchen weiter den Einfl. der Alkalität u. der Trägersubstanz. (J. Chim. physique Physico-Chim. biol. **47.** 474—82. Mai/Juni 1950. Lyon, Univ., Lab. de Chimie Ind.) SCHIPKE. 8200

W. J. Levedahl und **H. P. Broida,** *Emissionsspektren selbstgezündeter Heptan–Luft-Gemische.* Das Klopfen in einem Verbrennungsmotor wird bekanntlich von einer mehrstufig verlaufenden Selbstzündung verursacht. Für die Unters. wird ein Einzylinder-ASTM-CFR-Versuchsmotor benutzt, der mit Fenstern versehen ist. Die Emissionsspektren der Explosionsstufen der Selbstzündung, also der heißen u. der kalten Flamme, werden durch einen Oscillographen registriert, u. die Gesamtintensität wird als Funktion der Zeit während des Verbrennungscyclus gemessen. Die Intensität der kalten Flamme steigt bis zur Spitze im Bruchteil einer Millisek. an; danach tritt während der Induktionsperiode vor Beginn der viel intensiveren Heißflammen-Rk. der zweiten Stufe ein erheblicher Abfall auf. Die Identität der Spektren der kalten Flamme der Selbstzündung von n-Heptan mit dem Fluorescenzspektr. von HCHO deutet darauf hin, daß ihre gesamte Emission durch angeregtes HCHO verursacht wird. Die heißen Flammen zeigen CH u. OH unter allen Arbeitsbedingungen, während C_2-Banden nur in sehr fetten, KW-stoffbanden in mageren Gemischen auftreten. (Analytic. Chem. **24.** 1776—80. Nov. 1952. Washington, D. C., National Bur. of Standards.) SCHLEGEL. 8206

W. A. Golubzowa und **K. A. Andrianow,** *Naphthaöle und polymere Kohlenwasserstoffe als Dielektrika.* Mischungen von Naphthaölen mit *Polyisobutylen* (I) u. *Isol* (II, Polymerisationsprod. der Butan–Butylenfraktion vom Mol.-Gew. 6000—8000) haben eine größere Stabilität gegenüber Wärmealterung u. hohen elektr. Feldern, wenn sie 5—7% *Kolophonium* (III) enthalten. Die Gemische Öl–I–III u. Öl–II–III besitzen einen höheren u. von der Temp. weniger abhängigen spezif. elektr. Volumenwiderstand als Öl–III. Aus Messungen der dielektr. Verluste folgt eine geringere tg δ-Abhängigkeit von der Temp. im Vgl. zu den Gemischen ohne I oder II. (Электричество [Elektrizität] **1953.** Nr. 1. 51—56. Jan.) v. SCHROEDER. 8218

W. A. Zisman, *Derzeitige Probleme und zukünftige Entwicklungsrichtung bei der Schmierung.* Stand der Technik mit 126 Literaturhinweisen über Verhinderung des Abriebs u. der korrosiv. Eigg. von die Schmierfähigkeit erhöhenden Additives; Scherkraft u. Dauerhaftigkeit von Hochdruckzusätzen; innere Kohäsion u. Temperaturkoeff. der Viscosität von organ. Fll.; Verbesserung der Viscositätsindices; Syntheseöle u. deren Verbesserung, Alterungsschutzmittel für höhere Tempp.; koll. Eigg. von Antirostzusätzen; Beziehung der Öllöslichkeit u. Scherstabilität von Viscositätsindexverbesserern zur Struktur von Polymeren; Natur von mehrwertigen Seifen u. Aminsäurekomplexen u. ihre eine Micelle bildende Eigg. in Ölen; Rostverhinderung u. Gebrauchstüchtigkeit von Abschmierfetten; neue Geliermittel u. ihre Verbesserung; Hochtemperaturabschmierfette u. -lager; Erhöhung der Lebensdauer von Schmiermitteln in elektr. Motoren. (Ind. Engng. Chem. **45.** 1406—14. Juli 1953. Washington, D. C., Naval Res. Lab.) K. O. MÜLLER. 8220

W. P. Lasarew, *Bestimmung des Oberflächenverschleißes bei der Grenzreibung mit Hilfe des Mikrointerferometers nach Linnik.* Werden *Schmiermittel* mit geringem (a) u. großem (b) Schmiervermögen auf eine Trommel aufgetragen u. im Mikroskop die Breite der Rillen auf der Trommel gemessen, die durch einen durch ein Gewicht beschwerten Draht verursacht werden, dann werden bei b für die Rillenbreite stark schwankende Werte erhalten. Werden die Rillen im Mikrointerferometer beobachtet, dann zeigen bei a die Interferenzlinien starke Verschiebungen u. Verkrümmungen als Hinweis auf starken Verschleiß u. ausgefranste Ränder. Bei b zeigen Form u. geringe Verschiebung der Interferenzlinien einen geringen Verschleiß an. (Академия Наук СССР. Труды Института Физической Химии [Akad. Wiss. UdSSR, Arb. Inst. physik. Chem.] **1950.** Nr. 1. 140—41.) LEBTAG. 8220

O. Kruber, *Über die chemische Zusammensetzung der Straßenteerausgangsstoffe Anthracenöl und Pech.* Übersicht über die in den für den Straßenbau wichtigen, ca. $^3/_4$ des Gesamtteers ausmachenden, über 300° sd. Fraktionen, dem Anthracenöl u. dem Steinkohlenteerpech, bis heute nachgewiesenen Einzelstoffe. Geh., Eigg. u. 42 Strukturformeln. (Bitumen, Teere, Asphalte, Peche verwandte Stoffe **1.** 177—79. 1950. Duisburg-Meiderich, Wissenschaftl. Labor. der Ges. für Teerverwertung m. b. H.) F. HEINRICH. 8236

v. Skopnik, *Untersuchungen über Teer–Bitumen-Gemische.* Nach eingehender Besprechung der veröffentlichten Arbeiten über Zweck, Forschungsergebnisse, Untersuchungsmeth. u. Verwendung der Teer–Bitumen-Gemische im bituminösen Straßenbau kommt Vf. zu dem Schluß, daß nach dem jetzigen Stand der Beobachtungen u. Forschungen reines Bitumen als Bindemittel für die hierfür geeigneten Baukonstruktionen u. reiner Straßenteer für die erforschten u. in der Praxis bewährten Bauweisen verwendet werden sollte. (Bitumen, Teere, Asphalte, Peche verwandte Stoffe **3.** 134—47. Juni 1952.) F. C. MÜLLER. 8236

Frederick K. Sabott, *Eine Untersuchung über Verfahren zur Entfernung des Schwefels aus Petroleumkoks.* Um Rohmaterial für die Herst. von Graphitelektroden zu gewinnen, wurden Verss. unternommen, aus Petroleumkoks (I) mit 1,26% S diesen durch Behandlung mit verschied. Lösungsmitteln u. Reagentien in wss. Lsg. oder in geschmolzenem Zustand zu entfernen. Es gelang nur eine Verminderung um einen kleinen oder mäßigen Anteil. Dagegen gelingt die Entfernung von >90% des S-Geh. beim Durchleiten von Olefinen (Äthylen, Propylen, Buten-2) durch den feingemahlenen **I** bei hoher Temp., optimal 1300—1600° F (etwas verschieden bei den einzelnen Gasen), so daß das Endprod. noch 0,07—0,10% S enthält. Die S-Best. erfolgte alkalimetr. oder gravimetr. nach Verbrennung im O_2-Strom nach dem Verf. der Stahlanalyse oder in der PARR-Bombe. (Quart. Colorado School Mines **47.** 1—22. Juli 1952.) METZENER. 8240

William C. Schafer, *Entfernung des Schwefels aus Petroleumkoks durch Pyrolyse.* Zwei verschied. Kokssorten mit 1,50 bzw. 0,41% S wurden fein gepulvert u. in H_2, CH_4 oder O_2 >2 Std. auf ca. 1600° F erhitzt. Sie verloren dabei 14—23% ihres S-Gehaltes. (Quart. Colorado School Mines **47.** 27—37. Juli 1952.) METZENER. 8240

Je. Je. Stortschak, *Aus Arbeiten mit der Infrarotlampe zur Bestimmung der Feuchtigkeit im Torf.* Mit Hilfe einer Infrarotlampe lassen sich bei Anwendung von nicht mehr als 15 g Torf (ca. 50% H_2O) in 6—7 Min. oder Torfbriketts (ca. 13% H_2O) in 2—3 Min. bei einem Lampenabstand von 10 cm von der Probe exakte Feuchtigkeitsbestimmungen durchführen. (Торфяная Промышленность [Torf-Ind.] **30.** Nr. 5. 24—26. Mai 1953.) ULMANN. 8244

B. E. Jackson, *Rückstandsbestimmung in Heizölen durch Extraktion.* Die in der ASTM-Meth. D 473—48 für die Best. von in Bzl. unlösl. Anteilen in Heizölen angegebene App. hat den Nachteil, daß bei Vorhandensein von W. in der Probe die Extraktionshülse für das Bzl. undurchlässig wird u. getrocknet werden muß. Dies kann vermieden werden durch ein zwischen Kühler u. Hülse aufgehängtes kleines Überlaufgefäß aus Glas, in dem sich das W. am Boden sammelt, während das Bzl. überlaufen kann. (Analytic. Chem. **22**. 952. Juli 1950. Wellington, Neuseeland, Dominion Labor., Dep. of Scientific & Ind. Res.) Free. 8256

F. Schulz, *Viscositäts- und Bitumengehaltsbestimmung an Bitumenemulsionen.* Bei der Viscositätsprüfung von Bitumenemulsionen nach DIN 1995 im Engler-Viscosimeter ergeben sich bei instabilen u. den heute zäheren (8—10° E.) Emulsionen Schwierigkeiten. Best. im Straßenteerkonsistometer mit der 4 mm Ausflußdüse gibt zu kurze Auslaufzeiten. Vf. empfiehlt Anwendung einer 2 oder 3 mm-Düse im Straßenteerkonsistometer. — Bei der Wasserbest. in Bitumenemulsionen durch Xyloldest. nach DIN 1995 wird die Genauigkeit erhöht durch Einwaagen bis 250 g, die aber graduierte Auffangrohre bis 100 cm³ nötig machen. Für Betriebszwecke kann W. durch einfaches Ausrühren bis 180° bestimmt werden, wofür eine Arbeitsvorschrift gegeben wird. (Bitumen, Teere, Asphalte, Peche verwandte Stoffe **1**. 222—24. 1950. Hannover, Spezial-Labor. Dr. Moll.) F. Heinrich. 8262

Karl Pietke, *Neuer Schnellextraktionsapparat und seine Anwendung, z. B bei der Prüfung auf lösliche Anteile in Dachpappen, bituminösen Massen usw.* Beschreibung eines vom Vf. konstruierten Extraktionsapp., bei welchem infolge getrennter Wege für den Dampf- u. den Kondensatstrom die Extraktionszeit erheblich kürzer ist. Nach mitgeteilten Belegextraktionen erreicht die Zeitverkürzung gegenüber Soxhlet ca. 50%. (Bitumen, Teere, Aspalte, Peche verwandte Stoffe **1**. 183—85. 1950. Hamburg.) F. Heinrich. 8262

J. E. Blaylock, *Neue, schnelle und genaue Methode zur Bestimmung des Ölgehaltes in Paraffinen u. mikrokristallinen Wachsen.* Beschreibung einer App. u. deren Arbeitsweise, nach der mit Äthylendichlorid, bzw. Methyläthylketon als Lösungsm. der Ölgeh. nach den modifizierten Methoden *ASTM D 721—47* u. *D 721—15 T* unter Zuhilfenahme eines Faktors ermittelt wird. Vorteil der neuen App. ist eine schnelle Best. bei reproduzierbaren Werten. Bebilderter Bericht mit Versuchsdurchführung. (Petroleum Refiner **31**. Nr. 11. 133—35. Nov. 1952. Beaumont, Tex., Magnolia Petroleum Co.) K. O. Müller. 8262

Quaker Oats Co., Chicago, Ill., übert. von: **Herbert B. Johnson,** Rochester, N. Y., V. St. A., *Kohlereinigung durch selektive elektrostatische Trennung.* Unreine grusartige Anthrazitkohle, kohlehaltige Schlacke u. dgl. von einer Korngröße unter 200 Maschen wird in dünner Schicht über eine rotierende Trommel geleitet, deren Durchmesser vorzugsweise 3 inch. oder mehr u. deren Umfangsgeschwindigkeit 100—450 Fuß/Min. beträgt. Dabei werden die größeren Körnungen nach außen getragen, während die feineren Neigung zur Schichtbldg. auf der rotierenden Trommel besitzen u. von dieser länger mitgeführt werden. Es läßt sich somit eine Trennung nach Korngröße vornehmen. Die in zwei Kornklassen zerlegten Ausgangsstoffe leitet man zwischen rotierende Elektroden hindurch, die entgegengesetzte Ladung aufweisen, wobei die Ausgangsstoffe in aschearme Kohle u. aschereiche Mineralien getrennt werden. (**A. P. 2 559 076** vom 11/10. 1945, ausg. 3/7. 1951.) W. Hauswald. 8135

Heinrich Koppers G. m. b. H. (Erfinder: **Heinrich Koppers**), Essen, *Braunkohlenbriketts.* Man übertrocknet die Rohbraunkohle, feuchtet die vorgetrocknete Kohle mit Schwelwasser bis auf eine Feuchtigkeit von ca. 14—15% an u. brikettiert. Die so erzeugten Briketts zeichnen sich durch in der Glut erhöhte Festigkeit aus u. sind zur Schwelung oder Vergasung mit Spülgasen geeignet. (**D. R. P. 752 916** Kl. 10b vom 9/12. 1938, ausg. 23/2. 1953.) W. Hauswald. 8137

David Dalin, Rönninge (Erfinder: **David Dalin, Claes Joel Gejrot, Arvid Wilhelm Johannsson** und **Tore Johannes Hedbäck**), Schweden, *Trockene Destillation von Kohle, Holz oder Schieferkohle.* Das zu destillierende Material wird in in einem Schachtofen eingesetzten Retorten vorgewärmt, dann entgast u. in der unteren Zone verbrannt. Die Verbrennungsgase strömen im engen Zwischenraum zwischen der Schachtwandung u. den Retortenwandungen aufwärts. Um das Material auf der für die Verbrennung geeigneten Temp., z. B. unter der Sinterungstemp., zu halten, ist der Ofen mit Röhren für ein Wärmeaufnahmemedium wie W. u./oder Dampf versehen, von denen einige zur Regelung der Temp. fingerartig aufwärts in die Retorten ragen, um eine Spaltung zu verhindern. Die Zufuhr der Verbrennungsluft u. die Abführung der Wärme wird so geregelt, daß die Abkühlung auf die gewünschte Temp. durch das Wärmeaufnahmemedium bewirkt wird. Die Zufuhr der Verbrennungsluft wird dadurch geregelt, daß der Unterdruck über der Brennstofflage bzw. der Überdruck unter der Brennstofflage derart bemessen wird, daß der CO_2-Geh. in den Rauchgasen möglichst nahe seiner optimalen Grenzen gehalten wird. (D. B. P. **847 946** Kl. 26a vom 30/12. 1948, ausg. 28/8. 1952. Schwed. Prior. 17/7. 1945.) W. HAUSWALD. 8141

Standard Oil Development Co., übert. von: **Karl J. Nelson,** Cranford, N. J., V. St. A., *Verkokung von Kohle, Ölschiefer, Schwerölrückständen, Asphalt und dergleichen im fluidisierten Zustand der Ausgangsstoffe.* Man führt die bei der Verkokung entstehenden flüchtigen Prodd. mit den mitgeführten festen Bestandteilen durch einen Cyclonabscheider zur Trennung von Gas u. festen Teilchen. Zwischen dem flüssigkeitsähnlichen Bett u. dem Cyclon wird noch Wärme, z. B. durch überhitzten Dampf, zugeleitet, um einen Temperaturabfall zwischen beiden zu verhindern u. damit eine wesentliche Kondensation der dampfförmigen Produkte zu unterbinden. (A. P. **2 549 117** vom 2/10. 1946, ausg. 17/4. 1951.) W. HAUSWALD. 8143

Badische Anilin- & Soda-Fabrik, Ludwigshafen/Rh. (Erfinder: **Hans Bähr,** Herne-Sodingen), *Aufarbeiten von Rückständen der Druckhydrierung von Kohlen, Teeren und Mineralölen.* Man bringt die Rückstände durch Dest., Extraktion, Einw. von O_2-haltigen Gasen oder Zusatz von schmelzbaren, asphaltartigen Stoffen, wie Pechen, auf einen Erweichungspunkt von 45—150°, bes. 60—100°, vermischt sie mit mindestens 5% festen, kohlenstoffhaltigen Stoffen, wie nicht oder schlecht backender Kohle oder Koks, oder mit aufsaugfähigen anorgan. Stoffen, wie Kieselgur oder Erzklein. Das Gemisch wird nach eventueller Brikettierung geschwelt oder verkokt. (D. B. P. **867 088** Kl. 10a vom 22/12. 1940, ausg. 16/2. 1953.) W. HAUSWALD. 8143

Koppers Co., Inc., Pittsburgh, Pa., V. St. A., übert. von: **Friedrich Totzek,** Essen, *Herstellung von feinem Koks aus bituminösen Brennstoffen.* Pech, Asphalt, Mineralölrückstände u. dgl. werden bei n. Temp. von einem kalten Luftstrom in den heißen Reaktionsraum geführt u. unter gleichzeitiger Zufuhr hocherhitzter Gase teilweise zu CO_2 u. CO verbrannt. Der größte Teil des Brennstoffs fällt als feiner Koks an. — Zeichnung. (Can. P. **482 175** vom 2/12. 1949, ausg. 1/4. 1952. Schwz. Prior. 7/12. 1948.) HOLM. 8145

Österreichische Stickstoffwerke Akt.-Ges. (Erfinder: **Ferdinand Weinrotter**), Linz, Österreich, *Herstellung von Wasserstoff–Kohlenoxyd-Gemischen,* die allenfalls noch N_2 oder CO_2 enthalten, dad. gek., daß fl. oder schmelzbare Erdöl- oder Teerprodd. in bekannter Weise durch Umsetzung mit O_2 oder O_2-Luftgemischen, gegebenenfalls bei gleichzeitiger Anwesenheit von Wasserdampf, vergast u. die hierbei erhaltenen Umsetzungsprodd. ohne wesentliche Abkühlung mit Industriegasen oder Erdgas vermischt werden, so daß deren KW-stoffanteile CO u. H_2 ergeben. — Bei der Vergasung von Erdöl- u. Teerprodd. wird ein zur Vermeidung der Rußbldg. notwendiger Überschuß von O_2 über diejenige Menge hinaus verwendet, die zur Erzielung einer theoret. Höchstausbeute an H_2–CO-Gemisch notwendig wäre. (Oe. P. **173 675** vom 14/6. 1951, ausg. 10/1. 1953.) M. F. MÜLLER. 8149

Badische Anilin- & Soda-Fabrik, Ludwigshafen/Rh. (Erfinder: **Franz Sabel,** Trier), *Herstellung von Wassergas* aus bituminösen, nicht oder schlecht backenden Brennstoffen in Gaserzeugern mit Schwelaufsatz im Wechselbetrieb von Blasen u. Gasen ohne Anwendung von Kreislaufgasen unter gleichzeitiger Gewinnung von Teer, indem die Schwelung im Schwelaufsatz des Gaserzeugers ausschließlich beim Blasen mit den hierbei im unteren Teil des Schachtes entstehenden Blasegasen erfolgt, während beim Gasen der Dampf, der mindestens auf die Schweltemp. des Brennstoffes, z. B. auf 700°, erhitzt wurde, nur den unteren, mit bereits geschweltem Brennstoff gefüllten Teil des Schachtes von oben nach unten durchströmt. (D. B. P. **869 839** Kl. 24e vom 8/5. 1942, ausg. 9/3. 1953.) DEMMLER. 8153

Soc. à Responsabilité Limitée Heurtey & Co., Seine, Frankreich, *Carburieren von Generatorgas.* Auf das Brennstoffbett des Generators wird fl. Brennstoff zerstäubt, der zum Teil aus dem Gas durch Reinigen u. Abkühlen gewonnen wurde. (F. P. **998 685** vom 3/10. 1949, ausg. 22/1. 1952.) HOLM. 8159

David L. Sherman, Flushing, Long Island, N. Y., übert. von: **William F. Faber,** Hollside, N. J., V. St. A., *Gaserzeugung durch unvollkommene Verbrennung von Öl.* Ein Strom an O_2 angereicherter Luft trifft senkrecht auf langsam tropfendes Öl, das unter Spaltung zu permanenten KW-stoffgasen teilweise verbrennt. Mischvorrichtungen fördern in der 825—930° heißen Verbrennungskammer die Zerstäubung u. die Verbrennung. Durch die Reaktionswärme wird der unter Druck einzuführende Luftstrom in geeigneter Weise vorgewärmt. Das Gas enthält 15—40% CO, entsprechend dem angewendeten O_2-Geh. der Luft. — Zeichnung. (Can. P. **478 223** vom 7/4. 1945, ausg. 30/10. 1951.) HOLM. 8161

Wiener Stadtwerke (Erfinder: **Karl Pilz** und **Alois Joklik**), Wien, Österreich, *Eisenoxydische Gasreinigungsmasse.* Eisencarbonathaltige Stoffe werden in einem Schachtofen in einem Gas-Dampfgemisch mit >250 g W./cm^3 u. niedrigem CO_2-Geh.

bei 350—450° geröstet, vorher u. nachher gemahlen u. mit Sägespänen, Kieselgur, Hochofenschlacke oder dgl. aufgelockert. An Stelle von W. kann NH_3-haltiges W. verwendet werden. (**Oe. P. 170 867** vom 20/6. 1950, ausg. 10/1. 1952.) HOLM. 8165

Dr. C. Otto & Co. G. m. b. H., Bochum (Erfinder: **Walter Oppelt**, Bochum, und **Hubert Schmitt**, Hattingen/Ruhr), *Entsäuern von Ammoniakwasser* durch Behandeln der abgetriebenen Dämpfe mit im Kreislauf geführten schwachen Säuren, z. B. Phenolen, die das NH_3 binden u. beim Erwärmen wieder freigeben. Um dauernd eine genügend große Aufnahmefähigkeit für NH_3 zu erhalten, wird die Wasch-Fl. an der Stelle des Kreislaufs, an der das NH_3 abgetrieben ist, mit Mineralsäure, z. B. mit verd. H_2SO_4, behandelt. (**D. B. P. 865 737** Kl. 12k vom 7/7. 1943, ausg. 5/2. 1953.) NEBELSIEK. H 8169

Badische Anilin- & Soda-Fabrik, Ludwigshafen/Rh., *Entfernung der Alkalirhodanide aus wässerigen Salzlösungen*, die bei verschied. Gasreinigungsverff. anfallen, indem die Lsgg. mit organ. Lösungsmitteln extrahiert werden, die die Rhodanide zu lösen vermögen, bes. mit niedrigmol. aliphat. oder aromat. Ketonen, Äthern oder Alkoholen, z. B. Aceton oder Methyläthylketon. (**D. B. P. 863 539** Kl. 26d vom 21/7. 1942, ausg. 19/1. 1953.) DEMMLER. 8173

F. J. Collin Akt.-Ges., Dortmund, *Destillation von Teer und Teerprodukten* durch Zugabe azeotroper Substanzen, bes. hochsd. Fraktionen des Erdöls u. des Steinkohlenteers, dad. gek., daß das Mol.-Gew. u. der Kp. der azeotropen Substanzen durch vorhergehende substitutive oder additive Halogenanlagerung erhöht wurde, worauf die Isolierung der hochmol. Bestandteile aus den azeotropen Lösungsmitteln durch Kristallisation erfolgt. — Als azeotrope Lösungsmittel dienen z. B. ein- oder mehrfach chloriertes Naphthalin. — Das Verf. dient zur Dest. von Steinkohlenteer- u. Braunkohlenteerprodukten. Vor Zugabe des Lösungsm. werden zweckmäßig die niedriger sd. Bestandteile entfernt. (**Oe. P. 173 234** vom 1/2. 1950, ausg. 25/11. 1952. D. Prior. 1/12. 1949.) M. F. MÜLLER. 8177

Standard Oil Development Co., übert. von: **Frank T. Barr**, Linden, N. J., V. St. A., *Ununterbrochene Destillation von Ölschiefern.* Diese werden in einer Schmelzzone unter Zuleiten eines vorerhitzten O_2-haltigen Gases verflüssigt u. in die Destillationszone geleitet. Hier wird ein Teil der M. unter Zuleitung eines geregelten Luftstromes verbrannt, um die Temp. bei 800—1000° zu halten. Die dabei entwickelten Öldämpfe werden als Kondensat gesammelt. Vgl. A. P. 2471 119; C. **1949**. E. 1157. (**Can. P. 481 862** vom 21/2. 1944, ausg. 18/3. 1952. A. Prior. 17/4. 1943.) M. F. MÜLLER. 8181

Hudson Engineering Corp., Houston, übert. von: **Nelson C. Turner**, Houston, Tex., V. St. A., *Abtrennung und Entwässerung schwerer Kohlenwasserstoffe aus Gasgemischen.* Man bringt die Ausgangsmischung, deren Temp. höher liegt, als es für die folgende Adsorption erwünscht ist, mit einem kalten fl. Entwässerungsmittel (Äthylen-, Propylenglykol, wss. Zuckerlsg., Lsg. von LiCl) in einer Behandlungszone in Berührung, wobei das Gas gleichzeitig entwässert u. gekühlt wird. Dann behandelt man das Gas in einer Adsorptionsstufe mit einem Adsorptionsmittel, um die erwünschten schweren Bestandteile selektiv zu adsorbieren u. ein Restgas zu erhalten, dessen Temp. tiefer liegt als die der Entwässerungsfl. nach der Behandlung in der Behandlungszone. Man rektifiziert das Adsorptionsmittel, um die adsorbierten KW-stoffe zu gewinnen, u. bringt das Restgas mit der aus der Entwässerungsstufe abfließenden Entwässerungs-Fl. in Berührung, um die Kälte aus dem Restgas teilweise auszunützen u. einen Teil des aufgenommenen W. aus der Entwässerungs-Fl. zu entfernen. — Zeichnung. (**A. P. 2 620 895** vom 26/3. 1949, ausg. 9/12. 1952.) UNGER. 8187

Henry M. Unschuld, Chicago, und **Joseph G. Alther**, Evanston, Ill., V. St. A., *Elektrische Entschwefelung von Ölen.* Man erhitzt ein S-haltiges KW-stofföl auf nahezu 200° F in Ggw. von Katalysatoren (Legierungen von Ni u. Ag u. Pb u. Zn), entfernt einen Teil der S-Verbb. durch Vakuumdest., führt das Rückstandsöl in einen Behälter, der mit Elektroden ausgestattet ist, u. leitet Dampf ein. Das Öl u. den Dampf unterwirft man 0,5 Sek. einer elektr. Behandlung bei einer Spannung von 2500 V, 2000 Perioden u. 100 Milliampere. — Zeichnung. (**A. P. 2 504 058** vom 4/4. 1946, ausg. 11/4. 1950.) UNGER. 8195

Refiners Ltd. und **Thornton Scott**, Manchester, England, *Reinigung von Ölen und Treibstoffen.* Man gibt zu den KW-stoffölen 0,25—0,4 Vol.-% starke H_2SO_4 (ca. 95%) bei 30° u. erhitzt mit fortschreitender Rk. auf 60—70°, wobei man mit der geringen Säuremenge dieselbe Wrkg. erzielt, wie mit einer größeren Menge gleichstarker oder einer kleineren Menge stärkerer Säure unter Vermeidung der dadurch bedingten Nachteile. Nach der Behandlung entfernt man die Säure im Behandlungsgefäß durch Zugabe von Alkalien oder durch Adsorption. (**E. P. 642 772** vom 22/12. 1947, ausg. 13/9. 1950.) UNGER. 8195

Aktiebolaget Separator-Nobel, übert. von: **Fredrik Teodor Emanuel Palmquist,** Stockholm, Schweden, *Raffinieren von Mineralölen* erfolgt durch kurze Behandlung (bis 4 Min.) des Öles bei höchstens 20° mit geringen Mengen (bis 30 Gew.-%) konz. H_2SO_4 u. unmittelbare Trennung des Öles von der Säurephase durch Separatoren. Diese Behandlung u. Abtrennung kann in mehreren Stufen wiederholt werden. Viscose Öle werden vor der Säurebehandlung mit inerten Verdünnungsmitteln versetzt. — Skizze. (E. **P. 645 826** vom 4/12. 1946, ausg. 8/11. 1950. A. Prior. 8/12. 1945.) G. KÖNIG. 8195

Texas Co., New York, übert. von: **Robert E. Manley,** Yonkers, N. Y., V. St. A., *Raffinierung von Leichtölen,* bes. von solchen mit hohem S-Geh., die als *Dieseltreibstoffe* verwendet werden sollen. (Vgl. A. P. 2 475 147.) Die als Ausgangsstoffe verwendeten Rückstandsöle werden zuerst bei 800—850° F therm. gecrackt. Die aus den Crackprodd. erhaltene Fraktion mit Kp. des Gasöles wird in der Dampfphase über Al_2O_3–SiO_2-Fließbettkatalysatoren (1 : 5 bis 20 Mol) bei 960° F. u. unter n. Druck so geleitet, daß wenigstens 50% in Gasolin u. niedriger sd. KW-stoffe umgewandelt werden. Aus diesem Reaktionsprod. wird die abgetrennte Gasölfraktion mit Furfurol (oder Benzaldehyd, Nitrobenzol, Ketonen, Phenolen), das mit W. gesätt. ist, bei 77—90° F extrahiert, das Extraktöl abgetrennt u. aus der Raffinatölfraktion das restliche Lösungsm. abgetrieben, wodurch man ein N-freies u. höchstens 0,16% S enthaltendes Raffinat erhält. (**A. P. 2 507 861** vom 21/7. 1948, ausg. 16/5. 1950.) KRAUSS. 8195

Sinclair Refining Co., New York, N. Y., übert. von: **Harry Louis Pelzer,** Steger, Ill., V. St. A., *Niedrig siedende, niedrig molekulare Kohlenwasserstoffe* erhält man durch Cracken von höhermol., hochsd. KW-stoffen in Ggw. von ca. 0,5—5% wasserfreiem NH_4F in fl. Phase bei 650—700° F. — Zeichnung. (**A. P. 2 507 220** vom 3/6. 1947, ausg. 9/5. 1950.) KRAUSS. 8197

Anglo-Iranian Oil Co. Ltd., London, und **Garlym Islwyn Jenkins,** Sunbury-on-Thames, England, *Spaltung schwerer Kohlenwasserstoffe in 2 Stufen.* Schwere KW-stoffe (über dem Gasölsiedebereich) werden in einer ersten Spaltzone (900° F, 10 lbs./sq.in.) bei *hoher* Raumgeschwindigkeit (also schwacher Spaltung) katalyt. gespalten. Man erhält eine hohe Ausbeute an Gasöl, welches aus dem Syst. entfernt wird u. ein brauchbares Dieselöl darstellt. Der Rückstand aus der 1. Spaltzone gelangt in eine 2. Spaltzone (900° F, 10 lbs./sq.in.) bei *geringer* Raumgeschwindigkeit (also weitgehender Spaltung) u. ergibt eine hohe Ausbeute guten Motorbenzins (hohe Octanzahl) u. einen Rückstand. Aus der 1. Spaltzone kommen die Reaktionsprodd. u. unverändertes Ausgangsmaterial zu einer Fraktionierzone, wo Bzn. u. niedrigere KW-stoffe als Kopfprod. u. Gasöl (mit hohem Dieselindex) als Seitenprod. vom Rückstand (über dem Gasölsiedebereich) getrennt werden. Das Kopfprod. wird in einer zweiten Fraktionierzone in Gas (Kopf) u. stabilisiertes Bzn. (Boden) getrennt. Die Reaktionsprodd. aus der 2. Spaltzone gelangen in eine dritte Fraktionierzone, wo Bzn. u. leichtere KW-stoffe als Kopfprodd. von dem Rückstand (gespaltenes Gasöl) getrennt werden. — Zeichnung. (**E. P. 642 325** vom 9/8. 1947, ausg. 30/8. 1950.) UNGER. 8197

Phillips Petroleum Co., Del., übert. von: **Harris A. Dutcher,** Bartlesville, Okla., V. St. A., *Reformieren, Dehydrieren, Spalten von Kohlenwasserstoffen* erfolgt in Ggw. hocherhitzter Füllstoffe (I), die entgegengesetzt dem KW-stoff nach abwärts in den Regenerierraum gleiten u. hier durch Einführen von Wasserdampf, wobei aus den abgelagerten C-haltigen Verunreinigungen H_2 u. CO entsteht, regeneriert u. gleichzeitig gekühlt werden. Mittels eines Elevators gelangen sie in einen Vorheizraum, wo **I** durch direkte Verbrennung von Heizgasen (Wassergas) auf Reaktionstemp. gebracht werden. **I** sollen Tempp. bis 3500° F widerstehen, z. B. Al_2O_3-Carborundum, Mullit, Periklas, Beryllium-, Zirkonoxyd. Bevorzugt wird die Kugelform von $^1/_8$—1 in. Durchmesser. — Zeichnung. (**A. P. 2 532 613** vom 8/7. 1946, ausg. 5/12. 1950.) G. KÖNIG. 8197

Anglo-Iranian Oil Co. Ltd., London, übert. von: **William Musther Fawcett** und **John Norman Haresnape,** Sunbury-on-Thames, England, *Gewinnung eines Katalysators,* der zum *Dehydrieren* u. *Cracken* von KW-stoffölen dient, durch Erhitzen eines montmorillonithaltigen Tones mit einem Gesamt-Eisenoxydgeh. von 5% auf 650—700°. (**E. P. 643 459** vom 10/6. 1947, ausg. 20/9. 1950.) NEBELSIEK. 8197

Conrad Arnold, London, England, und **Standard Oil Development Co.,** Linden, N. J., V. St. A., *Milde oxydative Vorbehandlung fester kohlenstoffhaltiger Materialien,* wie Kohle jeder Art, Lignit, Ölschiefer, Asphalt, vor ihrer Weiterbehandlung, z. B. durch Spalthydrierung. Die Materialien werden im Wirbelbett mit einem oxydierenden Gas bei ca. 150 bis ca. 450° F behandelt, bis ca. 0,5—40% O_2 aufgenommen sind. — App., Zeichnung. (**E. P. 636 033** vom 31/3. 1947, ausg. 19/4. 1950.) KRAUSS. 8199

Shell Development Co., San Francisco, übert. von: **Donald D. Davidson**, Long Beach, Calif., V. St. A., *Katalytische Umwandlung von Kohlenwasserstoffen in klopffeste Treibstoffe.* Eine Gasolinfraktion mit Kp. 185—500° F u. einer ASTM-Oktanzahl <48 wird mit einer Raumgeschwindigkeit 0,5—3 mit H_2 im Überschuß bei 825—1025° F u. wenigstens 500 lbs./sq.in. über einen Katalysator geleitet, der aus Mo-Al-Oxyd besteht u. mit 0,6—8(%) Silicagel u. 2,5—12 ZnO aktiviert ist, wobei der Mo-Geh. höher ist als der Zn-Gehalt. — Eine Naphthafraktion (n_D^{20} 1,4418, S-Geh. 0,14; BrZ 1,4; 13,2 Aromaten u. Octan-Z 39,9) wird über einen auf 975° F erhitzten Katalysator aus Al_2O_3, ZnO, MoO u. SiO_2 mit 2,8 Si, 8,1 Zn u. 11,9 Mo bei 700 lbs./sq.in. mit überschüssigem H_2 geleitet. Man erhält ein Prod. mit 60,1% *Aromaten* u. einer Octanzahl von 75,0. (**A. P. 2 508 014** vom 16/5. 1947, ausg. 16/5. 1950.) KRAUSS. 8199

„Shell" Refining & Marketing Co. Ltd., London, England (Erfinder: **R. Graham** und **A. Lewis**), *Motorbrennstoff*, gek. durch einen Geh. an *Tetraalkylblei* u. eine geringe Menge Trikresyl- oder Trixylenylorthophosphat. Außerdem kann zweckmäßig eine geringe Menge von Halogen-KW-stoffen, bes. Äthylendibromid oder Äthylendichlorid, oder deren Gemische zugesetzt werden. Die Phosphorsäureester bewirken ein Herabsetzen der Verschmutzung der Zündkerzen. (**Schwed. P. 135 366** vom 11/1. 1951, ausg. 22/4. 1952. E. Priorr. 13/1. u. 1/11. 1950.) JÜRGEN SCHMIDT. 8205

Anglo-Iranian Oil Co. Ltd., London (Erfinder: **William Arthur Partridge** und **Harold John Alty**, Sunbury-on-Thames, Middlesex,) England, *Stabilisierung von Benzin und Bleitetraäthyl enthaltenden Treibstoffen*, die S in organ. Bindung, z. B. als Thiophen, enthalten, gek. durch Zusatz einer kleinen Menge eines Pb-Salzes (I) oder einer Mischung dieser als Stabilisierungsmittel. — Man verwendet z. B. als **I**: $PbCrO_4$, $Pb(NO_3)_2$ oder $PbCl_2$, die als alkoh. Lsg. zugesetzt werden. (**D. B. P. 870 198** Kl. 46a vom 1/1. 1949, ausg. 12/3. 1953. E. Prior. 14/7. 1945.) DERSIN. 8205

Socony-Vacuum Oil Co., Inc., New York, N. Y., übert. von: **Richard B. Bishop**, Haddonfield, **William I. Denton** und **Edwin M. Nygaard**, Woodbury, N. J., V. St. A., *Sekundäre Mononitroparaffine* erhält man durch Behandeln eines n. Paraffins mit Nitrierungsmitteln (NO_2, N_2O_3, N_2O_4, N_2O_5, Nitriersäure) bei 150—250° u. wenigstens ca. 150 lbs./sq.in. — Propan wird mit 70%ig. HNO_3 bei 185° u. 900 lbs./sq.in. behandelt, wodurch man in der Hauptsache 2-Nitropropan u. wenig 1-Nitro- u. 2.2-Dinitropropan erhält. — 2-Nitrobutan, Kp. 139,6° u. wenig 1-Nitrobutan u. sek. Polynitrobutane. — *Zusatzmittel zu Treibstoffen.* (**A. P. 2 511 454** vom 14/5. 1946, ausg. 13/6. 1950.) KRAUSS. 8205

Leo Corp., übert. von: **Willard E. Lyons**, V. St. A., *Zusatzmittel zur Verbesserung der Verbrennung in Brennkraftmaschinen*, bestehend aus W. u. einem katalyt. wirksamen Metall, wie Co, Ni, Mn, Fe, Cu, U, Mo, V, Zr, Be, Pt, Pd, Th, Cr, Al, Sc, Sb, As, Bi, Cd, Te, Th, Sn, Ba, B, K, Na, Ta, Ti, W, Zn, Cl, Pr, Nd u. La. (**Can P. 478 738** vom 27/10. 1947, ausg. 20/11. 1951. A. Prior. 1/7. 1947.) M. F. MÜLLER. 8205

Braunkohle-Benzin Akt.-Ges., Berlin, *Herstellung hochklopffester Treibstoffe durch Kondensation von Isoparaffin- mit Olefinkohlenwasserstoffen*, dad. gek., daß bei der CO-Hydrierung gewonnene Olefine vor dem Umsatz, vorzugsweise über Bleicherde, isomerisiert werden. Man kann die Olefine zunächst in die Halogenide überführen u. diese von den Begleitstoffen durch fraktionierte Dest. abtrennen u. anschließend in Ggw. von Halogenwasserstoff abspaltenden Katalysatoren in isomere Olefine umwandeln. (**D. B. P. 870 244** Kl. 12o vom 2/6. 1943, ausg. 12/3. 1953.) G. KÖNIG. 8207

California Research Corp., San Francisco, übert. von: **Maurice R. Barusch, John E. Hanson**, Richmond, **Gordon E. Langlois**, El Cerrito, **Richard M. Schramm**, Oakland, und **George H. Denison jr.**, San Rafael, Calif., V. St. A., *Diorganoperoxyde* (**I**) erhält man durch Selbstkondensation von *Organohydroperoxyden* (**II**) mit 0,1—1,5 Mol. von starken Säuren (HCl, H_2SO_4, H_3PO_4, HNO_3, HBr, CH_3COCl, Oxalsäure, Dimethylsulfat) mit einer Dissoziationskonstante von mindestens 10^{-3} bei einer Temp. unter 95° F u. einer Reaktionszeit unter 90 Minuten. Man erhält eine 80—90%ig. Umwandlung. — Beispiel: 16,5(cm^3) techn. Dimethylcyclopentylhydroperoxyd (85%ig. Reinheit, O-Faktor 11,700) in 165 n. Pentan werden mit 0,25 lb./gal. 75%ig. H_2SO_4 bei 40—50° F 1 Std. behandelt, die ölige Phase wird mit W. gewaschen u. mit Na_2CO_3 neutralisiert; nach dem Verjagen des Pentans erhält man ein Prod. mit einem O-Faktor von 4,370. Setzt man einen *Dieseltreibstoff* mit Octan-Z. (**III**) 41 $^1/_2$% dieses Peroxyds zu, so wird die **III** um 12,2 erhöht, während ein Zusatz von 60%ig. reinem H_2O_2 **III** nur um 6,5 erhöht. — Die **II** von folgenden Verbb. kommen für die Rk. auch in Frage: Butan, Pentan, Hexan, Heptan, Octan, Nonan, Decan, Dodecan, Tetradecan, Hexadecan u.

deren Isomere, Cyclobutan, -pentan, -hexan, -heptan, -octan, deren Alkylsubstitutionsprodd., Octene, Decene, 2-Äthylhexene, Isobutylene, Toluol, Xylol, Äthyl-, Isobutyl-, Octyl-, Cetylbenzol, 1.1-Dibrom-2-methylpropan, 1.2-Dichlor-2.3-dimethylbutan, 1-Fluor-2-methylpropan, 1-Chlor-2-phenylpropan, 1-Chlor-2-naphthylpropan, 1-Chlor-2-cyclohexylpropan, 1.1-Dichlorphenyl-2.2.2-trichloräthan. — Schemat. App., 5 Zeichnungen. (**A. PP. 2 522 015** u. **2 522 016** vom 13/12. 1948, ausg. 12/9. 1950.) KRAUSS. 8209

Standard Oil Development Co., Elizabeth, N. J., V. St. A., *Treibstoff für Turbostrahlgetriebe.* Man verwendet ein KW-stofföl mit hohem Aromatengeh., welches bei vollständiger Verbrennung übermäßige Kohlemengen bildet, u. mischt diesem Öl 0,1—5 Gew.-% Cumolhydroperoxyd bei. (**E. P. 689 505** vom 10/8. 1950, ausg. 1/4. 1953. A. Prior. 26/11. 1949.) UNGER. 8211

Texas Co., New York, N. Y., übert. von: **David K. Beavon**, Long Beach, Calif., V. St. A., *Extraktion von Leichtölen.* Petroleum oder Gasöl werden mit einem wasserlösl. Lösungsm. (**I**), z. B. Furfurol, extrahiert. Dem Extrakt u. dem Raffinat wird W. zugesetzt, dann läßt man absitzen. Es entstehen jeweils drei Phasen: eine lösungsmittel-, eine öl- u. eine wasserreiche. Die erste wird an den Beginn des Prozesses zurückgeführt, die zweite zur Abtrennung des **I** einer Wasserwäsche unterworfen, aus der dritten das azeotrop. Gemisch aus W. u. **I** abdestilliert. (**A. P. 2 526 722** vom 16/9. 1947, ausg. 24/10. 1950.) v. HUHN. 8213

Standard Oil Development Co., übert. von: **Lawrence T. Eby**, Roselle, N. J., V. St. A., *Dieseltreibstoff.* Man setzt zu Dieselölen zwecks Erhöhung der Zündwilligkeit Dialkylsulfide, die tert. Alkylreste mit 8—25 C-Atomen u. 4—8 S-Atome besitzen, z. B. Di-tert.-octyltri-, -tetrasulfid oder Di-tert.-dodecyltri- oder -tetrasulfid, zu. (**A. P. 2 614 914** vom 4/6. 1946, ausg. 21/10. 1952.) DERSIN. 8213

Badische Anilin- & Soda-Fabrik, Ludwigshafen/Rh. (Erfinder: **Hans Bähr**, Herne), *Herstellung von Heizöl durch Schwelung.* Aus dem in außenbeheizten Öfen oder Spülgasöfen aus stückiger oder aus mit nichtbituminösen Bindemitteln brikettierter Steinkohle gewonnenen Schwelteer wird Pech abgetrennt, mit Kohle vermischt u. zu Briketts gepreßt. Diese werden im Spülgasofen verschwelt u. zweckmäßig nachentgast. (**D. B. P. 848 986** Kl. 23b vom 10/3. 1943, ausg. 11/9. 1952.) v. HUHN. 8217

Standard Oil Development Co., übert. von: **Henry C. Paulsen**, Elizabeth, N. J., V. St. A., *Stabilisierung von Schwerölen.* Die in diesen beim Lagern unter der Wrkg. von Licht u. O_2 gebildeten Peroxyde werden durch Behandeln bei 60—120° F mit Bleicherden (Attapulgus-Ton, Floridin, Fullererde, Olmstead-Ton) entfernt. Im Beispiel wird ein *Gasöl* mit 2,7% Peroxyd behandelt (Tabelle). — Vorrichtung. (**A. P. 2 526 499** vom 31/5. 1946, ausg. 17/10. 1950.) KRAUSS. 8217

Micafil Akt.-Ges. (Erfinder: **Alfred Bram**, Schlieren), Zürich, Schweiz, *Kontinuierliches Aufbereiten von Isolierölen* (**I**) bei niedrigen Tempp. durch Filtrieren, Entgasen u. Trocknen, bei welchem die zu trocknenden **I** durch Düsen im Vakuum zerstäubt u. durch eine Pumpe aus dem Vakuumbehälter (**II**) an die Atmosphäre gefördert werden, dad. gek., daß Mittel vorgesehen sind, die die Isolieröle im **II** auf einem unter den Zerstäuberdüsen liegenden bestimmten Niveau halten, u. ein Teil des so im **II** zurückgehaltenen Ölvorrats weiterhin mehrfach im selben **II** zerstäuben. (**D. B. P. 872 627** Kl. 23c vom 18/9. 1951, ausg. 2/4. 1953. Schwz. Prior. 23/9. 1950.) DERSIN. 8219

Standard Oil Development Co., Elizabeth, N. J., V. St. A., *Zusatzmittel für Mineralschmieröle,* bestehend aus Mischpolymerisaten von Maleinsäureestern, in denen die Alkoholkomponente 1—30 C-Atome besitzt, z. B. 80% neutralen Cocosnußalkoholmaleinsäureester, mit Vinylestern, deren Säurekomponente weniger als 10 C-Atome besitzt, z. B. 20% Vinylacetat. Das Mol.-Gew. der Mischpolymerisate soll 2000—50000 betragen. Zusatz von 0,1—5 Gew.-% verbessert den Stockpunkt u. den Vicositätsindex. (**E. P. 655 068** vom 30/1. 1948, ausg. 11/7. 1951. A. Prior. 14/2. 1947.) DERSIN. 8221

Standard Oil Development Co., Elizabeth, N. J., V. St. A., *Stockpunkterniedriger für Mineralschmieröle.* Man läßt auf durch aliphat. Seitenketten substituierte aromat. Verbb. mit einem Mol.-Gew. von wenigstens 400, die z. B. durch Kondensation eines Phenols mit chloriertem Paraffinwachs in Ggw. von FRIEDEL-CRAFTS-Katalysatoren erhalten werden, einen Äther, Thioäther oder ein Xanthogenat der allg. Formel $R \cdot X \cdot R_1 \cdot Hal$, in der R u. R_1 ein- oder mehrwertige KW-stoffreste, Hal ein Halogen u. X —O—, —S— oder —O·CS·S— bedeuten, mit oder ohne FRIEDEL-CRAFTS-Katalysatoren einwirken, wobei das Halogen abgespalten u. der Rest R_1 an den Kern der aromat. Verb. gebunden wird. Man verwendet z. B. β-Chloräthyllaurylsulfid, Chlormethyloctylthioäther oder Laurylchlormethylthioäther als Reaktionskomponente. Die Endprodd.

sind z. B. Laurylthiomethyl-, tert. Octylthiomethyl- oder Laurylxanthomethyl-Wachsphenol. (**E. P. 659 572** vom 23/11. 1948, ausg. 24/10. 1951. A. Prior. 29/5. 1948.) DERSIN. 8221

Comp. Française de Raffinage, (Soc. An.) Paris, Frankreich, *Verbesserung an Kondensatschmierbuchsen.* Die Düse der Buchse hat statt des bisher kon. einen zylindr. Querschnitt, ist aus Ni oder Stahl oder mit Bakelitüberzug, woran das Öl weniger haftet als an den bisher verwendeten Bronze- oder Messingdüsen. Die Buchse hat eine Bohrung von 0,6—0,8 mm u. kann bes. für synthet. Öle, bei denen die Differenz zur D. des W. nicht sehr groß ist, verwendet werden. Zur Erhöhung der D. können dem W. Salze, wie Pb-Acetat u. NaCl, sowie zur Herabsetzung der Oberflächenspannung Phosphorsäure, Na_2CO_3, Seifen oder langkettige aliphat. Alkohole zugesetzt werden. Die Oberflächenspannung des Öls kann durch Zusatz von z. B. Mg-Oleat erhöht werden. Am Austritt der Ölkammer kann ein Diaphragma vorgesehen sein, das die dem W. zugesetzten Stoffe zurückhalten soll. — Zeichnungen. (**E. P. 654 393** vom 24/12. 1947, ausg. 13/6. 1951. F. Prior. 20/10. 1943.) MATTHAES. 8221

Soc. An. Standard Française des Pétroles, Seine, Frankreich (Erfinder: **Robert Dupas, Victor Jevanoff** und **Charles Bost**), *Synthese von Schmier- und Isolierölen.* Aromat. KW-stoffe (Bzl., Toluol) werden mit aliphat. Dihalogenverbb. (symm.-Dichloräthan) in Ggw. von $AlCl_3$ 1—2 Std. auf 75° erhitzt. Gleichzeitig oder anschließend wird mit hochmol. chlorierten KW-stoffen der FISCHER-TROPSCH-Synth. alkyliert. Die Reaktionsprodd. lassen sich durch Dest. in mehrere Fraktionen zerlegen, von denen die niedriger sd. (Kp. 150—200°) als Isolieröle, die höher sd. (Kp. 200—300°) als Schmieröle verwendet werden. (**F. P. 977 621** vom 1/9. 1942, ausg. 3/4. 1951.) NOUVEL. 8221

Comp. Française de Raffinage (Soc. An.), Seine, Frankreich, *Herstellung von synthetischen Schmiermitteln.* Die Kondensation von Bzl. oder seinen Homologen mit Alkyldihalogeniden (Dichloräthan) erfolgt im Molverhältnis 1 : 0,5—0,8. Dabei entstehen hauptsächlich fl. dimere Prodd., wobei eine Anreicherung an zweikernigen Verbb. durch Dest. bewirkt werden kann. Die Reaktionsprodd. werden anschließend hydriert u. gegebenenfalls noch mit halogenierten Paraffinen oder Olefinen oder mit sich selbst kondensiert. (**F. P. 977 586** vom 19/8. 1942, ausg. 3/4. 1951.) NOUVEL. 8221

Comp. Française de Raffinage (Soc. An.), Seine, Frankreich, *Synthetische Motorenöle.* Man kondensiert Cyclohexan oder Cyclohexen mit Alkyldihalogeniden (Dichloräthan) bei hohen Tempp. in Ggw. eines FRIEDEL-CRAFTS-Katalysators. Die Reaktionsprodd. können noch mit halogenierten Paraffinen oder Olefinen oder mit sich selbst weiter kondensiert werden. — *Schmiermittel.* (**F. P. 977 589** vom 20/8. 1942, ausg. 3/4. 1951.) NOUVEL. 8221

Shell Development Co., übert. von: **Harold M. Fraser,** San Francisco, Calif., V. St. A., *Schmiermittel,* bestehend aus einem Schmieröl mit einem Zusatz von 0,25—10,0% einer Seife der 12-Oxystearinsäure oder von hydrierter Ricinusölsäure. Genannt ist die Al-Seife. (**Can. P. 485 332** vom 5/1. 1943, ausg. 29/7. 1952. A. Priorr. 29/4. 1939, 25/7. 1940 u. 29/6. 1942.) M. F. MÜLLER. 8223

Deutsche Shell Akt.-Ges. (Erfinder: **Hans Joachim Hofmann**), Hamburg, *Herstellung von Hochdruckschmiermitteln,* dad. gek., daß man Mineralöldestillaten oder Raffinaten geringe Mengen von Stoffen zusetzt, die man durch Behandeln von Olefinen, bes. von Olefingemischen, wie sie bei der Dampfphasenspaltung von festen Paraffinen anfallen, mit S_2Cl_2 bei 25—85° erhält. — In dem S_2Cl_2 wird zweckmäßig vorher S gelöst. Die Reaktionsprodd. enthalten 7—20(%) S u. 7—16 Cl u. werden in Mengen von 0,5—10 zugesetzt. (**D. B. P. 876 437** Kl. 23c vom 25/2. 1944, ausg. 11/5. 1953.) DERSIN. 8223

Dow Corning Corp., Midland, Mich. (Erfinder: **Rob Roy McGregor,** Verona, und **Earl L. Warrick,** Pittsburgh, Pa.), V. St. A., *Flüssige Dimethylpolysiloxane.* Man hydrolysiert in Alkohol gelöstes $(CH_3)_3Si(OC_2H_5)_2$ in Ggw. von W. u. vorzugsweise eines Säurekatalysators (HCl) bei Rückflußtemperatur. — *Schmiermittel* mit niedrigem Stockpunkt u. geringer Änderung der Viscosität bei Temperaturunterschieden; wiederstandsfähig gegen Oxydation. (**D. B. P. 882 400** Kl. 12o vom 20/9. 1950, ausg. 9/7. 1953. A. Prior. 26/2. 1942.) BRÖSAMLE. 8223

Badische Anilin- & Soda-Fabrik, Ludwigshafen/Rh. (Erfinder: **August Eisenhut,** Neckargemünd, und **Ernst Plauth,** Treinsheim), *Entparaffinieren von Ölen, Teeren oder Druckhydrierungsprodukten* in Ggw. von fl., bei n. Temp. gasförmigen KW-stoffen, die vor der Verwendung durch ein aus einem gut in W. lösl. Salz oder Metallhydroxyd bestehendes Filter geschickt wurden, wobei die Temp. zwischen 0° u. dem eutekt.

Punkt der Mischung aus Salz oder Metallhydroxyd u. W. gehalten wird. (**D. B. P. 883 316** Kl. 23b vom 22/12. 1942, ausg. 16/7. 1953.) UNGER. 8227

André Cabaret, Yves Durier, Jacques Lefebvre de Giovanni, André Guillermic et Jacques Lefol, Pétrole. Propriétés et utilisations. Tomme 2. Paris: Presses documentaires. 1953. (IV + 320 S. m. Abb.) 8°. fr. 1800,—.

XXI. Leder. Gerbstoffe.

Julius Pfannmueller, *Enzyme: Ihre Wirkung und Anwendung auf Leder.* Nach einer allg. Darst. über die Wirkungsweise von Enzymen (I) u. im besonderen von proteolyt. wirkenden I weist Vf. auf die Rolle der proteolyt. I bei der Beize der Häute hin. Hier werden heute Pankreas-, Pilz- u. Bakterien-I verwendet. Das optimale p_H liegt hierbei zwischen 6,5—8,5. Auch das Enthaaren läßt sich heute enzymat. durchführen. Zu diesem Zweck wird das Fell zunächst mit NaOH behandelt, auf p_H 7,5—8,5 gebracht u. dann mit geeigneten I-Präpp. behandelt. (Leather Manufacturer **64**. Nr. 5. 7—8. Mai 1953. Wallerstein Co., Inc.) H.-G. FRÖHLICH. 8334

Thomas A. Dickinson, *Piccopale — eine neue Gerbchemikalie. Piccopale* (I), ein thermoplast. Harz, das durch Polymerisation von ungesätt. KW-stoffen aus dem Crackprozeß von Erdöl entsteht, wird vorteilhaft bei der Herst. von Leder u. Lederprodd. verwendet. So werden u. a. Stabilität, Wasserfestigkeit, Abrieb u. Steifheit des Leders verbessert. I ist in den meisten Lösungsmitteln lösl. u. verträgt sich gut mit vielen Fettsäuren, trocknenden Ölen, Weichmachern, Kunstharzen u. Wachsen. Geeignete Lösungsmittel u. eine Reihe von physikal. Daten werden angegeben. (Leather and Shoes **125**. Nr. 21. 10. 40. 23/5. 1953.) H.-G. FRÖHLICH. 8336

William R. Cox, *Untersuchungen über Leder-Pasting.* 3. Mitt. *Einige Bemerkungen über die Beziehungen zwischen Fettlicker und Adhäsion.* Es wurden Laboratoriumsverss. über den Einfl. der Fettlicker auf die Haftfestigkeit von Chromleder angestellt. Die Haftfestigkeit wurde bestimmt nach der Meth. von COX u. RODDY (J. Amer. Leather Chemists Assoc. **45**. [1950.] 270). Als Licker wurde sulfoniertes Klauenöl angewandt. Die reine Sulfoölfraktion des Klauenöls bewirkte bei allen angewandten Fettmengen (5—12%) eine erheblich zu hohe Adhäsion. Das sulfonierte Öl selbst ergab bei Fettmengen über 3% eine zweckentsprechende Adhäsion. Ein Zusatz von geringen Mengen rohen Klauenöls (12½%) zu sulfoniertem Öl erhöhte die Adhäsion, Zusatz von größeren Mengen (25, 40%) verminderte sie so stark, daß schon mit 1% Fettlicker eine zweckentsprechende Adhäsion erreicht wurde. Zusatz von Mineralöl wirkte sich günstig auf die Adhäsion aus. Bei Anteilen von 10—25% wurde mit 2% Fettlicker die erforderliche Adhäsion erreicht. — 8 Tabellen, 4 Abbildungen. (J. Amer. Leather Chemists Assoc. **47**. 210—19. April 1952. Cincinnati, O., Univ., Dep. Basic Sci. Tanning Res., Found. Tanners' Council of America.) O. ENGEL. 8340

Seymour S. Kremen und **Fred O'Flaherty,** *Ein Überblick über die Technologie von Fettflecken in Viehleder.* Allg. Übersicht über Methoden zum Entfernen von Fettflecken in Viehleder u. hierbei gemachte Erfahrungen. (Leather Manufacturer **64**. Nr. 5. 9—10. Mai 1953. Cincinnati, O., Univ., Dep. of Basic. Sci. in Tanning Res.) H.-G. FRÖHLICH. 8340

S. G. Shuttleworth, *Die Bestimmung der Leitfähigkeit von Chromsulfatkomplexionen bei niedriger Temperatur.* Für die Best. der Leitfähigkeit von labilen Chromsulfatkomplexen wird ein App. beschrieben, der es ermöglicht, statt bei 25 bei 5° zu arbeiten, um die Zers. der Komplexe auf ein Minimum zu beschränken. Die hierbei erhaltenen Ergebnisse werden an Hand zahlreicher Formelbilder beschrieben u. diskutiert. (J. Soc. Leather Trades' Chemists **34**. 186—95. Mai 1950. Grahamstown, Südafrika, Rhodes Univ., Coll. Leather Ind. Res. Inst.) H.-G. FRÖHLICH. 8364

Böhme Fettchemie G. m. b. H., Düsseldorf (Erfinder: **Friedrich Schmitt,** Düsseldorf, und **Rudolf Mauderer,** Jesingen/Württ.), *Gerben von Pelzfellen* (**I**). Man behandelt in üblicher Weise gewaschene bzw. geweichte **I** mit Fe-Salzen u. Fettalkoholsulfonat gleichzeitig oder in beliebiger Reihenfolge. Es können auch weitere bekannte Gerbmittel mitverwendet werden. (**D. B. P. 878 693** Kl. 28a vom 19/3. 1943, ausg. 5/6. 1953.) V. SCHILLER. 8337

Carl Freudenberg K.-G. a. A., Weinheim/Bergstr., *Erzeugung einer künstlichen Narbenschicht auf Spaltleder.* Man imprägniert von der Aasseite her mit einer Lsg. von nichtmodifizierten, noch freie OH-Gruppen enthaltenden Alkydharzen, welche noch Vernetzungsmittel, wie Isocyanate, enthalten, entfernt das Lösungsm. durch Verdampfen u. appretiert das Leder in üblicher Weise. Man verwendet z. B. den Polyester aus 3 (Mol)

Adipinsäure, 1 eines Triols (Glycerin, Hexantriol) u. 3 Butylenglykol. (**D. B. P. 878 544** Kl. 28a vom 10/3. 1951, ausg. 5/6. 1953.) v. SCHILLER. 8341

Badische Anilin- & Soda-Fabrik, Ludwigshafen/Rh. (Erfinder: **Eugen Immendörfer, Theodor Wilhelm Pfirrmann,** Ludwigshafen/Rh., und **Hans Krzikalla,** Heidelberg), *Fetten von Leder.* Man verwendet die durch katalyt. Oxydation von höhermol. ungesätt. aliphat. KW-stoffen mit O_2 oder mol. O_2 enthaltenden Gasen erhältlichen carbonsäurehaltigen Oxydationsprodd., gegebenenfalls im Gemisch mit anderen Fettungsmitteln. (**D. B. P. 878 543** Kl. 28a vom 2/6. 1940, ausg. 5/6. 1953.) v. SCHILLER. 8341

Badische Anilin- & Soda-Fabrik (Erfinder: **Hans Krzikalla** und **Walter Schweckendiek**), Ludwigshafen/Rh., *Herstellung von Harzen,* dad. gek., daß man Di- oder Terphenyle mit aliphat., gesätt. KW-stoffen, deren Halogenatome durch 3 oder 4 C-Atome voneinander getrennt sind, in Ggw. von wasserfreiem $AlCl_3$ oder $AlBr_3$, zweckmäßig in Anwesenheit von Lösungs- oder Verdünnungsmitteln, umsetzt. — Z. B. trägt man in ein Gemisch aus 308 (Teilen) Diphenyl, 960 Tetrachloräthan (**I**) u. 1016 1.4-Dichlorbutan bei 40—50° allmählich 528 $AlCl_3$ ein. Man rührt bei dieser Temp. weiter, bis die HCl-Entw. fast aufgehört hat, gießt in angesäuertes Eiswasser, treibt **I** mit Wasserdampf ab usw. Gelbliches, schwach fluorescierendes Harz, das sich zum *Imprägnieren von Leder* eignet. (**D. B. P. 860 553** Kl. 39c vom 15/7. 1942, ausg. 22/12. 1952.) DONLE. 8341

XXIV. Photographie.

Z. Ss. Arnold, *Über die Wechselbeziehung zwischen den einzelnen Stadien des photographischen Prozesses.* Vf. vergleicht die kinet. Kurven der Lichtempfindlichkeit, der Bldg. u. des Wachsens des latenten u. sichtbaren Bildes während der zweiten Reifung, die Wrkg. des Lichtes u. des Entwicklers u. die Zunahme des sichtbaren u. unsichtbaren Schleiers während der Reifung u. bei der Entwicklung. Der Vgl. dieser Kurven zeigt den für autokatalyt. Rkk. typ. Verlauf; eine Induktionsperiode u. eine Periode ansteigender u. fallender Geschwindigkeit. Die Lichtempfindlichkeit, gemessen an den Schwärzungen des belichteten u. des unbelichteten Teiles der Schicht zeigt, im Gegensatz zur Schleierbldg., ein Maximum, das einem Minimum der Schleierbldg. entspricht. Auch ohne Einw. des Lichtes ist es möglich, durch Verlängerung der Reifung oder Entw. bestimmte Schwärzung zu erreichen. Bei gewissen Bedingungen besteht zwischen Reifungs- u. Entwicklungsdauer folgende Beziehung $t_o t_n + \delta\,(t_o - t_n) = c$; t_o u. t_n = Reifungs- u. Entwicklungsdauer, δ u. c = von der Art der Reifung u. Entw. u. der Schleierdichte abhängige Konstanten. Die Kurven sind Hyperbeln, deren Asymptote die Koordinaten sind. Bei erhöhten Tempp. können die Kurven, bedingt durch Neben-Rkk. infolge Löslichkeit u. nichtselektiver Red. der Ag-Ionen, geradlinig werden. Die verschied. Bedingungen der Reifung, die in fl. Phase erfolgt, u. der Entw. in erstarrter Schicht erklären die Nichterfüllung der Wechselwrkg. zwischen Reifungsdauer u. Entwicklungszeiten. (Доклады Академии Наук СССР [Ber. Akad. Wiss. UdSSR] [N. S.] **88.** 289—91. 11/1. 1953.) OEHRN. 8596

Jean Jacques Trillat und **Claire Pierrée,** *Über die Wirkung schneller Elektronen auf das Bromsilber. Untersuchungen mittels Elektronenbeugung und Elektronenmikroskopie.* Wie TRILLAT in früheren Unterss. (vgl. C. **1952.** 6474) zeigen konnte, werden sehr dünne Schichten von reinem AgBr beim Bestrahlen mit schnellen Elektronen (45 bis 60 kV) zu Ag reduziert. Untersucht werden AgBr-Einkristalle u. AgBr in polykrist. Zustand. Die elektronenmkr. Aufnahmen werden durch Elektronenbeugungsaufnahmen ergänzt, woraus deutlich der fortschreitende Reduktionsvorgang ersichtlich wird. Aus den AgBr-Kristallen bilden sich Ag-Kügelchen im Innern oder in unmittelbarer Nachbarschaft der AgBr-Kristallfläche. Die Beugungsaufnahmen in diesem Zustand der Red. zeigen eine Überlagerung aus zwei Kristallgittern, dem orientierten AgBr-Gitter u. dem mehr oder weniger orientierten Ag-Gitter. Die Ag-Kügelchen wachsen dann zu fadenförmigen Gebilden zusammen, während die AgBr-Kristallfläche bis auf die Andeutung ihrer äußeren Kontur verschwinden. Dann ist nur noch das Ag-Elektronenbeugungsdiagramm nachweisbar. Das entstandene Ag ist nach der Fläche [0 0 1] des ursprünglichen AgBr orientiert. — Die Kombination der beiden Untersuchungsmethoden, Elektronenbeugungsaufnahme u. elektronenmkr. Aufnahme, ermöglicht eine verfeinerte Vorstellung über die Red. von AgBr durch schnelle Elektronen. (Sci. Ind. photogr. [2] **54.** 41—43. Febr. 1953. Bellevue (S. & O.), Centre Nat. de la Rech. Sci., Labor. de Rayons X.) W. GÜNTHER. 8598

Je. N. Spiridonowa, *Die Herstellung von Bromsilberphotoplatten unter industriellen Bedingungen.* Vf. beschreibt ein Verf. zur Herst. von *Bromsilberplatten* für Großformat. Nach üblicher Präparation von Spiegelglasplatten werden diese zuerst mit einer Unterlage aus 5 g gereinigter Gelatine, 1 Liter dest. W., 5 cm³ 10% ig. Cr-Alaunlsg., 25 cm³ 96% ig. A. u. 4 cm³ Carbolsäure, dann mit einer geeigneten Emulsion (400 cm³/m²) von Hand gegossen. Eigg. der Emulsion: Empfindlichkeit in GOST (Allunions-Standard)-Einheiten 0,5; Schleierdichte 0,02—0,03; Kontrastkoeff. $\gamma = 0{,}02$—0,03; $D_{max} > 3$; Breite L = 0,6—0,9. (Полиграфическое Производство [Polygraph. Betrieb] **1952**. Nr. 11. 20—22. Nov.) OEHRN. 8600

Paul Faelens, *Über den Desensibilisierungsmechanismus, der durch Druck auf photographische Emulsionen verursacht wird.* Wird ein photograph. Film vor seiner Belichtung einem Druck von 1200—2000 kg/cm² ausgesetzt u. dann mit einem Oberflächenentwickler entwickelt, so werden die dem Druck ausgesetzten Stellen weniger geschwärzt als die nichtvorbehandelten Stellen. Bei Behandlung mit Druck tritt also eine Desensibilisierung ein. Eine höhere Schwärzung im Vgl. zu ihrer Umgebung wird dagegen im allg. an belasteten Stellen dann beobachtet, wenn nach Zerstörung des Oberflächenbildes mit Chromsäure der vorbehandelte Film in einem Spezialentwickler für das Innenkornbild entwickelt wird. Die durch Druck erzeugte interne Sensibilisierung wird ebenso wie die Oberflächendesensibilisierung mit Störstellen im Halogensilberkorn erklärt, die als Fallen für die Photoelektronen wirken. Zwei neue Tatsachen scheinen diese Deutung zu stützen: 1. Auch bei Oberflächenentw. eines mit Druck vorbehandelten Materials wird eine Empfindlichkeitszunahme beobachtet, wenn einige Min. mit sehr geringer Intensität belichtet wird. Diese Art von Sensibilisierung vollzieht sich nur bei Belichtungen mit sehr niedriger Intensität, da nur eine solche das latente Bild an Oberflächenkeimen aufbaut. 2. Der Desensibilisierungseffekt eines photograph. Materials nach Vorbehandlung mit Druck nimmt in logarithm. Funktion mit der Zeit ab, während der dieses einer Temp. von 70—110° ausgesetzt wird. Der Schwärzungsunterschied zwischen belasteten u. unbelasteten Stellen ist um so geringer, je höher die angewandte Temp. ist. — Auf Grund dieser Beobachtungen wird angenommen, daß die durch Druck erzeugten Störstellen allmählich aus dem Korninnern zur Kornoberfläche wandern. (C. R. hebd. Séances Acad. Sci. **236**. 1348—50. 30/3. 1953.) W. GÜNTHER. 8606

J. A. Fitzpatrick, J. C. Hubbard und **W. J. Thaler**, *Eine hoch intensive Bogenblitzlichtquelle.* Ausführliche Mitt. zu der C. **1951**. I. 2259 referierten Arbeit. Die Beleuchtungsdauer beträgt 10^{-7} Sekunden. Die Leuchtintensität ist 900mal größer als bei Verwendung eines RG 8 U-Kabels. Als Anwendungsbeispiele werden einige SHADOW-Aufnahmen von fortschreitenden Wellen in W. (3—9 MHz) u. Aufnahmen von Entladungsvorgängen gebracht. (J. appl. Physics **21**. 1269—71. Dez. 1950. Washington, D. C., Catholic Univ. of America, Dep. of Phys.) FUCHS. 8614

H. D. Keith und **J. W. Mitchell**, *Einige Versuche über die photographische Entwicklung.* Vf. nimmt die Verss. von BOISSONNAS (Sci. Ind. photogr. [2] **20**. [1949.] 361) wieder auf u. verbessert dessen Meth. zur Herst. dünnster Halogensilberblättchen, um an ihnen die Einw. photograph. Entwickler zu verfolgen. Geschmolzenes AgBr wird zwischen opt. planem Pyrex- oder Quarzglas unter Einw. von Bromdampf u. Druck zum Kristallisieren gebracht, wobei transparente, 100—300 μ dicke Scheibchen entstehen, die sich durch eine gute opt. Qualität auszeichnen. Ausschnitte davon in der Größe von 5 mm Kantenlänge werden mit Canadabalsam auf Objektträger montiert u. unterm Mikroskop den verschied. Rkk. unterworfen. Bemerkenswert ist, daß trotz der Behandlung mit freiem Halogen die Halogensilberlamellen entwickelbar sind. Gegen Belichtung sind sie unempfindlich, u. es ist nicht möglich, durch Exponieren mit Licht die Zahl der Entwicklungskeime zu vergrößern. Durch Erwärmen an der Luft jedoch bei einer Temp. nahe am F. kann man sie sensibilisieren, wobei submkr. Teilchen in Erscheinung treten, die man im Ultramikroskop nachweisen kann. Erhitzt man weiter, so entstehen stäbchenförmige Gebilde, die nach [1 1 0] im Gitter orientiert sind. Die Halogensilberblättchen wurden in folgenden Entwicklern entwickelt: in einem Oberflächenentwickler mit Glycin, in einem Oberflächenentwickler mit Hydrochinon, in ILFORD ID 2, KODAK D-163 u. KODAK DK-20. Bei der Entw. in Oberflächenentwicklern bilden sich ausgehend von den Entwicklungskeimen typ. Ag-Abscheidungen mit nach [1 1 1] orientierten quadrat. Grundflächen. Bei den Entwicklern ID 2 u. D-163 setzt nach einigen Min. ein zweiter Vorgang ein: Die Flächen des in der ersten Phase abgeschiedenen Ag wachsen weiter. DK 20 nimmt infolge seines Geh. an Halogensilber lösender Substanz eine Sonderstellung ein. Bei Verwendung dieses Entwicklers wächst das Ag zu fadenförmigen Gebilden. — Die für die Verss. verwandten Entwickler zeigen bei der Entw. von Halogensilbereinkristallen die gleichen Eigg., wie sie von der Entw. photograph. Materialien her bekannt sind. (Sci. Ind. photogr. [2] **24**. 169—73. Mai 1953. Bristol, Univ., H. H. Wills Phys. Labor.) W. GÜNTHER. 8618

A. F. Gygax, *Die Anwendung der Fluorescenz in der Reproduktionsphotographie* Verschied. Verff., um mittels Fluorescenzlichts eine tonrichtigere Wrkg. bei der Reproduktionsphotographie zu erzielen als mit Weißlicht allein, werden besprochen (Fluorographic-Verf. von MARX, KODAK-Verf. nach MURRAY, KOSMOLITE-Verf. von CROSBY u. das KEMAT-Verfahren). Im Prinzip wird bei allen mit 2 Expositionen ohne bzw. mit UV-Filter gearbeitet. Bei der 2. Exposition werden durch Ausnutzung der aktin. Wrkg. des Fluorescenzgeh. der z. B. weißen Vorlagestellen (also des Zeichenkartons) die Lichtstellen der 1. Exposition überstrahlt, denn als Zeichengrund dient ein mit fluorescierender Substanz imprägniertes Papier u. als Farben dienen gegebenenfalls solche mit Zusatz fluorescierender Stoffe in einem nichtwss. Lösungsmittel. Bei der Aufnahme wird Streulicht durch einen zeltartigen Umbau mit Filterfenstern u. Schlitze für Weißlichtaufnahmen ausgeschaltet. Für Serienarbeiten ergibt sich eine erhebliche Arbeits- u. Kostenersparnis, da sich große Teile der Retuschierarbeit erübrigen. Mit Hilfe eines gut zusammenarbeitenden Teams von Vorlagenentwerfer, Photograph usw. erwies sich die Fluorescenzphotographie auch für farbige Vorlagen bei Serienarbeiten von Nutzen, wobei für die Aufnahmen verschied. Farben besondere Objektivfilter verwendet werden. Auch in Europa haben sich einige Betriebe auf ein Fluorescenzverf. umgestellt, bes. auf das lizenzfreie KODAK-Verfahren. (Druckgewerbe **3.** 83—86. 1/3. 1950. Bern, Busag A. G.) DU MONT. 8624

E. R. Davies, *Die physikalischen Grundlagen der Farbenphotographie.* Vf. gibt einen Überblick über die geschichtliche Entw. der Kenntnisse über die physikal. Grundlagen der Farbenphotographie. (Proc. Roy. Instn. Great Britain **34.** 568—86. 1950. Kodak Ltd.) W. GÜNTHER. 8630

Technicolor Motion Picture Corp., Hollywood, übert. von: **John R. Clark jr.**, Los Angeles, Calif., V. St. A., *Absaugedruckverfahren.* Der bildaufbauende Farbstoff wird nicht wie bisher auf den Positivfilm übertragen, sondern dort erst durch Rk. zwischen einem Farbkuppler (I), einem Reduktionsmittel (II) u. einem Oxydationsmittel (III) erzeugt, wobei eine oder zwei der Komponenten auf dem Matrizenfilm bildmäßig verteilt sind. Von diesem werden sie durch den üblichen Absaugedruck auf den Positivfilm übertragen u. dieser mit der oder den restlichen Komponenten gebadet, wodurch sich verschied. Variationen des Verf. ergeben. Geeignete I sind z. B.: α-Naphthol, 2.4-Dichlornaphthol, o-Oxydiphenyl, 4.6-Dibrom-o-kresol u. Thymol; Beispiele für **II**: 2-Amino-5-diäthylaminotoluol·HCl, Diäthyl-p-phenylendiamin, p-Toluylendiamin; Beispiele für **III**: $KMnO_4$, NaClO, NaBrO u. $K_3[Fe(CN)_6]$. (**A. P. 2 526 995** vom 3/3. 1945, ausg. 24/10. 1950.) KALIX. 8645

Kalle & Co., Akt.-Ges., Wiesbaden (Erfinder: **Wilhelm Neugebauer,** Wiesbaden, und **Jakob Bartenheier,** Eddersheim/M.), *Fixieren von Druckfolien, die mit Diazoschichten hergestellt sind.* Die nach dem Verf. des D. B. P. 849 955 hergestellten Druckfolien werden dadurch fixiert, daß man sie nach dem Belichten unter einer Vorlage in Ggw. von W. mit Fettfarbe einreibt, dann mit einem wasserlösl. filmbildenden Überzug versieht u. nach einer Trocknung desselben die Folie einer Allgemeinbelichtung unterwirft. (**D. B. P. 873 043** Kl. 57d vom 9/12. 1950, ausg. 9/4. 1953. **Zusatz zu D. B. P. 849 955; C. 1953. 1592.**) KALIX. 8647

General Aniline & Film Corp., New York, übert. von: **Sam C. Slifkin,** Binghamton, N. Y., V. St. A., *Azokomponenten für die Diazotypie.* Als Kupplungskomponente für schwerkuppelnde N-substituierte p-Phenylendiamine (I) wird 2.7-Dioxynaphthalin-3.6-disulfonsäure oder das entsprechende Sulfonamid verwendet. Beispiele für **I**: N.N-Diäthyl- u. N-Phenyl-p-phenylendiamin. Die Kupplungsprodd. sind tiefblau gefärbt; durch Zusatz von Acetoacetanilid oder Resorcin zur Kupplungskomponente kann der Ton nach Schwarzblau verschoben werden. (**A. P. 2 560 137** vom 21/12. 1948, ausg. 10/7. 1951.) KALIX. 8647

A. Page, Chemicals in photography. London: Fountain Pr. 1953. (48 S. m. Abb.) 2 s. 6 d.

Herausgeber u. verantwortlich für den Inhalt: Prof. Dr. Maximilian Pflücke, Berlin W 8, Jägerstraße 22/23, Fernsprecher: 200481, 201464. Redaktion: Chefredakteure Dr. Eugen Klever und Prof. Dr. Maximilian Pflücke. Verlag: Akademie-Verlag GmbH, Berlin W 8, Mohrenstraße 39 (Fernsprecher 203096, Postscheckkonto Berlin 35021) u. Verlag Chemie, GmbH, Weinheim/Bergstraße (Postscheckkonto Frankfurt/M. 145314 u. Berlin [West] 7430, Fernsprecher: Weinheim 2017). Bestell- u. Verlags-Nr. dieses Heftes: 1007/124/47. Das Chemische Zentralblatt erscheint wöchentlich.
Satz u. Druck: VEB Leipziger Druckhaus, Leipzig, III/18/203. XI. 53.
Veröffentlicht unter der Lizenznummer 1212 des Amtes für Literatur und Verlagswesen der Deutschen Demokratischen Republik.
Printed in Germany.

FSC
www.fsc.org
MIX
Papier | Fördert gute Waldnutzung
FSC® C083411

Zeitfracht Medien GmbH
Ferdinand-Jühlke-Straße 7
99095 Erfurt, Deutschland
produktsicherheit@kolibri360.de